实用金属材料分析方法 第2版

Shiyong Jinshu Cailiao Fenxi Fangfa

徐盘明 赵祥大 / 主编

中国科学技术大学出版社

内 容 简 介

　　本书系统介绍了黑色金属材料普通钢铁、合金钢、不锈钢、高速钢、铁合金的分析方法以及有色金属铜、铝、镁、锌、钛、镍、锡、铅及其合金的分析方法,详细地列出了每一种分析方法的基本原理、试剂制备、操作步骤、检量线绘制,并以注解方式列出在操作步骤和分析过程中可能出现的现象及其产生的原因,使得分析工作者能方便自如地使用本书提供的分析方法。

　　本书采用的分析方法绝大多数是吸光光度分析法,经过长期的实践检验,此分析方法可靠,准确性、灵敏度高,操作过程便捷方便,使用仪器操作简单,具有普遍适应性。

　　本书可以作为从事金属材料分析的工作人员的工作手册,也可以作为分析岗位的培训教材以及中专、高等院校分析专业师生的教学参考书。

图书在版编目(CIP)数据

实用金属材料分析方法/徐盘明,赵祥大主编. —2 版. —合肥:中国科学技术大学出版社,2015.5
ISBN 978-7-312-02800-7

Ⅰ. 实⋯　Ⅱ. ① 徐⋯ ② 赵⋯　Ⅲ. 金属材料—金属分析　Ⅳ. TG115

中国版本图书馆 CIP 数据核字(2014)第 292731 号

出版	中国科学技术大学出版社
	安徽省合肥市金寨路 96 号,230026
	http://press.ustc.edu.cn
印刷	合肥华星印务有限责任公司
发行	中国科学技术大学出版社
经销	全国新华书店
开本	880 mm×1230 mm　1/16
印张	31.25
字数	903 千
版次	1990 年 3 月第 1 版　2015 年 5 月第 2 版
印次	2015 年 5 月第 2 次印刷
定价	78.00 元

第 2 版前言

《实用金属材料分析方法》一书由中国科学技术大学出版社于 1990 年 3 月正式出版以来,深受广大使用本书的读者欢迎。该书历经时间考验,得益于其使用的分析方法大多是经久不衰的吸光光度分析法。吸光光度分析法虽历史久远,但仍充满无限生机活力,在许多领域得到普遍应用。本书再版时,编者审时度势,对第 1 版内容作了增减留存等处理。当今从事分析化学工作的人员已经具备了较好的分析化学基础,编者不再需要在一本书中包罗万象地赘述基础理论,基于这样的考虑,再版时删除了原第一篇共 5 章近 30 万字的"基础理论篇",也删除了原第四篇"其他物料分析"共 13 章的 20 万字内容。全书重点突出实用金属材料分析方法,详尽叙述每一个分析操作步骤、注意事项、可能产生的现象和原因,使读者很方便地使用本书所列金属材料分析方法。编者力求本书充分体现实用、方便、清晰、明白的特点,让使用本书的分析工作者在工作中能得心应手,操作自如。本书将成为读者的良师益友,携手读者达到心有灵犀一点通的境界。

本书采用国家标准规定的法定计量单位、SI 单位制。对一些常用的非 SI 单位如气压单位 mmHg,由于使用方便,也作了介绍并加以应用。

本书承蒙上海材料研究院吴诚教授主审,吴诚教授对初稿提出了许多宝贵意见。本书在编写过程中还得到了高校、研究院所、厂矿一线应用部门科技人员的关心和帮助,在此一并表示诚挚感谢。

由于编者水平有限,书中难免存在错误之处,恳请读者批评指正,不胜感谢。

编 者
2014 年 9 月

前　言

　　金属材料是工农业生产、科学研究不可缺少的物质材料。金属材料与经济建设、科技发展关系密切。长期以来,人们对金属材料的冶炼、加工、成型、改性等的兴趣有增无减,竭尽全力增加金属材料的产量,提高产品的质量,因此对金属材料的分析测试工作被提高到一个重要地位。尤其是从事金属材料方面工作的人们,更迫切需要有一本实用的金属材料分析的书籍。为此,我们结合日常金属材料分析工作的实践,搜集了一些国内外金属材料分析新方法,编写成《实用金属材料分析方法》一书,以适应金属材料分析工作的需要。

　　本书着重于实际操作,同时对分析方法的原理作扼要的说明,并按金属材料分类编排被测元素成分,详尽地叙述分析操作步骤及其注意事项,指出可能出现的现象的产生原因,使读者可以方便地使用书中提供的分析方法。

　　全书分为4篇,共35章。第一篇是基础理论知识,结合分析实例,集中介绍金属材料分析工作必须掌握的化学分析基础知识、基本原理、元素分离方法、试样分解。第二篇是钢铁分析方法,包括钢铁中主要元素的存在状态和分类,铸铁和球铁、普通钢、低合金钢、不锈钢、高速钢、铁合金等的分析方法。第三篇是有色金属分析方法,包括铜合金、铝合金、镁合金、锌合金、钛合金、镍合金、锡铅合金等的分析方法。第四篇是与金属材料生产加工密切相关的耐火材料及炉渣分析,电镀溶液及表面处理溶液的分析,水、焦炭、煤及润滑油的分析。

　　本书可作为从事金属材料分析人员的工作手册,作为分析工作岗位的培训教材以及中专、高等院校分析专业师生的教学参考书。

　　本书由核工业部三十一信箱徐盘明、安徽大学赵祥大主编,山东省烟台机床附件研究所唐功齐、江西省机械科学研究所雷友国、上海工艺研究所严兆璋参加编写,江西省南昌柴油机厂江德铭、浙江省机械研究所顾月清也参加了部分工作。全书由上海材料研究所吴诚、中国科学技术大学陆明刚主审。

　　由于金属材料的品种多,分析内容复杂,分析技术不断发展,加之编者水平有限,成稿时间仓促,因此书中难免有许多不足之处,希望读者和使用单位批评指正。

编　者

1989 年 5 月

目　　录

下篇　有色金属及合金的分析方法

上篇　钢铁化学分析方法

一 般 规 定

(1) 用于化学分析的样品的采取和制备须按有关国家标准或技术规定执行。

(2) 所用的分析天平应能满足化学分析方法中测定准确度的要求。一般应备有感量达到 0.1 mg 的分析天平。分析天平、砝码及容量器皿应定期予以校准。

(3) 配制试剂及分析用水除特殊说明者外,均为蒸馏水或去离子水。

(4) 分析方法中所有操作除特殊说明者外,均在玻璃器皿中进行。

(5) 方法中所载的塑料器皿除特殊规定者外,一般系指聚乙烯制品。

(6) 分析方法中所用试剂除注明者外,均为分析纯试剂。如能保证不降低测定准确度,其他纯度级试剂或者由实验室自行提纯和合成者也可采用。

(7) 分析方法中所载溶液除已指明溶剂者外,均系水溶液。

(8) 分析方法中所载的酸,氢氧化铵和过氧化氢等液体试剂,如仅写出名称则为浓溶液,并在其后括号内写明密度。

(9) 本书中所用相对原子质量,均系 2003 年颁布的国际相对原子质量。

(10) 化学分析方法中计量单位和符号,一般采用国际单位制(SI)。

(11) 由液体试剂配制的稀的水溶液,除过氧化氢以质量分数表示外,其他均以浓溶液的体积加水的体积表示,而不以百分浓度表示,以免与试剂质量分数相混。例如:盐酸(1+2)系指 1 单位体积的盐酸($\rho=1.19$ g·cm^{-3})加 2 同单位体积的水混合配制而成。而 3%过氧化氢系指 100 g 溶液含 3 g 过氧化氢。

(12) 由固体试剂配制的非标准溶液以百分浓度表示,系指称取一定量的固体试剂溶于溶剂中,并以同一溶剂稀释至 100 mL 混匀而成。如固体试剂含结晶水,应在试剂名称后括号内写出分子式。

(13) 标准溶液的浓度一般以摩尔浓度(mol·L^{-1}或 M)或每毫升相当于多少毫克、微克的元素或化合物表示。

(14) 光度分析方法中,所用稀标准溶液,用时应以浓标准溶液稀释配制而成。

(15) 易燃、易爆、易灼伤、毒性大的试剂要特别注意安全使用,如氢氟酸、高氯酸、汞、铍、氰化物、苯、甲苯、过氧化氢等。

(16) 分析方法中所载热水或热溶液系指其温度在 60 ℃以上;温水或温溶液系指其温度在 40~60 ℃;常温系指其温度在 15~25 ℃;冷处系指其温度为 1~15 ℃之处。

(17) 分析方法中所载"干过滤"系指将溶液用干滤纸、干燥漏斗过滤于干燥的容器中。干过滤均应弃去最初滤液。

(18) 分析方法中所载的"灼烧或烘干至恒重"系指经连续两次灼烧或烘干并于干燥器中冷至室温后,两次称重之差不超过 0.3 mg;但含量小于 1%时,最后两次称重之差不超过 0.2 mg。

(19) 分析方法中所测量和度量得到的数据,要根据分析工作中所用仪器、容器等实际精密度情况以有效数字表示。如以 0.500 0 g,10.00 mL 表示质量和体积等。

在计算时,应遵守有效数字计算规则,有关数字的取舍,按"四舍六入五单双"的修约规则执行。数据修约规则可参阅 GB 8170—1987。

（20）分析结果小数点后的位数应与分析方法中所载的允许差小数点后的位数取齐，或者保留的有效数字的位数以保留一位可疑数为准。

（21）分析方法中重量法计算公式里的换算因数，容量法（即滴定法）的滴定度或滴定用标准溶液的摩尔浓度的有效数字一般均用四位。

（22）凡需做试剂空白者在方法中注明。

（23）在分析试验中，一般均应用含量和被测样品相近的标准样品，进行校对和验证。

第1章　钢铁基础知识

本章简述了钢铁的分类、钢铁产品牌号的表示方法、合金元素在钢铁中的存在形式及其影响等基本知识，帮助读者判明钢铁牌号，选择和研究最好的测定方法。

1.1　钢的分类和钢号的表示方法

1. 钢的分类

钢铁产品牌号的表示方法和钢铁的分类方法有着密切的关系，通常钢号的表示方法大都是在钢分类的基础上制定出来的。因此，必须首先了解现代工业用钢铁的分类方法。钢的分类方法很多，最常用和常见的有以下 5 种分类方法。

1) 按化学成分分类

按化学成分，可以把钢分为碳素钢和合金钢两大类。

(1) 碳素钢。根据含碳量的不同大致又可分为：工业纯铁——含碳量≤0.04% 的钢；低碳钢——含碳量≤0.25% 的钢；中碳钢——含碳量为 0.25%～0.60% 的钢；高碳钢——含碳量＞0.60% 的钢。

(2) 合金钢。按合金元素总含量分为 3 类：低合金钢——合金元素总含量≤5%；中合金钢——合金元素总含量为 5%～10%；高合金钢——合金元素总含量＞10%。按合金元素数目可分为：三元，四元，……，多元钢。如：锰钢、铬钢、硅锰钢、铬镍钼钢、铬锰钼钒硼钢……除铁和碳两个基本组元之外，另加入一种合金元素，称为三元钢；另加入两种合金元素，称为四元钢；依此类推。

这里要说明的是碳素钢根据不同含碳量的分类以及合金钢根据不同合金元素总含量的分类，没有一个明确而一致公认的界限，因此，只能提供一个大致的范围。

2) 按品质分类

根据钢中所含有害杂质的多少，工业用钢通常分为普通钢、优质钢和高级优质钢。

(1) 普通钢。一般含硫量≤0.055%，含磷量≤0.045%（特殊情况下可放宽到 0.050%），其他非有意加入的杂质如铜、砷等有一定限制。属于这一类的如普通碳素钢。普通碳素钢按保证条件分为 3 类：甲类钢——按机械性能供应的钢；乙类钢——按化学成分供应的钢；特类钢——按机械性能和化学成分供应的钢。

(2) 优质钢。不同的钢种对于硫、磷含量有不同的要求，在结构钢中硫含量、磷含量≤0.040%，其他非有意加入的杂质如铬、镍、铜等的含量也有一定的限制。

(3) 高级优质钢。在合金结构钢中，磷含量≤0.035%，硫含量≤0.030%；在碳素工具钢中，磷含量≤0.030%，硫含量≤0.020%。其他混入杂质的含量限制更严格。

这里应该说明，判断一种未知的钢，并不能仅仅从有害杂质含量的多少加以区分。还应该考虑到机械性能、显微组织以及其他各项指标，只有通过综合试验后的各项结果，才能判断其是普通钢、优质钢还是高级优质钢。

3) 按冶炼方法分类

钢按冶炼方法分类,如表 1.1 所示。

(1)平炉钢。一般是碱性的,只有在特殊情况下才在酸性平炉里炼制。

(2)转炉钢。我国大量生产的是碱性侧吹转炉钢和顶吹氧炉转炉钢。

(3)电炉钢。常见的电炉钢主要是碱性电弧炉钢。

表 1.1 钢按冶炼方法分类表

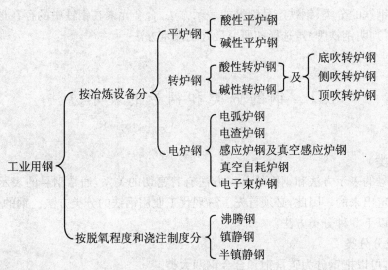

4) 按用途分类

钢按用途分类,如表 1.2 所示。

表 1.2 钢铵用途分类表

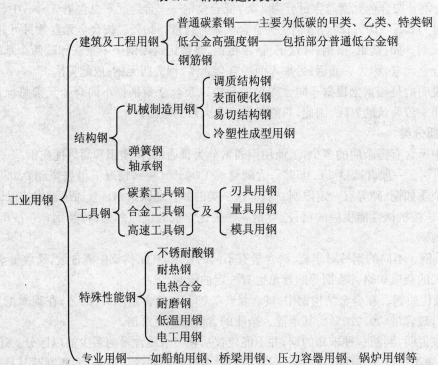

5) 按金相组织分类

钢按金相组织分类,如表 1.3 所示。

表 1.3　钢按金相组织分类表

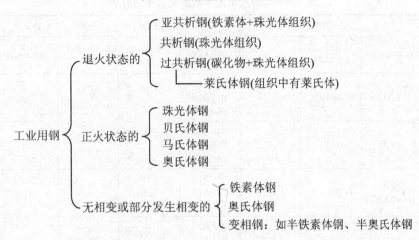

上述 5 种分类法只是最常见和常用的几种,还有其他的分类方法。应该说明的是,各种方法并不存在谁好谁坏的问题,应根据不同需要或不同场合采用不同的分类方法。在有些情况下,往往把几种分类方法混合使用。

2. 钢号表示方法

钢的分类方法只能把具有共同特征的钢种划分和归纳为一类,不可能将每一种钢的特征全部反映出来,所以还必须采用钢号表示方法,进一步把每一种钢的特征用符号全部表示出来。有了钢的牌号,人们对所确定的某一种钢就有了共同的概念,这给生产、使用、设计、供销工作以及科学技术的交流等方面,都带来了极大的便利。

但是,钢号的编制却又是一件非常复杂和细致的工作,世界各国的钢号表示方法很不相同。有些国家除了有国家标准以外,还有某部门标准或者某协会团体标准,各自的钢号命名和编号方法又不相同。表 1.4～表 1.12 列出我国常用钢号和一些主要国家的钢号对照表。表中所列钢号的化学成分和我国相应钢号的化学成分相同或近似。表中的各代号如下:

GB——中国国家标准;　　　　　YB——原中国冶金部标准;

JIS——日本工业标准;　　　　　ASTM——美国材料与试验协会标准;

AISI——美国钢铁学会标准;　　　AMS——美国金属协会标准;

BS——英国标准;　　　　　　　NF——法国标准;

DIN——德国标准;　　　　　　　VDEh——德国钢铁协会标准;

ГOCT——俄罗斯标准。

≈表示近似。

*表示没有收集在所列标准号及年号之内的钢号,有些则是旧钢号。

**表示渗碳钢。

***表示钢中类型,其化学成分往往稍有差异,在表中将其一并列出。

我国标准《钢铁产品牌号表示方法》(GB 221—79)中的总则有如下两条规定:

(1) 产品牌号的命名,采用汉语拼音字母、化学元素符号及阿拉伯数字相结合的方法。常用化学元素符号见化学元素周期表。仅混合稀土元素用"Xt"表示。

(2) 采用汉语拼音字母表示产品名称、用途、特性和工艺方法时,一般从代表该产品名称的汉字的汉语拼音中选取,原则上取第一个字母;当和另一产品所取字母重复时,改取第二个字母或第三个字母,或同时选取两个汉字的汉语拼音的第一个字母。采用的汉语拼音字母原则上只取一个,一般不超过两个。

产品名称、用途、特性和工艺方法命名符号见表 1.13 和表 1.14。

表 1.4　世界主要国家碳素钢钢号对照表

GB 669—65	JIS G4051—79	ASTM A575—73 A576—71	AISI	BS 970:72	DIN 17200—69 17210—69	NF A35—551 —72	ГОСТ 1050—60	备注 (≈GB)
10	S10C	1010	C1010	040A10 045A10 060A10	C10 C_K10	XC10 *C10	10	
	S12C	1012	C1012	040A12 045A12 060A12		XC12 *C12		除 XC12 外 其余≈10
15	S15C **S15CK	1015	C1015	040A15 045A15 060A15	C15 C_K15 C_m15		15	
	S17C	1017	C1017	040A17 050A17 060A17		XC18		除 XC18 外 其余≈15
20	S20C **S20CK	1020	C1020	040A20 050A20 060A20	C22 C_K22	XC18 *C20	20	
	S22C	1023	C1023	040A22 050A22 060A22		—		≈20
25	S25C	1025	C1025	060A25 080A26 070M26		XC25 *C25	25	
	S28C	1029	C1029	060A27 080A27		*C28		≈25
30	S30C	1030	C1030	060A30 080A30		XC32 *C30	30	
	S33C			060A32 080A32		XC32		≈30
35	S35C	1035	C1035	060A35 080A35	C35 C_K35 C_m35	*C35	35	
	S38C	1038	C1038	060A37 080A37		XC38		≈35
40	S40C	1040	C1040	060A40 080A40		≈XC42	40	
	S43C	1042	C1042	060A42 080A42		XC42		≈40
45	S45C	1045	C1045	060A47 080A47	C45 C_K45 C_m45	*C45	45	

GB 669—65	JIS	ASTM	AISI	BS	DIN	NF	ГОСТ	备注
	G4051—79	A575—73 A576—71		970：72	17200—69 17210—69	A35—551 —72	1050—60	(≈GB)
	S48C			060A47 080A47		XC48		≈45
50	S50C	1049 1050	C1049 C1050	060A52 080A52		* C50	50	
	S53C	1050	C1050	060A52 080A52				≈50
55	S55C ≈S58C	1055	C1055	070M55 060A57 080A57	C55 C_K55 C_m55 * C_f56	XC55 * C55	55	
60		1060	C1060	060A62 080A62	C60 C_K60 C_m60	* C60	60	
65			≈C1064 ≈C1065	060A67 080A67		≈XC65 * C65	65	
70		≈1070	≈C1070	060A72 070A72 080A72	* C_f70	≈XC70 * C70	70	
15Mn		≈1016 ≈1018 ≈1019	≈C1016 ≈C1018 ≈C1019	080A15			15Г * ≈14Г	
20Mn		≈1021 1022	≈C1021 C1022	080A20 080A22			20Г	
25Mn		1026	C1026	080A26			25Г	
30Mn	≈S30C	1033	C1033	080A30 080A32			30Г	
35Mn	≈S35C	1037	C1037	080A35 ≈080M36			35Г	
40Mn	≈S40C	1039	C1039	080A40 080A42	* 40Mn4		40Г	
45Mn	≈S45C	1046	C1046	080M46 080A47			45Г	
50Mn	≈S50C ≈S53C	1053					50Г	
60Mn				080A62	C60 C_m60 C_K60		60Г	
65Mn							65Г	
70Mn							70Г	

表 1.5　世界主要国家合金结构钢钢号对照表

GB 3077—82	JIS	ASTM	AISI	BS	DIN	NF	ГOCT	备注
	G4102～4106 —79	A29—73 A322—64a(70) A331—64a(70)		970∶Part2∶70 970∶Part3∶71	17200—69 17210—69 17211—70	A35—551 —72	4543—61 5058—65	(≈YB)
＊10Mn2	⌈大同制钢⌉ ⌊ SMn21 ⌋				＊10Mn6		10Г2	
＊15Mn2							15Г2	
20Mn2	⌈大同制钢⌉ ⌊ SMn2 ⌋		1320	150M19			20Г2	
30Mn2	⌈大同制钢⌉ ⌊ SMn24 ⌋	1330	1330		28Mn6	32M5	30Г2	
35Mn2		1335	1335	150M36			35Г2	
40Mn2	≈SMn438	1340	1340				40Г2	
45Mn2	≈SMn443 ⌈大同制钢⌉ ⌊ SMn1 ⌋	1345	1345		＊46Mn7		45Г2	
50Mn2							50Г2	
27SiMn							27СГ	
35SiMn					＊37MnSi5		35СГ	
42SiMn							42СГ	
02MnV					20MnV6			
＊42Mn2V					42MnV7			
15Cr	≈SCr415 ＊(≈SCr21)	5115	5115		≈15Cr3	≈12C3	15Х	
20Cr	≈SCr420 ＊(≈SCr22)	5120	5120	527A19 ≈527M20		≈18C3	20Х	
30Cr	SCr430 ＊(SCr)	5130 5132	5130 5132	≈530A30 ≈530A32	≈34Cr4 ≈34CrS4	≈32C4	30Х	
35Cr	≈SCr435 ＊(≈SCr3)	5135	5135	530A36	≈37Cr4 ≈37CrS4	38C4	35Х	
40Cr	≈SCr440 ＊(≈SCr4)	5140	5140	530A40 530M40	41Cr4 41CrS4	42C4	40Х	
45Cr	SCr445 ＊(SCr5)	5145 ≈5147	5145 ≈5147			≈45C4	45Х	
50Cr		≈5150	≈5150 ≈5152				50Х	
38CrSi							38ХС 37ХС	
40CrSi							40ХС	
15CrMn					≈16MnCr5 ≈16Mn CrS5	≈16MC5	15ХГ	

续表

GB 3077—82	JIS	ASTM	AISI	BS	DIN	NF	ГОСТ	备注
GB 3077—82	G4102～4106 —79	A29—73 A322—64a(70) A331—64a(70)		970∶Part2∶70 970∶Part3∶71	17200—69 17210—69 17211—70	A35—551 —72	4543—61 5058—65	(≈YB)
20CrMn	［大同制钢 SMK21］				≈20MnCr5 ≈20Mn CrS5	≈20MC5	20ХГ	
*35CrMn2							35ХГ2	
40CrMn	［大同制钢 MK2］						40ХГ	
20CrMnSi							20ХГС	
25CrMnSi	［大同制钢 SMK1］						25ХГС	
35CrMnSiA	［大同制钢 SMK2］						35ХГСА	
20CrV		≈6118 ≈6118H	≈6118 ≈6120		*22CrV4		20ХФ	
40CrV			≈6140		≈42CrV6		40ХФА	
45CrV			≈6145	En50 ［BS970—55 "En"系］				
50CrV		6150	6150		≈50CrV4	≈50CV4		
20CrMnTi	［大同制钢 SMK22］						18ХГТ	
30CrMnTi							30ХГТ	
*16Mo			4017		15Mo3		16М	
12CrMo					13CrMo44	12CD4	12ХМ	
15CrMo	SCM415 *(SCM21) *(SCM21H)				16CrMo44		15ХМ	
20CrMo	SCM420 *(SCM22) *(SCM22H)	≈4118 ≈4118H	≈4118 (≈4119 SAE)		21CrMo3	18CD4	21ХМ	
	SCM822 *(SCM24) *(SCM24H)				25CrMo4	25CD4		近似按国 标命名 25CrMo
30CrMo	SCM430 *(SCM2)	4130	4130 ≈4132 ≈E4132			30CD4	30ХМ	
35CrMo	SCM435 *(SCM3) *(SCM3H)	4135 4137 4135H 4137H	4135 E4135	708A37	≈34CrMo4 ≈34Cr MoS4	35CD4	35ХМ	
42CrMo	SCM440 *(SCM4)	≈4140 ≈4142 ≈4140H ≈4142H	4140 4142	708M40 709M40 708A42 708H42	42CrMo4 42CrMoS4	42CD4		

续表

GB 3077—82	JIS	ASTM	AISI	BS	DIN	NF	ГОСТ	备注
GB 3077—82	G4102~4106 —79	A29—73 A322—64a(70) A331—64a(70)		970：Part2：70 970：Part3：71	17200—69 17210—69 17211—70	A35—551 —72	4543—61 5058—65	(≈YB)
	SCM445 *（SCM5）	4145 4147 4145H 4147H	4145 4147					按国标命名近似 ≈45CrMo
		4150	4150	En19C ［BS970-55 En 系］	50CrMo4			≈50CrMo
20CrMnMo	SCM421 *（SCM23）		（≈4119）（SAE）				18ХГМ	
40CrMnMo		≈4140 ≈4142	≈4140 ≈4142	≈708M40 ≈709M40			40ХГМ 38ХГМ	
12CrMoV							12ХМФ	
12Cr1MoV					13CrMoV42		12Х1МФ	
* 24CrMoV					24CrMoV55			
* 25Cr2MoV							25Х2МФ	
35CrMoV							35ХМФ	
40B		≈TS14B35（碳 0.32~0.38）						
45B		≈50B46 含 Cr0.20~0.35						
50B		≈TS14B50						
40MnB		≈TS14B35（碳 0.33~0.38）						
45MnB		≈TS14B50（碳 0.48~0.53）						
38CrMoAlA	≈SACM645 ［≈SACM1 碳 0.40~0.50］			905M39	≈41CrAlM07	≈40CAD6—12	38ХМIOA	
20CrNi			3120	≈637M17 ≈637A16	20NCr5	≈20NC6	20ХН	
	SNC1		3135	640A35	36NiCr6	≈35NC6		≈35CrNi
40CrNi			3140	640M40			40ХН	
45CrNi							45ХН	

续表

GB 3077—82	JIS	ASTM	AISI	BS	DIN	NF	ГOCT	备注
G4102～4106—79	A29—73 A322—64a(70) A331—64a(70)		970:Part2:70 970:Part3:71	17200—69 17210—69 17211—70	A35—551—72	4543—61 5058—65		(≈YB)
12CrNi2	SNC21				13NiCr6		13H2XA 12XH2	
12CrNi3	SNC22			655A12 655M13	13NiCr12	～10NC12 ～14NC12	12XH3A	
20CrNi3						20NC11	20XH3A	
30CrNi3	* SNC2			653M35		30NC12	30XH3Г	
37CrNi3	* SNC3							
12Cr2Ni4			E3310 3310H	≈En39A [BS970-55 En 系]			12X2H4A	
40CrNiMo	SNCM439 * (≈SNCM8)	≈4340 ≈E4340	≈4340 ≈E4340	≈816M40 ≈817M40	≈36CrNiMo4	≈35NCD6	40XHMA	
45CrMiNoVA							45XHMФA	
* 30CrNi2MoV							30XH2MФA	
18Cr2Ni4WA							18X2H4BA	
25Cr2Ni4WA							25X2H4BA	
* 30CrMnSiNi2							30XГCHA	

表 1.6　世界主要国家弹簧钢钢号对照表

GB 1222—75	JIS	ASTM	AISI	BS	DIN	NF	ГOCT	备注
	G4801—77	A552—73		970:Part5:72	17221—72	A35—571—72	2052—53	
65	SUP2		C1064 C1065	060A67 080A67	≈CK67	XC65 * C65	65	
70		1070	C1070	060A72 070A72 080A72	≈Cf70	XC70 * C70	70	
75	SUP3	≈1078	C1074	060A78 070A78 080A78	C75 * MK75		75	
85							85	
65Mn							65Г	
55Si2Mn			≈9255	250A53 ≈250A58	55Si7	56S7 55S6	55C2	

续表

GB 1222—75	JIS	ASTM	AISI	BS	DIN	NF	ГОСТ	备注
	G4801—77	A552—73		970：Part5：72	17221—72	A35—571—72	2052—53	
60Si2Mn 60Si2MnA	SUP6 ≈SUP7	9260	9260 9261	250A58 250A61	60SiCr7	61S7	60C2 60C2A	
70Si3MnA							70C3A	
60Si2CrA						≈60SC7	60C2XA	
65Si2MnWA							65C2BA	
60Si2CrVA							60C2XФA	
50CrMn							50XГ	
50CrVA	SUP10	6150	6150	735A50	50CrV4	50CV4	50XФA	

表 1.7　世界主要国家轴承钢钢号对照表

YB 9—68	JIS	ASTM	AISI	BS	VDEh	NF	ГОСТ	备注
	G4805—70	A295—70		970：Part2：70	Wb1.350—53	A35—565—70	801—60	
GCr6		≈50100	≈E50100		105Cr2	≈100C2 ≈100C3	LLIX6	
GCr9	SUJ1	51100	E51100		105Cr4	≈100C5	LLIX9	
GCr9SiMn	SUJ3	A485—63 Grad1 A535—65 ≈52100 Mod. 1						
GCr15	SUJ2	52100 A535—65 52100	E51200	534A99	106Cr6	100C6	LLIX15	
GCr15SiMn					100CrMn6		LLIX15CГ	

表 1.8　世界主要国家碳素工具钢钢号对照表

GB 1298—77	JIS	ASTM	AISI	BS	VDEh	NF	ГОСТ	备注
	G4401—72	A686—73		4659—71	Wb1.—150(71)	A35—509—70	1435—54	
$\dfrac{T7}{T7A}$					$\begin{bmatrix}C70W_1\\(DIN)\end{bmatrix}$		$\dfrac{Y7}{Y7A}$	
	SK6	W₁7				1104Y₁75 1204Y₂75		含碳0.70～0.80其余近似T7
$\dfrac{T8}{T8A}$	W₁7½	$\dfrac{W_1-0.8C}{W_1-0.8C}$ —Special			C80W₁		$\dfrac{Y8}{Y8A}$	
	SK5	W₁8			$\dfrac{C85W_2}{C85W_1}$	＊XC85fins ＊XC85extra—fins		含碳0.8～0.9其余近似T8

续表

GB 1298—77	JIS G4401—72	ASTM A686—73	AISI	BS 4659—71	VDEh Wb1.—150(71)	NF A35—509—70	ГOCT 1435—54	备注
$\dfrac{T9}{T9A}$		$W_18\frac{1}{2}$	$\dfrac{W_1-0.9C}{W_1-0.9C}$ —Special	BW_1A		$\dfrac{1103Y_190}{1203Y_290}$	$\dfrac{Y9}{Y9A}$	
	SK4	W_19				*XC95fins *XC95extra —fins		含碳0.9~1.0 其余近似T9
$\dfrac{T10}{T10A}$		$W_19\frac{1}{2}$	$\dfrac{W_1-1.0C}{W_1-1.0C}$ —Special	BW_1B	$\dfrac{C100W_2}{C100W_1}$		$\dfrac{Y10}{Y10A}$	
	SK3	W_110			$C105W_1$	$\dfrac{1102Y_1105}{1202Y_1105}$		含碳1.0~1.1 其余近似T10
$\dfrac{T11}{T11A}$		$W_110\frac{1}{2}$			$\dfrac{C110W_2}{C110W_1}$	*XC110fins *XC110extra —fins	$\dfrac{Y11}{Y11A}$	
$\dfrac{T12}{T12A}$	≈SK2	$W_111\frac{1}{2}$	$\dfrac{W_1-1.2C}{W_1-1.2C}$ —Special	≈BW_1C		$\dfrac{1101Y_1120}{1201Y_2120}$	$\dfrac{Y12}{Y12A}$	
$\dfrac{T13}{T13A}$	≈SK1	$W_112\frac{1}{2}$			$\dfrac{≈C125W_2}{≈C125W_1}$		$\dfrac{Y13}{Y13A}$	
$\dfrac{T8Mn}{T8MnA}$					$C85WS$		$\dfrac{Y8Γ}{Y8ΓA}$	

表 1.9 世界主要国家合金工具钢钢号对照表

GB 1299—77		JIS G4404—72	ASTM A681—73	AISI	BS 4659—71	VDEh Wb1:250-70 Wb1:200-69	NF A35-590-70	ГOCT 5950—63	备注
量具刀具用钢	9SiCr					90CrSi5 (DIN)		9XC	
	CrMn					≈145Cr6 (DIN)		XГ	
	CrW5	≈SKS1				≈X130W5 (DIN)			
	Cr06	≈SKS8				≈110Cr2 (DIN)	$1230Y_2135C$	≈X05 Y13X	
	Cr2	SUJ2				105Cr5 (DIN)	2133Y100C6 ***≈100C6	X	
	9Cr2					85Cr7 (DIN)	***≈100C6	9X	
	V	≈SKS43	***W2	W2—1.0—C—V —Extra	BW2	$100V_1$ (DIN)	≈$1162Y_1105V$	Φ	
	W	SKS21				120W4 (DIN)	2141 100WC10	B1 含钒 $\left(_{0.15\sim0.30}\right)$	

续表

GB 1299—77		JIS G4404—72	ASTM A681—73	AISI	BS 4659—71	VDEh Wb1:250-70 Wb1:200-69	NF A35-590-70	ГОСТ 5950—63	备注
耐冲击工具用钢	4CrW2Si	≈SKS41						4XB2C	
	5CrW2Si				≈BS1(含钒0.15～0.30)	≈45WCrV7(含钒约0.2)	≈2341 55WC20	5XB2C	
	6CrW2Si					≈60WCrV7(含钒约0.2)		6XB2C	
冷作模具钢	Cr12	SKD1	≈D3 [W≤1.00 V≤1.00]		BD3	X210Cr12	2233Z200C12	X12	
	Cr12MoV	SKD11	≈D2(含钴≤1.00)	≈D2(含钴约0.6)	≈BD2 ≈BD2A	≈X165CrMoV12(含W约0.5)	2235 Z160CDV12	X12M	
	CrWMn	≈SKS31				105WCr6	* * *80M8	XBГ	
	9Mn2V		≈O2	≈O2	≈BO2	90MnV8	2211 9MV8		
	MnCrWV		≈O1	≈O1	≈BO1				
热作模具钢	5CrNiMo	≈SKT4						5XHM	
			6F2			55NiCrMoV6	3581 55NCDV7 55NCD7—03 60NCDV06-02		含V0.1～0.2 近似5CrNiMo
	5CrMnMo	≈SKT5						5XГМ	
	2Cr2W8V	≈SKD5(含碳0.25～0.35)	≈H21 [含C0.26～0.36Cr3.00～3.75]	≈H21(含Cr约3.25)	≈BH21(含碳0.25～0.35)	X30WCrV93	3543 Z30WCV6	3X2B8	
	4SiCrV					≈45SiCrV6		≈4XC	
	8Cr3					(DIN)		8X3	

表 1.10　世界主要国家高速工具钢钢号对照表

YB 12—77	JIS G4403—68	ASTM A600—69	AISI	BS 4659—71	VDEh Wb1.:320-69	NF A35—590—70	ГОСТ 9373—60(70)	备注
W18Cr4V	SKH2	T1	T1	BT1	S18—0—1 (DIN)	4201 Z80WCV18—04—01	P18	
W12Cr4V4Mo					≈S12—1—4 (DIN)	* * * Z125WV15—03	≈P14Ф4	
W6Mo5Cr4V2	SKH9	M2 regularC		BM2	S6-5-2	4301 Z85WDCV		

表 1.11　世界主要国家耐热钢钢号对照表

GB 1221—75	JIS	ASTM	AISI	BS	VDEh	NF	ГОСТ	备注
	G4303~4315—77		AISI—69	970：Part4：70 1449：Part4：67	Wb1.：470—60	A35—572—68	5632—72	
1Cr13Si3					≈X10CrSi13			铁素体型
1Cr18Si2					≈X10CrSi18			铁素体型
1Cr13SiAl					X10CrAl13			铁素体型
1Cr13	≈SUS403	403 410	403 410	410 S21	X10Cr13 (DIN)	Z12C13	12X13	马氏体型
2Cr13	SUS420J1	420	420	≈420 S29 ≈420 S37	X20Cr13 (DIN)	≈Z20C13	20X13	马氏体型
1Cr5Mo		501 502	501 502			Z12CD5	15X5M	马氏体型
1Cr6SiZMo 4Cr9Si2	≈SUH1			≈401 S45	X45CrSi93 (DIN)	Z45CS10	X6CM ⎡旧5632 —6Φ⎤	马氏体型
4Cr10Si2Mo	SUH3					Z45CSD10	40X10C2M	马氏体型
1Cr18Ni9Ti	SUS302	302	302	302 S25		Z10CN18.09	12X18H9T	奥氏体型
1Cr18 Ni12Ti	SUS321	≈321	≈321	321 S12 321 S20	≈X10CrNi Ti189	≈Z6CNT18.11 ≈Z10CNT18.11	12X18H 12T	奥氏体型
1Cr23Ni13	SUH309 SUS309S	309 309S	309 309S	309 S24		≈Z15CN24.13	旧ГОСТ ⎡5632—61 ⎣X23H13⎤	奥氏体型
1Cr23Ni18	≈SUS310S ≈SUS310	≈310 ≈310S	≈310 ≈310S	≈312 S24 ≈310 S24		≈Z12CN25.20	20X23H18	奥氏体型
1Cr20Ni4Si2	≈SUH4						20X20H14 C2	奥氏体型
1Cr25Ni20 Si2		≈314	≈314		X15CrNi Si25 20	Z12CNS25.20 ≈Z10CNS25.20 ≈Z15CNS25.20	20X25H20C2	奥氏体型
4Cr14Ni14 W2Mo	≈SUH31 (含钼少)			≈331 S42		≈Z45CNWSD 14—14	45X14H14B 2M	奥氏体型

表 1.12　世界主要国家不锈钢钢号对照表

GB 1220—75	JIS	ASTM	AISI	BS	DIN	NF	ГОСТ	备注
	G4303~4315—72		AISI—69	970：Part4：70 1449：Part4：69	17440—72 17224—68	A35—572—68	5632—72	
OCr13				≈403 S17	X7Cr13	Z6C13	08X13	铁素体型
1Cr14S	SUS416	≈416	≈416	≈416 S21		≈Z12CF13		铁素体型

续表

GB 1220—75	JIS G4303~4315—72	ASTM	AISI AISI—69	BS 970：Part4：70 1449：Part4：69	DIN 17440—72 17224—68	NF A35—572—68	ГОСТ 5632—72	备注
1Cr17	SUS430	430	430	430 S15	X8Cr17	Z8C17	12X17	铁素体型
1Cr28							15X28	铁素体型
OCr17Ti					≈X8CrTi17		08X17T	铁素体型
1Cr17Ti					≈X8CrTi17			铁素体型
1Cr25Ti							15X25T	铁素体型
1Cr13	≈SUS403	403 410	403 410	410 S21	X10Cr13	Z12C13	12X13	马氏体型
2Cr13	SUS420J1	420	420	≈420 S29 ≈420 S37	X20Cr13	≈Z20C13	20X13	马氏体型
3Cr13	≈SUS420J2 ≈SUS420F			≈420 S37 420 S45		Z30C13	30X13	马氏体型
4Cr13					≈X40Cr13	Z40C13	40X13	马氏体型
1Cr17Ni2	≈SUS431	431	431	431 S29	X22CrNi17	≈Z15CN 16—2	14X17H2	马氏体型
9Cr18MoV	≈SUS440B ≈SUS440C （含钒少）	≈440B ≈440C （含钒少）	≈440B ≈440C （含钒少）		X90Cr18Mo V18	≈Z100CD17		马氏体型
OOCr18Ni10	≈SUS304L	304L	304L	304 S12	X2CrNi18 10	Z2CN18.10	04X18H10	奥氏体型
OCr18Ni9	≈SUS304	≈304	≈304	304 S15 304 S16	X5CrNi18 9	≈Z6CN18.9 ≈Z5CN18.10	≈08X18H10	奥氏体型
1Cr18Ni9	SUS302	302	302	302 S25	X12CrNi18 8	Z10CN18.09	12X18H9	奥氏体型
2Cr18Ni9							17X18H9	奥氏体型
OCr18Ni9Ti	≈SUS 321	321	321	321 S12	≈X10CrNi Ti189	≈Z6CNT18.11	≈08X18H 10T	奥氏体型
1Cr18Ni9Ti				321 S20	≈X10CrNi Ti189	≈Z10CN T18.11	12X18H 9T	奥氏体型
1Cr18Ni11Nb	SUS347	347 348	347 348	347 S17	≈X10CrNi Nb189	≈Z6CN Nb18.11	08X18H126	奥氏体型
2Cr13Mn9Ni4							20X13H4Г9	奥氏体型
1Cr18Mn8 Ni5N	SUS 202	202	202		X8CrMnNi 189	≈Z10CMN 19—9 ≈Z12CMN 18.7	12X17Г9A H4	奥氏体型

GB 1220－75	JIS	ASTM	AISI	BS	DIN	NF	ГОСТ	备注
	G4303～4315－72		AISI－69	970：Part4：70 1449：Part4：69	17440－72 17224－68	A35－572－68	5632－72	备注
OOCr17Ni14Mo3	SUS 316L	≈316L	≈316L	316 S12	X2CrNiMo1812	≈Z2CND17.13		奥氏体型
1Cr18Ni12Mo3TiOCr18Ni12Mo2Ti					≈X10CrNiMoTi1810		10X17H13M3T	奥氏体型
OOCr18Ni14Mo2Ti	≈SUS316JIL							奥氏体型
OCr21Ni5Ti							08X22H5T	奥氏体型
1Cr21Ni5Ti							12X21H5T	铁素体型
OCr17Ni17Al	SUS 631	631	631		X7CrNiAl177		O9X17H7IO1	沉淀硬化型

表 1.13　产品名称、用途、特性和工艺方法命名符号

名　称	采用的汉字及符号		位　置
碱性平炉炼钢用生铁	平	P	牌号头
顶吹氧气转炉炼钢用生铁	顶	D	牌号头
碱性空气转炉炼钢用生铁	碱	J	牌号头
铸造用生铁	铸	Z	牌号头
冷铸车轮用生铁	冷	L	牌号头
金属锰、金属铬	金	J	牌号头
氧化钼块	氧	Y	牌号头
甲类钢（普通碳素钢用）		A	牌号头
乙类钢（普通碳素钢用）		B	牌号头
特类钢（普通碳素钢用）		C	牌号头
氧气转炉（普通碳素钢用）	氧	Y	牌号中
碱性空气转炉（普通碳素钢用）	碱	J	牌号中
易切削钢	易	Y	牌号头
电工用热轧硅钢	电热	DR	牌号头
电工用冷轧无取向硅钢	电无	DW	牌号头
电工用冷轧取向硅钢	电取	DQ	牌号头
电工用纯铁	电铁	DT	牌号头
碳素工具钢	碳	T	牌号头
滚珠轴承钢	滚	G	牌号头
焊接用钢	焊	H	牌号头
钢轨钢	轨	U	牌号头
铆螺钢	铆螺	ML	牌号头

名　　称	采用的汉字及符号		位　置
锚链钢	锚	M	牌号头
地质钻探钢管用钢	地质	DZ	牌号头
船用钢	船	C	牌号尾
汽车大梁用钢	梁	L	牌号尾
矿用钢	矿	K	牌号尾
压力容器用钢	容	R	牌号尾
多层式高压容器用钢	高层	gC	牌号尾
桥梁钢	桥	q	牌号尾
锅炉钢	锅	g	牌号尾
耐蚀合金	耐蚀	NS	牌号头
精密合金	精	J	牌号中
变形高温合金	高合	GH	牌号头
铸造高温合金		K	牌号头
铸钢	铸钢	ZG	牌号头
轧辊用铸钢	铸辊	ZU	牌号头
灰铸铁	灰铁	HT	牌号头
球墨铸铁	球铁	QT	牌号头
可锻铸铁	可铁	KT	牌号头
耐热铸铁	热铁	RT	牌号头
粉末及粉末材料	粉	F	牌号头
沸腾钢	沸	F	牌号尾
半镇静钢	半	b	牌号尾
高级钢	高	A	牌号尾
特级钢	特	E	牌号尾
超级钢	超	C	牌号尾

表 1.14　常用钢号表示方法举例及说明

钢　　类	钢　号　举　例	钢　号　表　示　方　法　说　明
普通碳素钢 甲类钢 乙类钢 特类钢 （铆螺用普通碳素钢）	A3，AY4F，AJ5 B2F，BY3，BJ4F C4，CY4F，CJ5 （ML2，ML3）	1. 按一般用途普通碳素钢分甲类钢、乙类钢和特类钢，分别用 A，B，C 表示。 　　2. 按冶炼方法区分钢时，氧气转炉钢、碱性空气转炉钢应分别标出符号"Y""J"（平炉钢不标符号）；沸腾钢、半镇静钢应在牌号尾部分别加符号"F""b"（镇静钢不标符号）。 　　3. 阿拉伯数字表示不同牌号的顺序号（随平均含碳量的递增，顺序号增大）。 　　4. 专门用途的普通碳素钢表示方法基本上和一般用途普通碳素钢相同，但在牌号头（或牌号尾）附加用途字母。例如：二号铆螺钢其牌号表示为 ML2

续表

钢　类	钢号举例	钢号表示方法说明
优质碳素结构钢,普通含锰量优质碳素结构钢,较高含锰量优质碳素结构钢,锅炉用优质碳素结构钢	45, 10b, 20A, 50Mn, 70Mn, 20 g	1. 普通含锰量优质碳素结构钢,阿拉伯数字表示平均含碳量的万分之几。例如:平均碳含量为 0.45％的钢,钢号表示为"45"。 2. 较高含锰量的优质碳素结构钢,在阿拉伯数字后标出锰元素符号,如 50Mn。 3. 高级优质碳素结构钢,在牌号尾部加符号"A"。 4. 沸腾钢、半镇静钢及专门用途的优质碳素结构钢和普通碳素钢一样在钢号头(或钢号尾)特别标出
碳素工具钢,普通含锰量碳素工具钢,较高含锰量碳素工具钢	T7, T12, T8Mn	1. 普通含锰量碳素工具钢,钢号冠以"T",阿拉伯数字表示平均含碳量的千分之几。 2. 较高含锰量以及高级优质碳素工具钢的表示方法同优质碳素结构钢
易切削钢,易切削碳素结构钢	Y12, Y40Mn	1. 钢号冠以"Y",阿拉伯数字表示含碳量的万分之几,较高含锰量者表示方法同上,如 Y40Mn。 2. 硫易切削钢或硫磷易切削钢,牌号中不标出易切削元素符号,而含钙、铝、硒等易切削元素的易切削钢,在牌号尾部标出易切削元素符号
合金钢 低合金结构钢 合金结构钢 合金弹簧钢 合金工具钢 高速工具钢 滚珠轴承钢 不锈耐酸钢 耐热钢	15MnV, 16Mn 30CrMnSi 38CrMoAlA 60Si2Mn, 50CrVA Cr12MoV, 4CrW2Si W18Cr4V W6Mo5Cr4V2 GCr15 GCr15SiMn 2Cr13 00Cr18Ni10 4Cr10Si2Mo 1Cr23Ni18	1. 合金钢含碳量表示方法: (1) 低合金钢、合金结构钢、合金弹簧钢等在牌号的头部用两位数字表示平均含碳量的万分之几。 (2) 不锈钢、耐酸钢、耐热钢等,一般用一位数字表示平均含碳量的千分之几。平均含碳量小于 0.1％时,用"0"表示;平均含碳量不大于 0.03％时,用"00"表示。 (3) 合金工具钢、高速工具钢、高碳轴承钢等,一般不标出含碳量数字;平均含碳量小于 1.00％时,可用一位数字表示含碳量的千分之几。 2. 合金元素含量表示方法(铬轴承钢和低铬合金工具钢除外): (1) 平均某合金元素含量小于 1.50％时,钢号中仅标明元素,一般不标明含量。 (2) 平均某合金元素含量为 1.50％～2.49％,2.50％～3.49％,…,22.50％～23.49％,…时,在元素符号后相应地写成 2,3,…,23,…。 (3) 合金钢中的钼、钒、钛、硼等元素,如系有意加入的,虽然含量很低,仍应在钢号中标出。例如:20MnVB,平均含碳量 0.20％,Mn 1.20％～1.60％,V 0.07％～0.12％,B 0.001％～0.004％。 (4) 高碳铬轴承钢,其铬含量用千分之几计,并在牌号头部加符号"G"。例如:平均含铬量为 0.90％的轴承钢,其牌号表示为"GCr9"。 (5) 低铬(平均含铬量小于 1％)合金工具钢,其铬含量亦用千分之几计,但在含量数值之前加一数字 0。例如:平均含铬量为 0.60％合金工具钢,其牌号表示为"Cr06"。 3. 高级优质合金结构钢、弹簧钢等,在牌号尾部加符号"A"。 4. 专门用途的低合金钢、合金结构钢在牌号头部(或尾部)加代表该钢用途的符号。例如,铆螺用 30CrMnSi 钢,其牌号表示为 ML30CrMnSi

1.2 铸铁的分类和铸铁牌号的表示方法

铸铁是一种铁碳合金,碳含量较高,一般在 2.0% 以上,除了铁和碳以外,还含有硅、锰、硫、磷及其他合金元素。铸铁一般分为灰铸铁、可锻铸铁、球墨铸铁和特殊性能铸铁 4 类。特殊性能铸铁分类及其牌号表示方法如表 1.15 所示,常见的铸铁牌号及其表示方法如表 1.16 所示。

表 1.15 特殊性能铸铁分类及其牌号表示方法

类别	常 见 牌 号		牌 号 表 示 方 法 说 明
耐热铸铁	硅系耐热铸铁	中硅耐热铸铁(RTSi—5.5)	
		中硅球墨铸铁(Si3.5—4.5)	
		中硅球墨铸铁(Si4.5—5.5)	
		中硅球墨铸铁(RQTSi—5.5)	
		中硅球墨铸铁(Si6.0—6.5)	
	铝系耐热铸铁	中铝铸铁(Al5.5—7.0)	
		高铝铸铁(Al20—24)	
		高铝球墨铸铁(Al21—24)	
		铝硅系耐热铸铁(Al+Si=8.5~10.0)	
	铬系耐热铸铁	低铬耐热铸铁(RTCr—0.8)	这类牌号表示方法以耐热铸铁为例。采用符号"RT"和合金元素符号、阿拉伯数字表示。合金元素和阿拉伯数字之间用一字线"—"分开。阿拉伯数字表示合金元素平均含量的百分之几。例如,平均含铬量为 1.5% 的耐热铸铁,其牌号表示为"RTCr—1.5"
		低铬耐热铸铁(RTCr—1.5)	
		高铬铸铁(Cr26—30)	
		高铬铸铁(Cr32—36)	
耐蚀铸铁	高硅耐蚀铸铁(STSi—15)		
	高硅耐蚀铸铁(STSi—17)		
	稀土高硅耐蚀铸铁(STSi15Xt)		
	稀土高硅耐蚀铸铁(STSi11CrCu2Xt)		
	高硅钼耐蚀铸铁		
	高硅铜铸铁		
	铝耐蚀铸铁		
	铝硅耐蚀铸铁		
耐磨铸铁	冷硬铸铁		
	白口铸铁	普通白口铸铁、合金白口铸铁	
	中锰球墨铸铁		

注:生铁在牌号头部加代表该生铁用途的符号。阿拉伯数字表示平均含硅量的千分之几。例如:含硅量为 2.75%~3.25% 的铸造生铁,其牌号表示为"Z30"。

表 1.16　常见的铸铁牌号及其表示方法

类别	常 见 牌 号		牌 号 表 示 方 法 说 明
灰口铸铁	低牌号	HT10—26	牌号头以符号"HT"表示,阿拉伯数字表示最低的抗拉强度和最低的抗弯强度,两者之间用一字线"—"分开。例如,最低抗拉强度为 20 kg·mm^{-2},最低抗弯强度为 40 kg·mm^{-2} 的灰口铸铁,其牌号表示为"HT20—40"
		HT15—33	
	高牌号	HT20—40	
		HT25—47	
		HT30—54	
		HT35—61	
		HT40—58	
可锻铸铁	铁素体型	KT30—6	铁素体型可锻铸铁牌号头以符号"KT"表示,阿拉伯数字表示最低的抗拉强度和最低伸长率,两者之间用一字线"—"分开。例如,最低抗拉强度为 35 kg·mm^{-2},最低伸长率为 10% 的铁素体型可锻铸铁其牌号表示为"KT35—10"。 若是珠光体型可锻铸铁,在符号"KT"后加"Z"写成"KTZ",阿拉伯数字表示的含义同上
		KT33—8	
		KT35—10	
		KT37—12	
	珠光体型	KTZ45—5	
		KTZ50—4	
		KTZ60—3	
		KTZ70—2	
球墨铸铁	铁素体型	QT40—17	牌号头以符号"QT"表示,阿拉伯数字分别表示最低抗拉强度和最低伸长率,两者之间用一字线"—"分开。例如,最低抗拉强度为 50 kg·mm^{-2},最低伸长率为 2% 的球墨铸铁,其牌号表示为"QT60—2"
		QT42—10	
	铁素体-珠光体型	QT50—5	
	珠光体型	QT60—2	
		QT70—2	
		QT80—2	
	下贝氏体型	QT120—1	

1.3　合金元素在钢铁中的存在形式及其影响

本节概述合金元素在钢铁中的存在形式及其在钢铁中对化学分析的影响。

1. 碳

碳是钢铁中的重要元素,它是区分钢铁的主要标志之一。在决定钢号时,往往注意到碳的含量。碳对钢铁的性能起决定性的作用。由于碳的存在,才能将钢进行热处理,才能调节和改变其机械性能。当碳含量在一定范围内时,随着碳含量的增加,钢的硬度和强度得到提高,其塑性和韧性下降;反之,则硬度和强度下降,而塑性和韧性提高。由于碳含量在钢铁中的重要作用,所以快速、准确地测定钢铁中的碳含量也就具有相当重要的意义。

碳在钢铁中的存在形式可分为以下两种:

（1）化合碳。即碳以化合形态存在。在钢中主要以铁的碳化物（如 Fe_3C）和合金元素的碳化物形态存在。在合金钢中常见的碳化物，如 Mn_3C，Cr_3C_2，WC，W_2C，VC，MoC，TiC 等，统称为化合碳。

（2）游离碳。铁碳固溶体中的碳、无定形碳、石墨碳、退火碳等统称为游离碳。高碳钢经退火处理时也会有部分游离碳析出。在铸铁中的碳，除了极少量固溶于铁素体外，常常以游离形态或化合形态，或二者并存的形态存在。化合碳与游离碳总和称为总碳量。在分析游离碳较多的铸铁等试样时，应特别注意样品的代表性和均匀性。

游离碳一般不和酸起作用，而化合碳能溶于酸中，借此性质可分离游离碳。碳化铁容易溶解在各种酸中，并容易被空气所氧化，但是碳化铁不溶于冷的和稀的非氧化性酸（硫酸、盐酸）内，大部分碳化物以黑色或深褐色的沉淀沉降下来。但是，这种沉淀在氧化剂甚至于在空气中的氧参与下都很易溶解，受到浓硫酸、浓硝酸作用时，碳化铁即被分解而析出不同组分的挥发性碳。

大多数合金元素的碳化物难溶于酸，为使其完全分解，需采取适当的措施，例如：

（1）在加热的情况下，将钢样用盐酸或硫酸处理，直至金属部分完全溶解，然后小心加入硝酸使碳化物被破坏。

（2）钢样内如含有稳定的碳化物时，在用硝酸氧化以前，先行蒸发至开始冒硫酸烟（或蒸发硫磷酸至冒硫酸白烟），然后再仔细地滴加浓硝酸。

（3）如钢样中含有极稳定的碳化物，用上述方法不能溶解时，可将钢样用热盐酸、硝酸或盐-硝混合酸处理后，再用高氯酸处理。在高氯酸蒸发的温度（约 200 ℃）下加热，这时全部碳化物即会分解。

2. 硅

硅在钢铁中主要以固溶体形式存在，还可形成硅化物，其形式有 $MnSi$ 或 $FeMnSi$ 等；也有少许以硅酸盐以及游离 SiO_2 的形式成为钢铁中非金属夹杂物而存在；在高碳钢中可能有少量以 SiC 形式存在。

硅和氧的亲和力仅次于铝和钛，而强于铬、锰和钒。所以在炼钢过程中，硅用作还原剂和脱氧剂。硅能增强钢的抗张力、弹性、耐酸性和耐热性，又能增大钢的电阻系数。故钢中含硅量一般不小于 0.10%；作为一种合金元素，一般不低于 0.4%；耐酸耐热钢及弹簧钢中含硅量较高；而硅钢中含硅量可高达 4% 以上。

单质硅只能与氢氟酸作用，与其他无机酸不起作用，但能溶解于强碱的溶液中。钢中大多数的硅化物是能溶于酸的。但如遇周期表 IV，V，VI 副族元素和部分过渡元素的难溶性硅化物时，则只有用 HNO_3-HF 或 H_2SO_4-H_3PO_4 混合酸才能分解。

硅对化学分析的影响，主要表现为当钢中硅含量较高时，在溶解的过程中容易产生硅酸沉淀。此外，在测定其他元素时，为了消除硅酸的影响，有以下两种方法：一是加氢氟酸成 SiF_4 气体逸出（可以在铂皿、黄金皿、刚玉器皿或聚四氟乙烯器皿中进行）；二是脱水后生成 SiO_2 沉淀滤去。

3. 磷

磷在钢中以固溶体和磷化物形态存在。磷化物形态有 Fe_3P，Fe_2P 等，极少量有时呈磷酸盐夹杂物存在。磷在钢中的分布具有不同程度的偏析现象，所以取样时应注意代表性。

Fe_3P 是一种很硬而脆性大的物质。当磷含量高时易形成 Fe_3P，增加钢的冷脆敏感性，增加钢的回火脆性以及焊接裂纹敏感性。一般认为在钢中含磷量高于 0.1% 时，便会发生上述的危害性。通常情况下认为磷是钢中有害的元素，但是它也有可利用的一面。例如，磷和铜联合作用时，能提高钢的抗蚀性；它和锰、硫联合作用时，能改善钢的切削加工性。例如：我国易切结构钢 Y12 含磷 0.08%～0.15%。

钢中绝大部分磷化物是能溶于酸的，但是，用非氧化性酸溶解时会以 PH_3 形态逸出。在氧化性酸中，大部分生成正磷酸（H_3PO_4），也有一部分生成焦磷酸（$H_4P_2O_7$）、偏磷酸（HPO_3）或次磷酸（H_3PO_2）状态。因此在分析磷时，除了一定要用氧化性酸溶样外，还要用强氧化剂氧化，使之全部成 H_3PO_4 形态，方可继续进行测定。

4. 硫

硫主要以硫化物的形态存在于钢中。钢中有大量锰存在时,主要形成 MnS 和 FeS,而很少形成其他硫化物,如 CrS,FeS·Cr_2S_3,VS,TiS 等。一般认为硫是钢中有害元素之一。硫在钢中易于偏析,恶化钢的质量。如以熔点较低的 FeS 的形式存在时,将导致钢的热脆现象。此外,硫存在于钢内能使钢的机械性能降低,同时对钢的耐蚀性、可焊性也不利。

由于硫在钢中易于偏析,因此取样时必须注意代表性。钢中硫化物一般易溶于酸中,在非氧化性酸中生成硫化氢逸出,在氧化性酸中转化成硫酸盐,硫化物在高温下(1 250～1 350 ℃)通氧气燃烧,大部分转化为 SO_2 气体,转化为 SO_2 的作用并不完全。

硫在化学分析中的影响,通常表现在气体容量法定碳时,必须考虑要有良好的脱硫剂,否则会使碳的结果偏高。

5. 锰

锰在钢中除了形成固溶体外,还能形成 MnS,Mn_3C 以及少量的 MnSi,FeMnSi,氧化物(如 MnO,MnO·SiO_2 等)和氮化物等。

锰在冶炼钢铁过程中,通常作为脱氧剂及脱硫剂而特意加入。锰与硫能形成熔点较高的 MnS,可防止因 FeS 而导致的热脆现象,并由此提高了钢的可锻性。锰还能使钢铁的硬度和强度增加。

锰溶于稀酸中,生成二价锰离子,锰化物也都很活泼,容易溶解和氧化。由于锰的价态较多(有 2,3,4,6,7 价),这就为测定锰提供了有利的因素。

锰对化学分析的影响,主要有两个方面:一是锰含量高时,在低酸度介质中遇强氧化剂易产生棕色浑浊;二是锰含量高时,使溶液中其他元素的氧化难于完全,如高锰钢中磷的氧化就是如此。遇此情况需考虑适当的氧化方法。

6. 铬

铬是合金钢生产中应用最广的元素之一。铬能增强钢的机械性能和耐磨性,增加钢的淬透性及淬火后的抗变形能力,增强钢的弹性、抗磁性、耐蚀性和耐热性。

铬在钢中的形态较复杂,除了部分存在于铁固溶体中以外,还可能形成碳化物[(Fe,Cr)$_3$C,Cr_3C_2,Cr_7C_3,$Cr_{23}C_3$ 等]、氮化物(CrN,Cr_2N)、硫化物(CrS,FeS·Cr_2S_3)、氧化物[Cr_xO_y,(Fe,Mn)O·Cr_2O_3]、金属铁的化合物(FeCr)和硅化物(Cr_3Si 等)。其中以铬的碳化物和氮化物状态较为稳定。因此,在用化学法测定钢中铬时,首先要注意上述情况,采用相应的溶解方法,才能保证铬全部溶解,从而能得到满意、准确的分析结果。

铬能在热的盐酸和热的浓硫酸中迅速溶解。如下式:

$$Cr + 2HCl \longrightarrow CrCl_2 + H_2 \uparrow$$

$$2Cr + 6H_2SO_4 \longrightarrow Cr_2(SO_4)_3 + 3SO_2 + 6H_2O$$

铬在强碱溶液中也能溶解,但与浓硝酸作用时由于在其表面生成一层致密的氧化膜而被钝化,以致不能溶解。一般处于固溶体中的铬易溶于盐酸、稀硫酸或高氯酸中,但残留的铬的碳化物或氮化物,通常用加浓硝酸或加热至冒硫酸烟或冒高氯酸烟时才能破坏。有的甚至需在硫酸冒烟时,滴加硝酸才能破坏。在测定高碳高铬试样中的铬时,由于不允许长时间冒高氯酸烟,钢样就必须在王水或盐酸-硝酸混合酸中溶解后,加硫磷混合酸蒸至冒硫酸烟,再滴加浓硝酸,方能使试样溶解完全。有些铬的碳化物(如 $Cr_{23}C_6$,Cr_7C_3 等相)在还原性酸中加热可以逐渐溶解,但在 H_2O_2 中却容易钝化。

铬对其他元素化学分析的影响,主要有两方面:一是铬离子是有色的(3 价为绿色,6 价为黄色),在比色时需考虑色泽空白;二是高价铬离子有氧化性,对某些有机显色剂有氧化作用,遇此情况应将其还原到低价。上述影响亦可用分离的方法将铬去除。通常较简便的方法就是在高氯酸冒烟时加盐酸(或氯化钠)使铬成氯化铬酰 CrO_2Cl_2 去除。

$$\mathrm{Cr_2O_7^{2-}+4Cl^-+6H^+} \xrightarrow{\Delta} 2\mathrm{CrO_2Cl_2}\uparrow+3\mathrm{H_2O}$$

7. 镍

普通钢中的含镍量在 0.3% 以下,不起合金元素作用。平均含镍量在 0.5% 以上的钢就可算镍钢。镍作为合金元素能使钢具有高级的机械性能,即可使钢具有韧性、防腐抗酸性、高导磁性,并使晶粒细化提高淬透性,增加硬度等。在许多特殊钢和合金中镍含量更高。在奥氏体钢中的镍量超过 8%,从而增加钢的耐蚀性能和良好的可焊性,耐热钢中含镍量有的超过 20%,从而增加钢的耐热性。含镍 25% 的钢具有抗熔融碱的特殊性能,而含镍量 36% 的高镍钢对热膨胀以及电磁的敏感性很强。

镍在钢中主要以固溶体的形态存在。由于镍在钢中并不形成稳定的化合物,所以大多数含镍钢和合金都溶于酸中。钝镍与盐酸或稀硫酸反应很缓慢,却与同浓硝酸激烈反应,在浓硝酸中加少量盐酸反应也相当快,然而浓硝酸对铁有钝化作用,所以在溶解含镍钢时,镍含量低的用硝酸(1+3)或盐酸(1+1);含镍高的用硝酸(1+3);高镍铬钢用王水或盐酸-硝酸混合酸(1+1)或高氯酸。

镍在化学分析中的影响,主要是离子有色对比色有影响。镍的掩蔽剂除氰化物以外,很少有与之络合能减少镍离子的颜色的掩蔽剂。因此应考虑采取试样空白或通过分离镍而消除其影响。

8. 钛

钛是较为活泼的金属元素之一,它和氮、氧、碳都有极强的亲和力,和硫的亲和力也强于铁和硫的亲和力,因此它是一种良好的脱氧除气剂,是固定碳和氮的有效元素。加入适当的钛能改变钢的品质和提高机械性能,能提高耐热钢的抗氧化性和热强性,提高不锈钢的耐蚀性,并对钢的焊接也有利。

钢中的钛除了固溶钛以外,其化合物极其复杂,能形成 $\mathrm{TiC,TiN,TiS,TiO,TiO_2}$ 等。

金属钛能溶于热浓盐酸中:

$$2\mathrm{Ti}+6\mathrm{HCl}=2\mathrm{TiCl_3}+3\mathrm{H_2}\uparrow$$

更易溶解于 $\mathrm{HF+HCl(H_2SO_4)}$ 中,这时除浓酸与金属的作用外,还利用 $\mathrm{F^-}$ 与 $\mathrm{Ti^{4+}}$ 的络合作用,促进钛分解:

$$\mathrm{Ti}+6\mathrm{HF}=\mathrm{TiF_6^{2-}}+2\mathrm{H^+}+2\mathrm{H_2}\uparrow$$

钛可溶于盐酸、浓硫酸、王水和氢氟酸中,但钛的碳化物、氮化物和氧化物,化学惰性较大,它们的化学性质如表 1.17 所示。不过表中大多数数据是对合成钛化物而言的,可能与钢中析出的同类相的性质相差很远,仅供参考。

表 1.17　钛化物的溶解特性

钛化物	HCl		H_2SO_4		HNO_3		王水	HF**	HNO_3+HClO_4	$HCl(1+1)+KClO_4$
	浓	稀	浓	稀	浓	稀				
金属钛	—	○	○	○	—	○	○	○	○	—
TiC	×	×	×	×	○	○	×	○	○	○
TiN	×	×	×	×	×	×	○	×	×	×
TiS	×	×	○	○	○	○	○	○	○	○
FeO,TiO_2	—	×	—	×	—	×	—	○	—	○
Ti_2O_3	—	×	○	×	—	×	○	○	—	○
TiO_2	—	×	○	×	—	×	—	○	×	×
TiO	—	—	○	○	—	○	○	○	×	×

**在 $HF+HNO_3$ 中,所有钛化物都是可溶的。

注:○——溶解,×——不溶。

从上可以看出,钢中钛除固溶钛外,还有化合钛,它们对酸的溶解性质有差异,因此就引起了分析方法上有总钛量、化合钛和金属钛测定的区别(也有称为所谓"酸溶钛"和"酸不溶钛"的区别)。

钛在化学分析中的影响有如下两点:① 4 价钛在低酸度溶液中很易水解形成白色偏钛酸沉淀或胶体,后者难溶于酸中,因此在分析过程中应保持溶液的一定酸度以防止水解,或采用加络合剂的办法掩蔽钛。② 3 价钛离子呈紫色,不稳定,易被空气和氧化剂氧化成 4 价。

9. 钒

钒是钢铁中很重要的合金元素之一,就我国钢铁体系来讲,Mo、W、V、Ti、Nb 和 Xt 等合金元素是我国合金元素的重要组成部分。钢中含有钒使钢具有特殊的机械性能,提高钢的抗张强度和屈服点,尤其是提高钢的高温强度,提高工具钢的使用寿命。钒和硫、氮、氧都有强的亲和力,在炼钢时,可用作细化晶粒的脱氧剂。

钒在钢中除了固溶钒外,还可形成 VC、V_2CVN、FeV_2O_4、V_2O_3、VO 和 V_2O_5 等,其中 VC 往往形成缺碳的 V_4C_3,因此钢中钒的碳化物常呈 V_4C_3 和 V_2C 形态。

钒除了用氢氟酸作用外,它不和非氧化性酸作用。它能溶于硝酸或硝酸与盐酸的混合酸中。钒的碳化物是很稳定的,用硫酸或盐酸处理时,几乎不能溶解,只有以硝酸(或过氧化氢)氧化并经硫酸冒烟处理后才能溶解。钒以 4 价状态存在于溶液中,4 价钒与强氧化剂(如高锰酸钾)作用时,则变成 5 价钒并形成钒酸。

钒对化学分析的影响主要有两个方面:一是钒离子是有色的(5 价呈黄色,4 价呈蓝色),比色时需考虑色泽空白;二是 5 价钒是氧化剂,不稳定,易被还原,对某些有机显色剂有氧化作用。另外,5 价钒能与磷、钼一起生成络合物,使磷的测定结果偏低,故常用亚铁将其还原成低价以消除其干扰。

10. 钼

钼在钢中除固溶钼外,还可能形成碳化物[Mo_2C、MoC、$(Fe,Mo)_3C$、$(Fe,Mo)_6C$ 等]、氮化物(MoN)以及硼化物等。但在低合金钢中主要形态是碳化物。钼作为合金元素加入钢中,能增加钢的强度而不减其塑性和韧性,同时能使钢在高温下有足够的强度,且改善钢的耐蚀、冷脆性等。

钼只与浓硝酸、热的浓硫酸作用。而含钼钢能溶于稀硫酸和盐酸中,低合金钢中的钼主要以碳化物形态存在,不溶于稀硫酸和盐酸,但可溶于硝酸。硝酸不仅能分解钼的碳化物,且能溶解金属钼(高纯的钼还需补加几滴 H_2O_2 才能溶解)。对于稳定的钼碳化物加热至冒硫酸烟才能分解(有时尚须在冒烟时滴加浓 HNO_3),因此在测定钼时应予注意。

11. 钨

钨是重要的合金元素之一。它的作用主要是增加钢的回火稳定性、红硬性、热强性以及形成特殊碳化物而增加其耐磨性,高速工具钢和硬质合金都必须含有较多量的钨。

钨在钢中主要以碳化物形式存在。如 Fe_3W_3C、$Fe_{21}W_2C$、WC、W_2C 等。部分钨能溶于基体形成固溶体。此外还能形成 Fe_2W、W_2N 等。

钨不与盐酸和硫酸作用,仅微溶于硝酸、氢氟酸和王水。为了使钨溶解,可以使它形成络合物。例如,在浓磷酸中,由于生成磷钨酸 $H_3[P(W_3O_{10})_4]$ 而能促使钨溶解。金属钨还可以溶解于 HNO_3-HF 中。这是由于钨(Ⅵ)能与氟离子生成稳定的络合物而进入溶液。钨亦溶于过氧化氢中。曾经有人用过氧化氢与草酸的混合物溶解钨铁,甚为快速。细粉末状的钨溶于煮沸的苛性碱溶液中生成碱金属钨酸盐并析出氢气。

钨的碳化物对还原性酸一般是稳定的,它们仅溶于氧化性酸溶液中。含钨钢通常易溶于盐酸(1+1)或硫酸(1+4)中。当用盐酸和硫酸处理钢样时,金属钨及其碳化物以重质黑色粉末状沉于容器底部,需缓慢滴加硝酸氧化,使其转化为钨酸,否则会使较多的铁、铬、钒、钼、钛、锆、锡、硅、磷等夹杂在钨酸中。钨酸稍溶于过量的盐酸和硝酸的混合酸中。在重量法或容量法中,以钨酸形式析出时,必须注意到上述情况。

钨对化学分析的影响是严重的,主要是因为钨含量高时极易水解产生浑浊。要将其完全分离是困难的,并且用钨酸的形式分离时还会有吸附。消除这种影响的方法有三种:① 加磷酸、酒石酸或柠檬酸掩蔽;② 冒硫酸或高氯酸烟时钨酸脱水后过滤;③ 用强碱使钨酸转变为可溶性的钨酸钠。

12. 铝

铝是钢的良好的脱氧剂、除气剂和致密剂之一。在不同的条件下,铝对钢的影响不一样。作为合金元素加入,可提高钢的抗氧化性,改善钢的电磁性能,在耐热钢中提高热强性,在渗氮钢中促使形成坚硬耐磨耐蚀的渗氮层。

铝在钢中主要以金属固溶体形态存在,此外还可形成氮化铝(AlN)、氧化铝(Al_2O_3)以及$(FeMn)O \cdot Al_2O_3$,$CaO \cdot Al_2O_3$ 和 AlO_xN_y 等夹杂物。

铝不与浓硝酸和浓硫酸发生作用。在稀硝酸中反应非常缓慢,易溶于盐酸。铝的氧化物在化学性质上是很稳定的,但是 AlN 很活泼,易溶于酸。所谓"酸溶铝"系指金属铝和氮化铝而言。"酸不溶铝"主要指铝的氧化物。铝的氧化物不是绝对不溶解于酸,只是极少溶解于酸,而且随溶样酸的不同和温度不同而有差异。

铝在化学分析中有两点应注意:① 在盐酸介质中,$AlCl_3$ 过热状态下易蒸发损失。② 铝与铁、铬、钛等元素常伴随在一起,加之铝是两性元素,因此在分离和测定铝时,手续仍比较麻烦复杂。

13. 铌

铌在钢中主要以铌化物的形态存在,主要有 NbC,Fe_2Nb,其他形式有 NbN,Nb_2O_2,Nb_2O_5 等(其中 NbC 同 VC 一样,常因缺碳而形成 Nb_4C_3,而 Fe_2Nb 又因缺位或其他原因使其化学成分与 Fe_3Nb_2 相近,因此文献上常常写成 Fe_2Nb_2)。

铌作为合金元素加入钢中,能显著地提高钢的强度和抗腐蚀性,改善钢的焊接性能。钢中铌通常为 $0.1\% \sim 1\%$,普通低合金钢中铌含量为 $0.015\% \sim 0.050\%$,而在高温用的结构钢中含铌量可达 3%。

铌不溶于盐酸、硝酸及硫酸中,但易溶于氢氟酸和硝酸的混合酸中,它与氢氟酸能缓慢地作用。它可以和熔融的苛性碱迅速发生反应生成铌酸盐,它与碱溶液能发生较显著的作用。所有铌化物对稀酸是稳定的,Fe_2Nb 只溶于含氧化剂的酸性溶液中。NbC 和 NbN 可以溶于 $HNO_3 + HF$,$HF + H_2O_2$,$NH_4F \cdot HF + H_2O_2$ 等混合酸液中。NbC 还可以溶解在饱和草酸 $+ H_2O_2$ 中。Nb_2O_5 可溶于 HF,$H_2SO_4 + HF$,加热至冒烟的浓 H_2SO_4,等等。

当用酸分解钢样时,铌极易水解成铌酸析出沉淀,但在酒石酸、柠檬酸、草酸盐、过氧化氢或氢氟酸存在下,铌能形成可溶性络合物。许多方法就是利用此特性使铌保存于溶液中而进行测定。

14. 钴

钴是世界上稀少的贵重金属,因此多用于冶炼特殊的钢和合金。

钴在特殊钢种中,能改善钢的高温性能,增强钢的红硬性,提高抗氧化及耐腐蚀能力,为超硬高速钢及高温合金的重要合金化元素。钴在钢和合金中的含量范围较大,在特殊的钴基高温合金中可高达 50% 左右,而在原子能和某些工业的钢种里,含钴量要求低于一定范围(例如,在 0.01% 左右)。

钴在钢中绝大部分以固溶体的形态存在,并不形成碳化物。

钴在稀盐酸和硫酸中反应很缓慢,能逐渐溶解,在热的盐酸中溶解较快,易溶于稀硝酸和王水,在浓硝酸中激烈反应。

钴离子是粉红色的,在比色分析时要注意消除其色泽影响。

15. 硼

为了改善钢的某些性能,常常向钢中加一定量的硼。比如在普通钢和结构钢中加入微量硼(一般平均含量在 0.003% 左右),可提高钢的淬透性,从而能提高零件截面性能的均匀性,在球光体耐热钢中加入微量硼可提高钢的高温强度,而在奥氏体钢中加入 0.025% 的硼可提高钢的蠕变强度。用硼可节约镍、铬、钒、钼、钨等稀缺金属,可弥补我国镍、铬资源的不足。

硼在钢中除了以固溶体形态存在外,还可能形成各种硼化物。有碳硼化物[如 $Fe_3(CB)$,$Fe_{23}(CB)_6$]、氮化物(如 BN)和氧化物(如 B_2O_3)等,在高硼钢中还会形成 Fe_2B,TiB 等金属的硼化物。

在钢铁中硼的分析的主要内容常常有全硼、"酸溶硼"和"酸不溶硼"等区别。所谓全硼是指固溶硼和化合硼的总量,"酸溶硼"常常是指能溶于 2.5 $mol \cdot L^{-1}$ 硫酸中的固溶硼和碳硼化物中的硼。"酸不溶硼"就是指不溶于 2.5 $mol \cdot L^{-1}$ 硫酸的其他一些硼化物,主要是 BN,B_2O_3 等。表 1.18 列举了 BN 和 B_2O_3 在酸介质中的化学性质。

表 1.18　BN 和 B_2O_3 在酸介质中的化学性质

化合物	HNO_3		H_2SO_4		HCl		王水
	1+1	1+2	1+3	1+6	1+1	1+2	
BN	不溶	不溶	不溶	不溶	不溶	不溶	微溶
B_2O_3	微溶	不溶	微溶	微溶	溶解	溶解	溶解

从表 1.18 可看出所谓"酸不溶硼"并不是其绝对不溶解于酸,而是随着溶样酸的种类不同和溶解过程中是否加氧化剂(高锰酸钾、过氧化氢)而有所不同。"酸不溶硼"的残渣一般经碱融处理后均可溶解。

16. 稀土元素

一般所说的稀土元素,是指元素周期表中原子序数为 57~71 的镧系元素以及周期表ⅢB族中的钪和钇,共 17 个元素。由于这些元素大都是在矿石中共生,而且化学性质也很相似,所以归为一类。在我国钢号用"Xt"表示。

稀土元素的分类方法主要有两种。

1) 将稀土元素分为 2 组

铈族元素:镧、铈、镨、钕、钷、钐、铕 7 个元素。

钇族元素:钆、铽、镝、钬、铒、铥、镱、镥、钇、钪 10 个元素。

2) 将稀土元素分为 3 组

铈族元素(轻稀土):镧、铈、镨、钕、钷、钐 6 个元素。

铽族元素(中稀土):铕、钆、铽 3 个元素。

钇族元素(重稀土):镝、钬、铒、铥、镱、镥、钪、钇 8 个元素。

稀土元素在钢中,半数以上进入碳化物中,小部分进入夹杂物中,其余部分存在于固溶体中。稀土元素对氧、硫、磷、氮、氢等的亲和力都很强,和砷、锑、铅、铋、锡等也都能形成熔点较高的化合物。因此是很好的脱气、脱硫和清除其他有害杂质的加入剂。钢中加入少量稀土,能提高钢的流动性,从而改善钢的表面质量;能显著提高不锈耐酸钢的热加工塑性。结构钢中加入稀土元素能提高其塑性和韧性,减弱可逆回火脆性等。

稀土元素的性质极为相似,不易相互分离,一般皆以其混合物的形式加入钢中。因此,一般的分析也即测定其总量。然而,由于冶金技术和分析技术的发展,钢中加入单个稀土元素的方法日渐增多。

稀土元素易溶于酸,Ce^{+4} 具有氧化性,对氧化还原反应有一定影响。

17. 铜

铜在退火钢中主要以固溶体或极微细的金属夹杂物形态存在。一般当铜含量大于 0.8% 时,会出现后一种游离形态。

　　铜在钢中的含量一般在 0.02% 以下。通常它是钢中的有害杂质,使钢的机械性能降低,并在加热时导致金属表面的氧化,影响钢的质量。但有时也特意往钢中加入铜以代替部分镍。在低碳低合金钢中,特别与磷同时存在时,可提高钢的抗大气腐蚀性能。2%~3% 铜在奥氏体不锈钢中可提高其对硫酸、磷酸及盐酸等的抗腐蚀性及对应力腐蚀的稳定性。

　　铜不溶于稀盐酸或稀硫酸,但易溶于硝酸或热的浓硫酸。

　　铜在比色分析中的影响主要是在铜含量高时有色泽影响,应考虑色泽空白。

18. 氮

　　气体对钢的质量影响很大,在大多数情况下,气体的存在使钢发脆并出现裂缝,降低耐蚀性。氮在钢中一般含量应不大于 0.008%,但在某些情况下,例如在镍铬钢、铬锰钢中加入少量氮,将起加入合金元素的作用。它代替了相当部分的镍。除此,根据需要还对钢进行表面渗氮处理,以此增加钢的硬度和耐磨性能,也显著改善其耐蚀性能。

　　钢中的氮主要是以氮化物(如 Fe_4N,Mn_3N_2,AlN,BN,TiN,VN,CrN 等)形态存在,只有极小部分成为固溶体。

　　按物理性质和键的特性,氮化物可分为两类:金属氮化物和非金属氮化物。而金属氮化物又分为非过渡金属氮化物和过渡金属氮化物两种。钛副族、钒副族和铬副族的金属氮化物以及非金属氮化物常常属于难溶的氮化物。这些氮化物溶解需用高氯酸或硫酸冒烟处理,或采用 K_2SO_4-H_2SO_4 "湿法熔融"。除上述难溶的氮化物以外,其他氮化物都能溶于稀酸。

　　一些氮化物的分析化学性质如表 1.19 所示。

表 1.19　常见氮化物的分析化学性质

氮化物	HCl(1+1)	H_2SO_4(1+4)	HF(1+1)	HNO_3(1+1)	HF+HNO_3
BN	×	×	×	—	○
TiN	×	×	—	×	○
ZrN	×	×	徐溶	—	○
VN	×	×	—	×	○
NbN	×	×	—	×	○
AlN	○	○	○	○	○

　　注:×——不溶;○——溶解。

　　应用化学方法溶样,只能测定钢中化合氮和固溶的氮,而吸附在金属表面或处于金属气孔的氮,呈分子形式,无法测定。总氮量的测定,需靠真空熔融或其他物化法。

第 2 章　普通钢铁的分析方法

2.1　碳 的 测 定

测定总碳量的方法,都是首先将试样置于高温炉中(管式炉、高频炉或电弧炉等)通氧燃烧,生成二氧化碳以后再进行测定。目前常用的测定方法有:① 燃烧-容积法:又称气体容量法。以氢氧化钾溶液吸收二氧化碳,将测得二氧化碳的体积换算成含碳量。② 非水滴定法:在有机溶剂中进行酸碱的中和滴定。按有机溶剂的类型,分为甲醇-丙酮法和乙醇-乙醇胺法两种。③ 电导法:在盛有氢氧化钠溶液的电导池中(或氢氧化钡溶液),导入二氧化碳后,由于氢氧化钠溶液吸收二氧化碳后溶液的电阻发生变化(一般来讲,溶液电阻变化为 $500 \sim 3\,000\ \Omega$),即溶液电导发生变化(溶液电阻的倒数即是电导),二氧化碳溶液的浓度在一定电阻范围内与电阻成正比,因此可根据电导(电阻的倒数)的变化求得碳含量。④ 以碱石棉吸收二氧化碳的重量法。此外尚有库仑法、低压法、气相色谱法、红外线光谱等仪器分析法,在此不作叙述。

碳的燃烧-容积法就是将试样在高温($1\,100 \sim 1\,250\ ℃$)的氧气流中燃烧生成的二氧化碳,用氢氧化钾吸收,以吸收前后体积之差,通过换算确定碳的含量,其反应式如下:

$$C + O_2 = CO_2$$
$$4Fe_3C + 13O_2 = 4CO_2 + 6Fe_2O_3$$
$$Mn_3C + 3O_2 = CO_2 + Mn_3O_4$$
$$4Cr_3C_2 + 17O_2 = 8CO_2 + 6Cr_2O_3$$

试样在高温燃烧时,其中的硫也被氧化,生成的二氧化硫同时被氢氧化钾所吸收,因此必须用特制的、组织疏松的二氧化锰把二氧化硫吸收除去。

$$4FeS + 7O_2 = 2Fe_2O_3 + 4SO_2$$
$$SO_2 + KOH = KHSO_3$$
$$MnO_2 + SO_2 = MnSO_4$$

此法自 1913 年应用以来,由于它操作迅速,手续简单,分析准确度高,迄今仍得到广泛应用,并为国内外列为标准方法予以推荐。

气体容积法使用一种专门设计的仪器来测定试样中的碳含量,在这种仪器上测出的结果,实际上是二氧化碳的体积,为了把它换算成碳含量的百分率,须用下面给出的方程式进行计算。

1. 标尺的刻度依据

我们常见的定碳仪,是在气压为 760 mmHg[①] 和温度为 16 ℃(或者 20 ℃)时,按毫升数刻制的。如果我们称取试样的质量为 1 g,含碳量为 0.05%时(即 0.000 5 g 碳),那么,在 760 mmHg 和16 ℃时

---

① 1 mmHg=0.133 kPa。

恰好占有 1 mL 体积。这就是气体容量法在量气管上刻度的依据。

这是因为, 1 mol 的二氧化碳在标准状态下, 即在 760 mmHg, 0 ℃ 时占有的体积是 22 260 mL, 根据碳的燃烧反应方程式可以算出 0.000 5 g 碳在标准状态下应占有体积:

$$C+O_2 \Longrightarrow CO_2$$

$$12.01 \text{ g} \qquad 22\,260 \text{ mL}$$

$$0.000\,5 \text{ g} \qquad X \text{ mL}$$

故

$$X = \frac{0.000\,5 \times 22\,260}{12.01} = 0.926\,7 \text{(mL)}$$

把此标准状态下的体积, 换算成为 760 mmHg 和 16 ℃ 时的体积, 利用理想气体状态方程式进行计算:

$$\frac{p_1 V_1}{T_1} = \frac{p_2 V_2}{T_2}$$

式中: $p_1 = 760$ mmHg; $V_1 = 0.926\,7$ mL; $T_1 = 273$ K (绝对温标); $p_2 = (760 - 13.6)$ mmHg, (13.6 mmHg 是 16 ℃ 时水的饱和蒸气压); $T_2 = (273 + 16)$ K (绝对温标)。将这些数据代入气体状态方程, 可得 $V_2 \approx 1$ mL。

2. 补正系数(校正系数)的求法

由于气体的体积受温度和压力的影响很大, 并且在实际工作中大气压力和温度并不是恒定在 760 mmHg 和 16 ℃, 而是经常变更, 因此必须根据测定时的温度和压力对测定出来的刻度数据进行校正, 而校正的依据, 同样是按照理想气体状态方程式来计算的。

例 在 750 mmHg, 20 ℃ 时, 测得的体积为 1 mL, 则在 760 mmHg, 16 ℃ 时, 其体积应为多少呢?

解 由于 $p_1 = (750 - 17.5)$ mmHg (17.5 mmHg 是 20 ℃ 时水的饱和蒸气压), $V_1 = 1$ mL, $T_1 = (273 + 20)$ K, $p_2 = (760 - 13.6)$ mmHg (13.6 mmHg 是 16 ℃ 时水的饱和蒸气压), $T_2 = (273 + 16)$ K, 将这些数据代入气体方程, 可得 $V_2 = 0.968\,1$ mL。

这就是我们所要求的校正系数。把测得的数据乘上校正系数, 就得出碳的正确含量。

这种计算, 可以化为一个通用的公式, 对于任意一个压力 p, 任意一个温度 t 时的体积 V_t, 换算为 760 mmHg, 16 ℃ 时的体积 V_{16}。通常把 760 mmHg, 16 ℃ 时的体积 V_{16} 与在任意温度、压力下所占体积 V_t 之比作为碳的校正系数 K, 即可化简为

$$K = \frac{V_{16}}{V_t} = 0.387\,2 \times \frac{p}{T}$$

例 17 ℃, 大气压为 750 mmHg 时, 其校正系数为

$$K = 0.387\,2 \times \frac{750 - 14.5}{273 + 17} = 0.982\,0$$

在实际操作中所有的结果都不必进行上述复杂的计算, 备有专门制成的换算表, 供操作者查阅。但由于量气管中用的水不同(有 26% 食盐水和酸性水两种), 其蒸气压也不同, 因而校正系数也不一样, 应注意选用。

1) 测量范围

碳含量 $\geqslant 0.05\%$。

2) 仪器及试剂

氧气净化和燃烧装置及定碳仪(图 2.1)。水银气压计。氢氧化钾溶液: 40%。酸性水: 于水中加数滴硫酸及甲基橙指示剂。熔剂: 纯锡、纯铋等。

3) 操作步骤

称取试样 0.250 0~2.000 0 g, 置于瓷舟内, 加适当助熔剂约 0.2 g, 立即将瓷舟用紫铜或低碳不锈

钢长钩送于炉管高温处(1 150～1 250 ℃)。立即用橡皮塞将燃烧管塞住,保温 0.5～1 min,通氧燃烧(氧气流量 1.5～2 L·min⁻¹),生成的二氧化碳和混合气体,经过除硫器及冷凝管进入量气管内,待量气管内酸性水液面在稳定一段时间以后开始下降时,将水准瓶移至量气管的零点处,当液面降到接近零点时,将量气管通大气,切断氧气流。封闭量气管,读取刻度,将混合气体压入碱吸收器内,吸收后,将水准瓶回复到原处,再读取量气管水柱读数。所得吸收前后的读数差,按下式计算试样的含碳量:

$$C\% = \frac{量气管读数差(\%) \times K}{G}$$

式中:K 为温度压力校正系数;G 为称取试样质量(g)。

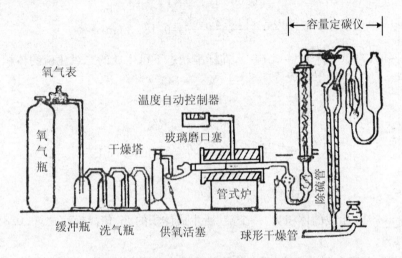

图 2.1　氧气净化和燃烧装置及定碳仪

4) 注

(1) 本法适于分析含碳量(总碳量)0.05%以上的试样,含碳量 1.5%以下称取试样 0.5～2.0 g;含碳量 1.5%以上称取试样 0.25～0.5 g。

(2) 气体定碳仪须装置于室温比较正常之地点,不可与电炉过分接近,宜相距 3 m 以上,并避免阳光直接照射。量气管及吸收器之间应避免有温差,此点很重要。

(3) 工作开始前,应先检查仪器各部分,如接头处及活塞等是否严密不漏气,并使仪器处于工作准备状态。

(4) 应用工业氧气应预先经洗涤、干燥,以除去水分及二氧化碳等。氧气流量对准确度有一定影响,为了较正确地掌握氧气流量,一般可用医用氧气吸入器。

(5) 工作开始前及工作中,均应燃烧标准样品,以判断工作过程中仪器之准确性。

(6) 通氧速度应很好控制,保证试样全熔,又保证气体能够冷却。

(7) 吸收器浮标的液面,在吸收前后应保持一致。

(8) 量气管必须保持清洁,当发现液体流动不顺利而有水滴附着于量气管内壁时,应予洗涤。一般可用热铬硫酸洗液浸泡洗涤之。

(9) 操作时,必须随时注意温度与压力的变化。

(10) 所用瓷管(新换的)必须通氧燃烧多次,以除去空白。所用瓷舟必须在分析试样相同的条件下燃烧除去空白,以免引入分析误差。

(11) 对于高、中碳试样,由于含碳量较高,一般应作多次吸收,保证二氧化碳吸收完全,否则将造成结果偏低。

(12) 吸收器中氢氧化钾溶液应根据工作情况随时更换。氢氧化钾新配制溶液应先烧几个试样而不计结果,否则结果会偏低。滤气管中脱脂棉应经常更换,以防氧化铁污染仪器系统。

(13) 球墨铸铁、过共晶铸铁,大型铸件不能用钻样,因为制样时石墨颗粒损失。应取白口试样或用锯条锯质量约 0.25 g 左右的条状小块试样,否则测得的碳含量很不稳定。

(14) 硫对碳结果的影响,可以由下面的计算得知。含碳 0.01% 时(习惯上称为"一个碳")在标准状态下生成的二氧化碳体积为 V_c mL。

$$C + O_2 \Longrightarrow CO_2$$

$$12.01 \qquad 22\,260$$

$$0.000\,1 \qquad V_c$$

$$V_c = \frac{0.000\,1 \times 22\,260}{12.01} = 0.185\,3 \text{ (mL)}$$

含硫 0.001% 时(习惯上称为"一个硫"),在标准状态下可生成的二氧化硫的体积为 V_s mL。

$$S + O_2 \Longrightarrow SO_2$$

$$32.01 \qquad 21\,890$$

$$0.000\,01 \qquad V_s$$

$$V_s = \frac{0.000\,01 \times 21\,890}{32.01} = 0.006\,8 \text{ (mL)}$$

故

$$\frac{V_c}{V_s} = \frac{0.185}{0.006\,8} \approx 27$$

这就是说,"一个碳"生成的体积为"一个硫"所生成体积的 27 倍。换言之,0.028% 含硫量将使碳的结果偏高 0.01%。

(15) 如采用碳、硫联合测定方法,可在除硫位置用定硫吸收器(碳、硫联测试定硫器)取代之,以作碳、硫联合测定。

(16) 遇到气压示数为毫帕而又无对照表查对时,可将毫帕数乘上 0.75,即得出毫米汞柱,例如 932.3 mPa × 0.75 ≈ 699 mmHg。

2.2 硫 的 测 定

试样于高温下,通氧燃烧使之生成二氧化硫,被淀粉溶液吸收后生成亚硫酸,以碘酸钾标准溶液滴定,使亚硫酸氧化为硫酸,根据碘酸钾标准溶液的消耗量来计算硫的含量。其主要反应是,试样在高温下(1 250~1 350 ℃),通氧燃烧生成二氧化硫气体,即

$$4FeS + 7O_2 \Longrightarrow 2Fe_2O_3 + 4SO_2 \uparrow$$

$$3FeS + 5O_2 \Longrightarrow Fe_3O_4 + 3SO_2 \uparrow$$

将二氧化硫用水吸收,生成亚硫酸:

$$SO_2 + H_2O \Longrightarrow H_2SO_3$$

再以碘酸钾标准溶液滴定亚硫酸:

$$KIO_3 + 5KI + 6HCl \Longrightarrow 3I_2 + 6KCl + 3H_2O$$

$$H_2SO_3 + I_2 + H_2O \Longrightarrow H_2SO_4 + 2HI$$

用淀粉作指示剂,过量的碘与淀粉作用,溶液由无色变蓝色,即为终点。

然而燃烧容量法测定硫受炉温、助熔剂及仪器设备条件等各方面的因素影响,硫的转化率往往只

是在某特定条件下的一定回收率。所以不能直接用理论值来计算,只能用组分相当的标准钢样来标定标准溶液,从而求得结果。提高炉温,减少转化区的氧化物是提高硫的转化率的主要途径。

由于炉温对硫的转化率有决定性影响,故求滴定度及做试样时的温度应一致。一般配有炉温控制器来满足这一工艺要求。

淀粉吸收液的选用对终点变色灵敏度有影响。试验证明,用山芋粉(即红薯粉)配制得好,吸收液终点呈纯蓝色,不泛红,其灵敏度比可溶性淀粉(即粮食淀粉)高 1 倍。

正确选用助熔剂对确保试样燃烧完全是很重要的。碳钢、低合金钢用 V_2O_5 较好,其次是纯锡。而中高合金钢则用纯锡或 V_2O_5 和还原铁粉的混合熔剂为佳。过去习惯用的氧化铜空白虽低,但是使硫的转化率显著降低。

本方法适用于测定含硫量 0.001 0%～0.10%。

1) 试剂

氧气净化和燃烧炉装置与气体容积法定碳相同(见图 2.1)。吸收器(可用非水滴定乙醇-乙醇胺体系吸收杯),参见图 2.2。碘酸钾标准溶液($0.005\ mol \cdot L^{-1}$),称取碘酸钾 0.178 g,溶于水中,并稀释至 1 000 mL,摇匀。滴定液(甲)($0.001\ mol \cdot L^{-1}$),吸取 $0.005\ mol \cdot L^{-1}$ 碘酸钾溶液 100 mL,加碘化钾 0.5 g,以水稀释至 500 mL,摇匀(供测定 0.01%～0.06% 含硫试样使用)。滴定液(乙)($0.000\ 5\ mol \cdot L^{-1}$),吸取 $0.005\ mol \cdot L^{-1}$ 碘酸钾 50 mL,加碘化钾 0.5 g,以水稀释至 500 mL,摇匀(供测定 0.001%～0.01% 含硫试样使用)。淀粉吸收液:称取山芋粉 10 g,溶于少量冷水中调成糊状;徐徐倒入 500 mL 沸水中搅溶,再加热煮沸数分钟,取下,加水 500 mL,并滴加盐酸数滴,搅匀后静置过夜,备用,取上层澄清溶液 50 mL,加盐酸 15 mL,以水稀释至 1 000 mL,摇匀。助熔剂:V_2O_5、纯锡。

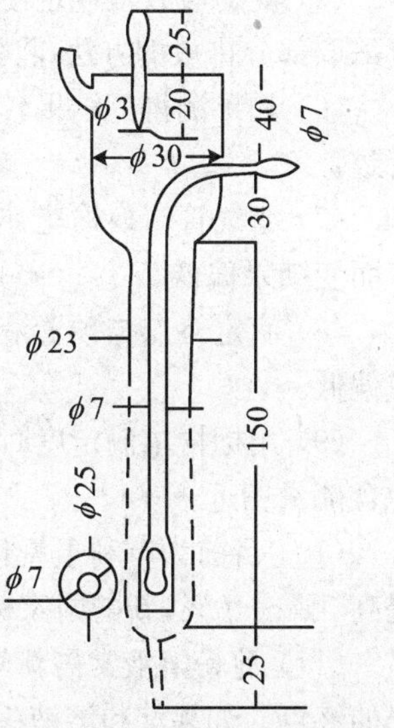

2) 操作步骤

图 2.2 乙醇-乙醇胺体系吸收杯

先检查燃烧管是否有挥发性物质(即还原性物质)。当炉温达到 1 250～1 300 ℃时,将燃烧管的管口用塞塞住,加 20～25 mL 淀粉吸收液于吸收器中,通氧,用滴定管滴入碘酸钾标准溶液数滴至溶液呈浅蓝色。如氧气流迅速通过数分钟后,吸收器内溶液之颜色消退,则证明管内有与碘酸钾发生反应的还原性物质排出,此时不应关闭氧气,再加数滴碘标准溶液,继续燃烧至吸收液淡蓝色不褪为止。称取试样 0.250 0～1.000 0 g,置于瓷舟中,加入助熔剂适量,用炉钩将瓷舟推入至燃烧炉的最高温处,即刻将管口塞住,预热 0.5～2 min,通氧燃烧(氧气流量为 1.5～2 L · min^{-1}),生成的二氧化硫气体导入吸收器,当蓝色开始消退时,随即用碘酸钾标准溶液滴定,力求使吸收液蓝色不消失。当吸收液褪色缓慢时,滴定速度也相应放慢,直至吸收液颜色与预先设置的色泽一致,间隙通氧,继续滴定至色泽不变,即为终点。拉出瓷舟,观察舟内的熔融物应为硬质状态而平铺于瓷舟之底部,不得有气泡。调换新的吸收液,重新调节终点色泽,进行另一试样的测定。按同样手续,选择适当的标准试样,确定碘酸钾标准溶液对硫的滴定度(T)。按下式计算试样的含硫量:

$$S\% = \frac{T \times V}{G} \times 100$$

式中:V 为滴定所耗碘酸钾标准溶液的毫升数;T 为 1 mL 碘酸钾标准溶液相当于硫的质量(g);G 为称取试样质量(g)。

如果称取标准试样与试样量相同,则可将上式改为

$$S\% = T\% \times V$$

式中：$T\%$ 为 1 mL 碘酸钾标准溶液相当于硫的百分含量（即 $T\% = A/V_0$，其中 V_0 为滴定标样时消耗碘酸钾标准溶液的毫升数，A 为标样中硫的百分含量）。

3) 注

（1）氧气净化系统在长时间使用后应及时更换洗涤剂及干燥剂。

（2）硫量小于 0.01% 称样 1 g，硫量 0.01%～0.06% 称样 0.5 g；硫量 0.06%～0.1% 称样 0.25 g。如含硫量超过 0.1% 时，则可相应提高碘酸钾标准溶液的浓度。

（3）低合金钢、碳钢预热 0.5～1 min；生铁和中高合金钢预热 1～2 min。

（4）燃烧数次后，应将吸收器前之输气玻璃管及燃烧管之尾端用软铁丝刷将铁的氧化物刷去，并用压缩空气球将残留的粉状物吹净。不应使用粘有较多熔渣的燃烧管，否则将导致结果偏低。

（5）淀粉吸收液规定使用一次便予以更换，这样能保持条件一致，提高重现性。但在日常工作中可采取部分排放的办法，将每次淀粉吸收液的体积保持一致。

（6）如果测得的结果较实际为高，其原因可能系燃烧管及瓷舟预先未曾烧透，或由于橡皮塞燃烧所致。

（7）滤气管新换棉花，应分析一次钢样（不计量），或空白通氧 2～3 min，防止新换棉花吸附二氧化硫而使结果偏低。

（8）滴定终点与预置液色泽要一致，以呈淡蓝色为宜。如前后色泽程度不一致，将引起结果偏高或偏低。

（9）用标样求滴定度时，注意选用以重量法定值的标样为妥，并且选用标样的含硫量尽量和试样中含硫量相近。

（10）目前为有利于氧化铁在高温区的捕集，大大减少转化区的接触媒（氧化铁）量，使硫的回收率提高 5%～10%，新的国家标准、部标准有明确规定。

（11）淀粉溶液常需新鲜配制，但淀粉溶液往往容易变质、发腐，致使滴定过程中变色缓慢和无突变的终点。如果淀粉溶液中含有少量碘化汞（防腐剂）可保持较长时间不变质。

2.3　非水滴定法定碳、碘酸钾法定硫

试样在氧气流中经高温燃烧后，所生成的二氧化碳，将其导入含有百里酚蓝和百里酚酞指示剂的丙酮-甲醇-氢氧化钾混合液吸收，或者被含有百里酚酞指示剂的乙醇-乙醇胺-氢氧化钾混合液吸收，根据碱性非水溶液的消耗体积，计算出碳的百分含量。其滴定度可以用标钢按同样操作求得。

这两种非水体系是目前应用最为普遍的，其中甲醇-丙酮-氢氧化钾体系终点变色敏锐，特别适用于低碳试样的分析。但对二氧化碳吸收和保留能力较差，另外，甲醇有毒性，使用时要注意。

乙醇-乙醇胺体系对二氧化碳的吸收和保留能力都很强。其主要问题是终点变化不如前者明显（因为乙醇胺有缓冲作用），采用光电自动滴定来判断终点能弥补这一缺点。

SO_2 有干扰，因此，须先通过除硫装置。

目前非水滴定法定碳，通常是采用先将试样燃烧后的气流通过碘酸钾法定硫吸收杯，然后进入非水滴定法定碳吸收杯，进行碳硫同时测定，既达到除硫目的，又可测得硫量。

试样在高温下，通氧燃烧使之生成 CO_2 和 SO_2。首先导入硫吸收杯，被淀粉溶液吸收后生成亚硫酸，以碘酸钾标准溶液滴定使亚硫酸氧化为硫酸，根据碘酸钾标准液的消耗的体积来计算硫的

含量。

未被吸收的 CO_2 和 O_2 导入碳吸收杯，被含有百里酚酞指示剂的乙醇-乙醇胺-氢氧化钾混合液吸收，根据碱性非水溶液的消耗体积，计算出碳的百分含量。

硫的转化率受到炉温、助熔剂及仪器设备条件等各方面的因素影响。所以硫不能直接用理论值来计算，只能用标准试样来求滴定度，从而求得结果。

1) 试剂与仪器

碱性非水溶液：氢氧化钾 1.300 g 溶于少量水后，加无水乙醇 970 mL 及乙醇胺 30 mL，再加百里酚酞 0.2 g，摇匀。碘酸钾溶液($0.005\ mol \cdot L^{-1}$)：称取碘酸钾 0.178 g，溶于水中，并稀释至 1 000 mL，摇匀。滴定液(甲)($0.001\ mol \cdot L^{-1}$)：吸取 $0.005\ mol \cdot L^{-1}$ 碘酸钾溶液 100 mL，加碘化钾 0.5 g，以水稀释至 500 mL，摇匀(供测定 0.01%～0.06%S 使用)。滴定液(乙)($0.000\ 5\ mol \cdot L^{-1}$)：吸取 $0.005\ mol \cdot L^{-1}$ 碘酸钾溶液 50 mL，加碘化钾 0.5 g，以水稀释至 500 mL，摇匀(供测定 0.001%～0.01%S 使用)。淀粉吸收液：称取山芋粉 10 g，碘化汞 50 mg，溶于少量水中调成糊状，徐徐倒入 500 mL 沸水中搅拌至溶，继续煮沸 3～5 min，加水 500 mL，搅拌静置过夜，备用；取上面澄清溶液 50 mL，加盐酸 15 mL，以水稀释至 1 000 mL，摇匀。

仪器部分：燃烧炉和氧气净化与气体容积法定碳相同。碳吸收器见图 2.2。

2) 操作步骤

称取试样 0.500 0 g(铁称样 0.100 0～0.200 0 g)置于瓷舟中，加适量助熔剂，将瓷舟用炉钩推入燃烧炉高温区(1 200～1 250 ℃)预热 0.5～1 min，通氧燃烧(氧气流量 1～2 $L \cdot min^{-1}$)生成 SO_2，CO_2 气体经除尘管导入硫、碳吸收杯中，当吸收液中的纯蓝色逐渐变淡，随即用碘酸钾溶液、碱性非水溶液滴定，将近终点时，间断通氧 1～2 次，继续滴定至溶液呈原来的淡纯蓝色终点。根据消耗的碘酸钾标准溶液和碱性非水溶液的毫升数，根据用相应标准试样求得的滴定度，求出硫和碳的百分含量。

3) 注

(1) 称样多少应根据钢铁中含碳量高低及非水溶液中碱度大小而定。

(2) 对于定碳吸收杯中的底液以 25 mL 左右为宜。若调换新的底液必须燃烧高碳试样将其中和，并调节至终点颜色，然后开始分析试样。

(3) 本法乙醇胺用量以 3% 为宜，若含碳量<0.05%，可采用 1%；含碳量在 0.06%～0.3% 之间，可采用 2%。

(4) 非水滴定碳时不需要预置，待溶液泛黄后再开始滴定直至终点，其吸收率基本上接近 100%，而且含碳量从 0.07%～1.2%(钢样)，其滴定度基本上不变。

(5) 废液回收方法：在废液中加入生石灰若干，去水后，控制温度在 78 ℃ 左右，进行蒸馏，回收乙醇。回收之乙醇按原来之配方重新配制使用。

(6) 如选用百里酚酞-百里酚蓝混合指示剂，其配比为 20∶1 时较好。

(7) 本法具有一般非水滴定的特点：简便、快速、准确、稳定、容易操作等，而且本系统无毒性和刺激性的气味。

2.4　电导法测碳硫

试样在氧气流燃烧时，放出的二氧化碳和二氧化硫，导入预先盛有微酸性的并含氧化剂溶液的定硫电导池，反应如下：

$$SO_2 + H_2O \longrightarrow H_2SO_3$$

$$H_2SO_3 \xrightarrow{\text{氧化剂氧化}} H_2SO_4$$

由于产生了硫酸,使电导池中电阻减少,电导率增大。未被定硫吸收液吸收的二氧化碳气体等导入预先盛有一定量碱溶液的定碳电导池,利用高速旋转搅拌,充分发生中和反应:

$$CO_2 + 2OH^- \longrightarrow CO_3^{2-} + H_2O$$

由于产生的碳酸盐之电导率比氢氧化物(碱)的小,因此,电导池中电阻增大,电导率减小。根据电导率的增大和减小,计算出硫、碳的含量。

定硫吸收液中的氧化剂宜用过氧化氢,而重铬酸钾锑溶液不稳定,不宜使用。在定硫吸收液中必须加入少许稀硫酸(1+99),一则保证电表指针能调到零位,更主要的是定硫的电极灵敏度取决于硫酸的加入量。硫酸加入量越少(但硫酸必须加至使电表指针能调到零位和表头许可的测量范围),电极灵敏度越高;硫酸加入量越多,电极灵敏度越低。所以,对不同含硫量的试样,可于吸收液中选择加入合适的硫酸量来控制电极灵敏度(图2.3)。

定碳吸收液中的碱:一般不宜用$Ba(OH)_2$,由于吸收了CO_2形成$BaCO_3$沉淀要污染电极(特别对含碳量较高的试样),选用$NaOH$或KOH为好。由于形成的Na_2CO_3或K_2CO_3是可溶性的,所以可以克服上述弊病。

从图2.4可以看出:$NaOH$溶液浓度稀,电极的灵敏度高。随着$NaOH$溶液浓度的增大,电极灵敏度相应下降。对于低浓度的$NaOH$溶液($0.005\ mol \cdot L^{-1}$),电导率-C%曲线几乎皆能呈直线关系(在$NaOH$浓度允许范围内)。随着$NaOH$浓度增大,曲线下端呈弯曲状,$NaOH$浓度越大,弯曲部分也越大。曲线上端的弯曲是由于$NaOH$量不足所致。为了保证测定灵敏度的要求,对仪器允许测量范围和电极的线性特征,可根据试样含碳量,称样量和采用合适的吸收液浓度进行选择。

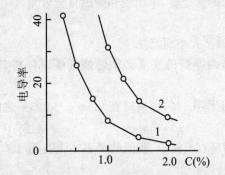

图 2.3　电极灵敏度与硫酸含量关系曲线

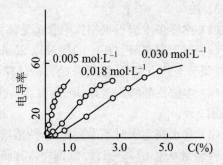

图 2.4　电极线性关系曲线

1) 仪器和试剂

仪器:DFY-12型高速定碳定硫自动分析仪(上海第二分析仪器厂生产)。

试剂:① 定碳吸收液。氢氧化钠溶液($0.005\ mol \cdot L^{-1}$),于$1\,000\ mL$蒸馏水中加氢氧化钠溶液($1.0\ mol \cdot L^{-1}$)$5.0\ mL$。氢氧化钠溶液($0.02\ mol \cdot L^{-1}$),于$1\,000\ mL$蒸馏水中加氢氧化钠溶液($1.0\ mol \cdot L^{-1}$)$20.0\ mL$。所用蒸馏水必须是离子交换水或蒸馏水再经离子交换处理,配制前经过$5\sim10\ min$煮沸,冷却后配制。而后用氢氧化钾溶液(40%)约需$200\ mL$进行保护(可用$500\ mL$塑料瓶作保护瓶),这样可减少标准曲线移动等。② 定硫吸收液。于$1\,000\ mL$蒸馏水中(二次交换水或二次蒸馏水),加硫酸(1+99)$0.5\ mL$,氧化氢(30%)$0.5\ mL$;于$1\,000\ mL$蒸馏水中(要求同上),加硫酸(1+99)$1.0\ mL$,过氧化氢(30%)$0.5\ mL$。

2) 操作准备

(1) 调整时间继电器:为了照顾到高碳的完全吸收和保证排液、加液的动作完成,可调整搅拌

（RL$_1$）为 50～60 s，排液（RL$_2$）为 10 s，加液（RL$_3$）为 10 s。调好后就不必再动。

（2）将炉温升至 1 200 ℃左右，并恒定。

（3）打开 DFY-12 型仪器电源，预热 20 min 左右。

（4）分别接上所需浓度的碳、硫吸收液，并充满定量加液器（定碳定量加液器为 30 mL；定硫定量加液器为 15 mL），按下硫、碳按键，并按上述动作重复 2～3 次，以使溶液浓度达到平衡，仪器表头指针分别调至碳、硫指示值为零，并稳定不变。

（5）氧气净化装置与燃烧容积法相同，采用 10F 变色型分子筛代替一般干燥塔中的无水氯化钙、烧碱石棉等效果为好。

3）操作步骤

称取适量试样置于瓷舟中，加入适量的助熔剂，将瓷舟用炉钩推到燃烧炉的高温区，塞住橡皮塞，预热适当时间（视分析钢种等材料而定），通氧气燃烧（1.5 L·min^{-1}），并立即按下搅拌的按键，待一定时间（根据调整 RL 的控制时间），搅拌自动停止。拔去通氧端的橡皮塞。分别按下碳、硫按键，把读得的碳、硫读数记下。根据检量线或比例法分别求得碳、硫含量。在分析第二个试样时，只须按下调换挡按键，电导池内的溶液会自动放掉，过一定时间后，会自动加入新的溶液。接下来的操作步骤又与前次一样。

4）注

（1）仪器停止工作时，由于吸收器中注有蒸馏水，所以开始工作时或调换浓度不同的吸收液时，应按"准备 4"调换几次吸收液，至有稳定的零点为止（一般为 2～3 次即可）。调零时如遇指针跳动，一般属于仪器预热不够，还须继续预热，冷天预热时间要适当长些。

（2）为了保证测量的灵敏度要求和仪器允许测量范围以及电极的线性特征，将试样含碳量、含硫量、称样量和选择吸收液浓度间的关系分别列于表 2.1 和表 2.2。

如为了测定更低含量的碳，可进一步降低 NaOH 溶液浓度和增加称样量。

如测定更低硫含量和提高电极灵敏度，可加入更少量的硫酸。

表 2.1　定碳条件选择表

分析范围(C%)	称样质量(g)	选用 NaOH 溶液浓度(mol·L^{-1})
<0.05	1.000 0	0.005
0.05～0.15	0.500 0	0.005
0.15～0.40	0.250 0	0.005
0.40～1.00	0.100 0	0.005
<0.80	0.500 0	0.020
0.80～1.60	0.250 0	0.020
1.50～4.00	0.100 0	0.020
1.00～3.50	0.250 0	0.040
>3.50	0.100 0	0.040

表 2.2　定硫条件选择表

分析范围(S%)	称样质量(g)	加入 $H_2SO_4(1+99)$(毫升数·$(1\,000\,mL)^{-1}$)
<0.005	1.000 0	0.5
0.005～0.060	0.250 0	0.5
0.060～0.150	0.100 0	0.5
0.050～0.150	0.250 0	1.0
>0.150	0.250 0	2.0

(3) 按同样操作,同样称样量,用标准试样绘制检量线,测定试样时从检量线上求得含量。一般情况下,只要掌握电极的线性特征,可用与试样同类、碳硫含量近似的标钢,按比例计算其含量,方便可靠。对于高含量碳,称样少,换算系数大,容易引起偏差,要用同类标样经常校对。

(4) 过氧化氢加入量的多少,对电极灵敏度无影响,但是对吸收液的稳定性有影响。过氧化氢加入量少,会引起电导率逐步下降;过氧化氢加入量多,会引起电导率逐步上升。于 1 000 mL 加入过氧化氢(30%)0.5 mL,电导率稳定,在配制后一个月内可保持不变。

(5) 吸收液的体积变化将引起电导率的变化,所以注入定量加液器中的吸收液必须充满,以防由于失灵或夹入气泡而引起体积的变化。在调换定量加液器时,也要注意由于体积不一致而引起曲线的变动。

(6) 氧气流量大小对碳、硫的吸收亦有较大影响,操作时要严格控制,保持一致。

(7) 每天工作结束后,将硫、碳定量加液器接上蒸馏水,按下调换挡 2～3 次,待按下碳、硫按键指针均无偏转为止,并将电极泡在蒸馏水中。这样可保护电极,使之长期正常工作,也有利于玻璃电磁阀畅通(不致引起 NaOH 液浸泡腐蚀咬死)。

(8) 在仪器未接上吸收液或蒸馏水时,要避免启动仪器,因为空开调换挡极易撞坏玻璃电磁阀。

2.5　硅的测定(硅钼蓝光度法)

测定钢中的硅,一般使用光度法。测定硅的光度分析法有以形成硅钼黄为基础的钼黄法及将钼黄用还原剂还原生成的钼蓝法。由于钼黄法的灵敏度比钼蓝法低(钼黄:$\varepsilon^{350}=7\,000$,钼蓝:$\varepsilon^{810}=21\,000$),故常用钼蓝法测定钢中的硅。

在微酸溶液中,硅酸与钼酸铵生成硅钼酸络离子:

$$H_4SiO_4+12H_2MoO_4 =\!=\!= H_8[Si(Mo_2O_7)_6]+10H_2O$$

用亚铁或氯化亚锡还原成钼蓝:

$$H_8[Si(Mo_2O_7)_6]+4(NH_4)_2Fe(SO_4)_2+2H_2SO_4 =\!=\!= H_8\left[Si\begin{matrix}Mo_2O_5\\ \diagdown\\ (Mo_2O_7)_5\end{matrix}\right]+2Fe(SO_4)_3$$
$$+4(NH_4)_2SO_4+2H_2O$$

其最大吸收峰在 815 nm 处,在分光光度计上,一般于 650～700 nm 波长范围进行测定。

酸度对形成硅钼酸络离子很重要,酸度过大或过小均使结果偏低。酸度过大,钼酸铵与硅酸不起反应;酸度过小,会生成大量钼酸铁沉淀,使硅钼酸生成不完全。酸度的适用范围随溶液温度的增加而增加,但随硅含量的增高而缩小。在沸水浴上加热,其适用的酸度范围为 $0.08\sim0.6\ \mathrm{mol\cdot L^{-1}}$(硝酸),而在室温下(20 ℃左右)则为 $0.08\sim0.4\ \mathrm{mol\cdot L^{-1}}$(硝酸)。一般认为,当加入钼酸铵后,如有适量的钼酸铁沉淀产生,表示溶液的酸度和温度较合适;如酸度大,温度太低,钼酸铁不易生成,也表示硅钼络离子形成不完全。但在含铁量很少的试样中,很少或不生成钼酸铁沉淀,则不能断定酸度和温度不适合。

加入钼酸铵的数量,会影响钼蓝色泽强度,由于它较多地消耗,与铁生成钼酸铁沉淀,因而,加入过量的钼酸铵是必需的。但也不能加得太多,否则降低硅的色泽强度。在温度较高时,钼酸铵的适用浓度为 100 mL 含有 $0.5\sim1.9\ \mathrm{g}$,而在室温下则为 $1.5\sim1.9\ \mathrm{g}$。

增加温度能加速硅钼络离子的生成。在沸水浴上加热,只需 30 s;在 30 ℃左右,约 2 min;而在20 ℃以下,则需 10 min 才能生成完全。当硅钼络离子完全形成后,应马上进行下一步操作,特别是在沸水浴上加热的溶液,必须立即冷却,否则结果偏低。

磷、砷也能与钼酸铵生成络合物,同时被还原成钼蓝,故应消除其影响,否则结果偏高。

加草酸、酒石酸、柠檬酸能破坏磷、砷和钼酸铵生成的络合物,其中以草酸破坏最快。

草酸为有机酸,能破坏杂多酸络合物。由于磷、砷和硅络合物中的磷、砷为 5 价,硅为 4 价,因此在络合物中磷、砷比硅显示较强的负电性,所以同阴离子钼酸根结合的能力也比硅弱,故草酸加入后先破坏 5 价磷、砷和钼的络合物,以此消除磷、砷的干扰。通常草酸加入后在 1 min 内加亚铁还原。测定高磷时可在 2 min 内加入之,否则硅钼络合物也有可能被草酸分解,使测定结果偏低。

加草酸还能与 $\mathrm{Fe^{3+}}$ 络合生成浅黄色络合物 $[\mathrm{Fe(C_2O_4)_3}]^{3-}$,从而能溶解钼酸铁。同时因 $\mathrm{Fe^{3+}}$ 的有效浓度大大降低,使 $\mathrm{Fe^{3+}}/\mathrm{Fe^{2+}}$ 电对的电极电位降低,相对地提高了 $\mathrm{Fe^{2+}}$ 的还原能力。

测定范围:硅含量 $0.1\%\sim1.0\%$。

1. 硅钼蓝光度法

1) 试剂

硝酸(1+3)。钼酸铵溶液(5%)。草酸(5%)。硫酸亚铁铵溶液(6%),每 100 mL 中加硫酸(1+1)1 mL。硅标准溶液:称取纯二氧化硅 1.069 5 g,加无水碳酸钠 10 g 于铂坩埚中熔融,冷却,用水浸出,于量瓶中稀释至 1 000 mL,溶液贮于塑料瓶中,或称取硅酸钠($\mathrm{Na_2SiO_3\cdot9H_2O}$)5 g,溶于水中后,滤于 1 000 mL 量瓶中,以水稀释至刻度,摇匀后贮于塑料瓶。前法配置的可不必标定(Si 0.5 mg·mL^{-1}),后法配制的溶液标准确含硅量须用重量法标定。标定方法如下:取硅的标准溶液100 mL 2 份于 250 mL 烧杯中,加入硫酸(1+1)20 mL,加热蒸发至冒浓的白烟并维持 5 min,冷却,加水120 mL,加热溶解盐类,用定量滤纸过滤,热水洗净,将滤液及洗液再按上述方法蒸发冒烟过滤,将两次沉淀连同滤纸一并置已称重的铂坩埚或瓷坩埚中于 1 000 ℃灼烧至恒重。

$$每毫升硅含量(\mathrm{g})=\frac{沉淀质量\times0.467\ 4}{100}$$

2) 操作步骤

称取试样 0.200 0 g,于 125 mL 锥形瓶中,加硝酸(1+3)15 mL,低温加热溶解,煮沸驱除氮的氧化物,冷却,移入 100 mL 量瓶中,以水稀释至刻度,摇匀。显色液:吸取试液 10 mL,于 50 mL 量瓶中,加钼酸铵溶液 5 mL,于沸水浴上加热 30 s,冷却,加草酸溶液 10 mL,摇匀,硫酸亚铁铵 10 mL,以水稀释至刻度,摇匀。空白液:吸取试液 10 mL,于 50 mL 量瓶中,加草酸溶液 10 mL,钼酸铵溶液 5 mL,硫酸亚铁铵 10 mL,以水稀释至刻度,摇匀。用 1 cm 比色皿,于 680 nm 波长,以空白液为参比,测定其吸光度。从检量线上查得试样的含硅量。

3) 检量线的绘制

称取不同含硅量的标准钢样,按上述方法溶解、显色。测定其吸光度。根据所得结果,绘制曲线。

或称取 0.2 g 纯铁或已知含低硅的试样若干份,按方法溶解,依次加入硅标准溶液 0.0 mL,0.5 mL,1.0 mL,2.0 mL,3.0 mL,4.0 mL(Si 0.5 mg·mL^{-1}),稀释至 100 mL。分别吸取 10 mL 溶液 1 份,按上述方法显色,测定吸光度,并绘制检量线。每毫升硅标准溶液相当于硅含量 0.25%。

4) 注

(1) 本方法适用于含硅量不大于 0.7% 的试样,用硝酸溶解试样硅量高时容易脱水,使结果偏低。当试样中含硅量达 0.7%~1.2% 时可改称 0.1 g,测得结果按上述检量线加倍计算硅含量。如改用硫酸(5+95)30 mL 溶液试样,按方法同样操作,可允许测定稍高的含硅量。

(2) 如果采用室温显色,在显色时需适当降低酸度,所以在加钼酸铵前先加水 15 mL,加入钼酸铵后放置 10 min,室温低于 10 ℃ 时放置 30 min 以上。

2. 硅钼蓝快速光度法

1) 试剂

硝酸(1+4),(ρ=1.09 g·cm^{-3})。碳酸钾-钼酸铵混合液:称取钼酸铵 45 g 置于 500 mL 水中,加热溶解,冷却后逐渐加入碳酸钾 125 g,边加边搅拌,让气泡逐渐产生,待溶解完毕稀释至 100 mL,贮于塑料瓶中。或根据用量,按上述比例适当少量配制。草酸溶液(3.75%)。硫酸亚铁铵溶液(1.5%),每 100 mL 溶液中加硫酸(1+1)1 mL。

2) 操作步骤

称取试样 0.050 0 g,置于 150 mL 锥形瓶中,加硝酸(1+4)10 mL,加热溶解,驱除氮的氧化物,立即加入碳酸钾-钼酸铵混合液 10 mL,摇匀,10 s 后,加入草酸溶液 40 mL,硫酸亚铁铵溶液 40 mL,摇匀,用 1 cm 比色皿,于 680 nm 波长(或红色滤光片),以水为参比,测定其吸光度。从检量线上查得试样的含硅量。

3) 检量线的绘制

用标准钢样按同样方法操作绘制。

4) 注

(1) 硅的显色酸度要求在 0.08~0.60 mol·L^{-1}(热发色),但考虑到溶样时酸度过小,溶解试样速度太慢,为了保证有足够的溶样速度和合适的显色酸度,所以采用碳酸钾中和多余的酸。加入碳酸钾-钼酸铵溶液 10 mL,使溶液酸度正好在显色酸度范围之内。为了保持酸度一致,所用硝酸(1+4),配制时最好测量其密度为 1.09 g·cm^{-3}。

(2) 由于硅钼络离子形成速度较慢,所以加入碳酸钾-钼酸铵混合液后,要摇动 10 s,否则显色不完全,致使结果偏低。

2.6　磷　的　测　定

磷的化学分析方法有:重量法、容量法和光度法。在测定磷的所有方法中,都是首先将磷氧化为正磷酸,使其与钼酸铵反应形成磷钼杂多酸络合物,然后再用不同的方法测出磷的含量来。其中重量法和容量法由于操作烦琐,在日常应用中颇感不便,很少应用。目前在钢铁分析中普遍应用光度分析法。

磷的光度法有磷钒钼黄法及磷钼蓝法两种,其中磷钒钼黄法灵敏度较低(ε^{365}=6 100),而磷钼蓝法灵敏度较高(ε^{735}=18 000),因此在分析磷含量较高的试样时常采用磷钒钼黄法,而含量较低时则用磷钼蓝法。

磷钒钼黄形成的酸度为 $0.2 \sim 1.6\ \text{mol} \cdot \text{L}^{-1}$（含硅时形成的酸度为 $0.7 \sim 1.6\ \text{mol} \cdot \text{L}^{-1}$），其组成符合于 $P_2O_5 \cdot V_2O_5 \cdot 12MoO_3 \cdot nH_2O$。国内外很多人研究了用甲基异丁基酮（MIBK）萃取磷钒钼黄。高含量的钨、铌、钛、锆的干扰，可在硫酸介质中加入足量氢氟酸与之络合而消除，氟的影响可加入大量钼酸铵予以消除，因而此法能适用于各种合金钢中磷的测定。

钼蓝法系将生成的黄色磷钼杂多酸络合物用还原剂还原成磷钼蓝色泽而进行比色测定。常用的还原剂有氟化钠-氯化亚锡、抗坏血酸、氯化亚锡-抗坏血酸、硫酸联氨、亚硫酸盐-亚铁盐等。其中亚硫酸盐-亚铁盐法分析速度较慢，但磷钼蓝色泽很稳定，目前多用于矿石中磷的分析。硫酸联氨法，国外都用于铁合金中磷的分析，其最大缺点是显色速度很慢。在钢铁分析中应用最广泛的方法是氟化钠-氯化亚锡法、抗坏血酸法和正丁醇-氯仿萃取光度法。

1. 氟化钠-氯化亚锡法

氟化钠-氯化亚锡钼蓝光度法是直接快速测定钢铁中磷的方法。试样用氧化性酸溶解后，将偏磷酸氧化成正磷酸，在 $1.6 \sim 2.7\ \text{mol} \cdot \text{L}^{-1}$ 酸性介质中使磷酸与钼酸铵生成磷钼杂多酸 $H_3[P(Mo_3O_{10})_4]$，直接在水溶液中用氯化亚锡还原，大量铁的干扰加入氟化钠进行掩蔽，消除其影响。

为了使该法得到正确的结果，必须控制在适当条件下显色和还原，以保证有较好的色泽稳定性和良好的重现性。

溶液的酸度在很大程度上影响到磷钼络离子的形成。实验证明：酸度太小（显色酸度：小于 $1.5\ \text{mol} \cdot \text{L}^{-1}$；还原酸度：小于 $0.7\ \text{mol} \cdot \text{L}^{-1}$）将导致硅钼络离子的形成，干扰测定，同时过量的钼酸铵也可能部分被还原，致使测定结果偏高。酸度太大（显色酸度：大于 $2.7\ \text{mol} \cdot \text{L}^{-1}$；还原酸度：大于 $1.1\ \text{mol} \cdot \text{L}^{-1}$），由于磷的显色受到抑制，使显色反应不能完全，致使结果偏低。一般来说，合适的显色酸度为 $1.6 \sim 2.7\ \text{mol} \cdot \text{L}^{-1}$；还原酸度为 $0.8 \sim 1.1\ \text{mol} \cdot \text{L}^{-1}$。

溶液酸度和钼酸铵加入量是相互制约的，所用酸度较大（或加入钼酸铵量多），显色酸度和钼酸铵加入量的允许范围也相应增宽，反之，允许范围就窄。所以在选择磷钼杂多酸的显色条件时，应把两者结合起来考虑。如选用上述显色酸度，钼酸铵浓度可用钼酸铵 $0.25\ \text{g} \cdot (50\ \text{mL})^{-1}$。钼酸铵加入量发生变化，所得吸光度也随之发生变化，所以钼酸铵溶液应准确加入。

磷钼杂多酸还原成钼蓝，由于在放置过程中色泽逐渐由纯蓝色转变为天蓝色，吸光度下降，这种转变是色泽不稳定的主要原因。纯蓝色钼蓝向天蓝色钼蓝的转变速度，随温度高低而有所不同。如果加入氟化钠-氯化亚锡溶液后，不立即冷却，而是随着它在温热条件下（$55 \sim 70\ ℃$）放置，那么这种转变可以在 $1 \sim 2\ \text{min}$ 后完全。所以，在加入氟化钠-氯化亚锡溶液后放置 $1 \sim 2\ \text{min}$，然后冷却、稀释，可得到很稳定的色泽，甚至可成批显色。

对于各种酸只要控制相同的氢离子浓度，例如 $1.0\ \text{mol} \cdot \text{L}^{-1}$ 硝酸，$1.0\ \text{mol} \cdot \text{L}^{-1}$ 高氯酸，$0.25\ \text{mol} \cdot \text{L}^{-1}$ 高氯酸 $+0.375\ \text{mol} \cdot \text{L}^{-1}$ 硫酸，$0.8\ \text{mol} \cdot \text{L}^{-1}$ 硝酸 $+0.1\ \text{mol} \cdot \text{L}^{-1}$ 硫酸等（还原酸度）都与 $1.0\ \text{mol} \cdot \text{L}^{-1}$ 硝酸介质中显色行为一致；对于 $0.5\ \text{mol} \cdot \text{L}^{-1}$ 硫酸和 $0.5\ \text{mol} \cdot \text{L}^{-1}$ 硝酸 $+0.25\ \text{mol} \cdot \text{L}^{-1}$ 硫酸，$0.1\ \text{mol} \cdot \text{L}^{-1}$ 高氯酸 $+0.45\ \text{mol} \cdot \text{L}^{-1}$ 硫酸，其显色行为与 $0.5\ \text{mol} \cdot \text{L}^{-1}$ 硫酸一样，其色泽稳定性以 $0.5\ \text{mol} \cdot \text{L}^{-1}$ 硫酸和硫酸 $+$ 高氯酸介质中为最好。在盐酸介质中钼蓝色泽极不稳定，所以盐酸的存在是有害的，故在配制还原液时不应滴加盐酸。

该法砷 $\leqslant 0.05\%$ 无干扰，硅一般含量也不干扰。生铁中硅含量高，可加酒石酸钾钠抑制。测定硅钢（$>1\%$ Si）时，可用高氯酸冒烟脱水除硅。锰无干扰，但在测定高锰钢试样时，必须用高氯酸冒烟 10 min 以上（冒烟不要剧烈，以免酸蒸发，影响显色酸度），至有明显棕色二氧化锰析出，否则结果偏低。钒（V）有干扰，用亚硫酸钠将钒（V）还原为钒（Ⅳ），可消除这一影响，但在煮沸过程中，部分钒（Ⅳ）又会被硝酸氧化。因此含钒 $>0.2\%$ 的试样，不宜在硝酸溶液中测定。铬（Ⅵ）干扰测定，用亚硫酸钠将 Cr^{6+} 还原为 Cr^{3+} 就可消除这一影响，大于 10 mL 的 Cr^{3+} 和 Ni^{2+}，由于本身颜色的影响需制备空白液消除。

由于有较多量的 F^- 存在,少量的铌、锆、钛不干扰测定,钨的影响一般可以钨酸形式滤去,但当试样含钨量高时,钨酸中将残留磷,致使磷的结果偏低。

磷的浓度在 $\leq 0.8\ \mu g \cdot mL^{-1}$ 范围符合比耳定律。

1）试剂

硝酸（1＋3）。高锰酸钾溶液（2%）。亚硝酸钠溶液（2%）。氟化钠-氯化亚锡溶液：每 1 000 mL 溶液中含氟化钠 24 g,氯化亚锡 2 g,需要时可过滤。试剂配制后当天使用。经常使用时可将氟化钠溶液大量配制,在使用时取部分溶液加入氯化亚锡,氟化钠溶液可长时间单独保存。尿素溶液（5%）。钼酸铵溶液（5%）。磷标准溶液：溶解磷酸二氢钾 0.878 7 g 于水中,加硝酸 2 mL,于量瓶中以水稀释至 1 000 mL（P 0.2 mg · mL^{-1}）。取溶液 50 mL 于量瓶中稀释至 500 mL。此溶液为 P 20 $\mu g \cdot mL^{-1}$。

2）操作步骤

称取试样 0.100 0 g 于 125 mL 锥形瓶中,加硝酸（1＋3）10 mL,加热溶解,煮沸,滴加高锰酸钾溶液（2%）氧化至有二氧化锰沉淀,微沸约半分钟,滴加亚硝酸钠溶液（2%）还原至二氧化锰沉淀溶清,煮沸驱除氮的氧化物。取下,加入钼酸铵溶液（5%）5 mL,立刻迅速加入氟化钠-氯化亚锡溶液 20 mL,摇匀,加尿素溶液（5%）5 mL,放置 1～2 min,然后流水冷至室温,于量瓶中稀释至 50 mL,用 1 cm 或 2 cm 比色皿,660（700）nm 波长或红色滤光片,以水为参比,测定吸光度。从检量线上查得试样的含磷量。

3）检量线的绘制

用标准钢样按同样操作显色、绘制曲线。或称取已知含低磷的试样 0.1 g 数份,按方法溶解,分别加入磷标准溶液 0.5 mL,1.0 mL,1.5 mL,2.0 mL,3.0 mL（P 20 $\mu g \cdot mL^{-1}$）氧化、还原、煮沸,按方法显色,测定吸光度,绘制曲线。每毫升磷标准液相当于含磷 0.02%。当磷含量＞0.06%,曲线稍向浓度轴弯曲。

4）注

（1）氯化亚锡能溶于氟化钠溶液中。不能用盐酸溶解氯化亚锡后再加入氟化钠溶液,否则大量氯离子使显色液不稳定。

（2）加入钼酸铵溶液后不能多摇动和多停留,须立即加入氟化钠-氯化亚锡溶液,否则硅将干扰测定。

（3）含低磷（＜0.02%）,氧化氮在放置过程中能使钼蓝色泽消退,转为无色或绿色,加入尿素可防止这一现象。室温低时（15 ℃）,加入氟化钠-氯化亚锡溶液后,显色液温度约 55 ℃；室温高时（25～35 ℃）,显色液温度在 60～70 ℃；室温大于 25 ℃,加入尿素 5 mL,使溶液适当降温,有利于色泽稳定。

（4）该法所用的显色酸度是 2 mol · L^{-1} 左右,还原酸度（指加入氟化钠-氯化亚锡溶液以后）约 1.0 mol · L^{-1}。

（5）炉前分析可不经放置和容量瓶稀释手续。还原后直接加水 15 mL,进行比色测定。

2. 氟化钠-氯化亚锡-抗坏血酸法

基本原理与前法相同,所不同处在于本法采取氯化亚锡-抗坏血酸混合还原液,以提高钼蓝色泽的稳定性。但比单独用抗坏血酸还原剂测定磷,其灵敏度可提高 1 倍以上,并仍保持氟化钠-氯化亚锡法的各种特点。

在氟化钠-氯化亚锡法中,显色液中含有毫克量的铁,能使钼蓝络合物的摩尔吸光系数提高将近 1 倍（无铁时摩尔吸光系数为 1.34×10^4,有铁时摩尔吸光系数为 2.59×10^4）；而当还原液中加入抗坏血酸,使这个突跃向含 Fe^{3+} 量增加的方向推移（图 2.5）。这是由于抗坏血酸的存在将 Fe^{3+} 还原为 Fe^{2+},Fe^{2+} 不能起到使钼蓝络合物摩尔吸光系数提高的作用。为保证原氟化钠-氯化亚锡法的灵敏度,必须使溶液中保持 0.25 毫克摩尔的 Fe^{3+} 不被还原(即 Fe^{3+}-VC≥0.25 毫克摩尔)。对于还原液中含有 0.2% 的抗坏血酸,要求显色液中必须有 40 mg 以上的铁。为了确保这一灵敏度,对于低铁或不含铁试样可补加铁。

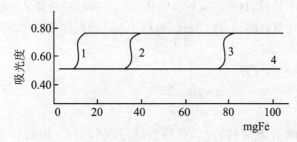

图 2.5　铁量和抗坏血酸加入量相互关系曲线

室温大于 25 ℃时,由于加入还原液时的溶液温度较高(在 60~90 ℃),抗坏血酸的作用显著降低,所以在高温季节此法不显出明显的优点。该法提高了钼酸铵的加入量,相应使显色酸度范围增宽到 2~4 mol·L^{-1},使方法重现性得到提高,色泽稳定性有了进一步改善。

1) 试剂

硝酸(1+2),ρ=1.162 g·cm^{-3}。高锰酸钾溶液(2%)。钼酸铵溶液(5%)。混合还原液:称取氯化亚锡 2 g,溶于氟化钠溶液(2%)1 000 mL 中(预先配制),再加入抗坏血酸 2 g,溶解,摇匀。配制后当日使用。磷标准溶液(P 20 μg·mL^{-1})。配制法同前。

2) 操作步骤

称取试样 0.100 0 g 于 125 mL 锥形瓶中,加硝酸(1+2)10 mL,加热溶解,煮沸,滴加高锰酸钾溶液(2%)氧化至有二氧化锰沉淀,煮沸半分钟,取下,立即随摇随加钼酸铵溶液(5%)10 mL,迅速加入混合还原液 20 mL,摇匀,放置 0.5~1 min,然后流水冷却至室温,于量瓶中稀释至 50 mL,用 1 cm 或 2 cm 比色皿,660~700 nm 波长或红色滤光片,以水为参比,测定其吸光度。在检量线上查得试样的含磷量。

3) 检量线绘制

用标准钢样按同样操作显色、绘制曲线。或取含低磷的试样 0.1 g 数份,按方法溶解,分别加入磷标准溶液 0.5 mL,1.0 mL,1.5 mL,2.0 mL,2.5 mL,3.0 mL(P 20 μg·mL^{-1}),氧化、还原、煮沸,按方法显色,测定其吸光度,绘制检量线。每毫升磷标准溶液相当于含磷 0.02%。

4) 注

(1) 用钼酸铵溶液(5%)10 mL,使显色酸度在 2.0~4.0 mol·L^{-1} 范围较适合(还原酸度 0.85~1.25 mol·L^{-1}),而且色泽稳定性好,结果重现性也好。

(2) 在 25 ℃以上的室温,为了避免抗坏血酸的破坏,加入混合还原溶液后,可立即加水(或尿素溶液(5%))5 mL,以降低温度,有利于色泽稳定。

(3) 该法所用的显色酸度为 2.9 mol·L^{-1} 左右,还原酸度为 1.2 mol·L^{-1} 左右。

(4) 炉前快速分析,操作相同,于混合还原液加入后,加水 15 mL,不经冷却和转入容量瓶稀释。直接进行比色测定。

(5) As≤0.1%,Si≤2%,对测定皆无干扰。

3. 正丁醇-氯仿萃取光度法

试样溶于硝酸后,用高锰酸钾将磷氧化为正磷酸。在 0.8~1.2 mol·L^{-1} 硝酸介质中,正磷酸与钼酸铵生成的磷钼杂多酸被正丁醇-氯仿(1+3)的混合溶剂萃取。继而用氯化亚锡还原成钼蓝,并反萃取入水相后,进行吸光度测定。

硅在此条件下不会生成硅钼杂多酸。当硅含量高时即使有部分生成也不会被萃取。砷 0.1% 以下没有影响。

钢中存在高价铬、钒使结果偏低。但用亚硫酸还原后,20% 的铬无影响。钒主要是钒(V)与磷生成磷钒钼络合物,使萃取率降低,只要用亚铁将钒还原到低价即可消除其影响。

钛、锆、铌共存时,应加氢氟酸(1+3)2 mL,振荡 1 min 后再加硼酸(6%)10 mL,振荡 10 s,然后用正丁醇-氯仿萃取即可消除影响。

本方法稳定性和重现性都较好。

测定范围:控制显色范围 0~30 $\mu g \cdot 20$ mL^{-1}。

1) 试剂

硝酸(1+1)。高锰酸钾溶液(2%)。亚硝酸钠溶液(2%)。钼酸铵溶液(5%)。正丁醇-氯仿(1+3)。氯化亚锡溶液(1%):氯化亚锡 1 g 溶于 8 mL 盐酸中,以水稀释至 100 mL。磷标准溶液(P 10 $\mu g \cdot$ mL^{-1})。

2) 操作步骤

称取试样 0.200 0 g(或 0.100 0 g),于 125 mL 锥形瓶中,加硝酸(1+1)30 mL,加热使试样溶解,滴加高锰酸钾氧化,亚硝酸钠还原,煮沸驱除氮的氧化物,冷却,于量瓶中以水稀释至 100 mL,摇匀。吸取试液 20 mL,于 60 mL 分液漏斗中,加正丁醇-氯仿 20 mL,钼酸铵溶液(5%)4 mL,立即振荡 40 s,分层后将有机相放入另一分液漏斗中,准确加入氯化亚锡溶液 15 mL,振荡 20 s,分层后,弃去有机相。选用适当的比色皿,于 680 nm 波长,以水为参比,测定水相吸光度。从检量线上查得试样的含磷量。

3) 检量线的绘制

用标准钢样按同样操作显色、绘制曲线。或称取低磷(P<0.001%)的试样数份,按表 2.3 中相应含量加入磷标准溶液(P 10 $\mu g \cdot$ mL^{-1}),按方法操作,测得吸光度,绘制检量线。

表 2.3　取样量与绘制检量线参照表

相当于含量(%) 标准溶液(mL)　　分析范围	0	0.5	1.0	1.5	2.0	3.0	4.0
0.001%~0.010%(称试样 0.2 g)	0	0.002 5	0.005	0.000 75	0.010		
0.010%~0.050%(称试样 0.1 g)	0		0.010		0.020	0.030	0.040

4) 注

(1) 磷含量 0.001%~0.010% 时称样 0.2 g;磷含量 0.010%~0.050% 时称样 0.1 g。

(2) 本法的络合酸度为 1.0 mol·L^{-1} 左右。

(3) 加入钼酸铵后立即振荡,分层后放置无妨。

(4) 测得的吸光度需扣除"0" mL 标准溶液的空白值,然后才能绘制曲线。

2.7　锰 的 测 定

锰的化学分析方法有重量法、容量法、光度法。锰的重量法,在钢铁分析中无实用价值。容量法和光度法是钢铁分析中常用的分析方法。

钢中锰的测定采用容量法,不仅有良好的准确度,而且有较大的测量范围,且操作方法一般比较快速简单。

测定锰的容量法较重要的有:

过硫酸铵法(即亚砷酸钠-亚硝酸钠法):此法应用于钢铁分析已有 70 多年历史。经分析者不断改进,方法已很完善。目前仍是测定钢铁中低含量锰最可靠、最适用的方法。它的缺点是不能用理论计算结果,必须以标钢来确定,不适用于高锰(2%以上)的分析。

磷酸-3 价锰容量法:方法建立较早,但很长一段时间没有引起分析者的兴趣,这是由于没有查明对铬、钒的干扰情况和分析条件控制不当,常使分析结果不稳定所致。多年来经改进,已较好地用于高锰钢、锰铁等分析。方法简单快速,唯有钒存在时,则可测得锰钒含量。

电流滴定法:与过硫酸铵容量法相似,2 价锰借氧化剂氧化成 7 价后,用亚铁标准溶液滴定,不过终点是根据在滴定过程中扩散电流值的变化来确定的。国外用于钢中锰、铬、钒的同时测定。

还有铋酸钠法和溴-甲基橙容量法等。

光度法:应用最广的是将锰氧化成高锰酸,然后进行比色。作为氧化剂的有过碘酸钾、过硫酸铵、铋酸钠、氧化铅等。以过碘酸钾为最稳定。使用这些氧化剂均需在热溶液中进行反应。有文献介绍在 $0.5 \sim 2\ mol \cdot L^{-1}$ 的硝酸介质中,于室温下(用硝酸银作催化剂)用六硝铈酸铵$[(NH_4)_2Ce(NO_3)_6]$作氧化剂将锰氧化成高锰酸,只需 1 min 即氧化完全,SO_4^{2-} 的影响可加硝酸钡使生成沉淀过滤(连同氯化银沉淀)除去。Ni^{2+},Fe^{3+},Cu^{2+},Ba^{2+},Mo^{6+} 不干扰,Co^{2+} 的颜色可在空白液中给予抵消,Cr^{3+},W 有干扰,或在 $0.4 \sim 0.8\ mol \cdot L^{-1}$ 硝酸介质中,用过硫酸铵-银盐在室温下将 2 价锰氧化成高锰酸,以此进行比色测定。

1. 过硫酸铵容量法(亚砷酸钠-亚硝酸钠法)

试样用酸溶解,锰呈 Mn^{2+} 状态,在氧化性酸溶液中,以硝酸银作催化剂,用过硫酸铵将 Mn^{2+} 氧化为 MnO_4^-,然后用 Na_3AsO_3-$NaNO_2$ 混合溶液滴定。有关反应式如下:

试样的分解:

$$3MnS + 14HNO_3 = 3Mn(NO_3)_2 + 3H_2SO_4 + 8NO + 4H_2O$$
$$3Mn_3C + 28HNO_3 = 9Mn(NO_3)_2 + 3CO_2 + 10NO + 14H_2O$$
$$MnS + H_2SO_4 = MnSO_4 + H_2S$$

锰的氧化及硝酸银的接触作用:

$$2AgNO_3 + (NH_4)_2S_2O_8 = Ag_2S_2O_8 + 2NH_4NO_3$$
$$Ag_2S_2O_8 + 2H_2O = Ag_2O_2 + 2H_2SO_4$$
$$5Ag_2O_2 + 2Mn(NO_3)_2 + 6HNO_3 = 2HMnO_4 + 10AgNO_3 + 2H_2O$$

用亚砷酸钠-亚硝酸钠溶液滴定高锰酸:

$$5Na_3AsO_3 + 2HMnO_4 + 4HNO_3 = 2Mn(NO_3)_2 + 5Na_3AsO_4 + 3H_2O$$
$$5NaNO_2 + 2HMnO_4 + 4HNO_3 = 2Mn(NO_3)_2 + 5NaNO_3 + 3H_2O$$

如果单独用 Na_3AsO_3 溶液滴定 MnO_4^-,在硫酸介质中,Mn^{7+} 只被还原为 $Mn^{3+\cdot3+}$(平均化合价),溶液呈黄绿色或棕色,滴定终点难以判断;如果单独用 $NaNO_2$ 溶液滴定 MnO_4^-,在酸性溶液中,Mn^{7+} 能定量地被还原为 Mn^{2+},但 NO_2^- 和 MnO_4- 作用缓慢,而且 NO_2^- 不稳定,在与氧化剂反应前就有可能部分挥发或分解了。采用 Na_3AsO_3-$NaNO_2$ 混合液来滴定 MnO_4^- 可以发挥两者的作用,NO_2^- 能使 MnO_4^- 定量地被还原为 Mn^{2+},而 AsO_3^{3-} 能够加速 NO_2^- 与 MnO_4^- 的反应。所以,Mn^{7+} 几乎全部被还原为 Mn^{2+},溶液由紫红色变为无色(含铬试样终点呈淡黄棕色)指示终点。

锰氧化时应在小于 $4\ mol \cdot L^{-1}$ 的酸度下进行,超过此酸度,锰氧化不完全,甚至不能被氧化,但酸度亦不能太小,否则有二氧化锰沉淀析出。一般认为酸度并不要求很严,只需在同一条件下用标钢确定 Na_3AsO_3-$NaNO_2$ 标准溶液的滴定度即可。氧化时过硫酸铵的用量为 2.5 g 或 1 000 倍于锰含量。硝酸银的用量为 0.079 g·(100 mL)$^{-1}$ 或 15 倍于锰量较合适。

测定锰的浓度以 15 mg·(100 mL)$^{-1}$ 为宜。有磷酸存在时可达 100 mg;若无磷酸存在时,只能允许 2 mg。加入磷酸可很好地改善锰的情况。这是由于磷酸的加入与铁生成无色络合物 $[Fe(PO_4)_2]^{3-}$,降低了 Fe^{3+}/Fe^{2+} 系统的氧化还原电位,使终点易于判断。加入磷酸使锰的氧化范围扩大,可以防止二氧化锰的生成及高锰酸的分解,且能防止生成低价氧化物,并防止滴定时的重氧化作用,一般以 4 mL 磷酸为宜。

每 100 mL 体积中含 10 mg 以上的铬、钒、钴及氟离子、氯离子均干扰测定。大量的铬、钒可用氧化锌给予分离。铬亦可用高氯酸氧化成高价后,加浓盐酸(或固体氯化钠)使其成氯化铬酰(CrO_2Cl_2)挥发除去。

此法不适用于高锰的测定。因为在氧化锰时,煮沸时间不足,过硫酸铵大部分未分解,在滴定过程中被还原的锰重新被氧化,致使结果偏高。煮沸时间太久,虽然破坏了过硫酸铵,但高锰酸有部分被分解的可能,使结果偏低。

1) 试剂

硫硝磷混合酸:于 525 mL 水中,在搅拌下加入浓硫酸 100 mL,待冷却后加浓磷酸 125 mL 及浓硝酸 250 mL,摇匀备用。硝酸银溶液(1.7%),贮于暗色玻璃瓶中,并滴加硝酸数滴。过硫酸铵溶液(25%)。氯化钠溶液(1%)。亚砷酸钠-亚硝酸钠标准溶液(0.025 mol·L^{-1}),称取亚砷酸钠($NaAsO_2$)1.7 g,亚硝酸钠 0.85 g 溶于 200 mL 水中,过滤,以水稀释至 1 000 mL。或称取三氧化二砷 1.25~1.30 g,置于 600 mL 烧杯中,加 25 mL 氢氧化钠溶液(4 mol·L^{-1}),温热溶解,然后加冷水稀释至 200 mL,加硫酸(2 mol·L^{-1})中和,调至中性(用 pH 试纸检查),加亚硝酸钠 0.85 g,过滤,以水稀释至 1 000 mL。1 mL 亚砷酸钠-亚硝酸钠溶液相当于含锰量的百分率($T\%$),可用含锰量与试样相近的标准样品确定。

$$T\% = \frac{A}{V_0}$$

式中:A 为标准样品中锰含量(%);V_0 为滴定时所消耗的亚砷酸钠-亚硝酸钠标准溶液的毫升数。

2) 操作步骤

称取试样 0.200 0 g 置于 250 mL 锥形瓶中,加混合酸 30 mL,加热溶解,煮沸 1~2 min,以除去氮的氧化物。加水 50 mL,硝酸银溶液(1.7%)5 mL,过硫酸铵溶液(25%)10 mL,然后加热至沸,并煮沸 30 s,取下,静置 1~2 min,然后流水冷却,加硫酸(1+1)10 mL,氯化钠溶液(1%)5 mL,立即用亚砷酸钠-亚硝酸钠标准溶液滴定,直至溶液红色消失呈白色(有铬 2% 以下时呈淡黄色)即为终点。记下消耗的毫升数 V,按下式计算试样的含锰量:

$$Mn\% = T\% \times V$$

式中:$T\%$ 为每毫升亚砷酸钠-亚硝酸钠标准溶液相当于锰的百分含量;V 为滴定时消耗标准溶液的毫升数。

依上式计算时,其称取试样量必须与标定标准溶液时称取的标准样品量一致。

3) 注

(1) 煮沸的时间不宜太长,以防高锰酸分解。

(2) 静置一段时间,以保证锰氧化为高锰酸的作用完全。

(3) 滴定速度不宜过快,特别是接近终点时。其原因是亚硝酸钠与高锰酸作用较慢,如滴定太快,有亚硝酸生成,以致部分挥发,使终点过量。滴定速度宜控制在每分钟不超过 4~5 mL,到接近终点时,每 2 滴相隔时间不得少于 5 s。

(4) 加入硝酸银和氯化钠的量要严格遵守规定,因为两者的重量是根据化学反应的量加入的。若任意加入,对锰的测定有影响。如硝酸银过量,在滴定时加入的氯化钠就不足以和全部的硝酸银作用,氯化银很快会结团沉淀,使终点不够明显。相反,如氯化钠过量或硝酸银加少了,氯离子的存在,会导致高锰酸的还原。

$$2NaCl + H_2SO_4 \Longrightarrow Na_2SO_4 + 2HCl$$

$$2HMnO_4 + 14HCl \Longrightarrow 2MnCl_2 + 8H_2O + 5Cl_2 \uparrow$$

如果硝酸银及氯化钠加入量适当,则按下式进行反应:

$$NaCl + AgNO_3 \Longrightarrow AgCl \downarrow + NaNO_3$$

(5) 有时发现滴定终点不明显,可能系亚砷酸钠-亚硝酸钠标准溶液配制时间过长,部分亚硝酸钠被空气氧化,此时,可再加入适量的亚硝酸钠于标准溶液内来补救。

(6) 亚砷酸钠-亚硝酸钠溶液,按亚砷酸钠与亚硝酸钠的摩尔比为 1:1 配比比较合适,亚砷酸钠含量多则作用慢,反之,则终点不明显,其比例在 0.8~1.1 或 1~1.2 对结果无妨碍。

(7) 操作过程中引入硝酸后的溶液,必须驱尽氮的氧化物,否则氮的低价氧化物在硝酸溶液里生成亚硝酸而还原高价锰,使结果偏低。

$$2NO + HNO_3 + H_2O \Longrightarrow 3HNO_2$$

2. 过硫酸铵-银盐氧化室温显色光度法

试样经硝酸溶解后,在 0.4~0.8 mol·L^{-1} 左右硝酸介质中,在室温条件下,用过硫酸铵-银盐将 2 价锰氧化成高锰酸,其紫红色色泽深度与锰的含量成正比,以此进行比色测定。

酸度的改变不仅影响显色时间,而且影响色泽稳定性。试验表明,在室温 30 ℃ 时,当在 0.4~0.8 mol·L^{-1} 的硝酸介质中,显色 3 min 后吸光度即稳定;而在 0.2 mol·L^{-1} 时显色 20 min 后吸光度方稳定,且重现性差。当酸度提高到 1~1.5 mol·L^{-1} 时,显色后也要放置 20 min 才能稳定,但吸光度略高。

同样,温度对显色速度的影响也很大。室温高于 28 ℃,一般放置 3 min 即可稳定;室温低时,放置时间需延长,或于沸水浴中加热 30 s。

本方法不允许磷酸存在,因其阻止显色。

镍≤5%,硅≤4%,铬≤3%,钼、钛≤2%,钒、钨、锆≤1% 不干扰测定。一般高碳钢也无影响。过量的试剂不影响测定,显色色泽能稳定 2~3 h。

含锰量 0.05%~1%,锰量 10~500 μg·50 mL^{-1} 符合比耳定律。

1) 试剂

硝酸(1+3)。硝酸银溶液(1%),贮于棕色瓶中,并滴加硝酸数滴。过硫酸铵溶液(20%)。锰标准溶液(Mn 0.1 mg·mL^{-1}),称取金属锰 0.100 0 g,于 250 mL 烧杯中,加硫酸(1+4)20 mL,使其溶解,移入 1 000 mL 量瓶中,以水稀释至刻度,摇匀。或取硫酸锰($MnSO_4$)0.279 4 g,溶于水中,并稀释至 1 000 mL,摇匀。

2) 操作步骤

称取试样 0.050 0 g,于 100 mL 锥形瓶中,加硝酸(1+3)7 mL,加热溶解,冷却,移入 50 mL 量瓶中,加硝酸银溶液(1%)5 mL,过硫酸铵溶液(20%)5 mL,以水稀释至刻度,摇匀。室温 28 ℃ 以上,放置 5 min。室温 20 ℃ 左右,放置 15 min。室温再低时,于沸水浴中加热 30 s 后放置 5 min。选用适当比色皿,于 530 nm 波长处,以水为参比,测定吸光度。在检量线上查得试样的含锰量。

3) 检量线的绘制

用标准钢样按同样操作显色,绘制曲线。或称取纯铁 0.05 g 若干份,于 100 mL 锥形瓶中,分别加入硝酸(1+3)7 mL,加热溶解,移入 50 mL 量瓶中,依次加入锰标准溶液 1.0 mL,2.0 mL,3.0 mL,

4.0 mL,5.0 mL(Mn 0.1 mg·mL^{-1}),按方法操作,测定吸光度,绘制检量线。每毫升锰标准溶液相当于锰含量 0.2%。

4) 注

(1) 采用 50 mL 两用瓶更为方便,可直接在两用瓶中溶样和显色,不必转移。

(2) 显色温度与放置时间应注意掌握。

(3) 本方法显色酸度为 0.5 mol·L^{-1} 左右。

2.8　铬的测定(二苯偕肼光度法)

试样以硝酸溶解后,用硫磷酸冒烟以破坏碳化物和驱尽硝酸,然后用过硫酸铵-硝酸银,将低价铬氧化到高价铬,锰亦同时被氧化。可用亚硝酸钠还原,加入 EDTA 掩蔽铁,在 0.4 mol·L^{-1} 酸度下,二苯偕肼被 6 价铬氧化生成一种可溶性紫红色络合物,其最大吸收峰在 540 nm 波长处。反应的灵敏度为 0.002 μg·cm^{-2}。其色泽强度与铬量在一定范围内符合比耳定律,以此进行铬的测定。其主要反应如下:

溶解反应:

$$Cr+4HNO_3 \Longrightarrow Cr(NO_3)_3+NO\uparrow+2H_2O$$

$$2Cr_3C_2+9H_2SO_4 \Longrightarrow 3Cr_2(SO_4)_3+4C+9H_2\uparrow$$

氧化反应:

$$Cr_2(SO_4)_3+3(NH_4)_2S_2O_8+8H_2O \xrightarrow{AgNC_3} 2H_2CrO_4+3(NH_4)_2SO_4+6H_2SO_4$$

6 价铬与二苯偕肼的反应:6 价铬将二苯偕肼氧化为二苯基偶氮碳酰肼,而本身还原为 2 价和 3 价铬离子。然后 2 价铬离子和 3 价铬离子与二苯基偶氮碳酰肼生成紫红色络合物。反应式如下:

$$Cr(Ⅵ)+O=C\begin{matrix} NHNHC_6H_5 \\ \diagdown \\ NHNHC_6H_5 \end{matrix}$$

$$\longrightarrow Cr^{2+}(或\ Cr^{3+})+O=C\begin{matrix} N=NC_6H_5 \\ \diagdown \\ NHNHC_6H_5 \end{matrix}$$

3 价铬离子与二苯基偶氮碳酰肼的反应:

$$Cr^{3+}+2O=C\begin{matrix} N=N-C_6H_5 \\ \diagdown \\ NH-NH-C_6H_5 \end{matrix} \longrightarrow$$

$$\left[O=C\begin{matrix} C_6H_5 & C_6H_5 \\ N=N & N-NH \\ \diagdown & \diagup \diagdown \\ NH-N & N-N \\ C_6H_5 & C_6H_5 \end{matrix}C=O \right]^+ +2H^+$$

关于络合物组成比,有两种说法,一种是铬,试剂为 2∶3;另一种为 1∶2。

酸度在 0.12～0.35 mol·L^{-1} 为宜,酸度低显色慢,酸度高色泽不稳定。

测定范围:铬含量 0.01%～0.50%,铬量<200 $\mu g \cdot (50\ mL)^{-1}$符合比耳定律。

1) 试剂

硝酸(1+3)。硫磷混合酸:400 mL 水中,加入 300 mL 磷酸和 300 mL 硫酸。硝酸银溶液(1%)。过硫酸铵溶液(20%),宜新鲜配制。尿素溶液(10%),宜当天配制。二苯偕肼溶液(0.2%)的乙醇溶液。亚硝酸钠溶液(1%),宜当天配制。EDTA 溶液(1%)。铬标准溶液(Cr 0.1 mg·mL⁻¹),称取重铬酸钾 0.282 8 g 溶于水中,移入 1 000 mL 容量瓶中,以水稀释至刻度,摇匀。

2) 操作步骤

称取试样 0.500 0 g(或 0.100 0 g),于 250 mL 锥形瓶中,加硝酸(1+3)15 mL,加热使试样溶解,加混合酸 10 mL,蒸发至冒微烟,稍冷,加水 50 mL,硝酸银溶液 5 mL,过硫酸铵溶液 10 mL,加热煮沸直到翻大气泡,冷却,移入 100 mL 量瓶中,以水稀释至刻度,摇匀。吸取试液 10 mL,于 50 mL 量瓶中,加尿素 10 mL,滴加亚硝酸钠至高锰酸全都还原至无色,并过量 2 滴,加 EDTA 溶液 10 mL,二苯偕肼 5 mL,以水稀释至刻度,摇匀。用 1 cm 比色皿,于 530 nm 波长处,以水为参比,测定吸光度。在检量线上查得试样的含铬量。

3) 检量线的绘制

称取纯铁或已知的低铬标钢数份,照方法溶解,依次加入铬标准溶液 1.0 mL,2.0 mL,3.0 mL,4.0 mL,5.0 mL(Cr 0.1 mg·mL⁻¹),按方法操作,测定其吸光度,绘制曲线。每毫升铬标准溶液相当于含铬量(%):称样 0.1 g 时为 0.1%;称样 0.5 g 时为 0.02%。

4) 注

(1) 二苯偕肼,溶于乙醇中应为无色,若呈橙色或棕色,系试剂不纯或乙醇中含有氧化性物质的缘故,易使结果偏低。如按下述方法配置:溶解 4 g 苯二甲酸酐于 100 mL 热乙醇中,加入二苯偕肼 0.5 g,冷却,置于暗冷处,可使用数星期。

(2) 含铬量 0.01%～0.1%称样 0.5 g;含铬量 0.1%～0.5%称样 0.1 g。

(3) 过硫酸铵的存在将导致色泽不稳定,所以必须将过硫酸铵煮沸分解完全。

(4) 加入 EDTA 溶液能增加稳定性,提高灵敏度,但也不宜久放,宜逐只比色测定。

(5) 本方法显色酸度为 0.32 mol·L⁻¹左右。

2.9　镍的测定(丁二酮肟光度法)

当在碱性介质中有氧化剂存在时,镍与丁二酮肟生成酒红色络合物,以 NiD_3^{2-} 表示之(D^{2-} 表示丁二酮肟的阴离子)。此络合物色泽强度在一定范围内与镍量成正比。其主要反应如下:

$$3Ni + 8HNO_3 \Longrightarrow 3Ni(NO_3)_2 + 2NO\uparrow + 4H_2O$$
$$Ni(NO_3)_2 + (NH_4)_2S_2O_8 \Longrightarrow Ni(SO_4)_2 + 2NH_4NO_3$$
$$Ni^{4+} + 3D^{2-} \Longrightarrow NiD_3^{2-}$$

Fe^{3+} 等生成氢氧化物沉淀,须加入酒石酸盐或柠檬酸盐使其络合。用酒石酸盐较好,因为它可以将溶液的 pH 值提高到足以减轻 Fe^{3+} 离子的颜色。酒石酸盐的用量,只要能掩蔽 Fe^{3+} 完全即可,多加一些并无影响。Fe^{2+} 与丁二酮肟生成红色干扰测定,须用硝酸将 Fe^{2+} 氧化为 3 价。钴铜也能生成红色,但较镍浅得多,如含钴铜之量与镍相等或小于含镍量时,其影响可以不予考虑。铬较高时,例如在不锈钢中,不能立即达到着色深度,一般在加入显色剂后,须放置 20 min 才能显色完全。其他元素一般不影响测定(锰的允许量为 0.5 mg·(100 mL)⁻¹)。

当有氧化剂存在时,镍和丁二酮肟形成的络合物,其灵敏度比不加氧化剂高 4 倍(无氧化剂 $\varepsilon^{330}=$ 4 000,当存在氧化剂时 $\varepsilon^{450}=15\,000$)。关于作用机理,以前有不同的说法,现在已认为镍与丁二酮肟在氧化剂存在下的反应机理是:镍被氧化成 4 价,然后与丁二酮肟生成红色络合物。实验证明镍(Ⅳ)与丁二酮肟的红色络合物一端是有磁性的,而镍(Ⅱ)与丁二酮肟的络合物是抗磁性的,并且证实了在氢氧化钠介质中,镍(Ⅳ):丁二酮肟=1:3。

氧化剂可应用过硫酸铵、碘、溴以及二氧化铝、铅丹和过氧化氢等。目前常用的为过硫酸铵和碘。通常在强碱性介质中用过硫酸铵,在氨性溶液中用碘。用氧化剂氧化丁二酮肟的生成物和镍生成深红色的络合物,这个反应很不稳定,仅是瞬间反应,为此必须在溶液中加入碱而后加入氧化剂。显色后很稳定,在 30 ℃以下,至少能保持数小时不变。碱的用量范围较宽。络合物分别在 440 nm 和 530 nm 处有 2 个吸收峰值。由于在 440 nm 波长处,Fe^{3+} 的吸收较大,故测定时都选用 520～530 nm 波长。

1) 试剂

硼酸(1+3)。高锰酸钾溶液(4%)。亚硝酸钠溶液(10%)。酒石酸钾钠溶液(50%)。氢氧化钠溶液(5%)。过硫酸铵溶液(10%)。碱性丁二酮肟溶液(1%),称取丁二酮肟 1.0 g 溶于 100 mL(5%)的氢氧化钠溶液中。镍标准溶液(Ni^{2+} 10 $\mu g \cdot mL^{-1}$),称取纯镍 0.100 0 g,加硝酸(1+3)10 mL,加热溶解,冷却,于量瓶中稀释至 1 000 mL。吸取该液 25 mL,于量瓶中稀释至 250 mL。

2) 操作步骤

称取试样 0.250 0 g,于 100 mL 锥形瓶中,加硝酸(1+3)15 mL,加热使试样溶解,煮沸驱除氮的氧化物,冷却,于 50 mL 量瓶中以水稀释至刻度,摇匀。显色液:吸取试液 5 mL,于50 mL 量瓶中,加酒石酸钾钠溶液(50%)10 mL,氢氧化钠溶液(5%)10 mL,过硫酸铵溶液(10%)3 mL,碱性丁二酮肟溶液(1%)10 mL,以水稀释至刻度,摇匀。空白液:吸取试液 5 mL,于 50 mL 量瓶中,加酒石酸钾钠(50%)10 mL,氢氧化钠溶液(5%)20 mL,以水稀释至刻度,摇匀。静置 3～4 min,用 2 cm 比色皿,于530 nm 波长处,以空白液为参比,测定其吸光度。在检量线上查得试样的含镍量。

3) 检量线的绘制

称取纯铁或已知含低镍的钢样 0.25 g,加硝酸(1+3)15 mL,加热溶解,稀释至 50 mL,吸取溶液5 mL 数份,分别置于 50 mL 量瓶中,依次加镍标准溶液 0.0 mL,2.0 mL,4.0 mL,6.0 mL,8.0 mL,10.0 mL,12.0 mL(Ni^{2+} 10 $\mu g \cdot mL^{-1}$),然后按上述方法显色,测定吸光度。每毫升镍标准溶液相当于镍含量 0.04%。

4) 注

(1) 在加入丁二酮肟之前,溶液有时出现紫色。可加 1～2 滴过氧化氢(30%),摇匀后即可消除。

(2) 试样不含铬时,放置 3～4 min 比色,含铬时需放置 10 min 以上。

(3) 本方法适用于 0.01%～0.60% 的镍含量。

2.10　生铁系统快速分析

2.10.1　磷的测定

1) 试剂

硫硝混合酸:硫酸 50 mL,硝酸 8 mL 加入水中稀释至 1 000 mL。过硫酸铵溶液(30%),配置一般为 2～3 天。过氧化氢溶液(3%),或亚硝酸钠溶液(10%)。钒酸铵溶液(0.25%),钒酸铵 2.5 g 加入

500 mL 水中,加热溶解,冷却,加入浓硝酸 30 mL,稀释至 1 000 mL。钼酸铵溶液(5%)。磷标准溶液(P 0.2 mg·mL^{-1})。硫酸溶液(1+6)。亚硫酸钠溶液(10%)。氟化钠-氯化亚锡溶液:称取氟化钠24 g 溶解于 1 000 mL 水中,加入氯化亚锡 2 g,必要时可过滤,当天配置。经常使用时,可将氟化钠溶液大量配制,长时间保存,在使用时取部分溶液加入氯化亚锡。

2) 操作步骤

称取试样 0.500 0 g(样品不宜粗大,否则试样溶解完毕前过硫酸铵已完全分解,将导致磷的损失)于 250 mL 锥形瓶中,加入预热之硫硝混合酸 85 mL(日常分析工作中,混合酸也须预热)及过硫酸铵溶液 4 mL,加热至近沸点之温度溶解。再加过硫酸铵溶液 4 mL,并煮沸 2~3 min,如有二氧化锰析出或溶液呈褐色,则滴加亚硝酸钠溶液使高价锰恰好还原,继续煮沸 0.5~1 min,冷却,于 100 mL 量瓶中以水稀释至刻度,用快速滤纸过滤。

(1) 钒钼黄法。空白溶液:于 150 mL 锥形瓶中预置水 9 mL,然后加入试样溶液。显色溶液:于150 mL 锥形瓶中预置钒酸铵 3 mL,加入试样溶液,然后随摇荡随加入钼酸铵溶液 6 mL,放置片刻(30 ℃左右时只需 1~2 min,温度低时,要延长放置时间,如 10 ℃要放置 15~20 min)。用 2 cm 或3 cm 比色皿,于 470 cm 波长处,以空白液为参比测定吸光度。从检量线上查得试样的含磷量。显色时溶液的温度须避免过高(勿超过 40 ℃),以防止硅的干扰。

检量线的绘制:用标准样品绘制,或按下述方法,称取纯铁或已知含低磷之钢样 0.5 g 数份按方法溶解,氧化。稀释至 100 mL 前依次加入磷标准溶液 0.0 mL,1.0 mL,2.0 mL,…,10.0 mL(P 0.2 mg·mL^{-1}),以水稀释至刻度,摇匀。然后按方法显色并测定吸光度。每毫升磷标准溶液相当于磷含量0.04%。

(2) 钼蓝法。吸取试样溶液 10.00 mL 置于 150 mL 锥形瓶中,加硫酸(1+6)6 mL,亚硫酸钠溶液1 mL,煮沸 30~40 s 驱除氧化氮,取下,立刻加入钼酸铵溶液 5 mL,摇匀,迅速倾入氟化钠-氯化亚锡溶液 20 mL,放置 1~2 min 然后流水冷却,于量瓶中以水稀释至 50 mL(或 100 mL)。用 1 cm 或 2 mL比色皿,于 680 nm 波长,以水为参比,测定吸光度。从检量线上查得试样的含磷量。

检量线的绘制:用标准样品绘制或按下述方法。称取纯铁或已知含低磷之钢样 0.5 g 数份按方法溶解,氧化。于稀释至 100 mL 前依次加入磷标准溶液 0.0 mL,1.0 mL,2.0 mL,…,10.0 mL(P 0.20 mg·mL^{-1}),并以水稀释至刻度,然后按方法显色并测定吸光度,每毫升磷标准溶液相当于磷含量 0.04%。

3) 注

(1) 测定磷所用锥形瓶必须专用,不能接触磷酸,因磷酸在高温时(100~150 ℃,通常为硫磷酸冒烟处理)易侵蚀玻璃而形成 $SiO_2 \cdot P_2O_5$ 或 $SiO(PO_3)_2$,用水及清洁剂都洗不净,致使在测定磷时引入干扰。

(2) 磷含量>0.1%时则可取试样溶液 5 mL,加水 5 mL。

(3) 残余过硫酸铵影响磷的显色,加亚硫酸钠使其分解。

(4) 加入钼酸铵溶液后,必须立即加入氟化钠-氯化亚锡溶液,否则容易引起硅的干扰,导致重现性差,造成误差。在加入钼酸铵溶液时注意不要沾瓶壁,否则易使结果偏高。

2.10.2　硅的测定

1) 试剂

钼酸铵溶液(5%)。草酸溶液(5%)。硫酸亚铁铵溶液(6%),每 100 mL 中加入硫酸(1+1)6 滴。硅标准溶液(Si 2 mg·mL^{-1}):称取石英砂(纯二氧化硅)1.069 5 g,加碳酸钠 10 g 于铂皿中熔融,冷却,用水浸出,于量瓶中稀释至 250 mL。溶液贮于塑料瓶中。

2) 操作步骤

(1) 加热显色。吸取试样溶液 2.00 mL 置于 150 mL 锥形瓶中,加水 7 mL,1.0 mL 硫硝混合酸,加入钼酸铵溶液(5%)5 mL,于沸水浴中摇动加热 30 s,流水冷却,加入草酸溶液(5%)10 mL,水 25 mL,硫酸亚铁铵溶液 5 mL,30 s 后,用 0.5 cm 或 1 cm 比色皿,红色滤光片或 660 nm 波长,以水为参比,测定吸光度。从检量线上查得试样的含硅量。

(2) 室温显色。吸取试样溶液 2.00 mL 置于 150 mL 锥形瓶中,加水 32 mL,1.0 mL 硫硝混合酸,加入钼酸铵溶液 5 mL,放置 10 min(室温低于 10 ℃时放置 30 min 以上),加入草酸溶液 10 mL,立即加硫酸亚铁铵溶液 5 mL,用 0.5 cm 或 1 cm 比色皿,红色滤光片或 660 nm 波长,以水为参比,测定吸光度。从检量曲线上查得试样的含硅量。

3) 检量线的绘制

称取不同含硅量的标样,按上述方法显色测定吸光度,绘制曲线。或称取 0.5 g 纯铁或已知含低硅的标样数份,按方法溶解、氧化,依次加入硅标准溶液 0.0 mL,1.0 mL,2.0 mL,…,10.0 mL(Si 2 mg·mL^{-1}),稀释至 100 mL。分别吸取溶液 2.00 mL,按上述方法显色测定吸光度,并绘制曲线。每毫升硅标准溶液相当于硅含量 0.40%。

4) 注

(1) 草酸的加入,既可降低 Fe^{3+}/Fe^{2+} 的氧化还原电位,提高 Fe^{2+} 的还原能力,同时又可破坏磷、砷与钼酸铵的络离子,从而消除它们的干扰。但草酸也能逐渐破坏硅钼络离子,因此加入草酸使钼酸铁沉淀溶解后,须立即加入硫酸亚铁铵溶液。还原后的钼蓝溶液可稳定 10 h 以上。

(2) 钼蓝色泽太深时可以在还原后适当增加稀释体积。由于加热显色和室温显色要求酸度不同,所以室温显色增加水的毫升数,以降低酸度。

2.10.3　锰的测定

1) 试剂

混合酸:硝酸银 1 g 溶解于 500 mL 水中,加硫酸 25 mL,磷酸 30 mL,硝酸 30 mL,用水稀释至 1 000 mL。过硫酸铵溶液(15%),配置勿超过 2～3 日。高锰酸钾标准溶液(0.01 mol·L^{-1}):吸取 0.1 mol·L^{-1} 的高锰酸钾标准溶液 25 mL 于量瓶中以水稀释至 250 mL。Mn 0.11 mg·mL^{-1}。

2) 操作步骤

吸取试样溶液 10.00 mL 置于 150 mL 锥形瓶中,加混合酸 20 mL,并加热至近沸,加入过硫酸铵溶液 5 mL,加热煮沸 30 s,放置 1 min,冷却。于量瓶中稀释至 50 mL,用 2 cm 比色皿,于 530 nm 波长处,以水为参比,测定吸光度。从检量线上查得试样的含锰量。

3) 检量线的绘制

用标准样品按同样操作步骤测定后绘制曲线。或按下述方法绘制:取高锰酸钾标准溶液1.0 mL,2.0 mL,…,5.0 mL(Mn 0.11 mg·mL^{-1})。置于 50 mL 量瓶中,用水稀释至刻度,以水为参比,测定吸光度。每毫升锰标准溶液相当于锰含量 0.22%。

4) 注

试剂有时含锰,在此情况下,测定吸光度时应做试剂空白。可取混合酸 20 mL,加水约10 mL,过硫酸铵溶液 5 mL,煮沸显色,测定吸光度后自结果中减去。

2.10.4　铬的测定

1) 试剂

二苯偕肼溶液(0.5%):溶解苯二甲酸酐 4 g 于热乙醇 100 mL 中,加入二苯偕肼0.5 g,冷却,溶液置于暗处,可稳定数星期。亚硝酸钠溶液(0.5%)。尿素溶液(10%),当天配置或用固体尿素。磷酸溶液(1+1)。重铬酸钾标准溶液(Cr 10 μg·mL^{-1})(参见 2.8 节)。

2) 操作步骤

用移液管吸取锰的显色液 10.00 mL 置于 50 mL 量瓶中,加磷酸(1+1)4 mL,水约 25 mL,尿素溶液 5 mL(或固体尿素 0.5 g 左右),滴加亚硝酸钠溶液 1~2 滴,使高锰酸还原,然后加入二苯偕肼溶液 2.0 mL,以水稀释至刻度。0.5~1 min 内,用 2 cm 比色皿,于 530 nm 波长处,以水为参比,测定吸光度。从检量线上查得试样的含铬量。

3) 检量线的绘制

用标准试样按方法操作,测定吸光度后绘制曲线。或按下述方法:称取不含铬的或已知含低铬之标准样 0.5 g,按操作方法溶解稀释。取溶液 10 mL 数份,依次加入重铬酸钾标准溶液 2.0 mL,5.0 mL,…,15.0 mL(Cr 10 μg·mL^{-1}),按锰之操作步骤,加混合酸,过硫酸铵煮沸氧化,冷却,于量瓶中稀释至 50 mL,然后用移液管分别吸取溶液 10 mL,按上述方法显色测定吸光度。每毫升重铬酸钾标准溶液相当于铬含量 0.02%。

4) 注

(1) 亚硝酸钠还原高锰酸及与尿素作用之速度随温度而定,于低温作用缓慢时不宜急于加亚硝酸钠而致过量。

(2) 加入二苯偕肼后应较快地进行比色,因此显色须逐只进行。

(3) 过硫酸铵能使色泽不稳,按上述操作,应在 0.5~1 min 内测定吸光度,如锰的显色液 10 mL,加水约 10 mL,再煮沸 3~4 min,使过硫酸铵分解完全,然后显色,则所得显色液稳定性比较好。

(4) 合金铸铁中含铬量大于 0.3% 时,可用 1 cm 比色皿。

2.10.5　镍的测定

1) 试剂

柠檬酸铵溶液(50%)。碘溶液(0.1 mol·L^{-1}):称取碘 12.7 g,碘化钾 25 g,加入少量水溶解,稀释至 1 000 mL。氨性丁二酮肟溶液(1%):溶解丁二酮肟 1 g 于 500 mL 浓氨水中,以水稀释至 1 000 mL。镍标准溶液(Ni 10 μg·mL^{-1})(参见 7.9 节)。

2) 操作步骤

吸取试样溶液 5.00 mL(含镍量高时取 2.00 mL)置于 50 mL 量瓶中,加水约 20 mL,柠檬酸铵溶液 5 mL,碘溶液 2.5 mL,氨性丁二酮肟溶液 10 mL,以水稀释至刻度。1 min 后,用 2 cm 比色皿,于 530 nm 波长,以水为参比,测定吸光度。从检量线上查得试样的含镍量。

3) 检量线的绘制

称取纯铁或已知含低镍量之钢样 0.5 g 按操作溶解,稀释至 100 mL。吸取溶液 5 mL 数份,置于 50 mL 量瓶中,依次加入镍标准溶液 1.0 mL,2.0 mL,…,10.0 mL(Ni 10 μg·mL^{-1}),按上述方法显色并稀释至刻度,然后测定吸光度,并绘制检量线。每毫升镍标准溶液相当于镍含量 0.04%。

4) 注

(1) 用碘为氧化剂显色快,不受铬的干扰,但显色液的稳定性较差(约 10 min)。

(2) 1%锰含量使镍结果偏高 0.005 5%应作校正。

(3) 准确度要求高的分析可做空白液作为参比。即吸取试样溶液 5 mL 置于 50 mL 量瓶中,按显色液同样操作,但不加丁二酮肟溶液,代之以浓氨水 5 mL。

2.10.6　钼的测定

1) 试剂

硫酸-硫酸钛溶液:取硫酸钛 Ti(SO$_4$)$_2$15%溶液 40 mL,边搅拌边倾入于 640 mL 硫酸(1+1)中稀释至 2 000 mL,摇匀。或取四氯化钛 TiCl$_4$15%溶液 30 mL,边搅拌边倾入于 640 mL 硫酸(1+1)中,稀释至 2 000 mL,摇匀。硫氰酸钠溶液(10%)。氯化亚锡溶液(10%):称取氯化亚锡 10 g 溶于浓盐酸 5 mL 中,以水稀释至 100 mL。钼混合显色液:硫酸-硫酸钛、硫氰酸钠、氯化亚锡溶液各 100 mL,加高氯酸 10 mL,混匀。钼标准溶液(Mo 1 mg·mL^{-1}):称取钼酸钠(Na$_2$MoO$_4$·2H$_2$O)1.261 g 溶解于水中,加入硫酸(1+1)5 mL,于量瓶中稀释至 500 mL,每毫升溶液含钼 1 mg。可以用重量法标定:吸取溶液 50 mL,加水约 50 mL。EDTA 溶液(5%)1 mL。缓冲溶液(乙酸铵 50 g 溶解于 100 mL 水中,加乙酸 60 mL)5 mL,此时溶液约为 pH=4.5。加热至近沸,加 8-羟基喹啉溶液(称取 8-羟基喹啉 15 g,溶解于 30 mL 冰乙酸中,稀释至 500 mL,必要时可过滤,溶液的 pH=4)15 mL,搅拌,保温数分钟后,用已称重量的玻璃砂芯坩埚抽气过滤,水洗净于 130~140 ℃,烘干至恒重(约 2 h),其质量为 G,每毫升含钼 $\dfrac{G\times0.2305}{50}$ g。

2) 操作步骤

吸取试样溶液 10.00 mL 置于 150 mL 锥形瓶中,加钼混合显色溶液 30 mL(沿瓶壁四周加入)放置 5 min,用 2 cm 比色皿,于 500 nm 波长处,以水为参比测定吸光度。从检量线上查得试样的含钼量。

3) 检量线的绘制

称取数份不含钼或已知含低钼的试样 0.5 g,按方法溶解,依次加入钼标准溶液 0.0 mL,1.0 mL,2.0 mL,…5.0 mL(Mo 1 mg·mL^{-1}),然后稀释至 100 mL,摇匀。吸取溶液各 10 mL,按上述操作显色,测定吸光度。根据所得结果绘制曲线。每毫升钼标准溶液相当于钼含量 0.2%。

4) 注

(1) 高氯酸在此处作为钼显色的还原抑制剂,能提高硫氰酸钼络离子色泽的稳定性。

(2) 25 ℃时显色后 5 min,15 ℃时显色后 15 min 色泽达到稳定。室温低时可适当延长放置时间。

(3) 如试样含钒可进行校正,1%钒相当于钼含量 0.02%。

(4) 要求精确时可做空白作为参比液,即取试样溶液 10 mL 置于锥形瓶中,按显色液同样加试剂,但钼的混合显色液中不加硫氰酸钠溶液而代之以水。

2.10.7　铜的测定

1) 试剂

柠檬酸铵溶液(50%)。中性红指示剂(0.1%)。乙醇溶液。双环己酮草酰二腙(简称 BCO)溶液(0.05%),称取 0.5 g 试剂溶于热的乙醇(1+1)100 mL 中,稀释至 1 000 mL。铜标准溶液(Cu

$0.05 \text{ mg} \cdot \text{mL}^{-1}$)：称取纯铜 0.5000 g 溶解于少量稀硝酸中，于量瓶中稀释至 1000 mL，摇匀，用移液管吸取溶液 50 mL，再稀释至 500 mL。

2) 操作步骤

吸取试样溶液 2.00 mL 置于 50 mL 量瓶中，加柠檬酸铵溶液 2 mL，水约 20 mL，中性红指示剂 1 滴，用氨水(1+1)调节至指示剂由红变黄并过量 $2\sim3$ mL。加双环己酮草酰二腙溶液 10 mL 稀释至刻度。用 $1\sim3$ cm 比色皿，于 600 nm 波长，以水为参比，测定吸光度。从检量线上查得试样的含铜量。

3) 检量线的绘制

于 500 mL 量瓶中依次加入铜标准溶液(Cu $0.05 \text{ mg} \cdot \text{mL}^{-1}$)$0.5$ mL，1.0 mL，2.0 mL，…，10.0 mL，按上述操作方法显色，并测定吸光度。根据结果试制曲线。每毫升铜标准溶液相当于铜含量 0.50%（吸取试样溶液 5 mL，每毫升铜标准溶液相当于 0.2%）。

4) 注

(1) 氨水过量或不足均使结果偏低。指示剂变色后氨水(1+1)应过量 $2\sim3$ mL。氨水应新开瓶配制并保持密闭，不使浓度降低。成批分析时只须用指示剂调节一只试样，其他试样只须加入相同量的氨水。

(2) 10 mL 双环己酮草酰二腙溶液可显色 0.2 mg 铜，相当于 1% 铜含量，含铜量高时可以加 20 mL 显色。

(3) 要求精确测定时可做一空白溶液，即取试样溶液 2.00 mL 或 5.00 mL 于 50 mL 量瓶中，按上述方法操作，但不加 BCO 显色剂。

(4) 室温低于 10 ℃时，显色后 $10\sim60$ min 内比色完毕。室温高于 20 ℃时，显色后 $3\sim30$ min 比色完毕。室温高时，显色速度快，显色液稳定性较差；室温低时，显色速度慢，显色液的稳定性较好。

2.10.8　钛的测定

1) 试剂

变色酸溶液(3%)：称取变色酸 3 g，加少量水调成糊状，加水稀释至 100 mL，加 3 g 亚硫酸钠，需要时可过滤，贮于棕色瓶中。溶液可使用 $1\sim2$ 个月。不同批号的变色酸需作相应的检量线。醋酸溶液(1+1)：冰醋酸与水等量混合。盐酸(1+1)。氨水(1+1)。抗坏血酸溶液(1%)，当天配制。溴酚蓝指示剂(0.1%)：指示剂 0.1 g 溶解于 $0.1 \text{ mol} \cdot \text{L}^{-1}$ 氢氧化钠溶液 1.5 mL 中，稀释至 100 mL。钛标准溶液(Ti $0.02 \text{ mg} \cdot \text{mL}^{-1}$)：称取纯金属钛 0.2000 g，于 100 mL 铂皿中，加水少许，缓慢加入氢氟酸使其溶解，滴加硝酸氧化。加硫酸(1+1)10 mL，加热蒸发至冒白烟，冷却，用水冲洗皿壁，再蒸发至冒烟，冷却。加硫酸(1+1)90 mL 并移入容量瓶中，以水稀释至 1000 mL，摇匀，此溶液 1 mL 含 0.2 mg 钛。吸取此溶液 20 mL，用硫酸(2+98)于量瓶中稀释至 200 mL，每毫升溶液含钛 0.02 mg。

2) 操作步骤

吸取试样溶液 5.00 mL 置于 150 mL 锥形瓶中，加亚硫酸钠溶液 $4\sim5$ 滴，加水约 20 mL，煮沸，使残余过硫酸铵分解，冷却，移至 50 mL 量瓶中，加抗坏血酸 $7\sim8$ mL，溴酚蓝指示剂 1 滴。用氨水(1+4)调至指示剂恰好呈蓝色，再用盐酸(1+1)调节至呈黄色并过量 1 滴，加醋酸溶液(1+1)6 mL，摇匀（此时 pH 约为 2.5）。用移液管加变色酸溶液 2 mL，用水稀释至刻度。将显色液倒入 2 cm 比色皿中，于剩余溶液中加氟化铵溶液 $2\sim3$ 滴，使钛的色泽褪去，以此为参比，于 500 nm 波长处，测定吸光度，从检量线上查得试样的含钛量。

3) 检量线的绘制

取标准钛溶液 $0.5\ mL$, $1.0\ mL$, $2.0\ mL$, $\cdots$, $10.0\ mL$(Ti $0.02\ mg\cdot mL^{-1}$)置于 $50\ mL$ 量瓶中,加水约20 mL,然后加抗坏血酸、指示剂,调节酸度,按上述方法显色,测定吸光度,根据所得结果绘制曲线。每毫升钛标准溶液相当于钛含量 0.03%。

4) 注

(1) 钛含量低于 0.05% 时可吸取试样溶液 10 mL,加抗坏血酸溶液 15 mL 显色,检量线不必另绘,因为小于 50 mg 铁对显色干扰很小。

(2) 残余过硫酸铵能使结果偏高,必须使其分解。

(3) 中和时氨水不要过量,否则钛能与抗坏血酸络合,再酸化时,结果将仍然偏低。

(4) 显色时应逐只进行。如果抗坏血酸加入后放置长时间再加变色酸显色,结果将偏低。已显色的溶液色泽稳定,测读吸光度时可成批进行。

2.11　球墨铸铁中稀土总量和镁的直接测定

稀土元素的化学性质非常活泼,与氧、氢、氮、硫等有很强的亲和力,加入铁水能脱硫除气,提高铁水纯度和除去夹杂物的有害影响,改善石墨形状和起到合金化、细化晶粒等作用,故能提高铸铁强度。

稀土元素的性质极为相似,不易互相分离,一般皆以其混合物的形式加入钢中。因此,一般的分析也即测定其总量。钢铁中的稀土元素分析目前主要应用化学法、发射光谱法、X 荧光光谱法、火焰光度法等。

用化学法测定稀土元素,有重量法、容量法和光度法。重量法测定钢铁中的稀土元素是使稀土元素转变为草酸盐沉淀或氟化物沉淀,经过灼烧成为氧化物进行称量。由于钢铁中稀土元素含量很低,沉淀难免带入其他杂质,因此实际上难以得到准确的结果。容量法测定稀土元素较有成效的是EDTA法,但在钢铁分析中也很少应用。钢铁中微量稀土元素的测定,广泛应用光度法。对于微量稀土元素总量的光度测定,从近年来的一些报道看,国内外研究较多,并在实践中广为应用的大致有偶氮砷Ⅲ、双羧基偶氮砷Ⅲ、偶氮氯膦Ⅲ等。这些试剂均属变色酸双偶氮类化合物,它们可与稀土元素形成稳定的络合物。最近又合成了偶氮氯膦-mA,在偶氮氯膦-Ⅲ的基础上有了新的发展。其中前两种显色剂测定钢铁中稀土总量的方法,通常均需进行分离,不适宜快速分析。而后两种显色剂因具有更强的成盐基(— PO_3H_2)和吸电子基(— Cl),使成络反应能在更强的酸度下进行,提高了方法的选择性,可进行稀土总量的直接比色测定,为实现快速测定提供了条件。上述诸方法均为测定铈组稀土总量的较理想方法。

镁是一种化学性质极其活泼的元素,加入铁水后首先与硫、氧化合,同时,由于镁气化引起铁水强烈的沸腾,使反应生成物、其他非金属夹杂物以气体形式予以排除。镁能使铸铁中的石墨成球状,是一种球化能力十分强的球化剂。由于这些复杂的物理化学过程,加镁后的铸铁较加镁前机械性能有很大的提高。

球铁中低含量镁的测定,广泛应用光度法。目前常用的显色剂有:铬黑 T、铬变酸 2R、二甲苯胺蓝Ⅰ和Ⅱ以及偶氮氯膦Ⅲ、偶氮胂Ⅰ和达旦黄等。这些试剂在比色测定镁时还存在着各种不同的问题。最近发现偶氮氯膦-Ⅰ作为测镁显色剂具有灵敏度高、稳定性和选择性好的特性,是一个较好的测镁显色剂。

2.11.1　稀土总量的测定(草酸掩蔽-偶氮氯膦Ⅲ光度法)

在酸性介质中(pH 0.5～0.95),偶氮氯膦Ⅲ与稀土元素形成蓝色络合物,其组成 1∶1。其最大吸收波长在 677～680 nm 波长处,摩尔吸光系数为 $5.5 \times 10^4 \sim 8.4 \times 10^4$,是测定铈组稀土元素较为理想的试剂。

共存的大多数金属离子在 pH<1 时,不干扰测定,提高了方法的选择性。而基体铁及可能存在的钛等离子干扰测定。当加入适当量的草酸,可掩蔽铁、钛、钙、锆、钨、铌等干扰元素,提高了方法的选择性,为直接比色测定提供了条件。在乙醇介质中,可提高方法的灵敏度,但乙醇加入量不宜过多,以免影响络合物的稳定性。按方法显色吸光度可稳定 1 h 以上。

1) 试剂

硫硝混酸:每 1 000 mL 中含浓硫酸 50 mL 和浓硝酸 8 mL。过硫酸铵溶液(30%)。草酸溶液(10%)。偶氮氯膦Ⅲ乙醇溶液(0.02%):称取该试剂 0.2 g,加水 50 mL 溶解,以无水乙醇稀释至 1 000 mL。铈标准溶液(Ce 50 μg·mL^{-1}):称取二氧化铈 0.061 4 g,加硝酸 5 mL,微热,逐滴加入过氧化氢使之溶尽,煮沸。冷却,加硫酸 10 mL,于量瓶中以水稀释至 1 000 mL,摇匀。

2) 操作步骤

称取试样 0.250 0 g 置于 150 mL 锥形瓶中,加硫硝混酸 43 mL,加过硫酸铵溶液(30%)2 mL,低温加热溶解,再加入过硫酸铵溶液(30%)2 mL,加热煮沸。分解过量的过硫酸铵,如有水合二氧化锰生成,滴加过氧化氢(3%)数滴,使其溶解,继续煮沸 1 min。冷却,于量瓶中以水稀释至 100 mL,摇匀,干过滤。另取普通铸铁 0.25 g,按同样操作作为试剂空白。吸取试液(即滤液)及试剂空白液各 10.00 mL 置于 25 mL 量瓶中,分别加入草酸溶液(10%)5 mL,偶氮氯膦Ⅲ溶液(0.02%)5 mL,以水稀释至刻度,摇匀。用 3 cm 比色皿,于 680 nm 波长处,以试剂空白为参比,测定吸光度。从检量线上查得试样的稀土含量。

3) 检量线的绘制

称取不含稀土普通铸铁 0.25 g 数份,分别置于 150 mL 锥形瓶中,依次加入铈标准溶液 0.0 mL, 1.0 mL,2.0 mL,3.0 mL,4.0 mL,5.0 mL(Ce 50 μg·mL^{-1}),按上述操作溶解,显色和测定吸光度。以不加铈标准液的试液作为参比,测定吸光度,并绘制检量线。每毫升铈标准溶液相当于含稀土量 0.02%。

4) 注

(1) 本方法适用于测定稀土含量在 0.02%～0.1% 的试样。

(2) 偶氮氯膦Ⅲ(2,7-双-(4-氯-2-膦酸基苯偶氮)-1,8-二羟基-苯-3,6-二磺酸),是络变酸的衍生物:

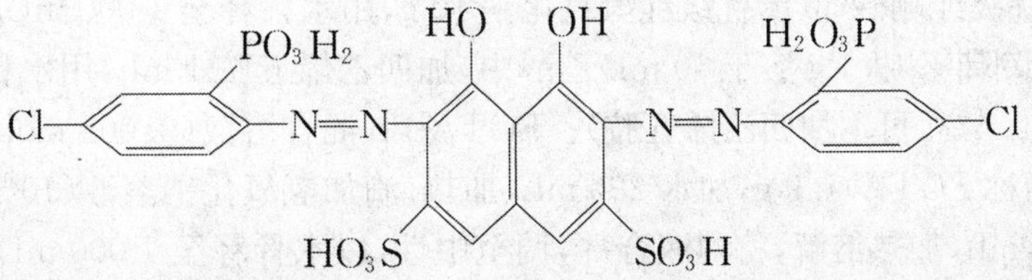

由于具有更强的成盐基(— PO$_3$H$_2$)和吸电子基(— Cl),使络合反应能在较强的酸度下进行,为实现不分离测定提供了比偶氮胂Ⅲ更为优越的性能。

(3) 铈和镧等轻稀土元素与偶氮氯膦Ⅲ形成的蓝色络合物,其摩尔吸光系数较接近,所以配制标准溶液可用铈或镧的氧化物或盐类。

(4)偶氮氯膦Ⅲ与稀土在 pH 0.3～3 的范围内皆能形成络合物。为了提高方法的选择性,减少干扰元素的影响,将显色酸度控制在 pH 0.5～0.95 较好。酸的性质不同对吸光度无明显影响。

(5)选用草酸作掩蔽剂比用 EDTA、抗坏血酸优越:草酸与 Fe^{3+} 络合反应速度快,不需加热;在酸性溶液中 EDTA 易析出,而草酸与 Fe^{3+} 的络合物都很稳定;用草酸作掩蔽剂可增大稀土的测量范围($30\ \mu g\cdot(25\ mL)^{-1}$ 内符合比耳定律);草酸在酸性介质中还能掩蔽钛。

(6)稀土元素与偶氮氯膦Ⅲ络合物在有机相中摩尔吸光系数比在水相中提高 3 倍左右。因此将偶氮氯膦Ⅲ配制成乙醇溶液,在显色液中随着乙醇量的增加,络合物的吸光度提高,而空白的吸光度却逐渐降低。但乙醇量过多,将使络合物稳定性下降。

2.11.2　镁的测定(偶氮氯膦Ⅰ光度法)

在 pH≈10 的溶液中,偶氮氯膦Ⅰ与镁 Mg^{2+} 离子形成紫红色的络合物,其最大吸收波长在 576～582 nm 波长处,摩尔吸光系数为 1.95×10^4 ,镁含量在 $0～15\ \mu g\cdot(50\ mL)^{-1}$ 服从比耳定律,其络合物组成为 1∶1。

酸度对络合物的形成有明显影响,最适宜的显色酸度是 pH=10±0.3。显色酸度 pH<9.6,除灵敏度低外,吸光度也不稳定。偶氮氯膦Ⅰ试剂对铵盐比较敏感,使空白值增高,而使显色的灵敏度下降。为了克服这一缺陷,改用硼砂缓冲体系比较合适。

球铁中铁是基体,铁的干扰可用三乙醇胺掩蔽。但随着铁量的增加灵敏度有所下降,铁量超过15 mg 时,褪色参比的色泽不稳定而导致显色液的吸光度不稳定。因此,本方法控制铁量在 12.5 mg以下,以兼顾灵敏度和稳定性。

铝、钛、锡、锆等多价金属离子均可用三乙醇胺掩蔽;锰、锌、镍、钴等可用邻菲罗啉掩蔽。有的球铁中铜高达 1%以上,单用邻菲罗啉不能掩蔽完全,加入少量的四乙烯五胺(Tetren)便可全部掩蔽,允许存在量可高达 200 μg 。

Cr^{3+} 量小于 0.3%,其干扰可以不考虑。当铬量增加时,将使显色速度降低,因此当分析含铬大于0.3%的球铁时,显色后应放置 10 min。

碱土元素和稀土元素均能同试剂反应,因而干扰测定。但加入少量 EGTA-Pb 溶液能有效地掩蔽它们。试验证明,加入 1 mLEGTA-Pb 溶液($0.005\ mol\cdot L^{-1}$)能很好地将 50 μg 的碱土元素掩蔽。EGTA-Pb 不仅能有效地掩蔽碱土和稀土元素,还能降低试剂空白值。被置换出的少量 Pb^{2+} ,当有三乙醇胺存在时不和试剂产生显色反应,不干扰测定。

本方法操作简单、方便、快速,吸光度可稳定 30 min 以上。

1)试剂

硫硝混合酸:1 000 mL 中含硫酸 50 mL,硝酸 8 mL。过氧化氢(30%)。三乙醇胺(1+1)。硼砂缓冲液(pH=10.5):优级纯硼砂 50 g,优级纯氢氧化钠 10 g,用水稀释至 1 000 mL,摇匀。邻菲罗啉-四乙烯五胺混合溶液:邻菲罗啉 1 g 溶于 10 mL 乙醇中,加四乙烯五胺 1 mL,用水稀释至 500 mL(如果试样中含铜量小于 0.4%,可不加四乙烯五胺)。EGTA-Pb 混合溶液($0.005\ mol\cdot L^{-1}$),取乙二醇二乙醚二胺四乙酸(简称 EGTA)1.9 g,加水 200 mL,加热,滴加氢氧化钠溶液(10%)至中性,另取氯化铅 1.53 g,加水 300 mL,加热溶解,将两液合并,调至中性,以水稀释至 1 000 mL,摇匀。镁标准溶液(Mg 100 $\mu g\cdot mL^{-1}$),称取纯镁 0.100 0 g,加盐酸(1+1)5 mL,溶解后移于 1 000 mL 量瓶中,以水稀释至刻度,摇匀。偶氮氯膦Ⅰ溶液(0.025%)。

2)操作步骤

称取试样 0.250 0 g 于 150 mL 锥形瓶中,加硫硝混酸 12 mL,过氧化氢(30%)2 mL,低温加热溶解(遇难溶试样应随时补充水),再滴加过氧化氢 2 mL 氧化,煮沸分解剩余的过氧化氢。冷却,于 100 mL 量瓶中,以水稀释至刻度,干过滤。另取不含镁的铸铁 0.25 g,按同样操作作为试剂空白液。吸取试液(即滤液)和试剂空白液各 5.00 mL 于 25 mL 量瓶中,加三乙醇胺(1+1)5 mL,硼砂缓冲液(pH=10.5)5 mL,加邻菲罗啉-四乙烯五胺混合液 5 mL,EGTA-Pb 混合液 1 mL,偶氮氯膦Ⅰ溶液(0.025%)2.5 mL,以水稀释至刻度,摇匀,将显色液倒入 3 cm 比色皿中,于剩余溶液中滴加 EDTA 溶液(5%)3 滴,褪色作为参比,于 576 nm 波长处,测定吸光度。试样溶液的吸光度读数减去试剂空白的吸光度值,求得实际吸光度值。从检量线上查得试样的含镁量。

3) 检量线的绘制

称取不含镁的铸铁 0.25 g 数份,分别置于 150 mL 锥形瓶中,依次加入镁标准溶液 0.0 mL, 0.5 mL,1.0 mL,1.5 mL,2.0 mL(Mg 100 μg · mL^{-1}),按上述方法操作,显色和测定吸光度。以不加镁标准溶液的试液作为参比,测定吸光度,并绘制检量线,每毫升镁标准溶液相当于含镁量 0.04%。

4) 注

(1) 试样溶解后一定要氧化完全,使铁以 3 价状态存在,否则铁不能被三乙醇胺掩蔽,加邻菲罗啉后有橙色出现。为此,过氧化氢浓度应保证,否则应酌情增加用量。

(2) 本法适用于测定含镁 0.02%~0.08%(对 72 型光度计而言)的试样。

(3) 在 25 mL 体积内,偶氮氯膦Ⅰ(0.025%)的适宜用量为 2.5 mL,多于 4 mL 或少于 2 mL,络合物的吸光度均有所下降。

(4) 在同一试液中,尚可作稀土总量的联合测定,方法如下:吸取试液(即滤液)及试剂空白液各 10 mL 置于 100 mL 锥形瓶中,加入混合显色剂 15 mL(草酸 35 g,偶氮氯膦Ⅲ 0.07 g 溶于 200 mL 水中,加硫酸 6.5 mL,硝酸 2 mL,稀释至 1 000 mL),摇匀。用 3 cm 比色皿,于 680 nm 波长处,以试剂空白为参比,测定吸光度。

2.11.3　稀土总量(偶氮氯膦-mA 光度法)和镁的联合直接测定

偶氮氯膦-mA 是在研究偶氮氯膦Ⅲ的基础上,对其结构进行合理的改造,因而具备了灵敏度高(对铈 $\varepsilon_{660}=8.2\times10^4$),对各稀土元素摩尔吸光系数接近,选择性好,显色酸度高,操作简便等特点,所以特别适用于低含量稀土元素的测定,是较为理想的测定铈组稀土元素的新显色剂。

偶氮氯膦-mA 与稀土元素在 pH 0.7~1.8 酸性溶液中能形成蓝色络合物,其组成为 4∶1。最大吸收在 660 nm 波长处,在 0~25 μg 稀土 · (25 mL)$^{-1}$ 范围符合比耳定律。

在允许酸度范围内,应用盐酸、硝酸或硫酸作显色介质进行测定,结果表明,三种酸对显色影响不大,盐酸介质的灵敏度稍高,故一般采用盐酸介质进行测定。

显色剂用量为稀土的 45 倍以上才足够,显色剂在小于 650 nm 波长有较大吸收,在 660 nm 波长处吸收较小。

试液中大量的 Fe^{3+} 干扰测定,加入草酸可消除 Fe^{3+} 的干扰。对于 20 mg 铁,用草酸溶液(5%) 6 mL 已能达到完全掩蔽的目的,其他共存元素 Mg^{2+}(5%),Cr^{3+}(1%),Mn^{2+}(4%),Mo^{6+}(1.5%),Cu^{2+}(0.6%),V^{5+}(0.5%),W^{6+}(1%),Al^{3+}(0.25%),Ca^{2+}(0.15%),NH_4^+(250%),Zn^{2+}(5%)对测定无干扰。镁的测定系采用偶氮氯膦Ⅰ光度法。

1) 试剂

硝酸(1+5)。草酸溶液(5%)。偶氮氯膦-mA 溶液(0.015%)。三乙醇胺(1+2)。缓冲溶液(pH=10.9):取氯化铵 24 g,溶于水中,加氨水 750 mL,以水稀释至 1 000 mL。邻菲罗啉溶液(0.4%)。偶氮氯膦Ⅰ溶液(0.025%)。EDTA 溶液(5%)。

2) 操作步骤

称取试样 0.100 0 g 于 100 mL 锥形瓶中,加入硝酸(1+5)5 mL,加热溶解,冷却,移于 25 mL 量瓶中,以水稀释至刻度,摇匀,干过滤。另取不含稀土和镁的生铁相同量,按同样操作,作试剂空白液。

(1) 稀土的测定。吸取试液的试剂空白各 5.00 mL,分别置于 25 mL 量瓶中,加入草酸溶液(5%)7 mL,摇匀,加入偶氮氯膦-mA 溶液(0.015%)5.0 mL,摇匀,以水稀释至刻度。用 3 cm 比色皿,于 660 nm 波长处,以试剂空白作为参比,测定吸光度。从检量线上查得试样的稀土含量。

(2) 镁的测定。吸取试液和试剂空白液各 5.00 mL,分别置于 25 mL 量瓶中,加入三乙醇胺(1+2)10 mL,摇匀,加 pH=10.9 的缓冲溶液 2 mL,摇匀,再加偶氮氯膦Ⅰ(溶液 0.025)5.0 mL,以水稀释至刻度,摇匀。显色液倒入 3 cm 比色皿中,于剩余溶液中滴入 EDTA 溶液(5%)1～2 滴,摇匀,褪色作为参比,于 580 nm 波长处,测定吸光度。试样溶液的吸光度读数减去试剂空白的吸光度值,求得实际吸光度值。从检量线上查得试样的含镁量。

3) 校正曲线的绘制

校正曲线用不同含稀土量的球墨铸铁标样和不同含镁的球墨铸铁标样,按方法同样操作,分别测定吸光度,绘制检量线。

4) 注

(1) 偶氮氯膦-mA 是一种不对称变色酸双偶氮氯膦酸性显色剂。化学名称为 2-(4-氯-2-膦酸基苯偶氮)-7-(3-乙酰苯偶氮)-1,8-二羟基-3,6-萘二磺酸,是深紫红结晶粉末,易溶于水,在中性和酸性溶液中呈紫红色。在酸性介质中能与稀土元素形成蓝紫色 4∶1 络合物,其结构式如下:

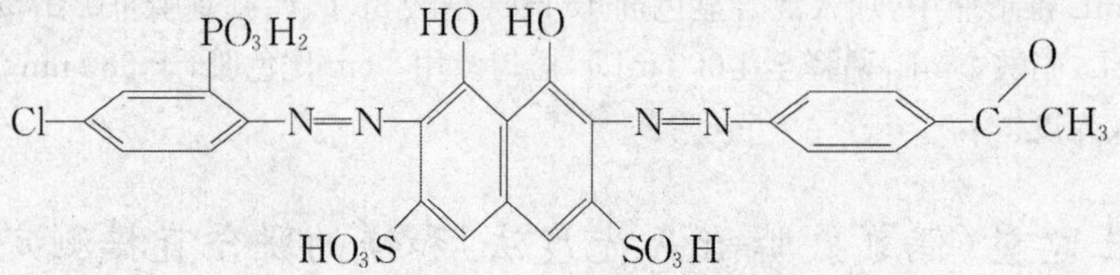

(2) 偶氮氯膦-mA 与轻重稀土组分络合物的摩尔吸光系数接近,所以各种不同含量的稀土组分均不影响测定。

(3) 草酸加入量为 Fe^{3+} 量的 15 倍时,达到完全掩蔽消除 Fe^{3+} 的干扰的目的。

(4) 关于镁的测定,可参照 2.11.2 小节。

2.12　合金铸铁的分析

2.12.1　锰的测定

1. 过硫酸铵容量法

基本原理参见 2.7 节。

1) 试剂

硫磷硝混合酸:于 525 mL 水中,不断搅拌并缓慢加入硫酸 100 mL,稍冷,加磷酸 125 mL,加硝酸 250 mL。硝酸溶液(2+98)。硝酸银溶液(1.7%),贮存于暗色玻璃瓶中,内加硝酸数滴。过硫酸铵溶液(25%),最好是当日配制。硫酸(1+1)。氯化钠溶液(1%)。亚硝酸钠-亚砷酸钠标准溶液(0.025 mol·L⁻¹)。参见 2.7 节之 1。

2) 操作步骤

称取试样 0.500 0~1.000 0 g 置于 250 mL 锥形瓶中,加硫磷硝混合酸 30 mL,加热至试样完全溶解。煮沸除去氧化氮,过滤。用硝酸(2+98)溶液洗涤 3~4 次。将滤液加热水稀释至 80 mL,加硝酸银溶液 5 mL 及过硫酸铵溶液 10~20 mL,加热煮沸 30 s。放置 1 min ,流水冷却。加硫酸(1+1) 10 mL 及氯化钠溶液 5 mL,立即用亚硝酸钠-亚砷酸钠标准溶液滴定。滴定时应以不变的速度滴入,每分钟不宜超过 5~6 mL,直至溶液呈淡红色,缓慢滴定,每两滴相隔不得少于 5 s,且最后 2~3 滴应彼此相隔约 10 s。当溶液由淡红色突然转为因浮有氯化银而呈白色时(如溶液中有铬存在,则呈淡黄色),即到终点。于滴定完毕的溶液中加高锰酸溶液(0.16%)1 滴,如滴定正确,溶液此时应呈红色,且于 1~2 min 内不褪色。按下式计算试样的含锰量:

$$Mn\% = \frac{T \times V \times 100}{G}$$

式中:T 为 1 mL 亚硝酸钠-亚砷酸钠标准溶液相当于锰的克数;V 为滴定试液所消耗亚硝酸钠-亚砷酸钠标准溶液的毫升数;G 为试样质量(g)。

3) 注

参见 2.7 节之 1。

2. 过硫酸铵-银盐氧化光度法

试样用混酸溶解,以硝酸银作催化剂,用过硫酸铵把 2 价锰氧化成高锰酸,以此进行锰的光度测定。

1) 试剂

硫磷硝混酸:于 140 mL 水中,小心搅拌加硫酸 30 mL,稍冷,加磷酸 30 mL,硝酸 20 mL。硝酸银溶液(1.7%),贮存于棕色瓶中。过硫酸铵溶液(20%)。EDTA 溶液(5%)。锰标准溶液(Mn 0.5 mg·mL⁻¹)。

2) 操作步骤

试样含锰量大于 1%者,称样 0.100 0 g;小于 1%者,称样 0.200 0 g,于 150 mL 锥形瓶中,加混合酸 20 mL,加热溶解,煮沸驱尽氮之氧化物,取下。加水 20 mL,滤去石墨碳及硅酸,用硝酸(2+98)洗 3~4 次,使体积约为 50 mL,加硝酸银溶液 5 mL,过硫酸铵溶液 10 mL,加热煮沸 30 s,放置 1 min,流水冷却,于 100 mL 量瓶中以水稀释至刻度,摇匀。将溶液注入 1 cm 或 2 cm 比色皿中,于剩余溶液中加入 EDTA 溶液(5%)1~2 滴,摇匀,使高锰酸色泽褪去。以此作参比,测定吸光度。从检量线上查得试样的含锰量。

3) 检量线的绘制

取纯铁 0.1~0.2 g 5 份,依次加入锰标液 1.0 mL,2.0 mL,3.0 mL,4.0 mL,5.0 mL(Mn 0.5 mg·mL⁻¹),按方法操作绘制曲线。对称样 0.1 g,每毫升锰标准溶液相当于含锰量 0.5%;对称样 0.2 g,每毫升锰标准溶液相当于含锰量 0.25%。

4) 注

(1) 含铬高的试样,可先用硫酸溶解,后加硝酸氧化。

(2) 高硅试样应于溶解时滴加氢氟酸助溶,取下稍冷后,加水 40 mL 溶解盐类,以下按方法操作。

(3) 检量线打底与不打底的完全一致。

2.12.2　硅的测定

1. 重量法(高氯酸脱水法)

试样用酸分解,蒸发至高氯酸冒烟,使硅酸脱水转变成难溶性的硅酸凝胶,用盐酸溶解盐类,经过滤,洗涤后灼烧成二氧化硅称重,求出硅的百分含量。主要反应如下:

溶解试样:

$$FeSi + 2HClO_4 + 4H_2O \longrightarrow Fe(ClO_4)_2 + H_4SiO_4 + 3H_2 \uparrow$$

$$FeSi + 2HCl + 4H_2O \longrightarrow FeCl_2 + H_2SiO_4 + 4H_2 \uparrow$$

$$3FeSi + 16HNO_3 \longrightarrow 3Fe(NO_3)_2 + 3H_4SiO_4 + 2H_2O + 7NO \uparrow$$

蒸发至冒高氯酸烟:

$$H_4SiO_4 \xrightarrow{203\ ℃} SiO_2 \cdot H_2O + H_2O$$

灼烧:

$$SiO_2 \cdot nH_2O \xrightarrow{1\,000\ ℃} SiO_2 + nH_2O$$

为了得到纯二氧化硅重量,沉淀须用氢氟酸处理:

$$SiO_2 + H_2SO_4 + 4HF \Longrightarrow SiF_4 \uparrow + 3H_2O + SO_3$$

1) 试剂

盐硝混酸:盐酸($\rho = 1.19\ \mathrm{g \cdot cm^{-3}}$)与硝酸($\rho = 1.42\ \mathrm{g \cdot cm^{-3}}$)按等体积混合(用前配制)。盐酸(5+95)。高氯酸(70%)。硫酸(1+1)。氢氟酸(40%)。

2) 操作步骤

称取试样 1.000 g(按含量高低酌量增减),置于 250 mL 烧杯中,分次加盐硝混酸 30~50 mL,盖好表面皿,加热至试样全部溶解。加高氯酸 15 mL,蒸发至冒高氯酸白烟 15~20 min,稍冷,加盐酸 10 mL,加热水(约 80 ℃)150 mL,加热搅拌至盐类溶解,立即用中速定量滤纸过滤,用带橡皮头的玻璃棒,将杯壁擦净,用热盐酸(5+95)洗涤沉淀和滤纸至无 Fe^{3+}(用硫氰酸铵溶液检验),并用热水洗涤 5~6 次,将沉淀连同滤纸放入铂坩埚中,于低温灰化后在马弗炉中,于 900~1 000 ℃灼烧 30 min,取出置于干燥器内,冷却至室温,称重,再灼烧,如此反复称至恒重。然后沿铂坩埚壁滴加硫酸(1+1)数滴润湿沉淀,加氢氟酸(40%)1~3 mL,加热并蒸发至二氧化硫白烟冒净。再放入 950 ℃以上马弗炉中灼烧 15~20 min(如果试样含钨,灼烧温度应为 750~850 ℃),取出坩埚,置于干燥器内冷却至室温,称重,并反复至恒重。按下式计算试样中的含硅量:

$$Si\% = \frac{(G_1 - G_2) \times 0.467\,4}{G} \times 100$$

式中:G_1 为氢氟酸处理前坩埚与沉淀的质量(g);G_2 为氢氟酸处理后坩埚与残渣的质量(g);G 为试样质量(g);0.467 4 为由二氧化硅换算成硅的系数。

3) 注

(1) 灰化时应于低温充分灰化后,方可放入高温炉,否则易损坏铂坩埚。灰化时要防止滤纸着火,否则会产生不易燃烧的碳,导致碳的残渣难以灼烧。

(2) 灼烧温度不得低于 950 ℃,因硅酸失去结晶水的多少与灼烧温度有很大关系。

2. 钼蓝光度法

试样用酸溶解,使硅转化为可溶性的硅酸。在一定酸度下,加钼酸铵使其与硅酸生成黄色的硅钼杂多酸。加入草酸破坏磷砷等元素的杂多酸并络合 3 价铁,随即加入硫酸亚铁铵,将硅钼黄还原为硅钼蓝,进行比色测定。

1) 试剂

硫酸(5+95)。高锰酸钾溶液(4%)。亚硫酸钠饱和溶液。钼酸铵溶液(5%)。草酸溶液(4%)。硫酸亚铁铵溶液(6%),每 100 mL 溶液中加硫酸(1+1)6 滴。硅标准溶液(Si 0.5 g·mL⁻¹),称取纯二氧化硅 1.072 g 于铂坩埚中,加 5 g 无水碳酸钠熔融后,浸出并稀释至 1 000 mL,溶液贮存于塑料瓶中,并用重量法标定之。

2) 操作步骤

称取试样 0.200 0 g(硅含量大于 3%者称 0.100 0 g,补加 0.1 g 纯铁)于 250 mL 锥形瓶中,加硫酸(5+95)70 mL,低温溶解,滴加高锰酸钾溶液至析出褐色的水合二氧化锰沉淀,煮沸 1 min,滴加亚硫酸钠饱和溶液至沉淀分解,再煮沸 2 min 以分解过量的亚硫酸钠,冷却。过滤至 250 mL 容量瓶中,以水稀释至刻度,摇匀。吸取试液 10 mL 2 份,置于 100 mL 容量瓶中。空白液:加水 50 mL,草酸溶液 10 mL,钼酸铵溶液 5 mL,硫酸亚铁铵溶液 5 mL,用水稀释至刻度,摇匀。显色液:加水 50 mL,钼酸铵溶液 5 mL,放置 5～20 min,加草酸溶液 10 mL,待钼酸铁沉淀溶解后,立即加硫酸亚铁铵 5 mL,用水稀至刻度,摇匀。用 1 cm 比色皿,于 660 nm 波长处,测定吸光度。从检量线上查得试样的含硅量。

3) 检量线的绘制

称纯铁 0.2 g 6 份置于 250 mL 锥形瓶中,按方法溶解,依次加入硅标准溶液 0.0 mL,2.0 mL,4.0 mL,6.0 mL,8.0 mL,10.0 mL(Si 0.5 mg·mL⁻¹)按分析方法同样操作,测定吸光度。绘制检量线,每毫升硅标准溶液相当于含硅 0.25%(称样 0.100 0 g 相当于 0.50%)。

4) 注

(1) 溶样时温度不要过高,时间不要过长,并酌情补加水以防止硅酸析出。

(2) 硅钼杂多酸生成完全的时间与温度有关,温度不能低于 10 ℃,一般情况 30 ℃需 5 min,20 ℃需 10 min,15 ℃需 20 min。如果用加热显色,可于沸水浴中摇动加热 30 s。

(3) 铁量的多少,影响钼蓝色泽强度,在绘制检量线时,含铁量应与试样相同,否则有误差。

2.12.3　磷的测定

方法同 2.10.1 小节中磷的测定。

2.12.4　铬的测定

1. 过硫酸铵-银盐氧化容量法

试样用硫磷混酸溶解,以硝酸银为催化剂,用过硫酸铵将 3 价铬氧化为 6 价,同时锰也被氧化为高锰酸。加氯化钠除去高锰酸的干扰,用过量的硫酸亚铁铵标准溶液将 6 价铬还原成 3 价,再以高锰酸钾标准溶液回滴过量的硫酸亚铁铵。根据硫酸亚铁铵标准溶液的实际消耗量计算出铬的含量。

1) 试剂

硫磷混酸:于 760 mL 水中,徐徐加入硫酸($\rho=1.84$ g·cm⁻³)160 mL,冷却,加磷酸($\rho=1.70$ g·cm⁻³)80 mL。硝酸($\rho=1.42$ g·cm⁻³)。硝酸银溶液(0.5%)。过硫酸铵溶液(25%)。氯化钠溶液(5%)。硫酸亚铁铵标准溶液(0.005 mol·L⁻¹或 0.01 mol·L⁻¹),配制及标定方法参见 3.4.1 小节。高锰酸钾标准溶液(0.005 mol·L⁻¹或 0.01 mol·L⁻¹),配制及标定方法参见 3.4.2 小节。

2) 操作步骤

称取试样适当量(含铬量 0.1%～2%者,称样 1.000 0 g;含铬量 2%～10%者,称样 0.250 0 g;含铬量 10%～15%者,称样 0.100 0 g),置于 500 mL 锥形瓶中,加硫磷混酸 60 mL,低温加热溶解后,滴加硝酸氨化,煮沸驱尽氮的氧化物,蒸发冒烟 0.5～1 min,稍冷。加热水约 70 mL,温热使盐类溶解,过滤于 500 mL 锥形瓶中。用热水洗涤原锥形瓶和石墨沉淀 5～6 次,加热水于滤液体积至约 150 mL,加硝酸银溶液 5 mL,过硫酸铵溶液 20 mL,煮沸至铬氧化完全(溶液呈 MnO_4^- 的紫红色,表明铬已氧化完全。若试样含锰量低,溶液不呈紫红色,可加入硫酸锰少许再氧化)。继续煮沸至翻大气泡,使过量的过硫酸铵完全分解。加氯化钠溶液 5 mL,煮沸至红色消失后再煮沸 5 min,冷却,用硫酸亚铁铵标准溶液滴定至溶液黄色消失而呈绿色。再多加 5 mL,立即再用高锰酸钾标准溶液回滴至溶液呈微红色,1～3 min 不褪色为终点。按下式计算试样的含铬量:

$$Cr\% = \frac{(V_1 - V_2K)M \times 0.017\,33}{G} \times 100$$

式中:M 为硫酸亚铁铵标液的摩尔浓度;K 为高锰酸钾标液相当于硫酸亚铁铵标液的体积比;V_1 为加入硫酸亚铁铵标液的毫升数;V_2 为用高锰酸钾标液回滴所消耗的毫升数;G 为试样质量(g);0.017 33 为每毫克摩尔铬的克数。

3) 注

(1) 若试样中无钒或已知钒含量,可不用高锰酸钾标液回滴。而加 1～2 滴 N-苯代邻氨基苯甲酸指示剂(0.2%),用硫酸亚铁铵标液直接滴定至亮绿色。按下式计算试样的含铬量:

$$Cr\% = \frac{M \times V \times 0.017\,33}{G} \times 100 - 0.34C$$

式中:M 为硫酸亚铁铵标液的摩尔浓度;C 为钒的百分含量;0.34 为钒换算为铬的系数。

(2) 当含铬量稍高时,由于有较多量铬的碳化物存在,必须彻底破坏碳化物,必要时可在近冒烟时,滴加硝酸,否则测得的铬偏低。

(3) 加氯化钠还原高锰酸后,应立即用流水冷却或加水调整温度,否则 6 价铬有被氧化钠还原之虞,使分析结果偏低。

2. 二苯偕肼光度法

同 2.8 节。

2.12.5 钼的测定(硫氰酸盐光度法)

试样用酸溶解,使钼生成钼酸,因氯化亚锡将 6 价钼还原成 5 价,5 价钼与硫氰酸盐作用生成橙红色络合物,借此进行光度测定。

3 价铁与硫氰酸盐生成深红色络合物,但在还原钼的同时,3 价铁也被氯化亚锡还原为 2 价,消除干扰。主要反应如下:

$$3MoC + 10HNO_3 == 3H_2MoO_4 + 10NO\uparrow + 3CO_2\uparrow + 2H_2O$$
$$2H_2MoO_4 + SnCl_2 + 2HCl == 2HMoO_3 + SnCl_4 + 2H_2O$$
$$HMoO_3 + 6NH_4CNS + 5HCl == NH_4CNS \cdot Mo(CNS)_5 + 5NH_4Cl + 3H_2O$$

1) 试剂

硫磷混合酸:于 700 mL 水中加入硫酸 150 mL,稍冷,加磷酸($\rho = 1.70$ g·cm^{-3})150 mL。硝酸($\rho = 1.42$ g·cm^{-3})。硫酸钛溶液:取市售 15%三氯化钛溶液 3.5 mL,加 H_2SO_4(1+1)40 mL,加热煮沸,滴加 H_2O_2 使之氧化褪色为止。冷却,移入 500 mL 容量瓶,补加 H_2SO_4(1+1)130 mL,以水稀释

至刻度。或参照 2.10.6 小节的方法配制。高氯酸(10%):取高氯酸(70%)10 mL,加水 60 mL。硫氰酸钠溶液(10%)。氯化亚锡溶液(10%):称取氯化亚锡 10 g,加盐酸 10 mL 溶解,以水稀释至 100 mL,当日配制。钼标准溶液(Mo 1 mg·mL^{-1}):称取钼酸钠(Na_2MoO_4·$2H_2O$)1.261 g 溶于水中,加入硫酸(1+1)5 mL,于量瓶中稀释至 500 mL。

2) 操作步骤

称取试样 0.5000 g 置于 250 mL 锥形瓶中,加硫磷混酸 40 mL,低温溶解至试样全溶(可滴加数滴氢氟酸助溶),滴加硝酸氧化,煮沸以驱尽氮的氧化物,继续加热并蒸发至冒白烟(如仍有黑色碳化物,可在近冒烟时继续滴加硝酸至溶液清亮),稍冷,加水 20 mL 溶解盐类,冷却,移入 100 mL 容量瓶中,以水稀释至刻度,摇匀。吸取试液 10 mL 2 份,分别置于干燥的 150 mL 锥形瓶中。空白液:加硫酸钛溶液 10 mL,高氯酸(10%)10 mL,氯化亚锡溶液 10 mL 及水 10 mL。显色液:加硫酸钛溶液 10 mL,高氯酸(10%)10 mL,硫氰酸钠溶液 10 mL 及氯化亚锡溶液 10 mL,摇匀。放置 5 min,用 2 cm 比色皿,于 530 nm 波长处,以空白液为参比,测定吸光度。从检量线上查得试样的含钼量。

3) 检量线的绘制

称取工业纯铁 0.5 g 数份,按方法溶解,依次加入钼标准溶液(Mo 1 mg·mL^{-1})0.0 mL,2.0 mL,4.0 mL,6.0 mL,8.0 mL,10.0 mL 移入 100 mL 量瓶中,稀释至刻度,摇匀。分别吸取溶液 10 mL,按上述方法显色,测定吸光度,绘制曲线。每毫升钼标准溶液相当于钼含量 0.20%。

4) 注

(1) 如有硝酸存在,对色泽稳定性有影响,可加热至冒三氧化硫白烟,驱尽硝酸,以消除其影响。

(2) 含铜量高时,出现 $Cu(CNS)_2$ 沉淀,应予过滤后比色。

(3) 如试样含钒,需进行校正,1% 钒相当于钼含量 0.02%。

(4) 25 ℃时显色 5 min,15 ℃时显色 15 min,色泽达到稳定。室温低时可适当延长放置时间。

2.12.6　铜的测定(双环己酮草酰二腙光度法)

试样用酸分解,用柠檬酸铵络合 Fe_3^+,Al^{3+} 等干扰。在氨性(pH 9.0~9.5)溶液中,Cu^{2+} 与双环己酮草酰二腙(简称 BCO)生成蓝绿色络合物,借此进行比色测定。

1) 试剂

高氯酸(70%)。混合酸:盐酸 1 份,硝酸 1 份,水 2 份,混合。氨水(1+1)。柠檬酸铵溶液(50%)。BCO 溶液(0.05%):称取 BCO 0.5 g,溶于热的乙醇(1+1)100 mL 中,用水稀释至 1 000 mL。铜标准溶液(Cu 10 μg·mL^{-1}):称取纯铜 0.1000 g,加硝酸(1+3)10 mL,低温加热溶解,煮沸,驱尽氮的氧化物,取下冷却。移入 1 000 mL 容量瓶中,以水稀释至刻度,摇匀。取该溶液 10 mL,准确稀释至 100 mL。

2) 操作步骤

称取试样 0.2500 g,置于 150 mL 锥形瓶中,加混合酸 20 mL,加热溶解,加高氯酸 5 mL,继续加热至冒白烟约 1 min,取下冷却。加水 15 mL,加热使盐类溶解,于 100 mL 量瓶中,以水稀释至刻度。显色液:吸取试液 10 mL 置于 50 mL 容量瓶中,加柠檬酸铵溶液 2 mL,水约 10 mL,中性红指示剂 1 滴,用氨水调至指示剂由红变黄并过量 2~3 mL,在摇动下,加入 BCO 溶液 20 mL,用水稀释至刻度,摇匀。空白液:吸取试剂 10 mL,按上述方法操作但不加显色剂。用 2 cm 比色皿,于 600 nm 波长处,以空白液为参比,测定吸光度。从检量线上查得试样的含铜量。

3) 检量线的绘制

称取纯铁 0.25 g,按上述方法溶解,并稀释至 100 mL 容量瓶中。分取此溶液 10 mL 数份,分别置于 50 mL 容量瓶中,依次加入铜标准溶液 0.0 mL,2.0 mL,4.0 mL,6.0 mL,8.0 mL,10.0 mL(Cu 10 μg·mL^{-1})按上述方法显色,测定吸光度,绘制检量线。每毫升铜标准溶液相当于铜含量 0.04%。

4) 注

(1) 如试样中含有铬,必须用高氯酸冒烟,使 3 价铬完全氧化为 6 价,否则影响结果。

(2) 加入显色剂后,最初 2~3 min 颜色变化很快,4~20 min 内稳定。如试样中含铬,显色后放置时间长,铬会由 6 价逐渐还原成 3 价,使溶液很快褪色,因此需在 3~10 min 内比色完毕。

(3) 显色酸度需严格控制 pH 9~9.5。过低显色不完全,过高颜色容易褪。

(4) 显色温度以 10~25 ℃为最好。夏天室温过高,加氨水后应以流水冷却,再显色;冬天室温较低,可利用氨水中和产生的热量,立即加 BCO 溶液显色。

2.12.7　钨的测定(硫氰酸盐直接光度法)

在盐酸介质中,以三氯化钛和氯化亚锡为还原剂使 W(Ⅵ)还原成 W(Ⅴ)后,与硫氰酸盐生成黄色络合物,进行比色测定钨。

$$Na_2WO_4 + 6HCl + TiCl_3 + 4KCNS \longrightarrow$$
$$K[WO(CNS)_4] + 3KCl + 2NaCl + TiCl_4 + 3H_2O$$

1) 试剂

硫磷混合酸:于 600 mL 水中,加入浓硫酸 150 mL 及浓磷酸 150 mL,冷却后稀释至 1 000 mL。磷酸($\rho=1.70$ g·cm^{-3})。硝酸($\rho=1.42$ g·cm^{-3})。氯化亚锡溶液(0.5%):称取 2 g SnCl$_2$·2H$_2$O 溶于盐酸 170 mL,以水稀释至 400 mL。硫氰酸铵溶液(25%)。三氯化钛溶液(1%):取 TiCl$_3$(20%浓溶液)5 mL,用盐酸(1+1)稀释至 100 mL,如发现氧化失效,可将之倾入盛有锌汞剂的琼氏还原器中,或投入纯锌粒少量,使之还原后待用。锌汞剂的配制方法如下:置 100 g 削成细薄刨屑的锌块于烧杯中,先用 2%硫酸溶液浸泡 2~3 min 后,用水洗涤,将洗过的刨屑浸于硝酸亚汞溶液内 10~15 min 并不断搅拌之,然后将浸过的刨屑倾出,用水洗净备用。钨标准溶液(W 1.0 mg·mL^{-1}):称取 1.793 5 g 分析纯的 Na$_2$WO$_4$·2H$_2$O 溶于水中,加 1~2 粒氢氧化钠然后移入容量瓶中,稀释至 1 000 mL,摇匀,转入塑料瓶中储存备用。

2) 操作步骤

称取试样 0.250 0~0.500 0 g(含钨量>1%,称样 0.25 g<1%,称样 0.5 g)于 250 mL 锥形瓶中,加硫磷混合酸 40 mL,加热溶解,滴加硝酸 1~3 mL,加热至试样全部溶清,并继续蒸发至冒硫酸白烟,稍冷,加水溶解盐类,冷却,于 100 mL 容量瓶中,以水稀释至刻度,摇匀。吸取试液 5 mL 或 10 mL(含钨量不超过 0.8 mg)两份于 50 mL 容量瓶中。空白液:加磷酸 6 mL,用氯化亚锡溶液(0.5%)稀释至刻度,摇匀。显色液:加磷酸 6 mL,氯化亚锡溶液 32 mL,于沸水浴中加热 1~2 min(或放置 10 min),冷却至 30 ℃左右,加入硫氰酸铵(25%)3 mL,三氯化钛(1%)1.0 mL,每加一种试剂均需摇匀,然后以氯化亚锡溶液稀释至刻度,摇匀,放置 10 min。用 2 cm 比色皿,于 400~420 nm 波长处,以空白液为参比,测定吸光度。从检量线上查得试样的含钨量。

3) 检量线的绘制

称取纯铁(或不含 W,V,Mo 的钢样)0.25 g 数份,于 150 mL 锥形瓶中,依次加入钨标准溶液 0.0 mL,1.0 mL,2.0 mL,3.0 mL,4.0 mL,5.0 mL(W 1.0 mg·mL^{-1}),按方法溶解、显色,以"0"为参比,测定吸光度,并绘制检量线。每毫升钨标液相当于钨含量 0.40%(称样 0.5 g 相当于 0.20%)。

4) 注

(1) 含铁量多少对钨的硫氰酸盐络合物的色泽的显色速度略有影响,故试样的称量与检量线绘制方法尽可能一致。

(2) 冒硫酸烟的时间不能太短,以免硝酸除不尽,但也不能太长,以免盐类难于溶解。

(3) 其他详见 3.8.1 小节。

2.12.8　硼的测定(HPTA 光度法)

基本原理参见 3.11 节。

1) 试剂

硫酸($\rho=1.84\,g\cdot cm^{-3}$),化学纯。硫磷混合酸:水 400 mL,加硫酸 100 mL,加磷酸 12.5 mL。过氧化氢(30%)。HPTA 试剂(0.02%):0.02 g HPTA 溶于 10 mL 硫酸中,以(1+1)硫酸稀释至 100 mL。硫酸亚铁(6%)。硼标准溶液:溶优质纯硼酸 0.287 g 于少量水中,于 1 000 mL 容量瓶中稀释至刻度,于塑料瓶中密封贮存($50\,\mu g\cdot mL^{-1}$)。吸取上述标液 20 mL,于量瓶中稀释至 100 mL($10\,\mu g\cdot mL^{-1}$)。

2) 操作步骤

称取试样 0.100 0 g 于 100 mL 石英锥形瓶中,加硫磷混合酸 20 mL,加过氧化氢 2 mL,加盖(用瓷坩埚盖倒扣)于低温保持微沸溶解,冷却后加入硫酸亚铁 1 mL,于 25 mL 容量瓶中稀释至刻度,倒回原锥形瓶中摇匀,干过滤。显色液:分取 5 mL 滤液于 100 mL 石英锥形瓶中,用快速移液管加入硫酸 20 mL,加盖冷却至室温,准确加入 HPTA 5 mL,放置 20 min。空白液:不分取试液,用硫酸(1+6) 5 mL 代替,同显色液操作。用 2 cm 比色皿于 600 nm 波长处,以空白液作参比,测定吸光度。从检量线上查得试样的含硼量。

3) 检量线的绘制

称取 0.100 0 g 无硼生铁标样于 6 个 100 mL 石英锥形瓶中,加硫磷混合酸 20 mL,加过氧化氢 2 mL,依次加入硼标准溶液 0.0 mL,1.0 mL,3.0 mL,5.0 mL,7.0 mL,9.0 mL($10\,\mu g\cdot mL^{-1}$),补加水至总体积约 24 mL 溶解,以下同操作步骤,以空白液为参比,测量吸光度,绘制曲线。

4) 注

(1) 稀释 25 mL 体积,如果不用石英容量瓶或 GG-17 料玻璃瓶,不能久放。量好体积后立即倒入原石英瓶中,否则空白增高。

(2) 由于显色液酸度较大,不能用一般玻璃瓶显色,最好在石英锥形瓶及 GG-17 料玻璃瓶中。

(3) 该方法浓硫酸加入要快要准,不能沾在瓶壁或瓶口上。可用 20 mL 吸液管将下部截去调正 20 mL 体积后专用。

(4) HPTA 在浓硫酸中呈蓝绿色,在 600 nm 波长有吸光度,加入量一定要准确。在加入 HPTA 前由于加入浓硫酸使溶液发热,应注意在水中冷却后再加入 HPTA,否则由于温度过高,使结果不稳。

(5) HPTA 与硼形成络合物须放 10 min 以上才能形成完全,故采用放 20 min(视室温高低增减),并且每份试样放置时间尽量保持一致。

(6) 空白液应在一批试样的第一个显色,而且与试样显色时间差距尽量缩短,以保持一致。

2.13　普通钢铁的化学成分表

生铁的化学成分、优质碳素结构钢的化学成分、碳素工具钢的化学成分和易切削结构钢的化学成分,分别如表 2.4~表 2.8 所示。

表 2.4　炼钢用生铁化学成分表

铁　种			碱性平炉炼钢生铁		氧气顶吹转炉炼钢生铁		碱性转炉炼钢生铁	
铁号	牌　号		碱平 08	碱平 10	氧顶转 08	氧顶转 10	碱转 08	碱转 13
	代　号		P08	P10	D08	D10	J08	J13
化学成分（%）	硅		≤0.85	>0.85～1.25	≤0.80	>0.80～1.25	0.60～1.10	>1.10～1.60
	锰	1组	不　规　定		≤0.60		>0.50～1.50	
		2组			>0.60		≤0.50	
	磷	1级	≤0.15				≤0.40	
		2级	≤0.20				>0.40～0.80	>0.40～0.80
		3级	≤0.40				>0.80～1.60	
	硫	1类	不大于	0.03			0.04	
		2类		0.05			0.06	
		3类		0.07			0.07	

表 2.5　铸造用生铁化学成分表

铁种	铁　号		化学成分（%）											
			硅	锰			磷					硫		
	牌号	代号		1组	2组	3组	1级	2级	3级	4级	5级	1类	2类	3类
							低磷	普　通		高　磷		不　大　于		
普通铸造生铁	铸 35	Z35	>3.25～3.75	≤0.50	>0.50～0.90	>0.90～1.30	≤0.10	>0.10～0.20	>0.20～0.40	>0.40～0.70	>0.70～1.00	0.03	0.04	0.05
	铸 30	Z30	>2.75～3.25											
	铸 25	Z25	>2.25～2.75											
	铸 20	Z20	>1.75～2.25											
	铸 15	Z15	1.25～1.75									0.04	0.05	0.06
冷铸车轮生铁	冷 08	L08	0.50～1.00	0.50～1.00			0.15～0.35					0.07		

注：① 各铁号用于可锻铸铁时，含铬量不大于 0.04%；用于汽车铸件时，含铬量不大于 0.10%。② 根据供需双方协议，可供应化学成分范围较窄或含其他合金元素的特殊铸造生铁。③ 根据供需双方协议，Z35 号生铁含硅量可允许3.75%～6.00%，但装入一个车厢内的生铁，其含量的差别不得大于 0.50%。④ 根据需方要求，才能供应第一组含锰量的生铁。⑤ 各号生铁应做含碳量的分析，用含铜矿石冶炼的生铁亦应分析含铜量，但其结果均不作为报废依据。

表 2.6 优质碳素结构钢化学成分表

钢组	序号	钢号 牌号	钢号 代号	化学成分(%) 碳	化学成分(%) 硅	化学成分(%) 锰	磷 不大于	硫 不大于	铬 不大于	镍 不大于
第一组：普通含锰量钢	1	05沸	05F	≤0.06	≤0.03	≤0.40	0.035	0.040	0.10	0.25
	2	08沸	08F	0.05～0.11	≤0.03	0.25～0.50	0.040	0.040	0.10	0.25
	3	08	08	0.05～0.12	0.17～0.37	0.35～0.65	0.035	0.040	0.10	0.25
	4	10沸	10F	0.07～0.14	≤0.07	0.25～0.50	0.040	0.040	0.15	0.25
	5	10	10	0.07～0.14	0.17～0.37	0.35～0.65	0.035	0.040	0.15	0.25
	6	15沸	15F	0.12～0.19	≤0.07	0.25～0.50	0.040	0.040	0.25	0.25
	7	15	15	0.12～0.19	0.17～0.37	0.35～0.65	0.040	0.040	0.25	0.25
	8	20沸	20F	0.17～0.24	≤0.07	0.25～0.50	0.040	0.040	0.25	0.25
	9	20	20	0.17～0.24	0.17～0.37	0.35～0.65	0.040	0.040	0.25	0.25
	10	25	25	0.22～0.30	0.17～0.37	0.50～0.80	0.040	0.040	0.25	0.25
	11	30	30	0.27～0.35	0.17～0.37	0.50～0.80	0.040	0.040	0.25	0.25
	12	35	35	0.32～0.40	0.17～0.37	0.50～0.80	0.040	0.040	0.25	0.25
	13	40	40	0.37～0.45	0.17～0.37	0.50～0.80	0.040	0.040	0.25	0.25
	14	45	45	0.42～0.50	0.17～0.37	0.50～0.80	0.040	0.040	0.25	0.25
	15	50	50	0.47～0.55	0.17～0.37	0.50～0.80	0.040	0.040	0.25	0.25
	16	55	55	0.52～0.60	0.17～0.37	0.50～0.80	0.040	0.040	0.25	0.25
	17	60	60	0.57～0.65	0.17～0.37	0.50～0.80	0.040	0.040	0.25	0.25
	18	65	65	0.62～0.70	0.17～0.37	0.50～0.80	0.040	0.040	0.25	0.25
	19	70	70	0.67～0.75	0.17～0.37	0.50～0.80	0.040	0.040	0.25	0.25
	20	75	75	0.72～0.80	0.17～0.37	0.50～0.80	0.040	0.040	0.25	0.25
	21	80	80	0.77～0.85	0.17～0.37	0.50～0.80	0.040	0.040	0.25	0.25
	22	85	85	0.82～0.90	0.17～0.37	0.50～0.80	0.040	0.040	0.25	0.25
第二组：较高含锰量钢	23	15锰	15Mn	0.12～0.19	0.17～0.37	0.70～1.00	0.040	0.040	0.25	0.25
	24	20锰	20Mn	0.17～0.24	0.17～0.37	0.70～1.00	0.040	0.040	0.25	0.25
	25	25锰	25Mn	0.22～0.30	0.17～0.37	0.70～1.00	0.040	0.040	0.25	0.25
	26	30锰	30Mn	0.27～0.35	0.17～0.37	0.70～1.00	0.040	0.040	0.25	0.25
	27	35锰	35Mn	0.32～0.40	0.17～0.37	0.70～1.00	0.040	0.040	0.25	0.25
	28	40锰	40Mn	0.37～0.45	0.17～0.37	0.70～1.00	0.040	0.040	0.25	0.25
	29	45锰	45Mn	0.42～0.50	0.17～0.37	0.70～1.00	0.040	0.040	0.25	0.25
	30	50锰	50Mn	0.48～0.56	0.17～0.37	0.70～1.00	0.040	0.040	0.25	0.25
	31	60锰	60Mn	0.57～0.65	0.17～0.37	0.70～1.00	0.040	0.040	0.25	0.25
	32	65锰	65Mn	0.62～0.70	0.17～0.37	0.90～1.20	0.040	0.040	0.25	0.25
	33	70锰	70Mn	0.67～0.75	0.17～0.37	0.90～1.20	0.040	0.040	0.25	0.25

注：① 当以平炉、侧吹碱性转炉或氧气顶吹碱性转炉冶炼时，除 05F,08F,08 及 10F 号钢外，允许含硫量不大于 0.045%。② 08 号钢也可以冶炼为用铝脱氧的镇静钢，这时钢中含锰量下限为 0.25%，含硅量不大于 0.03%，含铝量为 0.02%～0.07%。钢号代号为 08Al。③ 供应生产"派登脱"钢丝用钢时，钢的含锰量为：35～85 号钢，0.30%～0.60%；65Mn 和 70Mn 号钢，0.70%～1.00%。"派登脱"钢丝用钢含铬量不大于 0.10%；含镍量不大于 0.15%；含铜量不大于 0.20%；含硫量及含磷量应符合钢丝标准要求，但不大于上表内规定的指标。④ 经供需双方协议，05～25 号钢可供含硅量不大于 0.17%的半镇静钢，钢的代号为 05b～25b。⑤ 冷顶锻和冷冲压用的钢含磷量不大于 0.035%；冷冲压用沸腾钢含硅量不大于 0.03%。⑥ 钢中残余铜含量不大于 0.25%；但使用大冶金铜矿石所炼成生铁冶炼的钢允许残余铜含量不大于 0.30%。⑦ 热顶锻和热冲压用钢的残余铜含量不大于 0.20%。⑧ 侧吹碱性转炉或纯氧顶吹碱性转炉钢中含氮量不大于 0.008%。

表 2.7 碳素工具钢化学成分表

序号	钢号		元素含量(%)				
	牌号	代号	碳	锰	硅	硫	磷
						不大于	
1	碳7	T7	0.65~0.74	0.20~0.40	0.15~0.35	0.030	0.035
2	碳8	T8	0.75~0.84	0.20~0.40	0.15~0.35	0.030	0.035
3	碳8锰	T8Mn	0.80~0.90	0.35~0.60	0.15~0.35	0.030	0.035
4	碳9	T9	0.85~0.94	0.15~0.35	0.15~0.35	0.030	0.035
5	碳10	T10	0.95~1.04	0.15~0.35	0.15~0.35	0.030	0.035
6	碳11	T11	1.05~1.14	0.15~0.35	0.15~0.35	0.030	0.035
7	碳12	T12	1.15~1.24	0.15~0.35	0.15~0.35	0.030	0.035
8	碳13	T13	1.25~1.35	0.15~0.35	0.15~0.35	0.030	0.035
9	碳7高	T7A	0.65~0.74	0.15~0.35	0.15~0.30	0.020	0.030
10	碳8高	T8A	0.75~0.84	0.15~0.35	0.15~0.30	0.020	0.030
11	碳8锰高	T8MnA	0.80~0.90	0.35~0.60	0.15~0.30	0.020	0.030
12	碳9高	T9A	0.85~0.94	0.15~0.35	0.15~0.30	0.020	0.030
13	碳10高	T10A	0.95~1.04	0.15~0.35	0.15~0.30	0.020	0.030
14	碳11高	T11A	1.05~1.14	0.15~0.35	0.15~0.30	0.020	0.030
15	碳12高	T12A	1.15~1.24	0.15~0.35	0.15~0.30	0.020	0.030
16	碳13高	T13A	1.25~1.35	0.15~0.30	0.15~0.30	0.020	0.030

注:钢中允许有残余元素。优质钢:铬不大于 0.25%,镍不大于 0.20%,铜不大于 0.30%;高级优质钢:铬不大于 0.15%,镍不大于 0.15%,铜不大于 0.25%。供制造"派登脱"钢丝时,钢中残余元素含量应为:铬不大于 0.1%,镍不大于 0.12%,铜不大于 0.20%,而铬、镍和铜三者总含量之和不应超过 0.40%。

表 2.8 易切削结构钢化学成分表

钢号		化学成分(%)				
牌号	代号	碳	锰	硅	硫	磷
易12	Y12	0.08~0.16	0.60~1.00	≤0.35	0.08~0.20	0.08~0.15
易15	Y15	0.10~0.18	0.70~1.10	≤0.20	0.28~0.30	0.05~0.10
易20	Y20	0.05~0.25	0.60~0.90	0.15~0.35	0.08~0.15	≤0.06
易30	Y30	0.25~0.35	0.60~0.90	0.15~0.35	0.08~0.15	≤0.06
易40锰	Y40Mn	0.35~0.45	1.20~1.55	0.15~0.35	0.08~0.30	≤0.05

第 3 章　合金钢的分析方法

本章所指的合金钢包括：合金结构钢、合金工具钢、弹簧钢等中低合金钢。这类钢品种繁多,化学成分比较复杂,这里按常见元素分别加以介绍。

3.1　磷　的　测　定

3.1.1　方法(甲)

按 2.6 节磷的钼蓝法进行测定。兹说明如下:
(1) 测定硅钢、含钒钢中的磷,可按本节方法(乙)进行测定。
(2) 含钨试样,由于钨易形成钨酸沉淀,影响测定,可按 5.7 节的测定方法进行。

3.1.2　方法(乙)

试样用氧化性酸溶解后,将磷氧化成正磷酸,在 $1.6 \sim 2.7 \ mol \cdot L^{-1}$ 酸性介质中与钼酸铵生成磷钼杂多酸 $H_3[P(Mo_3O_{10})_4]$,直接在水溶液中用氯化亚锡还原,大量铁的干扰加入氟化钠掩蔽,消除其影响。

溶液的酸度在很大程度上影响磷钼络离子的形成。一般来说,合适的显色酸度为 $1.6 \sim 2.7 \ mol \cdot L^{-1}$;还原酸度为 $0.8 \sim 1.1 \ mol \cdot L^{-1}$。

砷 $\leqslant 0.05\%$ 无干扰,低含量硅不干扰,但测定硅钢($>1\%$Si)时,可用高氯酸冒烟脱水除硅。锰无干扰。但测定高锰钢时必须用高氯酸冒烟 10 min 以上(冒烟不要激烈,以免酸蒸发过多影响发色酸度),至有明显棕色二氧化锰析出,否则结果偏低。V^{5+} 有干扰,用亚硫酸钠将 V^{5+} 还原成 V^{4+},消除其干扰。大于 0.2% 的钒不宜在硝酸溶液中测定。Cr^{6+} 的干扰用亚硫酸钠将其还原成 Cr^{3+}。大于 10 mg 的 Cr^{3+} 和镍由于本身颜色的影响需制备空白抵消。

由于有较多量的 F^- 存在,少量的铌、锆、钛不干扰测定,钨的影响一般可以钨酸形式滤去(用致密滤纸加纸浆),但当试样含钨量高时,致使磷的结果偏低。需按高速钢分析方法测定磷。

1) 试剂

王水(2+1)。高氯酸(70%)。硫酸(1+9)。亚硫酸钠溶液(10%)。钼酸铵溶液(5%)。氟化钠-氯化亚锡溶液:称氟化钠 24 g 溶解于 1 000 mL 热水中,冷却后加氯化亚锡 2 g,过滤,当天使用。经常使用时,可将氟化钠溶液大量配置,使用时取部分溶液加入氯化亚锡。

磷标准溶液:称取 0.219 7 g 预先经 105～110 ℃烘至恒重的磷酸二氢钾(优级纯),以适量的水溶解后移入 1 000 mL 容量瓶中,用水稀释至刻度,摇匀(50 $\mu g \cdot mL^{-1}$)。

2) 操作步骤

称取试样 0.250 0 g 于 100 mL 锥形瓶中,加王水 5 mL,加热溶解,待试样全部溶解后,加高氯酸 3 mL,蒸发至冒白烟 1～2 min,取下冷却,加硫酸(1＋9)10 mL,亚硫酸钠 3 mL,使铬还原,煮沸,冷却,移入 25 mL 容量瓶中,以水稀释至刻度,摇匀。吸取试液 10 mL 于 150 mL 锥形瓶中,加热煮沸,取下,立即加入钼酸铵溶液(5％)5 mL,迅速加入氟化钠-氯化亚锡溶液 20 mL,放置 0.5～1 min,流水冷却,于 50 mL 量瓶中以水稀释至刻度,摇匀。

用 1 cm 比色皿,于 660～700 nm 波长处,以水作参比,测定其吸光度(由于试样含铬镍较高,可做出空白(不加钼酸铵溶液)与水比较,从测得试样的结果减去校正值)。从检量线上查得试样的含磷量。

3) 检量线的绘制

于 6 只 100 mL 锥形瓶中分别称取纯铁标样(含磷量<0.001 5％)0.25 g 依次加入磷标准溶液 0.0 mL,0.5 mL,1.0 mL,1.5 mL,2.0 mL,2.5 mL,3.0 mL(P 50 μg · mL^{-1}),按操作步骤进行测定吸光度,以纯铁标样的含磷量与标准溶液的含磷量(该标准溶液每毫升相当于含磷量 0.02％)之和绘制检量线,或用不同磷含量的钢铁标样按操作步骤进行绘制检量线。

4) 注

(1) 测定磷时所用的锥形瓶,必须专用而不接触磷酸,因为磷酸在高温时(100～150 ℃)能侵蚀玻璃并形成 $SiO_2P_2O_5$ 或 $SiO(PO_3)_2$,即使用水及清洁剂都洗不净,致使在测定磷时引入干扰。

(2) 高氯酸冒烟 0.5～2 min,可保证将偏磷酸氧化为正磷酸,但对于含锰量高的试样,由于较多量锰的存在影响磷的氧化速度,必须将高氯酸冒烟时间延长到 10 min 左右。测定硅钢中的磷,可用高氯酸冒烟脱水除硅。

(3) 如试样含钒,必须将 V^{5+} 还原为 V^{4+},消除 V^{5+} 的干扰。如不含铬、钒,可不加亚硫酸钠溶液。

(4) 加入钼酸铵溶液时不能多摇动和多停留,须立即加入氟化钠-氯化亚锡溶液,否则硅将干扰测定。

(5) 加入氟化钠-氯化亚锡溶液后试液温度在 55～77 ℃,在这高温下放置 0.5～1 min,可加速纯蓝色磷钼蓝(不稳定结构)向天蓝色磷钼蓝(稳定结构)转化,以得到稳定的钼蓝色泽,一般可稳定 40～60 min 以上。

3.2　硅 的 测 定

一般合金钢中硅的测定皆可按普通钢中硅的钼蓝法进行。下面对钢中高含量硅和低含量硅的分析方法作一些介绍。

3.2.1　低含量硅钼蓝光度法

分析方法的原理同普通钢中硅的测定。试样中有色离子干扰用空白抵消。

1) 试剂

硫硝混合酸:于 500 mL 水中,加入硫酸 50 mL 及硝酸 50 mL,冷却后以水稀释至 1 000 mL,摇匀。高锰酸钾溶液(4％)。亚硝酸钠溶液(10％)。钼酸铵溶液(10％),贮于塑料瓶中。草酸溶液(10％)。硫酸亚铁铵溶液(6％),每 100 mL 中加硫酸(1＋1)6 滴。硅标准溶液(Si 0.10 mg · mL^{-1}),见普通钢分析方法中硅的测定。

2）操作步骤

称取试样 0.500 0 g 于 100 mL 锥形瓶中，加混合酸 30 mL，加热溶解，滴加高锰酸钾溶液氧化至有二氧化锰沉淀，加亚硝酸钠还原至溶液澄清，煮沸驱尽氮的氧化物，冷却，移入 50 mL 量瓶中，以水稀释至刻度，摇匀。显色液：吸取试液 10 mL 于 50 mL 量瓶中，加钼酸铵溶液（10%）8 mL，静置 20 min，加草酸溶液（10%）20 mL，摇匀（待钼酸铁沉淀全溶后），随即加硫酸亚铁铵溶液（6%）5 mL，以水稀释至刻度，摇匀。空白液：吸取试液 10 mL，于 50 mL 量瓶中，加草酸 20 mL，钼酸铵溶液 8 mL，硫酸亚铁铵溶液 5 mL，以水稀释至刻度，摇匀。用 1 cm 比色皿，660～680 nm 波长处，以空白液为参比，测定吸光度。在检量线上查得试样的含硅量。

3）检量线的绘制

称取纯铁（硅含量小于 0.001%）0.500 0 g 数份，分别置于 100 mL 锥形瓶中，依次加入硅标准溶液 0.0 mL，1.0 mL，2.0 mL，3.0 mL，4.0 mL，5.0 mL（Si 0.1 mg·mL^{-1}），按上述操作步骤溶解、氧化，于 50 mL 量瓶中稀释至刻度。分别吸取 10 mL 溶液按上述方法显色。测定吸光度。每毫升硅标准溶液相当于硅含量 0.02%，也可以用相应标准钢样按操作步骤绘制检量线。

4）注

（1）测定低含量硅溶样时需注意玻璃器皿的侵蚀。以选择耐高温耐强酸的玻璃器皿为好。最好用铂金器皿或聚四氟乙烯塑料杯。

（2）冬天室温过低，可采用沸水浴加热 30 s。

（3）加草酸溶液后，必须在 30 s 至 2 min 内加入硫酸亚铁铵溶液，高磷试样宜放置 1 min 后再加硫酸亚铁铵溶液。

（4）试样含钨、铌时，静置澄清干过滤。

（5）显色溶液中的铁量高低对显色酸度及硅钼蓝色泽强度有影响，因此检量线中的含铁量应与被测试样中含铁量一致。

（6）其他注意事项见普通钢中硅的测定。

（7）本法适用于含硅量 0.01%～0.10%。

3.2.2 高含量硅钼蓝光度法

对于较高含硅量的试样如硅钢、弹簧钢等，分析方法原理与普通钢铁中硅的测定相同。但由于高硅试样用硝酸溶解时硅容易成硅酸状态析出，引起结果偏低。为了防止这种现象，应改用稀硫酸溶解。

1）试剂

硫酸（5＋95）。硝酸（3＋5）。钼酸铵溶液（5%）。草酸溶液（5%）。硫酸亚铁铵溶液（6%），每 100 mL 中加入硫酸（1＋1）6 滴。硅标准溶液（Si 2 mg·mL^{-1}），参见 2.10.2 小节。

2）操作步骤

称取试样 0.200 0 g，于 250 mL 锥形瓶中，加硫酸（5＋95）80 mL，加热溶解后，小心加入硝酸（3＋5）8 mL，加热煮沸约 1 min，驱除氮氧化物，冷却后，移入 100 mL 量瓶中，以水稀释至刻度，摇匀。

（1）加热显色法。吸取试液 2 mL 于 150 mL 锥形瓶中，加硫酸（5＋95）1.0 mL，水 7 mL，钼酸铵溶液（5%）5 mL，于沸水浴中摇动加热 30 s，流水冷却后，加入草酸溶液（5%）10 mL，水 15 mL，硫酸亚铁铵溶液（6%）5 mL，摇匀。用 1 cm 比色皿，于 660～680 nm 波长处，以水为参比，测定吸光度。在检量线上查得试样的含硅量。

（2）室温显色法。吸取试样溶液 2 mL 于 150 mL 锥形瓶中，加入硫酸（5＋95）1.0 mL，水 32 mL，钼酸铵溶液（5%）5 mL，放置 10 min（室温低于 10 ℃时，放置 30 min 以上），加入草酸溶液（5%）10 mL，待钼酸铁沉淀溶解后立即加入硫酸亚铁铵溶液 5 mL，摇匀。用 1 cm 比色皿，于 660～680 nm 波长处，以水为参比，测定吸光度。在检量线上查得试样的含硅量。

3）检量线的绘制

称取 0.200 0 g 纯铁或已知低含量硅的钢样数份，依次加入硅标准溶液 1.0 mL，2.0 mL，3.0 mL，4.0 mL，5.0 mL（Si 2 mg·mL^{-1}），按上述操作步骤溶解、氧化，于量瓶中稀释至 100 mL，分别吸取 2 mL 此溶液，按上述方法显色测定吸光度，每毫升硅标准溶液相当于含硅量 1.0%。或称取不同含硅量的标准钢样，按上述操作步骤显色测定吸光度，根据所得结果绘制检量线。

4）注

（1）用稀硫酸溶解，硝酸氧化后如仍有不溶黑色碳化物存在，对测定没有影响。

（2）加入草酸使钼酸铁沉淀溶解后，须立刻加入硫酸亚铁铵溶液，否则草酸将逐渐破坏硅钼络离子。

（3）其他注意事项见普通钢中硅的测定。

（4）本法适用于含硅量 1.0%～4.5%的试样。

3.2.3　重量法

试样以强酸分解，在较高温度下使硅酸脱水，过滤，洗涤并灼烧沉淀。为了得到纯的二氧化硅重量，沉淀须用氢氟酸处理。其主要反应如下：

$$FeSi + 2HCl + 4H_2O \Longrightarrow FeCl_2 + H_2SiO_4 + 4H_2 \uparrow$$

$$SiCl_4 + (n+2)H_2O \Longrightarrow SiO_2 \cdot nH_2O + 4HCl$$

$$SiO_2 \cdot nH_2O \xrightarrow{1000\ ℃} SiO_2 + nH_2O$$

$$SiO_2 + H_2SO_4 + 4HF \Longrightarrow SiF_4 \uparrow + 3H_2O + SO_3$$

重量法定硅的关键，在于脱水是否完全，一般脱水在硫酸或高氯酸中进行，也有用动物胶使硅酸凝结的方法使硅酸脱水的。

硅酸在盐酸中脱水时，一起生成沉淀的有铌、钽、钨、银、钛、锆、铪等，但后 3 个元素在酸度大时不会沉淀，酸度小时被水解为氢氧化物，有磷酸根存在时，与它们生成磷酸盐沉淀。

硅酸在硫酸中脱水时，铅、钨、铌、钽、钡等与硅酸同时沉淀，钙、锶部分沉淀。钛、锆、铪、钍能与磷酸生成沉淀。铬、铁、镍、铝在高温度或长时间焙烘时生成不易溶于稀酸的无水硫酸盐。锗、锡、锑在稀酸溶液中易水解沉淀。

硅酸在高氯酸中脱水时，锡、锑、铌、钽、钨等与硅酸同时被沉淀。

在日常分析中，使用高氯酸最为方便，一次脱水即可。在分析高含量硅（2%以上）时，无论用盐酸，硫酸或高氯酸进行 1 次脱水，其结果稍偏低。因此，在特别精确分析时应为 2 次脱水。

氟和硼有干扰，氟的影响一般加入硼砂生成 BF$_3$ 除去，而硼可用甲醇使之生成 B(OCH$_3$) 蒸发逸出，或用热水充分洗涤除去。

经高温灼烧后与二氧化硅伴随在一起的有氧化铝、氧化钛、氧化铌、氧化铁、氧化钙等。为了得到二氧化硅净重，须用氢氟酸和硫酸处理，加入硫酸是为了防止氟化硅的水解，并吸收在反应过程中析出的水。反应中生成的水能将氟化硅分解成不挥发性化合物：

$$SiO_2 + 4HF \Longrightarrow SiF_4 \uparrow + 2H_2O$$

$$3SiF_4 + 4H_2O \Longrightarrow 2H_2SiF_6 + Si(OH)_4$$

氟化硅和过量的氢氟酸也能反应形成硅氟酸：

$$SiF_4 + 2HF =\!=\!= H_2SiF_6$$

此化合物如与硫酸一起加热时，即被分解，若用氢氟酸处理时，无硫酸，则会使某些在硅酸中夹杂的金属氧化物形成相应的氟化物，因而在重量的计算上受到影响：

$$Fe_2O_3 + 6HF =\!=\!= 2FeF_3 + 3H_2O$$
$$TiO_2 + 4HF =\!=\!= TiF_4 + 2H_2O$$
$$Al_2O_3 + 6HF =\!=\!= 2AlF_3 + 3H_2O$$

1) 试剂

硫酸($\rho = 1.84$ g·cm^{-3})及(1+2)溶液。硝酸($\rho = 1.42$ g·cm^{-3})。高氯酸(60%～70%)。氢氟酸(40%)。盐酸($\rho = 1.19$ g·cm^{-3})，(1+1)及(5+95)溶液。混合酸：取硫酸 200 mL，徐徐注入 550 mL 水中，不断搅拌，冷后加硝酸 150 mL。硫氰酸铵溶液(5%)。

2) 操作步骤

称取 0.500 0～2.000 0 g 试样置于 400 mL 烧杯中，加混合酸 30～50 mL，加热溶解后继续蒸发至冒白烟 2～3 min，取下，待冷，沿壁仔细加入盐酸 5～10 mL，轻轻摇匀后加 120 mL 热水，加热至可溶性盐类完全溶解，立即用中速定量滤纸过滤，并用有橡皮头的玻璃棒将附着于杯壁的沉淀仔细擦净，用热盐酸(5+95)洗涤沉淀及滤纸至洗液用硫氰酸铵溶液试验，不呈 Fe^{3+} 的反应为止，最后用热水洗涤 3～4 次。沉淀连同滤纸一并置于铂坩埚中，在电炉上烘干，灰化，并于 1 000～1 050 ℃高温炉中灼烧 40 min，冷却，称量，再灼烧，如此反复称至恒重。然后仔细沿坩埚加入 3～5 滴水，硫酸(1+2)3～4 滴及氢氟酸 3～5 mL，将坩埚于电炉上加热蒸发至停止发生白烟(必须在通风橱内)，然后将坩埚于 1 000～1 050 ℃高温炉中灼烧 20～30 min，冷却，称量，并反复至恒重。按下式计算试样中的含硅量：

$$Si\% = \frac{(G_1 - G_2) \times 0.467\,4}{G} \times 100$$

式中：G_1 为氢氟酸处理前坩埚与沉淀的质量(g)；G_2 为氢氟酸处理后坩埚与残渣的质量(g)；G 为试样质量(g)；0.467 4 为由二氧化硅换算成硅的换算系数。

3) 注

(1) 灰化时要防止滤纸着火，否则能产生不易燃烧的碳(有人认为是产生了碳化硅)，这种碳的残渣非常难于氧化除去，甚至长时间的灼烧也不能除去。

(2) 含钨的钢样，在脱水时，钨会沉淀影响测定，因此在用氢氟酸处理后之残渣，灼烧温度不能超过 850 ℃，否则钨会挥发，致使硅的结果偏高。

(3) 高镍铬钢及难溶于硫硝混合酸之钢样，可按下列步骤测定：称取试样 1～3 g 于 400 mL 烧杯中，加王水 30～40 mL 或等体积盐硝混合酸，加热溶解后，加入高氯酸 20～35 mL，加热蒸发至冒高氯酸白烟，加表面皿继续加热使高氯酸沿壁回流 15～20 min，稍冷，加盐酸(1+1)15 mL，热水 100 mL，搅拌使盐类溶解后过滤。

(4) 含硅≤1.0%，称样 3 g；含硅 1%～3%，称样 2 g；含硅＞3%，称样 1 g。

3.3　锰 的 测 定

3.3.1　过硫酸铵容量法(亚砷酸钠-亚硝酸钠法)

方法原理与操作步骤同 2.7 节。但试样中含钨较高(超过 4%)时,在酸溶后由于钨酸析出,干扰测定,可用磷酸溶样使钨成络合物($H_3PO_4 \cdot 12WO_3$)保留在溶液中,对于含铬量大于 2% 的试样,滴定终点不易判断,最好将铬预先"挥发"或用氧化锌沉淀分离除去。具体操作如下:

称取试样 0.200 0 g(钨含量超过 4%)于 250 mL 锥形瓶中,加磷酸 5 mL 和硫酸(1+4)10 mL,加热溶解,稍冷,加硝酸(1+3)20 mL,继续加热到溶液清亮,驱除氮化物,加水 30～50 mL,硝酸银(0.5%)5 mL,以下操作同普通钢铁中锰的测定,滴定终点为橙色。

称取试样 0.200 0 g(铬含量大于 2%)于 250 mL 锥形瓶中,加 10～15 mL 新配置的等体积的盐酸和硝酸混合酸加热溶解,加高氯酸 5～10 mL 加热至冒烟,并维持 30 s 左右,使铬完全被氧化,分次加入少量盐酸数次,使大部分铬成 CrO_2Cl_2 挥发逸去,稍冷,加硫酸 4 mL,继续加热以驱除盐酸和高氯酸,直至刚出现冒白烟时离火,稍冷,加磷酸 3 mL,加热至溶液无气泡,并开始冒白烟,取下冷却后,加水 60 mL 溶解盐类,加硝酸银溶液(0.5%)5 mL。以下操作步骤同普通钢铁中锰的测定。

如用氧化锌分离,则将试样溶于稀硫酸并滴加硝酸氧化(难溶试样,可加王水,然后加硫酸冒烟),用碳酸钠和硝酸调节溶液呈微酸性后,分次加入氧化锌悬浮液至瓶底有少量过剩为止,将溶液加热至沸,此时铁、铬、铝、钒、铜、钨、钼、钛沉淀完全,而锰、镍、钴留于溶液中。冷却,移入 250 mL 容量瓶中,加水至刻度,摇匀。待沉淀下沉后,吸取 100 mL 滤液于 250 mL 锥形瓶中,加硫磷混合酸 30 mL 和硝酸银溶液 5 mL,以下操作步骤同普通钢中锰的测定。

3.3.2　过硫酸铵-银盐氧化光度法

本法基于在酸性介质中,以硝酸银为催化剂,用过硫酸铵将 2 价锰氧化为紫红色的高锰酸,以此测定其吸光度。含锰量在 100～800 $\mu g \cdot (100\ mL)^{-1}$ 符合比耳定律。主要反应如下:

$$3MnS + 14HNO_3 \longrightarrow 3Mn(NO_3)_2 + 3H_2SO_4 + 8NO + 4H_2O$$
$$3Mn_3C + 28HNO_3 = 9Mn(NO_3)_2 + 3CO_2 + 10NO + 14H_2O$$
$$MnS + H_2SO_4 = MnSO_4 + H_2S$$
$$2AgNO_3 + (NH_4)_2S_2O_8 = Ag_2S_2O_8 + 2NH_4NO_3$$
$$Ag_2S_2O_8 + 2H_2O = Ag_2O_2 + 2H_2SO_4$$
$$5Ag_2O_2 + 2Mn(NO_3)_2 + 6HNO_3 = 2HMnO_4 + 10AgNO_3 + 2H_2O$$

氧化时要求溶液的酸度不大于 4 mol·L^{-1},一般采用 1～2 mol·L^{-1} 的混合酸溶液进行氧化。磷酸的存在可使锰形成磷酸锰络合物,从而使锰顺利地氧化至 7 价,避免在氧化过程中形成 4 价(二氧化锰)。取氧化后的部分溶液加 EDTA 溶液褪去 7 价锰的颜色,以此为空白。消除试样底色的影响。

1) 试剂

硝酸溶液(1+3)。王水(2+1)。硫磷混合酸:于 700 mL 水中加入磷酸 150 mL 及硫酸 150 mL,摇匀。硝酸银溶液(0.5%),贮于棕色瓶中,并滴加数滴硝酸。过硫酸铵溶液(20%)。EDTA 溶液

(5%)。锰标准溶液(Mn 0.1 mg·mL⁻¹):称取金属锰 0.100 0 g 于 250 mL 烧杯中,加硫酸(1+4) 20 mL 使其溶解,移入 1 000 mL 容量瓶中,以水稀释至刻度,摇匀或称取硫酸锰($MnSO_4$)0.779 4 g 溶于水中,并稀释至 1 000 mL,摇匀。

2) 操作步骤

称取试样 0.100 0 g(或 0.500 0 g)于 250 mL 锥形瓶中,加硝酸(1+3)或王水(2+1)15 mL 加热溶解,加硫磷混合酸 20 mL,硝酸银溶液 5 mL,过硫酸铵溶液 10 mL,煮沸 20～40 s,放置 1 min,流水冷却,移入 100 mL 容量瓶中,以水稀释至刻度,摇匀。用 2～3 cm 比色皿,于 530 nm 波长处,测定其吸光度。在检量线上查得试样的含锰量。以剩余显色溶液中加入 1～2 滴 EDTA 溶液,摇匀,褪去高锰酸色泽,作为参比。

3) 检量线的绘制

于 5 只 250 mL 锥形瓶中分别称取纯铁 0.100 0 g(或 0.500 0 g),依次加入锰标准溶液 1.0 mL, 2.0 mL,4.0 mL,6.0 mL,8.0 mL(Mn 0.1 mg·mL⁻¹),按操作步骤操作,测定吸光度,绘制检量线。该标准溶液每毫升相当于含锰量 0.10%(称样 0.100 0 g)和 0.02%(称样 0.500 0 g)。或用相应的标准钢样按操作步骤操作,测定吸光度,绘制检量线。

4) 注

(1) 含钨钢可直接用硫磷混合酸 20 mL 溶解,如采用王水溶解,必须蒸发至冒烟,以除去氯离子。

(2) 如遇含碳量较高的试样,加硫磷混合酸后,应蒸发至冒白烟,以破坏碳化物,或接近冒烟时滴加硝酸破坏碳化物。

(3) 加热煮沸 20～40 s 为宜,煮沸时间过长,容易使结果偏低。

(4) 室温高时褪色快,室温低时褪色慢。

(5) 做低锰时应做 1 份试剂空白,方法如下:取定锰硫磷混合酸 20 mL,加水约 10 mL,硝酸银溶液 5 mL,过硫酸铵溶液 10 mL,加热煮沸显色,按操作步骤测定吸光度后自结果中减去。

(6) 本法适用于含锰量 0.07%～0.80%的试样。

(7) 对于含锰量大于 0.80%的试样,可按下法处理:称取试样 0.500 0 g 于 250 mL 锥形瓶中,加硝酸(1+3)或王水(2+1)15 mL,加热溶解(含碳量高的试样可加硫磷混合酸,加热至冒烟)。移于 100 mL 量瓶中,以水稀释至刻度,摇匀。吸取试样溶液 5 mL 于 250 mL 锥形瓶中,加硫磷混酸 20 mL (如用王水溶解,应加热至冒烟除去氯离子)。以下同上述操作,测定吸光度。检量线的绘制:用标准钢样按上述方法操作,测定吸光度后绘制曲线。或称取纯铁 0.5 g 按上述方法溶解,于量瓶中稀释至 100 mL。吸取溶液 5 mL 数份于 250 mL 锥形瓶中,依次加入锰标准溶液 1.0 mL,2.0 mL,4.0 mL, 6.0 mL,8.0 mL(Mn 0.1 mg·mL⁻¹),加硫磷混酸 20 mL,按方法显色,测定吸光度。每毫升锰标准溶液相当于锰含量 0.40%。

3.4　铬　的　测　定

铬的化学分析方法有:重量法、容量法和光度法。重量法步骤繁杂、费时,往往需进行分离,远不及容量法简单、快速,而且在准确度和精密度方面也不比容量法优越,因此,它在钢铁分析中,无实用价值。铬的氧化还原容量法是钢铁分析中目前应用最广泛的测定方法。该法基于铬是一种变价元素,利用一定的氧化剂和还原剂来促使铬发生价态变化,从而求得铬量。为了使 3 价铬定量地氧化成 6 价,在酸性溶液中,通常用的氧化剂有高锰酸钾、过硫酸铵(在硝酸银存在下)、高氯酸等。而将 6 价铬还原滴定为 3 价,通常用的还原剂为硫酸亚铁。根据所用氧化剂不同而有多种测定铬的方法,但就其滴定方法而言,主要有三种:

(1) 以 N-苯代邻氨基苯甲酸为指示剂,用亚铁标准溶液直接滴定 6 价铬。但有钒存在时,由于其标准还原电位(E_0＝＋1.20 V)比 N-苯代邻氨基苯甲酸的标准还原电位(E_0＝＋1.0 V)高,因而它先于指示剂而被亚铁还原,对铬的测定有干扰,所以钒也被滴定,故必须从结果中减去钒的量。每1.0%钒相当于 0.34%铬。

(2) 用高锰酸钾返滴定方式,即先加入过量的亚铁标准溶液将铬还原,再以高锰酸钾标准溶液滴定过量亚铁。这种滴定方式钒不干扰。由于用亚铁还原铬时,H_3VO_4 同时被还原成 4 价:

$$2H_3VO_4 + 2FeSO_4 + 3H_2SO_4 \Longrightarrow V_2O_2(SO_4)_2 + Fe_2(SO_4)_3 + 6H_2O$$

而当用高锰酸钾返滴定过量的亚铁时,4 价钒又被氧化成 H_3VO_4:

$$5V_2O_2(SO_4)_2 + 2KMnO_4 + 22H_2O \Longrightarrow 10H_3VO_4 + K_2SO_4 + 2MnSO_4 + 7H_2SO_4$$

这两个反应所消耗的亚铁和高锰酸钾是等摩尔的,因此,钒无影响。这种滴定方法常用作标准分析。

(3) 利用低温下钒可被高锰酸钾氧化而铬不被氧化的特性,先用亚铁标准溶液滴定钒,然后再滴定铬钒总量。

光度法主要用于低含量铬的测定。利用有机试剂比色测定铬的方法很多,但目前尚存在很多问题,因在测定钢中的铬时干扰成分多,所以一般皆需预先将铬分离。现今,测定钢中低含量铬仍普遍采用二苯偕肼法、二甲酚橙法和羊毛铬菁等法,其中以羊毛铬菁法选择性较高,和二苯偕肼一样皆可用于直接测定钢中低含量铬。

3.4.1　过硫酸铵银盐容量法(Ⅰ)

试样溶于酸中,经硫磷酸冒烟处理,以硝酸银为催化剂,在 $2\sim3$ mol·L^{-1}硫酸介质中,用过硫酸铵将 3 价铬氧化到 6 价,同时锰也被氧化为高锰酸而呈红色,起着表明铬氧化完全的作用。其反应如下:

$$Cr_2(SO_4)_3 + 3(NH_4)_2S_2O_8 + 8H_2O \Longrightarrow 2H_2CrO_4 + 3(NH_4)_2SO_4 + 6H_2SO_4$$

$$2Mn^{2+} + 5S_2O_8^{2-} + 8H_2O \xrightarrow{Ag^+} 2MnO_4^- + 10SO_4^{2-} + 16H^+$$

为此,若试样含锰量低时,需补加少量 $MnSO_4$。这是由于 MnO_4^-/Mn^{2+} 标准氧化电位(E_0＝＋1.52 V)比 $Cr_2O_7^{2-}/2Cr^{3+}$ 的标准氧化电位(E_0＝＋1.36 V)高,因此,Mn^{2+} 在 Cr^{3+} 被$(NH_4)_2S_2O_8$氧化后才被氧化。但 $HMnO_4$ 存在又有其不利的一面,因 MnO_4^- 先于 Cr^{6+} 被亚铁滴定,干扰铬的测定,必须消除。

加氯化钠还原 $HMnO_4$:

$$2HMnO_4 + 10NaCl + 7H_2SO_4 \Longrightarrow 2MnSO_4 + 5Na_2SO_4 + 5Cl_2\uparrow + 8H_2O$$

或加亚硝酸钠还原 $HMnO_4$:

$$2HMnO_4 + 5NaNO_2 + 2H_2SO_4 \Longrightarrow 2MnSO_4 + 5NaNO_3 + 3H_2O$$

过剩的亚硝酸钠以尿素分解:

$$(NH_2)_2CO + 2NaNO_2 + H_2SO_4 \Longrightarrow CO_2\uparrow + 2N_2\uparrow + Na_2SO_4 + 3H_2O$$

钒和铈的存在也同时被氧化,它们的干扰可分别用适当方法测定钒和铈的量,然后以每1%钒相当于 0.34%的铬和每1%铈相当于 0.123%的铬进行校正。

以 N-苯代邻氨基苯甲酸作指示剂,用硫酸亚铁铵滴定 6 价铬:

$$2H_2CrO_4 + 6(NH_4)_2Fe(SO_4)_2 + 6H_2SO_4 =\!=\!=$$
$$Cr_2(SO_4)_3 + 3Fe_2(SO_4)_3 + 6(NH_4)_2SO_4 + 8H_2O$$

铬的氧化酸度以 $2\sim2.5\ mol\cdot L^{-1}$ 为最佳。如氧化时酸度太低易析出二氧化锰沉淀，酸度太高，过硫酸铵分解生成过氧化氢而将 $HCrO_5$（氧化时酸度高，$Cr_2O_7^{2-}$ 转变为 $HCrO_5$）还原成低价铬 $[Cr_2(SO_4)_3]$，使铬氧化不完全，故氧化时酸度必须注意。但用亚铁滴定铬时的酸度要大于 $6\ mol\cdot L^{-1}$，因 $Cr_2O_7^{2-}/2Cr^{3+}$ 和 Fe^{3+}/Fe^{2+} 的标准电极电位与酸度有关，酸度适当提高，使二者电位差增大，有利于亚铁滴定。

由于过硫酸铵银盐法具有使铬完全氧化的优点，因此，可用理论值计算含铬量。

1) 试剂

硫磷混合酸：于 760 mL 水中缓缓注入硫酸 160 mL，冷却后，加磷酸 80 mL 混匀。硝酸（$\rho=1.42\ g\cdot cm^{-3}$）。硝酸银溶液（0.5%），贮于棕色瓶中，并加硝酸数滴。过硫酸铵溶液（20%）。氯化钠溶液（5%）。硫酸（1+1）。N-苯代邻氨基苯甲酸（0.2%）：称取 0.2 g 该指示剂置于含有 0.2 g 碳酸钠的 100 mL 水中，加热溶解。硫酸亚铁铵标准溶液（$0.05\ mol\cdot L^{-1}$）：取硫酸亚铁铵 $[(NH_4)_2Fe(SO_4)_2\cdot 6H_2O]20\ g$ 溶于 1 000 mL 硫酸（5+95）中。此溶液浓度需用浓度相近的重铬酸钾标准溶液进行标定或用与试样成分相近似的标准钢样，按方法操作，确定其滴定度。

2) 操作步骤

称取试样 0.500 0 g，于 300 mL 锥形瓶中，加硫磷混酸 40 mL，加热使试样完全溶解，滴加浓硝酸氧化，继续加热至冒硫酸烟，冷却，加水 50 mL，硝酸银溶液（0.5%）5 mL，过硫酸铵溶液（20%）20 mL，煮沸至铬完全被氧化（溶液呈高锰酸的紫红色，表明铬已完全被氧化。若试样含锰量低，溶液不呈红紫色，则可加入 0.5%硫酸锰溶液数毫升后再氧化），继续煮沸至翻大气泡，使过量的过硫酸铵完全分解。加入氯化钠溶液（5%）5 mL，煮沸至红色消失（如红色不消失，再加氯化钠溶液 2～3 mL，煮沸数分钟至氯化银沉淀凝结下沉，溶液变清）。流水冷却至室温，加硫酸（1+1）20 mL，加 N-苯代邻氨基苯甲酸溶液 3 滴，用硫酸亚铁铵标准溶液滴定至溶液由玫瑰红转变为亮绿色为止。按下式计算铬的百分含量：

$$Cr\% = \frac{V\times M\times 0.0173}{G}\times 100$$

式中：V 为滴定消耗硫酸亚铁铵标准溶液的毫升数；M 为硫酸亚铁铵标准溶液的摩尔浓度；G 为称样质量(g)；0.017 3 为每毫克摩尔铬的克数。或用含铬量相近的标准钢样照方法同样操作，先求出硫酸亚铁铵标准溶液对铬的滴定度 $T(Cr\%\cdot mL^{-1})=\dfrac{A}{V_0}$，则

$$Cr\% = T\times V$$

式中：A 为标准钢样中铬的百分含量；V_0 为测定标准钢样时消耗硫酸亚铁铵标准溶液的毫升数；V 为测定试样时消耗硫酸亚铁铵标准溶液的毫升数。

3) 注

(1) 如遇试样不易溶于硫酸磷酸混合酸，可先用王水溶解，然后加硫磷酸冒烟。对于含钨量高的试样，补加浓磷酸 5 mL，防止钨成钨酸析出影响铬的测定。

(2) 氧化时，过剩的过硫酸铵一定要煮沸分解除去，否则会使分析结果偏高。

(3) 加氯化钠除为还原高锰酸以消除其干扰外，还有一种作用，即除去银离子的影响，避免由于过硫酸铵未除干净，已被还原的锰，又被氧化成高价锰，使分析结果偏高。值得注意的是，加氯化钠后煮沸的时间不宜太长，否则 CrO_4^{2-} 有被还原的可能。再者，产生的氯化银沉淀应为白色，如为褐色，是被二氧化锰污染所致。此现象在试样含锰量高时最易发生。二氧化锰同样可被亚铁滴定，故需继续补

加氯化钠还原。也可采用亚硝酸钠还原高锰酸,其分析步骤如下:试样溶解、氧化同上述操作。冷却至室温,加尿素 1～2 g,摇动使其溶解,小心滴加亚硝酸钠溶液(1%)至红色恰好消失,并过量 1 滴,放置 1 min,按方法进行滴定,此法中,钒同样有干扰,须进行校正。

(4) 加氯化钠还原高锰酸后,应立即采用流水冷却,否则 6 价铬有被氯化钠还原的可能,使分析结果偏低。

(5) 试样含钨时,加入磷酸使钨形成可溶性络合物 $H_3PO_4 \cdot 12WO_3$ 而存在于溶液中,避免了钨或钨酸析出而带下的部分铬。但这时终点不易观察。若以二苯氨磺酸钠或二苯氨磺酸钡代替 N-苯代邻氨基苯甲酸作指示剂,则滴定终点较为明显。

(6) 用本法测定铬,钒有干扰,须进行校正。1%V=0.34%Cr。

(7) N-苯代邻氨基苯甲酸溶液具有还原性,如硫酸亚铁铵标准溶液的滴定度以理论值算时,则需加以校正。校正方法:取 0.02 mol·L⁻¹ 的重铬酸钾标准溶液 25 mL 2 份,各加硫磷混酸 20 mL,分别加入 2 滴和 5 滴 N-苯代邻氨基苯甲酸指示剂,以 0.02 mol·L⁻¹ 硫酸亚铁铵标准溶液滴定,所消耗标准溶液的差数,相当于 3 滴指示剂的校正数。

3.4.2　过硫酸铵银盐容量法(Ⅱ:高锰酸钾回滴定法)

测定原理基本上与上法相同。对于含钒的试样,以亚铁-邻菲罗啉溶液为指示剂,加过量的硫酸亚铁铵标准溶液,以高锰酸钾标准溶液回滴过量的硫酸亚铁铵,达到消除钒干扰的目的,从而测得含铬量。

用高锰酸钾返滴定方式主要反应如下:

由于用亚铁还原 $Cr_2O_7^{2-}$ 时,H_3VO_4 同时被还原到 V^{4+}:

$$2H_3VO_4 + 2FeSO_4 + 3H_2SO_4 == V_2O_2(SO_4)_2 + 6H_2O + Fe_2(SO_4)_3$$

而当用高锰酸钾返滴定过量的亚铁时,4 价钒又被氧化成 H_3VO_4:

$$5V_2O_2(SO_4)_2 + 2KMnO_4 + 22H_2O == 10H_3VO_4 + K_2SO_4 + 2MnSO_4 + 7H_2SO_4$$

这两个反应所消耗的亚铁和高锰酸钾是等摩尔的,因此,钒不影响。这种滴定方法常用作标准分析方法。

1) 试剂

硫磷混合酸:于 760 mL 水中缓缓加入硫酸 160 mL,冷却后,加磷酸 80 mL 混匀。硝酸(ρ=1.42 g·cm⁻³)。磷酸(ρ=1.70 g·cm⁻³)。硝酸银溶液(0.5%),加硝酸数滴贮于棕色瓶中。过硫酸铵溶液(20%)。氯化钠溶液(5%)。硫酸(1+1)。硫酸锰溶液(4%)。亚铁-邻菲罗啉指示剂:称取邻菲罗啉1.49 g,硫酸亚铁($FeSO_4 \cdot 7H_2O$)0.7 g 或硫酸亚铁铵[$(NH_4)_2Fe(SO_4)_2 \cdot 6H_2O$]0.98 g,置于 300 mL 烧杯中,加水 50 mL,加热溶解后,冷却,稀释至 100 mL。硫酸亚铁铵标准溶液(0.05 mol·L⁻¹)。称取硫酸亚铁 20 g,溶于硫酸(5+95)1 000 mL 中。高锰酸钾标准溶液(0.03 mol·L⁻¹ 或 0.06 mol·L⁻¹),称取高锰酸钾 0.35 g 或 1.9 g,分别置于 400 mL 烧杯中,加少量水溶解后,倾入棕色瓶中,加磷酸 5～10 mL,以水稀释到 1 000 mL,摇匀。在阴凉处放置 3～4 天,使用前玻璃坩埚过滤。重铬酸钾标准溶液:称取预先在 150 ℃烘 1 h 的重铬酸钾基准试剂 5.657 8 g,用水溶解后移入 1 000 mL 容量瓶中,以水稀释至刻度,摇匀(1 mL 含 200 mg 铬)。分取50.00 mL 上述标准溶液,置于 100 mL 容量瓶中,以水稀释至刻度,摇匀(1 mL 含 1.00 mg 铬)。硫酸亚铁铵标准溶液对铬的滴定度的标定:取重铬酸钾标准溶液(含铬量与试样中含铬量相近)3 份,分别置于 500 mL 锥形瓶中,各加硫磷混合酸50 mL,4 滴硫酸锰溶液,以水稀释至 200 mL,加硝酸银溶液 3 mL,过硫酸铵溶液 20 mL,煮沸,至铬完全氧化,直至出现大气泡,继续维持 5 min,取下,冷至室温,加尿素(10%)10 mL,摇动使其溶解,边摇边滴加亚硝酸钠溶液(1‰)恰好使红色消失,再过量 1 滴,放置 1 min,加 N-苯代邻氨基苯甲酸指示剂 3 滴,立即用硫酸亚铁铵标准溶液滴定至试液由樱红转变为亮绿色为终点。3 份重铬酸钾标准溶液所消耗硫酸亚铁铵标准溶液毫升数的差值不得超过 0.05 mL,取其平均值。按下式计算硫酸亚铁铵标准溶液对铬的滴定度:

$$T = \frac{V \times C}{V_1}$$

式中:T 为硫酸亚铁铵标准溶液对铬的滴定度($g \cdot mL^{-1}$);V 为分取重铬酸钾标准溶液的体积(mL);V_1 为滴定消耗硫酸亚铁铵标准溶液的体积(mL);C 为重铬酸钾标准溶液的含铬量($g \cdot mL^{-1}$)。

高锰酸钾溶液相当于硫酸亚铁铵标准溶液的体积比的标定:分取 25.00 mL 硫酸亚铁铵标准溶液 3 份,分别置于 250 mL 锥形瓶中,以相应浓度的高锰酸钾溶液滴定至溶液呈红色在 1~2 min 内不消失为终点。3 份所消耗高锰酸钾溶液毫升数的相差值不得超过 0.05 mL,取其平均值。计算公式如下:

$$K = \frac{25.00}{V_2}$$

式中:K 为高锰酸钾溶液相当于硫酸亚铁铵标准溶液的体积比;V_2 为消耗高锰酸钾溶液的体积(mL)。

2) 操作步骤

称取试样(含铬量大于 10%,称样 0.200 0~0.500 0 g;2%~10%,称样 0.500 0~2.000 0 g;钨钒共存时,称样中的含铬量以不大于 100 mg 为宜)置于 500 mL 锥形瓶中,加硫磷混合酸 50 mL,加热至试样完全溶解,滴加硝酸氧化至激烈作用停止,煮沸驱尽氮化物,取下。稍冷,用水稀释至 200 mL,加硝酸银溶液 5 mL,过硫酸铵溶液 20 mL,摇匀。煮沸至大气泡出现,并维持 5 min。取下,加氯化钠 5 mL,煮沸至红色消失,如红色不褪或产生褐色沉淀,需补加氯化钠溶液 2~4 mL,继续煮沸至红色消失,使氯化银沉淀凝聚下沉。取下,冷却至室温,加硫酸(1+1)10 mL,用硫酸亚铁铵标准溶液滴定至溶液呈淡黄色,加亚铁-邻菲罗啉 5 滴。继续用硫酸亚铁铵标准溶液滴定至溶液呈稳定的红色,并过量 5 mL,以浓度相近的高锰酸钾溶液回滴至溶液红色初次消失。加无水乙酸钠 5 g,摇动锥形瓶至乙酸钠溶解,继续用高锰酸钾溶液滴定至淡蓝色为终点。

按下式计算铬的百分含量:

$$Cr\% = \frac{(V_1 - V_2 K) \times T}{G} \times 100$$

式中:V_1 为消耗硫酸亚铁铵标准溶液的体积(mL);V_2 为滴定过量硫酸亚铁铵标准溶液所消耗高锰酸钾溶液的体积(mL);K 为高锰酸钾溶液相当于硫酸亚铁铵标准溶液的体积比;T 为硫酸亚铁铵标准溶液对铬的滴定度($g \cdot mL^{-1}$);G 为称样质量(g)。

3) 注

(1) 不溶于硫磷混合酸的试样,可先用王水溶解,再加硫磷混合酸冒烟。

(2) 高碳高铬钢高铬钼试样当滴加硝酸氧化后,尚有碳化物残存时,可将溶液继续加热冒烟后,再滴加硝酸氧化。

(3) 溶液的酸度对铬的氧化很重要。酸度太大,过硫酸铵容易分解出过氧化氢致使 H_2CrO_4(因酸度 $Cr_2O_7^{2-}$ 转变为 H_2CrO_4)还原成低价铬[$Cr_2(SO_4)_3$],使氧化不完全;酸度太低,易析出二氧化锰沉淀。一般铬的氧化酸度以 2~2.5 $mol \cdot L^{-1}$ 最佳。

(4) 亚铁-邻菲罗啉指示剂消耗高锰酸钾溶液,须加以校正。步骤如下:在做完高锰酸钾溶液相当于硫酸亚铁铵标准溶液的体积比的标定后的 2 份溶液中,1 份加 5 滴指示剂,另 1 份加 10 滴指示剂,以滴定试样溶液相同浓度的高锰酸钾溶液滴定。所消耗高锰酸钾溶液之差,相当于5滴指示剂的校正值。此值应从滴定过量的硫酸亚铁铵标准溶液所消耗高锰酸钾溶液的毫升数中减去。

(5) 由于高锰酸钾和硫酸亚铁铵标准溶液不稳定,若以理论计算分析结果时应经常注意带标样检查标准溶液的浓度。

(6) 本法适用于含铬量在0.01%~30.00%的合金钢。

3.4.3　铬钒连续测定法

试样用硫磷混合酸溶解,滴加硝酸氧化,部分钒被氧化为5价,部分形成4价硫酸盐。在冷溶液中,用高锰酸钾将钒氧化为5价:

$$5V_2O_2(SO_4)_2 + 2KMnO_4 + 22H_2O \Longrightarrow 10H_3VO_4 + K_2SO_4 + 2MnSO_4 + 7H_2SO_4$$

过量的高锰酸钾在尿素的存在下,用亚硝酸钠还原,以N-苯代邻氨基苯甲酸为指示剂,用硫酸亚铁铵标准溶液滴定钒。

将滴定钒后的溶液,在硝酸银存在下,用过硫酸铵氧化铬、钒。将3价铬氧化成6价,4价钒氧化为5价,同时被氧化的锰用亚硝酸钠还原,过量的亚硝酸钠用尿素分解。以N-苯代邻氨基苯甲酸作指示剂,用硫酸亚铁铵标准溶液滴定铬、钒含量,从合量中减去钒即为铬的含量。

主要反应如下:

第一部分:测定钒。参见3.5.1小节。

第二部分:测定铬、钒合量。测定钒后的溶液,在$AgNO_3$存在下,用过硫酸铵氧化:

$$V_2O_2(SO_4)_2 + (NH_4)_2S_2O_8 + 4H_2O \longrightarrow 2HVO_3 + (NH_4)_2SO_4 + 3H_3SO_4$$
$$Cr_2(SO_4)_4 + 3(NH_4)_2S_2O_8 + 8H_2O \longrightarrow 2H_2CrO_4 + 3(NH_4)_2SO_4 + 6H_2SO_4$$

被氧化的锰用亚硝酸钠还原:

$$5NaNO_2 + 2HMnO_4 + 4HNO_3 \longrightarrow 2Mn(NO_3)_2 + 5NaNO_3 + 3H_2O$$
$$5NaNO_2 + 2HMnO_4 + 2H_2SO_4 \longrightarrow 2MnSO_4 + 5NaNO_3 + 3H_2O$$

过量的亚硝酸钠用尿素破坏:

$$H_2SO_4 + 2NaNO_2 + (NH_2)_2CO \longrightarrow CO_2\uparrow + 2N_2\uparrow + 3H_2O + Na_2SO_4$$

用亚铁标准溶液滴定铬、钒含量:

$$2HVO_3 + 2(NH_4)_2Fe(SO_4)_2 + 6H_2SO_4 \longrightarrow V_2O_2(SO_4)_2 + 2Fe_2(SO_4)_3 + 2(NH_4)_2SO_4 + 8H_2O$$
$$2H_2CrO_4 + 6(NH_4)_2Fe(SO_4)_2 + 6H_2SO_4 \longrightarrow Cr_2(SO_4)_3 + 3Fe_2(SO_4)_3 + 6(NH_4)_2SO_4 + 8H_2O$$

1) 试剂

硫磷混合酸(同过硫酸铵-银盐容量法)。硝酸($\rho = 1.42$ g·cm^{-3})。磷酸($\rho = 1.70$ g·cm^{-3})。高锰酸钾溶液(0.3%)。亚硝酸钠溶液(1%)。尿素(固体)。亚砷酸钠溶液(0.1 mol·L^{-1}),取三氧化二砷0.49 g,无水碳酸钠1 g,溶解于100 mL温水中,或溶解NaA$_3$O$_2$ 0.65 g于100 mL水中。硝酸银溶液(0.5%)。过硫酸铵溶液(20%)。硫酸(1+1)。指示剂溶液:于100 mL水中,加入N-苯代邻氨基苯甲酸0.2 g,无水碳酸钠0.2 g,加热溶解。硫酸亚铁铵标准溶液(0.01 mol·L^{-1}):称取硫酸亚铁铵8 g,溶于硫酸(5+95)1 000 mL中,如有沉淀需过滤,用标准钢样按操作步骤求出每毫升该标准溶液相当于铬、钒的量(g·mL^{-1})。

2) 操作步骤

(1) 钒的测定。称取试样0.500 0~1.000 0 g于250 mL锥形瓶中,加硫磷混合酸40 mL,加热溶解,滴加硝酸至激烈作用停止,继续加热至溶液澄清(如有黑色残渣,可继续蒸发至冒白烟,维持1~

2 min,稍冷后加水 30 mL),冷至室温,滴加高锰酸钾溶液至呈稳定的微红色,放置 2～3 min 后,加尿素 0.5～1 g,滴加亚硝酸钠溶液至高锰酸钾红色恰好褪去。加亚砷酸钠溶液 5 mL,再加亚硝酸钠溶液 1～2 滴,放置 1～2 min,加 N-苯代邻氨基苯甲酸指示剂 2 滴,以硫酸亚铁铵标准溶液(0.01 mol ·L⁻¹)滴定至亮绿色为终点。此时所消耗硫酸亚铁铵标准溶液体积为 V_1。

(2) 铬的测定。将测定钒后的溶液移入 100 mL 量瓶中,以水稀释至刻度,摇匀。吸取试液 20 mL 于 250 mL 锥形瓶中,加磷酸 5 mL,硝酸银溶液 5 mL,过硫酸铵溶液 15 mL,加热煮沸 3～5 min,冷却,加尿素 0.5～1 g,滴加亚硝酸钠溶液使高锰酸钾的红色刚好褪去,再过量 1～2 滴。放置 1～2 min 后,加硫酸(1+1)10 mL,N-苯代邻氨基苯甲酸指示剂 2 滴,用硫酸亚铁铵标准溶液滴定至亮绿色为终点。所消耗的硫酸亚铁铵标准溶液体积为 V_2。按下式计算铬、钒的百分含量:

$$V\% = \frac{V_1 \times B}{G} \times 100$$

$$Cr\% = \frac{(5 \times V_2 - V_1) \cdot A}{G} \times 100\%$$

式中:V_1 为滴定钒时所消耗硫酸亚铁铵标准溶液毫升数;V_2 为滴定铬、钒时所消耗的硫酸亚铁铵标准溶液的毫升数;A 为 1 mL 硫酸亚铁铵标准溶液相当于钒的含量(g)(用标准钢样求得);B 为 1 mL 硫酸亚铁铵标准溶液相当于钒的含量(用标准钢样求得);G 为试样质量(g)。

如果试样和标样称量相同,则

$$V\% = B\% \times V_1$$

$$Cr\% = A\% \times (5V_2 - V_1)$$

式中:$B\%$ 为 1 mL 硫酸亚铁铵标准溶液相当于钒的百分含量;$A\%$ 为 1 mL 硫酸亚铁铵标准溶液相当于铬的百分含量。

3) 注

(1) 氧化钒时,高锰酸钾不要过量太多,微红色已足够,否则铬也被氧化,使钒结果偏高。

(2) 亚硝酸钠能破坏指示剂,使终点不明显。加尿素后放置 1～2 min,以确保分解过量的亚硝酸钠。

(3) 指示剂会部分还原 $Cr_2O_7^{2-}$ 和 H_3VO_4。在用标准钢样确定硫酸亚铁铵标准溶液的滴定度时,指示剂定量加入所引起的误差可以抵消,不必要做校正。

(4) 标准溶液采用亚铁铵盐而不用亚铁盐,是由于亚铁的铵盐在空气中较为稳定。但每天使用时还必须随试样带标准钢样标定。

(5) 若测定钒后,用全部溶液测定铬,则过硫酸铵用量必须增加到 25 mL,硫酸亚铁铵标准溶液的浓度也要适当加大。

3.5　钒　的　测　定

钒在钢铁中生成稳定的碳化物,不易被硫酸和盐酸溶解,只有以硝酸(或过氧化氢)氧化并蒸发至冒硫酸烟以后才能溶解。钒溶于硝酸及盐酸和硝酸的混合酸中时,以 4 价状态存在于溶液中。4 价钒溶液通常呈淡蓝色。它受到强氧化剂(高锰酸钾、重铬酸钾)作用时,变成 5 价并形成钒酸。5 价钒很易被还原,甚至在冷却的状态下,2 价铁能将它还原成 4 价。

测定钒的化学分析方法,有容量法、光度法及萃取光度法。

1) 容量法

钒的容量法,广泛地应用于高含量钒的测定,在钒的例行分析上很重要。容量法是基于钒在室温下易于还原及氧化的特点,将钒氧化到 5 价后再用亚铁标准溶液将 5 价钒还原到 4 价,终点的确定可借助于氧化还原指示剂(如 N-苯代邻氨基苯甲酸或二苯氨磺酸钠等),或借助于电位滴定、安培滴定。

于室温下用高锰酸钾选择性地氧化钒而不氧化铬,这是一个简便的方法。但是对某些钢种(如含铬钢、含钨钢等),必须采取一定措施,否则部分铬可能被氧化。为了避免铬的干扰,一般采取以下措施:① 试样用硫磷混酸溶解,滴加硝酸,将碳化物氧化破坏(过量的硝酸在煮沸驱除时,会有微量铬被氧化),并蒸发至冒硫酸烟 $1\sim2$ min。此时被氧化的高价铬能被还原。含钨的钢必须这样处理。② 在高锰酸钾氧化钒之前,加入少量亚铁溶液还原高价铬。铬钒钢等须这样处理。③ 在滴定前加入亚砷酸钠使铬被选择性地还原,随后必须补加亚硝酸钠溶液 $1\sim2$ 滴。这是由于当过量的高锰酸钾被尿素-亚砷酸钠还原后,溶液中锰呈 2 价,少量铬呈 6 价,用亚砷酸钠还原铬时,产生诱导反应,2 价锰被氧化为 3 价,使钒的结果偏高。但当补加亚硝酸钠使 3 价锰被还原后,能得到正确的结果。高铬低钒的钢样必须如此处理。或者将大部分铬以氯化铬酰(CrO_2Cl_2)挥发除去。钨的干扰,可加入磷酸使其络合掩蔽。铈的干扰,应在不含磷酸的硫酸介质中进行钒的氧化还原操作,然后在滴定前加入磷酸,这样铈就不再参与反应。

2) 光度法

(1) 过氧化氢光度法:在硫酸介质中,钒与过氧化氢形成可溶性红棕色络合物,在 460 nm 波长处有最大吸收。此法分析手续比较简单,但灵敏度不高,钛有干扰,可加氟化钠消除之。

(2) PAR-H_2O_2 光度法:在 pH $0.5\sim2.5$,并有过氧化氢存在时,5 价钒与 PAR 形成三元有色络合物,其组成为 1:1:1。最大吸收在 $520\sim530$ nm 波长处。阴离子如 NO_3^-,Cl^-,PO_4^{3-},SO_4^{2-},F^-,CrO_4^{2-},MnO_4^- 及 EDTA 等不干扰。钛和铁的干扰,可加氟化物予以掩蔽。如果将溶液的 pH 控制在 0.5,并加入适量的柠檬酸,氟化铵和 EDTA 掩蔽后,则几乎所有的共存元素均不干扰测定。本法简单,不须采用任何分离手续,适用于钢铁中微量钒的测定。

(3) 钽试剂(BPHA)萃取光度法:是目前最通用的方法。试剂的灵敏度和选择性均很高,可在盐酸或硫酸或氢氟酸-硫酸等不同介质中进行萃取,在盐酸介质中较快,适用于厂矿例行分析。在硫酸介质中较理想,而含高铌、钽、钼、钨的材料宜在氢氟酸-硫酸中萃取。本方法适用于钢中低微量钒的测定。

钒的显色试剂还有 2,2′-偶羧基二苯胺(Vanadox)、三溴(代)连苯三酚、二安替比林甲烷的衍生物等,也都是比较可取的试剂。

3.5.1 高锰酸钾氧化-硫酸亚铁铵容量法

基于钒在室温中易于氧化还原的特点,将 V^{4+} 用高锰酸钾氧化后,用亚铁滴定。

试样以硫磷混酸溶解,因钒的碳化物很难破坏,须滴加硝酸氧化,并蒸发至冒烟,使试样溶解完全,这时钒成 $V_2O_2(SO_4)_2$ 形式存在于溶液中。

$$2V+2H_2SO_4+H_2O_2 == V_2O_2(SO_4)_2+3H_2\uparrow$$
$$V_2C_4+12HNO_3 == 2VO(NO_3)_2+8NO+4CO_2\uparrow+6H_2O$$
$$2VO(NO_3)_2+2H_2SO_4 == V_2O_2(SO_4)_2+4HNO_3$$

4 价钒在室温下(不超过 34 ℃),用高锰酸钾氧化成钒酸:

$$5V_2O_2(SO_4)_2+2KMnO_4+22H_2O == 10H_3VO_4+K_2SO_4+2MnSO_4+7H_2SO_4$$

过量的高锰酸钾用亚硝酸盐或草酸还原:

$$5NaNO_2 + 2KMnO_4 + 3H_2SO_4 \Longrightarrow 5NaNO_3 + K_2SO_4 + 2MnSO_4 + 3H_2O$$

或

$$5H_2C_2O_4 + 2KMnO_4 + 3H_2SO_4 \Longrightarrow 2MnSO_4 + K_2SO_4 + 8H_2O + 10CO_2$$

用亚硝酸盐还原时,过量的亚硝酸盐用尿素破坏:

$$2HNO_2 + NH_2 \cdot CO \cdot NH_2 \Longrightarrow CO_2\uparrow + 2N_2\uparrow + 3H_2O$$

钒酸(5 价)用亚铁标准溶液滴定,以 N-苯代邻氨基苯甲酸为指示剂:

$$2H_3VO_4 + 2FeSO_4 + 3H_2SO_4 \Longrightarrow V_2O_2(SO_4)_2 + Fe_2(SO_4)_3 + 6H_2O$$

1) 试剂

硫磷混合酸:于 600 mL 水中慢慢注入硫酸 120 mL,冷却后加入磷酸 100 mL,混匀。硝酸($\rho = 1.42$ g·cm^{-3})。高锰酸钾溶液(0.3%)。亚硝酸钠溶液(1%)。亚砷酸钠溶液:称取 0.500 0 g 三氧化二砷溶于 50 mL,5% 的氢氧化钠溶液中,并以硫酸(1+1)中和至中性,用水稀释至 100 mL。尿素(固体)。N-苯代邻氨基苯甲酸指示剂(同铬的测定)。硫酸亚铁铵标准溶液(0.01 mol·L^{-1}):称取硫酸亚铁铵 8 g 溶于 1 000 mL 硫酸(5+95)中,摇匀。此标准溶液对钒的滴定度用含钒相当的标准钢样确定。

2) 操作步骤

称取试样 0.200 0～1.000 0 g,于 250 mL 锥形瓶中,加入硫磷混合酸 60 mL(含钨量高时,可多加磷酸 2～3 mL),低温加热溶解,待试样完全溶解后,滴加硝酸至氧化剧烈反应停止为止。继续加热至溶液澄清(若溶液不清,需加热蒸发至冒烟,补加硝酸 2～3 滴,继续加热至冒烟,1～2 min,直至溶液清亮)。取下稍冷,加水 50 mL,加热使盐类全部溶解,流水冷却至室温,加硫酸亚铁铵溶液(0.01 mol·L^{-1})2 mL,在不断摇动下滴加高锰酸钾溶液(0.3%)呈稳定的微红色,放置 1～2 min,使钒氧化完全。随后加尿素 1～2 g,小心滴加亚硝酸钠溶液至微红色恰好消失并过量 1 滴。加入亚砷酸钠溶液 5 mL 再加点硝酸钠溶液 1～2 滴,充分摇匀,放置 1～8 min,滴加指示剂 2 滴,摇匀,立即用硫酸亚铁铵标准溶液缓缓滴定至亮绿色为终点。

用相似的标准钢样按上述操作步骤确定硫酸亚铁铵标准溶液对钒的滴定度。计算试样的含钒量:

$$V\% = T\% \times V$$

式中:V 为滴定时消耗硫酸亚铁铵标准溶液的毫升数;$T\%$ 为称取相同重量标准钢样,按同样操作,求出硫酸亚铁铵标准溶液对钒的滴定度($= A/V_0$(百分含量·mL^{-1}),其中:A 为标准钢样的含钒量(%);V_0 为滴定标准钢样时所消耗硫酸亚铁铵标准溶液的毫升数)。

3) 注

(1) 含钒量小于 0.10% 时称样 1.000 0 g;含钒量 0.01%～0.50% 时称样 0.500 0 g;含钒量 0.50% 以上时称样 0.200 0 g。

(2) 如试样用硫磷混合酸无法直接溶解时,可先用王水(2+1)10 mL 溶解,然后再加硫磷混合酸 60 mL 蒸发至冒白烟,以驱除氯离子。冒烟后,如还有碳化物未破坏,可滴加数滴硝酸继续加热至冒烟 1～2 min。冒烟时间不能太长,否则钒形成难溶的硫酸盐析出,使结果偏低。

(3) 氧化和滴定钒的适宜酸度为 2～3 mol·L^{-1}(按硫酸计算)。酸度太低,可能有部分铬参与反应。含铬量较高的试样,为了避免高价铬离子的存在,在高锰酸钾氧化之前,必须加入硫酸亚铁铵溶液(0.01 mol·L^{-1})数毫升。

(4) 加亚硝钠溶液后须放置 1～2 min,以保证过量的亚硝酸钠完全分解,否则指示剂加入将被破坏而不显色。

(5) 对于含铬量较高的试样,如不经亚铁盐预先还原,可在滴加亚硝酸钠溶液至溶液红色恰好消失后,加 $0.1\ mol \cdot L^{-1}$ 亚砷酸钠溶液 5 mL,再滴加亚硝酸钠溶液 $1\sim2$ 滴,放置 $1\sim2\ min$。

(6) 测定低钒时,滴定前加入硫酸(1+1)10 mL,以适当提高酸度,使终点转变明显。

(7) N-苯代邻氨基苯甲酸系氧化还原指示剂。它的标准电位(+1.08 V)比偏钒酸被还原为 $V_2O_2(SO_4)_2$ 的标准电位(+1.20 V)低。所以,该指示剂先被偏钒酸氧化成氧化型存在,显示樱桃红。滴加亚铁溶液时,还原电位高的偏钒酸先被还原。当偏钒酸被滴定后,还原电位低的指示剂才被亚铁还原,由红色转变为亮绿色。为了保证充分作用,以免过量,滴定快到终点时,应慢,多摇荡。

(8) 在精确分析时,须作指示剂的校正工作,因为它还原部分 $Cr_2O_7^{2-}$ 和 VO_4^{3-}。但日常分析中,尤其用标准钢样确定亚铁盐的滴定度,这种误差可以抵消,因而不必校正。含钨较高的试样,可用二苯氨磺酸钠作指示剂,终点比较明显。

(9) 本法适用于含钒量 0.10%~5.00% 的中低合金钢测定。

3.5.2　PAR-H_2O_2 光度法

适用于钢铁中微量钒(0.005%~0.10%)的测定。

本法基于 4-(2-吡啶偶氮)-间苯二酚(简称 PAR),在 $0.1\sim0.7\ mol \cdot L^{-1}$ 酸度下,有过氧化氢存在时与 V^{5+} 形成三元红色络合物,且有很高的选择性。其组成为 1:1:1。最大吸收在 520~530 nm 波长处。NO_3^-,Cl^-,SO_5^{2-},PO_5^{3-},F^-,CrO_4^{2-},MnO_4^- 及 EDTA 等不干扰测定。钛、铁、钼、铜、铌、钨等的干扰,可用柠檬酸、EDTA、氟化物掩蔽。6 价铬预先将其还原,消除影响。

1) 试剂

稀王水(1+1+1):硝酸,盐酸,水以等体积相混。高氯酸(3+2)。硝酸(ρ=1.42 g · cm^{-3})。过氧化氢(3%)。EDTA 溶液(2%)。高锰酸钾溶液(4%)。PAR 溶液(0.03%):称取 0.15 g 试剂于烧杯中,加乙醇 20 mL,以 1 mol · L^{-1}NaOH 调节至 pH≈9,移入 500 mL 量瓶中,以水稀释至刻度,摇匀。混合酸:将 2 mol · L^{-1}硫酸与 20%柠檬酸溶液等体积混合。钒标准溶液(V 0.1 mg · mL^{-1}):称取钒酸铵(NH$_4$VO$_3$)0.229 6 g 于 250 mL 烧杯中,加水后加热溶解,冷却,加硫酸(1+1)5 mL,移入 1 000 mL 容量瓶中,以水稀释至刻度,摇匀。使用时再稀至 5 倍(V 20 μg · mL^{-1})。

2) 操作步骤

称取试样 0.250 0 g 于 100 mL 锥形瓶中,加稀王水 5 mL,加热溶解,加高氯酸(3+2)5 mL,继续加热至冒烟,维持半分钟,取下稍冷,加水 20 mL,使盐类溶解,流水冷却,移入 50 mL 容量瓶中,以水稀释至刻度,摇匀。显色液:吸取试样溶液 5 mL 于 50 mL 容量瓶中,加入 EDTA 溶液(2%)10 mL,过氧化氢(3%)2 滴,PAR(0.03%)5 mL,混合酸 5 mL,于沸水浴中加热 2 min,流水冷却,以水稀释至刻度,摇匀。空白液:吸取试样溶液 5 mL 于 50 mL 量瓶中,加入 EDTA 溶液(2%)10 mL,PAR(0.03%)5 mL,混合酸 5 mL,以水稀释至刻度,摇匀。用 2 cm 或 3 cm 比色皿,于 530 nm 波长处,以空白液为参比,测定吸光度。从检量线上求得试样的含钒量。

3) 检量线的绘制

称取不含钒的钢样 0.250 0 g 数份,于 100 mL 锥形瓶中,依次加入钒标准溶液 0.5 mL,1.0 mL,3.0 mL,5.0 mL,7.0 mL,10.0 mL,12.0 mL(V 20 μg · mL^{-1}),按操作步骤操作,测定吸光度,绘制检量线。每毫升钒标准溶液相当于含钒 0.008%。或称取不同含钒量的标准钢样,按操作步骤操作,测定吸光度,绘制检量线。

4) 注

(1) 对于含铌小于 0.1%,含钼、钨小于 1%的合金钢可按下法处理:称取试样 0.250 0 g 于 100 mL 锥形瓶中,加氢氟酸(1+50)及高氯酸(3+2)各 5 mL。低温加热并滴加硝酸溶液。以下操作同上。

对于含钒大于 0.1%，含钼、钨大于 1% 的合金钢，可按下法处理：称取试样 0.250 0 g 于100 mL 锥形瓶中，加氢氟酸(1+50)及高氯酸各 5 mL，低温加热溶解，加氢氟酸 10 滴及硝酸 10 滴，加热至溶液清亮(如仍有黑色沉淀物，需在微冒烟下再滴加硝酸至无黑色沉淀)。加水 20 mL，煮沸，滴加高锰酸钾溶液(2%)至微红色，流水冷却，移入 50 mL 量瓶中，以水稀释至刻度。以下操作同上。显色后，于显色液和空白液中需加入饱和硼酸溶液 10 mL，以水稀释至刻度。

试样含铬量大于 2% 时，加 20 mL 水煮沸并以流水冷却后，滴加过氧化氢(3%)还原 6 价铬，使溶液呈浅绿色，然后加高锰酸钾溶液(2%)至微红色，移入 50 mL 容量瓶中，以水稀释至刻度。以下操作同上。

(2) 铜对测定有干扰，应按 0.1% 的铜多加 EDTA 溶液(2%)5 mL，消除影响。

(3) PAR 试剂放置时间太久会产生沉淀，过滤后继续使用对测定结果没有影响。

3.5.3　钽试剂-氯仿萃取光度法

钽试剂(又称 N-苯酰苯胲)与 5 价钒在强酸性溶液(盐酸或硫酸)中形成水不溶性的稳定络合物，可用氯仿或苯作溶剂进行萃取，是测定微量钒的特效试剂。

钽试剂与 5 价钒的反应，一般选择在盐酸介质中进行，因在盐酸介质中，络合物呈紫色，在 535 nm 波长处有最大吸收。在此条件下络合物的摩尔吸光系数为 4 500；而在硫酸介质中，络合物呈黄色，其吸收峰值在 450 nm 波长处，摩尔吸光系数为 3 700。但在盐酸介质中反应也有缺点。当盐酸浓度大于 5 mol·L^{-1} 时，5 价钒(VO_2^+)能被 Cl^- 离子还原为 4 价钒(VO^{2+})，致使测定结果偏低。而在硫酸介质中反应就没有这种现象。

反应时水相的酸度条件：在盐酸介质中适宜的盐酸浓度为 3~5 mol·L^{-1}；在硫酸介质中适宜硫酸浓度为 1.5~4 mol·L^{-1}。

在盐酸介质中加入钽试剂后萃取 0.5~2 min，反应已完全，在实际分析时选用 1 min 即可。但在硫磷酸溶液中须萃取 2 min。经过一次萃取络合物的萃取率已达 99% 以上，故在分析中只需萃取一次。由于 5 价钒在盐酸溶液中不稳定，容易被还原成 4 价，因此，在操作时加入盐酸后应立即萃取。但钒与钽试剂在有机相(氯仿或苯)中可稳定数天。

据资料介绍，钽试剂与 5 价钒络合物的组成为 2∶1，即 2 个钽试剂分子与 1 个钒离子络合。

$$VO_2^+ + H^+ \Longrightarrow VO(OH)^{2+}$$

为了使络合反应达到完全，钽试剂的加入量与 5 价钒的分子比值须达到 10∶1，更多的加入量无影响。

在盐酸介质中，铬(Ⅲ)、镍、钴各为 100 mg，铁 300 mg，铝、铜各为 50 mg，钛 30 mg，锆 5 mg，钼、砷、铅、锑、铋各为 1 mg，均不干扰测定。NO_3^-，MnO_4^-，CrO_4^{2-} 等氧化物质因破坏钽试剂，故必须预先分离。在分析中加入铜溶液(1%)5 mL，消除铁、锰等影响，并使空白降低。

在硫酸介质中基本上可以消除钢中共存元素的干扰。Fe^{3+}，Ti^{4+}，W，MO 等影响，可在溶解试样时加入磷酸给予络合消除，5 mL 以内的浓磷酸不影响萃取，强氧化剂不应存在。钒 5~10 μg·mL^{-1}，符合比耳定律。

1) 试剂

硫磷混合酸:将 120 mL 浓硫酸慢慢注入 600 mL 水中,冷却后,加磷酸 100 mL,摇匀。铜溶液(1%),称取纯铜 1 g,以硝酸(1+1)10 mL 溶解,加高氯酸 10 mL 冒烟冷却后,以水稀释至 100 mL。高锰酸钾溶液(2%)。亚硝酸钠溶液(0.5%)。尿素(固体)。盐酸(1+1)。钽试剂氯仿溶液(0.1%):称取钽试剂(简称 BPHA)0.100 0 g 溶于 100 mL 氯仿中,摇匀,贮于棕色瓶中。钒标准溶液:称取钒酸铵(NH_4VO_3)0.229 6 g,加水后加热溶解,冷却,加硫酸(1+1)5 mL,移入 1 000 mL 容量瓶中,以水稀释至刻度,摇匀(V 0.1 mg·mL^{-1})。

2) 操作步骤

称取试样适当量,置于 250 mL 锥形瓶中,加硫磷混合酸 60~80 mL,加热至试样全部溶解,滴加硝酸氧化,继续蒸发至冒白烟,在不断摇动下沿瓶壁滴加硝酸 2~4 滴,再蒸发至冒白烟,并维持 1~2 min,稍冷,取下,加水 50 mL,加温加热溶解盐类,流水冷却至室温,移入 100 mL 容量瓶中,以水稀释至刻度,摇匀。显色液:吸取上述溶液 10 mL 于 60 mL 分液漏斗中,加铜溶液(1%)5 mL,滴加高锰酸钾溶液(2%)至稳定微红色,静止 1~2 min,加尿素约 1 g,滴加亚硝酸钠溶液至微红色刚好消失,并过量 1~2 滴,加盐酸(1+1)15 mL,立即准确地加入钽试剂氯仿溶液 10 mL 激烈振荡 1 min,静置分层。空白液:钽试剂氯仿溶液。将氯仿层经脱脂棉花(或干滤纸)过滤于 1 cm 比色皿中,以空白液为参比,于 530 nm 波长处,测定吸光度。在检量线上求得试样的含钒量。

3) 检量线的绘制

于 5 只 250 mL 锥形瓶中,分别称取不含钒的碳素钢 1 g,按上述方法溶解后,依次加入钒标准溶液 2.0 mL,4.0 mL,6.0 mL,8.0 mL,10.0 mL(V 0.1 mg·mL^{-1})。按上述操作测定吸光度,绘制检量线。对于称样 2.000 g,每毫升钒标准溶液相当于含钒量为 0.005%;称样 1.000 g,每毫升钒标准溶液相当于含钒量为 0.01%;称样 0.500 0 g,每毫升钒标准溶液相当于含钒量为 0.02%。或称取不同含钒量的标准钢样,按操作步骤测定吸光度,绘制检量线。

4) 注

(1) 按表 3.1 称取试样及加入硫磷混合酸含酸量。如果试样难溶于硫磷混合酸时,可先用王水溶解,然后补加硫磷混合酸。

表 3.1　硫磷混合酸加入量

含　钒　量(%)	称取试样重(g)	混合酸加入量(mL)
≤0.05	2.0	80
0.05~0.10	1.0	70
0.10~0.20	0.5	60
0.20~0.25	0.2	60
>0.50	酌减,使含钒量小于 1.0 mg	60

(2) 冬天室温低时,加高锰酸钾氧化时间适当延长。

(3) 若试液含铬量大于 1 mg,需滴加 5 滴亚砷酸钠溶液,再滴加 2 滴亚硝酸钠溶液。

(4) 本法采用 3.5 mol·L^{-1} 盐酸酸度,加入盐酸(1+1)后立即显色萃取,以防止钒(Ⅴ)被还原。

(5) 试液含 1~5 mg 钼时,用 15 mL 盐酸($\rho=1.19$ g·cm^{-3})代替 15 mL 盐酸(1+1),并用相同条件绘制检量线。

(6) 试液含 1~5 mg 钛时,待溶液分层后,立即将有机相放入另一个 60 mL 分液漏斗中,加 10 mL 硫酸-过氧化氢洗液,摇动数次,静置分层。

(7) 比色皿应干燥后使用。

(8) 本法适用于合金钢中微量钒(0.005%～0.10%)的测定。

3.6 镍 的 测 定

镍在钢中主要以固溶体和碳化物状态存在,由于镍在钢中并不形成稳定的化合物,所以大多数含镍钢和合金都溶于酸中。镍与盐酸或稀硫酸反应较慢,与浓硫酸共煮时生成硫酸镍并析出三氧化硫白烟。与稀硝酸反应,很快生成硝酸镍。浓硝酸使镍像铁一样钝化,所以在溶解含镍钢时,镍含量低的用硝酸(1+3)或盐酸(1+1),含镍高的用稀硝酸(1+3)或用王水、混合酸($HCl:HNO_3=1:1$)、高氯酸等酸解。

镍的测定方法有重量法、容量法和光度法。

在重量法中甚至在所有测定镍的方法中,丁二酮肟重量法是最著名的和最重要的。丁二酮肟与镍作用产生红色沉淀,在 140 ℃烘干后,丁二酮肟镍的沉淀含镍 20.31%。它的灵敏性和特效性均很高(在 pH=5 时只有钯与该试剂生成沉淀,而在氨性溶液中钯的沉淀物即溶解)。

镍的容量法主要有 EDTA 滴定法、氰化物法、高锰酸钾法等,其中以 EDTA 滴定法应用较广泛。由于钢中组分较复杂,一般都要经过分离过程,步骤较烦琐。

用于比色测定镍的试剂已有好多种,但应用最广泛和较理想的仍是丁二酮肟试剂,它适用于中、低含量镍的测定。钴、铜为主要干扰元素,但这些元素在钢中一般含量较低,不予考虑。然而对某些高钴、高铜钢样中测定低微量的镍,应用三氯甲烷萃取丁二酮镍肟,并以氨水洗去其中伴随的钴、铜还是很必要的。至于其他镍的比色试剂,似乎都不如丁二酮肟,在此不再叙述。

3.6.1 丁二酮肟重量法

丁二酮肟重量法测定镍通常用于标准分析。其原理基于丁二酮肟在氨性溶液中与镍生成红色的丁二酮肟镍沉淀。

镍沉淀收好的 pH 值在 7.5～10.2。

为了防止在氨性溶液中铁、锰、铬、铝和其他元素的共沉淀,必须加入柠檬酸或酒石酸(酒石酸钾钠)、焦磷酸钠等掩蔽剂,使与之生成可溶性的络合物,不影响镍的测定。

铜和镍发生共沉淀并消耗沉淀剂的用量,尤其在室温时共沉淀更严重,为避免铜的干扰,除丁二酮肟试剂加入过量外,沉淀时应在 75～80 ℃下进行,或预先用硫代硫酸钠掩蔽铜。若大量铜存在,则先用电解法除铜后,再在氨性溶液中用丁二酮肟测定镍。

钴的干扰与铜类似,钴与丁二酮肟生成可溶性络合物,2 价钴又可被该试剂氧化。

$$2CoCl_2+2HCl+C_4H_8N_2O_2 =\!=\!= 2CoCl_3+C_4H_{10}N_2O_2$$

当钴含量较高时,钴与镍共沉淀(沉淀很细难以过滤),须将钴用过硫酸铵或过氧化氢氧化至 3 价。

在沉淀镍时,必须加入足量的氨水,以保证沉淀完全,但氨水不要过量太多,否则会使沉淀溶解。

沉淀剂的用量,每毫升丁二酮肟(1%)可沉淀 1 mg 的镍,但一般要加入过量试剂。过量的试剂使反应不致可逆,并且沉淀完全。

丁二酮肟在水中的溶解度很小,1 000 mL 水可溶解 0.4 g,因而常配在乙醇中。沉淀剂的用量不能超过溶液总体积的 $1/4\sim1/3$,这是因为在热溶液中,如果乙醇的浓度太大(如超过 5%),丁二酮肟镍沉淀部分被乙醇溶解。但乙醇的浓度也不能太低,否则将有沉淀剂析出,与丁二酮肟镍发生共沉淀现象。一般认为乙醇浓度在溶液总体积中保持 33% 为宜。

由于丁二酮肟镍沉淀物较多,故沉淀时其含镍量应不超过 70 mg。本法适于 1% 以上镍的测定,镍含量太低用重量法不适合。

1) 试剂

盐酸($\rho=1.19$ g·cm^{-3}),(1+1)。硝酸($\rho=1.42$ g·cm^{-3})。高氯酸(70%)。柠檬酸或酒石酸溶液(50%)。氨水($\rho=0.90$ g·cm^{-3}),(1+1)。洗涤液:500 mL 水中加 4 滴氨水($\rho=0.90$ g·cm^{-3}),pH$\approx$8.5。丁二酮肟乙醇溶液(1%),过滤后使用。

2) 操作步骤

称取试样(含镍 2%~4%,称样 2.000 0 g;4%~8%,称样 1.000 0 g;8%~15%,称样 0.500 0 g;15%~30%,称样 0.200 0 g;30%~40%,称样 0.150 0 g),置于 400 mL 烧杯中,加盐酸(1+1)30 mL,盖上表面皿,低温加热到试样完全溶解,取下表面皿,于溶液中滴加硝酸氧化,待剧烈作用停止后,加高氯酸(每克试样需加 12~15 mL),盖上表面皿,继续加热蒸发至高氯酸浓烟出现,移至低温处使高氯酸烟沿杯壁回流 15~20 min,冷却,加盐酸 15 mL,热水 100 mL 溶解盐类,稍冷,于溶液中加柠檬酸或酒石酸溶液 15 mL,在不断搅拌下滴加氨水(1+1)调节溶液至 pH8~9(用 pH 试纸试验),如有沉淀用慢速滤纸过滤,滤液置于 600 mL 烧杯中,用热水洗涤烧杯及滤纸 7~8 次,用水将滤液稀释至 400 mL,在不断搅拌下滴加盐酸(1+1),调节溶液至 pH$\approx$5.5,将溶液加热至 75~80 ℃,缓慢加入丁二酮肟乙醇溶液(每 0.01 g 镍、铜、钴加 4 mL,最后过量 10 mL)。在不断搅拌下滴加氨水(1+1),调节溶液至 pH8~9,再充分搅拌 1 min,静置 30~40 min,将溶液冷却至 20 ℃以下,不减压过滤于已恒重的玻璃坩埚中,先用洗涤液洗涤沉淀 9~10 次,再用水洗涤 9~10 次,将玻璃坩埚置于烘箱中,于 140±5 ℃烘至恒重。按下式计算镍的百分含量:

$$Ni\% = \frac{(G_1 - G_2) \times 0.203\ 2}{G} \times 100$$

式中:G_1 为玻璃坩埚及丁二酮肟镍沉淀质量(g);G_2 为玻璃坩埚质量(g);G 为称样质量(g);0.203 2 为丁二酮肟镍对镍的换算系数。

3) 注

(1) 称取试样在 1.000 0 g 以下时,可直接用盐酸和硝酸溶解,然后加高氯酸冒烟,以下按操作步骤进行。

(2) 丁二酮肟镍在碱性溶液中不能放置过久,因为此沉淀在氨性溶液中能被空气中的氧氧化成可溶性络合物。

(3) 试样称量为 2.000 0 g 时,加 30 mL 柠檬酸或酒石酸。

(4) 玻璃坩埚洗涤方法:将玻璃坩埚用盐酸(1+1)煮沸 10 min 后,用水冲洗,再用乙醇擦洗玻璃坩埚内壁,再用水煮沸 10 min,置于烘箱中于 140±5 ℃烘至恒重。

(5) 本法适用 2.00%~40.00% 镍的测定。

3.6.2 丁二酮肟光度法

在碱性介质中当有氧化剂存在时,镍与丁二酮肟生成酒红色络合物,此颜色深度与镍含量在一定范围内(0~5 μg·mL^{-1})符合比耳定律。

铁、铝等能生成氢氧化物沉淀,须加入酒石酸盐或柠檬酸盐使其络合,一般采用酒石酸盐,因为它可以将溶液的 pH 值提高到足以减轻铁离子的颜色。酒石酸盐的用量,只要能完全掩蔽铁即可,多加一点并无影响。2 价铁与丁二酮肟生成红色,干扰测定,须用硝酸将铁氧化成 3 价。铜、钴与丁二酮肟也能生成红色,但较镍浅得多,如含钴、铜之量与镍相等或小于含镍量时,其影响可不予考虑。铬含量较高时,不能达到发色的最深度,但当有氧化剂如溴、碘等存在时能促进溶液在很短的时间内发色完全。其他元素一般不影响测定(锰的允许量为 0.5 mg·(100 mL)$^{-1}$)。

镍-丁二酮肟络合物的最大吸收在 460 nm 波长处。但由于用酒石酸盐或柠檬酸掩蔽 Fe^{3+} 所形成的络合物在 460 nm 波长处也有吸收,因此,测定时选用 520～530 nm 波长。在强碱介质中通常用过硫酸铵作氧化剂,而在氨性介质中一般用碘作氧化剂。用氧化剂氧化丁二酮肟的生成物和镍生成酒红色络合物。这个反应很不稳定,仅是瞬间反应,为此,必须在溶液中加入碱后再加氧化剂。

在强碱介质中,用过硫酸铵为氧化剂。当有铬存在时,显色速度慢,但显色后色泽很稳定。在 30 ℃以下,至少能稳定数小时。而在氨性溶液中,用碘为氧化剂,显色速度快,不受铬的干扰,但显色液的稳定性差,稳定约 10 min,室温高时比室温低时差。

试样经酸溶解,高氯酸冒烟将 3 价铬氧化成 6 价,以酒石酸钾钠为掩蔽剂,以过硫酸铵为氧化剂,生成丁二酮肟镍红色络合物,测量吸光度。分取液中锰量大于 1.5 mg,铜量大于 0.2 mg,钴量大于 0.1 mg 干扰测定。

1) 试剂

硫酸(1+4)。硝酸(2+3)。酒石酸钾钠溶液(30%)。氢氧化钠溶液(8%)。过硫酸铵溶液(4%)。丁二酮肟溶液(1%),乙醇配制,溶于 100 mL 氢氧化钠溶液(5%)中。镍标准溶液(Ni 0.10 mg·mL^{-1}),称取金属镍(99.9%以上)0.100 0 g 溶于 10 mL 硝酸(1+3)中,冷却,用水稀释至 1 000 mL,摇匀。

2) 操作步骤

称取试样 0.100 0 g 于 100 mL 锥形瓶中,加硫酸(1+4)10 mL,加热溶解,加高氯酸 5 mL,继续加热至冒高氯酸烟 30 s,立即取下稍冷,加少量水使盐类溶解,冷却,移入 50 mL 容量瓶中,以水稀释至刻度,摇匀。显色液:吸取试液 10 mL 于 50 mL 容量瓶中,加酒石酸钾钠溶液(30%)10 mL,氢氧化钠溶液 10 mL,过硫酸铵溶液 5 mL,丁二酮肟溶液 2.0 mL,以水稀释至刻度,摇匀。空白液:吸取试液 10 mL,于 50 mL 容量瓶中,加酒石酸钾溶液 10 mL,氢氧化钠溶液 10 mL,乙醇 2 mL,过硫酸铵溶液 5 mL,以水稀释至刻度,摇匀。放置 5～20 min,用 2 cm 比色皿,于 530 nm 波长处,以空白液为参比,测定吸光度。在检量线上查得试样的含镍量。

3) 检量线的绘制

于 6 只 100 mL 锥形瓶中,各称取 0.100 0 g 纯铁按方法溶解后,依次加入镍标准溶液 0.0 mL,1.0 mL,2.0 mL,3.0 mL,4.0 mL,5.0 mL(Ni 0.10 mg·mL^{-1}),按方法操作,显色,以不加镍标准溶液为参比,测定吸光度,绘制检量线。该标准溶液每毫升相当于含镍 0.50%。

4) 注

(1) 如含镍量在 0.05%～0.50%,可称样 0.200 0 g,如含锰量在 2.5%～5.0%,可吸取试液 5 mL 显色。

(2) 含钨较高的试样,须用硫磷混合酸 10 mL(760 mL 水中加入浓硫酸 160 mL 和浓磷酸 80 mL)溶解。或用王水 10 mL 溶解并以高氯酸 7 mL 冒烟处理,用紧密滤纸过滤,而后补加 2 mL 高氯酸。

(3) 在加入丁二酮肟之前,溶液有时出现紫色,可加 1～2 滴过氧化氢(30%)摇动后即可消失。

(4) 在室温 30 ℃时 5～10 min 显色完全;在室温 5 ℃时 20 min 可显色完全。

(5) 钴、铜存在时,使结果明显偏高,每 0.1%钴约相当于 0.001 5%镍;每 0.2%铜约相当于 0.001%镍。铜高时,镍的显色液易褪色,须在 30 min 内完成测定。

(6) 过硫酸铵的用量对色泽强度影响较大,必须准确加入。

(7) 本法适用于含 0.2%～2.5%镍的测定,不适用高锰、高铜、高钴低镍钢。

3.6.3　萃取分离-丁二酮肟光度法

试样经酸溶解,以柠檬酸为掩蔽剂,加丁二酮肟使镍生成丁二酮肟镍,以三氯甲烷萃取,再用稀盐酸反萃取于水相中,然后在强碱介质中,用过硫酸铵为氧化剂,生成丁二酮肟镍红色络合物,测定吸光度。

在分取液中,锰量小于 25 mg,铜量小于 3.5 mg,钴量小于 15 mg 时,不干扰测定。

1) 试剂

硝酸(2+3)。盐酸(1+20)。高氯酸(70%)。氨水($\rho=0.90$ g·cm^{-3}),(1+30)。硝酸-盐酸混合酸:硝酸($\rho=1.42$ g·cm^{-3})+盐酸($\rho=1.19$ g·cm^{-3})+水(1+3+4)。柠檬酸溶液(20%)。酒石酸钾钠溶液(20%)。过硫酸铵溶液(3%)。氢氧化钠溶液(10%)。丁二酮肟溶液(1%),乙醇配置。三氯甲烷。溴麝香草酚蓝指示剂:称取 0.1 g 试剂加氢氧化钠溶液(0.01 mol·L^{-1})16 mL,溶解后用水稀释至 100 mL。镍标准溶液(Ni 10 μg·mL^{-1}),称取 0.100 0 g 纯镍(99.9%以上)置于 250 mL 烧杯中,加硝酸 20 mL,加热溶解,冷却后移入 1 000 mL 容量瓶中,用水稀释至刻度,摇匀(0.1 mg·mL^{-1})。分取上述镍标准溶液 10.00 mL 于 100 mL 容量瓶中,用水稀释至刻度,摇匀。

2) 操作步骤

称取 0.100 0 g 试样于 150 mL 锥形瓶中加硝酸-盐酸混合酸 5 mL,加热溶解,加高氯酸 2 mL 蒸发至冒烟,取下冷却,加少量水使盐类溶解(含镍量大于 0.10%时,将溶液移入 50 mL 容量瓶中稀释至刻度,摇匀,吸取 10 mL 试液),加柠檬酸溶液 5 mL,2 滴麝香草酚蓝,然后滴加氨水中和至溶液呈深绿色,再多加 10 滴,流水冷却,加丁二酮肟溶液 5 mL,移入 150 mL 分液漏斗中,加水稀释至 30～50 mL,加三氯甲烷 10 mL,振荡 1 min,静置分层后,将有机相放入另一分液漏斗中,再加 5 mL 三氯甲烷于水相中,振荡 30 s,将有机相合并,在有机相中加氨水(1+30)10 mL,振荡 1 min,静置分层后,将有机相放入另一分液漏斗中,再在水相中加三氯甲烷 5 mL,振荡 30 s,静置分层后,将有机相合并。在有机相中加盐酸 5 mL,振荡 1 min,静置分层后,将有机相放入另一分液漏斗中,再加盐酸 5 mL 重复振荡有机相 1 次。合并水相移入 50 mL 容量瓶中,加酒石酸钾钠溶液 2 mL,氢氧化钠溶液 5 mL,过硫酸铵溶液 3 mL,丁二酮肟溶液 2 mL,用水稀释至刻度,摇匀,放置 15 min。用 2 cm 比色皿,于 530 nm 波长处,以水为参比,测定吸光度。在检量线上查得试样的含镍量。

3) 检量线的绘制

于 5 只 50 mL 容量瓶中,依次加入镍标准溶液 2.0 mL,4.0 mL,6.0 mL,8.0 mL,10.0 mL(Ni 10 μg·mL^{-1}),以下按显色步骤操作,以水为参比,测定吸光度,绘制检量线(2 mL 镍标准溶液对 0.100 0 g 和 0.100 0 g 的 10/50 试样而言,相当于 0.02%和 0.10%的 Ni)。

4) 注

(1) 溶样后若出现沉淀应过滤。

(2) 试样含高钴、铜时,每 1 mg 铜、1 mg 钴应分别多加 0.2 mL 和 0.5 mL 丁二酮肟溶液。

(3) 当试液中存在 0.5～3.5 mg 铜,用氨水(1+30)再洗涤有机相 1 次即可消除干扰。

(4) 本法适用于钢中低镍的测定。

3.7　钼　的　测　定

钼在钢中常以碳化物形态存在,故钢中钼不易溶解于稀硫酸和盐酸,但可溶于硝酸。硝酸不仅能分解钼的碳化物,而且能溶解金属固溶液存在的钼。对于稳定的钼碳化物可加热冒硫酸烟,在此温度下能使稳定的钼碳化物分解。

钼的测定方法很多。重量法中以三氧化钼形式称量是常用的方法之一,所用的沉淀剂有安息香二肟、8-羟基喹啉、硫代乙酰胺、氨水、邻联二茴香胺等,其中以前三种沉淀剂应用较多。钼的容量法在钢铁分析中尚未使用。光度法测定钢中钼是最适用的方法,它具有操作简单、准确度高的优点。利用硫氰盐酸与 5 价钼形成橙色络合物为基础的光度法是最主要的方法,可以直接测定钼,也可用有机溶剂萃取后测定。该法建立较早,但至今对所使用的还原剂,不同酸度以及干扰元素的消除,应用范围等方面仍在进行不断研究改进。

5 价钼与硫氰酸盐形成橙色的络合物,其最大吸收在 460~470 nm 波长处。为了使钼还原成 5 价,通常用的还原剂有氯化亚锡、抗坏血酸和硫脲。用氯化亚锡作还原剂,在 5% 盐酸酸度下还原铁和钼的硫氰酸盐速度较快。但由于它的还原能力较强,因此部分的钼可能被还原成更低价(例如 3 价),加入高氯酸作还原抑制剂后情况有所改善,但仍有络合物色泽不稳定和温度影响大等缺点。选用抗坏血酸作还原剂,由于它是一种较弱的还原剂,钼只还原到 5 价,不会继续还原至更低价,同时还具有使钼的色泽稳定和灵敏度提高的特点。但在室温下显色反应的速度较慢(5~30 min),如果用铜盐催化可使显色速度大大加快(在 1~3 min 内完全)。硫脲也是弱还原剂,它特别适用于含钨及镍基试样,但还原铁和钼的速度较慢。

硫氰酸钼在硫酸介质中较稳定,硫酸的酸度控制在 0.5~1.25 mol·L^{-1} 范围内都可,酸度过小显色太慢;酸度过大,络合物吸光度很不稳定,并随时间的增加吸光度显著下降。高氯酸是还原抑制剂,用氯化亚锡作还原剂时,很有必要加入,一般加入量为 0.1 mol·L^{-1} 左右。然而应用抗坏血酸时,就不必加入高氯酸。在用氯化亚锡作还原剂时,有 0.2 mol·L^{-1} 左右的盐酸存在,能使铁迅速还原,比接触剂硫酸钛有更好的效果。用抗坏血酸作还原剂时,酸度在 2.5~7.0 mol·L^{-1} 可立即显色,当有铜盐存在时,将使钼的适宜酸度降低,即酸度在 0.3~6.0 mol·L^{-1} 皆能立即显色。硝酸应尽量避免使用。

硫氰酸盐的浓度影响不大,但太过量也会降低络合物色泽,通常在 50 mL 中含有 0.6~1 g 硫氰酸盐已很充足。

3 价铁与硫氰酸盐生成血红色的络合物,加入还原剂后,铁被还原成 2 价而不影响测定。一定量铁的存在可使一系列的显色迅速完成,而且有助于钼保持 5 价状态。一般认为在显色液内含有 20 mg 的铁(实际使用中有 5 mg 铁即可),使钼的显色十分稳定,铁量增多时,还原时间稍长,但不含铁或含铁量甚少时,即使放置 30 min,显色仍未完全。钼含量与硫氰酸铁的还原速度成正比关系,即含钼量越高,硫氰酸铁还原速度越快,但当钼量超过 6 mg·L^{-1},并不再显著缩短还原时间。

以硫氰酸盐光度法测定钼,主要的干扰元素为钨、铜、钒等。钨的存在可加入磷酸络合,使其留在溶液中,磷酸量控制在 0.5 mL 以下不影响测定。铜的干扰在组成溶液内加入少量还原铁粉或加入硫脲掩蔽即可。钒在显色液内不超过 0.6 mg,可不予考虑。超过此极限,须在绘制检量线时加入相同量的钒予以消除。

3.7.1 氯化亚锡还原-硫氰酸盐光度法

试样经酸溶解后,在适当的酸度条件下,以少量的硫酸钛为接触剂,用氯化亚锡为还原剂,使 6 价钼还原为 5 价钼与硫氰酸盐形成橙红色络合物,其最大吸收在 460~470 nm 波长处。以此进行钼的光度测定。

试样分解的主要反应如下:

$$3MoC+10HNO_3 =\!=\!= 3H_2MoO_4+10NO+3CO_2+2H_2O$$

$$2Mo+3H_2SO_4 =\!=\!= Mo_2(SO_4)_3+3H_2$$

$$Mo_2(SO_4)_3+2HNO_3+4H_2O \longrightarrow 2H_2MoO_4+2NO+3H_2SO_4$$

还原：

$$2H_2MoO_4+SnCl_2+2HCl =\!=\!= 2HMoO_3+SnCl_4+2H_2O$$

显色：

$$HMoO_3+6NaCNS+5HCl =\!=\!= NaCNS \cdot Mo(CNS)_5+5NaCl+3H_2O$$

与此同时,3 价铁亦被还原成 2 价,以消除 Fe^{3+} 的干扰。4 价钛的存在可促使 Fe^{3+} 更快还原,并使硫氰酸盐与钼所生成之络合物色泽较为稳定。

氯化亚锡加入量必须适当。若加入量不足,硫氰酸铁不能全部还原,使测定结果偏高;反之,由于它的还原能力较强,会使部分 5 价钼还原成 3 价钼,使形成的硫氰酸钼络合离子色泽减弱。氯化亚锡的最终浓度以 1% 左右为好。当加入高氯酸作还原抑制剂时,可以防止钼还原成 3 价,增强硫氰酸钼络离子色泽的稳定性。

显色时的温度及放置时间对硫氰酸钼络合物的生成及铁的还原速度均有影响。温度低,反应慢;温度高,反应快,但开始褪色的时间也提前。其显色温度及放置时间一般为:在 35 ℃时,放置 5 min 后即可测定;在 15 ℃时,放置 15 min 后才可测定。

硫氰酸盐的加入量要适当。加入量少,使色泽偏低。加入量过多,也有可能生成灵敏度较低的 $Mo(CNS)_6$ 而减弱络合物色泽强度。通常控制在 50 mL 试液中含 $0.6\sim1.0$ g 硫氰酸盐已足够。

溶液的酸度,高氯酸一般控制在 0.4 mol·L^{-1} 左右,硫酸 0.8 mol·L^{-1} 左右,盐酸 0.45 mol·L^{-1} 左右,总酸度在 $2.5\sim2.8$ mol·L^{-1} 条件下测定钼。

1) 试剂

硫酸(1+4)。硫磷混合酸:于 600 mL 水中慢慢加入硫酸 150 mL,冷却,加磷酸 150 mL,以水稀释至 1 000 mL,摇匀。混合酸:于 30 mL 水中慢慢注入硫酸 20 mL,冷却后再加入盐酸及高氯酸各 20 mL,以水稀释至 100 mL,摇匀。显色剂及参比混合剂(见表 3.2)。氯化亚锡溶液(10%),称取氯化亚锡 10 g 溶于 5 mL 盐酸后,以水稀释至 100 mL(当日配制)。硫酸钛溶液:将硫酸铵 8 g 溶于 38 mL 硫酸中,然后加 2 g 硫酸钛,加水 100 mL,加热搅拌至溶液清亮,冷却后,以水稀释至 500 mL。硫氰酸钠溶液(4%),称取硫氰酸钠 40 g 溶于 1 000 mL 水中。使用时按表 3.2 的比例混合即成(当日配制)。上述混合液放置 10 min 后如发现浑浊,必须过滤后使用。钼标准溶液(Mo 100 μg·mL^{-1}),称取 0.500 0 g 金属钼加硝酸(1+3)10 mL 及硫酸 5 mL,加热溶解至冒硫酸烟,冷却,用水稀释至 1 000 mL (Mo 0.5 μg·mL^{-1}),吸取此溶液 100 mL,用水稀释至 500 mL。

表 3.2　显色剂及参比混合剂的配置

组成 名称	待测试液中铁的量 (mg)	氯化亚锡溶液 (mL)	硫酸钛溶液 (mL)	硫氰酸钠溶液 (mL)	水 (mL)
显色剂	50	20	10	100	20
	100	40	10	100	
参比混合剂	50	20	10		120
	100	40	10		100

2) 操作步骤

称取试样 0.250 0~1.000 0 g(钼＞0.1%,称样 0.250 0 g;钼 0.01%~0.1%,称样 1.000 0 g)于

150 mL 锥形瓶中,加硫酸(1+4)20~25 mL(含钨试样使用硫磷混合酸 20 mL),低温加热溶解,滴加硝酸数滴氧化(含钨试样再滴加几滴氢氟酸),继续加热至冒硫酸烟以赶尽硝酸(必须除尽)。冷却,加水 30 mL,煮沸至溶液清亮。流水冷却,移入 50 mL 容量瓶中,以水稀释至刻度,摇匀(如发现溶液浑浊,再干过滤)。显色液:吸取试液 10 mL 于 100 mL 锥形瓶中,加混合酸 5 mL,显色剂 15 mL,摇匀。空白液:吸取试液 10 mL 于 100 mL 锥形瓶中,加混合酸 5 mL,参比混合剂 15 mL,摇匀。放置 3~5 min,用 3 cm 比色皿,于 500 nm 波长处,以空白液为参比,测定吸光度。在检量线上查得试样的含钼量。

3) 检量线的绘制

用含不同钼的标准钢样按操作步骤同样操作,测定吸光度,绘制检量线。或于 6 只 150 mL 锥形瓶中分别称取同样量的不含钼的钢样,依次加入钼标准溶液 2.0 mL,4.0 mL,6.0 mL,8.0 mL,10.0 mL,12.0 mL(Mo 100 $\mu g \cdot mL^{-1}$),按操作步骤同样操作溶解,加热至冒硫酸烟,冷却,移入 50 mL 容量瓶中以水稀释至刻度,摇匀。分别吸取上述溶液 10 mL,按方法显色,测定吸光度,绘制检量线。每毫升钼标准溶液对称样 0.250 0 g,相当于含钼量 0.04%;称样 0.500 0 g,相当于 0.02%;称样 1.000 0 g,相当于 0.01%。

4) 注

(1) 对于不溶于稀硫酸或硫磷混合酸的试样,可用王水溶解,而后加硫酸(1+4)或硫磷混合酸,加热冒硫酸烟以驱除硝酸。

(2) 显色液比试剂空白较快地达到色泽稳定。一般分析中可用水作空白,在操作中根据室温放置 3~5 min 后进行测定吸光度。在精确分析时必须做试剂空白,放置时间要相对延长。如用硫磷混合酸溶样,放置时间需略延长。

(3) 试样含有镍、铬、钒及其他合金元素时,应各自带其自身空白。

(4) 此法只能用硫氰酸钠作为显色剂,硫氰酸钾(或铵)均能产生高氯酸盐沉淀。

(5) 本法适用于测定含钼量在 0.01%~0.70% 的中低合金钢。

3.7.2　抗坏血酸还原-硫氰酸盐光度法

抗坏血酸是一种较弱的还原剂,钼只被还原到 5 价,不会继续还原至更低价,同时还具有使钼的色泽稳定和灵敏度提高的特点。但在室温下显色反应的速度较慢(5~30 min)。如果用铜盐催化可使显色速度大大加快(在 1~3 min 内完成)。

酸度在 2.5~7 $mol \cdot L^{-1}$ 时可立即显色。当有铜盐存在时,使钼的适宜酸度降低,即在 0.3~6.0 $mol \cdot L^{-1}$ 皆能立即显色。硝酸应尽量避免使用。

硫酸溶液中,在铜盐存在下,用抗坏血酸作为还原剂,5 价钼与硫氰酸盐形成橙色络合物,借此作为钼的光度法测定。本方法的灵敏度约为 5 $\mu g \cdot mL^{-1}$。钼的浓度在很大范围内有良好的线性关系。

1) 试剂

王水(3+1),3 份盐酸与 1 份硝酸混合。磷酸($\rho=1.70\ g \cdot cm^{-3}$)。硫酸($\rho=1.84\ g \cdot cm^{-3}$)。硫酸-硫酸铜溶液:硫酸铜($CuSO_4 \cdot 5H_2O$)1 g 溶于 300 mL 水中,加浓硫酸 85 mL,以水稀释至 1 000 mL。硫氰酸铵(或钾)溶液(20%)。抗坏血酸溶液(10%)。钼标准溶液(Mo 0.5 $mg \cdot mL^{-1}$),称取 0.500 0 g 金属钼,加硝酸(1+3)20 mL 及硫酸 5 mL,加热溶解并冒硫酸烟,冷却,用水稀释至 1 000 mL。

2) 操作步骤

称取试样 0.100 0~0.500 0 g 于 150 mL 锥形瓶中,加王水 15 mL 和磷酸 10 mL,加热溶解,加硫酸 10 mL,继续加热至冒硫酸烟,冷却,加少量水溶解盐类,移入 100 mL 容量瓶中,以水稀释至刻度,摇匀。显色液:吸取试液 5 mL,置于 50 mL 容量瓶中,加硫酸-硫酸铜溶液 5 mL,硫氰酸铵溶液(20%)10 mL,抗坏血酸溶液(10%)10 mL,以水稀释至刻度,摇匀。空白液:吸取试液 5 mL,于 50 mL 容量瓶中,除不加硫氰酸铵处,其他试剂与显色液相同。放置 1~3 min 后,用 2 cm 比色皿,于 465 nm 波长处,以空白液为参比,测定吸光度。在检量线上查得试样的含钼量。

3) 检量线的绘制

称取相应重量的不同含钼量的标准钢样,按操作步骤测定吸光度,绘制检量线。或于 5 只 150 mL 锥形瓶中分别称取同样量的不含钼的钢样,按方法溶解,依次加入钼标准溶液 1.0 mL,2.0 mL,3.0 mL,4.0 mL,5.0 mL(Mo 0.5 mg·mL^{-1}),加硫酸 10 mL,继续加热冒烟,冷却,于 100 mL 容量瓶中以水稀释至刻度。按上述操作步骤显色测定吸光度,绘制检量线。每毫升钼标准溶液对称样 0.500 0 g 相当于含钼量 0.1%,称样 0.100 0 g 相当于含钼量 0.5%。

4) 注

(1) 本法适用于含钼量在 0.10% 以上的各种钢样。含钼量小于 0.50%,称样 0.500 0 g;0.50%~1.00%,称样 0.250 0 g;1%~2.5%,称样 0.100 0 g,一般显色液中含钼量控制在 25~200 μg。

(2) 试样中如不含钨可不加磷酸。

(3) 显色液的含铁量应不低于 5 mg,试液内铁量不足时应补加(对于含钼大于 2.00% 的试样,可减少吸取试样的体积,并补加铁量),并尽可能使试液与检量线中含铁量保持一致。

(4) 铜盐的存在,不仅对 Mo^{6+} 的还原有催化作用,也对 Fe^{3+} 的还原起催化作用。任意改变试剂的加入顺序对结果无影响,所以在高速分析中可预先将各种试剂按其用量比例混合,使用时一次加入。

(5) 温度对显色速度及稳定性有影响:10 ℃ 时,3 min 后显色完全,显色液可稳定 2 h;20~30 ℃,1 min 后显色完全,显色液可稳定 1 h;高于 30 ℃ 时,在稀释摇匀过程中已显色完全,显色液只能稳定 30 min 左右。

(6) 小于 2.5 mg Cu^{2+} 不干扰测定,当分液部分的铜与加入铜盐之和,即 Cu^{2+} >2.5 mg 时,于钼的显色过程中生成 1 价铜的硫氰盐沉铜干扰测定,可在组成试液中加入适当的硫脲掩蔽。2.5~8 mg 铜可加入 20 mg 硫脲掩蔽;8~15 mg 铜,可加 400 mg 硫脲掩蔽;15~25 mg 铜,可加入 700 mg 硫脲掩蔽。如硫脲用量过大,将失去铜盐的催化作用,显色缓慢且不完全。

3.7.3　硫氰酸盐-乙酸丁酯萃取光度法

Mo^{5+} 与硫氰酸盐生成的橙色络合物,可用乙酸丁酯等有机溶剂萃取,用来作为微量钼的测定。

采用本法测定钼时,要掌握好下列一些测定条件:

要控制好溶液酸度,如水相中硫酸浓度大于 2 mol·L^{-1} 时,吸光度降低,而且有机相与水相分层不好;小于 0.5 mol·L^{-1},则氯化亚锡对 Fe^{3+} 还原速度慢,且水相易使 Sn^{2+} 水解,故酸度以选择 1 mol·L^{-1} 为宜。第二次加氯化亚锡溶液洗涤有机相时,也应补加硫酸,使水相中硫酸酸度在 1~1.5 mol·L^{-1} 以利分层。只要酸度不变,水相体积从 30~90 mL,均不影响测定结果。

硫氰酸盐的用量要适当,以加入 20%NH$_4$CNS 5 mL 为宜。加入 2~8 mL 时,其吸光度基本不变。此外,硫氰酸盐的加入量与试液中含铁量有关,本法允许铁基量达 200 mg。

氯化亚锡的两次加入量都要控制适当。第一次加氯化亚锡的目的是将钼还原为 5 价以保证显色,并将 3 价铁还原,防止其与硫氰酸盐生成红色络合物而被乙酸丁酯萃取。第二次加氯化亚锡主要是为了将被乙酸丁酯萃取的少量 Fe^{3+} 的络合物还原,以防干扰。故第一次加入量要与称样量相配合,即显色时试样溶液中含铁量为 100 mg 时,应加 $SnCl_2$ 溶液(10%)10 mL;200 mg 铁时,应加 $SnCl_2$ 溶液 15 mL；400 mg 铁时，应加 $SnCl_2$ 溶液 20 mL。第二次因只需还原有机相带入的少量 Fe^{3+}，与试样量关系不大，加入 $SnCl_2$ 溶液（10％）10 mL 已足够。

振荡萃取时间也应适当：振荡时间过长不利于分层，过短则萃取不完全，应控制在 30～60 s 之间。洗涤时振荡 30 s 即可。萃取出的有机相可稳定 1 h 以上，宜在 1 h 内测定吸光度。

显色的温度对测定有影响，要求试样与绘制检量线的显色温度应尽量一致，二者之间不要相差 3 ℃。

铁、锰、铝、镍、铋、铬、钴、铌、钒、钛、锆、稀土、镁、砷和铅等，均不干扰测定。铁的存在有利于钼的测定，因其在还原时 Fe^{3+}/Fe^{2+} 离子对的存在，对于钼还原至一定价态起到稳定作用。

钨有干扰，其主要是在用高氯酸溶样和冒烟时生成钨酸吸附钼，造成结果无规律的偏低。可用磷酸 5 mL 及高氯酸一起溶样消除干扰，即使含钨量达 10％ 也无妨。铜有干扰，主要是由于生成硫氰酸亚铜沉淀聚集水相与有机相的界面上，并沾污有机相影响吸光度的测定。显色液中铜含量超过 0.5 mg 就可引起吸光度偏高，且无一定规律性。可加入硫脲与氯化亚锡一起充当还原剂，将 Cu^{2+} 掩蔽，消除其干扰。

锑有干扰，主要是由于高氯酸在溶样、冒烟和加水溶解盐类时，锑发生水解导致钼被吸附，吸光度偏低。一般显色液中锑含量超过 20 μg，干扰比较明显。由于钢中锑甚微，可以不予考虑。必要时改用磷酸（1＋3）25 mL 溶解试样滴加硝酸氧化，可消除其干扰。

1）试剂

盐酸-硝酸混合酸：[盐酸（$\rho=1.19$ g·cm^{-3}）＋硝酸（$\rho=1.42$ g·cm^{-3}）]（1＋1）。磷酸（$\rho=1.70$ g·cm^{-3}）。高氯酸（70％）。氨水（$\rho=0.90$ g·cm^{-3}）。硫脲溶液（10％）。硫氰酸铵溶液（10％），（20％）。氢氧化钠溶液（40％）。酒石酸（固体）。乙酸丁酯。氯化亚锡溶液（10％）：称取 10 g 氯化亚锡溶于 10 mL 盐酸（$\rho=1.19$ g·cm^{-3}）中，加水稀释至 100 mL，摇匀。钼标准溶液（Mo 20 μg·mL^{-1}，50 μg·mL^{-1}，100 μg·mL^{-1}，500 μg·mL^{-1}）。

称取 0.750 2 g 预先于 500 ℃ 灼烧 1 h 后冷至室温的三氧化钼（99.9％ 以上）置于 250 mL 烧杯中，加入氨水 10 mL，低温加热溶解，冷却后移入 1 000 mL 容量瓶中，以水稀释至刻度，摇匀。该标准溶液（Mo 500 μg·mL^{-1}）按需要进行稀释。

2）操作步骤

称取试样置于 150 mL 锥形瓶中，加入 5 mL 盐酸-硝酸混合酸及高氯酸（试样称重和试剂用量见表 3.3），加热溶解后蒸发冒高氯酸烟至瓶口，稍冷，加 20 mL 水溶解盐类，冷至室温，移入 100 mL 容量瓶中，以水稀释至刻度，摇匀。显色液：分取 20 mL 试液于预先盛有硫酸（1＋3）10 mL 的 125 mL 分液漏斗中，加 5 mL 硫氰酸铵溶液（20％）和氯化亚锡溶液 10 mL，充分摇匀，使铁的硫氰酸盐大部分褪去，立即加乙酸丁酯 20 mL，振荡 1 min，静置分层后弃去水相，再沿分液漏斗颈壁加硫酸（1＋3）5 mL 及氯化亚锡溶液 5 mL，振荡 30 s，静置分层后弃去水相。有机相用脱脂棉花过滤于比色皿中（比色皿大小见表 3.3）。于 500 nm 波长处，以乙酸丁酯为参比，测定吸光度。在检量线上查得试样的含钼量。

3）检量线的绘制

称取与试样相同重量的不含钼标准样品或纯铁数份，分别置于 125 mL 锥形瓶中，加入钼标准溶液（见表 3.3）。以下按操作步骤操作，测定吸光度，绘制检量线。

4）注

（1）试样中含钨量小于 5 mg 时，加高氯酸后加 5 mL 磷酸消除干扰。钨量在 5～20 mg 时，加入 3 g 酒石酸，并摇动使其溶解后滴加氢氧化钠溶液至钨酸溶解，再以硫酸（1＋1）调至 pH1～2，以下按操作步骤进行。

（2）含钼量为 0.002 5％～0.100％ 时，加硫氰酸铵（10％）5 mL 溶液。

（3）含铜量超过 5 mg 时，加入硫脲溶液 10 mL，然后边摇动边滴加氯化亚锡至 Fe^{3+} 的硫氰酸盐红色大部分褪去，立即加乙酸丁酯。当钼含量在 0.002 5%～0.100% 时，加入乙酸丁酯 10 mL。

（4）含钼量为 0.002 5%～0.100% 时，加氯化亚锡溶液 10 mL。

（5）硫氰酸钼络合物的最大吸收峰为 460 nm 波长。为扩大测量范围及进一步消除钨的干扰，选用 500 nm 波长。不含钒和显色液中含钨量小于 5 mg 而含钼量在 0.007 5%～0.100% 的试样，仍可采用 460 nm 波长。

（6）本法适用于测定含钼量在 0.002 5%～1.00% 的中低合金钢。

表 3.3　试样称量和试剂用量表

含量范围(%)	0.001～0.010	0.01～0.05	0.05～0.10	0.10～0.50	0.50～1.00
高氯酸用量(mL)	15	10	10	5	5
钼标准溶液浓度($\mu g \cdot mL^{-1}$)	20	50	50	100	100
比色皿(cm)	2	1	1	2	1
称样重(g)　相当于试样含量(%)	1.000 0	0.500 0	0.250 0	0.100 0	0.100 0
钼标准溶液加入量(mL) 0	0	0	0	0	0
1	0.002 0	0.010	0.020	0.100	0.250
2	0.004 0	0.020	0.040	0.200	0.500
3	0.006 0	0.030	0.060	0.300	0.750
4	0.008 0	0.040	0.080	0.400	1.000
5	0.010 0	0.050	0.100	0.500	

3.8　钨 的 测 定

含钨的钢通常易溶于盐酸(1+1)或硫酸(1+4)中。当用盐酸和硫酸处理钢样时，金属钨及其碳化物以重质黑色粉末状而沉于容器底部，要使钨的碳化物或金属钨变成钨酸，需将它加以氧化。最通常用的氧化剂是硝酸：

$$W + 2HNO_3 \Longrightarrow H_2WO_4 + 2NO$$

用硝酸氧化时，要慢慢将硝酸加入，否则会使较多的铁、铬、钒、钼、钛、锆、锡、硅、磷等夹杂在钨酸中。

对一般含钨较高的合金钢，如高速工具钢等，使用硫磷混合酸溶解，再滴加硝酸以溶解碳化物，则都能比较迅速地使试样溶解，试液清亮。

钨酸稍溶于过量的盐酸和硝酸的混合酸中，无论以重量法或容量法测定钨时都需注意到这一点。

基于将钨以黄色钨酸($H_2WO_4 \cdot H_2O$)形式析出，将随后灼烧成三氧化钨称量的重量法，在目前仍有其实用价值。但重量法费时，所得的三氧化钨沉淀中沾污杂质较多，如钼、铬等，须做校正。另外,钨和铌共存时,尚须做特殊处理。

钨的容量法一般先将钨以钨酸形状析出,然后用强碱溶解并以 EDTA 间接滴定法确定结果。

钨的光度法在钢中应用较广,其中主要有:

硫氰酸盐法:本法建立于 1932 年,但到目前仍有不少分析者进行研究改进。钨与硫氰酸盐形成的黄色络合物,可在水溶液中或在丙酮溶液中测定,也可在较浓的盐酸介质中用有机溶剂萃取或以氯化四苯砷络合物与硫氰酸盐的络合物,使其成大分子集团后萃取于三氯甲烷中进行测定。应用后一办法较理想,因为它不但消除了钼、钒、铌的干扰,而且对低含量的钨有足够的灵敏度,可作为标准法使用。当然,在不含铌、钒的试样中,直接在水溶液中显色测定,也是很方便可靠的。

对苯二酚法:在浓硫酸介质中,6 价钨(磷钨酸络合物)与对苯二酚形成可溶性的络合物,其极大吸收在 465 nm 处。方法简单,适用于炉前快速分析。但由于需使用浓硫酸,对操作带来不便。

其他如邻苯二酚紫光度法、钨蓝光度法和二硫酚萃取光度法等,干扰因素较多,在一般分析中很少应用。

近年来采用三元络合物做光度测定钨日趋普遍。其优越之处是灵敏度高,干扰少。其中如 W^{5+}-硫氰酸盐-氯化四苯砷盐三元络合物-氯仿萃取光度法就是突出的例子。

3.8.1　硫氰酸盐直接光度法

试样以硫磷混合酸溶解,钨以可溶性的磷钨酸形式存在于溶液中。在盐酸介质中,用 3 价钛和氯化亚锡将 6 价钨还原成 5 价,由 W^{5+} 和硫氰酸盐生成黄色的络合物进行比色测定,其最大吸收在 $400\sim410$ nm 波长处。

测定时一般采用 $4\sim5$ mol·L^{-1} 的盐酸条件下显色,但钼量是钨量的 0.5 倍时,就干扰测定。如显色液中加入适量的磷酸(6 mL·$(50 \text{ mL})^{-1}$),使适合盐酸酸度范围变宽,同时可减少和消除少量钼的干扰,当盐酸酸度小于 3.4 mol·L^{-1},钼呈负干扰,盐酸酸度大于 4.0 mol·L^{-1} 时,钼呈正干扰,采用 $3.6\sim4.0$ mol·L^{-1} 的盐酸酸度和 450 nm 波长,对于 6 倍于钨($\leqslant0.5$ mg·$(50 \text{ mL})^{-1}$)的钼(即$\leqslant3.0$ mg·$(50 \text{ mL})^{-1}$)不干扰测定。磷酸的存在可使用较低的盐酸酸度,提高了色泽的稳定性,改善了操作环境。

加入硫氰酸盐的浓度要足够。量少时络合物易褪色,可能钨重新又被氧化,太过量时会增强溶液的色泽强度。这主要是硫氰酸盐的分解所致。较合适的浓度为 0.2 mol·L^{-1} 左右。

氯化亚锡的加入量对于 15 mg 铁基量加入 $0.2\sim0.6$ g 已足够,至于三氯化钛的加入量,一般认为只需加入 $10\sim30$ mg 即可。三氯化钛加入量增加能加快还原速度,即提高了显色速度;但三氯化钛本身的紫色干扰测定,所以加入三氯化钛量必须一致。

显色液色泽的稳定性与加入氯化亚锡溶液后的条件有关,经试验认为:加入氯化亚锡溶液后放置 10 min(30 ℃时放置 6 min)或于沸水浴中放置 $1\sim2$ min,然后再加硫氰酸盐及三氯化钛,得到钨的硫氰酸络合物色泽稳定。稳定时间可达 2 h,而且结果重现性也好。但对含钼试样,只能采用放置 10 min 的办法,而不能用加热的办法,否则将增加钼的干扰。

该法主要干扰元素为钒、钼、铌、铜等。在有钼存在时,Mo^{6+} 在酸性溶液中能被氯化亚锡还原为 Mo^{5+},而与硫氰酸盐形成橙红色络合物,干扰测定。加入三氯化钛,使 Mo^{5+} 进一步还原为 Mo^{3+} 的状态。当钼不多的情况下,这时其硫氰酸络合物的色泽非常弱,当钼含量达到钨含量的一半时开始显出干扰。这种干扰无法用空白来消除,由于同时含有 Mo^{6+} 和 W^{6+} 的溶液中会形成各种混合络合物,这些络合物在测定钨时也会继续存在,钼对钨的干扰程度,取决于钼与钨之比的大小,和钼与钨按比例的含量高低。钼与钨络合物组成的变化影响到溶液的光学性质。络合物的结构发生变化,光学性质也发生变化。这个变化依赖于钼含量的高低和钼与钨的比例关系等条件。所以采用校正系数法修正钼的干扰极不可靠。在 450 nm 波长处,当 Mo:W=6:1(W≤0.5 mg·(50 mg)$^{-1}$)时,钼的干扰可明显降低。选用这个波长是有利于在一定程度上消除钼的干扰的(当有磷酸 6 mL·(50 mL)$^{-1}$和控制盐酸酸度为 3.6~4.0 mol·L^{-1})。

铌和铜的干扰,可在试样溶解,待冒烟稍冷后,加入一定量的草酸铵进行消除。

钒的存在将使显色泽稳定性变差,其干扰程度与钒含量有关。更主要的是钒和硫氰酸盐形成黄绿色络合物,使结果偏高。在一般情况下,可采用校正值予以校正。钒的校正值目前采用最普遍的是 f_u=0.19。当钒含量超过钨时用校正值法不适合,宜在校正曲线中加入等量的钒来消除,或用萃取分离。

钨量在 0.1~0.6 mg·(50 mL)$^{-1}$范围内符合比耳定律。

1) 试剂

硫磷混酸:于 500 mL 水中,加入硫酸 150 mL,冷却后,加入磷酸 300 mL,以水稀释至 1 000 mL。氯化亚锡溶液(0.5%),称取氯化亚锡 2 g 溶于 170 mL 盐酸中,以水稀释至 400 mL。硫氰酸钾溶液(25%)。三氯化钛溶液(1%):取 TiCl$_3$(20%浓溶液)5 mL,用盐酸(1+1)稀释至 100 mL,摇匀,加入数粒金属锌。钨标准溶液(W 1.0 mg·mL^{-1}):称取钨酸钠(Na$_2$WO$_4$·2H$_2$O)1.793 5 g,溶于水中,以水稀释至 1 000 mL,摇匀。

2) 操作步骤

称取试样 0.200 0 g 于 150 mL 锥形瓶中,加硫磷混合酸 40 mL,加热溶解,加硝酸 3~4 mL,继续加热至冒烟,并维持 3 min,冷却,加少量水溶解盐类,移入 100 mL 容量瓶中,以水稀释至刻度,摇匀。显色液:吸取上述试液 5 mL 于 50 mL 容量瓶中,加磷酸 6 mL,加氯化亚锡溶液 32 mL,摇匀,放置 10 min,加硫氰酸钾溶液 3 mL,三氯化钛溶液 1.0 mL,摇匀,用氯化亚锡溶液稀释至刻度,摇匀,放置 10 min。空白液:吸取上述试液 5 mL 于 50 mL 容量瓶中,加磷酸 6 mL,用氯化亚锡溶液稀释至刻度(低钨可加 1 mL 三氯化钛后稀释至刻度,摇匀,放置 10 min)。用 2 cm 比色皿,于 410 nm 波长处,以空白液为参比,测定吸光度。用纯铁或不含钨、钼、钒的钢样,按操作步骤测得试剂空白,从测得吸光度中扣除,然后在检量线上查得试样的含钨量。

3) 检量线的绘制

于 6 只 150 mL 锥形瓶中,分别称取纯铁(或不含钼、钨、钒的钢样)0.200 0 g,依次加入钨标准溶液 0.0 mL,2.0 mL,4.0 mL,6.0 mL,8.0 mL,12.0 mL(W 1.0 mg·mL^{-1}),加硝酸(1+1)10 mL,加热溶解,加硫磷混合酸 40 mL,按上述操作步骤,以"0" mL 为参比液,测定吸光度,绘制检量线。该标准溶液每毫升相当于含钨量 0.50%。

4) 注

(1) 含钨量小于 0.5%的试样,称样 0.500 0~1.000 0 g。

(2) 用硫磷混合酸不能直接溶解的试样,可用王水或稀硝酸等溶解,而后按操作进行,以后的硝酸可以不必加入。

(3) 冒烟维持 3 min,保证 NO$_2$、Cl$^-$等完全赶尽,同时对含钼试样可降低空白值,提高方法的重现性,如试样中含铜和铌,稍冷后加入草酸铵溶液(20%)10 mL。

(4) 不含钼试样可在沸水浴上加热 2 min 显色。

(5) 三氯化钛溶液浓度要基本一致,由于 Ti^{3+}易氧化,放置后的 Ti^{3+}溶液浓度要变低,所以在使用前用少量锌还原处理。

(6) 试样中如有超过钨含量 0.5 倍的钼,用 450 nm 波长测定吸光度。

(7) 由于 TiCl$_3$系紫色络合物,本身有吸光度,必须做 TiCl$_3$试剂空白校正,从测得的试样吸光度减去,否则不符合比耳定律。

（8）用不同的波长必须绘制相应的检量线。如用标准钢样绘制检量线，必须做试剂空白校正。

（9）1％的钒＝0.19％的钨。含钒的试样必须进行校正。

3.8.2　氯化四苯砷-硫氰酸盐-三氯甲烷萃取光度法

在酸性介质中，用氯化亚锡-三氯化钛将钨还原成 5 价，并与硫氰酸盐形成络合物。如加入氯化四苯砷，则与之络合成大分子集团，在 $7.8\sim8.8$ mol・L^{-1} 的盐酸介质中，可消除许多元素的干扰，并能定量地萃取入三氯甲烷中。最大吸收在 400 nm 波长处，$0\sim200$ μg・$(20$ mL$)^{-1}$ 钨符合比耳定律。

氯化亚锡和三氯化钛应在硫氰酸盐之前加入，否则得不到黄色，而是带有黄绿色，并且硫氰酸盐本身可能被还原剂还原。三氯化钛的加入可提高方法的精确度，而且能消除钼的干扰（因为 Sn^{4+}/Sn^{2+} 为 0.15 V，Ti^{4+}/Ti^{3+} 为 0.10 V，所以 Ti^{3+} 比 Sn^{2+} 的还原能力强），能使 Mo^{5+} 继续还原至 Mo_3^+，但也不能加得太多，否则也会妨碍钨络合物的形成，更主要的是 3 价钛离子本身的紫色干扰钨的测定，一般加入 1％三氯化钛 1 mL 已经足够。

酸度和硫氰酸盐的浓度并不要求太严，但萃取时盐酸浓度应控制在 $7.8\sim8.8$ mol・L^{-1} 范围内。酸度较低时，有部分以钨蓝形式存在，不再与硫氰酸盐起反应；酸度过大，钨的萃取率降低。硫氰酸盐用量一般认为（50％）2 mL 比较合适。

萃取时间以 30 s～1 min 为宜。时间过长，吸光度会偏高。在室温 28 ℃以下，络合物可稳定 2 h以上，在夏天室温较高时，稳定性较差，会出现返红现象，必须予以注意。

钒等有色离子不被萃取，钼和铁本身基本上不影响测定。但当钼与铁共存时，会产生干扰。如果试样溶液含有钼，可用氯化亚锡洗液洗涤有机相消除钼的干扰。

铌、钽对测定有干扰，在萃取前加入磷酸（1＋1）4 mL 络合铌、钽，即可消除其干扰。但铌量较高时，最好用氟化氢铵洗涤有机相去铌（10 mL 洗涤液含 1.5～2 g 氟化氢铵），同时有必要于含铌的洗涤液中加 1 mL 三氯甲烷萃取，以回收洗去钨。

钛在 0.2 mg 以内不产生任何干扰，但如试液中含大量磷酸，当三氯化钛加入后，可能产生磷酸钛沉淀，萃取时出现于两相界面，这时可用脱脂棉花滤去。

试液中含铬 0.8 mg、镍 0.6 mg、钴 0.64 mg、铜 0.4 mg、锰 0.92 mg、钒 0.48 mg，不干扰钨的测定。

1）试剂

盐酸（$\rho=1.19$ g・cm^{-3}）（1＋1）。硝酸（$\rho=1.42$ g・cm^{-3}）。磷酸（$\rho=1.70$ g・cm^{-3}）。氯化亚锡溶液（10％）：取 20 mg $SnCl_2$・H_2O 溶于 180 mL 盐酸中。三氯化钛溶液（15％）的浓溶液。硫氰酸钾溶液（50％）。氯化四苯砷溶液（0.025 mol・L^{-1}），取 1.05 g 该试剂溶于 100 mL 水中。三氯甲烷：将 20 mL（1％）对苯二酚的乙醇溶液加入 250 mL 三氯甲烷中，摇匀，如发现有红色出现应弃去。氟化氢铵（固体）。钨标准溶液（W 25 μg・mL^{-1}），称取 2.243 2 g 钨酸钠（Na_2WO_4・$2H_2O$）溶于水中，并用水稀释至 500 mL，取此溶液 5 mL 用盐酸稀释至 500 mL。

2）操作步骤

称取试样适量（W 小于 0.5％，称样 0.250 0 g；大于 0.5％，称样 0.100 0 g）于 100 mL 锥形瓶中，加磷酸 5 mL、盐酸 6 mL、硝酸 2 mL，加热溶解煮沸数分钟，除去氮的氧化物（如有钨沉淀析出，需加热至刚冒烟），冷却，移入 50 mL 或 100 mL 容量瓶中，加盐酸至刻度，摇匀。

显色液：吸取 1～100 mL 试液（含钨在 25～250 μg）于 100 mL 锥形瓶中，加盐酸至总体积 15 mL，加氯化亚锡溶液 5 mL，摇匀。溶液应呈无色（如发现有绿色，表示氮的氧化物未驱尽，这时需煮沸至溶液呈棕色后，再加氯化亚锡至溶液无色），加三氯化钛溶液（15％）0.2 mL，煮沸 5 min，冷却（最好放在冷水浴）中，移入 125 mL 分液漏斗中，用 20 mL 盐酸（1＋1）分两次洗涤瓶壁，并入分液漏斗中，加氯化四苯砷溶液 2 mL,摇匀,加硫氰酸钾溶液(50%)2 mL,用力摇动 1 min,准确加入三氯甲烷 25 mL,充分摇动,分层后,将三氯甲烷过滤于 2 cm 或 3 cm 比色皿中。于 420 nm 波长处,以三氯甲烷为参比,测定吸光度。在检量线上查得试样的含钨量。

3) 检量线的绘制

用纯铁或不含钨的普通钢做底液数份,分别加入钨标准溶液 1.0 mL,2.0 mL,…,10.0 mL(W 25 $\mu g \cdot mL^{-1}$),并按操作步骤操作,测定吸光度,绘制检量线。

4) 注

(1) 在精确分析时,三氯甲烷应分两次萃取,第一次 15 mL,第二次 10 mL。

(2) 所用比色皿必须用盐酸洗至无 Fe^{3+},并洗净烘干备用。

(3) 比色前有机相用定量滤纸过滤,所用器皿及脱脂棉或滤纸必须无铁。

(4) 有机相出现浑浊,可以加入无水碳酸钠约 0.5 g,摇匀,除去水分。

(5) 对含高钨、高钼试样本法不宜使用。

(6) 本法适用于含钨量低于 1.5% 的钢种。

3.9 钛 的 测 定

钛溶于盐酸、浓硫酸、王水和氢氟酸中。

在钛的化学分析操作中,应注意如下三种化学特性:

(1) 4 价钛在弱酸性溶液中极易水解形成白色偏钛酸沉淀呈胶体,难溶于酸中,因此在分析过程中应保持溶液的一定酸度,防止水解。

(2) 3 价钛为紫色,很不稳定,易受空气和氧化剂氧化成 4 价。

(3) 钢中钛除形成化合钛外,尚有部分金属钛残留于钢中,因此在分析方法上有总钛量、化合钛和金属钛测定的区别。金属钛溶于盐酸(1+1)中,但化合钛不溶,它必须有氧化性酸(如硝酸、高氯酸等)存在下才能溶解。为了测得总钛量必须在溶解时注意。

钛的重量法通常不适用于钢中。以氧化还原为基础的容量法,常由于铌、钒等干扰,以及镍、铬、钴等有色离子妨碍准确判断滴定终点等问题,很难应用于钢中钛的测定。

钛的光度法速度快且准确,钢中测定钛一般都采用光度法。随着钛的显色剂和仪器的进展,对各种类型的钢样,光度法均能提供可靠的结果。光度法测钛常见的有直接光度法、萃取光度法及三元络合物光度法。现将目前应用最广泛的显色剂分述如下。

过氧化氢:已有较悠久的历史,操作简单,通常不需要采用任何分离手续,显色条件较宽,易于掌握。但灵敏度较差,其摩尔吸光系数为 740,适用于中、高含钛量的测定。钒、钼、铌等存在不同程度的干扰,较难克服,因此,在精确分析时,须将这些元素先行分离。

变色酸:在 pH≈2.5,变色酸与钛形成红褐色可溶性络合物,其最大吸收峰在 470 nm 波长处,摩尔吸光系数为 17 000。钼、铌对测定无干扰,Fe^{3+} 的干扰可用草酸或抗坏血酸使 Fe^{3+} 掩蔽消除之。该法灵敏度高,选择性、稳定性较好,是目前测定钛的佳法之一。

二安替比林甲烷是目前应用最广、方法灵敏度高、选择性好的一种测定钢铁中钛的分析方法。在 1~2 mol·L^{-1} 盐酸溶液中,Ti^{4+} 与二安替比林甲烷生成黄色可溶性络合物,在 380~400 nm 波长处有最大吸收,其摩尔吸光系数为 18 000。

一般情况下,钢中与钛一起共存元素可不予考虑,只有控制酸度和加入必要的络合剂,直接测得的结果是可靠的。钒、钼不干扰是本法的优点。但络合物显色速度较慢，尤其是对含钼、铌的试样。为加速络合物的形成有人采用低酸度($0.25\ mol\cdot L^{-1}$盐酸)和加入酒石酸($0.3\sim0.5\ mol\cdot L^{-1}$)等措施，认为可在 3 min 内络合物即显色完全。为了进一步提高方法的灵敏度和选择性，可在 $2.0\sim4.0\ mol\cdot L^{-1}$盐酸介质中将钛与二安替比林甲烷的络合物用氯化亚锡还原，然后萃取于三氯甲烷中。此时，铁、铜、铌、钼、钽、钒、镍、钴、铬、锰等均不干扰，可适用于标钢分析。

钽试剂-三氯甲烷萃取：基于在浓盐酸($10\sim12\ mol\cdot L^{-1}$)介质中并有氯化亚锡存在下，钛与钽试剂形成的络合物，可用三氯甲烷萃取。本方法简单、快速，大量的铁和 100 倍量的铬、钼、镍、钽、钒、锆、醋酸盐、柠檬酸盐、氟化物、硝酸盐、草酸盐、磷酸盐等没有干扰，只有铌有严重影响。络合物的最大吸收在 380 nm 波长处，钛浓度在 $100\ \mu g\cdot(10\ mL)^{-1}$ 以下符合比耳定律。

此外，钛铁试剂等也是用于钢中钛的测定的高灵敏度试剂。

3.9.1　变色酸光度法

试样用酸溶解，用草酸掩蔽 Fe^{3+}，在酸性溶液中($pH\approx2.5$)，变色酸与 Ti^{4+} 形成酒红色可溶性络合物，其反应如下：

$$Ti(SO_4)_2+2\left[\begin{array}{c}HO\quad OH\\ \\NaO_3S\qquad SO_3Na\end{array}\right]=Ti\left[\begin{array}{c}O\quad O\\ \\NaO_3S\qquad SO_3Na\end{array}\right]_2+2H_2SO_4$$

络合物在 470 nm 波长处有最大吸收。Cr^{3+}，Ni^{2+}，$Mo(Ⅵ)$，$V(Ⅴ)$，$Nb(Ⅴ)$，Cu^{2+}，RE 等均不干扰。对含钨试样，在溶解后，用过滤分离法处理即可。阴离子 F^- 和 PO_4^{3-} 有严重干扰，应避免存在。

此法可立即显色且可稳定 2 h 以上。

1）试剂

王水($3+1$)，3 份盐酸和 1 份硝酸相混。硫酸($1+1$)。草酸溶液(5%)。变色酸溶液(3%)：称取变色酸 3 g，无水亚硫酸钠 0.5 g 于 250 mL 烧杯中，用少量水调成糊状，加水稀释至 100 mL，过滤于棕色瓶中，可使用 $1\sim2$ 个月。氟化氢铵溶液(35%)，贮于塑料瓶中。钛标准溶液($Ti\ 0.1\ mg\cdot mL^{-1}$)：称取 0.166 8 g 分析纯二氧化钛于瓷坩埚中，加 $5\sim7$ g 焦硫酸钾于 600 ℃熔融至透明，冷却，用硫酸($5+95$)100 mL 浸取熔块后，移入 500 mL 容量瓶中，并以硫酸($5+95$)稀释至刻度，摇匀。此溶液 1 mL 含 200 μg Ti。取上述标液 100 mL，移入 200 mL 容量瓶内，以硫酸($5+95$)稀释至刻度，摇匀。

2）操作步骤

称取试样 0.250 0 g，于 150 mL 锥形瓶中，加王水 10 mL，加热溶解后，加硫酸($1+1$)5 mL，继续加热至冒烟。取下稍冷，加水 20 mL，加热溶解盐类，冷却，移入 50 mL 容量瓶中，以水稀释至刻度，摇匀。显色液：吸取试液 5 mL 于 50 mL 容量瓶中，加草酸溶液(5%)25 mL，加入变色酸溶液 5.0 mL，用水稀释至刻度，摇匀。将显色液倒入适当比色皿中。空白液：于剩余溶液中加氟化氢铵溶液 $2\sim3$ 滴，褪去钛的色泽。于 500 nm 波长处，以空白液作参比，测定其吸光度。在检量线上查得试样的含钛量。

3）检量线的绘制

称取纯铁 0.250 0 g 数份按操作步骤溶解，依次加入钛标准溶液 1.0 mL，2.0 mL，3.0 mL，…，10.0 mL($Ti\ 0.1\ mg\cdot mL^{-1}$)，移入 50 mL 容量瓶中，以水稀释至刻度，摇匀。分别吸取上述溶液

5 mL 于 50 mL 容量瓶中,按上述操作步骤显色,测定吸光度,绘制检量线。该标准溶液 1 mL 相当含钛 0.04%。

4) 注

(1) 钛含量低于 0.05% 时,可吸取试样溶液 10 mL,加草酸溶液(5%)30 mL;如钛含量大于 0.5% 时,可适当减少试样的称量。

(2) 高硅钢试样可滴加几滴氢氟酸助溶;高碳钢试样加 3～5 mL 高氯酸后,再加入硫酸(1+1) 10 mL,继续加热至冒硫酸烟(溶样滴加氢氟酸时,则需取下稍冷,用水吹洗瓶壁,再加热至冒硫酸烟)。

(3) 空白液也可按下法制备:吸取试液 5 mL 于 50 mL 容量瓶中,加草酸溶液(5%)25 mL,用水稀释至刻度,摇匀。

3.9.2　二安替比林甲烷光度法

试样经酸分解后,在 $1～2 \ mol \cdot L^{-1}$ 盐酸介质中,Ti^{4+} 与二安替比林甲烷(简称 DAPM)生成黄色可溶性络合物,其反应如下:

$$TiO^{2+}+3DAPM+2H^+ \rightleftharpoons [Ti(DAPM)_3]^{4+}+H_2O$$

此黄色络合物在 380～400 nm 波长处有最大吸收。光度计调节有困难时可选用 380～430 nm 波长处测定。钛浓度 $100 \ \mu g \cdot (10 \ mL)^{-1}$ 以下符合比耳定律。

Fe^{3+},$Mo(Ⅵ)$,Nb^{5+},$W(Ⅵ)$ 有干扰,但加抗坏血酸后,Fe^{3+} 还原成 Fe^{2+},不影响测定。$Mo(Ⅵ)$ 被还原成 $Mo(Ⅴ)$,但仍与显色剂形成微黄色络合物。当有酒石酸存在时有所改善,低于 10 mg 时,$Mo(Ⅴ)$(显色液内)不干扰。但加入酒石酸的量不宜过大,否则会改变钛络合物形式,使其最大吸收向紫外光区移动(360～330 nm)。$Nb(Ⅴ)$,$W(Ⅵ)$ 也被酒石酸络合而消除其干扰。钢中其他元素干扰并不明显。温度的变化(18～30 ℃)不影响络合物的稳定性。本法能检出 $0.01 \ \mu g \cdot mL^{-1}$ 的钛。本法适用于各种钢中钛的测定。

1) 试剂

盐酸($\rho=1.19 \ g \cdot cm^{-3}$),(1+1)。硝酸($\rho=1.42 \ g \cdot cm^{-3}$)。硫酸($\rho=1.84 \ g \cdot cm^{-3}$),(1+4)。酒石酸溶液(50%)。抗坏血酸溶液(10%)。二安替比林甲烷(DAPM)溶液(2.5%),称取该试剂 25 g,溶于 $1 \ mol \cdot L^{-1}$ 盐酸 1 000 mL 中,摇匀。钛标准溶液:同变色酸光度法。

2) 操作步骤

称取试样适量(钛含量小于 0.10% 时,称样 0.500 0 g;0.10%～1.00% 时,称样 0.250 0 g;大于 1.00% 时,称样 0.100 0 g)于 150 mL 锥形瓶中。加硫酸(1+4)25 mL,加热溶解(如难溶于硫酸时,可改用王水 10 mL,然后加 3～5 mL 硫酸加热冒烟),滴加硝酸氧化,煮沸 2 min,以除去氮的氧化物,冷却后,移入 100 mL 容量瓶中,以水稀释至刻度,摇匀。显色液:吸取试液 10 mL 于 100 mL 容量瓶中,加 5 或 10 mL 抗坏血酸溶液,摇匀,5～10 min 后,加盐酸(1+1)10 mL(以分解钛与抗坏血酸的络合物),加二安替比林甲烷溶液 20 mL,以水稀释至刻度,摇匀。放置 40 min(如含有铌、钼时需放置 1 h)。空白液:吸取试液 10 mL 于 100 mL 容量瓶中,加 5 或 10 mL 抗坏血酸溶液(称样 1 g 时用 10 mL),待黄色褪去后加盐酸(1+1)10 mL,以水稀释至刻度,摇匀。用 3 cm 比色皿,于 380～430 nm 波长处,以空白液为参比,测定吸光度。在检量线上查得试样的含钛量。

3) 检量线的绘制

用不含钛的钢样数份打底,用同法溶解,依次加入钛标准溶液 1.0 mL,2.0 mL,3.0 mL,…,10.0 mL(Ti 0.1 mg·mL^{-1}),于 100 mL 容量瓶中以水稀释至刻度,按操作分液和显色,测定吸光度,绘制检量线。该标准溶液每毫升相当于含钛量:称样 0.500 0 g 为 0.02%;称样 0.250 0 g 为 0.04%;

称样 0.100 0 g 为 0.1%。

4) 注

(1) 如试样中含有铌、钼、钨时,在试样溶解后加入酒石酸溶液(10%)10 mL,进行煮沸络合。对钨、铌含量较高的试样在酸性介质中络合不好,因此,在加入酒石酸后将溶液以氢氧化钠溶液调节呈碱性后再煮沸,待溶液清晰后,加硫酸酸化并使其酸度保持在 1.5 mol·L^{-1} 左右。在酸化过程中要防止钛的水解。

(2) 草酸铵也能络合钨和铌(400 mg 草酸铵能络合 20 mg 铌,2 mg 钨)。

(3) 分析过程中引入少量硫酸、磷酸不影响测定,但高氯酸能与显色剂生成白色沉淀,应避免加入。

(4) 显色的盐酸酸度一般控制在 0.25~4 mol·L^{-1},过低和过高都不利。

(5) 显色液内酒石酸、抗坏血酸和二安替比林甲烷的浓度分别保持在 0.3~0.5 mol·L^{-1},0.03~0.06 mol·L^{-1},0.01~0.06 mol·L^{-1} 较适宜。抗坏血酸使用时需过滤。

(6) 在分析含高镍、高铬试样时,为了使结果更准确,可在 5%~10% 硫酸介质中用铜铁试剂先将钛沉淀分离 1 次,在沉淀前最好先将铁还原到 2 价。

(7) 本法适用于含钛量在 0.01% 以上的中低合金钢。

3.10　铝　的　测　定

钢中铝主要是以金属固溶体状态存在,少部分以氧化铝(Al_2O_3)和化合物(AlN)形式存在。所谓酸溶铝,系指金属铝和氮化铝而言。酸不溶铝主要指氧化铝。在一般情况下,利用它们对无机酸溶解度不同的特性而加以分离和测定。用酸溶解时,不溶的氧化铝,经过滤即能分离。本节只叙述酸溶铝的测定,酸不溶铝的含量不仅十分少,而且测定也很简单。即将试样用酸溶解,并经过滤后的不溶物质用焦硫酸钾(或钠)熔融处理成溶液后按下述的酸溶铝光度法测定。若要求全铝的测定,则把酸不溶铝经处理组成溶液后与酸溶铝溶液合并即可。应该指出,酸溶铝与酸不溶铝很难说有严格的界限,因为氧化铝不是绝对不溶于酸中,而氮化铝也未必完全溶于酸内,只能在特定条件下作相对的理解。实验证明,酸溶铝经高氯酸冒烟处理,所得结果为最好。

铝与铁、铬、钛等元素经常伴随在一起,加之铝是具有两重性质的元素,因此,分离和测定铝至今还有困难。

铝与共存元素的分离,大致有:沉淀分离法、萃取分离法、汞阴极电解分离法和离子交换分离法,其中以前三种方法应用较多。

钢中测定铝的方法较多,但并不完善,其中有以下几种方法。

重量法:冰晶石-羟基喹啉法是自 1950 年应用于钢中后,直到目前仍作为取得准确结果的依据之一。该法使用于含量在 0.5% 以上,冰晶石一次分离往往是不彻底的,较费时,冰晶石沉淀物很细,肉眼看不见,沉淀要用很慢速的滤纸过滤,氟化物腐蚀玻璃容器,是其不足之处。

容量法:自 EDTA 应用于滴定铝后发展较快。铝在 pH=4 以上才能和 EDTA 络合,但在碱性溶液中铝易形成羟基络合物,亦不能同 EDTA 络合完全,故通常在 pH 4~6 进行络合滴定。到目前为止,至少已有 70 种左右络合滴定铝的方案,综合起来,大致可分为直接和间接(包括氟化物取代滴定)2 种。在微酸性介质中,铝与 EDTA 缓缓地形成中等稳定的络合物,铝盐又易水解而形成多粒离子,因此,采用直接滴定铝不够理想,多半采用间接滴定。间接滴定法有:① 在酸性溶液中加入过量的

EDTA 标准液,然后在热溶液中用缓冲液调节 pH5～6,此时,过剩的 EDTA 在不同指示剂存在下,用铜、铅或锌盐标准溶液滴定,从而计算出铝含量,常称返滴定法。② 氟化物取代法。操作同前,但为了滴定剩余 EDTA 而消耗的铜、锌等标准液数量不计(即第一次滴定),然后加入氟化物,以取代出溶液中与铝定量络合的 EDTA,再用铜盐或锌盐标准液滴定所取代出的 EDTA。目前在钢铁分析中应用较多的是氟化物取代法,它不仅滴定终点易判断,而且干扰因素少,结果可靠,对 0.1% 以上的铝,有足够高的准确度。

吸光光度法:测定铝的试剂较多,其中主要有以下几种。

铬天青 S(又名铬天蓝 S,即 CAS)。在 pH≈4.6 或 pH≈5.8 的缓冲溶液中,在室温下即能与铝很快显色。本方法灵敏度较高,操作简单,在 $0.5～20~\mu g \cdot (10~mL)^{-1}$ 范围内遵从比耳定律。含铝量不低于 0.1% 的普碳钢,即使不分离,也能获得较好的结果。在日常分析时,只要带有同类型的标钢,不分离同样适用于合金钢试样,因此得到较普遍的应用。钛、钒、铬等干扰较显著,一般用掩蔽剂消除,但效果不很理想。当有表面活性剂存在时,虽干扰现象没有改善,但较大地提高了分析灵敏度,可用于测量微量、痕量的铝。

铬菁 R。在 pH5～6 的醋酸缓冲溶液中,与铝生成紫色络合物。其极大吸收在 535 nm 波长处。很多元素与该试剂有相同的反应,但选用适宜的铬菁 R 浓度和加还原剂硫基乙酸,即使 $750~\mu g$ 的钨、钛、镍、钴、铈、锑、铜、锡、镉、铋、铅、锌、铌、钽、铁、锰等存在下,也能分析出 $5~\mu g$ 的铝。只有钒、锆、铍等有干扰。但如加入氟化物,则只有铬菁 R 与钒的络合物色泽不被破坏;加入 EDTA 时,只有锆、铍的色泽保持不变。因而可利用加入氟化物或 EDTA 的这份溶液作为空白液,以补偿钒、锆、铍的影响。该试剂温度影响较大,铁虽被掩蔽,但它仍能影响铝的吸光度,因此,通常须用不含铝的空白钢样进行平行操作,以作为空白补偿。钛、铬、钼含量超过 0.5% 时,要先行分离。

铬天青 S 与铬菁 R 二者相比较,一般认为铬天青 S 重现性比铬菁 R 为好,故采用铬天青 S 的情况较多。

其他显色剂如磺铬、铝试剂、哌唑、8-羟基喹啉-三氯甲烷萃取光度法等亦曾用于钢中铝的测定。

概括起来,测定铝的方法虽然很多,但无论是重量法,或者是容量法、光度法,均存在着一些不足之处,冰晶石-羟基喹啉重量法虽然是一种较保险的方法,但不适用测定钢中含量太低(0.1%)或太高(5%以上)的铝,而且掌握此法要有熟练的操作技术。EDTA 容量法在一般情况下应用较满意,但同样不适用于 0.1% 以下的铝,在分离操作过程中所用的铜试剂,不能除去高含量的锰和钛,而这些元素在滴定铝时不但对判别终点有困难,且常常使分析结果不可靠。铬天青 S 光度法,虽解决了少量铝的测定,但对钒、钛、铌等干扰元素缺乏有效的消除办法。因此,研究既快又准的铝的显色剂,以解决一些复杂的钢样,是十分有意义的。

3.10.1 铬天青 S 光度法

铬天青 S 在水溶液中,随着溶液酸度的改变,其存在形式也随之变化,当达到平衡时,可用下式表示(括号内数字为 λ_{max}):

$$H_5CAS^+ \Longrightarrow H_4CAS \Longrightarrow H_3CAS^- \Longrightarrow H_2CAS^{2-} \Longrightarrow HCAS^{3-} \Longrightarrow CAS^{4-}$$

粉红色	粉红色	橙色	红色	黄色	蓝色
(540 nm)	(543 nm)	(436 nm)	(492 nm)	(427 nm)	(590 nm)

由于铬天青 S 在不同的酸度条件下有不同的电离形式,因此,铬天青 S 与铝组成的络合物同酸度有关。一般认为在 pH<3 时,铝与铬天青 S 生成 1:1 的络合物。在 pH4～6 及铬天青 S 浓度为 $10^{-4}～10^{-3}$ 时,铝与铬天青 S 生成 1:2 和 1:3 两种络合物。其中 1:2 络合物最大吸收于 545 nm 波

长处;1∶3 络合物最大吸收于 585 nm 波长处。如选用 545 nm 波长处绘制铝的检量线时,不通过原点;而采用 567.5 nm 波长处绘制铝的检量线,则通过原点(这是由于铝与铬天青 S 的 1∶2 和 1∶3 络合物的两个波长吸收曲线相交于 567.5 nm 波长处)。

铬天青 S 在 pH=5.5 和 550 nm 波长处,其吸光度最小,而铅-铬天青 S 的络合物在这种条件下吸光度最大。

Ti^{4+},Fe^{3+},V^{5+},Mo^{6+},Cr^{3+},Cu^{2+} 等元素对测定有干扰。铁一般可用抗坏血酸还原掩蔽。但有抗坏血酸存在时,影响 Al^{3+} 的显色,降低了有色溶液的稳定性。1 mL 1% 的抗坏血酸能掩蔽 3~4 mg Fe^{3+},大量 Fe 存在时,增大抗坏血酸的用量,使铝的吸光度急剧下降。为了抵消影响,在绘制检量线时,应加入同量的铁和抗坏血酸。如采用 EDTA-Zn 代替抗坏血酸,可改善方法的稳定性。Ti^{4+} 无论使用 pH5.7~5.8 或 pH=4.6,均有干扰,尤其是它的量等于或高于铝时更为显著。通常须用铜试剂沉淀或铜试剂沉淀-三氯甲烷萃取分离。V^{5+} 在 pH5.7~5.8 时有干扰,但不显著,而在 pH=4.6 时,加了抗坏血酸后,严重干扰测定。高合金钢中的铬必须用高氯酸氧化成高价后,以氯化铬酰形式挥发除去,残量 3 价铬不影响测定。Cu^{2+} 用硫代硫酸钠掩蔽。在显色液内钼含量超过 1 mg 时,可加磷酸盐掩蔽(pH=4.6)。

$Al(OH)^{3+}$ 水溶液中的状态是极其复杂的。当溶液 pH 值高时,它可以逐级水解生成 $Al(OH)^{3+}$,$Al(OH)^{2+}$,$Al(OH)_3$;当溶液 pH 值过高时生成 AlO^{2-}。因此,用本法测铝时,一般在 pH=3 附近加入铬天青 S,然后加入缓冲液调节至 pH=5.5,以避免铝的水解对测定带来的影响。

缓冲溶液的类型和浓度对测定也有影响。如使用缓冲能力较强、浓度较高的乙酸盐溶液,由于乙酸根能与 Al^{3+} 络合降低吸光度。如使用 6 次甲基四胺作缓冲溶液,由于它不与 Al^{3+} 络合,所得到的吸光度比用乙酸盐的要高,但色泽的稳定性比乙酸盐作缓冲液的要差。

下面分别介绍用抗坏血酸和用 EDTA-Zn 作掩蔽剂的两种分析方法。

1. 用抗坏血酸作掩蔽剂

试样经酸溶解,高氯酸冒烟,用抗坏血酸还原 Fe^{3+},以乙酸铵调节酸度,在 pH≈4.6,铝和铬天青 S 生成紫红色络合物(有铁存在时为酱色),以此测定吸光度。

1) 试剂

王水(2+1):2 份盐酸+1 份硝酸。高氯酸(70%)。氨水(1+5)。硝酸(1+40)。抗坏血酸溶液(1%),当天配制。2,4-二硝基酚指示剂(0.2%)。乙酸铵溶液(20%)。铬天青 S 溶液(0.2%),称取 0.2 g CAS 溶于乙醇(1+1)100 mL 中。铝标准溶液(Al 5 $\mu g \cdot mL^{-1}$),称取纯金属铝 0.100 0 g 溶于少量盐酸(必要时加 1 mL 硝酸)中,加硫酸(1+1)5 mL,加热冒白烟,取下冷却,以水溶解并移入 1 000 mL 容量瓶中,用水稀释至刻度,摇匀。吸取此溶液 5 mL 于 100 mL 容量瓶中,用水稀释至刻度,摇匀。

2) 操作步骤

称取试样 0.200 0 g 于 150 mL 锥形瓶中,加王水 5 mL,加热溶解。加高氯酸 3 mL,加热至冒烟(含铬试样,用 NaCl(固体)或滴加盐酸去铬 1~2 次),冷却,加少量水溶解盐类后,移入 100 mL 容量瓶中,以水稀释至刻度,摇匀。显色液:吸取试液 10 mL,置于 50 mL 容量瓶中,加抗坏血酸溶液 10 mL 和 2~3 滴 2,4-二硝基酚指示剂,用氨水(1+5)调节至溶液呈黄色,再用硝酸(1+40)调至无色并过量 2 mL,准确加入铬天青 S 溶液 2.0 mL,乙酸铵溶液 3 mL,摇匀,用水稀释至刻度,摇匀。空白液:吸取上述试液 10 mL,置于 50 mL 容量瓶中,同显色液操作,但在铬天青 S 加入前,加氟化铵溶液(0.5%)5 滴。用 2 cm 比色皿,于 550 nm 波长处,以空白液为参比,测定吸光度。在检量线上查得试样的含铝量。

3) 检量线的绘制

称取纯铁(或低铝标样 Al<0.01%)0.200 0 g,按操作步骤溶样制作底液。于 5 只 50 mL 容量瓶中,依次加入底液 10 mL,铝标准溶液 1.0 mL,2.0 mL,3.0 mL,4.0 mL,5.0 mL(Al 5 μg·mL^{-1}),按上述方法显色,测定吸光度,绘制检量线。该标准溶液每毫升相当于含铝量 0.025%。

4) 注

(1) 用高氯酸冒烟处理,可以去铬,高硅试样可使硅析出,消除硅的影响。同时,使化合铝溶解得最彻底,分析结果准确度高。

(2) 溶解用酸及乙酸铵的加入量均影响灵敏度和稳定性。按操作中的酸度,加入乙酸铵 3 mL 灵敏度最高,显色后能立即达到最深色。

(3) 本法可允许 20 mg 铁存在。但如含钒时,由于抗坏血酸能将 V^{5+} 还原为 V^{4+},而 V^{4+} 和铬天青 S 生成紫色络合物,严重干扰铝的测定,所以此法不适于含钒的钢样,也不适合含钛钢样。

(4) 测定吸光度的时间,一般控制在显色后 5～20 min 内测定完毕。室温低时,放置时间可适当延长。

(5) 本法适用于测定钢中 0.01%～0.15% 的含铝量。

2. 用 EDTA-Zn 作掩蔽剂

试样经酸溶解,高氯酸冒烟后,以 EDTA-Zn 掩蔽铁、镍;铜、甘露醇掩蔽钛。用六次甲基四铵为缓冲液,在 pH5.3～5.9 时 Al^{3+} 和铬天青 S 生成紫红色络合物,以此测定其吸光度。

1) 试剂

稀王水(1+1+2):盐酸+硝酸+水。高氯酸(70%)。EDTA-Zn 溶液(0.1 mol·L^{-1}),(1+1)。称取氧化锌 8.1 g,加盐酸(1+1)40 mL 加热溶解;另取 EDTA37.2 g 溶于 700 mL 水中,加氨水 15 mL,使其溶解,然后将两溶液混合均匀,用(1+1)氨水及(1+1)盐酸调节,使其 pH 为 4～6,再稀释至 1 000 mL。六次甲基四胺缓冲溶液(pH=5.7):称取 40 g 该试剂溶于 100 mL 水中,加盐酸 4 mL。甘露醇溶液(5%)。氟化铵溶液(0.5%)。铬天青 S(0.1%),水溶液。铝标准溶液(Al 5 μg·mL^{-1}),配制方法同方法 1。

2) 操作步骤

称取试样 0.100 0 g 于 150 mL 锥形瓶中,加稀王水 10 mL,加热溶解,加高氯酸 3 mL,继续加热至冒烟,并维持半分钟以上,小心滴加盐酸去铬。将溶液蒸发至近干,取下冷却,用水冲洗杯壁,补加 1.5 mL 高氯酸,蒸发至冒烟。取下冷却,加水溶解盐类,移入容量瓶中以水稀释至刻度(如有沉淀,干过滤部分溶液,备用)。显色液:根据试样含铝量不同,吸取上述试液 2 mL,5 mL 或 10 mL(控制铝含量在 2～25 μg)置于 50 mL 容量瓶中,同时根据所取液中铁的大致含量,按 2 mg,5 mg,10 mg 铁,分别加入 2 mL,5 mL,10 mL EDTA-Zn 溶液,若试样中含钛,加甘露醇溶液 5 mL,摇匀,然后加铬天青 S 溶液 2 mL,轻轻摇动,加六次甲基四胺缓冲液 5 mL,用水稀释至刻度,摇匀。空白液:按显色液同样操作,但在显色前加氟化铵溶液 10 滴(约 0.5 mL)。放置 20～30 min,用 1 cm 或 2 cm 比色皿,于 550 nm 波长处,以空白液为参比,测定吸光度。在检量线上查得试样的含铝量。

3) 检量线的绘制

称取纯铁 0.100 0 g,按方法溶解处理,用水稀释至 100 mL,于 6 只 50 mL 容量瓶中,吸取此底液(其量与样品分取量相同),依次加入铝标准溶液 0.5 mL,1.0 mL,2.0 mL,3.0 mL,4.0 mL,5.0 mL(Al 5 μg·mL^{-1})。按上述方法同样显色,空白溶液中加氟化铵 10 滴,摇匀。测定吸光度,绘制检量线。该标准溶液每毫升对于吸取试液 2 mL,5 mL,10 mL 相当于铝含量分别为 0.25%,0.10%,0.05%。

4）注

（1）驱铬时温度不宜过高或过低。过高，$HClO_4$ 蒸发太快；过低，铬氧化不完全。驱铬时盐酸只能滴加，否则效果不好。如用氯化钠驱铬时，不宜多加，否则使铝的吸光度微有降低。

（2）对于含铝量大于 0.1％的试样，只有通过高氯酸冒烟铬 Cr^{+3} 氧化为 Cr^{6+}。V^{5+} 和 Cr^{6+} 对测定无干扰。

（3）$HClO_4$ 冒烟后剩下的体积要注意控制在 1～1.5 mL 之间，否则显色及酸度难以控制在最适合范围之内。

（4）由于 Fe^{3+}，Ni^{2+}，Cu^{2+} 与 EDTA 的络合物稳定性比 Al^{3+} 和 Zn^{2+} 大，所以加入 EDTA-Zn 溶液后可以掩蔽铁、镍、铜，取代出的锌对测定无干扰。此法与抗坏血酸还原铁比较，稳定性好，便于操作，但显色速度比较慢。

（5）5 mL 甘露醇溶液（5％）能掩蔽 300 μg 钛，7 mL 能掩蔽 500 μg 钛。但钛-甘露醇随含钛量的增加，使铝测定结果略有偏高。在绘制检量线时，应加入大致相同的钛消除其影响。

（6）显色后摇匀时，不能用力太大，以免产生大量蓝色泡沫，给测定带来困难。

（7）显色速度与温度有关，在 26 ℃以上的室温放置 10 min 已显色完全，室温低时放置时间适当延长，色泽能稳定 1 h 左右。

（8）用 721 或 72 型分光光度计测定时，Al 25 μg$\cdot$(50 mL)$^{-1}$ 符合比耳定律。如用 751 型光度计，Al 40 μg$\cdot$(50 mL)$^{-1}$ 符合比耳定律。

（9）本法适用于测定钢中 0.05％～1.00％的含铝量。

3.10.2 EDTA 容量法

试样经酸溶解后，用 pH4.5～5 的醋酸-醋酸钠缓冲液调节酸度后（pH≈2），用铜试剂于 pH＝3.5 的酸度条件下（20％铜试剂溶液 pH≈9.4，加进试液后 pH＝3.5）沉淀铁、镍、钒、锰等元素后的滤液，在 pH5.5～6，加入过量的 EDTA 溶液使其与 Al^{3+} 络合，剩余部分的 EDTA 用铜标准溶液滴定（不计量），加入氟化钠取代出 Al 定量络合的 EDTA，再用铜标准溶液滴定（计量），从而计算出铝含量。

用铜试剂分离时，在 pH＝3 以上即能将钢中除铝与稀土元素以外的元素大多沉淀完全，但在该 pH 条件下，锰沉淀不完全，但在测定 pH 较高时，＜1％的锰基本上无干扰。但含大量的锰（例如 10％～20％）的试样，会使铝的分析结果偏低，如用 TTHA 滴定剂代替 EDTA 后效果良好。钛的铜试剂沉淀不稳定易分解，因此影响测定（使结果偏高）。对含钛试样，需沉淀后立即分离，钛的分离效果较好。也可以加入苦杏仁酸，能掩蔽 2 mg 以下的钛。

在室温用 Al 与 EDTA 的络合反应太慢，在热溶液中却大有改善，其络合率在 99％以上，故在精确测定铝含量时，必须在相同条件下，用金属铝或标钢标定 EDTA 的滴定度。其主要反应如下：

Al^{3+} 与 EDTA 络合：

$$Al^{3+} + H_2Y^{2-} \Longleftrightarrow AlY^- + 2H^+$$

铜标液滴定过量的 EDTA：

$$Cu^{2+} + H_2Y^{2-} \Longleftrightarrow CuY^{2-} + 2H^+$$

加入 NaF 置换 Al-EDTA（由于 $(AlF_6)^{3-}$ 的 log K＝23.70，比 AlY^- 的 log K＝16.13 大，故能置换）：

$$6F^- + AlY^- \Longleftrightarrow (AlF_6)^{3-} + Y^{4-}$$

再用铜溶液滴定取代出的 EDTA。此法适用于铝含量 0.1％以上。

1）试剂

王水（2＋1）：2 份盐酸＋1 份硝酸。高氯酸（70％）。乙酸（1＋1），用冰乙酸配制。乙酸钠（固体）。

铜试剂(20%)水溶液(100 mL 中含铜试剂 20 g,pH≈9.4)。乙酸-乙酸钠缓冲液:取 200 g 含结晶水的乙酸钠加水溶解后,加 9 mL 乙酸,用水稀释至 1 000 mL(pH=5.5)。氟化铵(固体)。PAN 指示剂(0.1%):称取 0.1 g 1-(2 吡啶偶氮)-2-萘酚溶于 100 mL 乙醇中。铜标准溶液(0.010 00 mol·L⁻¹),准确称取纯铜 0.635 4 g,加硝酸(1+1)10 mL 溶解,加硫酸 5 mL,蒸发冒烟取下,加水溶解盐类后,移入 1 000 mL 容量瓶中,以水稀释至刻度,摇匀。EDTA 溶液(0.02 mol·L⁻¹),取 EDTA 3.72 g 溶于 500 mL 水中(加热溶解)。铝标准溶液(Al 0.5 mg·mL⁻¹),取纯金属铝 0.250 0 g,溶于少量盐酸(必要时加 1 mL 硝酸)中,加硫酸(1+1)5 mL,加热冒烟,取下冷却,以水溶解盐类,并移入 500 mL 容量瓶中,以水稀释至刻度,摇匀。

2) 操作步骤

称取试样 0.200 0 g 于 150 mL 锥形瓶中,加王水 10 mL,加热溶解,加高氯酸 3 mL,继续加热至冒烟近干,冷却,加水约 40 mL 溶解盐类,加乙酸(1+1)20 mL,滴加氨水(1+1)调至 pH=2。在不断搅拌下,倒入预先盛有 20 mL 铜试剂的 100 mL 容量瓶中,摇匀。以水稀释至刻度,不时剧烈摇动,放置 1~2 min 后,用双层快速滤纸过滤于 150 mL 锥形瓶中。吸取 25 或 50 mL 滤液(铝控制在 5 mg 以下),于 250 mL 锥形瓶中,加 EDTA 溶液(0.02 mol·L⁻¹)15 mL,加热至约 70 ℃,加乙酸-乙酸钠缓冲液 20 mL,煮沸 1~2 min,取下。30 s 后加 8 滴 PAN 指示剂,立即用铜标准溶液滴定至出现稳定的紫红色或紫色(不计读数,但要准确滴定)。加氟化铵 1.5 g,加热煮沸 1~2 min,取下,30 s 后再以铜标准溶液滴定到紫红色或紫色为终点。记下第二次滴定时所消耗的铜标准溶液的毫升数。按下式计算试样的铝含量:

$$Al\% = \frac{T \times V \times 100}{G}$$

式中:V 为第二次滴定消耗铜标准溶液的毫升数;T 为 1 mL 铜标准溶液相当于铝的量(g);G 为称取试样质量(g)。

滴定度(T)可用含铝量相近的标准钢样按操作步骤操作,或用铝标准溶液,用氨水和盐酸调节溶液至刚果红试纸由红变蓝,再加盐酸(1+1)3 mL 和缓冲液 10 mL,用水稀释至约 50 mL,加过量 EDTA 溶液,以下同上述操作步骤。

$$T = \frac{所取铝标准溶液的质量(g)}{铜标准溶液第二次滴定消耗的数}$$

3) 注

(1) 铝含量的 0.5% 以下,可不分取试液,并用较稀的铜标准溶液进行滴定。试样不宜称取太多,否则铜试剂用量增加且分离效果不好。滤液如有红色沉淀,这是过滤时部分沉淀穿过滤纸之故,当溶液煮沸沉淀会消失,不影响测定。

(2) 在有大量的乙酸或乙酸盐存在下,用铜试剂分离时,由于 Ac⁻ 对 Al³⁺ 的络合作用,当 pH 高达 6.5 左右,Al³⁺ 不会由于水解沉淀而损失,有利于 Mn,RE 等干扰元素的分离。

(3) 如加入 PAN 指示剂后,溶液已呈红色,则可能是 EDTA 加入量不足,可另取溶液适当增加 EDTA 的用量。

(4) 如试样中含有钛,可在加入指示剂后,再加苦杏仁酸溶液(10%)1~5 mL,以掩蔽钛,0.5 g 苦杏仁酸可掩蔽 2 mg 以下的钛。苦杏仁酸用量不能太多,否则终点不稳,且易褪。铜试剂分离后,残留的钛量不会超过 1 mg。也可用铜试剂-苯砷酸联合分离,能很好地沉淀分离钛,消除其干扰。

(5) 用铜标准溶液二次滴定终点要控制一致,这样能减少滴定误差。终点的颜色根据滴定消耗的铜标准溶液的量多少呈紫红-紫-蓝紫的不同情况,应以颜色出现突变为准。

(6) 加入过量氟化铵,对测定无影响。

(7) 如无铜试剂,也可以用强碱分离。其分离条件为:试样用王水溶解,蒸发至小体积,加 10 g 氯化钠和 10 g 氢氧化钠,于电热板上加热搅拌后,用水稀释一定体积,混匀,滤取部分滤液,以下的操作同本法。强碱分离干扰元素并不彻底,且铝有损失,因此必须同时带同类型的标钢确定铝的滴定度。

(8) 本法适用于含铝量 0.1％以上的中低合金钢的测定。

3.11　硼　的　测　定

微量硼的测定,一般是采用光度法,随着有机试剂的发展,已有很多有机试剂用于钢中硼的测定。较常用的测定硼的显色剂如表 3.4 所示。

表 3.4　硼的较常用的显色剂比较

显色剂	显色条件	最大吸收波长 (nm)	灵敏度	
			$\mu g \cdot cm^{-2}$	摩尔吸光系数 $\varepsilon_{波长}^{溶剂}$
姜黄素	分离出硼后用有机试剂萃取	540	0.000 2(550 nm)	$\varepsilon_{有机相}^{540}=40\ 000$
次甲基蓝	pH＝1 用二氯乙烷萃取	660	0.000 17	$\varepsilon_{二氯乙烷}^{660}=14\ 000$
1,1-二蒽醌亚铵	93％～95％硫酸于 100 ℃下加热	620	0.001(620～640 nm)	$\varepsilon^{620}=10\ 800$
1-羟基-4(对甲苯胺基)-蒽醌(HPTA)	28.5 mol·L^{-1}硫酸	600	0.001 3	$\varepsilon^{600}=9\ 000$
胭脂红	93％～95％硫酸	590～610	0.002	$\varepsilon^{590}=5\ 500$

硼的显色剂可分为 3 类:

(1) 不须分离,在硫酸介质中直接光度测定。如四羟基蒽醌、二蒽醌亚铵、胭脂红、HPTA 等。这些方法比较简单、快速,但受硫酸浓度影响很大,且浓硫酸使用起来不方便,一般只可测定钢中酸溶硼。

(2) 分离出硼后,将硼酸蒸发干涸脱水后,加入有机显色剂显色,用乙醇、丙酮等提取,然后于有机相中进行光度测定。姜黄素就属于这一类。

(3) 用有机溶剂萃取 BF_4^- 与碱性染料如次甲基蓝、结晶紫、孔雀绿、尼尔蓝等形成的三元络合物进行光度测定。这个方法,一般钢中常存在的元素无干扰,因而不必将硼预先进行分离,操作简单、快速,同时灵敏度高,是目前微量硼的分析中应用最广的方法。

硼的分离是硼的分析中重要问题之一。通常采用的方法有蒸馏法、离子交换法、汞阴极电解法、萃取及沉淀法。

蒸馏法是基于使硼酸脱水后,硼酸与甲醇生成三甲基酯,随甲醇蒸气一起被蒸出。这种分离方法,硼与其他元素的分离较完全,操作简单,重现性也好,适用范围广,广泛作为标准方法,但需昂贵的石英蒸馏器,同时费时长,在日常大批试样分析中,很不方便。因此近年来逐渐被直接萃取法所取代。但必须指出,对一些含铌、钽较高的高合金钢和镍、铁基合金,目前由于直接萃取分离法受到限制,因而仍具有一定的实用价值。

萃取法,一种是用甲基异丁基酮萃取分离除去铁等元素,但镍、钛等元素不能除去,因而适用范围很小；另一种是使硼成氟硼阴离子（BF_4^-）与一定有机试剂生成三元络合物，用有机试剂定量萃取。如上所述，这类方法简单、快速，是目前应用最广泛的方法，但铌、钽也同时被萃取。

其他分离方法在钢铁分析中很少应用。

钢中硼的测定有酸溶硼和酸不溶硼之分，其合量为全硼。测定钢中的全硼，过去一般皆需进行回渣处理，即用碳酸钠或碳酸钾熔融残渣，合并于主液或单独进行酸不溶硼的测定。这样使得硼的分析复杂化。经过长期的实践，人们认识的深化，随着在酸性溶液中硼有无损失问题的解决，试样溶解方法的改进，过去酸不溶硼，现今已被酸溶了。近年来，提出了许多溶解试样的方法，如 $H_2SO_4+H_2O_2$，H_2SO_4+HF，$H_2SO_4+H_3PO_4$，$H_2SO_4+H_3PO_4+NaHF_2$ 等，应用这些方法溶解钢样，一些碳钢、低合金钢、高合金钢和镍基合金皆可不经回渣处理，而经酸溶后测得硼即为全硼。但还需指出，采用上述溶解方法，在一些钢中仍有酸不溶硼在钢中不能被溶解。这样一来，过去以酸溶和酸不溶来确定硼在钢中的形态，给分析工作带来一定的困难。由于溶样方法及试剂处理不一致，往往得到不同的分析结果，因此，更严格地确定硼在钢中的形态以统一分析结果，便成了当务之急。

随着离子选择性电极的广泛使用，成功地解决了将钢中硼转化成氟硼酸根离子，然后使用氟硼酸根离子选择性电极测定。这使测定硼的手续大大简化，在一定程度上也提高了测定的准确度，为钢中硼的分析开辟了新的途径。

3.11.1　次甲基蓝-二氯乙烷萃取光度法

在酸性溶液中，有氟离子存在时，硼酸与氟离子作用生成氟硼络离子（BF_4^-），进而与次甲基蓝形成蓝色的络合物，它可被二氯乙烷定量萃取。Fe^{3+}，Ni^{2+}，Cr^{3+}，W^{6+}，Mo^{6+}，Al^{3+}，Si^{4+}，Mn^{2+}，Be^{3+} 等无干扰，Fe^{2+} 的干扰用过氧化氢或高锰酸钾氧化至 Fe^{3+} 而消除。Cr^{6+} 的影响用硫酸亚铁铵还原至 Cr^{3+} 而消除。铌大于 0.1 mg，钽大于 0.005 mg 严重干扰测定。钽含量不高时，可用水洗去。

在 pH＝1 时用二氯乙烷萃取，其最大吸收在 660 nm 波长处，摩尔吸光系数：$\varepsilon^{660}=14\,000$。

溶解反应：
$$2FeB+2H_2SO_4+6H_2O = 2H_3BO_3+2FeSO_4+5H_2\uparrow$$

硼酸与氢氟酸反应：
$$H_3BO_3+4HF = HBF_4+3H_2O$$

显色反应：

次甲基蓝与 BF_4^- 以 1：1 关系反应，生成蓝色络合物。

本法适用于硼含量 0.000 5%～0.02%，硼量 0.5～5 $\mu g\cdot(25\ mL)^{-1}$，符合比耳定律。

1）试剂

硫磷混合酸：将硫酸 140 mL 缓缓地注入 1 000 mL 水中，冷却后加磷酸 334 mL，以水稀释至 2 000 mL，摇匀。氢氟酸（1+7）（配制时用塑料量杯或涂蜡量杯量取）。高锰酸钾溶液（4％）。硫酸亚铁铵溶液（4％），每 100 mL 中加硫酸（1+1）4～5 滴。次甲基蓝溶液（0.001 mol·L^{-1}）：称取 1.87 g 次甲基蓝于 150 mL 烧杯中以热水溶解，移入 500 mL 容量瓶中用水稀释至刻度，摇匀（此浓度为 0.01 mol·L^{-1}），再取该溶液 50 mL 以水稀释至 500 mL，摇匀。1,2-二氯乙烷：分析纯。硼标准溶液（B 1 μg·mL^{-1}），称取分析纯硼酸 0.287 0 g 于 1 000 mL 容量瓶中，以水溶解并稀释至刻度，摇匀。再取此溶液 20 mL 于 1 000 mL 容量瓶中，以水稀释至刻度，摇匀。

2）操作步骤

（1）酸溶硼的测定。称取试样 0.500 0 g 于 150 mL 石英烧杯中，加硫磷混合酸 25 mL，低温加热使试样溶解，冷却，移入 100 mL 容量瓶中，以水稀释至刻度，干过滤。显色液：吸取滤液 20 mL 于 125 mL 刻度塑料奶瓶中，加氢氟酸（1+7）5 mL（用塑料量杯）。在沸水浴中加热 5 min（或室温静置 2 h），取出于冷水中缓缓冷却，滴加高锰酸钾溶液恰好出现红色，然后加硫酸亚铁铵溶液 2 mL 还原至无色，以水稀释至 50 mL，摇匀，加次甲基蓝溶液 10 mL，摇匀后，准确加入 25 mL 1,2-二氯乙烷，盖紧瓶盖，振荡 1 min，静置分层后，将水相弃去，有机相倒入盛有 1 g 无水硫酸钠的干燥的 GG17 小烧杯中。空白液：以不含硼的钢同样处理。用 0.5～1 cm 比色皿，于 660 nm 波长处，以空白液为参比，测定吸光度。在检量线上查得试样的含硼量。

（2）全硼的测定。称取试样 0.500 0 g 于 150 mL 石英烧杯中，加硫酸（2.5 mol·L^{-1}）12.5 mL，再滴加过氧化氢使试样溶解，煮沸分解过量的过氧化氢，冷却，用致密滤纸过滤于石英烧杯中，用热水洗涤原烧杯和滤纸数次，并向滤液中补加磷酸（1.7 mol·L^{-1}）12.5 mL，残渣连同滤纸放入铂坩埚中。在 550 ℃时灰化，冷却，然后加入 2 g 无水碳酸钠在 800～900 ℃熔融 10 min，取出冷却，用主液小心将融盐浸出，并洗净铂坩埚。将溶液煮沸 3～5 min，冷却，移入 100 mL 容量瓶中，以水稀释至刻度，摇匀，倒回原烧杯中作母液。以下分析按酸溶硼方法。

3）检量线的绘制

称取 0.500 0 g 纯铁或不含硼的碳钢按操作步骤制备底液。于 5 只刻度塑料奶瓶中各加入 20 mL 底液，并依次加入硼标准溶液 0.0 mL，1.0 mL，3.0 mL，5.0 mL，7.0 mL（B 1 μg·mL^{-1}），加氢氟酸（1+7）5 mL。以下按操作步骤操作，以 0 mL 硼标液为参比液，测定吸光度，绘制检量线。该标准溶液每 1 mL 对 0.500 0 g 试样相当于含硼量 0.001％；对 0.200 0 g 试样相当于含硼量 0.002 5％或用含硼量不同的标准钢样按操作步骤操作绘制。

4）注

（1）含硼量大于 0.006％时称样 0.200 0 g。

（2）如无石英烧杯，可用 GG17 无硼玻璃锥形瓶、烧杯代替。稀释用的容量瓶如不是 GG17 料瓶，易使吸光度升高，因此，不宜久置，稀释后尽快转移。

（3）氢氟酸与硼酸反应生成 BF$_4^-$ 按两步进行：

$$H_3BO_3 + 3HF \longrightarrow HBF_3OH + 2H_2O$$
$$HBF_3OH + HF \longrightarrow HBF_4 + H_2O$$

BF$_4^-$ 可与碱性染料生成可被有机溶剂萃取的离子络合物，而 BF$_3$OH$^-$ 不能被萃取，因此定量地完成第二步反应是很重要的。其中氢氟酸浓度、酸度、温度于 BF$_4^-$ 的形成有很大的影响。在该操作条件下，在 15～30 ℃放置 1～2 h，可保证 BF$_4^-$ 形成完全，在沸水浴中加热 3～5 min 可达到同样的目的。

（4）Fe^{2+} 对测定有干扰，加高锰酸钾将 Fe^{2+} 氧化为 Fe^{3+}；而氧化性试剂及高价锰、铬、钒干扰测定,使结果偏高,必须加入亚铁还原这些元素。

(5) BF_4^- 的形成要求氢氟酸浓度大,而萃取 BF_4^- 则要求氢氟酸浓度不宜过大,因此,本法采用小体积溶液中加入氢氟酸。但要使 BF_4^- 定量生成,萃取时应适当稀释,以降低氢氟酸浓度及酸度。体积稀释应准确。

(6) 铌、钽干扰严重,若含铌量高于 0.1 mg 至小于 1 mg 和钽高于 0.005 mg 至小于 0.1 mg 时,可用水洗去,具体操作如下:将萃取后的有机相吸取 10 mL,于 60 mL 分液漏斗中加水 5 mL,振荡 1 min,静置分层后,将有机相放入试管内,加入少量无水硫酸钠后测定吸光度。

(7) 试剂级硫酸系在含硼玻璃器皿中蒸馏所得,有相当的硼含量。工业硫酸中的硼含量极微,所以用工业硫酸得到的试剂空白色泽较浅,有利于灵敏度的提高。

(8) 如用硫磷酸溶解试样,并加热冒烟 5～10 min,对有的试样可近于全硼。硫磷酸冒烟时,硼基本上无损失。

(9) 温度对硼的萃取影响较大,温度变化需重新绘制检量线。

(10) 由全硼减去酸溶硼即为酸不溶硼。

(11) 本法适用于硼含量 0.000 5%～0.02% 的中低合金钢。

3.11.2　1-羟基-4(对甲苯氨基)蒽醌(HPTA)光度法

在硫酸介质中,硼与 HPTA 生成蓝色络合物,其最大吸收在 600 nm 波长处。

试样溶解的主要反应:

$$2FeB + 2H_2SO_4 + 6H_2O \Longrightarrow 2FeSO_4 + 2H_3BO_3 + 5H_2 \uparrow$$

硼与 HPTA 络合:

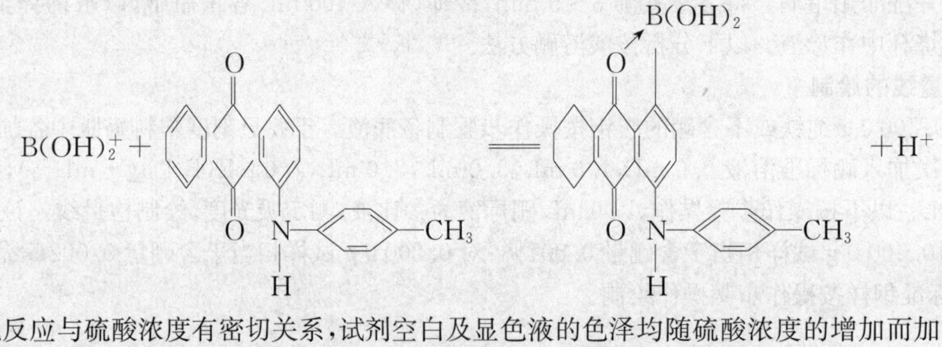

显色反应与硫酸浓度有密切关系,试剂空白及显色液的色泽均随硫酸浓度的增加而加深,显色液与空白比较,在 15 mol·L⁻¹ 左右可获得最高灵敏度,在 12 mol·L⁻¹ 以下不显色。

氧化性试剂如过氧化氢、过硫酸铵、硝酸等有干扰。氟化物存在抑制显色。少量磷酸、盐酸无干扰,较多量磷酸使吸光度略有降低,可于绘制检量线时加入相同量的磷酸予以校正。

铁无干扰。铌、钛、铝(5%)、钼(3%)、锰、钒(Ⅳ)(1%)、锆(0.5)无干扰;铜(2.5%)、钴(3%)、铬(20%)由于本身的离子色泽,使测定结果稍有偏高。因此,必须作试液空白抵消其干扰。铬镍含量高于 20%,绘制检量线时,应加入相当量的铬镍来消除它们的影响。

高价锰、铬、钒干扰测定,使结果偏高。试样用硫碱酸冒烟的溶液存在锰(Ⅲ);测定酸不溶硼时,用碳酸钠熔融残渣存在铬(Ⅳ),钒(Ⅴ),均须加入亚铁还原。

硼量在 0.5～7 μg·(25 mL)⁻¹ 符合比耳定律。

1) 试剂

工业硫酸($\rho = 1.84$ g·cm⁻³),(1+4),13.75 mol·L⁻¹(于 40 mL 水中缓缓注入 100 mL 工业硫

酸,冷却)。HPTA 溶液(0.015%):称取该试剂 0.015 g 溶于 10 mL 工业硫酸中,不断搅拌,待全溶后,加入硫酸(1+1)90 mL,冷却,贮于密封瓶中,可稳定 2 个月以上。硼标准溶液(B 25 μg·mL^{-1}):称取分析纯硼酸 0.287 0 g 以水溶解后稀释至 1 000 mL。此溶液(B 50 μg·mL^{-1})贮于塑料瓶中,使用时稀至 B 25 μg·mL^{-1}。

2) 操作步骤

(1) 酸溶硼的测定。称取试样 0.500 0 g,于 150 mL 石英烧杯中,加硫酸(1+4)25 mL,低温加热溶解,移入 25 mL 容量瓶中,以水稀释至刻度,摇匀,干过滤,滤液用石英烧杯接收。显色液:吸取滤液 5 mL,于石英烧杯中,准确加入硫酸 20 mL,摇匀,准确加入 HPTA(0.015%)5 mL,放置 1 h。空白液:不取滤液,而用硫酸(1+4)5 mL 代替,同显色液一样操作。用 3 cm 比色皿,于 600 nm 波长处,以空白液为参比,测定吸光度。如试样含铬镍,需另取试样溶液 5 mL,加硫酸 20 mL,加硫酸(1+1)5 mL,冷却,以水为参比,测定吸光度后,自试样的吸光度中减去。在检量线上查得试样的含硼量。

(2) 全硼的测定。称取试样 0.500 0 g 于石英烧杯中,加硫酸(1+4)25 mL,低温加热溶解,冷却,用定量滤纸过滤于石英烧杯中,用热水洗涤原烧杯和滤纸数次,于滤液中补加硫酸 5 mL,将此溶液保留。残渣连同滤纸放入铂坩埚中,于电炉上灰化,再在 500~600 ℃左右灰化,冷却。加无水碳酸钠 1 g,摇匀,于 900 ℃熔融 10 min 后,冷却,用硫酸 1 mL 浸取,并入保留液中,将溶液体积浓缩到小于 50 mL 后,冷却,移入 50 mL 容量瓶中,以水稀释至刻度,摇匀,倒回原烧杯中作母液。显色液:同酸溶硼的测定。用 3 cm 比色皿,于 600 nm 波长处,以不含试样的平行操作试剂空白为参比,测定吸光度。

3) 检量线的绘制

于 4 只石英烧杯中,依次加硫酸(1+4)25 mL 及硼标准溶液 0.25 mL,0.50 mL,0.75 mL,1.0 mL(B 25 μg·mL^{-1})与溶解试样一致的时间于低温加热,冷却,移入 25 mL 容量瓶中,以水稀释至刻度,摇匀,吸取 5 mL 试液按操作步骤显色,以硫酸(1+4)5 mL 同显色液一样操作作为空白参比,测定吸光度,绘制检量线,该标准溶液每毫升对称样 0.500 0 g 相当于含硼量 0.005%;对称样 0.100 0 g 相当于含硼量 0.02%。

4) 注

(1) 含硼量超过 0.007%,称样 0.100 0 g。

(2) HPTA 溶于硫酸溶液中,由于试液中的硼显色呈深绿色,这样配制的试剂溶液不稳定,空白的吸光度逐日增高。配制成酸度 9 mol·L^{-1} 左右的溶液,硼不显色,因而有利于试剂溶液的贮藏,能稳定 2 个月以上,硫酸溶液的酸度低于 7.5 mol·L^{-1},则试剂从溶液中析出,也不适用。但在显色时必须保证显色液中硫酸浓度为 14.25 mol·L^{-1}。

(3) 酸溶硼溶样时温度不要过高,不能激烈煮沸,否则结果不稳定。

(4) 硫酸 20 mL 应准确加入,不要沾在瓶口或瓶颈上。

(5) 试样溶液中加入硫酸时会发热,在加入显色剂后于水中冷却,放置 1 h 后测定,色泽稳定,如果加入硫酸,待冷却后再加 HPTA,有时会析出结晶沉淀物,使显色液浑浊。

(6) 空白应在一批试样的第一只制作,而且与试样的显色时间差距应尽量短些。否则,空白值高,而且变化较大,这是该法的不足之处,因而分析结果重现性不是很好。

(7) 灰化温度应控制在 500~600 ℃左右,不宜过高,时间不宜过长,只要灰化即可。

(8) 熔块浸出倒回原烧杯后,如体积小于 50 mL,也要放在电炉上煮沸 1~2 min,冷却后移入 50 mL 容量瓶中。

(9) 其他一些注意点参见次甲基蓝-二氯乙烷萃取法。

(10) 如要快速分析,可按下面操作进行:吸取滤液 5 mL 于石英烧杯中,准确加入硫酸 5 mL,冷却,加 HPTA(0.01%,13.75 mol·L^{-1} 硫酸溶液)7 mL,放置 10 min 后测定其吸光度。该法显色速度快,但稳定性不如上法。HPTA 试剂不稳定。

3.11.3 氟硼酸根离子选择性电极法

将钢中硼转化为氟硼酸根离子,然后使用氟硼酸根离子选择性电极加以测定,在一定程度上提高了测定的准确度,大大简化了操作手续。

使用由三庚基十二烷基氟硼酸铵为活性物质研制而成的聚氯乙烯膜电极,其对 BF_4^- 的线性测量范围最高可达 3×10^{-6} mol·L^{-1},测量下限为 10^{-5} mol·L^{-1}。该电极对硫酸根,氟离子的选择性均较好,且主量铁和大量的铬、镍、锰、钴、钛等合金元素不干扰硼的测定,铌可用酒石酸掩蔽,因此不必进行分离。

1) 仪器及试剂

氟硼酸根离子电极:以三庚基十二烷基氟硼酸铵为活性物质,邻苯二甲酸二(2-乙基)己基酯为增塑剂的 PVC 膜电极。电极内参液由 0.01 mol·L^{-1} 氟硼酸钠和 0.01 mol·L^{-1} 氯化钾相混合而成。参比电极:217 型双套管饱和甘汞电极(上海电光仪器厂),外套管充以 3 mol·L^{-1} 氯化钾,3% 琼脂。电位测定仪:PHS-2 型 pH 计。用该 pH 计配以 231 型玻璃电极可测定溶液的 pH 值。硼标准溶液(B 100 μg·mL^{-1}):称取分析纯硼酸 0.057 2 g 溶于水,移入 100 mL 容量瓶中,以水稀释至刻度,摇匀,在使用时可根据需要进行稀释,溶液贮于塑料瓶中。氢氟酸(40%),优级纯。硫磷混合酸:在 1 000 mL 溶液中含有硫酸 125 mL,磷酸 250 mL。EDTA 溶液(10%)。氢氧化钾溶液(40%),优级纯。

2) 操作步骤

(1) 酸溶硼的测定。称取试样 0.200 0 g 于石英烧杯中,加硫酸混合酸 10 mL,低温加热,待试样溶解完毕后转移到 50 mL 塑料杯中,加 0.2 mL(塑料滴管 3~4 滴)氢氟酸,于沸水浴中氟化 2 min,取出,流水冷却,加入 EDTA 溶液 10 mL,边搅拌边滴加氢氧化钾溶液直至溶液澄清,然后插入玻璃电极和甘汞电极调节溶液酸度至 pH=4(或用精密 pH 试纸调节),立即取出电极,将溶液移入 50 mL 容量瓶中,流水冷却,稀释至刻度,把溶液倒回塑料杯,插入氟硼酸根电极和参比电极,在搅拌状态下,读取稳定的电位值。

(2) 总硼的测定。称取 0.200 0 g 试样于石英烧杯中,加硫磷混合酸 10 mL,王水(2+1)20 mL,低温加热至完全溶解,继续加热至冒烟 2 min,冷却,加 10 mL 水溶解盐类,移入 50 mL 塑料杯中,以下按酸溶硼进行测定。

3) 检量线的绘制

视样品中含硼量之高低,在 4~5 只 50 mL 塑料杯中,依次加入适量硼标准溶液(第一只空白),然后加入 10 mL 硫磷混合酸,按以上操作步骤氟化,调节溶液 pH,最后使测定溶液体积为 50 mL。根据溶液中硼浓度自低向高的次序测定其稳定电位值,在半对数坐标纸上作 E-$\log C$ 检量线,由 C 而计算出样品中的含硼量。

4) 注

(1) 由于硫酸根的存在,能使检量线下限(10^{-4} mol·L^{-1} 以下)偏离奈恩斯特关系式,所以当要测定低含量的酸溶硼,若试样能被稀磷酸单独分解时,最好采用 1.7 mol·L^{-1} 的磷酸代替硫磷混合酸来分解样品。

(2) 试样中含铌时,可在氟化后加入 10% 酒石酸溶液 5 mL 以掩蔽铌的干扰。此时 400 倍的铌不干扰硼的测定。当含钼量较高时(>100 倍),能导致结果偏高。此时可增大 EDTA 的加入量至 15 mL,或在检量线的绘制过程中加相应的钼,都能有效地消除其干扰。

(3) 当采用玻璃电极来调节溶液 pH 时,应注意在未加氢氧化钾中和前,切忌将玻璃电极插入含氢氟酸的酸性溶液中,以免电极损坏。

（4）实验证明在硫磷混合酸-氢氟酸-EDTA 介质中,基体 3 价铁并不干扰硼的测定。但在进行实样分析时,含硼标钢检量线与铁基加硼检量线并不一致,因此,在必要时,可采用以不同硼含量的标钢来绘制半对数检量线。

（5）氟硼酸根电极内参液也可由 0.01 mol·L⁻¹ 硼酸溶液、0.03 mol·L⁻¹ 氢氟酸及 0.01 mol·L⁻¹ 氯化钾溶液组成。

3.12　铌的测定(二甲酚橙光度法)

在硫酸介质中,氢氟酸存在下,铌与二甲酚橙生成稳定的金黄色络合物。适量的铝(或铍)离子能防止氟离子的干扰,3 价铁离子、钼等可用抗坏血酸掩蔽。

酸度的影响:显色液的吸光度随酸度的增加而降低,在硫酸介质中以 0.09 mol·L⁻¹ 为宜。

显色时间:用硫酸铝作为氟的掩蔽剂时,在 25～35 ℃时 10 min 可达到稳定。在 60 ℃左右水浴中加热 2～3 min,即可显色完全。用硫酸铍掩蔽氟时,室温放置 5 min 可显色完全。但是,加硫酸铝的显色液较硫酸铍的显色液稳定性好。如在 30 ℃,加入硫酸铍稳定约 30 min,而加入硫酸铝的可稳定约 1 h,所以在日常分析中较多地选用硫酸铝(或氯化铝)。

测定低铌时,显色后放置时间需延长,用硫酸铍掩蔽氟时,室温 30 ℃放置 2 min,15 ℃时,放置 15～25 min;用硫酸铝掩蔽氟时,在 30 ℃,须放置 30 min,或于 60 ℃水浴中加热 5 min。

氢氟酸加入量:铌必须成氢氟酸、酒石酸或草酸的络合物才能与二甲酚橙显色,否则结果偏低。如用氟离子作为络合剂时必须用硫酸铝(或铍)掩蔽过量的氟。氢氟酸用量增加时相应地要增加硫酸铝(或铍)的用量,否则显色受到干扰。氢氟酸用量太少也会使结果偏低,尤其是低铌,因称样较多,因此,氢氟酸的加入量应小心控制。

干扰元素:在 0.09 mol·L⁻¹ 硫酸中,加入抗坏血酸,只有 Nb^{5+},Zr^{4+},Hf^{4+},Bi^{3+},Pd^{3+} 与二甲酚橙显色,所以干扰元素较少。Ni^{2+},Cr^{3+} 本身的色泽可用参比溶液抵消。含 W 大于 1‰时,可在溶样时加入氢氟酸,阻止钨酸沉淀析出。EDTA,三乙醇胺能阻止 Nb^{5+},Zr^{4+} 的显色。CyDTA 能阻止 Zr^{4+} 显色而对 Nb^{5+} 灵敏度有所降低。一般试样中不含 Bi,可以不考虑。

1）试剂

王水(2+1):2 份盐酸与 1 份硝酸相混合。硫酸溶液(1+1)。氢氟酸溶液(1+50),贮于塑料瓶中。抗坏血酸溶液(5%),当天配制。EDTA 溶液(0.02 mol·L⁻¹)。CyDTA 溶液(0.02 mol·L⁻¹),CyDTA 系二氨基环己烷四乙酸的简称。二甲酚橙溶液(0.3%):称取 0.3 g 二甲酚橙显色剂溶于 100 mL 水中,摇匀。氟化铵溶液(1%)。硫酸铍或硫酸铝溶液(2%)。铌标准溶液(Nb 100 μg·mL⁻¹):称取 Nb_2O_5(分析纯)0.143 1 g 于铂坩埚中,加焦硫酸钾约 2 g 熔融,冷却后用 100 mL 酒石酸溶液(6%)浸取,移入 1 000 mL 容量瓶中,以水稀释至刻度,摇匀。

2）操作步骤

称取试样 0.100 0 g 于 125 mL 锥形瓶中,加王水 15 mL,加热溶解后,加硫酸(1+1)10 mL,加热至冒三氧化硫白烟,保持 1 min,取下稍冷,加水 30 mL,加热溶解盐类至溶液清澈,加氢氟酸(1+50) 5 mL,煮沸 30 s,冷却,移入 100 mL 容量瓶中,用水稀释至刻度,摇匀。显色液:吸取上述溶液 5 mL 于 50 mL 容量瓶中,加抗坏血酸 5 mL,CyDTA 溶液 5 mL,二甲酚橙溶液 2.0 mL,硫酸铍(铝)2 mL,以水稀释至刻度,摇匀。空白液:吸取上述溶液 5 mL 于 50 mL 容量瓶中,加抗坏血酸(5%)5 mL,CyDTA

溶液 5 mL,EDTA 溶液 5 mL,氟化铵溶液 5 mL,二甲酚橙溶液 2.0 mL,以水稀释至刻度,摇匀。将显色液与空白液于 100 ℃ 的沸水浴中,加热 3 min,取下冷至室温。用 2 cm 比色皿,于 530 nm 波长处,测定吸光度。在检量线上查出试样的含铌量。

3) 检量线的绘制

在 6 只 125 mL 锥形瓶中分别称取不含铌钢样 0.100 0 g,依次加入铌标准溶液 0.00 mL,0.50 mL,1.00 mL,1.50 mL,2.00 mL,2.50 mL(Nb 100 μg·mL^{-1}),加入王水 15 mL。以下按操作步骤操作,测定吸光度,绘制检量线。该标准溶液每毫升相当于含铌量 0.10%。

4) 注

(1) 冒硫酸烟时间不宜太长,否则铌酸会脱水。

(2) 钒、钼、钽、钛、锡含量超过 5% 以上时有干扰,钼的干扰可在检量线绘制时加入相应量的钼予以抵消。

(3) 试样溶解后,若钨、铌析出,必须加氢氟酸络合后再加硫酸冒烟。

(4) 钨含量大于 1% 时,所用氢氟酸应改用(1+5)5 mL,硫酸铝(铍)溶液相应增加 10 倍的量,加二甲酚橙溶液 4.0 mL,并用含钨量相近似的钢样作底液,重新绘制检量线。或用相近似的标样在相同条件下操作,绘制检量线。

(5) 试样若含锆,在加入二甲酚橙溶液之前,必须准确加入 2 mLCyDTA 溶液,在绘制检量线时也应加入 CyDTA2 mL 溶液。

(6) 本法适用于含铌 0.1%～1.0% 的中低合金钢。小于 0.1%Nb 的试样,可称取试样 0.250 0 g。

3.13　合金结构钢、合金工具钢等的化学成分表

合金结构钢的化学成分、弹簧钢的化学成分、易切削钢的化学成分、滚动轴承钢的化学成分、合金工具钢的化学成分、焊接用钢丝的化学成分,分别如表 3.5～表 3.11 所示。

表 3.5　合金结构钢的化学成分(一)

钢号	化学成分(%)										
	碳	硅	锰	钒	钛	铜	铌	氮	稀土(加入量)	磷	硫
09MnV	≤0.12	0.20～0.60	0.80～1.20	0.04～0.12		≤0.35				≤0.050	≤0.050
09MnNb	≤0.12	0.20～0.60	0.80～1.20			≤0.35	0.015～0.050			≤0.050	≤0.050
(09Mn2)	≤0.12	0.20～0.50	1.40～1.80			≤0.35				≤0.050	≤0.050
12Mn	≤0.16	0.20～0.60	1.10～1.50			≤0.35				≤0.050	≤0.050
18Nb	0.14～0.22	≤0.17	0.40～0.65			≤0.35	0.015～0.050			≤0.050	≤0.050
08MnPRE	≤0.12	0.20～0.50	0.90～1.30			≤0.35		≤0.20	0.08～0.13	≤0.050	

续表

钢　号	化　学　成　分(%)										
	碳	硅	锰	钒	钛	铜	铌	氮	稀土 (加入量)	磷	硫
09MnCuPTi	≤0.12	0.20~ 0.50	1.00~ 1.50		≤0.03	0.20~ 0.40				0.05~ 0.12	≤0.050
09Mn2	≤0.12	0.20~ 0.50	1.40~ 1.80	0.04~ 0.10		≤0.35				≤0.050	≤0.050
(09Mn2Si)	≤0.12	0.05~ 0.80	1.30~ 1.80			≤0.35				≤0.050	≤0.050
12MnV	≤0.15	0.20~ 0.60	1.00~ 1.40	0.04~ 0.12		≤0.35				≤0.050	≤0.050
12MnPRE	≤0.16	0.20~ 0.50	0.60~ 1.00			≤0.35			≤0.20	0.07~ 0.12	≤0.050
14MnNb	0.12~ 0.18	≤0.17	0.80~ 1.20			≤0.35	0.015~ 0.050			≤0.050	≤0.050
14MnNb	0.12~ 0.18	0.20~ 0.60	0.80~ 1.20			≤0.35	0.015~ 0.050			≤0.050	≤0.050
16Mn	0.12~ 0.20	0.20~ 0.60	1.20~ 1.60			≤0.35			≤0.20	≤0.050	≤0.050
16MnRE	0.12~ 0.20	0.20~ 0.60	1.20~ 1.60			≤0.35	0.015~ 0.050		≤0.20	≤0.050	≤0.050
10MnPNbRE	≤0.14	0.20~ 0.60	0.80~ 1.20			≤0.35				0.06~ 0.12	≤0.050
15MnV	0.12~ 0.18	0.20~ 0.60	1.20~ 1.60	0.04~ 0.12		≤0.35				≤0.050	≤0.050
15MnTi	0.12~ 0.18	0.20~ 0.60	1.20~ 1.60		0.12~ 0.20	≤0.35				≤0.050	≤0.050
16MnNb	0.12~ 0.20	0.20~ 0.60	1.00~ 1.40		0.09~ 0.16	≤0.35	0.015~ 0.050			≤0.050	≤0.050
14MnVTiRE	≤0.18	0.20~ 0.60	1.30~ 1.60	0.04~ 1.10	0.09~ 0.16	≤0.35				≤0.050	≤0.050
15MnVN	0.12~ 0.20	0.20~ 0.50	1.20~ 1.60	0.05~ 0.12		≤0.35		0.012~ 0.020	≤0.20	≤0.050	≤0.050
15MnVNT	0.12~ 0.20	0.20~ 0.50	1.30~ 1.70	0.16~ 0.25		≤0.35		0.014~ 0.022		≤0.050	≤0.050

表 3.6 合金结构钢的化学成分(二)

钢 号	碳	硅	锰	钼	钨	铬	镍	钒	钛	硼	铝	铜	磷	硫
20Mn2	0.17~0.24	0.20~0.40	1.40~1.80									≤0.25	≤0.040	≤0.040
30Mn2	0.27~0.34	0.20~0.40	1.40~1.80			≤0.30	≤0.30					≤0.25	≤0.040	≤0.040
35Mn2	0.32~0.39	0.20~0.40	1.40~1.80			≤0.35	≤0.35					≤0.25	≤0.040	≤0.040
40Mn2	0.37~0.44	0.20~0.40	1.40~1.80			≤0.35	≤0.35					≤0.25	≤0.040	≤0.040
45Mn2	0.42~0.49	0.20~0.40	1.40~1.80			≤0.35	≤0.25					≤0.25	≤0.040	≤0.040
50Mn2	0.47~0.55	0.17~0.37	1.40~1.80			≤0.35	≤0.25					≤0.25	≤0.040	≤0.040
15MnV	0.12~0.18	0.20~0.40	1.30~1.60					0.07~0.12				≤0.25	≤0.040	≤0.040
20MnV	0.17~0.24	0.20~0.40	1.30~1.60			≤0.30	≤0.25	0.07~0.12				≤0.25	≤0.040	≤0.040
25MnV	0.22~0.29	0.20~0.40	1.80~2.10			≤0.35	≤0.35	0.10~0.20				≤0.25	≤0.040	≤0.040
	0.38~0.45	0.20~0.40	1.60~1.90			≤0.35		0.07~0.12						
42Mn2V(45MnV)	0.42~0.49	0.20~0.40	1.60~1.90			≤0.35	≤0.35	0.10~0.20				≤0.25	≤0.040	≤0.040
35SiMn	0.32~0.40	1.10~1.40	1.10~1.40			≤0.35	≤0.35					≤0.25	≤0.040	≤0.040
42SiMn	0.39~0.45	1.10~1.40	1.10~1.40			≤0.30	≤0.35					≤0.25	0.040	≤0.040
40B	0.37~0.44	0.20~0.40	0.60~0.90			≤0.35	≤0.35			0.001~0.004		≤0.25	≤0.040	≤0.040
45B	0.42~0.49	0.20~0.40	0.60~0.90			≤0.35	≤0.35			0.001~0.004		≤0.25	≤0.040	≤0.040

钢 号	化 学 成 分(%)													
	碳	硅	锰	钼	钨	铬	镍	钒	钛	硼	铝	铜	磷	硫
50BA	0.47~0.55	0.20~0.40	0.60~0.90			≤0.35	≤0.35			0.001~0.004		≤0.25	≤0.035	≤0.030
40MnB	0.37~0.44	0.20~0.40	1.10~1.40			≤0.35	≤0.35			0.001~0.0035		≤0.25	≤0.040	≤0.040
45MnB	0.42~0.49	0.20~0.40	1.10~1.40			≤0.35	≤0.35			0.001~0.0035		≤0.25	≤0.040	≤0.040
25MnTiB	0.22~0.28	0.20~0.40	1.30~1.60			≤0.35	≤0.35		0.06~0.12	0.001~0.004		≤0.25	≤0.040	≤0.040
20Mn2TiB	0.17~0.24	0.20~0.40	1.50~1.80						0.06~0.12	0.001~0.004		≤0.25	≤0.040	≤0.030
15MnVB	0.12~0.18	0.20~0.40	1.20~1.60					0.17~0.12		0.001~0.004		≤0.25	≤0.040	≤0.040
20MnVB	0.17~0.24	0.20~0.40	1.20~1.40			≤0.35	≤0.35	0.07~0.12		0.001~0.004		≤0.25	≤0.040	≤0.040
40MnVB	0.37~0.44	0.20~0.40	1.10~1.40			≤0.35	≤0.35	0.05~0.10		0.001~0.004		≤0.25	≤0.040	≤0.040
40MnWB	0.37~0.44	0.20~0.40	1.10~1.40		0.40~0.80					0.001~0.004		≤0.25	≤0.040	≤0.040
20Mn2B	0.17~0.24	0.20~0.40	1.50~1.80			≤0.35	≤0.35			0.001~0.004		≤0.25	≤0.040	≤0.040
45Mn2B	0.42~0.49	0.20~0.40	1.40~1.80			≤0.35	≤0.35			0.0010~0.0035		≤0.25	≤0.040	≤0.040
20MnMoB	0.16~0.21	0.17~0.37	0.90~1.20	0.20~0.30		≤0.35	≤0.35			0.001~0.003		≤0.25	≤0.035	≤0.030
20SiMnVB	0.17~0.24	0.50~0.80	1.30~1.60			≤0.35	≤0.35	0.07~0.12		0.001~0.004		≤0.25	≤0.040	≤0.040
20SiMn2MoVA	0.17~0.23	0.90~1.20	2.20~2.60	0.30~0.40				0.05~0.12				≤0.25	≤0.035	≤0.030
25SiMn2MoVA	0.22~0.28	0.90~1.20	2.20~2.60	0.30~0.40				0.05~0.12				≤0.25	≤0.035	≤0.030

钢 号	化 学 成 分(%)													
	碳	硅	锰	钼	钨	铬	镍	钒	钛	硼	铝	铜	磷	硫
30SiMn2MoVA	0.27~0.33	0.40~0.70	1.60~1.90	0.40~0.50		≤0.35	≤0.35	0.15~0.25				≤0.25	≤0.035	≤0.030
35SiMn2MoVA ＊	0.33~0.39	0.60~0.90	1.60~1.90	0.40~0.50				0.05~0.12				≤0.25	≤0.035	≤0.030
12SiMn2WVA	0.09~0.15	0.50~0.80	2.30~2.70		0.40~0.80	≤0.35	≤0.35	0.05~0.12				≤0.25	≤0.035	≤0.030
15SiMn3MoA	0.13~0.17	0.85~1.15	3.00~3.40	0.55~0.65		≤0.35	≤0.35					≤0.25	≤0.035	≤0.030
37SiMn2MoWVA	0.34~0.44	0.60~0.90	1.60~1.90	0.40~0.50	0.60~1.00	≤0.35	≤0.35	0.05~0.12				≤0.25	≤0.035	≤0.030
15SiMn3MoWVA ＊＊	0.13~0.17	0.40~0.70	2.80~3.20	0.40~0.50	0.40~0.80	≤0.35	≤0.35	0.05~0.12				≤0.25	≤0.035	≤0.030
15Cr	0.12~0.18	0.20~0.40	0.40~0.70			0.70~1.00						≤0.25	≤0.040	≤0.040
20Cr	0.17~0.24	0.20~0.40	0.50~0.80			0.70~1.00						≤0.25	≤0.040	≤0.040
40Cr	0.37~0.45	0.20~0.40	0.50~0.80			0.80~1.00	≤0.35					≤0.25	≤0.040	≤0.040
45Cr	0.42~0.49	0.20~0.40	0.50~0.80			0.80~1.00	≤0.35					≤0.25	≤0.040	≤0.040
38CrSi	0.35~0.43	1.00~1.30	0.30~0.60			1.30~1.60	≤0.35					≤0.25	≤0.040	≤0.040
30CrMoA	0.26~0.34	0.20~0.40	0.40~0.70	0.15~0.25		0.80~1.10						≤0.25	≤0.035	≤0.030
42CrMo	0.38~0.45	0.20~0.40	0.50~0.80	0.15~0.25		0.90~1.20	≤0.35					≤0.25	≤0.040	≤0.040
15CrMnMo	0.12~0.18	0.20~0.40	0.90~1.20	0.20~0.30		1.00~1.30						≤0.25	≤0.040	≤0.040
20CrMnMo	0.17~0.24	0.20~0.40	0.90~1.20	0.20~0.30		1.10~1.40						≤0.25	≤0.040	≤0.040

钢 号	化 学 成 分(%)												
	碳	硅	锰	钼	钨	铬	镍	钒	钛	硼	铝	铜	磷	硫
40CrMnMo	0.37 ~ 0.45	0.20 ~ 0.40	0.90 ~ 1.20	0.20 ~ 0.30		0.90 ~ 1.20						≤0.25	≤0.040	≤0.040
20CrMnTi	0.17 ~ 0.24	0.20 ~ 0.40	0.80 ~ 1.10			1.00 ~ 1.30			0.06 ~ 0.12			≤0.25	≤0.040	≤0.040
30CrMnTi	0.24 ~ 0.32	0.20 ~ 0.40	0.80 ~ 1.10			1.00 ~ 1.30	≤0.35		0.06 ~ 0.12			≤0.25	≤0.040	≤0.040
30Mn2MoWA	0.27 ~ 0.34	0.20 ~ 0.40	1.70 ~ 2.00	0.40 ~ 0.50	0.60 ~ 1.00	≤0.35	≤0.35					≤0.25	≤0.035	≤0.030
20CrMnSiA	0.17 ~ 0.23	0.90 ~ 1.20	0.80 ~ 1.10			0.80 ~ 1.10	≤0.35					≤0.25	≤0.035	≤0.030
25CrMnSiA	0.22 ~ 0.29	0.90 ~ 1.20	0.80 ~ 1.10			0.80 ~ 1.10	≤0.35					≤0.30	≤0.040 0.035	≤0.040 0.030
30CrMnSiA	0.27 ~ 0.34	0.90 ~ 1.20	0.80 ~ 1.10			0.80 ~ 1.10						≤0.25	≤0.035	≤0.030
35CrMnSiA	0.32 ~ 0.39	1.10 ~ 1.40	0.80 ~ 1.10			1.10 ~ 1.40	≤0.35					≤0.30	≤0.035	≤0.030
30CrMnSiNi2A	0.26 ~ 0.33	0.90 ~ 1.20	1.00 ~ 1.30			0.90 ~ 1.20	1.40 ~ 1.80					≤0.20	≤0.035	≤0.030
15CrMn2SiMoA	0.13 ~ 0.19	0.40 ~ 0.70	2.00 ~ 2.40	0.40 ~ 0.50		0.40 ~ 0.70						≤0.25	≤0.035	≤0.030
40CrNi	0.37 ~ 0.44	0.20 ~ 0.40	0.50 ~ 0.80			0.45 ~ 0.75	1.00 ~ 1.40					≤0.25	≤0.040	≤0.030
30CrMnMoTiA	0.27 ~ 0.33	0.20 ~ 0.40	0.80 ~ 1.30	0.20 ~ 0.30		1.00 ~ 1.30			0.06 ~ 0.12			≤0.25	≤0.035	≤0.030
12CrNi2A	0.11 ~ 0.17	0.20 ~ 0.40	0.30 ~ 0.60			0.60 ~ 0.90	1.50 ~ 2.00					≤0.25	≤0.035	≤0.030
12CrNi3A	0.10 ~ 0.17	0.20 ~ 0.40	0.30 ~ 0.60			0.60 ~ 0.90	2.75 ~ 3.25					≤0.25	≤0.035	≤0.030
20CrNi3A	0.17 ~ 0.24	0.20 ~ 0.40	0.30 ~ 0.60			0.60 ~ 0.90	2.75 ~ 3.25					≤0.25	≤0.035	≤0.030

续表

钢　号	化　学　成　分(%)													
	碳	硅	锰	钼	钨	铬	镍	钒	钛	硼	铝	铜	磷	硫
30CrNi3A	0.27~0.34	0.20~0.40	0.30~0.60			0.60~0.90	2.75~3.25					≤0.25	≤0.035	≤0.030
12Cr2Ni4A	0.10~0.17	0.20~0.40	0.30~0.60			1.25~1.75	3.25~3.75					≤0.25	≤0.035	≤0.030
20Cr2Ni4A	0.17~0.24	0.20~0.40	0.30~0.60			1.25~1.75	3.25~3.75					≤0.25	≤0.035	≤0.030
18Cr2Ni4WA	0.13~0.10	0.20~0.40	0.30~0.60		0.80~1.20	1.35~1.65	4.00~4.50					≤0.25	≤0.035	≤0.030
40CrNiMoA	0.37~0.44	0.20~0.40	0.50~0.80	0.15~0.25		0.60~0.90	1.25~1.75					≤0.25	≤0.035	≤0.040
45CrNiMoVA	0.42~0.49	0.20~0.40	0.50~0.80	0.20~0.30		0.80~1.10	1.30~1.80	0.10~0.20				≤0.25	≤0.035	≤0.040
30CrNi2MoVA	0.27~0.34	0.24~0.40	0.30~0.60	0.20~0.30		0.60~0.90	2.00~2.50	0.15~0.30				≤0.25	≤0.035	≤0.030
38CrMoAlA	0.35~0.42	0.20~0.40	0.30~0.60	0.15~0.25		1.35~1.65					0.70~1.10	≤0.25	≤0.035	≤0.030
42SiMn(低 Si)	0.39~0.45	0.50~0.80	1.20~1.50									≤0.25	≤0.040	≤0.040
35B	0.32~0.40	0.17~0.37	0.60~0.90			≤0.25	≤0.25			0.001~0.005		≤0.25	≤0.040	≤0.040
30Mn2B	0.27~0.34	0.20~0.40	1.40~1.80							0.001~0.0035		≤0.25	≤0.040	≤0.040
35Mn2B	0.32~0.39	0.17~0.37	1.40~1.80			≤0.35	≤0.35			0.001~0.003		≤0.25	≤0.040	≤0.040
25MnTiBRE＊＊＊	0.22~0.28	0.20~0.45	1.30~1.60			≤0.35	≤0.35		0.06~0.12	0.001~0.004		≤0.25	≤0.040	≤0.040
25CrMnMoTiBA	0.22~0.28	0.20~0.40	1.00~1.40	0.20~0.30		0.90~1.20	≤0.35		0.08~0.15	0.001~0.003		≤0.25	≤0.030	≤0.030
40MnMoB	0.37~0.42	0.17~0.37	1.10~1.40	0.15~0.25						0.005~0.004		≤0.25	≤0.040	≤0.040

续表

钢　号	化 学 成 分(%)													
	碳	硅	锰	钼	钨	铬	镍	钒	钛	硼	铝	铜	磷	硫
40Mn2MoB	0.37~0.42	0.17~0.37	1.35~1.65	0.50~0.60		≤0.35	≤0.35			0.001~0.003		≤0.25	≤0.040	≤0.040
30Mn2MoTiBA	0.28~0.34	0.25~0.45	1.40~1.80	0.30~0.40		≤0.25	≤0.25		0.02~0.08	0.001~0.005		≤0.25	≤0.035	≤0.030
30CrMnMoTiA	0.27~0.33	0.20~0.40	0.80~1.30	0.20~0.30		1.00~1.30			0.06~0.12			≤0.25	≤0.040	≤0.030
24MnMoVA	0.22~0.26	0.19~0.37	1.00~1.30	0.40~0.60		≤0.35	≤0.35	0.10~0.20				≤0.25	≤0.035	≤0.030
23SiMn2Mo	0.20~0.27	0.90~1.20	1.70~2.10	0.20~0.30		≤0.35	≤0.35					≤0.25	≤0.040	≤0.030
24SiMnMoVA	0.22~0.28	0.50~0.80	1.20~1.60	0.40~0.50		≤0.35	≤0.35	0.10~0.20				≤0.25	≤0.035	≤0.030
25SiMnMoVA	0.23~0.29	0.80~1.20	0.90~1.30	0.25~0.40		≤0.35	≤0.35	0.07~0.15				≤0.25	≤0.035	≤0.030
27SiMn2MoVA	0.24~0.31	0.60~0.90	1.60~1.90	0.20~0.30				0.07~0.15				≤0.25	≤0.035	≤0.030
42Si2MnMoVA	0.37~0.44	1.60~1.90	1.40~1.70	0.40~0.60		≤0.35	≤0.35	0.07~0.15				≤0.25	≤0.035	≤0.030
30CrMnSiNi2MoA	0.28~0.35	0.90~1.20	1.00~1.30	0.20~0.30		0.90~1.20	1.40~1.80					≤0.25	≤0.035	≤0.030
12Cr2Mn2SiMoVA	0.09~0.13	0.90~1.30	1.85~2.15	0.60~0.70		1.60~1.90	≤0.35	0.10~0.20				≤0.25	≤0.035	≤0.030
20CrNiMo	0.18~0.23	0.20~0.35	0.70~0.90	0.20~0.35		0.40~0.60	0.40~0.70					≤0.25	≤0.040	≤0.040
20Ni4Mo	0.18~0.23	0.20~0.35	0.50~0.70	0.20~0.30			3.25~3.75					≤0.25	≤0.040	≤0.040

＊可放宽到 0.32%～0.42%。

＊＊可提高到 3.50%。

＊＊＊RE(加入量)≥0.05。

表 3.7 弹簧钢的化学成分

钢 号	化 学 成 分(%)												
	碳	硅	锰	钼	钨	铬	钒	硼	铌	镍	铜	磷	硫
65	0.62 ~ 0.70	0.17 ~ 0.37	0.50 ~ 0.80			≤0.25				≤0.25	≤0.25	≤0.040	≤0.040
70	0.67 ~ 0.75	0.17 ~ 0.37	0.50 ~ 0.80			≤0.25				≤0.25	≤0.25	≤0.040	≤0.040
75	0.72 ~ 0.80	0.17 ~ 0.37	0.50 ~ 0.80			≤0.25				≤0.25	≤0.25	≤0.040	≤0.040
85	0.82 ~ 0.90	0.17 ~ 0.37	0.50 ~ 0.80			≤0.25				≤0.25	≤0.25	≤0.040	≤0.040
65Mn	0.62 ~ 0.70	0.17 ~ 0.37	0.90 ~ 1.20			≤0.25				≤0.25	≤0.25	≤0.040	≤0.040
55Si2Mn	0.52 ~ 0.60	1.50 ~ 2.00	0.60 ~ 0.90			≤0.35				≤0.35	≤0.25	≤0.040	≤0.040
55Si2MnB	0.52 ~ 0.60	1.50 ~ 2.00	0.60 ~ 0.90			≤0.35		0.0005 ~ 0.0040		≤0.35	≤0.25	≤0.040	≤0.040
60Si2Mn	0.56 ~ 0.64	1.50 ~ 2.00	0.60 ~ 0.90			≤0.35				≤0.35	≤0.25	≤0.040	≤0.040
60Si2MnA	0.56 ~ 0.64	1.60 ~ 2.00	0.60 ~ 0.90			≤0.35				≤0.35	≤0.25	≤0.035	≤0.030
70Si3MnA	0.66 ~ 0.74	2.40 ~ 2.80	0.60 ~ 0.90			≤0.35				≤0.35	≤0.25	≤0.035	≤0.030
60Si2CrA	0.56 ~ 0.64	1.40 ~ 1.80	0.40 ~ 0.70			0.70 ~ 1.00				≤0.35	≤0.25	≤0.035	≤0.030
65Si2MnWA	0.61 ~ 0.69	1.50 ~ 2.00	0.70 ~ 1.00		0.80 ~ 1.20	≤0.35				≤0.35	≤0.25	≤0.035	≤0.030
60Si2CrVA	0.56 ~ 0.64	1.40 ~ 1.80	0.40 ~ 0.70			0.90 ~ 1.20	0.10 ~ 0.20			≤0.35	≤0.25	≤0.035	≤0.030
50CrMn	0.46 ~ 0.54	0.17 ~ 0.37	0.70 ~ 1.00			0.90 ~ 1.20				≤0.35	≤0.25	≤0.040	≤0.040
55SiMnVB	0.52 ~ 0.60	0.70 ~ 1.00	1.00 ~ 1.30			≤0.35	0.08 ~ 0.16	0.0010 ~ 0.0035		≤0.35	≤0.25	≤0.040	≤0.040

钢　号	化 学 成 分(%)												
	碳	硅	锰	钼	钨	铬	钒	硼	铌	镍	铜	磷	硫
50CrVA	0.46~0.54	0.17~0.37	0.50~0.80			0.80~1.10	0.10~0.20			≤0.35	≤0.25	≤0.035	≤0.040
30W4Cr2VA	0.26~0.34	0.17~0.37	≤0.40		4.00~4.50	2.00~2.50	0.50~0.80			≤0.35	≤0.25	≤0.035	≤0.030
55SiMnMoV	0.52~0.60	0.90~1.20	1.00~1.30	0.20~0.30		≤0.35	0.08~0.15			≤0.35	≤0.25	≤0.040	≤0.040
55SiMnMoVNb	0.52~0.60	0.40~0.70	1.00~1.30	0.30~0.40		≤0.35	0.08~0.15		0.01~0.03	≤0.35	≤0.25	≤0.040	≤0.040
45CrMoV	0.40~0.50	0.15~0.35	0.60~0.80	0.65~0.75		1.30~1.50	0.26~0.35			≤0.35	≤0.25	≤0.040	≤0.040

表 3.8　易切削钢的化学成分

钢　号	化 学 成 分(%)										
	碳	硅	锰	钼	铬	镍	铜	钙	铅	磷	硫
Y12	0.08~0.16	≤0.35	0.60~1.00							0.08~0.15	0.08~0.20
Y15	0.10~0.18	≤0.20	0.70~1.00							0.05~0.10	0.20~0.30
Y20	0.15~0.25	0.15~0.35	0.60~0.90							≤0.06	0.08~0.15
Y30	0.25~0.35	0.15~0.35	0.60~0.90							≤0.06	0.08~0.15
Y40Mn	0.35~0.45	0.15~0.35	1.20~1.55							≤0.05	0.18~0.30
Y13	0.09~0.15	≤0.10	0.8~1.20							0.04~0.09	0.31~0.45
Y75	0.70~0.80	≤0.25	0.40~0.70							0.04~0.08	0.16~0.24
YoCr18Ni10 (Y18-8)	≤0.08	≤0.80	1.20~1.50	≈0.30	17.00~19.00	9.00~11.00	≈0.25			≤0.035	0.08~0.12
Y45CaS	0.42~0.50	0.17~0.37	0.60~0.90					0.001~0.005		≤0.040	0.04~0.10

续表

钢　号	化　学　成　分(%)										
	碳	硅	锰	钼	铬	镍	铜	钙	铅	磷	硫
Y40CrCaS	0.37 ~ 0.45	0.20 ~ 0.40	0.60 ~ 0.90		0.80 ~ 1.10			0.001 ~ 0.005		≤0.040	0.04 ~ 0.10
YT10Pb	0.95 ~ 1.05	≤0.30	0.25 ~ 0.50						0.15 ~ 0.25	≤0.035	0.035 ~ 0.055

表 3.9　滚动轴承钢的化学成分

钢　号	化　学　成　分(%)													
	碳	硅	锰	钼	钨	铬	镍	钒	铝	稀土(允许加入量)	铜	镍+铜	磷	硫
GCr9	1.00 ~ 1.10	0.15 ~ 0.35	0.20 ~ 0.40			0.90 ~ 1.20	≤0.30				≤0.25	≤0.50	≤0.027	≤0.020
GCr9SiMn	1.00 ~ 1.10	0.90 ~ 1.20	0.40 ~ 0.70			0.90 ~ 1.20	≤0.30				≤0.25	≤0.50	≤0.027	≤0.020
GCr15	0.95 ~ 1.05	0.15 ~ 0.35	0.20 ~ 0.40			1.30 ~ 1.60	≤0.30				≤0.25	≤0.50	≤0.027	≤0.020
GCr15SiMn	0.95 ~ 1.05	0.40 ~ 0.65	0.90 ~ 1.20			1.30 ~ 1.65	≤0.30				≤0.25	≤0.50	≤0.027	≤0.020
GSiMnV(RE)	0.95 ~ 1.10	0.55 ~ 0.80	1.10 ~ 1.30			≤0.25	≤0.25	0.20 ~ 0.30		0.10	≤0.25		≤0.030	≤0.030
GSiMnMoV(RE)	0.90 ~ 1.10	0.45 ~ 0.65	0.75 ~ 1.05	0.20 ~ 0.40		≤0.25	≤0.25	0.20 ~ 0.30		0.10	≤0.25		≤0.030	≤0.030
GMnMoV(RE)	0.95 ~ 1.05	0.15 ~ 0.35	1.10 ~ 1.40	0.40 ~ 0.60			≤0.25	0.15 ~ 0.25		0.10	≤0.25		≤0.030	≤0.030
20Cr2Ni4A	0.17 ~ 0.24	0.20 ~ 0.40	0.30 ~ 0.65			1.25 ~ 1.75	3.25 ~ 3.75				≤0.25		≤0.035	≤0.030
G8Cr15	0.75 ~ 0.85	0.15 ~ 0.35	0.20 ~ 0.40			1.30 ~ 1.65	≤0.30				≤0.25	≤0.50	≤0.027	≤0.020
GSiMn(RE)	0.95 ~ 1.10	0.45 ~ 0.65	0.99 ~ 1.20			≤0.25	≤0.25			0.10 ~ 0.15	≤0.25		≤0.030	≤0.030
20Cr2Mn2SiMoA	0.18 ~ 0.22	0.40 ~ 0.65	1.90 ~ 2.20	0.20 ~ 0.30		1.40 ~ 1.70	≤0.3				≤0.25		≤0.025	≤0.025

续表

钢号	化学成分(%)													
	碳	硅	锰	钼	钨	铬	镍	钒	铝	稀土(允许加入量)	铜	镍+铜	磷	硫
GCrSiWV	0.95~1.05	0.70~0.90	0.40~0.60		1.10~1.40	1.30~1.60	≤0.30	0.20~0.35			≤0.30		≤0.027	≤0.020
Cr4Mo4V	0.75~0.85	≤0.35	≤0.35	4.00~4.50		3.75~4.25	≤0.20	0.90~1.10			≤0.20		≤0.027	≤0.020
Cr14Mo4V	1.00~1.15	≤0.06	≤0.60	3.75~4.25		13.40~15.00		0.10~0.20					≤0.030	≤0.030
9Cr18Mo	0.95~1.10	≤0.50	≤0.80	≤0.75		16.00~18.00							≤0.027	≤0.020
70Mn15Cr2AlW3MoV2	0.65~0.75		14.50~16.00	0.50~1.00	0.50~1.00	2.00~3.00		1.50~2.00	2.50~3.50				≤0.040	≤0.020

表 3.10　合金工具钢的化学成分

钢号	化学成分(%)										
	碳	硅	锰	铬	镍	钨	钼	钒	铜	磷	硫
9SiCr	0.85~0.95	1.20~1.60	0.30~0.60	0.95~1.25	≤0.25				≤0.30	≤0.030	≤0.030
3MnSi	0.75~0.85	0.30~0.60	0.80~1.10		≤0.25				≤0.30	≤0.030	≤0.030
CrMn	1.30~1.50	≤0.40	0.45~0.75	1.30~1.60	≤0.25				≤0.30	≤0.030	≤0.030
CrW5	1.25~1.50	≤0.40	≤0.40	0.40~0.70	≤0.25	4.50~5.50			≤0.30	≤0.030	≤0.030
Cr06	1.30~1.45	≤0.40	≤0.40	0.50~0.70	≤0.25				≤0.30	≤0.030	≤0.030
Cr2	0.95~1.10	≤0.40	≤0.40	1.30~1.65	≤0.25				≤0.30	≤0.030	≤0.030
9Cr2	0.80~0.95	≤0.40	≤0.40	1.30~1.70	≤0.25				≤0.30	≤0.030	≤0.030
V	0.95~1.05	≤0.40	≤0.40		≤0.25			0.20~0.40	≤0.30	≤0.030	≤0.030
W	1.05~1.25	≤0.40	≤0.40	0.10~0.30	≤0.25	0.80~1.20			≤0.30	≤0.030	≤0.030

钢 号	化 学 成 分(%)										
	碳	硅	锰	铬	镍	钨	钼	钒	铜	磷	硫
4CrW2Si	0.35 ~ 0.45	0.80 ~ 1.10	≤0.40	1.00 ~ 1.30	≤0.25	2.00 ~ 2.50			≤0.30	≤0.030	≤0.030
5CrW2Si	0.45 ~ 0.55	0.50 ~ 0.80	≤0.40	1.00 ~ 1.30	≤0.25	2.00 ~ 2.50			≤0.30	≤0.030	≤0.030
6CrW2Si	0.55 ~ 0.65	0.50 ~ 0.80	≤0.40	1.00 ~ 1.30	≤0.25	2.20 ~ 2.70			≤0.30	≤0.030	≤0.030
Cr12	2.00 ~ 2.30	≤0.40	≤0.40	11.50 ~ 13.00	≤0.25				≤0.30	≤0.030	≤0.030
Cr12MoV	1.45 ~ 17.0	≤0.40	≤0.40	11.00 ~ 12.50	≤0.25		0.40 ~ 0.60	0.15 ~ 0.30	≤0.30	≤0.030	≤0.030
Cr6WV	1.00 ~ 1.15	≤0.40	≤0.40	5.50 ~ 7.00	≤0.25	1.10 ~ 1.50		0.50 ~ 0.70	≤0.30	≤0.030	≤0.030
9Mn2	0.85 ~ 0.95	≤0.40	1.70 ~ 2.00		≤0.25			0.10 ~ 0.25	≤0.30	≤0.030	≤0.030
9Mn2V	0.85 ~ 0.95	≤0.40	1.70 ~ 2.00		≤0.25			0.15 ~ 0.30	≤0.30	≤0.030	≤0.030
MnCrWV	0.95 ~ 1.05	≤0.40	1.00 ~ 1.30	0.04 ~ 0.70	≤0.25	0.40 ~ 0.70			≤0.30	≤0.030	≤0.030
CrWMn	0.90 ~ 1.05	≤0.40	0.80 ~ 1.10	0.90 ~ 1.20	≤0.25	1.20 ~ 1.60			≤0.30	≤0.030	≤0.030
9CrWMn	0.85 ~ 0.95	≤0.40	0.90 ~ 1.20	0.50 ~ 0.80	≤0.25	0.50 ~ 0.80			≤0.30	≤0.030	≤0.030
MnSi	0.95 ~ 1.05	0.65 ~ 0.95	0.60 ~ 0.90		≤0.25				≤0.30	≤0.030	≤0.030
Cr4W2MoV	1.12 ~ 1.25	0.40 ~ 0.70	≤0.40	3.50 ~ 4.00	≤0.25	1.90 ~ 2.60	0.80 ~ 1.20	0.80 ~ 1.10	≤0.30	≤0.030	≤0.030
6W6Mo5Cr4V	0.55 ~ 0.65	≤0.40	≤0.60	3.70 ~ 4.30	≤0.25	6.00 ~ 7.00	4.50 ~ 5.50	0.70 ~ 1.10	≤0.30	≤0.030	≤0.030
Cr2Mn2Si WMoV	0.95 ~ 1.05	0.60 ~ 0.90	1.80 ~ 2.30	2.30 ~ 2.60	≤0.25	0.70 ~ 1.10	0.50 ~ 0.80	0.10 ~ 0.25	≤0.30	≤0.030	≤0.030
5CrMnMo	0.50 ~ 0.60	0.25 ~ 0.60	1.20 ~ 1.60	0.60 ~ 0.90	≤0.25		0.15 ~ 0.30		≤0.30	≤0.030	≤0.030

续表

钢　号	化　学　成　分(%)										
	碳	硅	锰	铬	镍	钨	钼	钒	铜	磷	硫
5CrNiMo	0.50~0.60	≤0.40	0.50~0.80	0.50~0.80	1.40~1.80		0.15~0.30		≤0.30	≤0.030	≤0.030
3Cr2WBV	0.30~0.40	≤0.40	≤0.40	2.20~2.70	≤0.25	7.50~9.00		0.20~0.50	≤0.30	≤0.030	≤0.030
4SiCrV	0.40~0.50	1.20~1.60	≤0.40	1.30~1.60	≤0.25			0.10~0.25	≤0.30	≤0.030	≤0.030
8Cr3	0.75~0.85	≤0.40	≤0.40	3.20~3.00	≤0.25				≤0.30	≤0.030	≤0.030
5SiMnMoV	0.45~0.55	1.50~1.80	0.50~0.70	0.20~0.40	≤0.25		0.30~0.50	0.20~0.35	≤0.30	≤0.030	≤0.030
4Cr5MoVSi	0.32~0.42	0.80~0.12	≤0.40	4.50~5.50	≤0.25		1.00~1.50	0.30~0.50	≤0.30	≤0.030	≤0.030
4Cr5W2VSr	0.32~0.42	0.80~1.20	≤0.40	4.50~5.50	≤0.25	1.60~2.40		0.60~1.00	≤0.30	≤0.030	≤0.030
5Cr4Mo	0.45~0.55	≤0.40	≤0.40	3.40~4.00	≤0.25		1.40~1.70		≤0.30	≤0.030	≤0.030

表 3.11　焊接用钢丝的化学成分

钢　号	化　学　成　分(%)									
	碳	硅	锰	铬	镍	钼	钛	钒	磷	硫
H08	≤0.10	≤0.03	0.38~0.55	≤0.20	≤0.30				≤0.040	≤0.040
H08A	≤0.10	≤0.03	0.30~0.55	≤0.20	≤0.30				≤0.030	≤0.030
H08E	≤0.10	≤0.03	0.30~0.55	≤0.20	≤0.30				≤0.025	≤0.025
H08Mn	≤0.10	≤0.07	0.80~1.10	≤0.20	≤0.30				≤0.040	≤0.040
H08MnA	≤0.10	≤0.07	0.80~1.10	≤0.20	≤0.30				≤0.030	≤0.030
H15A	0.11~0.18	≤0.03	0.35~0.65	≤0.20	≤0.30				≤0.030	≤0.030
H15Mn	0.11~0.18	≤0.03	0.80~1.10	≤0.20	≤0.30				≤0.040	≤0.040
H10Mn2	≤0.12	≤0.07	1.50~1.90	≤0.20	≤0.30				≤0.040	≤0.040
H08Mn2Si	≤0.11	0.65~0.95	1.70~2.00	≤0.20	≤0.30				≤0.040	≤0.040
H08Mn2SiA	≤0.11	0.65~0.95	1.80~2.10	≤0.20	≤0.30				≤0.030	≤0.030
H10MnSi	≤0.14	0.60~0.90	0.80~1.10	≤0.20	≤0.30				≤0.040	≤0.030

钢　号	化 学 成 分(%)									
	碳	硅	锰	铬	镍	钼	钛	钒	磷	硫
H10MnSiMo	≤0.14	0.70～1.10	0.90～1.20	≤0.20	≤0.30	0.15～0.25			≤0.040	≤0.030
H10MnSiMoTiA	0.08～0.12	0.40～0.70	1.00～1.30	≤0.20	≤0.30	0.20～0.40	0.50～0.15		≤0.030	≤0.025
H08MnMoA	≤0.10	≤0.25	1.20～1.60	≤0.20	≤0.30	0.30～0.50	0.15（加入量）		≤0.030	≤0.030
H08Mn2MoA	0.06～0.11	≤0.25	1.60～1.90	≤0.20	≤0.30	0.50～0.70	0.15（加入量）		≤0.030	≤0.030
H10Mn2MoA	0.08～0.13	≤0.40	1.70～2.00	≤0.20	≤0.30	0.60～0.80	0.15（加入量）		≤0.030	≤0.030
H08Mn2MoVA	0.06～0.11	≤0.25	1.60～1.90	≤0.20	≤0.30	0.50～0.70	0.15（加入量）	0.06～0.12	≤0.030	≤0.030
H10Mn2MoVA	0.08～0.13	≤0.40	1.70～2.00	≤0.20	≤0.30	0.60～0.80	0.15（加入量）	0.06～0.12	≤0.030	≤0.030
H08CrMoA	≤0.10	0.15～0.35	0.40～0.70	0.80～1.10	≤0.30	0.40～0.60			≤0.030	≤0.030
H13CrMoA	0.11～0.16	0.15～0.35	0.40～0.70	0.80～1.10	≤0.30	0.40～0.60			≤0.030	≤0.030
H18CrMoA	0.15～0.22	0.15～0.35	0.40～0.70	0.80～1.10	≤0.30	0.15～0.25			≤0.030	≤0.025
H08CrMoVA	≤0.10	0.15～0.35	0.40～0.70	1.10～1.30	≤0.30	0.50～0.70		0.15～0.35	≤0.030	≤0.030
H08CrNi2MoA	0.05～0.10	0.10～0.30	0.50～0.85	0.70～1.00	1.40～1.80	0.20～0.40			≤0.030	≤0.025
H30CrMnSiA	0.25～0.35	0.90～1.20	0.80～1.10	0.80～1.10	≤0.30				≤0.025	≤0.025
H10MoCrA	≤0.12	0.15～0.35	0.40～0.70	0.45～0.65	≤0.30	0.40～0.60			≤0.030	≤0.030

第4章 不锈钢的分析方法

不锈钢一般是指高铬体系和镍铬体系。此类钢由于表面形成一层氧化铬钝化膜,抗酸抗腐蚀性能较佳。世界上不锈钢已超过100种,目前还正在发展。例如,我国为符合本国资源情况,自行设计研制了无镍少铬的铬锰氮型奥氏体代用钢。不锈钢的分析不仅要测定镍、铬、锰、氮等主要元素,还要考虑它所含其他合金元素如钛、钼、钒、钴、铌等的测定及其相互间的干扰。由于不锈钢的较强的抗腐蚀性能,一般采用王水或 $HCl+H_2O_2$ 溶解。

4.1 磷的测定(磷钼蓝光度法)

磷的测定基本原理见 2.6 节。

试样以王水溶解,高氯酸冒烟将磷氧化为正磷酸,在 $2.0\sim4.0\ mol\cdot L^{-1}$ 高氯酸-硫酸介质中,加钼酸铵生成磷钼黄,以氟化钠-氯化亚锡还原成磷钼蓝,于 660 nm 波长处测定吸光度。Cr(Ⅵ)干扰测定,可预先用亚硫酸钠还原。大于 10 mg 的 Cr(Ⅲ)和 Ni(Ⅱ),由于本身颜色的影响,需制备空白消除。

测定范围:0.001%~0.060%。

4.1.1 快速分析法

1) 试剂

王水(2+1):盐酸+硝酸。高氯酸(70%)。钼酸铵溶液(5%)。硫酸(1+6)。亚硫酸钠溶液(10%),当天配制。氟化钠-氯化亚锡溶液:称取氟化钠 2.4 g 溶解于 100 mL 水中,加入氯化亚锡 0.2 g,当天配制。高锰酸钾溶液(2%)。亚硝酸钠溶液(2%)。磷标准溶液(P $20\ \mu g\cdot mL^{-1}$),配制方法参见 2.6 节。

2) 操作步骤

称取试样 0.100 0 g 于 100 mL 锥形瓶中,加王水 4 mL,加热溶解。加高氯酸(70%)3 mL,继续加热至冒烟,并维持 30~40 s,稍冷,加水 10 mL,硫酸(1+6)7 mL,亚硫酸钠溶液(10%)2 mL,加热煮沸。取下,立即加入钼酸铵溶液(5%)10 mL 和氟化钠-氯化亚锡溶液 20 mL,摇匀,放置 1 min,流水冷却至室温,移入 50 mL 量瓶中,以水稀释至刻度,摇匀。空白液:在部分显色溶液中,滴加高锰酸钾溶液(2%)至溶液呈红色,并放置 1 min 以上,再滴加亚硝酸钠溶液(2%)至红色褪去。将显色溶液与空白液分别置于 1 cm 比色皿中,于 660 nm 波长处,测定其吸光度。由检量线查得试样中含磷量。

3) 检量线的绘制

用标准普通钢样按同样操作显色绘制或称取 0.100 0 g,已知含磷量低的钢样数份,按上述方法溶解,冒烟,分别加入 0.0 mL,0.5 mL,1.0 mL,1.5 mL,2.0 mL,2.5 mL,3.0 mL 的磷标准溶液(P 20 μg

$\cdot\ mL^{-1}$),加水补足至 10 mL,按方法操作,测定吸光度,绘制检量线。每毫升磷标准溶液相当于含磷量 0.02%。

4) 注

(1) 高氯酸冒烟至溶液呈 6 价铬的橙红色,以保证磷氧化成正磷酸。

(2) 对含锰量高的钢如铬锰氮钢,必须用高氯酸冒烟氧化,如用高锰酸钾氧化将导致磷结果偏低。冒烟时间要长达 10 min,但温度不能太高,以免影响酸度。

(3) 在硝酸介质中,镍钒等有干扰。在硫酸介质中无干扰,在高氯酸-硫酸介质中,磷钼蓝色泽稳定。由于显色酸度与钼酸铵加入量有密切关系,因而提高钼酸铵加入量,能使显色酸度范围增宽。采用钼酸铵溶液(5%)10 mL,显色酸度范围在 2.0~4.0 mol·L^{-1}。

(4) 煮沸的目的是保证铬、钒等元素维持在低价状态,消除干扰。

(5) 放置时间不得少于 1 min,以保证完全破坏磷钼蓝,否则结果偏低。对于炉前分析,可用水作为参比。

(6) 由于有较多量的氟离子存在,故少量的铌、锆、钛不干扰。

4.1.2　系统分析法

1) 试剂

同 4.1.1 小节。

2) 操作步骤

称取试样 0.500 0 g 于 100 mL 锥形瓶中,加王水 6~8 mL,加热溶解,加高氯酸 5 mL,继续加热冒烟并维持 1 min 以上,稍冷,加水 10 mL,使盐类溶解,移入 50 mL 量瓶中,以水稀释至刻度。称取试液 10 mL 于 150 mL 锥形瓶中,加硫酸(1+6)7 mL,加亚硫酸钠溶液(10%)2 mL,煮沸,取下,立即加入钼酸铵溶液(5%)10 mL,立即迅速加入氟化钠-氯化亚锡溶液 20 mL,摇匀,放置 1 min,流水冷却,移入 50 mL 量瓶中,以水稀释至刻度。用 1 mL 比色皿,于 660~700 nm 波长处,用空白液为参比,测定其吸光度。空白液配制同 4.1.1 小节。

3) 检量线的绘制

用标准普通钢样按方法操作显色绘制或称取 0.500 0 g 已知含磷量低的钢样数份,按方法溶解冒烟,分别加入 2.0 mL,4.0 mL,6.0 mL,8.0 mL,10.0 mL,15.0 mL 磷标准溶液(P 20 μg·mL^{-1})于 50 mL 量瓶中,以水稀释至刻度。然后分别吸取溶液 10 mL 按上述操作步骤进行,测定吸光度,绘制检量线。每毫升磷标准溶液相当于含磷 0.004%。

4) 注

试液可作其他各元素的测定。其他事项参见 4.1.1 小节。

4.2　硅的测定(硅钼蓝光度法)

基本原理见 2.5 节。

试样以盐酸-过氧化氢或硝盐混合酸溶解,在微酸性溶液(0.08~0.6 mol·L^{-1})中,硅与钼酸铵结合成钼硅铬离子,用亚铁溶液还原成硅钼蓝,于 680 nm 波长处,测定其吸光度。

4.2.1　快速分析法

含镍、铬、钴、钨高的不锈钢、耐热钢等,单用硝酸及盐酸难以溶解。盐酸加过氧化氢(30%)有强的溶解能力,因此可将试样溶于浓盐酸和过氧化氢中。而且对含硅量小于 2% 的钢样加热溶解过程中,硅酸不会析出沉淀。

1) 试剂

盐酸($\rho=1.18$ g·cm^{-3})。过氧化氢(30%),浓度降低或失效者不能使用。钼酸铵-碳酸钾(钠)溶液:称取钼酸铵 5 g,溶于温水中,加碳酸钾(钠)5 g。溶解后,以水稀释至 100 mL,溶液贮于塑料瓶中。草酸溶液(2.5%)。硫酸亚铁铵溶液(1%),每 1 000 mL 溶液中滴加硫酸 10 滴。

2) 操作步骤

称取试样 0.020 0 g,于 150 mL 锥形瓶中,用刻度吸管加入浓盐酸 1.0 mL,加过氧化氢 2 mL,溶解后,加水 4 mL,加热煮沸 30～40 s,至无小气泡出现,使过氧化氢分解,离火,立即加入钼酸铵-碳酸钾(钠)溶液 5 mL,摇匀。10 s 后,加入草酸溶液 40 mL,硫酸亚铁铵溶液 40 mL,摇匀。用 1 cm 比色皿,于 680 nm 波长处,以水为参比,测定吸光度。从检量线上查得试样的含硅量。

3) 检量线的绘制

用标准试样按同样方法操作绘制。

4) 注

(1) 溶解时为提高溶解速度,可适当加大酸度。但显色有一定有酸度范围,采用碳酸钾(钠)中和多余的酸,应控制在一定酸度范围内,以利显色。

(2) 铁量影响硅的色泽强度,如用扭力天平,采用不固定称样重量时,称样重量不应相差太大,一般保持在 0.019～0.021 g 之间。

(3) 以过氧化氢 2 mL,盐酸 1 mL 溶解,即使硅含量高达 2% 也不致脱水。过氧化氢减为 1 mL,溶解同样迅速,但由于酸度相对较高,硅酸有时脱水。溶解时不能加水,否则难溶。由于加过氧化氢反应激烈,宜小心操作以防试样溅失。

(4) 煮沸分解过氧化氢时,火力不要太猛,避免蒸发过多而引起脱水。

(5) 加入钼酸铵-碳酸钾(钠)溶液,必须摇匀,待 10 s 后,保证硅酸和钼酸铵反应完全,再进行下一步的操作。

4.2.2　直接光度法

测定范围:≤2%。

1) 试剂

混合酸:盐酸 200 mL 与硝酸 60 mL 混合,以水稀释至 1 000 mL。钼酸铵溶液(5%)。草酸溶液(5%)。硫酸亚铁铵溶液(6%),每 1 000 mL 溶液中加硫酸(1+4)10 mL。硅标准溶液(Si 0.5 mg·mL^{-1}),配制方法同 2.5 节。

2) 操作步骤

称取试样 0.100 0 g,置于 100 mL 锥形瓶中,加混合酸 20 mL,加热溶解,冷却,移入 100 mL 量瓶中,以水稀释至刻度。空白液:吸取上述试液 10 mL 于 150 mL 锥形瓶中,加草酸(5%)10 mL,钼酸铵溶液(5%)5 mL,加水 50 mL,加硫酸亚铁铵溶液(6%)5 mL,摇匀。显色液:吸取上述试液 10 mL 于 150 mL 锥形瓶中,加钼酸铵(5%)5 mL,于沸水浴上加热 30 s,冷却后,加草酸(5%)10 mL,水 50 mL,

硫酸亚铁铵溶液(6%)5 mL,摇匀。用 1 cm 比色皿,于 680 nm 波长处,以空白液为参比,测定吸光度。从检量线上查得试样的含硅量。

3) 检量线的绘制

用标准钢样按方法操作显色绘制或称取纯铁或已知含低硅的标钢数份,以混合酸 20 mL,加热溶解,依次加入硅标准溶液 0.0 mL、0.5 mL、1.0 mL、2.0 mL、3.0 mL、4.0 mL(Si 0.5 mg·mL^{-1})于 100 mL 量瓶中,以水稀释至刻度。各取溶液 10 mL 1 份,按上述方法显色,测定吸光度,每毫升硅标准溶液相当于硅含量 0.5%。

4) 注

(1) 不锈钢含硅量一般较高,溶解试样时宜在低温处加热,难溶试样应随时补加水,防止硅酸脱水。

(2) 本法采用热式显色,一般温度增高,酸度范围可增大一些,因此允许较高的酸度。如采用室温显色,酸度需适当降低。操作如下:吸取试液 10 mL,加水 15 mL,加钼酸铵(5%)5 mL,放置 10 min(若室温低于 10 ℃时,应放置 30 min),再加入草酸(5%)10 mL,水 35 mL,硫酸亚铁铵(6%)5 mL,摇匀。

(3) 未加硅标准液的底液制备参比液时即"0"份,同样需先加草酸后加钼酸铵,以免硅显色。

4.3 铬 的 测 定

基本原理见 3.4 节。

不锈钢中的铬含量较高,一般采用容量法测定。即在酸性溶液中将 3 价铬氧化为 6 价铬,然后以还原剂硫酸亚铁铵溶液滴定高价铬,据此求得铬的含量。常用的氧化剂有过硫酸铵和高氯酸。

测定范围:0.1%～35%。

4.3.1 过硫酸铵银盐容量法

试样经王水溶解,硫磷酸冒烟处理,以硝酸银为催化剂,于 2～2.5 mol·L^{-1} 酸度下,用过硫酸铵氧化。当试样中的锰呈 7 价的紫红色时,表明 3 价铬已完全氧化为 6 价铬。加氯化钠沉淀银离子和还原高锰酸。加酸使酸度在 6 mol·L^{-1} 以上,以 N-苯代邻氨基苯甲酸为指示剂,用硫酸亚铁铵标准溶液滴定。

1) 试剂

王水(2+1):2 份盐酸和 1 份硝酸混合。硫磷混合酸:于 400 mL 水中加磷酸 300 mL 和硫酸 300 mL。硝酸银溶液(0.5%)。过硫酸铵溶液(20%)。氯化钠溶液(5%)。硫酸(1+1)。N-苯代邻氨基苯甲酸(0.2%),配制法参见 3.4 节。硫酸亚铁铵标准溶液(0.025 mol·L^{-1}),配制法参见 3.4 节。

2) 操作步骤

称取试样 0.100 0 g 置于 300 mL 锥形瓶中,加王水(2+1)10 mL,加热溶解,加硫磷混合酸20 mL,继续加热至冒烟,并维持半分钟,冷却。加水 50 mL,硝酸银溶液(0.5%)5 mL,过硫酸铵溶液(20%)20 mL,煮沸至翻大气泡,取下。加氯化钠溶液(5%)5 mL,继续煮沸至红色消失(如红色不消失,再补加 2～3 mL 氯化钠溶液,煮沸至氯化银沉淀凝结下沉,溶液变清)。流水冷却至室温。加硫酸(1+1)

20 mL,用硫酸亚铁铵标准溶液(0.025 mol·L^{-1})滴至淡黄绿色,滴加指示剂 N-苯代邻氨基苯甲酸 2 滴,继续用硫酸亚铁铵标准溶液滴至溶液由樱红色变为亮绿色。

3) 计算

(1) 用含铬量相近的标钢按同样操作,求出硫酸亚铁铵标准溶液对铬的滴定度($T\%$):

$$Cr\% = T\% \times V$$

式中:V 为滴定试样时消耗的硫酸亚铁铵标准液的毫升数,即

$$T\% = \frac{标钢中的 Cr\%}{滴定标钢消耗的硫酸亚铁铵毫升数}$$

(2) 用过硫酸铵作氧化剂,3 价铬可全部氧化为 6 价铬,故可用理论值计算:

$$Cr\% = \frac{V \times N \times 0.005\,8}{G} \times 100$$

式中:V 为滴定时消耗硫酸亚铁铵标准溶液的毫升数;N 为硫酸亚铁铵标准溶液的摩尔浓度;G 为试样质量(g);0.005 8 为每毫摩尔浓度铬的克数。

4) 注

(1) Mn^{2+} 在 Cr^{3+} 氧化为 Cr^{5+} 后,才被氧化为 Mn^{7+},因此当出现 7 价锰的紫红色后即表明 Cr^{3+} 已全部被氧化。

(2) 若试样含锰量低,可添加少量硫酸锰溶液。

(3) 氯化钠加入后,煮至氯化银沉淀下沉即可,不宜煮沸太久,并且应即刻用流水冷却,否则铬的结果要偏低。

(4) 在以亚铁滴定 6 价铬时,酸度要大,以利滴定。

(5) 必须加 50 mL 水,若加得太少,酸度太大,铬不能完全氧化,氧化酸度为 2~2.5 mol·L^{-1} 为佳。

(6) 由于含铬量高,宜先用亚铁标准溶液滴定至近终点(淡黄绿色),再加指示剂,继续滴定至终点。指示剂不能在滴定之前加入,否则会被大量的 6 价铬破坏。

(7) 如试样中含钒或铈,可在测定钒量后,以每 1% 钒相当于 0.34% 的铬和每 1% 铈相当于 0.123% 的铬进行校正。

4.3.2　高氯酸氧化容量法

试样经王水溶解,在高氯酸冒烟条件下,将铬氧化至高价,然后用硫磷混合酸调至适当酸度,以 N-苯代邻氨基苯甲酸为指示剂,用硫酸亚铁铵溶液滴定。

本方法快速,但氧化的温度和时间要严格控制,必须和标样的氧化温度、时间一致,并以含铬量相近的标钢求得亚铁的滴定度,不宜以理论值计算。

1) 试剂

王水(2+1):盐酸 2 份,硝酸 1 份。高氯酸(60%~70%)。硫磷混合酸:于 700 mL 水中,加入磷酸 150 mL,硫酸 150 mL。N-苯代邻氨基苯甲酸(0.2%),配置方法见 3.4 节。硫酸亚铁铵标准溶液(0.05 mol·L^{-1}),称取 20 g 硫酸亚铁铵((NH_4)$_2$Fe(SO$_4$)$_2$·6H$_2$O)溶于(5+95)硫酸 1 000 mL 中。

2) 操作步骤

称取试样 0.100 0 g,置于 150 mL 锥形瓶中,加王水 4~5 mL,加热溶解,加高氯酸 3 mL,继续加热至冒烟,使铬氧化,并保持此温度约半分钟,稍冷,加水 30 mL,流水冷却至室温,加硫磷混合酸 20 mL,用硫酸亚铁铵标准溶液滴定至淡黄绿色,加指示剂 2 滴,继续滴定至溶液由樱红色变为亮绿色

为终点。

　　用含量相近的标钢按方法同样操作,求出硫酸亚铁铵标准溶液的滴定度($T\%$):

$$Cr\% = T\% \times V$$

式中:V 为滴定试样时消耗硫酸亚铁铵标准溶液的毫升数。

$$T\% = \frac{A}{V_0}$$

式中:A 为标钢中铬的百分含量;V_0 为滴定标钢时消耗的硫酸亚铁铵标准溶液的毫升数。

3) 注

　　(1) 加热冒烟时的温度、时间很重要。温度高,时间长,易使结果偏低,加热时高氯酸于瓶壁回流接近瓶口处,一般保持能使铬氧化的温度约半分钟。当高氯酸烟冒出瓶口(瓶内无白烟)结果将偏低。注意不要同时氧化多只试样,以免氧化时间不一致引入误差。

　　(2) 钢中硅含量高时,会生成硅酸而脱水,可能包住一部分铬酸,此时可加几滴氢氟酸将其溶解。

　　(3) 冒烟后不能速冷,否则会产生氯,致使指示剂加入后不显色。应该使溶液自然冷却。

　　(4) 铬被氧化成高价后,必须使之冷却至室温,才能加入硫磷混合酸,否则高价铬易被还原,引起结果偏低。

　　(5) 含钒试样应同过硫酸铵银盐法一样进行校正,即 $1\%V$ 相当于 $0.34\%Cr$,从铬量中扣除。

4.4　镍的测定(丁二酮肟光度法)

　　基本原理见 3.6 节。

　　试样以酸溶解,柠檬酸掩蔽铁,在氧化剂存在下,用氨水调节至溶液呈碱性后加入丁二酮肟溶液,与镍生成酒红色丁二酮肟镍络合物,以此进行比色测定。

　　对不锈钢来说,以过硫酸铵为氧化剂是不合适的,因此法在铬存在时,不能立即达到显色的最深度,一般需放置 20 min,故此处只介绍溴酸钾和碘作为氧化剂的方法。二法皆快速方便,不受铬的影响,但前法的显色液色泽稳定性比后者好。

4.4.1　丁二酮肟光度法(溴酸钾为氧化剂)

　　测定范围:$3\% \sim 20\%$,$150 \sim 1\,000\ \mu g \cdot (100\ mL)^{-1}$ 镍量符合比耳定律。

1) 试剂

　　混合酸($1+1+2$):1 份盐酸,1 份硝酸和 2 份水混合。柠檬酸溶液(10%)。硫酸($1+4$)。氨水($1+1$),临时配制。溴酸钾-溴化钾溶液:溴酸钾 11 g 及溴化钾 39 g 溶于 1 000 mL 水中。丁二酮肟溶液(1%),1 g 丁二酮肟溶于 100 mL 乙醇中。镍标准溶液(Ni 0.1 mg·mL^{-1}):称取纯镍 0.100 0 g 溶于少量稀硝酸中,于量瓶中以水稀释至 1 000 mL。

2) 操作步骤

　　称取试样 0.100 0 g 于 100 mL 锥形瓶中,加混合酸 20 mL,加热溶解,冷却,于 100 mL 量瓶中,以水稀释至刻度,摇匀。显色液:吸取试液 5 mL,于 100 mL 量瓶中,加硫酸($1+4$)10 mL,柠檬酸溶液(10%)10 mL,溴酸钾-溴化钾溶液 5 mL,氨水($1+1$)20 mL,冷却后加丁二酮肟溶液 2 mL,以水稀释至刻度,摇匀。空白液:吸取试液 5 mL,于 100 mL 量瓶中,按显色液加入除丁二酮肟外所有试剂,以水稀释至刻度,摇匀。用 1 cm 比色皿,于 530 nm 波长处,以空白液为参比,测定吸光度。从检量线上查得试样的含镍量。

3) 检量线的绘制

用标准钢样按方法操作,测定吸光度,绘制曲线或称取已知含低镍的标钢0.1 g,置于 100 mL 锥形瓶中,加混合酸 20 mL,加热溶解。于 100 mL 量瓶中,依次加入镍标准溶液 1.0 mL,3.0 mL,5.0 mL,7.0 mL,9.0 mL(Ni 0.1 mg·mL^{-1}),然后按上述方法显色,测定吸光度,绘制曲线。每毫升镍标准溶液相当于镍含量 2.0%。

4) 注

(1) 补加硫酸,保证柠檬酸与铁完全络合,形成颜色极淡的柠檬酸铁,消除铁的影响。

(2) 氨(1+1)的加入会引起发热,应边加边冷却,如加入丁二酮肟后溶液不显色,可能由于氨水浓度不够,需补加数毫升氨水。

(3) 如果采用系统分析方法,可用系统法测磷的试液按下法操作:吸取试液 10 mL 于量瓶中,稀释至 100 mL,吸取此稀释液 5 mL 2 份于 100 mL 量瓶中,按上述方法显色测定。

(4) 该方法重现性和稳定性都较好,可以成批显色。

4.4.2　丁二酮肟光度法(碘为氧化剂)

该法用碘作氧化剂,在氨性溶液中,用丁二酮肟显色镍,进行比色测定。方法适用于含镍量3%～20%,150～1 000 μg·(100 mL)$^{-1}$镍量符合比耳定律。

1) 试剂

王水(2+1):2 份盐酸与 1 份硝酸混合。碘溶液(0.1 mol·L^{-1}),称取碘化钾 25 g,碘 12.7 g,加少量水溶解,并稀释至 1 000 mL。氨性丁二酮肟溶液:1 g 丁二酮肟溶于 1 000 mL 氨水(1+1)中。氨水(1+1)。镍标准溶液(Ni 0.1 mg·mL^{-1}):称取纯镍 0.100 0 g,溶于少量硝酸中,于量瓶中稀释至 1 000 mL。

2) 操作步骤

称取试样 0.100 0 g 置于 100 mL 锥形瓶中,加王水(2+1)15 mL,加热溶解,加水约 10 mL,煮沸 1～2 min,冷却,于 100 mL 量瓶中,以水稀释至刻度,摇匀。显色液:吸取试液 5 mL,于 100 mL 量瓶中,加水 50 mL,柠檬酸铵溶液(50%)5 mL,碘溶液 3 mL,摇匀。然后加氨性丁二酮肟溶液 20 mL,以水稀释至刻度,摇匀。空白液:吸取试液 5 mL,于 100 mL 量瓶中,加水 50 mL,柠檬酸铵溶液(50%)5 mL,碘溶液(0.1 mol·L^{-1})3 mL,摇匀,然后加氨水(1+1)20 mL,以水稀释至刻度,摇匀。用 1 cm 比色皿,于 530 nm 波长处,以空白液为参比,测定吸光度。从检量线上查得试样的含镍量。

3) 检量线的绘制

称取已知含低镍的标钢 0.1 g,置于 100 mL 锥形瓶中,加王水(2+1)15 mL 加热溶解,于 100 mL 量瓶中,以水稀释至刻度。吸取溶液 5 mL 数份,分别置于 100 mL 量瓶中,依次加入镍标准溶液 1.0 mL,3.0 mL,5.0 mL,7.0 mL,9.0 mL(Ni 0.1 mg·mL^{-1}),然后按上述方法显色,测定吸光度,绘制曲线。每毫升镍标准溶液相当于含镍量 2.0%。

4) 注

(1) 用碘作氧化剂显色快,不受铬的干扰,但显色液的稳定性较差,所以显色后比色时间要控制一致。3 min 后比色,10 min 内比色完毕,室温高时,稳定性比室温低时差。

(2) 锰影响镍的测定,使结果偏高。按上述操作,10%锰含量使镍结果偏高 0.06%,可在结果中减去校正值。

（3）如系采用系统分析方法，可用系统法测磷的试液按下法操作：吸取试剂 10 mL 于量瓶中，稀释至 100 mL，吸取此稀释液 5 mL 2 份于 100 mL 量瓶中，按上述方法显色测定。

4.5　锰 的 测 定

不锈钢随钢种的不同其含锰量相差较大，一般锰含量为 0.5％～2.0％，高锰不锈钢中锰含量可达 10％～20％。

对于一般锰含量的测定可采用过硫酸铵-银盐氧化光度法；对于锰高钢采用磷酸-3 价锰容量法。

4.5.1　过硫酸铵-银盐氧化光度法

试样经王水溶解，用磷酸冒烟除去 HCl。在 2～3 mol · L^{-1} 的酸度下，在硝酸银存在下，用过硫酸铵将 2 价锰氧化为紫红色的高锰酸，其色泽与锰含量成正比，以此进行比色测定，方法和基本原理同 3.3.2 小节。

测定范围：＜ 2％锰。

1) 试剂

王水（2＋1）：2 份盐酸，1 份硝酸混合。磷酸（$\rho = 1.70$ g · cm^{-3}）。混合酸：硝酸银 2 g，溶解于 500 mL 水中，加硫酸 25 mL，磷酸 30 mL，硝酸 30 mL，用水稀释至 1 000 mL。过硫酸铵溶液（20％），配置勿超过 2～3 日。EDTA 溶液（5％）。锰标准溶液（Mn 0.1 mg · mL^{-1}），配制方法见 3.3.2 小节。

2) 操作步骤

称取试样 0.050 0 g 于 100 mL 锥形瓶中，加王水（2＋1）5 mL，低温溶解，加磷酸 3 mL，继续加热至冒烟，取下稍冷。加混合酸 20 mL，过硫酸铵溶液（20％）10 mL，煮沸 20～40 s，放置约 1 min，流水冷却，于 100 mL 量瓶中，以水稀释至刻度，摇匀。将显色液倒入 2 cm 比色皿中，于剩余溶液中加 EDTA 溶液（5％）1～2 滴，摇匀，使高锰酸色泽褪去。以此作为参比，于 530 nm 波长处，测定其吸光度。从检量线上查得试样的含锰量。

3) 检量线的绘制

用标准钢样按方法操作，测定吸光度后绘制曲线，或称取纯铁 0.05 g 数份，分别置于 100 mL 锥形瓶中，依次加入锰标准溶液 2.0 mL，4.0 mL，6.0 mL，8.0 mL，10.0 mL（Mn 0.1 mg · mL^{-1}），按方法操作，测定吸光度，绘制曲线。每毫升锰标准溶液相当于含锰量 0.2％。

4) 注

（1）用 EDTA 溶液褪色，室温高时褪色快，室温低时褪色慢。

（2）不锈钢中含镍、铬等有色离子较多，干扰锰的测定，故需以空白液作参比。

（3）试剂有时含锰，在精确测定时，测定吸光度时应做试剂空白，可取定锰混合酸 20 mL，水约 10 mL，过硫酸铵溶液 10 mL，煮沸显色测定吸光度后自结果中减去。

（4）如果采用系统分析方法，可用系统法测磷的试液按下法操作：吸取试样溶液 5 mL 置于 150 mL 锥形瓶中，加混合酸 20 mL，按上述方法显色，测定吸光度。

4.5.2　磷酸-3价锰容量法

在大量磷酸存在下,于220℃温度下,用固体硝酸铵将2价锰氧化成3价锰,然后用硫酸亚铁铵标准溶液滴定。

$$MnHPO_3 + 2NH_4NO_3 + H_3PO_4 \longrightarrow NH_4MnH_2(PO_4)_2 + NH_4NO_2 + HNO_2 + H_2O$$

$$NH_4^+ + NO_2^- \longrightarrow N_2 + 2H_2O$$

过量的硝酸铵及硝酸对结果没有妨碍,但加入时的温度要加以控制,不能在太高或较低的温度下加入,否则结果不稳,而且易偏低。生成的亚硝酸及亚硝酸铵在加热时完全分解。

以高氯酸代替硝酸铵,同样能获得准确的结果,但在氧化完全后,必须除尽高氯酸,否则部分铬会氧化成6价,干扰锰的测定。在高氯酸除尽后,在大量磷酸存在下,铬仍呈3价状态。加入过量的磷酸是必要的,从节约和操作方便考虑,加入10~20 mL磷酸较适当。

不论用硝酸铵或高氯酸作氧化剂,钒是定量地参与反应,所以测定的是锰钒合量,必须加以校正。校正值为1%钒相当于1.08%锰。

本法适用于高锰钢中锰的测定。

1) 试剂

王水(2+1):2份盐酸与1份硝酸混合。磷酸($\rho = 1.70$ g·cm^{-3})。硝酸铵(固体)。硫酸(1+9)。N-苯代邻氨基苯甲酸(0.2%):取0.2 g指示剂溶于100 mL 0.2%碳酸钠水溶液中。硫酸亚铁锰标准溶液(0.05 mol·L^{-1}),配制及标定见3.4节。

2) 操作步骤

称取试样0.100 0~0.500 0 g,于250 mL锥形瓶中,加王水(2+1)6~10 mL,加热溶解(含硅高的试样可加氢氟酸数滴助溶),加磷酸15 mL,并继续加热至刚冒磷酸烟,取下,放置20~30 s后立即加入1~2 g硝酸铵,摇动使氮的氧化物逸出(或用洗耳球吹出),冷却至50~60℃,加硫酸(1+9)30 mL,摇匀,流水冷却至室温,立即用硫酸亚铁铵标准溶液滴定到微红色,加N-苯代邻氨基苯甲酸指示剂3滴,并继续滴定至亮绿色为终点。锰的百分含量可按下式计算:

$$Mn\% = \frac{V \times M \times 0.027\ 47}{G} \times 100$$

式中:V为滴定所消耗硫酸亚铁锰标准溶液的毫升数;M为所用硫酸亚铁铵标准溶液的摩尔浓度;G为试样质量(g);0.027 47为1毫摩尔锰的克数,或用含量相近的标钢按方法同样操作,求出硫酸亚铁铵标准溶液对锰的滴定度($T\%$)。也可按下式计算:

$$Mn\% = T\% \times V$$

式中:V为滴定试样时消耗硫酸亚铁铵溶液的毫升数。$T\% = A/V_0$(A为标钢中锰的百分含量;V_0为滴定标钢时消耗硫酸亚铁铵标准溶液的毫升数)。

3) 注

(1) 本法适用于高锰(2%以上)低钒(1.5%以下)的各种钢样,含锰在20%以上称样0.1 g,10%~20%称样0.2 g,小于10%称样0.5 g。

(2) 冒磷酸烟为本法的关键。冒烟时间太久,成焦磷酸盐析出,不易溶解,致使结果偏低;反之,加入硝酸铵时,温度太低,氮的氧化物驱不尽,锰的氧化不完全,同样使结果偏低。

(3) 蒸发冒磷酸烟时溶液温度约为250℃,冷却20 s后温度为220℃,加硝酸铵能确保锰氧化完全,氮化物也能驱尽。

(4) 氧化完毕后,需将溶液冷却到50~60℃再加水稀释,否则会使结果略偏低。

(5) 3 价锰的络合物,当用水稀释时,会逐渐发生分解,所以宜用稀硫酸稀释,并在冷却后迅速滴定。

4.6 肽 的 测 定

4.6.1 变色酸法

基本原理见 3.9 节。

在微酸性溶液中(pH≈2.5),钛与变色酸生成红棕色络合物,借此进行钛的比色测定。

用抗坏血酸作掩蔽剂和还原剂,可消除铁、钼、钒、铬等离子的干扰。有色离子的干扰可在显色液中加氟化氢铵褪去钛离子与变色酸络合物的色泽作为空白来消除。

测定范围:0.05%～1.0%。

1) 试剂

混合酸(1＋1＋1):1 份盐酸、1 份硝酸和 1 份水相混。抗坏血酸溶液(1%),当天配制。溴酚蓝指示剂(0.1%):称取指示剂 0.1 g 溶解于 0.1 mol · L^{-1} 的 NaOH 溶液 1.5 mL 中,稀释至 100 mL。氨水(1＋1)。盐酸(1＋1)。醋酸溶液(1＋1):冰醋酸与水等体积相混。变色酸溶液(3%):称取变色酸 3 g,用少量水调成糊状,加水稀释至 100 mL,加 3 g 亚硫酸钠。需要时可过滤,贮于棕色瓶中。溶液可使用 1～2 个月,不同批号的变色酸需校正曲线。氟化钠溶液(35%),贮于塑料瓶中。钛标准溶液(Ti 0.1 mg · mL^{-1}),配制法参照 3.9 节。

2) 操作步骤

称取试样 0.100 0 g,置于 100 mL 锥形瓶中,加混合酸 5 mL,加热溶解,冷却,于 50 mL 量瓶中,加水稀释至刻度。吸取试液 10 mL,置于 50 mL 量瓶中,加水约 20 mL,抗坏血酸(1%)5 mL,溴酚蓝指示剂 1 滴,用氨水(1＋1)调节至指示剂恰好呈蓝色,再用盐酸(1＋1)调节至呈黄色并过量 1 滴,加醋酸溶液(1＋1)5 mL,摇匀(此时 pH≈2.5)。用移液管加变色酸溶液 2.0 mL,用水稀释至刻度,摇匀。将显色液倒入比色皿中,于剩余溶液中加氟化铵溶液(35%)2～3 滴,使钛的显色色泽褪去,以此作为参比,于 500 nm 波长处,测定吸光度。从检量线上查得试样的含钛量。

3) 检量线的绘制

用标准钢样,按同样操作测定吸光度,绘制曲线或称取纯铁 0.1 g 数份,分别置于 100 mL 锥形瓶中,按同样方法溶解,依次加入钛标准溶液 1.0 mL,2.0 mL,3.0 mL,…,10.0 mL(Ti 0.1 mg · mL^{-1})移入 50 mL 量瓶中,以水稀释至刻度。分别吸取溶液 10 mL 于 50 mL 量瓶中,按上述方法显色,测定吸光度后绘制检量线。每毫升钛标准溶液相当于含钛量 0.1%。

4) 注

(1) 称样量可根据含钛量多少变动。如钛含量低于 0.1% 时可称样 0.25 g,按方法溶解,显色时加抗坏血酸(1%)10 mL。检量线不必另绘,因为小于 50 mg 铁对显色干扰很小。

(2) 中和时氨水不能过量,否则钛与抗坏血酸络合,再酸化时结果仍会偏低。

(3) 显色时应逐只试样进行。如抗坏血酸加入后放置长时间再加变色酸显色,结果将偏低。已显色的溶液色泽稳定,测吸光度时可成批进行。

(4) 根据钛含量选用比色皿。

（5）如果采用系统分析方法，可用系统法测定磷的试液按下法操作：吸取试样溶液 2 mL，置于 50 mL 量瓶中，加水约 30 mL，以下按上述操作进行。

（6）也可按 3.9 节用草酸掩蔽法进行。

4.6.2　二安替比林甲烷光度法

二安替比林甲烷光度法是目前应用最广，灵敏度高，选择性较好的方法之一。在 1.2～3.6 mol·L^{-1} 盐酸介质中，4 价钛与二安替比林甲烷生成黄色可溶性络合物，在 380～400 nm 波长处有最大的吸收，摩尔吸光系数为 18 000。3 价铁与 5 价钒的影响用抗坏血酸消除。钼、铌在酒石酸存在下能被络合，消除干扰。

测定范围：0.010%～2.400% 钛。

1）试剂

王水（3＋1）：3 份盐酸与 1 份硝酸相混合。硫酸（1＋1）。盐酸（1＋1）。抗坏血酸（10%）。二安替比林甲烷（DAPM）溶液（2.5%）：称取该试剂 25 g，溶于 1 000 mL 1 mol·L^{-1} 盐酸中。钛标准溶液：称取 0.417 1 g 光谱纯或分析纯二氧化钛于瓷坩埚中，加 4～5 g 焦硫酸钾，于 600 ℃ 熔融至透明，冷却，用 100 mL 硫酸（5＋95）浸取熔块后，移入 500 mL 量瓶中，并以硫酸（5＋95）稀释至刻度，摇匀。Ti 0.5 mg·mL^{-1}（A 液）。取 A 液 100 mL 移入 500 mL 容量瓶中，以硫酸（5＋95）稀释至刻度，摇匀（Ti 0.1 mg·mL^{-1}）。

2）操作步骤

称取试样适量，于 150 mL 锥形瓶中，加王水 20 mL，加热溶解后，加 15 mL 硫酸（1＋1），蒸发至冒硫酸烟，稍冷加水 50 mL，加热溶解盐类，移入 100 mL 容量瓶中，以水稀释至刻度，摇匀。吸取试液 10 mL 2 份，分别置于 50 mL 量瓶中。

空白液：加 5 mL 抗坏血酸（10%），待黄色褪去后加盐酸（1＋1）10 mL，以水稀释至刻度。

显色液：加 5 mL 抗坏血酸（10%），盐酸（1＋1）10 mL，于室温放置 5 min，加 20 mL 二安替比林甲烷溶液，以水稀释至刻度，摇匀。放置 5～10 min。用 2 cm 比色皿，于 420 nm 波长处，以空白液为参比，测定吸光度。从检量线上查得试样的含钛量。

3）检量线的绘制

用含钛量不同的标准钢样，按同样操作方法操作，绘制曲线或用不含钛的钢样打底，按方法溶解，依次加入钛标准溶液 1.0 mL，2.0 mL，3.0 mL，…，10.0 mL（Ti 0.1 mg·mL^{-1}）按操作处理，于 100 mL 量瓶中以水稀释至刻度，按操作分液和显色，测定吸光度。

4）注

（1）称样量视含钛量高低而定：

含钛（%）	称样质量（g）
0.01～0.10	0.500 0
0.10～0.50	0.250 0
0.50～2.40	0.100 0

（2）如试样中含有铌、钼、钨时，在溶解试样后加入 10 mL 酒石酸溶液（10%），进行煮沸络合。但对钨、铌含量较高的试样，在酸性中络合不好，因此，在加入酒石酸后将溶液调节呈碱性（氢氧化钠）再煮沸，待溶液清晰后，加硫酸酸化并使其酸度保持在 1.5 mol·L^{-1}（硫酸）左右。在酸化过程中要防止钛的水解，也可以用草酸铵络合钨铌。

（3）一般钢中，不溶残渣中含钛甚微，可不予考虑。如需回收残渣中的钛时，待盐类溶解后，用慢速滤纸加少量纸浆过滤于 100 mL 量瓶中,用硫酸(1+100)洗涤滤纸,滤液保留,残渣与滤纸移入铂坩埚中灰化,灼烧,加 2 滴硫酸(1+1),加 2～3 mL 氢氟酸(40%)蒸发至近干,加 0.5 g 焦硫酸钾熔融,用少量硫酸(1+1)浸取,合并于主液,用水稀释至刻度,摇匀。

4.7　钼的测定(硫氰酸盐光度法)

基本原理见 3.7 节。

利用 5 价钼与硫氰酸盐形成橙色络合物,进行比色测定。通常用的还原剂有氯化亚锡、抗坏血酸和硫脲。氯化亚锡还原速度快,是较强的还原剂,易使部分钼还原成更低价,所以稳定性不够理想。抗坏血酸是较弱的还原剂,色泽稳定,灵敏度高,在室温下显色速度慢(5～30 min),但用铜盐催化,可加快显色。虽然如此,氯化亚锡在使用高氯酸作为还原抑制剂时,仍能获得较好的稳定性,所以仍被普遍采用。现将两种还原方法分别叙述如下。

4.7.1　硫氰酸盐光度法(氯化亚锡还原法)

在分析操作中,酸度是一个重要因素,酸度过低显色慢而且不完全,酸度过高则色泽不稳定。本法在 $2.5～2.8\ mol \cdot L^{-1}$ 的酸度条件下,以少量硫酸钛为接触剂,用氯化亚锡为还原剂,使钼在 5 价状态与硫氰酸盐形成橙红色络合物。此络合物在高氯酸存在下,能有较好的稳定性。在试液中控制酸度:高氯酸 $0.4\ mol \cdot L^{-1}$ 左右,硫酸 $0.9\ mol \cdot L^{-1}$ 左右,盐酸 $0.45\ mol \cdot L^{-1}$ 左右,其总酸度在 $2.5～2.8\ mol \cdot L^{-1}$。

1) 试剂

王水(2+1):2 份盐酸与 1 份硝酸相混。高氯酸(60%～70%)。混合酸:100 mL 水溶液中含浓盐酸 20 mL,浓硫酸 40 mL。氯化亚锡溶液(10%),10 g 氯化亚锡溶于盐酸 5 mL 中,以水稀释至 100 mL,宜当天配制。硫酸钛溶液:将硫酸铵 8 g 溶于 4 mL 浓硫酸中,然后加 2 g 硫酸钛,加水 100 mL 左右,加热搅拌至溶液清亮,冷却后,以水稀释至 500 mL。或取三氯化钛溶液(15%) 10 mL,加硫酸(1+1)40 mL,滴加过氧化氢(30%)至紫色褪去而呈过钛酸棕黄色,煮沸至黄色褪去,冷却,加硫酸(1+1)40 mL,用水稀释至 500 mL。硫氰酸铵溶液(4%)。铁溶液:称取不含钼的普通钢 1 g,用硝酸(1+3)20 mL 加热溶解,加高氯酸 12 mL,继续加热至冒烟,冷却,稀释至 100 mL。混合显色剂:硫酸钛溶液 20 mL,硫氰酸铵溶液 100 mL,氯化亚锡溶液 30 mL,水 25 mL,混合(临用时混合)。参比混合剂:硫酸钛溶液 20 mL,氯化亚锡溶液 30 mL,水 125 mL 混合(临用时混合)。钼标准溶液(Mo $1.0\ mg \cdot mL^{-1}$):称取金属钼 1.000 0 g,加硝酸(1+3)20 mL 及浓硫酸 5 mL,加热溶解至冒烟,冷却,稀释至 1 000 mL。

2) 操作步骤

称取试样 0.250 0 g,置于 100 mL 锥形瓶中,加王水(2+1)6 mL,加热溶解,加高氯酸 5 mL,继续加热至冒烟,并维持半分钟,冷却,加水 10 mL 使盐类溶解,移入 50 mL 量瓶中,以水稀释至刻度,摇匀。显色液:吸取试液 10 mL 于 100 mL 锥形瓶中,加混合酸 7 mL,沿瓶壁加入显色剂 25 mL,摇匀。空白液:吸取试液 10 mL 于 100 mL 锥形瓶中,加混合酸 7 mL,沿瓶壁加入参比混合剂 25 mL,摇匀。放置 3～5 min(或在沸水浴中加热 20 s 后流水冷却),用 1 cm 比色皿于 500 nm 波长处,以空白液作参比,测定吸光度。从检量线上查得试样的含钼量。

3) 检量线的绘制

称取不含钼或已知含钼量低的钢样 0.25 g 数份,按方法加王水(2+1)6 mL 溶解,高氯酸 5 mL,加热冒烟,冷却。依次加入钼标准溶液 1.0 mL,3.0 mL,5.0 mL,…,10.0 mL(Mo 1.0 mg·mL^{-1}),移入 50 mL 量瓶中,以水稀释至刻度。分别吸取 10 mL 按方法显色,测定吸光度,绘制曲线,每毫升钼标准溶液相当于含钼量 0.40%。

4) 注

(1) 不锈钢中含铬较高,试样经高氯酸冒烟后,铬氧化为 6 价。6 价铬与硫氰酸盐形成紫红色络合物,干扰钼的测定,形成正误差。如于显色前用亚硫酸钠还原 6 价铬,可避免造成错误。

(2) 一般分析亦可用水作空白,但由于不锈钢含镍、铬高,应以空白作为参比,但放置时间要延长 10 min。

(3) 以氯化亚锡作还原剂,铁及少量铜的存在可使显色迅速,色泽加深,溶液稳定,故绘制检量线时必须以标钢绘制或以铁打底。

(4) 试样含钒<0.6 mg 无影响,>0.6 mg 可在检量线绘制时加同量钒消除,或用 1% 钒相当于 0.003% 钼扣除。

(5) 钨的存在使钼的结果偏低,可加磷酸消除影响。

4.7.2　硫氰酸盐光度法(抗坏血酸还原法)

采用抗坏血酸作还原剂,色泽稳定,灵敏度提高。这是由于它是较弱的还原剂,不会将钼(Ⅴ)进一步还原,但是在室温下,它的显色速度较慢,如用铜盐催化,可在 1～3 min 内,完全显色。本法灵敏度约为 5 μg·(50 mL)$^{-1}$,钼的浓度在很大范围内有良好的线性关系。但由于硫氰酸铁色泽不易褪尽,对测定低含量钼不好。

1) 试剂

王水(2+1):2 份盐酸与 1 份硝酸相混匀。硫酸(ρ=1.84 g·cm^{-3})。硫酸-硫酸铜溶液:称 1 g 硫酸铜(CuSO$_4$·5H$_2$O),溶于 300 mL 水中,加浓硫酸 85 mL,以水稀至 1 000 mL。硫氰酸铵溶液(20%)。抗坏血酸溶液(10%),当天配制。钼标准溶液(Mo 1.0 mg·mL^{-1})。

2) 操作步骤

称取试样 0.100 0 g 于 150 mL 锥形瓶中,加王水(2+1)6 mL,加热溶解,加硫酸 10 mL 继续加热至冒硫酸烟,冷却,加少量水溶解盐类,移入 100 mL 量瓶内,以水稀释至刻度,摇匀。吸取试液 5 mL 2 份,分别置于 50 mL 量瓶中。显色液:加硫酸-硫酸铜溶液 5 mL,硫氰酸铵溶液(20%)10 mL,抗坏血酸溶液(10%)10 mL,以水稀释至刻度,摇匀。空白液:除不加硫氰酸铵溶液外,其他同显色液操作。放置 1～3 min,用 2 cm 比色皿,于 460 nm 波长处,测定吸光度。从检量线上查得试样的含钼量。

3) 检量线的绘制

用标准钢样按同样操作,测定吸光度,绘制曲线,或称取纯铁 0.1 g 数份分别置于 150 mL 锥形瓶中,按方法溶解。依次加入钼标准溶液 1.0 mL,2.0 mL,3.0 mL,4.0 mL,5.0 mL(Mo 1.0 mg·mL^{-1}),加硫酸 10 mL 继续加热至冒烟,冷却,于 100 mL 量瓶中以水稀释至刻度。分别吸取溶液 5 mL,按上述方法显色测定吸光度,并绘制曲线。每毫升钼标准溶液相当于含钼量 1.00%。

4) 注

(1) 本法适用于测定 5% 以下的钼,如果测定更高钼的试样可以少吸试液。显色液内控制钼量在 25～200 μg·(50 mL)$^{-1}$为好。

(2) 原则上显色液内含铁量应不低于 5 mg。如果测定更高钼的试样,试液内铁量不足时应用铁溶液补足。

(3) 当铜盐作催化剂时,显色液的酸度应适当降低,酸度在 $0.3\sim6\ mol\cdot L^{-1}$ 皆能立即显色。

(4) 加铜盐后显色时,铁的还原速度大大加快,显色反应也快速完成。温度对显色速度及稳定性有影响。$10\ ℃$ 时,$3\ min$ 后显色完全,并可稳定 $2\ h$;$20\sim30\ ℃$ 时,$1\ min$ 后即显色完全,稳定 $1\ h$;高于 $30\ ℃$,瞬间已显色完全,但只能稳定 $30\ min$ 左右。

(5) 不锈钢中一般共存元素皆不干扰。钒大于 $0.6\ mg$,铜大于 $2.5\ mg$ 才有干扰,钒可用校正法(或在绘制检量线时加入相近量的钒予以抵消)。铜可加适量硫脲掩蔽,但硫脲用量不能过大,否则失去铜盐的催化作用。

4.8　钒的测定(高锰酸钾氧化-亚铁容量法)

试样以王水溶解,加高氯酸氧化,盐酸驱铬,然后在硫磷酸介质中,在室温下,用高氯酸钾将钒氧化为 5 价,用亚砷酸钠选择性地还原残留的 $Cr(Ⅵ)$,最后以 N-苯代邻氨基苯甲酸为指示剂,用亚铁标准溶液滴定(基本原理见 3.5 节)。

1) 试剂

王水($2+1$):2 份盐酸与 1 份硝酸相混匀。硫磷混合酸:400 mL 水中,加磷酸 300 mL 和硫酸 300 mL。高氯酸(70%)。盐酸($\rho=1.18\ g\cdot cm^{-3}$)。高锰酸钾溶液(1%)。亚硝酸钠溶液(0.5%)。尿素溶液(20%),使用时配制。亚砷酸钠溶液($0.05\ mol\cdot L^{-1}$):称取无水碳酸钠 1 g 和三氧化二砷 0.49 g,溶于水后稀释至 100 mL,摇匀。N-苯代邻氨基苯甲酸(0.2%):0.2 g 试剂和 0.2 g 无水碳酸钠溶于水,以水稀释至 100 mL。硫酸亚铁铵标准溶液($0.01\ mol\cdot L^{-1}$):8 g 硫酸亚铁铵 $[(NH_4)_2Fe(SO_4)_2\cdot6H_2O]$ 溶于($5+95$)硫酸溶液 1 000 mL 中,混匀。

2) 操作步骤

称取试样 $0.200\ 0\sim0.500\ 0\ g$ 于 250 mL 锥形瓶中,加王水($2+1$)10 mL,加热溶解,加高氯酸 15 mL,蒸发至冒烟,滴加盐酸,驱除铬,至无红色氯化铬酰烟雾出现。加硫磷混合酸 25 mL,继续加热蒸发至冒烟并维持 1 min 左右,冷却,加水 30 mL。加 2 mL 硫酸亚铁铵(2%),滴加高锰酸钾(1%)溶液至微红色,静置 $1\sim2\ min$,使钒氧化完全。加尿素溶液(10%)10 mL,仔细滴加亚硝酸钠溶液(0.5%)至红色恰好消失,过量 1 滴,加亚砷酸钠溶液($0.05\ mol\cdot L^{-1}$)5 mL,再滴加亚硝酸钠(0.5%)溶液 2 滴,摇匀,静置 1 min,加 3 滴砷 N-苯代邻氨基苯甲酸,用硫酸亚铁铵标准溶液($0.01\ mol\cdot L^{-1}$)滴定至亮绿色为终点。用含钒量相近似的标准钢样按方法同样操作,先求出硫酸亚铁铵标准溶液对钒的滴定度($T\%$)。按下式计算钒的百分含量:

$$V\%=T\%\times V$$

式中:V 为滴定试样时所消耗硫酸亚铁铵标准溶液的毫升数;$T\%$ 为称取相同重量标样,按同样操作,求出的硫酸亚铁标准溶液对钒的滴定度(百分含量·mL^{-1})。

3) 注

(1) 含钒 0.1%～0.5% 时称样 0.5 g,含钒 0.5% 以上时称样 0.2 g,如遇含钒小于 0.1% 时,应称样 1 g。

(2) 在高锰酸钾氧化钒之前,为了避免残余高价铬离子的存在,必须加入少量硫酸亚铁铵溶液数毫升。

(3) 加高锰酸钾时,必须冷至室温,防止 3 价铬氧化为 6 价铬,氧化时间要一致。

（4）亚硝酸钠还原过量高锰酸钾时，要防止过量太多，以免把 5 价钒也还原。必须缓慢地加，充分地摇。

（5）以亚砷酸钠还原铬时，由于诱导反应，有少量锰氧化为 3 价，所以需要再加 2 滴亚硝酸钠还原 3 价锰。

（6）指示剂消耗亚铁溶液，所以要严格掌握用量。在准确度要求高的分析时，须做指示剂校正，这里由于用标钢确定亚铁盐的滴定度，这种误差可以抵消。

（7）测定低钒时，滴定前加入硫酸(1＋1)10 mL，以适当提高酸度，使终点转变明显。

4.9　铝 的 测 定

铝的测定一般分酸溶铝及总铝。由于酸不溶铝含量很少，一般只测酸溶铝，如需测定总铝，只要在试样溶解后，过滤，将不溶物用焦硫酸钾熔融处理成溶液后，以光度法测定，将所得结果加上酸溶铝，即为总铝。或将溶液并入酸溶铝溶液，进行测定亦可。

由于铝的含量不同，应采用不同方法进行，以期获得较高的准确度。这里介绍两种方法，适应不同的测定范围。其基本原理详见 3.10 节。

4.9.1　EDTA 容量法

基本原理见 3.10.1 小节。

试样以王水溶解后，以高氯酸冒烟，并加盐酸驱铬，乙酸调节酸度，用铜试剂在合适的酸度条件下，沉淀分离铁、镍、钒、锰、铜、钼、铌等元素。在 pH 5.5～6 时加入过量的 EDTA 溶液使其与铝络合，剩余部分用铜标准溶液滴定(不计量，但注意不得过量)，加入氟化铵释放出与铝络合的 EDTA，再用铜标准溶液滴定，由消耗的铜标准溶液的毫升数计算铝含量。

测定范围：0.1%～10.0%。

1）试剂

王水(2＋1)：2 份盐酸与 1 份硝酸混合。高氯酸(60%～70%)。乙酸(1＋1)，用冰乙酸配制。盐酸($\rho=1.18$ g·cm^{-3})。铜试剂(二乙氨基硫代甲酸钠)(20%)水溶液(pH≈9.4)。醋酸-醋酸钠缓冲液(pH≈5.5)：取 200 g 含结晶水的醋酸钠加水溶解后，加 9 mL 冰醋酸用水稀释至 1 000 mL。氟化铵(固体)。PAN 指示剂(0.1%)：0.1 g PAN 溶于 100 mL 乙醇中。硫酸铜标准液(0.060 0 mol·L^{-1})：准确称取纯铜 0.635 4 g，加硝酸(1＋1)10 mL 溶解，加硫酸 5 mL，蒸发冒烟，取下，加水溶解，移入 1 000 mL 容量瓶中，以水稀释至刻度，摇匀。EDTA 溶液(0.02 mol·L^{-1})：取 EDTA 3.7 g 溶于 500 mL 水中。铝标准溶液(Al 0.5 mg·mL^{-1})：取纯金属铝 0.250 0 g，溶于少量盐酸中(必要时加 10 mL 硝酸)，加硫酸(1＋1)5 mL，加热至冒烟，取下冷却，以水溶解，移入 500 mL 容量瓶中，以水稀释至刻度。

2）操作步骤

称取试样 0.200 0 g 于 100 mL 锥形瓶中，加王水(2＋1)10 mL，加热溶解，加高氯酸 5 mL，加热冒烟。滴加盐酸驱铬数次，冷却，加水 10 mL 溶解盐类，加乙酸(1＋1)20 mL，用氨水(1＋1)调至 pH＝2。在不断摇动下，倒入预先盛有 20 mL 铜试剂的 100 mL 容量瓶中，摇匀，以水稀释至刻度，不时剧烈摇动，放置 1～2 min。用双层快速滤纸过滤于干容量瓶中。吸取 25 或 50 mL 滤液(铝量控制在 5 mg

以下），于 250 mL 锥形瓶中，加 15 mL EDTA(0.02 mol·L^{-1})，加热至约 70 ℃，加醋酸-醋酸钠缓冲液 20 mL，煮沸 1～2 min，取下，30 s 后加 8 滴 PAN 指示剂，立即用硫酸铜标准溶液滴定至出现稳定的紫红色或紫红(不计量，但切勿过量)，加氟化铵约 1.5 g，加热煮沸 1～2 min，取下，30 s 后再以硫酸铜标准溶液滴定到紫红色或紫色即为终点(计量)。按下式计算试样的含铝量：

$$Al\% = \frac{T \times V \times 100}{G}$$

式中：V 为加入氟化铵后滴定消耗硫酸铜标准溶液的毫升数；T 为 1 mL 硫酸铜标准溶液相当于铝的质量(g)。

滴定度(T)可用含铝量相近的标准钢样按试样分析手续进行操作，或用铝标准溶液以氨水和盐酸调节溶液至刚果红试纸由红变蓝，同加盐酸(1+1)3 mL 和 10 mL 缓冲液，以水稀释至约 50 mL，加过量 EDTA 标准溶液。以下同上述分析步骤滴定。

3) 注

(1) 试样称量根据含铝量而定。含铝量小于 0.5%，可适当增加称样量。

(2) 铜试剂沉淀锰在 pH 较低时，沉淀不完全，但当 pH 较高时，如 pH>3.8，则会引起铝的水解，使结果偏低。为此加入较多量的乙酸，一则调节酸度，又起到络合 Al^{3+} 的作用，即使在 pH≈6 也不会引起铝的水解。少量锰分离不完全，在滴定时调到 pH≈5.5，使 EDTA 络合锰不影响测定。铜试剂加入后摇动 1～2 min 为宜，放置时间过长，将会引起残留的锰量增加，锰量较高会引起滴定终点褪色不稳。

(3) EDTA 加入量亦可根据含铝量来决定，对于 0.02 mol·L^{-1} EDTA，在 0.2%～1.0% Al 时，加 7～8 mL；在 1%～5% Al 时，加 10～20 mL。

(4) 如加入 PAN 指示剂后，溶液已呈红色，则可能是 EDTA 加入量不足；可另取溶液适当增加 EDTA 的加入量。

(5) 如试样中含有钛，可在加入指示剂以后，再加苦杏仁酸溶液(10%)1～5 mL，以掩蔽钛。0.5 g 的苦杏仁酸可掩蔽 2 mg 以下的钛。苦杏仁酸不能加得太多，否则终点不稳定且易褪色。铜试剂分离后，残留的钛量不会超过 1 mg。

(6) 用硫酸铜标准溶液二次滴定终点的颜色要控制一致，这样能减少滴定误差。终点的颜色根据滴定时消耗的铜标准溶液的量的多少呈紫红色-紫色-蓝紫的不同情况，以出现颜色突变为准。

(7) 氟化铵可加 1.5～2 g，过量的氟化铵对测定无影响。

4.9.2　铬天青 S 光度法

基本原理见 3.10.2 小节。

对含铝量低的试样，以光度法为宜，铬天青 S 是常用的显色剂之一。铬天青 S 在不同酸度下有不同的吸收曲线，它在 pH=5.5，波长 550 nm 处吸收最小，而铝与铬天青 S 的络合物在 pH=5.5，波长 550 nm 处吸收最大，故选择 pH≈5.5 及波长 550 nm 为测定条件能取得较佳结果。不锈钢中含铬较高，应在显色前使之成氯化铬酰除去，并用铜铁试剂分离铁、钒、钛等干扰元素。若含铜量超过 1%，需加硫代硫酸钠掩蔽。

1) 试剂

盐硝混合酸(2+1+2)：盐酸 2 份，硝酸 1 份和水 2 份混合。高氯酸(60%～70%)。盐酸(ρ=1.19 g·cm^{-3})，(1+9)，(1+99)。硝酸(ρ=1.42 g·cm^{-3})，(1+19)。氨水(1+9)。抗坏血酸(1%)，

使用时配制。氟化铵溶液(0.2％),贮于塑料瓶中。铬天青 S(0.2％):0.2 g 铬天青 S 溶于 100 mL 乙醇 (1+1)中。六次甲基四胺溶液(25％)。铜铁试剂(亚硝基苯胲胺)(6％),临时配制。2,4 二硝基酚指示剂 (0.2％),0.2 g 试剂溶于 100 mL 乙醇。铝标准溶液 A(Al 0.10 mg·mL^{-1}):称取 0.100 0 g 纯铝(99.9％ 以上)置于塑料杯中加 20 mL 氢氧化钠溶液(10％),在水浴中加热溶液,加 30 mL 盐酸(1+1)冷却至室 温,移入 1 000 mL 容量瓶中,用水稀释至刻度,摇匀。铝标准溶液 B(Al 10 μg·mL^{-1}),移取 10.0 mL 铝 标准溶液 A 于 100 mL 容量瓶中,用水稀释至刻度,摇匀。铝标准溶液 C(Al 5 μg·mL^{-1}),移取 5.0 mL 铝标准溶液 A 于 100 mL 容量瓶中,用水稀释至刻度,摇匀。

2) 操作步骤

称取 0.100 0 g 试样置于 100 mL 烧杯中,加 5 mL 盐硝混合酸加热溶解,加 3 mL 高氯酸,加热冒烟 并维持半分钟以上,滴加盐酸驱铬 2 次,冷却,加水 10 mL,将盐类溶解,移入 100 mL 容量瓶中。加盐 酸 10 mL,冷却至 15 ℃以下,边摇边加入 20 mL 铜铁试剂溶液(6％),以水稀释至刻度,摇匀,放置 5 min,以中速定量滤纸干滤。吸取 50 mL 滤液于原烧杯中,加硝酸 5 mL,高氯酸 2 mL,加热蒸发冒 烟,稍冷,以水吹洗杯壁,补加硝酸 1 mL,继续蒸发至溶液约 0.5 mL,并使铜铁试剂分解完全。稍冷, 加 10 mL 水溶解盐类,加 2 滴 2,4-二硝基酚溶液,滴加氨水(1+9)至恰呈黄色,再滴加硝酸(1+19)至 黄色消失,再过量 2 滴,移入 50 mL 容量瓶中,用水稀释至刻度,摇匀。吸取试液 5 mL(或 10 mL)2 份 分别置于 50 mL 容量瓶中。显色液:加 2 mL 硝酸(1+19),5 mL 抗坏血酸(1％),2.0 mL 铬天青 S 溶 液,3 mL 六次甲基四胺溶液(25％),用水稀释至刻度,摇匀。空白液:加 2 mL 硝酸(1+19),5 滴氟化 铵溶液(0.2％),5 mL 抗坏血酸溶液(1％),2.0 mL 铬天青 S 溶液,3 mL 六次甲基四胺溶液(25％),用 水稀释至刻度,摇匀。放置 20 min,用适当的比色皿,于 550 nm 波长处,以空白液为参比,测定吸光 度。从检量线上查得试样的含铝量。

3) 检量线的绘制

称取 0.1 g 纯铁数份(铝含量<0.001％),于 150 mL 石英烧杯中按方法操作,制备底液,分取底液 5 mL(或 10 mL),按表 4.1 的相应含量分别加入铝标准溶液,按方法显色,测量吸光度,绘制检量线。

4) 注

(1) 六次甲基四胺,铜铁试剂配制后,须以定量中速滤纸过滤。

(2) 为了减少空白,应用石英烧杯或瓷蒸发皿,或优质玻璃烧杯。

(3) 试样中含铝量大于 0.25％时,吸取滤液 25 mL。

(4) 高温冒烟是为了完全分解铜铁试剂。若分解不完全,会使结果不稳。但不能蒸发至干固。如 干固可将溶液稍冷后,加 2 滴盐酸,10 滴高氯酸(70％)加热溶解盐类,并继续蒸发至冒烟。

(5) 以水溶解盐类后,试液应为红色。如呈绿色,说明铜铁试剂未完全分解,须加硝酸 1 mL,高氯 酸 1 mL 冒烟。

(6) 氨水不要过量,滴加氨水后需用水冲洗瓶壁,以免酸度调节不准。

(7) 抗坏血酸加入后,宜立即加入其他溶液,否则易使结果偏低。故在加入抗坏血酸时,应逐个进 行,不能成批操作。倘试样中含铜超过 1％时,在加入抗坏血酸后,加硫酸钠(10％)1 mL。

(8) 取样量与检量线绘制标液加入量如表 4.1 所示。

表 4.1　取样量与铝标准溶液浓度的关系

铝标准溶液浓度		5 $\mu g \cdot mL^{-1}$				10 $\mu g \cdot mL^{-1}$		
分析含量范围(%)		0.01~0.10		0.10~0.25		0.25~0.50		0.50~1.00
取样量(g)		$0.1 \times \frac{50}{100} \times \frac{10}{50}$		$0.1 \times \frac{50}{100} \times \frac{5}{50}$		$0.1 \times \frac{25}{100} \times \frac{10}{50}$		$0.1 \times \frac{25}{100} \times \frac{5}{50}$
标准溶液加入量(mL)	相当于试样含量(%)	mL	%	mL	%	mL	%	%
		0.5	0.025	1.0	0.10	1.0	0.20	0.40
		1.0	0.050	1.5	0.15	1.5	0.30	0.60
		1.5	0.075	2.0	0.20	2.0	0.40	0.80
		2.0	0.100	2.5	0.25	2.5	0.50	1.00
比色皿(cm)		2				1		

4.10　铜的测定(BCO 光度法)

铜的测定方法较多,对不锈钢来说,含有元素较多,量亦较高,因此要考虑干扰问题。一般采取沉淀法或萃取法进行分离,但手续较繁。目前最流行的方法是双环己酮草酰二腙(简称 BCO)法。在氨性介质中,2 价铜与 BCO 生成蓝色络合物,其极大吸收在 580~600 nm 波长处。由于试剂的选择灵敏度高,钢中任何元素可不予分离。日本、德国均推荐为标准法。

酸度对显色影响较大,在 pH<8 时,该试剂不与 Cu^{2+} 显色,pH>9.8 时,络合物的色泽显著降低。一般认为:铜含量较高时宜在 pH 9.1~9.5 显色,而铜含量较低时,在 pH 8.3~9.8 范围显色均可。

共存元素铁、镍、铬、钴有干扰。铁可用柠檬酸掩蔽,铬保持在高价状态,不再干扰。镍、钴的干扰,可适当增加 BCO 用量而防止。显色温度在 10~25 ℃没有影响,超过 30 ℃时色泽显著降低并易褪色,低于 10 ℃,显色完全的时间要增长。

测定范围:4~200 $\mu g \cdot (50 \text{ mL})^{-1}$符合比耳定律。

1) 试剂

王水(2+1):2 份盐酸与 1 份硝酸混合。高氯酸(60%~70%)。柠檬酸铵溶液(50%)。氨水(1+1)。中性红指示剂(0.1%),乙醇溶液。BCO 溶液(0.1%):0.1 g BCO 溶于热乙醇溶液(1+1)100 mL 中。铜标准溶液(Cu 20 $\mu g \cdot mL^{-1}$):取纯铜 0.100 0 g 溶于硝酸(1+1)10 mL 中,煮沸,冷却后,加水稀释至 1 000 mL,取此溶液 100 mL,加水稀释至 500 mL。

2) 操作步骤

称取试样 0.100 0~0.500 0 g 于 150 mL 锥形瓶中,加王水 6~10 mL 加热溶解,加高氯酸 6 mL,继续加热至冒白烟 1 min,使铬完全氧化,冷却,加水溶解盐类,于 150 mL 量瓶中,以水稀释至刻度,摇匀。吸取试液 5 mL(或 10 mL)(含铜量控制在 25~150 μg 范围内)于 50 mL 量瓶内。显色液:加柠檬酸铵溶液(50%)2 mL,水约 20 mL,中性红指示剂 1 滴,用氨水(1+1)调节至指示剂由红变黄并过量 2 mL,加 BCO 溶液 10 mL,以水稀释至刻度,摇匀。空白液:除不加 BCO 溶液外,其他同显色液操作。用适当的比色皿于 600 nm 波长处,以空白液为参比,测定吸光度。从检量线上查得试样的含铜量。

3) 检量线的绘制

于 50 mL 量瓶中分别加入铜标准溶液 1.0 mL,3.0 mL,5.0 mL,7.0 mL,10.0 mL(Cu 20 μg·mL^{-1}),按上述分析方法显色,测定吸光度,并绘制曲线。每毫升铜标准溶液对称样 0.5 g 相当于含铜 0.04%(取试液 10 mL 相当于 0.02%),称样 0.1 g,相当于含铜 0.2%(取试样 10 mL 相当于0.1%)。

4) 注

(1) 含铜 0.5%~2% 称样 0.1 g,0.1%~0.5% 称样 0.25 g,<0.1% 称样 0.5 g(或吸取试液 10 mL)。含铜量大于 2% 者可吸取更少毫升数的试液(如 2 mL)。

(2) 由于不锈钢含铬较高,必须用高氯酸将铬氧化至高价状态。由于显色液内有柠檬酸存在,6 价铬易被还原,所以要求显色后在 3~20 min 内比色完毕。

(3) 铁对本方法测定有影响,以柠檬酸铵掩蔽。但在酸性溶液中,2 价铜易被柠檬酸铵还原成低价,所以放置时间不宜过长,应立即加氨水调节至碱性。

(4) 2 价铜与 BCO 所形成的络合物,显色酸度为 pH 8.3~9.7 较适宜,pH<8 时显色不完全,pH>9.7 时络合物色泽显著降低,本方法控制在 pH≈9。

(5) 5 mL BCO 可显色 0.2 mg 铜,相当于 2%。但试样中含镍量高时所加显色剂量须增加,故加入 BCO 溶液 10 mL。含镍时显色液的稳定性较差。

(6) 由于一定量的铁不影响测定,所以可直接用铜标准溶液绘制检量线。

(7) 本方法不适用于 Ni>10%,Mn>20%,Co>0.5% 的钢,但适当增加显色剂和减少称样量,可相应扩大对上述钢种的适用范围。但含钴超过 1 mg 时,必须用相应之高钴标样或配制钴量相同之标准液作曲线。

4.11　钴　的　测　定

钴的分析方法有:重量法、容量法、光度法等。

重量法:有 1-亚硝基-2-萘酚法、电解法和亚硝酸钾法。由于重量法干扰多,手续烦琐,费时冗长,所以在钢铁分析中无实用价值。

容量法适用于中、高含量钴的测定。最常用的有铁氰化物电位滴定法和 EDTA 滴定法。铁氰化物电位滴定法已有近 50 年的历史。该法快速、准确。EDTA 滴定法是在 pH 为 4~10 时,用 EDTA 直接或间接滴定 2 价钴。由于钴和 EDTA 络合物颜色较深,选用荧光指示剂较为合适,镍、铁、锰有干扰,须预先分离。

光度法用于钢中钴的测定方法很多,无论在钢中含钴量多少,均可选用灵敏度不同的显色剂进行测定。

亚硝基-R 盐法,在一般情况下,是一种灵敏度较高、适用范围广、操作简单、快速和准确的方法。钴与该试剂在 pH 5~8 的缓冲溶液中生成的红色络合物,其最大吸收在 420~460 nm 波长处。但由于在此波长处,试剂本身和铁的吸收很大,故选用 500~570 nm 波长处测定吸光度。

1-亚硝基-2 萘酚(包括 2-亚硝基-1-萘酚),与亚硝基-R 盐属同类型的试剂。在 pH 4~6 时,钴与该试剂生成橙红色的络合物,其最大吸收位于 317 nm 处。由于在水溶液中常发现浑浊或有沉淀析出,故常将此络合物萃取入三氯甲烷或苯中。本方法的灵敏度为 40 μg·(50 mL)$^{-1}$,而 2-亚硝基-1-萘酚的灵敏度要更高些。

近年来有关吡啶偶氮类化合物作钴的显色剂的方法进展很快,其中 PADAPY,5-Cl-PADAB 格外引人注目,而后者比前者灵敏度更高,是选择性好的较为理想的显色试剂。5-Cl-PADAB(即 4-((5-氯-2 吡啶)偶氮)-1,3-二氨基苯),在 pH=5 时,钴与此试剂生成红色络合物,其最大吸收位于 510 nm 波长处。当以无机酸酸化时,此试剂间位上— NH_2 质子化,产生了类似醌型的结构,使最大吸收红移至 530 nm 和 560 nm 波长处,且颜色加深变成紫红色。摩尔吸光系数为 1.13×10^5。此法是目前钴的光度法中灵敏度最高的,且具有不需要进行溶剂萃取的优点,方法简易,快速,再现性好。

4.11.1　亚硝基-R 盐法

钴与亚硝基-R 盐形成可溶性的络合物:

$$
6 \begin{array}{c} \text{NOH} \\ \text{O} \\ \text{NaO}_3\text{S} \quad \text{SO}_3\text{Na} \end{array} + 2\text{CoCl}_2 + \text{O}_2 = 2\text{Co} \left[\begin{array}{c} \text{N=O} \\ \text{O} \\ \text{NaO}_3\text{S} \quad \text{SO}_3\text{Na} \end{array} \right]_3 + 4\text{HCl} + \text{H}_2\text{O}
$$

在微酸性、碱性介质中,在柠檬酸铵、亚硝酸钠存在下,在 pH 5.7～7.6 时,2 价钴被迅速氧化至 3 价,1 分子钴能与 3 分子亚硝基-R 盐作用生成可溶性的红色络合物。其最大吸收位于 415 nm 波长处,摩尔吸光系数为 2.3×10^4。

除钴外,铜、镍、钴、铁(Ⅲ)等也与亚硝基-R 盐生成有色化合物,但这些化合物当加入硝酸或硫酸等无机酸(1 mol·L^{-1}硝酸或硫酸解质中)并煮沸时即被破坏,而钴的络合物不被破坏。通过选择适当的波长(530 nm 波长),克服了亚硝基-R 盐本身吸收的弊病。锑、铋、镉、铅、锌、钨、锰(Ⅱ)、铈(Ⅲ)、锡(Ⅳ)、钒(Ⅴ)、钼(Ⅵ)均不干扰测定。

如在 250 nm 波长处测定络合物的吸光度,灵敏度虽较在 420 nm 波长时低 5 倍,但却使测钴的浓度范围增宽。因此,测定含量 5%以下的钴用 530 nm 波长,含量大于 5%的钴则用 570 nm 波长。通过选择测定波长,还可调节干扰元素的允许含量。例如,选 570 nm 波长,镍之允许量为 35%;而在 530 nm 波长处,其允许量就降到 10%。

本法适用于钴含量在 0.1%以上,对钴含量低于 0.1%,且镍、钴、铜含量很高时,不分离这些元素而直接进行测定有困难。因为这些离子的颜色很深,宜用氧化锌将其分离,或用高氯酸冒烟将铬氧化,以氯化铬酰形式除去。

测定范围:0.1%～3.0%。

1) 试剂

王水(2+1):2 份盐酸与 1 份硝酸混匀。硫磷混合酸:水 700 mL 加硫酸 150 mL,冷却后再加磷酸 150 mL。氨性柠檬酸铵溶液(25%):称取 62.5 g 柠檬酸铵,置于 400 mL 烧杯中,加 200 mL 水溶解,再加氨水 5 mL,用水稀释至 250 mL,摇匀。亚硝酸钠溶液(0.5%)。亚硝基-R 盐溶液(0.5%)。硫酸溶液(1+1)。钴标准溶液 A(Co 100 μg·mL^{-1}):称取 0.100 0 g 纯金属钴,置于 250 mL 烧杯中,加硫酸(1+1)15 mL,加热溶解,冷却,移入 1 000 mL 容量瓶中,用水稀释至刻度,摇匀。称取 A 溶液 50 mL,置于 250 mL 容量瓶中,用水稀释至刻度,摇匀。此溶液浓度为 Co 20 μg·mL^{-1}。称取 A 溶液 25 mL,置于 250 mL 容量瓶中,用水稀释至刻度,摇匀。此溶液浓度为 Co 10 μg·mL^{-1}。

2) 操作步骤

称取试样 0.200 0 g(如试样含钴量高于 1.0%,则称样 0.100 0 g),置于 100 mL 锥形瓶中。加王水(2+1)10 mL,加热溶解,加硫磷混合酸 10 mL,继续加热至冒烟 1～2 min,稍冷,加水 20 mL,微热溶解盐类,取下冷却至室温,于 100 mL 容量瓶中,以水稀释至刻度,摇匀。吸取试液 5 mL 2 份,分别置于 50 mL 容量瓶中。显色液:加氨性柠檬酸铵溶液(25%)10 mL,亚硝酸钠溶液(0.5%)1 mL,亚硝基-R 盐溶液 5.0 mL,摇匀。放置 1 min。加硫酸(1+1)10 mL,在沸水中加热半分钟,取下,流水冷却至室温,以水稀释至刻度,摇匀。空白液:加氨性柠檬酸铵溶液(25%)10 mL,硫酸(1+1)10 mL,摇匀。加亚硝基-R 盐溶液(0.5%)5.0 mL,流水冷却至室温,以水稀释至刻度,摇匀。用 1 cm 或 3 cm 比色皿,于 530 nm 波长处,以空白液为参比,测定其吸光度。从检量线上查得试样的含钴量。

3) 检量线的绘制

称取不含钴的纯铁 1 份(其量相当于试样称量),按上述方法溶解,稀释。吸取溶液 5 mL 6 份,分别置于 6 只 50 mL 容量瓶中,依次加入钴标准溶液 0.0 mL,1.0 mL,3.0 mL,5.0 mL,7.0 mL,10.0 mL(Co 10 μg·mL^{-1})(如试样含钴量在 1.0% 以上,则吸取 0.0 mL,1.0 mL,2.0 mL,4.0 mL,6.0 mL,8.0 mL(Co 20 μg·mL^{-1})),以不加钴标准溶液的 1 份按空白液步骤进行,以此为参比液,其他各份按显色液步骤进行,测定其吸光度,绘制检量线。

4) 注

(1) 对含量小于 0.1% 的钴,宜用氧化锌将镍、铬、铜等有色离子分离。具体操作如下:称取试样 0.25 g 于 150 mL 锥形瓶中,加王水 10 mL,加热溶解,并蒸发至糖浆状,加水 20 mL,煮沸,稍冷,以氨水(1+1)中和至棕红色。在不断摇动下,倾入氧化锌悬浊液,使铁、铬等氢氧化物沉淀完全(此时瓶底应沉有少量白色氧化锌),混匀后,移入 50 mL 量瓶中,冷却,以水稀释至刻度。以下操作同上。

(2) 也可采用加入硝酸并加热的办法,以消除干扰(破坏干扰元素与亚硝基-R 盐形成的有色络合物和过剩的亚硝基-R 盐),又降低了空白,但容易导致不是过剩的亚硝基-R 盐分解不完全,就是钴-亚硝基 R 盐络合物也被部分破坏。如用硫酸破坏干扰元素与亚硝基-R 盐生成之络合物,则过剩的亚硝基-R 盐及钴的络合物不被破坏。

(3) 对于高镍(含量大于 10% 的镍)或高钴(含量大于 5% 的钴),宜用 570 nm 波长进行测定。

4.11.2　5-Cl-PADAB 光度法

5-Cl-PADAB 为 4[(5-氯-2-吡啶)偶氮]-1,3-二氨基苯的简称。在 pH=5 时,能与钴形成红色络合物,其组成为钴:试剂=1:2。当用磷酸酸化时,试剂分子中氮原子质子化,引起络合物色泽转为红紫色。此时络合物有 2 个最大吸收波长(530 nm 和 560 nm),而试剂溶液的最大吸收波长转移到 425 nm 处。本方法选择了 570 nm 波长为测定波长。

定量生成络合物的适宜 pH 在 4~10 之间。pH 过低络合物不生成,过高则吸光度降低。在络合物形成后,加入磷酸酸化,溶液酸度在 2.4~4.8 mol·L^{-1} 之间对吸光度无影响。

铁、铬的干扰,在磷酸盐缓冲溶液中,可生成磷酸铬、磷酸铁沉淀,从而防止了与 5-Cl-PADAB 作用。此时钴与 5-Cl-PADAB 生成红色络合物。当加入磷酸酸化时,沉淀溶解不干扰测定。

不锈钢中铬含量高,应采用高氯酸冒烟以盐酸驱铬,消除铬的干扰。在制备空白液时采取"先加磷酸酸化,后加 5-Cl-PADAB"的办法抵消试样中铬、镍离子在 570 nm 波长处所具有的强烈吸收。

在使用磷酸盐磷酸介质的条件下,镍、铁不超过 1 mg,铜不超过 5 mg,钼不超过 0.1 mg 均无影响。

本法是目前灵敏度最高的方法,适宜测定低含量的钴,方法简易,快速,重现性好。

测定范围:0.01%~0.10% 钴。

1) 试剂

王水(2+1):2 份盐酸和 1 份硝酸相混。高氯酸(60%~70%)。盐酸(ρ=1.18 g·cm^{-3})。磷酸

盐缓冲溶液(pH 7～7.2)：称取磷酸氢二钠(Na_2HPO_4)溶于 250 mL 水中，称取 17.01 g 磷酸二氢钾(KH_2PO_4)溶于 250 mL 水中，混合备用。氢氧化钠钴溶液($6\ mol \cdot L^{-1}$)：称取氢氧化钠 240 g，溶于水中，并稀释至 1 000 mL，摇匀。磷酸(2+3)。钴标准溶液(Co 20 $\mu g \cdot mL^{-1}$)，制备方法同前法。5-Cl-PADAB 溶液：(0.02%)乙醇溶液，保存于棕色瓶中，可稳定几个月。

2) 操作步骤

称取试样 0.100 0 g，于 100 mL 锥形瓶中，加王水(2+1)10 mL，加热溶解，加高氯酸 5 mL，继续加热至冒烟，并维持半分钟(使铬氧化完全)，滴加盐酸除铬，并反复数次至不再冒黄烟为止，再继续加热冒烟驱除大部分盐酸。冷却，加水 20 mL 溶解盐类，于 100 mL 量瓶中以水稀释至刻度，摇匀。显色液：吸取试液 5 mL，于 25 mL 量瓶中，滴加氢氧化钠调节到出现大量沉淀不消失，加磷酸盐缓冲溶液 5 mL，准确加入 5-Cl-PADAB 溶液(0.02%)1 mL，在水浴上加热 5 min，流水冷却，加磷酸(2+3)10 mL(此时沉淀应消失)，以水稀释到刻度，摇匀。空白液：同显色液操作，只是先加磷酸(2+3)10 mL，后再加 5-Cl-PADAB 溶液(0.02%)1 mL，以水稀释至刻度，摇匀。放置 2 min，用 2 cm 比色皿，于 570 nm 波长处，以空白液为参比，测定吸光度。从检量线上查得试样的含钴量。

3) 检量线的绘制

称取纯铁 0.1 g 数份，于 100 mL 锥形瓶中，依次加入钴标准溶液 0.5 mL，1.0 mL，2.0 mL，3.0 mL，4.0 mL，5.0 mL(Co 20 $\mu g \cdot mL^{-1}$)，按上述方法操作，测定吸光度，绘制曲线。每毫升钴标准溶液相当于钴含量 0.02%。

4) 注

(1) 不能用氨水调节酸度，否则形成钴氨络合物，导致结果偏低。

(2) 水浴加热时由于有大量磷酸盐沉淀，故在加热时应不断摇动，加入磷酸酸化后沉淀即消失。

(3) 本方法显色酸度为 pH 7～8，络合物形成后，在酸性溶液中极为稳定。酸化后 2 min 色泽达到稳定，其吸光度在 30～40 h 内皆可保持不变。

4.12 铌 的 测 定

铌不溶于盐酸、硝酸及硫酸中，但易溶于氢氟酸及氢氟酸-硝酸中。当用酸分解钢样时，铌极易水解成铌酸析出沉淀，但在酒石酸盐、草酸盐、柠檬酸盐或氢氟酸存在的情况下又生成可溶性络合物。在分析中，常常利用此特性，使铌保持于溶液中而进行测定。

铌的重量法由于操作烦琐，在日常工作中颇感不便。铌的光度法较多且适用于钢中，铌的主要显色试剂如表 4.2。目前较广泛使用的有 PAR、氯代磺酚 S 及二甲酚橙等试剂。

表 4.2　铌的较常用的显色剂比较

试　剂	显　色　条　件	最大吸收波长(nm)	摩尔吸光系数为 $\varepsilon^{波长}$
二甲酚橙	$0.2\ mol \cdot L^{-1}$盐酸(或 $0.1\ mol \cdot L^{-1}$硫酸)	530	$\varepsilon^{530}=23\ 000$
硫氰酸铵	$2.5\ mol \cdot L^{-1}$盐酸	385	$\varepsilon^{385}=35\ 000$
PAR	pH 5.5～7.0	540	$\varepsilon^{540}=38\ 700$
	$0.5～1.0\ mol \cdot L^{-1}$盐酸	555	$\varepsilon^{555}=23\ 500$
酸性铬蓝 K	$4.5\ mol \cdot L^{-1}$盐酸	640	$\varepsilon^{640}=33\ 000$

试　　剂	显　色　条　件	最大吸收波长(nm)	摩尔吸光系数为 $\varepsilon^{波长}$
氯代磺酚 S	$3.5\ \text{mol} \cdot \text{L}^{-1}$ 盐酸,酒石酸-EDTA 存在下	645	$\varepsilon^{645} = 33\ 000$
邻苯二酚紫	pH 1.6～2.0　　pH 2.2～2.3	600	$\varepsilon^{600} = 9\ 260$
溴邻苯三酚红	pH＝6.0	610	$\varepsilon^{610} = 47\ 000 \sim 60\ 000$
硝代磺酚 M	$3\ \text{mol} \cdot \text{L}^{-1}$ 盐酸	620	$\varepsilon^{620} = 53\ 000$
氯代磺酚 M	$3\ \text{mol} \cdot \text{L}^{-1}$ 盐酸	620	$\varepsilon^{620} = 43\ 000$

PAR[1-(2-吡啶偶氮)-间苯二酚]是目前应用最广的显色剂之一,灵敏度较高,铌含量在 0～2 $\mu g \cdot$ mL^{-1} 内遵从比耳定律。用 PAR 显色条件主要有两类:一是在 pH 5.5～7.0 时,在酒石酸存在下,用 EDTA 掩蔽毫克量的铁、铝、铜、锰、钴、锆、铅、铋、锌、钛等;一是在硫酸 0.05～0.10 mol $\cdot$ L^{-1} 或盐酸 0.1～0.2 mol $\cdot$ L^{-1} 介质中,以抗坏血酸还原铁,氟离子掩蔽铌作为参比液。在酸性介质中显色虽然降低了灵敏度,但选择性却大为提高了。两种显色条件所形成的铌与 PAR 络合物组成皆为 1:1。最大吸收波长略有不同。对于 pH 5.5～7.0 的中性介质,最大吸收在 540 nm 波长处;对于酸性介质,最大吸收在 555 nm 波长处。该法可直接测定钢中 0.01%～1.00% 的铌。

氯代磺酚 S:在 0.5～3 mol $\cdot$ L^{-1} 盐酸或 0.5～6 mol $\cdot$ L^{-1} 硝酸介质中与铌形成 1:1 的蓝色络合物,其最大吸收在 645 nm 波长处,5～40 $\mu g \cdot$ mL^{-1} 的铌遵从比耳定律。该试剂能溶于水,其水溶液可长期暴露于空气中不起变化。但强氧化剂(如硝酸、过氧化氢等)和还原剂(如 Ti^{3+}、大量抗坏血酸等)有干扰,试剂在强酸性介质中呈紫红色,试剂本身最大吸收在 570 nm 波长处。本试剂的选择性和灵敏度均较理想,钢中几乎所有元素都不干扰测定。当钽量和铌量相等时也不干扰测定。钒、钼有少量存在时,能引起铌的结果偏高。

二甲酚橙:在 pH 2～3 的酸性介质中,铌与二甲酚橙形成红色络合物,其最大吸收在 530～570 nm 波长处。5～120 $\mu g \cdot$ (50 mL)$^{-1}$ 的铌遵从比耳定律。酸度对本法影响很大。在 pH 为 2～3 时干扰元素较多,因而在钢铁试样的分析时,应适当提高酸度至约 0.1 mol $\cdot$ L^{-1} (以硫酸计)。为防止铌析出沉淀,可加氢氟酸、酒石酸盐或草酸盐等络合剂。氟化物会阻止铌显色。但当加入铍盐或铝盐使与氟离子络合时即能消除。主要干扰元素有铁、锆、钛、钒。铁借抗坏血酸还原,消除干扰,其他元素可用 CYDTA 或 EDTA 掩蔽。大多数阴离子都不干扰测定,唯硝酸根会阻止络合物的形成。本法快速、简单,但灵敏度不如 PAR 法。二甲酚橙质量的好坏将直接影响测定。

硝代磺酚 M 是目前测定铌灵敏度较高的试剂之一,显色条件与氯代磺酚 S 相似,由于试剂含有的硝基、钼、钛的干扰要比氯代磺酚 S 低,是一个很有发展前途的铌分析试剂。

不锈钢中含铌可高达 1.5%,因此要采用一些既能测定微量又能测定 2% 以下铌的方法。

4.12.1　氯代磺酚 S 光度法

试样用含有氢氟酸的硝酸、盐酸溶解后,可用氯酸冒烟处理。以酒石酸络合铌,在加热条件下,酒石酸与钒、钨络合,从而消除了干扰。钼的干扰可用氢氟酸络合铌后的褪色空白做参比,或用硫酸联氨将钼还原后用 EDTA 络合的办法来消除。EDTA 还能络合锆。铁量控制在 40 mg 以下时,可不加抗坏血酸。

在 1～3 mol $\cdot$ L^{-1} 盐酸介质中,铌与氯代磺酚 S 生成深蓝色的 1:1 络合物,其最大吸收在 645 nm 波长处。在 2.5 mol $\cdot$ L^{-1} 盐酸介质中,氯代磺酚 S 与铌的络合反应,在 60 ℃ 的水浴中保温

10 min 或室温高于 15 ℃时放置 30 min 后达到完全,络合物至少可稳定 2 h 以上。

1) 试剂

王水(2+1):2 份盐酸和 1 份硝酸相混匀。氢氟酸(40%),(1+6)。高氯酸(60%~70%)。酒石酸溶液(30%)。盐酸(1+1)。EDTA 溶液(1%)。丙酮。氯代磺酚 S(0.05%),水溶液。硫酸联氨溶液(2%)。铌标准溶液(Nb 100 μg·mL^{-1}):称取 0.143 1 g 五氧化二铌置于铂皿中,加入焦硫酸钾约 2 g,加热熔融。冷却,用盐酸(2+1)10 mL,氢氟酸 2 mL,浸出熔块,于量瓶中稀释至 1 000 mL。

2) 操作步骤

称取试样于 100 mL 锥形瓶中,加王水(2+1)5 mL,氢氟酸 10 滴,加热溶解。加高氯酸 5 mL,加热蒸发冒烟至近干,稍冷,加酒石酸溶液(30%)20 mL,加热煮沸,加盐酸(1+1)5 mL,水 20 mL,煮沸至溶液透明,冷却,于 50 mL 量瓶中,以水稀释至刻度,摇匀。显色液:吸取试液 5 mL,于 50 mL 量瓶中,加 EDTA 溶液(1%)5 mL,盐酸(1+1)20 mL,丙酮 5 mL,氯代磺酚 S 溶液(0.05%)3 mL,以水稀释至刻度,摇匀。空白液:吸取试液 5 mL,于 50 mL 量瓶中,加 EDTA 溶液(1%)5 mL,盐酸(1+1)20 mL,丙酮 5 mL,氢氟酸(1+6)1 mL,氯代磺酚 S 3 mL,以水稀释至刻度,摇匀。室温大于 15 ℃时放置 30 min,低于 15 ℃时水浴中(60 ℃)保温 10 min,冷却。用 2 cm 比色皿,于 650 nm 波长处,以空白液为参比,测定吸光度。从检量线上查得试样含铌量。

3) 检量线的绘制

称取不含钼、铌的钢样或纯铁数份于 100 mL 锥形瓶中,依次加入铌标准溶液 0.0 mL,2.0 mL,4.0 mL,6.0 mL,8.0 mL,10.0 mL(Nb 100 μg·mg^{-1}),按方法操作,测定吸光度,绘制检量线。

4) 注

(1) 含铌小于 0.5%,称样 0.25 g;含铌 0.5%~1.0%,称样 0.1 g;含铌大于 1%,称样 0.05g。

(2) 高氯酸冒烟对驱氟有益。在刚冒烟时取下稍冷,用水冲洗瓶壁,继续冒烟至近干。

(3) 在显色溶液中,含钒量大于 0.25 mg 时影响测定。加酒石酸在煮沸状态下可抑制钒的干扰。但酒石酸对铌络合物色泽有影响,所以加入量不能过多,一般 5 mL 溶液中不超过 0.75 g。

(4) 钒使结果偏低,故不加酒石酸允许量很小,而加了酒石酸并煮沸后允许量可达 4 mg。

(5) 酒石酸应在高氯酸冒烟近干取下稍冷后加入,且煮沸后再酸化,这样做铌不易水解。

(6) EDTA 溶液(1%)用量 1~8 mL 对铌显色没有影响,EDTA 加入过多,则降低铌的吸光度。

(7) 氯化磺酚 S 与铌(以酒石酸络合状态)在 0.5~3 mol·L^{-1}盐酸中均能形成很稳定的络合物。酸度大时选择性高,但灵敏度下降;酸度小时选择性较差,而灵敏度得到相应提高。本法选用 2.5 mol·L^{-1}盐酸酸度。在此酸度下,可允许少量的高氯酸、硫酸和硝酸存在。

(8) 加丙酮是为加速络合物形成和保持稳定作用。

(9) 6 价钼干扰测定,在弱酸性介质中,有 EDTA 存在时加硫酸联氨(2%)5 mL 还原钼,并于沸水浴中保温 2 min,可抑制干扰。冷却,按下述方法操作。如显色溶液中钼量小于 0.05 mg 可不加硫酸联氨。

(10) 温度对络合物影响并不显著,一般在 15~35 ℃范围内放置 30 min 即已显色完全,低于15 ℃时,须适当增长放置时间,或在 60 ℃水浴中保温 10 min。

4.12.2　二甲酚橙光度法

在盐酸介质中,加氢氟酸使铌与氟离子作用形成可溶性铌氟络合物(H_2NbF_7),用抗坏血酸还原 3 价铁,加氯化铝(或硫酸铍)除去过量氟离子,然后在 0.2 mol·L^{-1}盐酸溶液中加二甲酚橙与铌(氟络合物)形成有色络合物,其最大吸收在 530~570 nm 波长处。5~12 μg·(50 mL)$^{-1}$的铌遵从比耳定律。

铌在盐酸、硫酸、高氯酸介质中都可显色。就其灵敏度而言,以盐酸中最高,硫酸中最低,且盐酸比硫酸较少受酸度影响,所以选用在 $0.2\ mol \cdot L^{-1}$ 盐酸介质中显色较佳。

3 价铁、锆、铋等干扰测定,铁用抗坏血酸还原。锆、铋可用 DCTA 掩蔽,但不锈钢中没有这两种元素存在,故可不予考虑。

钨小于 2.5% 没有干扰。钨量增高可适当增加氢氟酸的用量。

铜大于 2% 时有明显干扰,可用强碱分离除去。钽含量小于 0.1% 时没有干扰,大于 0.1% 时使测定结果偏高。

1) 试剂

盐酸($\rho = 1.18\ g \cdot cm^{-3}$)。过氧化氢(30%)。氢氟酸溶液(1+50):氢氟酸(40%)10 mL,加水 500 mL 稀释,贮于塑料瓶中。抗坏血酸溶液(5%),当日配制。二甲酚橙溶液(0.3%),夏天可以保存 1 周,冬天可以保存 2 周。氯化铝溶液(3%):称取 $AlCl_3 \cdot 6H_2O$ 3 g 溶于水,稀释至 100 mL。氨三乙酸溶液(1%),称取氨三乙酸 5 g,加水约 200 mL,加对硝基酚指示剂,加热,逐粒加入粒状氢氧化钠,搅拌使其溶解,至指示剂呈黄色,氨三乙酸全部溶解。冷却,滴加盐酸(1+1)至黄色恰好褪去,稀释至 500 mL。铌标准溶液(Nb 20 $\mu g \cdot mL^{-1}$),同上法配制。吸取上述溶液 20 mL,稀释至 100 mL。

2) 操作步骤

(1) 低铌(0.005%~0.10%)的测定。称取试样 0.100 0 g 置于 100 mL 锥形瓶中,用刻度吸管加盐酸 2.5 mL,然后分次加过氧化氢 2~3 mL。低温加热溶解,加水约 20 mL,氢氟酸溶液(1+50)2 mL,煮沸约 1 min,使过氧化氢分解。冷却,于量瓶中稀释至 50 mL。用干移液管吸取试液 25 mL 于另一 50 mL 量瓶中,分别进行显色及制备空白溶液。显色液:加抗坏血酸(5%)6 mL,准确加入(边加边摇)二甲酚橙溶液 2.0 mL,然后加氯化铝溶液(3%)10 mL(或硫酸铍溶液 8 mL),用水稀释至刻度,摇匀。空白液:加抗坏血酸溶液(5%)6 mL,氨三乙酸溶液(1%)5 mL,准确加入(边加边摇)二甲酚橙溶液 2.0 mL,用水稀释至刻度,摇匀。于 10 ℃时放置 1.5 h(加硫酸铍的放置 10 min),于 30 ℃时放置 15 min(加硫酸铍的放置 2 min)后,用 3 cm 比色皿,于 530 nm 波长处,以空白液为参比,测定吸光度。从检量线上查得试样的含铌量。检量线的绘制:称取碳钢 0.1 g 数份,按方法溶解,加水约 20 mL,依次加铌标准溶液 0.0 mL,0.5 mL,1.0 mL,2.0 mL,3.0 mL,4.0 mL,5.0 mL(Nb 20 $\mu g \cdot mL^{-1}$),氢氟酸(1+50)2 mL,煮沸约 1 min。冷却,稀释至 50 mL,按上述操作显色,绘制曲线。每毫升铌标准溶液相当于铌含量 0.02%。

(2) 高铌(>0.1%)的测定。称取试样 0.200 0 g 置于 150 mL 锥形瓶中,加盐酸 3 mL,分次加过氧化氢 2~3 mL,低温加热溶解,加水约 30 mL,补加盐酸 12 mL,氢氟酸溶液(1+50)5 mL,煮沸约 1 min。冷却,于量瓶中稀释至 100 mL。吸取试液 5 mL 2 份,分别置于 50 mL 量瓶中。显色液:加抗坏血酸(5%)5 mL,水约 20 mL,准确加入(边加边摇)二甲酚橙溶液 2.0 mL,然后加氯化铝溶液(3%)8 mL(或 4% 硫酸铍溶液 4 mL),用水稀释至刻度,摇匀。空白液:加抗坏血酸(5%)5 mL,水约 20 mL,氨三乙酸溶液(1%)5 mL,准确加入(边加边摇)二甲酚橙溶液 2.0 mL,用水稀释至刻度。同上放置时间后测定吸光度。从检量线上查得试样的含铌量。检量线的绘制:称取碳钢 0.2 g,按方法溶解,于量瓶中稀释至 100 mL,吸取 5 mL 溶液数份,依次加入铌标准溶液 0.0 mL,0.5 mL,1.0 mL,2.0 mL,3.0 mL,4.0 mL,5.0 mL(Nb 20 $\mu g \cdot mL^{-1}$),按方法显色。空白溶液按上述同时操作制备。每毫升铌标准溶液相当于含铌量 0.2%。

3) 注

(1) 二甲酚橙的质量很重要,不同批量测得的灵敏度及线性不一致。

(2) 由于作用激烈,可分次加入过氧化氢,并于水浴中冷却。作用缓慢后,需要时可微热使试样全溶。

(3) 氢氟酸加入量需控制。塑料滴管上做好标记,或用塑料小量杯加。氯化铝溶液(3%)10 mL,允许加氢氟酸 2~2.5 mL;硫酸铍溶液(4%)8 mL,允许加氢氟酸 2 mL;硫酸铍溶液(4%)15 mL,允许加氢氟酸 3 mL。

(4) 溶液浑浊时,过滤入量瓶中,用水洗涤滤纸。

(5) 称样 0.2 g 的,加抗坏血酸(5%)8 mL。

(6) 用氯化铝作掩蔽剂,显色速度达到稳定较硫酸铍作掩蔽剂慢。建议炉前分析用硫酸铍。

(7) 氨三乙酸络合铌的能力较强,能抑制铌的显色,用于空白液的制备,效果较好。

(8) 加氯化铝的显色液较加硫酸铍的稳定性好,稳定时间较长。如 30 ℃时加硫酸铍稳定半小时,而加氯化铝的可稳定 1 小时。

(9) 试样含量大于 0.1%时可酌减称样量,使铌量少于 0.25 mg,然后补加纯铁或不含铌的碳素钢,含试样总量仍达 0.2 g。

(10) 铌标准试液的加入量可根据分析范围调整。

4.13 化合氮的测定

钢中氮主要是以氮化物(如 Fe_4N,CrN,Mo_2N_2,VN 等)形式存在,只有极少一部分成固溶态。各钢种存在氮的含量不一,低至 0.001%,高达 0.30%。

氮与钢中共存元素都能形成氮化物。各种氮化物的溶解特征很不一致,钢中一般氮化物都能溶解于酸。酸不溶性氮化物含量很低,因此无须经硫酸冒烟处理。如果试样中含钛、铌、锆、钼、硼、钒等元素,则必须用"湿法熔融"才能使氮化物完全分解。

然后用水蒸气蒸馏法使氮与钢中共存元素分离,以氨的形式吸收入盐酸或硼酸溶液中,再用氢氧化钠或盐酸回滴,或者用纳氏试剂进行比色。

试样分解:

$$2Fe_2N+5H_2SO_4 =\!=\!= 4FeSO_4+(NH_4)_2SO_4+H_2\uparrow$$

$$2Fe_2N+10HCl =\!=\!= 4FeCl_2+2NH_4Cl+H_2\uparrow$$

蒸馏过程:

$$(NH_4)_2SO_4+2NaOH =\!=\!= Na_2SO_4+2NH_3\uparrow+2H_2O$$

$$NH_4Cl+NaOH =\!=\!= NaCl+NH_3\uparrow+H_2O$$

4.13.1 酸碱滴定法

酸碱滴定法适用于氮含量大于 0.01%的钢。蒸馏出来的氨与水蒸气冷凝成氢氧化铵,并被硼酸溶液吸收:

$$NH_4OH+H_3BO_3 =\!=\!= (NH_4)H_2BO_3+H_2O$$

滴定过程:

$$(NH_4)H_2BO_3+HCl =\!=\!= H_3BO_3+NH_4Cl$$

用盐酸吸收不如用硼酸吸收方便,因为盐酸还要用标准氢氧化钠溶液回滴,而碱的浓度易变,必须经常标定。选用甲基红-次甲基蓝混合指示剂较理想,它的滴定指数是 5.4,而强酸滴定弱碱的突跃点在 pH=5.3。

测定范围:>0.01%。

1) 仪器

蒸馏器见图 4.1。

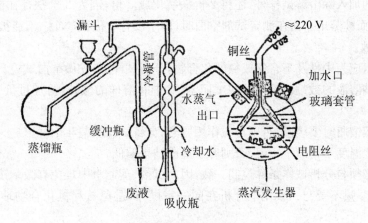

图 4.1　蒸馏装置

2) 试剂

盐酸($\rho=1.18\,g\cdot cm^{-3}$)。过氧化氢(30%)。硫酸(1+4)。氢氧化钠溶液(50%),制成溶液后,加几片锌片,煮沸 10 min,以除去 NO_3^- 或 NO_2^-,取出锌,冷却,过滤后使用。硼酸溶液(0.1%),水溶液。甲基红-次甲基蓝指示剂:称取 0.125 g 甲基红及 0.083 g 次甲基蓝溶于 100 mL 乙醇中。盐酸标准溶液(0.0020 mol·L^{-1}),取盐酸 0.8 mL 加水稀释至 1 000 mL。取此溶液 100 mL,稀释至 500 mL,混匀,此浓度约为 0.0020 mol·L^{-1}。其准确度可用基准硼酸钠($Na_2B_4O_7\cdot10H_2O$)或用标准钢样确定。如用硼酸钠标定,则称取 0.3814 g 硼酸钠,溶于水后稀释至 1 000 mL,其浓度为 0.002 mol·L^{-1}。然后取此溶液 20 mL,加指示剂 3~4 滴,用盐酸标准溶液滴定至溶液由绿变为红色终点。计算出盐酸标准溶液的正确浓度。

3) 操作步骤

称取试样 0.5000 g 于 250 mL 锥形瓶中,加盐酸 15 mL,分批加入过氧化氢 4~5 mL,使试样溶解完全,加水约 10 mL,煮沸 30~40 s 至无小气泡,分解过氧化氢,取下冷却,用水冲洗瓶壁至体积约 50 mL,准备蒸馏。在接受瓶中加 10 mL 硼酸吸收液,并滴加指示剂 2 滴,然后置于冷凝管下,使冷凝管端浸入吸收液内。从漏斗中向蒸馏瓶中加入氢氧化钠溶液 40 mL,然后缓慢地加入试液,并用少量无氨水洗涤漏斗,关闭活塞 1 和 2,通电蒸馏。待收集 70~100 mL 蒸馏液后,将吸收瓶降低,使液面离开冷凝管端,继续蒸馏 30 s,停止加热。此时,蒸馏瓶中的废液回收到陷阱,打开活塞 2 使废液排走,用无氨水吹洗冷凝管端,取下吸收瓶,加指示剂 4 滴,以盐酸标准溶液滴定,由亮绿色变为红色为终点。按上述操作,不加试样作空白值。按下式计算氮的百分含量:

$$N\% = \frac{(V-V_0)M\times0.014}{G}\times100$$

式中:V 为滴定试样所消耗标准盐酸的毫升数;V_0 为滴定空白所消耗标准盐酸的毫升数;M 为标准盐酸的摩尔浓度;0.014 为 1 毫克摩尔氮的克数;G 为试样质量(g)。

4) 注

(1) 根据含氮量高低,可适当调整盐酸标准溶液的浓度。

(2) 试样含氮量大于 0.15%,可称样 0.2 g;含氮量小于 0.1%,可称样 1~3 g。

（3）不同成分的钢应采用不同的溶解酸。如铬锰钢，高铬钢可用硫酸（1＋4）25 mL 溶解，加 1～2 mL 过氧化氢氧化；含钼、铜不锈钢可用盐酸 5 mL，氢氟酸 1 mL 及高氯酸（1＋1）20 mL 溶解；有稳定氮化物存在的试样可用硫酸（1＋1）20 mL 溶解，如不溶时加 2 g 硫酸钾进行冒硫酸烟操作（即湿法熔融）。

（4）过氧化氢的加入除溶解试样外，还将 2 价铁氧化成 3 价，因为 2 价铁存在能使氢氧化钠中的 NO_3^- 还原为 NH_4^+ 而被蒸出。而在测定试剂空白时，由于没有 2 价铁，NO_3^- 不能被蒸出，因此与测定试样实际条件不一致。

（5）所用蒸馏水应为中性及不含氨或氮的化合物，分析试样前，先做空白试验。

（6）加氢氧化钠溶液的数量视溶样的酸度而定，除中和溶样的酸外，再加过量 8 g 以上的氢氧化钠即可。

（7）试样加入蒸馏瓶时要缓慢，否则与碱作用剧烈，会将试样从漏斗中冲出。

（8）收集溶液之温度不得高于室温，否则容易造成结果偏低。

（9）空白试验必须与分析试样条件控制一致，因为试剂、蒸馏水中难免有微量铵存在。

（10）氮的测定尽量不要与一般化学分析在同一室操作，避免氨和氮化合物玷污试液，造成结果不准。

4.13.2　纳氏试剂光度法

溶样及蒸馏手续同"酸碱滴定法"。氨蒸馏出后与汞碘化钾（纳氏试剂）的碱性溶液生成不溶性碘化汞铵，其反应为

$$NH_4OH+2K_2HgI_4+3NaOH \Longrightarrow O\diagdown\diagup NH_2I+3NaI+4KI+3H_2O$$

当钢中含碳量较高时（0.25％以下），可能氮不能完全转化为铵盐，部分形成有机胺。为了使它转化为铵盐，通常在碱液中加少量锌。显色液内氮含量不能超过 $0.6~\mu g \cdot mL^{-1}$，否则有絮状沉淀析出，须加阿拉伯树胶或动物胶来防止。

在绘制检量线时，加入纳氏试剂与标准铵盐溶液的次序不能倒置。如先加纳氏试剂，则所得的色泽强度波动很大。因为色泽强度与胶体溶液颗粒大小（分散程度）有关。

加入纳氏试剂后，放置 10 min，即显色完全。显色溶液可以稳定 2 h 以上，而不受温度变化影响。

1）试剂与仪器

溶样及蒸馏试剂和仪器均同"酸碱滴定法"。硫酸（$0.005~mol \cdot L^{-1}$）：70 mL 水中加硫酸（1＋4）2 滴。纳氏试剂：称取碘化钾 25 g，加水约 150 mL 溶解，加氯化高汞 9 g，搅拌使棕红色沉淀溶解，然后加氯化高汞饱和溶液至有棕红色沉淀产生。加氢氧化钠溶液（60 g 氢氧化钠溶解于 150 mL 水中），此时沉淀又溶解，最后加氯化高汞饱和溶液至有黄色沉淀少量产生。稀释至 500 mL，贮于塑料瓶中，1～2 天后澄清溶液使用。氮标准溶液（N $10~\mu g \cdot mL^{-1}$），称取特纯的氯化铵 0.038 2 g，加水稀释至 1 000 mL，摇匀。

2）操作步骤

溶样，蒸馏同前，唯吸收瓶中不是盛硼酸，而是用盛有 $0.005~mol \cdot L^{-1}$ 硫酸溶液 10 mL 的 100 mL 容量瓶。待收集蒸馏液达 80～90 mL 时，蒸馏结束，取下容量瓶，用吸管加入 2 mL 纳氏试剂。用水稀释至刻度，摇匀。放置 5～10 min，用 1 cm 比色皿，于 430 nm 波长处，用与分析试样同样操作的试剂

空白作参比,测定吸光度。从检量线上查得试样的含氮量。

3) 检量线的绘制

吸取氮标准溶液 0.0 mL,1.0 mL,2.0 mL,…,9.0 mL(N 10 $\mu g \cdot mL^{-1}$)分别置于预先盛有 0.005 mol·L^{-1} 硫酸溶液 10 mL 的 100 mL 容量瓶中,加水 80 mL,用吸管加纳氏试剂 2 mL,用水稀释至刻度,摇匀。放置 5~10 min,按方法测定吸光度,绘制检量线。每毫升氮标准溶液含氮 0.01%。

4) 注

(1) 本法所用水及各注意事项均同"酸碱滴定法"。

(2) 本法适用于含氮量在 0.1% 以下。当含氮量小于 0.01%,可称样 0.5 g;含氮量大于 0.1%,可称样 0.02 g。

(3) 对于铬锰氮钢中氮的分析的快速测定法可按下法操作:称取试样 0.02 g 左右(用扭力天平)置于 150 mL 锥形瓶中,加盐酸 1 mL,过氧化氢 10 滴。试样溶解后,加水约 2 mL,煮沸 20~30 s 至无小气泡出现。以分解过氧化氢(不含镍的钢种也可以用(1+4)硫酸 2 mL,加热溶解,随时补充蒸发失去的水。溶解完毕后,加 6% 过氧化氢 5~6 滴,煮沸)流水稍冷却,加氢氧化钠溶液(15%)10 mL,加塞,直接加热蒸馏(简易蒸馏设备见图 4.2),用 50 mL 量瓶接收(瓶中预置水 30 mL,0.005 mol·L^{-1} 硫酸 2 mL),从溶液煮沸起计时 2 min(由于导管口有细孔,蒸气出来时发出尖锐声,此时起算为一分半钟),取下量瓶,停止蒸馏,冷却,用移液管加纳氏试剂 2 mL,用水稀释至刻度,摇匀。用 3 cm 比色皿,于 450 nm 波长处,以水为参比,测定吸光度。

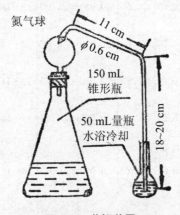

图 4.2　蒸馏装置

校正曲线的绘制:称取标准钢样 0.01 g,0.015 g,0.02 g,0.025 g,按方法操作,测定吸光度,绘制检量线。

4.14　不锈钢的化学成分表

不锈耐酸钢的化学成分和耐热钢的化学成分,分别如表 4.3 和表 4.4 所示。

表 4.3　不锈耐酸钢的化学成分表

类别	编号	钢号	化学成分(%)											
			碳	硅	锰	硫	磷	铬	镍	钛	钼	钒	铌	其他
铁素体型	1-1	0Cr13	≤0.08	≤0.60	≤0.80	≤0.030	≤0.035	12~14						
	1-2	1Cr14S	≤0.15	≤0.60	≤0.80	0.20~0.40	≤0.035	13~15						
	1-3	1Cr17	≤0.12	≤0.80	≤0.80	≤0.030	≤0.035	16~18						
	1-4	1Cr28	≤0.15	≤1.00	≤0.80	≤0.030	≤0.035	27~30		≥0.20				
	1-5	0Cr17Ti	≤0.08	≤0.80	≤0.80	≤0.030	≤0.035	16~18		5×C%~0.8				
	1-6	1Cr17Ti	≤0.12	≤0.80	≤0.80	≤0.030	≤0.035	16~18		5×C%~0.8				
	1-7	1Cr25Ti	≤0.12	≤1.00	≤0.80	≤0.030	≤0.035	24~27		5×C%~0.8				
	1-8	1Cr17Mo2Ti	≤0.10	≤0.80	≤0.80	≤0.030	≤0.035	16~18		≥7×C%	1.6~1.9			
马氏体型	2-9	1Cr13	0.08~0.15	≤0.60	≤0.80	≤0.030	≤0.035	12~14						
	2-10	2Cr13	0.16~0.24	≤0.60	≤0.80	≤0.030	≤0.035	12~14						
	2-11	3Cr13	0.25~0.34	≤0.60	≤0.80	≤0.030	≤0.035	12~14						
	2-12	4Cr13	0.35~0.45	≤0.60	≤0.80	≤0.030	≤0.035	12~14						
	2-13	3Cr13Mo	0.28~0.35	≤0.60	≤0.80	≤0.030	≤0.035	12~14			0.5~1.10			
	2-14	1Cr17Ni2	0.11~0.17	≤0.80	≤0.80	≤0.030	≤0.035	16~18	1.5~2.5					
	2-15	2Cr13Ni2	0.20~0.30	≤0.50	0.80~1.20	0.12~0.25	0.08~0.15	12~14	1.5~2.0					
	2-16	9Cr18	0.90~1.00	≤0.80	≤0.80	≤0.30	≤0.035	17~19						
	2-17	9Cr18MoV	0.85~0.95	≤0.80	≤0.80	≤0.30	≤0.035	17~19			1.0~1.3	0.07~0.12		

类别	编号	钢　号	化　学　成　分(%)											
			碳	硅	锰	硫	磷	铬	镍	钛	钼	钒	铌	其他
奥氏体型	3-18	00Cr18Ni10	≤0.03	≤1.00	≤2.00	≤0.30	≤0.035	17~19	8~12					
	3-19	0Cr18Ni9	≤0.06	≤1.00	≤2.00	≤0.30	≤0.035	17~19	8~11					
	3-20	1Cr18Ni9	≤0.12	≤1.00	≤2.00	≤0.30	≤0.035	17~19	8~11					
	3-21	2Cr18Ni9	0.13~0.22	≤1.00	≤2.00	≤0.30	≤0.035	17~19	8~11					
	3-22	0Cr18Ni9Ti	≤0.08	≤1.00	≤2.00	≤0.30	≤0.035	17~16	8~11	5×C%~0.7				
	3-23	1Cr18Ni9Ti	≤0.12	≤1.00	≤2.00	≤0.30	≤0.035	17~16	8~11	5(C%~0.02)~0.8				
	3-24	1Cr18Ni11Nb	≤0.10	≤1.00	≤2.00	≤0.30	≤0.035	17~20	9~13				8×C%~15	
	3-25	3Cr13Mn9Ni4	0.15~0.25	≤1.00	8~10	≤0.30	≤0.060	12~14	3.7~5.0					
	3-26	1Cr14Mn14Ni	≤0.12	≤1.00	13~10	≤0.030	≤0.060	13~15	1~2					
	3-27	1Cr18Mn8Ni5N	≤0.10	≤1.00	7.5~10	≤0.030	≤0.060	17~19	4~6					No.15 0.25~
	3-28	2Cr15Mn15Ni2N	0.15~0.25	≤1.00	14~16	≤0.30	≤0.060	14~16	1.5~3.0					No.15 0.30~
	3-29	00Cr17Ni14Mo2	≤0.03	≤1.00	≤2.00	≤0.30	≤0.035	16~18	12~16		1.8~2.5			
	3-30	0Cr18Ni12Mo2Ti	≤0.08	≤1.00	≤2.00	≤0.30	≤0.035	16~19	11~14	5×C%~0.7	1.8~2.5			
	3-31	1Cr18Ni12Mo2Ti	≤0.12	≤1.00	≤2.00	≤0.30	≤0.035	16~19	11~14	5(C%~0.02)~0.8	1.8~2.5			
	3-32	00Cr17Ni14Mo3	≤0.03	≤1.00	≤2.00	≤0.30	≤0.035	16~18	12~16		2.5~3.5			
	3-33	0Cr18Ni12Mo3Ti	≤0.08	≤1.00	≤2.00	≤0.30	≤0.035	16~19	11~14	5×C%~0.7	2.5~3.5			
	3-34	1Cr18Ni12Mo3Ti	≤0.12	≤1.00	≤2.00	≤0.30	≤0.035	16~19	11~14	5(C%~0.02)~0.08	2.5~3.5			
	3-35	00Cr18Ni14Mo2Cu2	≤0.03	≤1.00	≤2.00	≤0.30	≤0.035	17~19	12~16		1.2~2.5			Cu1.0~2.5
	3-36	0Cr18Ni18Mo2Cu2Ti	≤0.07	≤1.00	≤2.00	≤0.30	≤0.035	17~19	17~19	≥7×C%	1.8~2.2			Cu1.8~2.2
	3-37	0Cr23Ni28Mo3Cu3Ti	≤0.06	≤0.80	≤2.00	≤0.30	≤0.035	22~25	26~29	0.4~0.7	2.5~3.0			Cu2.5~3.5

类别	编号	钢号	化学成分(%)											
			碳	硅	锰	硫	磷	铬	镍	钛	钼	钒	铌	其他
奥氏体-铁素体型	4-38	0Cr21Ni5Ti	≤0.08	≤0.80	≤0.80	≤0.30	≤0.035	20~22	4.8~5.4	5×C%~0.7				
	4-39	1Cr21Ni5Ti	0.09~0.14	≤0.80	≤0.80	≤0.30	≤0.035	20~22	4.8~5.4	5(C%~0.02)~0.08				
	4-40	1Cr18Mn10Ni5Mo3N	≤0.10	≤1.00	8.5~12	≤0.30	≤0.060	17~19	4.0~6.0		2.8~3.5			N0.20~0.30
	4-41	0Cr17Mn13Mo2N	≤0.08	≤1.00	12~15	≤0.30	≤0.060	16.5~18			1.8~2.2		加入B稀土	N0.20~0.30
	4-42	1Cr18Ni11Si4AlTi	0.10~0.18	3.4~4.0	≤0.80	≤0.30	≤0.035	17.5~19.5	10~12	0.4~0.7				Al 0.10~0.30
沉淀硬化型	5-43	0Cr17Ni4Cu4Nb	≤0.07	≤1.00	≤1.00	≤0.30	≤0.035	15.5~17.5	3~5				0.15~0.45	Cu 3.0~5.0
	5-44	0Cr17Ni7Al	≤0.09	≤1.00	≤1.00	≤0.30	≤0.035	16~18	6.5~7.5					Al 0.75~1.50
	5-45	0Cr15Ni7Mo2Al	≤0.09	≤1.00	≤1.00	≤0.30	≤0.035	14~16	6.5~7.5		2.0~3.0			Al 0.75~1.50

注：不锈耐酸钢按使用加工方法可分为压力加工用钢及切削加工用钢；按供应状态可分为热轧、锻制及热处理状态；按组织类型可分为铁素体型、马氏体型、奥氏体型、奥氏体-铁素体型、沉淀硬化型。钢的使用加工方法及供应状态均应在合同中注明。马氏体类型钢一般应以退火或高温回火状态供应。

表 4.4　耐热钢的化学成分表

类别	编号	钢号	化学成分(%)											
			碳	锰	硅	硫	磷	镍	铬	钨	钒	钼	钛	铝	其他
铁素体钢	1-1	1Cr13Si3	≤0.12	≤0.70	2.30~2.80	≤0.030	≤0.035	≤0.60	12.50~14.50						
	1-2	1Cr18Si2	≤0.12	≤1.00	1.90~2.40	≤0.030	≤0.035	≤0.60	17.00~19.00						
	1-3	1Cr25Si2	≤0.10	≤1.00	1.60~2.10	≤0.030	≤0.035	≤0.60	24.00~26.00						
	1-4	1Cr13SiAl	0.10~0.20	≤0.70	1.00~1.50	≤0.030	≤0.035	≤0.60	12.00~14.00					1.00~1.80	
	1-5	1Al3Mn2MoWTi	0.12~0.18	1.50~2.00	≤0.50	≤0.030	≤0.035	≤0.60		0.40~0.60		0.40~0.60	0.20~0.40	2.20~2.80	

续表

类别	编号	钢号	化学成分(%)												
			碳	锰	硅	硫	磷	镍	铬	钨	钒	钼	钛	铝	其他
马氏体钢	2-6	1Cr13	0.08~0.15	≤0.08	≤0.60	≤0.030	≤0.035	≤0.60	12.00~14.00						
	2-7	2Cr13	0.16~0.24	≤0.08	≤0.60 ≤0.50	≤0.030	≤0.035	≤0.60	12.00~14.00						
	2-8	1Cr5Mo	≤0.15	≤0.60	≤0.50	≤0.030	≤0.035	≤0.60	4.00~6.00			0.45~0.60			
	2-9	1Cr6Si2Mo	≤0.15	≤0.70	1.50~2.00	≤0.030	≤0.035	≤0.60	5.00~6.50			0.45~0.60			
	2-10	1Cr11MoV	0.11~0.18	≤0.60	≤0.50	≤0.030	≤0.035	≤0.60	10.00~11.50		0.25~0.40	0.50~0.70			
	2-11	1Cr12WMoV	0.12~0.18	0.50~0.90	≤0.50	≤0.030	≤0.035	0.40~0.80	11.00~13.00	0.70~1.10	0.15~0.30	0.50~0.70			
	2-12	4Cr9Si2	0.35~0.50	≤0.70	2.00~3.00	≤0.030	≤0.035	≤0.60	8.00~10.00						
	2-13	4Cr10Si2Mo	0.35~0.50	≤0.70	2.00~3.00	≤0.030	≤0.035	≤0.60	9.00~10.50			0.70~0.90			
	2-14	3Cr13Ni7Si2	0.25~0.37	≤0.70	2.00~3.00	≤0.030	≤0.035	6.00~7.50	11.50~14.00						
奥氏体钢	3-15	1Cr18Ni9Ti	≤0.12	≤2.00	≤1.00	≤0.030	≤0.035	8.00~11.00	17.00~19.00	钛:5(C%~0.2)~0.8					
	3-16	1Cr18Ni12Ti	≤0.12	1.00~2.00	≤1.00	≤0.030	≤0.035	11.00~13.00	16.00~17.00	钛:5(C%~0.2)~0.8					
	3-17	1Cr23Ni13	≤0.20	≤2.00	≤1.00	≤0.030	≤0.035	12.00~15.00	22.00~25.00						
	3-18	1Cr23Ni18	≤0.20	≤2.00	≤1.00	≤0.030	≤0.035	17.00~20.00	22.00~25.00						
	3-19	1Cr29Ni14Si2	≤0.20	≤1.50	1.50~2.50	≤0.030	≤0.035	12.00~15.00	19.00~22.00						

续表

类别	编号	钢号	化学成分(%)												
			碳	锰	硅	硫	磷	镍	铬	钨	钒	钼	钛	铝	其他
奥氏体钢	3-20	1Cr25Ni20Si2	≤0.20	≤1.50	1.50~2.50	≤0.030	≤0.035	18.00~21.00	24.00~27.00						
	3-21	3Cr18Ni25Si2	0.30~0.40	≤1.50	1.50~2.50	≤0.030	≤0.035	23.00~26.00	17.00~20.00						
	3-22	4Cr14Ni14W2Mo	0.40~0.50	≤0.70	≤0.80	≤0.030	≤0.035	13.00~15.00	13.00~15.00	2.00~2.75		0.25~0.40			
	3-23	1Cr15Ni36W3Ti	≤0.12	1.00~2.00	≤0.80	≤0.030	≤0.035	34.00~38.00	14.00~16.00	2.80~3.20			1.00~1.40		
	3-24	3Cr18Mn12Si2N	0.22~0.30	10.50~12.50	1.40~2.20	≤0.030	≤0.060		17.00~19.00						N0.22~0.30
	3-25	2Cr20Mn9Ni2Si2N	0.17~0.26	8.50~11.00	1.80~2.70	≤0.030	≤0.060	2.00~3.00	18.00~21.00						N0.20~0.30
	3-26	0Cr15Ni25Ti2MoVB	≤0.08	1.00~2.00	0.40~1.00	≤0.030	≤0.035	24.00~27.00	13.50~16.00		0.10~0.50	1.00~1.50	1.75~2.30	≤0.40	B0.001~0.010
	3-27	4Cr12Ni8Mn8MoVNb	0.34~0.40	7.50~9.50	0.30~0.80	≤0.030	≤0.035	7.00~9.00	11.50~13.50		1.25~1.55	1.10~1.40	≤0.12		Nb0.25~0.50

注：耐热钢按用途分为抗氧化钢、热强钢及高阀钢；按组织分为铁素体钢、马氏体钢及奥氏体钢；按使用加工方法分为压力加工用钢及切削加工用钢；按供应状态分为热轧、锻制及热处理。钢的使用加工方法及供应状态应在合同中注明。马氏体钢一般应以退火或高温回火状态供应。

第5章　高速钢的分析方法

高速钢中一般含钨高,含碳、钼、钴、钒也较高,所以在溶解试样,碳化物的破坏和某些元素的分析方法上有其特点。

5.1　钨 的 测 定

5.1.1　硫氰酸盐直接光度法

基本原理参阅 3.8 节。

试样用王水溶解,经硫磷酸冒烟处理,使钨以可溶性的磷钨酸形式存在于溶液中。在 $3.4 \sim 4.0$ mol·L^{-1} 盐酸介质中,当有适当量的磷酸存在时,用三氯化钛和氯化亚锡将钨(Ⅵ)还原为钨(Ⅴ)。钨(Ⅴ)与硫氰酸盐形成黄色的络合物,以此进行比色测定。其最大吸收在 $400 \sim 410$ nm 波长处。当有钼存在,钼(Ⅵ)在测定条件下,能被氯化亚锡还原为钼(Ⅴ),而与硫氰酸盐形成橙红色络合物,干扰测定。加入三氯化钛,使钼(Ⅴ)进一步还原为钼(Ⅲ)的状态。在钼量低的情况下,这时其硫氰酸络合物的色泽非常弱。当钼含量达到钨含量的一半时开始显出干扰。如选用 450 nm 波长进行比色测定,当 Mo:W≤6:1(W≤0.5 mg·(50 mL)$^{-1}$)时没有干扰。钒的干扰可用校正系数进行校正。

钨含量在 $0.1 \sim 0.6$ mg·(50 mL)$^{-1}$ 范围内符合比耳定律。

1) 试剂

王水(2+1):2 份盐酸与 1 份硝酸相混匀。硫磷混酸:于 500 mL 水中,加入硫酸150 mL,冷却后,加磷酸 300 mL,以水稀释至 1 000 mL。氯化亚锡溶液(0.5%),称取氯化亚锡($SnCl_2$·$2H_2O$)2 g,溶于 170 mL 盐酸中,以水稀释至 400 mL。硫氰酸钾溶液(25%)。三氯化钛溶液(1%),称取海绵钛 1 g于 250 mL 烧杯中,加盐酸 60 mL,加热溶解,冷却,于 100 mL 量瓶中,以水稀释至刻度,过滤备用。钨标准溶液(W 1.0 mg·mL^{-1}),称取钨酸钠(Na_2WO_4·$2H_2O$)1.793 5 g,溶解于水,以水稀释至 1 000 mL。

2) 操作步骤

称取试样 $0.050\,0 \sim 0.200\,0$ g 于 150 mL 锥形瓶中,加王水(2+1)5 mL,加热溶解,加硫磷混酸 40 mL,继续加热至冒烟,维持 3 min,冷却,移于 100 mL 量瓶中,以水稀释至刻度,摇匀。吸取试液 5 mL 2 份,分别置于 50 mL 量瓶中。空白液:加磷酸 6 mL,用氯化亚锡溶液(0.5%)稀释至刻度。显色液:加磷酸 6 mL,加氯化亚锡溶液(0.5%)32 mL,摇匀,放置 10 min,加硫氰酸钾溶液(25%)3 mL,三氯化钛溶液(1%)1.0 mL。每次加入试剂必须摇匀。用氯化亚锡溶液(0.5%)稀释至刻度,摇匀。放置 10 min,用 2 cm 比色皿,于 410 nm 波长处(或 72 型光度计 420 nm 波长处)(含钼试样于 450 nm 波长处),以空白液为参比,测定吸光度。用纯铁或不含钨、钼、钒的钢样,按同样操作,测得试剂空白值。将测得的吸光度减去相应的试剂空白值,从检量线上或用比例法求得钨含量。

3) 检量线的绘制

称取相同类型的标准钢样,照上述方法操作,绘制曲线。或称取纯铁 0.2 g 若干份,分别置于 150 mL 锥形瓶中,依次加入钨标准溶液 0.0 mL,2.0 mL,4.0 mL,6.0 mL,10.0 mL,14.0 mL(W 1.0 mg·mL⁻¹),按方法溶解和显色,以"0"为参比液测定吸光度,绘制曲线。对于称样 0.05 g,每毫升钨标准液相当于含钨 2%;对于称样 0.2 g,则相当于 0.5%。

4) 注

(1) 为了保证显色液中含有 W 0.1~0.6 mg·(50 mL)⁻¹,所以应根据试样中含钨量的高低称取适当量试样:钨含量 1%~7%,称样 0.2 g;7%~14%,称样 0.1 g;大于 14%,称样 0.05 g。

(2) 对于镍基高温合金可用盐酸在低温处加热,逐滴加入硝酸至试样完全溶解,其他操作相同。

(3) 如试样中含铜、铌,待稍冷后加入草酸铵溶液(20%)10 mL。

(4) 用沸水浴加热 2 min,而后显色,也能得到同样的稳定性;但如试样中含钼,加热后将引起钼的干扰,只能采取放置 10 min 的办法。显色前如不放置或加热,显色液吸光度的稳定性将大为降低。

(5) 三氯化钛溶液浓度要基本一致,由于 Ti³⁺ 极易氧化,放置后的 Ti³⁺ 溶液浓度将逐渐变低,所以在使用前先用少量纯锌还原处理,或用盛有锌汞剂的琼氏还原器进行还原处理。

(6) 由于 TiCl₃ 系紫色化合物,本身有吸收,用空白液无法消除 TiCl₃ 的影响,所以应再做 TiCl₃ 试剂空白校正,从测得的吸光度中减去,否则不符合比耳定律,无法用比例求结果。

(7) 用不同的波长必须绘制相应的校正曲线。如用标准钢样绘制曲线,必须做试剂空白校正。

(8) 钒的干扰严重,其干扰程度与试液中含钒量的多少有关。据实验证实,当取样 $0.2 \times \frac{5}{100}$ g 时,应在测得的钨百分含量中减去 V%×0.19;如减少称样,则应减去 V%×0.19/n(n 指减少称样的倍数)。

5.1.2　β-萘喹啉重量法

试样用盐酸溶解,硝酸氧化钨成钨酸沉淀,加入辛可宁使钨酸沉淀完全。经过滤灼烧后的不纯三氧化钨用氢氟酸除硅,用无水碳酸钾熔融,镁铵合剂沉淀分离铌。以 β-萘喹啉沉淀滤液中的钨,灼烧成三氧化钨称重,用硫氰酸盐光度法扣除其中夹带的三氧化钼量,计算试样中的钨含量。

本法适用于含铌钢。

测定范围:1.50%~25.00%钨。

1) 试剂

盐酸(1+1)。硝酸($\rho=1.42$ g·cm⁻³)。辛可宁溶液(12.5%),以盐酸(1+1)配制。辛可宁洗涤液:取 30 mL 辛可宁溶液,用水稀释至 1 000 mL。硫酸(1+1)。氢氟酸(40%)。无水碳酸钠(钾)(固体)。五氧化二铌(99.5%以上)。镁铵合剂:取 10 g 硫酸镁(MgSO₄·7H₂O),20 g 氯化铵溶于少量水中,加氨水 20 mL,用水稀释至 250 mL,用时配制。镁铵合剂洗涤液:取 25 mL 镁铵合剂,用水稀释至 100 mL。β-萘喹啉溶液(2%),称取 2 g β-萘喹啉于 200 mL 烧杯中,加 50 mL 水,边搅拌边滴加硫酸(1+1)至全部溶解,再以氨水(1+1)调节至沉淀出现,立即加入硫酸(1+1)4 mL,以水稀释至 100 mL。β-萘喹啉洗涤液:取 5 mL β-萘喹啉溶液,以水稀释至 100 mL。甲基红指示剂(0.1%),乙醇配制。酚酞指示剂(0.1%),乙醇配制。碳酸铵洗涤液(5%)。磷酸(1+1)。抗坏血酸溶液(10%),用时配制。硫氰酸钠溶液(10%)。铁溶液(Fe 5 mg·mL⁻¹):称取 2.5 g 含结晶水的硫酸高铁溶于 100 mL 水中,加 3~5 滴硫酸。钨溶液(W 1 mg·mL⁻¹):称取 1.2610 g 三氧化钨,用 20 mL 氢氧化钠(20%)溶液加热溶解,用水稀释至 1 000 mL。三氧化钼标准溶液(Mo 10 μg・mL^{-1}):A. 称取 0.100 0 g 三氧化钼(99.9%以上),加氢氧化钠溶液(5%)150 mL 微热至完全溶解,加水 50 mL,用硫酸(1+1)酸化,移入 1 000 mL 容量瓶中,以水稀释至刻度,摇匀。此溶液含(Mo 100 mg・mL^{-1})三氧化钼。B. 取 50.00 mL A 标准溶液,置于 500 mL 容量瓶中,以水稀释至刻度,摇匀。此溶液含(Mo 10 μg・mL^{-1})三氧化钼。

2) 分析步骤

称取 1.000 0~5.000 0 g 试样(控制含钨量在 50~200 mg 之间)置于 400 mL 烧杯中(随同操作做试剂空白),加入盐酸(1+1)50~60 mL,低温加热至试样溶解。缓慢滴加硝酸氧化至溶液停止发生气泡,再加硝酸 1~2 mL,低温蒸发至糖浆状。加盐酸(1+1)30 mL,加热溶解盐类,加热水 130 mL,保温 1 h,在 80~90 ℃缓慢地加入辛可宁溶液 5 mL,充分搅拌,在 80~90 ℃水浴上保温 4 h 或放置过夜。用加有少量滤纸浆的慢速滤纸过滤,以辛可宁洗涤液用倾泻法洗涤沉淀 3~4 次,然后转移沉淀于滤纸上,继续以辛可宁洗涤液洗 8~10 次,将沉淀及滤纸移入铂坩埚中。黏附在烧杯壁上的沉淀可分次用氨水(1+1)润湿过的小滤纸片擦净,小滤纸片合并于铂坩埚中于低温烘干炭化,于 750~800 ℃灼烧 30 min。取出铂坩埚冷至室温,以水润湿沉淀,加数滴硫酸(1+1),氢氟酸 2~3 mL,小心加热蒸发至冒尽硫酸白烟,再于 750~800 ℃下灼烧 30 min。取出铂坩埚置于干燥器中,冷至室温。

若试样中含铌量不足 20 mg,在铂坩埚中补加五氧化二铌使铌量大于 20 mg(1.43 mg 五氧化二铌相当于 1 mg 铌),加无水碳酸钠 5 g 并加盖,于 1 000 ℃高温炉中熔融 3 min,取出摇动 1 次,再送入炉中熔融 3 min,取出冷却。将铂坩埚置于 300 mL 烧杯中,以 80 mL 热水浸取,用热水洗出铂坩埚及盖,加热煮沸至熔块溶解,再煮沸 2~3 min,控制试液体积在 150 mL 左右。待试液冷至 70 ℃时,不断搅拌下加入镁铵合剂 25~30 mL,继续搅拌 1~2 min,加入少许纸浆,在 60~80 ℃水浴上保温 3~4 h,取下冷却至 30 ℃以下或放置过夜。用加有少量滤纸浆的慢速滤纸过滤,以镁铵合剂洗涤液洗涤 10 次,弃去沉淀。滤液中加 2 滴甲基红,用盐酸(1+1)调节至红色出现并过量 2~3 滴,加热以除去二氧化碳。若溶液返黄,再用盐酸(1+1)调节至红色出现,并过量 2~3 滴。在不断搅拌下加入 β-萘喹啉溶液 20~30 mL,在 60~70 ℃水浴中保温 1 h。用慢速滤纸过滤,以 β-萘喹啉洗涤液洗涤 15 次,将沉淀及滤纸移入已恒重的铂坩埚中,低温炭化,在 750~800 ℃灼烧 30 min,取出铂坩埚,置于干燥器中冷却至室温,称重,并反复灼烧至恒重,即得不纯三氧化钨质量(W_1)。

铂坩埚中的不纯三氧化钨用 5 g 无水碳酸钠于 950 ℃熔融,冷却后置于 200 mL 烧杯中。以 50 mL 热水浸取,用热水洗出铂坩埚,加热至熔块溶解,用慢速滤纸过滤到 200 mL 容量瓶中。用热的碳酸铵洗涤液洗涤 5~6 次,再用热水洗涤 2~3 次,以水稀释至刻度,摇匀。按下述步骤测定滤液中的三氧化钼质量(W_3)。

分取 10~20 mL 上述滤液置于 50 mL 容量瓶中加 2 滴酚酞指示剂,用磷酸(1+1)中和至试液无色,再过量 2.5 mL,加铁溶液 1 mL,硫酸(1+1)10 mL,摇匀,冷却,加抗坏血酸溶液 5 mL,摇匀,加硫氰酸钠溶液 5 mL,以水稀释至刻度,摇匀,放置 30 min 后于分光光度计上,于 470 nm 波长处,选用适当的比色皿,以试剂空白作参比,测量吸光度。从检量线上查出三氧化钼量并换算成三氧化钨中夹带的三氧化钼总质量(W_3)。

三氧化钨检量线的绘制:于一组 50 mL 容量瓶中,加入与试样相近的钨量,依次加入不同量的三氧化钼标准溶液(三氧化钼量控制在 0.3 mg 以内),按上述步骤显色,测量吸光度,绘制检量线。

钨的百分含量按下式计算:

$$W\% = \frac{(W_1 - W_2 - W_3) \times 0.793\,0}{W_4} \times 100$$

式中:W_1 为不纯三氧化钨质量(g);W_2 为试剂空白质量(g);W_3 为三氧化钨中夹带的三氧化钼总质

量(g);W_4 为称样质量(g);0.793 0 为三氧化钨换算为钨的系数。

3) 注

（1）试样难溶时,可缓慢滴加硝酸助溶。

（2）试样含钨量低时,必须放置过夜。

（3）用无水碳酸钠熔融,溶液透明度稍差或略呈浑浊,不影响结果。如长时间煮沸后仍很浑浊,说明熔融不好,将使钨铌分离不完全。

（4）盐酸中和时,溶液产生大量二氧化碳气体,应缓慢操作,以防溶液溅出。

（5）试剂空白显色时应加入与试样含钨量相近的钨溶液。

5.2　铬的测定(过硫酸铵银盐容量法)

试样溶于酸中,经硫磷酸冒烟处理,大量钨与磷酸生成络合物 $12 WO_3 \cdot H_3PO_4$ 或 $H_7[P(W_2O_7)_6]$,以硝酸银为催化剂,在 $1.0\sim1.5$ mol $\cdot$ L^{-1} 硫酸介质中,用过硫酸铵将 3 价铬氧化到 6 价。同时锰被氧化成高锰酸而呈红色,起着表明铬氧化完全的作用。加氯化钠沉淀银和还原高锰酸,以消除其影响。

由于试液中有较大量的 $12 WO_3 \cdot H_3PO_4$ 存在,用 N-苯代邻氨基苯甲酸作指示剂终点不易观察。若以二苯氨磺酸钠或二苯氨磺酸钡与 N-苯代邻氨基苯甲酸混合指示剂,用硫酸亚铁铵标准溶液滴定 $Cr_2O_7{}^{2-}$,则终点较为明显。

钒在此条件下同样被氧化还原,因此应从结果中扣除。这可用理论值换算,即 1%钒≈0.34%铬。其他可参阅 3.4 节。

1) 试剂

王水(2+1):2 份盐酸与 1 份硝酸相混匀。硫磷混合酸:于 400 mL 水中,加磷酸 300 mL 和硫酸 300 mL。硝酸银溶液(0.5%),贮于棕色瓶中,并加数滴硝酸。过硫酸铵溶液(20%)。氯化钠溶液(5%)。硫酸(1+1)。N-苯代邻氨基苯甲酸(0.2%):称取 0.2 g 该指示剂置于含有0.2 g 无水碳酸钠的 100 mL 水中,加热溶解。二苯氨磺酸钠(0.5%):0.5 g 该指示剂溶于 100 mL 水中,加硫酸(1+1) 2 mL。硫酸亚铁铵标准溶液(0.025 mol $\cdot$ L^{-1}):取 20 g 硫酸亚铁铵$[(NH_4)_2Fe(SO_4)_2 \cdot 6H_2O]$溶于 1 000 mL 硫酸(5+95)中。此溶液浓度需用浓度相近的重铬酸钾标准溶液进行标定或用与试样成分相近似的标准钢样,按方法操作,确定其滴定度。

2) 操作步骤

称取试样 0.200 0 g 于 250 mL 锥形瓶中,加王水(2+1)10 mL,加热溶解。加硫磷混合酸 20 mL,磷酸 5 mL,继续加热至冒烟,并维持半分钟。稍冷加水 50 mL,硝酸银溶液(0.5%)5 mL,过硫酸铵溶液(20%)20 mL,加热煮沸至铬完全氧化(溶液呈高锰酸的紫色,表明铬已完全氧化。若试样中含锰量低,溶液不出现紫色,则可加入硫酸锰溶液 0.5%数毫升后再氧化),继续煮沸至翻大气泡,使过剩的过硫酸铵分解。加入氯化钠溶液(5%)5 mL,煮沸至紫红色消失(如有红色不消失,再加氯化钠溶液 2~3 mL,煮沸数分钟至氯化银沉淀凝聚下沉,溶液变清)。流水冷却至室温。加硫酸(1+1)20 mL,N-苯代邻氨基苯甲酸指示剂 2 滴和二苯氨磺酸钠指示剂 2 滴,以硫酸亚铁铵标准溶液滴定至溶液由玫瑰色转变为亮绿色即为终点。

按下式计算铬的百分含量:

$$\mathrm{Cr}\% = \frac{MV \times 0.017\,3}{G} \times 100$$

式中：V 为滴定消耗硫酸亚铁铵标准溶液的毫升数；M 为硫酸亚铁铵标准溶液的摩尔浓度；G 为称样质量(g)；0.017 3 为 1 毫克摩尔铬的克数。或用含铬量相近似的标钢按方法同样操作，先求出硫酸亚铁铵标准溶液对铬的滴定度 $T\%(\mathrm{Cr}\% \cdot \mathrm{mL}^{-1}) = \dfrac{A}{V_0}$，则

$$\mathrm{Cr}\% = T\% \times V$$

式中：A 为标准钢样中铬的百分含量；V_0 为测定标准钢样时消耗硫酸亚铁铵标准溶液的毫升数；V 为测定试样时消耗硫酸亚铁铵标准溶液的毫升数。

3) 注

(1) 对于含钨量低于 10% 时，可不必补加磷酸。磷酸加入量主要是确保钨变成磷钨酸络合物留在溶液中，其用量多少对铬的测定无影响。

(2) 一般情况下，经硫磷酸冒烟，碳化物即可被破坏。如经冒烟处理仍有部分碳化物不被破坏，需在冒烟的情况下，滴加硝酸，否则结果偏低。

(3) 当含钨量低于 10% 时，可单独用 N-苯代邻氨基苯甲酸指示剂。由于 N-苯代邻氨基苯甲酸溶液具有还原性，如用理论计算求铬的含量时，须做指示剂校正。校正方法可参见 3.4.1。如用标钢求滴定度，必须加入同样滴数的指示剂，以抵消其引进的偏差。

(4) 用本法测定铬，钒有干扰，须进行校正。1% 钒 ≈ 0.34% 铬。

(5) 其他事项见合金钢中铬的过硫酸铵银盐容量法。

(6) 以亚铁-邻菲罗啉溶液为指示剂，高锰酸钾溶液回滴法操作步骤如下：称取试样 0.2 g 于 250 mL 锥形瓶中，同上法溶解和处理。先以硫酸亚铁铵标准溶液滴定至 6 价，铬的黄色转为淡黄色，加亚铁-邻菲罗啉溶液 5 滴，继续用硫酸亚铁铵标准溶液滴定至溶液呈现稳定的红色并过量 5 mL，以浓度相近之高锰酸钾溶液回滴至红色初次消失，加无水乙酸钠 10 g，摇动至乙酸钠溶解，继续用高锰酸钾溶液缓慢滴定至淡蓝色为终点。

按下式计算铬的百分含量：

$$\mathrm{Cr}\% = \frac{(V_1 - V_2 K)N \times 0.017\,3}{G} \times 100$$

式中：V_1 为滴定消耗硫酸亚铁铵标准溶液的毫升数；V_2 为过量硫酸亚铁铵标准溶液所消耗高锰酸钾溶液的毫升数减去亚铁-邻菲罗啉溶液的校正值后的毫升数；K 为高锰酸钾溶液相当于硫酸亚铁铵标准溶液的体积比。

(7) 亚铁-邻菲罗啉指示剂消耗高锰酸钾溶液，须加以校正。步骤如下：在做完高锰酸钾溶液相当于硫酸亚铁铵标准溶液的体积比的标定后的 2 份溶液中，1 份加 5 滴指示剂，另 1 份加 10 滴指示剂，以滴定试样溶液相同浓度的高锰酸钾溶液滴定。所消耗高锰酸钾溶液之差，相当于 5 滴指示剂的校正值。此值应从过量的硫酸亚铁铵标准溶液所消耗高锰酸钾溶液的毫升数中减去。

5.3　钒　的　测　定

5.3.1　铬钒的连续测定法

基本原理见 3.4.3 小节。

试样经硫磷混酸溶解,硝酸氧化,先在室温下用高锰酸钾氧化钒至 5 价,过量的高锰酸钾用尿素-亚硝酸钠还原,用亚铁溶液滴定钒。在滴定钒后的溶液中,取部分或全部在硝酸银存在的情况下,用过硫酸铵氧化铬、钒,用尿素-亚硝酸钠还原同时被氧化的锰,以亚铁溶液滴定铬钒合量。用差减法求出铬量。

1) 试剂

硫磷混酸:于 500 mL 水中,加硫酸 150 mL,加磷酸 300 mL,以水稀释至 1 000 mL。硝酸($\rho=1.42$ g·cm^{-3})。硫酸亚铁铵溶液(1%),每 100 mL 中加硫酸(1+1)10 滴。高锰酸钾溶液(0.3%)。亚硝酸钠溶液(1%)。尿素(固体)。亚砷酸钠溶液(0.1 mol·L^{-1}):取三氧化二砷 0.5 g,无水碳酸钠 1 g,溶解于 100 mL 温水中,或溶解亚砷酸钠($NaAsO_2$)0.65 g 于 100 mL 水中。硝酸银溶液(2%)。过硫酸铵溶液(20%),配制 3 天内有效。硫酸(1+1)。N-苯代邻氨基苯甲酸指示剂(0.2%):称取该指示剂 0.2 g,溶于无水碳酸钠溶液(0.2%)100 mL 中。硫酸亚铁铵标准溶液(0.02 mol·L^{-1}):称取硫酸亚铁铵 8 g,溶于 1 000 mL 硫酸(5+95)中,如有沉淀需过滤。此溶液准确浓度用重铬酸钾标准溶液进行标定或用标准钢样按分析方法求出每毫升标准溶液相当于铬、钒的含量(g·mL^{-1})。

2) 操作步骤

(1) 钒的测定。称取试样 0.500 0 g,于 300 mL 锥形瓶中,加硫磷混酸 40 mL,加热溶解,滴加硝酸至激烈作用停止,继续加热溶液至近冒烟再滴加硝酸 2~3 滴,摇匀。然后再继续冒烟 1~2 min。稍冷,加水 50 mL,加热使盐类溶解,冷却,加硫酸亚铁铵溶液(1%)1 mL,摇匀。滴加高锰酸钾溶液(0.3%)至溶液呈稳定的微红色。放置 2~3 min,加尿素约 1 g,滴加亚硝酸钠溶液(1%)至高锰酸钾红色恰好褪去,加亚砷酸钠溶液(0.1 mol·L^{-1})5 mL,再滴加亚硝酸钠溶液 1~2 滴,放置 1~2 min,加 N-苯代邻氨基苯甲酸指示剂 2 滴,用硫酸亚铁铵标准溶液(0.01 mol·L^{-1})滴定至由樱红色转为亮绿色即为终点。滴定消耗亚铁溶液的体积为 V_1。滴定钒后的溶液移入 100 mL 量瓶中,以水稀释至刻度,摇匀。

(2) 铬的测定。吸取滴定钒后的稀释液 20 mL,于 300 mL 锥形瓶中,加磷酸 3 mL,加热至冒烟 1 min 左右,稍冷,加水 30 mL,硫酸(1+1)5 mL,硝酸银溶液(2%)5 mL,过硫酸铵溶液(20%)15 mL,加热煮沸 3~5 min,冷却,加尿素约 1 g,滴加亚硝酸钠溶液(1%)至高锰酸钾的红色恰好褪去,再多加 1~2 滴,放置 1~2 min 后,加硫酸(1+1)10 mL,N-苯代邻氨基苯甲酸指示剂 2 滴,用硫酸亚铁铵标准溶液(0.02 mol·L^{-1})滴定至由樱红色转为亮绿色即为终点。滴定时消耗亚铁溶液的体积为 V_2。按下式计算钒和铬的百分含量:

$$V\% = \frac{V_1 \times M \times 0.050\,94}{G} \times 100$$

$$Cr\% = \frac{(5V_2 - V_1)M \times 0.017\,34}{G} \times 100$$

式中:V_1 为滴定钒所消耗硫酸亚铁铵标准溶液的毫升数;V_2 为滴定铬钒合量所消耗硫酸亚铁铵标准溶液的毫升数;M 为硫酸亚铁铵标准溶液的摩尔浓度;0.050 94 为 1 毫克摩尔钒的克数$\left(即\dfrac{V}{1\,000}\right)$;0.017 34 为 1 毫克摩尔铬的克数$\left(即\dfrac{Cr}{3\,000}\right)$;$G$ 为称样质量(g)。或用含铬、钒量相近似的标钢按方法同样操作:称取同样质量,先求出硫酸亚铁铵标准溶液对钒、铬的滴定度(V% · mL^{-1}或 Cr% · mL^{-1}),则

$$V\% = B\% \times V_1$$
$$Cr\% = A\% \times (5V_2 - V_1)$$

式中：$B\%$ 为 1 mL 硫酸亚铁铵标准溶液相当于钒的百分含量;$A\%$ 为 1 mL 硫酸亚铁铵标准溶液相当于铬的百分含量。

3) 注

(1) 如用硫磷混酸难溶,可先用王水(2+1)10 mL 溶解,而后加硫磷混酸。

(2) 采用硫磷混酸溶解,滴加硝酸破坏碳化物,过量的硝酸在煮沸驱除时,会有微量铬被氧化,并蒸发至冒硫酸烟 1~2 min,此时被氧化的高价铬能被还原。但冒烟时间又不能长,否则钒成难溶硫酸盐析出,使结果偏低。

(3) 其他注意事项见 3.4.3 小节。

(4) 如果铬含量与钒量相近,可不必分液。将滴定钒后的试液补加水约 70 mL,以降低酸度到适合铬的氧化酸度。不必补加磷酸,按方法氧化。过硫酸铵溶液(20%)可增至约 25 mL。

5.3.2　二苯氨磺酸钠光度法

二苯氨磺酸钠为氧化还原指示剂,在氧化性溶液中呈紫色。利用这一特性,5 价钒能氧化二苯氨磺酸钠呈紫色,以此进行比色测定。二苯氨磺酸钠被氧化后的紫色物质,其最大吸收在 560 nm 波长处。

用高锰酸钾在室温下将钒氧化为 5 价,此时铬也有部分被氧化,用亚砷酸钠将氧化成高价的铬选择性地还原,氧化时过量的高锰酸钾,以亚硝酸钠还原,而过量的亚硝酸钠又借预先加入的尿素使其分解。在用亚砷酸钠还原可能存在的 Cr^{6+} 时,由于诱导反应产生的 Mn^{3+},再滴加亚硝酸钠,可使之还原而消除锰、铬的干扰。

硫酸及磷酸的浓度影响吸光度。硫酸浓度应达 20%,浓度小时灵敏度低,色泽也不稳定。磷酸用来抑制铁的影响,但不能完全避免,磷酸量少时,铁的干扰增大,空白的色泽高。在 50 mL 显色液中含硫酸(1+1)20 mL 及磷酸(3+1)10 mL 较合适。

铁的含量影响吸光度,故绘制检量线的含铁量必须与试样的含铁量一致。

二苯氨磺酸钠加入量多时铁的色泽增深,不宜多加。二苯氨磺酸钠溶液(0.05%)1 mL 可显色 120 μg · (50 mL)$^{-1}$ 的钒。含钒量在 0~120 μg · (50 mL)$^{-1}$ 符合比耳定律。

1) 试剂

硫磷混合酸:硫酸 150 mL,注入 500 mL 水中,加入磷酸 300 mL,稀释到 1 000 mL。高锰酸钾溶液(0.3%)。亚硝酸钠溶液(0.3%)。亚砷酸钠溶液(0.1 mol · L^{-1}):称三氧化二砷 0.5 g,碳酸钠 1 g 加热溶解于 100 mL 水中;或亚砷酸钠 0.65 g 溶于 100 mL 水中。尿素(固体)。硫酸(1+1)。磷酸(3+1)。二苯氨磺酸钠溶液(0.05%),0.05 g 该试剂溶于 100 mL 水中,加硫酸(1+1)2 mL。钒标准溶液(V 20 μg · mL^{-1}):称取偏钒酸铵(NH_4VO_3)0.229 6 g,加水后加热溶解,冷却,加硫酸(1+1)5 mL,于量瓶中稀释至 1 000 mL,1 mL 含钒 0.1 mg;吸取该溶液 20 mL 于量瓶中稀释至 100 mL。

2) 操作步骤

称取试样 0.100 0 g 于 150 mL 锥形瓶中,加入硫磷混合酸 20 mL(或王水溶解后加硫磷酸),加热溶解,加硝酸 2～3 mL 氧化,然后蒸发至冒白烟,并维持 1 min,冷却,于量瓶中稀释至 50 mL。吸取试液 2 mL 置于 50 mL 量瓶中,加硫酸(1+1)20 mL,磷酸(3+1)10 mL,尿素 0.5 g 左右,滴加高锰酸钾溶液(0.3%)至呈微红色。1～2 min 后,滴加亚硝酸钠溶液(0.3%)至红色消退。加亚砷酸钠溶液 (0.1 mol·L^{-1})2 mL,再滴加亚硝酸钠溶液 1～2 滴,用水稀释至刻度,摇匀。用吸管加二苯氨磺酸钠溶液(0.05%)1.0 mL,摇匀。将显色液倒入 2 cm 或 3 cm 比色皿中,于剩余溶液中加硫酸亚铁铵溶液 (6%)数滴,使紫色消退,以此为参比液,于 530 nm 波长处,测定吸光度。从检量线上查得试样的含钒量。

3) 检量线的绘制

用标准试样按同样方法操作,测定吸光度,绘制检量线。或称取不含钒的钢样 0.1 g 按方法溶解,稀释至 50 mL。取溶液 2 mL 数份,分别置于 50 mL 量瓶中,依次加入钒标准溶液 0.0 mL,1.0 mL,…,6.0 mL(V 20 μg·mL^{-1}),按上述方法显色,测定吸光度,绘制曲线。每毫升钒标准溶液相当于钒含量 0.5%。

4) 注

(1) 含钒量小于 0.5% 时可吸取试液 5～10 mL。标准曲线也须具有相近的含铁量。

(2) 磷酸中不应含还原性物质,否则降低吸光度。如发现磷酸中含有还原性物质,可加尿素、高锰酸钾、亚硝酸钠处理。处理的溶液当天使用,隔天由于尿素的分解而含还原性,须重新处理。

(3) 红色消退速度较慢,不要急于多加亚硝酸钠或先加亚砷酸钠后加亚硝酸钠。

(4) 滴加高锰酸钾溶液时应避免接触瓶壁。亚砷酸钠溶液可沿瓶壁加入,或以少量水冲洗,防止可能沾于瓶壁的高锰酸钾未被还原而导致结果偏高。

(5) 加亚砷酸钠溶液系选择性地还原可能被高锰酸钾所氧化的铬。用亚砷酸钠还原铬时,由于诱导反应,锰(Ⅱ)部分被氧化为锰(Ⅲ),再加亚硝酸钠使其还原。

(6) 加二苯氨磺酸钠溶液时的酸度影响吸光度,所以先稀释至刻度,使酸度一致,然后加显色剂。

(7) 铁含量少,室温高时稳定性较差,显色后时间不要搁置太长。

(8) 用高锰酸钾作为钒的氧化剂,当有磷酸存在时,铈的氧化还原电位降低,同样被定量氧化,钒的结果偏高。含稀土量高,钒量低的试样必须考虑消除铈的干扰。可在不含磷酸的溶液中进行氧化。溶液中硫酸酸度 0.2～2 mol·L^{-1},钒定量被氧化而铈不被氧化;或在 0.06～0.3 mol·L^{-1} 硫酸介质中,用过氧化氢氧化钒,铈不被氧化。这种消除铈干扰的方法只适用于其他钢种,不适用含钨钢种。

(9) 测定钒的剩余试液可作高速钢部分其他元素的系统分析。如果系统分析测定的元素多而增加称样量,应相应地增大稀释体积。

5.4　钼的测定(硫氰酸盐直接光度法)

5.4.1　氯化亚锡还原法

基本原理见 3.7 节。

1) 试剂

硫磷混合酸:硫酸 150 mL,注入 500 mL 水中,加入磷酸 300 mL,稀释至 1 000 mL。硫酸钛溶液:将硫酸铵 8 g 溶于 38 mL 硫酸中,然后加 2 g 硫酸钛,加入 100 mL 左右蒸馏水,加热搅拌至溶液清亮,冷却后,加硫酸(1+1)100 mL,以水稀释至 500 mL;或取三氯化钛溶液(15%)10 mL,加到硫酸(1+1)40 mL 中,滴加过氧化氢(30%)至紫色消失呈黄色,煮沸至黄色褪去,冷却,加硫酸(1+1)130 mL,用水稀释至 500 mL。硫氰酸钠溶液(10%)。氯化亚锡溶液(10%):溶解 10 g 氯化亚锡于 5 mL 盐酸中,以水稀释至 100 mL,加入 2 g 氟化铵。钼标准溶液(Mo 100 μg·mL^{-1})(参见 3.7 节)。钼混合显色液:硫酸钛溶液、硫氰酸钠溶液、氯化亚锡溶液各 50 mL,高氯酸 4 mL 混合。

2) 操作步骤

称取试样 0.100 0 g 于 150 mL 锥形瓶中,加入硫磷混酸 20 mL(或王水溶解后加硫磷酸),加热溶解,加硝酸 2～3 mL 氧化,然后蒸发至冒烟,并维持 1 min,冷却,于量瓶中稀释至 50 mL。吸取试样溶液 10 mL 2 份置于 150 mL 锥形瓶中。空白液:加硫酸钛溶液 10 mL,水 10 mL,氯化亚锡溶液 10 mL。显色液:沿瓶壁加入钼混合显色液 30 mL。放置 10～20 min(或在沸水浴中加热 30 s,流水冷却),用 3 cm 比色皿,于 500 nm 波长处,以空白液为参比,测定吸光度。从检量线上查得试样的含钼量。

3) 检量线的绘制

用标准钢样,按同样操作测定吸光度,绘制曲线。或称取不含钼的试样 0.1 g 数份,按方法溶解,依次加入钼标准溶液 2.0 mL,4.0 mL,…,20.0 mL(Mo 100 μg·mL^{-1}),加热至冒烟,冷却,于 50 mL 量瓶中以水稀释至刻度,摇匀。分别吸取上述溶液 10 mL,按方法显色,测定吸光度,绘制曲线。每毫升钼标准溶液相当于钼含量 0.1%。

4) 注

(1) 可以系统分析方法进行测定,从二苯氨磺酸钠光度法测定钒的剩余试液中吸取溶液。

(2) 对于含钼量超过 2% 的试样,可吸取 5 mL 或 3 mL 试液,分别用铁溶液(每毫升含铁 2 mg:取纯铁 0.2 g,用硝酸(1+3)溶解,加硫磷混酸 40 mL 加热蒸发至冒烟,冷却,于量瓶中稀释至 100 mL)补足到 10 mL。

(3) 试剂沿瓶壁四周加入,避免瓶壁有高价铁未被还原,在倒出比色时引起干扰。

(4) 由于试样溶液中含磷酸,硫氰酸铁的色泽褪去较慢,显色后 10 min(10～35 ℃时)～20 min(20 ℃时)色泽达到稳定。室温低时须适当延长放置时间。或在水浴中加热 30 s,流水冷却。

(5) 试样含钒须进行校正,1% 钒含量相当于 0.02% 钼。

5.4.2　抗坏血酸还原法

在硫酸溶液中,用抗坏血酸作为还原剂,钼(V)与硫氰酸盐形成橙红色络合物,借此作钼的比色测定。

在显色液中通常含量的共存元素不干扰测定,钒<0.24 mg、钴<1.6 mg、铜<2.5 mg 不影响测定。该法灵敏度高,干扰元素少,稳定性好,但显色速度较慢,如加入铜盐催化,能大大提高显色速度。

1) 试剂

王水(2+1):2 份盐酸与 1 份硝酸相混匀。磷酸(ρ=1.70 g·cm^{-3})。硫酸(ρ=1.84 g·cm^{-3})。硫酸-硫酸铜溶液:1 g 硫酸铜($CuSO_4·5H_2O$)溶于 300 mL 水中,加硫酸 85 mL,以水稀释至 1 000 mL。硫氰酸铵(或钾)溶液(20%)。抗坏血酸溶液(10%)。硫酸(1+1)。钼标准溶液(Mo 0.5 mg·mL^{-1})(参见 3.7 节)。

2) 操作步骤

称取试样 0.100 0 g 于 150 mL 锥形瓶中,加王水 15 mL 和磷酸 10 mL 加热溶解,加硫酸 10 mL,继续加热至冒硫酸烟,冷却,加少量水溶解盐类,移入 100 mL 量瓶中,以水稀释至刻度,摇匀。

(1) 铜盐催化还原法。吸取试液 5 mL 2 份,分别置于 50 mL 量瓶中。显色液:加硫酸-硫酸铜溶液 5 mL,硫氰酸铵溶液(20%)10 mL,抗坏血酸溶液(10%)10 mL,以水稀释至刻度,摇匀。空白液:除不加硫氰酸铵外,其他同显色液加入的各种试剂。放置 1～3 min 后,用 2 cm 比色皿,于 465 nm 波长处,以空白液为参比,测定吸光度。从检量线上查得试样的含钼量。

(2) 不经催化还原法。吸取试液 5 mL 2 份,分别置于 50 mL 量瓶中。显色液:加硫酸(1+1) 6 mL,水 10 mL,硫氰酸铵溶液(20%)10 mL,抗坏血酸溶液(10%)10 mL,以水稀释至刻度,摇匀。空白液:除不加硫氰酸铵外,其他同显色液加入的各种试剂。放置 20 min 以上,用 2 cm 比色皿,于 465 nm 波长处,以空白液为参比,测定吸光度。从检量线上查得试样的含钼量。

3) 检量线的绘制

用标准钢样,按上述操作方法测定吸光度,并绘制曲线。或称取纯铁 0.1 g 数份,按上述方法溶解,分别加入钼标准溶液 0.0 mL,1.0 mL,2.0 mL,4.0 mL,6.0 mL,8.0 mL(Mo 0.5 mg·mL^{-1}),加硫酸 10 mL 继续加热冒烟,冷却,于 100 mL 量瓶中以水稀释至刻度。分别按上述相应的方法显色测定吸光度,并绘制检量线。每毫升钼标准溶液相当于含钼量 0.5%。

4) 注

(1) 该法适用于钼含量 0.5%～4%的试样,对于钼<0.5%的试样可称样 0.5 g;钼>4%的试样可减少吸取试液,但必须补加铁量至 5 mL(1 mL 含铁 1 mg)。总之,显色液中含钼量应控制在 25～200 μg。

(2) 铜盐的存在,不仅对 Mo^{6+} 的还原有催化作用,也对 Fe^{3+} 的还原起催化作用。在该法中任意改变试剂的加入顺序对结果无影响。所以在高速分析中可预先将各种试剂按其用量比例混合,使用时一次加入。但对于不经铜盐催化的方法,加入试剂的次序不容倒置,如果抗坏血酸比硫氰酸盐先加入,则易得到钼蓝色泽,即使加入相当过量的硫氰酸盐,钼蓝也只能很慢地转变成硫氰酸钼。

(3) 对于不经铜盐催化的方法,显色的温度与硫氰酸钼的生成及铁的还原速度有关。温度低,反应慢,结果易偏高;温度高,反应快,5 min 内显色完全,随后逐渐褪色。一般在 15～32 ℃下显色较稳定,至少能稳定 1 h。

(4) 无铜盐存在时适宜显色酸度为 2.5～7 mol·L^{-1}。酸度降低,显色速度明显减慢,在硫酸(1+1)6～10 mL 内结果一致;有铜盐存在时适宜的显色酸度降低,即酸度大于 0.3 mol·L^{-1} 已能立即显色完全,直到 6 mol·L^{-1} 皆不影响显色。因降低酸度有利于消除 Fe^{3+} 的干扰和显色的稳定性,因此,凡有铜盐存在,均选用 0.4 mol·L^{-1} 的酸度。

5.5　锰　的　测　定

5.5.1　高碘酸钾氧化光度法

本法基于一定酸度条件下,用高碘酸钾将 2 价锰氧化为高锰酸,以此进行比色测定。反应式如下:

$$2Mn(NO_3)_2 + 5KIO_4 + 3H_2O \Longrightarrow 2HMnO_4 + 5KIO_3 + 4HNO_3$$

锰的氧化反应在含硝酸、高氯酸或硫酸的溶液中进行得较快,但碘酸铁在硝酸溶液中很难溶解,因此分析钢样时,要加入磷酸和硫酸。磷酸的加入,一方面与铁、钨等络合,另一方面阻止碘酸锰和高碘酸锰的沉淀。

用高碘酸钾氧化锰,硫酸或硝酸的酸度分别为 5%～10% 和 15%～20%。同时不论用硝酸、高氯酸还是硫酸均需加入磷酸 5～10 mL·(100 mL)$^{-1}$。酸度过大时达不到需要的颜色深度,或颜色发黄(可能生成高锰酸酐);酸度小时,反应加快,但高锰酸的颜色很不稳定。因此测定少量锰时,用 1～1.5 mol·L^{-1} 的硫酸(按体积约 5%～8%)较合适。也可以在高氯酸磷酸介质中显色。

还原剂不应存在,As^{3+}、柠檬酸,酒石酸,NO$_2^-$、C$_2$O$_4^{2-}$ 和 Sn^{4+}、Bi^{3+} 等有干扰。NH$_4^+$、ClO$_4^-$、CH$_3$COOH、As(Ⅴ)、BO$_3^{3-}$、P$_2$O$_7^{4-}$、Zr^{4+} 等都不干扰测定。

Cr^{3+}、Ni^{2+}、Co^{2+}、Cu^{2+} 等有色金属离子的干扰,可将部分显色溶液中加入亚硝酸钠或 EDTA,使 7 价锰还原成 2 价作参比液来消除。用此补偿,当有色干扰离子是锰含量的 200～300 倍时,也不影响锰的测定。

1 g 高碘酸钾能氧化 0.1 g 锰,一般用 0.1～0.2 g 高碘酸钾可使 2 mg 锰完全氧化。锰的浓度不超过 1.5 mg·(100 mL)$^{-1}$ 时,符合比耳定律。过量的高碘酸钾对测定无影响。

1) 试剂

王水(2+1):2 份盐酸与 1 份硝酸相混匀。硫酸($\rho = 1.84$ g·cm^{-3})。磷酸($\rho = 1.70$ g·cm^{-3})。高碘酸钾溶液(5%):称取 25 g 高碘酸钾于 500 mL 硝酸(1+4)中,低温加热溶解,冷却备用。亚硝酸钠溶液(2%)。EDTA 溶液(5%)。锰标准溶液(Mn 0.2 mg·mL^{-1}):称取金属锰 0.2 g,以硫酸(1+4)20 mL 溶解,以水稀释至 1 000 mL,摇匀。

2) 操作步骤

称取试样 0.200 0 g 于 150 mL 锥形瓶中,加王水(2+1)10 mL,加热溶解,加磷酸 5 mL 及硫酸 5 mL,加热蒸发至冒硫酸烟,并维持 30 s 左右。冷却,加水约 30 mL,加热溶解盐类。趁热加入高碘酸钾溶液(5%)10 mL,煮沸 1～2 min,冷却,移入 100 mL 量瓶中,用水稀释至刻度,摇匀。将显色液倒入 1 cm 比色皿中,剩余部分显色液加入亚硝酸钠溶液(2%)2～3 滴(或用 5% EDTA 2 滴),摇匀。待红色消失作为参比液,在 530 nm 波长处测定其吸光度。从检量线上查得试样的含锰量。

3) 检量线的绘制

于数只 150 mL 锥形瓶中,分别加入锰标准溶液 2.0 mL、4.0 mL、6.0 mL、8.0 mL、10.0 mL(Mn 0.2 mg·mL^{-1}),加硫酸及磷酸各 5 mL,水 30 mL,按上述方法显色,测定吸光度,并绘制曲线。每毫升锰标准溶液相当于含锰量 0.1%。

4) 注

(1) 锰含量大于 1%,称样 0.1 g;锰含量小于 0.1%,称样 0.5 g。

(2) 试样用王水溶解后,用磷酸硫酸冒烟和用磷酸高氯酸冒烟所得结果一致。Cr^{3+} 不影响高碘酸钾把锰氧化为高锰酸。考虑到用高氯酸成本高,因此还是用磷酸硫酸冒烟为好。

(3) 硫酸加入量在 5～10 mL 范围内吸光度恒定,超过 10 mL 吸光度偏高;硝酸低于 10 mL 吸光度偏低,15～25 mL 吸光度恒定;磷酸在 3～25 mL 范围内吸光度恒定。

(4) 有无铁基对曲线无影响,所以可以直接绘制检量线。

(5) 此法稳定性好,适于大批量分析。

5.5.2　过硫酸铵银盐氧化光度法

本法基于在酸性介质中,以硝酸银作接触剂,用过硫酸铵将 2 价锰氧化为高锰酸,生成的高锰酸紫红色深度与锰的含量成正比,以此进行比色测定。

1) 试剂

硫磷混合酸:硫酸 150 mL,注入 500 mL 水中,加入磷酸 300 mL,稀释至 1 000 mL。硝酸银溶液(0.5%)。过硫酸铵溶液(20%)。EDTA 溶液(5%)。锰标准溶液(Mn 0.1 mg·mL^{-1})(参见 2.7 节)。

2) 操作步骤

称取试样 0.100 0 g 于 250 mL 锥形瓶中,加入硫磷混酸 20 mL,加热溶解,滴加硝酸 1~2 mL 氧化,然后蒸发至冒白烟,维持 0.5~1 min,冷却,加水 5 mL,硝酸银溶液(0.5%)5 mL,过硫酸铵溶液(20%)10 mL,煮沸 20~40 s,放置 1 min,流水冷却。于 100 mL 量瓶中,以水稀释至刻度,摇匀。将显色液倒入 2 cm 或 3 cm 比色皿中,于剩余溶液中加 EDTA 溶液(5%)1~2 滴,摇匀,使高锰酸色泽褪去,以此作为参比,于 530 nm 波长处,测定吸光度。从检量线上查得试样的含锰量。

3) 检量线的绘制

用标准钢样按方法操作,测定吸光度后绘制曲线。或于数只 250 mL 锥形瓶中,分别加入锰标准溶液 2.0 mL,4.0 mL,6.0 mL,8.0 mL,10.0 mL(1 mL 含锰 0.1 mL),硫磷混合酸 20 mL,按方法显色测定吸光度,绘制曲线。每毫升锰标准溶液相当于含锰量 0.1%。

4) 注

(1) 如采用系统分析方法,可用二苯氨磺酸钠光度测定钒的剩余试液,按以下操作进行:吸取试液 20 mL,加水 5 mL,硝酸银溶液(0.5%)2 mL,加热至近沸,加入过硫酸铵溶液(20%)10 mL,煮沸 20~40 s,冷却,于量瓶中以水稀释至 50 mL。按上述方法测定吸光度。

检量线的绘制可取含锰量不同的标钢,按方法操作绘制。或取锰标准液 0.5 mL,1.0 mL,2.0 mL,3.0 mL,4.0 mL(1 mL 含锰 0.1 mg),按操作显色测定。每毫升锰标准溶液相当于锰含量 0.25%。

(2) 由于高速钢含碳量较高,加硫磷混酸以后,应滴加硝酸氧化,并蒸发至冒烟,以破坏碳化物,或接近冒烟时滴加硝酸破坏碳化物。

(3) 在制作参比液时,高锰酸褪色速度与温度有关。室温高时褪色快,室温低时褪色慢。

5.6 硅的测定(硅钼蓝光度法)

试样以稀酸溶解后,硅成可溶性的正硅酸,然后在一定酸度下与钼酸铵生成硅钼杂多酸。而后在草酸存在下用亚铁使之还原成硅钼杂多蓝进行光度测定。有色离子的干扰用空白抵消,钨成钨酸沉淀,过滤除去。

1) 试剂

盐硝混合酸:770 mL 水中加盐酸 170 mL,硝酸 60 mL,摇匀。高锰酸钾溶液(2%)。亚硝酸钠溶液(10%)。钼酸铵溶液(5%)。草酸溶液(5%)。硫酸亚铁铵溶液(6%),每 100 mL 中加入硫酸(1+1)3 滴。硅标准溶液(Si 0.1 mg·mL^{-1})(参见 2.5 节)。

2) 操作步骤

称取试样 0.100 0 g 于 100 mL 锥形瓶中,加盐硝混酸 20 mL。低温加热使试样溶解,滴加高锰酸钾氧化,亚硝酸钠还原,煮沸驱除氮氧化物,冷却,于量瓶中以水稀释至 100 mL,摇匀,干过滤。吸取试液 10 mL 2 份置于 50 mL 量瓶中。空白液:加草酸溶液(5%)10 mL,钼酸铵(5%)5 mL,硫酸亚铁铵溶液(6%)10 mL,以水稀释至刻度,摇匀。显色液:加钼酸铵溶液(5%)5 mL,于沸水浴中加热 30 s,流水冷却后,加入草酸溶液(5%)10 mL,硫酸亚铁铵溶液(6%)10 mL,以水稀释至刻度,摇匀。用 1 cm 比色皿,于 680 nm 波长处,以空白液为参比,测定吸光度。从检量线上查得试样的含硅量。

3) 检量线的绘制

用不同含硅量的标准钢样,按上述方法操作显色,测定吸光度,绘制曲线。或称取纯铁 0.1 g 数份,于 100 mL 锥形瓶中,按方法溶解,分别加入硅标准溶液 0.0 mL,1.0 mL,2.0 mL,3.0 mL,4.0 mL,5.0 mL,8.0 mL(Si 0.1 mg · mL^{-1}),于量瓶中稀释至 100 mL,摇匀。分别吸取溶液 10 mL,按上述方法显色测定吸光度,绘制曲线。每毫升硅标准溶液相当于硅含量 0.1%。

4) 注

(1) 本法适用于硅含量 0.1%～0.6%,大于 0.6%含硅量的试样,可吸取试液 5 mL,测得结果按 0.1%～0.6%的曲线加倍。

(2) 此方法硅络合时的总酸度为 0.4 mol · L^{-1}左右(按计算而得)。

(3) 也可采用室温显色。由于室温显色时的允许酸度偏低,所以可按下法进行:加水 10 mL,钼酸铵溶液(5%)5 mL,放置 10 min(室温低于 10 ℃时放置 30 min 以上),加入草酸溶液(5%)10 mL,待钼酸铁沉淀溶解后立即加硫酸亚铁铵溶液(6%)10 mL,以水稀释至刻度,按方法测定吸光度。

(4) 未加硅标准溶液的溶液(即"0")吸取 2 份,1 份显色,1 份作空白液。在制备空白液时,同样需先加草酸后加钼酸铵,以免硅显色测得的吸光度(试剂空白)从其余各份测得的吸光度中减去,而后绘制曲线。

5.7　磷的测定(磷钼蓝光度法)

5.7.1　氟化钠-氯化亚锡-抗坏血酸法

基本原理见 2.6 节。

试样中含钨量高,在溶解试样时,经高氯酸冒烟处理,使钨形成钨酸滤去,以消除钨的干扰。但钨酸中有残留磷,残留量与钨含量、溶解条件等有关。称样量少,溶解酸量多,钨酸中残留的磷量少。如用同类型钢种的标钢绘制检量线,用相同的测量条件,可以近乎消除这一影响,适于快速日常分析。

1) 试剂

王水(2+1):2 份盐酸与 1 份硝酸相混匀。高氯酸(60%～70%)。亚硫酸钠溶液(10%)。硫酸(1+6)。钼酸铵溶液(5%)。混合还原液:称取氯化亚锡 2 g,溶于 1 000 mL 氟化钠溶液(2%)中(预先配制),再加入抗坏血酸 2 g,溶解,配制后当日使用。

2) 操作步骤

称取试样 0.500 0 g 于 100 mL 锥形瓶中,加王水 15ml(或 6 mL HCL＋2 mL H$_2$O$_2$),加热溶解,加高氯酸 8 mL,移于低温处,待剧烈反应缓和,在较高温度处蒸发至冒白烟,并维持 1～2 min,稍冷,加水 20 mL,待盐类溶解,移入 50 mL 量瓶中以水稀释至刻度,摇匀,干过滤。吸取滤液 10 mL 2 份于 100 mL 锥形瓶中。显色液:加硫酸(1+6)7 mL,亚硫酸钠溶液(10%)2 mL,加热煮沸 5～10 s,取下,立即加入钼酸铵溶液(5%)10 mL,迅速加入混合还原液 20 mL,摇匀,放置 0.5～1 min,然后流水冷却至室温,于量瓶中稀释至 50 mL,摇匀。空白液:除不加钼酸铵外,其余同样操作。用 1 cm 比色皿,于 680 nm 波长处,以空白液为参比,测定吸光度。从检量线上查得试样的含磷量。

3) 检量线的绘制

用不同含磷量的同类高速钢标准钢样,按方法操作,显色测定吸光度,并绘制曲线。

4) 注

(1) 在精确分析时,可以回收钨酸中的残留磷,采用氢氧化铍共沉淀,乙酸丁酯萃取钼蓝光度法测定。

(2) 此法也适用于含铌试样。

(3) 采用钼酸铵溶液(5%)10 mL,显色酸度在 2.0～4.0 mol·L^{-1} 较适合(还原酸度 0.85～1.25 mol·L^{-1}),而且色泽稳定性和结果重现性皆好。

(4) 在 25 ℃以上的室温,为了避免抗坏血酸的破坏,加入混合还原液后,可以立即加水 5 mL,以降低温度,有利于色泽稳定。

(5) 氯化亚锡能溶于氟化钠溶液中。不能用盐酸溶解氯化亚锡后加入氟化钠溶液,因为氯离子存在过多,将使显色色泽极不稳定。氯化亚锡应选用未水解的。

5.7.2　正丁醇-三氯甲烷萃取光度法

试样用氧化性酸溶解后,将磷氧化成正磷酸。在 0.65～1.63 mol·L^{-1} 硝酸介质中,磷与钼酸铵生成的磷钼杂多酸可被正丁醇-三氯甲烷萃取。以氯化亚锡还原杂多酸中的钼,使生成低价的钼蓝络合物,并反萃取入水相后进行比色测定。

磷钼杂多酸只能在酸性溶液中形成。在 0.8～1.2 mol·L^{-1} 硝酸介质中,可以避免硅钼酸的生成,而且游离的钼酸盐不被氯化亚锡还原,大于或小于此酸度使萃取不完全。

正丁醇-三氯甲烷是磷的选择性萃取剂,不仅对磷的萃取率高,而且砷不被萃取。但正丁醇与三氯甲烷之间配比必须适当。增大正丁醇的浓度,固然使灵敏度提高,但干扰元素却增多。反之,若降低正丁醇的浓度,则灵敏度会下降,干扰元素也减少。试验证明:正丁醇-三氯甲烷的配比为 1:3 或 1:4 已能消除砷的干扰。因此,从灵敏度和消除砷干扰考虑,一般采用 1:3 或 1:4 的配比较合适。

氯化亚锡的适用浓度为 0.2%～1.6%,洗出液(反萃取)的酸用 4%～12% 的盐酸溶液均可。超出此酸度范围还原不完全,分层不好。

高价的钒与铬以及钨、铌、钽、钛、锆为主要干扰元素。由于 5 价钒与磷形成磷钼钒杂多酸,使磷改变了萃取性能而被留在水相中,则磷分析结果偏低。萃取液中有 0.5 mg 5 价钒,使磷结果偏低。萃取前加入亚铁将 5 价钒还原成低价即可消除影响。6 价铬的存在将被萃取到有机相而影响磷的萃取,必须将 6 价铬还原成 3 价。少量的 3 价铬不造成影响,含量超过 10% 时宜用高氯酸将其氧化成高价后,滴加盐酸,使铬成 CrO_2Cl_2 挥发除去。残存的 6 价铬要还原成 3 价。钨、铌、锆、钛等元素对磷的干扰较大,萃取液中含有 2 mg 钨,0.3 mg 钛,0.1 mg 铌及 0.05 mg 锆不影响磷的结果,超过上述含量可加柠檬酸与足够的氢氟酸使之络合消除。柠檬酸络合钨效果较好,但加入大量的柠檬酸必须相应增加钼酸铵量,否则影响磷的萃取率。氢氟酸络合铌、钛、锆效果显著,但萃取液中有多于 0.2 mL 的氢氟酸将严重影响磷的萃取率,必须加入足量的硼酸以络合氟离子。硼酸的用量较宽,稍过量无害处。

实践证明:10 mg 以内钨加 10% 柠檬酸 6 mL,10% 钼酸铵 12 mL。10～20 mg 的钨加 10% 柠檬酸 9 mL,10% 钼酸铵 16 mL 可消除钨的影响。在 680 nm 波长处,磷 0～30 μg·(50 mL)$^{-1}$ 范围内遵从比耳定律。

1) 试剂

王水(2+1):2 份盐酸与 1 份硝酸相混匀。高氯酸(60%～70%)。硝酸(1+1),(1+3)。亚硫酸钠溶液(10%)。柠檬酸溶液(10%)。氢氧化钠溶液(固体)。硫酸亚铁铵溶液(5%):每 100 mL 中,加硫酸(1+1)2～3 滴。钼酸铵溶液(10%)。正丁醇-三氯甲烷混合液:1 份正丁醇与 3 份三氯甲烷混合。氯化亚锡溶液(1%):1 g 氯化亚锡溶于 8 mL 盐酸中,以水稀释至 100 mL。磷标准溶液:(P 10 μg·mL^{-1}):称取磷酸二氢钾(KH$_2$PO$_4$)0.878 7 g,溶于水中,加水稀释至 1 000 mL,1 mL 含磷 0.2 mg,取此溶液 25 mL 用水稀释至 500 mL。

2) 操作步骤

称取试样 0.100 0 g(或 0.500 0 g)于 100 mL 锥形瓶中,加王水(2+1)10 mL,加热溶解,加高氯酸 5 mL,蒸发冒烟至近干,稍冷,加硝酸(1+3)10 mL,加热溶解盐类,加亚硫酸钠溶液(10%)5 ml,加柠檬酸溶液(10%)(含钨量<10 mg,加 6 mL;钨≥10 mg,加 9 mL),稍加热,加入固体氢氧化钠至溶液呈碱性,加热,使钨酸全部溶解,冷却,滴加硝酸(1+1),调至微酸性,再多加硝酸(1+1)15 mL(含铌、钛、锆即加 2 mL 氢氟酸(1+2))摇动 1 min,放置 2 min,加硼酸溶液(5%)10 mL,摇动 10 s,移入 100 mL 量瓶中,以水稀释至刻度。取 20 mL 溶液(含磷控制在 1～8 μg)于 60 mL 分液漏斗中,加硫酸亚铁铵溶液(5%)1 mL,加入正丁醇-三氯甲烷 20 mL,加钼酸铵(10%)18 mL(加柠檬酸 6 mL,则加钼酸铵 2 mL),补加硝酸(1+1)2 mL,立即振荡 40 s,分层后,将有机相放入另一分液漏斗中,准确加入氯化亚锡溶液(1%)15 mL,振荡 20 s,分层后,弃去有机相。将水相放入 1～2 cm 比色皿中,于 680 nm 波长处,以水为参比,测定吸光度。从检量线上查得试样的含磷量。

3) 检量线的绘制

用含磷量不同的标准钢样按分析手续进行操作,绘制曲线。或称取纯铁 0.1 g(或 0.5 g)数份,分别加入磷标准液 0.0 mL,1.0 mL,…,5.0 mL(P 10 μg·mL^{-1}),按方法操作,测定吸光度,绘制曲线。每毫升磷标准溶液相当于磷含量 0.01%(对称样 0.5 g,相当于 0.002%)。

4) 注

(1) 含铬量在 20 mg 以下,对测定无显著影响,超过此量,需用盐酸驱铬 2～3 次。

(2) 一般样品经高氯酸冒烟后可不再用高锰酸钾氧化,但如冒烟时间不足,需用高锰酸钾再氧化一次,保证磷的完全氧化。对含锰较高的试样更需适当多加高锰酸钾并充分氧化,使磷氧化完全。

(3) 加入钼酸铵应立即振荡,分层后放置无妨。

(4) 萃取和反萃取的振荡时间,按本法操作即可,振荡时间太长,会得到相反结果。

(5) 测得的吸光度需减去未加磷标准溶液的空白值,然后才能绘制曲线。

5.8　钴的测定(亚硝基-R 盐光度法)

基本原理见 4.11 节。

在乙酸钠存在的条件下,当溶液的 pH 5.5～7.5 时,亚硝基-R 盐和 Co^{2+} 生成红色络合物。除钴外,试液中的 Cu^{2+},Ni^{2+},Fe^{3+} 等也与亚硝基-R 盐形成有色化合物,但这些化合物当加入硝酸或硫酸等无机酸并煮沸时即被破坏,而与 Co^{2+} 的络合物仍保持不变。一般共存元素对测定均无影响。

本法适用于含钴量在 0.1% 以上的试样。

1) 试剂

硫磷混合酸:硫酸 150 mL 注入 500 mL 水中,加入磷酸 300 mL,稀释至 1 000 mL。硝酸(ρ=1.42 g·cm^{-3})。亚硝基-R 盐溶液(0.3%)。乙酸钠溶液(50%):称取乙酸钠(CH$_3$COONa·3H$_2$O)50 g 溶解于水中,稀释至 100 mL。钴标准溶液(Co 1 mg·mL^{-1}):称取纯金属钴 1.000 0 g,用硝酸

(1+1)35 mL 加热溶解,冷却,于 1 000 mL 量瓶中,以水稀释至刻度,摇匀。或称取硫酸钴(CoSO₄·7H₂O)1.19 g,溶解于水中,于 250 mL 量瓶中,以水稀释至刻度。可按下述方法标定:吸取溶液 50 mL 置于 300 mL 锥形瓶中,加水约 50 mL,盐酸 1 滴,六次甲基四胺约 0.5 g,二甲酚橙指示剂(0.2%)3～4 滴。加热至近沸,趁热用 0.02 mol·L⁻¹ EDTA 标准溶液滴定(滴定 30～35 mL 后再加热至近沸),继续滴定至由紫红色转为金黄色。按下式计算每毫升溶液含钴量:

$$Co(mg \cdot mL^{-1}) = \frac{V_1 \times M \times 58.93}{V_2}$$

式中:V_1 为滴定消耗 EDTA 标准溶液毫升数;V_2 为所取钴标准溶液毫升数;M 为 EDTA 标准溶液的摩尔浓度。

2) 操作步骤

称取试样 0.100 0 g,于 150 mL 锥形瓶中,加硫磷混酸 20 mL,加热溶解,加硝酸氧化,然后蒸发冒白烟,维持 1 min,冷却。于量瓶中以水稀释至 50 mL,摇匀。

(1) 室温显色。吸取试样溶液 5 mL 于 100 mL 量瓶中,加入亚硝基-R 盐溶液(0.3%)30 mL,乙酸钠溶液 50%10 mL,放置 5 min。加入硝酸 5 mL,再放置 5 min,以水稀释至刻度。用 0.5 cm 比色皿,于 530 nm 波长处,以水为参比,测定吸光度。

(2) 加热显色。吸取试液 5 mL 于 150 mL 锥形瓶中,加入亚硝基-R 盐溶液(0.3%)30 mL,乙酸钠溶液(50%)10 mL,加热煮沸,立即加入硝酸 5 mL,继续煮沸 1 min,流水冷却,于量瓶中以水稀释至 100 mL,用 0.5 cm 比色皿,于 530 nm 波长处,以水为参比液,测定吸光度。从检量线上查得试样的含钴量。

3) 检量线的绘制

用标准钢样按方法操作显色,测定吸光度,绘制曲线。或称取纯铁或不含钴的钢样 0.1 g 数份,分别加入钴标准溶液 0.0 mL,2.0 mL,4.0 mL,…,20.0 mL(Co 1 mg·mL⁻¹),按方法溶解,显色,测定吸光度,绘制曲线。每毫升钴标准溶液相当于钴含量 1%。

4) 注

(1) 试样中含钴量低于 1%者,可将试样称量适当增加。此法可用二苯胺磺酸钠光度测定钒的剩余试液做系统分析测定。

(2) 所加亚硝基-R 盐溶液的体积必须正确。

(3) 含钴高速钢中的钴含量都较高,所以使用 0.5 cm 比色皿。

(4) 煮沸时间必须严格遵守。不做炉前分析时,以室温显色较好。

(5) 比较精确的分析中可以制备空白溶液。空白液制作方法如下:吸取试液 5 mL 于 100 mL 量瓶中,加乙酸钠溶液(50%)10 mL,硝酸 5 mL,摇匀,加亚硝基-R 盐溶液(0.3%)30 mL,以水稀释至刻度。

5.9　镍的测定(丁二酮肟光度法)

基本原理参见 3.6 节。

试样用硫磷混酸溶解,使钨成磷钨酸形式存在于溶液中,经硝酸氧化,使铁呈 3 价状态。在氨性溶液中有氧化剂碘存在时,镍离子与丁二酮肟形成酒红色络合物,借此作为镍的比色测定。

1）试剂

硫磷混合酸：硫酸 150 mL 注入 500 mL 水中，加入磷酸 300 mL，以水稀释至 1 000 mL。硝酸（1＋2）。柠檬酸铵溶液（50％）。碘溶液（0.1 mol·L^{-1}）：称取碘 12.7 g，碘化钾 25 g，加少量水溶解，以水稀释至 1 000 mL。氨性丁二酮肟溶液（0.1％），溶解 1 g 丁二酮肟于 100 mL 氨水（1＋1）中。氨水（1＋1）。镍标准溶液（Ni 0.1 mg·mL^{-1}）：溶解纯镍 0.100 g 于少量稀硝酸中，于量瓶中稀释至 1 000 mL。

2）操作步骤

称取试样 0.200 0 g 于 100 mL 锥形瓶中，加硫磷混酸 20 mL，加热溶解，小心加入硝酸（1＋2）2 mL，继续加热蒸发至冒烟，并维持 1 min。冷却，于量瓶中以水稀释至 50 mL，摇匀。显色液：吸取试液 5 mL 于 50 mL 量瓶中，加柠檬酸铵溶液（50％）10 mL，水约 10 mL，碘溶液 3 mL，氨性丁二酮肟溶液（0.1％）10 mL，以水稀释至刻度，摇匀。空白液：吸取试液 5 mL 于 50 mL 量瓶中，加柠檬酸铵溶液（50％）10 mL，水约 10 mL，碘溶液 3 mL，氨水（1＋1）10 mL，以水稀释至刻度，摇匀。用 2 cm 比色皿，于 530 nm 波长处，以空白为参比，测定吸光度。从检量线上查得试样的含镍量。

3）检量线的绘制

取含镍量不同的标钢，按上述操作绘制曲线。或称取纯铁 0.2 g 数份，按方法溶解，依次加入镍标准溶液 2.0 mL，4.0 mL，6.0 mL，…，20.0 mL（Ni 0.1 mg·mL^{-1}），加硝酸（1＋2）4 mL，继续加热蒸发至冒烟，并维持 1 min，于 50 mL 量瓶中以水稀释至刻度，摇匀。分别吸取上述溶液 5 mL 于 50 mL 量瓶中，按方法显色，测定吸光度，绘制曲线。每毫升镍标准溶液相当于镍含量 0.05％。

4）注

（1）用碘作氧化剂显色速度快，不受铬的干扰，但显色液的稳定性较差（约 10 min）。室温高时，稳定性比室温低时差。

（2）1％锰含量使结果偏高 0.005 5％，应做校正。

（3）当含有钴时，须加以校正，1％钴相当于 0.002 3％的镍。

（4）如采用系统分析法，可用二苯氨磺酸钠比色测定钒的剩余试液，按以下操作，显色液：吸取试液 10 mL 于 50 mL 量瓶中，加柠檬酸铵溶液（50％）10 mL，碘溶液 3 mL，氨水（1＋1）10 mL，氨性丁二酮肟溶液（0.1％）10 mL，以水稀释至刻度，摇匀。空白液，吸取试液 10 mL 于 50 mL 量瓶中，加柠檬酸铵溶液（50％）10 mL，碘溶液 3 mL，氨水（1＋1）20 mL，以水稀释至刻度，摇匀。按上述操作测定吸光度。

5.10 铜的测定（BCO 光度法）

在 pH 8～9.7 的弱碱性介质中，Cu^{2+} 与 BCO（双环己草酰二腙）形成蓝色络合物，其最大吸收在 580～600 nm 波长处。

酸度对显色影响较大，pH＜8 时不能显色，pH＞9.7 时络合物的色泽显著降低。通常认为：铜含量较高时宜在 pH 9.1～9.5 范围内显色，而铜含量低时，在 pH 8.3～9.8 范围内显色均可。

共存元素中只有铁、镍、铬、钴有干扰，Fe^{3+} 用柠檬酸掩蔽，2.5 g 的柠檬酸能掩蔽 200 mg 的 Fe^{3+}，柠檬酸量太多或不足均不利于显色。铬只要保持高价状态（用高氯酸氧化）后不再干扰测定。镍、钴的干扰，可适当地增加 BCO 的用量来防止。在显色液中可允许有 200 mg 的铁、铝、锌和 10 mg 镍、铬、钼、钛、钒以及 2 mg 的钴。

钨的存在可用硫磷混酸溶解,使钨呈磷钨酸而留在溶液中,如遇高铬,可用高氯酸冒烟,钨、硅沉淀除去。

加入过量的 BCO 试剂对测定无害处。温度在 $10\sim25$ ℃也不影响测定,但温度超过 30 ℃时,色泽显著降低并易褪色;低于 10 ℃,显色完全时间要延长。

铜量在 $4\sim200\ \mu g \cdot (50\ mL)^{-1}$ 符合比耳定律。

1) 试剂

王水($2+1$):2 份盐酸与 1 份硝酸相混匀。高氯酸($60\%\sim70\%$)。柠檬酸铵溶液(50%)。氨水($1+1$)。中性红指示剂(0.1%),乙醇溶液。BCO 溶液(0.1%):0.1 g BCO 溶于 100 mL 乙醇($1+1$)中。铜标准溶液(Cu $50\ \mu g \cdot mL^{-1}$):取 $0.500\ 0$ g 纯铜溶于硝酸($1+1$)10 mL 中,煮沸,冷却后,加水稀释至 $1\ 000$ mL。取此溶液 50 mL,加水稀释至 500 mL。

2) 操作步骤

称取试样 $0.200\ 0$ g 于 150 mL 锥形瓶中,加王水($2+1$)10 mL,加热溶解,加入 5 mL 高氯酸继续加热蒸发至冒烟,并维持半分钟(使铬完全氧化)。冷却,加水溶解盐类,于量瓶中稀释至 100 mL,摇匀,干过滤。显色液:吸取试液 5 mL(或 10 mL,含铜量控制在 $25\sim150\ \mu g$ 范围内),于 50 mL 量瓶中,加柠檬酸铵溶液(50%)2 mL,水约 20 mL,中性红指示剂(0.1%)1 滴,用氨水($1+1$)调节到指示剂由红变黄并过量 $2\sim3$ mL,加 BCO 溶液(0.1%)10 mL,用水稀释至刻度,摇匀。空白液:除不加 BCO 溶液外,其他同显色液操作。用 2 cm 比色皿,于 600 nm 波长处,以空白液为参比,测定吸光度。从检量线上查得试样的含铜量。

3) 检量线的绘制

于数只 50 mL 量瓶中,分别加入铜标准溶液 0.5 mL,1.0 mL,1.5 mL,2.0 mL,2.5 mL,3.0 mL(Cu $50\ \mu g \cdot mL^{-1}$),按方法显色测定吸光度,并绘制曲线。每毫升铜标准溶液相当于铜含量 0.5%(或 0.25%)。

4) 注

(1) 如试样含铜量小于 0.25%,可称样 0.5 g 或 1 g。

(2) 氨水过量或不足均使结果偏低。指示剂变色后加氨水($1+1$)$2\sim3$ mL 为宜。氨水应新开瓶配制并保持密闭,不使浓度降低。成批分析时只须用指示剂调节 1 只试样,其他试样只须加入相同量的氨水。

(3) 含铬的试样,必须用高氯酸氧化至高价状态。由于显色液内有柠檬酸存在,6 价铬易被还原,所以要求显色后在 $3\sim20$ min 内比色。但如果室温低于 10 ℃,显色后可在 $10\sim60$ min 内比色。室温高时显色速度快,显色液稳定性差;室温低时显色速度慢,显色液的稳定性较好。

(4) 在快速系统分析中可按下法进行操作:称取试样 0.1 g 置于 150 mL 锥形瓶中,加硫磷混酸($1\ 000$ mL 中硫酸 150 mL,磷酸 300 mL)20 mL,加热溶解,加硝酸氧化,然后蒸发至冒白烟,维持 1 min,冷却,于量瓶中以水稀释至 50 mL。吸取试液 5 mL 于 50 mL 量瓶中按上述方法显色,以水为参比(或用空白液为参比),测定吸光度。

5.11　铝的测定(EDTA 容量法)

基本原理见 3.10 节。

在微酸性溶液中,在较大量的醋酸或醋酸盐存在的条件下,用铜试剂分离铁、镍、钒、锰等干扰元素。经分离后,在微酸性溶液中加入过量的 EDTA 溶液,煮沸使 EDTA 与铝络合,在 pH≈6 时用二甲酚橙作指示剂,用锌标准溶液滴定过量的 EDTA 后,用氟离子取代出和铝络合的 EDTA,再用锌标准溶液滴定。

1) 试剂

王水(2+1):2 份盐酸与 1 份硝酸相混。高氯酸(70%)。乙酸(1+1),用冰乙酸配制。氨水(1+1)。二乙胺二硫代甲酸钠(铜试剂)溶液(20%)。对-硝基酚溶液(0.2%)。二甲酚橙溶液(0.2%)。氟化钠(固体)。EDTA 溶液(0.02 mol・L^{-1}):称取 EDTA 7.45 g 溶于 400 mL 水中,以水稀释至 1 000 mL,摇匀。锌标准溶液(0.010 0 mol・L^{-1}):称取 0.813 8 g 基准氧化锌,置于 400 mL 烧杯中,加盐酸(1+1)20 mL,加热溶解,加约 200 mL 水,滴加氨水至刚果红试纸由蓝色变紫红色,冷却,移入 1 000 mL 量瓶中,用水稀释至刻度,摇匀。

2) 操作步骤

称取试样 0.200 0 g 置于 150 mL 锥形瓶中,加王水(2+1)10 mL,加热溶解,加高氯酸 3 mL,继续加热至冒高氯酸烟,冷却,加约 50 mL 水溶解盐类,加乙酸(1+1)20 mL,滴加氨水(1+1)调至 pH=2。在不断摇动下,倒入预先盛有铜试剂 20 mL 的 100 mL 容量瓶中,摇匀,以水稀释至刻度,充分摇匀 1~2 min。用中速滤纸过滤,滤液收集于干容器中。吸取 25 或 50 mL 滤液(铝量控制在 5 mg 以下)于 250 mL 锥形瓶中,加 EDTA 溶液(0.02 mol・L^{-1})15 mL,加热煮沸 1~2 min,加 4 滴对-硝基酚,滴加氨水(1+1)至呈微黄色,继续煮沸 1~2 min,冷却(此时黄色消退),再滴加氨水(1+1)至呈微黄色。加 4 滴二甲酚橙,此时试液如呈黄色再滴加氨水至呈棕黄色。用锌标准溶液滴定至紫红色(不计毫升数但不能过量),加氟化铵 1~2 g,煮沸 1~2 min,冷却后,用锌标准溶液滴定至紫红色为终点。按下式计算铝的百分含量:

$$Al\% = \frac{V \times M \times 0.026\,98}{G \times \dfrac{V_0}{100}} \times 100$$

式中:V 为第 2 次滴定消耗锌标准溶液毫升数;M 为锌标准溶液的摩尔浓度(mol・L^{-1});G 为称取试样克数;V_0 为吸取试液毫升数;0.026 98 为 1 毫克摩尔铝的克数。

3) 注

(1) 如 Al 含量在 0.5% 以下,可不分取试液。试样的称样量不能太多,否则铜试剂消耗量太多,且分离效果不好。

(2) 在有大量的乙酸或乙酸盐存在的条件下,用铜试剂分离时,由于 Ac$^-$ 对 Al^{3+} 的络合作用,当 pH 高达 6.5 左右,Al^{3+} 不会由于水解沉淀而损失,因而有利于 Mn、RE 等干扰元素的分离,也有利于操作条件的控制。

(3) 加入铜试剂后放置时间不宜过长,摇动 1~2 min 使沉淀聚集过滤较快,否则随着放置时间的延长,滤液中残留的锰会逐渐增多,锰量较高会引起滴定终点褪色而不稳定。

(4) 溶液煮沸后如出现浅紫色是因残留的铬与 EDTA 络合所致,不影响测定。

(5) 此时应为 pH 5.5~6.1,少量锰对铝的测定稍有干扰,使滴定时终点的颜色消退而不稳,适当提高滴定时的试液的 pH 值,有利于减少锰的干扰。

(6) 试液如呈紫红色可滴加盐酸(1+1)至恰好褪去。

5.12 高速工具钢的化学成分表

高速工具钢的化学成分表如表 5.1 所示。

表 5.1 高速工具钢的化学成分表

钢 种	钢 号	化 学 成 分(%)			
		C	Si	Mn	Cr
钨高速钢	W18Cr4V	0.70~0.80	≤0.40	≤0.40	3.80~4.40
	9W18Cr4V	0.90~1.00	≤0.40	≤0.40	3.80~4.40
	W12Cr4V4Mo	1.20~1.40	≤0.40	≤0.40	3.80~4.40
	W14Cr4VMnRE	0.80~0.90	≤0.50	0.30~0.50	3.50~4.00
钼高速钢	W6Mo5Cr4V2	0.80~0.90	≤0.40	≤0.40	3.80~4.40
超硬高速钢	W6Mo5Cr4V2Al	1.05~1.20	≤0.60	≤0.40	3.80~4.40
	W6Mo5Cr4V5SiNbAl	1.55~1.65	1.00~1.40	≤0.40	3.80~4.40
	W10Mo4Cr4V3Al	1.30~1.45	≤0.50	≤0.50	3.80~4.50
	W12Mo3Cr4V3Co5Si	1.20~1.30	0.80~1.20	≤0.40	3.80~4.40

钢 种	钢 号	化 学 成 分(%)			
		Mo	W	V	其 他
钨高速钢	W18Cr4V	≤0.30	17.50~19.00	1.00~1.40	
	9W18Cr4V	≤0.30	17.50~19.00	1.00~1.40	
	W12Cr4V4Mo	0.90~1.20	11.50~13.00	3.80~4.40	
	W14Cr4VMnRE	≤0.30	13.50~15.00	1.40~1.70	(RE)0.07
钼高速钢	W6Mn5Cr4V2	4.50~5.50	5.50~6.75	1.75~2.20	
超硬高速钢	W6Mo5Cr4V2Al	4.50~5.50	5.50~6.75	1.75~2.20	(Al)0.80~1.20 (Al)0.30~0.70
	W6Mo5Cr4V5SiNbAl	5.00~6.00	5.50~6.50	4.20~5.20	(Nb)0.20~0.50
	W10Mo4Cr4V3Al	3.50~4.50	9.00~10.50	2.70~3.20	(Al)0.70~1.20
	W12Mo3Cr4V3Co5Si	2.80~3.40	11.50~13.50	2.80~3.40	(Co)4.70~5.10

注:表中硫磷含量均≤0.030%;在钨高速钢中,钼含量允许 1.0%。当钼含量超过 0.3%时,钨含量相应减少,每 1%的钼代替 2%的钨,在此情况下,钢号后面加上"Mo"。

第6章　铁合金的分析方法

铁合金是铁与一定量其他金属元素的合金。铁合金是炼钢的原料之一,在炼钢时作钢的脱氧剂和合金元素的添加剂,用以改善钢的性能。

由于生产铁合金比生产纯金属工艺过程简单、经济,铁合金又往往较纯金属有熔点低和比重大(比重小的金属如钛、硼等)、易于加入钢中等优点,因此钢中的合金元素多以铁合金状态加入。

铁合金的品种很多,如按所含的元素分类有:硅铁、锰铁、铬铁、钛铁、钨铁、钼铁、钒铁、磷铁、硼铁、铌铁、锆铁、稀土合金等。本章将常用的铁合金分析法介绍如下。

6.1　锰铁的分析

6.1.1　锰的测定(磷酸-3价锰容量法)

本法基于在大量磷酸络合剂存在的条件下,加入过量固体硝酸铵或高氯酸后,将锰氧化成3价状态,然后以 N-苯基代邻氨基苯甲酸为指示剂,用硫酸亚铁铵标准溶液滴定。

1. 硝酸铵氧化法

1) 试剂

磷酸($\rho=1.70$ g·cm^{-3})。硝酸($\rho=1.42$ g·cm^{-3})。硝酸铵(固体)。硫酸(1+9)。N-苯基代邻氨基苯甲酸指示剂(0.2%):取该指示剂 0.2 g 溶于 100 mL 0.2%的碳酸钠水溶液中。硫酸亚铁铵标准溶液(0.05 mol·L^{-1}):称取硫酸亚铁铵($(NH_4)_2FeSO_4 \cdot 6H_2O$)20 g,溶于硫酸(5+95)1 000 mL中,摇匀,备用。其滴定度可用锰铁标准样品,按相同操作条件下求得。或取重铬酸钾标准溶液(0.050 0 mol·L^{-1})20 mL,加硫磷混酸 40 mL(内含硫酸 6 mL,磷酸 3ml),指示剂 3 滴,用硫酸亚铁铵溶液滴定至亮绿色为终点。根据 $MV=M'V'$ 的关系计算出硫酸亚铁铵的摩尔浓度。

2) 操作步骤

称取试样 0.200 0 g 置于 250 mL 锥形瓶中,加磷酸 15 mL 和硝酸 4～5 mL,加热至试样全部溶解,并继续加热至刚有磷酸烟冒出(此时瓶内溶液平静,无气泡),取下,放置 20～30 s 后立即加入固体硝酸铵 1～2 g,摇动以使氮的氧化物逸尽,稍冷后加硫酸(1+9)30 mL。摇匀,流水冷却至室温,立即用硫酸亚铁铵标准溶液滴定至微红色时,再加 N-苯基代邻氨基苯甲酸指示剂 3 滴,继续滴定至溶液由樱红色变为亮绿色为终点,按下式计算试样的含锰量:

$$Mn\% = \frac{V \times M \times 0.054\,95}{G} \times 100$$

式中:V 为滴定时所耗硫酸亚铁铵标准溶液的毫升数;M 为硫酸亚铁铵标准溶液的摩尔浓度;G 为称取试样质量(g)。或用含量相近似的锰铁标样按同样操作,求出硫酸亚铁铵标准溶液对锰的滴定度

($T\%$)。按下式计算试样的含锰量：

$$Mn\% = T\% \times V$$

式中：V 为滴定试样时所耗硫酸亚铁铵标准溶液的毫升数；$T\%$ 为称取同样重量的标样，测得硫酸亚铁铵标准溶液对锰的滴定度，即 A/V_0（其中 A 为标样锰的百分含量，V_0 为滴定标样时消耗硫酸亚铁铵标准溶液的毫升数）。

3）注

（1）对于硅锰铁，在溶样时须滴加氢氟酸数滴，否则不易溶解完全。

（2）按理论值计算的结果往往略偏高，能有合适的标样求滴定度是比较理想的。

（3）其他注意事项见 4.5.2 小节。

2. 高氯酸氧化法

试样溶解于硝酸中：

$$3FeMn + 20HNO_3 \Longrightarrow 3Fe(NO_3)_3 + 3Mn(NO_3)_2 + 10H_2O + 5NO$$

在磷酸介质中以高氯酸将锰氧化为 3 价：

$$14Mn(NO_3)_2 + 14H_3PO_4 + 2HClO_4 \Longrightarrow 14MnPO_4 + 28HNO_3 + 8H_2O + Cl_2$$

以 N-苯基代邻氨基苯甲酸为指示剂，用硫酸亚铁铵标准溶液滴定：

$$2MnPO_4 + 3H_2SO_4 + 2FeSO_4 \Longrightarrow 2MnSO_4 + 2H_3PO_4 + Fe_2(SO_4)_3$$

1）试剂

硝酸（$\rho = 1.42\ \mathrm{g \cdot cm^{-3}}$）。高氯酸（$\rho = 1.67\ \mathrm{g \cdot cm^{-3}}$）。磷酸（$\rho = 1.70\ \mathrm{g \cdot cm^{-3}}$）。硫酸（1+1）。N-苯基代邻氨基苯甲酸指示剂（0.2%）。硫酸亚铁铵标准溶液（$0.05\ \mathrm{mol \cdot L^{-1}}$），配制和标定方法同前。

2）操作步骤

称取试样 0.2000 g，置于 250 mL 锥形瓶中，加硝酸 5 mL，高氯酸 10 mL，加热使试样溶解。加磷酸 10 mL，继续加热冒白烟约 4 min，使锰定量氧化，取下稍冷，加硫酸（1+1）15 mL，再加热煮沸 2 min 左右，以除尽氯离子，取下冷却，加水至约 100 mL，以硫酸亚铁铵标准溶液（$0.05\ \mathrm{mol \cdot L^{-1}}$）滴定至淡红色，加 N-苯基代邻氨基苯甲酸指示剂 2～3 滴，继续滴定至亮绿色为终点。计算方法同硝酸铵氧化法。

3）注

（1）加入磷酸继续加热，当溶液呈深紫色后，再冒烟 1～2 min 为宜，过度加热会使结果偏低。

（2）加入硫酸（1+1）后，加热煮沸时间不得超过 3 min。

（3）硫酸亚铁铵标准溶液的浓度易改变，所以每次分析必须用标样按同样操作步骤与试样一同滴定，以求得标准溶液的滴定度。

（4）试样中如含钒，干扰测定，须加以校正，即 1%钒≈1.08%锰。

6.1.2　磷的测定（钒钼黄光度法）

试样以酸溶解，磷酸根离子与钒酸铵及钼酸铵作用，生成黄色的磷钒钼杂多酸络合物，其组成符合于 $P_2O_5 \cdot V_2O_5 \cdot 22MoO_3 \cdot nH_2O$。此方法的灵敏度为含磷 $0.05\ \mathrm{mg \cdot (50\ mL)^{-1}}$，可在水溶液中直接测定。磷含量在 0～40 $\mu\mathrm{g \cdot mL^{-1}}$ 符合比耳定律。

反应的合适酸度为 0.5～1.0 $\mathrm{mol \cdot L^{-1}}$。在室温时，10～20 min 内能完成显色反应。络合物的色泽能稳定 24 h 以上。

1) 试剂

硝酸($\rho=1.42\ \mathrm{g\cdot cm^{-3}}$),(1+3)。高氯酸($\rho=1.617\ \mathrm{g\cdot cm^{-3}}$)。钒酸铵溶液(0.25%):称取钒酸铵 0.25 g,加水 100 mL,加热溶解,冷却,加硝酸 3 mL。钼酸铵溶液(5%)。亚硫酸钠溶液(10%)。

2) 操作步骤

称取试样 0.250 0 g,置于 100 mL 锥形瓶中,加硝酸 5 mL,高氯酸 4 mL,加热溶解,并蒸发至冒白烟,维持 2~3 min,使碳化物分解,磷氧化为正磷酸,冷却。加硝酸(1+3)14 mL,亚硫酸钠溶液(10%) 2 mL,水约 20 mL,加热煮沸 1 min,冷却。于 50 mL 量瓶中以水稀释至刻度,干过滤。吸取滤液 20 mL 2 份于 100 mL 锥形瓶中。空白液:加水 9 mL。显色液:加钒酸铵溶液(0.25%)3 mL,钼酸铵溶液(5%)6 mL,10~20 min 以后,用 3 cm 比色皿,于 450 nm 波长处,以空白液为参比,测定吸光度。从检量线上查得试样的含磷量。

3) 检量线的绘制

用标准试样按上述方法操作进行显色测定;或取生铁标准试样,用硝酸(1+3)10 mL 溶解,加高氯酸 4 mL 后按上述操作进行稀释、显色及测定吸光度,绘制检量线。

6.1.3　硅的测定

1. 重量法

基本原理及注意事项见 3.2 节。

1) 试剂

盐酸(1+1)。硝酸($\rho=1.42\ \mathrm{g\cdot cm^{-3}}$)。

2) 操作步骤

称取 1.000 0 g 研细过筛的锰铁试样,置于 250 mL 烧杯中,加盐酸(1+1)50 mL,加热溶解,并继续加热蒸发至干。用盐酸润湿沉淀,加入硝酸 1~2 mL,加水 50 mL,加热并搅拌至盐类溶解。用紧密滤纸过滤,用盐酸(1+20)洗涤烧杯,沉淀 5~6 次,再用水洗涤 2~3 次。将沉淀和滤纸置于已经恒重的瓷坩埚中,灰化后,于 950~1 000 ℃ 灼烧至恒重,冷却后称重,按下式计算试样的含硅量:

$$\mathrm{Si}\% = \frac{(G_2-G_1)\times 0.467\ 2}{G}\times 100$$

式中:G_1 为空瓷坩埚质量(g);G_2 为瓷坩埚+沉淀 SiO_2 质量(g);G 为称取试样质量(g);0.467 2 为将 SiO_2 换算成 Si 的换算系数。

2. 硅钼蓝光度法

1) 试剂

硝酸(1+1)。氢氟酸(40%)。硼酸溶液(5%),温热溶解。钼酸铵溶液(5%)。草酸溶液(5%)。硫酸亚铁铵溶液(6%):每 100 mL 中加硫酸(1+1)6 滴。硅标准溶液(Si 0.5 $\mathrm{mg\cdot mL^{-1}}$):称取纯二氧化硅 1.072 g 于铂坩埚中,加无水碳酸钠 5 g,于 1 000 ℃ 熔融,熔块用热水浸取,移于量瓶中,以水稀释至 1 000 mL,溶液贮于塑料瓶中。

2) 操作步骤

称取试样 0.200 0 g,置于铂皿或塑料杯中,加入硝酸(1+1)15 mL,微热溶解,冷却至微温(60~70 ℃)。用塑料滴管加入氢氟酸 10 滴,于 60~70 ℃ 水浴中保温约 2 min,并时时用塑料棒搅拌,加水约 20 mL,硼酸溶液(5%)20 mL,搅拌后移入 100 mL 量瓶中,以水稀释至刻度,摇匀,转入塑料瓶中。吸取试液 10 mL,置于 100 mL 量瓶中,加水 25 mL,钼酸铵溶液(5%)5 mL,放置 10 min(室温低于 10 ℃ 时,放置 15 min 以上),加草酸溶液(5%)10 mL,摇匀,立即加入硫酸亚铁铵溶液(6%)5 mL,以水稀释至刻度,摇匀。用 1 cm 比色皿,于 680 nm 波长处,以水作为参比,测定吸光度。从检量线上查得试样的含硅量。

3) 检量线的绘制

用标准锰铁按方法操作,测定吸光度绘制曲线。或称取纯铁 0.2 g 6 份分别于铂皿或塑料瓶中,依次加入硅标准溶液 1.0 mL,2.0 mL,3.0 mL,4.0 mL,5.0 mL,6.0 mL(Si 0.5 mg·mL^{-1}),按上述方法溶解和处理,并进行显色测定吸光度,绘制检量线。每毫升硅标准溶液相当于含硅量 0.25%。

4) 注

(1) 此法适用于测定含硅 0.2%～1.5% 的试样,含硅量大于 1.5% 的试样,如果能被酸直接溶解,再称样 0.1 g,按方法测定。

(2) 对于含硅量高的试样,由于有时含有元素硅,不被溶解,致使结果偏低。这时应改用熔融试样,而后进行光度测定或重量法测定。

6.2 硅铁的分析

6.2.1 硅的测定

1. 快速重量法

试样经硫酸、硝酸及氢氟酸处理后,使试样中的硅变成氟化硅(SiF$_4$)挥发除去,从损失的重量可得出硅的含量。

溶解酸用硝酸可使试样快速溶解,加入硫酸是为了防止氟化硅的水解,并吸收在反应过程中析出的水,因反应中产生的水能将氟化硅分解成不挥发性化合物。

$$SiO_2 + 4HF \Longrightarrow SiF_4 \uparrow + 2H_2O$$
$$3SiF_4 + 4H_2O \Longrightarrow 2H_2SiF_6 + Si(OH)_4$$

氟化硅与过量的氢氟酸也能反应形成硅氟酸:

$$SiF_4 + 2HF \Longrightarrow H_2SiF_6$$

此化合物如与硫酸一起加热时,即被分解。若用氢氟酸处理时无硫酸存在,则会使某些夹杂的金属氧化物形成相应的氟化物,因而在重量计算上受到影响,如:

$$Fe_2O_3 + 6HF \Longrightarrow 2FeF_3 + 3H_2O$$
$$TiO_2 + 4HF \Longrightarrow TiF_4 + 2H_2O$$
$$Al_2O_3 + 6HF \Longrightarrow 2AlF_3 + 3H_2O$$

1) 试剂

硫酸(1+1)。氢氟酸(40%)。硝酸($\rho=1.42$ g·cm^{-3}),(1+1)。

2) 操作步骤

称取研细的试样(150～200 筛孔)0.300 0 g,置于已知重量的铂坩埚中,加水 3 mL,加硫酸(1+1) 3～4 mL,氢氟酸(40%)15 mL,而后再仔细地(一滴一滴地)加硝酸(1+1)6 mL,加盖,待反应停止,加热至试样完全分解(如有未分解的试样须补加氢氟酸 5 mL,加硝酸 10 mL,继续加热蒸发至干)。将坩埚置于 950～1 000 ℃灼烧 35～40 min,冷却后称重,得出全部灼烧残渣的重量,其主要成分为 Fe$_2$O$_3$。按下式计算试样含硅量:

$$Si\% = \frac{G - (G_2 - G_1) \times 0.7}{G} \times 100$$

式中:G 为称取试样的质量(g);G_1 为铂坩埚质量(g);G_2 为铂坩埚加残渣质量(g);0.7 为由 Fe_2O_3 换算成铁的换算系数。

2. 硅氟酸钾容量法

试样以硝酸和氢氟酸(或盐酸、过氧化氢)分解,使硅转化为硅氟酸,加入硝酸钾(或氯化钾)溶液生成硅氟酸钾沉淀。经过滤洗涤游离酸,以沸水溶解沉淀,使其水解而释放出氢氟酸,用氢氧化钠标准溶液滴定释放出等摩尔的氢氟酸。由消耗氢氧化钠标准溶液的毫升数计算出含硅量。主要反应如下:

$$H_2SiF_6 + 2KNO_3 \!=\!=\! K_2SiF_6 + 2HNO_3$$

$$K_2SiF_6 + 4H_2O \!=\!=\! H_4SiO_4 + 2KF + 4HF$$

$$HF + NaOH \!=\!=\! NaF + H_2O$$

铝和钛对本法有干扰。实验证明,铝含量小于 5%,钛含量小于 0.3% 时无影响。游离碳影响终点观察,须预先过滤除去。

1) 试剂

硝酸($\rho = 1.42\ \text{g} \cdot \text{cm}^{-3}$)。氢氟酸(40%)。氯化钾(固体)。过氧化氢(30%)。酒石酸-尿素混合液:称取酒石酸 20 g 溶于 100 mL 水中,加尿素 10 g。混合指示剂:溴百里酚蓝、酚红各 0.1 g 溶于 20 mL 乙醇和 20 mL 水中,用稀氢氧化钠中和至紫色后稀释至 100 mL。氯化钾-乙醇洗液:称取氯化钾 5 g 溶于 800 mL 水中,加入乙醇 200 mL,混匀。中性沸水:用离子交换水或蒸馏水加热煮沸 10 min,加混合指示剂 5 滴,用氢氧化钠溶液(0.1 mol $\cdot$ L^{-1})中和至恰呈紫色。甲基橙指示剂 (0.2%)。氢氧化钠标准溶液(0.1 mol $\cdot$ L^{-1})。

2) 操作步骤

称取试样 0.500 0 g 置于塑料杯中,加硝酸 5 mL,滴加氢氟酸(40%)5 mL,轻轻摇动,加入过氧化氢(30%)4～5 mL 助溶,待溶后用水冲洗杯壁并用水稀释至约 50 mL。加酒石酸-尿素混合液 5 mL,摇匀,加少许纸浆,加氯化钾 2 g,搅拌 1 min,放置 15 min(夏天放置在冷水中),使硅氟酸钾沉淀完全。然后用中速滤纸于塑料漏斗或涂蜡玻璃漏斗中抽滤,在滤纸周围加甲基橙(0.2%)数滴,用氯化钾-乙醇洗液将塑料杯及滤纸上的游离酸洗净,至滤纸上甲基橙红色消失为止。将沉淀及滤纸置于原塑料杯中,加入中性沸水 100～150 mL,搅拌使滤纸散开,滴加混合指示剂 8～10 滴,用氢氧化钠标准溶液滴定(并用塑料棒搅拌)至溶液呈鲜明紫色为终点。按下式计算试样的含硅量:

$$Si\% = \frac{V \times M \times 0.007}{G} \times 100$$

式中:V 为滴定时消耗氢氧化钠标准溶液的毫升数;M 为氢氧化钠标准溶液的摩尔浓度;G 为称取试样质量(g);0.007 为 1 毫克摩尔硅的克数,即 $\dfrac{28.086}{4\ 000}$。

3) 注

(1) 每批需平行作空白,从试样测定时所耗标准溶液体积中减去空白值再进行计算,并经常带标样进行核对。

(2) 溶样时温度应控制在 60～70 ℃,以防温度过高使四氟化硅逸去。

(3) 硅氟酸钾沉淀的酸度以 3～5 mol $\cdot$ L^{-1} 为宜,沉淀温度应为 25 ℃ 以下。温度高,硅氟酸钾沉淀的溶解度增大,结果将偏低。常量硅经充分搅拌,放置 10～15 min,即能沉淀完全。硅氟酸钾沉淀是稳定的,可放置 4 h 无影响。

（4）洗涤是本法的关键。必须将滤纸上及杯壁上的游离酸洗净，否则使结果偏高。但洗涤次数不宜太多，以免导致沉淀溶解损失，使结果偏低。故每次用少量洗液洗涤，滤干后再接着洗下一次。

（5）洗涤液中加入乙醇可降低 K_2SiF_6 沉淀的溶解度，还可加快洗去游离酸的速度。

（6）快速分析可将沉淀洗 2～3 次后，即将沉淀连同滤纸移入原塑料杯中，加洗涤液 15 mL，加混合指示剂 5 滴，用氢氧化钠标准溶液滴定至出现稳定的紫色（滴去余酸，不计毫升数）。接着于杯中加入中性沸水 150 mL，立即用氢氧化钠标准溶液滴定至鲜明紫色为终点。

（7）滴定过程中溶液温度应保持在 80～90 ℃。

（8）该法同时可适用于硅锰铁中硅的测定。

6.2.2　磷的测定（磷钼蓝光度法）

基本原理及注意事项见 2.6 节。

1）试剂

硝酸（$\rho=1.42\ g\cdot cm^{-3}$），（1+3）。氢氟酸（40%）。高氯酸（$\rho=1.67\ g\cdot cm^{-3}$）。硫酸（1+6）。钼酸铵溶液（5%）。氟化钠-氯化亚锡溶液：氟化钠 24 g 溶于 1 000 mL 水中，加氯化亚锡 2 g，搅匀，溶液当天使用。经常使用时，可大量配制氟化钠溶液（2.4%），临用前加入氯化亚锡。

2）操作步骤

称取试样 0.250 0 g，置于铂皿中，加硝酸 7～8 mL，滴加氢氟酸，加热溶解，加高氯酸 5 mL，加热至冒烟，并维持 2～3 min，冷却，于量瓶中稀释至 25 mL。吸取试液 10 mL，于 100 mL 锥形瓶中，加硫酸（1+6）7 mL，加热煮沸，取下立即加入钼酸铵溶液（5%）10 mL，随即加氟化钠-氯化亚锡溶液 20 mL，放置 2 min，加水 10 mL，流水冷却至室温。用 1 cm 比色皿，于 680 nm 波长处，以水为参比测定吸光度。从检量线上查得试样的含磷量。

3）检量线的绘制

称取不同含磷量的标准钢样各 0.1 g 数份，于 100 mL 锥形瓶中，加硝酸（1+3）5 mL，加热溶解，加高氯酸 2 mL，加热冒烟，并维持 2～3 min，稍冷，加水 10 mL，硫酸（1+6）7 mL，以下按上述方法显色，测定吸光度并绘制检量线。

6.3　铬铁的分析

6.3.1　铬的测定（过硫酸铵银盐氧化容量法）

试样以稀硫酸溶解，以硝酸银作为催化剂，用过硫酸铵将 Cr^{3+} 氧化成高价，此时锰也被氧化，当溶液呈紫红色时，表明 Cr^{3+} 已全部被氧化成 Cr^{6+}，为此，当试样中含锰量低时，需补加少量 $MnSO_4$，以此指示铬的氧化完全程度。

但 $HMnO_4$ 存在又有其不利的一面，因 MnO_4^- 先于 $Cr(Ⅵ)$ 而被亚铁滴定，干扰铬的测定，加入氯化钠或亚硝酸钠还原高锰酸，可消除影响。以 N-苯代邻氨基苯甲酸作指示剂，用硫酸亚铁铵滴定 $Cr(Ⅵ)$。方法、基本原理及注意事项见 3.4 节。

铬铁分低碳铬铁和高碳铬铁，试样含碳量不同，在分解试样时也必须选用相应的方法。

1. 低碳铬铁的测定

1) 试剂

硫酸(1+4)。硝酸($\rho=1.42$ g·cm^{-3})。硫酸锰溶液(4%)。硝酸银溶液(0.5%)。过硫酸铵溶液(25%)。氯化钠溶液(5%)。硫磷混合酸:于 760 mL 水中加硫酸 160 mL,稍冷,加磷酸 80 mL,摇匀。N-苯代邻氨基苯甲酸溶液(0.2%)。硫酸亚铁铵标准溶液(0.25 mol·L^{-1}):称取硫酸亚铁铵 100 g,溶于硫酸(5+95)1 000 mL 中。其准确浓度用相近浓度的重铬酸钾标准溶液标定。

2) 操作步骤

称取试样 0.200 0 g 置于 500 mL 锥形瓶中,加硫酸(1+4)40 mL,加热至试样完全溶解,滴加硝酸破坏碳化物,待溶液泡沫停止发生后,加热水 100 mL,硫酸锰溶液(4%)4 滴,硝酸银溶液(0.5%)10 mL 及过硫酸铵溶液(25%)20 mL,煮沸至铬完全氧化(溶液呈高锰酸的紫红色,表明铬已完全氧化)。继续煮沸 4~5 min,使过量的过硫酸铵完全分解,加入氯化钠溶液(5%)10 mL,煮沸至红色消失。如有红色不消失,再加 2~3 mL 氯化钠溶液,继续煮沸 8~10 min 至氯化银沉淀凝聚下沉,溶液变清亮。流水冷却,加水 200 mL 及硫磷混酸 60 mL,用硫酸亚铁铵标准溶液滴定至黄绿色,加 N-苯代邻氨基苯甲酸指示剂 3 滴,继续滴定至溶液由樱红色转为亮绿色。按下式计算试样的含铬量:

$$Cr\% = \frac{V \times M \times 0.017\,33}{G} \times 100$$

式中:V 为滴定时所耗硫酸亚铁铵标准溶液的毫升数;M 为硫酸亚铁铵标准溶液的摩尔浓度(必须是标定的浓度);G 为称取试样质量(g);0.017 33 为 1 毫克摩尔铬的克数,即 $\frac{Cr}{3\,000}$。

3) 注

(1) 用过硫酸铵氧化铬,一般认为,硫酸浓度在 1.5 mol·L^{-1} 以下是适宜的,以 1 mol·L^{-1} 为好。硫酸浓度大,铬氧化迟缓;硫酸浓度小,易析出 MnO_2 沉淀。

(2) 氧化时,过剩的过硫酸铵一定要煮沸分解除去,否则会使分析结果偏高。

(3) 加入氯化钠的作用除为还原高锰酸以消除其干扰外,还有一个作用,即为除去银离子的影响,避免由于过硫酸铵未除尽,导致已被还原的锰又有可能重新氧化成高价锰,使分析结果偏高。值得注意的是,加氯化钠后的溶液煮沸时间不可太长,否则 CrO_4^{2-} 有被还原的可能。另外,产生的氯化银沉淀应为白色,如为褐色,系被二氧化锰污染所致。此现象在试样含锰量高时更易发生。二氧化锰同样可被亚铁滴定,故需继续补加氯化钠还原。

(4) 加氯化钠还原高锰酸后,应立即用流水冷却或加水调整温度,否则 6 价铬有被氯离子还原的可能,使分析结果偏低。

(5) 用本法测定铬、钒有干扰,须进行校正。1%V=0.34%Cr。

2. 高碳铬铁的测定

高碳铬铁由于碳化铬的化学性质特别稳定,所以不易溶解。为了分解试样,一般采用过氧化钠熔融分解试样的方法,近年来也有采用焦硫酸钾、高氯酸、磷酸、硫酸混合湿熔体系分解试样的方法。前者需用高温设备,但熔融后铬已全部呈 6 价状态,调至酸性后,即可用硫酸亚铁铵标准溶液直接进行滴定。用湿熔法分解试样简单方便,试样分解后,铬仍须用硝酸银作为催化剂,用过硫酸铵将铬全部氧化为 6 价。

1) 试剂

硫酸($\rho=1.84$ g·cm^{-3})。磷酸($\rho=1.70$ g·cm^{-3})。高氯酸($\rho=1.67$ g·cm^{-3})。焦硫酸钾(固体)。过氧化钠(固体)。其他试剂同前法。

2) 操作步骤

(1) 方法甲:湿熔法。称取试样 0.100 0 g(试样粒度在 200 筛孔以上),置于 250 mL 锥形瓶中,依次加入小块状的焦硫酸钾 10 g,水 10 mL,高氯酸 3 mL,磷酸 12 mL,硫酸 8 mL,摇匀后置于高温电炉上加热溶解。开始时焦硫酸钾分解,试样也不断被分解,其后高氯酸分解,溶液呈稻草黄色。随着温度上升,颜色消失,瓶内不断冒白烟,直到试样全部溶解(溶液澄清,瓶底无黑色颗粒)。取下稍冷,加水 100 mL,摇匀。加硝酸银溶液(0.5%)5 mL,过硫酸铵溶液(25%)15 mL,硫酸锰溶液(4%)2 滴,加热煮沸至铬完全氧化(溶液呈高锰酸的紫红色,表明铬已完全氧化)。继续煮沸 4~5 min,使过量的过硫酸铵完全分解。取下流水冷却至室温。加尿素约 1 g,摇匀使溶解后,慢慢滴加亚硝酸钠溶液(0.5%)至溶液紫红色褪去,并过量 1 滴,摇匀,放置 1~2 min。用硫酸亚铁铵标准溶液滴定至黄绿色,加 N-苯代邻氨基苯甲酸指示剂 3 滴,继续用硫酸亚铁铵标准溶液滴定至溶液由樱红色转变为亮绿色。

用同样量的标准铬铁按上述操作求出每毫升硫酸亚铁铵标准溶液相当于铬的百分含量:

$$T\% = A/V_0$$

按下式计算试样的含铬量:

$$Cr\% = T\% \times V$$

式中:V 为滴定试样时消耗硫酸亚铁铵标准溶液的毫升数;V_0 为滴定标样时消耗硫酸亚铁铵标准溶液的毫升数;A 为标样中铬的百分含量。或用理论值进行计算(见前法)。

(2) 方法乙:碱熔法。称取试样 0.100 0 g,置于预先盛有 4~5 g 过氧化钠的瓷坩埚中,搅匀,上面再覆盖 1~2 g 过氧化钠。先以低温焙烧,然后移至高温炉于 650~750 ℃熔融约 10 min。取出冷却后,置于盛有 100 mL 水的 500 mL 烧杯中浸出熔块,并用热水洗净坩埚,加热至沸 3~5 min,冷却,用硫酸(1+1)中和使溶液从纯黄色转为橙色,加硫磷混酸 50 mL,用硫酸亚铁铵标准溶液滴定至黄绿色,加 N-苯代邻氨基苯甲酸指示剂 3 滴,继续滴定至溶液由樱红色转变成亮绿色为终点。可按滴定度($T\%$)或按理论计算(同前法)。

3) 注

(1) 试样加工是个关键,可将小颗粒试样放在玛瑙研钵中研磨,一直到试样沾于钵上为止,其粒度约 200 目以上。

(2) 溶样时高氯酸的量还可适当增减,含碳量较低时可少加,反之可多加。

(3) 试样冒烟时间不宜过长,待试样溶完后立即取下,否则将生成难溶解的焦磷酸盐。

(4) 在整个溶解过程中不必摇动锥形瓶,由于焦硫酸钾的存在,溶解时不发生喷溅。

(5) 因熔块易于浸出,用瓷坩埚较用镍、铁坩埚为好。这样不会因引入大量铁、镍离子而影响终点观察。如瓷坩埚侵蚀过度,有硅酸的片状不溶物时不影响分析结果。

(6) 熔融温度不宜过高,时间不宜过长,否则熔块不易浸出。

(7) 铬铁与过氧化钠共熔时,过氧化钠既是碱性溶剂,又是强氧化剂,经过熔融可将铬全部氧化为 6 价状态。

(8) 在碱性介质中,可能生成少量过氧化氢,可采用煮沸的办法予以除去。在碱性介质中,过氧化氢不仅不能使 6 价铬还原,而且由于 6 价铬的存在促使了过氧化氢的分解。而在酸性溶液中过氧化氢存在将还原 6 价铬。

(9) 其他注意事项见前法。

6.3.2 磷的测定(钒钼黄光度法)

基本原理同锰铁中磷的钒钼黄光度法。由于高碳铬铁和低碳铬铁溶样方法有差别,因此将分别介绍。大量铬的存在干扰测定,所以采用以氯化铬酰形式将大部分铬除去。

1) 试剂

高氯酸($\rho=1.67\ g \cdot cm^{-3}$)。盐酸($\rho=1.19\ g \cdot cm^{-3}$)。饱和溴水。硝酸(1+3)。亚硫酸钠溶液(10%)。

2) 操作步骤

(1) 低碳铬铁。称取试样0.250 0 g,置于150 mL锥形瓶中,加饱和溴水10 mL,盐酸10 mL,微热溶解,然后加高氯酸6 mL,加热至冒烟,并维持2~3 min,至铬被全部氧化成高价,小心加入盐酸3~5 mL,使铬生成氯化铬酰逸出,再加热使铬氧化,再加盐酸2~5 mL,如此反复进行3~4次,至大部分铬除去。加热冒烟驱除盐酸,冷却,此时剩余高氯酸2~3 mL。加入硝酸(1+3)14 mL,水约20 mL,亚硫酸钠溶液(10%)5 mL,煮沸,驱除氧化氮,冷却,移入50 mL量瓶中,以水稀释至刻度,摇匀,干过滤。吸取滤液20 mL 2份分别置于100 mL锥形瓶中。空白液:加水9 mL。显色液:加钒酸铵溶液(0.25%)3 mL,钼酸铵溶液(5%)6 mL,10~20 min以后,用3 cm比色皿,于450 nm波长处,以空白液为参比,测定吸光度。从检量线上查得试样的含磷量。

(2) 高碳铬铁。称取试样0.250 0 g(200 筛孔以上),置于150 mL锥形瓶中,加饱和溴水5 mL,高氯酸8 mL,瓶口加瓷盖,加热至微冒烟,并维持此温度,铬铁开始徐徐溶解,但速度较慢。待溶解一部分(铬酸不溶于高氯酸中,黏附于瓶底),加入盐酸3~5 mL,驱除铬,继续加热至微冒烟,维持一些时间,至铬溶解一部分后,加盐酸处理。如此,一般1~2 h试样可溶解完毕(虽然时间较长,但由于酸溶解带入杂质少,准确度高)。加热至冒烟驱除盐酸,冷却,加入硝酸(1+3)14 mL,水约20 mL,亚硫酸钠溶液(10%)5 mL,煮沸,驱除氧化氮,移入50 mL量瓶中,以水稀释至刻度,摇匀,干过滤。吸取滤液20 mL 2份于100 mL锥形瓶中。按上述方法显色,测定吸光度。从检量线上查得试样的含磷量。

3) 检量线的绘制

称取不同含磷量的生铁标准样品各0.250 0 g,分别置于150 mL锥形瓶中,加硝酸(1+3)10 mL,加热溶解,加高氯酸4 mL,加热煮沸至冒烟2~3 min,冷却,加硝酸(1+3)14 mL,水约20 mL,煮沸驱除氧化氮,移入50 mL量瓶中,以水稀释至刻度,摇匀,干过滤。分别吸取滤液20 mL,按上述方法显色,以水作为参比,测定吸光度,绘制检量线。

6.3.3　硅的测定(硅钼蓝光度法)

1) 试剂

硫酸(1+4)。钼酸铵溶液(5%)。过硫酸铵溶液(15%)。氢氟酸(40%)。硼酸溶液(5%)。草酸溶液(5%)。硫酸亚铁铵溶液(6%):每100 mL中加硫酸(1+1)6滴。硅标准溶液(Si 0.5 mg·mL^{-1})。配制方法见6.1节。

2) 操作步骤

称取试样0.200 0 g(高碳铬铁用100 号以上的筛孔),于250 mL锥形瓶中,加硫酸(1+4)20 mL,加热溶解,然后加过硫酸铵溶液(15%)4 mL,煮沸氧化后倾入塑料烧杯中,用热水洗涤锥形瓶,溶液冷却并保持在50~60 ℃,用塑料滴管加入氢氟酸8~10 滴,用塑料棒搅拌2 min后,加硼酸溶液(5%)20 mL,于250 mL量瓶中,以水稀释至刻度,摇匀,转入塑料瓶中,吸取试液10 mL 2份于100 mL锥形瓶中。空白液:加水25 mL,草酸溶液(5%)10 mL,钼酸铵溶液(5%)5 mL,硫酸亚铁铵溶液(6%)5 mL。显色液:加水25 mL,钼酸铵溶液(5%)5 mL,10~15 min后,加草酸溶液(5%)10 mL,摇匀,加硫酸亚铁铵溶液(6%)5 mL。用1 cm比色皿,于680 nm波长处,以空白液作为参比,测定吸光度。从检量线上查得试样的含硅量。

3) 检量线的绘制

用标准样品按方法操作绘制曲线。或取已知含低硅的钢样 0.06 g 数份,用硫酸(1+4)20 mL 溶解,按方法处理,依次加入硅标准溶液 0.0 mL,2.0 mL,6.0 mL,10.0 mL,16.0 mL,20.0 mL (Si 0.5 mg·mL^{-1}),于 250 mL 量瓶中,以水稀释至刻度,摇匀。分别吸取溶液 10 mL,按上述方法显色,测定吸光度,并绘制检量线。每毫升硅标准溶液相当于含硅量 0.25%。

4) 注

(1) 由于试样中铁的含量对硅的色泽稍有影响,绘制曲线时按平均含铬 70% 计算,加 0.06 g 钢样。

(2) 其他注意事项见 8.9 节。

6.4 钼铁的分析

6.4.1 钼的测定

1. 8-羟基喹啉重量法

试样用硝酸溶解,在酸性溶液中以 EDTA 掩蔽铁,在乙酸-乙酸铵缓冲溶液中(pH 3.5~4),用 8-羟基喹啉沉淀钼。

$$H_2MoO_4 + 2C_9H_6NOH \Longrightarrow Mo(O_2C_9H_6NO)_2 \downarrow + 2H_2O$$

沉淀经过滤,洗涤后于 130 ℃烘干至恒重。根据 8-羟基喹啉钼沉淀的重量计算钼的含量。此法除钨与钼一起共沉淀且干扰测定外,铁合金中共存的元素均不干扰测定。

1) 试剂

硝酸(1+3)。EDTA 溶液(10%)。氨水(1+1)。乙酸-乙酸铵缓冲溶液:乙酸铵 7.5 g 溶于 150 mL 水中,加乙酸(1+1)200 mL,混匀。8-羟基喹啉沉淀剂:取 15 g 该试剂溶于少量乙酸中,加水 500 mL,加氨水至有沉淀生成,再滴加盐酸至沉淀恰好溶解。溴酚指示剂(0.1%),溶于 20% 的乙醇溶液中。

2) 操作步骤

称取试样 0.200 0 g,置于 250 mL 烧杯中,加硝酸(1+3)20 mL,加热至试样完全溶解(如有不溶物时可将溶液过滤)。加 EDTA 溶液(10%)30 mL,加水至约 150 mL,加溴酚蓝指示剂 2~3 滴,用氨水(1+1)中和至溶液呈蓝色(pH 4~5),加乙酸-乙酸铵缓冲溶液 4 mL,加热至沸,加 8-羟基喹啉沉淀剂 20 mL,煮沸,取下冷却至室温使沉淀下降。然后用已知重量的玻璃砂芯坩埚抽滤,用水洗涤烧杯 3 次,洗涤沉淀 8~10 次,然后于 130~140 ℃烘干至恒重(冷却后称重)。按下式计算试样的含钼量:

$$Mo\% = \frac{(G_2 - G_1) \times 0.230\ 5}{G} \times 100$$

式中:G_2 为 8-羟基喹啉钼沉淀与坩埚总质量(g);G_1 为坩埚质量(g);G 为称取试样质量(g);0.230 5 为[Mo/MoO$_2$(C$_9$H$_6$NO)$_2$]的换算系数。

3) 注

(1) 溶解试样时应避免硅酸析出,否则钼的结果偏高。

(2) 用氨水中和时溶液呈蓝色即可。如氨水过量太多,当 pH 大于 7 时,8-羟基喹啉铁亦沉淀,使钼的结果偏高。

（3）玻璃砂芯坩埚之恒重：将盐酸处理后的玻璃砂芯坩埚用蒸馏水洗净，再用无水乙醇润湿，于120 ℃烘箱中烘数小时，取出于干燥器内放置1 h后称量，再重复1～2次（可不再用乙醇润湿）直至恒重。

2. 光度法

以 Cu^{2+} 离子为接触剂，用氯化亚锡将钼还原至低价而呈黄色，借此进行光度测定。

1）试剂

硝酸（1+3）。硫酸（1+1）。硫酸铜溶液：取硫酸铜2 g溶于500 mL水中。氯化亚锡溶液：取10 g氯化亚锡溶于20 mL盐酸中，以水稀释至100 mL。铁溶液（Fe 5 mg·mL^{-1}）：溶解硫酸高铁铵4.3 g于水中，加硫酸数滴，以水稀释至100 mL。钼标准溶液（Mo 3.0 mg·mL^{-1}）：称取钼酸钠（Na_2MoO_4·$2H_2O$）7.566 5 g溶于水中，加硫酸（1+1）10 mL，于量瓶中以水稀释至1 000 mL。必要时用8-羟基喹啉重量法标定。

2）操作步骤

称取试样0.150 0 g，置于150 mL锥形瓶中，加硝酸（1+3）10 mL，加热溶解后，加硫酸（1+1）15 mL，加热蒸发至冒白烟，冷却，用少量水冲洗瓶壁，再加热蒸发至冒白烟，并维持1～2 min，保证硝酸被驱尽，取下冷却，加水约40 mL，加热至溶液清晰，冷却。移入100 mL量瓶中，加硫酸铜溶液0.5 mL，随摇随加氯化亚锡溶液（10%）10 mL，以水稀释至刻度，摇匀。2～15 min（视温度而定）后，用3 cm比色皿，于470 nm波长处，以水作为参比，测定吸光度。从检量线上查得试样的含钼量。

3）检量线的绘制

于6只100 mL量瓶中，分别加入硫酸（1+1）15 mL，依次加入钼标准溶液10.0 mL，15.0 mL，20.0 mL，25.0 mL，30.0 mL，35.0 mL（Mo 3 mg·mL^{-1}），分别加铁溶液2 mL，硫酸铜溶液0.5 mL，稀释至约80 mL，随摇随加氯化亚锡溶液（10%）10 mL，以水稀释至刻度，2～15 min后测定吸光度，并绘制检量线。每毫升钼标准溶液相当于含钼量2.0%。

4）注

（1）硝酸必须驱尽，否则结果偏高。

（2）含量高时，吸光度值与含量的线性关系不完全相符，略有偏离，所以高含量不宜用比例法计算含量。

（3）绘制检量线时，如果显色液不呈明亮的金黄色而略带暗色时，可将钼标准溶液加入硫酸（1+1）150 mL后经冒烟处理，然后显色。

（4）高含量比色测定，可采用示差光度法，使结果更为准确，即取钼标准溶液30.0 mL，30.5 mL，31.5 mL，31.8 mL，32.0 mL（相当于含钼量为60%，61%，62%，63%，64%），分别显色，用钼标准溶液30 mL作为参比，分别测定30.5 mL，31.0 mL，31.5 mL，32.0 mL的显色液吸光度，测得含钼量相差1%，2%，3%，4%的吸光度值。在分析试样时，同时显色与样品接近的标准溶液，按方法测定2份显色液的吸光度差，计算钼的含量。

6.4.2　锰的测定（高锰酸钾光度法）

基本原理及注意事项见3.3节。

1）试剂

混合酸：硫酸25 mL，磷酸30 mL，硝酸30 mL，硝酸银2 g，溶解于水中，以水稀释至1 000 mL。硝酸（1+3）。过硫酸钾溶液（15%）。锰标准溶液（Mn 0.1 mg·mL^{-1}），配制方法见2.6节。

2) 操作步骤

称取试样 0.500 0 g,置于 150 mL 锥形瓶中,加硝酸(1+3)25 mL,加热溶解,煮沸驱除氧化氮,加过硫酸钾溶液(15%)10 mL,煮沸氧化 2 min,冷却。移入 50 mL 量瓶中,以水稀释至刻度,摇匀(此溶液可供系统测定锰、磷、硅之用)。吸取试液 5 mL 置于 150 mL 锥形瓶中,加混合酸 20 mL,加热煮沸。加过硫酸钾溶液(15%)(或过硫酸铵溶液)5 mL,煮沸 30 s,放置 1 min,冷却;移入 50 mL 量瓶中,以水稀释至刻度,摇匀。用 2 cm 比色皿,于 530 nm 波长处,以水作参比测定吸光度。从检量线上查得试样的含锰量。

3) 检量线的绘制

于 5 只 150 mL 锥形瓶中,分别加入混合酸 20 mL,依次加入锰标准溶液 1.0 mL,2.0 mL,3.0 mL,4.0 mL,5.0 mL(Mn 0.11 mg·mL^{-1}),按方法显色和稀释,并测定吸光度,绘制检量线。每毫升锰标准溶液相当于含锰量 0.2%。

4) 注

试样溶解后不能用过硫酸铵氧化,因为会生成磷钼酸铵沉淀,无法测定。用过硫酸钾氧化时无此现象。如试样不测定锰而只测定磷、硅时,可用高锰酸钾氧化。

6.4.3 磷的测定(钒钼黄光度法)

1) 试剂

钒酸铵溶液(0.25%)。钼酸铵溶液(5%)。

2) 操作步骤

吸取上述测锰剩余溶液 20 mL 2 份置于 100 mL 锥形瓶中。空白液:加水 9 mL。显色液:加钒酸铵(0.25%)3 mL,钼酸铵溶液(5%)6 mL,10~20 min 后,用 3 cm 比色皿,于 450 nm 波长处,以空白液作为参比,测定吸光度。从检量线上查得试样的含磷量。

3) 检量线的绘制

称取不同含磷量的普碳钢标准试样各 0.500 g,按方法溶解,氧化。于 50 mL 量瓶中,在稀释前分别加入钼酸钠溶液(6.3%)10 mL,然后以水稀释至刻度,摇匀。分别吸取上述溶液各 20 mL,按方法显色,测定吸光度,并绘制检量线。

6.4.4 硅的测定(硅钼蓝光度法)

1) 试剂

硝酸(1+3)。钼酸铵溶液(5%)。草酸溶液(5%)。硫酸亚铁铵溶液(6%):每 100 mL 中加硫酸(1+1)6 滴。硅标准溶液(Si 0.5 mg·mL^{-1})。配制方法见锰铁中硅钼蓝光度法。

2) 操作步骤

吸取上述测锰剩余溶液 2 mL 于 100 mL 锥形瓶中,加水 32 mL,硝酸(1+1)1 mL,钼酸铵溶液(5%)5 mL,摇匀。放置 10~15 min,加草酸溶液(5%)10 mL,摇匀。加硫酸亚铁铵溶液(6%)5 mL,摇匀。用 1 cm 比色皿,于 680 nm 波长处,以水作为参比,测定吸光度。从检量线上查得试样的含硅量。

3) 检量线的绘制

用标准试样按同样方法操作绘制曲线,或取已知含量的低硅钢 0.3 g 数份(按钼铁中含铁 60% 计算),加硝酸(1+3)25 mL 溶解。依次加入硅标准溶液 1.0 mL,2.0 mL,3.0 mL,4.0 mL,5.0 mL,

6.0 mL(Si 0.5 mg・mL^{-1}),于 50 mL 量瓶中,以水稀释至刻度,摇匀。分别吸取 2 mL 溶液,按方法显色,测定吸光度,并绘制检量线。每毫升硅标准溶液相当于含硅量 0.1%。

4) 注

本法适用于测定含硅小于 0.7% 的试样。对于含硅量高的试样可用重量法进行测定。测定方法与测定锰铁中硅含量的重量法相同。

6.5　钛铁的分析

6.5.1　钛的测定

1. 硫酸高铁铵容量法

试样经稀硫酸溶解,在隔绝空气的条件下用金属铝片将 4 价钛还原为紫色的 3 价钛。然后以硫氰酸铵作指示剂,用硫酸高铁铵标准溶液滴定至砖红色为终点。根据硫酸高铁铵标准溶液的消耗量计算含钛量。主要化学反应如下:

试样溶解:

$$FeTi+3H_2SO_4 = Ti(SO_4)_2+FeSO_4+3H_2\uparrow$$

用金属铝还原:

$$6Ti(SO_4)_2+2Al = 3Ti_2(SO_4)_3+Al_2(SO_4)_3$$

滴定过程:

$$Ti_2(SO_4)_3+Fe_2(SO_4)_3 = 2Ti(SO_4)_2+2FeSO_4$$

1) 试剂

碳酸氢钠(固体)。金属铝:用金属铝丝弯成螺旋状,或铝薄片,用稀盐酸洗净表面。硫酸(1+5)。饱和硫酸铵溶液。硫氰酸铵溶液(5%)。硫酸高铁铵标准溶液(0.1 mol・L^{-1}),称取硫酸高铁铵(NH$_4$Fe(SO$_4$)$_2$・12H$_2$O)48.5 g 溶于硫酸(1+3)200 mL 中,用水稀释至 1 000 mL,摇匀。然后滴加高锰酸钾溶液(0.1 mol・L^{-1})至呈微红色,煮沸至红色消失。用标准或高纯钛按同样操作确定硫酸高铁铵标准溶液对钛的滴定度,或用 0.100 0 mol・L^{-1}重铬酸钾标准溶液标定其浓度。

2) 操作步骤

称取试样 0.500 0 g,置于 500 mL 锥形瓶中。加入碳酸氢钠约 0.5 g,放进金属铝丝 2～3 g,加盐酸(1+1)20 mL,硫酸(1+5)120 mL,迅速装上盛有饱和碳酸氢钠溶液的隔绝空气装置(参见 8.6 节)。在低温电炉上加热溶解,待试样溶解后,煮沸 5～6 min 以促使铝丝完全溶解,并驱尽氢气,取下冷却。打开隔绝空气装置,立即加入饱和硫酸铵溶液 20 mL,立即用硫酸高铁铵标准溶液滴定至紫色消失,准确加入硫氰酸铵溶液(5%)5 mL,继续滴定至紫红色经激烈振荡 2 min 内不消失为终点。按下式计算试样的含钛量:

$$Ti\% = \frac{V \times M \times 0.047\ 9}{G} \times 100$$

式中:V 为滴定时所消耗硫酸高铁铵标准溶液的毫升数;M 为硫酸高铁铵标准溶液摩尔浓度;G 为称取试样质量(g)。或用标样或高纯钛按同样分析方法操作,求得硫酸高铁铵对钛的滴定度。计算公式为

$$Ti\% = \frac{V \times T}{G} \times 100$$

式中:V 为滴定时所耗硫酸高铁铵标准溶液的毫升数;T 为硫酸高铁铵标准溶液对钛的滴定度 $(g \cdot mL^{-1})$;G 为称取试样的质量(g)。

3) 注

(1) 溶样时溶液体积应保持在 $130 \sim 140$ mL,否则因试样溶解时间长,溶液体积小,使结果不稳定。

(2) 溶液中的氢气必须驱尽,否则会使结果偏高。煮沸时氢气小气泡逸出,煮沸至小气泡停止出现,而冒大气泡时,氢气已驱尽。

(3) 试样溶解和还原结束后,加入硫酸铵溶液,可使 Ti^+/Ti^{3+} 电对的电位提高,以减少或避免 Ti^{3+} 被空气中的氧所氧化。这样在滴定过程中可不必使用惰性气氛。但滴定速度要迅速,否则结果偏低。在精确分析时,在滴定过程中可投入几小块大理石,以制造 CO_2 气氛,防止 Ti^{3+} 的氧化。

(4) 加入硫氰酸铵量要一致,否则终点颜色不同,影响结果。滴定至接近终点时,必须缓滴多振荡,因最后反应速度减慢。

2. 过氧化氢光度法

在 1 mol $\cdot$ L^{-1}硫酸溶液中,Ti^{4+} 与过氧化氢作用生成黄色的过钛酸 $H_2[TiO_2(SO_4)_2]$,借此进行钛的光度测定。络合物的极大吸收在 410 nm 波长处。其主要反应如下:

试样的溶解:

$$FeTi + 3H_2SO_4 \longrightarrow FeSO_4 + Ti(SO_4)_2 + 3H_2 \uparrow$$

$$TiC + 5H_2SO_4 \longrightarrow Ti(SO_4)_2 + CO_2 \uparrow + 3SO_2 \uparrow + 4H_2O + H_2 \uparrow$$

用过氧化氢显色:

$$Ti(SO_4)_2 + H_2O_2 + 3H_2O \longrightarrow [\underset{\text{黄色}}{TiO_2(SO_4)_2}]^{2+} + 2H_2SO_4$$

Ni^{2+},Co^{2+},Fe^{3+} 及 Cr^{3+} 等有色离子虽不与过氧化氢反应,但它们本身具有的色泽影响测定。在部分显色液中,加氟化物溶液或用不加过氧化氢的试液作为参比,相互抵消。适量的磷酸存在,与 Fe^{3+} 形成无色络合物$[Fe(PO_4)]^{3-}$,消除 Fe^{3+} 的干扰。

1) 试剂

硫酸$(1+1)$,$(1$ mol $\cdot$ $L^{-1})$。硝酸$(\rho=1.42$ g $\cdot$ $cm^{-3})$。过氧化氢$(1+9)$。钛标准溶液$(Ti~0.6$ mg $\cdot$ $mL^{-1})$,称取纯二氧化钛 0.5004 g,于瓷坩埚中加入焦硫酸钾 7 g,于 600 ℃高温炉中熔融,冷却后,用$(5+95)$硫酸浸出,并于 500 mL 量瓶中以$(5+95)$硫酸稀释至刻度,摇匀。

2) 操作步骤

称取试样 0.2000 g,于 100 mL 锥形瓶中,加硫酸$(1+1)15$ mL,加热溶解,加硝酸 3 mL 氧化,煮沸驱除氧化氮,冷却,于 100 mL 量瓶中以水稀释至刻度,摇匀,干过滤。吸取滤液 10 mL 2 份置于 100 mL 量瓶中。空白液:以硫酸$(1$ mol $\cdot$ $L^{-1})$稀释至刻度。显色液:加硫酸$(1$ mol $\cdot$ $L^{-1})$约 80 mL,加过氧化氢$(1+9)5$ mL,用硫酸$(1$ mol $\cdot$ $L^{-1})$稀释至刻度,摇匀。用 2 cm 比色皿,于 470 nm 波长处,以空白液为参比,测定吸光度。从检量线上查得试样的含钛量。

3) 检量线的绘制

于 6 只 100 mL 量瓶中,依次加入钛标准溶液 0.0 mL,2.0 mL,4.0 mL,6.0 mL,8.0 mL,10.0 mL$(Ti~0.6$ mg $\cdot$ $mL^{-1})$,按方法显色,以不加钛标准溶液的试液作为参比,测定吸光度,并绘制检量线。每毫升钛标准溶液相当于含钛量 3%。

4) 注

(1) 本法适用于测定含钛 $3\% \sim 30\%$ 的试样。对于含钛量大于 30% 的试样可酌情少称试样。如称取 0.1 g,按同样检量线含量加倍,可测定小于 60% 的钛。

(2) 显色时溶液的酸度以在 1.5~3.5 mol·L^{-1} 为宜,在此酸度条件下过钛酸较稳定。酸度过大时过氧化氢易分解,反之易生成偏钛酸使显色不完全。

(3) 显色溶液的温度必须冷却至室温,显色后应立即测定吸光度。

6.5.2　磷、硅的系统分析

1) 试剂

硝酸(2+1),(1+3)。氢氟酸(40%)。硼酸溶液(5%)。草酸溶液(5%)。硫酸亚铁铵溶液(6%):每 100 mL 中含硫酸(1+1)6 滴。高锰酸钾溶液(2%)。亚硝酸钠溶液(2%)。氟化钠-氯化亚锡溶液:每 1 000 mL 中含氟化钠 24 g,氯化亚锡 2 g,当天使用。经常使用时,可大量配制氟化钠溶液(2.4%),临用时取部分加入氯化亚锡。铁溶液(Fe 10 mg·mL^{-1}):取硫酸高铁铵 21.6 g,溶于硝酸(1+3)250 mL 中。硅标准溶液(Si 1.0 mg·mL^{-1}),配制方法见 6.1 节。

2) 操作步骤

称取试样 0.250 0 g 置于铂皿(或塑料杯中),加硝酸(2+1)18 mL,加热至 60~70 ℃,用塑料滴管加入氢氟酸 20 滴(约 1 mL),塑料棒搅拌使其溶解,然后加入硼酸溶液(5%)25 mL,摇匀,冷却,于量瓶中稀释至 50 mL,转入塑料瓶中。

(1) 磷的测定。吸取试液 5 mL 于锥形瓶中,加铁溶液 1.3 mL,硝酸(1+3)4 mL,煮沸驱除氧化氮,滴加高锰酸钾溶液至呈红色。煮沸约 30 s,滴加亚硝酸钠溶液至高锰酸钾还原。煮沸驱除氧化氮,取下,立即加入钼酸铵溶液(5%)5 mL,摇匀。立即加入氟化钠-氯化亚锡溶液 20 mL,摇匀。放置 1 min,流水冷却。于量瓶中稀释至 50 mL,摇匀。用 1 cm 比色皿,于 680 nm 波长处,以水作为参比,测定其吸光度。从检量线上查得试样的含磷量。检量线的绘制:称取不同含磷量的普通钢铁标样各 0.25 g 数份,按方法溶解和处理,分别于 50 mL 量瓶中稀释至刻度。各吸取溶液 5 mL,加铁溶液 0.5 mL,硝酸(1+3)5 mL,按方法显色,测定吸光度,并绘制检量线。

(2) 硅的测定。吸取试液 2 mL 于 100 mL 量瓶中,加水 32 mL,钼酸铵溶液(5%)5 mL,放置 10~20 min,加草酸溶液(5%)10 mL,摇匀。加入硫酸亚铁铵溶液(6%)5 mL,以水稀释至刻度,摇匀。用 1 cm 比色皿,于 680 nm 波长处,以水作为参比,测定吸光度。从检量线上查得试样的含硅量。检量线的绘制:称取纯铁或已知含低硅的钢样 0.17 g(0.25 g 钛铁中平均含铁量以 0.17 g 计)数份,分别加硝酸(2+1)18 mL 溶解,依次加入硅标准溶液 1.0 mL,3.0 mL,5.0 mL,7.0 mL,10.0 mL(Si 1.0 mg·mL^{-1}),于 50 mL 量瓶中,以水稀释至刻度,摇匀。分别吸取上述溶液 2 mL 置于 100 mL 量瓶中,按方法显色,测定吸光度,并绘制检量线。每毫升硅标准溶液相当于含硅量 0.4%。

6.6　钒铁的分析

6.6.1　钒的测定(硫酸亚铁铵容量法)

试样用硫磷混合酸溶解,以硝酸破坏碳化物,在室温下用高锰酸钾氧化,将全部钒由 4 价氧化成 5 价(此时铬不被氧化)。过量的高锰酸钾以亚硝酸钠还原,用 N-苯代邻氨基苯甲酸作指示剂,以硫酸亚铁铵标准溶液滴定。该方法的基本原理及注意事项参见 3.5 节。

1) 试剂

混合酸:每 1 000 mL 溶液中含硫酸 150 mL,磷酸 150 mL。硝酸(ρ=1.42 g·cm^{-3})。高锰酸钾溶液(2%)。亚硝酸钠溶液(0.5%)。尿素(固体)。硫酸(1+1)。N-苯代邻氨基苯甲酸指示剂(0.2%):取该指示剂 0.2 g 溶于 100 mL 碳酸钠溶液(0.2%)中。硫酸亚铁铵标准溶液(0.05 mol·L^{-1}):称取硫酸亚铁铵 20 g 溶于 1 000 mL 硫酸(5+95)中,摇匀。其滴定度可用钒铁标准样品,按同样方法操作求得,或用重铬酸钾标准溶液随时标定求其准确浓度。标定方法见 6.1 节。

2) 操作步骤

称取试样 0.200 0 g,置于 150 mL 锥形瓶中,加混合酸 20 mL,加热溶解,加硝酸至剧烈反应停止。煮沸驱除氮的氧化物,冷却至室温,加水约 30 mL,滴加高锰酸钾溶液(2%)使其呈稳定的玫瑰红色,静置 1~2 min 以使钒完全氧化。随后加尿素约 1 g,仔细滴加亚硝酸钠溶液(0.5%)使红色消退而呈高价钒的黄色,并过量 1 滴,充分摇动,1 min 后,加硫酸(1+1)10 mL,N-苯代邻氨基苯甲酸指示剂 3 滴,立即用硫酸亚铁铵标准溶液滴定至溶液由樱红色转变为亮绿色为终点。按下式计算试样的含钒量:

$$V\% = \frac{V \times M \times 0.050\ 94}{G}$$

式中:V 为滴定时消耗硫酸亚铁铵标准溶液的毫升数;M 为硫酸亚铁铵标准溶液的摩尔浓度;G 为称取试样质量(g)。

如用标准样品称取同样重量按上述方法操作,求硫酸亚铁铵标准溶液对钒的百分滴定度($T\% = A/V_0$),可按下式计算含钒量:

$$V\% = T\% \times V$$

式中:V 为滴定试样时消耗硫酸亚铁铵标准溶液的毫升数;V_0 为滴定标样时消耗硫酸亚铁铵标准溶液的毫升数;A 为标样的含钒量(%)。

3) 注

(1) 高硅钒铁(含硅量大于 4%),如难溶于酸中,可加氢氟酸数滴。

(2) 其他注意事项详见 3.5 节。

6.6.2 磷的测定

1. 酸碱滴定法

试样用氧化性酸溶解,用适当的氧化剂将磷氧化为正磷酸状态,调节适当的酸度,加钼酸铵与磷酸形成磷钼酸铵沉淀,过滤。沉淀溶于过量的氢氧化钠标准溶液中,过量的氢氧化钠用酸标准溶液返滴定。

试样分解后,磷大部分以正磷酸状态存在。但也有一部分成焦磷酸、偏磷酸或次磷酸状态,这些在沉淀前都必须被氧化成正磷酸状态。最有效的办法是用高锰酸钾煮沸溶液进行氧化,不仅如此,它还可以同时将碳化物破坏。其反应式为

$$5H_3PO_3 + 2KMnO_4 + 6HNO_3 \Longrightarrow 5H_3PO_4 + 2KNO_3 + 2Mn(NO_3)_2 + 3H_2O$$

$$2KMnO_4 + 2HNO_3 \Longrightarrow 2KNO_3 + 2MnO_2 \downarrow + 3(O) + H_2O$$

氧化过程中所生成的二氧化锰,须用亚硝酸钠或亚铁将其还原:

$$MnO_2 + NaNO_2 + 2HNO_3 \Longrightarrow Mn(NO_3)_2 + NaNO_3 + H_2O$$

$$MnO_2 + 2FeSO_4 + 2H_2SO_4 \Longrightarrow MnSO_4 + Fe_2(SO_4)_3 + 2H_2O$$

如不用高锰酸钾而以高氯酸作氧化剂时,须冒高氯酸烟 2 min 以上,否则磷含量的结果偏低。

生成磷钼酸铵时黄色沉淀与酸度、温度以及共存元素等有关:

$$H_3PO_3 + 12(NH_4)_2MoO_4 + 22HNO_3 + 2H_2O \Longrightarrow \underset{\text{黄色沉淀}}{(NH_4)_2H[P(Mo_3O_{10})_4]} \cdot H_2O$$
$$+ 22NH_4NO_3 + 13H_2O$$

沉淀磷时最合适的酸度为 5%~10%(硝酸,按体积计)。硫酸、盐酸、氢氟酸及高氯酸存在时,均妨碍沉淀生成且增加沉淀的溶解度。沉淀时的合适温度为 40~45 ℃。

该沉淀溶于过量的氢氧化钠标准溶液中:

$$(NH_4)_2H[P(Mo_3O_{10})_4] \cdot H_2O + 27OH^- \Longrightarrow PO_4^{3-} + 12MoO_4^{2-} + 2NH_4OH + 14H_2O$$

用硝酸标准溶液返滴定至酚酞红色消失(pH=8)时:

$$OH^-(过剩的 NaOH) + H^+ \Longrightarrow H_2O$$
$$PO_4^{3-} + H^+ \Longrightarrow HPO_4^{2-}$$
$$NH_4OH + H^+ \Longrightarrow NH_4^+ + H_2O$$

由反应式可见,1 g 摩尔磷钼酸铵沉淀在溶解中,先消耗 27 g 摩尔碱。但在回滴时,又消耗 3 g 摩尔酸(消耗于 PO_4^{3-} 与 $2NH_4OH$),所以 1 g 摩尔沉淀相当于 24 g 摩尔碱,即这时磷的毫克摩尔的克数应该是 $\dfrac{30.9758}{24 \times 1000} = 0.00129$,而不再是 $\dfrac{30.9738}{23 \times 1000} = 0.00135$。按 0.00135 计算结果偏高。

1) 试剂

硝酸($\rho = 1.42$ g $\cdot$ cm^{-3}),(1+1),(2+98)。氢氟酸(40%)。盐酸(5+95),(1+1)。硫氰酸铵溶液(5%)。高氯酸($\rho = 1.67$ g $\cdot$ cm^{-3})。硝酸铵(固体)。盐酸羟胺溶液(10%)。硝酸钾溶液(1%),用煮沸过并冷却的水配制(溶液必须为中性)。酚酞指示剂(1%):称取 1 g 酚酞,溶于 60 mL 乙醇内,以水稀释至 100 mL。钼酸铵溶液:将研细的钼酸铵 $[(NH_4)_6Mo_7O_{24} \cdot 4H_2O]$ 270 g,溶于 2000 mL 水中,搅拌并徐徐倾入盛有硝酸(2+3)溶液 2000 mL 的大瓶中,混匀后再加磷酸铵 0.01 g,静置 24 h,过滤。硝酸标准溶液:取硝酸 6 mL,加水稀释至 1000 mL,摇匀。标定方法:吸取氢氧化钠标准溶液 25 mL,于 250 mL 锥形瓶中,加水 50 mL(水应预先煮沸,冷却,必须为中性)及酚酞指示剂 3 滴,用硝酸标准溶液滴定至红色消失为终点。按下式确定比例系数:

$$K = \frac{25.00}{V}$$

式中:V 为滴定时所耗硝酸标准溶液的毫升数;K 为 1 mL 硝酸标准溶液相当于氢氧化钠标准溶液的体积比例系数。氢氧化钠标准溶液(0.1 mol $\cdot$ L^{-1})。标定方法:用标准样品按相同的操作步骤进行标定,确定氢氧化钠标准溶液对磷的滴定度 T(即 1 mL 氢氧化钠标准溶液相当于磷的克数):

$$T(\text{g} \cdot \text{mL}^{-1}) = \frac{A \times G}{(V - V_1 K) \times 100}$$

式中:A 为标准样品中磷的百分含量;G 为标准样品称取质量(g);V 为加入氢氧化钠标准溶液的毫升数;V_1 为滴定所耗硝酸标准溶液的毫升数。如无合适的标样时,则以邻苯二甲酸氢钾标定氢氧化钠标准溶液的浓度。

2) 操作步骤

称取试样 1.0000 g,置于铂蒸发皿中,加硝酸(1+1)25 mL,加热至试样完全溶解。滴加氢氟酸 2~3 mL,高氯酸 10 mL,加热蒸发至冒高氯酸白烟,冷却后用少量水冲洗皿壁,继续加热蒸发至冒高氯酸白烟 3~5 min,加水约 50 mL,溶液转移到 250 mL 锥形瓶中,加热煮沸,加硝酸 5 mL 及硝酸铵 10 g,冷却至室温,加盐酸羟胺溶液(10%)20 mL,剧烈振荡 1~2 min,加热至 30~35 ℃,再加盐酸羟胺溶液(10%)10 mL,不断振荡,加入钼酸铵溶液 50 mL,塞紧瓶口,剧烈振荡 5 min,静置 2~3 h,用盛有纸浆及脱脂棉的漏斗过滤。锥形瓶内及滤器上的沉淀先用硝酸(2+98)洗涤 4～5 次,然后用硝酸钾溶液(1%)洗涤至洗液无酸性反应(取最后洗液 2 mL 于试管中,加酚酞指示剂 1 滴,滴加氢氧化钠标准溶液 1 滴,如已洗净溶液则呈红色)。将洗净的磷钼酸沉淀连同滤纸和棉花置于原锥形瓶中,加中性冷水 25 mL(水应预先煮沸以除去二氧化碳)及适当量的氢氧化钠标准溶液,剧烈振荡使黄色沉淀完全溶解并过量 5 mL,加酚酞指示剂(1%)3 滴,以冷的中性水 50 mL 冲洗瓶塞及瓶壁,用硝酸标准溶液滴定至红色消失即为终点。按下式计算试样的含磷量:

$$P\% = \frac{T(V-V_1K)}{G} \times 100$$

式中:T 为氢氧化钠标准溶液对磷的滴定度($g \cdot mL^{-1}$);V 为滴定前所加过量氢氧化钠标准溶液的毫升数;V_1 为滴定时消耗硝酸标准溶液的毫升数;G 为称取试样质量(g)。或按理论值计算:

$$P\% = \frac{(V-V_1K) \times M \times 0.001\,29}{G} \times 100$$

式中:M 为氢氧化钠标准溶液的摩尔浓度;0.001 29 为 1 毫克摩尔磷的克数,即 $\frac{30.973\,8}{24 \times 1\,000}$。

3) 注

(1) 沉淀时若无硝酸铵或其量<0.5%时,磷钼酸铵沉淀呈胶状,不易过滤。加入 5%～15%硝酸铵可降低沉淀的溶解度,防止生成胶体,并使沉淀迅速生成。

(2) 1 mg 磷理论上需 56 mg 沉淀剂(以 MoO_3 计)。为使沉淀完全,钼酸铵加入量要过量 0.013 $g \cdot mL^{-1}$ MoO_3,当其他元素影响沉淀时,要过量 0.02 $g \cdot mL^{-1}$ MoO_3。

(3) 磷钼酸铵沉淀在大于 60 ℃时呈针状结晶,组成变异。一般沉淀温度为 40 ℃左右,大于 50 ℃时,砷、钒、硅酸可能同时被沉淀。

2. 乙醚萃取光度法

试样以硝酸溶解,磷用高锰酸钾氧化,以正磷酸状态存在。在 0.8～1.2 $mol \cdot L^{-1}$ 硝酸介质中,使正磷酸与钼酸铵生成磷钼杂多酸,用乙醚或乙酸乙酯萃取,然后以氯化亚锡还原杂多酸中的钼,生成低价的钼蓝络合物,借此进行磷的光度测定。

试样中的大量钒干扰测定。由于钒(V)与磷形成磷钼钒杂多酸,使磷改变了萃取性能而被留在水相中,使磷的分析结果偏低。萃取前加入亚铁将 5 价钒还原成低价钒,即可消除其影响。

砷含量大于 0.1%时有干扰。

1) 试剂

硝酸(1+3)。高锰酸钾溶液(4%)。亚硝酸钠溶液(10%)。钼酸铵溶液:称取钼酸铵 5 g 溶于 75 mL 水中,加硝酸 25 mL。乙醚(或乙酸乙酯):分析纯。氯化亚锡溶液:称取氯化亚锡 2 g,置于小烧杯中,加盐酸 3～5 mL,加热至溶解后,以水稀释至 100 mL,当日使用。硫酸亚铁铵溶液(20%)。

2) 操作步骤

称取试样 0.500 0 g,置于 250 mL 锥形瓶中,加硝酸(1+3)40 mL,加热溶解,滴加高锰酸钾溶液(4%)氧化至水合二氧化锰沉淀析出,并继续煮沸 1 min,滴加亚硝酸钠溶液(10%)至沉淀溶解。继续煮沸 2 min,以驱除氮的氧化物,冷却后加硫酸亚铁铵溶液(20%)15 mL 将钒还原。移入 1 000 mL 量瓶中,以水稀释至刻度。吸取试液 2 mL(磷量控制在 0～4 μg)于预先盛有钼酸铵溶液 1 mL 的微量分液管中,摇匀。准确加入乙醚(或乙酸乙酯)10 mL,加塞封闭,振荡 30 s,静置分层后,滴加氯化锡溶液(2%)8～15 滴,弃去下层水相,将乙醚(或乙酸乙酯)层注入 1 cm 比色皿中,于 680 nm 波长处,以乙醚作参比,立即测定吸光度。从检量线上查得试样的含磷量。

3) 检量线的绘制

用含磷量不同的钢铁标样,按上述方法测定吸光度并绘制检量线。

4) 注

（1）为了避免乙醚中含有乙醇等杂质，须用水饱和后使用。即先用水反萃取将乙醇等杂质分离除去。

（2）氯化亚锡应缓缓滴入，一般加入 8~15 滴即可（蓝色不再加深）。若过量太多，钼继续被还原至低价而不使醚层显色。加入氯化亚锡时，不可摇动分液管，以免醚层与酸层相混，使钼蓝褪色。钼蓝色泽能稳定 3 min。

（3）乙醚的质量对结果有很大影响，最好用同一批号的乙醚。室温超过 28 ℃时，不宜用乙醚萃取。

（4）可用乙酸乙酯代替乙醚。

6.6.3　硅的测定（重量法）

基本原理及注意事项见 3.2 节。

1) 试剂

盐酸（$\rho = 1.19\ \mathrm{g \cdot cm^{-3}}$），（1+1），（5+65）。硝酸（$\rho = 1.42\ \mathrm{g \cdot cm^{-3}}$）。硫酸（$\rho = 1.84\ \mathrm{g \cdot cm^{-3}}$）。氢氟酸（40%）。

2) 操作步骤

称取试样 1.000 0 g，置于 250 mL 锥形瓶中，加盐酸 30 mL，加热溶解。仔细滴加硝酸 5 mL，以破坏碳化物，煮沸驱除氮的氧化物，稍冷，加硫酸 10~15 mL，加热至冒烟并维持 3~5 min。冷却，加盐酸（1+1）15 mL，充分混匀。10~15 min 后，加热水 100 mL，加热至可溶性盐类溶解，用紧质滤纸过滤，盐酸（5+65）洗涤沉淀和烧杯至无 Fe^{3+} 存在（用硫氰酸盐检查滤液），然后用水洗净氯离子（用硝酸银溶液检查）。将滤纸连同沉淀置于铂坩埚中，在电炉上烘干，灰化，于 950~1 000 ℃ 高温炉中灼烧 40 min，冷却，称重。将灼烧后之二氧化硅仔细用水 1~2 滴润湿，加硫酸（1+1）2~3 滴，氢氟酸 3~5 mL，加热蒸发至停止发生白烟（须在通风橱中进行），然后将坩埚于 950~1 000 ℃ 高温炉中灼烧 20~30 min，冷却，称重。按下式计算试样的硅含量：

$$\mathrm{Si}\% = \frac{(G_1 - G_2) \times 0.467\,2}{G} \times 100$$

式中：G_1 为氢氟酸处理前坩埚与二氧化硅的质量（g）；G_2 为氢氟酸处理后坩埚与残渣的质量（g）；0.467 2 为二氧化硅换算成硅之换算系数；G 为称取试样的质量（g）。

6.7　钨铁的分析

6.7.1　钨的测定

1. 三氧化钨重量法

试样用硝酸-氢氟酸溶解，以硝酸氧化生成钨酸：

$$W + 2HNO_3 =\!=\!= H_2WO_4 + 2NO\uparrow$$

少部分未沉淀的钨酸在适当的酸度范围内加辅助沉淀剂辛可宁或罗丹明 B 使之完全析出。将沉淀过

滤,洗涤,灼烧成三氧化钨称重:

$$H_2WO_4 \xrightarrow{800\ ℃} WO_3 + H_2O$$

由于钨酸沉淀易和硅酸、铌、铁、铬、钼等共沉淀,故可将灼烧后不纯的三氧化钨用碳酸钠熔融,用热水溶解钨酸钠留在溶液中过滤除去。而铁等元素以氢氧化物沉淀,留在滤纸上,再经灼烧后称重,并从第一次称量的质量中减去,即为三氧化钨的重量。根据三氧化钨的重量,计算钨的含量。

1) 试剂

氢氟酸(40%)。硝酸($\rho=1.42\ g\cdot cm^{-3}$)。高氯酸($\rho=1.67\ g\cdot cm^{-3}$)。氨水(1+1)。辛可宁溶液(12.5%):辛可宁125 g溶于1 000 mL盐酸(1+1)中。辛可宁洗液:取上述溶液30 mL用水稀释至1 000 mL。无水碳酸钠(固体)。乙醇。盐酸($\rho=1.19\ g\cdot cm^{-3}$)。

2) 操作步骤

称取试样0.500 0 g,置于铂皿中,加氢氟酸7~8 mL,加盖,然后加硝酸2~3 mL至试样完全溶解(硝酸作用甚为剧烈,故每滴入硝酸后,应待作用缓慢再行滴入),移去皿盖,用水冲洗,加高氯酸10 mL,加热蒸发至冒白烟。稍冷,加热水60 mL,放置1~2 min,将溶液转入400 mL烧杯中,用热水冲洗,附着于皿壁之钨酸,用氨水(1+1)溶解,将此液移入主量杯溶液内。加盖表面皿,加热煮沸3~5 min,加热水至约300 mL(此时溶液温度应小于80 ℃),加辛可宁溶液10 mL,加入纸浆少许,在低温处放置2 h,并时常搅拌。用紧质滤纸过滤,烧杯内的沉淀用辛可宁液洗4~5次至完全转移到滤纸上,再用辛可宁洗液洗涤至滤液无Fe^{3+}离子反应为止(用硫氰酸盐溶液检查)。将洗净之沉淀连同滤纸置于已知称重的铂坩埚中,烘干、灰化。于750~800 ℃高温炉中灼烧20 min,冷却后称重为G_1。在铂坩埚中加入碳酸钠3 g,加热熔融,冷却,加水70 mL浸出坩埚,溶液中加入乙醇2~3 mL,加热至70~80 ℃使熔块完全分解,静置20~30 min。用紧质滤纸过滤,用热水洗涤滤纸和沉淀。将洗净的沉淀和滤纸移入原铂坩埚中灰化、灼烧,冷却后称重为G_2。两次重量之差(G_1-G_2)即为三氧化钨的质量。按下式计算试样的含钨量:

$$W\% = \frac{(G_1-G_2)\times 0.793\ 1}{G}\times 100$$

式中:G为称取试样质量(g);0.793 1为由三氧化钨换算成钨之换算系数。

3) 注

(1) 加入辛可宁溶液时,溶液的温度不得超过80 ℃,以免温度过高使辛可宁分解,致使钨酸沉淀不完全。

(2) 灼烧三氧化钨的温度以750~850 ℃为最好。在600 ℃时,生成的三氧化钨吸水率很大;而温度超过850 ℃,则有部分三氧化钨挥发损失,且产生成分不定的化合物。

2. 铬合滴定法

钨铁试样经酸溶解后,用碱(氢氧化钠)分离,除去大部分干扰元素。所得钨酸钠溶液,在pH≈4.5加入过量的乙酸铅生成钨酸铅沉淀,在pH 5.5~5.8时用EDTA溶液滴定过量的铅。与钨酸钠一起进入碱溶液中的铝与少量的铁、锰、铜、锡等元素,可分别用乙酰丙酮、邻菲罗啉及乳酸掩蔽消除干扰。

1) 试剂

氢氟酸(40%)。硝酸($\rho=1.42\ g\cdot cm^{-3}$),(1+1),(1+10)。高氯酸($\rho=1.67\ g\cdot cm^{-3}$)。亚硝酸钠溶液(10%)。氢氧化钠(固体)。对硝基酚指示剂(0.2%)。乙酸铵溶液(20%)。乙酸溶液(1+2):1份冰乙酸与2份水相混。溴甲酚绿指示剂(0.2%):0.2 g该指示剂溶于20 mL乙醇中,以水稀释至100 mL。乙酰丙酮(1+10)。六次甲基四胺溶液(30%)。邻菲罗啉溶液:取该试剂1 g,加乙酸1 mL,水20 mL溶解。乳酸(1+10)。二甲酚橙指示剂(0.1%)。乙酸铅标准溶液(0.010 0 mol·L^{-1}):称取乙酸铅($PbAc_2 \cdot 3H_2O$)3.80 g 溶于水中,加入乙酸(30%)5 mL,以水稀释至 1 000 mL。EDTA 标准溶液(0.01 mol·L^{-1}):称取 EDTA 二钠盐 3.72 g,溶于水中,移入 1 000 mL 量瓶中,以水稀释至刻度,摇匀。

2) 操作步骤

称取试样 0.250 0 g 置于铂皿中,加氢氟酸 5 mL,硝酸 2 mL,于低温加热溶解。加高氯酸 5 mL 继续加热至冒烟,并维持 2 min,取下稍冷。将溶液移入 250 mL 烧杯中,用水洗净铂皿(总体积约 50 mL)。加入亚硝酸钠溶液(10%)5 mL,加热使盐类溶解。稍冷,分次加入氢氧化钠 5 g,加热煮沸 2 min,冷却后移入 250 mL 容量瓶中,以水稀释至刻度,混匀,干过滤,弃去开始一部分滤液。吸取滤液 50 mL 于 250 mL 锥形瓶中,加对硝基酚指示剂 5 滴,用硝酸中和至弱酸性,再用硝酸(1+10)中和至最后一滴恰好使溶液由黄色变为无色。立即加入乙酸铵溶液(20%)5 mL,加热至沸,准确加入乙酸铅标准溶液(0.010 0 mol·L^{-1})25 mL,煮沸 2 min,加乙酸(1+2)2 mL,再煮沸 2 min 并保温 5～10 min,冷却。依次加入溴甲酚绿指示剂 3 滴,乙酰丙酮(1+10)5 mL,六次甲基四胺溶液(30%)15 mL,邻菲罗啉溶液 0.5 mL,乳酸(1+10)5 mL,二甲酚橙指示剂 4 滴,充分摇匀,用 EDTA 标准溶液滴定至溶液恰好呈灰绿色为终点。记下消耗的 EDTA 溶液的毫升数为 V_1。另取乙酸铅标准溶液(0.010 0 mol·L^{-1})25 mL 于 350 mL 锥形瓶中,加水 50 mL,乙酸铵溶液(20%)5 mL,乙酸(1+2)2 mL,加入溴甲酚绿指示剂 3 滴,以下同上述操作,记下消耗的 EDTA 溶液的毫升数为 V_2。按下式计算试样的含钨量:

$$W\% = \frac{(V_2 - V_1) \times M \times 0.183\,7}{G} \times 100$$

式中:V_1 为滴定过量的铅消耗的 EDTA 标准溶液的毫升数;V_2 为滴定总量铅消耗的 EDTA 标准溶液的毫升数;M 为 EDTA 标准溶液的摩尔浓度;G 为称取试样的质量(g)。

3) 注

(1) 加氢氧化钠分离钨之前加入亚硝酸钠,可防止钨酸铅沉淀时有少量黄色的钨酸共沉淀。

(2) 乙酸铵加入量以 1～1.5 g 之间为宜。钨酸铅沉淀时溶液的 pH 值应在 4.5 左右。加入过多的乙酸铵使钨酸铅沉淀不完全且结果偏低;加入量过少时结果偏高。可能是铅离子共沉淀所致。

(3) 在 pH 5.5～5.8,用 EDTA 标准溶液滴定过量的铅离子时,残留于溶液中的铁、铝、锡、铜等离子有干扰,故必须予以掩蔽以消除其干扰。

6.7.2　磷的测定(乙酸丁酯萃取钼蓝光度法)

在 0.6～1.8 mol·L^{-1} 硝酸介质中,将磷氧化成正磷酸,与钼酸铵生成磷钼杂多酸,用乙酸丁酯萃取,以氯化亚锡还原杂多酸中钼成低价的钼蓝络合物,借此进行比色测定。

钨对测定有干扰,可能形成磷钨酸不被萃取。当有氢氟酸存在时,为使钨掩蔽,可以直接萃取。由于氢氟酸也同时与钼酸铵形成络合物,因此,在加入氢氟酸的条件下必须增加钼酸铵的用量。

1) 试剂

硝酸(1+3),(1+10)。氢氟酸(40%)。高锰酸钾溶液(2%)。亚硝酸钠溶液(2%)。酸性钼酸铵溶液(5%):溶解钼酸铵 25 g 于 200 mL 水中,将溶液倒入硝酸(1+3)190 mL 中,搅匀。以水稀释至 500 mL。溶液贮于塑料瓶中。磷标准溶液(P 10 μg·mL^{-1}):称取 105～110 ℃ 干燥的 Na_2HPO_2 0.458 4 g(KH_2PO_4 0.439 4 g)溶于水中,加硝酸 5 mL,于量瓶中以水稀释至 1 000 mL,每毫升含磷 0.1 mg。绘制曲线时将此溶液再稀释 10 倍。氯化亚锡溶液:称取氯化亚锡 0.5 g,溶解于盐酸 8 mL 中,用水稀释至 50 mL,加抗坏血酸 0.7 g,摇匀使溶解。溶液应当天配制。盐酸洗液(15%),100 mL

溶液中含盐酸 15 mL。乙酸丁酯。

2）操作步骤

称取试样 0.200 0 g 于铂皿中,加硝酸(1+3)10 mL,加盖,分次加氢氟酸 1 mL,加热溶清(用塑料棒搅拌)。用少量水冲洗盖及皿壁,煮沸,加高锰酸钾氧化、亚硝酸钠还原,冷却。移入 50 mL 量瓶中,用硝酸(1+3)15 mL 洗涤铂皿,再用水洗,并入量瓶中。加尿素约 0.5 g,用水稀释至刻度并立即转移到塑料杯中。吸取试样溶液 5 mL 于小口塑料瓶中,加硝酸(1+10)5 mL,氢氟酸 1 mL,钼酸铵溶液(5%)8 mL,准确加入乙酸丁酯 10 mL,硼酸约 1 g,振荡 30～60 s,将溶液移至分液漏斗中分层后弃去水相。盐酸洗液(15%)10 mL 加入有机相,振摇数秒钟,分层后弃去水。加氯化亚锡溶液 1～2 mL,并旋转摇动分液漏斗,使磷钼络离子还原为钼蓝。弃去水相。用刻度吸管加入乙醇 2 mL,旋转摇动分液漏斗,此时浑浊的有机相变清晰,水珠凝聚下沉。用 1 cm 比色皿,于 660 nm 波长处,以水为参比,测定吸光度。从检量线上查得试样的含磷量。

3）检量线的绘制

取磷标准溶液 0.5 mL,1.0 mL,2.0 mL,3.0 mL(P 10 g·mL^{-1}),依次置于 60 mL 刻度分液漏斗中,加硝酸(1+10)10 mL,钼酸铵溶液(5%)3～5 mL。准确加入乙酸丁酯 10 mL,振摇 30 s(25 ℃以下振摇 1～2 min)。分层后弃去水相。于有机相中加盐酸洗液(15%)10 mL,以下按上述操作进行,测定吸光度,并绘制检量线。每毫升磷标准溶液相当于含磷量 0.05%。

4）注

(1) 钨干扰磷的测定,必须加足够的氢氟酸(1 mL)及钼酸铵溶液(8 mL),消除钨的影响。

(2) 钨铁的显色液色泽不稳定,有机相必须用盐酸洗涤 1～2 次,并加入乙醇 2 mL,这样显色液的色泽较为稳定(10 min)。检量线应同样加乙醇 2 mL。由于色泽稳定性较差,所以必须逐一进行测定。

6.8　硅铁稀土镁合金的分析

硅铁稀土镁合金是由 Si,RE,Fe,Mg,Ca 等主要成分组成的。根据冶炼和铸造工艺的不同,合金成分有很大的变化。同时随稀土矿源的不同,稀土各组分的含量也有较大的差别。为了适用于各种组成的合金分析,本方法选用碱熔融分解试样,用盐酸酸化、脱水、沉淀、灼烧测得含 Si 量。滤液供测定 RE,Fe,Ca,Mg 用。

6.8.1　试液的制取和硅的测定

1）试剂

无水碳酸钠(固体)。盐酸溶液(1+1),(5%)。

2）操作步骤

称取经研细过筛(粒度在 100 目以上)的试样 0.500 0 g,置于铂坩埚中,加 5～6 g 无水碳酸钠,混匀。于高温炉中,逐渐升温至 1 000 ℃。在此温度熔融 20～25 min,稍冷,用盐酸(1+1)50 mL 浸出,酸化,加热蒸干,脱水。再加盐酸(1+1)50 mL,加热至盐类溶解,用紧密滤纸过滤,用盐酸溶液(5%)洗涤烧杯和沉淀至无 Fe^{3+}(用 SCN$^-$溶液检查)。再用水洗至无 Cl$^-$(用 Ag$^+$溶液检查)。将沉淀及滤纸移至已经恒重的瓷坩埚中,灰化,并于 1 000～1 050 ℃高温炉中灼烧 40 min,冷却,称量,再灼烧,如此反复至恒重。按下式计算试样的含硅量:

$$Si\% = \frac{(G_2 - G_1) \times 0.467\,4}{G} \times 100$$

式中:G_1 为坩埚质量(g);G_2 为沉淀+坩埚质量(g);G 为称取试样质量(g);0.467 4 为由二氧化硅换算成的硅的换算系数。滤液收集于 250 mL 容量瓶中,以水稀释至刻度(试液 A),供测定 RE,Fe,Ca,Mg。

3) 注

(1) 如灼烧后沉淀不为纯白色(带有褐赤色),将沉淀转入已称准确重量的铂坩埚中,然后沿坩埚壁加入 3~4 滴水,3~4 滴硫酸(1+2)及氢氟酸 8~10 mL,于电炉上加热蒸发至停止产生白烟(必须在通风橱内),然后将坩埚置于 1 000~1 050 ℃高温炉中灼烧 20~30 min,冷却,称量,并反复至恒重。计算公式见 3.2 节。

(2) 其他事项见 3.2 节。

6.8.2 稀土总量的测定

吸取部分试液 A,将溶液酸度调至 pH≈2,在有足够量的草酸存在的情况下,使稀土离子形成草酸稀土沉淀,经 800~850 ℃灼烧,以稀土氧化物形式称重。

1) 试剂

硝酸($\rho = 1.42$ g·cm^{-3})。氨水(1+1),(1+100)。盐酸溶液(1+1)。草酸饱和溶液。草酸洗液(2%)。麝香草酚蓝指示剂(0.1%):溶 0.1 g 该指示剂于4.3 mL 0.05 mol·L^{-1} NaOH 溶液中,以水稀释至 100 mL。

2) 操作步骤

吸取试液 A 100 mL 于 400 mL 烧杯中,加氯化铵(固体)0.5 g,硝酸 2 mL,加热煮沸。在不断搅拌下,逐滴加入氨水(1+1)至有氨味,再过量 10 mL,煮沸数分钟,趁热用快速滤纸过滤,用氨水(1+100)洗涤烧杯 2~3 次和沉淀 6~7 次。滤液和洗液收集于 200 mL 量瓶中(试液 B 供测定 Ca,Mg)。用热盐酸(1+1)溶解沉淀于原烧杯中,以热水洗净滤纸。加草酸饱和溶液 50 mL,麝香草酚蓝指示剂 2 滴,用氨水(1+1)调至溶液由红变黄,再滴加盐酸(1+1)1~2 滴(pH≈2,或用精密 pH 试纸检查),在 70 ℃保温 30 min,静置过夜。用紧质滤纸过滤,用草酸洗液(2%)洗涤 4~5 次。沉淀连同滤纸移入已经恒重的瓷坩埚中,在 800~850 ℃灼烧 1 h,冷却,称重,并反复至恒重。按下式计算试样含稀土总量:

$$\sum RE\% = \frac{(G_2 - G_1) \times 0.835}{G \times \frac{100}{250}} \times 100$$

式中:G_1 为坩埚质量(g);G_2 为沉淀+坩埚质量(g);G 为称取试样质量(g);0.835 为混合稀土氧化物换算为稀土总量的换算系数。这些系数随混合稀土组成的不同而有差异。

3) 注

(1) 用氨水中和至呈氨味一般不准,可用 pH 试纸检查至 pH=7,再过量氨水(1+1)10 mL。用氨水沉淀铈时,铵盐的影响可不考虑,但沉淀镧,铵盐多了沉淀不完全,必须在铵盐低于 1 g 情况下进行沉淀。

(2) 在日常分析中,如经常开展这类合金的分析,在准确度要求不太高的情况下,可用偶氮胂Ⅲ光度法进行测定。操作步骤如下:吸取试液 A 2.00 mL,置于已盛有乙酸(1+7)40 mL 的 50 mL 量瓶中,以水稀释至刻度,摇匀。吸取此溶液 5 mL 置于 50 mL 量瓶中,加磺基水杨酸(20%)2 mL,乙酸

$(1+7)15\ mL$,偶氮胂Ⅲ$(0.1\%)2.00\ mL$,以水稀释至刻度,摇匀。将部分显色液置于 2 cm 比色皿中,于 660 nm 波长处,剩余溶液加 2 滴氟化氢铵溶液(35%)褪去色泽作参比,测定吸光度,从校正曲线上查得试样的稀土含量。

6.8.3 铁的测定

铁一般可作为余量,不必测定。如有必要时可用络合滴定法或氧化还原滴定法进行铁的测定。这里介绍络合滴定法。

Fe^{3+} 和 EDTA 可生成稳定的络合物($\log K_{FeY}=25.1$)。在 pH 1.5~2.0 的酸度条件下,用磺基水杨酸作指示剂,于 50~70 ℃时,可用 EDTA 标准溶液直接滴定。该法必须控制含铁量在 1~20 mg 范围内,含铁量过高,终点不易观察。试样中共存的元素基本上不干扰测定。

1) 试剂

磺基水杨酸钠指示剂(10%)。EDTA 标准溶液$(0.020\,0\ mol \cdot L^{-1})$:称取基准 EDTA 二钠盐 7.445 0 g,溶解于水,于容量瓶中以水稀释至 1 000 mL,摇匀。贮于聚乙烯瓶中,一般可不必标定。如无基准试剂,可用分析纯试剂。

2) 操作步骤

吸取试液 A 15 mL 置于 250 mL 锥形瓶中,加水稀释至 100 mL,加硝酸 2 mL,加热煮沸 2~3 min,取下。用氨水$(1+1)$中和至沉淀出现,再用盐酸$(1+1)$滴至沉淀溶解,并过量 5 滴(此时溶液的 pH 为 1.8 左右)。加入磺基水杨酸钠指示剂$(10\%)10$ 滴,立即用 EDTA 标准溶液$(0.020\,0\ mol \cdot L^{-1})$滴定至溶液由紫红色变为黄色或无色(视含铁量而定)。终点系渐变,近终点时滴定应缓慢。按下式计算试样的含铁量:

$$Fe\% = \frac{V \times M \times 0.055\,85}{G \times \dfrac{15}{250}} \times 100$$

式中:V 为滴定时消耗 EDTA 标准溶液的毫升数;M 为 EDTA 标准溶液的摩尔浓度;G 为称取试样的质量(g);0.055 85 为 1 毫克摩尔铁的克数。

3) 注

(1) pH$<$1,Fe^{3+} 与磺基水杨酸络合能力减弱,在 pH$=$1.5 以下,Fe^{3+} 与磺基水杨酸生成的络合物不显色,但 pH$>$2 时,干扰增加,且 Fe^{3+} 等易水解,产生浑浊,影响结果,故滴定需控制在 pH 在 1.5 ~2 范围内进行。

(2) 在室温下 Fe^{3+} 与 EDTA 的反应速度缓慢,终点变化极不明显。为了加速反应速度,故需保持在 50~70 ℃时滴定。若滴定至最后温度太低,需再加热,然后继续滴定。另外,滴定速度反应较缓慢,并应不断搅拌,近终点时每加入 1 滴 EDTA 溶液需摇动数秒钟,否则容易滴过量,导致结果偏高。

6.8.4 钙镁的测定

经分离了的 Fe^{3+},RE 等元素的试液(B),可用三乙醇胺、抗坏血酸等掩蔽残余的 Fe^{3+},Al^{3+} 等干扰元素,而后做钙镁的络合滴定。

取 1 份试液 B 调节酸度至 pH$\geqslant$12~12.5。在三乙醇胺、抗坏血酸存在的情况下,用钙指示剂(NN)作指示剂,用 EDTA 标准溶液滴定钙。此时镁成氢氧化镁沉淀,不干扰测定。

另取 1 份试液 B,采用同样的掩蔽措施。在 pH$=$10 时,以铬黑 T 或酸性铬蓝 K-萘酚绿 B 为指示剂,用 EDTA 标准溶液滴定钙、镁合量,减去测得的钙量即得含镁量。详见第 16 章、第 17 章等有关章节。

1) 试剂

三乙醇胺溶液(1＋5)。氢氧化钾溶液(20％)。钙指示剂(NN):取该指示剂 1 g 与干燥氯化钠 50 g 充分研匀,贮于密闭瓶中。氨性缓冲液(pH＝10):称取氯化铵 54 g,溶于水中,加浓氨水 350 mL,以水稀释至 1 000 mL,摇匀。铬黑 T 指示剂:称取铬黑 T 0.2 g 与 20 g,经烘干过的氯化钠研匀,贮于密闭瓶中。EDTA 标准溶液($0.020\ 0\ \text{mol} \cdot \text{L}^{-1}$),制备方法见本节铁的测定。

2) 操作步骤

(1) 钙的测定。吸取试液 B 50 mL 于 300 mL 锥形瓶中,加水约 50 mL,加三乙醇胺(1＋5)5 mL,氢氧化钾溶液(20％)15 mL,加钙指示剂(NN)适量,用 EDTA 标准溶液滴定至溶液由红色变为蓝色为终点。按下式计算试样的钙含量:

$$\text{Ca}\% = \frac{V_1 \times M \times 0.040\ 08}{G \times \frac{100}{250} \times \frac{50}{200}} \times 100$$

式中:V_1 为滴定钙时消耗 EDTA 标准溶液的毫升数;M 为 EDTA 标准溶液的摩尔浓度;G 为称取试样质量(g)。

(2) 镁的测定。吸取试液 B 50 mL 于 300 mL 锥形瓶中,加水约 50 mL,加三乙醇胺(1＋5)5 mL,摇匀。加氨性缓冲液 10 mL,抗坏血酸(固体)约 0.5 g,铬黑 T 指示剂少量,立即用 EDTA 标准溶液滴定至溶液由红色变为纯蓝色为终点。按下式计算试样的镁含量:

$$\text{Mg}\% = \frac{(V_2 - V_1) \times M \times 0.024\ 31}{G \times \frac{100}{250} \times \frac{50}{200}} \times 100$$

式中:V_2 为滴定钙、镁合量时消耗 EDTA 标准溶液的毫升数;V_1 为滴定钙时消耗 EDTA 标准溶液的毫升数。

3) 注

(1) 钙指示剂极易受重金属离子影响而封闭和僵化,虽经分离,铁、稀土等只要有微量残余 Fe^{3+},Al^{3+} 及其他重金属元素,将影响终点变色的灵敏度。如遇此现象,可将溶液调到微酸性,而后加入三乙醇胺,再调至碱性,并加少量铜试剂。

(2) 滴定钙镁总量时,铬黑 T 也极易氧化变质和易被封闭。为此,在溶液中加入少量抗坏血酸有利于铬黑 T 不受破坏,保持变色的灵敏度。如溶液中干扰元素较多,可将溶液调至微酸性,用酒石酸、三乙醇胺联合掩蔽残余的 Fe^{3+},Al^{3+} 等,用酸性铬蓝 K-萘酚绿 B 为指示剂,进行滴定。

6.9　铁合金的化学成分表

硅铁、锰铁、钛铁、钒铁、钨铁、钼铁、铬铁、真空法微碳铬铁、硼铁、金属锰、金属铬、高炉锰铁、锰硅合金和硅钙、硅铬合金的化学成分,分别如表 6.1～表 6.15 所示。

表 6.1　硅铁的化学成分表

牌　号		化 学 成 分(%)					用　途
汉　字	代　号	硅	锰	铬	磷	硫	
			不 大 于				
硅 90	Si 90	87～95	0.4	0.2	0.04	0.02	炼钢作脱氧剂或
硅 75	Si 75	72～80	0.5	0.4	0.04	0.02	合金元素加入剂用
硅 45	Si 45	40～47	0.7	0.5	0.04	0.02	

注:需方如有特殊要求,可生产杂质降至锰≤0.3%、铬≤0.3%、磷≤0.02%、硫≤0.006%、铝≤0.5%、碳≤0.07%的产品。

表 6.2　锰铁的化学成分表

锰铁类别	牌　号		化 学 成 分(%)						用　途
			锰	碳	硅	磷		硫	
						I	II		
	汉　字	代　号	不小于		不　大　于				
低碳	锰 0	Mn 0	80.0	0.5	2.0	0.15	0.30	0.02	
中碳	锰 1	Mn 1	78.0	1.0	2.0	0.20	0.30	0.02	
碳素	锰 2	Mn 2	75.0	1.5	2.5	0.20	0.30	0.02	炼钢作脱氧剂或
	锰 3	Mn 3	76.0	7.0	2.5	0.20	0.33	0.03	合金元素加入剂用
	锰 4	Mn 4	70.0	7.0	3.0	0.20	0.38	0.03	
	锰 5	Mn 5	65.0	7.0	4.0	0.20	0.40	0.03	

表 6.3　钛铁的化学成分表

牌　号		化 学 成 分(%)							用　途
		钛(%)	铝/钛	硅/钛	碳	磷	硫	铜	
					(%)				
汉　字	代　号	不小于			不　大　于				
钛 27	Ti 27	27.0	0.25	0.18	0.15	0.05	0.05	0.50	炼钢中作合金
钛 251	Ti 251	25.0	0.27	0.20	0.20	0.08	0.05	0.50	元素加入剂用
钛 252	Ti 252	25.0	0.32	0.22	0.25	0.10	0.08	0.50	

表 6.4　钒铁的化学成分表

牌　号		化 学 成 分(%)							用　途
		钒	碳	硅	磷	硫	铝	砷	
汉　字	代　号	不小于		不　大　于					
钒 401	V401	40	0.75	2.0	0.10	0.06	1.0	0.05	炼钢中作合金
钒 402	V402	40	1.00	3.0	0.20	0.10	1.5	0.05	元素加入剂用

表 6.5　钨铁的化学成分表

牌　号		化 学 成 分(%)												用　途
汉　字	代　号	钨	锰	铜	硫	磷	碳	硅	砷	锡	铅	锑	铋	
		不小于	不　大　于											
钨 701	W701	70.0	0.25	0.15	0.08	0.04	0.2	0.5	0.05	0.10	0.05	0.06	0.06	炼钢中作为钨元素加入剂用
钨 702	W702	70.0	0.40	0.20	0.15	0.05	0.4	1.0	0.08	0.18	—	—	—	
钨 65	W65	65.0	0.50	0.30	0.20	0.08	0.5	1.5	0.08	0.25	—	—	—	

表 6.6　钼铁的化学成分表

牌　号		化 学 成 分(%)								用　途
汉　字	代　号	钼	硅	硫	磷	碳	铜	锑	锡	
		不小于	不　大　于							
钼 551	Mo551	55.0	1.0	0.10	0.08	0.20	0.5	0.05	0.06	炼钢中作为钼元素加入剂用
钼 552	Mo552	55.0	1.5	0.15	0.10	0.25	1.0	0.08	0.08	

注:根据需方的特殊需要,可以生产含钼≥60%、硅≤0.5%、铜≤0.25%、碳≤0.10%的钼铁。

表 6.7　铬铁的化学成分表

铬铁类别	牌　号		化 学 成 分(%)					用　途
	汉　字	代　号	铬	碳	硅 I	硅 II	磷	硫	
			不小于	不　大　于					
微碳	铬 0000	Cr 0000	50	≤0.06	1.5	2.0	0.06	0.04	炼钢中作为铬加入剂用
	铬 000	Cr 000	50	0.07~0.10	1.5	2.0	0.06	0.04	
	铬 00	Cr 00	50	0.11~0.15	1.5	2.0	0.06	0.04	
低碳	铬 0	Cr 0	50	0.16~0.25	2.0	3.0	0.06	0.04	
	铬 01	Cr 01	50	0.26~0.50	2.0	3.0	0.06	0.04	
中碳	铬 1	Cr 1	50	0.51~1.0	2.5	3.0	0.10	0.04	
	铬 2	Cr 2	50	1.1~2.0	2.5	3.0	0.10	0.04	
	铬 3	Cr 3	50	2.1~4.0	2.5	3.0	0.10	0.04	
碳素	铬 4	Cr 4	50	4.1~6.5	3.0	5.0	0.07	0.04	
	铬 5	Cr 5	50	6.6~9.0	3.0	5.0	0.07	0.07	

注:铬铁出厂前分析含锰量。

表 6.8　真空法微碳铬铁的化学成分表

牌　号		化 学 成 分(%)						用　途
		铬	碳	硅		磷	硫	
				Ⅰ	Ⅱ			
汉字	代　号	不小于	不　大　于					
真铬 1	ZCr 01	65	0.010	1.0	1.5	0.035	0.04	
真铬 3	ZCr 03	65	0.025	1.0	1.5	0.035	0.04	炼钢中作为铬元素
真铬 5	ZCr 05	65	0.050	1.0	2.0	0.035	0.04	加入剂用
真铬 10	ZCr 10	65	0.100	1.0	2.0	0.035	0.04	

表 6.9　硼铁的化学成分表

牌　号		化 学 成 分(%)					用　途
		硼(%)	硅/硼	铝/硼	碳	硫	
				(%)			
汉　字	代　号	不小于	不　大　于				
硼 101	Bi 101	10	1.0	0.7	0.1	0.01	用于炼钢中作
硼 102	Bi 102	10	1.5	0.7	0.1	0.01	脱氧剂,或合
硼 51	Bi 51	5	2.0	1.0	0.1	0.01	金元素加入剂用
硼 52	Bi 52	5	4.0	1.0	0.1	0.01	

表 6.10　金属锰的化学成分表

牌　号		化 学 成 分(%)							用　途
		锰	硅	铁	碳	磷		硫	
						Ⅰ组	Ⅱ组		
汉　字	代　号	不小于	不　大　于						
金属锰 1	JMn 1	96	0.5	2.5	0.10	0.050	0.06	0.050	炼钢及合金冶炼
金属锰 2	JMn 2	95	0.8	3.0	0.15	0.055	0.08	0.055	时,作锰元素加
金属锰 3	JMn 3	93	1.8	4.5	0.20	0.060	0.10	0.060	入剂用

表 6.11　金属铬的化学成分表

牌　号		化 学 成 分(%)									用　途
		铬	碳	硅	硫	磷	铝	铁	铜	铅	
汉　字	代　号	不小于	不　大　于								
金属铬 1	JCr 1	98.5	0.03	0.4	0.02	0.01	0.5	0.5	0.06	0.000 5	炼制高温合金、电
金属铬 2	JCr 2	98.0	0.05	0.4	0.03	0.01	0.8	0.8	0.06	0.001 0	热合金、精密合金 作铬元素加入剂用

注:其余砷、锑、铋、锡等元素含量应各不大于 0.001%。需方如有特殊要求时,经双方协议,可供应含硅量不大于 0.2%的产品。

表 6.12　高炉锰铁的化学成分表

牌　号		化　学　成　分（%）						用　途
		锰	硅		磷		硫	
			1组	2组	1级	2级		
汉　字	代　号	不小于	不　大　于					
锰高 1	Mn G 1	76.0	1.0	2.0	0.40	0.60	0.03	
锰高 2	Mn G 2	72.0	1.0	2.0	0.40	0.60	0.03	
锰高 3	Mn G 3	68.0	1.0	2.0	0.40	0.60	0.03	作炼钢脱氧剂或
锰高 4	Mn G 4	64.0	1.0	2.0	0.40	0.60	0.03	合金加入剂用
锰高 5	Mn G 5	60.0	1.0	2.5	0.40	0.60	0.03	
锰高 6	Mn G 6	56.0	1.0	2.5	0.40	0.40	0.03	
锰高 7	Mn G 7	52.0	1.0	2.5	0.40	0.40	0.03	

注：根据需方的特殊要求，可生产含磷≤0.35%的产品，如需方对化学成分有特殊要求，由双方协商规定。

表 6.13　锰硅合金的化学成分表

牌　号		化　学　成　分（%）					用　途
		锰	硅	碳	磷		
					I	II	
汉　字	代　号	不小于	不　大　于				
锰硅 23	MnSi 23	63.0	23.0	0.5	0.15	0.25	
锰硅 20	MnSi 20	65.0	20.0	1.0	0.15	0.25	
锰硅 17	MnSi 17	65.0	17.0	1.7	0.15	0.25	炼钢脱氧剂用
锰硅 14	MnSi 14	60.0	14.0	2.5	0.30	0.30	
锰硅 12	MnSi 12	60.0	12.0	3.0	0.30	0.30	

注：供应特殊钢用的 MnSi 23，MnSi 20，MnSi 17，含磷量应小于或等于 0.20%。

表 6.14　硅钙合金的化学成分表

牌　号		化　学　成　分（%）						用　途
		钙	硅＋钙	碳	铝	磷	硫	
汉　字	代　号	不　小　于		不　大　于				
硅钙 31	SiCa31	31.0	90	1.0	2.5	0.04	0.04	炼钢及冶炼特种
硅钙 28	SiCa28	28.0	85	1.0	2.5	0.04	0.04	合金作脱氧剂用
硅钙 24	SiCa24	24.0	80	1.0	3.0	0.04	0.04	

注：根据需方特殊要求，经双方协议，可生产碳≤0.5%、铝≤1.2%、磷≤0.03、硫≤0.03%、铁≤5.0%的产品。

表 6.15　硅铬合金的化学成分表

牌　号		化 学 成 分(%)						用　途
		硅	铬	碳	磷		硫	
					I	II		
汉　字	代　号	不　小　于		不　大　于				
硅铬 1	SiCr 1	45	28	0.03	0.02	0.05	0.01	于生产精炼铬铁和炼钢作还原剂用
硅铬 2	SiCr 2	45	28	0.04	0.02	0.05	0.01	
硅铬 3	SiCr 3	43	28	0.06	0.02	0.05	0.01	
硅铬 4	SiCr 4	43	28	0.10	0.02	0.05	0.01	
硅铬 5	SiCr 5	30	40	1.00	0.02	0.05	0.01	

注:需方如有特殊要求,可生产含碳量≤0.02%的产品。

下篇　有色金属及合金的分析方法

第7章 纯铜的分析方法

纯铜的颜色为紫色,故一般称为紫铜,具有优良的导电性、导热性和塑性,有中等的强度和良好的耐腐蚀性,易焊接。纯铜可分为冶炼产品和纯铜加工产品(也称工业纯铜或紫铜)。紫铜又分含氧铜和无氧铜两种。

纯铜杂质元素的存在,对铜的各种性质有不同的影响。例如磷、砷、锡对铜的导电率影响较大,而对机械性能没有影响。铅、铋、硫化物等虽对电导率影响不大,但却危害铜材的塑性变形能力。这是由于铋和铅能在铜的晶界上形成低熔点组织,当压力加工温度超过铅或铋的熔点时,含铅晶界发生断裂,因而使铜的热加工性能变坏,称为热脆性;而铋本身脆,在冷加工时,也可沿晶界断裂,称为冷脆性。因此铜中的铅和铋应严格控制。硫化铜(CuS)虽不影响热加工性能,但在寒冷的环境下增加铜的脆性。硒、碲也有和硫类似的影响。当铜中含氧时,铋、铅能在 700 ℃ 以下形成氧化物而不析出对热加工有害的金属杂质,因此含氧铜中铋、铅的允许含量可较无氧铜略高。铁、锰、镍是对磁性影响较大的元素,用于制造抗磁性干扰仪器的纯铜中应尽量避免混入这三种元素。氧在铜中是以 Cu_2O(38 ℃ 以上)或 CuO(38 ℃ 以下)状态存在的,当其含量不大于 0.1% 时,对机械性能和塑性变形性能无影响,但当氧与砷共存且含量都较高(达 0.05%)时使铜变脆。用于高导电的铜线,或需与玻璃焊接的铜线等特殊情况,要求铜中的含氧量小于 0.03%(无氧铜)。有时为了除尽氧,加入磷或锰作为脱氧剂。但作为高导电材料,残留磷不应超过 0.010%。焊接用铜材的残留磷则应小于 0.04%。锰脱氧铜主要用于电子管材料,其锰的残余量允许在 0.1%~0.3%。各种牌号纯铜的化学成分参见 7.14 节。

本章所述方法适用于纯度在 99.4% 以上的纯铜的主要杂质元素的分析。

7.1 铜的测定(恒电流电解法)

铜及合金不溶于盐酸和稀硫酸,但有氧化剂存在时易溶于盐酸。铜及其合金易溶于硝酸、热浓硫酸、盐酸-过氧化氢和王水。铜在化合物中以 1 价或 2 价状态存在,2 价较稳定,1 价铜只有在络离子(如 $CuCl_2^-$)或不溶化合物(如 Cu_2S,CuI)中才是稳定的。在分析化学上常利用铜的氧化还原性质。

纯铜及铜合金中铜的测定常用的分析方法是电解重量法和容量法。由于纯铜中含铜量在 99.4% 以上,故一般用电解重量法或以余量处理。

电解重量法又可分为恒电流电解法和控制阴极电位电解法。分别利用在一定条件下,进行恒电流电解或控制阴极电位电解,铜析出在铂网电极上,然后用重量法测定。这里选用恒电流电解法。

在含有硫酸和硝酸的酸性溶液中,当在两铂电极间加一个适当的电压使两电极上分别发生电解反应。在阴极上有金属铜析出,而在阳极上则有氧气逸出。

在阴极上:

$$Cu^{2+} + 2e \longrightarrow Cu$$

在阳极上:

$$2OH^- - 2e \longrightarrow H_2O + \frac{1}{2}O_2 \uparrow$$

电解结束时将积镀在铂阴极上的金属铜烘干并称重。然后根据其重量计算纯铜试样中铜的百分含量。要达到定量分析的要求,在阴极上析出的金属铜必须是纯净、光滑和紧密的镀层,否则测定的结果不准确。

电解时,首先要防止试样中共存的杂质和铜一起在阴极还原析出。用恒电流法电解时能和铜一起析出的元素有砷、锑、锡、铋、钼、金、银、汞、硒、碲等。如试样属 T_1 或 T_2 铜,铜含量要求大于99.9%,其中砷、锑、铋、锡等杂质的含量都很低,只要保持稍高的酸度,或在电解开始及近终点时加入数毫升 3% 的过氧化氢就可以避免或延迟这些杂质的析出。对含砷较高的试样尚可加入数克硝酸铵使砷氧化而防止其积镀。钼、金、银、汞在纯铜中的共存量都在百万分之几以下,故方法中不考虑其干扰。如有硒、碲存在可使其氧化至 6 价而避免干扰。如所分析的试样含有较多的杂质,可按杂质含量的多少,选择适宜的措施,如仅含砷较高,则可在增加溶样酸或在电解时加入硝酸铵 5 g,如含有砷、锑、铋、锡等杂质但含量不高,可采取二次电解的方法;如含有较高含量的硒、碲,则可在硫酸溶液中通入二氧化硫使这两种元素还原而分离;如各种杂质都比较高,则可用氨水沉淀法(加铁作载体)使与铜分离后再行电解。

其次要控制好电解时的电流密度。分析纯铜一般宜采用较小的电流密度($0.2 \sim 0.5\,A \cdot dm^{-2}$)进行电解。如需用较大的电流密度电解,则应在搅拌的情况下进行,这样可获得较好的镀层。

铜的电解速度除了与电流密度有关外,Cu^{2+} 离子本身的浓度也有影响。一般来说,在开始阶段,溶液中 Cu^{2+} 离子浓度较高,电解的速度也较快。在铜的电解将近终点时,溶液中 Cu^{2+} 离子浓度很低,电解速度很慢,要使最后的一部分铜积镀完毕往往要等待 $1 \sim 2\,h$,而且在这阶段其他杂质元素也很易析出。因此采用光度法测定残留在溶液中的少量铜,有利于提高分析速度和准确度。

1) 试剂和仪器

混合酸:于 750 mL 水中加入浓硫酸 300 mL,冷却,加入浓硝酸 210 mL,冷却至室温,加水至总体积为 1 500 mL。过氧化氢(3%)。柠檬酸铵溶液(50%)。双环己酮草酰二腙溶液(简写为 BCO 溶液)(0.2%):称取该试剂 0.5 g,溶于乙醇 125 mL 中以水稀释至 250 mL。硼酸钠缓冲溶液:称取硼酸 30.90 g,溶于水中,以水稀释至 1 000 mL,此溶液的硼酸浓度为 $0.5\,mol \cdot L^{-1}$。另取氢氧化钠 10 g,置于塑料杯中,以水溶解后稀释至 500 mL,此溶液的氢氧化钠浓度为 $0.5\,mol \cdot L^{-1}$。取 $0.5\,mol \cdot L^{-1}$ 硼酸溶液 400 mL 与 $0.5\,mol \cdot L^{-1}$ 氢氧化钠溶液 60 mL 混合备用。铜标准溶液:称取纯铜 0.100 0 g,溶于硝酸(1+1)2 mL 中,煮沸驱除黄烟后移入 500 mL 量瓶中,以水稀至刻度,摇匀。此溶液每毫升含铜 0.2 mg。移取此溶液 20 mL,置于 200 mL 量瓶中,以水稀释至刻度,摇匀。此溶液每毫升含铜 20 μg。恒电流电解仪。铂网电极(阴极)和铂环电极(阳极)。

2) 操作步骤

称取当天制备的试样钻屑 5.000 0 g,再放上已洗净、烘干并在干燥器中冷却至室温的铂网阴极,称取试样及电极的总重量,并记下所用的砝码。将铂电极置于干燥器中存放。试样置于 300 mL 高型烧杯中,加入混合酸 50 mL,盖好表面皿,在 80 ℃左右的温度下加热至试样溶解完毕。加热至微沸 1～2 min 驱除氧化氮,冷却,加入过氧化氢(3%)5 mL,以水冲洗表面皿并稀释至约 120 mL,使溶液能恰好浸没铂网电极。在电解仪上装好已称重的铂网阴极和铂环阳极,然后将溶液放上,用两个半片表面皿盖好烧杯,接上电源,调节电流密度至 0.3 A,进行电解。电解至溶液中 Cu^{2+} 离子的蓝色褪去(需15 h,一般在傍晚开始电解至第二天早上取下),用水冲洗表面皿及烧杯内壁,继续电解约半小时。在不切断电流的情况下,一边取下电解烧杯一边用水冲洗电极,洗液接收在原烧杯中。将洗净的镀有铜的铂网阴极置于乙醇中浸渍并用电吹风吹干后置于干燥器中冷却至室温。用原来称试样时所用的砝码称取其重量。将电解铜后的试样溶液移入 250 mL 量瓶中,加水至刻度,摇匀。于另一 250 mL 量瓶中加入混合酸 50 mL,加水至刻度,作为试剂空白。按下述操作测定其残留铜。吸取试液 5 mL,置于 50 mL 两用瓶中,加热煮沸约 1 min,冷却,加入柠檬酸铵溶液 2 mL,中性红指示剂 1 滴,滴加氢氧化钠溶液(10%)至指示剂恰好呈黄色并加过量 1 mL,加入硼酸钠缓冲溶液 5 mL,摇匀,加入 BCO 溶液 5 mL,以水稀释至刻度,摇匀。于另一 50 mL 两用瓶中移入试剂空白溶液 5 mL,加入柠檬酸铵溶液 2 mL,按上述步骤调节酸度并显色后作为参比溶液,用 1 cm 或 2 cm 比色皿,于 610 nm 波长处测定其吸光度。从检量线上查得其含铜量。按下式计算试剂的含铜量:

$$杂质\% = \frac{(W_1 - W_2) \times 100}{G}$$

式中:W_1 为试样及铂网阴极的总质量(g);W_2 为积镀铜后的铂网阴极的总质量(g);G 为试样的质量(g);$Cu\% = 100\% - 杂质\% + 残留铜\%$。

3) 检量线的绘制

于 6 只 50 mL 量瓶中,依次加入铜标准溶液 0.0 mL,2.0 mL,4.0 mL,6.0 mL,8.0 mL,10.0 mL (Cu 20 $\mu g \cdot mL^{-1}$),按上述残留铜的测定方法进行显色,以不加铜标准溶液的试液为参比溶液,分别测定其吸光度,并绘制检量线。每毫升铜标准溶液相当于含铜 0.02%。

4) 注

(1) 采用方法中所述的称样和计算方法是为了避免因调换砝码及称量中所带来的误差。

(2) 对含杂质锡、锑、砷、铋较高的试样可按下法进行氨水沉淀分离:称取试样 5.000 g,置于 400 mL 烧杯中,加入硝酸(1+1)35 mL,加热溶解后驱黄烟,加水至约 70 mL,加硝酸铁溶液(约含 Fe 10 mg·mL⁻¹)2 mL,加氨水至出现沉淀并过量 2~3 mL,用中速滤纸过滤,滤液接收于 300 mL 高型烧杯中,用热硝酸铵溶液(1%)洗涤烧杯及沉淀数次。将沉淀移入原烧杯中,用热硝酸(1+3)溶解滤纸上残留的沉淀,用水洗涤滤纸数次。在溶液中再加氨水沉淀一次,过滤,滤液并入于 300 mL 高型烧杯中。将沉淀溶解并用氨水再沉淀一次。过滤,合并滤液,弃去沉淀。将滤液蒸发至 100~150 mL,滴加硫酸(1+2)酸化并加过量硫酸(1+2)15 mL 及硝酸 2 mL。按方法所述进行电解。

(3) 电解铜后的溶液可作铁、镍、钼等杂质元素的测定。

(4) 按本方法测定含铜 99.9% 以上的纯铜时,两份平行试验的测定精确度要求不大于 0.015%。

(5) 如需在电解除铜后的溶液中测锰,在取下电极时应将阳极仍置于电解液中,使可能在阳极上析出的锰的氧化物仍溶于溶液。

(6) 使用铂电极应注意以下两点:① 不能用含有氯离子的硝酸洗铂电极,否则将使铂电极受到侵蚀。一般可以用试剂级的硝酸配成(1+1)的溶液洗电极。② 操作时不要用手去接触铂网,因为手上的油垢留在铂网上会使铜镀不上去。

(7) 电解结束取下电极时要注意防止阴极上的铜被氧化,以免使重量增加。即须做到:当电极离开溶液时要立即用水冲洗电极表面的酸;铂网阴极一经洗净随即浸入乙醇中;阴极自乙醇中取出后要立即吹干(或 110 ℃烘 2~3 min)。

7.2　铁的测定(1,10-二氮菲光度法)

1,10-二氮菲(又名邻菲罗啉),与 Fe^{2+} 在微酸性及弱碱性溶液中(pH 2~9)反应生成橙红色络离子 $[Fe(Phen)_3]^{2+}$,其吸收峰值在 508 nm 波长处,摩尔吸光系数为 1.1×10^4,在 Fe 0.25~5 $\mu g \cdot$

mL^{-1}符合比耳定律,是测定微量铁的较灵敏而且稳定的显色体系。

测定纯铜中微量铁时,除大量铜对铁的测定有干扰外,其他共存元素含量很低,均未达到干扰铁测定的程度。大量铜的干扰用掩蔽法效果不好,故用电解除铜后测定铁。方法中选择在 $pH \approx 4$ 的微酸性条件下显色。

1) 试剂

乙酸钠缓冲溶液:称取乙酸钠($NaAc \cdot 3H_2O$)272 g,溶于 500 mL 水中,加冰乙酸240 mL,加水至1 000 mL。1,10-二氮菲溶液(0.2%)。抗坏血酸溶液(1%)。铁标准溶液:称取纯铁丝 0.100 0 g,溶于少量硝酸(1+1)中,煮沸驱除黄烟后移入 1 000 mL 量瓶中,以水稀释至刻度,摇匀。此溶液每毫升含铁 0.1 mg,移取此溶液 25 mL,置于 250 mL 量瓶中,加水至刻度,摇匀,此溶液每毫升含铁 10 μg。

2) 操作步骤

从盛电解后的试样溶液及试剂空白的 250 mL 量瓶中移取试液各 10 mL,分别置于 50 mL 量瓶中,依次加入抗坏血酸溶液 2 mL,乙酸钠缓冲溶液 5 mL 及 1,10-二氮菲溶液 5 mL,摇匀,投入一小块刚果红试纸,如试纸呈蓝色,应滴加氨水(1+1)至恰呈红色。以水稀释至刻度,摇匀。用 3 cm 或 5 cm 比色皿,以试剂空白为参比,在 510 nm 波长处,测定其吸光度。从检量线上查得试样的含铁量。

3) 检量线的绘制

于 6 只 50 mL 量瓶中,依次加入铁标准溶液 0.0 mL,1.0 mL,2.0 mL,3.0 mL,4.0 mL,5.0 mL(Fe 10 μg · mL^{-1}),按上述步骤进行显色并分别测定吸光度,绘制检量线。每毫升铁标准溶液相当于含铁 0.005%。

4) 注

(1) 按本方法条件显色时,Cu^{2+} 的共存量不大于 1.5 mg 时不影响铁的测定。

(2) 本方法的测定下限为 0.002%。如含铁<0.002%,可增加试样的分取量为 25 mL,蒸发至较小体积后按步骤显色。或称取 1.000 0 g 试样溶于盐酸-过氧化氢中。加热分解多余的过氧化氢后从盐酸(约 6 mol · L^{-1})溶液中用 4-甲基戊酮-[2]和苯(2+1)的混合溶剂萃取 Fe^{3+} 的氯阴离子。用盐酸(1+1)洗涤有机相 2～3 次除去可能带下的 Cu^{2+} 离子。用盐酸羟铵溶液(1%)将 Fe^{3+} 还原,并反萃取到水相后按上述步骤显色。

7.3 锰的测定(过硫酸铵银盐氧化光度法)

在硫酸、磷酸(或同时含有硝酸)的热溶液中,在硝酸银存在下,用过硫酸铵将 Mn^{2+} 氧化为紫红色的高锰酸(MnO_4^-),其吸收峰值在 530 nm 波长处,借此做锰的光度测定。此方法的灵敏度虽低($\varepsilon^{525} = 2\ 050$),但选择性好,操作简便是其优点。用过硫酸铵作氧化剂,可在 1.5 mol · L^{-1} 以下的硫酸、硝酸、磷酸的混合酸中进行。磷酸的存在可使锰形成磷酸盐络合物,防止二氧化锰的生成和高锰酸的分解,使锰顺利地氧化至 7 价。在氧化后的试液中加入少量 EDTA 使 7 价锰的色泽褪去,以作为参比液,可消除试样底液的色泽影响。

1) 试剂

磷酸(1+4)。硝酸银溶液(0.2%)。过硫酸铵溶液(20%)。锰标准溶液:称取金属锰 0.100 0 g,溶于少量硝酸中,驱除黄烟后移入 1 000 mL 量瓶中,以水稀释至刻度,摇匀。此溶液每毫升含锰 0.1 mg。取此溶液 50 mL,置于 250 mL 量瓶中,以水稀释至刻度,摇匀,此溶液每毫升含锰20 μg。EDTA 溶液(0.05 mol · L^{-1})。定锰混合酸:称取硝酸银 0.1 g,溶于 500 mL 水中,加入浓硫酸25 mL,

浓磷酸 30 mL 及浓硝酸 60 mL，加水至 1 000 mL。

2) 操作步骤

从电解铜后的试样溶液及试剂空白溶液中各吸取试液 25 mL，分别置于 50 mL 两用瓶中，各加入磷酸(1＋4)2 mL，硝酸银溶液 2～3 滴及过硫酸铵溶液 5 mL，煮沸 30 s，放置 1 min，冷却，以水稀释至刻度，摇匀。倒出部分显色液于 5 cm 比色皿中，于剩余溶液中滴加 EDTA 溶液数滴使 7 价锰的色泽褪去后，倒入另一 5 cm 比色皿中作为参比，于 530 nm 波长处，测定其吸光度。从试样溶液的吸光度读数中减去试剂空白的读数后，在检量线上查得试样的含锰量。

3) 检量线的绘制

于 6 只 50 mL 两用瓶中依次加入锰标准溶液 0.0 mL，2.0 mL，4.0 mL，6.0 mL，8.0 mL，10.0 mL (Mn 20 $\mu g \cdot mL^{-1}$)，各补加水至 10 mL，加定锰混合酸 20 mL 及过硫酸铵溶液 5 mL，煮沸 30 s，放置 1 min，冷却，以水稀释至刻度，摇匀。用 5 cm 比色皿，以不加锰标准溶液的试液为参比，测定各溶液的吸光度，并绘制检量线。每毫升锰标准溶液相当于含锰 0.004%。

4) 注

(1) 本方法适用于测定含锰 0.002%～0.040% 的试样。如需分析含锰＜0.002% 的试样，可分取相当于 1～2 g 试样的电解除铜后的试样溶液，加入柠檬酸铵溶液(50%)2 mL，滴加氨水至 pH≈8，加入 DDTC 溶液(1%)5 mL 后用氯仿萃取 DDTC-Mn 的络合物。将有机相置于 50 mL 两用瓶中，加硫酸(1＋1)2 mL 及硝酸 2 mL，蒸去氯仿并冒烟使有机物被破坏，冷却，加入硝酸(1＋1)1 mL，磷酸(1＋4)1 mL，以下按上述步骤氧化并测定其吸光度。

(2) 测定锰脱氧铜中的锰可按黄铜的分析方法进行，详见 8.5 节。

7.4　镍　的　测　定

7.4.1　丁二酮肟光度法

在氧化剂存在下，丁二酮肟与镍离子形成水溶性棕红色络合物，是光度法测定镍的较灵敏的显色剂。

关于这一显色反应机理的说法很多，但认为 Ni^{2+} 先被氧化剂氧化至高价状态(3 价或 4 价)，然后与丁二酮肟形成水溶性络合物的观点已逐渐被更多的实验结果所证实。近年来的工作证明了 Ni^{2+} 是先被氧化至 4 价，然后与丁二酮肟形成的络合物是抗磁性的；在实验中还证实了在氢氧化钠介质中 Ni^{4+} 与丁二酮肟的络合分子比为 1：3。

目前应用较广的氧化剂为过硫酸铵和碘。常用的显色条件也有两种，一是用碘作氧化剂在氨性介质中显色；一是用过硫酸铵作氧化剂在氢氧化钠介质中显色。事实上在两种不同条件下所形成的络合物是不同的。在氨性溶液中(pH 9～10)形成 1：2 的络合物，吸收峰值在 440 nm 波长处，而在 530 nm 波长处有一较低的吸收峰。在氢氧化钠溶液中(pH≈12)形成 1：3 或 1：4 的络合物，吸收峰值在 470 nm 波长处。而在氢氧化钠介质中显色的灵敏度较氨性介质中显色的灵敏度约高 1/3。此外，两种显色条件所得络合物的色泽稳定性也不同，在氨性条件下显色速度快(1 min 以内)，但稳定性差，宜在 10 min 内完成吸光度测定；在氢氧化钠介质中显色速度较慢(需 3～8 min，随室温高低而异)，显色后稳定至少 24 h。

干扰镍测定的元素主要是 Mn^{2+},Co^{2+},Cu^{2+}。就在纯铜中测定微量镍而言,在将大量铜电解分离后,其他共存杂质均未达到干扰测定的程度。Cu^{2+} 的残留量不超过 0.3 mg(在显色的溶液中)时不干扰镍的测定。如果铜的残留量较高时可采用 EDTA 掩蔽法。

1) 试剂

氢氧化钠溶液(20%)。酒石酸钾钠溶液(10%)。过硫酸铵溶液(10%),当天配制。丁二酮肟溶液(0.5%):称取丁二酮肟 0.5 g,溶于氢氧化钠溶液(10%)100 mL 中。此溶液可保存 1 个月。镍标准溶液:称取纯镍 0.100 0 g,溶于硝酸(1+1)5 mL 中,驱除黄烟后移入 1 000 mL 量瓶中,以水稀至刻度,摇匀。此溶液每毫升含镍 0.1 mg。吸取此溶液 25 mL,置于 250 mL 量瓶中,以水稀释至刻度,摇匀。此溶液每毫升含镍 10 μg。

2) 操作步骤

从电解去铜的溶液及试剂空白溶液各吸取 20 mL,分别置于 50 mL 量瓶中。加入酒石酸钾钠溶液 5 mL,滴加氢氧化钠溶液(20%)至刚果红试纸恰呈红色,随即滴加硫酸(1+1)至刚恰呈蓝色并过量 2 滴,加过硫酸铵溶液 3 mL,摇匀。加入丁二酮肟溶液 5 mL,放置 3~5 min 后以水稀释至刻度,摇匀。用 5 cm 比色皿,于 470 nm 波长处,以试剂空白为参比,测定其吸光度。从检量线上查得试样的含镍量。

3) 检量线的绘制

于 6 只 50 mL 量瓶中,依次加入镍标准溶液 0.0 mL,1.0 mL,2.0 mL,3.0 mL,4.0 mL,5.0 mL(Ni 10 μg·mL^{-1}),各加水至 25 mL,加入过硫酸铵溶液 3 mL,然后将酒石酸钾钠溶液 5 mL 和丁二酮肟溶液 5 mL 混合后加入试液中,放置 3~5 min,以水稀释至刻度,摇匀。用 5 cm 比色皿,于 470 nm 波长处,以不加镍标准溶液的试液为参比,测定其吸光度,并绘制成检量线。每毫升镍标准溶液相当于含镍 0.002 5%。

4) 注

(1) 上述方法的测定下限为 0.002%。如试样的含镍量<0.002%,则可分取相当于 0.5 g 或 1 g 试样的试液按下法萃取分离收集后再显色:将试样溶液蒸发浓缩至约 10 mL,冷却,加入柠檬酸铵溶液(50%)1 mL,滴加氨水至 pH≈9,移入分液漏斗,加丁二酮肟溶液(1%乙醇溶液)3 mL,用氯仿萃取 3 次(5 mL+3 mL+3 mL)。将氯仿溶液合并于另一分液漏斗中,以氨水(1+50)5 mL 洗涤一次以除去 Cu^{2+},弃去洗液。用 0.1 mol·L^{-1} 盐酸 5 mL 反萃取使镍进入水相,水溶液接收于 25 mL 量瓶中,再用 0.1 mol·L^{-1} 盐酸 5 mL 萃取一次,水相并入 25 mL 量瓶中。加入过硫酸铵溶液 2 mL,然后取酒石酸钾钠溶液 2 mL 及丁二酮肟溶液 2.5 mL 混合,并加入于试液中,放置 3~5 min 后加水至刻度,摇匀。用 5 cm 比色皿,以试剂空白为参比,测定其吸光度。另作相应浓度范围的检量线。

(2) 如残余铜量过多而影响显色时可加入丁二酮肟溶液,并放置 3~5 min 后加入 EDTA 溶液(5%)1 mL,使 Cu^{2+} 与丁二酮肟的络合物分解,然后以水稀释至刻度,摇匀。同时分别取同样量的试样溶液 1 份,使加入过硫酸铵溶液前先加 EDTA 溶液使镍也络合,随后加入其他各种试剂,这时镍不显色,以此作为参比液以抵消试样底液色泽的影响。

7.4.2　PAN 萃取光度法

Ni^{2+} 在 pH 为 4.5~5.5 的乙酸盐缓冲介质中,与 1-(2-吡啶偶氮)-2-萘酚(简称 PAN)形成 1:1 的络合物,其最大吸收峰值位于 530 nm,560 nm 波长处,以 560 nm 处吸收峰值为大。该络合物能定量地被氯仿萃取,ε^{560}/氯仿$=3.55\times10^4$,Ni^{4+} 的浓度在 1~10 μg·mL^{-1} 范围内遵守比耳定律。

在纯铜中除铜以外的所有杂质都不影响测定,Cu^{2+} 的干扰可加入硫代硫酸钠和抗坏血酸掩蔽,消除影响。柠檬酸盐、酒石酸盐不允许存在。

1) 试剂

硝酸溶液(1+1)。硫代硫酸钠饱和溶液。乙酸盐缓冲溶液(pH≈5)：称取醋酸钠(NaAc·3H$_2$O)50 g，溶于适量水中，加乙酸 17 mL，以水稀释至 500 mL。PAN 溶液(0.02%)，乙醇溶液。镍标准溶液：称取纯镍 0.100 0 g，溶于硝酸(1+1)5 mL 中，驱除黄烟后移入 1 000 mL 量瓶中，以水稀释至刻度，摇匀。此溶液每毫升含镍 0.1 mg。吸取此溶液 10 mL，置于 500 mL 量瓶中，以水稀释至刻度，摇匀。此溶液每毫升含镍 2 μg。

2) 操作步骤

称取试样 1.000 g，置于 250 mL 锥形瓶中，加硝酸(1+1)15 mL 低温加热溶解，待剧烈反应停止后，继续加热溶解完全并蒸至近干，取下冷却，加水少许，加热溶解盐类，冷却，移于 100 mL 量瓶中，以水稀释至刻度，摇匀，同时制备试剂空白 1 份。吸取上述溶液及试剂空白各 10 mL 于 125 mL 分液漏斗中，加甲基橙指示剂 1 滴，用氨水(1+1)调至黄色，再用乙酸(1+1)调至溶液呈红色，再滴加氨水(1+1)使溶液刚出现黄色，并过量 2~3 滴(pH≈5)，加入饱和硫代硫酸钠溶液 20 mL，摇匀。加入抗坏血酸约 0.5 g，摇匀。再次检查溶液的 pH 使之为 5(用精密 pH 试纸)。加入 PAN 乙醇溶液(0.02%)5 mL，放置 10 min，加入氯仿 10.0 mL，振荡 1 min，静置分层后，将有机相以脱脂棉滤入 1 cm 比色皿中，于 560 nm 波长处，以试剂空白为参比，测定吸光度。从检量线上查得试样的含镍量。

3) 检量线的绘制

于 6 只 125 mL 分液漏斗中，依次加入镍标准溶液 0.0 mL，1.0 mL，2.0 mL，3.0 mL，4.0 mL，5.0 mL(Ni 2 μg·mL^{-1})各加水至 20 mL，用甲基橙为指示剂，用氨水(1+1)调节溶液至 pH≈5，加饱和硫代硫酸钠溶液 5 mL，摇匀。以下按方法显色，测定吸光度，绘制检量线。每毫升镍标准溶液相当于含镍 0.001%。

4) 注

(1) 溶液的酸度对萃取有较大的影响，萃取时在 pH 为 4.5~5.5 的乙酸介质中进行较合适。若低于此 pH 值，吸光度缓慢降低；高于此 pH 值，吸光度急剧降低。故方法中选用 pH≈5 的萃取条件。

(2) Ni^{2+} 与 PAN 的络合物，在 530 nm，560 nm 波长处分别有吸收峰。但在 560 nm 波长处吸收峰大，且 PAN 在此波长处吸收很少，所以选择 560 nm 波长是有利的。

7.5　镉的测定(二苯硫腙萃取光度法)

Cd^{2+} 与二苯硫腙试剂在微酸性以至碱性介质中反应生成单取代络合物，能用氯仿或四氯化碳萃取。络合物在有机溶剂中呈紫红色，在 505~520 nm 波长处有吸收峰，摩尔吸光系数为 $\varepsilon^{510}=8.7\times10^4$，Cd^{2+} 与二苯硫腙的络合分子比为 1：2。

与 Pb^{2+}，Zn^{2+} 等离子不同，Cd^{2+} 形成 HCdO$_2^-$ 及 CdO$_2^{2-}$ 的倾向极小，以至在较高的碱度(1~2 mol·L^{-1} NaOH)条件下也不影响上述络合物的形成和萃取。这一性质表明在适量的铅、锌存在下可以萃取镉，其他一些非两性金属离子如 Ag$^+$，Cu^{2+}，Hg^{2+}，Co^{2+} 等干扰镉的测定，但可先在微酸性溶液中(pH 2~3)用二苯硫腙萃取分离，然后再调至碱性介质萃取 Cd^{2+}。测定纯铜中镉时，只要考虑大量铜的分离，其他杂质尚不影响镉的测定。方法中用电解法除去大量铜。溶液中残留的少量铜以及共存的微量银、汞等用二苯硫腙从微酸性溶液中预先萃取分离。Ni^{2+} 仍有部分参与反应而干扰镉的测定，但纯铜中镍的含量极微，尚不影响测定。

1) 试剂

酒石酸钠溶液(10%),用0.005%二苯硫腙四氯化碳溶液萃取净化。氢氧化钠溶液(10%)及(2%)。二苯硫腙四氯化碳溶液(0.005%)及(0.025%)。镉标准溶液:称取纯镉0.100 0 g,溶于盐酸5 mL中,移入1 000 mL量瓶中,以水稀释至刻度,摇匀。吸取此溶液5 mL,置于500 mL量瓶中,用0.1 mol·L^{-1}盐酸稀释至刻度,摇匀。此溶液每毫升含镉1 μg。

2) 操作步骤

从电解除铜后的试液及试剂空白溶液中分别吸取10 mL或20 mL,置于分液漏斗中,加酒石酸钠溶液2 mL,滴加氨水至刚果红试纸呈紫色(pH 2~3),分次用二苯硫腙溶液(0.025%)萃取(每次2~3 mL),直至最后一次萃取的有机相不呈红色。加四氯化碳5 mL,振摇半分钟,分层后弃去有机相。加入与水相等体积的氢氧化钠溶液(10%),摇匀,加入二苯硫腙溶液(0.005%)3 mL,振摇1 min,分层后将有机相置于另一分液漏斗中,先后再用二苯硫腙溶液(0.005%)3 mL及2 mL各萃取一次,合并有机相,并加入氢氧化钠溶液(2%)2 mL洗涤一次以除去可能存在的锌。将有机相放入10 mL量瓶中,加四氯化碳至刻度,摇匀。用2 cm比色皿,于520 nm波长处,以试剂空白为参比,测定其吸光度。从检量线上查得试样的含镉量。

3) 检量线的绘制

在5只分液漏斗中依次加入镉标准溶液0.0 mL,1.0 mL,2.0 mL,3.0 mL,4.0 mL(Cd 1 μg·mL^{-1})加水至10 mL,加入酒石酸钠溶液2 mL及氢氧化钠溶液(10%)12 mL,按上述方法萃取镉,测定其吸光度,并绘制检量线。每毫升镉标准溶液相当于含镉0.000 5%~0.002 5%。

7.6　铅的测定(二苯硫腙萃取光度法)

二苯硫腙光度法测定微量铅在选择性方面并不理想,但由于其灵敏度较高($\varepsilon^{520}=7\times10^4$)至今仍被广泛应用。在中性及氨性溶液中,Pb^{2+}与二苯硫腙反应生成单取代络合物,可用氯仿、四氯化碳或苯等溶剂萃取入有机相,呈紫红色,最大吸收波长在520 nm处。

$$Pb^{2+}(水相)+2H_2Dz(有机相)\underset{紫红色}{=\!=\!=}Pb(HDz)_2(有机相)+2H^+$$

式中:H$_2$Dz为二苯硫腙分子。

Pb(H$_2$Dz)络合物可能具有如下结构:

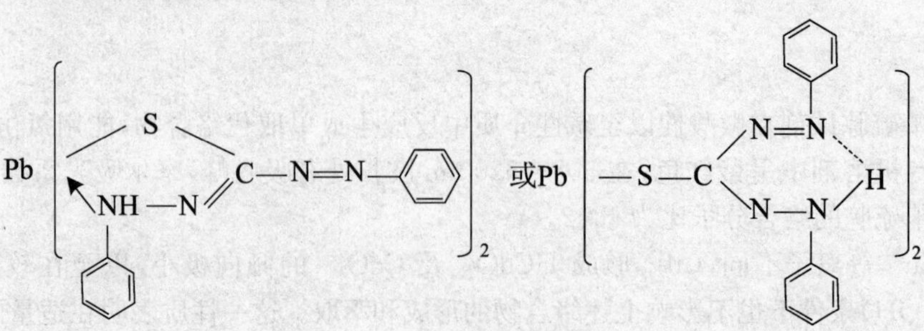

铅的定量萃取与溶液的pH值和溶液中共存的其他掩蔽剂的浓度有关。当无其他掩蔽剂存在时,在pH为5~11.5的酸度范围内,铅的一次萃取的萃取率可达到99%以上;但当有柠檬酸或酒石酸存在时,对铅在微酸性(pH 5~7)条件下的萃取有影响而使定量萃取的酸度范围变为pH 7.5~11.5。此外,氰化物的加入量一般不能超过0.1 mol·L^{-1},因为在碱性条件下,Pb(CN)$_4^{2-}$的形成使铅的萃取率降低。影响萃取的另一个因素是二苯硫腙试剂的浓度,一般采用0.001%以上的浓度。为

使 Pb^{2+} 与二苯硫腙试剂的反应比较完全,必须保证在水相中有足够的二苯硫腙存在。实验表明,在 pH>10.5 时约 99% 的二苯硫腙溶于水中,故最佳的萃取酸度条件应在 pH 10.5~11.5。在下述方法中先使水相的酸度条件控制一致,然后加入固定量的含有掩蔽剂氨水的混合溶液,这样可达到萃取时溶液的酸度条件控制一致。

干扰纯铜中铅的测定的元素主要有大量铜和可能共存的 Bi^{3+},Sn^{2+},Ti^+ 等。其中尤其要考虑 Cu^{2+}、Bi^{3+} 的干扰。这里采用 N-235 萃取法达到微量铅与大量铜及其他元素分离。在 $0.5\ mol \cdot L^{-1}$ 氢溴酸溶液中 Pb^{2+} 以溴化物络阴离子状态存在,用 N-235 溶液一次萃取可使 99% 以上的铅进入有机相:

$$2R_3NH^+Br^-(有机相)+PbBr_4^{2-}(水相)=\!=\!=(R_3NH)_2^+ \cdot PbBr_4^{2-}(有机相)+2Br^-(水相)$$

在此条件下,约有 5% 的 Cu^{2+},Fe^{3+} 和 50% 的 Zn^{2+} 以及 99% 以上的 Bi^{3+} 和 Cd^{2+} 也同时萃取入有机相,而用硫氰酸铵-硝酸混合溶液反萃取时仅 Pb^{2+} 定量地进入水相,Cd^{2+} 也有少量(约 20%)进入水相外,其他都仍留在有机相。因此,铅的分离是比较理想的。

由于二苯硫腙法测定铅的选择性并不好,在铅的显色条件下即使有几微克的铜、锌或镍等离子存在已使铅的结果偏高。试验证明,仅用 N-235 分离后,在不加其他掩蔽剂的情况下进行显色,效果不好。进一步证明,这是由于各种试剂及水中带入的微量 Zn^{2+} 所造成的。因此在显色时加入四乙烯五胺作为掩蔽剂。该试剂也能与 Pb^{2+} 络合,随着四乙烯五胺加入量的增加,铅与二苯硫腙的反应的完全程度也逐渐降低。因此该掩蔽剂的加入量必须严格控制。

1) 试剂

氢溴酸($2.0\ mol \cdot L^{-1}$),($0.5\ mol \cdot L^{-1}$),定量分取浓氢溴酸(优级纯)数毫升,用氢氧化钠溶液($0.100\ 0\ mol \cdot L^{-1}$)标定其摩尔浓度。按标定所得浓度定量稀释配制成 $2.0\ mol \cdot L^{-1}$ 及 $0.5\ mol \cdot L^{-1}$ 的溶液。硫氰酸铵溶液(10%),用二苯硫腙氯仿溶液(0.01%)萃取净化。亚硫酸钠溶液(10%),用二苯硫腙氯仿溶液(0.01%)萃取净化。四乙烯五胺溶液(1%)。二苯硫腙-苯溶液(0.01%):称取二苯硫腙 50 mg,置于 500 mL 分液漏斗中,加入苯 25 mL,摇动溶液使二苯硫腙溶解,用氨水(2+98)萃取 2 次,每次加氨水(2+98)100 mL,使二苯硫腙溶于氨水中,弃去萃层,再用苯 25 mL 洗涤水相 1 次,滴加盐酸至水相呈酸性,振摇 2 min,使二苯硫腙重新溶于苯中,静置分层后弃去水相。将苯溶液合并用去离子水洗涤 2 次,弃去水相。将苯溶液通过脱脂棉滤入于干燥的棕色瓶中存放。N-235 二甲苯溶液(5%V/V)[①]。氨性混合溶液:每 100 mL 溶液中含亚硫酸钠溶液(10%)10 mL,酒石酸钠溶液(10%)10 mL,浓氨水 65 mL 及四乙烯五胺(1%)3 mL。稀氨水洗液:每 100 mL 水中加氨水 1 mL 及亚硫酸钠溶液(10%)2 mL。铅标准溶液:称取纯铅 $0.100\ 0$ g,溶于硝酸(1+3)5 mL 中,驱除黄烟后移入 1 000 mL 量瓶中,以水稀释至刻度,摇匀。此溶液每毫升含铅 0.1 mg。吸取此溶液 5 mL,置于 250 mL 量瓶中,以水稀释至刻度,摇匀。此溶液每毫升含铅 2 μg。反萃取液:取 $2\ mol \cdot L^{-1}$ 硝酸,$2\ mol \cdot L^{-1}$ 硫氰酸铵及去离子水按 1∶1∶3 的比例混合。

2) 操作步骤

称取试样 $0.100\ 0\sim0.500\ 0$ g,置于 50 mL 烧杯中,加入优级纯盐酸 1~5 mL,分次加入过氧化氢至试样溶解完毕,蒸发至干,加入 $2\ mol \cdot L^{-1}$ 氢溴酸 2.5 mL,温热使盐类溶解,用水 7.5 mL 将溶液移入于分液漏斗中,加入 N-235 溶液 10 mL,萃取 1 min,静置分层,弃去水相,加入 $0.5\ mol \cdot L^{-1}$ 氢溴酸 5 mL,萃取 10 s,分层后弃去水相,取样较多时可用 $0.5\ mol \cdot L^{-1}$ 氢溴酸洗 1 次,弃去水相,用水冲洗分液漏斗内壁,不要振摇,将水层放去。加入反萃取液 5 mL,振摇 1 min,静置分层,水相移入另一分液漏斗中,于有机相中再加反萃取液 5 mL,振摇半分钟,静置分层,水相与第一次反萃取水相合并。有机相集中存放以便洗净回收。于反萃取水相溶液中加入氨性混合溶液 10 mL,摇匀。准确加入二

---

① 本书中 V/V 是体积比,即体积分数,在此说明,后不赘述。

苯硫腙溶液 10 mL,振摇 1 min,静置分层,弃去水相,加入稀氨水洗液 5 mL,振摇 10 s,静置分层,弃去洗液。有机相通过脱脂棉,滤入干燥的 2 cm 比色皿。于 520 nm 波长处,以纯苯为参比,测定其吸光度。另按同样步骤制备试剂空白,从试样的吸光度值中减去试剂空白的吸光度值后,在检量线上查得试样的含铅量。

3) 检量线的绘制

于 6 只 50 mL 烧杯中,依次加入铅标准溶液 0.0 mL,1.0 mL,2.0 mL,3.0 mL,4.0 mL,5.0 mL(Pb 2 μg·mL^{-1}),蒸发至近干,各加 2 mol·L^{-1} 氢溴酸 2.5 mL,盐类溶解后移入于分液漏斗,以下按上述步骤进行萃取分离并显色测定吸光度,绘制检量线。

4) 注

(1) 所用酸、氨水及其他试剂应用优级纯试剂,并用去离子水配制。

(2) N-235 系叔胺型高分子胺萃取剂,是以三辛胺为主的混合物。配成的溶液要按下法净化:将 N-235 溶液置于分液漏斗中,轮流用等体积的 0.5 mol·L^{-1} 碳酸钠溶液和 1 mol·L^{-1} 盐酸各洗涤 3 次,然后用去离子水洗至不呈酸性(7~8 次),用过的 N-235 溶液也按同样方法洗净回收使用。

(3) 用过的 N-235 溶液中含有硫氰酸盐,放置时间太久会析出沉淀影响回收,因此宜在当天洗净回收。

7.7 锌 的 测 定

Zn^{2+} 离子与 1-(2-吡啶偶氮)-2-萘酚(简称 PAN)反应生成水不溶性络合物,其分子比为 Zn:PAN=1:2。此络合物可溶于氯仿、四氯化碳等有机溶剂中,在非离子型表面活性剂(异辛基苯氧基聚乙氧基乙醇(简称 TritonX-100)的增溶作用下,Zn^{2+}-PAN 络合物可溶于水中呈橙红色,其吸收峰在 550 nm 波长处,摩尔吸光系数 $\varepsilon^{550}=5.6\times10^4$。在水溶液中显色,不但使操作比较方便,而且可以充分利用掩蔽剂的作用使方法的选择性有很大提高。例如联合使用了柠檬酸钠、六偏磷酸钠、β-氨荒丙酸及磺基水杨酸等掩蔽剂可以在较大量的 Cu^{2+},Pb^{2+},Mn^{2+},Fe^{3+},Cd^{2+},Al^{3+},Mg^{2+},Ca^{2+} 等元素存在下测定微量锌。但在测定铜中微量锌时,由于 Cu^{2+},Zn^{2+} 的含量相差太大,掩蔽法已不适用,故方法中用 N-235 萃取分离。

从 1.5 mol·L^{-1} 左右的盐酸溶液中用 N-235 萃取时,Zn^{2+} 以氯化物络离子状态与 N-235 结合而进入有机相。

$$\underset{\text{(有机相)}}{2R_3NH^+Cl^-} + \underset{\text{(水相)}}{ZnCl_4^{2-}} =\!=\!= \underset{\text{(有机相)}}{(R_3NH)_2^+ \cdot ZnCl_4^{2-}} + \underset{\text{(水相)}}{2Cl^-}$$

一次萃取可达到 95% 以上萃取率。就 Zn^{2+} 的萃取率而言,从 1 mol·L^{-1} 至更高酸度的盐酸溶液中都可萃取,但因 Cu^{2+} 的萃取随着酸度的增大而增加,故只能用较低的酸度条件(1.2 mol·L^{-1} HCl)。在此条件下约有 5% 的 Cu^{2+},约 70% 的 Pb^{2+},约 80% 的 Fe^{3+} 和 95% 以上的 Cd^{2+} 和 Bi^{3+} 同时进入有机相。当用碘化钾-硝酸混合溶液反萃取时,Cu^{2+},Pb^{2+},Cd^{2+},Bi^{3+} 仍留在水相而 Zn^{2+},Fe^{3+} 进入水相。在纯铜中铁的共存量是很低的,而且在最后显色时尚可用掩蔽法消除其干扰。

1) 试剂

N-235 二甲苯溶液(5%V/V),洗净处理方法见 7.6 节。碘化钾溶液(33%)。柠檬酸钠溶液(5%)。六偏磷酸钠溶液(5%)。对硝基酚指示剂(0.2%)。缓冲溶液:称取氯化铵 80 g,溶于水中,加入浓氨水 18 mL,以水稀释至 1 000 mL,用塑料瓶存放备用。TritonX-100 溶液(20%W/W)[①]。PAN

---

① 本书中 *W/W* 是质量比,即质量分数,在此说明,后不赘述。

溶液(0.1%),乙醇溶液。β-氨荒丙酸铵溶液(4%)(简称 β-DTCPA 溶液)。锌标准溶液:称取纯锌 0.100 0 g,溶于少量盐酸中,移入于 1 000 mL 量瓶中,以水稀释至刻度,摇匀。此溶液每毫升含锌 0.1 mg。吸取此溶液 10 mL,置于 250 mL 量杯中,以水稀释至刻度,摇匀。此溶液每毫升含锌 4 μg。

2) 操作步骤

称取试样 0.100 0~0.500 0 g,置于 100 mL 烧杯中,加入盐酸 1~5 mL,分次加入过氧化氢使试样溶解,将溶液蒸至干,加入盐酸(1+2)2 mL,温热使盐类溶解,用少量水将溶液移入分液漏斗中,加水至体积为 10 mL(此时溶液的酸度约为 1.2 mol · L^{-1}),加入 N-235 溶液 10 mL,萃取半分钟,分层后弃去水相,用盐酸(1+7)5 mL 洗涤有机相 10 s,分层后弃去水相。于有机相中加入硝酸(1+7)1 mL,碘化钾溶液(33%)1 mL 及水 3 mL,振摇 30 s,分层后将水相放入 25 mL 量瓶中,再加硝酸、碘化钾及水重复萃取一次,水相合并于量瓶中。与此同时作试剂空白 1 份。分别显色如下:各加柠檬酸钠溶液 1 mL,六偏磷酸钠溶液 1 mL 及对硝基酚指示剂 1 滴,用氨水(1+4)及盐酸(1+3)调节至溶液由黄色转变为无色,加入缓冲溶液 2.5 mL,TritonX-100 溶液 1 mL 及 β-DTCPA 溶液 0.5 mL,摇匀。加入 PAN 溶液 1.0 mL,加水至刻度,摇匀。用 2 cm,3 cm 或 5 cm 比色皿,于 550 nm 波长处,以试剂空白为参比,测定其吸光度。从检量线上查得试样的含锌量。

3) 检量线的绘制

于 7 只 25 mL 量瓶中,依次加入锌标准溶液 0.0 mL,0.5 mL,1.0 mL,1.5 mL,2.0 mL,3.0 mL,4.0 mL(Zn4 μg · mL^{-1}),各加柠檬酸钠溶液 1 mL 及六偏磷酸钠溶液 1 mL,按上述步骤调节酸度并显色,但可不加 β-DTCPA 溶液。以不加锌标准溶液的试剂为参比,分别测定各溶液的吸光度,并绘制检量线。

4) 注

(1) 所用各种试剂应选用优级品,并用去离子水配制。

(2) β-氨荒丙酸铵的合成方法如下:称取 β-氨基丙酸 4 g,溶于浓氨水 20 mL 中。另取二硫化碳 12 mL,溶于无水乙醇 70 mL 中,用滴管将二硫化碳溶液缓缓地加入 β-氨基丙酸溶液中。加至最后阶段渐有白色粉末状结晶产生。将混合物放置 3 h 以上,加入无水乙醇 50 mL,摇匀,在布氏漏斗上抽气过滤,用无水乙醇洗涤沉淀至无黄色为止。将沉淀移至干燥的表面皿上,置于干燥器中减压干燥。数小时后,称取此试剂配成 4% 的水溶液。此试剂在水中溶解度很大。如溶解后有较多不溶物,表明试剂纯度较差。β-氨荒丙酸铵试剂由于稳定性较差,不宜长期保存,所以无此试剂成品供应,必须由自己合成。试剂保存在干燥器中,可使用 1 个月以上。合成操作应在通风橱内进行。

(3) TritonX-100 的结构式为

$$R-\langle\bigcirc\rangle-O-(CH_2CH_2O)_x-CH_2CH_2OH(R 为异辛基)$$

其异辛基苯氧基一端为疏水基,另一端为亲水基。当加入此试剂后,它在水不溶性固体分子与水分子之间作用。其疏水基团与固体分子作用使之分散为微小的颗粒,而其亲水基团则与水分子结合,这样就使原来在水中不溶解的固体分子与水联结起来而溶于水中。

7.8　磷、砷的测定

5 价磷和砷在酸性溶液中与钼酸铵形成磷钼及砷钼杂多酸。加入适当的还原剂可使磷钼及砷钼杂多酸还原为钼蓝。选用不同的有机溶剂进行萃取,可在同一份试液中分别测定磷和砷。

为了有利于磷、砷杂多酸的形成及不受硅的干扰,方法中选择在 1.4 mol · L^{-1} 左右的硝酸介质中反应并萃取,并用乙酸丁酯作为磷的萃取剂,4-甲基戊酮-[2](简称 MIBK)作为砷的萃取剂。

纯铜中共存的杂质元素,对磷、砷的测定不干扰。

1) 试剂

硝酸(3+7),(1+1),(1.4 mol·L^{-1}),(3 mol·L^{-1})。钼酸铵溶液(10%)。酸性钼酸铵溶液:取钼酸铵溶液(10%)5 mL 及 3 mol·L^{-1}硝酸 50 mL 混匀。此溶液可在使用时临时配制并存放于塑料瓶中。盐酸洗液(15%V/V)。氯化亚锡溶液:称取氯化亚锡 0.5 g,溶于盐酸 8 mL 中,加水至 50 mL,加抗坏血酸 0.7 g,搅拌使其溶解。此溶液当天配制。磷标准溶液:称取磷酸氢二钠(Na$_2$HPO$_4$·12H$_2$O)1.154 7 g,置于 500 mL 量瓶中,加水溶解,加入硝酸(1+1)5 mL,以水稀释至刻度,摇匀。此溶液每毫升含磷约 0.2 mg,其准确浓度可用重置法标定。吸取此溶液 10 mL,根据标定的浓度,用 1.4 mol·L^{-1}硝酸稀释至每毫升含磷 10 μg。砷标准溶液:称取三氧化二砷(As$_2$O$_3$ 基准试剂)0.132 0 g,置于 150 mL 锥形瓶中,加入浓硝酸 20 mL,煮沸约 30 min 使砷被氧化,冷却,移入 500 mL 量瓶中,以水稀释至刻度,摇匀。此溶液每毫升含砷 0.2 mg。吸取此溶液 10 mL,置于 200 mL 量瓶中,用 1.4 mol·L^{-1}硝酸稀释至刻度,摇匀。此溶液每毫升含砷 10 μg。

2) 操作步骤

称取试样 0.500 0 g,置于 100 mL 锥形瓶中,加入硝酸(3+7)10 mL,微热溶解后滴加 1%高锰酸钾溶液至呈红色,煮沸半分钟,滴加 1%亚硝酸钠溶液使红色褪去,煮沸驱除氧化氮,冷却,将溶液移入分液漏斗中,用少量水冲洗锥形瓶洗液并入分液漏斗中,加水至体积为 20 mL。加入酸性钼酸铵溶液 5 mL,摇匀,定量加入乙酸丁酯 10.0 mL,振摇半分钟(室温低于 25 ℃时需振摇 1~2 min),静置分层,水相放入另一分液漏斗中,作为测定砷用。于有机相中加入盐酸洗液 10 mL,振摇数秒钟,分层后弃去水相。于有机相中迅速加入氯化亚锡溶液 2 mL,摇动分液漏斗。此时磷钼杂多酸被还原为磷钼蓝。弃去水相,用移液管加入乙醇 1 mL,摇匀。与试样操作同时,取硝酸(3+7)6 mL,按同样步骤制备试剂空白 1 份。用 1 cm 比色皿,于 700 nm 波长处,以试剂空白为参比,测定其吸光度。从检量线上查得试样的含磷量。于留作测砷的试样溶液及试剂空白中分别定量加入 MIBK 10.0 mL,振摇 1~2 min,分层后弃去水相。用 2 cm 比色皿,于 700 nm 波长处,以试剂空白为参比,测定其吸光度。从检量线上查得试样的含砷量。

3) 检量线的绘制

(1) 磷的检量线:依次吸取磷标准溶液 0.0 mL,0.5 mL,1.0 mL,1.5 mL,2.0 mL,2.5 mL(P 10 μg·mL^{-1}),分别置于分液漏斗中,各加硝酸(1.4 mol·L^{-1})稀释至 20 mL,加入酸性钼酸铵溶液 5 mL,以下按操作步骤进行,测定吸光度,绘制检量线。每毫升磷标准溶液相当于含磷 0.002%。

(2) 砷的检量线:依次吸取砷标准溶液 0.0 mL,0.5 mL,1.0 mL,1.5 mL,2.0 mL,2.5 mL(As 10 μg·mL^{-1}),分别置于分液漏斗中,各加硝酸(1.4 mol·L^{-1})稀释至 20 mL,加入酸性钼酸铵溶液 5 mL,以下按操作步骤进行,测定吸光度,绘制检量线。每毫升砷标准溶液相当于含砷 0.002%。

7.9　铋 的 测 定

利用 2,3-二甲氧马钱子碱与 Bi^{3+}的碘化物络阴离子相互反应而生成的络合物作为微量铋的光度测定法,由于其具有选择性较好,显色条件容易掌握等优点而得到广泛的应用。为了避免在分离过程中用氰化物作掩蔽剂和缩短操作时间,本方法中用磷酸酯萃取剂(简称 P-204)萃取分离纯铜中微量铋。

P-204 为二(2-乙基己基)磷酸的简称,其结构式如下:

$$
\begin{array}{c}
C_2H_5 \\
| \\
C_4H_9\!-\!CH\!-\!CH_2\!-\!O \quad\ O \\
\diagdown\ \diagup \\
P \\
\diagup\ \diagdown \\
C_4H_9\!-\!CH\!-\!CH_2\!-\!O \quad\ OH \\
| \\
C_2H_5
\end{array}
$$

它是一种有机弱酸,在很多非极性溶剂中通过氢键发生分子间的络合作用而以二聚体的状态 (H_2A_2) 存在。萃取时,当 P-204 试剂不过量时,与金属离子形成 MAn 型的络合物,即

$$
\left[\begin{array}{c}
R\!-\!O\quad O \\
\diagdown\ \diagup \\
P \\
\diagup\ \diagdown \\
R\!-\!O\quad O
\end{array}\right]_n \!\!M \quad (\text{式中 R 代表 } C_4H_9\!-\!\overset{\overset{\displaystyle C_2H_5}{|}}{CH}\!-\!CH_2\!-\!)
$$

式中:n 代表金属离子的价态。当 P-204 试剂过量时形成 $M(HA_2)_n$ 型的络合物。由于形成了电中性的络合物,使被萃取的金属离子失去亲水性而萃取入有机相。

$$
\underset{\text{(水相)}}{M^{n+}} + \underset{\text{(有机相)}}{n(H_2A_2)} =\!=\!=\!= \underset{\text{(有机相)}}{M(HA_2)} + \underset{\text{(水相)}}{nH^+}
$$

根据实际分析试样处理的需要,选用在高氯酸溶液中的萃取条件。萃取的适宜酸度为 1 mol·L^{-1} 以下,溶液中高氯酸浓度大于 1.5 mol·L^{-1} 时萃取率明显下降。在不大于 1 mol·L^{-1} 的高氯酸溶液中萃取时,一次萃取的萃取率可达 90%,进入有机相的 Bi^{3+} 用碘化钾溶液反萃取后即可显色。通过 P-204 萃取可达到微量铋与大量 Ag^+,Cu^{2+},Pb^{2+},Zn^{2+},Ni^{2+},Co^{2+},Mn^{2+},Fe^{2+},Be^{2+},Mg^{2+},Al^{3+} 等元素的有效分离。

1) 试剂

硫酸(1+1),(1+3)。酒石酸溶液(10%)。硫脲溶液(5%)。2,3-二甲氧马钱子碱溶液(简称 BRC 溶液)(1%):称取固体试剂 1 g,溶于柠檬酸溶液(25%)100 mL 中。2,3-二甲氧马钱子碱有毒,且固体粉末较轻,容易飞扬,称量时操作者应戴口罩。P-204-正庚烷溶液(10%V/V):取 P-204 10 mL,加正庚烷稀释至 100 mL。将溶液移入分液漏斗中,用 1 mol·L^{-1} 硝酸洗涤 2 至 3 次后再用水洗至不呈酸性。用过的 P-204 溶液也按照此方法洗涤后即可恢复使用。碘化钾溶液(10%)。铋标准溶液:称取硝酸铋($Bi(NO_3)_3$·$5H_2O$)0.232 1 g,溶于硝酸(1 mol·L^{-1})中,移入 100 mL 量瓶中,用硝酸(1 mol·L^{-1})稀释至刻度,摇匀。此溶液每毫升含铋 1 mg。分取此溶液 5 mL,置于 500 mL 量瓶中,用硝酸(0.1 mol·L^{-1})稀释至刻度,摇匀。此溶液每毫升含铋 10 μg。

2) 操作步骤

称取试样 1.000 g 或 2.000 g,置于 100 mL 烧杯中,加入硝酸(1+1)10 mL 或 20 mL,温热溶解试样。加入高氯酸 5 mL,蒸发至冒高氯酸浓烟,稍冷,加水 5 mL 溶解盐类,将溶液移入分液漏斗中,加水至 70 mL,加入 P-204 溶液 10 mL,振摇 1 min,静置分层,弃去水相,用 1 mol·L^{-1} 高氯酸 10 mL 洗涤有机相一次,分去水相后再用水吹洗分液漏斗内壁,不要振摆,弃去水相。用碘化钾溶液 10 mL 分两次从有机相将铋反萃取入水相,第一次振摇 1 min,第二次振摇半分钟,反萃取溶液置于另一分液漏斗中,有机相集中存放以备洗净回收。于反萃取溶液中加入硫酸(1+3)20 mL,加水至 50 mL,摇匀。加入酒石酸溶液 10 mL,硫脲溶液 10 mL,摇匀。加入碘化钾溶液 10 mL 及 BRC 溶液 5 mL,定量加入氯仿 15 mL,萃取 1 min,静置分层,有机相用脱脂棉滤入于 3 cm 比色皿中,另按同样操作试剂空白 1 份。在 470 nm 波长处,以试剂空白为参比,测定其吸光度。从检量线上查得试样的含铋量。

3) 检量线的绘制

依次吸取铋标准溶液 0.0 mL,1.0 mL,2.0 mL,3.0 mL,4.0 mL,5.0 mL(Bi 10 μg·mL^{-1}),分别

置于 100 mL 烧杯中,各加入高氯酸 5 mL,蒸发至冒高氯酸烟,稍冷,加水 5 mL 溶解盐类,溶液移入分液漏斗中,加水至 70 mL,加 P-204 溶液 10 mL,以下按步骤进行萃取分离和显色,测定其吸光度,绘制检量线。

4) 注

(1) 经过萃取分离铋的回收率为 90%,故作检量线时也要经过萃取分离的步骤。

(2) 显色时溶液硫酸浓度的适宜范围为 $0.25 \sim 1.15 \ mol \cdot L^{-1}$,方法中选用 $1.0 \ mol \cdot L^{-1}$ 左右。加入酒石酸可掩蔽少量的锑、锡等元素,硫脲可掩蔽铜且能使反应中析出的游离碘还原。

(3) 加入碘化钾后,Bi^{3+} 与 I^- 离子生成 BiI_4^- 络阴离子,此络阴离子又与 2,3-二甲氧马钱子碱形成 1:1 的络合物:

$$BRC^+ + BiI_4^- \Longrightarrow [BRC]^+ \cdot BiI_4^-$$

7.10 锑 的 测 定

5 价锑在盐酸溶液中形成的 $SbCl_6^-$ 络阴离子与孔雀绿试剂的阳离子生成离子络合物,溶于苯中呈翠绿色,此为测定微量锑较为灵敏的方法。分析纯铜试样时,需经氨水沉淀分离(以 Fe^{3+} 为载体)除去大部分铜,然后进行显色。

经过分离后与锑共存的元素尚有 Fe^{3+},Cu^{2+} 及微量的 Sn^{4+},Bi^{3+},$As(V)$,Pb^{2+} 等,其中 Fe^{3+} 是加入的载体,Cu^{2+} 为被氢氧化物吸附带下的。Fe^{3+} 可借磷酸掩蔽,而 Cu^{2+} 在 50 mg 以下并不妨碍锑的显色。微量 Sn^{4+},Bi^{3+},$As(V)$,Pb^{2+} 并不干扰锑的测定。

在试样溶液中锑主要以 3 价状态存在,但也有少量的 4 价及 5 价状态的锑。显色反应要求锑必须是 5 价状态,故应先经过氧化。但 4 价锑不易氧化至 5 价,故方法中规定先加氯化亚锡使锑全部还原至 3 价,然后加亚硝酸钠使其氧化至 5 价。氧化应在 $9 \sim 10 \ mol \cdot L^{-1}$ 盐酸溶液中进行。

$SbCl_6^-$ 络阴离子与孔雀绿的反应和萃取应在 $2 \ mol \cdot L^{-1}$ 的酸度条件下进行,但在低酸度时,Sb(V) 很易水解,故必须迅速完成萃取手续,否则结果将明显偏低。显色络合物在有机相中是稳定的。

1) 试剂

铁溶液:溶解硝酸铁($Fe(NO_3)_3 \cdot 9H_2O$)7.5 g 于盐酸 5 mL 中,加水稀释至 200 mL。此溶液每毫升含铁约 5 mg。氯化亚锡溶液(10%):称取氯化亚锡($SnCl_2 \cdot 2H_2O$)5 g,溶于盐酸(5+1)20 mL 中,冷却,加盐酸(5+1)稀释至 50 mL。亚硝酸钠溶液(14%)。尿素溶液:溶解尿素 8 g 于 15 mL 水中,此溶液当天配制。磷酸(1+5)。孔雀绿溶液(0.2%)。锑标准溶液:称取酒石酸锑钾 $\Big(K(SbO)C_4H_4O_6$

$\cdot \frac{1}{2} H_2O \Big)$ 0.274 3 g 溶于盐酸(5+1)中,移入 100 mL 量瓶中,用盐酸(5+1)稀释至刻度,摇匀。此溶液每毫升含锑 1 mg。吸取此溶液 1 mL,置于 500 mL 量瓶中,用盐酸(5+1)稀释至刻度,摇匀。此溶液每毫升含锑 2 μg。

2) 操作步骤

称取试样 1.000 g,置于 300 mL 烧杯中,加入硝酸(1+1)10 mL 及盐酸 5 mL,加热溶解,加入铁溶液 2 mL,加水至约 100 mL,加热至近沸,分次加入氨水至过量约 5 mL,煮沸 1 min,放置片刻用快速滤纸过滤,用热氨水(2+98)洗涤烧杯及沉淀至滤液不呈铜氨络离子的蓝色。用玻璃棒将大部分沉淀移入原烧杯中,滤纸上残留的沉淀用热盐酸(5+1)10 mL 溶解,溶液接收于原烧杯中,将溶液移入 25 mL

量瓶中,用盐酸(5+1)洗涤滤纸和烧杯,洗液接收于量瓶中。用盐酸(5+1)稀释至刻度,摇匀。另按同样操作试剂空白1份。吸取试液及试剂空白各5 mL,分别置于50 mL烧杯中,微热,滴加氯化亚锡溶液至3价铁的黄色褪去,再过量1~2滴,迅速冷却,加入亚硝酸钠溶液1 mL,放置1~2 min,加入尿素溶液1 mL,边摇边将溶液移入分液漏斗中,迅速用磷酸(1+5)18 mL分次洗涤烧杯,洗液并入分液漏斗中,随即加入孔雀绿溶液0.5 mL及苯20.0 mL,振摇1 min,静置分层,弃去水相,苯层通过脱脂棉滤入3 cm或5 cm比色皿中,于610 nm波长处,以试剂空白为参比,测定其吸光度。从检量线上查得试样的含锑量。

3) 检量线的绘制

依次吸取锑标准溶液0.0 mL,1.0 mL,2.0 mL,3.0 mL,4.0 mL,5.0 mL(Sb 2 μg·mL^{-1}),分别置于50 mL烧杯中,各加盐酸(5+1)至5 mL。以下按操作步骤进行氧化、显色并测定其吸光度,绘制检量线。

7.11　锡　的　测　定

在pH为1.5~2.5的酸性溶液中,Sn^{4+}、邻苯二酚紫(PV)和溴代十六烷基三甲铵(CTMAB)形成分子比为1:2:4的三元络合物,最大吸收波长在662 nm波长处,摩尔吸光系数为9.56×10^4,Sn为0~50 μg·(50 mL)$^{-1}$符合比耳定律。此方法的一个显著优点是选择性高,影响测定的主要元素有Mo(Ⅵ),W(Ⅵ),Sb(Ⅴ)。一般的非铁合金和金属不含钼和钨;而锑在共存量不大于0.2 mg时也不影响锡的测定,纯铜中锑的共存量是很低的,所以其干扰可不考虑。实验证明,100 mg以下的Cu^{2+}不影响锡的测定,Cu^{2+}的共存量达200 mg时只使吸光度稍有偏低。络合反应可在硝酸或硫酸溶液中进行,为了防止锡的水解,可加入柠檬酸或酒石酸作辅助络合剂。为适应纯铜分析的需要,选择在硝酸-酒石酸介质中进行测定。

采用在近沸的溶液中加入显色剂,而后流水冷却至室温,这样使显色反应能迅速完成,吸光度可稳定1 h以上。

1) 试剂

酒石酸溶液(5%)。硝酸(1+1)。抗坏血酸溶液(1%)。PV-CTMAB溶液:称取PV0.040 g,溶于水中,稀释至100 mL。另取CTMAB 0.10 g,溶于70 mL乙醇中,加水至100 mL。测定时取PV溶液50 mL及CTMAB溶液20 mL混合并稀释至100 mL。锡标准溶液:称取纯锡0.100 0 g,置于100 mL锥形瓶中,加入浓硫酸5 mL,加热溶解,冷却,加水15 mL,冷却,移入100 mL量瓶中,用硫酸(1+3)洗涤锥形瓶,洗涤液并入量瓶中,用硫酸(1+3)稀释至刻度,摇匀。此溶液每毫升含锡1 mg。吸取此溶液2.50 mL,置于500 mL量瓶中,用5%酒石酸溶液稀释至刻度,摇匀。此溶液每毫升含锡5 μg。

2) 操作步骤

称取试样0.200 0 g,置于50 mL两用瓶中,加入酒石酸溶液5 mL及硝酸(1+1)3 mL,低温加热使试样溶解后煮沸驱除黄烟,加入抗坏血酸溶液1 mL及热水约30 mL,加热至近沸,加入PV-CTMAB溶液5 mL,摇匀,流水冷却至室温,以水稀释至刻度,摇匀。与此同时称取不含锡的纯铜按相同方法制备试剂空白1份,用3 cm或5 cm比色皿,于660波长处,以试剂空白为参比,测定其吸光度。从检量线上查得试样的含锡量。

3) 检量线的绘制

称取纯铜(不含锡或已知含锡<0.001%者)2.000 0 g,溶于硝酸(1+1)30 mL中,驱除黄烟后移

入 50 mL 量瓶中,加水至刻度,摇匀。分取此溶液 5 mL 6 份,分别置于 50 mL 两用瓶中,依次加入锡标准溶液 0.0 mL,1.0 mL,2.0 mL,3.0 mL,4.0 mL,5.0 mL(Sn 5 μg · mL^{-1})和酒石酸溶液(5%)5.0 mL,4.0 mL,3.0 mL,2.0 mL,1.0 mL,摇匀,加入抗坏血酸溶液 1 mL 及热水 30 mL,加热至近沸,加入 PV-CTMAB 溶液 5 mL,摇匀,流水冷却至室温,加水至刻度,摇匀。用 3 cm 或 5 cm 比色皿,测定吸光度,绘制检量线。每毫升锡标准溶液相当于含锡 0.002 5%。

4) 注

(1) 显色时溶液硝酸浓度的适宜范围为 0.04~0.20 mol · L^{-1}。

(2) 如果没有不含锡的纯铜,溶于硝酸中,加铁作为载体经氨水沉淀分离除去锡、锑等微量杂质后在硫硝酸介质中电解而制备。电解方法见 7.1 节。

(3) 邻苯二酚紫试剂的质量对测定的灵敏度有很大的影响,应选用优质的显色剂。

(4) 有时购得的 CTMAB 在水中的溶解度较差,故方法中用乙醇溶解。

7.12　碳　的　测　定

可按钢铁中碳的测定方法中相应碳含量的方法进行测定。有关方法原理及操作步骤详见 2.1 节。测定时采用如下的燃烧条件:炉温 1 150~1 200 ℃;可不加助熔剂。

7.13　硫的测定(燃烧碘量法)

可按钢铁中硫的燃烧碘量法进行测定。有关方法原理及操作步骤见 2.2 节。测定时采用如下燃烧条件:炉温 1 200 ℃;可不加助熔剂;预热 1 min;燃烧时氧气流量为 2~2.5 L · min^{-1}。

注

(1) 如测定铜合金中的硫,可加 V_2O_5 作助熔剂,以避免合金中锌的挥发。

(2) 如燃烧舟上加盖,回收率可达 95% 以上,且重现性良好(指用新瓷管时),故测定结果可按碘酸钾标准溶液的摩尔浓度进行计算:

$$S\% = \frac{V \times M \times 0.016}{G} \times 100$$

式中:V 为滴定所耗碘酸钾标准溶液的毫升数;M 为碘酸钾标准溶液摩尔浓度;G 为试样质量(g);0.016 为 1 毫克摩尔硫的克数。

如燃烧舟上不加盖,则随着实验次数的增加回收率逐渐下降。因此必须用同类标样换算测定结果,并应随时用标准样校正碘酸钾溶液的滴定度。

7.14　纯铜的化学成分表

铜(冶炼产品)的牌号、化学成分,纯铜加工产品的牌号、化学成分,分别如表 7.1 和表 7.2 所示。

表 7.1　铜(冶炼产品)的牌号、化学成分表

牌号	代号	含铜量(≥%)	杂质(≤%)											
			铋	锑	铁	镍	铅	锡	硫	磷	锌	氧	砷	总和
一号铜	Cu-1	99.95	0.002	0.002	0.005	0.002	0.005	0.002	0.005	0.001	0.005	0.02	0.002	0.05
二号铜	Cu-2	99.90	0.002	0.002	0.005	0.002	0.005	0.002	0.005	0.001	0.005	0.06	0.002	0.10
三号铜	Cu-3	99.70	0.002	0.005	0.050	0.200	0.010	0.050	0.010	—	—	0.10	0.010	0.30
四号铜	Cu-4	99.50	0.003	0.050	0.050	0.200	0.050	0.050	0.010	—	—	0.10	0.050	0.50

注:① 含银量包括在含铜量中。② 电解铜含氧量可不做分析。

表 7.2　纯铜加工产品的牌号、化学成分表

组别	合金牌号	代号	主要成分(%)			杂质(≤%)												
			铜(≥%)	磷	锰	铋	锑	砷	铁	镍	铅	锡	硫	磷	锌	氧	碳	总和
纯铜	一号铜	T1	99.95	—	—	0.002	0.002	0.002	0.005	0.002	0.005	0.002	0.005	0.001	0.005	0.02	—	0.05
	二号铜	T2	99.90	—	—	0.002	0.002	0.002	0.005	0.006	0.005	0.002	0.005	0.005	0.005	0.06	—	0.01
	三号铜	T3	99.70	—	—	0.002	0.005	0.010	0.050	0.200	0.010	0.050	0.010	0.010	—	0.10	—	0.30
	四号铜	T4	99.50	—	—	0.003	0.050	0.050	0.050	0.200	0.050	0.050	0.010	0.010	—	0.10	—	0.50
无氧铜	一号无氧铜	TU1	99.97	—	—	0.002	0.002	0.002	0.005	0.002	0.005	0.002	0.005	0.003	0.003	0.003	—	0.03
	二号无氧铜	TU2	99.95	—	—	0.002	0.002	0.002	0.005	0.002	0.005	0.002	0.005	0.003	0.003	0.003	—	0.05
	磷脱氧铜	TUP	99.50	0.01~0.04	—	0.003	0.050	0.050	0.050	0.200	0.010	0.050	0.010	0.003	—	0.010	—	0.49
	锰脱氧铜	TUMn	99.60	—	0.1~0.3	0.002	0.002	0.050	0.050	0.005	0.007	0.002	0.005	0.003	0.007	—	0.002	0.30

注:① 表中未列入的杂质包括在杂质总和内,银含量包括在铜含量中。② 杂质中的砷、锑、铋、铁、镍可不做分析,但供方必须保证不大于界限数值。③ 所谓无氧铜是指含氧非常少的铜。

第 8 章　黄铜的分析方法

黄铜是铜和锌的合金。如果合金中只由铜和锌组成,这种黄铜称为普通黄铜,或锌黄铜。为了改善普通黄铜的性能,在铜锌合金中再加入锡、镍、铅、硅、铝、铁等元素,就成了特殊黄铜,如锡黄铜、锰黄铜、硅黄铜、铝黄铜、镍黄铜、铁黄铜等。就用途而言,黄铜又可分为变形用与铸造用两类。各种黄铜牌号的表示方法及其化学成分见 8.12 节。兹将各种元素对黄铜性能的影响简单介绍如下。

锡能提高黄铜的强度,并能显著提高其对海水的抗蚀性能,故锡黄铜也有海军黄铜之称。镍也能提高黄铜的强度和抗蚀性,但因镍太贵,所以镍黄铜用得不多。锰能显著提高黄铜的工艺性能、强度和耐蚀性。铅可以改善黄铜的切削性能,但塑性稍有降低。硅能大大地提高黄铜的机械性能、耐蚀性和铸造性能。铝能在很大程度上提高黄铜的强度、改善黄铜对腐蚀的稳定性,但塑性显著降低。铁阻滞黄铜再结晶并细化其晶粒。可是,当含铁量大于 0.03% 时,黄铜会有磁性,在加入铁的同时,再添加锰、镍和铝,则它对黄铜的性能产生特别有益的影响,可显著提高黄铜的强度和耐磨、耐蚀性。

本方法适用于以上各种黄铜中主要合金元素及一些杂质元素的分析。

8.1　铜　的　测　定

铜合金中铜的测定最常用的方法是电解重量法和容量法。

电解重量法:电解重量法可分为恒电流电解法和控制阴极电位电解法。分别利用在一定条件下,进行恒电流电解或控制阴极电位电解,铜析出在铂网电极上,然后用重量法测定之。

容量法:常用的容量法是碘量法和 EDTA 滴定法。

1) 碘量法

在 pH3~4 的弱酸性介质中,Cu^{2+} 与 I^- 作用生成碘化亚铜沉淀,并析出等摩尔的碘,以淀粉溶液为指示剂,用硫代硫酸钠溶液滴定析出的碘,以测得铜量。碘化亚铜沉淀吸附微量碘,使测得的结果偏低,因此常于近终点时,加入硫氰酸盐,使 CuI_2 沉淀转化为溶解度更小的 $Cu(SCN)_2$ 沉淀。此方法简单,快速,终点敏锐,准确度也较高,现今仍为取得精确分析结果的依据之一,被广泛使用。

2) EDTA 滴定法

在 pH2.5~10 范围内,Cu^{2+} 与 EDTA 能生成稳定的络合物,适于络合滴定。一般用 EDTA 滴定铜有三种方法:

(1) 硫脲差减法:取两份试样,溶解,其中 1 份加硫脲掩蔽 Cu^{2+},于 pH 5~6 时,分别滴定能被 EDTA 络合的金属离子总量,两者之差相当于铜量。汞对测定有干扰。

(2) 硫脲释出法:加入过量的 EDTA,于 pH 5~6 时,以锌盐(或铅盐)溶液返滴定金属离子总量,然后调节酸度为 0.2~0.5 mol·L^{-1},加入硫脲等使 Cu^{2+}-EDTA 络合物中的 EDTA 定量释放出来,再调节溶液的 pH,以锌盐(或铅盐)溶液滴定释出的 EDTA。

(3) 以硫脲-抗坏血酸-辅助络合剂(氨基硫脲,少量 1,10-二氮菲)作掩蔽剂,用 EDTA 滴定 Cu^{2+}。

即在 pH5～6 的溶液中,加入过量的 EDTA,过剩的 EDTA 用二甲酚橙作指示剂,用铅盐溶液进行返滴定。然后用混合掩蔽剂分解 Cu^{2+}-EDTA 络合物,再用铅溶液返滴定析出的 EDTA。此法,Ag,As,Pb,Zn,Ni,Sb^{3+},Bi,Cr^{3+},Hg 和 Al(在室温下),以及少量的 Cd 和 Co 不干扰测定。

由于 Cu^{2+}-EDTA 的颜色较 Cu^{2+} 的水溶液的颜色深,所以用 EDTA 测定铜时,其量不能大于 30 mg。否则终点不明显。

8.1.1　碘量法

在 pH 3～4 的弱酸性介质中,Cu^{2+} 与 I^- 离子反应生成碘化亚铜沉淀,并析出等摩尔的碘。以淀粉溶液为指示剂,用硫代硫酸钠标准溶液滴定所析出的碘,即可测得铜的含量。其反应式为

$$2Cu^{2+} + 4I^- === 2CuI \downarrow + I_2$$
$$I_2 + 2S_2O_3^{2-} === S_4O_6^{2-} + 2I^-$$

砷、锑、铁、钼、钒等元素对上述测定有干扰。但在铜合金中不含有钼、钒;砷、锑仅以杂质存在,且滴定系在微酸性溶液中进行,砷、锑将不干扰测定;铁的干扰在加入氟化物后即可消除。

NO_2^-,NO_2 的存在将干扰铜的测定,是由于在酸性溶液中发生下列反应:

$$2NO_2^- + 2I^- + 4H^+ === 2NO + I_2 + 2H_2O$$
$$NO_2 + 2I^- + 2H^+ === NO + I_2 + H_2O$$

NO 被空气氧化为 NO_2,又能氧化 I^- 为 I_2,致使滴定终点不稳定。为此,可在溶解试样时避免使用硝酸。这里使用盐酸-过氧化氢溶解试样。

滴定时溶液的酸度不宜过高,也不宜太低。酸度过高,则高价砷、锑等元素将与碘化物作用而析出碘,因而干扰测定。而当溶液的酸度太低,如 pH 大于 4,则 Cu^{2+} 与 I^- 的反应速度很慢且不完全。下述方法中所采用的溶液酸度为 pH≈3。

在碘化亚铜沉淀的表面,常有少量碘被吸附,这样,不但使滴定结果偏低,而且终点也不易观察,为了改善这一情况,可在滴定将近终点时加入硫氰酸盐,使碘化亚铜沉淀转变为溶解度更小的硫氰酸亚铜,从而使吸附在碘化亚铜沉淀表面的碘析出。硫氰酸盐的加入不宜过早,以免有少量碘被硫氰酸盐还原。

1) 试剂

盐酸($\rho = 1.18\ \mathrm{g \cdot cm^{-3}}$)。过氧化氢(30%)。氨水(1+1)。氟化氢铵(固体)。碘化钾溶液(10%)。淀粉溶液(1%):称取可溶性淀粉 0.5 g,放在小量杯中,加少量水调成浆状,倾入 50 mL 沸水中,搅匀后冷却至室温。此溶液宜当天配制。硫氰酸铵溶液(10%)。硫代硫酸钠标准溶液:称取硫代硫酸钠($Na_2S_2O_3 \cdot 5H_2O$)25 g,溶于 1 L 新煮沸并冷却的水中,加入碳酸钠 0.1 g,搅匀,放置一夜后使用。此溶液的准确浓度可称取黄铜标样 0.500 0 g,按下述操作步骤处理进行标定。铜的滴定度 $T(\mathrm{g \cdot mL^{-1}})$ 按下式计算:

$$T = \frac{A \times G}{V_0 \times 100}$$

式中:A 为纯铜或标样中铜的百分含量;V_0 为滴定纯铜或标样时所耗硫代硫酸钠标准溶液的毫升数;G 为称取纯铜或标样质量(g)。

2) 操作步骤

称取试样 0.500 0 g,置于 500 mL 锥形瓶中,加入盐酸 5 mL 及过氧化氢 3～5 mL,加热溶解后煮沸,使多余的过氧化氢分解。冷却,滴加氨水(1+1)至开始出现沉淀。加入氟化氢铵 3 g,加水至约 100 mL,摇匀。加入碘化钾溶液(10%)25 mL,摇匀。放置约半分钟后用硫代硫酸钠标准溶液滴定至

碘的棕色褪至淡黄色。加入淀粉溶液(1%)5 mL,继续滴定至蓝色将近消失,再加硫氰酸铵溶液(10%)10 mL,摇匀,继续滴定至蓝色恰好消失为止。试样中的铜含量可按下式计算:

$$Cu\% = \frac{T \times V}{G} \times 100$$

式中:V 为滴定所耗硫代硫酸钠标准溶液毫升数;T 为根据标定结果求得每毫升硫代硫酸钠标准溶液相当于铜的克数。

3) 注

(1) 配制的碘化钾溶液必须是无色的,如呈黄色或淡黄色,说明有 I_2 存在,此溶液不能使用。或将溶液酸化后加入淀粉,先用硫代硫酸钠溶液滴定到无色,然后使用。

(2) 配制硫代硫酸钠所用的水须经煮沸以除去所含的二氧化碳和杀死细菌,因为水中的二氧化碳会使硫代硫酸钠溶液发生缓慢的分解作用:

$$S_2O_3^{2-} + H_2CO_3 \longrightarrow HSO_3^- + HCO_3^- + S$$

此外,细菌的作用也使硫代硫酸钠溶液缓慢地分解。为了控制细菌的生长,通常在每升溶液中加碳酸钠 0.1 g 左右,使溶液在 pH 9～10,将这种分解作用可以抑制到最小。碳酸钠也不能加入过多,因为过量的碳酸钠会加速下列分解反应:

$$S_2O_3^{2-} + 2O_2 + H_2O \Longrightarrow 2SO_4^{2-} + 2H^+$$

当水中有微量的 Cu^{2+} 或 Fe^{3+}(催化剂)会促使硫代硫酸钠溶液分解:

$$2Cu^{2+} + 2S_2O_3^{2-} \longrightarrow 2Cu^+ + S_4O_6^{2-}$$

$$2Cu^+ + \frac{1}{2}O_2 + H_2O \longrightarrow 2Cu^{2+} + 2OH^-$$

所以使用的水必须无上述金属离子。硫代硫酸钠溶液最好用棕色瓶贮存,以免受光的作用而加速溶液的分解作用。采取上述措施,配制的硫代硫酸钠标准溶液浓度在 3 周内可保持不变。但为了防止由于偶然现象而使分析产生误差,仍需经常注意校核溶液的浓度。如发现溶液变浑或有硫析出,就应该过滤,重新标定溶液的浓度。标定硫代硫酸钠标准液最好用黄铜标样,以抵消滴定系统误差。因标定所得的滴定度随标样含铜量高低而不同,要注意!

(3) 试样中有铁存在时,因为 Fe^{3+} 能氧化 I^- 为 I_2,干扰铜的测定。加入氟化氢铵,使 Fe^{3+} 与 F^- 形成稳定的络合物,消除其影响,又可起缓冲作用以控制溶液的酸度。

(4) 加水稀释,既可以降低溶液的酸度,使 I^- 被空气氧化的速度减慢,又可使硫代硫酸钠溶液的分解作用减小。

(5) 碘化钾的作用有三方面:还原剂作用(使 $Cu^{2+} \longrightarrow Cu^+$),沉淀剂作用(使 $2Cu^+ + 2I^- \longrightarrow Cu_2I_2 \downarrow$),络合剂作用(使 $I_2 + I^- \longrightarrow I_3^-$),为了使反应加速进行,避免 I_2 的挥发,必须加入足量的碘化钾,但也不能过量太多,否则碘和淀粉的变色不明显。一般碘化钾的用量比理论值大 3 倍较合适。

(6) 为了避免 I_2 的挥发,须加入足量的 KI 使 I_2 与 I^- 结合成 I_3^-,反应最好在 25 ℃以下进行,使用带有玻璃塞的锥形瓶(碘量瓶);另外为了避免 I^- 被空气氧化,反应时应避免阳光的照射,析出 I_2 后应及时用硫代硫酸钠滴定。

(7) 滴定时,硫代硫酸钠溶液加入速度的快慢使滴定所耗的毫升数略有偏差,所以应当在所有滴定操作中保持大致相同的滴定速度。为了避免 I^- 的氧化,滴定速度应适当快些。

(8) 淀粉溶液应在滴定到接近终点时加入,否则,将会有较多的 I_2 被淀粉胶粒包住,使滴定时蓝色褪去很慢,妨碍终点的观察。

(9) 滴定终点往往不一定呈乳白色,有时呈淡黄色。滴定终点主要根据淀粉指示剂的蓝色消色来判断,有时在滴定到终点后又会回复出现蓝色,这是由于硫氰酸盐使沉淀表面所吸附的碘游离析出所致。在滴入硫代硫酸钠溶液使蓝色消失后 10 s 内无回复出现蓝色时即可判断为终点。

（10）实验证明，山芋粉、马铃薯粉制作淀粉溶液较好，灵敏度高，同碘获得纯蓝色（由于含有较大量的直链淀粉）。制作方法如下：称取山芋粉 10 g，碘化汞 50 mg 溶于少量冷水中调成糊状。徐徐加入 1 L 沸水中，继续煮沸 3～5 min，冷却，静置过夜，备用。取上层澄清溶液 200 mL，以水稀释至 1 L。此溶液可保持较长时间不变质。

8.1.2　恒电流电解法

电解重量法测定黄铜中的铜可作为仲裁方法。考虑到电解除铜后的溶液可用于测定铅、锌等其他合金元素，试样用硝酸溶解较为妥当。锡黄铜在溶解后有偏锡酸沉淀析出，可过滤除去。偏锡酸沉淀中可能吸附少量铜，经过充分洗涤的沉淀中仍残留有 0.03% 左右（锡沉淀较少时）或 0.07% 左右（锡沉淀较多时）的铜，当测定准确度要求较高时，需将偏锡酸溶解后测定其中吸附的铜。

为了缩短整个测定的时间，电解至最后阶段，溶液中残留的铜用光度法测定后加入于主量中。

基本原理及影响因素详见 7.1 节。

1）试剂

硝酸（1+1）。柠檬酸铵溶液（50%）。双环己酮草酰二腙溶液（以下简称 BCO 溶液）（0.2%）：称取试剂 0.5 g，溶于乙醇 125 mL 中，加水至 250 mL。硼酸钠缓冲溶液，配制方法见 7.1 节。铜标准溶液（Cu 20 μg·mL^{-1}），配制方法见 7.1 节。

2）操作步骤

称取试样 2.000 0 g，置于 250 mL 烧杯中（如已知试样不含锡，可将试样置于 300 mL 高型烧杯中），加入硝酸（1+1）25 mL，低温加热溶解试样。加热水约 50 mL，小心煮沸 2～3 min，以驱除氮的氧化物，以水冲洗表面皿并稀释至约 120 mL，使溶液能恰好浸没铂网电极。在电解仪上装好已称重量的铂网阴极和阳极，并将试样溶液放上，用两个半片表面皿盖好烧杯，接上电源，调节电流密度至 1 A，进行电解。电解至溶液中 Cu^{2+} 的蓝色褪去（需 3～6 h，也可用较小的电流密度，电解过夜），用水冲洗表面皿及烧杯内壁，继续电解约半小时。在不切断电流的情况下一边取下电解烧杯，一边用水冲洗电极表面，洗液接于原烧杯中。操作时应注意勿使阴极和阳极相碰。将洗净的镀有铜的铂网阴极于乙醇中浸渍后用电吹风吹干，置于干燥器中冷却后称取其重量。在阳极上如有棕黑色沉积物，可能是铅或锰的氧化物。为了下一步测定的需要，将阳极仍放入原试样溶液中，待溶解后将阳极取出洗净。将电解去铜后的溶液蒸发浓缩后移入 200 mL 量瓶中，以水稀释至刻度，摇匀。此溶液留作测定残留铜及其他合金元素用。吸取上述溶液 10 mL，置于 50 mL 两用瓶中，加热煮沸约 1 min，冷却，加柠檬酸铵溶液 2 mL，加入中性红指示剂 1 滴，滴加氢氧化钠溶液（10%）至指示剂恰呈黄色并加过量 1 mL，加入硼酸钠缓冲溶液 5 mL，摇匀，加入 BCO 溶液 5 mL，以水稀释至刻度，摇匀。另做试剂空白 1 份，用 1 cm 或 2 cm 比色皿，在 610 nm 波长处，测定其吸光度。在检量线上查得其含铜量。试样中铜的含量按下式计算：

$$\mathrm{Cu}\% = \frac{(W_1 - W_2) \times 100}{G} + \gamma$$

式中：W_1 为电解后称得的镀有铜的铂阴极的质量（g）；W_2 为未镀铜前铂阴极的质量（g）；G 为试样质量（g）；γ 为溶液中残留铜的百分含量。

3）检量线的绘制

于 6 只 50 mL 量瓶中，依次加入铜标准溶液 0.0 mL，2.0 mL，4.0 mL，6.0 mL，8.0 mL，10.0 mL（Cu 20 μg·mL^{-1}），按上述光度法测定残留铜的方法操作，以不加铜标准溶液的试液为参比，测定吸光度,绘制检量线。每毫升铜标准溶液相当于含铜 0.02%。

4) 注

(1) 试样如含锡时,试样溶解后按下述步骤进行操作:加热水约 50 mL,滤纸浆少许,于 80～90 ℃下放置一段时间使偏锡酸析出,驱除氮的氧化物。用紧质滤纸过滤,滤液接收于 300 mL 高型烧杯中,用热硝酸(1+99)充分洗涤烧杯及沉淀。将沉淀及滤纸置于原烧杯中,加入浓硝酸 10 mL 及浓硫酸 10 mL,加热至冒硫酸烟使滤纸碳化、偏锡酸溶解。如在冒烟时溶液呈深褐色,表示滤纸未碳化完全,可再加硝酸 1～2 mL,再蒸发至冒烟,冷却。加入约等体积的水,摇匀,冷却,加入柠檬酸铵溶液 10 mL,移入于 50 mL 量瓶中,以水稀释至刻度,摇匀。吸取此溶液 5 mL,置于 50 mL 量瓶中,以下按上述残留铜的测定方法操作。按下式计算试样中铜的含量:

$$Cu\% = \frac{(W_1 - W_2) \times 100}{G} + \gamma + \alpha$$

式中:W_1,W_2,G,γ 的表示内容同上;α 为偏锡酸沉淀中吸附铜的百分含量。一般的分析要求可不必进行这步校正。

(2) 分解硅黄铜时,如硝酸溶解后有黑色粉末状不溶物,可滴加氢氟酸数滴使之溶解,然后按原方法进行测定。

8.2 铅 的 测 定

黄铜中的铅作为合金元素,其含量一般为 0.5%～3.5%,作为杂质时含量一般皆小于 0.1%。

对于铜合金中铅的测定至今仍缺乏较为理想的化学分析方法。目前应用较为广泛的分析方法为重量法、容量法和光度法。

(1) 重量法。通常用的重量法有硫酸铅法、铬酸铅法和电解法。对于硫酸铅法,基于试样中的铅转化为硫酸铅,可从稀硫酸中将沉淀滤入古氏坩埚中,在 500～550 ℃灼烧后以 $PbSO_4$ 状态称重。此法若控制合适的条件以降低 $PbSO_4$ 的溶解度和消除干扰可以获得较好的分析结果。铬酸铅法与硫酸铅法相比较,其优点一是铬酸铅的溶解度比硫酸铅小得多,二是铬酸铅可以在稀硝酸中沉淀,因此,可以使铅与铜、银、镍、钙、钡、锶、锰、镉、铝及铁等元素分离。但此法关于铬酸沉淀的组成问题看法是不一致的,一般采用经验系数 0.637 8 进行含量换算。当含有铅的硝酸溶液进行电解时,铅即以二氧化铅的形式在阳极上沉积,该法对于含铅量较高的试样可以得到较为满意的结果,所以至今仍较广泛地得到应用。

(2) 容量法。铅的容量法有沉淀滴定法、间接氧化还原滴定法和络合滴定法。沉淀滴定法是在 Pb^{2+} 离子的溶液中滴入与 Pb^{2+} 形成沉淀的试剂(如钼酸镁、重铬酸钾、亚铁氰化钾等),用沉淀剂的毫升数来计算试样的铅含量,但这类方法准确度较差。间接氧化还原滴定法主要是利用铅的沉淀反应进行测定。例如,在醋酸-醋酸钠溶液中定量地加入重铬酸钾标准溶液,在硝酸锶的存在下使 Pb^{2+} 以 $PbCrO_4$ 沉淀析出,然后调高酸度,用硫酸亚铁铵标准溶液滴定溶液中过量的重铬酸钾可以间接地测得铅含量,该法选择性较高,准确度也较好。络合滴定法在铅的测定方面具有操作简单、快速的特点。Pb^{2+} 与 EDTA 在 pH4～12 的溶液中能形成稳定的络合物 $\log K_{PbY} = 18.04$,因此可用 EDTA 滴定铅。常用的滴定条件有两种:一种是在微酸性溶液(pH≈5.5)中滴定,另一种是在氨性溶液 pH≈10 中滴定。不论在微酸性溶液或在氨性溶液中滴定,对于铜合金来说干扰元素都较多。虽然人们研究了多种掩蔽办法,但至今还没有真正可靠的络合滴定方法能有效地应用于铜合金中铅的测定。

(3) 光度法。光度法是测定微量铅较好的方法之一,但铅的光度测定方法为数不多,常用的显色剂有二苯硫腙,PAR,二乙基氨荒酸钠等。其中二苯硫腙为光度法测定铅的较好试剂。

8.2.1 铬酸铅沉淀-亚铁滴定法

用定量的硝酸溶解试样,加入过量的重铬酸钾标准溶液,在 pH3～4 醋酸缓冲介质中使铅定量地生成铬酸铅沉淀。过量的重铬酸钾,在不分离铬酸铅沉淀的情况下,提高溶液的酸度后可用亚铁标准溶液滴定,用苯代邻氨基苯甲酸作指示剂。

用亚铁标准溶液滴定过量的重铬酸钾,必须在较高的酸度($1\ mol \cdot L^{-1}$ 以上)条件下进行,而在低酸度条件下生成的铬酸铅沉淀,在高酸度的溶液中会逐渐溶解。因此过去的方法都要求将铬酸铅沉淀分离后,再进行滴定。本方法采用加入硝酸锶作为凝聚剂,使铬酸铅在高酸度时也不溶解,这样就使方法的手续简化了,分析的时间也大为缩短。同时,那些在低酸度溶液中能与重铬酸钾形成沉淀的金属离子,如 Ag^+,Hg^+,Bi^{3+},当提高酸度又复溶解,这样就提高了方法的选择性。

铜合金中常见的合金元素均不干扰铅的测定,阴离子中氯离子有干扰,它妨碍铬酸铅的定量沉淀。硝酸溶样后试样中的锡以偏锡酸沉淀析出,但不干扰铅的测定。

1) 试剂

重铬酸钾标准溶液($0.050\ 00\ mol \cdot L^{-1}$):称取重铬酸钾基准试剂 $2.451\ 8\ g$,置于 $1\ 000\ mL$ 量瓶中,加水溶样后稀释至刻度,摇匀。乙酸铵溶液(15%)。硝酸锶溶液(10%)。N-苯代邻氨基苯甲酸指示剂(0.2%):称取 N-苯代邻氨基苯甲酸 $0.2\ g$,溶于(0.2%)碳酸钠溶液 $100\ mL$ 中,溶液贮于棕色瓶中。硫磷混合酸:于 $600\ mL$ 水中加入硫酸 $150\ mL$ 及磷酸 $150\ mL$,冷却,加水至 $1\ 000\ mL$。硫酸亚铁铵标准溶液($0.02\ mol \cdot L^{-1}$):称取硫酸亚铁铵($Fe(NH_4)_2(SO_4)_2 \cdot 6H_2O$)$7.9\ g$,溶于硫酸(5+95)$1\ 000\ mL$ 中,为了保持此溶液的 2 价铁浓度稳定,可在配好的溶液中投入几小颗纯铝。重铬酸钾标准溶液与硫酸亚铁铵标准溶液的比值 K 按下法求得。

吸取 $0.050\ 00\ mol \cdot L^{-1}$ 重铬酸钾标准溶液 $10.00\ mL$,置于 $250\ mL$ 锥形瓶中,加水 $80\ mL$,硫磷混合酸 $20\ mL$,指示剂 2 滴,用 $0.02\ mol \cdot L^{-1}$ 硫酸亚铁铵溶液滴定至亮绿色为终点。比值 K 按下式计算:

$$K = \frac{10.00}{V_1}$$

式中:V_1 为滴定所耗硫酸亚铁铵溶液毫升数。

2) 操作步骤

称取试样 $1.000\ 0\ g$,置于 $300\ mL$ 锥形瓶中,加入硝酸(1+3)$16\ mL$,温热溶解试样。如试样溶解较慢,为了防止酸的过分蒸发,要随时补充适量的水分。试样溶解完毕后趁热加入硝酸锶溶液(10%)$4\ mL$,乙酸铵溶液 $25\ mL$ 及 $0.050\ 00\ mol \cdot L^{-1}$ 重铬酸钾标准溶液 $10.00\ mL$,煮沸 $1\ min$,冷却,加水 $50\ mL$ 及硫磷混合酸 $20\ mL$,立即用 $0.01\ mol \cdot L^{-1}$ 硫酸亚铁铵标准溶液滴定至淡黄绿色,加 N-苯代邻氨基苯甲酸指示剂 2 滴,继续滴定至溶液由紫红色转变为亮绿色为终点。按下式计算试样的含铅量:

$$Pb\% = \frac{(10.00 - KV_2) \times 0.050\ 00 \times \frac{207.21}{3\ 000} \times 100}{G}$$

式中:V_2 为滴定试样时所耗硫酸亚铁铵标准溶液的毫升数;G 为称取试样质量(g)。

3) 注

(1) 沉淀铬酸铅时溶液的酸度应在 pH 3～4 范围内,所以溶解酸必须严格控制。

（2）0.050 00 mol·L⁻¹重铬酸钾溶液 10 mL 可沉淀铅 24 mg，故对一般铅黄铜，称取 1 g 试样，按方法中的加入量已足够。如分析 HSi 65—1.5—3 黄铜时，其含铅量范围为 2.5％～3.5％，应改称试样 0.5 g，或增加重铬酸钾标准溶液的加入量为 20 mL。称取 0.5 g 试样时，溶解试样的硝酸应改为 12 mL。

（3）本方法适用于含铅 0.5％以上的试样。

8.2.2 黄铜中微量铅的测定（N-235 萃取分离，二苯硫腙光度法）

除了铅黄铜、铁铅黄铜和硅黄铜外，其他各种黄铜中的铅均为杂质元素，其含量一般应不超过 0.03％～0.05％，少数种类可允许高至 0.1％（如锡黄铜 HSn 62—1，铝黄铜 HAl 59—3—2 等）或 0.5％（如普通黄铜 H 59）。测定低含量铅用二苯硫腙光度法较适宜。操作方法与纯铜中铅的测定方法相同，详见 7.6 节。但因黄铜中铅允许含量较纯铜高，故操作应做如下变动：称取试样 0.100 0 g，置于 50 mL 两用瓶中，加浓盐酸 1 mL 及过氧化氢 1 mL，待试样溶解后煮沸约半分钟使多余的过氧化氢分解，冷却，补加浓盐酸 5 mL，加水至刻度，摇匀。根据试样的估计含铅量分取试样溶液 1～5 mL，置于 50 mL 烧杯中，蒸发至干，加入 2 mol·L⁻¹氢溴酸 2.5 mL，温热使盐类溶解后用 7.5 mL 水，将溶液移入分液漏斗中，以下操作与纯铜中铅的测定方法相同。详见 7.6 节。

8.3 锌 的 测 定

黄铜中锌的含量一般以余量表示，不必测定。在需要测定时，由于黄铜中含锌量较高，通常以络合滴定法测定锌。

在 pH4～14 的溶液中，Zn^{2+} 与 EDTA 生成较为稳定的络合物（$\log K_{ZnY} = 16.5$），可用 EDTA 滴定锌。目前锌的络合滴定方法已有数十种。大致分为：一类是在碱性溶液（pH≈10）中滴定；另一类是在微酸性溶液（pH≈5.5）中滴定。比较常用的指示剂有铬黑 T，二甲酚橙，PAN，PAR 等。

在 pH≈10 的氨性溶液中，以铬黑 T 为指示剂进行锌的络合滴定，是常用测定锌的方法之一，但在此条件下干扰元素较多。为了避免干扰，可采用解蔽法。即在 pH≈10 的氨性溶液中，加入抗坏血酸及氰化物，使铜、镍、钴、镉、锌、铁等离子络合，以铬黑 T 为指示剂，用 EDTA 溶液滴定溶液中可能存在的铅、锰、镁、钙等离子。再加入适量的甲醛，使锌从氰化锌络合离子解蔽析出，立即以 EDTA 标准溶液滴定析出的 Zn^{2+}：

$$Zn(CN)_4^{2-} + 4HCHO + 2H_2O \longrightarrow Zn^{2+} + 4CH_2 \cdot OH \cdot CN + 4OH^-$$

$$Zn^{2+} + H_2Y^{2-} \longrightarrow ZnY^{2-} + 2H^+$$

此法可以测定黄铜中的锌。但需要剧毒品氰化物，更主要的是铬黑 T 指示剂极易被"封闭"，致使滴定终点无法确定。若将铜用硫氰酸盐沉淀分离，而后在上述条件下进行滴定，终点可大大改善。

用 PAN 作指示剂，可以在 pH4～10 的范围内测定锌，终点敏锐，但无论在微酸性或弱碱性条件下滴定，都必须进行分离或加入掩蔽剂，以消除干扰。一般可用过硫酸铵氨水分离法使合金中的铁、铝、锰、铅、锡、铬等元素生成沉淀，而铜和锌留在溶液中，经过滤后将滤液的酸度调至 pH≈5.5，以硫代硫酸钠掩蔽铜后即可用 EDTA 溶液滴定锌。加入乙醇有利于终点的判别。

在 pH5.0～5.8 的微酸性溶液中，可用二甲酚橙作指示剂，用 EDTA 滴定锌。滴定终点由紫红色变为纯黄色，变色灵敏。在此条件下钙、镁不干扰测定，钛、铝、铁、锡以氟化物掩蔽。用硫脲、抗坏血酸联合掩蔽铜,氨荒丙酸铵掩蔽铅,在不经分离的情况下直接滴定 Zn^{2+}。但氨荒丙酸铵试剂稳定性较差,必须自己合成,给工作带来一定困难。

前面几种方法都未解决镍、锰的掩蔽,特别是锰的掩蔽问题。因而这些方法的应用都有一定限制。从方法的通用性和准确性出发,在解决镍、锰等元素的干扰方面,硫氰酸盐萃取分离-EDTA 滴定法和应用新指示剂的 HEDTA 滴定法取得了较好的效果。

8.3.1　硫氰酸盐萃取分离-EDTA 滴定法

Zn^{2+} 与硫氰酸盐在稀盐酸介质中形成络阴离子,可用 4-甲基戊酮-[2](简称 MIBK)萃取。只要酸度及硫氰酸盐的浓度选择恰当,一次萃取就可达到定量分离。较好的条件为每 100 mL 溶液中含盐酸不超过 5 mL,并保持 4%的硫氰酸盐浓度。在此条件下,和 Zn^{2+} 一起被萃取的元素有 Fe^{3+},Cu^{2+},Ag^+ 及少量 Cd^{2+};Al^{3+},Mn^{2+},Ni^{2+} 都不被萃取。Fe^{3+} 可用氟化物掩蔽,Cu^{2+},Ag^+ 用硫脲掩蔽。这样,锌的分离可达到较好的选择性。进入有机相的锌,用 pH=5.5 的六次甲基四胺缓冲液反萃取(即返回到水相),这时 Cd^{2+} 仍留在有机相。在水相中加入少量掩蔽剂使残留的少量铁、铝、铜等元素掩蔽后即可用 EDTA 溶液滴定 Zn^{2+}。

1) 试剂

硫脲溶液(5%)。氟化铵溶液(20%),盛于塑料瓶中。硫氰酸铵溶液(50%)。缓冲溶液(pH=5.5):称取六次甲基四胺 100 g,溶于水中,加入浓盐酸 20 mL,加水至 500 mL。二甲酚橙指示剂(0.2%)。EDTA 标准溶液(0.020 00 mol·L^{-1}):用基准试剂配制和标定。洗液:取硫氰酸铵溶液 10 mL,加浓盐酸 2 mL,加水至 100 mL。

2) 操作步骤

称取试样 0.100 0 g,置于 100 mL 锥形瓶中,加入盐酸(1+1)5 mL 及过氧化氢 1~2 mL,微热待试样溶解后煮沸,使多余的过氧化氢分解,冷却。将溶液移入分液漏斗中,加入氟化铵溶液 10 mL,硫脲溶液 50 mL,加水至约 70 mL,加入硫氰酸铵溶液 10 mL,加入 MIBK 20 mL,振摇 1~2 min,静置分层,弃去水相,于有机相中加入洗液 15 mL,氟化铵溶液 5 mL,振摇 1 min,分层后弃去水相。将有机相放入 250 mL 烧杯,用 50 mL 水冲洗分液漏斗,洗液并入烧杯中,加入 pH=5.5 缓冲溶液 20 mL,剧烈搅拌 1 min,加入氟化铵溶液 5 mL,硫脲 5 mL,XO 指示剂 3~4 滴,用 EDTA 标准溶液(0.020 00 mol·L^{-1})滴定至溶液由紫红色转变为纯黄色为终点。按下式计算试样的含锌量:

$$Zn\% = \frac{V \times 0.020\,00 \times 0.065\,38}{G} \times 100$$

式中:V 为滴定所耗 EDTA 标准溶液的毫升数;G 为称取试样质量(g)。

3) 注

如采用电解法测定铜,可以从电解除铜后的溶液中分取相当于 0.1 g 试样的溶液,用络合滴定法测定其含锌量。即从已电解除铜并定量稀释至 200 mL 的试液中分取 10 mL 溶液,根据其是否含镍和锰分别操作如下:如试样不含镍和锰,将试样溶液置于 300ml 烧杯中,加入氯化钡溶液(1%)3 mL 及硫酸钾溶液(5%)20 mL,摇匀,加氟化钾溶液(10%)20 mL,摇匀,加硫脲溶液(5%)10 mL,加六次甲基四胺溶液(30%)至刚果红试纸呈红色再过量 10 mL,滴加 XO 指示剂 3~4 滴,用 EDTA 标准溶液(0.020 00 mol·L^{-1})滴定至纯黄色为终点。按上式计算其含锌量。如试样含镍和锰,则将试样溶液置于分液漏斗中,加入硫脲溶液 10 mL,氟化铵溶液 10 mL,加水至约 70 mL,加入硫氰酸铵溶液 10 mL,摇匀后按上述方法用 MIBK 萃取分离并进行络合滴定。

8.3.2　HEDTA 滴定法

在 pH=5.5 的微酸性溶液中,用 EDTA 滴定锌时消除锰、镍的干扰是亟待解决的问题。但大量的研究工作是在寻找新的掩蔽剂,而迄今尚未获得理想的结果。提高反应的选择性也可通过选择一种络合能力较弱的滴定剂来实现。初步试验证明 N′-羟乙基-N,N,N′-乙二胺三乙酸(简写作 HED-TA)与 Zn^{2+},Mn^{2+} 的络合能力差别最大($\Delta \log K=3.8$),用它来滴定锌有可能不受锰的干扰。但常用的络合滴定指示剂络合金属离子能力太强,因而选择性差甚至产生"封闭"现象。通过试验发现在乙醇或乙二醇介质中羟偶氮肼能与 Zn^{2+} 离子显蓝绿色而指示剂本身是红色。它也能与 Mn^{2+} 离子显色,但色泽淡且反应的 pH 条件不同。在 pH 5.5~6.2 范围内 Mn^{2+} 不与指示剂显色。而且由于滴定剂络合 Zn^{2+},Mn^{2+} 的能力有很大差别(络合常数相差 3 个数量级以上),即使与 Mn^{2+} 起反应在滴定锌完毕之后才有可能。由于指示剂络合 Zn^{2+} 很弱,极易为滴定剂取代,因此即使滴定剂与 Mn^{2+} 反应也必定在滴定终点出现的同时或其后发生,因而不影响锌的滴定。实践证明≤7 mgMn^{2+} 不干扰锌的测定。考虑到在实际分析中有用氟化物作掩蔽剂掩蔽 Fe^{3+},Sn^{4+} 等元素的需要,因此试验了在 Fe^{3+} 共存的情况下加入氟化物掩蔽之后锰的干扰情况,结果表明在此情况下≤3 mg 的 Mn^{2+} 仍不影响锌的测定。根据以上的试验再结合用氟化钠、硫脲、抗坏血酸、氯化钡和硫酸钾作掩蔽剂,解决了各种含锰黄铜中锌的直接测定问题。

至于 Ni^{2+},Co^{2+} 的掩蔽剂虽有不少,但所形成的络离子颜色很深,妨碍滴定终点的判别。现选用丁二酮肟可消除≤1 mg 钴的干扰。Ni^{2+} 在 pH=6 的条件下与丁二酮肟形成沉淀,可立即过滤后在滤液中滴定锌,这样,即使有 5 mg 镍共存,分离后对锌的结果并无影响。

在上述试验的基础上提出了各种黄铜中锌的测定方法。

1) 试剂

氟化钠溶液(4%)。硫脲溶液(5%),在使用的当天取出足够使用的溶液,每 100 mL 加入 1 g 抗坏血酸。氯化钠溶液(1%)。硫酸钾溶液:称取硫酸钾 3 g 溶于水中,稀释至 90 mL。HEDTA 标准溶液(0.02 mol·L^{-1}):称取 HEDTA($C_{10}H_{18}O_7N_2$·$2H_2O$,分子量 314.29)6.28 g,置于 300 mL 烧杯中,加水 150 mL,加热,滴加氨水至固体溶解完全。调节酸度至 pH 5~6,移入 1 000 mL 量瓶中,加水至刻度,摇匀。用锌标准溶液按方法中的条件标定后计算其准确浓度(mol·L^{-1})。羟偶氮肼指示剂(0.05%),丙酮溶液。碳酸氢钠饱和溶液:此溶液的 pH 值约为 6.4。六次甲基四胺溶液(20%)。

2) 操作步骤

(1) 不含镍的试样。称取试样 0.200 0 g,置于 100 mL 两用瓶中,加入盐酸 5 mL,分次加入过氧化氢至试样溶解完毕,煮沸除去多余的过氧化氢,冷却,加水至刻度,摇匀。吸取试液 25 mL,置于 300 mL 烧杯中,加入氟化钠溶液 10 mL,滴加氨水(1+1)至 pH2~2.5,加入硫脲溶液 30 mL,加水至约 80 mL,再加氯化钡溶液 3 mL,硫酸钾溶液 3 mL,95%乙醇 40 mL,从滴定管中预加 HEDTA 溶液(0.02 mol·L^{-1})10 mL,羟偶氮肼指示剂 1~2 滴,滴加碳酸氢钠饱和溶液至指示剂恰转为蓝绿色,加入六次甲基四胺溶液(20%)10 mL,继续用 HEDTA 溶液滴定至蓝绿色转变为红色为终点。按下式计算试样的含锌量:

$$Zn\% = \frac{V \times M \times 0.065\,38}{G \times \frac{25}{100}} \times 100$$

式中:V 为滴定所耗 HEDTA 标准溶液的毫升数(包括预加部分);M 为 HEDTA 标准溶液的摩尔浓度;G 为称取试样质量(g)。

（2）含镍的试样。称取试样 0.200 0 g，置于 100 mL 两用瓶中，按上述方法溶解试样，如有不溶的硅化物，可加氟化钠溶液 12 mL，煮沸分解过氧化氢，冷却，加水至刻度，摇匀。吸取试液 25 mL，置于 200 mL 烧杯中，加入氟化钠溶液 7 mL，滴加氨水（1+1）至 pH2～2.5，加入硫脲溶液 40 mL，加六次甲基四胺溶液 5 mL，加水至约 100 mL，加碳酸氢钠饱和溶液至 pH6.0～6.5，加丁二酮肟乙醇溶液（1%）6 mL，充分摇匀后过滤，滤液接收于 300 mL 烧杯中，用水洗涤 3 次，加 95% 乙醇 35 mL，羟偶氮肼指示剂 1～2 滴，此时溶液应呈蓝绿色，否则需加碳酸氢钠饱和溶液调节至 pH≈3.5，立即用 HEDTA 溶液（0.02 mol·L^{-1}）滴定至指示剂由蓝绿色转变为红色为终点，计算方法同上。

3）注

（1）无乙醇存在时羟偶氮肼指示剂不显蓝绿色。

（2）国产 HEDTA 称量时失重迅速，无法称准，故只能得近似重量。配成的溶液要用锌标准溶液，按上述测定条件标定其准确浓度。

（3）滴定时指示剂不宜多加。分析某些试样时，指示剂有褪色现象，其原因不明。可在褪至浅色时再补加 1～2 滴以利终点的判别。

（4）有 Mn^{2+} 存在时，酸度必须控制在 pH 5.8～6.2。如试样无锰，则酸度不必严格控制，pH≥6 均可。

（5）在滴定 Zn^{2+} 的条件下，羟偶氮肼指示剂是红色，而该指示剂与 Zn^{2+} 所形成的络合物呈蓝绿色。指示剂及其与 Zn^{2+} 的络合物具有如下结构式：

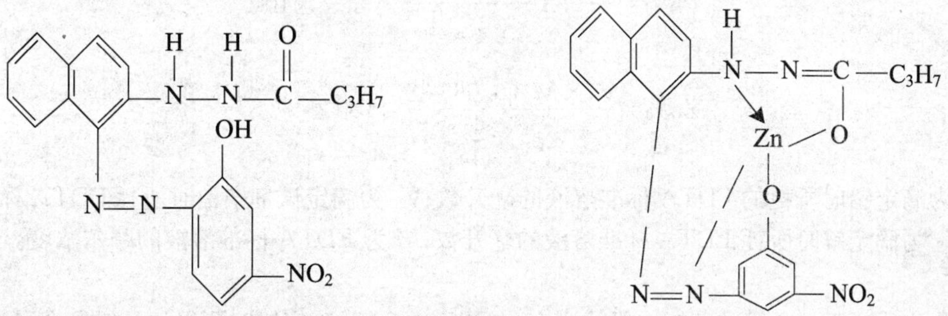

8.3.3 硫氰酸盐沉淀分离-铅、锌的 EDTA 滴定法

在 pH≈10 的氨性溶液中，以铬黑 T 为指示剂，进行铅锌的络合滴定。但在滴定过程中，铬黑 T 指示剂极易被"封闭"。实验证明，大量铜虽被氰化物络合，但在加入甲醛并经较长时间后，仍会有少量氰化铜络离子被解蔽。少量被解蔽的 Cu^{2+} 与铬黑 T 指示剂发生作用导致指示剂"封闭"。为了消除这一现象，使滴定终点易于掌握，本方法中用硫氰酸盐沉淀法将铜分离，对于少量的 Fe^{3+}，Al^{3+} 可用三乙醇胺掩蔽，残余的 Cu^{2+} 及 Ni^{2+}，Zn^{2+}，Cd^{2+}，Co^{2+} 等用氰化物掩蔽，当有抗坏血酸存在时，可用 EDTA 溶液首先滴定试液中 Pb^{2+} 和 Mn^{2+}，而后用甲醛解蔽 Zn^{2+} 的氰化物络离子，用 EDTA 溶液滴定析出的 Zn^{2+}。

1）试剂

酒石酸溶液（25%）。盐酸羟胺溶液（10%）。硫氰酸铵溶液（25%）。氨性缓冲溶液（pH≈10）：称取氯化铵 54 g 溶于水中，加浓氨水 350 mL，以水稀释至 1 L，混匀。氰化钠溶液（10%）。三乙醇胺溶液（1+1）。镁标准溶液（0.01 mol·L^{-1}）：称取硫酸镁 2.464 8 g 溶于水中，移于 1 000 mL 量瓶中，以水稀释至刻度。铬黑 T 指示剂：称取铬黑 T 0.1 g，与氯化钠（经烘干）20 g 研匀后，贮于密闭的干燥棕色瓶中。EDTA 标准溶液($0.010\,00$ mol·L^{-1}):称取乙二胺四乙酸二钠基准试剂 $3.722\,6$ g,溶于水后,移入 $1\,000$ mL 量瓶中,以水稀释至刻度。或用分析纯试剂配制。甲醛溶液($1+8$)。

2) 操作步骤

称取试样 $0.400\,0$ g,置于 100 mL 两用瓶中,加盐酸 5 mL 及过氧化氢 $3\sim5$ mL,溶解后加热煮沸使过剩的过氧化氢分解。加酒石酸溶液(25%)10 mL,加水约 60 mL,加盐酸羟胺溶液(10%)10 mL,煮沸,加硫氰酸铵溶液(25%)10 mL,摇匀,冷却,加水至刻度,摇匀,干过滤。吸取滤液 50 mL,置于 300 mL 锥形瓶中,加三乙醇胺($1+1$)10 mL,用氨水中和并过量 5 mL,加入氨性缓冲溶液(pH≈10)15 mL,氰化钠溶液(10%)5 mL,摇匀,准确加入镁标准溶液($0.010\,00$ mol·L^{-1})2 mL,抗坏血酸约 0.5 g,铬黑 T 指示剂适量,用 EDTA 标准溶液滴定至溶液由紫红色转变为蓝色为终点。记下滴定所耗标准溶液的毫升数(V_1)。按方法操作,测得试剂空白值(V_0)。

吸取滤液 25 mL 于 300 mL 锥形瓶中,加水约 30 mL,加三乙醇胺($1+1$)5 mL,用氨水中和并过量 5 mL,加入氨性缓冲液(pH≈10)15 mL,氰化钠溶液(10%)5 mL,摇匀,加镁标准溶液($0.010\,00$ mol·L^{-1})2 mL,抗坏血酸约 0.5 g,铬黑 T 指示剂适量,用 EDTA 标准溶液滴定至溶液由紫红色转变为蓝色终点(不计数)。加入甲醛溶液($1+8$)20 mL,剧烈振摇至溶液复呈紫红色,立即继续用 EDTA 标准溶液滴定至将近蓝色终点,再加甲醛溶液 10 mL,摇匀后继续滴定至溶液呈蓝色,再加甲醛溶液 5 mL,如摇匀后溶液不再呈现紫红色即表示已到达终点。记下滴定所耗标准溶液的毫升数(V_2),按下式计算试样中的铅、锌含量:

$$Pb\% = \frac{(V_1 - V_0) \times M \times 0.207\,21}{0.4 \times \frac{1}{2}} \times 100$$

$$Zn\% = \frac{V_2 \times M \times 0.065\,38}{0.4 \times \frac{1}{4}} \times 100$$

式中:V_1 为滴定铅时所耗的 EDTA 标准溶液的毫升数;V_0 为滴定试剂空白时所耗 EDTA 标准溶液的毫升数;V_2 为滴定锌时所耗 EDTA 标准溶液的毫升数;M 为 EDTA 标准溶液的摩尔浓度。

3) 注

(1) 此法适合于不含锰的黄铜中铅的测定,如试样中含锰,滴定铅时测得的是铅锰合量,必须予以校正(可以用光度法测得锰,从铅的结果中减去 Mn%×1.19),锰的存在对测定锌无影响。

(2) 两用瓶是一种具有容量刻度的平底烧瓶,既可用于加热溶样,又可用来定量稀释,即具有烧瓶和量瓶双重用途。如无两用瓶可将溶液移入 100 mL 量瓶中稀释。

(3) 由于黄铜中铅、锌的含量相差较大,如用同一份试样溶液作铅、锌的连续测定,二者难以兼顾,所以分开两份试液进行测定。这样操作有利于分别测定的操作要求。

(4) 由于铅离子与铬黑 T 指示剂反应的色泽变化不灵敏,滴定终点不易观察,所以在滴定前加入一定量的镁标准溶液,以帮助滴定终点的观察。在滴定时,因 EDTA 与铅的络合物较与镁的络合物稳定($\log K_{N_2Y}=18.04,\log K_{MgY}=8.7$),所以 EDTA 先与 Pb^{2+} 络合,当铅全部定量络合后即与加入的 Mg^{2+} 离子定量络合,当镁完全络合时即发生明显的终点变化。滴定所耗 EDTA 标准溶液(V_1)相当于铅、镁合量,因此须作试剂空白试验(V_0),在计算铅的含量时应当减去镁的量(V_0)。

(5) 在测定锌时,为了首先滴去铅、锰等不被氰化物络合的离子,这时加入的镁量不必准确,消耗的 EDTA 也不必计量。

(6) 加入抗坏血酸,以保证铬黑 T 不被氧化破坏,有利于终点变化敏锐。

(7) 加入甲醛后使锌的氰化物络离子破蔽,使 Zn^{2+} 释出:

$$Zn(CN)_4^{2-} + 4HCHO + 2H_2O \longrightarrow Zn^{2+} + 4CH_2 \cdot OH \cdot CN + 4OH^-$$

镉的存在也有同样反应,使指示剂又呈现紫红色。甲醛的加入量必须适当。过多的甲醛能使镍、铜、钴的氰化络合物同时破蔽,使指示剂"封闭"而滴定终点无法观察。一般说来,第二次加入甲醛溶液后锌已能完全破蔽。如果试样中含有镉,则上述方法的测定结果,是锌和镉的合量。

为了使滴定终点易观测,必须注意掌握,甲醛不能过多,溶液的 pH 值要合适,溶液的温度应在 30 ℃ 以下,一般以低一点为好。甲醛和氨能反应生成六次甲基四胺而使溶液的酸度不能稳定地保持在 pH≈10,因此滴定时应多加一点缓冲溶液。

(8) 氰化物系剧毒试剂,使用时应十分注意安全操作。

8.4 铁 的 测 定

黄铜中含铁量在 0.5%～2.2% 范围内,杂质含铁量更低,所以分析铜合金中的铁采用光度法较为方便和快速。

目前应用的光度法测定铁所用显色试剂有磺基水杨酸、硫氰酸盐、1,10-二氮菲和 EDTA-H_2O_2 直接光度法以及 1,10-二氮菲-硫氰酸盐,1,10-二氮菲-碘化钾,4,7-二苯基-1,10-二氮菲,乙酰丙酮等萃取光度法。其中对于含铁量大于 0.1% 的铜合金利用 EDTA-H_2O_2 与 Fe^{3+} 形成稳定的紫红色三元络合物进行直接比色测定,方法快速,操作简单,干扰少,得到较普遍的应用。而对于低含量的杂质铁常用灵敏度较高的 1,10-二氮菲作为显色剂。

8.4.1 EDTA-H_2O_2 光度法

在 pH≥10.2 的氨性溶液中,EDTA-H_2O_2 与 Fe^{3+} 形成稳定的紫红色络合物。其分子比为 1:1:1。此络合物在 520 nm 波长处有一吸收峰值。EDTA-H_2O_2-Fe^{3+} 络合物在 $[H_2O_2]/[Fe^{3+}]$≥12 时才完全形成和达到稳定,使色泽达到最深度。过量的氨水和 EDTA 不影响测定。大量的铝、铜、镍、铅、锌、钼和小于 10 mg 的 Sn^{2+} 和 V^{4+},小于 4 mg 的 Cr^{3+},小于 5 mg 的 Ti^{4+},小于 8 mg 的 Mn^{2+},小于 0.5 mg 的 Ce^{4+} 对测定无干扰,钴的存在影响测定。

这里 EDTA 既是显色剂又是掩蔽剂,EDTA 的存在可使铝、锡、铜、锌、铅、镍等元素络合。铜、镍与 EDTA 形成蓝色络合物,可借空白溶液抵消此色泽的影响。

此方法适合于分析含铁 0.1%～5% 的合金试样。

1) 试剂

EDTA 溶液(10%)。氨水(浓)。铁标准溶液(Ⅰ):称取纯铁 0.100 0 g,溶于硝酸(1+3)5 mL,煮沸除去氮的氧化物后移入 100 mL 量瓶中,以水稀释至刻度,摇匀。此溶液每毫升含铁 1 mg。铁标准溶液(Ⅱ):吸取溶液(Ⅰ)10 mL,移入 100 mL 量瓶中,加入盐酸 1 mL,以水稀释至刻度,摇匀。此溶液每毫升含铁 0.1 mg。

2) 操作步骤

称取试样 0.200 0 g,置于 150 mL 锥形瓶中,加盐酸(1+1)10 mL,过氧化氢(30%)2～3 mL,微热溶解,煮沸至无小气泡。加 EDTA 溶液(10%)20 mL,煮沸,趁热徐徐加入氨水 15 mL,冷却,移入 100 mL 量瓶中,加过氧化氢(30%)2 mL,摇匀,以水稀释至刻度,摇匀。另取同样重量试样,按方法操作,但不加过氧化氢作为空白溶液。用 1 cm 或 3 cm 比色皿,于 520 nm 波长处,以空白液为参比,测定吸光度。从检量线上查得试样的含铁量。

3) 检量线的绘制

(1) 含铁 0.5%～5%(1～10 mg)的检量线。于 6 只 100 mL 量瓶中,依次加入铁标准溶液(Ⅰ)0.0 mL,1.0 mL,3.0 mL,5.0 mL,7.0 mL,10.0 mL(Fe 1.0 mg·mL^{-1}),分别加 EDTA 溶液(10%)5 mL,氨水 10 mL 及过氧化氢(30%)2 mL,以水稀释至刻度,摇匀。用 1 cm 比色皿,于 520 nm 波长处,以水作参比,测定吸光度,并绘制检量线。每毫升铁标准溶液相当于含铁量 0.5%。

(2) 含铁 0.05%～0.5%(0.1～1 mg)的检量线。于 6 只 100 mL 量瓶中,依次加入铁标准溶液(Ⅱ)0.0 mL,1.0 mL,3.0 mL,5.0 mL,7.0 mL,10.0 mL(Fe 0.1 mg·mL^{-1}),按上述方法显色后用 3 cm 比色皿,以水作参比,测定吸光度,并绘制检量线。每毫升铁标准溶液相当于含铁量 0.05%。

4) 注

(1) 对于含铁量大于 5% 的试样,可酌情减少称样量。

(2) EDTA 的加入量与所络合元素的摩尔比值应大于 1.30。由于 Al^{3+} 和 EDTA 络合速度较慢,为了防止由 EDTA 的加入溶液 pH 提高而引起 Al(OH)$_3$ 析出,必须在热溶液中加入 EDTA 并煮沸,保证 Al^{3+},Sn^{4+},Sn^{2+} 等完全络合。

(3) 加过氧化氢以前,必须将试液冷却至室温。温度过高将造成过氧化氢分解,使色泽极易消退。

(4) 所用器皿必须用盐酸和硫氰酸盐溶液检查无 Fe^{3+}。

(5) 过氧化氢的加入量与铁的摩尔数比应大于 12。过量的过氧化氢对测定无影响,由于试样的含铁量有高有低,为了方便起见,用过氧化氢(30%)2 mL。

(6) 含铁量 0.5%～5% 的试样用 1 cm 比色皿,含铁量小于 0.5% 的试样用 3 cm 比色皿。

(7) 单用铁标准溶液和用铜溶液打底绘制的检量线一致。

8.4.2　1,10-二氮菲光度法

1,10-二氮菲(又名邻菲罗啉)与 Fe^{2+} 在 pH2～9 的酸度范围内反应生成橙红色络离子 [Fe(Phen)$_3$]$^{2+}$,最大吸收在 508 nm 波长处,摩尔吸光系数为 1.11×10^4,含铁 0.25～5 μg·mL^{-1} 符合比耳定律,是测定微量铁常用的方法之一。但应用此法于分析黄铜时,须考虑大量铜、锌以及镍、铝等元素对铁测定的干扰。加入 EDTA 使其他金属离子络合后,再加 1,10-二氮菲与 2 价铁络合,即在上述元素存在的情况下进行铁的测定。但当铁量低于 20 μg 而铜量大于 10 mg 时,由于铜与 EDTA 形成蓝色络合物的底色太深,使吸光度测定发生困难。因此在下述方法中,用碘化亚铜沉淀法使铜分离后在滤液中测定铁。其他共存元素如锌、镍、铝、锡等,可用 EDTA 络合。锌、铝、锡等元素的 EDTA 络合物呈无色,对测定无影响。与镍的络合物呈蓝色,但在黄铜中的含量一般不超过 7%,所以也不影响显色液的吸光度测定。

由于要用 EDTA 来掩蔽其他共存元素,铁的显色酸度只能限制在 pH 4.5～6.0 范围内。超过这一范围都使铁的色泽大大降低。在下述方法中选用的酸度是 pH 5～5.5。

1) 试剂

碘化钾溶液(30%)。抗坏血酸溶液(1%)。EDTA 溶液(1%)。缓冲溶液(pH=5.0):称取醋酸钠(NaAc·3H$_2$O)123 g,溶于水(如呈浑浊,应过滤)。加冰醋酸 25 mL,以水稀释至 1 L,摇匀。1,10-二氮菲溶液(0.2%)。铁标准溶液:称取纯铁 0.1000 g,溶于硝酸(1+1)5 mL 中,煮沸除去氧化氮后移入 100 mL 量瓶中,以水稀释至刻度,摇匀。此溶液每毫升含铁 1 mg。吸取此溶液 50 mL,置于 500 mL 量瓶中,以水稀释至刻度,摇匀。此溶液每毫升含铁 0.1 mg。纯铜(含铁<0.001%)。

2) 操作步骤

称取试样 0.2500 g,置于 100 mL 锥形瓶中,加盐酸 3 mL 及过氧化氢 2～3 mL,试样溶解后,加微

热约半分钟,使多余的过氧化氢分解,冷却,移入 100 mL 量瓶中,加水至约 60 mL。与此同时,称取纯铜(含铁<0.001%)0.2 g,按同样方法溶解并移入另一 100 mL 量瓶中,作为试剂空白。各加碘化钾溶液(30%)10 mL,以水稀释至刻度,摇匀。干过滤。吸取试样溶液及试剂空白溶液各 10 mL,分别置于 50 mL 量瓶中,依次加入抗坏血酸溶液(1%)5 mL,EDTA 溶液(1%)1.5 mL 及缓冲液 10 mL,加热至沸,加入 1,10-二氮菲溶液(0.2%)5 mL。流水冷却,以水稀释至刻度,摇匀。用 3 cm 比色皿,于 500 nm 波长处,以试剂空白为参比,测定吸光度。从检量线上查得其含铁量。

3) 检量线的绘制

称取纯铜 2 g,溶于盐酸 30 mL 及过氧化氢 10～20 mL 中,煮沸,使多余的过氧化氢分解。冷却,移入 100 mL 量瓶中,以水稀释至刻度,摇匀。吸取此溶液 10 mL 6 份,分别置于 100 mL 量瓶中,依次加入铁标准溶液 0.0 mL,1.0 mL,2.0 mL,3.0 mL,4.0 mL,5.0 mL(Fe 0.1 mg·mL^{-1}),加水至约 60 mL,摇匀,加碘化钾溶液(30%)10 mL,以水稀释至刻度,摇匀。干过滤。吸取溶液各 10 mL,分别置于 50 mL 量瓶中,按上述方法显色。用 3 cm 比色皿,于 510 nm 波长处,以不加铁标准溶液的试液为参比,测定其吸光度,并绘制成检量线。每毫升铁标准溶液相当于含铁量 0.04%。

4) 注

(1) 本方法适用于分析含铁 0.02%～0.2% 的试样。对于含量<0.02% 的试样,可增加吸取试液量;对于含铁>0.2% 的试样,可按 EDTA-H$_2$O$_2$ 光度法进行测定。

(2) 所用器皿均须用盐酸洗涤,以除去可能存在的微量铁。

(3) 加入抗坏血酸溶液后,溶液中游离碘的红褐色应完全消失,且铁也被还原至 2 价。

(4) EDTA 溶液的加入量与所络合元素的摩尔比值应大于 1.3。

(5) 将显色溶液加热的目的有:其一,使铝、锡等元素与 EDTA 完全络合;其二,加速铁的显色反应。

8.5　锰　的　测　定

在硫酸、磷酸(或同时含有硝酸)的热溶液中,在接触剂硝酸银的存在下,用过硫酸盐或过碘酸盐将 2 价锰氧化为紫红色的高锰酸(MnO$_4^-$),借此做锰的光度测定。其最大吸收波长为 525 nm 和 545 nm 处。用过硫酸铵作氧化剂适宜的酸度是 1～2 mol·L^{-1}。磷酸的存在可使锰形成磷酸盐络合物,防止二氧化锰的生成和高锰酸的分解,使锰顺利地被氧化至 7 价。在氧化后的试液中加入 EDTA 使 7 价锰的色泽褪去,以作为光度测定的参比液,可消除试样底液色泽的影响。

1) 试剂

混合酸溶液:加硫酸 10 mL 于 40 mL 水中,冷却后加入硝酸 25 mL,磷酸 20 mL,加水至 100 mL,混匀。硝酸银溶液(0.2%)。过硫酸铵溶液(10%),须当天配制。EDTA 溶液(5%)。锰标准溶液(Ⅰ):称取金属锰(99.9%)0.100 0 g,溶于硝酸(1+1)5 mL,煮沸除去氮的氧化物后冷却,移入 100 mL 量瓶中,以水稀释至刻度,摇匀。此溶液每毫升含锰 1 mg。锰标准溶液(Ⅱ):吸取锰标准溶液(Ⅰ)10 mL,置于 100 mL 量瓶中以水稀释至刻度,摇匀。此溶液每毫升含锰 0.1 mg。

2) 操作步骤

称取试样 0.100 0 g,置于 250 mL 锥形瓶中,加入混合酸溶液 5 mL,加热溶解后煮沸除去黄烟,加水 20 mL,硝酸银溶液(0.2%)5 mL,加热至开始沸腾时加入过硫酸铵溶液(10%)10 mL,微沸 1 min,迅速冷却至室温。根据试样含锰量的高低,按表 8.1 所规定的范围进行稀释,并选用相应厚度的比色皿盛放显色液。在剩余的显色液中,加 EDTA 溶液(5%)数滴,使 7 价锰的颜色褪去作空白参比液。在 530 nm 波长处,测定吸光度。在相应的检量线上查得试样的含锰量。

表 8.1 显色液的稀释及比色皿厚度的选择

锰含量范围(%)	显色液稀释度(mL)	选用比色皿(cm)
0.05~0.30	50	3 或 5
0.30~2.00	100	1
1.00~6.00	250	1

3) 检量线的绘制

在 6 只 250 mL 锥形瓶中,按表 8.2 所述依次加入锰标准溶液,加混合酸溶液 5 mL,按分析方法中所述步骤氧化并冷却。按表 8.2 所规定的范围进行稀释,并选用相应厚度的比色皿盛放显色液。以未加锰标准溶液的试液为参比液,在 530 nm 波长处测定吸光度,并绘制相应的检量线。

表 8.2 锰标准溶液的加入量及显色液的稀释度等

锰含量范围(%)	锰标准溶液加入量(mL)	显色液稀释度(mL)	测定吸光度所用比色皿(cm)	每毫升标准溶液相当于锰含量(%)
0.05~0.30	锰标准溶液(Ⅱ) 0,0.5,1,1.5,2,3	50	3 或 5	0.1
0.30~2.00	锰标准溶液(Ⅰ) 0,0.5,1,1.5,2,3	100	1	1.0
1.00~6.00	锰标准溶液(Ⅰ) 0,1,2,3,4,5,6	250	1	1.0

4) 注

(1) 此方法适用于分析含锰 0.05%~5% 的试样。

(2) 所用试剂有时会有微量的锰存在,故每更换一批试剂时应作试剂空白试验,并应从试样显色溶液的吸光度中减去此空白值后再查曲线。

(3) 氧化 2 价锰至 7 价锰,要求在酸度小于 4 mol·L^{-1} 的溶液中进行,酸度过大将使锰氧化不完全,甚至不能被氧化,但酸度也不宜太小,否则有二氧化锰沉淀析出。本方法选用的酸度为 1~2 mol·L^{-1}。氧化后的 MnO_4^- 可以任意稀释,对酸度无严格要求。

8.6 锡 的 测 定

黄铜中作为合金元素的锡含量一般在 0.5%~2%,如锡黄铜和铁黄铜。其他黄铜中的锡皆以杂质量存在。

铜合金中锡的化学分析方法以容量法和光度法应用较为广泛。

1) 容量法

锡的容量法测定以碘量法和 EDTA 络合滴定法应用最多,而碘量法仍为目前测定锡的重要方法之一。碘量法测定锡是基于锡在氧化剂或还原剂的作用下能改变其价态,而后用碘量法滴定,其反应如下：

还原反应：

$$Sn^{4+} + 2e \longrightarrow Sn^{2+}$$

或

$$Sn^{4+} + 4e \longrightarrow Sn, \qquad Sn + 2H^+ \longrightarrow Sn^{2+} + H_2$$

用碘液滴定：

$$IO_3^- + 5I^- + 6H^+ \longrightarrow 3I_2 + 3H_2O$$

$$Sn^{2+} + I_2 \longrightarrow Sn^{4+} + 2I^-$$

可用碘量法测定锡的还原剂很多，如金属铝、锌、镁、镉、铁、铅、镍以及一些盐类如次磷酸钠等。铝、镁、锌、镉还原锡($\mathbb{N}$)成海绵状金属锡析出($Sn^{4+} \longrightarrow Sn^0$)；而铁、铝、镍以及次磷酸钠还原锡($\mathbb{N}$)成锡($\mathbb{I}$)($Sn^{4+} \longrightarrow Sn^{2+}$)。$Sn^{3+}$ 易被空气中的氧氧化，因此在还原滴定的整个过程中，要避免与空气接触。盖氏漏斗和碳酸氢钠是普遍用于隔绝空气的措施。干扰和影响测定锡的元素主要有砷、铜、钨、钼、铬、钒、硫、锑、钛及氧化剂和还原剂等。

EDTA 络合滴定法基于在弱酸性溶液中，Sn^{2+} 和 Sn^{4+} 均与 EDTA 生成稳定的络合物($\log K_{SnY} = 22.11$)，可用 EDTA 测定锡。因锡易水解不适用 EDTA 直接滴定，采用释出法能选择性地测定锡。在 pH5～6 的乙酸盐溶液中，加入过量的 EDTA 溶液，使锡和其他金属离子生成稳定的络合物，用锌或铅盐滴定过量的 EDTA，加入氟化物煮沸，使 Sn^{4+}-EDTA 与 F^- 作用生成更为稳定的氟锡络合物。并释放出相应的 EDTA，再用铅或锌盐溶液滴定释放出的 EDTA。Al^{3+}，La^{3+}，Ce^{3+}，Zr^{4+}，Ti^{4+} 等与 Sn^{4+} 的行为相似，干扰锡的测定。

2) 光度法

锡的光度法有很多，但目前来说测定锡的显色剂不够多，而且灵敏度和选择性方面还不够理想。目前常用的显色剂和测定方法有下列几种：

(1) 苯芴酮法。在盐酸或硫酸溶液中(pH=1.6)，Sn^{4+} 与苯芴酮生成红色不溶于水的络合物，最大吸收在 510 nm 波长处。用动物胶或聚乙烯醇作分散剂，络合物颜色可稳定 8 h。方法的灵敏度为含 Sn 0.02 mg·L^{-1}。锗、锆、镓、铁($\mathbb{II}$)、磷($\mathbb{V}$)、钛、锑($\mathbb{II}$)、钼、铌、钽和多量的铝干扰测定。

(2) 茜素紫法。在微酸性溶液中，Sn^{4+} 与茜素紫(焦焙酚酞、邻苯三酚酞)生成紫红色络合物，可被异戊醇萃取后进行光度测定。或在 pH<2 且含有溴化十六烷基吡啶溶液，Sn^{4+} 与茜素紫生成红色可溶于水的络合物，在水溶液中进行直接光度测定。

(3) 邻苯亚甲氨基-2-硫代苯酚(SATP)法。在 pH 1.8～2.2 的溶液中，Sn^{2+} 与 SATP 选择性地反应生成黄色的络合物，可被苯、二甲苯萃取，于 415 nm 波长处有极大的吸收，摩尔吸光系数为 1.61 ×10^4，锡量在 0～7 μg·mL 服从比耳定律。络合物可稳定 5 h，是目前测定锡的较好的试剂。银、Cu^{2+}、钼($\mathbb{VI}$)、Fe^{3+}、铬($\mathbb{VI}$)等有干扰。银、Cu^{2+} 可用硫代硫酸钠掩蔽；钼($\mathbb{VI}$)用乳酸掩蔽。Fe^{3+}，铬($\mathbb{VI}$)用抗坏血酸还原到低价消除其影响。

此外还有邻苯二酚紫、PAN 等也较多地用于锡的光度测定。

8.6.1　次磷酸钠还原-碘酸钾滴定法

用盐酸及过氧化氢溶解试样后，加入次磷酸或次磷酸钠溶液，使锡($\mathbb{N}$)还原至锡($\mathbb{I}$)。还原时须加氯化高汞催化剂。还原反应应在隔绝空气的条件下进行：

$$SnCl_4 + NaH_2PO_2 + H_2O \longrightarrow SnCl_2 + NaH_2PO_3 + 2HCl$$

在盐酸溶液中用淀粉作指示剂，用碘酸钾标准溶液滴定 2 价锡：

$$IO_3^- + 5I^- + 6H^+ \longrightarrow 3I_2 + 3H_2O$$
$$Sn^{2+} + I_2 \longrightarrow Sn^{4+} + 2I^-$$

在还原过程中,试样中大量铜被还原至 1 价状态。为了消除 1 价铜对测定锡的影响,须在滴定前加入硫氰酸盐,使生成白色的硫氰酸亚铜沉淀。如有大量砷存在,砷将被次磷酸还原为元素状态的黑色沉淀。这种沉淀的存在使终点的观测发生困难。铜合金中共存的其他合金元素对锡的测定无干扰。

1) 试剂

盐酸(1+1)。过氧化氢(30%)。次磷酸钠(或次磷酸)溶液(50%)。氯化高汞溶液:溶解氯化高汞 1 g 于 600 mL 水中,加盐酸 700 mL,混匀。硫氰酸铵溶液(25%)。碘化钾溶液(10%)。淀粉溶液(1%)。碳酸氢钠饱和溶液。碘酸钾标准溶液:称取碘酸钾 0.595 g 及氢氧化钠 0.5 g,溶于 200 mL 水中,再加碘化钾 8 g,然后移入 1 L 量瓶中,以水稀释至刻度,摇匀。此溶液的标准浓度,须用锡标准溶液或含锡量与试样相仿的标准试样,按分析方法进行标定。锡标准溶液:称取纯锡(99.90% 以上)0.100 0 g,溶于盐酸 20 mL 中,不要加热。溶解完毕后移入 100 mL 量瓶中,以水稀释至刻度,摇匀。此溶液每毫升含锡 1 mg。

2) 操作步骤

称取试样 1.000 g,置于 500 mL 锥形瓶中,加入盐酸(1+1)10 mL 及过氧化氢 3~5 mL,微热溶解后煮沸至无细小气泡。加入氯化高汞溶液 65 mL,次磷酸钠溶液(50%)10 mL,装上隔绝空气装置(图8.1),并在其中注入碳酸氢钠饱和溶液。加热煮沸并保持微沸 5 min,取下,先放在空气中稍冷,再将锥形瓶置于冰水中冷却至 10 ℃以下。取下隔绝空气装置,迅速加入硫氰酸铵溶液(25%)10 mL,碘化钾溶液(10%)5 mL 及淀粉溶液(1%)10 mL,立即用碘酸钾标准溶液滴定至在白色乳浊液中初现的蓝色,保持 10 s 不褪色为终点。按下式计算试样的含锡量:

$$Sn\% = \frac{T \times V}{G} \times 100$$

式中:V 为滴定时所耗碘酸钾标准溶液的毫升数;T 为碘酸钾标准溶液的滴定度,即每毫升碘酸钾标准溶液相当于锡的克数;G 为称取试样的质量(g)。

3) 注

(1) 本方法适用于分析黄铜,如锡黄铜、铁黄铜等锡的含量。

(2) 锡在浓盐酸中容易挥发,故溶解试样宜用(1+1)的盐酸。

(3) 在还原和以后的冷却过程中,应保持溶液与空气隔绝。在将还原后的溶液冷却时,盛于隔绝空气装置中的碳酸氢钠饱和溶液,将被吸入锥形瓶中,这时应注意补加入

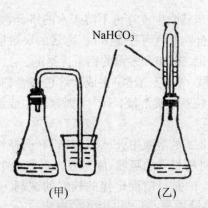

NaHCO₃

(甲)　　　(乙)

图 8.1　还原锡时用的两种隔绝空气的装置

碳酸氢钠饱和溶液,以免空气进入瓶中。

(4) 滴定时溶液已暴露在空气中,为了尽量减少 Sn^{2+} 被空气氧化而引起的误差,滴定应迅速进行。

(5) 在滴定前应将溶液冷却到 10 ℃以下,以减少过量的次磷酸与碘酸钾标准溶液相互反应的可能性。

(6) 由于溶液中过剩的次磷酸将缓慢地与碘酸钾溶液反应,故滴定终点的蓝色不能长久保持,此蓝色能保持 10 s 时即作为到达终点。

(7) 按上述方法中所配制的碘酸钾溶液,每毫升约相当于 0.000 1 g 锡。为了抵消可能产生的实

验误差,一般不用理论值计算,而在每次分析时用标准试样或锡标准溶液,按分析试样相同的条件进行还原和滴定,从而求得碘酸钾溶液的滴定度。如果用标准试样标定,则应称取与试样含锡量相近的标样,按分析试样相同方法进行操作。如用锡标准溶液 10～20 mL(按试样的含锡量而定),置于 500 mL 锥形瓶中,加入氯化高汞溶液 65 mL 及次磷酸钠溶液(50%)10 mL。按上述方法还原并滴定。据此算出碘酸钾溶液的滴定度。

(8) 在仲裁分析中,应另作试剂空白试验。

8.6.2　茜素紫萃取光度法

在微酸性溶液中,锡(Ⅳ)与茜素紫生成紫红色络合物,可用异戊醇萃取后进行光度测定。此络合物在 500 nm 波长处有最大吸收,摩尔吸光系数为 $4 \times 10^4 \sim 4.6 \times 10^4$。但在 500 nm 波长处测定络合物的吸光度时,溶液的酸度有严重影响。在 0.05 mol·L^{-1} 的酸度时,络合物具有最大的吸光度。当酸度大于 0.05 mol·L^{-1} 或小于 0.05 mol·L^{-1} 时,吸光度均显著降低。如改用 575 nm 波长处测定络合物的吸光度,虽然灵敏度降低了,但酸度影响显著减少。在 0.05～0.2 mol·L^{-1} 的酸度范围内,络合物的吸光度基本稳定。因此在下述方法中采用 0.15 mol·L^{-1} 的酸度条件,并在 570 nm 波长处测定络合物的吸光度。

在 0.15 mol·L^{-1} 酸度条件下,锡(Ⅳ)与茜素紫试剂反应须经 15 min 以上才能络合完全。经萃取入异戊醇有机相中,色泽可稳定 1 h 以上。

Cu^+,Cu^{2+},Fe^{3+},As^{3+},$Sb(Ⅴ)$,V^{3+},Hg^{2+},In^{3+},Pb,Zn,Al,Cr,Mn,Bi,Cd,Ni,Ca,Mg,Co 等元素均不干扰锡的测定。但 Sb^{3+},Zr,Ta,W,Th 对测定有干扰。加入 0.4 g 酒石酸可掩蔽 1 mg 以下的 Sb,Zr 或 W。当 Sb,Zr,W 的共存量超过 1 mg 时,则在显色前须加入酒石酸外,萃取后的有机相还须用含有酒石酸的洗液洗涤 1 次,方能消除干扰。用含有 3% 过氧化氢的洗涤萃取后的有机相可消除 1 mg 以下的钛或钼的影响。上面已经提到很多金属离子不干扰测定,但这些金属盐类的存在以及铵盐的存在,常使萃取液的吸光度有一定程度的偏高。倘用与显色液同样酸度(0.15 mol·L^{-1})的洗液洗涤有机相 1 次,这种影响就能消除。

1) 试剂

盐酸($\rho = 1.18$ g·cm^{-3})。过氧化氢(30%)。酒石酸溶液(4%)。氨水(1+4)。茜素紫溶液(0.1%),乙醇溶液。盐酸(1 mol·L^{-1}):取一级盐酸 87 mL,用水稀释至 1 L。洗液:取 1 mol·L^{-1} 盐酸 150 mL,用水稀释至 1 L,加入异戊醇 30 mL,剧烈振摇使溶解。锡标准溶液:称取纯锡 0.100 0 g,置于 150 mL 锥形瓶中,加硫酸 3 mL,加热使其溶解,冷却。用 1 mol·L^{-1} 盐酸:将溶液移入 200 mL 量瓶中,并用 1 mol·L^{-1} 盐酸稀释至刻度,摇匀。此溶液每毫升含锡 0.5 mg。吸取此溶液 5 mL,置于 250 mL 量瓶中,用 1 mol·L^{-1} 盐酸稀释至刻度,摇匀。此溶液每毫升含锡 10 μg。异戊醇。抗坏血酸溶液(1%)。

2) 操作步骤

称取试样 0.100 0 g,置于 100 mL 锥形瓶中,加盐酸(1+1)2 mL 及过氧化氢 1 mL,试样溶解后微热半分钟,冷却,再加盐酸 8 mL 移入于 100 mL 量瓶中,用水稀释至刻度,摇匀。同时按相同操作配制试剂空白 1 份。吸取试样溶液和试剂空白 5 mL 各 1 份,分别置于 60 mL 有刻度的分液漏斗中,各加酒石酸溶液(4%)10 mL,抗坏血酸溶液(1%)10 mL,摇匀。用吸管加入茜素紫溶液(0.1%)2.0 mL,摇匀。用氨水(1+4)调节至紫红色,加 1 mol·L^{-1} 盐酸 7.5 mL,用水稀释至 50 mL,摇匀,放置 15 min,准确加入异戊醇 10 mL,振摇半分钟,静置分层后,弃去水相。在有机相中加入洗液 10 mL,振摇 15 s,静置分层后弃去水相。有机相通过干滤纸滤入 1 cm 比色皿中,于 570 nm 波长处,以试剂空白为参比,测定其吸光度。在检量线上查得试样的含锡量。

3) 检量线的绘制

在 6 只 60 mL 的有刻度的分液漏斗中,依次加入锡标准溶液 0.0 mL,1.0 mL,2.0 mL,3.0 mL,4.0 mL,5.0 mL(Sn 10 μg·mL^{-1}),依次加入 1 mol·L^{-1}盐酸 5 mL,4 mL,3 mL,2 mL,1 mL,0 mL,使体积补足至 5 mL。加酒石酸溶液(4%)10 mL 及抗坏血酸溶液(1%)10 mL,摇匀。按上述方法显色并萃取。以不加锡标准溶液的试液为参比,分别测定其吸光度,并绘制成检量线。每毫升锡标准溶液相当于含锡量 0.2%。

4) 注

(1) 本方法适用于含锡 0.1%～1%之间的黄铜试样。

(2) 方法中所用盐酸须是一级试剂,因为一般化学纯试剂中空白值较高。

(3) 茜素紫为酸碱指示剂,其 pH 变色范围从棕黄色到玫瑰红色(pH3.8～6.6)。

(4) 黄铜中以杂质存在的锡的含量,要求不超过 0.2%。对于分析杂质量的锡需改变称样量和溶解酸量。操作步骤如下:称取试样 0.5 g,置于 150 mL 锥形瓶中,加盐酸(1+1)10 mL 及过氧化氢 4～5 mL。试样溶解后微沸约半分钟,使多余的过氧化氢分解,冷却,再加盐酸 8 mL,移入于 100 mL 量瓶中,以水稀释到刻度,摇匀。同时按相同操作配制试剂空白 1 份。吸取试样溶液及试剂空白溶液各 10 mL,分别置于 60 mL 有刻度的分液漏斗中。以下操作同上。

(5) 如有需要测定更低的含锡量时可按纯铜的方法分析。详见 7.12 节。

8.7 镍的测定(丁二酮肟光度法)

当有氧化剂如过硫酸铵、碘、溴等存在时,丁二酮肟与镍离子在碱性溶液中形成橙红色络合物。最大吸收波长在 460～470 nm 处,摩尔吸光系数为 1.5×10^4,以此做镍的光度测定。

利用丁二酮肟与镍离子反应进行镍的光度测定的操作条件有两种:一种是用过硫酸盐作氧化剂,在氢氧化钠碱性溶液中(pH12.2～12.8)显色;一种是用碘或溴作氧化剂,在氨性溶液中(pH9～10)显色。这两种操作条件各有优缺点,前者显色速度较慢,尤其在室温较低时常需在热水中温热,以加速显色反应。但按此条件显色后色泽很稳定。后者显色速度较快,但色泽较不稳定,最好在 10 min 内比色测定完毕。这里采用前一种操作条件。

应用此法于分析铜合金时,主要是消除大量铜对镍的干扰。通常用电解法或其他沉淀分离法把铜分离后再测定镍。为了提高分析速度,减少操作手续,在下述方法中利用 EDTA 使铜络合而消除其影响。当加入丁二酮肟及氢氧化钠后,试样溶液出现很深的色泽,这是由于铜与镍都与丁二酮肟反应。放置 5 min,待镍的反应完成后加入 EDTA 溶液,铜所产生的色泽褪去,即可进行镍的光度测定。为了抵消 Cu^{2+}-EDTA 络合物的蓝色对镍的测定的影响,须做空白对比液 1 份。即可在未加丁二酮肟的试样溶液中,先加 EDTA 溶液使包括镍在内的元素都络合,然后加入丁二酮肟,镍就不显色。这一溶液即可作测定显色液吸光度时的参比液。铁的影响可加入酒石酸钾钠掩蔽消除。

1) 试剂

酒石酸钾钠溶液(10%)。丁二酮肟溶液(1%):称取丁二酮肟 1 g,溶于 5%氢氧化钠溶液 100 mL 中。氢氧化钠溶液(8%)。过硫酸铵溶液(5%),宜当天配制。EDTA 溶液(5%)。镍标准溶液:称取纯镍(99.9%以上)0.100 0 g,溶于硝酸(1+1)5 mL,煮沸驱除黄烟后移入 1 L 量瓶中,以水稀释至刻度,摇匀。此溶液每毫升含镍 0.1 mg。硫酸(1+9)。

2) 操作步骤

称取试样 0.100 0 g,置于 100 mL 锥形瓶中,加盐酸 2 mL,过氧化氢 1 mL,微热溶解后煮沸至无小气泡发生。冷却,移入 100 mL 量瓶中,以水稀释至刻度,摇匀。吸取试样溶液 10 mL(含镍＜4%)或 5 mL(含镍在 4%～8% 范围)2 份,分别置于 100 mL 量瓶中。显色液:加硫酸(1+9)4 mL,酒石酸钾钠溶液(10%)5 mL,过硫酸铵溶液(5%)5 mL,丁二酮肟溶液(1%)5 mL 及氢氧化钠溶液(8%)20 mL。放置 5 min,加 EDTA 溶液(5%)10 mL,以水稀释至刻度,摇匀。空白液:依次加入硫酸(1+9)4 mL,酒石酸钾钠(10%)5 mL,过硫酸铵溶液(5%)5 mL,EDTA 溶液(5%)10 mL,丁二酮肟溶液(1%)5 mL 及氢氧化钠溶液(8%)20 mL,以水稀释至刻度,摇匀。用 1 cm 比色皿,于 470 nm 波长处,以空白液作参比,测定其吸光度。从检量线上查得试样的含镍量。

3) 检量线的绘制

在 6 只 100 mL 量瓶中,依次加入镍标准溶液 0.0 mL,1.0 mL,2.0 mL,3.0 mL,4.0 mL,5.0 mL (Ni 0.1 mg·mL^{-1}),各加水至约 10 mL,按上述显色液的操作步骤显色,但将 EDTA 溶液的加入量减为 1 mL。用 1 cm 比色皿,于 470 nm 波长处,以不加镍标准溶液的那份溶液作为参比,分别测定吸光度,并绘制检量线。每毫升镍标准溶液相当于含镍量 1%(对吸取试液 10 mL 而言)或 2%(对吸取试液 5 mL 而言)。

4) 注

(1) 显色时,在加入丁二酮肟溶液前,溶液应保持微酸性。因此在方法中规定补加硫酸(1+9)4 mL,否则结果重现性很差。

(2) 在空白溶液中,先加 EDTA 溶液,使铜镍等元素都络合,在加入丁二酮肟溶液时,镍不再显色。但丁二酮肟与镍的络合物较为稳定,如放置超过 10 min,镍的丁二酮肟络合物仍将缓慢地形成而使空白的色泽渐趋加深。因此试样显色完全后应立即测定其吸光度。

(3) 本法适用于分析含镍 0.5%～7% 的试样,如铝黄铜、镍黄铜等。

(4) 黄铜中以杂质量存在的镍,一般不超过 0.1%。用此法测定杂质量镍时,须考虑将试样中大量铜分离。因为在取较多量试样的情况下,如仍用 EDTA 掩蔽的方法,则底液的色泽太深,使吸光度测定发生困难。这里介绍用碘化亚铜沉淀分离铜,用丁二酮肟光度法测定 0.01%～0.1% 的镍,操作如下:称取试样 0.250 0 g,置于 100 mL 两用瓶中,用盐酸 3 mL 及过氧化氢 2 mL,试样溶解后微沸约半分钟,冷却。加水至约 60 mL,加碘化钾溶液(30%)10 mL。以水稀释至刻度,摇匀。干过滤。吸取滤液 10 mL 置于 50 mL 量瓶中,加入柠檬酸铵溶液(50%)5 mL,水 15 mL,摇匀。加丁二酮肟溶液(溶解 1 g 丁二酮肟于氨水 600 mL 中,加水稀释至 1 L)10 mL 以水稀释至刻度,摇匀。用 3 cm 比色皿,于 530 nm 波长处,以水作参比,测定其吸光度。从检量线上查得试样的含镍量。

检量线的绘制:称取纯铜 0.25 g 数份,分别置于 100 mL 两用瓶中,按上述方法溶解后,依次加入镍标准溶液 1.0 mL,2.0 mL,3.0 mL,4.0 mL,5.0 mL(Ni 50 μg·mL^{-1}),按方法分离铜后,各吸取滤液 10 mL 显色,测定吸光度,并绘制检量线。

由于在碘化钾与 2 价铜离子反应过程中,产生了相当量的碘,因此在显色时不再另加碘溶液作氧化剂。

8.8 铝 的 测 定

黄铜中的铝含量作为合金元素在 0.1%～4% 范围之间,如铝黄铜、铁黄铜、锰黄铜。

铜合金中测定铝的方法很多,但较为理想的方法很少,其中络合滴定法测定铝是目前普遍应用的分析方法。到目前为止,至少已有 70～80 种络合滴定铝的方案,综合起来,大致可分直接和间接(包括氟化物取代滴定)两种。在微酸性介质中,铝与 EDTA 缓慢地形成中等稳定的络合物($\log K =$16.10),铝盐又易水解而形成多种离子,因此,采用多种指示剂直接滴定铝都不够理想,多半采用间接滴定。间接滴定法有:① 在酸性溶液中加入过量的 EDTA 标准溶液,然后在热溶液中用缓冲溶液调节到 EDTA 与铝定量络合的 pH 值(pH≈5),此时剩余的 EDTA 在不同指示剂存在下,用铜、铅或锌盐标准溶液滴定,从而计算出铝含量,常称返滴定法。② 氟化物取代法,操作同前,但为了滴定剩余的 EDTA 而消耗的铜、锌等标准溶液数量可不计(即第一次滴定),然后加氟化物,以取代溶液中与铝定量络合的 EDTA,再用铜盐或锌盐标准溶液滴定所取代出的 EDTA。目前,应用较多的是氟化物取代法,它不仅有滴定终点易判断,且干扰因素少,结果可靠的优点,对 0.1％以上的铝,有足够高的准确度。

在测定较低含量的铝时,采用光度法比较合适。光度法测定铝的试剂较多,其中以铬天青 S 作为显色剂,灵敏度较高,操作简单,是目前普遍应用的方法。

8.8.1　络合滴定法

在 pH2～4 范围内,90 ℃左右加热 1～3 min,铝与 EDTA 能达到定量络合。为了防止干扰以及提高方法的选择性,本法采用氟化物取代法,这是基于铝的氟络合物较之 EDTA 络合物更加稳定而发生的置换反应:

$$AlY^- + 6F^- \longrightarrow AlF_6^{3-} + Y^{4-}$$

即在试样溶液中先加入过量的 EDTA 溶液,在 pH2～4 的条件下煮沸使铝和其他能形成络合物的全部金属离子络合,调节 pH5～6 用锌标准溶液滴定过剩的 EDTA,然后加入氟化物(氟化钠或氟化铵,铁量高时宜用氟化铵)与铝络合,使铝和 EDTA 络合的 EDTA 被释放,再用锌标准溶液滴定所释放出的 EDTA,据此计算出铝含量。钛(Ⅳ)、锆(Ⅳ)的 EDTA 络合物与氟化物作用有同样反应,所以干扰测定。钛及锆在一般黄铜中不存在,故可以不予考虑。含锡的试样则应以稀硝酸溶解,使锡生成偏锡酸沉淀而使之分离。滴定时用 PAN 指示剂,终点较为明显。

1) 试剂

硝酸(1+1)。氨水(1+1)。盐酸(1+1)。甲酸缓冲溶液(pH≈3):于 1 L 溶液中含氨水 27 mL,甲酸(85％)50 mL。EDTA 溶液(0.05 mol·L^{-1}):称取 EDTA18.6 g 溶于水中,于量瓶中稀释至 1 L。六次甲基四胺溶液(30％)。PAN 指示剂溶液(0.1％),乙醇溶液。锌标准溶液(0.020 00 mol·L^{-1}):称取纯锌 1.307 4 g,置于 250 mL 烧杯中,加盐酸(1+1)15 mL,加热使溶解,然后小心地转入 1 L 容量瓶中,用氨水(1+1)及盐酸(1+1)调节酸度至刚果红试纸呈蓝紫色(或对硝基酚呈无色),以水稀释至刻度,摇匀。氟化铵(固体)。

2) 操作步骤

称取试样 0.100 0 g,置于 300 mL 锥形瓶中,加硝酸(1+1)5 mL,加热溶解后微沸以除去氮的氧化物,加热水 50 mL(如有偏锡酸沉淀析出,须用紧密滤纸滤去),滴加氨水(1+1)至出现沉淀,再滴加盐酸(1+1)至沉淀恰好溶解,加 pH=3 缓冲液 5 mL,EDTA 溶液(0.05 mol·L^{-1})40～45 mL,煮沸 2 min,加六次甲基四胺(30％)20 mL,PAN 指示剂(0.1％)8～10 滴,冷却至室温,用锌标准溶液(0.020 00 mol·L^{-1})滴定至溶液由草绿色变为蓝紫色为终点(不计数)。加入氟化铵 1～1.5 g,摇匀,煮沸 1 min,取下冷却,再用锌标准溶液滴定至蓝紫色为终点。按下式计算铝的含量:

$$Al\% = \frac{V \times 0.020\,00 \times 0.026\,98}{G} \times 100$$

式中:V 为加入氟化铵后滴定所耗锌标准溶液的毫升数;G 为称取试样质量(g)。

3) 注

(1) 本方法适用于分析含铝＞0.5%的试样,如铝黄铜等。

(2) 在快速分析中,可在热溶液中滴定,终点更为敏锐,在日常分析时将试液冷却后进行滴定操作比较方便。

(3) 锡生成偏锡酸将不干扰测定,在 pH≥5.5,Mn-EDTA 不会被锌置换,所以锰也不会影响测定,铁含量小于 12 mg 对测定无影响。为了防止加入氟化物后有少量 Fe-EDTA 中的 EDTA 析出,加入硼酸是有益的。

(4) 对于含锡较低时(如 0.5%左右),偏锡酸常不容易完全沉淀,这样就会使铝的结果偏高。因此凡遇含锡低的试样或共存合金元素较多而不宜进行直接滴定的试样仍宜采用 DDTC 沉淀分离法。操作方法是:称取试样,按方法溶解,冷却,加入乙酸(50%)20 mL 及乙酸钠溶液(4 mol·L^{-1})30 mL,加水至约 70 mL,摇匀。加入 DDTC 溶液(20%)20 mL,于 100 mL 量瓶中,以水稀释至刻度,摇匀,过滤。吸取滤液 25 mL,50 mL 或全部,置于 250 mL 锥形瓶中,按上述方法调节酸度和滴定。

(5) 加入 PAN 指示剂(必须趁热加入,否则 PAN 指示剂不溶解)如发现溶液已呈蓝紫色,说明 EDTA 加入量不足,必须补加 EDTA 溶液再加热煮沸。滴定的 2 个终点程度要一致,否则将引入误差。

8.8.2　铬天青 S 光度法

铬天青 S(简称 CAS)与铝离子在微酸性溶液中(pH4～6)形成橙红色络合物。其组成为 1∶2。在 546 nm 波长处吸收最大。其摩尔吸光系数为 5.93×10^4。Al^{3+}-CAS 络合物在 pH4.6～5.8 范围内均能形成,但在 pH＜5.6 时,铬天青 S 试剂本身的吸收也将增大,故选择在 pH≈5.7 显色较为恰当。

所用缓冲试剂的性质和加入量、显色溶液的酸度以及加入试剂的顺序均对测定结果有影响。几种常用的缓冲剂(醋酸盐、六次甲基四胺)相比较,六次甲基四胺效果较好,加入试剂顺序最好是先在酸性试液中加入铬天青 S,然后加入缓冲溶液至所需的 pH 值,否则将引起结果不稳定或者偏低,这可能是由于 Al^{3+} 的水解产物不易转化所致。

温度对铬天青 S-铝络合物形成的速度及络合物色泽的稳定性影响很大,因此应根据不同室温掌握读测吸光度的时间。根据下述方法分析时,当室温在 12 ℃左右,可在显色后 20～120 min 内读数,当室温在 20 ℃左右,可在显色后 5～60 min 内读数,当室温在 30 ℃左右,可在显色后 1～40 min 内读数。

关于干扰元素,就黄铜而言,主要影响铝测定的元素是铜和铁,其他合金元素如锌、铅、锰、镍、锡等均无干扰。采用硫脲和抗坏血酸作掩蔽剂可使铜和铁的干扰消除,但使铝的络合物的色泽略有降低,因此绘制检量线时须用不含铝的黄铜试样打底。此外,大量的钠离子也使铬天青 S-铝络合物的色泽降低。

1) 试剂

氨水(1+4)。盐酸(1 mol·L^{-1})。硫脲溶液(5%)。硫脲-抗坏血酸混合液:取硫脲溶液(5%)40 mL,加入抗坏血酸 0.1 g,溶解后加水至 100 mL(此溶液要当天配制)。铬天青 S 溶液(0.05%):称取铬天青 S 试剂 0.1 g,加水 20 mL,乙醇 20 mL,在热水中加热使溶解后加乙醇至200 mL。六次甲基四胺溶液(30%)。铝标准溶液:称取纯铝0.1000 g,溶于氢氧化钠溶液(10%)10 mL 中,加盐酸酸化后过量5 mL,移入于100 mL 量瓶中,加水至刻度,摇匀。此溶液每毫升含铝1 mg。绘制检量线时,吸取上述溶液5 mL,置于500 mL 量瓶中,加盐酸10 mL,加水至刻度,摇匀。此溶液每毫升含铝10 μg。氟化铵溶液(0.5%)。

2) 操作步骤

称取试样0.1000 g,置于100 mL 锥形瓶中,加盐酸1 mL 及过氧化氢1 mL,温热使试样溶解后再煮沸至无小气泡发生,冷却,移入100 mL 量瓶中,以水稀释至刻度,摇匀。吸取试样溶液5 mL 2份,分别置于100 mL 量瓶中。显色液:加甲基橙指示剂1滴,滴加氨水(1+4)至恰呈黄色,立即滴加盐酸(1 mol·L^{-1})至复呈红色,并过量4 mL,加硫脲-抗坏血酸混合液10 mL,加水至约70 mL,摇匀。加铬天青S溶液(0.05%)5 mL 及六次甲基四胺溶液10 mL,以水稀释至刻度,摇匀。空白液:滴加氟化铵溶液5滴,其余操作同显色液。用1 cm 比色皿,于550 nm 波长处,以空白液为参比,测定吸光度。从检量线上查得铝的含量。

3) 检量线的绘制

称取纯铜或不含铝的黄铜标样0.1 g,按方法溶解于100 mL 量瓶中,以水稀释至刻度,摇匀。吸取此溶液5 mL 6份,分别置于100 mL 量瓶中,依次加入铝标准溶液0.0 mL,1.0 mL,2.0 mL,3.0 mL,4.0 mL,5.0 mL(Al 10 μg·mL^{-1}),按上述方法显色,用不加铝标准溶液的试液作为参比,分别测定其吸光度,并绘制检量线。每毫升铝标准溶液相当于含铝量0.2%。

4) 注

(1) 本方法适用于分析含铝0.1%~1%的试样,大于1%的含铝量试样可将试液稀释至200 mL,或减少吸取试液量(如吸取2 mL)。

(2) 配制硫脲溶液时,如溶解速度较慢,可稍加热。加热温度不能太高,否则将有单体硫析出而使溶液浑浊。

(3) 加入硫脲-抗坏血酸混合液后不能放置5 min 以上,否则抗坏血酸与铝络合而影响显色,致使结果偏低。

(4) 因温度对显色反应的速度和色泽稳定性有影响,所以显色后应根据当时室温高低,掌握读测吸光度的时间。

(5) 由于在空白溶液中曾加入氟化铵,对比色皿的玻璃有一定的侵蚀,为了保护比色皿,测定完毕时应立即洗净。

(6) 比色皿使用多次后,皿壁会附着蓝色,影响吸光度的测度,可用浓硝酸洗涤除去。

(7) 在快速分析中可省略调节酸度的操作步骤。吸取5 mL 试液显色时,补加盐酸(1 mol·L^{-1})2 mL,吸取2 mL 试液显色时,补加盐酸(1 mol·L^{-1})3 mL,其余操作不变。但应注意两点:① 溶解试样的盐酸应准确量入;② 溶解试样后分解过氧化氢的煮沸时间不能太长,以免有过多的盐酸蒸发损失。一般煮沸至无细小气泡发生即可(约半分钟)。

(8) 对于含铝量小于0.1%的试样,不能采用直接光度法,因为在测定低含量铝时必须增加试样量,但试样超过5 mg(指显色时的试样量)时,微量铝显色的灵敏度将显著降低。因此必须使铝与其他合金元素分离,然后用铬天青S法进行吸光光度测定。通常用二乙胺硫代甲酸钠(铜试剂)沉淀法使试样中的大量铜、锌、锡、铁、镍等元素分离而铝则留在溶液中。由于用铜试剂作沉淀剂,所以在溶液中引入大量钠离子。大量钠离子使铝的显色灵敏度略有降低。因此在绘制曲线时须按分析试样同样的操作处理,操作方法如下。

称取试样0.1000 g,置于100 mL 锥形瓶中。另取纯铜0.1 g,置于另一100 mL 锥形瓶中(作为试剂空白)。各加盐酸0.1 mL 及过氧化氢1 mL,溶解后煮沸约半分钟,加醋酸(1+7)38 mL,铜试剂

(20%)10 mL,摇匀。用紧密滤纸干过滤。吸取滤液各 10 mL,分别置于 50 mL 石英烧杯中,加高氯酸 1 mL,硝酸 10 滴,蒸发至冒高氯酸烟,冷却。加水 5 mL,盐类溶解后加甲基橙指示剂 1 滴,滴加氨水 (1+4)至恰呈黄色,立即滴加盐酸(1 mol·L^{-1})至复呈红色后再多加 1 mL,加硫脲-抗坏血酸混合液 5 mL,铬天青 S 溶液(0.05%)1 mL 及六次甲基四胺溶液(30%)5 mL,摇匀,移入 25 mL 量瓶中,以水 稀释至刻度,用 3 cm 比色皿按方法测定吸光度。

检量线的绘制:称取纯铜 0.1 g 6 份,分别置于 100 mL 锥形瓶中,按方法溶解后,依次加入铝标准 溶液 0.0 mL,1.0 mL,2.0 mL,3.0 mL,4.0 mL,5.0 mL(Al 10 μg·mL^{-1}),加冰醋酸 5 mL,加水稀释 至约 40 mL,摇匀。加铜试剂溶液(20%)10 mL,摇匀。干过滤。吸取滤液各 10 mL,分别置于 50 mL 石英烧杯中,按分析方法处理并显色,测定吸光度,绘制检量线。每毫升铝标准溶液相当于含铝量 0.01%。

此法适用于分析含铝 0.01%～0.1%的试样。

8.9　硅的测定(硅钼蓝光度法)

在微酸性溶液中,正硅液(或氟硅酸)与钼酸铵形成黄色的硅钼络离子,可以在 420 nm 波长处测 定此黄色络离子的吸光度,借此做硅的光度测定。但此法灵敏度低,一般只用于硅含量较高的试样。 通常是用还原剂将硅钼络离子还原为硅钼蓝后,在 660～700 nm 波长处进行光度测定,此法灵敏度 高,得到广泛使用。

对铜合金来说,比较合适的溶解酸是硝酸,但有些含硅铜合金试样,常有部分不溶于硝酸的硅化 物,因此,在下述方法中采用硝酸氢氟酸溶样,过量的氢氟酸用硼酸使它转化成氟硼酸,以免侵蚀玻璃 影响测定。

硅钼络离子形成的适宜酸度为 pH1～2,pH 过大或过小均使结果偏低。硅钼络离子的形成速度 和温度有密切的关系。采用沸水中加热的方法,不但可以加速硅钼络离子的形成,而且使形成硅钼络 离子的适宜酸度范围扩大。在操作中,溶解试样的硝酸量必须准确加入,这样在以后加入钼酸铵显色 时可不再另外调节酸度。

在铜合金中测定硅时,要考虑磷、砷对硅测定的干扰。因为磷、砷也能与钼酸铵形成磷钼络离子 和砷钼络离子,而且也能被还原成钼蓝。但磷钼络离子和砷钼络离子不及硅钼络离子稳定,当硅钼络 离子形成后,将酸度提高到 3～4 mol·L^{-1},加入草酸,就能使磷钼络离子和砷钼络离子被破坏,这样 就可避免磷、砷的干扰。

钼蓝法中使用的还原剂有多种,应用较普遍的是硫酸亚铁铵。因为它还原速度快,只要 30 s 还原 即完全,而且适用于硝酸溶液中进行还原。为了防止钼酸被还原,硅钼酸的还原在足够强的酸度下进 行(通常在 3 mol·L^{-1}左右),所以在草酸溶液中加入一定量的硫酸。

在溶样时,硝酸与试样作用过程中有氧化氮产生。氧化氮的存在使钼蓝的色泽不稳定,因此必须 设法驱除氧化氮。一般光度法测定硅的试样溶液不宜煮沸太久,以免使硅酸聚合而影响测定。而且 铜合金试样系用硝酸及氢氟酸溶解,因此加热超过 60 ℃时,将引起 SiF$_4$ 的挥发。在本方法中,采用加 入尿素的方法来分解氧化氮。

1) 试剂

硝酸(1+2)。氢氟酸(42%)。硼酸饱和溶液:加硼酸 60 g 于 1 L 热水中,冷却至室温。尿素溶液 (10%)。钼酸铵溶液(5%),溶解时加热一般为 60～70 ℃。溶解后如略呈浑浊,要用紧密滤纸过滤后使用。草酸铵溶液:称取草酸铵15 g,溶于水中,加硫酸(1+3)500 mL,以水稀释至1 L。硫酸亚铁铵溶液(6%),每100 mL溶液中加硫酸(1+1)6滴。纯铜。硅标准溶液:称取硅酸钠($Na_2SiO_3 \cdot 9H_2O$)5.00 g,溶于水中,过滤后稀释至1 L并贮于聚乙烯塑料瓶中。此溶液每毫升约含硅0.5 mg。此溶液的准确浓度,须用重量法标定。方法如下:吸取上述溶液100 mL 2份,分别置于已盛有高氯酸(1+1)10 mL的250 mL烧杯中,蒸发至冒白烟并保持冒白烟10 min,冷却。加水100 mL,加热使盐类溶解后用中速滤纸过滤,以热硫酸(1+99)充分洗涤沉淀。将沉淀及滤纸移入铂坩埚中,在500 ℃灰化后在1 000 ℃灼烧至恒重(W_1)。于铂坩埚中滴加硫酸(1+1)3～5滴,使灼烧的残渣湿润,再加氢氟酸数毫升使氧化硅溶解,蒸发至干,再在1 000 ℃灼烧至恒重(W_2)。两次重量的差数即为二氧化硅的重量。按下式计算每毫升硅标准溶液中硅的含量:

$$每毫升硅标准溶液中硅的含量(g) = \frac{(W_1 - W_2) \times 0.467\ 2}{100}$$

2) 操作步骤

称取试样0.100 0 g,置于200 mL塑料烧杯中,准确加入硝酸(1+2)20 mL,用塑料滴管(或塑料眼药水瓶)滴加氢氟酸6滴,在温度不高于60 ℃的热水浴中加热使试样溶解。用水冲洗塑料烧杯内壁,趁热加入尿素溶液(10%)10 mL,摇动溶液使氧化氮分解后加入硼酸饱和溶液25 mL,摇匀。移入100 mL量瓶中,以水稀释至刻度,摇匀。吸取试液10 mL 2份,分别置于100 mL量瓶中。显色液:加入钼酸铵溶液(5%)5 mL,在沸水浴中加热30 s,流水冷却。加水30 mL,草酸铵溶液20 mL,摇匀。立即加入硫酸亚铁铵溶液(6%)10 mL,以水稀释至刻度,摇匀。空白液:加草酸铵溶液20 mL,摇匀。加入钼酸铵溶液(5%)5 mL,沿瓶壁加水30 mL,摇匀。加硫酸亚铁铵溶液(6%)10 mL,以水稀释至刻度,摇匀。用1 cm比色皿,于660 nm波长处,以空白液作为参比,测定吸光度。从检量线上查得试样的含硅量。

3) 检量线的绘制

称取纯铜0.100 0 g 6份,分别按上述方法溶解后移入100 mL量瓶中,依次加硅标准溶液0.0 mL,1.0 mL,3.0 mL,5.0 mL,7.0 mL,9.0 mL(Si 0.5 mg $\cdot$ mL^{-1}左右),以水稀释至刻度,摇匀后移入干燥的塑料瓶中存放。从这些溶液中各吸取10 mL,分别置于100 mL量瓶中,按分析方法显色后用1 cm比色皿,于660 nm波长处,以不加硅标准溶液的试液作为参比,测定吸光度,并绘制检量线。每毫升硅标准溶液相当于含硅量0.50%左右(准确含量按上述标定计)。

4) 注

(1) 本方法适用于含硅0.2%～5%的黄铜试样。

(2) 操作中凡含有氢氟酸的溶液均不能采用玻璃器皿存放,以免侵蚀玻璃而影响结果。

(3) 硅酸钠溶液呈碱性,与玻璃接触不能超过半小时,否则将侵蚀玻璃而使溶液中硅的含量逐渐增加,因此硅酸钠标准溶液应存放于塑料瓶中。而且也不要将配好的硅酸钠溶液酸化,因为在稀硫酸(0.05 mol $\cdot$ L^{-1})中,硅含量超过0.4 g $\cdot$ (1 000 mL)$^{-1}$时,就不能全部保持在正硅酸状态。

(4) 试样溶解后虽已加入硼酸,使多余的氢氟酸转变为氟硼酸,但如在玻璃器皿中存放较长时间(超过3 h)它仍能侵蚀玻璃而影响测定结果。因此试样溶液在定量稀释后,如要放置较长时间,最好转入塑料瓶中贮存。

(5) 钼酸铵加入量应当控制,在精确分析时,可用定量加液器或吸管量入。

(6) 在日常工作中,也可以在室温显色,但应改变操作如下:吸取试液10 mL置于100 mL量瓶中,加水25 mL,钼酸铵溶液(5%)5 mL,放置15 min(室温不低于15 ℃)。加草酸铵溶液20 mL,摇匀。立即加入硫酸亚铁铵(6%)10 mL,以水稀释至刻度。摇匀。按上述方法测定吸光度。

(7) 硅钼酸络离子形成后,即使将溶液酸度提高4 mol $\cdot$ L^{-1}仍能不被破坏。但磷钼络离子在

$2 \ mol \cdot L^{-1}$以上的酸性溶液中即被破坏。

（8）由于磷钼络离子及砷钼络离子中，磷及砷都是 5 价状态，而硅钼络离子中硅是 4 价，也就是说，硅的金属性比磷、砷强。所以硅钼络离子比磷钼和砷钼络离子稳定。在加入草酸后，磷和砷的络离子被破坏。但如与草酸接触时间太长，硅钼离子也能被破坏。因此在操作过程中，加入草酸铵溶液后应立即加入硫酸亚铁铵还原。钼蓝形成后就不再受草酸的影响。形成钼蓝的反应如下：

$$H_8[Si(Mo_2O_7)_6]+4(NH_4)_2Fe(SO_4)_2+2H_2SO_4$$

$$=\!\!=\!\!H_8\left[Si\begin{matrix}Mo_2O_5\\ \\(Mo_2O_7)_5\end{matrix}\right]+2Fe_2(SO_4)_3+4(NH_4)_2SO_4+2H_2O$$

从上述反应式中可以看出，硅钼络离子中的 12 个钼原子有 2 个钼原子被还原到 4 价，其余 10 个钼原子仍为 6 价。

（9）光度测定完毕后应立即将比色皿洗净，以免试液对比色皿侵蚀。

8.10　锑的测定（孔雀绿-苯萃取光度法）

黄铜中的锑都以杂质量存在，一般含量在 $0.001\%\sim0.01\%$ 范围。

测量微量锑一般采用光度法。光度法测量微量锑所采用的有机试剂很多。但应用较广的主要有：罗丹明 B、结晶紫、孔雀绿、甲基紫等。其中以结晶紫和孔雀绿干扰元素少，灵敏度较高，得到更为广泛的应用。

5 价锑在盐酸溶液中，与孔雀绿生成的络合物能溶于苯中，呈现翠绿色。其最大吸收波长在 630 nm 处。摩尔吸光系数为 6.7×10^4。

在盐酸溶液中 5 价锑是以 $SbCl_6^-$ 阴离子状态存在的，它与孔雀绿试剂反应须在 $1.5\sim2.5 \ mol \cdot L^{-1}$ 的盐酸溶液中进行。酸度大于 $3 \ mol \cdot L^{-1}$ 时结果显著偏低，而酸度小于 $1 \ mol \cdot L^{-1}$ 时结果偏高。偏高的原因是在低酸度时，孔雀绿试剂本身能溶于苯中呈绿色。

由于孔雀绿试剂只与 5 价锑的氯化物反应，因此在加入孔雀绿试剂前必须先使锑氧化至 5 价。试样溶解后，试液中可能存在有 3 价或 4 价状态的锑离子，而 4 价锑离子不能被直接氧化至 5 价。因此必须先加氯化亚锡溶液使锑被还原至 3 价，然后再加入亚硝酸钠进行氧化。试验证明如果氧化前不经过还原处理，结果显然偏低。溶液的酸度对锑的氧化影响极大，试验表明只有在 $10 \ mol \cdot L^{-1}$ 的盐酸溶液中氧化最完全，过高或过低结果都偏低。根据这样的要求，可先在 $10 \ mol \cdot L^{-1}$ 盐酸溶液中进行还原和氧化，然后将溶液稀释至 $2 \ mol \cdot L^{-1}$ 左右，进行显色反应并用苯萃取。由于锑在酸度低于 $6 \ mol \cdot L^{-1}$ 的溶液中极易水解，因此整个操作过程必须迅速进行，中间不要停顿，否则会引起结果偏低。

干扰锑测定的元素主要有 $AuCl_4^-$，$TlCl_4^-$，$GaCl_4^-$，Ce^{4+}，ClO_4^- 等。3 价铁超过 1 mg 时使结果偏高。加入浓磷酸 3 mL 可掩蔽 5 mg Fe^{3+}。但磷酸超过 3 mL 时也使结果偏低。就铜合金而言，除了个别含稀土元素的铜合金要考虑铈的干扰外，其他干扰元素一般不存在。对含铁较高的合金，则应加适量的磷酸来消除其干扰。

1）试剂

盐酸（5+1）。硝酸（$\rho=1.42 \ g \cdot cm^{-3}$）。氯化亚锡溶液（10%）：称取 5 g $SnCl_2 \cdot 2H_2O$，溶于盐酸

10 mL 中,加水至 50 mL。亚硝酸钠溶液(14%)。尿素溶液:溶解 8 g 尿素于 15 mL 水中,此溶液宜当天配制。磷酸(1+5)。孔雀绿溶液(0.2%)。苯。锑标准溶液:溶解纯锑 0.100 0 g 于 5 mL 浓硫酸中,冷却,移入于 1 L 量瓶中,用盐酸(5+1)稀释至刻度,摇匀。此溶液每毫升含锑 100 μg。绘制检量线时,再吸取溶液 2 mL,置于 200 mL 量瓶中,用盐酸(5+1)稀释至刻度,摇匀。此溶液每毫升含锑 1 μg。纯铜或不含锑的黄铜。

2) 操作步骤

称取试样 0.500 0 g,置于 50 mL 两用瓶中,加浓盐酸 5 mL 及分次加入过氧化氢约 3 mL,待试样溶解完全后,煮沸约半分钟使多余的过氧化氢分解,冷却。用盐酸(5+1)稀释至刻度,摇匀。与试样操作同时称取纯铜 0.5 g,按相同方法配制试剂空白 1 份。吸取试样溶液及空白溶液各 5 mL,分别置于 60 mL 有刻度的分液漏斗中,滴加氯化亚锡溶液(10%)至铜的蓝色褪去后多加 2~3 滴(总共约 15 滴),加入亚硝酸钠溶液(14%)1 mL,放置约 2 min,加尿素溶液 1 mL,摇动约半分钟,使多余的亚硝酸钠分解,立即加入磷酸(1+5)17 mL 并准确量入苯 20 mL,滴加孔雀绿溶液(0.2%)10 滴(约 0.5 mL),振摇 1 min,静置分层后弃去水相。有机相通过脱脂棉滤入 3 cm 比色皿中,于 620 nm 波长处,以试剂空白作为参比,测定吸光度。从检量线上查得试样的含锑量。

3) 检量线的绘制

在 6 只 60 mL 分液漏斗中,依次加入锑标准溶液 0.0 mL,1.0 mL,2.0 mL,3.0 mL,4.0 mL,5.0 mL(Sb 1 μg·mL^{-1}),依次补加盐酸(5+1)5 mL,4 mL,3 mL,2 mL,1 mL,0 mL,使总体积各为 5 mL。滴加氯化亚锡溶液(10%)2~3 滴后,按上述方法氧化,显色萃取并测定吸光度,绘制检量线。每毫升锑标准溶液相当于含锑量 0.002%。

4) 注

(1) 本方法适用于分析含锑 0.001%~0.01% 的黄铜试样。对含锑量 >0.01 的试样可改为称取 0.100 0 g,显色后改用 2 cm 比色皿。其余操作相同。

(2) 锑标准溶液也可用酒石酸锑钾试剂配制。0.274 0 g 酒石酸锑钾相当于 0.100 0 g 锑。

(3) 加入孔雀绿试剂后立即萃取,否则结果偏低。

(4) 有机层色泽可以稳定 7 h 以上。

8.11 铋的测定(碘化钾-马钱子碱光度法)

黄铜中铋以杂质量存在,其含量是极微量的。微量的铋通常采用光度法。主要方法有:碘化钾法、硫脲法、碘化钾-马钱子碱法、二甲酚橙法、打萨宗法等。这里选用碘化钾-马钱子碱法。

在 1~3 mol·L^{-1} 硫酸溶液中,3 价铋与马钱子碱及碘化钾反应形成黄色的三元络合物,可用三氯甲烷定量萃取。络合物的最大吸收波长在 425~430 nm 处,含 Bi 0.18~16 μg·(mL)$^{-1}$ 服从比耳定律。此法具有较高的选择性,但由于铜合金中其他共存元素含量太高,而铋则以杂质量存在,因此仍需要先将微量铋分离富集。

分离富集微量铋的方法很多,但考虑到能适用于各种类型的铜合金试样,故采用二乙胺硫代甲酸钠(铜试剂)萃取分离法。在 pH10~11 的碱性溶液中,用酒石酸、氰化物及乙二胺四乙酸掩蔽其他金属元素后,可用四氯化碳萃取二乙胺硫代甲酸钠与铋的络合物。这一分离方法具有很好的选择性,合金中的其他共存元素如铜、锌、镍、钴、铁、铝、铍、锰、铅、锑、砷等均被掩蔽而不影响铋的萃取。

1) 试剂

氨水(浓)。氰化钠溶液(10%)。EDTA 溶液(10%)。二乙胺硫代甲酸钠溶液(0.2%)。酒石酸钾钠溶液(10%)。四氯化碳。硫酸(2+1)。亚硫酸。碘化钾溶液(10%)。马钱子碱溶液(1%),溶于柠檬酸溶液(25%)中。三氯甲烷。铋标准溶液:称取纯铋 0.100 0 g,溶于硝酸(1+1)20 mL 中,煮沸除去氧化氮,冷却。移入 100 mL 量瓶中,以水稀释至刻度,摇匀。此溶液每毫升含铋 1 mg。吸取此溶液 5 mL,置于 500 mL 量瓶中,加硝酸 30 mL,以水稀释至刻度,摇匀。此溶液每毫升含铋 10 μg。

2) 操作步骤

称取试样 0.500 0 g,置于 150 mL 锥形瓶中,加盐酸 5 mL,过氧化氢 3～5 mL,试样溶解后加热煮沸约半分钟,使多余的过氧化氢分解。同时按同样操作做一试剂空白。加酒石酸钾钠溶液(10%) 5 mL,将溶液移入有刻度的 60 mL 分液漏斗中,加氨水中和并过量 2～3 mL。再加氰化钠溶液(10%) 20 mL 及 EDTA 溶液(10%)5 mL,摇匀。加二乙胺硫代甲酸钠溶液(0.2%)2 mL,加水至约 50 mL,摇匀。加四氯化碳 10 mL,振摇 1 min,静置分层后将四氯化碳液层放至 100 mL 烧杯中,并用四氯化碳重复萃取二次,每次用 5 mL,有机相合并于 100 mL 烧杯中,弃去水相。在四氯化碳溶液中加硝酸 2 mL,温热使有机溶剂蒸去。再加硫酸(2+1)4 mL,加热蒸发至冒硫酸烟,冷却。以水冲洗烧杯并使盐类溶解,将溶液移入有刻度的 125 mL 分液漏斗中,加水至 50 mL,摇匀。依次加入亚硫酸 1 mL,碘化钾溶液(10%)3 mL 及马钱子碱溶液(1%)5 mL,摇匀。准确加入三氯甲烷 20 mL,振摇 2 min,静置分层。将有机相通过脱脂棉滤入 3 cm 比色皿中(用玻璃片盖住比色皿以免溶液挥发),于 470 nm 波长处,以试剂空白为参比,测定吸光度。从检量线上查得试样的含铋量。

3) 检量线的绘制

于 6 只 100 mL 烧杯中,依次加入铋标准溶液 0.0 mL,1.0 mL,2.0 mL,3.0 mL,4.0 mL,5.0 mL (Bi 10 μg·mL^{-1}),各加硫酸(2+1)4 mL,加热蒸发至冒硫酸烟,冷却。分别移入有刻度的 125 mL 分液漏斗中,加水至约 50 mL,按分析方法显色并测定吸光度,绘制检量线。每毫升铋标准溶液相当于含铋量 0.002%。

4) 注

(1) 本方法适用于分析含铋 0.001%～0.01%的试样。

(2) 马钱子碱系极毒试剂,其固体粉末很轻,容易飞散,因此在称取固体试剂配制溶液时,操作者应戴口罩以防止吸入。

(3) 氰化钠极毒,使用时应十分注意安全操作。

8.12　磷、砷的连续测定——萃取光度法

与纯铜中磷、砷的测定方法相同。详见 7.8 节。

8.13　黄铜的化学成分表

黄铜加工产品的化学成分(YE 146—71),铸造黄铜锭的化学成分(YB 783—75),分别如表 8.3 和表 8.4 所示。

表 8.3　黄铜加工产品的化学成分(YE146—71)

组别	合金牌号	代号	铜	铝	锡	铁	锰	铝	硅	镍	锌	铅	铁	锑	铋	磷	锰	砷	锡	铝	总和
			主要成分(%)									杂质(≤%)									
普通黄铜	96黄铜	H96	95.0~97.0	—	—	—	—	—	—	—	余量	0.03	0.10	0.005	0.002	0.01	—	—	—	—	0.20
	90黄铜	H90	88.0~91.0	—	—	—	—	—	—	—	余量	0.03	0.10	0.005	0.002	0.01	—	—	—	—	0.20
	85黄铜	H85	84.0~86.0	—	—	—	—	—	—	—	余量	0.03	0.10	0.005	0.002	0.01	—	—	—	—	0.30
	80黄铜	H80	79.0~81.0	—	—	—	—	—	—	—	余量	0.03	0.10	0.005	0.002	0.01	—	—	—	—	0.30
	75黄铜	H75	74.0~76.0	—	—	—	—	—	—	—	余量	0.03	0.20	0.005	0.002	—	—	—	—	—	0.30
	70黄铜	H70	69.0~72.0	—	—	—	—	—	—	—	余量	0.03	0.10	0.005	0.002	0.01	—	—	—	—	0.30
	68黄铜	H68	67.0~70.0	—	—	—	—	—	—	—	余量	0.03	0.10	0.005	0.002	0.01	—	—	—	—	0.30
	65黄铜	H65	64.0~67.0	—	—	—	—	—	—	—	余量	0.03	0.10	0.005	0.002	0.01	—	—	—	—	0.30
	63黄铜	H63	62.0~65.0	—	—	—	—	—	—	—	余量	0.20	0.20	0.010	—	—	0.10	—	0.10	0.10	1.20
	62黄铜	H62	60.5~63.5	—	—	—	—	—	—	—	余量	0.08	0.15	0.005	0.002	0.01	—	—	—	—	0.50
	59黄铜	H59	57.0~60.0	—	—	—	—	—	—	—	余量	2.50	0.30	0.010	0.003	0.01	—	0.01	0.20	—	0.90
铝黄铜	74-3铝黄铜	HAl74-3	72.0~75.0	2.40~3.00	—	—	—	—	—	—	余量	—	0.10	0.005	0.002	0.01	—	—	—	—	0.25
	64-2铝黄铜	HAl64-2	63.0~66.0	1.50~2.00	—	—	—	—	—	—	余量	—	0.10	0.005	0.002	0.01	—	—	—	—	0.30
	63-0.1铝黄铜	HAl63-0.1	61.5~63.5	0.05~0.15	—	—	—	—	—	—	余量	—	0.15	0.005	0.002	0.01	—	—	—	—	0.50
	63-3铝黄铜	HAl63-3	62.0~65.0	2.40~3.00	—	—	—	—	—	—	余量	—	0.10	0.005	0.002	0.01	—	—	—	0.50	0.75
	61-1铝黄铜	HAl61-1	50.0~61.0	0.60~1.00	—	—	—	—	—	—	余量	—	0.15	0.005	0.002	0.01	—	—	—	—	0.50
	60-3铝黄铜	HAl60-3	59.0~61.0	2.00~3.00	—	—	—	—	—	—	余量	—	0.10	0.005	0.002	0.01	—	—	—	0.50	0.75
	59-1铝黄铜	HAl59-1	57.0~60.0	0.80~1.90	—	—	—	—	—	—	余量	—	0.50	0.010	0.003	0.02	—	—	—	—	0.75
	59-1A铝黄铜	HAl59-1A	57.0~61.0	0.80~1.90	—	—	—	—	—	—	余量	—	0.50	0.010	0.003	0.02	—	—	—	—	1.50

续表

组别	合金牌号	代号	铜	铝	锡	铁	锰	铝	硅	镍	锌	铝	铁	锑	铋	磷	锰	砷	锡	铝	总和
			主要成分(%)									杂质(≤%)									
锡黄铜	90—1 锡黄铜	HSn90—1	88.0~91.0	—	0.25~0.75	—	—	—	—	—	余量	0.03	0.10	0.002	0.010	—	—	—	—	—	0.2
	70—1 锡黄铜	HSn70—1	69.0~71.0	—	1.00~1.50	—	—	—	—	—	余量	0.07	0.10	0.002	0.010	—	—	—	—	—	0.3
	62—1 锡黄铜	HSn62—1	61.0~63.0	—	0.70~1.10	—	—	—	—	—	余量	0.10	0.10	0.002	0.010	—	—	—	—	—	0.3
	60—1 锡黄铜	HSn60—1	59.0~61.0	—	1.00~1.50	—	—	—	—	—	余量	0.30	0.10	0.005	0.003	0.01	—	—	—	—	1.0
铝黄铜	77—2 铝黄铜	HAl77—2	76.0~79.0	—	—	砷 0.03~0.06	—	1.75~2.50	铍 0.006~0.015	—	余量	0.07	0.10	0.005	0.002	0.01	—	—	—	—	0.3
	77—2A 铝黄铜	HAl77—2A	76.0~79.0	—	—	锑 0.02~0.06	—	1.8~2.6	—	—	余量	0.05	0.06	0.050	0.002	0.02	—	—	—	—	0.3
	77—2B 铝黄铜	HAl77—2B	76.0~79.0	—	—	砷 0.03~0.07	—	1.8~2.6	铍 0.006~0.015	—	余量	0.05	0.06	0.050	0.002	0.02	—	—	—	—	0.3
	70—1.5 铝黄铜	HAl70—1.5	69.0~71.0	—	—	—	—	1.1~1.8	—	—	余量	0.05	0.06	0.050	0.002	0.03	—	—	—	—	0.3
	67—2.5 铝黄铜	HAl67—2.5	66.0~68.0	—	—	—	—	2.0~3.0	—	—	余量	0.50	0.60	0.050	—	0.02	—	—	0.2	—	1.5
	60—1—1 铝黄铜	HAl60—1—1	58.0~61.0	—	—	0.75~1.50	0.1~0.6	0.75~1.90	—	—	余量	0.40	—	0.005	0.002	0.01	—	—	—	—	0.7
	59—3—2 铝黄铜	HAl59—3—2	57.0~60.0	—	—	1.50	—	2.50~3.50	—	2.0~3.0	余量	0.10	0.50	0.005	0.003	0.01	—	—	—	—	0.9
	66—6—3—2 铝黄铜	HAl66—6—3—2	64.0~68.0	—	—	2.0~4.0	1.5~2.5	6.0~7.0	—	3.0	余量	0.50	—	0.050	—	0.02	—	—	0.2	—	1.5

续表

组别	合金牌号	代号	主要成分(%)									杂　质(≤%)									
			铜	铝	锡	铁	锰	铝	硅	镍	锌	铝	铁	锑	铋	磷	锰	砷	锡	铝	总和
锰黄铜	58—2 锰黄铜	HMn58—2	57.0~60.0	—	—	—	1.0~2.0	—	—	—	余量	0.10	1.00	0.005	0.002	0.01	—	—	—	—	1.20
	57—3—1 锰黄铜	HMn57—3—1	55.0~58.5	—	—	—	2.5~3.5	0.5~1.5	—	—	余量	0.20	1.00	0.005	0.002	0.01	—	—	—	—	1.30
	55—3—1 锰黄铜	HMn55—3—1	53.0~58.0	—	—	0.5~1.5	3.0~4.0	—	—	—	余量	0.50	—	0.050	—	0.02	—	—	0.20	0.1	1.50
铁黄铜	59—1—1 铁黄铜	HFe59—1—1	57.0~60.0	—	—	0.6~1.2	0.5~0.8	0.1~0.4	—	—	余量	0.20	—	0.010	0.003	0.01	—	—	—	—	0.25
	58—1—1 铁黄铜	HFe58—1—1	56.0~58.0	0.7~1.3	—	0.7~1.3	—	—	—	—	余量	—	—	0.010	0.003	0.02	—	—	—	—	0.50
硅黄铜	80—3 硅黄铜	HSi80—3	79.0~81.0	—	—	—	—	—	2.5~4.0	—	余量	0.10	0.60	0.050	0.003	0.02	0.5	—	0.20	0.1	1.50
	65—1.5—3 硅黄铜	HSi65—1.5—3	63.5~66.5	2.5~3.5	—	—	—	—	1.0~2.0	—	余量	—	0.15	0.005	0.002	0.01	—	镍 0.1	0.20	—	0.50
镍黄铜	65—5 镍黄铜	HNi65—5	64.0~67.0	—	—	—	—	—	—	5.0~6.5	余量	0.03	0.15	0.005	0.002	0.01	—	—	—	—	0.30

注：①表中未列入的杂质包括在杂质总和内。②抗磁用黄铜的杂质铁含量不超过0.030%。③特殊用途的H70、H68杂质总和不超过0.030%。铜质铁含量不超过下列规定：铁0.07%，锑0.002%，磷0.005%，砷0.005%，硫0.002%，铅0.20%。④HPb59—1中杂质锡和硅的总和不超过0.5%。⑤HPb59—1中镍含量不超过1.0%，除H68、H70、HAl59—3—2、HNi65—5以外的其他黄铜中，镍含量不超过0.5%，并计入铜含量内。⑥供异型铸造和热锻用的HMn57—3—1、HMn58—2的磷含量不超过0.03%。⑦杂质中的砷、锑、铋可不作分析，但供方必须保证不大于界限数值。⑧有效位数字按四舍六入五考虑处理。

表 8.4 铸造黄铜锭的化学成分(YB783—75)

组别	汉字牌号	代号	铜	铝	铁	锰	硅	铝	锌	铁	铅	锑	锰	锡	铋	铝	磷	总和
			主要成分(%)							杂质(≤%)								
铸造黄铜锭	68黄铜锭	ZHD68	67.0~70.0	—	—	—	—	—	余量	0.10	0.03	0.010	—	0.01	0.002	0.1	0.01	0.3
	62黄铜锭	ZHD62	60.0~63.0	—	—	—	—	—	余量	0.20	0.08	0.010	—	0.01	0.002	0.3	0.01	0.5
铸造铝黄铜锭	77-2铝黄铜锭	ZHAlD77-2	76.0~79.0	1.75~2.50	—	—	—	—	余量	0.10	0.07	0.005	—	—	0.002	—	0.01	0.3
	67-5-2-2铝黄铜锭	ZHAlD67-5-2-2	67.0~70.0	5.00~6.00	2.00~3.00	2.0~3.0	—	—	余量	—	0.50	0.010	—	0.50	0.002	—	0.01	1.0
	67-2.5铝黄铜锭	ZHAlD67-2.5	66.0~68.0	2.00~3.00	—	—	—	—	余量	0.60	0.50	0.050	0.5	5.00	0.002	—	—	2.5
	66-6-3-2铝黄铜锭	ZHAlD66-6-3-2	64.0~68.0	6.00~7.00	2.00~4.00	1.5~2.5	—	—	余量	—	0.10	0.050	—	0.10	0.002	—	0.02	1.0
	60-1-1铝黄铜锭	ZHAlD60-1-1	58.0~61.0	0.75~1.50	0.75~1.50	0.1~0.6	锡0.2~0.7	—	余量	—	0.40	0.010	—	—	0.002	—	0.01	0.7
	59-3-2铝黄铜锭	ZHAlD59-3-2	57.0~60.0	2.50~3.50	镍2.00~3.00	—	—	—	余量	0.50	0.10	0.010	—	—	0.002	—	—	0.9

续表

组别	汉字牌号	代号	主要成分(%) 铜	铝	铁	锰	硅	铝	锌	杂质(≤%) 铁	铅	锑	锰	锡	铋	铝	磷	总和
铸造硅黄铜锭	硅黄铜锭 80-3	ZHSiD 80-3	79.0~81.0	—	—	—	2.5~4.5	—	余量	0.40	0.1	0.050	0.5	0.2	0.003	0.1	0.02	1.5
	硅黄铜锭 80-3-3	ZHSiD 80-3-3	79.0~81.0	—	—	—	2.5~4.5	2.0~4.0	余量	0.40	—	0.050	0.5	0.2	0.003	0.2	0.02	1.5
	硅黄铜锭 65-1.5-3	ZHSiD 65-1.5-3	63.5~66.5	—	—	—	1.0~2.0	2.5~3.5	余量	0.15	—	0.050	—	0.2	0.002	—	0.01	0.5
	硅黄铜锭 63-2	ZHSiD 63-2	62.0~68.0	—	—	—	2.0~12.5	—	余量	0.40	0.3	0.050	—	0.2	0.002	—	0.01	1.5
铸造锰黄铜锭	锰黄铜锭 58-2	ZHMnD 58-2	57.0~60.0	—	—	1.0~2.0	—	—	余量	0.60	0.1	0.005	—	0.5	0.002	0.5	0.01	1.5
	锰黄铜锭 58-2-2	ZHMnD 58-2-2	57.0~60.0	—	—	1.5~2.5	—	1.5~2.5	余量	0.60	—	0.050	—	0.5	0.002	1.0	0.01	1.5
	锰黄铜锭 58-2-2-2	ZHMnD 58-2-2-2	56.0~60.0	—	锡 1.5~2.5	1.5~2.5	—	1.5~2.5	余量	0.60	—	0.050	—	—	0.002	0.3	0.01	0.1
	锰黄铜锭 57-3-1	ZHMnD 57-3-1	55.0~58.5	0.5~1.5	—	2.5~3.5	—	—	余量	1.00	0.2	0.005	—	—	0.002	—	0.01	1.3
	锰黄铜锭 55-3-1	ZHMnD 55-3-1	53.0~58.0	—	0.5~1.5	3.0~4.0	—	—	余量	—	0.3	0.050	—	0.5	0.002	0.5	0.01	1.0
	锰黄铜锭 52-4-1	ZHMnD 52-4-1	50.0~55.0	—	0.5~1.5	4.0~5.0	—	—	余量	—	0.5	0.100	—	0.5	0.002	0.5	0.01	1.5

续表

组别	汉字牌号	代号	主要成分(%) 铜	铝	铁	锰	硅	铅	锌	杂质(≤%) 铁	铅	锑	锰	锡	铋	铝	磷	总和
铸造铅黄铜锭	74-3 铅黄铜锭	ZHPbD74-3	72.0~75.0	—	—	—	—	2.4~3.0	余量	1.00	—	0.005	—	—	0.002	—	0.01	0.3
	64-2 铝黄铜锭	ZHPbD64-2	63.0~66.0	—	—	—	—	1.5~2.0	余量	1.00	—	0.005	—	—	0.002	—	0.01	0.3
	63-3 铝黄铜锭	ZHPbD63-3	62.0~65.0	—	—	—	—	2.4~3.0	余量	1.00	—	0.005	—	—	0.002	0.5	0.01	0.8
	60-1 铝黄铜锭	ZHPbD60-1	59.0~61.0	—	—	—	—	0.6~1.0	余量	0.15	—	0.005	—	—	0.002	—	0.01	0.5
	59-1 铝黄铜锭	ZHPbD59-1	57.0~61.0	—	—	—	—	0.8~1.9	余量	0.60	—	0.050	—	—	0.002	0.2	0.01	1.5
	48-3-2-1 铝黄铜锭	ZHPbD	40.0~50.0	—	0.5~1.2	1.5~2.5	—	2.5~3.5	余量	—	—	0.050	—	0.5	0.002	0.2	0.01	1.0
铸造锡黄铜锭	90-0.5 锡黄铜锭	ZHSnD90-0.5	88.0~91.0	—	锡 0.25~0.75	—	—	—	余量	0.10	0.02	0.005	—	—	0.002	—	0.01	0.2
	70-1 锡黄铜锭	ZHSnD70-1	69.0~71.0	—	锡 1.0~1.5	—	—	—	余量	1.10	0.07	0.005	—	—	0.002	—	0.01	0.3
	60-1 锡黄铜锭	ZHSnD60-1	59.0~61.0	—	锡 1.0~1.5	—	—	—	余量	0.10	0.30	0.005	—	—	0.002	—	0.01	1.0
铸造铁黄铜锭	59-1-1 铁黄铜锭	ZHFeD59-1-1	57.0~60.0	0.1~0.3	0.6~1.2	0.5~0.8	锡 0.3~0.7	—	余量	—	0.20	0.010	—	—	0.003	—	0.01	0.5
	58-1-1 铁黄铜锭	ZHFeD58-1-1	56.0~58.0	—	0.7~1.3	—	—	0.7~1.3	余量	—	—	0.010	—	—	0.003	—	0.02	0.5

注：① 表中未列入杂质均包括在杂质总和内。② 抗磁用黄铜的杂质铁含量不超过 0.030%。③ 杂质中的锑、铋可不作分析。但供方必须保证不大于界限数值。④ 有效位数后的数字按四舍六入五考虑处理。⑤ 特殊用途之合金按供需双方协议执行。

第9章　锡青铜的分析方法

锡青铜是以铜、锡为主要成分的铜基合金。按其用途,锡青铜可以分为变形(压力加工)用、铸造用和轴承用三类。为了节约锡的用量或改善铸造和机械性能,锡青铜中常加入铅、锡、磷等元素作为合金成分。锡青铜的特点是具有高的耐磨性、机械性能、铸造性能以及良好的耐蚀性,它是最常用的有色合金之一,也是我国历史上使用最早的一种有色合金。

锡青铜中加入磷有三个不同的目的:其一是为了脱氧。如锡青铜中含氧,则将以硬而脆的 SnO_2 状态存在,影响铸件的质量。加入适量的磷能除去合金中的氧。作为脱氧剂加入的磷,要求其在合金中的残留量不大于 0.015%。其二是为了改善合金的韧性、硬度、耐磨性和流动性。例如,在锡青铜中加入 0.1%～0.3%的磷使合金具有很好的机械性能和工艺性能并具有较高的弹性极限,能进行挤压和冷加工,适合于制造各种耐磨和弹性机械零件。由于磷在锡青铜中溶解度很小,含磷超过 0.3%时,即开始形成 Cu_3P 化合物,使合金发生"热脆",故用作热加工的锡青铜含锡量应小于 8%,含磷量应小于 0.25%。其三是在轴承用,锡青铜中加入高达 1.0%～1.2%的磷使其形成硬而耐磨的 Cu_2P 化合物作为轴承材料中不可缺少的耐磨组织。

铅在锡青铜中是以独立的夹杂状态存在的,它能改善合金的切削性能和耐磨性能,但降低合金的机械性能和热加工性能,一般只加入 3%～5%。但轴承铅合金中的铅可达 25%。

锌能大量溶解于锡青铜中,但加入 5%～10%的锌能提高合金的流动性并改善工艺性能。此外,加入锌还能使合金的成本降低。

镍能细化锡青铜的晶粒,提高机械性能和耐磨性能,但使锡的溶解度降低,影响合金的塑性,故变形用锡青铜一般要求镍含量不超过 0.5%,而某些铸造用锡青铜却加入高达 5%的锡。

铝、硅能提高合金的机械性能,但容易形成氧化物分布在晶粒间界上,使合金的强度和塑性都降低,故在变形用锡青铜中,铝、硅的含量应控制在 0.02%以下,铝、硅对铸造用合金则无明显影响。

铁能提高合金的强度和硬度,但降低抗蚀性和变形能力,故变形用锡青铜的含铁量不能大于0.03%,而铸造用合金则可以允许高达 0.4%。

本章所述方法适用于各类锡青铜及锡磷青铜中主要合金元素及杂质元素的测定。

9.1　铜　的　测　定

9.1.1　恒电流电解法

用硝酸及氢氟酸溶解试样,大量 Sn(Ⅳ)可被络合而留在溶液中,因而可省去偏锡酸沉淀的过滤,以及在偏锡酸沉淀中被吸附的铜的回收等操作过程。溶样过程中产生的氧化氮可加入过氧化氢使之还原。为了保护铂阳极,应当在溶液中加入一定量的 Pb^{2+} 离子,让它在电解过程中以二氧化铅的状态在阳极上积镀。如果试样本身含铅可不必另加。电解液中残留的 Cu^{2+} 用光度法测定后加入于主量中。

1) 试剂

硝酸(1+1)。氢氟酸。硝酸铅溶液(1%)：称取硝酸铅$[Pb(NO_3)_2]1.00$ g，溶于水中，加水至 100 mL。氯化铵溶液(0.02%)。其他试剂同 8.1.2 小节。

2) 操作步骤

称取试样 2.000 g，置于 250 mL 氟塑料杯中，加入硝酸(1+1)30 mL 及氢氟酸 2 mL(用塑料量瓶或塑料滴管量取)，待剧烈作用渐趋缓慢时，将烧杯置于热板上，在不超过 80 ℃的温度下加热至试样完全溶解。稍冷，加入过氧化氢(3%)25 mL，如试样不含铅，应加入硝酸铅溶液 3 mL，加入氯化铵溶液至溶液总体积达约 150 mL。将铂阳极及已准确称重的铂阴极装在电解仪上，放上试样溶液进行电解。以下操作与 8.1.1 小节所述相同。

9.1.2　碘量法

详见 8.1.1 小节。

9.1.3　络合滴定法

在微酸性溶液中(pH≈5.5)加入过量 EDTA 溶液使能络合的元素全部络合，然后加入由硫脲，1,10-二氮菲和抗坏血酸组成的联合掩蔽剂，选择性地分解 Cu-EDTA 络合物，最后用铅标准溶液滴定所释放出来的 EDTA，从而计算铜的含量。上述联合掩蔽剂中硫脲是主络合剂，1,10-二氮菲是辅助络合剂，抗坏血酸为还原剂。此三元掩蔽体系之所以能在 pH≈5.5 的低酸度条件下迅速分解 Cu-EDTA 络合物，主要是由于 1,10-二氮菲的催化作用。整个分解反应的过程可分析如下：

第一步　辅助络合剂 1,10-二氮菲从 Cu-EDTA 络合物中夺出少量 2 价铜离子：

$$CuY^{2-}+3phen=\!\!=\!\!=Cu(phen)_3^{2+}+Y^{4-}$$

第二步　在 $Cu(phen)_3^{2+}$ 络合物中 Cu^{2+} 被未饱和的配位体所环绕，取代了饱和的配位体 EDTA，致使电子转移比较容易，因此 $Cu(phen)_3^{2+}$ 较容易地被抗坏血酸还原至 1 价铜的络合物 $Cu(phen)_2^+$。

第三步　主络合剂硫脲立即和 Cu^+ 组成更稳定的络合物，辅助络合剂被释出。

$$Cu(phen)_2^++2SC(NH_2)_2=\!\!=\!\!=Cu[SC(NH_2)_2]_2^++2phen$$

然后，它又重新回到第一步的作用，进一步分解 Cu-EDTA。

由上所述，可知辅助络合剂的作用与催化剂的作用相似，它的加入量很少，却大大加速了对 Cu-EDTA 的解蔽作用。因此可把它称为"催化解蔽"。实验证明：由 2~3 g 硫脲，0.5 g 抗坏血酸和约 0.5 mg 的 1,10-二氮菲组织的联合掩蔽剂可迅速分解 Cu-EDTA 络合物，滴定终点敏锐且稳定不变。

1) 试剂

EDTA 溶液(0.05 mol·L^{-1})。铅标准溶液(0.010 00 mol·L^{-1})：称取纯铅或优级纯硝酸铅试剂配成。六次甲基四胺溶液(30%)。抗坏血酸溶液(5%)。1,10-二氮菲溶液(0.1%)。硫脲溶液(10%)。二甲酚橙指示剂(0.5%)。

2) 操作步骤

称取试样 1.000 g，置于 150 mL 锥形瓶中，加浓盐酸 20 mL，分次加入过氧化氢约 10 mL 溶解试样，待试样完全溶解后，加热煮沸约半分钟使多余的过氧化氢分解。冷却，移入 200 mL 量瓶中，加水至刻度，摇匀。吸取试样溶液 10 mL，置于 250 mL 锥形瓶中，加入 EDTA 溶液(0.05 mol·L^{-1})20 mL，摇匀。加热 1 min,取下,冷却至室温。加入六次甲基四胺溶液(30%)15 mL,二甲酚橙指示剂数滴,用铅标准溶液(0.010 00 mol·L^{-1})滴定至黄绿色转为蓝紫色,不计所耗毫升数。依次加入硫脲溶液 20 mL,抗坏血酸溶液 10 mL 及 1,10-二氮菲溶液 10 滴,摇动溶液至色泽转为黄色,再用铅标准溶液滴定至微红色为终点。按下式计算试样的含铜量:

$$Cu\% = \frac{V \times 0.010\,00 \times 0.063\,54}{G} \times 100$$

式中:V 为加入硫脲溶液后滴定所耗铅标准溶液的毫升数;G 为称取试样的质量(g)。

9.2　铅　的　测　定

9.2.1　铬酸铅沉淀-亚铁滴定法

按 8.2.1 小节所述操作步骤,但将试样称取量改为 0.500 0 g,并用硝酸(1+3)12 mL 溶解。

9.2.2　硫氰酸盐沉淀法分离铅、锌的连续 EDTA 滴定法

锡青铜中铅与锌的含量相差不大,因此可以用络合滴定法在同一份试样溶液中进行铅、锌的测定。在 pH≈10 的氨性缓冲溶液中,用氰化钾掩蔽大量铜、锌及镍、钴等元素,以铬黑 T 为指示剂,用 EDTA 标准溶液直接滴定铅;然后加入适量的甲醛,使锌从氰化锌络离子解蔽析出,再以 EDTA 标准溶液滴定析出的锌。这是通常用的铅、锌连续络合滴定法。但终点不易观察,特别是滴定锌的终点常由于指示剂被"封闭"而无法测定。试验证明,大量铜虽被氰化物掩蔽,但在加入甲醛并经较长时间后,仍会有少量氰化铜络离子被解蔽。少量被解蔽的铜离子与铬黑 T 指示剂发生作用导致指示剂的"封闭"。为了消除这一现象,使滴定终点易于掌握,本法采用硫氰酸盐沉淀法将铜分离,然后进行铅和锌的连续络合滴定。

由于铅离子与铬黑 T 指示剂反应的色泽变化不明显,滴定终点不易观察,所以在滴定前加入一定量的镁标准溶液,以帮助滴定终点的观察。在滴定时,因 EDTA 与铅的络合物较与镁的络合物稳定 $(\log K_{\text{pbY}}=18.04; \log K_{\text{MgY}}=8.7)$,所以 EDTA 先与铅络合,当铅全部定量络合后即与加入的 Mg^{2+} 定量络合,当镁完全络合时即发生明显的终点变化。

1) 试剂

酒石酸溶液(25%)。盐酸羟胺溶液(10%)。硫氰酸铵溶液(25%)。氨水(浓)。pH=10 缓冲溶液:称取氯化铵 54 g 溶于水中,加氨水 350 mL,加水至 1 L,混匀。氰化钠溶液(10%)。镁标准溶液(0.010 00 mol·L^{-1}):溶解硫酸镁 2.464 8 g 于 100 mL 水中,移入 1 L 量瓶中,以水稀释至刻度,摇匀。铬黑 T 指示剂:称铬黑 T 0.1 g,与经烘干之氯化钠 20 g 研磨混匀后,贮于密闭的干燥棕色瓶中。EDTA 标准溶液(0.010 00 mol·L^{-1}):称取 EDTA 基准试剂 3.722 6 g,溶于水中,移入 1 L 量瓶中,以水稀释至刻度,摇匀。如无 EDTA 基准试剂,则可用分析纯试剂,配成溶液后用铅或锌标准溶液标定其实际浓度。甲醛(1+8)。

2) 操作步骤

称取试样 0.400 0 g,置于 100 mL 两用瓶中,加盐酸 5 mL 及过氧化氢 3~5 mL,溶解完毕后加热

煮沸使过剩的过氧化氢分解。加酒石酸溶液(25%)10 mL,加热水至约 70 mL,加盐酸羟胺溶液(10%)10 mL,煮沸,加硫氰酸铵溶液(25%)10 mL,冷却,加水至刻度,摇匀。干过滤。吸取滤液 50 mL,置于 300 mL 锥形瓶中,用氨水中和并过量 5 mL,加入 pH=10 缓冲液 15 mL,氰化钠溶液(10%)5 mL,摇匀后准确加入镁标准溶液(0.005 mol·L^{-1})5.0 mL,并加适量的铬黑 T 指示剂,用 EDTA 标准溶液(0.010 00 mol·L^{-1})滴定至溶液由紫红色变为蓝色终点,记下滴定所消耗 EDTA 标准溶液的毫升数(V_1)。加入甲醛溶液(1+8)20 mL,充分摇荡至溶液复呈紫红色,立即继续用 EDTA 标准溶液滴定至将近蓝色终点,再加甲醛溶液 10 mL,摇荡后继续滴定至溶液呈蓝色,再加甲醛溶液 5 mL,如摇荡后溶液不再呈现紫红色即表明已到达终点,记下滴定所消耗 EDTA 标准溶液的毫升数(V_2)。另外,取水 50 mL 于另一 300 mL 锥形瓶中,加氨水 5 mL,加入 pH=10 缓冲溶液 15 mL,氰化钠溶液(10%)1 mL,摇匀后,准确加入镁标准溶液(0.005 mol·L^{-1})5.0 mL,并加入适量铬黑 T 指示剂,用 EDTA 标准溶液(0.010 00 mol·L^{-1})滴定至溶液由紫红色变为蓝色终点。记下滴定所消耗 EDTA 标准溶液的毫升数(V_0)。按下式计算试样中的含铅量和含锌量:

$$Pb\% = \frac{(V_1-V_0)M \times 0.207\ 2}{0.4 \times \frac{1}{2}} \times 100$$

$$Zn\% = \frac{V_2 \times M \times 0.065\ 38}{0.4 \times \frac{1}{2}} \times 100$$

式中:V_0 为滴定试剂空白所消耗 EDTA 标准溶液的毫升数;V_1 为滴定铅时所消耗 EDTA 标准溶液的毫升数;V_2 为滴定锌时所消耗 EDTA 标准溶液的毫升数;M 为 EDTA 标准溶液的摩尔浓度。

3) 注

(1) 本方法适用于测定锡青铜中作为合金成分存在的铅和锌。

(2) 两用瓶是一种具有容量刻度的平底烧瓶,如无两用瓶可将溶液移入 100 mL 量瓶中进行沉淀分离。

(3) 锡青铜中不含锰,因此本方法测定铅时未考虑锰的干扰。如试样中含有少量的铁、铝,可在加氨水前加入三乙醇胺溶液(1+2)5~10 mL,并在加铬黑 T 指示剂前加入约 0.5 g 抗坏血酸,保证终点有较好的变色反应。

(4) 加入镁标准溶液所消耗 EDTA 标准溶液的毫升数,通过试剂空白的测定给予扣除。所以镁标准溶液可不必准确配制,但必须定量加入。

(5) 加入甲醛后使锌的氰化物络离子破蔽释出锌离子:

$$Zn(CN)_4^{2-} + 4HCHO + 2H_2O = Zn^{2+} + 4CH_2 \cdot OH \cdot CN + 4OH^-$$

镉的存在也有同样反应。甲醛的加入量必须适当,过多的甲醛能使镍、铜、钴的氰化物络离子同时破蔽,致使指示剂"封闭",造成滴定终点无法观察。一般来说,第二次加入甲醛溶液后锌已能完全破蔽,如试样中含镉,则上述方法的测定结果是锌和镉的合量。

为了使滴定终点易于观测,必须掌握:甲醛不能加入过多;溶液的 pH 值要适合;溶液的温度应在 30 ℃以下,一般以低一点为好;甲醛和氨能反应生成六次甲基四胺而使溶液的 pH 值不能稳定地保持在 10 左右,因此滴定时应多加一点缓冲溶液。

(6) 氰化钠系剧毒试剂,应注意安全操作。

9.3　锌 的 测 定

9.3.1　硫酸铅钡混晶沉淀掩蔽-EDTA 滴定法

在微酸性溶液中,加入适量的氯化钡溶液和硫酸钾溶液,使其生成硫酸钡沉淀,溶液中共存的铅,也一起以硫酸铅沉淀析出。但当钡量超过铅量 10 倍以上时,铅即全部掺入到硫酸钡晶格中,形成硫酸铅钡混晶沉淀 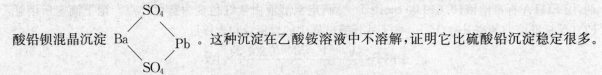 。这种沉淀在乙酸铵溶液中不溶解,证明它比硫酸铅沉淀稳定很多。

利用这一性质,可以掩蔽铅,并用 EDTA 滴定锌。在分析一般锡青铜(不含镍、锰者)时,可用氟化钾掩蔽 Sn(Ⅳ),Fe^{3+} 和 Al^{3+},用硫脲掩蔽 Cu^+,用硫酸铅钡混晶沉淀法掩蔽铅后,在 pH＝5.5 的条件下,用 EDTA 标准溶液滴定其含锌量。

1) 试剂

氯化钡溶液(1%)。硫酸钾溶液(5%)。硫脲溶液(10%)。氟化钾溶液(20%),此溶液贮于塑料瓶中。六次甲基四胺溶液(30%)。二甲酚橙指示剂(0.5%)。EDTA 标准溶液(0.010 00 mol·L^{-1}),称取基准试剂配制和标定。

2) 操作步骤

称取试样 0.100 0 g,置于 300 mL 锥形瓶中,加入盐酸 1 mL 及过氧化氢 1 mL,因作用很剧烈,一般无须加热,试样即能溶解完全。作用完毕后加热煮沸约半分钟,使多余的过氧化氢分解。用 10 mL 水冲洗锥形瓶内壁,加氯化钡溶液 3 mL(如试样含铅大于 15%,应加 10 mL),硫酸钾溶液 20 mL,摇匀。加氟化钾溶液 20 mL,硫脲溶液 30 mL,摇匀。再加六次甲基四胺溶液 20 mL,二甲酚橙指示剂数滴,立即以 EDTA 标准溶液(0.010 00 mol·L^{-1})滴定至纯黄色为终点。按下式计算试样的含锌量:

$$Zn\% = \frac{V \times 0.010\,00 \times 0.065\,38}{G} \times 100$$

式中:V 为滴定所耗 EDTA 标准溶液的毫升数;G 为称取试样的质量(g)。

3) 注

(1) 本方法滴定终点敏锐,容易辨认,但临近终点时滴定溶液应逐滴加入以免滴过量。滴定至终点的试液放置片刻后有时出现"返红"现象,这是由于指示剂"封闭"引起的,可不予考虑。

(2) 本方法不适用于含镍或锰的试样。

9.3.2　β-DTCPA 掩蔽-EDTA 滴定法

β-氨荒基丙酸(以下简称 β-DTCPA)曾在络合滴定锌时作为镉的掩蔽剂,并提出在 pH 为 5~6 的酸度条件下可掩蔽 Pb^2,Cd^{2+},Hg^{2+},Hg^+,Cu^{2+},Fe^{3+},Fe^{2+},Ni^{2+} 及 Co^{2+},而与 Zn^{2+} 及 Mn^{2+} 的络合能力很差,不能掩蔽。最近此试剂又被应用于锡青铜中络合滴定锌时铅、锡等元素的掩蔽剂,避免了使用剧毒的氰化物。

试样共存的 Cu^{2+}，$Sn(Ⅳ)$，Al^{3+}，Fe^{3+} 等元素可分别加入氟化物、抗坏血酸和硫脲进行掩蔽。在抗坏血酸存在下用硫脲掩蔽铜的效果较好。加入氟化铵可掩蔽 $Sn(Ⅳ)$，Al^{3+} 和 Fe^{3+}。掩蔽高含量的 Fe^{3+} 需改用氟化钾。但氟化钾具有碱性，如加入氟化钾 3 g，则六次甲基四胺的加入量应减少至 12 mL。

1) 试剂

β-DTCPA 溶液（4%），此溶液宜在当天配制。氟化铵溶液（20%），贮于塑料瓶中。抗坏血酸溶液（5%）。硫脲溶液（10%）。六次甲基四胺溶液（30%）。二甲酚橙指示剂（0.5%）。EDTA 标准溶液（0.010 00 mol·L^{-1}），用基准试剂配制和标定。

2) 操作步骤

称取试样 0.100 0 g，置于 300 mL 锥形瓶中，加入盐酸 2 mL 及过氧化氢 1～2 mL，试样溶完后，煮沸约半分钟使多余的过氧化氢分解，加水约 50 mL，氟化铵溶液 10 mL，摇匀。加入抗坏血酸溶液 5 mL，摇匀。加入硫脲溶液 25 mL（含镍的试样加 35～40 mL），摇匀。加入六次甲基四胺溶液 20 mL（此时溶液的酸度应为 pH5.3～5.6）。分次加入 β-DTCPA 溶液至有明显可辨的黄色浑浊出现（一般为 5～6 mL）。加入二甲酚橙指示剂数滴，用 EDTA 标准溶液（0.010 00 mol·L^{-1}）滴定至由紫红色变为纯黄色为终点。按下式计算试样的含锌量：

$$Zn\% = \frac{V \times 0.010\,00 \times 0.065\,38}{G} \times 100$$

式中：V 为滴定所耗 EDTA 标准溶液的毫升数；G 为称取试样质量（g）。

3) 注

(1) β-DTCPA 试剂的合成方法如下：于干燥的 250 mL 具塞磨口锥形瓶中称入 β-氨基丙酸 4 g，加入浓氨水 20 mL 使其完全溶解。另取二硫化碳 12 mL 溶于无水乙醇 70 mL 中。将二硫化碳溶液滴加 β-氨基丙酸溶液中。在滴加过程中逐渐有白色细小结晶析出。滴加完毕后放置 3～4 h（或过夜），加入无水乙酸约 40 mL，摇匀。将沉淀物抽滤于布氏漏斗中，用无水乙醇仔细洗涤沉淀至白色的结晶表面上呈黄色。将沉淀移置于表面皿中，在 <50 ℃ 的恒温烘箱中干燥半小时后，置于干燥器中保存。

(2) β-DTCPA 的加入量必须严格控制，不够则干扰元素掩蔽不完全，过多则使终点不明显，结果偏低。这是因为 β-DTCPA 对 Zn^{2+} 也有一定的络合作用。控制 β-DTCPA 加入量的方法是根据产生少量黄色沉淀的现象。此黄色沉淀为 Cu^+ 与 β-DTCPA 的络合物。当已加入硫脲使铜掩蔽的情况下，加入 β-DTCPA，它首先与 Pb^{2+} 作用，在有过量时就能置换硫脲与 Cu^+ 的络合物中的 Cu^+ 而形成浅黄色沉淀。少量这种沉淀不影响滴定终点，但沉淀太多时终点不明显，故 β-DTCPA 只能加到出现少量黄色沉淀为止。

β-DTCPA 和 Ni^{2+} 的络合物的稳定性与 EDTA 和 Ni^{2+} 的络合物的稳定性很接近。先加入 β-DTCPA 可以掩蔽 Ni^{2+} 与 EDTA 的作用，而先加入 EDTA 后 β-DTCPA 就不能置换 EDTA-Ni 络合物中的 Ni^{2+}。而且 β-DTCPA 的加入量必须足够使 Ni^{2+} 掩蔽完全，否则，不但结果偏高，而且对终点有影响。为此，方法中规定对含镍的试样应多加硫脲以延迟 Cu^+ 与 β-DTCPA 的黄色沉淀的产生，使加入的 β-DTCPA 先与 Ni^{2+} 作用。含镍高的试样滴定终点略带黄绿色，因 β-DTCPA 与 Ni^{2+} 的络合物呈绿色。

(3) 按方法所规定的溶解方法及各种试剂的加入量，滴定时溶液的酸度很容易控制在 pH5.3～5.6 范围内。如果 pH<5.3，增加负偏差，终点很容易返红，而当 pH>5.6，则正偏差增加，终点也不明显。

(4) 本方法不适用于含锰的试样。如遇含锰或锰、镍共存的试样，也可按 8.3.1 小节法或 8.3.2 小节法测定锌。

9.4 锡 的 测 定

9.4.1 络合滴定法

Sn(IV)和Sn²⁺都能和乙二胺四乙酸二钠(以下简称EDTA)在微酸性溶液中形成较稳定的络合物,而尤以Sn(IV)的络合物更为稳定。锡可以在pH1~6的酸性溶液中和EDTA定量络合,这说明Sn-EDTA络合稳定常数是相当高的,但Sn(IV)和Sn²⁺离子在稀酸溶液中比较容易水解,因此锡的络合滴定通常采用返滴定法。即先加入过量的EDTA与Sn(IV)络合,再用适当的金属盐标准溶液回滴过量的EDTA。总的来说,络合滴定锡的酸度适宜条件应在pH≈2~5.5处。如pH过高,Sn(IV)倾向于形成Sn(OH)₄而不利于滴定的进行。但各方法所用的酸度又因所用金属盐标准溶液不同而不同。例如用硝酸铊标准溶液回滴可以在pH≈2时进行,而用锌和铅等标准溶液回滴则应在pH 5~5.5时进行。

本法利用Sn(IV)与氟化物生成稳定络合物的反应可以从Sn-EDTA络合中置换出与Sn(IV)定量络合的那部分EDTA,用锌或铅盐标准溶液滴定所释放出的EDTA,间接地进行锡的定量测定。用这样的氟化物释放返滴定法可以提高方法的选择性。测定时先在试样溶液中加入过量的EDTA,并调整酸度至pH5.5~6,使Sn(IV)和其他在此条件下能与EDTA络合的离子形成稳定的络合物,用锌或铅标准溶液回滴过量的EDTA,然后加入氟化物使与Sn(IV)络合而定量地置换释放出相当的EDTA,并计算出试样中锡的含量。

按此条件测定时,Al³⁺,Ti⁴⁺,RE,Zr⁴⁺,Th⁴⁺等离子与Sn(IV)的行为相似,干扰测定,但锡青铜中除有微量的杂质铝外,其他元素不存在,少量铝可用乙酰丙酮掩蔽。铜、镍等离子共存量太多,所生成的EDTA络合物色泽太深,影响滴定终点的观察,加入硫脲可有效地掩蔽大量的铜,而镍存在很少,不影响测定。用氟化铵较好,因氟化铵能使Fe-EDTA分解而影响锡的测定,另外氟化铵溶解度也大。

1) 试剂

盐酸($\rho=1.18\,\text{g}\cdot\text{cm}^{-3}$)。过氧化氢(30%)。EDTA溶液(0.025 mol·L⁻¹):称取EDTA试剂9.3 g溶于水中,加水稀释至1 L。乙酰丙酮溶液(5%)。硫脲:固体或饱和溶液。六次甲基四胺溶液(30%)。二甲酚橙溶液(0.2%)。锌标准溶液(0.010 00 mol·L⁻¹):称取纯锌0.653 8 g置于250 mL烧杯中,加盐酸(1+1)15 mL,加热溶解,然后小心地转入1 L容量瓶中,用氨水(1+1)及盐酸(1+1)调至酸度至刚果红试剂呈蓝紫色(或对硝基酚呈无色),以水稀释至刻度,摇匀。氟化铵(固体)。

2) 操作步骤

称取试样0.100 0 g,置于300 mL锥形瓶中,加入盐酸1 mL及过氧化氢1 mL,试样溶解后煮沸片刻使过量的过氧化氢分解,加水20 mL,EDTA溶液(0.025 mol·L⁻¹)20 mL,于沸水浴上加热1 min,取下,流水冷却,加乙酰丙酮溶液(5%)20 mL,硫脲饱和溶液20 mL(或固体2 g),摇动溶液至蓝色褪去,然后加入六次甲基四胺溶液(30%)20 mL(此时溶液pH 5.5~6.0),加二甲酚橙指示剂(0.2%)3~4滴,用锌标准溶液(0.010 00 mol·L⁻¹)滴定至溶液由黄色变为微红色(不计数)。而后加入氟化铵2 g,摇匀,放置5~20 min,继续用锌标准溶液(0.010 00 mol·L⁻¹)滴定至溶液由黄色变为微红色为终点。按下式计算试样的含锡量:

$$Sn\% = \frac{V \times M \times 0.118\,7}{G} \times 100$$

式中：V 为滴定时所消耗锌标准溶液的毫升数；M 为锌标准溶液的摩尔浓度；G 为称取试样质量(g)。

3) 注

(1) 对于含锡量较高的试样，如果在稀释时出现锡的水解现象，可采用加入氯化钾溶液(4%) 20 mL(代替加水 20 mL)，而后加 EDTA 溶液。

(2) 溶液滴定时的 pH 控制在 5.5~6 为好，一则保证 Zn^{2+} 和 EDTA 络合物有足够的稳定性，同时又要保证二甲酚橙的合适变色范围，pH>6.1，二甲酚橙指示剂本身为红色，无法变色。

(3) 也可以用铅标准溶液(0.010 00 mol·L^{-1})滴定。铅标准溶液的配制方法见 8.2 节。

(4) 采用 NH_4F 较好，因 NH_4F 不释放 Fe-EDTA 中的 EDTA，而 NaF 或 KF，则有可能形成碱金属的氟铁酸盐沉淀，致使 Fe-EDTA 络合遭到破坏。

(5) 用金属离子作为滴定剂滴定 EDTA(即所谓返滴定)，其终点一般以指示剂固有颜色中夹杂了一部分可以辨认的金属离子与指示剂生成络合物的颜色为终点。这里用锌盐(或铅盐)标准溶液作滴定剂，滴定溶液中的 EDTA 则以滴定至黄色(指示剂固有的颜色)夹有红色锌(或铅)和二甲酚橙络合物的颜色为终点。所以必须严格控制终点的变化程度，以刚出现微红色即为终点，同时两个终点变色程度要一致，否则将造成偏差。

9.4.2　次磷酸还原-碘酸钾滴定法

用盐酸及过氧化氢溶解试样后，加入次磷酸或次磷酸钠溶液，使 4 价锡还原为 2 价，用氯化高汞作催化剂。还原反应应在隔离空气的条件下进行。在还原过程中铜同时被还原至 1 价状态。为了消除 1 价铜对测定锡的影响，须在滴定前加入硫氰酸铵，使生成白色的硫氰酸亚铜沉淀。如有大量砷存在，则将被次磷酸还原为元素状态的黑色沉淀。这种黑色沉淀将影响滴定终点的观察。但在锡青铜中砷是微量杂质，所以没有干扰。锡青铜中共存的其他元素对测定均无干扰。

1) 试剂

盐酸(1+1)。过氧化氢(30%)。次磷酸或次磷酸钠溶液(50%)。氯化高汞溶液：溶解氯化高汞 1 g 于 600 mL 水中，加盐酸 700 mL，混匀。硫氰酸铵溶液(25%)。碘化钾溶液(10%)。淀粉溶液 (1%)。碳酸氢钠饱和溶液。碘酸钾标准溶液：称取碘酸钾 1.18 g 及氢氧化钠 0.5 g，溶于 200 mL 水中，加碘化钾 8 g，溶解后移入 1 L 量瓶中，以水稀释至刻度，摇匀。此溶液对锡的滴定度须用锡标准溶液或含锡量与试样相近的标准试样，按分析方法进行标定。锡标准溶液：称纯锡(99.9% 以上) 0.200 0 g，溶于盐酸 20 mL 中，不要加热，溶解完毕后移入 100 mL 量瓶中，加水至刻度，摇匀。此溶液每毫升含锡 2 mg。

2) 操作步骤

称取试样 0.500 0 g 或 1.000 g，置于 500 mL 锥形瓶中，加入盐酸(1+1)10 mL，过氧化氢 3~5 mL，微热，使试样溶解后煮沸至无细小气泡出现。加入氯化高汞溶液 65 mL，次磷酸或次磷酸钠溶液(50%)10 mL，装上隔绝空气装置(见 8.6 节)，并在其中注入碳酸氢钠饱和溶液，加热煮沸并保持微热 5 min。在隔绝空气装置中加满碳酸氢钠饱和溶液后将锥形瓶取下，并先后置于冷水和冰中冷却至 10 ℃以下。取下隔绝空气装置，迅速相继加入硫氰酸铵溶液(25%)10 mL，碘化钾溶液(10%)5 mL 及淀粉溶液(1%)10 mL，立即用碘酸钾标准溶液滴定至在白色乳浊液中初见的蓝色保持 10 s 即为终点。按下式计算试样的含锡量：

$$Sn\% = \frac{V \times T}{G} \times 100$$

式中：V 为滴定时所消耗碘酸钾标准溶液的毫升数；T 为碘酸钾标准溶液对锡的滴定度，即每毫升碘酸钾标准溶液相当于锡的克数；G 为试样的重量(g)，或

$$\text{Sn}\% = V \times T\%$$

式中：$T\%$ 为对于称取同样质量的标准试样，按同样操作求得碘酸钾的滴定度 $\left(T\% = \dfrac{A\%}{V}\right)$，即每毫升碘酸钾标准溶液相当于锡的百分含量。

3) 注

(1) 本方法适用于分析锡青铜中锡的含量。

(2) 锡在浓盐酸中较易挥发，故用(1＋1)的盐酸溶解试样。

(3) 在还原及在以后的冷却过程中，应保持溶液的空气隔绝。在将还原后的溶液冷却时，盛于隔绝空气装置中的碳酸氢钠饱和溶液将被吸入锥形瓶中，这时应注意补充加入碳酸氢钠饱和溶液，以免空气进入瓶中。

(4) 滴定时溶液已暴露在空气中，为了尽量减少 2 价锡被空气氧化而引起的误差，滴定应迅速进行。

(5) 在滴定前应将溶液冷却到 10 ℃以下，以达到使过量的次磷酸与碘酸钾标准溶液相互反应的速度减低到很小的程度，而不至于影响滴定终点的判断。但由于过剩的次磷酸将与碘缓慢地作用，故滴定终点的蓝色不能长久保存。当蓝色能保持 10 s 时即作为到达终点。

(6) 按上述方法中所配制的磷酸钾溶液，每毫升约相当于 0.002 g 锡。为了抵消可能产生的实验误差，一般不用理论值计算，而在每次分析时用标准试样或锡的标准溶液，按分析试样相同的条件进行还原和滴定，从而求得碘酸钾溶液的滴定度。如果用标准试样，则应称取与试样含锡规格相近的标准试样，按分析试样相同的方法操作。如用锡标准溶液标定，则吸取锡标准溶液 25 mL，置于 500 mL 锥形瓶中，加入氯化高汞溶液 65 mL，次磷酸或次磷酸钠溶液(50%)10 mL，按上述方法还原并滴定。据此计算碘酸钾标准溶液的滴定度。

(7) 在仲裁分析中应另作试剂空白试验。

9.5　磷的测定(磷钼钒黄光度法)

在 1 mol·L^{-1} 左右的酸性溶液中，PO$_4^{3-}$ 与钒酸铵及钼酸铵反应生成黄色的混合杂多酸-磷钼钒酸(P$_2$O$_5$·V$_2$O$_5$·22MoO$_3$·nH$_2$O)，它在紫外光区波长处有最大吸收，一般测定可在可见光区 420～470 nm 处进行。磷含量在 0～40 μg·mL^{-1} 服从比耳定律。在室温时，5～20 min 内能完成显色反应。

形成磷钼钒酸的适应酸度为 0.2～1.6 mol·L^{-1}。酸度过高则显色缓慢，甚至抑制反应的完成；酸度太低则容易引起硅的干扰。对含硅的试样，酸度不宜低于 0.5 mol·L^{-1}。磷钼钒酸达到显色完全所需的时间，受温度的影响。在 20～30 ℃时，2～5 min 显色已能完全，但室温低于 10 ℃时，须放置 15～20 min 反应才能完全，但显色反应完全后色泽极为稳定，放置 24 h 以上吸光度无变化。

大部分共存离子对测定无影响，本身有色泽的离子如铜、镍、钴、铬等可作空白溶液来抵消。考虑到试样中含锡，故用硝酸、盐酸的混合酸溶解试样。试样溶解后加过氧化氢，使磷完全转化成正磷酸根离子。

1) 试剂

混合酸:于 500 mL 水中,先后加入硝酸 320 mL 及盐酸 120 mL,加水至 1 L,摇匀。过氧化氢(3%)。钒酸铵溶液:称取钒酸铵 2.50 g 溶于热水 500 mL 中,溶解完毕后加入硝酸(1+1)20 mL,冷却,加水至 1 L,摇匀。钼酸铵溶液:称取钼酸铵 50 g,溶于 600 mL 温水中,冷却,加水至 1 L。如溶液浑浊,应用紧密滤纸过滤后使用。磷标准溶液:称取磷酸二氢钾(KH_2PO_4)(经 105～110 ℃ 干燥过)2.188 0 g,用水溶解,加硝酸 5 mL,移入 1 L 容量瓶中,以水稀释至刻度,摇匀。此溶液每毫升含磷 0.5 mg。其准确重量须用重量法标定。

2) 操作步骤

称取试样 1.000 g,置于 100 mL 两用瓶中,加入混合酸 40.0 mL,温热溶解。加入过氧化氢(3%)2 mL,保持微沸 3～5 min,稍冷,加入钒酸铵溶液 20 mL,冷却,以水稀释至刻度,摇匀。用干吸管吸取此溶液 50 mL,置于 100 mL 量瓶中,加入钼酸铵溶液 20 mL 以水稀释至刻度,摇匀。将存有的一半试样溶液用水稀释至刻度,摇匀,作为底液空白溶液。放置 5 min 后用 1 cm 比色皿,于 470 nm 波长处,以空白液为参比,测定吸光度。在检量线上查得试样的含磷量。

3) 检量线的绘制

称取纯铜或不含磷的锡青铜标准试样 0.500 0 g 6 份,分别置于 6 只 100 mL 两用瓶中,依次加入磷标准溶液 0.0 mL,1.0 mL,3.0 mL,5.0 mL,7.0 mL,9.0 mL(P 0.5 mg·mL^{-1}),各加混合酸 20 mL,温热溶解。加过氧化氢(3%)1 mL,保持微沸 3～5 min,稍冷,加入钒酸铵溶液 10 mL,冷却,摇匀。加入钼酸铵溶液 10 mL,以水稀释至刻度,摇匀。放置 5 min,用 1 cm 比色皿,于 470 nm 波长处,以不加磷标准溶液的试样为参比,测定其吸光度,并绘制检量线。每毫升磷标准溶液相当于试样中含磷量 0.1%。

4) 注

(1) 本方法适用于分析含磷 0.05%～1.2% 的锡青铜试样。

(2) 溶解试样时加热温度不要太高,以免使酸蒸发过多而影响显色的酸度。为了保证溶液的酸度一致,溶样的混合酸应准确加入。

(3) 当室温在 20 ℃ 以上时,加入钼酸铵溶液后放置 5 min 显色即可完全;但室温低于 20 ℃ 时应根据当时室温的高低,适当延长放置时间。

(4) 对于小于 0.1% 的杂质磷的测定,可用上述方法同样操作:称样增加到 2.000 g,用混合酸 30 mL 溶解,稀释体积缩小至原来的 1/2(即稀释到 50 mL),而后吸出 25 mL 按同样方法显色,测定吸光度。可分析磷含量 0.05%～0.1% 的试样。

9.6 镍 的 测 定

有些铸造用的锡青铜含有 1%～5% 的镍(如 ZQSn11—4—3,ZQSn5—2—5 及 ZQSn3—7—5—1)。可按 8.7 节的测定方法进行分析。锡青铜杂质量的镍也可按 8.7 节的测定方法进行分析。

9.7　铁的测定(乙酰丙酮光度法)

锡青铜中铁仅以杂质量存在,这里介绍用乙酰丙酮作为显色剂的光度法测定铁的方法。

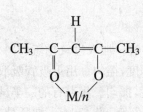

(n为金属离子阶数)

乙酰丙酮能与60多种金属离子形成络合物,其结构如图。由于这类络合物在有机溶剂中的溶解度较大,因此常用乙酰丙酮作为萃取分离金属离子的试剂。也有利用乙酰丙酮与金属离子所形成的络合物的吸收特性,作某一金属元素的吸光光度测定。在几十种金属元素中,只有 Fe^{3+},U^{6+},V^{4+},Co^{2+},Cr^{3+}等 5 种元素与乙酰丙酮的络合物在可见光区域内有吸收,可用作几种元素的吸光度测定。

在弱酸性溶液中(pH≈5),3 价铁与乙酰丙酮能生成黄色的络合物,在 440 nm 波长处有最大吸收。利用这一反应测定锡青铜中的微量铁,具有很好的选择性。因为合金中大量的铜可用硫代硫酸钠掩蔽。铅、锌虽然也与乙酰丙酮作用,但在可见光区内不吸收。锡、铝等元素可用酒石酸掩蔽,Ni^{2+} 与乙酰丙酮不作用,所以镍对测定无影响。U^{6+},V^{5+} 及 Cr^{3+},Co^{2+} 在锡青铜中不存在,所以不考虑其干扰。

1) 试剂

盐酸($\rho=1.18$ g·cm^{-3})。过氧化氢(30%)。酒石酸钾钠溶液(10%)。醋酸钠溶液(40%)。硫代硫酸钠溶液(50%)。乙酰丙酮溶液(15%V/V)。铁标准溶液:称取纯铁0.100 0 g,溶于盐酸 10 mL 及过氧化氢 5 mL 中,煮沸使多余的过氧化氢分解后移入 500 mL 量瓶中,以水稀释至刻度,摇匀。此溶液每毫升含铁 0.2 mg。在绘制曲线时再将该溶液稀释至每毫升含铁10 μg 或 20 μg。三氯甲烷。纯铜。

2) 操作步骤

(1) 含铁 0.01%～0.05%范围的试样。称取试样 0.100 0 g,置于 100 mL 锥形瓶中,加盐酸 1 mL 及过氧化氢 1 mL,试样溶解后煮沸使多余的过氧化氢分解,冷却。加入酒石酸钾钠溶液(10%)5 mL,移入 60 mL 分液漏斗中,相继加入醋酸钠溶液(40%)10 mL 及硫代硫酸钠溶液(15%)6 mL,摇匀。此时溶液的酸度应在 pH≈5,加入乙酰丙酮溶液(15%)10 mL,摇匀。用吸管加入三氯甲烷 20 mL,摇动 1 min,静置分层。将三氯甲烷层通过脱脂棉滤入 3 cm 比色皿中,于 450 nm 波长处,以三氯甲烷为参比,测定吸光度。按相同条件操作作试剂空白。从试样的吸光度读数中减去试剂空白的吸光度读数后,在检量线上查得试样的含铁量。

(2) 含铁量 0.05%～0.50%范围的试样。称取试样 0.100 0 g,置于 50 mL 锥形瓶中,加盐酸 1 mL 及过氧化氢 1 mL,溶解后煮沸使多余的过氧化氢分解,冷却,加酒石酸钾钠溶液(10%)5 mL,移入 25 mL 量瓶中,以水稀释至刻度,摇匀。另按同样操作作试剂空白 1 份。吸取试样溶液及空白溶液各 5 mL,分别置于 25 mL 量瓶中,相继加入醋酸钠溶液(40%)5 mL 及硫代硫酸钠溶液(50%)2 mL,摇匀。此时溶液的酸度应在 pH≈5,加入乙酰丙酮溶液(15%)10 mL,以水稀释至刻度,摇匀。用 3 cm 比色皿,于 450 nm 波长处,以水为参比,测定吸光度。从试样的吸光度读数中减去试剂空白的吸光度读数后,在检量线上查得试样的含铁量。

3) 检量线的绘制

(1) 含铁量 0.01%～0.05%范围的检量线。称取纯铜 1 g,溶于盐酸 10 mL 及过氧化氢 8～10 mL 中,煮沸使多余的过氧化氢分解,冷却,加入酒石酸钾钠溶液(10%)5 mL,移入 50 mL 量瓶中,以水稀释至刻度,摇匀。吸取此溶液 5 mL 6 份,分别置于 6 只 60 mL 分液漏斗中,依次加入铁标准溶液 0.0 mL,1.0 mL,2.0 mL,3.0 mL,4.0 mL,5.0 mL(Fe 10 μg · mL^{-1}),相继加入醋酸钠溶液(40%) 10 mL 及硫代硫酸钠溶液(50%) 6 mL,摇匀。此时溶液的酸度应为 pH≈5。加入乙酰丙酮溶液 (15%) 10 mL,摇匀。用吸管加入三氯甲烷 20 mL,摇荡 1 min,静置分层。将三氯甲烷层通过脱脂棉滤入 3 cm 比色皿中,于 450 nm 波长处,以不加铁标准溶液的试液为参比,测定吸光度并绘制检量线。每毫升铁标准溶液相当于含铁量 0.01%。

(2) 含铁量 0.05%～0.50% 范围内的检量线。称取纯铜 0.2 g,置于 50 mL 锥形瓶中,溶于盐酸 2 mL 及过氧化氢 2 mL 中,煮沸使多余的过氧化氢分解,冷却,加入酒石酸钾钠溶液(10%) 2 mL,移入 25 mL 量瓶中,依次加入铁标准溶液 0.0 mL,1.0 mL,2.0 mL,3.0 mL,4.0 mL,5.0 mL(Fe 20 μg · mL^{-1}),相继加入醋酸钠溶液(40%) 5 mL 及硫代硫酸钠溶液(50%) 2 mL,摇匀。此时溶液的酸度应为 pH≈5。加入乙酰丙酮溶液(15%) 10 mL,加水稀释至刻度,摇匀。用 3 cm 比色皿,于 450 nm 波长处,以不加铁标准溶液的试液为参比,测定其吸光度,并绘制检量线。每毫升铁标准溶液相当于含铁量 0.1%。

9.8　硅的测定(正丁醇萃取-硅钼蓝光度法)

锡青铜中硅的含量一般不应超过 0.002%。铸造锡青铜中硅的含量一般也不超过 0.05% 或 0.02%。因此在应用硅钼蓝法测定硅时须将硅钼络离子与合金的基体元素分离,以消除大量铜底液色泽的影响。

在 pH 1～2 的酸性溶液中,正硅酸(或氟硅酸)与钼酸铵形成硅钼络离子,被正丁醇萃取,然后加入还原剂(如氯化亚锡、硫酸亚铁铵等)使它还原成钼蓝,借此进行硅的比色测定。

1) 试剂

混合酸:于 60 mL 水中加入硝酸 10 mL 及盐酸 25 mL,摇匀,贮于棕色瓶中。氢氟酸(优级纯)。硼酸饱和溶液:取硼酸 60 g,加水 1 L,加热溶解,冷却至室温,贮于塑料瓶中。钼酸铵溶液(5%),取钼酸铵 25 g,加水 400 mL,温热溶解后,以水稀释至 500 mL,贮于塑料瓶中。草酸铵溶液:于 700 mL 水中加入硫酸 250 mL,摇匀。加入草酸铵 30 g,溶解后冷却至室温,加水至 1 L。正丁醇。硫酸洗液:于 800 mL 水中,加入硫酸 85 mL,摇匀。加入钼酸铵溶液(5%) 20 mL,冷却,加水至 940 mL,加正丁醇 60 mL,充分摇匀。氯化亚锡还原溶液:(A)于 0.25 mol · L^{-1} 硫酸 500 mL 中加正丁醇 50 mL,充分摇匀。(B)称取氯化亚锡 1 g,溶于盐酸 20 mL 中;另取抗坏血酸 1 g,溶于 50 mL 水中,混合后稀释至 100 mL,此溶液配制后可保留 2～3 天。使用时取溶液(A)8 份与溶液(B)2 份混合。混合后的溶液只能当天使用。乙醇(95%)。硅标准溶液:称取二氧化硅 2.139 3 g,于铂坩埚中,加 10 g 无水碳酸钠,在 1 000 ℃ 熔融,熔块浸取于热水中,并用水稀释至 1 L,摇匀。每毫升含硅 1 mg。在绘制曲线时再吸取此溶液稀释 500 倍,使每毫升含硅 2 μg。氨磺酸。

2) 操作步骤

(1) 含硅量 0.001%～0.01% 范围内的试样。称取试样 0.500 0 g,置于塑料烧杯中,准确加入混合酸 5.5 mL,于沸水浴中加热溶解。在另一塑料烧杯中加混合酸 2 mL,作为试剂空白。试样溶解后,停止加热。在试样溶液及空白溶液中各加氢氟酸 10 滴(约 0.5 mL),此时溶液温度应保持在 60 ℃ 左右。加入少许氨磺酸使氧化氮分解,冷却,加硼酸饱和溶液 10 mL,摇匀。各加水稀释至 50 mL,摇匀。吸取试样溶液及空白溶液各 10 mL(或 20 mL),分别置于塑料烧杯中,各加钼酸铵溶液(5%)

5 mL,在沸水中加热40 s,流水冷却,移入60 mL分液漏斗中,加草酸铵溶液20 mL,摇匀。放置2 min,加入正丁醇15 mL,振荡1 min,静置分层后弃去水相。在有机相中加入硫酸洗涤液10 mL,振荡半分钟,分层后弃去水相,在有机相中加入氯化亚锡还原溶液10 mL,振摇20 s,静置分层后弃去水相。将有机相放入于干燥具塞25 mL量筒中,用乙醇洗涤分液漏斗,洗液并入25 mL量筒中,用乙醇稀释至20 mL,摇匀。用3 cm比色皿,于660 nm波长处,以正丁醇为参比,测定试样溶液及试剂空白液的吸光度。试样溶液的吸光度减去试剂空白的吸光度后,在检量线上查得试样的含硅量。

(2) 含硅量0.01%～0.1%范围内的试样。称取试样0.100 0 g,置于塑料烧杯中,准确加入混合酸4.7 mL,于沸水浴中加热溶解。在另一塑料烧杯中加入混合酸4 mL,作为试剂空白。试样溶解后停止加热。在试样溶液及空白溶液中各加氢氟酸5滴(约0.25 mL),此时溶液应保持在60 ℃左右。加入少许氨磺酸使氧化氮分解,冷却,加硼酸饱和溶液10 mL,摇匀。各加水稀释至100 mL,摇匀。吸取试样溶液及空白溶液各10 mL(20 mL)分别置于塑料烧杯中,按(1)所述的方法显色并测定其吸光度。在检量线上查得试样的含硅量。

3) 检量线的绘制

于塑料烧杯中加入混合酸8 mL,氢氟酸10滴,氨磺酸或尿素少许,硼酸饱和溶液10 mL,摇匀。以水稀释至100 mL,摇匀。吸取此溶液10 mL 6份,分别置于6只塑料烧杯中,依次加入硅标准溶液0.0 mL,1.0 mL,2.0 mL,3.0 mL,4.0 mL,5.0 mL(Si 2 μg·mL^{-1}),依次补加水10 mL,9 mL,8 mL,7 mL,6 mL,5 mL,使总体积为20 mL,摇匀。各加钼酸铵溶液5 mL,按方法显色并测定吸光度,绘制检量线。每毫升硅标准溶液相当于含硅量见表9.1。

4) 注

(1) 按本方法操作,试样含硅量与吸取毫升数,每毫升标准溶液相当于含硅量见表9.1。

(2) 溶解试样用混合酸的加入量,可按试样的重量和试样溶液的稀释度进行计算,即每100 mg试样加混合酸0.7 mL。然后根据不同的稀释度加入过量的混合酸,如稀释度为50 mL时加过量混合酸2 mL。例如,0.5 g试样稀释至50 mL时应加混合酸5.5 mL,而0.1 g试样稀释至100 mL时应加混合酸4.7 mL。

表 9.1　每毫升标准溶液相当于含硅量

硅含量范围 (方法)	试液稀释 体积(mL)	吸取试液 量(mL)	每毫升硅标准溶液 相当于含硅量(%)	适用于试样 含硅量范围(%)
0.001%～0.01% (A)	50 50	20 10	0.001 0.002	<0.005 >0.005
0.01%～0.10% (B)	100 100	20 10	0.01 0.02	<0.050 >0.050

(3) 在室温条件下(>15 ℃),形成硅钼络离子的适宜酸度为pH1～2,但在沸水中加热的条件下,形成硅钼络离子的适宜酸度范围较大。按方法中所述的条件加热显色时,试样溶液的酸度约为0.2 mol·L^{-1}。在日常分析中也可在室温条件下进行显色,但须稍为改变操作,其方法如下:按方法(A)或(B)所述溶解试样并稀释至一定体积后吸取10 mL或20 mL试样溶液,置于塑料烧杯中,加入1倍体积的水使总体积为20 mL或40 mL,即使溶液的酸度降低至约0.1 mol·L^{-1}。加入钼酸铵溶液(5%)5 mL,在室温下(>15 ℃)放置15 min后移入100 mL分液漏斗中,加入草酸铵溶液20 mL,放置2 min后按分析方法进行测定。绘制检量线时则按原绘制方法操作至加入硅标准溶液后各加水使溶液总体积为40 mL,各加钼酸铵溶液5 mL,在室温(>15 ℃)放置15 min,其余操作步骤不变。

（4）溶样后加入氢氟酸是为了使不溶于混合酸的硅化物完全溶解。在氢氟酸存在下，溶液的温度不能超过 70 ℃，以免使氟硅酸挥发损失。

（5）加入氨磺酸可使亚硝酸分解：

$$NO_2^- + H^+ + O \cdot SO \cdot NH_2 \longrightarrow N_2 + HSO_4^- + H_2O$$

（6）加入硼酸后的试样溶液如放置太久后会出现浑浊现象。这是由于硼酸与氟离子的络合能力强于 4 价锡与氟离子的络合能力，所以在长久放置后硼酸夺取了原来与锡络合的离子，而使锡水解析出，一般放置时间不超过 4 h 不会出现浑浊现象。

（7）加入硼酸与多余的氟离子作用生成氟硼酸，以免氢氟酸侵蚀玻璃而影响硅的测定。但氟硼酸与玻璃仍有缓慢的侵蚀作用。试验证明，加入硼酸后的试样溶液在玻璃器皿中放置半天以上，将使硅的测定结果偏高。由于本法是测定微量硅，更须注意这一影响。为此在分析中尽量避免使用玻璃器皿，特别在溶样阶段和加入钼酸铵后的硅钼离子形成阶段，尤其需要注意。

9.9　锑　的　测　定

测定方法与 8.4 节相同。

9.10　镁的测定（二甲苯胺蓝Ⅱ光度法）

二甲苯胺蓝Ⅱ在 pH10～12 的碱性介质中与 Mg^{2+} 形成酒红色络合物，Mg^{2+} 与二甲苯胺蓝Ⅱ试剂的络合分子比为 1：2。此络合物难溶于水，因此在显色溶液中加入不少于 40% 的乙醇。络合物的最大吸收在 510 nm 波长处，其摩尔吸收系数为 4.3×10^4。显色后其吸光度可稳定至少 3 h。此显色体系虽然在灵敏度和稳定性方面较好，络合物与试剂本身色泽的对比度也较大（$\Delta\lambda_{最大} = 90$ nm），但其选择性仍不理想，Al^{3+}、Cu^{2+}、Ni^{2+}、Mn^{2+}、Co^{2+}、Fe^{3+} 等元素有严重干扰。因此应用此法测定锡青铜中微量镁时仍需经过分离。

锡青铜中铜、铅、锡、锌、镍及磷是大量存在的元素，在测定其中杂质量的镁时必须先将这些元素分离。在 pH 2～4 的溶液中用二乙氨基二硫代甲酸钠（以下简称 DDTC）试剂，可以有效地沉淀分离铜、铅、锡、锌、镍、锰、锑、铋、砷等元素，而镁不被吸附。铝、稀土、锆等元素虽不被 DDTC 沉淀，但在 pH＞6 时成氢氧化物沉淀，故在滤液中只有镁、钙、锶、钡，而钙、锶、钡在锡青铜中不存在，所以可不考虑其干扰。这样在 pH＝6.5 的溶液中用 DDTC 沉淀分离即可解决所有阳离子的干扰。磷的分离可以用偏锡酸能吸附大量磷酸根的这一特性来解决。用硝酸溶解锡青铜试样时，虽然可使锡以偏锡酸状态析出，但常有部分试样溶解不完全的现象。为此仍用盐酸-过氧化氢溶解试样。然后加高氯酸冒烟使偏锡酸析出。这样试样溶解完全，而析出的偏锡酸能吸附大部分的磷酸根，从而达到分离的目的。

1）试剂

盐酸(1+1)。过氧化氢(30%)。高氯酸。DDTC 溶液(10%)。缓冲溶液：称取氯化铵 10 g，加入于氨水 500 mL 中。贮于密闭塑料瓶中，避免氨挥发。二甲苯蓝Ⅱ溶液(0.007%)，乙醇溶液（以下简称 XB-Ⅱ溶液）。镁标准溶液：称取纯镁 0.100 0 g 或氧化镁 0.165 8 g，溶于少量盐酸(1+1)中，于量瓶中稀释至 200 mL,此溶液每毫升含镁 500 μg。将此溶液再稀释至 100 倍后使用,使每毫升含镁 5 μg。三乙醇胺溶液(1+1)。EDTA 溶液(5%)。纯铜。

2) 操作步骤

(1) 不含磷的锡青铜。称取试样 0.100 0 g,置于 50 mL 两用瓶中,加盐酸(1+1)2 mL 及过氧化氢 1 mL,试样溶解后,微沸约半分钟,使多余的过氧化氢分解,加水 20 mL,DDTC 溶液(10%)20 mL,加水至刻度,摇匀。用干滤纸过滤。吸取滤液 20 mL,置于 50 mL 烧杯中,蒸发至 5 mL 以下,用少量水移入于 25 mL 量瓶中,加入三乙醇胺溶液 2 mL 及缓冲溶液 2.5 mL,摇匀。加入 XB-Ⅱ 溶液 10 mL,加水至刻度,摇匀。将显色液注入 3 cm 比色皿中,在剩余的溶液中加入 EDTA 溶液(5%)1~2 滴,摇匀。注入另一只 3 cm 比色皿中作为参比溶液,于 510 nm 波长处测定其吸光度。另称取纯铜 0.1 g,按同样方法处理并显色,作为试剂空白。从试样溶液的吸光度值中减去试剂空白的吸光度值后,在检量线上查得试样的含镁量。

(2) 含磷的锡青铜。称取试样 0.500 0 g,置于 100 mL 两用瓶中,加盐酸 4 mL 及过氧化氢 3~4 mL,试样溶解后,加高氯酸 5 mL,蒸发至冒高氯酸白烟,并蒸至高氯酸白烟在瓶颈回馏。冷却,加水至刻度,摇匀。用干滤纸过滤。吸取滤液 20 mL,置于 50 mL 两用瓶中,加 DDTC 溶液(10%)20 mL,加水至刻度,摇匀。用干滤纸过滤。吸取滤液 20 mL,置于 50 mL 烧杯中蒸发至 5 mL 以下,移入于 25 mL 量瓶中,以下按不含磷的锡青铜的方法进行显色并测定其吸光度。另取纯铜 0.5 g,按相同方法处理并显色,作为试剂空白。从试样溶液的吸光度值中减去试剂空白值的吸光值后,在检量线上查得试样的含镁量。

3) 检量线的绘制

称取纯铜 0.1 g 6 份,分别置于 6 只 50 mL 两用瓶中,加入盐酸(1+1)2 mL 及过氧化氢 1 mL,试样溶解后加热保持微沸约半分钟,使多余的过氧化氢分解,冷却,依次加入镁标准溶液 0.0 mL,1.0 mL,2.0 mL,3.0 mL,4.0 mL,5.0 mL(Mg 5 μg · mL^{-1}),各加水 30 mL 及 DDTC 溶液(20%)10 mL,加水至刻度,摇匀。用干滤纸过滤。吸取滤液 20 mL,按操作步骤进行显色并测定吸光度。根据所得结果绘制检量线。每毫升镁标准溶液相当于含镁量 0.005%。

4) 注

(1) 本方法适用于测定含镁 0.002%~0.02% 的试样。对含镁较高的试样可吸取较少量试液(如 10 mL,5 mL 或 2 mL 等),或将显色体积改为 50 mL。

(2) 对于含镁<0.002% 的试样可按下法操作:称取试样 0.200 0 g,用盐酸(1+1)3 mL 及过氧化氢 2 mL 溶解,加热微沸约半分钟,使多余的过氧化氢分解,加水至 20 mL,加 DDTC 溶液(10%)30 mL,摇匀。用干滤纸过滤。吸取滤液 20 mL,按操作步骤进行显色并测定其吸光度。另按同样方法作试剂空白。

第10章 特殊青铜和白铜的分析方法

特殊青铜又称无锡青铜。铜基合金中不含有锡而含有铝、镍、锰、硅、铁、铍、铅等元素(二元或三元)组成的合金,称为特殊青铜或无锡青铜。主要有铝青铜、铅青铜、锰青铜、镉青铜、铬青铜、铍青铜等。按其用途,特殊青铜又可分为压力加工用和铸造用两类。

1) 铝青铜

铝含量对铝青铜的机械性能影响很大,其抗拉强度(σ_b)和伸长率(δ)都随铝含量增加而显著提高。但当铝含量超过 4%~5%时伸长率开始下降,超过 7%~8%时伸长率急剧降低,超过 10%时甚至由于出现脆性的 δ 相共析组织而使塑性和抗拉强度大大降低。因此压力加工用铝青铜的含铝量应小于5%~7%。铝青铜的耐磨性、抗蚀性、抗磁性和耐寒性也都比较突出。微量锑、砷、铋、硫、磷的存在使铝青铜的机械性能降低;微量锌的存在则能降低其耐磨性,故这些都是有害杂质。为了进一步改善铝青铜的性能,常在铝之外再加入铁、锰、镍等元素组织二元或多元的铝青铜。

2) 铅青铜

含铅 30%的铜铅合金具有良好的耐磨性,是应用很广的轴承材料。由于铅在铜中不溶解而是以独立的铅粒均匀分布在铜基中,故有保持润滑油和降低摩擦系数的作用。此外,铜铅合金的导热性也很好,使轴承在逆转下很快散热。这种合金的主要缺点是铅容易产生比重偏析和耐蚀性较差。加入1%~2%的镍能改善铅的比重偏析。加入镍或锡还能提高合金的机械性能。

3) 铍青铜

含铍 2%和 3%的铍铜合金具有相当高的强度、硬度、耐磨性和很好的化学稳定性、导电性、导热性和弹性。但铍的价格比较昂贵,近年来常加入少量的铅、镍、钛、硅等元素代替部分铍。

4) 白铜

它是含镍<45%的一类铜镍合金。单由铜和镍组成的合金称普通白铜,如有锰、铁、锌、铝等元素的合金,相应称为锰白铜、锌白铜和铝白铜。按照性能和应用范围,通常把铜镍合金分为结构铜镍合金和电工铜镍合金。结构用铜镍合金的特性是机械性能较高和耐蚀性较好,广泛用于制造精密机械、化工机械和船舶零件。这类合金中常见杂质是铁、锰、镁、硫、氧和碳。铁能增加合金的强度,故不是有害杂质。少量锰、镁可起脱硫和脱氧作用,而且锰还能使合金的强度略有提高,故作为杂质的锰的允许存在量较高,可达 0.3%左右,但作为脱硫、脱氧剂加入的镁的残留量却不能大于 0.05%,因为过多的镁使流动性变坏。硫、氧和碳是有害杂质。电工用白铜的特点是具有特别的热电性能,如有极高的电阻、热电势和非常小的电阻温度系数,因此在制造电阻器、热偶和精密测量仪器方面有广泛的用途。杂质对电工用合金的性能影响很大,应严格控制。

各类特殊青铜及白铜的化学成分见 10.16 节。

本章所述方法适用于各类特殊青铜及白铜中主量合金元素及杂质元素的测定。

10.1　铜　的　测　定

10.1.1　碘量法

详见 8.1.2 小节。

10.1.2　络合滴定法

详见 9.1.3 小节。

10.2　铝　的　测　定

10.2.1　铝青铜中铝的络合滴定法

详见 8.6.2 小节,对二元组分的铝青铜及铝锰青铜(如 QAl5,QAl7,QAl9-2 等),可不经分离进行铝的络合滴定;对三元或多元组分的铝青铜(如 QAl9-4,QAl10-4-4 等),则用 DDTC 沉淀分离后进行铝的络合滴定较好。

10.2.2　铍青铜中铝的测定(DDB 光度法)

为了节省铍的用量,铍青铜中常加入少量的铝、镍、硅、钛等元素以代替部分铍。按标准规定,铍青铜中铝的含量一般不大于 0.15%。合金中大量铍的存在给铝的测定带来较大的困难,因为大多数铝的显色剂也能和 Be^{2+} 产生类似反应。据报道:5-磺酸-4,一二乙基胺-2,一二羟偶氧氮苯(以下简称为 DDB)试剂能在铍的存在下进行铝的光度测定,DDB 的结构式如下:

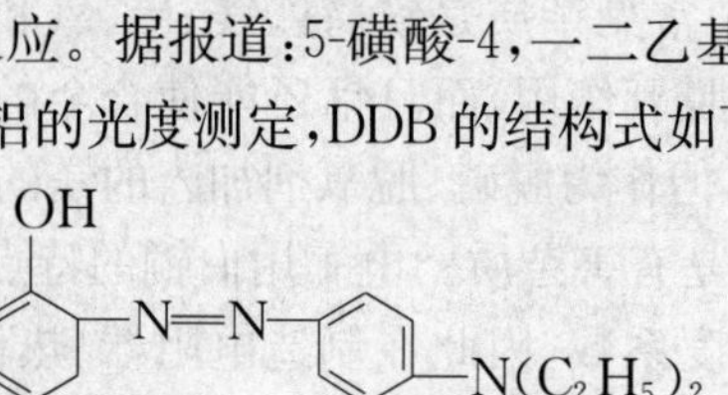

Al^{3+} 与 DDB 试剂反应的适宜酸度范围为 pH4～5。当 pH>5.5 时,络合物色泽显著降低。在下述方法中选择在 pH≈4.7 的条件下显色。络合物的吸收峰值在 530～540 nm 之间。因试剂本身在此波长吸收也很大,故试剂溶液必须准确加入。显色反应要在加温情况下进行,适宜的温度范围为 30～50 ℃,低于 30 ℃时反应极慢,高于 55 ℃,则 Cr^{3+},Ti(Ⅳ)的干扰更为严重。加热时间为 15 min 左右。

铍青铜中测定铝时,共存的元素有 Cu^{2+},Be^{2+},Ni^{2+},Fe^{3+} 等。在铝的显色条件下,Fe^{3+},Cu^{2+} 有严重干扰,而 Be^{2+} 的共存量达 500 μg 时尚无影响。为了使 Cu^{2+},Fe^{3+},Ni^{2+} 等元素能快速地分离,方法中采用在 pH≈3 时用 DDTC 沉淀分离。

1) 试剂

乙酸溶液(1+7)。DDTC 溶液(20%)。抗坏血酸溶液(1%)。DDB 溶液(0.03%),溶解需滴加适量氨水。铝标准溶液(Al 20 $\mu g \cdot mL^{-1}$)。铍溶液:每毫升约含铍 1 mg,用硫酸铍配制。

2) 操作步骤

称取试样 0.100 0 g,置于 100 mL 锥形瓶中,加入盐酸 1 mL 及过氧化氢 1 mL,试样溶解后加入高氯酸 1 mL,蒸发至冒浓烟,冷却,加乙酸溶液(1+7)39 mL,摇匀。加入 DDTC 溶液 10 mL,摇匀。另称纯铜 0.1 g,按同样步骤操作作为试剂空白。用干滤纸过滤上述两溶液,从试样溶液及试剂空白滤液中分取溶液各 5 mL 2 份分别置于 25 mL 量瓶中。显色液:加入抗坏血酸溶液 1 mL,浓氨水约 5 滴(此时溶液的酸度为 pH≈4.7),摇匀。准确加入 DDB 溶液 3 mL,加水至 20 mL 左右,摇匀。置于 50 ℃的水浴中保温 15 min,冷却,加水至刻度,摇匀。底液空白,操作同显色液,但先加 EDTA 溶液(5%)2 滴。用 1 cm 比色皿,在 530 nm 波长处,以底液空白为参比溶液,测定其吸光度。从试样溶液的吸光度中减去试剂空白的吸光度后,从检量线上查得试样的含铝量。

3) 检量线的绘制

称取纯铜 0.1 g 6 份,分别置于 100 mL 锥形瓶中,按上述方法溶解后各加铍溶液 2 mL 并依次加入铝标准溶液(Al 20 $\mu g \cdot mL^{-1}$)0.0 mL,1.0 mL,2.0 mL,3.0 mL,4.0 mL,5.0 mL,各加高氯酸 1 mL,蒸发至冒浓烟,冷却,加乙酸溶液(1+7)39 mL 及 DDTC 溶液 10 mL,干过滤。分取滤液各 5 mL,分别置于 25 mL 量瓶中,按上述操作步骤显色后以不加铝标准溶液的试液为参比,分别测定其吸光度,绘制检量线。每毫升铝标准溶液相当于含铝量 0.02%。

10.2.3 硅青铜及白铜中微量铝的测定(CAS-CTMAB 胶束增溶光度法)

硅青铜(QSi 1—3),铸锰镍硅铅青铜(ZQMn 5—21—1—20),铸锑镍青铜(ZQSb7—2)及锰白铜中杂质铝的含量按标准规定应不大于 0.05%。这里选用灵敏度较高的铬天青 S(简写作 CAS)-十六烷基三甲基溴化铵(简写作 CTMAB)胶束增溶光度法进行测定。

在加入 CTMAB 之后,Al^{3+} 与 CAS 的显色反应发生了明显的变化。首先是络合物的吸收峰发生了红移,由原来的 550 nm 移至 620 nm。这是由于在长链季铵盐的胶束作用下使 CAS 的离解度增大,与 Al^{3+} 和 CTMAB 形成了高配位数的三元络合物。其次是由于三元络合物的显色分子截面积增大,灵敏度也有明显提高,其摩尔吸光系数从原来的 0.4×10^5 增加至 5×10^5 左右,但选择性并无改善。

试样中共存的 Zn^{2+},Pb^{2+},Ni^{2+} 等元素不干扰测定;Cu^{2+} 可用硫脲掩蔽;Sn^{4+} 可加入氯化物使其保留在溶液中而不影响测定。如试样的含铝量小于 0.005%,则需经过分离使微量铝富集以适应显色反应的灵敏度。下述方法中所用的分离方法包括两步:第一步使 Al^{3+} 和其他金属阳离子如 Cu^{2+},Sn^{4+},Pb^{2+} 等分离,第二步使铝和阴离子磷酸根等分离。应用控制阴极电位电解法(在含有盐酸联胺的盐酸溶液中,并使阴极电位控制在一定数值的条件下进行电解)可以很好地达到前一目的。在这样的条件下,铜、锡、铅均以金属状态在阴极上析出,因而避免了吸附等不利因素(例如按一般方法用硝酸溶样使锡以偏锡酸状态分离时,就有部分铝被偏锡酸吸附而损失)。在经电解分离后的溶液中,用 N-苯甲酰苯胲萃取法使铝与磷酸根分离。N-苯甲酰苯胲试剂与铝反应的适宜酸度为 pH3.6~9。考虑到要加入少量氰化物隐蔽锌、镍及残留的铜,选择在 pH7~8 的酸度条件下进行萃取分离。

1) 试剂

盐酸联胺溶液(10%)。N-苯甲酰-苯胲(BPHA)溶液(1%)。乙醇溶液。甲基橙指示剂(0.1%)。盐酸羟胺溶液(10%)。硫脲溶液(5%)。CYDTA-Zn 溶液(0.1 mol·L^{-1}):称取优级纯氧化锌8.15 g,溶于盐酸 20 mL 中,滴加氨水至 pH≈5.5。另称取 CYDTA(酸)34.6 g,置于烧杯中,加水约500 mL,温热,滴加氨水至溶解完全并调节酸度至 pH≈5.5。将两溶液合并于 1 000 mL 量瓶中,加水至刻度,摇匀。CAS 溶液(0.05%):称取 CAS 试剂 0.1 g,置于 100 mL 锥形瓶中,加水 20 mL 及乙醇20 mL,在热水中加热溶解。移入 200 mL 量瓶中,用乙醇稀释至刻度,摇匀。CTMAB 溶液(0.2%):称取 CTMAB 0.60 g,溶于乙醇 200 mL 中,加水至 300 mL。CAS-CTMAB 混合溶液:取 CAS 溶液(0.05%)及 CTMAB 溶液(0.2%)等体积混合。乙酸钠溶液(4 mol·L^{-1}):称取乙酸钠(NaAc·3H$_2$O)54.4 g,加水 40 mL,加热溶解后加入铁溶液 2 mL(Fe 约 1 mg·mL^{-1},用氯化铁配制),充分搅拌,待生成的氢氧化铁沉淀凝聚并下沉后用快速滤纸过滤并稀释至 100 mL。氟化铵溶液(0.5%),贮于塑料瓶中。铝标准溶液:称取纯铝 0.100 0 g,溶于氢氧化钠溶液(10%)10 mL 中,加盐酸酸化并过量 20 mL,移入于 500 mL 量瓶中,加水至刻度,摇匀。此溶液每毫升含铝 0.2 mg。分取此溶液1 mL,置于 200 mL 量瓶中,用 0.5 mol·L^{-1}盐酸稀释至刻度,摇匀。此溶液每毫升含铝 1 μg。氰化钠溶液(10%)。

2) 操作步骤

(1) 含铝 0.005%～0.05%,含磷<0.5%的试样。称取试样 0.100 0 g,置于 100 mL 两用瓶中,加入盐酸(1+1)3 mL 及过氧化氢约 1 mL,待试样溶解后加热煮沸约半分钟使多余的过氧化氢分解,冷却。加入氯化铵 1.5 g,加少量水溶解后,加水至刻度,摇匀。与此同时称取纯铜 0.1 g,按同样方法溶解后作为试剂空白。分取试样溶液及试剂空白溶液各 10 mL 2 份,分别置于 50 mL 量瓶中。显色液:加入甲基橙指示剂 1 滴,滴加氨水(1+4)至呈黄色,立即滴加盐酸(0.5 mol·L^{-1})至恰呈红色并过量1 mL,加入盐酸羟胺溶液 2 mL,硫脲溶液 5 mL 及 CYDTA-Zn 溶液 3 mL,摇匀。用移液管加入 CAS-CTMAB 溶液 5 mL 及乙酸钠溶液 15 mL,加水至刻度,摇匀。底液空白:操作同上,但在加入盐酸羟胺溶液之前加入氟化铵溶液 5～6 滴(0.3 mL 左右)。用 3 cm 比色皿,于 620 nm 波长处,以底液空白为参比,测定试样溶液及试剂空白的吸光度,从试样溶液的吸光度读数中减去试剂空白的吸光度读数后,在检量线上查得试样的含铝量。

(2) 含铝<0.005%的试样。称取试样 0.250 0 g,置于 100 mL 石英烧杯中,加入盐酸 3 mL 及过氧化氢 2～3 mL,待试样溶解后煮沸,使多余的氧化氢分解,冷却。加入盐酸联胺溶液(10%)10 mL,加水至 60 mL 左右,在控制阴极电位电解仪上进行电解分离。将阴极电位先后控制在−0.4 V 和−0.7 V(对饱和甘汞电极),使铜、锡、铅等元素先后在阴极析出。开始电解时,电流为 2～3 A,待电流逐渐自行下降至约 0.1 A 时,电解即告结束。取下烧杯,用水冲洗电极,洗液并入母液中。将电极上的沉积物用硝酸(1+1)溶解后再用蒸馏水洗净,以备下次使用。将电解后的溶液移入于 100 mL 量瓶中,加水至刻度,摇匀后将溶液移入于干燥的塑料瓶中存放。另取盐酸 3 mL 及过氧化氢 2～3 mL,置于石英烧杯中,煮沸,使过氧化氢分解后,移入 100 mL 量瓶中,加入盐酸联胺溶液(10%)10 mL,加水至刻度,摇匀后移入干燥的塑料瓶中存放,此溶液作为试剂空白。吸取试样溶液及试剂空白溶液各20 mL,分别置于 60 mL 分液漏斗中,加水 20 mL。N-苯甲酰-苯胲溶液 2 mL,摇匀。以对硝基酚为指示剂,滴加氨水(1+4)至溶液呈黄色,再滴加盐酸(1 mol·L^{-1})至溶液恰呈无色,加氰化钠溶液(10%)3 mL(如分析试样为锡磷青铜则加氰化钠溶液 1 mL),摇匀。再用盐酸(1 mol·L^{-1})或氨水(1+4)调节溶液酸度至 pH 7～8(用精密 pH 试纸检查)。放置 5 min,加入苯 10 mL,振摇 2 min,静置分层,弃去水相。用水洗苯层 3 次,每次约 10 mL(不要振摇),弃去水相。在苯层中加盐酸(0.2 mol·L^{-1})10 mL 进行反萃取。振摇 1 min,分层后将水相放入石英皿中,在苯层中再加盐酸(0.02 mol·

L^{-1})5 mL,振摇 30 s,分层后水相并入于石英皿中。将石英皿中的反萃取液蒸发至约 5 mL,冷却。将溶液分别移入 50 mL 量瓶中,按上述显色,硫脲溶液的加入量改为 2 mL,用 3 cm 比色皿,于 620 nm 波长处,以试剂空白为参比,测定其吸光度。在检量线上查得试样的含铝量。

3) 检量线的绘制

(1) 有铜打底的检量线。称取纯铜 0.1 g,按本操作步骤之(1)所述方法溶解并稀释至 100 mL。分取此溶液 10 mL 6 份,分别置于 50 mL 量瓶中,依次加入铝标准溶液 0.0 mL,1.0 mL,2.0 mL,3.0 mL,4.0 mL,5.0 mL(Al 1 μg·mL^{-1}),按本操作步骤之(1)所述方法显色后,以不加铝标准溶液的试液为参比溶液,分别测定其吸光度,并绘制检量线。

(2) 无铜打底的检量线。于 6 只 50 mL 量瓶中,依次加入铝标准溶液 0.0 mL,1.0 mL,2.0 mL,3.0 mL,4.0 mL,5.0 mL(Al 1 μg·mL^{-1}),以下操作同上。

10.3　铁　的　测　定

10.3.1　EDTA-H_2O_2 光度法

各类特殊青铜(铬青铜除外)和白铜中铁的测定方法(包括主量和杂质量)与黄铜的分析方法中铁的测定相同。见 8.4.1 小节。

铬对上述方法测定铁有干扰,因此这种方法不适合于分析铬青铜。

10.3.2　硫氰酸盐光度法

铬青铜中微量铁的测定,可在酸性溶液中使 Fe^{3+} 与硫氰酸盐形成橙红色络离子$[Fe(SCN)_n]^{+3-n}$(随 SCN^- 浓度之不同,n 为 1~6),最大吸收随 SCN^- 浓度的增加而增加(450~500 nm)。借此可作铁的光度测定。大量铜的干扰用硫氰酸亚铜沉淀进行分离除去。

1) 试剂

硝酸(1+1)。高氯酸。氨水(1+1)。盐酸(1+1)。亚硫酸(6%)。硫氰酸钾溶液(10%)。过氧化氢(30%)。铁标准溶液:称取纯铁 0.100 0 g,溶于硝酸(1+1)5 mL 中,煮沸除去氧化氮后移入 100 mL 量瓶中,以水稀释至刻度,摇匀。此溶液每毫升含铁 1 mg。绘制曲线时,再将此溶液稀释至每毫升含铁 40 μg。

2) 操作步骤

称取试样 0.400 0 g,置于 100 mL 两用瓶中,加硝酸(1+1)5 mL 溶解,加入高氯酸 3 mL,加热至冒烟,冷却。加入少量水使盐类溶解,加过氧化氢数滴,煮沸使铬(Ⅵ)还原,冷却。滴加氨水(1+1)至沉淀出现,再以盐酸(1+1)调节至沉淀刚好溶解,加入亚硫酸(6%)10 mL,以水稀释至 60 mL 左右,边摇边加入硫氰酸钾溶液(10%)10 mL,以水稀释至刻度,摇匀。干过滤。吸取滤液25 mL 2 份,分别置于 50 mL 容量瓶中,加入过氧化氢(30%)1 mL,硝酸(1+1)2.5 mL,摇匀。显色液:加入硫氰酸钾溶液(10%)10 mL,以水稀释至刻度,摇匀。空白液:以水稀释至刻度,摇匀。用 3 cm 比色皿,于 500 nm 波长处,以空白液为参比,测定吸光度。所用试剂中常含有微量铁,因此须另称纯铜(含铁<0.001%)0.4 g,按方法同样操作显色,作为试剂空白。从试样的吸光度读数值中减去试剂空白读数值后,在检

量线上查得试样的含铁量。

3) 检量线的绘制

称取纯铜 0.4 g 6 份,分别置于 100 mL 两用瓶中,加硝酸(1+1)5 mL 溶解,加入高氯酸 3 mL 加热至冒烟,冷却。加水少许溶解盐类,依次加入铁标准溶液 0.0 mL,1.0 mL,2.0 mL,3.0 mL,4.0 mL,5.0 mL (Fe 40 $\mu g \cdot mL^{-1}$),滴加氨水(1+1)至沉淀出现,再以盐酸(1+1)调节至沉淀刚溶解,再加亚硫酸(6%)10 mL,以水稀释至约 60 mL,加入硫氰酸钾溶液(10%)10 mL,以水稀释至刻度,摇匀。干过滤。分别吸取滤液 25 mL 于 50 mL 量瓶中,按上述操作步骤显色,以不加铁标准溶液的试液为参比,测定吸光度,并绘制检量线。每毫升铁标准溶液相当于含铁量 0.01%。

4) 注

(1) 在酸性溶液中 3 价铁与硫氰酸盐生成橙红色络离子:

$$Fe^{3+} + nSCN^- \Longrightarrow [Fe(SCN)_n]^{+3-n} \qquad (n=1,2,\cdots,6)$$

硫氰酸铁络离子的组成因硫氰酸盐浓度不同而改变。在硫氰酸盐浓度为 0.3 mol·L^{-1} 时,则主要形成 $Fe(SCN)_4^-$ 及 $Fe(SCN)_5^{2-}$。络离子的吸收峰在 450~500 nm 波长之间。

(2) 硫氰酸盐与 Fe^{3+} 的反应可以在盐酸、硝酸或硫酸中进行,但在不同酸的介质中酸度的要求不同:盐酸溶液的适宜酸度为 0.1~0.3 mol·L^{-1};硝酸溶液的适宜酸度为 0.1~0.8 mol·L^{-1},但不宜超过 1 mol·L^{-1},因在较浓的硝酸溶液中,硫氰酸盐能与氧氧化生成黄色的化合物而影响铁的比色测定;在硫酸溶液中显色时一般采用较高的酸度(1.5~2 mol·L^{-1})。但在硫酸介质中硫氰酸铁的色泽显著降低,因此本方法中采用硝酸介质显色。

(3) 硫氰酸铁络离子的色泽很不稳定。在硝酸溶液中显色并加过氧化氢作稳定剂,色泽在 30 min 内基本不变。在进行批量操作时最好逐个显色并随即读测其吸光度。

(4) 温度升高加速硫氰酸铁色泽的减退。在夏天操作时,色泽减退很快,更须逐个显色和读测。

(5) 铬青铜的主要成分是铜和铬。铜对硫氰酸盐法测定有干扰。方法中用硫氰酸亚铜沉淀法分离铜。Cr^{3+} 不干扰测定。3 价铬离子本身色泽的影响用底液空白抵消。合金中其他杂质成分均不影响铁的测定。

10.4 镍 的 测 定

各类特殊青铜及白铜中镍的含量各不相同,低的在千分之几左右,高的则达 40%~50%,为此制定以下测定方法。

10.4.1 过硫酸铵氧化碱性丁二酮肟光度法

镍的丁二酮肟光度法的基本原理及操作的注意点在 2.9 节和 8.7 节中已有叙述,这里不再说明。

1) 试剂

盐酸($\rho = 1.18$ g·cm^{-3})。过氧化氢(30%)。硫酸(1+9)。酒石酸钾钠溶液(10%)。丁二酮肟溶液:称取丁二酮肟 1 g,溶于 5%氢氧化钠溶液 100 mL 中。氢氧化钠溶液(8%)。过硫酸铵溶液(5%),当天配制。EDTA 溶液(5%)。镍标准溶液:称取纯镍 0.100 0 g,溶于硝酸(1+1)5 mL 中,煮沸驱除氧化氮后移入 1 L 量瓶中,以水稀释至刻度,摇匀。此溶液每毫升含镍 0.1 mg。绘制低含量的镍的曲线时吸取此溶液 20 mL,于量瓶中稀释至 100 mL,使每毫升含镍 20 μg。

2) 操作步骤

称取试样 0.100 0 g,置于 100 mL 锥形瓶中,加盐酸 1 mL 及过氧化氢 1 mL,溶解后煮沸至无小气泡(约半分钟),冷却,移入 100 mL 容量瓶中,以水稀释至刻度,摇匀。按试样含镍量的范围,分别操作如下。

(1) 含镍 1%～8% 的试样。吸取试液 10 mL(含镍<4%)或 5 mL(含镍在 4%～8%)2 份,分别置于 100 mL 量瓶中(其中 1 份作显色液,另 1 份作空白液)。显色液:加硫酸(1+9)4 mL,酒石酸钾钠溶液(10%)5 mL,氢氧化钠溶液(8%)20 mL,过硫酸铵溶液(5%)5 mL,丁二酮肟溶液 5 mL,摇匀。放置 3 min,加 EDTA(5%)10 mL,以水稀释至刻度,摇匀。空白液:加硫酸(1+9)4 mL,酒石酸钾钠溶液(10%)5 mL,EDTA 溶液(5%)10 mL,丁二酮肟溶液 5 mL 及氢氧化钠溶液(8%)20 mL,以水稀释至刻度,摇匀。用 1 cm 比色皿,于 470 nm 波长处,以空白液为参比,测定吸光度。在检量线上查得试样的含镍量。

(2) 含镍 0.1%～1% 的试样。吸取试液 10 mL 2 份,分别置于 50 mL 量瓶中,按上述方法操作,但将氢氧化钠溶液(8%)的加入量改为 10 mL,并改用 2 cm 比色皿进行比色测定。

3) 检量线的绘制

(1) 含镍量大于 1% 的检量线。于 6 只 100 mL 量瓶中,依次加入镍标准溶液 0.0 mL,1.0 mL,2.0 mL,3.0 mL,4.0 mL,5.0 mL(Ni 20 mg·mL^{-1}),各加硫酸(1+9)4 mL,酒石酸钾钠溶液(10%)5 mL,氢氧化钠溶液(8%)20 mL,过硫酸铵溶液(5%)5 mL,丁二酮肟溶液 5 mL,摇匀。放置 3 min 后加 EDTA 溶液(5%)1 mL,以水稀释至刻度,摇匀。用 1 cm 比色皿,于 470 nm 波长处,以不加镍标准溶液的试液作为参比,测定吸光度,并绘制检量线,每毫升镍标准溶液相当于含镍 1%(对吸取试液 10 mL 而言)。

(2) 含镍量小于 1% 的检量线。于 6 只 50 mL 量瓶中,依次加入镍标准溶液 0.0 mL,1.0 mL,2.0 mL,3.0 mL,4.0 mL,5.0 mL(Ni 0.1 μg·mL^{-1}),按上述方法显色但将氢氧化钠溶液(6%)加入量改为 10 mL 并改用 2 cm 比色皿测定其吸光度,绘制检量线。每毫升镍标准溶液相当于含镍量 0.2%。

4) 注

(1) 在显色时,采取先加入碱溶液,后加氧化剂,使丁二酮肟镍的色泽更为稳定。

(2) 也可以以电解法测得铜后的电解液中量取部分试液进行镍的测定。在没有铜存在的情况下用氨性丁二酮肟显色较为方便。操作方法如下:含镍>1% 的试样吸取相当于 5 mg 或 10 mg(根据含镍高低而定)试样的溶液 2 份,分别置于 100 mL 量瓶中。显色液:加水约 50 mL,柠檬酸铵溶液(50%)10 mL,碘溶液(0.1 mol·L^{-1})5 mL,摇匀。加氨性丁二酮肟溶液(1 g 丁二酮肟溶于氨水 600 mL 中,以水稀释至 1 L)20 mL,以水稀释至刻度,摇匀。空白液:加水约 50 mL,柠檬酸铵溶液(50%)10 mL,碘溶液(0.1 mol·L^{-1})5 mL,摇匀。加氨水(1+1)20 mL,以水稀释至刻度,摇匀。用 1 cm 比色皿,于 470 nm 波长处,以空白液作为参比,测定吸光度。含镍<1% 的试样则吸取相当于 10 mg 试样溶液 2 份,分别置于 50 mL 量瓶中,显色方法相同,但将试剂加入量减半并改用 2 cm 比色皿测定吸光度。另取镍标准溶液按相应的含量范围,用同样方法显色并测定吸光度后绘制检量线。用碘作氧化剂显色,反应速度快,但显色后稳定性较差,应在 10 min 内测定完毕。

(3) 本法适用于铝青铜、铍青铜、硅青铜、普通白铜、铁白铜、锌白铜及铝白铜等不含锰或含锰低于 1% 的试样。

(4) 对于一些含镍量较高的合金,如普通白铜(B16 及 B19),锌白铜(BZn15—20 和 BZn17—18—1.8)和铝白铜(BAl13—3)等,在分析要求的准确度不太高的情况下也可按本方法进行镍的测定。但应按比例少取试样溶液或改变显色液的稀释度以适合这类合金的含量范围。

(5) 空白液加入 EDTA 溶液后加丁二酮肟溶液,故 Ni^{2+} 不显色。但当室温较高(30 ℃ 以上)或放置较长时间(15 min 以上),空白中的 Ni^{2+} 仍将缓慢显色,从而导致结果偏低。因此在操作成批样时必须注意不要过早地在空白液中加入丁二酮肟溶液。

10.4.2　碘化钾分离-氨性丁二酮肟光度法

铜、锰、钴三元素对丁二酮肟光度法测定镍有干扰,因这些元素与丁二酮肟也都形成有颜色的络合物。铜的存在将促进丁二酮肟镍的络合物褪色,这种现象在加入丁二酮肟试剂 10 min 后尤为明显。当室温超过 25 ℃时,由于铜的存在而使丁二酮肟镍络合物褪色的速度更快。因此对含镍较低的试样,当铜含量超过 1% 时已不能获得准确的分析结果。当合金中锰的含量超过 4% 而镍的含量在 0.2% 以下,这时锰不但本身能与丁二酮肟络合而产生颜色,而且还能抑制镍与丁二酮肟的络合反应。因此对锰高镍低的试样常须在试样溶液中加入一定量的镍以促使络合反应加速进行。大量钴的存在将消耗丁二酮肟试剂以至影响镍的显色。

就特殊青铜和白铜而言,其中某些合金,如铝青铜(QAl9—2 及 QAl10—3—1.5),硅青铜(QSi3—1),锰青铜(QMn5),铸铝铁锰青铜(ZQAl10—3—1.5),铸铝锰青铜(ZQAl10—2 及 ZQAl 9—2),铸锰镍硅铅青铜(ZQMn5—2—1—20)等,含锰都在 1% 以上而其中镍都是杂质成分,如果按本节第一法进行镍的测定,就不能获得可靠的分析结果。在本方法中用碘化亚铜沉淀法使铜分离,从而消除铜的干扰。锰的干扰则用校正的方法来解决。钴在这些合金中不存在,因此可不考虑其干扰。这样的方法对分析这类合金是适合的。另外还有锰白铜(BMn3—12),含锰 12% 左右,含镍 3% 左右,也要按这一方法进行分析方能得到满意的结果。

1) 试剂

盐酸($\rho = 1.18$ g·cm^{-3})。过氧化氢(30%)。碘化钾溶液(30%)。柠檬酸铵溶液(50%)。氨性丁二酮肟溶液:溶解丁二酮肟 1 g 于氨水 600 mL 中,加水稀释至 1 L。碘溶液(0.025 mol·L^{-1}):称取碘 3.2 g,碘化钾 7 g,加少量水溶解后,用水稀释至 1 L,此溶液贮存于棕色瓶中。氨水(1+1)。纯铜。镍标准溶液(Ni 1 mg·mL^{-1} 及 Ni 0.1 mg·mL^{-1})。锰溶液:称取金属锰 0.100 0 g,溶于硝酸(1+1) 3 mL 中,于量瓶中以水稀释至 1 L,此溶液每毫升含锰 0.1 mg。

2) 操作步骤

称取试样 0.100 0 g,置于 100 mL 两用瓶中,加盐酸 1 mL 及过氧化氢 1 mL,溶解后加热煮沸至无小气泡(约半分钟),冷却。加水约 60 mL,加碘化钾溶液(30%)5 mL,加水至刻度,摇匀。干过滤。滤液接承于干燥的锥形瓶中。根据试样含镍量的高低,分别按下法操作:

(1) 含镍 0.5%～5% 的试样。吸取上述试液 10 mL 2 份,分别置于 100 mL 量瓶中。显色液:加柠檬酸铵溶液(50%)5 mL,水 50 mL,碘溶液 10 mL,摇匀。加氨性丁二酮肟溶液 20 mL,以水稀释至刻度,摇匀。空白液:加柠檬酸铵溶液(50%)5 mL,水 50 mL,碘溶液 10 mL,氨水(1+1)20 mL,以水稀释至刻度,摇匀。用 2 cm 比色皿,于 530 nm 波长处,以空白液作为参比,测定吸光度,在检量线上查得试样的含镍量,并根据试样的含锰量扣除锰的校正值。

(2) 含镍 0.05%～0.5% 的试样。吸取上述试样 10 mL 2 份,分别置于 50 mL 量瓶中。按上述方法显色,但将试剂加入量减半并改用 3 cm 比色皿测定吸光度。在检量线上查得试样的含镍量,并根据试样的含锰量扣除锰的校正值。

3) 检量线的绘制

(1) 含镍量大于 0.5% 的检量线。称取纯铜 0.1 g 6 份,分别置于 100 mL 两用瓶中。按分析方法所述溶解后,依次加入镍标准溶液 0.0 mL,1.0 mL,2.0 mL,3.0 mL,4.0 mL,5.0 mL(Ni 1 mg·mL^{-1}),按分析方法所述分离铜并干过滤后,各取滤液 10 mL,分别置于 100 mL 量瓶中,再按上述操作进行显色。用 1 cm 比色皿,于 530 nm 波长处,以不加镍标准溶液的试液为参比测定其吸光度,并绘制检量线。每毫升镍标准溶液相当于含镍量 1.00%。

(2) 含镍量小于 0.5% 的检量线。称取纯铜 0.1 g 6 份,分别置于 100 mL 两用瓶中。按上述方法溶解后,依次加入镍标准溶液 0.0 mL,1.0 mL,2.0 mL,3.0 mL,4.0 mL,5.0 mL(Ni 0.1 mg·mL^{-1}),按上述方法分离铜并干过滤后,各取滤液 10 mL,分别置于 50 mL 量瓶中,再按上述操作显色。用 3 cm 比色皿,于 530 nm 波长处,以不加镍标准溶液的试液为参比,测定吸光度,并绘制检量线。每毫升镍标准溶液相当于含镍量 0.10%。

4) 锰校正值的求测方法

(1) 含镍大于 0.5% 的试样。于 4 只 100 mL 量瓶中,各加镍标准溶液(Ni 0.1 mg·mL^{-1})3 mL,在其中 2 份中各加锰溶液(Mn 0.1 mg·mL^{-1})10 mL(相当于试样中含锰量 10%)。各按上述操作显色并测定吸光度(以水为参比)。按下式求得锰的校正值:

$$1\%Mn 相当于镍的百分含量 = \frac{A_1 - A_2}{10} \times F$$

式中:A_1 为含镍和锰溶液的吸光度;A_2 为含镍溶液的吸光度;F 为 0.01 吸光度值相当于镍的百分含量(从检量线上查得)。

(2) 含镍小于 0.5% 的试样。于 4 只 50 mL 量瓶中,各加镍标准溶液(Ni 0.02 mg·mL^{-1})2 mL,在其中 2 份中各加锰溶液(Mn 0.1 mg·mL^{-1})5 mL(相当于试样中含锰量 5%)。各按上述操作显色并测定其吸光度(以水作为参比)。按下式求得锰的校正值:

$$1\%锰相当于锰的百分含量 = \frac{A_1 - A_2}{5} \times F$$

式中:A_1 为含镍和锰溶液的吸光度;A_2 为含镍溶液的吸光度;F 为 0.01 吸光度值相当于镍的百分含量(从检量线上查出)。

5) 注

(1) 显色后应在 10～15 min 内测定完毕,因此在大批试样操作时应分批显色。

(2) 含锰较高的试样显色后,如发现含镍很低时(<0.1%),应另取 1 份试液,加入一定量的镍标准溶液后再进行显色,这样可避免因锰高镍低而使镍的显色反应不完全。

10.4.3 丁二酮肟沉淀分离-络合滴定法

在白铜合金中部分品种的含镍量都较高,达 20% 以上。用光度法测定容易引起较大的误差,而用络合滴定法较为稳妥。

白铜合金中的主要合金元素是铜、镍、铁、铝、锰、铅及锌。在最终进行络合滴定前应使镍与其他共存元素分离。丁二酮肟沉淀分离法是常用的有效分离方法。将这一分离法应用于分离白铜合金中的镍时,除用酒石酸掩蔽铁、铝、铅的干扰外,尚应设法消除铜及锰的干扰。

铜的分离可以用电解法。但为了要有较快的分析速度并希望不用电解分离法,则在用硫代硫酸钠掩蔽铜的情况下加丁二酮肟进行镍的沉淀也可达到理想的分离。锰的共存量很高时(如锰铜等合金),在丁二酮肟镍的沉淀常带有二氧化锰。而且在大量锰存在时,镍的沉淀有时并不完全。消除这一干扰的办法是在沉淀前加入盐酸羟胺并采用在乙酸盐的缓冲溶液(pH6～7)中进行沉淀。用乙酸缓冲介质代替一般常用的氨性介质进行丁二酮肟沉淀可使镍与钴、锌、锰的分离完全,因而可以得到更纯净的丁二酮肟镍的沉淀。

1) 试剂

盐酸($\rho=1.18$ g·cm^{-3})。过氧化氢(30%)。酒石酸溶液(20%)。硫代硫酸钠溶液(20%)。盐

酸羟胺溶液(10%)。丁二酮肟乙醇溶液(1%)。盐酸(1+1)。EDTA 标准溶液(0.050 0 mol·L^{-1})。六次甲基四胺溶液(20%)。锌标准溶液(0.020 0 mol·L^{-1})。二甲酚橙指示剂(0.2%)。

2) 操作步骤

称取试样 0.100 0 g 至 0.200 0 g,置于 400 mL 烧杯中,加入盐酸 2 mL 及过氧化氢 1~2 mL,溶解后,煮沸约半分钟,使多余的过氧化氢分解,加水 100 mL,滴加氨水(1+1) 至开始有沉淀析出,再滴加盐酸至沉淀刚溶解。加酒石酸溶液(20%)10 mL,盐酸羟胺溶液(10%)10 mL,将溶液稀释至 200 mL 左右,加热至 40~50 ℃,加入硫代硫酸钠溶液(20%)20 mL,数分钟后加入丁二酮肟乙醇溶液 25 mL,加入乙酸铵溶液(20%)25 mL,充分搅拌,冷却。放置约 30 min 以后过滤,用水充分洗涤烧杯及沉淀,弃去滤液。以热盐酸(1+1)及热水轮流溶解沉淀于原烧杯中。沉淀溶解完毕后,将溶液稀释至 100 mL 左右,加热煮沸,稍冷,准确加入 EDTA 标准溶液(此溶液每毫升能络合镍 2.934 5 mg,根据含镍量酌情加入,并过量 5~10 mL)。用氨水调节酸度至刚果红试纸呈紫色,加入六次甲基四胺溶液(20%)15 mL 及二甲酚橙指示剂 4 滴,以锌标准溶液滴定过量的 EDTA 至试液呈淡红色即为终点。按下式计算试样的含镍量:

$$Ni\% = \frac{(V_{EDTA}M_{EDTA} - V_{Zn^{2+}}M_{Zn^{2+}}) \times 0.058\ 71}{G} \times 100$$

式中:V_{EDTA} 为加入 EDTA 标准溶液的毫升数;M_{EDTA} 为 EDTA 标准溶液的摩尔浓度;$V_{Zn^{2+}}$ 为滴定时所消耗标准溶液的毫升数;$M_{Zn^{2+}}$ 为锌标准溶液的摩尔浓度;G 为称取试样的质量(g)。

3) 注

(1) 如用电解法,测定铜时,则可用电解铜后的电解液(分取相当于 0.2 g 试样的溶液)按上述方法进行测定。

(2) 为了缩短操作时间可用抽滤法过滤丁二酮肟镍的沉淀。

(3) 丁二酮肟沉淀镍时溶液温度不宜超过 45 ℃,因在较高温度条件下铜与硫代硫酸钠的络合物要分解成棕色沉淀而干扰镍的测定。

(4) 采用微酸性条件沉淀镍时不宜用柠檬酸掩蔽铁、铝,因有柠檬酸存在时,在 pH<7 的溶液中镍的沉淀不完全。

(5) 丁二酮肟试剂的加入量不应超过总体积的 10%,因为乙醇的比例超过 10%时使丁二酮肟镍的溶解度增加。此外沉淀后应使溶液冷却至室温,方能过滤。因在热溶液中丁二酮肟的溶解度也较大。

(6) 25 mL 丁二酮肟溶液可沉淀 50 mg 镍,相当于称取的 0.2 g 试样中含镍 25%。分析含量大于 25%的试样则应称取 0.1 g 试样。

(7) 硫代硫酸钠的加入量至少为 3 g。

(8) Ni^{2+} 与 EDTA 形成较强的络合物($\log K = 18.6$),pH>3 的溶液中络合反应已能定量进行。可用 EDTA 标准溶液直接滴定镍。在本法中因有未分解的丁二酮肟试剂存在,如用直接滴定法则在调节酸度至 pH≈5 时将有丁二酮肟镍的沉淀析出而妨碍滴定,因此只能用返滴定法。

(9) 六次甲基四胺能与氢离子发生如下反应而使溶液的酸度得以控制:

$$(CH_2)_6N_4 + 4H^+ + 6H_2O \longrightarrow 4NH_4^+ + 6HCHO$$

由于二甲酚橙指示剂在 pH≤6.1 的水溶液中呈黄色,在 pH>6.1 时呈红色。所以滴定溶液的 pH 控制在 5.5~6.0 为好(如 pH<5.5,锌与 EDTA 的络合反应速度较缓慢不利于回滴滴定的进行)。

10.5　锰　的　测　定

10.5.1　高锰酸光度法

各类特殊青铜及白铜中锰的光度测定方法可按黄铜中的锰的光度测定方法进行,详见 8.5 节。

10.5.2　磷酸-3 价锰容量法

对含锰量较高的合金,如锰铜(BMn 3—12)等,用 3 价锰容量法测定,可获得较为准确的分析结果。

在 160～250 ℃的磷酸溶液中,固体硝酸铵能定量地使锰氧化为 3 价,反应按下式进行:

$$MnHPO_4 + 2NH_4NO_3 + H_3PO_4 \longrightarrow NH_4MnH_2(PO_4)_2 + NH_4NO_2 + HNO_3 + H_2O$$

过量的硝酸铵立即与产生的亚硝酸盐进行反应:

$$NH_4^+ + NO_2^- \longrightarrow N_2 \uparrow + H_2O$$

使反应中生成的亚硝酸盐完全分解而使锰氧化至 3 价的反应进行到底。

钒也定量地参加反应,1% 的钒相当于 1.08% 的锰。但在铜合金中不含钒,故可不考虑其影响。

1) 试剂

硝酸(1+1)。磷酸($\rho = 1.70$ g·cm^{-3})。硫磷混合酸:硫酸、磷酸及水各 1 份相混合。硝酸铵(固体)。硫酸亚铁铵标准溶液(0.025 mol·L^{-1}),称取硫酸亚铁铵 10 g 溶解于硫酸(5+95)1 L 中,用 0.025 00 mol·L^{-1}重铬酸钾标准溶液标定:吸取重铬酸钾标准溶液 25.00 mL,加水约 20 mL,硫磷混合酸 10 mL,指示剂 2 滴,用硫酸亚铁铵标准溶液滴定至亮绿色终点。按下式计算硫酸亚铁铵的准确浓度:

$$N_{Fe^{2+}} = \frac{0.025\,00 \times 25.00}{V_{Fe^{2+}}}$$

重铬酸钾标准溶液(0.025 00 mol·L^{-1}):称取干燥重铬酸钾 1.225 9 g 溶于水中,于量瓶中以水稀释至 1 000 mL。苯代邻氨基苯甲酸指示剂(0.2%),称取该指示剂 0.2 g,碳酸钠 0.2 g 溶解于 100 mL 热水中。硫酸(1+9)。

2) 操作步骤

称取试样 0.200 0 g,置于 100 mL 锥形瓶中,加硝酸(1+1)5 mL 溶解,加磷酸 10 mL 加热至磷酸微微冒烟,取下冷却(空气中)30～40 s,立即加入固体硝酸铵 1～2 g,不断摇动并吹去黄烟,此时锰氧化为 3 价,冷却至温热(50～60 ℃),加硫酸(1+9)30 mL,摇匀,流水冷却。用硫酸亚铁铵标准溶液滴定至紫色变为微红色,加苯代邻氨基苯甲酸指示剂 2 滴,继续用硫酸亚铁铵标准溶液滴定至亮绿色为终点。按下式计算试样中的锰含量:

$$Mn\% = \frac{V \times M \times 0.054\,94}{G} \times 100$$

式中:V 为滴定时消耗硫酸亚铁铵标准溶液的毫升数;M 为硫酸亚铁铵标准溶液的摩尔浓度;G 为称取试样质量(g)。

3) 注

(1) 蒸发至冒磷酸烟时温度约 250 ℃,冷却半分钟后(温度约 220 ℃)加硝酸铵,这样测定的重现性最好,硝酸铵氧化后须冷却至温热(50～60 ℃)方能加稀硫酸,温度较高时结果偏低;但又不能冷却至室温,否则常发生溶不开现象,以致使测定失败。

(2) 冒磷酸烟为本法的关键,冒烟时间太长,成焦磷酸盐后不再溶解,致使结果偏低;反之,加入硝酸铵时,温度太低,氮的氧化物驱不尽,锰氧化不完全,同样使测定偏低。

(3) 3 价锰与磷酸的络合物当用水稀释时,会逐渐发生分解,所以宜用稀硫酸稀释,并在冷却后迅速滴定。

10.6 硅 的 测 定

各类特殊青铜中仅硅青铜(QSi1—3 及 QSi3—1)及铸锰镍硅铅青铜含硅较高。其他合金(包括各类白铜)中硅都是杂质成分,无论是含硅量较高的硅青铜或含硅较低的其他特殊青铜和白铜都可用光度法进行硅的测定。分析含硅量 0.2%～5%的合金可按硅黄铜中硅的测定方法进行,详见 8.9 节。下面介绍关于低含量硅的测定方法。

10.6.1 硅钼蓝光度法

关于硅钼蓝测定硅的基本原理及操作注意事项详见 8.9 节。

本法适用于含硅 0.02%～0.25%的各类特殊青铜和白铜中硅的直接光度测定。

1) 试剂

硝酸(1+2)。氢氟酸(42%)。硼酸饱和溶液:溶解硼酸 15 g 于 250 mL 热水中,冷却至室温。尿素溶液(10%)。钼酸铵溶液(5%)。草酸铵溶液(3%):于 700 mL 水中加入硫酸 250 mL,摇匀。加入草酸铵 30 g,溶解后冷却至室温,加水至 1 L。硫酸亚铁铵溶液(6%),每 100 mL 溶液中加入硫酸(1+1)6 滴。氯化亚锡溶液(1%),称取氯化亚锡 0.5 g,溶于盐酸 10 mL 中,加水至 50 mL,此溶液可保存 3～4 天。纯铜。硅标准溶液(Si 0.05 mg·mL⁻¹)。配制方法详见 8.9 节。

2) 操作步骤

称取试样 0.200 0 g,置于 100 mL 塑料烧杯中(或用铂皿)加入硝酸(1+2)18 mL,在沸水浴中加热至试样溶解,冷却至 60 ℃左右,用塑料滴管加入氢氟酸 6 滴,1～2 min 后加入尿素溶液(10%)10 mL,摇匀。加入硼酸饱和溶液 25 mL,摇匀。将溶液移于 100 mL 量瓶中,以水稀释至刻度,摇匀。立即将此溶液转移至塑料瓶中贮存。吸取此溶液 10 mL 2 份,分别置于 100 mL 量瓶中。显色液:加钼酸铵溶液(5%)5 mL,在沸水中加热 30 s,流水冷却,加入草酸铵溶液(3%)20 mL,摇匀。立即加入硫酸亚铁铵溶液(6%)10 mL 及氯化亚锡溶液(1%)2 滴,以水稀释至刻度,摇匀。空白液:加入草酸铵溶液 20 mL,钼酸铵溶液(5%)5 mL,硫酸亚铁铵溶液(6%)10 mL 及氯化亚锡溶液(1%)2 滴,以水稀释至刻度,摇匀。用 3 cm 比色皿,于 700 nm 波长处,以空白液作为参比,测定其吸光度。另取纯铜 0.2 g,按上述方法溶解并显色测定吸光度。此吸光度值为所用试剂的空白值。从试样的吸光度值中减去试剂空白的吸光度值后,从检量线上查得试样的含硅量。

3) 检量线的绘制

称取纯铜 0.2 g 6 份,分别置于塑料杯中,加硝酸(1+2)18 mL,在沸水浴中加热至试样溶解完全。

依次加硅标准溶液 0.0 min,1.0 min,3.0 min,5.0 min,7.0 min,9.0 mL(Si 0.05 mg·mL^{-1}),冷却至
60 ℃左右,用塑料滴管加入氢氟酸 6 滴,1～2 min 后加入尿素溶液(10％)10 mL,摇匀。加入硼酸饱
和溶液 25 mL,摇匀。将溶液移入 100 mL 量瓶中,以水稀释至刻度,摇匀。立即将此溶液移入塑料瓶
中,贮存。吸取溶液各 10 mL,分别置于 100 mL 量瓶中,按上述方法显色,用 3 cm 比色皿,于 700 nm
波长处,以不加硅标准溶液的试液为参比,测定吸光度,并绘制检量线。每毫升硅标准溶液相当于含
硅量 0.025％。

4) 注

(1) 在加入硫酸亚铁铵溶液后再加氯化亚锡溶液可使硅钼蓝的色泽更加稳定。因为在高酸度溶
液中 Fe^{3+}能使硅钼蓝氧化而褪色。

(2) 在进行大批试样分析时用室温显色的方法较为方便,操作步骤简述如下:称取试样 0.2 g,溶
于硝酸(1+2)10 mL 及氢氟酸 6 滴中,加入尿素及硼酸饱和溶液后移入 100 mL 量瓶中,以水稀释至
刻度。吸取此溶液 10 mL,置于 100 mL 量瓶中,加水 25 mL,钼酸铵溶液 5 mL,在室温下放置 15 min
(室温不低于 15 ℃)后加草酸铵溶液 20 mL,硫酸亚铁铵溶液 10 mL 及氯化亚锡溶液 2 滴,以水稀释至
刻度,摇匀。按上述方法操作测定吸光度。

10.6.2　正丁醇萃取-硅钼蓝光度法

铸铅青铜、铸锑镍青铜及普通白铜等合金中杂质硅的允许存在量在 0.02％以下。直接光度法不
能获得满意结果,须用萃取光度法。方法与锡青铜中硅的测定相同,详见 9.8 节。

10.7　铍青铜中铍的测定(铬天青 S 光度法)

测定铍青铜中铍的方法有:EDTA 存在下,使铍成氢氧化铍沉淀或铜铁试剂沉淀,最后以氧化铍
称重或称量铜铁试剂铍的重量法。但重量法速度慢。目前应用较多的是光度法。其中有铍试剂Ⅱ和
Ⅲ、铝试剂、铬青 R、铬天青 S 等光度法。本法利用铬天青 S 与铍在 pH9～10 能生成极为稳定的橙红
色络合物。来进行铍的光度测定。

Be^{2+}与铬天青 S 反应的酸度范围较宽,自 pH=2.5 至 pH=11 都能反应,但对于不同的 pH 值,
形成的络合物的光度吸收不一样。目前一般采用 pH≈5 的微酸性溶液进行显色。但发现在微酸性
条件下,各种试剂对显色液的吸光度影响很大,尤其是用来掩蔽共存干扰元素的 EDTA 随着加入量
的增加,吸光度明显下降。另外,加入 pH=5 缓冲溶液的量对吸光度的影响较大,因此操作比较困
难。另外在微酸条件下铝与 EDTA 的络合速度慢,含铝较高时需要加热。为了提高准确度及简化手
续,这里采用在 pH9～10 的氨性条件下显色,从而克服了微酸性条件下显色的缺点,灵敏度也较高。
铍青铜中存在的铁、镍、铅、钛、铝等在有 EDTA 存在时都不干扰,铜在有 EDTA 存在时也不与铬天青
S 反应,但铜与 EDTA 形成的浅蓝色在波长 550 nm 处稍有吸收,须在空白液中予以消除。

1) 试剂

硝酸(1+1)。氢氧化钠溶液(1 mol·L^{-1})。盐酸(1+19)。EDTA 溶液(5％)。氨性缓冲液:
136 g 氯化铵溶于浓氨水 114 mL,用水稀释至 1 L,此溶液 pH 常为 9.7。铬天青 S 溶液(0.4％),过滤
后使用。铍标准溶液:称取纯金属铍屑 0.100 0 g 溶于 10 mL 盐酸(1+1)后,用水稀释至 1 L,此溶液
每毫升含铍 0.1 mg. 在绘制曲线时将溶液再稀释至原来的 10％,使 1 mL 含铍 0.01 mg。或称取硫

酸铍($BeSO_4 \cdot 4H_2O$)9.82 g,溶于盐酸(1+3)100 mL 中,过滤。滤液流入 500 mL 量瓶中,以水稀释至刻度,摇匀。此溶液每毫升约含铍 1 mg,其准确度须按重量法标定。使用时将溶液稀释至每毫升含铍 0.01 mg。

2) 操作步骤

称取试样 0.100 0 g,置于 100 mL 锥形瓶中,加硝酸(1+1)10 mL,加热溶解,煮沸驱除氮氧化物,移入 250 mL 量瓶中,以水稀释至刻度,摇匀。同时称取纯铜 0.1 g,按方法同样操作,作空白液。吸取试液和空白液各 5 mL 分别置于 100 mL 量瓶中,滴加氢氧化钠溶液至刚出现蓝色沉淀,立即滴加盐酸(1+19)至沉淀刚好溶解并过量 5 滴,加入 EDTA 溶液(5%)5 mL,氨性缓冲液 10 mL,准确加入铬天青 S 溶液(0.4%)10 mL,以水稀释至刻度,摇匀。用 1 cm 比色皿,于 550 nm 波长处,以空白液作为参比,测定吸光度,并在检量线上查得试样的含铍量。

3) 检量线绘制

称取纯铜 0.1 g,置于 100 mL 锥形瓶中,按上述方法溶解,稀释至 250 mL。吸取溶液 5 mL6 份,分别置于 100 mL 量瓶中,依次加入铍标准溶液 0.0 mL,1.0 mL,2.0 mL,3.0 mL,4.0 mL,5.0 mL(Be 0.01 mg·mL^{-1}),用氢氧化钠溶液(1 mol·L^{-1})中和,以下操作按上述步骤进行。每毫升铍标准溶液相当于含铍量 0.50%。

4) 注

(1) 用硫酸铍配制的标准溶液须作标定。标定方法如下:吸取铍标准溶液(每毫升含铍约 1 mg)25 mL,置于 250 mL 烧杯中,加水约 100 mL,加 EDTA 溶液(5%)4 mL,滴加氨水(1+1)至沉淀生成,再加过量 10 mL,在室温放置 2～3 h 后用中速滤纸过滤,用硝酸铵溶液(1%)充分洗涤沉淀。将滤纸及沉淀,移入已称重的铂坩埚中,在 500 ℃左右灼烧,使滤纸灰化后升温至 1 000 ℃灼烧至恒重。按下式计算每毫升铍标准溶液的含铍量:

$$Be(g \cdot mL^{-1}) = \frac{沉淀质量(g) \times 0.360 3}{25.00}$$

式中:沉淀质量即为氧化铍质量(g)。

(2) 显色后色泽在 30 min 内稳定,30 min 以后吸光度略有升高现象,所以需在 30 min 内比色测定完毕。

10.8　铍青铜中钛的测定(变色酸光度法)

变色酸与 Ti(Ⅳ)的络合反应具有较高的灵敏度,是测定钛比较灵敏的试剂之一。变色酸与 4 价钛在弱酸性溶液中反应生成橙红色络合物,这一络合反应在 pH 0～7 的范围内都能进行,但在不同酸度条件下形成的络合物的组成不同:

$$TiO^{2+} + 2H_2R^{2-} = TiOR_2^{6-} + 4H^+ \quad (pH2～3)$$
$$TiO^{2+} + 2H_2R^{2-} = TiO(RH)_2^{4-} + 2H^+ \quad (pH0～2)$$
$$TiOR_2^{6-} + H_2R^{2-} = TiOR_3^{10-} + 2H^+ \quad (pH4.7～7.7)$$

上述方程式中 R 代表如下结构:

$$R = \begin{bmatrix} \\ \\ \\ \end{bmatrix}$$

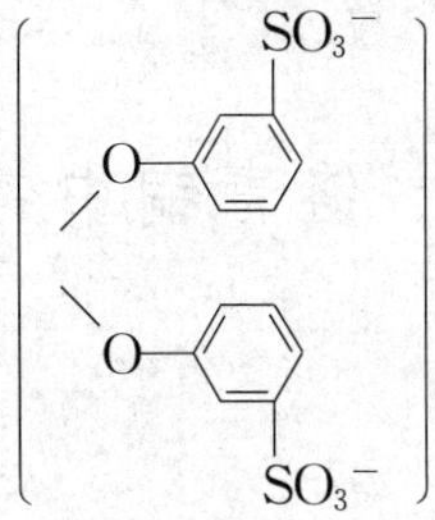

在 pH≈3 时显色具有较高的灵敏度。铍青铜中共存的元素，如铜、铍、镍、铝等都不干扰钛的测定，加入抗坏血酸使 Fe^{3+} 还原为 Fe^{2+}，从而消除铁的干扰。

1) 试剂

盐酸($\rho=1.18$ g·cm^{-3})。过氧化氢(30%)。抗坏血酸溶液(1%)：溴酚蓝指示剂(0.1%)：称取指示剂 0.1 g 溶于 0.1 mol·L^{-1}氢氧化钠溶液 1.50 mL 中，稀释至 100 mL。氨水(1+4)。盐酸(1+1)。乙酸溶液(50%)：冰乙酸与水等量混合。变色酸溶液(3%)：称取变色酸 3 g，加少量水调至糊状，加水稀释至 100 mL，加 3 g 亚硫酸钠，如有不溶物须过滤，贮于棕色瓶中。溶液可使用 1~2 个月。钛标准溶液：称取二氧化钛 0.166 8 g，加焦硫酸钾 3~4 g，于瓷坩埚中熔融，冷却，用(5+95)的硫酸浸出，于 500 mL 量瓶中，用(5+95)硫酸稀释至刻度。此溶液每毫升含钛 0.2 mg。吸取此溶液 10 mL，用(2+98)硫酸于量瓶中稀释至 200 mL，每毫升含钛 0.01 mg。氟化铵溶液(35%)，贮于塑料滴瓶中。

2) 操作步骤

称取试样 0.100 0 g，置于 100 mL 锥形瓶中，加入盐酸 2 mL 及过氧化氢 2 mL，加热溶解并煮沸半分钟，冷却。将试液移于 50 mL 量瓶中，以水稀释至刻度，摇匀。吸取试液 5 mL，置于 50 mL 量瓶中，加水稀释至约 30 mL，加入抗坏血酸(1%)2 mL，溴酚蓝指示剂 1 滴，用氨水(1+4)调节至指示剂恰好呈蓝色，立即用盐酸(1+1)调至黄色并过量 1 滴，加入乙酸溶液(50%)6 mL，摇匀(此时 pH 约为 2.5)。准确加入变色酸溶液(3%)2.0 mL，用水稀释至刻度。将显色液倒入 2 cm 或 3 cm 比色皿中，于剩余的溶液中滴加氟化铵溶液 2~3 滴，使钛的色泽褪去，以此作为参比，于 500 nm 波长处测定吸光度。

3) 检量线的绘制

吸取钛标准溶液 0.0 mL，1.0 mL，2.0 mL，3.0 mL，4.0 mL，5.0 mL(Ti 0.01 mg·mL^{-1})于 6 只 50 mL 量瓶中，加水约 30 mL，然后加入抗坏血酸溶液 2 mL，以下按上述操作步骤调节酸度和显色，测定吸光度，并绘制检量线。每毫升钛标准溶液相当于含钛量 0.10%。

4) 注

(1) 本方法适用于分析含钛 0.05%~0.50%的试样。

(2) 自调节酸度起到显色为止操作不能停顿，否则使结果偏低。因为在低酸度条件下钛易水解，同时，用氨水调节时以恰呈蓝色为好，如氨水加入过多，将使钛(Ⅳ)水解，和 Ti(Ⅳ)、抗坏血酸形成络合物，且用酸调时无法完全溶解和破蔽，致使结果偏低。

10.9 铬青铜中铬的测定

10.9.1 氧化还原滴定法

在 $0.5\ mol \cdot L^{-1}$ 左右的硫酸和 $0.17\ mol \cdot L^{-1}$ 左右的磷酸介质中加入过硫酸铵作为氧化剂将 Cr^{3+} 氧化至 6 价。而后提高试液酸度,用硫酸亚铁铵标准溶液滴定高价铬,从而计算试样的含铬量。

对铬的氧化并不一定需要加入硝酸银作为催化剂,但为了保证锰的迅速氧化和多余的过硫酸铵的迅速分解,方法中仍加入少量的硝酸银。

在氧化铬的条件下和 Cr^{3+} 一起被氧化至高价的金属离子尚有 Mn^{2+},V(IV),Ce^{3+} 等,因此这些元素的存在将干扰铬的测定。但在铬青铜中并不含有上述元素。

其他原理详见 3.4 节。

1) 试剂

硝酸银溶液(0.2%)。高锰酸钾溶液(0.5%)。过硫酸铵溶液(20%)。苯代邻氨基苯甲酸指示剂:称取试剂 0.2 g 置于烧杯中,加入碳酸钠 0.2 g 及水 100 mL,搅拌使溶解。重铬酸钾标准溶液($0.050\ 0\ mol \cdot L^{-1}$):称取重铬酸钾基准试剂 2.451 8 g,置于 1 000 mL 量瓶中,加水溶解并稀释至刻度,摇匀。硫酸亚铁铵标准溶液($0.025\ mol \cdot L^{-1}$),配制和标定方法详见 10.5 节。

2) 操作步骤

称取试样 1.000 0 g,置于 500 mL 锥形瓶中,加入硝酸(1+1)10 mL,温热使试样溶解(必要时加氢氟酸 3~5 滴助溶),这时溶液底部有黑色粉末状物质残留,为金属铬加入硫酸(1+1)15 mL 及磷酸(1+1)6 mL,蒸发至冒硫酸烟,并保持微微冒烟,直至黑色粉末完全溶解。冷却。加水 50 mL,温热使盐类溶解后加水稀释至约 260 mL,加高锰酸钾溶液数滴,硝酸银溶液 4~5 滴及过硫酸铵溶液 10 mL,加热煮沸约 5 min,此时应有高锰酸的紫红色出现。加盐酸(1+3)5 mL,煮沸至高锰酸的紫红色褪去。流水冷却至室温。加硫酸(1+1)20 mL,苯代邻氨基苯甲酸指示剂 2 滴,用亚铁标准溶液滴定至溶液由紫红色转变为亮绿色为终点。按下式计算试样的含铬量:

$$Cr\% = \frac{V + M \times 0.017\ 34}{G} \times 100$$

式中:V 为滴定时所耗亚铁标准溶液的毫升数;M 为亚铁标准溶液的摩尔浓度;G 为试样质量(g)。

3) 注

注意事项详见 3.4 节。

10.9.2 二苯偕肼光度法

Cr^{6+} 与二苯偕肼(简写为 DPC)在微酸性溶液中反应生成紫红色水溶性络合物,是测定微量铬的灵敏度和选择性都较好的方法。络合物的吸收峰在 540 nm 波长处,摩尔吸光系数为 $\varepsilon^{540} = 3.4 \times 10^4$。

络合反应与溶液的酸度有关:溶液的酸度太低($<0.1\ mol \cdot L^{-1}$),则反应速度较慢,酸度太高($>0.25\ mol \cdot L^{-1}$),则络合物的紫红色很不稳定。因此采用在 $0.1\ mol \cdot L^{-1}$ 的硫酸溶液中显色较为恰当。在此酸度条件下,加入过量的 DPC 试剂后数秒钟反应即完成。Mo(VI)和 Hg^+,Hg^{2+} 与 DPC 也有类似反应,产生紫色和蓝色络合物,但其灵敏度远较 Cr^{6+} 低,而且铬铜中也不存在钼和汞,故无须考虑其干扰。Fe^{3+} 和 V(V)与该试剂产生黄色及黄棕色络合物,干扰铬的测定。钒在铬铜中也不存在。铁的干扰可加入磷酸消除之。

关于 6 价铬与 DPC 的反应机理,详见 2.6 节。

6 价铬与 DPC 进行显色反应之前必须先将试样溶液中的 Cr^{3+} 氧化至 6 价。通常采用的氧化方法有在酸性溶液中的过硫酸铵氧化法、高锰酸钾氧化法、高氯酸氧化法以及在碱性溶液中的过氧化钠氧化法、过氧化氢氧化法、次溴酸盐氧化法等。结合铬青铜的具体情况,用过硫酸铵氧化法较好。但氧化时必须充分煮沸使多余的过硫酸铵分解,以保证显色后色泽的稳定性。

1) 试剂

混合酸:在 500 mL 水中加入硫酸 25 mL,磷酸 30 mL,硝酸 30 mL 及硝酸银 0.1 g,搅匀使硝酸银溶解后冷却至室温并加水至 1 000 mL。过硫酸铵溶液(20%)。高锰酸钾溶液(0.2%)。DPC 溶液(0.5%):称取邻苯二甲酸酐 2 g,溶于乙醇 50 mL 中,加入 DPC 0.25 g,溶解后贮于棕色瓶中,此溶液可保存 2 周左右。铬标准溶液:称取重铬酸钾基准试剂 0.282 8 g,置于 500 mL 量瓶中,加水溶解后稀释至刻度,摇匀。此溶液每毫升含铬 0.2 mg。移取此溶液 50 mL 置于 200 mL 锥形瓶中,加入硫酸(1＋1)数滴及亚硫酸 1 mL,煮沸 2～3 min,冷却,移入 100 mL 量瓶中,加水至刻度,摇匀。此溶液每毫升含铬 0.1 mg。

2) 操作步骤

称取试样 0.100 0 g,置于瓷坩埚中,加入焦硫酸钾 4 g,加热熔融至试样完全熔化。冷却。在坩埚中加入硝酸(1＋7)5 mL 及水 5 mL,温热使熔块溶解。将溶液移入于 50 mL 量瓶中,加水至刻度,摇匀。另称取纯铜 0.1 g,按同样方法处理作为试剂空白。吸取试样溶液及试剂空白各 20 mL,分别置于 100 mL 两用瓶中,各加入混合酸 20 mL 及过硫酸铵溶液数滴。保持微沸 4～5 min,冷却。加水至刻度,摇匀。吸取此溶液 10 mL,置于 50 mL 量瓶中,加水至约 45 mL,加入 DPC 溶液 1.0 mL,加水至刻度,摇匀。用 1 cm 或 2 cm 比色皿,于 540 nm 波长处,以试剂空白为参比,测定吸光度,在检量线上查得试样的含铬量。

3) 检量线的绘制

称取纯铜 0.1 g 6 份,分别置于瓷坩埚中,按上述方法熔融,浸出并稀释至 50 mL。分别吸取此溶液各 20 mL,置于 100 mL 两用瓶中,依次加入铬标准溶液 0.0 mL,1.0 mL,2.0 mL,3.0 mL,4.0 mL,5.0 mL(Cr 0.1 mg·mL^{-1}),按上述操作氧化并显色。以不加铬标准溶液的试液为参比,测定其吸光度,并绘制检量线。每毫升铬标准溶液相当于含铬量 0.25%。

4) 注

详细注意事项参阅 12.6 节。

10.10　镉青铜中镉的测定(络合滴定法)

镉青铜含镉 1% 左右,用络合滴定测定比较简单。Cd^{2+} 与 EDTA 形成中等稳定的络合物(log K＝16.46)。在 pH>4 的溶液中能与 EDTA 定量反应。在各种资料上介绍的镉的络合滴定方法有数十种之多,但应用比较广泛的有两种:一种是在 pH 5～6 的微酸性溶液中进行滴定,用二甲酚橙作指示剂;一种是在氨性溶液中(pH＝10)进行滴定,用铬黑 T 作指示剂。在微酸性溶液中进行滴定,选择性较差,特别是镍的干扰难以消除,没有较好的掩蔽剂。因此测定镉青铜中的镉用氨性条件较好。和测定锌的情况相似,大量铜虽可用氰化物掩蔽,但在滴定过程中因常出现在少量铜的氰化物络离子解蔽而使指示剂"封闭"的现象。因此在本方法中用硫氰酸亚铜沉淀分离大量铜后再进行镉的测定,这样滴定终点比较明显。在滴定镉时通常加入一定量的镁,使滴定终点更为灵敏。

1) 试剂

盐酸(ρ=1.18 g·cm^{-3})。过氧化氢(30%)。酒石酸溶液(25%)。盐酸羟胺溶液(10%)。硫氰酸铵溶液(25%)。氨水(浓)。pH=10 缓冲溶液:称取氯化铵 54 g 溶于水中,加氨水 350 mL,加水至 1 L,混匀。氰化钠溶液(10%)。镁溶液(0.01 mol·L^{-1}):溶解硫酸镁 2.5 g 于 100 mL 水中,以水稀释至 1 L。铬黑 T 指示剂:称取铬黑 T 0.1 g,与氯化钠 20 g 置于研钵中研磨混匀后贮于密闭的干燥棕色瓶中。甲醛溶液(1+8)。EDTA 标准溶液(0.010 0 mol·L^{-1}):称取 EDTA 基准试剂 3.722 6 g,溶于水中,移入 1 L 量瓶中,以水稀释至刻度,摇匀。如无基准试剂,可用分析纯试剂配制成 0.01 mol·L^{-1}溶液,然后用锌或铅标准液标定。标定方法见 8.2 节。

2) 操作步骤

称取试样 0.400 0 g,置于 100 mL 两用瓶中,加盐酸 5 mL 及过氧化氢 3~5 mL,溶解完毕后加热煮沸,使过剩的过氧化氢分解。加酒石酸溶液(25%)5 mL,加水稀释至约 70 mL,加热盐酸羟胺溶液(10%)10 mL,煮沸,加硫氰酸铵溶液(25%)10 mL,冷却。加水至刻度,摇匀。干过滤。吸取滤液 50 mL,置于 300 mL 锥形瓶中,用氨水中和并过量 5 mL,加入 pH=10 缓冲溶液 15 mL,氰化钠溶液(10%)5 mL,摇匀。加入镁溶液(0.01 mol·L^{-1})5 mL,加入适量的铬黑 T 指示剂,用 EDTA 标准溶液滴定至溶液由紫红色变为蓝色终点(滴定所耗 EDTA 标准溶液毫升数不计)。加入甲醛溶液(1+8)10 mL,充分摇动至溶液再呈紫红色,再用 EDTA 标准溶液滴定至将近蓝色终点,再加甲醛溶液 10 mL,摇匀,继续滴定至蓝色终点。按下式计算试样的含镉量:

$$Cd\% = \frac{V \times M \times 0.112\,4}{G \times \frac{1}{2}} \times 100$$

式中:V 为滴定时所耗 EDTA 标准溶液的毫升数;M 为 EDTA 标准溶液的摩尔浓度;G 为试样质量(g)。

3) 注

(1) 也可以用电解法测定铜后留下的试样溶液进行镉的测定。可定量分取相当于 0.2 g 试样的溶液,按上述方法进行络合滴定。含量较低时可分取较多的试样进行滴定。

(2) 锌在所述条件下也定量地参加反应,所以当试样中含有锌时,测定的结果是锌和镉的总量。但在镉青铜中锌是杂质成分,其含量一般不超过 0.002%,因此方法中未考虑锌的干扰。

如果含锌量较高,则须按下述分离后再进行测定:将试样溶液(或电解分离铜后的溶液)用氨水中和后,加盐酸 5 mL 及硫氰酸铵 5 g,将溶液移入分液漏斗中,加水至约 100 mL,加入戊醇-乙醚混合试剂(1+4)20 mL,振摇 1 min,静置分层;将水相放入于 400 mL 烧杯中,在有机相中加盐酸洗液 10 mL,振摇半分钟,静置分层;将水相合并于 400 mL 烧杯中,按方法进行镉的测定。

10.11 铅 的 测 定

10.11.1 铅青铜中铅的测定

铸铅青铜及铸铅镍青铜中含铅量很高,可用 8.2 节第一法进行测定。但应减少称样或增加重铬酸钾溶液的加入量。

10.11.2　特殊青铜及白铜中杂质铅的测定

可按 7.6 节 N-235 萃取分离-二苯硫腙光度法测定。

10.12　锑镍青铜中锑的测定

3 价锑与碘离子在酸性溶液中形成黄色络合物 SbI_4^-。这一反应灵敏度较低,宜于作为测定较高含锑量的比色方法。锑镍青铜(ZQSb7—2)含锑 7%～8%,可用此法进行锑的测定。Cu^{2+} 及 Fe^{3+} 也能与碘离子反应析出游离碘,干扰锑的测定,加入硫脲和抗坏血酸可消除这一干扰。

1) 试剂

混合酸:酒石酸 20 g,溶于 30 mL 水中,加入硝酸 50 mL,加水至 100 mL。硫酸(1+1)。硫脲溶液(10%)。碘化钾溶液:称取碘化钾 112 g 及抗坏血酸 20 g,溶于水中,稀释至 1 L,贮于棕色瓶中。锑标准溶液:称取纯锑 0.100 0 g,置于 150 mL 锥形瓶中,加硫酸 25 mL,加热溶解后冷却,加水至 100 mL,摇匀。冷却,移入 500 mL 量瓶中,用硫酸(1+3)稀释至刻度,摇匀。此溶液每毫升含锑 0.2 mg。

2) 操作步骤

称取试样 0.100 0 g,置于 100 mL 两用瓶中,加入混合酸 10 mL,加热溶解后加氨磺酸少许使氧化氮分解,冷却,加水至刻度。在分析试样的同时,按同样操作配制试剂空白 1 份。吸取试液及试剂空白各 10 mL,分别置于 50 mL 量瓶中,依次加入硫脲溶液(10%)5 mL,硫酸 5 mL,流水冷却,加碘化钾溶液 25 mL,以水稀释至刻度,摇匀。用 2 cm 比色皿,于 420 nm 波长处,以试剂空白为参比,测定吸光度。在检量线上查得试样的含锑量。

3) 检量线的绘制

于 6 只 50 mL 量瓶中,依次加入锑标准溶液 0.0 mL,1.0 mL,2.0 mL,3.0 mL,4.0 mL,5.0 mL(Sb 0.2 $mg \cdot mL^{-1}$),各加硫酸(1+1)9 mL,加水至约 20 mL,冷却。加入碘化钾溶液 25 mL,以水稀释至刻度,摇匀。按上述方法测定吸光度,并绘制检量线。每毫升锑标准溶液相当于含锑量 2.0%。

4) 注

此法适用于含锑量高的试样,对于特殊青铜及白铜中微量锑,可按 8.10 节进行测定。

10.13　磷和砷的测定

5 价砷及磷在酸性溶液中与钼酸盐形成砷钼及磷钼络离子。加入适当的还原剂可使砷钼及磷钼络离子还原成钼蓝。利用这一反应可作微量砷和磷的比色测定。选用不同的有机溶剂进行萃取可使砷钼络离子与磷钼络离子分离。

在本方法中,选用在 1 $mol \cdot L^{-1}$ 的酸性溶液中加入钼酸铵,使磷及砷与钼酸盐形成磷钼及砷钼络离子。在同样酸度条件下,用三氯甲烷-正丁醇(3+1)混合溶剂萃取磷钼络离子,然后提高酸度至 1.8 $mol \cdot L^{-1}$,用正丁醇-乙酸乙酯(1+1)混合溶剂萃取砷钼络离子,最后用氯化亚锡作还原剂分别将磷钼络离子和砷钼络离子还原成钼蓝并进行比色测定。

如试样含硅较高将影响磷及砷的测定。但在方法中试样溶液经高氯酸冒烟处理使硅酸脱水。这样硅的干扰可以消除。此外,经高氯酸冒烟后磷及砷也都被氧化至高价,因此不需要其他氧化处理。

1) 试剂

硝酸(1+1),(2+3),(7+27)。钼酸铵溶液(10%):称取钼酸铵 10 g 溶于水中,如溶解缓慢可略加热。溶解后用紧质滤纸过滤,并稀释至 100 mL。此溶液贮于塑料瓶中。氯化亚锡溶液(1%):称取氯化亚锡 2.5 g 溶于盐酸 9 mL 中,加水至 250 mL。正丁醇-乙酸乙酯混合液:取 1 份正丁醇与 1 份乙酸乙酯混合。三氯甲烷-正丁醇混合液:取 3 份三氯甲烷与 1 份正丁醇相混合。磷标准溶液:称取经 105～110 ℃ 干燥后的 Na_2HPO_4 0.458 4 g(或 KH_2PO_4 0.439 4 g)溶于水中,加硝酸 5 mL,于量瓶中稀释至 1 L,每毫升含磷 0.1 mg。其准确浓度需用重量法标定:吸取 100 mL 溶液,加 4～5 mL 镁试剂(100 mL 溶液中含 13 g $MgSO_4 \cdot 7H_2O$ 及 7.5 g 硫酸铵),冷却至室温或室温以下(冰浴中),边搅拌边滴加氨水至甲基红指示剂呈黄色,避免搅拌棒刮烧杯壁。继续搅拌数分钟。放置 4 h 以上,用慢速滤纸过滤,氨水(5+95)洗涤。于瓷坩埚或铂坩埚中,低温灰化,渐渐升高温度,最终于 1 000～1 050 ℃ 灼烧至恒重,每毫升含磷(g·mL^{-1}):沉淀质量(g)×0.278/100。在绘制检量线时将此溶液再稀释至原体积的 10 倍,每毫升含磷 10 μg。溶液贮于塑料瓶中。砷标准溶液:称取三氧化二砷 0.132 0 g 溶于硝酸 20 mL,煮沸 30 min 使砷氧化,冷却。在量瓶中稀释至 1 L 摇匀。此溶液每毫升含砷 0.1 mg。绘制检量线时再稀释至每毫升含砷 10 μg。此溶液应贮于塑料瓶中。高氯酸。

2) 操作步骤

称取试样 2.000 0 g,置于 250 mL 锥形瓶中,加入硝酸 10 mL 及高氯酸 10 mL,加热溶解蒸发至冒烟,并维持 2～3 min,稍冷,以水洗涤并稀释。加热使盐类溶解,将溶液移入 100 mL 量瓶中,以水稀释至刻度,摇匀(如有沉淀应在稀释前过滤,然后再稀释至刻度)。与试样操作相同,配制试剂空白 1 份。吸取试液及空白溶液各 25 mL,分别置于 60 mL 的分液漏斗中,加入硝酸(2+3)3 mL 及钼酸铵溶液 2 mL,摇匀。放置 15 min,加入三氯甲烷-正丁醇混合液 10 mL,剧烈振摇 1 min,待分层后,将有机相放出置于另一分液漏斗中,再重复萃取 2 次,剩下的水层留作测定砷用。

合并 3 次已萃取磷的萃取液,并准确加入氯化亚锡溶液 10.0 mL,振摇 30 s,静置分层后放出有机液层,取已还原成钼蓝的水层少许,置于 1 cm 比色皿中,于 720 nm 波长处,以试剂空白液作为参比,测定吸光度,并在检量线上查得含磷量。于萃取磷后剩下的溶液中加入硝酸(7+27)5 mL,摇匀。准确加入正丁醇-乙酸乙酯混合液 20.0 mL,剧烈振摇 30 s,静置分层后弃去水相,在有机相中加入氯化亚锡溶液 15 mL,振摇 30 s,静置分层后弃去水相,将已还原成钼蓝的有机相置于 1 cm 比色皿中,于 720 nm 波长处,以试剂空白作为参比,测定吸光度,并在检量线上查得含砷量。

3) 检量线的绘制

于 5 只 60 mL 分液漏斗中,分别加入磷标准溶液 0.0 mL,0.5 mL,1.0 mL,1.5 mL,2.0 mL(P 10 μg·mL^{-1})及砷标准溶液 0.0 mL,1.0 mL,2.0 mL,3.0 mL,4.0 mL(As 10 μg·mL^{-1}),各加硝酸(2+3)5 mL,以水稀释至 25 mL。按上述方法显色萃取和还原,并测定吸光度绘制检量线。每毫升磷和砷标准溶液相当于试样含磷和砷各为 0.002%。

4) 注

(1) 本方法适用于分析含磷、砷 0.001%～0.005% 的试样,如含磷高砷低的试样,可将磷、砷分别吸取适量试液单独测定。

(2) 加入钼酸铵后,硅(部分)、锗也形成硅钼及锗钼络离子,在方法中应用不同的有机溶剂并在不同的酸度条件下进行萃取,从而完成磷、砷的分别测定,避免了硅、锗的干扰。

（3）在 1 mol·L⁻¹ 左右的硝酸溶液中加入钼酸铵时，磷及砷（PO_4^{3-} 及 AsO_4^{3-}）均生成磷钼及砷钼络离子。然后利用在不同的酸度条件下用不同的有机溶剂萃取使磷与砷分离。萃取磷钼及砷钼络离子时溶液的酸度为 1 mol·L⁻¹；萃取砷钼络离子时溶液的酸度为 1.8 mol·L⁻¹。

（4）经氯化亚锡还原，磷钼络离子与砷络离子生成稳定的钼蓝。

10.14　稀土（总量）的测定（偶氮胂Ⅲ光度法）

稀土元素（包括钇）与偶氮胂Ⅲ试剂在微酸性溶液中（pH 2.5～3.5）反应生成稳定的蓝色络合物，其最大吸收在 660 nm 左右波长处，络合物的摩尔吸光系数在 $4.5×10^4$ 左右。同样浓度的不同稀土元素与偶氮胂Ⅲ试剂形成的络合物的吸光度有一些差别，所以在测定单一稀土元素时，应该用同一稀土元素作检量线。试验证明：Fe^{3+}，$Ti(Ⅳ)$，$Zr(Ⅳ)$，Pb^{2+}，Cu^{2+}，Bi^{3+}，$U(Ⅵ)$，Ca^{2+}，Sr^{2+}，Ba^{2+}，Sc^{4+}，Th^{4+}，$Sb(V)$，Sn^{2+}，Al^{3+}，Cr^{3+} 等元素对测定有不同程度的干扰。因此在测定铜合金中稀土总量时，应首先使稀土元素与铜合金中的其他合金元素分离。为了适应快速分析的需要，在本方法中用二乙氨硫代甲酸钠（以下简称 DDTC）沉淀分离铜合金中各主量合金元素后，在滤液中用偶氮胂Ⅲ作稀土（总量）的光度测定。

在 pH2～3 的微酸性溶液中，DDTC 能与银、砷、铋、镉、钴、铜、铅、锡、锑、铁、镍等金属离子定量沉淀，而锌、锰等元素部分沉淀。在同样条件下，不与 DDTC 作用的金属离子有钙、镁、铝、稀土元素、钪、钽、锆、钛、钇等。锌、锰、镁对稀土的偶氮胂Ⅲ比色测定无干扰，铝、钙的干扰加入磺基水杨酸可消除，而钪、钽、锆、钛、钇等在铜合金中一般不存在。因此在铜合金中测定稀土，用 DDTC 沉淀分离法是十分方便的。为了有效地控制沉淀分离时溶液的酸度（pH 3±0.5），方法中用乙酸盐作缓冲溶液。

1）试剂

乙酸（1＋7）：用冰乙酸配制。DDTC 溶液（20％）：称取二乙氨硫代甲酸钠 20 g，加水 80 mL，溶解后（不要加热）稀释至 100 mL。磺基水杨酸溶液：称取磺基水杨酸 10 g，溶于 70 mL 水中，加入抗坏血酸 1 g，溶解后调节酸度至 pH＝3（用精密 pH 试纸检测），以水稀释至 100 mL，此溶液宜当天配制。偶氮胂Ⅲ溶液（0.05％）。氟化氢铵溶液：氟化氢铵 30 g 及氟化铵 5 g 溶于水中，稀释至 100 mL。此溶液的酸度恰为 pH＝3。如果单独用氟化氢铵配制，则须用氨水或盐酸调节酸度至 pH＝3。稀土标准溶液：称取硝酸铈[Ce(NO₃)₃·6H₂O]或硝酸镧[La(NO₃)₃·6H₂O]1.55 g 溶于水中，于量瓶中稀释至 500 mL。此溶液每毫升含铈或镧约 1 mg，其准确浓度标定如下：吸取此溶液 50 mL，置于 150 mL 锥形瓶中，加水 30 mL，盐酸（1＋1）1 滴，六次甲基四胺溶液（10％）5 mL（此时溶液的 pH＝5.5），加二甲酚橙指示剂（0.1％）数滴，用 EDTA 标准溶液（0.010 00 mol·L⁻¹ 或 0.020 00 mol·L⁻¹）滴定至溶液恰由紫红色转变为黄色为终点。绘制检量线时再取上述铈或镧标准溶液 10 mL 稀释至 1 000 mL，每毫升含稀土 10 μg。

2）操作步骤

称取试样 0.100 0 g，置于 50 mL 两用瓶中，加入盐酸 1 mL 及过氧化氢约 0.5 mL，加热溶解，煮沸，使过量的过氧化氢分解约半分钟，稍冷。加乙酸溶液 39 mL，摇匀。加 DDTC 溶液 10 mL，摇匀后，用紧质滤纸干过滤。吸取滤液 20 mL，置于 25 mL 量瓶中，加磺基水杨酸溶液 2 mL，偶氮胂Ⅲ溶液 2 mL，以水稀释至刻度，摇匀。将显色液倒入 2 cm 比色皿中，在剩余的溶液中加 2～3 滴氟化氢铵溶液，使稀土的色泽褪去。以此为空白液，于 660 nm 波长处，测定其吸光度。在检量线上查得试样中稀土的含量。

3) 检量线的绘制

在 5 只 25 mL 量瓶中,依次加入稀土标准溶液 0.0 mL,0.5 mL,1.0 mL,2.0 mL,3.0 mL,4.0 mL (RE 10 μg·mL^{-1}),各加乙酸(1+7)16 mL 及氨水(1+2)5 滴,加磺基水杨酸溶液 2 mL 及偶氮胂Ⅲ 2 mL,加水至刻度,摇匀。按上述步骤测定其吸光度,并绘制检量线。每毫升稀土标准溶液相当于含稀土量 0.025%。

4) 注

(1) 铅青铜试样用盐酸及过氧化氢溶解,速度较慢。可改用硝酸(1+1)2 mL 溶解后加入高氯酸 0.8~0.9 mL,蒸发至冒高氯酸烟,冷却,加乙酸(1+7)39 mL,其余操作相同。

(2) 为了简化操作步骤,在整个操作过程中不另进行调节酸度,因而,溶解试样所用盐酸的加入量,以及溶解后煮沸的操作必须严格按规定进行,以免影响酸度而导致测定的失败。

(3) 加入 DDTC 溶液进行沉淀分离时,溶液的适宜酸度为 pH2~3(指加入 DDTC 溶液后的酸度),如溶液的 pH 值小于 2,使铜合金中合金元素分离不完全;如溶液的 pH 值大于 3.5,则有部分稀土元素将水解而引起结果偏低。按方法所述的条件,在 10% 的乙酸溶液中进行沉淀分离,则溶液的酸度可稳定地控制在 pH≈3。

(4) 加入磺基水杨酸溶液(10%)2 mL 可掩蔽 1 mg 铝、100 μg 钙。显色液中含铝高于 1 mg 时,可相应增加磺基水杨酸的加入量。但含钙超过 100 μg 时,即使增加磺基水杨酸用量,也不能完全消除其影响。

(5) 加入抗坏血酸的目的是使 Fe^{3+} 还原成 Fe^{2+}。

(6) 如试样的稀土含量超过 0.1%,可改为吸取试液 5 mL 或 10 mL 显色,但须另行调节酸度至 pH=3 后方能进行。

(7) 偶氮胂Ⅲ试剂为暗红色粉末,溶于水中呈紫红色溶液,它与稀土元素生成的络合物呈蓝色。该试剂固体或溶液都很稳定,可保存数年而不改变性质。但氧化剂及还原剂的存在,对其稳定性有影响。

10.15 磷铜中间合金中磷的测定(磷钒钼黄光度法)

1) 试剂

混合酸:于 500 mL 水中先后加入硝酸 320 mL、盐酸 120 mL,加水至 1 000 mL,混匀。高氯酸。钒酸铵溶液:称取钒酸铵 2.50 g 溶于热水 500 mL 中,溶解后加入硝酸(1+1)20 mL,冷却,加水至 1 000 mL,搅匀。钼酸铵溶液(5%)。磷标准溶液:称取磷酸氢二钠($Na_2HPO_4·12H_2O$)5.78 g,溶于 200 mL 水中,加入硝酸(1+5)100 mL,移入 1 000 mL 量瓶中,加水至刻度,摇匀。此溶液每毫升约含磷 0.5 mg,其准确含量须用重量法标定。

2) 操作步骤

称取试样 0.500 0 g,置于 150 mL 锥形瓶中,加入混合酸 20 mL,温热使其溶解,如有不溶物,可加氢氟酸数滴助溶。溶解完毕后加入过氧化氢 4~5 滴及高氯酸 5 mL,蒸发至冒烟,并保持 1~2 min,冷却。移入 100 mL 量瓶中,加水至刻度,摇匀。另称取纯铜 0.5 g,按同样方法操作,作为试剂空白。吸取试样溶液及试剂空白各 5 mL 或 10 mL,分别置于 100 mL 量瓶中,各加硝酸(1+5)20 mL,钒酸铵溶液 10 mL,加水至约 70 mL,钼酸铵溶液 20 mL,加水稀释至刻度,摇匀。放置 5 min 后,用 1 cm 比色皿,于 470 nm 波长处,以试剂空白为参比,测定其吸光度。从检量线上查得试样的含磷量。

3) 检量线的绘制

称取纯铜 0.5 g,置于 100 mL 两用瓶中,加入混合酸 20 mL,溶解后加水至刻度,摇匀。分取此溶液 10 mL 6 份,分别置于 100 mL 两用瓶中,依次加入磷标准溶液 0.0 mL,4.0 mL,8.0 mL,10.0 mL,20.0 mL(P 0.5 mg·mL^{-1}),各加高氯酸(1+1)1.0 mL,加热蒸发至冒烟并保持 1～2 min,冷却。各加硝酸(1+5)20 mL,钒酸铵溶液 10 mL,加水至约 70 mL,加钼酸铵溶液 20 mL,加水至刻度,摇匀。按上述步骤测定吸光度,并绘制检量线。每毫升磷标准溶液相当于试样含磷量 2%或 1%。

4) 注

(1) 本方法适用于分析含磷 0.5%～12%的磷铜合金。

(2) 当室温在 20 ℃以上时,加入钼酸铵溶液后,放置 5 min 显色即可完全,但室温低于 20 ℃时应根据室温的高低,适当延长放置时间。

10.16　青铜和白铜化学成分表

青铜加工产品的化学成分(原 YB147—71),铸造青铜锭的化学成分(原 YB784—75),铜中间合金锭的化学成分(原 YB78—675)以及白铜加工产品的化学成分(原 YB148—71)分别如表 10.1～表 10.4 所示。

表 10.1　青铜加工产品的化学成分(原 YB147—71)

组别	合金牌号	代 号	主 要 成 分(%)							
			铝	铍	铁	锰	镍	锡	磷	铜
锡青铜	4—3 锡青铜	QSn4—3	—		锌 2.7～3.3	—	—	3.5～4.5	—	余量
	4—4—2.5 锡青铜	QSn4—4—2.5	—		锌 3.0～5.0	铅 1.5～3.5		3.0～5.0	—	余量
	4—4—4 锡青铜	QSn4—4—4	—		锌 3.0～5.0	铅 3.5～4.5		3.0～5.0	—	余量
	6.5—0.1 锡青铜	QSn6.5—0.1	—		—	—	—	6.0～7.0	0.10～0.25	余量
	6.5—0.4 锡青铜	QSn6.5—0.4	—		—	—	—	6.0～7.0	0.30～0.40	余量
	7—0.2 锡青铜	QSn7—0.2	—		—	—	—	6.0～8.0	0.10～0.25	余量
	4—0.3 锡青铜	QSn4—0.3	—		—	—	—	3.5～4.5	0.20～0.30	余量

组别	合金牌号	代号	主要成分(%)							铜
			铝	铍	铁	锰	镍	锡	磷	
铝青铜	5铝青铜	QAl5	4.0~6.0	—	—	—	—	—	—	余量
	7铝青铜	QAl7	6.0~8.0	—	—	—	—	—	—	余量
	9—2铝青铜	QAl9—2	8.0~10.0	—	—	1.5~2.5	—	—	—	余量
	9—4铝青铜	QAl9—4	8.0~10.0	—	2.0~4.0	—	—	—	—	余量
	10—3—1.5铝青铜	QAl10—3—1.5	8.5~10.0	—	2.0~4.0	1.0~2.0	—	—	—	余量
	10—4—4铝青铜	QAl10—4—4	9.5~11.0	—	3.5~5.5	—	3.5~5.5	—	—	余量
	11—6—6铝青铜	QAl11—6—6	10.0~11.5	—	5.5~6.5	—	5.0~6.5	—	—	余量
铍青铜	2铍青铜	QBe2	—	1.90~2.20	—	—	0.2~0.5	—	—	余量
	2.15铍青铜	QBe2.15	—	2.00~2.30	—	—		—	—	余量
	1.7铍青铜	QBe1.7	—	1.60~1.85	—	—	0.2~0.4	钛 0.10~0.25		余量
	1.9铍青铜	QBe1.9	—	1.85~2.10	—	—	0.2~0.4	钛 0.10~0.25		余量
硅青铜	1—3硅青铜	QSi1—3	—	—	—	0.1~0.4	2.4~3.4	硅 0.60~1.10		余量
	3—1硅青铜	QSi3—1	—	—	—	1.0~1.5	—	硅 2.75~3.50		余量
锰青铜	1.5锰青铜	QMn1.5	—	—	—	1.20~1.55	—	—		余量
	5锰青铜	QMn5	—	—	—	4.50~5.50	—	—		余量
镉青铜	1.0镉青铜	QCd1.0	镉 0.90~1.20	—	—	—	—	—	—	余量
铬青铜	0.5铬青铜	QCr0.5	铬 0.50~1.00	—	—	—	—		—	余量
	0.5—0.2—0.1铬青铜	QCr0.5—0.2—0.1	0.10~0.25	—	铬 0.4~1.0	铬 0.4~1.0	镁 0.10~0.25		—	余量
锆青铜	0.2锆青铜	QZr0.2	锆 0.15~0.25	—	—	—	—	—	—	余量
	0.4锆青铜	QZr0.4	锆 0.30~0.50	—	—	—	—	—	—	余量

表 10.2　铸造青铜锭的化学成分（原 YB784—75）

组别：铸造锡青铜锭

牌号 汉字牌号	代号	主要成分（%） 锡	锌	铅	镍	铝	铁	锰	铜	杂质（≤%） 锑	铅	铁	硅	磷	铋	锌	硫	镁	铝	总和
14 锡青铜锭	ZQSnD14	14.0~15.0	—	—	—	—	—	—	余量	0.100	0.40	0.15	0.02	0.15	0.004	0.1	—	—	0.002	0.90
11-4-3 锡青铜锭	ZQSnD11-4-3	10.0~12.0	—	2.5~3.5	3.5~4.5	—	—	—	余量	0.100	—	0.20	0.01	0.05	0.005	—	0.050	0.02	0.01	0.75
10-5 锡青铜锭	ZQSnD10-5	9.5~11.0	—	4.0~6.0	—	—	—	—	余量	0.200	—	0.20	0.01	0.05	0.005	0.5	—	—	—	0.30
10-2 锡青铜锭	ZQSnD10-2	9.5~11.0	2.0~3.5	—	—	—	—	—	余量	0.200	0.30	0.20	0.01	—	0.005	—	0.050	—	0.01	0.75
10-2-1 锡青铜锭	ZQSnD10-2-1	9.5~11.0	—	1.0~2.5	磷 0.6~1.0	—	—	—	余量	0.200	—	0.20	0.02	—	0.005	—	0.020	0.02	—	1.00
10-1 锡青铜锭	ZQSnD10-1	9.5~11.0	—	—	磷 0.9~1.2	—	—	—	余量	0.300	—	0.20	0.02	—	0.005	—	—	—	0.02	0.75
8-4 锡青铜锭	ZQSnD8-4	7.0~9.0	4.6~6.0	—	—	—	—	—	余量	0.500	0.50	0.30	0.01	—	0.005	—	0.020	0.02	0.02	1.00
7-0.2 锡青铜锭	ZQSnD7-0.2	6.0~8.0	—	—	磷 0.1~0.4	—	—	—	余量	0.010	0.02	0.05	0.02	—	0.002	—	0.050	—	0.01	0.30
6-6-3 锡青铜锭	ZQSnD6-6-3	5.0~7.0	5.0~7.0	2.0~4.0	—	—	—	—	余量	0.200	—	0.30	0.05	—	—	—	0.008	—	0.002	0.80
5-5-5 锡青铜锭	ZQSnD5-5-5	4.0~6.0	4.0~6.0	4.0~6.0	—	—	—	—	余量	0.200	—	0.30	0.05	—	—	—	—	—	0.05	0.80
4-4-4 锡青铜锭	ZQSnD4-4-4	3.0~5.0	3.0~5.0	3.0~5.0	—	—	—	—	余量	0.050	—	0.40	0.05	—	0.002	—	—	—	0.05	0.50

续表

组别	牌号		主要成分(%)								杂质(≤%)										
	汉字牌号	代号	锡	锌	铝	镍	铝	铁	锰	铜	锑	铝	铁	硅	磷	铋	锌	硫	镁	铝	总和
铸造锡青铜锭	4-4-2.5 锡青铜锭	ZQSnD 4-4-2.5	3.0~5.0	3.0~5.0	1.5~3.5	—	—	—	—	余量	0.002	—	0.05	—	0.03	0.002	—	—	—	0.002	0.50
	4-3 锡青铜锭	ZQSnD 4-3	3.5~4.5	2.5~3.5	—	—	—	—	—	余量	0.002	0.02	0.05	0.02	0.03	0.002	—	0.008	—	0.002	0.30
	4-0.3 锡青铜锭	ZQSnD 4-0.3	3.5~4.5	—	—	磷 0.2~0.5	—	—	—	余量	0.01	0.02	0.05	0.02	—	0.002	—	0.008	—	0.010	0.30
	3.5-6-5 锡青铜锭	ZQSnD 3.5-6-5	3.0~4.5	5.0~7.0	4.0~6.0	—	—	—	—	余量	0.500	—	0.40	0.05	—	—	—	—	—	0.050	1.30
	3-12-5 锡青铜锭	ZQSnD 3-12-5	2.0~4.0	9.5~13.5	3.0~6.0	—	—	—	—	余量	0.300	—	0.40	0.02	—	—	—	—	—	0.020	0.80
	3-7-5-1 锡青铜锭	ZQSnD 3-7-5-1	2.5~4.5	6.0~9.5	4.0~7.0	0.5~1.5	—	—	—	余量	0.300	—	0.30	0.02	—	—	—	—	—	0.020	0.80
铸造铅青铜锭	30 铅青铜锭	ZQPbD30	—	—	27.0~33.0	磷 0.04~0.09	—	—	—	余量	0.200	—	0.20	0.01	—	0.005	0.1	0.050	—	0.010	0.80
	25-5 铅青铜锭	ZQPbD 25-5	4.0~6.0	—	23.0~27.0	—	—	—	—	余量	0.200	—	0.20	0.01	0.10	0.005	—	—	—	0.010	0.50
	24-2 铅青铜锭	ZQPbD 24-2	1.0~3.0	—	20.0~25.0	—	—	—	—	余量	0.200	—	0.20	0.02	0.03	0.005	—	—	—	0.020	0.50
	17-4-4 铅青铜锭	ZQPbD 17-4-4	3.5~5.5	2.0~6.0	14.0~20.0	—	—	—	—	余量	0.300	—	0.30	0.02	0.10	0.005	—	0.050	0.02	0.020	0.80
	12-8 铅青铜锭	ZQPbD 12-8	7.0~9.0	—	11.0~13.0	—	—	—	—	余量	0.200	—	0.20	0.02	0.05	0.005	—	—	0.02	0.020	0.60
	10-10 铅青铜锭	ZQPbD 10-10	7.0~11.0	—	8.0~11.0	—	—	—	—	余量	0.300	—	0.20	0.02	0.02	0.005	0.3	—	—	0.020	0.90

续表

主要成分(%)；杂质(≤%)

组别	汉字牌号	代号	锡	锌	铅	镍	铝	铁	锰	铜	锑	铝	铁	硅	磷	铋	锌	硫	镁	铝	总和
铸造铝青铜锭	11-6-6 铝青铜锭	ZQAlD 11-6-6	—	—	—	5.00~6.50	10.0~11.5	5.0~6.5	—	余量	0.050	0.05	—	0.2	0.10	锰 0.5	0.6	—	锡 0.20	—	1.50
	10-4-4 铝青铜锭	ZQAlD 10-4-4	—	—	—	3.50~5.50	9.5~11.0	3.5~5.5	—	余量	0.050	0.05	—	0.2	0.10	锰 0.5	0.5	—	锡 0.20	—	1.50
	10-3-1.5 铝青铜锭	ZQAlD 10-3-1.5	—	—	—	—	9.0~11.0	2.0~4.0	1.0~2.0	余量	0.002	0.03	—	0.1	0.01	—	0.5	镍 0.5	锡 0.10	—	0.60
	10-2 铝青铜锭	ZQAlD 10-2	—	—	—	—	9.0~11.0	—	1.5~2.5	余量	0.002	0.10	—	0.2	0.10	—	1.0	—	锡 0.20	—	1.80
	9-4 铝青铜锭	ZQAlD 9-4	—	—	—	—	8.0~10.0	2.0~4.0	—	余量	0.050	0.10	—	0.1	0.10	—	1.0	镍 1.0	—	—	1.70
	9-2 铝青铜锭	ZQAlD 9-2	—	—	—	—	8.0~10.0	—	1.5~2.5	余量	0.050	0.10	0.5	0.2	0.10	锡 0.2	0.5	镍 1.0	—	—	1.80
	7-1.5-1.5 铝青铜锭	ZQAlD 7-1.5-1.5	—	—	1.0~1.5	—	6.0~8.0	1.0~1.5	—	余量	0.002	—	—	0.1	0.01	锡 0.2	0.3	—	锡 0.10	—	1.60
	5 铝青铜锭	ZQAlD 5	—	—	—	—	4.0~6.0	—	—	余量	0.002	0.03	0.3	0.1	0.01	锰 0.5	0.3	镍 0.5	—	—	1.00
铸造锰青铜锭	12-8-1-2 锰青铜锭	ZQMnD12 8-1-2	—	—	—	1.50~2.50	7.0~9.0	2.5~3.5	11.0~13.0	余量	0.002	0.1	—	—	0.01	锰 0.3	0.1	—	—	—	0.90
	5 锰青铜锭	ZQMnD 5	—	—	—	—	—	—	4.5~6.5	余量	—	—	0.35	0.1	—	—	0.4	—	锡 0.10	—	0.90
铸造硅青铜锭	3-1 硅青铜锭	ZQSiD3-1	硅 2.75~3.5	—	—	—	—	—	1.0~1.5	余量	0.002	0.03	0.3	—	0.05	—	0.5	镍 0.2	锡 0.25	—	1.10
	1-3 硅青铜锭	ZQSiD1-3	硅 0.6~1.1	—	—	2.4~3.4	—	—	0.1~0.4	余量	—	0.15	0.1	—	0.01	—	0.1	—	锡 0.10	0.02	0.40

续表

| 组别 | 牌号 | | 主　要　成　分(%) | | | | | | | | 杂　质(≤%) | | | | | | | | | | |
	汉字牌号	代号	锡	锌	铅	镍	铝	铁	锰	铜	锑	铝	铁	硅	磷	铋	锌	硫	镁	铝	总和
铸造铬青铜锭	0.5铬青铜锭	ZQCrD0.5	—	铬 0.5~1.0	—	—	—	—	—	余量	—	—	—	—	—	—	—	—	—	—	0.5
特殊青铜锭	1铬青铜锭	ZQCrD1	—	铬 0.6~1.2	—	0.10~0.25	镁 0.15~0.35	—	—	余量	—	—	—	—	—	—	—	—	—	—	0.5
特殊青铜锭	1镉青铜锭	ZQCdD1	—	—	镉 0.9~1.2	—	—	—	—	余量	—	—	—	—	—	—	—	—	—	—	0.30

表 10.3　铜中间合金锭的化学成分（原 YB786—75）

牌号		主要成分（%）								杂质（≤%）								物理性能	
汉字牌号	代号	锰	镍	硅	磷	镉	锡	铬	铜	铅	铋	锌	铝	铁	硅	磷	总和	熔化温度（℃）	性状
16 铜硅	CuSi16	—	—	15~17	—	—	—	—	余量	0.1	0.1	—	0.1	0.2	—	—	0.5	800	脆
28 铜锰	CuMn28	>25~30	—	—	—	—	—	—	余量	—	0.1	—	—	1.0	—	0.1	1.0	850	韧
22 铜锰	CuMn22	20~25.0	—	—	—	—	—	—	余量	—	0.1	—	—	1.0	—	0.1	1.0	850	
15 铜镍	CuNi15	—	14~18	—	—	—	—	—	余量	—	—	0.3	—	0.5	—	—	1.0	1050	韧
8 铜铁	CuFe8	—	铁 6~10	—	—	—	—	—	余量	—	锰 0.5	—	—	—	—	0.1	1.0	1350~1400	韧
28 铜镉	CuCd28	—	—	—	—	28~30	—	—	余量	—	—	0.1	—	0.3	—	—	1.0	900	脆
5 铜铬	CuCr5	—	—	—	—	—	—	3~6	余量	—	—	—	0.2	0.3	—	—	1.0	1150	韧
50 铜锑	CuSb50	—	—	—	锑 49~51	—	—	—	余量	—	—	—	—	0.2	—	0.1	1.0	680	脆
1 铜铍	CuBe1	—	—	铍 1~2	—	—	—	—	余量	—	镁 0.1	—	0.1	0.2	—	—	1.0	900	韧
50 铜锡	CuSn50	—	—	—	—	—	49~51	—	余量	—	—	0.1	—	0.2	—	—	1.0	680	韧
14 铜磷	CuP14	—	—	—	>13~15	—	—	—	余量	—	—	0.1	—	0.3	—	—	0.8	900~1020	脆
12 铜磷	CuP12	—	—	—	>11~13	—	—	—	余量	—	—	0.1	—	0.3	—	—	0.8	900~1020	脆
10 铜磷	CuP10	—	—	—	9~11	—	—	—	余量	—	—	0.1	—	0.3	—	—	0.5	900~1020	韧
10 铜镁	CuMg10	—	—	镁 8~12	—	—	—	—	余量	—	—	—	—	0.2	—	—	0.5	750~800	脆

表 10.4　白铜加工产品的化学成分（原 YB148—71）

组别	合金牌号	代号	主要成分(%)				杂质(≤%)											
			镍+钴	锰	铝	铜	铁	硅	镁	锰	铝	硫	碳	磷	铋	砷	锑	总和
普通白铜	0.6白铜	B0.6	0.57~0.63	—	—	余量	0.005	0.002	—	—	0.005	0.005	0.002	0.002	0.002	0.002	0.002	0.10
	5白铜	B5	4.4~5	—	—	余量	0.100	—	氧0.10	—	0.010	0.010	0.030	0.010	0.002	0.010	0.005	0.70
	16白铜	B16	15.30~16.30	—	—	余量	0.050	0.002	0.05	—	0.002	0.002	0.030	0.002	0.002	0.002	0.002	0.20
	19白铜	B19	18.00~20.00	—	—	余量	1.000	0.150	0.05	0.30	0.005	0.010	0.050	0.010	0.002	0.010	0.005	1.50
	30白铜	B30	29~33	—	—	余量	0.900	0.150	—	1.20	0.050	0.010	0.050	0.006	—	—	—	—
锰白铜	3-12锰白铜	BMn3-12	2.0~3.5	11.0~13.0	—	余量	0.500	硅+铝 0.300	0.03	—	0.020	0.020	0.050	0.005	0.002	0.005	0.002	1.10
	40-1.5锰白铜	BMn40-1.5	39.00~41.00	1.00~2.00	—	余量	0.500	0.100	0.05	—	0.005	0.020	0.100	0.005	0.002	0.010	0.002	0.90
	43-0.5锰白铜	BMn43-0.5	42.50~44.00	0.10~1.00	—	余量	0.150	0.100	0.05	—	0.002	0.010	0.100	0.002	0.002	0.002	0.002	0.60
铁白铜	30-1-1铁白铜	BFe30-1-1	29.0~33.0	0.5~1.0	铁0.5~1.0	余量	—	0.150	0.05	—	0.050	0.010	0.050	0.006	0.002	0.002	0.002	0.40
	5-1铁白铜	BFe5-1	5~6.5	0.3~0.8	铁1.0~1.4	余量	—	—	—	—	0.005	—	0.050	—	锌0.500	—	—	0.70
锌白铜	15-20锌白铜	BZn15-20	13.50~16.50	—	锌18.0~22.0	余量	0.500	0.150	0.05	0.30	0.050	0.010	0.030	0.005	0.002	0.010	0.002	0.90
	17-18-1.8锌白铜	BZn	16.5~18.0	铝1.6~2.0	锌余量	61~64.9	1.000	—	—	—	—	—	—	—	—	—	—	—
铝白铜	13-3铝白铜	BAl13-3	12.00~15.00	—	2.3~3.0	余量	1.000	—	—	0.50	0.002	0.010	—	0.010	—	—	—	1.90
	6-1.5铝白铜	BAl6-1.5	5.50~6.50	—	1.2~1.8	余量	0.500	—	—	0.20	0.002	—	—	—	—	0.010	—	1.10

第11章　纯铝和铝合金的分析方法

纯铝具有比重小,导热、导电性能高,耐腐蚀性好,塑性好,色泽美观,无低温脆性,易于加工成形等优点。由于纯铝的强度较低,一般不作结构材料用。在纯铝中加入其他元素制成的铝合金,可大大提高其机械性能。此外,大部分铝合金还可用热处理方法使其强化。所以要求重量小而强度高的零件,采用铝合金来制造最为合适。

铝合金可分为铸造铝合金和变形铝合金两大类。

铸造铝合金按化学组成的不同又可分为下列合金系。

铝及不可热处理强化的铝合金:如铝、铝-锰系、铝-镁系、铝-硅系、铝-铜系等。

可热处理强化的铝合金:如铝-镁-硅系、铝-硅-铜系、铝-镁-硅-铜系、铝-铜-镁系、铝-铜-镁-铁-镍系、铝-铜-锰系、铝-铜-锂系、铝-锌-镁系、铝-锌-镁-铜系等。

变形铝合金根据其性能和用途的不同通常分为:铝(L)、硬铝(LY)、防锈铝(LF)、线铝、锻铝(LD)、超硬铝(LC)、特殊铝(LT)和耐热铝等。各类铝和铝合金的化学成分见11.13节。

硬铝一般称为"杜拉铝明"或"杜拉铝",是一种含有铜、镁、锰等元素的铝合金。硬铝的特点是有高的硬度,但缺点是耐腐蚀性较低。

防锈铝是铝、锰或镁组成的合金。它的特性是耐蚀力很高,抛光性好,能长时间保持其光亮的表面,同时具有足够高的塑性和比纯铝高得多的强度。

耐热铝的成分和硬铝差不多,但加有镍、铁、硅等元素。它的特点是在高温下(250~300 ℃)具有足够的强度和热加工性。

锻铝的成分和耐热铝不同之点是不含镍和铁。其特性是在热态下,一般都有很高的塑性,同时强度大,可以用冲压和锻造方法制造各种结构零件。

线铝的成分性能和硬铝差不多,通常专用作铆钉材料。

下面所列方法适用于工业用纯铝、铸造用铝合金及变形铝合金中主要成分及杂质成分的化学分析。

11.1　硅 的 测 定

11.1.1　硅钼蓝光度法

在酸性溶液中(pH1~2),硅酸根离子与钼酸根离子络合生成硅钼络离子,然后在草酸存在下用亚铁离子使硅钼络离子还原成为钼蓝。

硅钼蓝在水相中有两个吸收峰,最大吸收波长在 815 nm 处,其次为 650 nm。通常于 660~700 nm 波长处测定吸光度。

选择还原条件应仅使硅钼杂多酸中的钼被还原,而游离钼酸中的钼不被还原。为了防止钼酸被还原并破坏生成磷钼杂多酸和砷钼杂多酸,硅钼酸的还原要在足够强的酸度下进行,通常在 3 mol·L^{-1}左右的酸度下还原,所以在草酸铵溶液中加入足够的硫酸,以满足这一要求。

试样溶于碱中,经硝酸酸化,由于氮的氧化物存在将致使钼蓝色泽减退,所以必须选用尿素或氨磺酸分解氧化氮。

硅钼络离子的形成速度因温度升高而加快,在沸水浴中加热 30 s 即能使反应达到完全。但加热时间又不能太长,以免使硅酸聚合而影响吸光度的测定。

还原剂普遍采用硫酸亚铁铵,因为它显色反应快,30 s 还原完全,而且适用于在硝酸溶液中进行。

1) 试剂

氢氧化钠:粒状固体,一级或二级试剂。硝酸(1+1)。过氧化氢(30%)。尿素或氨磺酸(固体)。钼酸铵溶液(5%):称取钼酸铵 5 g,溶于 50～60 ℃温水中,用紧质滤纸过滤后以水稀释至 100 mL。溶液贮于塑料瓶中。草酸铵溶液(3%):于 700 mL 水中加入硫酸(ρ=1.84 g·cm^{-3})250 mL,搅拌后趁热加入草酸铵 30 g,搅拌至草酸铵溶解后过滤稀释至 1 L。硫酸亚铁铵溶液(6%):每 100 mL 溶液中加入硫酸(1+1)6 滴。纯铝:纯度 99.95% 以上。硅标准溶液(Si 0.40 mg·mL^{-1})。配制和标定见 8.9 节中硅的测定。

2) 操作步骤

按试样含硅量的多少称取试样 0.100 0～0.400 0 g,于盛有氢氧化钠 4 g 和水 10 mL 的银烧杯中,加热,待试样分解完毕后滴加过氧化氢(30%)并蒸发至浆状使硅化物等氧化完全。冷却,加水稀释至约 50 mL,小心倾至盛有热硝酸(1+1)(用量见表 11.1)的 250 mL 锥形瓶中(转移溶液时应注意勿使碱性溶液沿壁流下,应使溶液直接倾入硝酸中,以免碱性溶液腐蚀玻璃而影响硅的测定结果)。用水冲洗净烧杯,如果在烧杯底部发现有褐色沉淀黏着,可用稀硫酸(1+1)1～2 滴擦洗。洗液并入锥形瓶中。加入少许尿素使氮的氧化物分解。加热使盐类溶解,用流水使溶液冷却并移入容量瓶中(见表 11.2),以水稀释至刻度,摇匀。与此同时按同样操作配制试剂空白 1 份。吸取试样溶液 10 mL 2 份,分别置于 100 mL 容量瓶中。显色液:加入钼酸铵溶液(5%)5 mL,在沸水浴中加热 30 s(加热时应不断摇动),随即流水冷却至室温,相继加入草酸铵溶液(3%)20 mL 及硫酸亚铁铵溶液(6%)10 mL,摇匀,以水稀释至刻度,摇匀。试剂空白液:相继加入草酸铵溶液(3%)20 mL,钼酸铵溶液(5%)5 mL 及硫酸亚铁铵溶液(6%)10 mL,摇匀。以水稀释至刻度,摇匀。用 1 cm 或 2 cm 比色皿(表 11.1),于 660 nm 波长处,以试剂空白液为比测定吸光度。另取试剂空白液 10 mL 2 份,分别置于 100 mL 容量瓶中,按上述操作步骤显色并测定吸光度。从试样的吸光度值中减去试剂空白的吸光度值后,从检量线上查得试样的含硅量。

表 11.1　不同含硅量试样的不同分析条件

硅含量(%)	试样称量(g)	酸化时硝酸(1+1)的用量(mL)	稀释度容量瓶(mL)	测定吸光度比色皿(cm)
<1	0.400 0	34.0	200	2
1～3	0.200 0	34.0	200	1
3～7	0.100 0	34.0	200	1
7～20	0.100 0	50.0	500	1

3) 检量线的绘制

按表 11.2 所示称取纯铝 6 份,分别置于银烧杯中,按上述方法溶解,酸化并移入容量瓶中,依次加硅标准溶液(Si 0.40 mg·mL^{-1}),以水稀释至刻度,摇匀。吸取溶液各 10 mL 分别置于 100 mL 容量瓶中,按操作步骤显色,以不加硅标准溶液的试液作为参比,测定吸光度,绘制检量线。每毫升硅标准溶液相当于含硅量 0.10%。

表 11.2　绘制检量线时所用的不同条件

适用范围含硅量(%)	纯铝称量(g)	硅标准溶液加入毫升数(Si 0.4 mg·mL^{-1})	酸化时的硝酸(1+1)用量(mL)	稀释度容量瓶(mL)	测定吸光度所用比色皿(cm)	每毫升硅标准溶液相当于含硅量(%)
<0.5	0.400 0	0.0,　1.0,　2.0, 3.0,　4.0,　5.0,	34.0	200	2	0.10
0.1~1	0.400 0	0.0,　1.0,　3.0, 5.0,　7.0,　9.0,	34.0	200	2	0.10
1~7	0.200 0	0.0,　2.0,　6.0, 10.0,　14.0,　18.0,	34.0	200	1	0.20
7~20	0.100 0	0.0,　10.0,　20.0, 30.0,　40.0,　50.0,	50.0	500	1	0.40

4) 注

(1) 本法适用于含硅 0.10%~20% 的纯铝及铝合金。对小于 0.10% 的试样,可改变显色液的稀释体积为 50 mL,即吸取试液及试剂空白溶液各 10 mL 2 份,分别置于 50 mL 容量瓶中,按上述操作步骤显色测定吸光度。从试样的吸光度值中减去试剂空白的吸光度值后,从相应的检量线上查得试样的含硅量。含硅小于 0.10% 的检量线的绘制:吸取溶液各 10 mL 分别于 50 mL 容量瓶中,按上述操作步骤显色,测定吸光度并绘制检量线。

(2) 如用含硅量相近似的标准样品作对比,按比例法求试样中的含硅量,可省略试剂空白的操作,对日常分析也是可行的。

(3) 在绘制检量线时,由于以不加硅标准溶液的试液作为参比,所以可省略试液空白及试剂空白的操作。

(4) 分析纯铝及铝合金试样用氢氧化钠溶样较为稳妥。因为氢氧化钠与铝作用快,而且铝合金中的硅化物在碱溶液中也较容易分解而生成硅酸盐。对含硅较高的试样在溶解时还须加入过氧化氢帮助分解和氧化硅化物。

(5) 溶解试样的氢氧化物必须保持干燥。因吸潮的氢氧化钠容易侵蚀玻璃容器而使空白增高,并且由于氢氧化钠颗粒中空白值也不一致,因此会使分析结果误差较大。如果将氢氧化钠配成溶液,则在配置溶液的过程中不能接触玻璃器皿,配好的溶液应贮于塑料瓶中,加溶液也应用塑料容器,并注意使每一份试样的氢氧化钠溶液的加入量保持一致,使空白稳定。

(6) 按检量线法求含量,分析试样时要做试剂空白和试样空白试验。分析含硅量低的试样更应注意。

(7) 同一份试样溶液除测定硅外,还可以测铜、铁、锰、镍等元素。但在测硅时,试样溶液不宜久放,应在当天完成测定,因为在酸性溶液中硅酸容易聚合而使硅的分析结果偏低。

(8) 高硅铝合金也可用钼黄法测定:即在 420 nm 波长处直接测定 β 硅钼杂多酸的吸光度。方法如下:称取试样 0.400 0(g),置于银烧杯中,按操作步骤中规定的条件溶解,酸化并稀释至 200 mL。分取 20 mL 试样溶液于 250 mL 容量瓶中,加入硝酸(1+15)17 mL,加水稀释至约 200 mL,加钼酸铵溶液(5%)20 mL,加水至刻度,摇匀。在 5~30 min 内用 1 cm 比色皿,以试剂空白为参比液,在 420 nm

波长处,测定吸光度。试剂空白系称取纯铝按相同方法处理。

绘制检量线时也可分取此试剂空白溶液 20 mL 6 份;分别置于 250 mL 容量瓶中,依次加入硅标准溶液(Si 0.40 mg·mL^{-1})0.0 mL,2.0 mL,4.0 mL,6.0 mL,8.0 mL,10.0 mL,各加硝酸(1+15)17 mL,以下操作同上。

11.1.2　重量法

重量法测定硅系使试样溶液中的硅酸脱水成聚合硅酸沉淀。将沉淀滤出后在高温(950～1050 ℃)下灼烧成二氧化硅而称其质量。铝合金试样应溶于氢氧化钠溶液中。硅在铝合金中存在有多种相态,有溶于铝中的固溶体,有硅和其他金属元素形式的二元或三元的硅化物。当含硅量大于11.7%时尚有硅的初晶出现。其中有些相态在酸中不溶解,有些相态(如 Mg_2Si 等)虽能与酸作用,但引起硅的挥发损失:

$$Mg_2Si + 4H^+ = SiH_4\uparrow + 2Mg^{2+}$$

而用氢氧化钠溶解时(辅以过氧化氢的氧化作用),各种相态的硅都有效地转化成硅酸盐。溶解应当在不锈钢、镍、银或聚四氟乙烯制成的烧杯中进行,而且在酸化前溶液不能与玻璃器皿接触,以免从玻璃器皿中引入硅。

试样经氢氧化钠溶解完毕后须进行酸化。根据下一步脱水方法的选择可用硫酸或高氯酸酸化。含铜、锰等元素较高的试样酸化后可能有部分元素状态的铜或锰(Ⅳ)的含水氧化物不溶解,这时可加适量的硝酸和亚硫酸助溶。如果试样是在金属器皿中溶解,则应将碱性试样溶液倒入盛有酸的烧杯中。如果试样是在聚四氟乙烯烧杯中溶解,则可将酸倒入盛试样溶液的烧杯中,但最后脱水的冒烟操作仍须在玻璃烧杯中进行。

将酸化的溶液蒸至冒硫酸或高氯酸烟,这时硅酸聚合成 $SiO_2 \cdot nH_2O$ 的沉淀析出。用高氯酸脱水不易产生难溶性盐类,操作比较方便,但使用时要注意安全,不能让高氯酸与有机物或金属粉末直接接触,以免引起爆炸。而且在硅酸沉淀滤出后必须将沉淀滤纸上的高氯酸洗净,否则在灼烧时将发生"爆溅"而使测定失败。用硫酸脱水时,如冒烟时间过长或冒烟温度太高,则容易生成难溶盐类,给下一步操作带来很大困难,甚至使测定最终失败。但如能掌握好冒烟的时间和程度(如保持轻微冒烟3 min 左右),则情况还是很好的。特别对含锡、锑的试样,用硫酸脱水较为妥当。

有些铝合金中含锡、锑或铅。用高氯酸冒烟脱水时,铅不影响测定,但锡、锑沉淀析出干扰硅的测定。可以在冒烟前加入适量氢溴酸,在冒烟过程中使锡、锑以溴化物状态挥发除去。也可用硫酸冒烟脱水,然后加适量盐酸使锡、锑保留在溶液中。

脱水所得到的硅酸沉淀是无定形结晶,它在水中有一定的溶解度,溶解度的大小与溶液的温度、酸度等因素有关。温度高,酸度低,硅酸沉淀的溶解度就大。此外,钠盐的存在也增加硅酸沉淀的溶解度。因此在滤去沉淀后的滤液中仍含有少量硅。即使将滤液再次脱水也难达到硅酸的完全沉淀析出。在精确测定中可经过一次脱水后在滤液中用光度法测定其残留硅,即采取重量法和光度法相结合的方法,能得到较好的结果。

将过滤所得硅酸沉淀置于铂坩埚中在1000 ℃灼烧后得到二氧化硅。但此二氧化硅并不纯净,混有少量铝、铁、钛等元素的氧化物。因此必须进行氢氟酸处理。加入氢氟酸并蒸发至干使硅以四氟化硅的状态挥发。而铝、铁、钛等元素仍留在坩埚中,再次灼烧后根据两次称重的差数算出二氧化硅的实际重量。

在加入氢氟酸之前应先加数滴硫酸,使氧化物残渣湿润,否则在蒸发过程中钛、锆等元素也会以氟化物状态挥发。

1) 试剂

高氯酸(3+2),(1+3)。硫酸(1+1),(1+3)。氢氧化钠溶液(30%):称取氢氧化钠 150 g,置于 600 mL 银烧杯中,加水 30 mL,溶解后冷却到室温,加水至 500 mL。此溶液应贮存于塑料瓶中。亚硫酸(6%)。硝酸($\rho=1.42$ g·cm^{-3})。过氧化氢(30%)。氢氟酸(40%)。

2) 操作步骤

称取试样 0.350 0~1.000 g(根据试样含硅量而定,应使所称取试样中硅量在 0.01~0.075 g 之间),置于有盖的 250 mL 银烧杯中,加入氢氧化钠溶液 10~20 mL(用塑料量杯),待剧烈反应停止后将烧杯置于电热板上蒸发浓缩至浆状,在此过程中分次滴加过氧化氢使硅氧化成硅酸盐。溶液完毕后,将烧杯置于冷水浴中,冷却至室温,用少量水冲洗烧杯盖及烧杯内壁。于另一银烧杯中加入相同量的氢氧化钠溶液作为试剂空白。

(1) 高氯酸脱水法。将试样的氢氧化钠溶液缓慢而小心地倒入已盛有高氯酸(3+2)40 mL 的 250 mL 烧杯中,先后用水及少量高氯酸(1+3)冲洗银烧杯并用橡皮头擦棒擦净烧杯内壁上附着的沉淀物。洗涤液并入酸化溶液中。加入硝酸 5 mL 及亚硫酸(6%)5 mL。将烧杯置于电热板上加热使盐类溶解并蒸发至开始冒高氯酸烟。将烧杯盖紧后在电热板上低温处保持冒烟 15 min。冷却,加热水 100 mL,搅拌,并稍加热使盐类溶解完全。此时如有二氧化锰沉淀析出,可加过氧化氢 1~2 滴使之溶解。加入少量无灰纸浆,搅匀后用中速定量滤纸过滤。用橡皮头擦棒将沉淀全部移至滤纸上,用热水充分洗涤至滤液不呈酸性,滤液接收于 500 mL 容量瓶中,留作光度法测定残留硅。

(2) 硫酸脱水法。将试样的氢氧化钠溶液小心倒入已盛有硫酸(1+1)40 mL 及硝酸 5 mL 的 250 mL 烧杯中,用水冲洗银烧杯并用胶皮擦棒擦净银烧杯内壁上附着的沉淀物。如有不易擦下的沉淀物,可加入硫酸(1+3)数滴助溶。将烧杯置于电热板上加热使盐类溶解,如有二氧化锰沉淀可滴加过氧化氢 1~2 滴使之溶解。蒸发至开始有明显的三氧化硫烟出现,继续保持微微冒烟 2~3 min。取下,冷却。用水冲洗表面皿及烧杯内壁,加入热水 100 mL,搅匀。加热使盐类溶解(一般需 3~5 min),加入无灰纸浆少许,用中速定量滤纸过滤,用橡皮擦棒将沉淀全部移至滤纸上,用热水充分洗涤至滤纸不呈酸性。滤液接收于 500 mL 容量瓶中留作光度法测定其残留硅。

将沉淀及滤纸移入铂金坩埚中,小心灰化,于 1 000 ℃灼烧 30 min,取出坩埚置于干燥器中冷至室温(约需 45 min),称其质量。重复灼烧并称至恒重。记下坩埚及残渣的质量(G_1)。于溶液中滴加硫酸(1+1)3~5 滴使残渣湿润,用塑料滴管加入氢氟酸 3~5 mL,使二氧化硅溶解,小心蒸发至干润,再于 1 000 ℃灼烧 15 min,取出坩埚,置于干燥器中冷至室温,称重。重复灼烧并称至恒重。记下质量(G_2)。

(3) 滤液中残留硅的光度测定。分取滤液 25 mL,置于 100 mL 锥形瓶中,滴加氨水至刚果红试纸恰呈紫红色,加硝酸(1+4)1.6 mL,加水稀释至 35 mL,加钼酸铵溶液(5%)5 mL,放置 10~20 min,加草酸铵溶液(3%)10 mL,硫酸亚铁铵(6%)5 mL,摇匀。用 2 cm 比色皿,以试剂空白为参比溶液,在 660 nm 波长处,测定吸光度。从检量线上查得其含硅量。

另从试剂空白溶液中分取滤液 25 mL 6 份分别置于 100 mL 锥形瓶中,按上法调节酸度后依次加入硅标准溶液(Si 20 μg·mL^{-1})0.0 mL,1.0 mL,2.0 mL,3.0 mL,4.0 mL,5.0 mL,各加水至 35 mL,并加钼酸铵溶液 5 mL,以下按上法显色后测定吸光度并绘制检量线。根据重量法及光度法所测得的数据,按下式计算试样的含硅量:

$$[\text{重量法部分}]\text{Si}\%(A)=\frac{(G_A-B)\times 0.467\,4}{G}\times 100$$

式中:G_A 为测得二氧化硅的质量,即 G_1-G_2(g);B 为试剂空白的质量(g);G 为试样质量(g)。

$$[\text{光度法部分}]\text{Si}\%(B)=\frac{G_B\times 20}{G}\times 100$$

式中：G_B 为从检量线上查得的硅的克数，已减去空白值；G 为试样质量(g)。

$$\sum Si\% = Si\%(A) + Si\%(B)$$

11.2　铜　的　测　定

11.2.1　二乙胺硫代甲酸钠光度法

在含有保护胶的氨性或微酸性溶液中，二乙胺硫代甲酸钠试剂(以下简称 DDTC)与 Cu^{2+} 反应生成金黄色胶体溶液，借此作铜的光度测定。

$$2S=C\begin{matrix} N(C_2H_5)_2 \\ \\ S-Na \end{matrix} + Cu^{2+} = \left[S=C \begin{matrix} N(C_2H_5) \\ \\ S- \end{matrix} \right]_2 Cu + 2Na^+$$

在有柠檬酸盐存在的氨性溶液中(pH$>$9)，干扰测定铜的元素主要是 Ni^{2+}，Co^{2+} 和 Bi^{3+}，Ni^{2+} 与 DDTC 生成黄绿色沉淀，Co^{2+}，Co^{3+} 生成暗绿色沉淀，Bi^{3+} 生成黄色沉淀。加入乙二胺四乙酸二钠溶液(以下简称 EDTA 溶液)可消除镍、钴的干扰。铋在一般铝合金中不存在，故不考虑铋的干扰。含锰很高的试样用此法测定铜时有干扰。因 Mn^{2+} 在氨性溶剂中被空气氧化而产生淡红色，但锰小于 2%时对铜的测定无影响。

1) 试剂

柠檬酸铵溶液(50%)。氨水(1+1)。阿拉伯树胶溶液(0.5%)：称取阿拉伯树胶 1 g 溶于热水 200 mL 中，经过滤备用。DDTC 溶液(0.2%)：称取此试剂 0.5 g 溶于水中，过滤后稀释至 250 mL。EDTA 溶液(0.01 mol·L^{-1})。镁标准溶液：0.01 mol·L^{-1}，称取纯镁 0.243 1 g，溶于少量盐酸中，移入 1 000 mL 容量瓶中，以水稀释至刻度，摇匀。铜标准溶液(甲)(Cu 0.1 mg·mL^{-1})：称取纯铜(99.95%以上)0.100 0 g，溶于硝酸(1+2)5 mL 中，煮沸，除去黄烟后移入 1 000 mL 容量瓶中，以水稀释至刻度，摇匀。铜标准溶液(乙)(Cu 0.01 mg·mL^{-1})：用移液管分取铜标准溶液(甲)20 mL，置于 200 mL 容量瓶中，以水稀释至刻度，摇匀。

2) 操作步骤

称取试样 0.100 0 g，置于 100 mL 两用瓶中，加入氢氧化钠溶液(20%)10 mL，待作用完毕后加硝酸(1+1)20 mL，加入尿素少许使氧化氮分解。以水稀释至刻度，摇匀。与此同时按相同手续配制试剂空白 1 份。按试样含铜量的范围操作如下。

(1) 含铜 1%～8%的试样。分取上述试样 10 mL 2 份(如含铜大于 8%，可分取 5 mL 试样溶液 2 份)，分别置于 100 mL 容量瓶中，其中 1 份作为显色溶液，另一份作为底液空白。显色溶液：相继加入柠檬酸溶液 5 mL，氨水(1+1)10 mL，EDTA 溶液(0.01 mol·L^{-1})2 mL，镁标准溶液(0.01 mol·L^{-1})2 mL 及阿拉伯树胶溶液 10 mL，摇匀。再加 DDTC 溶液 10 mL，以水稀释至刻度，摇匀。底液空白溶液：操作与显色溶液相同，但不加 DDTC 溶液。在 470 nm 波长处，用 1 cm 比色皿，对底液空白，测定吸光度。另取试剂空白溶液 10 mL，按上述操作显色并测定吸光度。从试样的吸光度读数中减去试剂空白的吸光度后，从相应的检量线上查得试样的含铜量。

(2) 含铜 0.02%～2%的试样。吸取试样溶液 10 mL 或 20 mL 2 份，分别置于 50 mL 容量瓶中，其中 1 份为显色溶液,另 1 份作为底液空白溶液,分别操作如下。

显色溶液:相继加入柠檬酸铵溶液 5 mL,氨水(1+1)10 mL,EDTA 溶液 2 mL,镁标准溶液 2 mL 及阿拉伯树胶溶液 5 mL,摇匀。再加 DDTC 溶液 5 mL,以水稀释至刻度,摇匀。底液空白溶液:操作与显色溶液相同,但不加 DDTC 溶液。在 470 nm 波长处,用 2 cm 或 5 cm 比色皿,对底液空白,测定吸光度。另取试剂空白溶液 10 mL 或 20 mL,按上述操作显色并测定其吸光度。从试样的吸光度读数中减去试剂空白的吸光度后,从相应的检量线上查得试样的含铜量。

3) 检量线的绘制

(1) 含铜 0.1~0.8 mg 的检量线。于 6 只 100 mL 容量瓶中,依次加入铜标准溶液(甲)0.0 mL, 1.0 mL,3.0 mL,5.0 mL,7.0 mL 及 8.0 mL(Cu 0.1 mg·mL^{-1})按操作步骤(1)操作,以不加铜标准溶液的试液作为参比溶液测其各溶液的吸光度,并绘制检量线。每毫升铜标准溶液相当于含铜量 1.00%(对吸取试液 10 mL 而言)。

(2) 含铜 0.02~0.2 mg 的检量线。于 6 只 50 mL 容量瓶中,依次加入铜标准溶液(乙)0.0 mL, 2.0 mL,6.0 mL,10.0 mL,14.0 mL 及 18.0 mL(Cu 0.01 mg·mL^{-1})按操作步骤(2)操作,以不加铜标准溶液的试液作为参比溶液,用 2 cm 比色皿,测其各溶液的吸光度,并绘制检量线。每毫升铜标准溶液相当于含铜量 0.10%(对吸取试液 10 mL 而言)。

(3) 含铜 5~50 μg 的检量线。于 6 只 50 mL 容量瓶中,依次加入铜标准溶液(乙)0.0 mL, 1.0 mL,2.0 mL,3.0 mL,4.0 mL 及 5.0 mL(Cu 0.01 mg·mL^{-1}),按操作步骤(2)操作,以不加铜标准溶液的试液作为参比溶液,用 5 cm 比色皿,测其各溶液的吸光度,并绘制检量线。每毫升铜标准溶液相当于含铜量 0.05%(对吸取试液 20 mL 而言)。

4) 注

(1) 分析含硅较高的合金时在加入氨水后常出现白色胶状沉淀。可按原方法显色后用脱脂棉花干滤部分溶液或者待沉淀下沉后倒取上层澄清溶液进行光度测定。

(2) 如试样不含镍,可不加 EDTA 溶液及镁标准溶液。如含镍超过 2.5%,则必须按计算增加这两种试剂的加入量。每毫升 EDTA(0.01 mol·L^{-1})按理论计算可络合 0.59 mg 镍,但因试样中的其他元素如锌、镁等也能与 EDTA 作用,故 EDTA 的加入量应有相当过量。当增加 EDTA 的加入量时,镁标准溶液的加入量也要相应增加,使过量的 EDTA 络合而不影响铜的显色。

11.2.2　二环己酮草酰双腙光度法

二环己酮草酰双腙(以下简称 BCO)与 Cu^{2+} 离子在碱性溶液中生成蓝色络合物。BCO 试剂在水溶液中有多变异构作用。在 pH<3 的溶液中主要以酮式存在,而在 pH 7~10 的碱性溶液中主要以烯醇式 I 的状态存在,pH>10 时则以烯醇式 II 的状态存在。而只有烯醇式 I 的状态能与 Cu^{2+} 离子生成络合物。

由此可见,显色反应的适宜酸度应为 pH 7~10。当 pH<6.5 时,络合物不形成,而当 pH>10 时,络合物的蓝色迅速消退。此外,显色的适宜酸度范围尚受共存元素缓冲体系的不同等因素的影响。在柠檬酸铵-氢氧化钠-硼酸钠缓冲介质中,显色的适宜酸度为 pH 8.5~9.5。此显色反应的灵敏度为 Cu 0.2 μg·mL^{-1},略高于 DDTC-Cu 的反应。BCO-Cu 络合物的吸收峰值在 595~600 nm 波长,铜浓度在 0.2~4 μg·mL^{-1} 之间遵守比耳定律。BCO 试剂的加入量一般应为 Cu^{2+} 量的 8 倍以上。如试样含镍,则 BCO 的加入量要相应增加,否则铜的结果将偏低,而且色泽不稳定。加入 BCO 试剂后须放置 3~5 min 使反应完全。大量柠檬酸盐的存在使显色反应的速度减慢。

1) 试剂

氢氧化钠:一级试剂(固体),(10％)的溶液。硝酸(1+1)。尿素(固体)。硼酸钠缓冲液:称取硼酸 15.45 g,溶于水中并稀释至 500 mL。另称氢氧化钠 2 g,溶于水中,并稀释至 100 mL。取硼酸溶液 400 mL 与氢氧化钠溶液 60 mL 混合。柠檬酸铵溶液(50％)。二环己酮草酰双腙溶液(0.05％),称取 0.50 g 试剂,溶于热乙醇(1+1)100 mL 中,用水稀释至 1 000 mL。中性红指示剂(0.1％),乙醇溶液。铜标准溶液(Cu 100 μg·mL^{-1},10 μg·mL^{-1}),配制方法见前法。

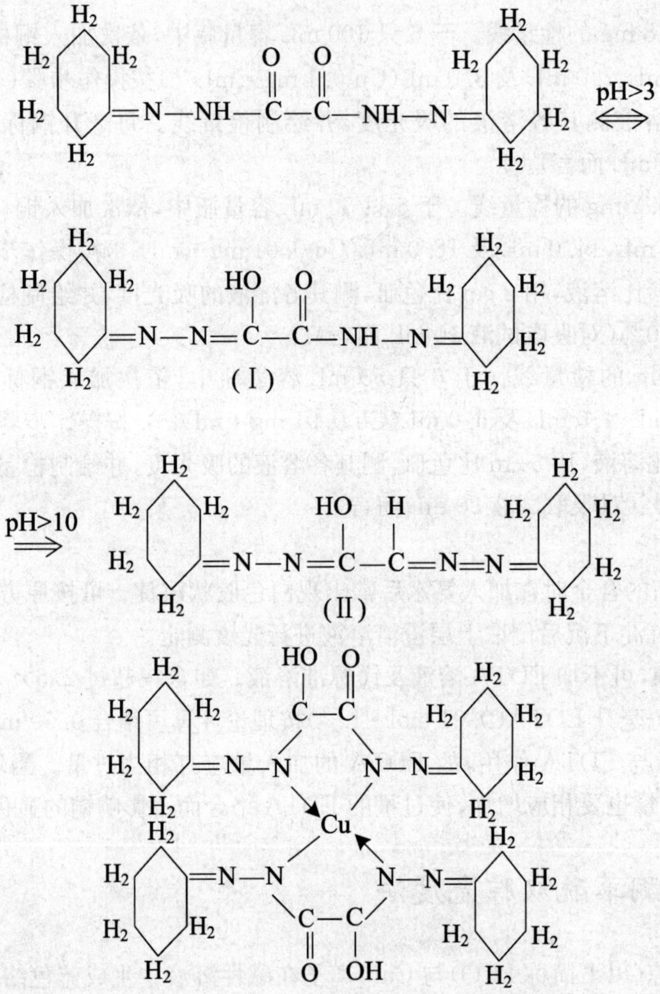

2) 操作步骤

称取试样 0.100 0 g 置于 100 mL 两用瓶中,加固体氢氧化钠 2 g,加水 10 mL,加热,待分解后滴加过氧化氢(30％)数滴,再加热至无小气泡。稍冷,加入硝酸(1+1)20 mL,使溶液酸化,加热使盐类溶解,加入尿素少许,使氧化氮分解,冷却。以水稀释至刻度,摇匀。另按相同手续配制试剂空白 1 份。根据试样含铜量的范围操作如下。

(1) 含铜 1％～5％的试样。分取试样溶液 10 mL 2 份(含铜量大于 5％的试样分取试样溶液 5 mL 2 份)。分别置于 100 mL 容量瓶中,其中 1 份作为显色液,另 1 份作底液空白。显色液:加入柠檬酸铵溶液 1 mL,水约 20 mL,中性红指示剂 1 滴,滴加氢氧化钠溶液(10％)至溶液由红变黄,再加 2 mL 及硼酸钠缓冲溶液 10 mL,摇匀。加 BCO 溶液 25 mL,以水稀释至刻度,摇匀。底液空白:操作与显色液相同,但不加 BCO 溶液。在 600 nm 波长处,用 1 cm 比色皿,以底液空白为参比,测其吸光度。另取试剂空白溶液 10 mL,按上述方法显色并测其吸光度。从试样的吸光度读数中减去试剂空白的吸光度后从相应检量线上查得试样的含铜量。

(2) 含铜 0.05%~1% 的试样。吸取试样溶液 10 mL 2 份分别置于 50 mL 容量瓶中,其中 1 份作为显色液,另 1 份作为底液空白。显色液:加入柠檬酸铵溶液 1 mL,水约 10 mL,中性红指示剂 1 滴,滴加氢氧化钠溶液(10%)至指示剂由红变黄并过量 1 mL,硼酸缓冲溶液 5 mL,摇匀。加入 BCO 溶液 10 mL,以水稀释至刻度,摇匀。底液空白:操作与显色溶液相同,但不加 BCO 溶液。在 600 nm 波长处,用 2 cm 或 5 cm 比色皿,以底液空白为参比,测其吸光度。另分取试剂空白溶液 10 mL,按上述方法显色并测其吸光度。从试样的吸光度读数中减去试剂空白的吸光度后在相应的检量线上查得试样的含铜量。

3) 检量线的绘制

(1) 含铜 50~500 μg 的检量线。于 6 只 100 mL 容量瓶中,依次加入铜标准溶液(Cu 100 μg · mL^{-1}) 0.0 mL,1.0 mL,2.0 mL,3.0 mL,4.0 mL 及 5.0 mL,按操作步骤(1)显色,可省略底液空白的操作,在 600 nm 波长处,用 1 cm 比色血,以不加铜标准溶液的试液为参比液,测其各溶液的吸光度并绘制检量线。

(2) 含铜 10~100 μg 的检量线。于 6 只 50 mL 容量瓶中,依次加入铜标准溶液(Cu 10 μg · mL^{-1}) 0.0 mL,2.0 mL,4.0 mL,6.0 mL,8.0 mL 及 10.0 mL,按操作步骤(2)显色,可省略底液空白及试剂空白操作,在 600 nm 波长处用 2 cm 比色皿以不加铜标准溶液的试液为参比液,测其各溶液的吸光度并绘制检量线。

(3) 含铜 5~10 μg 的检量线。于 6 只 50 mL 容量瓶中,依次加入铜标准溶液(Cu 10 μg · mL^{-1}) 0.0 mL,1.0 mL,2.0 mL,3.0 mL,4.0 mL 及 5.0 mL,按操作步骤(2)显色,可省略底液空白及试剂空白的操作,在 600 nm 波长处,用 5 cm 比色血,以不加铜标准溶液的试液为参比液,测其各溶液的吸光度并绘制检量线。

4) 注

(1) 采用硼酸钠缓冲溶液控制酸度,显色后色泽的稳定性和再现性都较好。温度的影响也小。

(2) 10 mL BCO 溶液可显色 0.2 mg 铜。

(3) 含镍的试样应增加 BCO 溶液的加入量至 20 mL。含镍时显色液的稳定性较差。

(4) 室温低于 10 ℃ 时显色后应放置 10 min。室温高于 10 ℃ 时,则经 3 min 显色即已完全。

(5) 酸度对显色影响较大,在 pH 低于 8 时,不能显色,而 pH 超过 9.8 时,络合物的色泽显著降低。通常认为:铜含量较高时宜在 pH 9.1~9.5 显色;而铜含量较低时,在 pH 8.3~9.8 范围内显色均可。

11.3　铁　的　测　定

11.3.1　EDTA-H$_2$O$_2$ 光度法

3 价铁在 pH≥10.2 的氨性溶液中与乙二胺四乙酸及过氧化氢形成稳定的紫红色三元络合物,其摩尔比为 1:1:1,此络合物在 520 nm 波长处有一吸收峰。含铁量在 0.1~10 mg 范围符合比耳定律。钴和铬干扰测定,其他共存元素对测定无影响。

1) 试剂

盐酸(1+1)。硝酸($\rho=1.42\,\mathrm{g\cdot cm^{-3}}$)。EDTA 溶液(10%):称取乙二胺四乙酸二钠 100 g 溶于水中,以水稀释至 1 000 mL 刻度,摇匀。氨水($\rho=0.88\,\mathrm{g\cdot cm^{-3}}$)。过氧化氢(30%)。铁标准溶液(甲)(Fe 1 mg·mL^{-1}):称取纯铁 0.100 0 g 溶于硝酸(1+3)5 mL 中,煮沸除去氧化氮,移入 100 mL 容量瓶中,以水稀释至刻度,摇匀。铁标准溶液(乙)(Fe 0.1 mg·mL^{-1}):吸取(甲)10 mL,移入 100 mL 容量瓶中,加盐酸 1 mL,以水稀释至刻度,摇匀。

2) 操作步骤

称取试样 0.200 0 g 置于 150 mL 锥形瓶中,加盐酸(1+1)10 mL,硝酸 3 mL 加热使试样溶解。立即加入 EDTA 溶液(10%)30 mL,加热煮沸,趁热徐徐加入氨水 15 mL,冷却至室温,移入 100 mL 容量瓶中(如硅量高的试样,则滤入容量瓶中),加过氧化氢(30%)2 mL,摇匀。以水稀释至刻度,摇匀。用 1 cm 或 3 mL 比色皿,于 520 nm 波长处,以水为参比,测定吸光度。从相应的检量线上查得试样的含铁量。

3) 检量线的绘制

(1) 含铁 0.5%~2.5%的检量线。于 5 只 100 mL 容量瓶中,依次加入铁标准溶液(甲)1.0 mL,2.0 mL,3.0 mL,4.0 mL,5.0 mL,各加 EDTA 溶液(10%)5 mL,氨水 10 mL 及过氧化氢(30%)2 mL,以水稀释至刻度,摇匀。用 1 cm 比色皿,于 520 nm 波长处,以水为参比,测定吸光度并绘制检量线。每毫升铁标准溶液相当于含铁量 0.50%。

(2) 含铁 0.05%~0.5%的检量线。于 5 只 100 mL 容量瓶中,依次加入铁标准溶液(乙)1.0 mL,3.0 mL,5.0 mL,7.0 mL,10.0 mL,按上述方法显色,用 3 cm 比色皿,于 520 nm 波长处,以水为参比,测定吸光度并绘制检量线。每毫升铁标准溶液相当于含铁量 0.05%。

4) 注

(1) 本法中,EDTA 既是显色剂又是掩蔽剂,为了使 Al^{3+} 等共存离子在碱性溶液中仍能留在溶液中,采用预先加入过量的 EDTA,将铝、铁等离子皆被络合的方法。EDTA 的加入量与所络合离子的摩尔数比值大于 1.3。由于 Al^{3+} 与 EDTA 络合速度慢,为了防止由于 EDTA 的加入使溶液的 pH 提高而引起 Al(OH)$_3$ 的析出,所以必须在热溶液中加入 EDTA 并煮沸,保证 Al^{3+} 等离子完全络合。

(2) 实验证明:EDTA-H$_2$O$_2$-Fe^{3+} 络合物的稳定性和显色完全程度与溶液的 pH 值有关。络合物的稳定性随 pH 的提高而增加,当 pH=10.8 时,络合物的色泽能稳定 3~4 h;pH=10.4 时能稳定 2 h;当 pH<10.2 时显色达不到最深色,本法选用 pH=10.5 的条件。过多的氨水对结果无影响,但给操作带来不便。

(3) 加入过氧化氢之前,必须将溶液冷至室温,温度过高,将造成过氧化氢分解,使色泽极易消失。

(4) 过氧化氢加入量与铁的毫克摩尔数比,应大于 12(即[H$_2$O$_2$]/[Fe]≥12)才能使 EDTA-H$_2$O$_2$-Fe^{3+} 络合物完全形成和稳定,显色达到最深色。过量的过氧化氢对测定无影响,由于试样中铁量有高有低,为了方便用过氧化氢(30%)2 mL。

(5) 所用器皿必须无铁,可用盐酸和硫氰酸盐溶液检查。

(6) 含铁量大于 0.50%的试样用 1 cm 比色皿,小于 0.50%的试样用 3 cm 比色皿。

(7) 用铁标准溶液直接绘制的检量线和用铝打底绘制的检量线一致。

11.3.2 1,10-二氮菲光度法

2 价铁离子与 1,10-二氮菲在 pH2~9 的溶液中形成橙红色络合物,其最大吸收在 510 nm 处。如在 pH3~5 的微酸性溶液中显色,大量铝不干扰测定。Cu^{2+},Ni^{2+} 也能与 1,10-二氮菲生成络合物,使

Fe^{2+} 的显色不完全。加入足够过量的 1,10-二氮菲可允许在 1 mg Cu^{2+},Ni^{2+} 等元素存在下进行铁的测定。就各类纯铝及铝合金中共存的合金元素来看,测定 0.05%～2.0% 的含铁量时无须分离或特殊掩蔽措施。

1) 试剂

氢氧化钠:一级或二级,粒状圆体。硝酸(1+1)。过氧化氢(30%)。抗坏血酸溶液(1%)。缓冲溶液:称取乙酸钠(NaAc·$3N_2O$)272 g,溶于 500 mL 水中,加入冰醋酸 240 mL,以水稀至 1 000 mL。尿素(固体)。1,10-二氮菲溶液(0.2%)。铁标准溶液(甲)(Fe 0.1 mg·mL^{-1}):称取纯铁 0.100 0 g,溶于硝酸(1+1)15 mL 中,煮沸除去黄烟后冷却,移入 1 000 mL 容量瓶中,以水稀释至刻度,摇匀。铁标准溶液(乙)(Fe 10 μg·mL^{-1}):分取(甲)溶液 25 mL,置于 250 mL 容量瓶中,以水稀释至刻度,摇匀。

2) 操作步骤

称取试样 0.100 0 g 置于 100 mL 两用瓶中,加固体氢氧化钠 1 g 及水 5 mL,待作用完毕时滴加过氧化氢(30%)使硅化物氧化。稍冷,加入硝酸(1+1)15 mL 使溶液酸化,加热使盐类溶解,加入少量尿素,冷却,以水稀释至刻度,摇匀。于另一 100 mL 两用瓶中,加入相同量的氢氧化钠和硝酸,并按同样方法处理作为试剂空白。分取试样溶液 10 mL 2 份,分别置于 50 mL 容量瓶中。显色液:加入抗坏血酸溶液 2 mL,1,10-二氮菲溶液 10 mL 及缓冲溶液 5 mL,投入一小块刚果红试纸,如呈蓝色,滴加氨水(1+3)至呈红色,以水稀释至刻度,摇匀。在室温(20～25 ℃)放置 5 min。底液空白:操作同上但不加 1,10-二氮菲溶液。用 1 cm 或 5 cm 比色皿,以底液空白为参比溶液,在 510 nm 波长处,测定吸光度。分取试剂空白溶液 10 mL,置于 50 mL 容量瓶中,按上述同样方法显色后,以水为参比溶液,测定吸光度。从试样的吸光度读数中减去试剂空白的读数后,在相应的检量线上查得试样的含铁量。

3) 检量线的绘制

(1) 含铁量 0.05%～0.50% 的检量线。于 6 只 50 mL 容量瓶中,依次加入铁标准溶液 0.0 mL,1.0 mL,2.0 mL,3.0 mL,4.0 mL 及 5.0 mL(Fe 10 μg·mL^{-1}),按上述操作步骤显色后用 5 cm 比色皿,以不加铁标准溶液的试液为参比溶液,测定吸光度并绘制检量线。每毫升铁标准溶液相当于含铁量 0.1%。

(2) 含铁量 0.5%～4.0% 的检量线。于 6 只 50 mL 容量瓶中,依次加入铁标准溶液 0.0 mL,0.5 mL,1.0 mL,2.0 mL,3.0 mL,4.0 mL(Fe 0.1 mg·mL^{-1}),按上述操作步骤显色后,用 1 cm 比色皿,以不加铁标准溶液的试液为参比溶液,测定吸光度并绘制检量线。每毫升铁标准溶液相当于含铁量 1.00%。

4) 注

如遇共存的 Cu^{2+},Ni^{2+} 超过允许量时,可用 EDTA 掩蔽。

11.4　锰　的　测　定

11.4.1　过硫酸铵氧化-高锰酸光度法

在硫酸、磷酸、硝酸混合酸的热溶液中,在催化剂硝酸银存在下,过硫酸铵将 2 价锰氧化至呈紫红色的高锰酸,其最大吸收波长为 525 nm 和 545 nm。借此作锰的测定。氧化时要求溶液的酸度低于

$4\ mol\cdot L^{-1}$,一般采用在 $1\sim 2\ mol\cdot L^{-1}$ 的混合酸溶液中进行。磷酸的存在可使 Mn^{2+} 形成磷酸盐络离子,因而能顺利地氧化成 7 价,避免了在氧化过程中形成 4 价锰的可能性。在部分氧化后的试液中加 EDTA 溶液数滴使 7 价锰还原,以此作为光度测定的参比溶液。这样可消除试样底液色泽的影响。

1) 试剂

混合酸:于 500 mL 水中加入硫酸 25 mL,磷酸 30 mL,硝酸 60 mL 及硝酸银 0.1 g,搅匀并使硝酸银溶解后加水至 1 000 mL。过硫酸铵溶液(20%),当天配制。EDTA 溶液(5%)。亚硝酸钠溶液(0.2%)。硝酸(1+1)。锰标准溶液(甲)(Mn 0.2 mg·mL^{-1}):称取金属锰(纯度 99.9% 以上)0.100 0 g,溶于硝酸(1+1)5 mL 中,煮沸除去黄烟后移入 500 mL 容量瓶中,加水至刻度,摇匀。锰标准溶液(乙)(Mn 0.05 mg·mL^{-1}):分取上述溶液 50 mL 于 200 mL 容量瓶中,加水至刻度,摇匀。

2) 操作步骤

称取试样 0.100 0 g,于 100 mL 两用瓶中,加入氢氧化钠 2 g 及水约 10 mL,加热使试样溶解,滴加过氧化氢使硅化物分解并氧化。稍冷,加硝酸(1+1)15 mL,加热使盐类溶解,如溶液中有棕色二氧化锰的沉淀存在,应加亚硝酸钠溶液数滴使沉淀溶解,煮沸除去黄烟,加入混合酸 20 mL 及过硫酸铵溶液 10 mL,煮沸半分钟,冷却。加水至刻度,摇匀。倒部分溶液于 1 cm 比色皿或 5 cm 比色皿中,于剩余溶液中滴加 EDTA 溶液使高锰酸的紫色褪去后,倒入另一同样厚度的比色皿中作为参比溶液,在 530 nm 波长处测其吸光度。另称不含锰的纯铅 0.100 0 g,按相同方法处理并显色作为试剂空白,测其吸光度。从试样的吸光度读数中减去试剂空白的吸光度后,在相应的检量线上查得试样的含锰量。

3) 检量线的绘制

(1) 含锰 0.2%~2% 的检量线。于 6 只 100 mL 两用瓶中,依次加入锰标准溶液(甲)0.0 mL,1.0 mL,3.0 mL,5.0 mL,7.0 mL,9.0 mL(Mn 0.2 mg·mL^{-1}),各加水至体积约 30 mL,加混合酸 20 mL,过硫酸铵溶液 10 mL,煮沸半分钟,冷却。加水至刻度,摇匀。用 1 cm 比色皿,以不加锰标准溶液的试液为参比溶液,于 530 nm 波长处,测其各溶液的吸光度,并绘制检量线。每毫升锰标准溶液相当于含锰量 0.20%。

(2) 含锰 0.05%~0.50% 的检量线。于 6 只 100 mL 两用瓶中,依次加入锰标准溶液(乙)0.0 mL,1.0 mL,3.0 mL,5.0 mL,7.0 mL,9.0 mL(Mn 0.05 mg·mL^{-1}),按上述方法显色后用 5 cm 比色皿测其各溶液的吸光度并绘制检量线。每毫升锰标准溶液相当于含锰量 0.05%。

4) 注

(1) 本法适用于测定含锰量 0.05%~2% 的铝合金。

(2) 加入过硫酸铵溶液后,加热煮沸时间不宜太长,一般以 20~40 s 为宜,太长将引起高锰酸分解。

11.4.2 高碘酸钾氧化-高锰酸光度法

用高碘酸钾氧化 Mn^{2+} 至 $Mn(Ⅶ)$,并借此作为锰的光度测定法,长期以来被推崇为标准方法。其优点是氧化后的高锰酸很稳定,但氧化速度较慢,一般要求煮沸 5~15 min,因此这个方法不宜用于炉前分析。

Mn^{2+} 与高碘酸之间的反应可简单地用如下反应式表示:
$$2Mn^{2+}+5IO_4^-+3H_2O\Longrightarrow 2MnO_4^-+5IO_3^-+6H^+$$
但其实际反应历程比较复杂。有人曾研究了下述氧化过程的反应动力学,以为高碘酸不能直接将 Mn^{2+} 氧化至 $Mn(Ⅶ)$,而是要依靠反应过程中形成的 Mn^{2+},$Mn(Ⅳ)$ 或 $Mn(Ⅵ)$ 的催化作用,即所谓"自身催化"。

Mn^{2+} 的氧化要求在较高浓度的硫酸或硝酸介质中进行,曾报道硫酸的适宜浓度为 $1.5\sim3$ mol · L^{-1},硝酸为 $4\sim7$ mol · L^{-1}。酸度过高,则 Mn^{2+} 的氧化不完全或完全不氧化。酸度过低,氧化反应进行较快,但结果往往偏低。有人主张氧化低含量锰时采用较低的酸度条件($2\sim3$ mol · L^{-1})。在试液中如有足够量的磷酸(占试液总体积的 $20\%\sim30\%$V/V)存在使 $Mn(\text{IV})$ 形成稳定的络合物,促使其向 7 价状态的氧化顺利进行。

除了酸度因素外,高碘酸盐的加入量对 Mn^{2+} 的氧化速度也有影响。在 50 mL 溶液中加入 0.5 g 高碘酸钾时,经过煮沸 2 min 即可达到完全氧化。考虑到含锰低时氧化速度较慢,可将氧化煮沸时间延长至 5 min。

就铝及铝合金的分析而言,Al^{3+} 本身为无色离子,共存量达 1 000 mg 也不影响锰的测定。Mg^{2+} 也没有干扰。Fe^{3+} 与磷酸生成无色络合物,因此避免了产生难溶的碘酸铁的可能性。Cn^{2+},Ni^{2+},Co^{2+} 等离子因本身带有颜色影响 $Mn(\text{VII})$ 的吸光度测定。可在部分显色溶液中加入数滴亚硝酸钠溶液使高锰酸的紫色褪去(将 $Mn(\text{VII})$ 还原至 Mn^{2+})后作为测定吸光度时的参比液,使上述呈色离子的吸光度得到补偿。也可能有部分被氧化至 6 价,用上述的褪色补偿法也可消除其干扰。Bi^{3+},Sn^{2+},$Sn(\text{IV})$ 的存在使溶液产生浑浊,但在大部分铝合金中不存在,故一般可不考虑其干扰。如果分析的试样含较高的锡或铋,可用过硫酸铵氧化法测定其含锰量。其他还原性物质以及 Fe^{2+},NO_2^-,S^{2-},Cl^-,Br^-,I^- 及 $C_2O_4^{2-}$ 等不应存在。如有存在,可加硫、磷、硝混合酸蒸发至冒烟,使上述离子除去或改变价态。

按下述方法的条件,锰的浓度高达 0.15 mg · mL^{-1} 时仍能符合比耳定律。

1) 试剂

氢氧化钠(30%)。混合酸:取硫酸(1+2)50 mL,硝酸(1+1)150 mL 及磷酸 100 mL,混匀备用。高碘酸钾(固体)。锰标准溶液(Mn 0.1 mg · mL^{-1}),配制方法详见上法。

2) 操作步骤

(1) 含锰 0.1%~2% 的试样。称取试样 0.100 g 于 100 mL 两用瓶中,加入氢氧化钠溶液(30%)5 mL,待剧烈作用后移至电热板上加热并滴加过氧化氢(30%)数滴。溶解完毕后稍冷,加入混合酸 25 mL,加热使盐类溶解并煮沸除去黄烟,小心加入高碘酸钾 0.5 g,加水至溶液体积约为 40 mL,加热煮沸 2 min 后继续保持微沸数分钟,冷却,加水至刻度,摇匀。另按同样手续作试剂空白 1 份。倒出部分显色溶液于 1 cm 或 2 cm 比色皿中,于剩余的显色溶液中滴加亚硝酸钠溶液(0.2%)数滴使 $Mn(\text{VII})$ 的色泽褪去。将此溶液倒入另一 1 cm 或 2 cm 比色皿中作为参比溶液,在 530 nm 波长处,测其吸光度。减去试剂空白的吸光度后,在相应的检量线上查得试样的含锰量。

(2) 含锰 0.002%~0.1% 的试样。称取 1.000 g 试样,于 150 mL 锥形瓶中,加氢氧化钠溶液 10 mL,待剧烈作用缓慢时移入电热板上加热并滴加过氧化氢(30%)数滴。溶解完毕后稍冷,加入混合酸 30 mL,加热溶解盐类并煮沸除去黄烟,小心加入高碘酸钾 0.5 g,加热煮沸 2 min 后,继续保持微沸 3 min,冷却。移入 50 mL 容量瓶中,加水至刻度,摇匀。另按同样手续作试剂空白 1 份。倒出部分显色溶液于 5 cm 比色皿中,于剩余溶液中加亚硝酸钠溶液(0.2%)数滴使锰(VII)的色泽褪去,倒入另一 5 cm 比色皿中作为参比溶液,在 530 nm 波长处,测其吸光度。减去试剂空白的吸光度后,从相应的检量线上查得试样的含锰量。

(3) 含锰<0.002% 的试样。称取试样 2.00 g 或 4.00 g 于 400 mL 聚四氟乙烯烧杯中,加入氢氧化钠溶液 30 mL 或 60 mL,待剧烈作用缓慢时移入电热板上加热至试样完全溶解,滴加过氧化氢(30%)数滴使硅化物分解并氧化。加入铁溶液(Fe 约 1 mg · mL^{-1},用硫酸铁铵或硝酸铁配制)5~10 mL,加过氧化氢数滴,于电热板上加热片刻,加沸水稀至约 120 mL 或 240 mL,继续加热 10~20 min。稍冷,用中速滤纸过滤,用水洗涤烧杯及沉淀。弃去滤液。沉淀及滤纸移入原烧杯中,用硝

酸(1+2)15 mL 将沉淀溶解,用快速滤纸过滤。滤液接收于 100 mL 锥形瓶中,用水洗涤滤纸。将溶液煮沸并蒸缩至约 5 mL,加入混合酸 15 mL,高碘酸钾 0.25 g,加热煮沸 2 min 并保持微沸 3 min。冷却,移入 25 mL 容量瓶中,加水至刻度,摇匀。另按同样手续作试剂空白 1 份。以下按(2)所述方法测其试样及试剂空白溶液的吸光度,从试样溶液的吸光度中减去试剂空白的吸光度后,从相应的检量线上查得试样的含锰量。

3) 检量线的绘制

(1) 含锰 0.1~2.0 mg 的检量线。于 6 只 100 mL 两用瓶中,依次加入锰标准溶液(Mn 0.1 mg·mL⁻¹)0.0 mL,2.0 mL,4.0 mL,8.0 mL,16.0 mL,20.0 mL,各加混合酸 25 mL,加水至约 45 mL,加高碘酸钾 0.5 g,加热煮沸 2 min 并继续微沸 3 min。冷却,加水至刻度,摇匀。用 1 cm 或 2 cm 比色皿,以不加锰标准溶液的试液为参比溶液,在 530 nm 波长处,测其各溶液的吸光度,并绘制检量线。

(2) 含锰 0.02~0.2 mg 的检量线。于 5 只 100 mL 锥形瓶中,各加混合酸 20 mL,依次加入锰标准溶液 0.0 mL,0.5 mL,1.0 mL,1.5 mL,2.0 mL(Mn 0.1 mg·mL⁻¹),加水至约 30 mL,加高碘酸钾 0.5 g,以下操作按操作步骤(2)。以不加锰标准溶液的试液为参比溶液,测其各溶液的吸光度,并绘制检量线。

(3) 含锰量 0.01~0.1 mg 的检量线。分取锰标准溶液(Mn 0.1 mg·mL⁻¹)10 mL,于 50 mL 容量瓶中,加水至刻度,摇匀。分取此溶液 0.0 mL,1.0 mL,2.0 mL,3.0 mL,4.0 mL,5.0 mL,分别于 100 mL 锥形瓶中,各加混合酸 15 mL 后加水至约 20 mL,加高碘酸钾 0.25 g,以下操作同操作步骤(3)。以不加锰标准溶液的试液为参比溶液,测其各溶液的吸光度,并绘制检量线。

11.5　镍　的　测　定

铝合金中含镍一般不超过 2%,可用丁二酮肟光度法进行测定。关于丁二酮肟光度法测定镍的基本原理及有关操作注意事项,详见 3.6 节。

1) 试剂

氢氧化钠(固体),溶液(8%)。硝酸(1+1)。硫酸(1+10)。酒石酸钾钠溶液(10%)。丁二酮肟溶液(1%),溶于 5%氢氧化钠溶液中。过硫酸铵溶液(5%),须当天配制。EDTA 溶液(10%)。镍标准溶液(Ni 0.1 mg·mL⁻¹):称取纯镍(99.95%以上)0.100 0 g,溶于少量硝酸(1+1)中,移入 1 000 mL 容量瓶中,以水稀释至刻度,摇匀。

2) 操作步骤

称取试样 0.100 0 g,于 100 mL 两用瓶中,加入氢氧化钠 2 g,加水 10 mL,加热使试样溶解,稍冷,加入硝酸(1+1)20 mL 酸化,加热溶解盐类,并煮沸除去黄烟,冷却。以水稀释至刻度,摇匀。吸取此溶液 10 mL 2 份,分别置于 50 mL 容量瓶中。显色液:加入硫酸(1+10)4 mL,酒石酸钾钠溶液(10%)10 mL,过硫酸铵溶液(5%)5 mL,丁二酮肟溶液(1%)5 mL 及氢氧化钠溶液(8%)10 mL,放置 3 min 后加入 EDTA 溶液(10%)2 mL,以水稀释至刻度,摇匀。空白液:依次加入硫酸(1+10)4 mL,酒石酸钾钠溶液(10%)10 mL,过硫酸铵溶液(5%)5 mL,EDTA 溶液(10%)2 mL,丁二铜肟溶液(1%)5 mL 及氢氧化钠溶液(8%)10 mL,以水稀释至刻度,摇匀。用 1 cm 或 3 cm 比色皿,于 470 nm 波长处,以空白溶液作为参比测定吸光度。从相应的检量线上查得试样的含镍量。

3) 检量线的绘制

(1) 含镍量 0.25%～2.5% 的检量线。于 6 只 50 mL 容量瓶中，依次加入镍标准溶液 0.0 mL，0.5 mL，1.0 mL，1.5 mL，2.0 mL，2.5 mL(Ni 0.1 mg·mL^{-1})，加硫酸(1+10)4 mL，酒石酸钾钠溶液(10%)5 mL，过硫酸铵溶液(5%)5 mL，丁二酮肟溶液(1%)5 mL 及氢氧化钠溶液(8%)10 mL，放置 3 min 后加 EDTA 溶液(10%)1 mL，以水稀释至刻度，摇匀。用 1 cm 比色皿，于 470 nm 波长处，以不加镍标准溶液的试液为参比，测定吸光度，并绘制检量线。每毫升镍标准溶液相当于含镍量 1.00%。

(2) 含镍量 0.1%～0.5% 的检量线。于 6 只 50 mL 量瓶中，依次加入镍标准溶液 0.0 mL，1.0 mL，2.0 mL，3.0 mL，4.0 mL，5.0 mL，6.0 mL(Ni 10 μg·mL^{-1})，按上述方法显色。用 3 cm 比色皿，于 470 nm 波长处，以不加镍标准溶液的试液作为参比，测定吸光度，并绘制检量线。每毫升镍标准溶液相当于含镍量 0.10%。

4) 注

(1) 本方法适用于测定含镍 0.1%～2.5% 的铝合金。如果试样含镍超过 2.5%，可改为吸取试液 5 mL，按同样方法操作。

(2) 在空白液操作中，规定先加 EDTA 溶液，将铜、镍离子都络合，使加入丁二酮肟溶液后，镍也不显色，但丁二铜肟与镍的络合物较为稳定，如放置时间超过 10 min，镍的丁二铜肟络合物仍将缓慢地形成而使空白的色泽渐渐加深。因此试样显色完全后应立即测定吸光度。

11.6　铬的测定(二苯偕肼光度法)

铝合金中有少数几种牌号(如锻铝及超硬铝)含有铬，其含量一般为 0.01%～0.30%。宜用二苯偕肼试剂进行铬的光度法测定。

在微酸性溶液中(0.025～0.100 mol·L^{-1}硫酸溶液)，6 价铬与二苯偕肼反应生成紫红色水溶性络合物。这一反应对测定微量铬具有很高的灵敏度和很好的选择性。酸度太低使反应速度很慢，而酸度太高(>0.2 mol·L^{-1})，则化合物的紫红色不够稳定。因此一般均采用在 0.1 mol·L^{-1}硫酸溶液中进行反应。在此酸度条件下反应在数秒钟内即完成。

Mo(VI)，Hg$^+$，Hg^{2+}，V(V)及 Fe^{3+}对测定有干扰。但对一般铝合金来说，钼、汞及钒都不存在或存在极微量。因此本法中不考虑这些元素的影响。铁在铝合金中的含量也较低，加入适量的磷酸可消除其影响。

关于 6 价铬与二苯偕肼作用的反应机理见 2.7 节。

测定铬时，在进行显色反应前必须先将试液中的铬氧化至 6 价。通常采用的氧化方法有过硫酸铵(银盐存在下)氧化法，高锰酸钾氧化法及高氯酸氧化法等。以上几种方法在酸性溶液中进行。也在碱性溶液中用过氧化钠、过氧化氢或次溴酸盐等试剂进行氧化。结合铝合金的实际情况，对上述几种氧化方法进行比较，以高锰酸钾氧化法效果较好。用过硫酸铵氧化时，由于多余的过硫酸铵很难分解完全而使铬的络合物色泽很不稳定。用高氯酸冒烟时可使低价铬氧化至 6 价铬，但当铬含量很低时氧化不完全。但对锰较高的试样(含锰>2%)，用高锰酸钾氧化时可能生成二氧化锰沉淀。如遇到这种情况须加入少量的亚硝酸钠或氯化钠，使二氧化锰沉淀溶解。而对含锰量小于 2% 的试样分析，尚未遇到这种情况。

1) 试剂

氢氧化钠溶液(20%)。混合酸：于 60 mL 水中缓慢加入硫酸(ρ=1.84 g·cm^{-3})300 mL，稍冷，加入硝酸($\rho=1.42$ g·cm^{-3})250 mL,以水稀释至 1 500 mL。高锰酸钾溶液(0.2%)。尿素溶液(10%)。磷酸(1+3)。二苯偕肼溶液(0.5%):称取邻苯二甲酸酐 4 g 溶于乙醇 100 mL 中,加入二苯偕肼 0.5 g,溶解后贮于棕色瓶中。此溶液可保存数周。铬标准溶液(Cr 5 μg·mL^{-1}):称取经 180 ℃烘干的重铬酸钾 0.282 8 g,溶于水中,移入 500 mL 容量瓶中,以水稀释至刻度,摇匀。吸取此溶液 5 mL,于 100 mL 锥形瓶中,加入硫酸(1+1)数滴及亚硫酸 1～2 mL,煮沸数分钟,冷却,移入 200 mL 容量瓶中,以水稀释至刻度,摇匀。

2) 操作步骤

称取试样 0.100 0 g,于 100 mL 两用瓶中,加氢氧化钠溶液(20%)5 mL,待作用完毕后,加混合酸 15 mL 酸化,加热溶解盐类并驱除氮的氧化物,冷却。以水稀释至刻度,摇匀。另按同样操作配制试剂空白 1 份。显色液:吸取试液 5～10 mL(含铬量控制在 20 μg 以内),于 150 mL 锥形瓶中,加硫酸(1+6)1 mL,磷酸(1+3)1 mL 及水 10 mL,加热至微沸。滴加高锰酸钾溶液至恰呈红色,微沸 2～3 min,冷却。移入于 50 mL 容量瓶中,加尿素溶液(10%)5 mL,以水稀释至约 45 mL,加入二苯偕肼溶液(0.5%)1 mL,以水稀释至刻度,摇匀。空白液:吸取试剂空白液 5～10 mL,于 150 mL 锥形瓶中,其他操作同显色液。用 2 cm 比色皿,于 530 nm 波长处,以试剂空白液为参比,测定吸光度。从检量线上查得试样的含铬量。

3) 检量线的绘制

称取不含铬的纯铝 0.100 0 g,按上述方法溶解,酸化稀释至 100 mL。吸取此溶液 10 mL 6 份,分别于 150 mL 锥形瓶中,依次加入铬标准溶液 0.0 mL,0.5 mL,1.0 mL,2.0 mL,3.0 mL,4.0 mL(Cr 5 μg·mL^{-1})。按上述方法氧化并显色。用 2 cm 比色皿,于 530 nm 波长处,以不加铬标准溶液的试液为参比,测定吸光度,并绘制检量线。每毫升铬标准溶液相当于含铬量 0.05%(吸取试液 10 mL)或 0.10%(吸取试液 5 mL)。

4) 注

本法适用于分析含铬量小于 0.40%的试样,含铬量小于 0.20%吸取试液 10 mL;0.20%～0.40%吸取试液 5 mL。

11.7 钛的测定(变色酸光度法)

变色酸与 4 价钛在弱酸性溶液中反应生成橙色络合物,是测定钛比较灵敏的试剂之一。此法也适用于铝合金中钛的测定。铝合金中常见的合金元素对钛的测定均不干扰,3 价铁用抗坏血酸还原后不影响测定。关于变色酸光度法测定钛的基本原理及操作注意事项详见 10.8 节。

1) 试剂

氢氧化钠溶液(20%)。混合酸:于 500 mL 水中缓慢地加入硫酸($\rho=1.84$ g·cm^{-3})150 mL,冷却。加入硝酸($\rho=1.42$ g·cm^{-3})125 mL,摇匀。抗坏血酸溶液(1%),当天配制。溴酚蓝指示剂(0.1%):称取试剂 0.100 0 g,溶于 0.1 mol·L^{-1}氢氧化钠溶液 1.5 mL,以水稀释至 100 mL。氨水(1+4)。盐酸(1+1)。乙酸溶液(1+1):冰乙酸与水等体积相混。变色酸溶液(3%),称取变色酸 3 g,加少量水调成糊糊状,加入亚硫酸钠 1 g,以水稀释至 100 mL,过滤。溶液贮于棕色瓶中,此溶液可保存 1～2 周。钛标准溶液(甲)(Ti 0.2 mg·mL^{-1}):称取纯二氧化钛 0.166 8 g,于铂皿中,加焦硫酸钾 2～3 g 熔融,用硫酸(5+95)浸出熔块,溶液移入 500 mL 容量瓶中,用(5+95)硫酸洗涤铂皿并稀释至刻度,摇匀。钛标准溶液(乙)(Ti 10 μg·mL^{-1}):吸取上述溶液 10 mL,于 200 mL 容量瓶中,以硫酸

(2+98)稀释至刻度,摇匀。

2) 操作步骤

称取试样 0.250 0 g,于 100 mL 锥形瓶中,加氢氧化钠(20%)10 mL,加热溶解,加混合酸 15 mL 酸化,加热溶解盐类并驱除氧化氮。将溶液移入 50 mL 容量瓶中,以水稀释至刻度,摇匀。另按同样操作配制试剂空白 1 份。显色液:吸取上述溶液 5 mL,于 50 mL 容量瓶中,加水约 20 mL,抗坏血酸溶液(1%)5 mL,溴酚蓝指示剂 1 滴,用氨水(1+4)调节至溶液恰呈蓝色,立即用盐酸(1+1)调节至恰呈黄色并过量 1 滴,加乙酸溶液(1+1)6 mL,摇匀(此溶液 pH 约为 2.5)。准确加入变色酸溶液(3%)2.0 mL,以水稀释至刻度,摇匀。空白液:吸取试剂空白液 5 mL,于 50 mL 容量瓶中,其他操作同显色液。用 3 cm 比色皿,于 500 nm 波长处,以试剂空白为参比,测定吸光度。从检量线上查得其含钛量。

3) 检量线的绘制

于 6 只 50 mL 容量瓶中,依次加入钛标准溶液(乙)0.0 mL,1.0 mL,2.0 mL,3.0 mL,4.0 mL,5.0 mL,按上述显色方法操作,以不加钛标准溶液(甲)的试液为参比。测定吸光度并绘制检量线。每毫升钛标准溶液相当于含钛 0.04%。

4) 注

(1) 本法适用于测定含钛 0.02%~0.2% 的铝合金。对含钛量在 0.2% 以上的试样,可将试样称取量改为 0.100 0 g,按原方法操作。

(2) 显色过程中,自调节酸度至加入变色酸溶液为止中间不宜停顿,因钛在低酸度条件下极易水解而导致结果偏低。

(3) 用氨水(1+4)调节酸度时,调至恰呈蓝色为好,如氨水加得太多,致使钛(Ⅳ)与抗坏血酸形成络合物。加盐酸调节也难以完全破坏和溶解,导致结果偏低。

11.8　锌　的　测　定

在部分铝合金中(如超硬铝合金 LC₃,LC₄,LC₅,LC₆,LC₉ 及铸造铝合金 2L15 等),锌是主要合金元素,含量在 5% 以上。而在其他很多铝合金中锌是杂质成分,其含量一般不大于 0.5%。铝合金中锌的测定以极谱法最简便而快速;如果工作条件不适宜使用极谱法时,可用络合滴定法或光度法。

11.8.1　络合滴定法

1. 4-甲基戊酮(MIBK)萃取分离络合滴定法

在 0.1~0.8 mol·L⁻¹ 的盐酸溶液中锌(Ⅱ)以硫氰硫盐络阴离子状态被 4-甲基戊酮所定量萃取,是使锌(Ⅱ)与大量铝(Ⅲ)、锰(Ⅱ)、镍(Ⅱ)分离的有效方法。铜(Ⅱ)、铁(Ⅲ)、银(Ⅰ)及少量镉(Ⅱ)也能被萃取。加入硫脲可掩蔽大量铜(Ⅱ)和银(Ⅰ),氟化物可掩蔽铁(Ⅲ)。用 pH=5.5 的六次甲基四胺缓冲溶液反萃取只使锌(Ⅱ)进入水相,即可进行锌(Ⅱ)的络合滴定。在分析铝合金时,第一次萃取只加硫脲掩蔽铜而不加氟化物掩蔽铁(Ⅲ),以免由于产生大量氟化铝沉淀而使萃取失败。这时铁(Ⅲ)与锌(Ⅱ)一起进入有机相。然后用含有氟化物的洗液洗涤有机相除去铁。

1) 试剂

盐酸(1+1)。过氧化氢(30%)。硫脲溶液(5%)。氟化铵溶液(20%),贮于塑料瓶中。硫氰硫铵溶液(50%)。缓冲溶液(pH=5.5):称取六次甲基四胺 100 g 溶于水中,加入浓盐酸 20 mL,加水至

500 mL。二甲酚橙指示剂(6.2%)(以下简写作 XO 溶液)。EDTA 标准溶液(0.010 00 mol·L^{-1}),用基准试剂配制。洗液:取硫氰酸铵溶液 10 mL,加浓盐酸 2 mL,加水至 100 mL。

2)操作步骤

称取试样 0.500 0 g,置于 100 mL 两用瓶中,加盐酸(1+1)20 mL(如作用很剧烈应立即置于冷水中冷却,以免溶液溅出)。待剧烈反应停止后,滴加过氧化氢使铜等元素溶解,含硅高的试样尚须加数滴氢氟酸助溶。溶解完毕后煮沸 1 min 左右以分解多余的过氧化氢。冷却。加水至刻度,摇匀。分取试样溶液 20 mL,于有刻度的 125 mL 分液漏斗中,加入过量硫脲溶液使铜(Ⅱ)完全掩蔽,加水至70 mL,摇匀。加入硫氰酸铵溶液 10 mL,摇匀。加入 MIBK 20 mL,振摇 1~2 min,静置分层,弃去水相。于有机相中加入洗液 15 mL 及氟化铵溶液 5 mL,振摇 1 min,分层后弃去水相。再重复洗涤 1~2次,弃去洗液。将有机相放入 250 mL 烧杯中,然后用 pH=5.5 缓冲溶液 20 mL 及水 50 mL 洗涤分液漏斗,洗液并入烧杯中。加入硫脲溶液 5 mL 及氟化铵溶液 5 mL,摇匀,加入 XO 指示剂数滴,用0.010 00 mol·L^{-1} EDTA 标准溶液滴定至溶液由紫红色转变为纯黄色为终点。按下式计算试样的含锌量:

$$Zn\% = \frac{V \times M \times 0.065\,38}{G} \times 100$$

式中:V 为滴定所耗 0.01 mol·L^{-1} EDTA 标准溶液的毫升数;M 为 EDTA 标准溶液摩尔浓度;G 为试样质量(g)。

2. 二安替比林甲烷萃取分离-络合滴定法

二安替比林甲烷(以下简写作 DAPM)的三氯甲烷溶液在 1.5~3.5 mol·L^{-1} 的盐酸(或硫酸)介质中可萃取 Zn^{2+} 离子。铝合金中共存的镁、锡、锰、镍、钛、铬、铍等均不被萃取,大部分铝被分离除去,少量的铝残存可用氟化物消除。铜的干扰可在萃取前先加入硫脲掩蔽,2.5 mL 饱和硫脲溶液可消除 25 mg 铜的影响。铁的影响可用抗坏血酸消除。镉与锌的性质相似,均能以氯化络阴离子的形式被 DAPM-三氯甲烷溶液萃取,对锌的测定有干扰。对含镉的试样,必须先在 1~1.5 mol·L^{-1} 硫酸溶液中加入碘化铵,先以 DAPM-三氯甲烷萃取分离镉,然后在此溶液中加入氯化铵继续萃取锌。被萃取的锌[(DAPM·H)$_2$(ZnCl$_4$)·2H$_2$O]用六次甲基四胺溶液反萃取,锌迅速地从有机相进入水相,可用络合滴定法测定锌。

1)试剂

盐酸(ρ=1.19 g·cm^{-3}),(5 mol·L^{-1})。过氧化氢(30%)。抗坏血酸溶液(5%)。硫脲溶液(5%)。二安替比林-三氯甲烷溶液(5%)。氟化钠溶液(1%)。六次甲基四胺溶液(20%)。EDTA 标准溶液(0.010 0 mol·L^{-1})。

2)操作步骤

称取试样 0.500 0 g(锌量控制在 100 mg 以下),于 100 mL 两用瓶中,加入盐酸 10~15 mL,滴加过氧化氢,待剧烈反应缓慢后,加热至试样完全溶解,继续加热至过氧化氢完全分解。以水稀释至刻度,摇匀。吸取试液 10 mL 于 125 mL 分液漏斗中,加入盐酸(5 mol·L^{-1})8 mL,抗坏血酸溶液(5%)2.5 mL,硫脲溶液(5%)2.5 mL,摇匀。放置 5 min,加入 DAPM-三氯甲烷溶液 10 mL 振摇 1~2 min,待分层后,将有机相放入预先盛有氟化钠溶液(1%)25 mL,六次甲基四胺溶液(20%)5 mL 的 250 mL锥形瓶中(若试样中含铜量较高,应加少量抗坏血酸和硫脲溶液),加对硝基酚指示剂(0.2%)2 滴用盐酸(1+10)调节酸度,使黄色恰好消失(pH 5.5~6.0),加入二甲酚橙指示剂 2~3 滴,立即用 EDTA标准溶液(0.01 mol·L^{-1})进行滴定,溶液由紫红色变为黄色为终点。按下式计算试样的含量:

$$Zn\% = \frac{V \times M \times 0.065\,38}{G \times \frac{10}{100}} \times 100$$

式中:V 为滴定时所耗 EDTA 标准溶液毫升数;M 为 EDTA 标准溶液的摩尔浓度;G 为称取试样质量(g)。

3) 注

(1) 本法适用于测定含锌量大于 0.5% 的试样。对于含锌量小于 0.5% 的试样可用光度法:试样的溶解和处理与上法相同。萃取后将有机相放入预先盛有氨水(2%)15 mL 的另一分液漏斗中,振摇 1~2 min,待分层后弃去有机相,将水相放入 50 mL 容量瓶中,以水稀释至刻度,摇匀。吸取上述溶液 5 mL(控制锌量在 50 μg 以下)于 50 mL 容量瓶中,加氟化钠溶液(1%)5 mL,硫脲溶液(5%)2 mL,抗坏血酸溶液(5%)1 mL,摇匀。加对硝基酚指示剂(0.2%)2 滴,用盐酸(1+10)调至黄色恰好消失,加入二甲酚橙溶液(0.2%)1.0 mL,六次甲基四胺溶液(20%)5 mL,以水稀释至刻度,摇匀。将此溶液倒入 2 cm 比色皿中,在剩余溶液中加入 EDTA 溶液(5%)数滴使溶液褪色后作为参比,于 570 nm 波长处,测定吸光度。从检量线上查得试样的含锌量。

(2) 在 1.5~3.5 mol·L^{-1} 盐酸介质中,锌一次萃取率在 98% 以上。在日常分析中一次萃取即可,在准确度要求较高的分析中须经二次萃取和二次反萃取。

(3) DAPM 溶液(5%)10 mL,对锌的萃取量最大不得超过 10 mg。

(4) 光度法测定时,锌含量在 5~40 μg·(50 mL)$^{-1}$ 符合比耳定律。

11.8.2　PAN 光度法

在 pH8~10 的氨性溶液中,1-(-2 吡啶偶氮)-2-萘酚(以下简称 PAN)与锌(Ⅱ)离子反应生成难溶于水的红色络合物,可用氯仿、四氯化碳、乙醚、乙酸乙酯等溶液萃取。为了减少萃取步骤,提高分析速度,在方法中应用非离子型表面活性剂(异辛基-苯氨基-聚乙氧乙酸 TritonX-100)使 PAN-Zn 络合物成为水溶性。此络合物在水溶液中的最大吸收波长为 555 nm。

在有柠檬酸钠和次偏磷酸钠存在时,铝(Ⅲ)在氨性溶液中可被络合而不生成沉淀。但影响 Zn^{2+} 与 PNA 的显色反应,有 10 mg Al^{3+} 存在时使锌(Ⅱ)不显色。铝(Ⅲ)的共存量不超过 2.5 mg 时,加上述两种掩蔽剂后锌(Ⅱ)与 PAN 的反应可以进行,但速度较慢,须经 15 min 才能完全。经试验磺基水杨酸在此条件下对 Al^{3+} 的络合效果较好,5 min 左右显色完全。在联合使用掩蔽剂柠檬酸钠、六偏磷酸钠、磺基水杨酸及 β-氨荒丙酸铵的情况下,铝合金常见的共存元素(除镍外)都不干扰锌的测定。如遇含镍较高的试样可用萃取分离法使 Zn^{2+} 与镍分离。

1) 试剂

盐酸(1+1)。柠檬酸钠溶液(5%)。六偏磷酸钠溶液(5%)。磺基水杨酸溶液(20%)。缓冲溶液(pH=8.5):称取氯化铵 40 g,溶于水中,加浓氨水 9 mL,加水至 500 mL。TritonX-100 溶液(20% W/W)。PAN 溶液(0.1%),乙醇溶液。β-氨荒丙酸铵溶液(4%)。锌标准溶液(Zn 10 μg·mL^{-1})。各种试剂均用去离子水配置。

2) 操作步骤

称取试样 0.100 0 g 于 100 mL 锥形瓶中,加入盐酸(1+1)5 mL,微热溶解,待剧烈反应停止后加热至微沸,冷却,移入 200 mL 容量瓶中,以水稀释至刻度,摇匀。另称取纯铝(不含锌)0.100 0 g,按同样方法溶解并稀释至 200 mL 作为试剂空白。将上述两溶液分别干过滤于干燥的锥形瓶中。显色液:吸取试样溶液 10 mL 于 50 mL 容量瓶中,加柠檬酸钠溶液 1 mL,磺基水杨酸溶液 5 mL,六偏磷酸钠溶液 1 mL,摇匀。用氨水(1+3)调节酸度至恰呈酸性,加缓冲溶液 5 mL,TritonX-100 溶液 2 mL,β-DTCPA 溶液 1 mL,摇匀。加入 PAN 溶液 2 mL,以水稀释至刻度,摇匀。空白液:吸取试剂空白溶液 10 mL 于 50 mL 容量瓶中,其他操作同显色液。用 2 cm 或 3 cm 比色皿,以空白液为参比,在 550 nm

波长处,测定吸光度。从检量线上查得试样的含锌量。

3) 检量线的绘制

于 8 只 50 mL 容量瓶中,依次加锌标准溶液(Zn 10 $\mu g \cdot mL^{-1}$)0.0 mL,0.5 mL,1.0 mL,1.5 mL,2.0 mL,3.0 mL,4.0 mL,5.0 mL,各加柠檬酸钠溶液 1 mL 及六偏磷酸钠溶液 1 mL,摇匀。按上述操作步骤调节酸度并显色。用 2 cm 或 3 cm 比色皿(含锌 20 μg 以下用 3 cm 比色皿,含锌 50 μg 以下用 2 cm 比色皿),以不加锌标准溶液的试液为参比,测定各溶液的吸光度并绘制检量线。

4) 注

(1) 本法适用于含锌量在 0.10%～1.0% 的试样。

(2) 在铝(Ⅲ)存在下进行锌(Ⅱ)的显色时,显色后色泽有缓慢上升趋势。为了保持吸光度的一致,宜控制显色后在 5～10 min 间读数。

11.9　镁　的　测　定

11.9.1　偶氮氯膦Ⅰ直接光度法

目前常用于光度法测定低含量镁的试剂有:铬黑 T、铬变酸 2R、二甲苯胺蓝Ⅰ和Ⅱ以及偶氮氯膦Ⅲ、偶氮胂Ⅰ和达旦黄等。这些试剂在光度法测定镁时还存在着各种不同的问题。而偶氮氯膦Ⅰ作为镁显色剂具有灵敏度高,稳定性和选择性良好的优点,目前已广泛使用。

偶氮氯膦Ⅰ,其化学命名为 2-[4-氯-2-膦酸基苯偶氮]-1,8-二羟基-3,6-萘二磺酸。

分子式:$C_{16}H_{18}O_{14}N_2S_2PCl$;分子量:592。

在 pH≈10 的溶液中,偶氮氯膦Ⅰ与 Mg^{2+} 离子形成紫红色的络合物,其最大吸收波长于 576～582 nm 处,摩尔吸光系数为 1.95×10^4,镁含量在 0～15 $\mu g \cdot (50\ mL)^{-1}$ 符合比耳定律。

酸度对络合物的形成有明显影响,当 pH=10 时显色达到完全。但偶氮氯膦Ⅰ试剂对铵盐比较敏感,使空白值增高,所以采用硼砂缓冲液比较合适。

对于铝和铁的干扰用三乙醇胺掩蔽,用 1,10-二氮菲掩蔽镍、锌、锰,四乙烯五胺掩蔽铜。一定量 EGTA-Pb 盐的存在,起取代掩蔽作用,保证消除钙和稀土的干扰。铍超过 0.5 μg 即引起严重干扰。硫酸根含量在显色体积中达 0.01 mol $\cdot L^{-1}$ 以上时使镁显色不完全,柠檬酸干扰严重,不允许存在。在显色液中有少量乙醇存在可改善络合物吸光度的重现性和提高灵敏度。

1) 试剂

盐酸(1+1)。三乙醇胺(3+7)。1,10-二氮菲溶液(0.4%):将 0.4 g 1,10-二氮菲溶于 60 mL 乙醇中,以水稀释至 100 mL。EGTA-Pb 溶液(0.005 mol $\cdot L^{-1}$):取乙二醇二乙醚二胺四乙酸(简称 EGTA)1.9 g,加水 200 mL,加热,滴加 NaOH 溶液(10%)至恰好溶解,调节酸度至 pH 5～6,另取氯化铅 1.53 g,加水 300 mL,加热溶解,将二液合并,冷却后稀释至 1 000 mL。硼砂缓冲溶液(pH=10.5),取硼砂(一级试剂)21 g,氢氧化钠(一级试剂)4 g,溶解于水,以水稀释至 1 000 mL。CYDTA 溶液(0.02 mol $\cdot L^{-1}$):取环二己胺四乙酸(简称 CYDTA)0.7 g,加水 90 mL 加热溶解,滴加氢氧化钠溶液(10%)至中性后,稀释至 100 mL。偶氮氯膦Ⅰ溶液(0.025%)。镁标准溶液(Mg 5 $\mu g \cdot mL^{-1}$),称取纯镁 0.100 0 g,于 150 mL 锥形瓶中,加盐酸(1+1)10 mL。溶解后移入 1 000 mL 容量瓶中,以水稀释至刻度,摇匀。

2) 操作步骤

称取试样 0.100 0 g,置于 100 mL 锥形瓶中,加盐酸(1+1)5 mL,微热溶解,待剧烈反应停止后,煮沸,冷却。移入 200 mL 容量瓶中,以水稀释至刻度,干过滤。另取纯铝 0.100 0 g,按同样操作作试剂空白液。吸取试液(即滤液)和试剂空白液各 5 mL 于 50 mL 容量瓶中加三乙醇胺(3+7)5 mL,摇匀。加 1,10-二氮菲溶液 5 mL,EGTA-Pb 溶液 2 mL,硼砂缓冲溶液 5 mL,摇匀。准确加入偶氮氯膦 Ⅰ溶液 5 mL,以水稀释至刻度,摇匀。将显色液倒入 2 cm 或 3 cm 比色皿中,在剩余溶液中加 CYD-TA 溶液 2 滴,摇匀。以此液作为参比,于 580 nm 波长处,测定吸光度。试样溶液的吸光度读数减去试剂空白液的吸光度值,从检量线上查得试样的含镁量。

3) 检量线的绘制

称取纯铝 0.100 0 g 于 100 mL 锥形瓶中按方法溶解,于 200 mL 容量瓶中,以水稀释至刻度。吸取该溶液 5 mL 6 份分别置于 50 mL 容量瓶中,依次加入镁标准溶液 0.0 mL,1.0 mL,2.0 mL,3.0 mL,4.0 mL,5.0 mL(Mg 5 μg·mL^{-1})。按上述操作步骤显色,用 2 cm 或 3 cm 比色皿,于 580 nm 波长处,以不加镁标准溶液的试液为参比,测定吸光度,并绘制检量线。每毫升镁标准溶液相当于含镁量 0.20%。

4) 注

(1) 本法适用于测定含镁量 0.1%～1.0% 的试样,该法在 0～15 μg·(50 mL)$^{-1}$ 符合比耳定律,含镁量大于 20 μg·(50 mL)$^{-1}$ 时检量线开始呈弯曲状态,所以对于测定含镁量大于 0.8% 的试样,必须从检量线上查得含镁量,不能用比例法求含量。

(2) 偶氮氯膦 Ⅰ 为深红色结晶粉末,易溶于水,在中性或酸性溶液中呈红色,碱性溶液中呈紫色。纯试剂吸收峰在 530 nm 波长处,而与镁的络合物的吸收峰在 546～582 nm 波长处。在 580 nm 处试剂影响最小,方法中采用 580 nm 波长。

(3) 在 50 mL 体积内,偶氮氯膦 Ⅰ 用量在 1～1.3 mg 时吸光度最大,超过此浓度由于空白值增高,灵敏度反而下降。

(4) 显色反应能即刻完成,吸光度在 3 h 内不变。

(5) 三乙醇胺溶液(3+7)5 mL,能掩蔽 3 mg 铝。如铝超过此含量,虽增加三乙醇胺用量,镁的吸光度有所下降。所以对于含镁量低于 0.1% 的试样,用简单地增加称取试样或减少稀释度等办法无法解决。

(6) 本法要求严格控制酸度,但为了简化操作不用另外调节酸度的方法而要求控制溶样酸的加入量。此外在试样作用完毕后不要煮时间太长,以免蒸失过多的酸而影响最终的 pH 值。

11.9.2　络合滴定法(氢氧化钠沉淀分离滴定)

Mg^{2+} 离子与 EDTA 形成相当弱的络合物($\log K = 8.7$)。由于此络合物的稳定性较差,只能在 pH=10 的氨性缓冲溶液中进行络合滴定,常用的指示剂为铬黑 T。

在铝合金中测定镁时,通常用氢氧化钠溶解试样,由于铝在氢氧化钠中溶解而镁则生成氢氧化镁沉淀,这样可使镁与大量铝基本分离。铝合金中其他合金元素如铜、铁、锰、镍、钛、钙及部分锌等则和镁一起留在沉淀中。在最后进行镁的络合滴定前,还需用分离法或掩蔽法消除这些元素的干扰。

试验证明,试样加入氢氧化钠溶解后加入适量的三乙醇胺和 EDTA 溶液,可使铜、铁、镍、锰、锌、钙等元素溶解,而镁则仍留在沉淀中。在这样的条件下可能和镁一起沉淀的元素有钛、锆、汞、银、稀土及钍,就铝合金而言,在少数牌号中可能含有钛、锆或稀土,而汞、银、钍则一切不存在。所以在用氢氧化钠溶解铝合金试样后加入三乙醇胺和 EDTA 溶液可使镁与合金中多种元素分离,并为简化下一步分离或掩蔽手续创造了有利条件。

按上述条件溶样并过滤后所得到的镁的沉淀虽然比较纯净,但仍可能吸附少量其他元素。因此在进行最终络合滴定前仍需进一步分离或掩蔽。如果要求快速完成测定,则可将沉淀用盐酸溶解后调节至氨性,并在 pH≈10 的氨性溶液中加入三乙醇胺、氰化物及过氧化氢,使残留的少量铁、铝、铜、镍、锰等元素掩蔽,随即进行络合滴定。如不愿用氰化物,则可在 pH 6~7 的酸度条件下用二乙胺基二硫代甲酸钠试剂沉淀分离其他共存元素,然后进行络合滴定。

1) 试剂

氢氧化钠(固体),(2%)。过氧化氢(30%),(3%)。三乙醇胺溶液(1+2)。EDTA 溶液(0.02 mol·L^{-1})。盐酸(1+2)。氨水(ρ=0.90 g·cm^{-3})。氰化钾(钠)(10%)。二乙胺基二硫代甲酸钠溶液(以下简称 DDTC)(10%)。pH=10 缓冲溶液:每 1 000 mL 溶液中含氯化铵 54 g,氨水 350 mL。铬黑 T 指示剂:取 0.1 g 该试剂与 20 g 干燥氯化钠研磨混合均匀,贮于密闭干燥瓶中。EDTA 标准溶液(0.010 00 mol·L^{-1} 或 0.020 00 mol·L^{-1}),称取 EDTA 基准试剂 3.722 6 g(0.01 mol·L^{-1})或 7.445 2 g(0.02 mol·L^{-1})溶于水中,以水稀释至 1 000 mL,摇匀。如无基准试剂,用二级试剂配制。用锌标准溶液或镁标准溶液标定。也可用铝合金标样,按操作步骤操作,求 EDTA 溶液对镁的滴定度。

2) 操作步骤

称取试样 0.500 0~2.000 g,置于 400 mL 烧杯中,加氢氧化钠 6~25 g 及水 20 mL,待作用完毕后加热并滴加过氧化氢数次,使试样溶解完全。加三乙醇胺溶液(1+2)10~20 mL,摇匀,加水 200 mL,加热煮沸。加 EDTA 溶液(0.02 mol·L^{-1})5 mL,继续煮沸 2 min,停止加热。加入过氧化氢(30%)5 mL,摇匀。冷却。过滤。用氢氧化钠溶液(2%)洗涤,弃去滤液。用热盐酸(1+2)及少量过氧化氢将滤纸上沉淀溶解,滤液倒入原烧杯中,用热水洗净滤纸。然后按下述方法(甲)或(乙)进行操作。

方法甲 于溶液中加入三乙醇胺溶液(1+2)10 mL,加氨水(ρ=0.90 g·cm^{-3})中和并过量 5 mL,加氰化钾(钠)溶液(10%)5 mL,在通风柜内加热至 60 ℃左右,加过氧化氢 5 滴,继续加热至沸。此时溶液的黄色褪去(如试样含锰,则此时将出现微红色,但不影响滴定终点的观察)。冷却。加 pH=10 缓冲溶液 10 mL,氨水 5 mL,铬黑 T 指示剂少许,摇匀。用 EDTA 标准溶液(0.010 00 mol·L^{-1} 或 0.020 00 mol·L^{-1})滴定至溶液由紫红色转变为恰呈蓝色为终点(含锰时终点的蓝色中略带暗红色)。

方法乙 用氨水(1+1)将溶液中和至刚果红试纸呈灰紫色(pH≈3),加水稀释至约 50 mL,加入少许纸浆,摇匀。再加 DDTC 溶液(10%)20 mL,摇匀(此时溶液酸度在 pH≈6.5)。用紧密滤纸过滤,用少量水洗涤烧杯及沉淀。于滤液中加入三乙醇胺溶液(1+2)5 mL,pH=10 缓冲液 20 mL 及铬黑 T 少许,用 EDTA 标准溶液(0.010 00 mol·L^{-1} 或 0.020 00 mol·L^{-1})滴定至溶液由紫红色转变为恰呈蓝色为终点。按下式计算试样的含镁量:

$$Mg\% = \frac{V \times M \times 0.024\ 31}{G} \times 100$$

式中:V 为滴定时所消耗 EDTA 标准溶液的毫升数;M 为 EDTA 标准溶液的摩尔浓度;G 为称取试样质量(g)。

3) 注

(1) 含镁量大于 2% 的称样 0.500 0 g,含镁量小于 0.1% 的称样 2.000 g。用 2.000 g 试样时溶解后加三乙醇胺溶液(1+2)20 mL。

(2) 溶解高硅铝合金时,1.000 g 试样用氢氧化钠 10 g,2.000 g 试样用氢氧化钠 25 g。硅含量低的试样加氢氧化钠 6~8 g 已足够。

(3) 按方法(甲)进行滴定时,如试样含锆或稀土元素,则应在加缓冲溶液后将锆或稀土的沉淀过滤除去,然后再加氰化物等试剂并进行滴定。

11.10　锡 的 测 定

有些铝合金中含锡作为合金元素,可用碘量法进行测定。用次磷酸作为还原剂使 4 价锡还原为 2 价,然后用碘酸钾标准溶液滴定。此方法具有快速和准确的优点。对含锡量较低的试样,可用邻苯二酚紫-十六烷基三甲溴化铵胶束增溶光度法进行测定。

11.10.1　次磷酸还原-碘酸钾容量法

在盐酸溶液中加入次磷酸或次磷酸钠溶液使高价锡还原至 2 价。还原时须加氯化高汞作为催化剂。还原反应在隔绝空气的条件下进行。

将溶液冷却至 10 ℃以下后用碘酸钾标准溶液进行滴定:

$$KIO_3 + 5KI + 6HCl \Longrightarrow 3I_2 + 6KCl + 3H_2O$$
$$I_2 + SnCl_2 + 2HCl \Longrightarrow SnCl_4 + 2HI$$

用淀粉溶液指示滴定终点。

试样含铜时,还原过程中铜被还原至 1 价。为了消除 1 价铜对测定锡的影响,在滴定前加入硫氰酸盐使铜(Ⅰ)生成硫氰酸亚铜沉淀,铝合金中共存的其他元素对测定无干扰。

1) 试剂

氢氧化钠(固体)。盐酸(1+1)。过氧化氢(30%)。氯化高汞溶液(0.5%)。次磷酸钠溶液(50%)。硫氰酸钠溶液(25%)。碘化钾溶液(10%)。淀粉溶液(1%)。碳酸氢钠饱和溶液。锡标准溶液(Sn 1 mg·mL^{-1}):称取纯锡 0.100 0 g,溶于盐酸 20 mL 中,不要加热,溶解完毕后,移入 100 mL 容量瓶中,以水稀释至刻度,摇匀。碘酸钾标准溶液:称取碘酸钾 0.59 g 溶于含有氢氧化钠 0.5 g 及碘化钾 8 g 的 300 mL 水中,移入 1 000 mL 容量瓶中,以水稀释至刻度,摇匀。此溶液的准确浓度用锡标准溶液按分析方法进行标定。

2) 操作步骤

称取试样 0.500 0~1.000 g,于 500 mL 锥形瓶中,加氢氧化钠 5 g 及水 10 mL,待作用完后,加入盐酸(1+1)50 mL 使溶液酸化,如有不溶物质,加过氧化氢(30%)数滴使其溶解,溶完后,煮沸使过氧化氢分解。加入氯化高汞溶液(0.5%)10 mL 及次磷酸钠溶液(50%)10 mL,装上隔绝空气装置,并在其中装入碳酸氢钠饱和溶液,加热至沸并微沸 5 min。在隔绝空气装置中再加入饱和碳酸氢钠溶液后,将锥形瓶从热源上取下,先在冷水中冷却片刻,再置于冰水中冷却至 10 ℃以下。取下隔绝空气装置,立即加入硫氰酸铵溶液(25%)5 mL,碘化钾溶液(10%)5 mL 及淀粉溶液(1%)10 mL,随即用碘酸钾标准溶液滴定至溶液出现蓝色保持 10 s 为终点。按下式计算试样的含锡量:

$$Sn\% = \frac{V \times T}{G} \times 100$$

式中:V 为滴定时所耗碘酸钾标准溶液的毫升数;T 为碘酸钾标准溶液对锡的滴定度,即每毫升碘酸钾标准溶液相当于锡的克数;G 为称取试样质量(g)。

3) 注

操作中应注意的事项详见 8.6 节。

11.10.2 邻苯二酚紫-十六烷基三甲基溴化铵胶束增溶光度法

利用锡(Ⅳ)、邻苯二酚紫(PV)和十六烷基三甲基溴化铵(CTMAB)的三元络合物体系作为微量锡的光度测定方法具有灵敏度高和选择性好两大优点。主要的干扰元素有钼(Ⅵ)、钨(Ⅵ)、锑(Ⅲ)等。钼和钨在铝合金中一般不存在。除了特殊铝合金含 0.5% 左右的锑外,一般铝合金中锑都是杂质。如果锑的共存量不超过 0.2 mg,并不影响锡的测定。

1) 试剂

氢氧化钠(固体)。过氧化氢(30%)。酒石酸溶液(5%)及(50%)。硝酸(1+9)及(1+1)。抗坏血酸溶液(1%)。PV 溶液(0.040%)。CTMAB 溶液(0.1%),如试剂在水中溶解度不好,可溶于乙醇中,即称取 CTMAB 0.1 g,溶于乙醇 70 mL 中,加水至 100 mL。PV-CTMAB 混合溶液:取 PV 溶液(0.040%)100 mL 及 CTMAB 溶液(0.10%)40 mL 混合后加水至 200 mL。锡标准溶液(Sn 5 μg·mL^{-1})及(Sn 10 μg·mL^{-1})。配制方法详见 7.12 节。

2) 操作步骤

(1) 含锡量 <0.10% 的试样。称取试样 0.500 0 g,置于 200 mL 烧杯中,加氢氧化钠 3 g 及水 5 mL,待剧烈作用停止后滴加过氧化氢(30%)数滴使硅化物氧化,冷却。加入酒石酸溶液(5%)15 mL,加硝酸至恰呈酸性(刚果红试纸由红变蓝)后再加硝酸(1+1)5 mL 过量,加尿素少许,冷却。移入 50 mL 容量瓶中,以水稀释至刻度,摇匀。与此同时按同样方法作试剂空白 1 份。分取试样溶液及试剂空白溶液各 10 mL,分别置于 50 mL 两用瓶中,各加抗坏血酸溶液 1 mL,水 30 mL,加热至近沸,准确加入 PV-CTMAB 混合溶液 5 mL,在冷水中迅速冷至室温,加水至刻度,摇匀。用 5 cm 或 2 cm 比色皿,以试剂空白为参比溶液,在 660 nm 波长处测其吸光度,在相应的检量线上查得试样的含锡量。

(2) 含锡量 0.10%~2.0% 的试样。称取试样 0.100 0 g,置于 200 mL 烧杯中,加入氢氧化钠 1 g 及水 5 mL,待剧烈作用停止后滴加过氧化氢数滴使硅化物氧化,冷却。加入酒石酸溶液(50%)10 mL,滴加浓硝酸至溶液恰呈酸性(刚果红试纸呈蓝色)后再加 20 mL 过量,加尿素少许,冷却。移入 100 mL 容量瓶中,加水至刻度,摇匀。与此同时按同样方法作试剂空白 1 份。分取试样溶液及试剂空白溶液各 5 mL,分别置于 100 mL 两用瓶中,各加抗坏血酸溶液 1 mL,加水至约 80 mL,加热至近沸,准确加入 PV-CTMAB 混合溶液 10 mL,在冷水中迅速冷却至室温,加水至刻度,摇匀。用 1 cm 或 2 cm 比色皿,以试剂空白为参比溶液,在 660 nm 波长处,测其吸光度。从相应检量线上查得试样的含锡量。

3) 检量线的绘制

(1) 含锡量 2~25 μg 的检量线。于 8 只 50 mL 两用瓶中,依次加入锡标准溶液 0.0 mL,0.5 mL,1.0 mL,1.5 mL,2.0 mL,3.0 mL,4.0 mL,5.0 mL(Sn 5 μg·mL^{-1})及酒石酸溶液(5%)5.0 mL,4.5 mL,4.0 mL,3.5 mL,3.0 mL,2.0 mL,1.0 mL 各加硝酸(1+9)5 mL 及抗坏血酸溶液 1 mL,加水至约 40 mL,加热至近沸,准确加入 PV-CTMAB 混合溶液 5 mL,摇匀。在冷水中迅速冷至室温,加水至刻度,摇匀。用 5 cm 比色皿(含锡 2~10 μg)或 2 cm 比色皿(含锡 5~25 μg),以不加锡标准溶液的试剂溶液为参比,测定各溶液的吸光度并绘制检量线。

(2) 含锡 10~100 μg 的检量线。于 6 只 100 mL 两用瓶中,依次加入锡标准溶液(Sn 10 μg·mL^{-1})0.0 mL,2.0 mL,4.0 mL,6.0 mL,8.0 mL,10.0 mL 及酒石酸溶液(5%)10.0 mL,8.0 mL,6.0 mL,4.0 mL,2.0 mL,0.0 mL,加硝酸(1+9)10 mL,抗坏血酸溶液 1 mL,加水至约 80 mL,加热至近沸,准确加 PV-CTMAB 混合溶液 10 mL,在冷水中迅速冷至室温,加水至刻度,摇匀。用 1 cm 比色

皿(或 2 cm 比色皿),以不加锡标准溶液的试液为参比溶液测定各溶液的吸光度并绘制检量线。

11.11　锆 的 测 定

有几种特殊用途的铝合金中加有锆为合金元素,其含量一般不超过 1%。铝合金中通常用光度法测定锆。

11.11.1　偶氮胂Ⅲ光度法

在铝合金中测定锆较简便的方法是偶氮胂Ⅲ光度法。其特点是能够在较强的酸性溶液中进行显色反应。方法的准确度和重现性很好。显色反应可以在盐酸溶液($1\sim11$ mol·L^{-1})中进行,也可在 $6\sim8$ mol·L^{-1} 的硝酸溶液中进行。在这两种酸中具有相同的灵敏度,但在硝酸溶液中重现性较好。锆与偶氮胂Ⅲ试剂的络合物呈蓝色,其最大吸收在 665 nm 波长处,络合物的摩尔吸光系数为 1.2×10^5。在较浓的酸性溶液中显色时钛有严重干扰。铀及稀土元素含量较高时也有干扰。但其共存量与锆量的比值不超过 50∶1 时并不影响锆的测定。

1) 试剂

氢氧化钠(固体)。硝酸($\rho=1.42$ g·cm^{-3}),(1+1)。尿素(固体),(5%)。偶氮胂Ⅲ溶液(0.1%)。锆标准溶液(甲)(Zr 1 mg·mL^{-1}):称取氯氧化锆(ZrOCl$_2$·8H$_2$O)1.766 4 g,溶于水中,加硝酸 15 mL,移入 500 mL 容量瓶中以水稀释至刻度,摇匀。锆标准溶液(乙)(Zr 10 μg·mL^{-1}):吸取上述溶液(Zr 1 mg·mL^{-1})5 mL,置于 500 mL 容量瓶中,以水稀释至刻度,摇匀。

2) 操作步骤

称取试样 0.100 0 g,于 100 mL 锥形瓶中,加氢氧化钠 2 g,水 10 mL,加热使试样溶解,加硝酸(1+1)20 mL 酸化,加热使盐类溶解后加尿素少许,冷却。移入 200 mL 容量瓶中,以水稀释至刻度,摇匀。另取纯铝 0.100 0 g,按同样方法溶解酸化并稀释至 200 mL 作为试剂空白。吸取试样溶液及试剂空白液各 10 mL,分别置于 50 mL 容量瓶中,加硝酸($\rho=1.42$ g·cm^{-3})25 mL,尿素溶液(5%)5 mL,流水冷却,加入偶氮胂Ⅲ溶液(0.1%)5 mL,以水稀释至刻度,摇匀。用 2 cm 比色皿,于 665 nm 波长处,以试剂空白液作为参比,测定吸光度。从检量线上查得试样的含锆量。

3) 检量线的绘制

称取纯铝 0.100 0 g,按上述方法溶解酸化并稀释至 200 mL,吸取此溶液 10 mL 5 份,分别置于 50 mL 容量瓶中,依次加入锆标准溶液(乙)0.0 mL,1.0 mL,2.0 mL,3.0 mL,4.0 mL,按上述方法显色,以不加锆标准溶液的试液为参比,测定各溶液的吸光度,并绘制检量线。每毫升锆标准溶液相当于含锆量 0.20%。

4) 注

(1) 本法适用于含锆量 0.10%~0.80% 的试样测定。对锆含量大于 0.80% 的试样,可减少取液量(5 mL)进行测定。

(2) 本法只测定酸溶性锆。如需测定酸不溶性锆,则在试样溶解并酸化后,加纸浆少许,将溶液用紧密滤纸滤入 200 mL 容量瓶中,滤纸及残渣置于铂坩埚中(也可用瓷坩埚),灰化后在 800 ℃ 灼烧 20 min。取出坩埚,冷却。加入焦硫酸钾 0.5 g,熔融,冷却。熔块用 0.8 mol·L^{-1} 硝酸浸出,移入 50 mL 容量瓶中,以 0.8 mol·L^{-1} 硝酸洗涤坩埚,洗涤液移入容量瓶中并稀释至刻度,摇匀。吸取此液 10 mL,于 50 mL 容量瓶中,按上述方法显色,另按相同方法配置试剂空白 1 份。

(3) 硝酸中氧化氮对偶氮胂Ⅲ试剂有破坏作用,必须加尿素使其分解,否则显色后色泽不稳定。

(4) 偶氮胂Ⅲ试剂的质量对方法的灵敏度影响很大,该试剂结构式为

分子式:$C_{22}H_{18}O_{14}N_4S_2As_2$;分子量:776.77。

(5) 锆标准溶液系用氯氧化锆试剂配置,一般不需要标定,可按其理论值计算。如对此有怀疑时可用重量法标定,方法简述如下:吸取锆标准溶液(Zr 1 mg·mL^{-1})50 mL 2 份,分别置于 250 mL 烧杯中,加硫酸(1+1)20 mL,蒸发至冒白烟,冷却。加水至约 100 mL,温热使盐类溶解,加过氧化氢(6%)3 mL,加磷酸氢二铵溶液(20%)10 mL,搅匀后在温热处(60~65 ℃)放置 2 h 或过夜。用紧密滤纸过滤,以硝酸铵溶液(5%)洗涤烧杯及沉淀,沉淀及滤纸放入铂坩埚中灰化后在 1 000 ℃ 灼烧,称量。按下式计算锆标准溶液的浓度:

$$每毫升锆标准溶液含锆(g) = \frac{ZrP_2O_7 \times 0.344}{50}$$

11.11.2 二甲酚橙光度法

在酸性溶液中,锆与二甲酚橙形成红色络合物,其组成为 1:1,最大吸收在 535~540 nm 波长处。在盐酸和高氯酸中络合物的吸光度最大,在 0.15~0.65 mol·L^{-1} 的酸度条件下吸光度一致。含锆 10~125 μg·(50 mL)$^{-1}$ 符合比耳定律。

采用在 0.5 mol·L^{-1} 左右的盐酸介质中显色,大量铝及共存的铜、锰、钛、镍、锌、镁等元素无干扰。Fe^{3+} 的干扰可加入抗坏血酸还原消除。由于 SO_4^{2-} 能和 Zr^{4+} 形成 $[ZrO(SO_4)_2]^{2-}$ 络离子,将大大降低吸光度,所以要避免 SO_4^{2-} 的引入。凡能和锆生成稳定络合物或沉淀的 F^-,PO_4^{3-},柠檬酸盐、酒石酸盐等均应避免存在。

Zr(Ⅳ)与二甲酚橙反应溶液温度应在 25 ℃ 以下,超过 25 ℃ 吸光度有所下降,络合物形成后 15~60 min 内吸光度一致。对于 0.1 mg 锆,加入二甲酚橙溶液(0.04%)3 mL 已够,超过此量吸光度反而下降。

1) 试剂

盐酸($\rho=1.19$ g·cm^{-3}),(1+4)。过氧化氢(30%)。抗坏血酸溶液(5%)。二甲酚橙溶液(0.04%)。EDTA 溶液(0.05 mol·L^{-1})。锆标准溶液(Zr 20 μg·mL^{-1}),配制方法见偶氮胂Ⅲ光度法。

2) 操作步骤

称取试样 0.100 0~0.500 0 g 于 250 mL 锥形瓶中,加盐酸($\rho=1.19$ g·cm^{-3})25 mL 溶解,待反应停止后,在加热情况下,分次加入过氧化氢 5 mL,加水 20 mL,煮沸使过氧化氢分解。冷却。移入 100 mL 容量瓶中,以水稀释至刻度,摇匀。干过滤。另取同样量的纯铝按同样操作配制试剂空白液 1 份。吸取试液和试剂空白液各 10 mL,分别于 50 mL 容量瓶中,加水约 20 mL,抗坏血酸溶液(5%)5 mL,摇匀。加二甲酚橙溶液(0.04%)5 mL,以水稀释至刻度,摇匀。静置 15 min,用 1 cm 比色皿,于 540 nm 波长处,以试剂空白液作为参比测定吸光度。从检量线上查得试样的含锆量。

3) 检量线的绘制

称取相应量纯铝,按上述方法溶解并稀释至 100 mL,吸取此溶液 10 mL 6 份,分别置于 500 mL 容量瓶中,依次加入锆标准溶液 Zr 20 $\mu g \cdot mL^{-1}$ 0.0 mL,1.0 mL,2.0 mL,3.0 mL,4.0 mL,5.0 mL,分别以水稀释至约 30 mL,按上述方法显色,以不加锆标准溶液的试液作为参比,测定各溶液的吸光度并绘制检量线。每毫升锆标准溶液相当于含锆量 0.20%(称样 0.100 0 g),0.10%(称样 0.200 0 g),0.04%(称样 0.500 0 g)。

4) 注

(1) 本法适用于含锆量 0.02%~1.0% 的试样。对于含锆量小于 0.10% 时可称取 0.500 0 g;含锆量 0.10%~0.50% 的称样 0.200 0 g;含锆量大于 0.50% 的可称样 0.100 0 g。

(2) 用盐酸-过氧化氢处理的试样,能将锆全部转入溶液中。

(3) 本法显色酸度控制在 0.5 $mol \cdot L^{-1}$ 左右。

11.12　稀土总量的测定

近年来,稀土元素被广泛应用为钢铁及有色合金中的合金成分。有几种铸造铝合金中含有 0.01%~1.0% 的稀土。

重量法及容量法(络合滴定法)测定稀土总量的方法操作时间长,不能满足快速分析的要求。而偶氮胂Ⅲ,偶氮氯膦-mA 吸光度法测定稀土总量具有灵敏度高,选择性好及反应条件易于控制,操作比较简捷等优点,是目前应用为快速测定的主要方法。

11.12.1　偶氮胂Ⅲ光度法

稀土元素(包括钇)与偶氮胂Ⅲ试剂在微酸性溶液中(pH 2.5~3.3)反应生成蓝色络合物,其最大吸收在 665 nm 波长处,是测定稀土比较灵敏的试剂。各稀土元素与偶氮胂Ⅲ试剂所生成的络合物摩尔吸光系数稍有差别,平均在 5.0×10^4 左右。干扰元素有 U(Ⅳ),U(Ⅵ),Th,Zr,过渡金属元素有 Fe^{3+},Ti^{4+},Pb^{2+},Bi^{3+},Cd^{2+},Sb(Ⅴ),Ca^{2+},Sc^{4+} 等。因此就测定稀土元素的选择性而言,虽比其他试剂有所提高,但也并不理想。在具体应用于测定铝合金中的稀土元素时,还必须采用一定的分离及掩蔽手段。

在铝合金分析中,对稀土含量在 0.1% 以上的试样,由于显色时取样量较少,干扰元素的共存量也相应减少,因此可以不要分离。仅采用掩蔽法即可直接进行显色和测定。以一般常用的铝合金为例,除铝以外的主要合金元素为硅、铜、镍、镁、锰、锌。此外尚含一些杂质成分如铁、锡等。如试样含稀土 0.1%~1%,则可取 5 mL 试样进行显色。在这种情况下,共存的镁、镍、锌、锡等元素的量都没有达到干扰测定的程度,而铝、铜、铁则可分别用磺基水杨酸、硫脲及抗坏血酸掩蔽。但稀土含量在 0.1% 以下的试样,则要进行分离。比较简便的分离方法是用氢氧化钠溶样后加三乙醇胺及 EDTA 溶液,使铝、铜、镍、铁、钙等元素大部分留在溶液中,而稀土与镁能定量沉淀析出。被沉淀吸附带下的少量铜、铝等元素可用掩蔽法消除其干扰。

1) 试剂

氢氧化钠(固体)。盐酸(1+1)。过氧过氢(30%)。三乙醇胺溶液(1+2)。EDTA 溶液(0.02 $mol \cdot L^{-1}$)。磺基水杨酸溶液(10%)。抗坏血酸溶液(2%)。硫脲溶液(5%)。麝香草酚蓝指示剂(0.1%):称试剂 0.1 g,加水 100 mL,滴加 0.1 mol·L⁻¹氢氧化钠溶液至恰好溶解。氨水(1+1)。六次甲基四胺溶液(20%)。缓冲溶液:溶解氯乙酸 9.45 g 及乙酸钠 6.8 g 于水中,加水至 100 mL。偶氮胂Ⅲ溶液(0.1%)。氟化胺溶液(30%),须用盐酸调节其酸度至 pH=3。稀土标准溶液(Ce 或 La 10 μg·mL⁻¹),称取硝酸铈[Ce(NO₃)₃·6H₂O]或硝酸镧[La(NO₃)6H₂O]1.550 g 溶于水中,加盐酸 4 mL,移入 500 mL 容量瓶中以水稀释至刻度,摇匀。此溶液每毫升含铈或镧约 1 mg。其准确浓度按下法标定求得:吸取此溶液 50 mL,于 150 mL 锥形瓶中,加水 30 mL,加六次甲基四胺溶液(20%)至溶液的酸度为 pH≈5.5,加二甲酚橙指示剂(0.1%)数滴,用 EDTA 标准溶液(0.020 00 mol·L⁻¹)滴定至溶液恰由紫红色变为黄色。按下式计算每毫升稀土标准溶液含铈或镧的毫克数:

$$每毫升含铈或镧(mg) = \frac{V_{EDTA} \times N_{EDTA} \times 140.13(或 138.92)}{50}$$

式中:V_{EDTA}为滴定所耗 EDTA 标准溶液的毫升数;M_{EDTA}为 EDTA 标准溶液的摩尔浓度;140.13 为铈的原子量;138.92 为镧的原子量。绘制检量线时再吸取此溶液 5 mL,加盐酸 5 mL,于 500 mL 容量瓶中以水稀释至刻度,摇匀。

2) 操作步骤

(1) 稀土含量>0.1%的试样。称取试样 0.100 0 g,于 150 mL 锥形瓶中,加氢氧化钠 2 g 及水 10 mL,待作用停止时滴加过氧化氢使硅化物氧化。加入盐酸(1+1)20 mL 使溶液酸化。如有不溶物,加入过氧化氢 1~2 mL,煮沸使多余的过氧化氢分解。移入 100 mL 容量瓶中,以水稀释至刻度,摇匀。分取试样溶液 5 mL(含稀土<0.7%)或 2 mL(含稀土 0.7%~2%)于 25 mL 容量瓶中,加抗坏血酸溶液 2 mL,磺基水杨酸溶液 6 mL(分取 2 mL 试样溶液时加 3 mL)及麝香草酚蓝指示剂 1 滴,用氨水(1+1)调节至橙红色,再滴加六次甲基四胺溶液至淡黄色并过量 1 滴。加入硫脲溶液 2 mL,缓冲溶液 5 mL,摇匀。准确加入偶氮胂Ⅲ溶液 1 mL,加水至刻度,摇匀。倒出部分显色溶液于 2 cm 比色皿中,于剩余的显色溶液中加氟化铵溶液 2~3 滴,使稀土偶氮胂Ⅲ络合物的色泽褪去后,倒入另一 2 cm 比色皿中,作为参比溶液,在 665 nm 波长处,读测其吸光度。在检量线上查得试样的稀土含量。

(2) 稀土含量<0.1%的试样。称取试样 1.000 g,于 400 mL 烧杯中,加入氢氧化钠 10 g,水 15 mL,加热使试样溶解并分次滴加过氧化氢使硅化物氧化。加三乙醇胺(1+2)15 mL,热水 200 mL,加热煮沸,加 EDTA 溶液(0.02 mol·L⁻¹)5 mL,继续煮沸约 1 min,冷却。用紧密滤纸过滤,用氢氧化钠溶液(2%)洗涤烧杯内壁及沉淀各 4~5 次,弃去滤液。用热盐酸(1+1)10 mL 溶解沉淀(须滴加过氧化氢数滴帮助溶解),用水洗涤滤纸,溶液及洗液接收于原烧杯中,煮沸数分钟使多余的过氧化氢分解,冷却。溶液移入于 50 mL 容量瓶中,加水至刻度,摇匀。吸取试样溶液 2 mL(含稀土>0.05%时)或 5 mL(含稀土<0.05%时)于 25 mL 容量瓶中,加抗坏血酸溶液 2 mL 及磺基水杨酸溶液 3 mL,摇匀。以下操作同上。

3) 检量线的绘制

于 5 只 25 mL 容量瓶中,依次加稀土标准溶液 0.0 mL,1.0 mL,2.0 mL,3.0 mL,4.0 mL(RE 10 μg·mL⁻¹),各加抗坏血酸溶液 2 mL,磺基水杨酸溶液 2 mL,按操作步骤所述调节酸度并显色。用 2 cm 比色皿,以不加稀土标准溶液为参比液,在 665 nm 波长处,测定各溶液的吸光度并绘制检量线。

4) 注

(1) 显色液的酸度需控制在 pH 2.5~3.5,在调节酸度后加入氯乙酸-乙酸钠缓冲液 2~10 mL,均可使溶液的酸度稳定地控制在 pH≈3,故方法中加入缓冲溶液 5 mL。

(2) 铝合金中铁是杂质成分,一般不超过 1%。加入抗坏血酸使 3 价铁还原至 2 价即可消除干扰。铜对稀土的测定也有干扰,加入硫脲可以掩蔽铜,方法中加硫脲溶液(5%)2 mL 可掩蔽 1 mg 铜。磺基水杨酸可掩蔽铝。加入磺基水杨酸溶液(10%)5 mL 可掩蔽 5 mg 铝。铝合金中其他元素如镍、锌、锰等共存量均未达到干扰测定的程度。

(3) Ti^{4+} 的共存量大于 20 μg 和 Zr^{4+} 共存量大于 5 μg 时,对稀土测定有干扰。乳酸(1+4)1 mL 可以掩蔽 400 μg 钛。磷酸二氢铵溶液(2%)1 mL,可以掩蔽 50 μg 锆。但乳酸及磷酸二氢铵对稀土的显色也稍有影响。为了抵消此影响,在绘制检量线时也应加入相同量的乳酸或磷酸二氢铵。锆钛共存时应先加磷酸二氢铵后加乳酸,否则锆掩蔽不好。由于尚没有遇到锆、钛及稀土共存的铝合金,因此在上述方法中没有考虑锆、钛的干扰。

11.11.2　偶氮氯膦-mA 光度法

用偶氮胂Ⅲ光度法测定铝合金中<0.1%的稀土总量时需要经过沉淀分离手续,操作较为麻烦,而偶氮氯膦-mA 是测定稀土总量更为理想的试剂之一,它的特点是:对稀土元素显色反应的灵敏度高(如铈的摩尔吸光系数 $\varepsilon^{660}=8.12\times10^4$);对各稀土元素的摩尔吸光系数较接近;显色酸度高(pH0.7~1.8,方法中选用 pH$\approx$1 的酸度条件);选择性好。应用于测定铝合金中稀土总量时,Al^{3+}、Fe^{3+} 用草酸掩蔽,Cu^{2+} 可用硫脲掩蔽,而其他共存的元素都不干扰测定,可不经分离直接测定铝合金中的稀土。

1) 试剂

偶氮氯膦-mA 溶液(0.05%)。草酸-草酸铵溶液:称取草酸 3 g,溶于 50 mL 水中;另取草酸铵 1.2 g,溶于 40 mL 水中,将两溶液混合后加水至 100 mL。稀土标准溶液(RE 5 $\mu g\cdot mL^{-1}$),配法见偶氮胂Ⅲ光度法。硫脲溶液(5%)。氢氧化钠:一级试剂(固体)。过氧化氢(30%)。硝酸(1+1)。

2) 操作步骤

称取试样 0.400 0 g,按 11.1 节第二法中所述溶解并稀释至 200 mL。另取纯铝按同样方法溶解并稀释至 200 mL 作为试剂空白。分取试液溶液及试剂空白溶液各 5 mL,分别于 25 mL 容量瓶中,加草酸-草酸铵溶液 5 mL,摇匀。室温低于 10 ℃时宜放置 3~5 min。加入偶氮氯膦-mA 溶液 2 mL,以水稀释至刻度,摇匀,用 3 cm 比色皿,以试剂空白为参比液,在 660 nm 波长处测定吸光度。在相应的检量线上查得试样的含稀土总量。

3) 检量线的绘制

分取纯铝溶液(即上述试剂空白液)5 mL 5 份。分别于 25 mL 容量瓶中,依次加入稀土标准溶液 0.0 mL,0.5 mL,1.0 mL,2.0 mL,3.0 mL(RE 5 $\mu g\cdot mL^{-1}$),按上述操作方法显色后测定各溶液的吸光度,并绘制检量线。

4) 注

(1) 草酸-草酸铵的加入量应与 Al^{3+} 的存在量相适应。稀土与偶氮氯膦-mA 络合物的吸光度随草酸-草酸铵加入量的增加而稍有下降。因草酸对稀土元素在测定的条件下也有一定络合能力。因此,如因试样中稀土含量较低而需增加试样的分取量时,不但要相应地增加草酸的加入量,而且绘制检量线时也应加入相同量的铝溶液打底,以抵消其影响。

(2) 如分取的试样溶液中 Cu^{2+} 的共存量超过 0.5 mg 时应加硫脲溶液 1 mL 掩蔽。

(3) 偶氮氯膦-mA 试剂的加入量一般应为稀土量的 45 倍以上。

(4) 显色液可稳定 1 h 以上。但加入硫脲溶液掩蔽铜时,显色液的稳定性明显下降,一般应在 10 min 内完成测定。

11.13　纯铝和铝合金的化学成分

　　铝锭的化学成分、铝加工产品的化学成分、铸造铝硅合金的化学成分、铝合金加工产品的化学成分、铸造铝合金的化学成分以及铝中间合金的化学成分,分别如表 11.3～表 11.8 所示。

表 11.3　铝锭的化学成分

铝品号	代　号	铝(≥%)	化　学　成　分(%)				
			杂　质(≤%)				
			铁	硅	铁+硅	铜	杂质总和
特一号铝	Al—00	99.7	0.16	0.13	0.26	0.010	0.30
特二号铝	Al—0	99.6	0.25	0.18	0.36	0.010	0.040
一号铝	Al—1	99.5	0.30	0.22	0.45	0.015	0.50
二号铝	Al—2	99.0	0.50	0.45	0.90	0.020	1.00
三号铝	Al—3	98.0	1.10	1.00	1.80	0.050	2.00

表 11.4　铝加工产品的化学成分

合金牌号	代号	主要成分铝(%)	杂　质(≤%)						
			铁	硅	铁+硅	铜	其他	备注	杂质总和
一号工业纯铝	L1	99.7	0.16	0.16	0.26	0.010	—	—	0.30
二号工业纯铝	L2	99.6	0.25	0.20	0.36	0.010			0.40
三号工业纯铝	L3	99.5	0.30	0.30	0.45	0.015			0.50
四号工业纯铝	L4	99.3	0.30	0.35	0.60	0.050	0.1	—	0.70
五号工业纯铝	L5	99.0	0.50	0.50	0.90	0.020			1.00
六号工业纯铝	L6	98.8	0.50	0.55	1.00	0.100	0.1	镁 0.1 锰 0.1 锌 0.1	1.20
七号工业纯铝	L7	98.0	1.10	1.00	1.80	0.030	—	—	2.00

表 11.5　铸造铝硅合金的化学成分

牌　号		主　要　成　分(%)		杂　质(≤%)					
汉字牌号	代　号	硅	铝	铁	钙	钛	锰	铜+锌	总和
0 号铸造铝硅合金	ZAlSiD—0	11.0～13.0	余量	0.35	0.1	0.10	0.1	0.15	0.7
1 号铸造铝硅合金	ZAlSiD—1	11.0～13.0	余量	0.50	0.1	0.15	0.3	0.15	1.0
2 号铸造铝硅合金	ZAlSiD—2	11.0～13.0	余量	0.70	0.2	0.20	0.5	0.20	1.4

　　注:① 根据需方的特殊要求铸造铝硅合金含硅可以为 7.0%～11.0%或大于 13.0%。② 根据需方要求,ZAlSiD—0 的铁量可以不大于 0.25%,含锰量可以为 0.10%～0.50%。③ 主要成分和有害杂质为必检元素,其他杂质可定期分析。

表 11.6　铝合金加工产品的化学成分

类别	牌号	主　要　成　分（%）										杂质（≤%）
		铜	镁	锰	铁	硅	锌	镍	铬	钛	铝	
防锈铝合金	LF1	—	0.8~1.3	0.9~1.4	—	—	—	—	—	—	余量	1.60
	LF2	—	2.0~2.8	0.15~0.40	*	—	—	—	—	—	余量	0.80
	LF10	—	4.7~5.7	0.2~0.6	—	—	—	—	—	—	余量	0.90
	LF21	—	—	1.0~1.6	—	—	—	—	—	—	余量	1.75
硬铝合金	LY1	2.2~3.0	0.2~0.5	—	—	—	—	—	—	—	余量	1.40
	LY3	2.6~3.5	0.3~0.7	0.3~0.7	—	—	—	—	—	—	余量	1.10
	LY5	3.8~4.5	0.4~0.8	0.4~0.8	—	—	—	—	—	—	余量	1.20
	LY9	3.8~4.5	1.2~1.6	0.3~0.7	—	—	—	—	—	—	余量	1.20
	LY11	3.8~4.8	0.4~0.8	0.4~0.8	—	—	—	—	—	—	余量	1.20
	LY12	3.8~4.9	1.2~1.8	0.3~0.9	—	—	—	—	—	—	余量	1.00
	LY14	4.6~5.2	0.65~1.00	0.5~1.0	—	—	—	—	—	—	余量	1.50
锻铝合金	LD2	0.2~0.6	0.45~0.90	0.15~0.35	*	0.5~1.2	—	—	—	—	余量	0.80
	LD5	1.8~2.6	0.4~0.8	0.4~0.8	—	0.7~1.2	—	—	—	—	余量	1.20
	LD7	1.9~2.5	1.4~1.8	—	1.0~1.5	—	—	1.0~1.5	—	0.02~0.10	余量	0.95
	LD8	1.9~2.5	1.4~1.8	0.5~1.2	1.1~1.6	0.5~1.2	—	1.0~1.5	—	—	余量	0.60
	LD9	3.5~4.5	0.4~0.8	0.5~1.0	0.5~1.0	0.5~1.0	—	1.8~2.3	—	—	余量	0.60
	LD10	3.9~4.8	0.4~0.8	0.4~1.0	—	0.6~1.2	—	—	—	—	余量	1.20
超硬铝合金	LC4	1.4~2.0	1.8~2.8	0.2~0.6	—	—	5.0~7.0	—	0.10~0.25	—	余量	1.10
特殊铝合金	LT1	—	—	—	—	4.5~6.0	—	—	—	—	余量	1.00

* 或为同等数量的铬。

表 11.7　铸造铝合金的化学成分

牌号 汉字牌号	牌号 代号	成 分(%) 主要 硅	铜	镁	锰		镍	铝	杂 质(≤%) 铁	硅	铜	镁	锰	锌	镍	锡	铝	总和
(一)铝硅合金 101 铸铝	ZLD101	6.0~8.0	—	0.25~0.45	—	—	—	余量	0.45	—	0.2	—	0.5	0.20	—	0.01	0.05	1.4
102 铸铝	ZLD102	10.0~13.0	—	—	—	—	—	余量	0.60	—	0.6	0.05	0.5	0.25	—	—	—	1.6
103 铸铝	ZLD103	4.5~6.0	2.0~3.5	0.4~0.7	0.3~0.7	—	—	余量	0.45	—	—	—	0.5	0.25	0.05	0.01	0.05	1.2
104 铸铝	ZLD104	8.0~10.5	—	0.2~0.4	0.2~0.5	—	—	余量	0.45	—	0.3	—	—	0.25	—	0.01	0.05	1.2
105 铸铝	ZLD105	4.5~5.5	1.0~1.5	0.4~0.7	—	—	—	余量	0.45	—	—	—	0.5	0.20	—	0.01	0.05	1.3
107 铸铝	ZLD107	6.5~7.5	3.5~4.5	—	—	—	—	余量	0.40	—	—	0.1	0.3	0.20	—	0.01	0.05	0.9
108 铸铝	ZLD108	11.0~13.0	1.0~2.0	0.5~1.0	0.3~0.9	—	—	余量	0.40	—	—	—	—	0.20	0.05	0.01	0.05	0.8
109 铸铝	ZLD109	11.0~13.0	0.5~1.5	0.9~1.5	—	—	0.5~1.5	余量	0.40	—	—	—	0.6	0.10	—	0.01	0.05	0.8
110 铸铝	ZLD110	4.0~6.0	5.0~6.0	0.3~0.5	—	—	—	余量	0.50	—	—	—	0.5	0.50	0.30	0.01	0.05	1.5
(二)铝铜合金 202 铸铝	ZLD202	—	9.0~11.0	—	—	9.0 13.0	—	余量	0.50	1.0	—	—	0.5	0.50	0.50	—	—	3.0
203 铸铝	ZLD203	—	4.0~5.0	—	—	—	—	余量	0.50	1.2	—	0.03	0.1	0.20	—	0.01	0.05	2.2
(三)铝镁合金 302 铸铝	ZLD302	0.8~1.3	—	4.6~5.6	0.1~0.4	—	—	余量	0.30	—	0.1	—	—	0.15	—	—	—	0.6
(四)铝锌合金 401 铸铝	ZLD401	6.0~8.0	—	0.15~0.35	—	—	—	余量	0.60	—	0.6	—	0.5	—	—	—	—	1.6

注：主要成分和有害杂质为必检元素，其他杂质可定期分析。

表 11.8　铝中间合金的化学成分

汉字牌号	代号	铜	硅	锰	钛	镍	镁	铬	铝	铁	锰	锌	硅	铜	铅	总和
50 铝铜	Al Cu 50	45~55	—	—	—	—	—	—	余量	0.3	—	0.1	0.2	—	—	0.7
20 铝硅	Al Si 20	—	18~22	—	—	—	—	—	余量	0.3	—	0.1	—	0.3	—	0.8
10 铝锰	Al Mn 10	—	—	9~11	—	—	—	—	余量	0.3	—	—	0.1	0.1	—	0.8
4 铝钛	Al Ti 4	—	—	—	3~5	—	—	—	余量	0.3	—	0.1	0.2	—	—	0.8
10 铝镍	Al Ni 10	—	—	—	—	9~11	—	—	余量	0.5	0.1	—	0.1	—	0.1	1.0
2 铝铬	Al Cr 2	—	—	—	—	—	—	2~3	余量	0.5	—	0.1	0.2	—	—	1.0
1 铝硼	Al B 1	—	硼 0.5~1.5	—	—	—	—	—	余量	0.3	—	0.1	0.1	0.1	—	0.8
2 铝铍	Al Be 2	—	—	—	铍 2~3	—	—	—	余量	0.3	0.1	—	0.1	—	—	0.6
4 铝锆	Al Zr 4	—	—	—	—	—	锆 3~5	—	余量	0.3	0.1	0.1	—	—	0.1	0.6
20 铝铁	Al Fe 20	—	—	铁 18~22	—	—	—	—	余量	—	0.3	0.1	0.2	0.1	—	1.0
3—1 铝钛硼	Al Ti B3—1	—	硼 0.5~1	—	2~4	—	—	—	余量	0.3	—	0.1	0.2	—	—	0.8

注：① 杂质仅分析主要有害元素。② 易偏析合金，每炉由供方提供主要成分化验数据两个。

第 12 章　纯镁和镁合金的分析方法

镁及镁合金是机械工业,特别是航空、汽车、仪器仪表制造工业等方面常用的重要材料。

工业用纯镁主要有两种:M_1 及 M_2。M_1 号纯镁含镁应不小于 99.9%,M_2 号纯镁含镁不小于 99.8%。

镁合金分铸造用镁合金和压力加工用镁合金两类。常用的几种镁合金的化学成分详见 12.11 节。镁合金的一个重要性能是比重小。虽然镁合金的强度不如铝合金,但由于它的比重小,因此同样重量的镁合金的结构就比铝合金要坚固得多。所以用镁合金制成各种机器的部件就能达到降低重量并提高其有效利用系数的目的。铝合金的另一个重要性能是能承受冲击,这是因为镁合金的弹性系数很小。由于镁合金具有这样的特性,它在现代工业中有极为广泛的用途。

常用的镁合金主要是镁、铝、锰、锌等金属的合金。镁合金加入铝作为合金元素可改善其机械性能(硬度、强度极限和屈服极限),同时也增加合金的塑性。加入适量的锌也能改进合金的机械性能。但由于锌的加入量一般较低,故对塑性无明显增加。锰的加入可使合金耐蚀性改善。在有些镁合金中加入少量铈,是为了使合金在冷的状况下的可冲压性增强。

除了上述各主要合金元素外,镁合金中常存在有以下一些微量杂质成分:铁、铜、镍、铍、氯、钙、钾、钠,以及不作为合金成分而存在的铝、锌、硅。其中铁、镍、铜、硅的存在对合金性能危害最大。铁很难溶于镁中,很微量铁的存在将大大降低合金的耐磨和耐蚀性能。铁也影响合金的铸造性能。但铁能减少合金的收缩性,使合金的强度有所提高。硅在镁合金中呈粗大的化合物 Mg_2Si 的状态存在。含硅>0.3%时,使合金的延伸率降低,含硅达 0.1%~0.2%使合金的吸收气体的能力增加。而且硅的存在使合金易于偏析和发生缩孔,耐蚀性降低了,也难以进行压力加工。微量铜的存在降低合金的耐蚀性,合金的机械性能也稍有降低。但当合金中有铜和硅同时存在时,则对机械性能的影响特别明显。因此镁合金中,铜、硅的含量应小于 0.5%。镍的存在也使耐蚀性显著下降。合金中氯离子的含量不超过 0.5%时对机械性能没有影响。钾、钠使合金易于偏析并且增加气孔。铍和钙的含量很低时对合金是有益的,可以提高合金的抗氧化能力。例如在压力加工用镁合金中加入≤0.02%的铍可使合金的晶粒细化,抗氧化能力改善,机械性能提高。但铍含量超过 0.02%产生相反影响。在镁合金中加入 0.05%~0.2%的钙也能达到细化晶粒,提高机械性能和改善抗氧化能力的作用,但超过 0.2%,将产生坏的影响。

近年来为改善镁合金的某些性能,提出了在镁合金中加稀土、钍、锆等合金元素。例如在合金中加入 0.6%的铈和 2%锰后,可显著提高合金的耐热性,工作温度可达 250 ℃,含钍的镁合金可进一步提高工作温度达 350~370 ℃,含锆的镁合金则具有较高的屈服极限、生成显微松孔的倾向和加工性能好等特点。但在镁合金中加入锆的工艺比较困难,锆很容易偏析,而且杂质的存在能显著降低镁锆合金的机械性能,因此要求控制这类合金的杂质元素在更低的含量范围内。

本章所述方法适用于工业用纯镁中杂质元素以及各类镁合金中主要合金元素和杂质元素的快速分析。

12.1　铝　的　测　定

多数镁合金有铝作为主要的合金成分,应用络合滴定法测定较为简便。铝离子和 EDTA 所形成中等强度的络合物,其绝对稳定常数 pK 为 16.10。由于酸效应的影响以及铝离子在碱性溶液中容易形成羟基络合物,其水解效应系数甚大等原因,铝的络合滴定通常在 pH 4～6 的微酸性溶液中进行。铝离子和 EDTA 之间的络合反应在室温时速度很慢,需要加热加速其反应。试验证明,在 pH 4～5 的溶液中经加热煮沸 1～2 min,可达定量络合。为了避免铝的水解反应,应在 pH≤3.8 的酸度条件下先加入 EDTA 溶液,然后加热并调节酸度。络合滴定法测定铝的滴定方法有好几种,通常选用氟化物释出法。此法具有较好的选择性。即先在试样溶液中加入过量的 EDTA,其加入量须足以使在此酸度条件下能与 EDTA 络合的元素全部络合,然后加热并调节酸度至 pH≈5,煮沸使铝络合完全,冷却,用锌标准溶液滴定过量的 EDTA(不计所耗的标准溶液)。加入氟化物并煮沸使原来已与 EDTA 络合的铝与氟络合成 AlF_6^{3-},同时释出等摩尔量的 EDTA,再以锌标准溶液滴定释出 EDTA,从而间接测得铝的含量。滴定时用二甲酚橙作指示剂。在此条件下,镁、锌和少量铜、镍、铁均不影响铝的测定。锰的共存量在 1 mg 以下时尚无明显干扰。锆、钍、稀土、钛、锡等元素对测定有影响。对不含锆、钍或稀土(通常加入铈)且含锰不高(>1%)的镁合金,可以不要经过分离直接进行铝的络合滴定。对含铈和含锰较高的试样,则需要在盐酸羟胺存在下用苯甲酸铵沉淀分离铝,然后将铝的沉淀溶解并进行络合滴定。在镁合金中没有同时加入铝与锆或钍作为合金元素,因此在下述方法中均没有考虑铝与锆或钍的分离。

应用络天青 S 吸光光度法测定微量铝,具有灵敏度高,测定手续简捷等优点,为测定纯镁及镁合金中低含量铝的有效方法。

12.1.1　络合滴定法

1. 直接络合滴定法

1) 试剂

盐酸(1+1)。过氧化氢(30%)。EDTA 溶液(0.05 mol·L^{-1}):取乙二胺四乙酸二钠 18.6 g 溶于热水中,冷却,以水稀释至 1 000 mL。对硝基酚指示剂(0.2%)。氨水(1+1)。六次甲基四胺溶液(20%)。二甲酚橙指示剂(0.2%)。氟化钠(固体)。锌标准溶液(0.020 00 mol·L^{-1}):称取纯锌 1.307 6 g,溶于盐酸(1+1)25 mL 中,加水至约 200 mL,用氨水(1+1)及盐酸(1+1)调节酸度至刚果红试纸由蓝色变为紫色(pH≈3),冷却,移入 1 000 mL 量瓶中以水稀释至刻度,摇匀。乙酸(1+1),取冰乙酸 50 mL,以水稀释至 100 mL。

2) 操作步骤

称取试样 0.100 0 g,置于 250 mL 锥形瓶中,加盐酸(1+1)3 mL,待反应缓慢时加入过氧化氢(30%)1 mL,加热煮沸 1～2 min 使多余的过氧化氢分解。加乙酸溶液(1+1)6 mL。根据试样的成分规格估计加入过量的 EDTA 溶液(0.05 mol·L^{-1}),使铝和其他共存元素如锌、铜、铁、镍等完全络合(因镁在此酸度条件下不与 EDTA 络合,故估计 EDTA 溶液的加入量时无须考虑镁的存在),加水稀释至约 100 mL,加热煮沸,加氨水至对硝基酚指示剂呈黄色,滴加盐酸(1+1)至黄色褪去,加入六次甲基四胺(20%)10 mL,煮沸 1～2 min,冷却,加二甲酚橙指示剂数滴,此时指示剂应呈橙黄色,酸度在

pH≈5.5。用锌标准溶液(0.020 00 mol·L^{-1})滴定至溶液恰呈红色(不必记录所耗锌标准溶液的体积)。加入氟化钠约 2 g,煮沸 1 min,冷却。此时溶液如呈红色,须用盐酸(1+1)调节至橙黄色。再用锌标准溶液滴定至紫红色。记下所耗锌标准溶液的毫升数。按下式计算试样的含铝量:

$$Al\% = \frac{V \times M \times 0.026\ 98}{G} \times 100$$

式中:V 为加入氟化钠后滴定所耗锌标准溶液的毫升数;M 为锌标准溶液的摩尔浓度;G 为称取试样质量(g)。

3) 注

(1) 较大量的镁(大于 30 mg)与 EDTA 在 pH5～6 的微酸性溶液中能部分生成沉淀(系 EDTA 与镁的络合物)。在测定铝时,此种沉淀引起铝的共沉淀,使测定结果偏低,加入乙酸可使这种干扰消除。

(2) 此法适用于含铝大于 0.25%的试样。

2. 苯甲酸铵沉淀分离-络合滴定法

对于含铈和锰量高的试样如 MB$_1$,MB$_8$ 以及 ZMB$_2$ 等镁合金必须首先经苯甲酸铵沉淀分离。在 pH3.5～4 微酸性溶液中,在有还原剂如盐酸羟胺存在下,用苯甲酸盐与 Al^{3+} 产生白色沉淀,可与共存的 Mg^{2+},Zn^{2+},Cu$^+$,Fe^{3+},Cd^{2+},V(V),Mn^{2+},Ce^{3+} 等离子分离。

1) 试剂

缓冲溶液:溶解乙酸钠(NaAc·3H$_2$O)250 g 于水中,过滤后加入浓盐酸 107 mL,加水至 500 mL,摇匀。盐酸羟胺溶液(7.5%)。苯甲酸铵溶液(10%)。洗液:在 900 mL 热水中加入苯甲酸铵溶液(10%)100 mL 及冰乙酸 200 mL,搅匀。其余试剂同络合滴定法。

2) 操作步骤

根据试样含铝量的不同,称取 0.200 0～1.000 0 g 试样(使铝量控制在 10～25 mg),置于 500 mL 烧杯中,加水 20 mL,并按试样的多少加入盐酸 2～10 mL,待反应缓慢时加入过氧化氢 1 mL,煮沸 1 min 使多余的过氧化氢分解。加水 100 mL,滴加氨水(1+1)至刚果红试纸呈蓝紫色,加入缓冲溶液 25 mL,盐酸羟胺溶液(7.5%)10 mL,补加水至约 180 mL,加热煮沸,加入苯甲酸铵溶液(10%)20 mL,加热至微沸并保温 5 min。趁热用中速滤纸过滤,并以热洗液洗涤烧杯和沉淀。用玻璃棒将大部分沉淀转入原烧杯中。轮流用热盐酸(2+1)和热水将滤纸上残留的沉淀完全溶解,溶液接收于原烧杯中。加热使烧杯中的沉淀溶解完全。根据试样的含铝量估计加入过量的 EDTA 溶液(0.02 mol·L^{-1}),加水稀释至约 100 mL,加热煮沸,以下按直接络合滴定法的操作步骤所述调节酸度和滴定并计算试样的含铝量。

12.1.2 铬天青 S 光度法

Al^{3+} 离子与铬天青 S(以下简称 CAS)在 pH5.3～6.8 的微酸性溶液中形成(1:1),(1:2),(1:3)的紫红色络合物,而其中以(1:2)的络合物为主。(1:2)的络合物的最大吸收波长在 545 nm 处,故通常选择在 550 nm 波长处进行吸光度测定。

Al^{3+} 离子与 CAS 的络合物的形成与溶液的酸度有关。当 pH<5.1 时,络合物不易形成。而当 pH>6.3 时,由于铝的羟基络合物的形成而影响了铝与 CAS 络合物的形成,致使显色液的吸光度逐渐下降。当 pH>6.8 时,形成铝的羟基络合物已成为主要倾向。此外,形成 CAS-Al 络合物的适宜酸度还与试剂的加入次序有关。如果在显色时先加缓冲液,后加 CAS 试剂,则因水解效应的影响,使形成络合物的酸度范围变窄,在 pH>5.7 时显色液的吸光度就明显下降。因此,在方法中规定先加

CAS 试剂后加缓冲液,并选择在 pH≈5.7 的酸度条件下显色。

钒、铍、钛、锆、钍等对 CAS 法测定铝有严重干扰。Fe^{3+} 可用抗坏血酸还原至 Fe^{2+} 以消除其干扰。Cu^{2+} 共存量超过 50 μg 时可加入硫脲使其络合掩蔽,较大量的锰和锌对测定有影响。大量镁的存在(如 100 mg)使 CAS-Al 络合物的吸光度略有降低。可以在绘制检量线时加入同样量的镁打底抵消其影响。对纯镁和多数镁合金来说,共存的铜、铁、镍、硅均未达到干扰铝的测定的程度。对某些含铍的合金则必须考虑铍的影响。试验证明:1 μg 铍约相当于 0.5 μg 铝。为了抵消铍的干扰,可另取 1 份试液加入 EDTA 溶液使铝络合而不显色,并用此溶液作为参比测定显色液的吸光度。对含铈、锆、钍的合金,则应先将这些元素分离后方能进行铝的吸光度测定。

1. 一般镁合金(不含铈)及特殊镁合金(含锆或钍)中杂质铝的测定

1) 试剂

盐酸(1+3),(1 mol·L^{-1})。过氧化氢(30%)。苯胂酸溶液(1%)。甲基橙指示剂(0.1%)。氨水(1+4)。硫脲溶液(5%)。硫脲抗坏血酸混合液:取硫脲溶液(5%)40 mL,加入抗坏血酸 0.1 g,溶解后加水至 100 mL。此溶液宜当天配制。铬天青 S 溶液(0.05%),称取 CAS 试剂 0.1 g,加水 20 mL,乙醇 20 mL,在热水浴中加热溶解后加乙醇稀释至 200 mL。六次甲基四胺溶液(30%)。铝标准溶液:称取纯铝 0.100 0 g,溶于盐酸 10 mL 中,移入 100 mL 量瓶中,加水至刻度,摇匀。此溶液每毫升含铝 1 mg。绘制曲线时,吸取上述溶液 5 mL,置于 1 000 mL 量瓶中,加盐酸 20 mL,加水至刻度,摇匀。此溶液每毫升含铝 5 μg。EDTA 溶液(1%)。

2) 操作步骤

称取试样 0.100 0 g,置于 100 mL 两用瓶中,加入盐酸(1+3)5 mL,待作用缓慢时加入过氧化氢 2~3 滴,煮沸使多余的过氧化氢分解,冷却。加水至刻度,摇匀。如试样含锆(或钍),则加入盐酸(1+3)10 mL 溶解试样,加过氧化氢 2~3 滴并煮沸。稍冷,加入苯胂酸溶液(1%)10 mL,加水至刻度,摇匀。干过滤。吸取试样溶液(或加入苯胂酸沉淀锆后的滤液)10 mL(或 5 mL) 2 份分别置于 50 mL 量瓶中。显色液:加甲基橙指示剂 1 滴,滴加氨水(1+4)至恰呈黄色,立即滴加 1 mol·L^{-1} 盐酸至复呈红色,并加入过量 1 mol·L^{-1} 盐酸 2 mL,加硫脲-抗坏血酸混合液 2 mL,加水至约 30 mL,摇匀。加 CAS 溶液(0.05%)2.5 mL 及六次甲基四胺溶液(30%)5 mL,加水至刻度,摇匀。空白液:加入 EDTA 溶液(1%)2 mL,其余操作同显色溶液。用 2 cm 比色皿(或 1 cm),于 550 nm 波长处,以空白液为参比,测定吸光度,并从检量线上查得试样的含铝量。

3) 检量线的绘制

称取不含铝的纯镁 0.1 g,按上述操作方法溶解并稀释至 100 mL,摇匀。

(1) 含铝 5~20 μg 的检量线。称取纯镁溶液 5 mL 5 份,分别置于 50 mL 量瓶中,依次加入铝标准溶液(Al 5 μg·mL^{-1})0.0 mL,1.0 mL,2.0 mL,3.0 mL,4.0 mL,按上述操作方法显色,用 1 cm 比色皿,以不加铝标准溶液的试液作为参比液,测定其吸光度,并制绘检量线。每毫升铝标准溶液相当于含铝 0.10%。

(2) 含铝 2~10 μg 的检量线。称取纯镁溶液 10 mL 5 份,分别置于 50 mL 量瓶中,依次加入铝标准溶液(Al 5 μg·mL^{-1})0.0 mL,0.5 mL,1.0 mL,1.5 mL,2.0 mL,其余操作同上,但改用 2 cm 比色皿测定吸光度。每毫升铝标准溶液相当于含铝 0.05%。

4) 注

(1) 本方法适用于含铝 0.01%~0.3% 的试样。对于含铝 0.1%~0.3% 的试样吸取试液 5 mL 显色,含铝 0.01%~0.1% 的试样吸取试液 10 mL 显色。

(2) 加入抗坏血酸后放置时间不超过 5 min,以免铝与抗坏血酸络合而使测定结果偏低。

(3) 温度对 CAS-Al 络合物形成的速度及络合物色泽的稳定性有影响。当室温在 12 ℃ 左右,可在显色后 20～120 min 内测定吸光度;当室温在 20 ℃左右,可在显色后 5～60 min 内测定吸光度;当室温在 30 ℃左右,可在显色后 1～40 min 内测定吸光度。

(4) 对含铝在 0.001%～0.01% 的纯镁试样,测定铝时可改变操作如下:称取 0.100 0 g 试样,置于石英烧杯中,按上述方法用酸溶解后蒸发至糊状(注意不要蒸干),用少量水溶解盐类并将溶液移入 50 mL 量瓶中作为显色液,另取 1 份试样按同样方法操作并移入 50 mL 量瓶中作为空白液。然后分别按上述操作步骤显色,用 2 cm 比色皿,以空白液为参比测定吸光度。

2. 含铈镁合金中杂质铝的测定

在 pH≈5 的微酸性溶液中,在还原剂盐酸羟胺的存在下,用苯甲酸-乙酸乙酯萃取法,可使微量铝萃取于有机相,从而达到与大量镁和铈、铁等元素的分离,然后用稀盐酸将铝反萃取入水相,并用 CAS 吸光度法测定铝。

1) 试剂

苯甲酸铵洗液:取苯甲酸铵 2 g,溶于 100 mL 水中,调节酸度至 pH≈4.7。苯甲酸-乙酸乙酯溶液 (5%),取苯甲酸 5 g,溶于 100 mL 乙酸乙酯中。盐酸羟胺溶液(7.5%)。苯甲酸铵溶液(10%)。缓冲溶液:溶解乙酸钠 250 g 于水中,过滤后加入浓盐酸 107 mL,加水至 500 mL,混匀。其他试剂的配制方法同第 1 法。

2) 操作步骤

称取试样 0.100 0 g,置于 100 mL 锥形瓶中,加盐酸(1+3)5 mL 溶解试样,待作用缓慢时加过氧化氢 2～3 滴,煮沸 1 min 使多余的过氧化氢分解。将溶液移入分液漏斗中,用水冲洗锥形瓶并使溶液体积达 15 mL 左右。加入甲基橙指示剂 1～2 滴,滴加氨水(1+4)至溶液恰呈黄色,再滴加盐酸(1 mol·L⁻¹)至恰呈红色,加入盐酸羟胺溶液(7.5%)2 mL,苯甲酸铵溶液(10%)10 mL 及缓冲液 2 mL,摇匀(此时溶液的酸度应在 pH≈5),加入苯甲酸-乙酸乙酯溶液 25 mL,振摇 2 min,静置分层后弃去水相。用盐酸(1+19)10 mL 两次将铝反萃取至水相中,反萃取液收集于 100 mL 石英烧杯中,蒸发至约剩 2 mL 溶液,滴加浓硝酸 10 滴,硫酸(1+1)5 滴,继续蒸至冒硫酸烟,冷却。加水溶解盐类并移入于 100 mL 量瓶中,加水至刻度,摇匀。分取溶液 10 mL 2 份,分别置于 50 mL 量瓶中,1 份作底液空白,另 1 份作显色溶液,按第 1 法进行显色。另按同样操作配制试剂空白液 1 份。从试样的吸光度读数减去试剂空白液吸光度,从检量线上查得试样的含铝量。

12.2 硅的测定(硅钼蓝光度法)

在各种镁合金中,除了个别牌号外(如 ZMB1,含硅 1%～1.5%),硅都是杂质成分,其含量一般要求不大于 0.3%,测定方法以硅钼蓝吸光度法较好。

硅在镁合金或纯镁中与镁化合成 Mg_2Si,在用酸溶解时会生成硅烷(SiH_4)而挥发蒸失。因此在测定硅时,加酸溶样要同时加入溴水使硅氧化成硅酸盐。此外镁合金或纯镁中尚有极少量不溶性硅,需加入氢氟酸帮助溶解,多余的氢氟酸用硼酸络合。

在微酸性溶液中,正硅酸(或氟硅酸)与钼酸铵形成黄色的硅钼络离子,用适当的还原剂使硅钼络离子还原为硅蓝后,在 700 nm 波长处测定其吸光度。

形成硅钼络离子的适宜酸度与钼酸铵的浓度、试液的温度以及大量的共存盐类有关。当固定钼酸铵的加入量为(5%)10 mL,室温为 20～30 ℃,且无大量其他盐类存在时,形成硅钼络离子的适宜酸度为 pH 0.7～1.4;当有大量其他盐类存在时(如显色时有 0.5 g 镁离子存在),则适宜酸度变为

pH 0.75～1.1。而且由于大量镁盐的存在,最后还原成钼蓝的吸光度也略有降低。在室温条件下(20～30 ℃),需经 10 min,硅钼络离子才能形成,而且在 1 h 内保持稳定。如升高温度(50～60 ℃),则仅需 2 min 就能形成硅钼络离子,但只能保持稳定约 10 min。如采用在沸水浴中加热显色的方法,则需 20～40 s(指在玻璃器皿中,如将试液放在塑料瓶中加热,则因塑料传热较慢,需 40 s 至 1 min),硅钼络离子即形成,但在此温度下极不稳定,超过 40 s 即开始转化,故应立即用流水冷却。在沸水浴中加热不但可以加速硅钼络离子的形成,而且使适宜的酸度范围扩大,甚至在 pH≈0.35 的条件下仍能正常显色。

为了消除磷钼络离子和砷钼络离子的干扰,可采用加入硫酸提高酸度至 1 mol·L^{-1}左右,或加入硫酸、草酸混合酸、酒石酸或柠檬酸等方法使磷、砷的络离子破坏。本法中用加酒石酸的方法。酒石酸的加入量太少导致空白值的增高,因钼酸被还原,酒石酸也能使硅钼络离子破坏,但破坏速度较慢,10 min 内无影响。

1) 试剂

硫酸-溴饱和溶液:于硫酸(1+9)中加纯溴至饱和。饱和溴水。氢氟酸(40%)。硼酸(固体)。钼酸铵溶液(5%)。酒石酸溶液(35%)。还原剂:取 1-氨基-2-萘酚-4-磺酸(简称 1,2,4 酸)0.5 g,无水亚硫酸钠 10 g 及冰乙酸 1 mL,加水 150 mL,溶解后稀释至 200 mL,混匀。硅标准溶液:称取纯二氧化硅 1.0697 g,置于铂坩埚中,加碳酸钠 10 g,融熔,冷却。将坩埚置于塑料杯中用热水浸出熔块,冷却。将溶液移入 1 000 mL 量瓶中,加水至刻度,摇匀后移入塑料瓶中贮存。此溶液每毫升含硅 0.50 mg,绘制检量线时移取部分标准溶液稀释至每毫升含硅 50 μg。

2) 操作步骤

称取试样 0.100 0 g,置于聚四氟乙烯烧杯中,加入饱和溴水 10 mL 及硫酸-溴饱和溶液 14.5 mL,由于反应较剧烈,溶解开始时不要加热。待作用缓慢后,可适当加热使试样完全溶解。这时溶液如呈游离溴的红棕色,则应加热煮沸驱除多余的溴。冷却至 60～70 ℃,滴加氢氟酸 10 滴,放置 3～5 min,加硼酸 1 g,摇动溶液使硼酸溶解,冷却。移入 100 mL 量瓶中,以水稀释至刻度,摇匀。同时于另一聚四氟乙烯烧杯中,加入硫酸(1+9)21 mL,按同样方法操作并稀释至 100 mL。此溶液作为试剂空白液。吸取试样溶液及试剂空白液各 10 mL,分别置于 100 mL 量瓶中,按室温或加热条件显色如下。① 室温显色:加入钼酸铵(5%)10 mL,水 20 mL,在室温(20～30 ℃)放置 10 min,加入酒石酸溶液(35%)10 mL,摇匀。加还原剂溶液 3 mL,加水至刻度,摇匀。放置 10 min。② 加热显色:加入钼酸铵溶液(5%)10 mL,在沸水浴中加热 30 s,流水冷却,加入酒石酸溶液(35%)10 mL,摇匀。放置 10 min。用 3 cm 比色皿,于 700 nm 波长处,以试剂空白液作为参比,测定吸光度。在检量线上查得含硅量。

3) 检量线的绘制

称取高纯镁 0.1 g 7 份,分别置于聚四氟乙烯烧杯中,按上述方法溶解后移入 100 mL 量瓶中,依次加入硅标准溶液(Si 50 μg·mL^{-1})0.0 mL,1.0 mL,2.0 mL,3.0 mL,4.0 mL,5.0 mL,6.0 mL,加水至刻度,摇匀。转移入塑料瓶中存放。吸取上述溶液各 10 mL,按操作方法显色,用 3 cm 比色皿,于 700 nm 波长处,以不加硅标准溶液的试液为参比,测定吸光度,并绘制检量线。每毫升硅标准溶液相当于含硅量 0.05%。

4) 注

(1) 本方法适用于测定含硅 0.05%～0.3%的试样,对于含硅量小于 0.05%的纯镁可称取试样 0.500 0 g,加饱和溴水 10 mL 及硫酸-溴饱和溶液 18 mL,按方法溶解和处理,冷却后移入 50 mL 量瓶中,以水稀释至刻度。于另一聚四氟乙烯烧杯中,加饱和溴水 10 mL 及硫酸-溴饱和溶液 6 mL 按同样方法操作、稀释作为试剂空白液。分别吸取试液和试剂空白液各 10 mL,按上述方法显色。绘制检量线时,称取高纯镁 0.5 g 6 份,按方法溶解,依次加入硅标准溶液 0.0 mL,1.0 mL,2.0 mL,3.0 mL,

4.0 mL,5.0 mL(Si 50 μg・mL^{-1}),于 50 mL 量瓶中稀释至刻度。吸取上述溶液各 10 mL,分别按上述方法显色测定吸光度,绘制检量线,每毫升硅标准溶液相当于含硅量 0.01%。

对于含硅量大于 0.3%的试样,可称样 0.1 g 按上述方法溶解并显色。但改用 1 cm 比色皿,于 660 nm 波长处测定吸光度。在绘制检量线时,称取高纯镁 0.1 g 6 份,分别按上述方法溶解后移入 100 mL 量瓶中,依次加入硅标准溶液 0.0 mL,5.0 mL,10.0 mL,20.0 mL,30.0 mL,40.0 mL(Si 50 μg・mL^{-1})以水稀释至刻度。吸取上述溶液各 10 mL,按上述方法显色,用 1 cm 比色皿,于 660 nm 波长处,测定吸光度,并绘制检量线。每毫升硅标准溶液相当于含硅量 0.05%。

(2) 用 1,2,4 酸作还原剂的优点是还原后的钼蓝色泽很稳定,但其缺点是还原速度慢。如需要提高分析速度可改用硫酸亚铁铵作还原剂。

12.3　锌　的　测　定

在很多品种的镁合金中锌是主要合金元素,其含量在 0.5%以上,最高可达到 7%。而在其他品种的镁合金中锌是杂质成分,其允许存在最高含量不超过 0.3%。

镁合金中测定锌以极谱法和光度法比较方便。极谱法对测定含锌 0.1%~3%范围内的试样步骤很简单,不需要经过分离。光度法对测定含锌 0.5%~2%的试样是合适的。如受设备条件限制不能应用极谱法,或者试样的含锌量较高,也不适宜于用光度法,则可用络合滴定法。

12.3.1　极谱法

测定镁合金中含锌量的极谱分析法早已应用于快速分析。在氨-氯化铵底液中锌的半波电位为 -1.35 V(对饱和甘汞电极)。铜、镍的半波电位在锌波之前,锰则在锌波之后。当铜、镍、锰的共存量很大时,将会影响锌的测定。但镁合金中铜、镍、锰的含量都比较低,不至于干扰锌的测定。加入柠檬酸盐络合铝,以避免铝在氨性溶液中生成沉淀。为了减少汞害并简化操作步骤,本法采用国产 75—3A 型晶体管极谱仪和汞膜电极。汞膜电极是由铂球镀银沾汞制成的固体电极,具有汞电极的良好性能,而且牢固耐用。75—3A 型晶体管极谱仪具有体积小,操作简便,可以直接读取极谱电流等优点,而且其电压扫描速率较快(用微安表读取极谱电流时,电压扫描速率为 20~40 mV・s^{-1}),当锌还原物质共存量不太大时,测定结果仍是很满意的。

1) 试剂及仪器

盐酸(1+1)。氯化铵(固体)。柠檬酸铵溶液(15%)。亚硫酸钠(固体)。氢氧化钠溶液(6 mol ・L^{-1})。75—3A 型晶体管极谱仪(附汞膜电极)。

2) 操作步骤

称取试样 0.200 0 g,置于 100 mL 两用瓶中,加盐酸(1+1)5 mL,试样溶解完毕后,加入柠檬酸铵溶液(15%)10 mL,氯化铵 10 g 及亚硫酸钠 2 g,加水至约 80 mL,再加氢氧化钠溶液(6 mol・L^{-1}) 10 mL,摇匀使盐类溶解完全,加水至刻度,摇匀。取部分溶液于电解杯中,插入汞膜电极和甘汞参比电极,将仪器的极化开关旋至阴I,选择适当的灵敏度在 0.1~1.4 V,记录锌的峰值电流。另取镁合金标准试样按同样方法操作并记录其峰值电流。根据标准试样中的锌的含量计算试样的含锌量。如没有镁合金标准试样,也可称取 0.2 g 纯镁按方法溶解后加入锌标准溶液配成合成试样。按下式计算试样的含锌量:

$$Zn\% = A\% \times \frac{h_2}{h_1}$$

式中：h_1 为测得标准试样的峰值电流；h_2 为测得试样的峰值电流；$A\%$ 为标准试样的含锌量（%）。

3) 注

试验表明在极谱测定的溶液中，以每毫升 0.1 g 氯化铵为宜。氯化铵加入量过多或过少对峰值电流的影响均较明显。加入少量亚硫酸钠除氧。

12.3.2　PAN 光度法

在 pH8.0~10.0 的碱性溶液中，PAN 与 Zn^{2+} 反应生成难溶于水的红色络合物，可用氯仿、四氯化碳、乙醚、乙酸乙酯等溶剂萃取。为了避免萃取步骤，提高分析速度，本方法应用非离子表面活性剂（异辛基-苯氧基-聚乙氧基乙醇，简称 TritonX-100），使 PAN-Zn 络合物成为水溶性。此络合物在水溶液中的最大吸收波长为 555 nm。大量镁的存在不影响锌的测定。在联合使用掩蔽剂柠檬酸钠、偏磷酸钠（掩蔽 Fe，Al，Mn，Zr，RE，Th）及 β-氨荒基丙酸（掩蔽 Pb，Cu，Cd）的情况下，镁合金中其他共存元素（除 Ni 以外）对测定锌的干扰都可消除。在镁合金中镍是微量杂质，故一般可不考虑镍的干扰，如镍的共存量较高而影响锌的测定时，则必须使锌与镍分离（可采用 N-235 萃取）。

1) 试剂

盐酸（1+1）。过氧化氢（30%）。柠檬酸钠溶液（5%）。偏磷酸钠溶液（5%）。对硝基酚指示剂（0.2%）。缓冲溶液（pH≈8.5）：称取氯化铵 40 g，溶于水中，加浓氨水 9 mL，加水至 500 mL。TritonX-100 溶液（20%）。PAN[即 1-(2-吡啶偶氮)-2-萘酚]溶液（0.1%）。乙醇溶液。β-氨荒基丙酸（简称 β-DTCPA）溶液（20%）。锌标准溶液：称取纯锌 0.100 0 g，溶于少量盐酸中，移入 100 mL 量瓶中，以水稀释至刻度，摇匀。此溶液每毫升含锌 1 mg。绘制检量线时，移取部分溶液用水稀释至每毫升含锌 20 μg。

2) 操作步骤

称取试样 0.100 0 g，加盐酸（1+1）2 mL，待作用缓慢时加过氧化氢 1 mL 加热煮沸，冷却。于量瓶中以水稀释至 100 mL，摇匀。同时作试剂空白液 1 份。吸取试样溶液及试剂空白溶液各 5 mL，分别置于 50 mL 量瓶中，各加柠檬酸钠溶液（5%）1 mL，偏磷酸钠溶液（5%）2 mL，对硝基酚指示剂 1 滴，用氨水（1+4）及盐酸（1+3）调节至黄色褪去，加缓冲溶液 5 mL，Triton X-100 溶液（20%）2 mL，摇匀。加 β-DTCPA 溶液（2%）2 mL，摇匀。准确加入 PAN 溶液（0.1%）2 mL，以水稀释至刻度，摇匀。用 1 cm 比色皿，于 550 nm 波长处，以试剂空白液作参比，测定吸光度。在检量线上查得试样的含锌量。

3) 检量线的绘制

于 6 只 50 mL 量瓶中，依次加入锌标准溶液 0.0 mL，1.0 mL，2.0 mL，3.0 mL，4.0 mL，5.0 mL（Zn 20 μg·mL^{-1}），按上述方法显色，测定吸光度，并绘制检量线。每毫升锌标准溶液相当于含锌量 0.40%。

4) 注

(1) 本方法适合于测定含锌 0.4%~2% 的试样。对于含锌量大于 2% 的试样可减少称取试样的量。

(2) 按本方法中各种掩蔽剂的加入量，可掩蔽 Al^{3+} 2 mg，Mn^{2+} 500 μg，Cu^{2+} 500 μg，Zr^{4+} 100 μg，Ce^{4+} 50 μg，Th^{4+} 500 μg，Fe^{3+} 50 μg。

(3) 铝共存量大于 1 mg 时使显色速度缓慢，加入 PAN 试剂后须经 3 min 以上才能显色完全。

12.3.3 络合滴定法(硫化物沉淀分离-络合滴定法)

锌与 EDTA 形成中等稳定的络合物(绝对稳定常数 $pK = 16.3$)。考虑酸效应等因素,锌的络合滴定应在酸度为 pH 4.5~12 范围内的溶液中进行。按所用指示剂的不同,常用的滴定条件有三种:① 在 pH=10 的氨性溶液中滴定锌,用铬黑 T 作指示剂;② 在 pH5~10 的范围内滴定锌,用 PAN 作指示剂;③ 在 pH 5~6 的微酸性溶液中滴定锌,用二甲酚橙作指示剂。在镁合金中测定锌,不管采用哪种滴定条件,首先要解决锌与大量镁和其他干扰元素的分离问题。从分离效果好和操作比较简单这两点出发,认为 TOPO 萃取法和硫化锌沉淀法这两种分离方法较好。下面介绍硫化物沉淀分离-络合滴定法。

在酒石酸存在下,用硫化物沉淀分离法可使锌与大量镁分离。按方法所述条件分析镁合金时,和锌一起生成硫化物沉淀的元素有铜、铅、铋、锡、锑、镍等。在一般镁合金中,上述元素系杂质成分,容易用适当的掩蔽剂消除干扰。对于含锆的试样(如特殊镁合金)可用柠檬酸代替酒石酸作络合剂。其余操作不变。

1) 试剂

混合酸:取盐酸(1+1)150 mL 与硝酸(1+1)25 mL 混合。酒石酸溶液(20%)。甲基红指示剂(0.1%):0.1 g 甲基红指示剂溶于 60%乙醇溶液中。氨水(1+1),(1+3)。甲酸(俗称蚁酸)溶液:取甲酸 20 mL,加入氨水 3 mL,以水稀释至 100 mL。硫化钠溶液(10%)。甲酸洗液:取 25 mL 甲酸溶液,加入硫化钠溶液 4 mL,以水稀释至 1 000 mL。氟化钠溶液(饱和溶液)。对硝基酚指示剂(0.2%)。氟化铵溶液(20%)。硫脲溶液(饱和溶液)。盐酸羟胺溶液(10%)。六次甲基四胺溶液(30%)。二甲酚橙指示剂(0.2%)。EDTA 标准溶液(0.020 00 mol·L^{-1}):称取基准乙二胺四乙酸二钠试剂 7.445 0 g,溶于水中,温热溶解,冷却后于量瓶中以水稀释至 1 000 mL。

2) 操作步骤

称取试样 0.500 0 g,于 400 mL 烧杯中,加入混合酸 20 mL,加热溶解,冷却。加入酒石酸溶液(20%)20 mL,水约 50 mL,滴加甲基红指示剂数滴,用氨水(1+3)调节至溶液呈黄色,加入甲酸溶液 10 mL,硫化钠溶液(10%)10 mL,加入纸浆少许,微沸 5 min,冷却。再加硫化钠溶液 10 mL,搅匀后,用紧密滤纸过滤,用甲酸洗液洗涤烧杯及沉淀 3~4 次,将沉淀连同滤纸一并移入原烧杯中,沿烧杯四周加入混合酸 20 mL,加热至沉淀全部溶解。冷却。加入氟化钠饱和溶液 10 mL,滴加对硝基酚指示剂 3 滴,用氨水(1+1)调至溶液刚呈黄色,再以盐酸(1+1)滴至无色,并过量 1~2 滴,以水稀释至约 80 mL,加氟化铵溶液(20%)10 mL,硫脲饱和溶液 10 mL,盐酸羟胺溶液(10%)5 mL,六次甲基四胺溶液(30%)30 mL,二甲酚橙指示剂 3~4 滴,用 EDTA 标准溶液(0.020 00 mol·L^{-1})滴至溶液由红色转变为黄色即为终点。按下式计算试样的含锌量:

$$Zn\% = \frac{V \times M \times 0.065\,38}{G} \times 100$$

式中:V 为滴定时消耗 EDTA 标准溶液的毫升数;M 为 EDTA 标准溶液的摩尔浓度;G 为试样质量(g)。

3) 注

(1) 按方法分离,镁、锰、铝等几乎完全留在溶液中,达到较好的分离目的。

(2) 如试样中含锆,可将酒石酸改为柠檬酸作为络合剂。

(3) 如滴定过量时,可用锌标准溶液回滴。

12.4　锰的测定(高锰酸光度法)

锰在镁合金中是主要合金元素之一,其含量最高一般不超过 3%。

在硫酸、硝酸或硫酸-硝酸混合酸的溶液中,在有接触剂硝酸银存在下,过硫酸铵使 2 价锰氧化为紫红色的高锰酸,借此进行锰的光度测定。氧化时,要求溶液的酸度不大于 4 mol·L^{-1},一般采用 1～2 mol·L^{-1} 的酸度条件进行氧化。必须将溶液煮沸 20～40 s 才能使锰氧化完全,氧化时加入适量的磷酸可使锰与磷酸形成络合物,从而避免了氧化过程中形成 4 价锰的可能性。在进行光度测定时,为了抵消试样溶液底液色泽的影响,通常采用在部分显色液中加入几滴还原剂溶液(如亚硝酸钠、EDTA 溶液等)使 7 价锰还原后作为参比溶液。或者将溶液的酸度降低至 0.25 mol·L^{-1} 以下,用硝酸银作为接触剂,加入过硫酸铵在室温(15～25 ℃)放置 3～5 min,2 价锰也能完全氧化至 7 价状态。如室温太低(<10 ℃),则可将溶液放在热水中温热以加速氧化。采用室温氧化的方法可省略加热和冷却手续。室温显色宜在 0.25 mol·L^{-1} 下的硫硝混合酸介质中进行,以不加磷酸为好,磷酸的存在使显色速度变慢。酸度也不宜太高,如在 1～2 mol·L^{-1} 条件下,不但氧化速度太慢,而且在氧化过程中产生部分褐色的 4 价锰,使测定失败。在室温显色时接触剂硝酸银的用量要大大增加(大于 0.075 g),过硫酸铵的加入量和加热氧化法一致(0.5～1.0 g)。

1) 试剂

硝酸(1+3)。定锰混合酸:在 500 mL 水中加入硫酸 25 mL,磷酸 30 mL,硝酸 60 mL 及硝酸银 2 g,以水稀释至 1 000 mL。过硫酸铵溶液(20%),当天配制。EDTA 溶液(10%)。硝酸银溶液(0.5%)。硫硝混合酸:取等体积的 1 mol·L^{-1} 硫酸和 2 mol·L^{-1} 硝酸混合。锰标准溶液:称取金属锰 0.100 0 g,溶于硝酸(1+1)5 mL 中,煮沸除去氧化氮后移入 1 000 mL 量瓶中,以水稀释至刻度,摇匀。此溶液每毫升含锰 0.1 mg。吸取此溶液 50 mL,于 250 mL 量瓶中以水稀释至刻度,摇匀。此溶液每毫升含锰 20 μg。

2) 操作步骤

称取试样 0.500 0 g,置于 100 mL 锥形瓶中,加硝酸(1+3)15 mL,溶解后煮沸除去氮化物,移入 100 mL 量瓶中,以水稀释至刻度,摇匀。

(1) 加热显色法。吸取试液 10 mL,置于 100 mL 两用瓶中,加入定锰混合酸 10 mL 和过硫酸铵溶液(20%)5 mL,加热煮沸 30 s,取下放置 1 min,冷却,加水稀释至刻度,摇匀。倒出部分溶液于 2 cm 比色皿中,在剩下的溶液中,加入 EDTA 溶液(10%)1～2 滴,摇匀,使高锰酸的紫红色褪去作为参比,于 530 nm 波长处,测定吸光度,在检量线上查得试样的含锰量。

(2) 室温显色法。吸取试液 10 mL,置于 100 mL 量瓶中,加入硫、硝混合酸 10 mL,硝酸银溶液(0.5%)15 mL,过硫酸铵溶液(20%)5 mL,加水稀释至刻度,摇匀。在室温(15～25 ℃)放置 5～10 min。于另一 100 mL 量瓶中,吸入试液 10 mL,加入硫、硝混合酸 10 mL,加水稀释至刻度,摇匀,作为空白液。用 2 cm 比色皿,于 530 nm 波长处,以空白液为参比,测定吸光度。在相应的检量线上查得试样的含锰量。

3) 检量线的绘制

(1) 含锰 0.2%～3.0% 的检量线。于 7 只 100 mL 两用瓶或量瓶中,依次加入锰标准溶液 0.0 mL,1.0 mL,3.0 mL,5.0 mL,8.0 mL,11.0 mL,15.0 mL(Mn 0.1 mg·mL^{-1}),按加热显色法或室温显色法显色,测定其吸光度,并绘制检量线。每毫升锰标准溶液相当于含锰量 0.20%。

（2）含锰 0.04%～0.4% 的检量线。于 6 只 100 mL 两用瓶或量瓶中，依次加入锰标准溶液 0.0 mL，1.0 mL，3.0 mL，5.0 mL，7.0 mL，10.0 mL（Mn 20 $\mu g \cdot mL^{-1}$），按加热显色法或室温显色法显色，测定其吸光度，并绘制检量线。每毫升锰标准溶液相当于含锰量 0.04%。

12.5　稀土总量的测定

镁合金（MB_6）含稀土 0.15%～0.5%，并含锰 1.5%～2.5% 以及其他少量杂质元素。用偶氮胂 Ⅲ 试剂测定稀土可允许大量镁和锰的存在（镁 30 mg，锰 20 mg 都不干扰），而其他共存的杂质也都未达到干扰测定的限量。因此可以用偶氮胂 Ⅲ 法不经分离直接测定镁合金中稀土总量。

1）试剂

盐酸（1+4）。过氧化氢（30%）。磺基水杨酸溶液（10%），预先调节酸度至 pH≈3.3。抗坏血酸溶液（2%）。麝香草酚蓝指示剂（0.1%）：称取该试剂 0.1 g，加水 100 mL，滴加 0.1 $mol \cdot L^{-1}$ 氢氧化钠溶液至恰好溶解。氨水（1+3）。缓冲液：溶解氯乙酸 9.45 g 及乙酸钠 6.8 g 于水中，加水至 100 mL。偶氮胂 Ⅲ 溶液（0.1%）。稀土标准溶液：每毫升含稀土 10 μg。配制及标定方法见 11.12 节。

2）操作步骤

称取试样 0.100 0 g，置于 50 mL 两用瓶中，加盐酸（1+4）5 mL，待作用完毕时加入过氧化氢 2 滴，煮沸，冷却，以水稀释至刻度，摇匀。另按同样操作配制试剂空白液 1 份。吸取试样溶液及试剂空白溶液各 5 mL，分别置于 25 mL 量瓶中，各加抗坏血酸溶液（2%）2 mL，磺基水杨酸溶液（10%）2 mL，摇匀。加麝香草酚蓝指示剂 1 滴，滴加氨水（1+3）至恰由红色变黄色。加缓冲溶液 5 mL，摇匀。准确加入偶氮胂 Ⅲ 溶液（0.1%）1 mL，以水稀释至刻度，摇匀。用 2 cm 比色皿，于 665 nm 波长处，以试剂空白液作为参比，测定吸光度。在检量线上查得试样的含稀土量。

3）检量线的绘制

于 6 只 25 mL 量瓶中，依次加入稀土标准溶液 0.0 mL，1.0 mL，2.0 mL，3.0 mL，4.0 mL，5.0 mL（RE 10 $\mu g \cdot mL^{-1}$），各加抗坏血酸（2%）2 mL，磺基水杨酸溶液（10%）2 mL，按上述方法调节酸度并显色，测定吸光度，绘制检量线。每毫升稀土标准溶液相当于含稀土量 0.10%。

4）注

（1）本方法适用于测定含稀土 0.1%～0.5% 的试样。

（2）共存的铝用磺基水杨酸掩蔽，少量的 Fe^{3+} 用抗坏血酸还原至 Fe^{2+} 而消除干扰。镁合金中铜是杂质，含量不超过 20%，如铜含量高时可加硫脲掩蔽。

（3）稀土与偶氮胂 Ⅲ 的显色酸度为 pH 2.5～3.5。

12.6　锆　的　测　定

特殊镁合金中部分牌号含锆 0.3%～0.8%。较简便的测定方法是偶氮胂 Ⅲ 光度法。本方法采用在 6～8 $mol \cdot L^{-1}$ 硝酸溶液中显色，选择性比较好。锆与偶氮胂 Ⅲ 形成蓝色络合物，最大吸收波长在 665 nm 处，络合物的摩尔吸光系数为 1.2×10^5。在此条件下钍有严重干扰，但在镁合金中钍和锆不共存，故不考虑钍的干扰。

1) 试剂

硝酸($\rho = 1.42$ g·cm^{-3}),(1+4)。尿素溶液(5%)。偶氮胂Ⅲ溶液(0.1%)。锆标准溶液:每毫升含锆 10 μg。配制方法见 11.11 节。

2) 操作步骤

称取试样 0.100 0 g,置于 100 mL 两用瓶中,加入硝酸(1+4) mL,溶解后煮沸驱除黄烟,冷却,加水稀释至刻度,摇匀。另按同样方法配制试剂空白液 1 份。吸取试样溶液及试剂空白溶液各 5 mL,置于 50 mL 量瓶中,加硝酸 25 mL,尿素溶液(5%)5 mL,流水冷却,准确加入偶氮胂Ⅲ(0.1%)5 mL,以水稀释至刻度,摇匀。用 2 cm 比色皿,于 665 nm 波长处,以试剂空白液作为参比,测定吸光度。在检量线上查得试样的含锆量。

3) 检量线的绘制

称取纯镁 0.1 g,按上述方法溶解并稀释至 100 mL。吸取此溶液 5 mL 5 份,分别置于 50 mL 量瓶中,依次加入锆标准溶液 0.0 mL,1.0 mL,2.0 mL,3.0 mL,4.0 mL(Zr 10 μg·mL^{-1}),按同样操作方法显色,测定吸光度并绘制检量线。每毫升锆标准溶液相当于含锆量 0.20%。

4) 注

(1) 本方法适用于测定含锆 0.1%~0.8%的试样。

(2) 氧化氮对偶氮胂Ⅲ试剂有破坏作用,必须加入尿素使其分解,否则显色后色泽不稳定。

12.7　钍 的 测 定

某些特殊镁合金中加入 1.5%~4.5%的钍作为主要合金元素以提高合金的工作温度。

钍的化学分析方法有重量法、容量法、光度法,在合金材料中测定钍以光度法较为简便。钍的光度法根据所用显色剂以钍试剂法、新钍试剂法、对磺基苯偶氮变色酸(SPADNS)法及偶氮胂Ⅲ法应用最为广泛。而其中又以偶氮胂Ⅲ法选择性最高。本方法采用偶氮胂Ⅲ光度法。

钍(Ⅳ)与偶氮胂Ⅲ试剂在很广的酸度范围内(2~10 mol·L^{-1} HCl)反应生成蓝绿色络合物,最大吸收波长在 665 nm 处,在 9 mol·L^{-1}盐酸溶液中,其摩尔吸光系数为 1.3×10^5。

干扰测定的元素主要有锆、铀、稀土和钛。对于含钍的镁合金来说,上述元素都不存在,故可以直接进行钍的测定。

1) 试剂

盐酸($\rho = 1.19$ g·cm^{-3}),(1+1)。偶氮胂Ⅲ溶液(0.1%)。钍标准溶液:称取硝酸钍[Th(NO$_3$)$_4$·4H$_2$O]1.190 0 g,溶于水中,于量瓶中稀释至 500 mL,此溶液每毫升含钍约 1 mg,其准确浓度需要用重量法或络合滴定法标定。绘制检量线时吸取此溶液 5 mL,稀释至 500 mL,每毫升含钍约 10 μg。标定方法:吸取钍标准溶液 25 mL,置于 250 mL 锥形瓶中,加水约 100 mL,用乙酸钠溶液调节酸度至 pH=2.5~3.5,加入二甲酚橙指示剂(0.2%)3~4 滴,用 EDTA 标准溶液(0.010 00 mol·L^{-1})滴定至溶液恰由紫红色变为黄色。按下式计算每毫升标准溶液的含钍量:

$$\text{每毫升溶液含钍(g)} = \frac{V_{\text{EDTA}} \times 0.010\,00 \times \dfrac{232.05}{1\,000}}{25.00}$$

2) 操作步骤

称取试样 0.100 0 g,置于 100 mL 锥形瓶中,加盐酸(1+1)5 mL,待作用缓慢时,加过氧化氢数滴,煮沸,冷却。加入盐酸 60 mL,移入 500 mL 量瓶中,以水稀释至刻度,摇匀。吸取试液 5 mL 置于 100 mL 量瓶中,加入盐酸 50 mL,水约 30 mL,准确加入偶氮胂Ⅲ溶液(0.1%)4 mL,以水稀释至刻度,摇匀。于另一 100 mL 量瓶中,加盐酸 50 mL,水约 30 mL,准确加入偶氮胂Ⅲ溶液(0.1%)4 mL,以水稀释至刻度,摇匀作为空白液。用 1 cm 比色皿,于 665 nm 波长处,以空白液作为参比,测定吸光度。在检量线上查得试样含钍量。

3) 检量线的绘制

称取纯镁 0.1 g,置于 100 mL 锥形瓶中,按上述方法溶解后稀释至 500 mL。吸取此溶液 5 mL 6 份,分别置于 100 mL 量瓶中,依次加入钍标准溶液 0.0 mL,1.0 mL,2.0 mL,3.0 mL,4.0 mL,5.0 mL (Th 10 μg·mL^{-1}),按上述方法显色并测定吸光度,绘制检量线。每毫升钍标准溶液相当于含钍量 1.00%。

12.8 铜 的 测 定

铜在镁合金中是杂质元素,其含量要求不超过 0.2%。用光度法测定铜较为简便、可靠。

二乙胺硫代甲酸钠(简称 DDTC),在微酸性及氨性溶液中与 Cu^{2+} 离子反应(在保护胶存在下)生成金黄色胶体溶液,借此可作铜的吸光光度法测定。镁合金中共存元素对测定不干扰,如试样含镍则可加 EDTA 溶液掩蔽。

1) 试剂

盐酸(1+1)。柠檬酸铵溶液(50%)。氨水(1+1)。阿拉伯树胶溶液(0.5%):称取阿拉伯树胶 1 g,溶于 200 mL 热水中。将溶液过滤备用。在溶液中可放入一小块百里香酚作为防腐剂。DDTC 溶液(0.2%):称取此试剂 0.5 g 溶于水中,过滤后稀释至 250 mL。EDTA 溶液(0.01 mol·L^{-1})。铜标准溶液:称取纯铜 0.100 0 g,溶于少量硝酸(1+1)中,煮沸除去氧化氮,冷却后移入 1 000 mL 量瓶中,以水稀释至刻度,摇匀。吸取此溶液 10 mL,置于 100 mL 量瓶中,以水稀释至刻度,摇匀。此溶液每毫升含铜 10 μg。

2) 操作步骤

称取试样 0.500 0 g,置于 150 mL 锥形瓶中,加入盐酸(1+1)10 mL 溶解,待作用缓慢时加入过氧化氢数滴,煮沸。冷却。移入 100 mL 量瓶中,以水稀释至刻度,摇匀。在试样分析的同时按操作配制试剂空白液 1 份。吸取试样溶液及试剂空白液各 10 mL,分别置于 50 mL 量瓶中,依次加入柠檬酸铵溶液(50%)5 mL,氨水(1+1)5 mL,EDTA 溶液(0.01 mol·L^{-1})1 mL,阿拉伯树胶溶液(0.5%)5 mL,摇匀。然后加入 DDTC 溶液(0.2%)5 mL,以水稀释至刻度,摇匀。用 3 cm 比色皿,于 470 nm 波长处,以试剂空白液作为参比,测定吸光度。在检量线上查得试样含铜量。

3) 检量线的绘制

于 6 只 50 mL 量瓶中依次加入铜标准溶液 0.0 mL,2.0 mL,4.0 mL,6.0 mL,8.0 mL,10.0 mL (Cu 10 μg·mL^{-1}),按上述方法显色。以不加铜标准溶液的试液为参比,测定吸光度,并绘制检量线。每毫升铜标准溶液相当于含铜量 0.02%。

4) 注

(1) 本方法适用于测定含铜 0.02%~0.2%的试样。

(2) 其他注意事项可参见 11.2 节第一法。

12.9　铁　的　测　定

铁是镁合金和纯镁中的有害杂质。常用的吸光度法有磺基水杨酸法。硫氰酸盐法及 1,10-二氮菲法等。其中 1,10-二氮菲法具有灵敏度高、稳定性好和选择性也较好等优点。

2 价铁与 1,10-二氮菲在较广的酸度范围(pH 2~9)内反应生成橙红色络合物,最大吸收波长在 510 nm 处,摩尔吸光系数为 1.11×10^4,铁浓度在 $0.25 \sim 5 \ \mu g \cdot mL^{-1}$ 之间遵守比耳定律。显色酸度范围的上下限与显色时试剂的加入次序有关,如果采取先加还原剂(方法中用盐酸羟胺),再加缓冲溶液,最后加 1,10-二氮菲的次序,则酸度范围在 pH 2~9。如果采取先加还原剂,再加 1,10-二氮菲,最后加缓冲溶液的次序,则显色的 pH 范围的上限可达 pH=10。如果先加缓冲溶液,而后加其他两种试剂,则显色速度很慢。因为先加缓冲液后,铁易水解而被还原成 2 价状态的速度大大降低。总之,显色时试剂的加入次序要能保证铁的迅速还原而且不水解。

就镁合金及纯镁中共存元素来说,只要有过量的 1,10-二氮菲存在都不干扰铁的测定。镁合金中铝是主要的合金元素之一,如果在 pH>5 的条件下显色,则必须加入掩蔽剂来避免铝的水解。为了避免加入这些不必要的试剂,本方法选择在 pH≈4 显色,镁合金中所有共存的元素皆不干扰测定,可以直接进行光度测定。

1) 试剂

盐酸(1+1)。盐酸羟胺溶液(10%)。乙酸钠-乙酸缓冲液:称取乙酸钠($CH_3COONa \cdot 3H_2O$) 272 g 溶于水中,过滤,加入冰乙酸 240 mL,以水稀释至 1 000 mL。1,10-二氮菲溶液(0.2%)。铁标准溶液:称取纯铁 0.100 0 g,溶于硝酸(1+1)5 mL 中,移入 1 000 mL 量瓶中,以水稀释至刻度,摇匀。吸取此溶液 20 mL,置于 200 mL 量瓶中,以水稀释至刻度,摇匀。此溶液每毫升含铁 10 μg。

2) 操作步骤

称取试样 0.500 0 g,置于 100 mL 锥形瓶中,加入盐酸(1+1)10 mL,待作用缓慢时加过氧化氢数滴,煮沸,冷却。将溶液移入 100 mL 量瓶中,以水稀释至刻度,摇匀。同时按同样方法配制试剂空白液 1 份。吸取试样溶液及试剂空白液各 5~20 mL(含铁量控制在 10~50 μg),分别置于 50 mL 量瓶中。依次加入盐酸羟胺溶液(10%)4 mL,缓冲液 5 mL 及 1,10-二氮菲溶液(0.2%)5 mL,每加一样试剂后应摇匀。以水稀释及刻度,摇匀。放置 15 min(室温低于 10 ℃时,可在温水中稍加热加速其显色)。用 3 cm 比色皿,于 500 nm 波长处,以试剂空白液作为参比,测定吸光度,在检量线上查得试样的含铁量。

3) 检量线的绘制

于 6 只 50 mL 量瓶中依次加入铁标准溶液 0.0 mL,1.0 mL,2.0 mL,3.0 mL,4.0 mL,5.0 mL(Fe 10 $\mu g \cdot mL^{-1}$),分别加水至约 10 mL,按上述操作方法显色,以不加铁标准溶液的试液作为参比,测定吸光度,并绘制检量线。每毫升铁标准溶液相当于含铁量 0.04%(对于吸取试样溶液 5 mL 而言)。

4) 注

(1) 在显色时,溶液的 pH 值应为 4 左右,如不在此值可用氨水(1+1)调整。

(2) 在室温 15 ℃时,加入 1,10-二氮菲试剂后 15 min 左右显色完全。如要加快显色速度,可在沸水浴中加热 3~5 min 显色。2 价铁与 1,10-二氮菲络合物的热稳定性很好,即使将显色液加热至沸也不分解。色泽能稳定 12 h 以上。

12.10　铍　的　测　定

微量的铍(≤0.02%)对镁合金有提高抗氧化能力等好处。但当铍含量>0.02%时产生相反的影响。

本方法选用铍试剂Ⅲ光度法测定铍。在 pH＝8 的溶液中,用 EDTA 使试样中共存的铝、锰、锌、铜等元素络合,然后用乙酰丙酮和四氯化碳萃取铍达到与基体的分离。以 5 mol·L⁻¹ 左右的盐酸溶液从有机层中将铍反萃取,然后用铍试剂Ⅲ吸光光度法测定铍。

1) 试剂

盐酸(ρ＝1.19 g·cm⁻³),(1＋1),(0.8 mol·L⁻¹)。过氧化氢(30%)。EDTA 溶液(10%)。酚红指示剂(0.2%)的酒精(1＋1)溶液。氨水(浓)。乙酰丙酮溶液(5%):5 mL 乙酰丙酮溶于 95 mL 水中。四氯化碳。氢氧化钠溶液(10%)。掩蔽剂:于 EDTA 溶液(10%)100 mL 中加入三乙醇胺 6 mL,摇匀。铍试剂Ⅲ溶液(0.02%)水溶液。铍标准溶液:称取硫酸铍($BeSO_4$·$4H_2O$)1.96 g 溶于水中,加盐酸 5 mL,移入 200 mL 量瓶中,加水至刻度,摇匀。此溶液每毫升含铍 0.5 mg,其准确浓度须分取部分溶液用重量法标定。标定法参见 10.7 节。绘制检量线时再吸取部分溶液稀释至每毫升含铍 10 μg。

2) 操作步骤

称取试样 0.100 0 g 于 100 mL 烧杯中,加盐酸(1＋1)2 mL 溶解,待作用缓慢时,加过氧化氢数滴,煮沸除去过剩的过氧化氢,加入 EDTA 溶液(10%)15 mL,加水至约 40 mL,加酚红指示剂 2 滴,立即用氨水中和至由黄色到红色,加盐酸 5 滴,煮沸 5 min,冷却至室温。另按同样操作配制试剂空白液 1 份。将试样溶液及空白溶液分别移入 125 mL 分液漏斗中,加入乙酰丙酮溶液(5%)5 mL,滴加氨水至溶液呈红色,并过量 5 滴,加入四氯化碳 10 mL,振摇 3 min。静置分层后,将有机相移入另一 125 mL 分液漏斗中,重复萃取 2 次,每次加乙酰丙酮(5%)1 mL,四氯化碳 5 mL,合并有机相,加水 20 mL,盐酸 15 mL,反萃取。振摇 3 min,弃去有机相。将水相放入 100 mL 烧杯中,蒸干(不要焦枯),以盐酸(0.8 mol·L⁻¹)15 mL 溶解残渣,以氢氧化钠溶液(10%)中和至刚果红试纸呈红色,加入掩蔽剂 3 mL,氢氧化钠溶液(10%)2 mL,将溶液移入 50 mL 量瓶中,加水至约 35 mL,放置 5 min,准确加入铍试剂Ⅲ溶液(0.02%)5 mL,以水稀释至刻度,摇匀。用 1 cm 比色皿,于 530 nm 波长处,以试剂空白液作为参比,测定吸光度。在检量线上查得试样的含铍量。

3) 检量线的绘制

称取不含铍的镁合金(或纯镁)0.1 g 5 份,分别置于 100 mL 烧杯中,依次加入铍标准溶液 0.0 mL,0.5 mL,1.5 mL,2.0 mL,2.5 mL(Be 10 μg·mL⁻¹),加入盐酸(1＋1)2 mL 溶解,以后操作同上,以不加铍标准溶液的试液作参比,测定吸光度,并绘制检量线。每毫升铍标准溶液相当于含铍量为 0.01%。

12.11　纯镁和镁合金的化学成分表

工业纯镁的化学成分和镁合金的化学成分,分别如表 12.1 和表 12.2 所示。

表 12.1　工业纯镁的化学成分

牌　号	Mg(%)不小于	Al	Fe	Si	Cu	Ni	Cl	K	Na
M1	99.9	0.05	0.04	0.03	0.01	0.001	0.005	0.005	0.01
M2	99.8	0.10	0.06	0.05	0.02	0.002	0.005	0.005	0.02

表 12.2　镁合金的化学成分

类别	合金牌号	主要合金元素(%)					杂质元素(≤%)						
		Al	Si	Mn	Zn	Ce	Al	Zn	Cu	Fe	Si	Ni	Be
压力加工用镁合金	MB1			1.30~2.5			0.3	0.3	0.05	0.05	0.30	0.010	0.02
	MB2	3.0~4.0		0.15~0.5	0.2~0.8				0.05	0.10	0.10	0.005	0.02
	MB3	5.5~7.0		0.15~0.5	0.5~1.5				0.05	0.05	0.30	0.005	0.02
	MB4	6.5~8.0		0.15~0.5	2.5~3.5				0.05	0.05	0.30	0.005	0.02
	MB5	7.8~9.2		0.15~0.5	0.2~0.8				0.05	0.05	0.30	0.005	0.02
	MB6			1.50~2.5		0.15~0.50			0.05	0.03	0.30	0.010	0.02
铸造用镁合金	ZMB1		1~1.5				0.2	0.2	0.15	0.15			
	ZMB2			1.0~2.0			0.2	0.2	0.15	0.15	0.25		
	ZMB3	2.3~3.5		0.15~0.5	0.5~1.5				0.15	0.15	0.25		
	ZMB4	5.0~7.0		0.15~0.5	2.0~3.0				0.15	0.15	0.25		
	ZMB5	7.5~9.3		0.15~0.5	0.2~0.3				0.15	0.15	0.25		
	ZMB6	9.0~11.0		0.10~0.50	<2.0				0.15	0.15	0.25		
特殊镁合金	Th 2.5				0.5		0.1		0.05	0.03	0.30	0.005	
	Th 4.0				1.0		0.1		0.05	0.03	0.30	0.005	
	Th 1.5			0.35			0.1	0.1	0.05	0.03	0.30		
	Th 2.2			0.80			0.1	0.1	0.05	0.03	0.30	0.005	
	Zr 0.3~0.8				2~3				0.03	0.01	0.01	0.005	
	Zr 0.3~0.8				5~7				0.03	0.01	0.01	0.005	

第13章 纯锌和锌合金的分析方法

锌在工业中应用极广,主要用于铁皮、铁丝、铁管的防锈镀层,制造原电池和阳极板,印刷用的锌板以及各种合金(如黄铜、锌合金等)。由于冶炼方法不同,各种纯锌的纯度和所含杂质也各有不同。工业用纯锌的纯度最高可达 99.99%,一般纯锌的纯度在 99.0%～99.90%。纯锌中主要的杂质有铅、铁、镉等,有些纯锌中尚含有微量的铜、锡、锑、砷、铋等杂质。

用于制造印刷用锌板的纯锌,铅的存在并无害处,有时为了改善其酸蚀性能,往往故意加入约 1%的铅。轧制用锌中锡的含量不能超过万分之几,因为锡与锌形成低熔点共晶而使纯锌出现热脆性,特别当有锡与铅共存时,则由于形成锌锡铅三元共晶,热脆现象更为严重。铁、镉、铋、锑、砷等杂质含量在万分之几或十万分之几以下时,尚不影响纯锌的压力加工性能。铁的含量达到十万分之几,即使锌的硬度增加;含铁量大于 0.02%时,锌中就出现硬而脆的 $FeZn_7$ 化合物;含铁量达 0.2%时,由于脆性增加而使轧制发生困难。

锌基合金在工业上也得到了广泛的应用。其主要用途是压铸零件、制造轴承合金和压力加工制品。根据其用途锌基合金可分为压铸用锌合金、锌基耐磨合金和压力加工用锌合金三类;而按其合金的系统可分为锌铝合金、锌铜合金和锌铝铜合金三类。锌基合金的优点之一是熔点低,流动性好,容易充满铸模,并有较高的机械性能,故在汽车制造及电机工业等方面广泛采用锌合金压铸零件。此外锌合金的耐磨性也很好,常应用于不太重要的轴承制造上,作为价格较贵的铅青铜和低锡巴氏合金的代用品。锌合金在 200～300 ℃时可进行压力加工,由于它在变形状态下的机械性能接近于黄铜的性能,因此在机械工业中常用作黄铜的代用品。锌合金的主要缺点是抗蠕变强度小和耐蚀性低,而且在高温下很软,容易流动,因此锌合金不能承受高载荷,不能接触酸、碱、沸水及蒸汽。

在纯锌中加入铝能显著改善其机械性能和流动性及铸造性能。例如加入 4%的铝,能使锌的抗拉强度(σ_6)由 10 kg·mm^{-2} 提高到 30 kg·mm^{-2},伸长率(δ)由 5%提高到 30%。铜对锌的机械性能的改善虽不及铝,但对锌的切削性能和蠕变强度有好的影响,而且对抗蚀性也有明显提高。大多数锌合金是以锌、铝、铜为主要合金成分的三元合金。已如上述,各类锌合金的共同缺点是抗蚀性低和产生时效变形。工件的尺寸变化与合金内部的相变有关,而且主要是由于铜和铝溶解在锌内的固溶体的分散所致。加入有利于抗蚀性和克服时效变形的微量元素(如镁、锰、镍、铬、钛等)和尽量防止有害杂质(如铅、锡、镉、砷、锑、铋等)的混入是克服上述缺点的重要办法。加入少量镁(0.05%～0.10%)的有利作用已经肯定,它既能改善抗蚀性,又能减轻工件的时效变形。

下述的纯锌和锌合金的分析方法适用于工业用纯锌和各同类锌合金中主要合金元素和杂质元素的分析。

13.1 铜 的 测 定

铜是锌合金中主要合金元素之一。除个别锌合金(如 ZnAl15 和三号压铸锌合金)中铜以杂质量存在外,其他锌合金中铜含量按牌号不同在 0.6%～5.5%范围。

锌合金中铜的化学分析方法,过去一般用电解法和碘化钾法。由于分析速度较慢,目前通常用二环己酮草酰双腙(即 BCO)光度法和二乙胺硫代甲酸钠(即 DDTC)光度法分析测定铜。

13.1.1　二环己酮草酰双腙光度法(BCO 法)

BCO 与 Cu^{2+} 离子在碱性溶液中生成蓝色络合物。反应的适宜酸度为 pH 7～10。其最大吸收波长在 600 nm 处。0.2～4 $\mu g \cdot mL^{-1}$ 服从比耳定律。BCO 试剂的加入量一般应为铜量的 8 倍以上。加入 BCO 试剂后须放置 2～5 min 待显色完全。色泽可稳定 5 h 以上。当有大量柠檬盐酸存在时使显色速度减慢。

pH<6.5 时形成无色络合物,在强碱性溶液中(pH>11)试剂自身很快分解。存在铁时 pH 8～9.5 为宜,在氨性柠檬酸铵介质中,且有铝存在时,显色的适宜酸度在 pH≈9.5。

锌合金中共存元素均无干扰。

1) 试剂

盐酸(1+3)。过氧化氢(30%)。氨水(1+1)。柠檬酸铵溶液(50%)。二环己酮草酰双腙溶液(0.05%):称 0.5 g 该试剂溶于热乙醇(1+1)100 mL 中,用水稀释至 1 000 mL。中性红指示剂(0.1%)。乙醇溶液。铜标准溶液:称取纯铜 0.500 00 g 溶于少量稀硝酸中,移入 500 mL 量瓶中,以水稀释至刻度,摇匀。吸取此溶液 5 mL,再稀释至 100 mL,此溶液每毫升含铜 50 μg。吸取此溶液 20 mL,再稀释至 100 mL,此溶液每毫升含铜 10 μg。

2) 操作步骤

称取试样 0.100 0 g 置于 100 mL 两用瓶中,加盐酸(1+3)10 mL 溶解,待反应缓慢后滴加过氧化氢至溶液清晰,冷却,以水稀释至刻度。另按相同操作配制试剂空白液 1 份。根据试样的含量范围操作如下。

(1) 含铜 1%～6%的试样。吸取试液及试剂空白液各 5 mL,分别置于 100 mL 量瓶中,加入柠檬酸铵溶液(50%)1 mL,水约 20 mL,中性红指示剂 1 滴,用氨水(1+1)调节至指示剂由红变黄,并过量氨水(1+1) 6 mL,摇匀。加 BCO 溶液(0.05%)25 mL,以水稀释至刻度,摇匀。放置 3～5 min,用 1 cm 比色皿,于 600 nm 处,以试剂空白液作为参比,测定吸光度。在检量线上查得试样的含铜量。

(2) 含铜 0.1%～1%的试样。吸取试液及试剂空白液各 10 mL,分别置于 50 mL 量瓶中。加入柠檬酸铵溶液(50%)1 mL,水约 10 mL,用氨水(1+1)调节至指示剂由红变黄,并过量氨水(1+1) 3 mL,摇匀。加 BCO 溶液(0.05%)10 mL,以水稀释至刻度,摇匀。放置 3～5 min。用 3 cm 比色皿,于 600 nm 波长处,以试剂空白液作为参比,测定吸光度。在检量线上查得试样的含铜量。

3) 检量线的绘制

(1) 含铜量 1%～6%的检量线。于 7 只 100 mL 量瓶中,依次加入铜标准溶液 0.0 mL,1.0 mL,2.0 mL,3.0 mL,4.0 mL,5.0 mL,6.0 mL(Cu 50 $\mu g \cdot mL^{-1}$),按操作步骤中(1)所述方法显色,用 1 cm 比色皿,于 600 nm 波长处,以不加铜标准溶液作为参比,测定吸光度,并绘制检量线。每毫升铜标准溶液相当于含铜量 1.00%。

(2) 含铜量 0.1%～1%的检量线。于 5 只 50 mL 量瓶中,依次加入铜标准溶液 0.0 mL,2.0 mL,4.0 mL,6.0 mL,8.0 mL,10.0 mL(Cu 10 $\mu g \cdot mL^{-1}$),按操作步骤(2)所述方法显色,用 3 cm 比色皿,于 600 nm 波长处,以不加铜标准溶液的试液作为参比,测定吸光度,并绘制检量线。每毫升铜标准溶液相当于含铜量 0.10%。

4) 注

(1) 本方法适用于测定含铜 0.1%～6% 的试样。对于纯锌中含铜量更低时,可适当增加称取试样量(如 0.2～0.5 g),加入的柠檬酸铵量也适当增加。

(2) 显色时所用氨水当用新开瓶的配制并保持密闭,不使氨挥发而浓度降低。成批分析时只须用指示剂调节 1 只试样,其他试样加入相同量的氨水。

(3) 10 mL BCO 溶液可显色 0.2 mg 铜。

(4) 室温低于 10 ℃ 时显色后应放置 10 min,再进行测定;室温高于 20 ℃,则 3 min 后显色即已完成。

13.1.2 二乙胺硫代甲酸钠光度法

在含有保护胶的氨性溶液中,DDTC 与 Cu^{2+} 离子形成金黄色胶体溶液,借此可作铜的测定。但在锌合金中含锌量较高。DDTC 与 Zn^{2+} 形成白色沉淀,致使溶液浑浊。这种沉淀能溶于氨水中,可以增加氨水用量使之溶解。但氨水过量多时试剂本身也产生浑浊现象,增加阿拉伯树胶溶液的量,可以消除试剂产生的浑浊。

1) 试剂

盐酸(1＋1)。过氧化氢(30%)。柠檬酸铵溶液(50%)。氨水($\rho=0.89$ g·cm^{-3})。阿拉伯树胶溶液(2.5%):称取树胶 5 g 溶于热水中,稀释至 200 mL,过滤。DDTC 溶液(0.2%):称取此试剂 0.5 g 溶于水中,过滤后稀释至 250 mL。铜标准溶液:称取纯铜 0.100 0 g,溶于硝酸(1＋2)5 mL 中,煮沸除去氧化氮后移入 1 000 mL 量瓶中,以水稀释至刻度,摇匀。此溶液每毫升含铜 0.1 mg。

2) 操作步骤

称取试样 0.100 0 g 置于 100 mL 两用瓶中,加盐酸(1＋1)5 mL,待作用缓慢后,滴加过氧化氢数滴,加热使试样完全溶解后煮沸,冷却,以水稀释至刻度,摇匀。同时按相同操作配制试剂空白 1 份,按试样含铜量的范围操作如下。

(1) 含铜量 1%～6% 的试样。吸取试样溶液和试剂空白液各 10 mL,分别置于 100 mL 量瓶中,相继加入柠檬酸铵溶液(50%)10 mL,氨水 10 mL,阿拉伯树胶(2.5%)10 mL,摇匀。加入 DDTC 溶液(0.2%)10 mL,以水稀释至刻度,摇匀。用 1 cm 比色皿,于 470 nm 波长处,以试剂空白作参比,测定吸光度。在检量线上查得试样的含铜量。

(2) 含铜 0.05%～1% 的试样。吸取试样溶液及试剂空白液各 10 mL(或 20 mL),分别置于两个 50 mL 量瓶中,相继加入柠檬酸铵溶液(50%)10 mL,氨水 10 mL,阿拉伯树胶溶液(2.5%)5 mL,摇匀,然后加入 DDTC 溶液(2.2%)5 mL,以水稀释至刻度,摇匀。用 2 cm 或 3 cm 比色皿,于 470 nm 波长处,以试剂空白作为参比,测定吸光度。在检量线上查得试样的含铜量。

3) 检量线的绘制

(1) 含铜 1%～6% 的检量线。于 7 只 100 mL 量瓶中依次加入铜标准溶液 0.0 mL,1.0 mL,2.0 mL,3.0 mL,4.0 mL,5.0 mL,6.0 mL(Cu 0.1 mg·mL^{-1}),按操作步骤(1)操作。用 1 cm 比色皿,于 470 nm 波长处,以不加铜标准溶液的试液作参比,测定吸光度,并绘制检量线。每毫升铜标准溶液相当于含铜量 1.00%。

(2) 含铜 0.05%～1% 的检量线。于 6 只 50 mL 量瓶中,依次加入铜标准溶液 0.0 mL,1.0 mL,3.0 mL,5.0 mL,7.0 mL,9.0 mL(Cu 10 μg·mL^{-1}),按操作步骤(2)操作。用 2 cm 比色皿,于 470 nm 波长处,以不加铜标准溶液的试液作参比,测定吸光度,并绘制检量线。每毫升铜标准溶液相当于含铜量 0.10%(对吸取试液 10 mL 而言,如吸取 20 mL 显色时,则相当于含铜量 0.05%)。

13.2　铝　的　测　定

铝是锌合金中的主要合金元素,对大于 0.5% 铝含量的锌合金中铝的测定,采用络合滴定法较为简便;对小于 0.5% 铝的试样可用光度法进行。

13.2.1　络合滴定法

基本原理及注意事项参见 12.1 节。

根据锌合金的具体情况并考虑到为了消除大量锌和铜等干扰,使方法有较高的选择性,采用氟化钠释出法较为合适。即先在试液中加入过量的 EDTA,其量须足以使在此酸度条件下能与 EDTA 络合的离子全部络合,然后加热并调节酸度至 pH≈5.5,煮沸使铝络合完全,冷却。用锌标准溶液滴定过量的 EDTA(不计所耗的标准溶液),加入氟化钠并煮沸,使原来已与 EDTA 络合的铝与氟离子络合成 AlF_6^{3-},同时释放出等摩尔量的 EDTA,再以锌标准溶液滴定释出的 EDTA,从而间接计算出铝的含量。滴定时用二甲酚橙为指示剂。锌合金中的共存元素都不干扰测定。

1) 试剂

盐酸(1+1)。过氧化氢(30%)。EDTA 溶液(0.05 mol·L⁻¹):溶解 EDTA 18.6 g 于热水中,冷却,稀释至 1 000 mL。对硝基酚指示剂(0.2%)。氨水(1+1)。六次甲基四胺溶液(20%)。二甲酚橙指示剂(0.2%)。氟化钠(固体)。锌标准溶液(0.020 00 mol·L⁻¹):称取纯锌 1.307 6 g,溶于盐酸(1+1)25 mL 中,加水至约 200 mL,用氨水(1+1)及盐酸(1+1)调节:酸度至刚果红试纸由蓝变紫色(pH≈4),冷却。于量瓶中以水稀释至 1 000 mL。

2) 操作步骤

称取试样 0.100 0 g,置于 250 mL 锥形瓶中,加盐酸(1+1)4 mL,待反应缓慢时加入过氧化氢(30%)1 mL,煮沸 1~2 min 使多余的过氧化氢分解。加水约 50 mL,加入 EDTA 溶液(0.05 mol·L⁻¹)45~50 mL,加热煮沸,加对硝基酚指示剂数滴,以氨水(1+1)调节至溶液呈黄色,再以盐酸(1+1)调至黄色褪去,加六次甲基四胺溶液(20%)10 mL(此时溶液的 pH 值在 5.5 左右),煮沸 1~2 min,冷却至室温,加二甲酚橙指示剂数滴,用锌标准溶液(0.020 0 mol·L⁻¹)滴定至溶液恰呈红色(读数不计)。加入氟化钠约 2 g,煮沸 1~2 min,冷却。再用锌标准溶液滴定至红色终点。记下所消耗锌标准溶液的毫升数。按下式计算铝的含量:

$$Al\% = \frac{V \times M \times 0.026\,98}{G} \times 100$$

式中:V 为加入氟化钠后滴定所消耗锌标准溶液的毫升数;M 为锌标准溶液的摩尔浓度;G 为试样质量(g)。

3) 注

(1) 本方法适用于分析含铝>0.5% 的试样。

(2) 加入 EDTA 溶液的量必须足够使溶液中的锌、铜、铝等元素完全络合,并要适当过量。1 mg 锌需要 5.7 mg 的 EDTA 络合,1 mg 铝需要有 14.0 mg 的 EDTA 络合。

(3) 在 pH 较低时加入 EDTA,而后调至酸度 pH≈5.5,煮沸,不会引起铝的水解。所以加入 EDTA 可以直接调至 pH≈5.5,加热煮沸使之完全络合,不必分步调 pH。

（4）加入二甲酚橙指示剂如溶液即呈红色，一则可能 EDTA 加入量不足，或者溶液 pH＞6.1，如 pH＞6.1 时，可适当减少六次甲基四胺的加入量。

13.2.2 铬天青S光度法

铬天青 S(简称 CAS)与 Al^{3+} 离子在微酸性溶液中形成橙红色络合物，络合物中的 CAS 与 Al^{3+} 离子的摩尔比值为 2∶1。其最大吸收波长在 545 nm 处。摩尔吸光系数为 $5.93×10^4$。CAS-Al 络合物在 pH 5.3～6.8 范围内均能形成，但在 pH＜5.6 时铬天青 S 试剂本身的吸收也将增大，故选择在 pH＝5.7 显色较为合适。

温度对 CAS-Al 络合形成的速度及络合物色泽的稳定性影响很大，因此应根据不同室温掌握读测吸光度的时间。当室温在 12 ℃左右，可在显色后 20～120 min 内读数；当室温在 20 ℃左右，可在显色后 5～60 min 内读数；当室温在 30 ℃左右，可在显色后 1～40 min 内读数。所用缓冲试剂的种类对色泽的稳定性也有影响，其中选用六次甲基四胺效果较好。

就锌合金而言，主要影响铝的测定的元素是铜和铁，其他共存元素皆无影响。采用硫脲和抗坏血酸作掩蔽剂可消除铜和铁的干扰。

1) 试剂

盐酸(1＋1)，(1 mol·L^{-1})。过氧化氢(30%)。甲基橙指示剂(0.1%)。氨水(1＋4)。硫脲溶液(5%)。硫脲-抗坏血酸混合液：取硫脲溶液(5%)40 mL，加入抗坏血酸 0.1 g，溶解后加水至 100 mL。此溶液应当天配制。铬天青 S 溶液(0.05%)，称取 CAS 试剂 0.1 g，加水 20 mL，乙醇 20 mL，在热水浴中加热至全溶解后加乙醇至 200 mL。六次甲基四胺溶液(30%)。铝标准溶液：称取纯铝 0.1000 g，溶于氢氧化钠溶液(10%)10 mL 中，加盐酸酸化后过量 5 mL，移入 100 mL 量瓶中，以水稀释至刻度，摇匀。此溶液每毫升含铝 1 mg，绘制检量线时，吸取上述溶液 5 mL，置于 500 mL 量瓶中，加盐酸 10 mL，加水稀释至刻度，摇匀。此溶液每毫升含铝 10 μg。氟化铵溶液(0.5%)，贮于塑料瓶中。

2) 操作步骤

称取试样 0.100 0 g，置于 100 mL 锥形瓶中，加盐酸(1＋1)5 mL，待反应缓慢后，加过氧化氢 1 mL，温热使试样溶解后再煮沸至无小气泡发生。冷却。移入 100 mL 量瓶中，加水至刻度，摇匀。吸取试样溶液 5 mL 2 份，分别置于 100 mL 量瓶中。显色液：加甲基橙指示剂 1 滴，滴加氨水(1＋4)至恰呈黄色，立即滴加盐酸(1 mol·L^{-1})至溶液恰呈红色，并过量 4 mL，加硫脲-抗坏血酸混合液 10 mL，加水至约 70 mL，摇匀。加铬天青 S 溶液 5 mL 及六次甲基四胺溶液(30%)10 mL，加水稀释至刻度，摇匀。空白液：滴加氟化铵溶液(0.5%)5 滴。其余操作同显色液。用 1 cm 比色皿，于 550 nm 波长处，以空白液为参比，测定吸光度。在检量线上查得铝的含量。

3) 检量线的绘制

称取纯锌 0.1 g，按方法溶解，移入 100 mL 量瓶中，加水至刻度，摇匀。吸取此溶液 5 mL 6 份，依次加入铝标准溶液 0.0 mL，1.0 mL，2.0 mL，3.0 mL，4.0 mL，5.0 mL(Al 10 μg·mL^{-1})，按上述方法显色，以不加铝标准溶液的试液作为参比，测定吸光度，并绘制检量线。每毫升铝标准溶液相当于含铝量 0.2%。

4) 注

（1）本方法适用于测定含铝 0.1%～1% 的试样。对于含铝量小于 0.1% 的试样，可适当增加称样量。

（2）加入硫脲-抗坏血酸混合液后不能放置 5 min 以上，否则结果偏低，因抗坏血酸能与铝化合而影响显色。

（3）因温度对显色反应的速度和色泽稳定性有影响，所以显色后应根据当时室温高低，掌握读测吸光度的时间。

（4）由于在空白液中加有氟化铵，对比色皿的玻璃有一定的侵蚀，为此，测定完毕后应立即洗净。

13.3　镁 的 测 定

锌合金中一般含有微量（万分之几）镁，低含量镁的测定通常用光度法。

光度法测定镁常用的显色剂有：铬黑 T、铬变酸 2R、二甲苯胺蓝 I 和 II 等。由于这些试剂测定镁都存在着不同程度的缺点，所以在应用上受到限制。

本方法选用偶氮氯膦 I 直接光度法测定锌合金中的镁。偶氮氯膦 I（即 2-(4-氯-2-膦酸偶氮苯)-1,8-二羟基萘-3,6-二磺酸）在 pH≈10 与 Mg^{2+} 形成紫红色络合物，最大吸收波长在 576～582 nm 处。而纯试剂吸收峰在 530 nm 波长处，在 580 nm 处试剂影响最小，故方法中采用 580 nm 波长，其摩尔吸光系数为 1.95×10^4。镁量在 0.03～0.3 $\mu g \cdot mL^{-1}$ 范围内显色体系遵守比耳定律，0.3～0.5 $\mu g \cdot mL^{-1}$ 范围内略呈弯曲。

铜、铝、铁、锰、锌、镍、钙和稀土元素干扰测定。铝和铁可用三乙醇胺掩蔽。邻菲罗啉掩蔽镍、锌、锰，四乙烯五胺掩蔽铜。一定量 EGTA-Pb 盐存在，起取代掩蔽作用，消除钙和稀土的干扰。经掩蔽措施后，可不须分离干扰元素，直接显色测定镁，络合物显色后色泽即刻达到最深色，吸光度能在 3 h 内保持不变。

1）试剂

盐酸（1＋1）。过氧化氢（30%）。三乙醇胺溶液（3＋7）。1,10-二氮菲溶液（5%）：5 g 邻菲罗啉溶于 60 mL 乙醇中，加水至 100 mL。四乙烯五胺溶液（1%）：5 mL 四乙烯五胺加水稀释至 500 mL，贮于棕色瓶中。EGTA-Pb 溶液（0.005 $mol \cdot L^{-1}$）：取乙二醇二乙醚二胺四乙酸（简称 EGTA）1.9 g，加水 200 mL，加热，滴加氢氧化钠至全溶，并调至中性，另取氯化铅 1.53 g，加水 300 mL，加热溶解，将两液合并，调至中性，冷却后以水稀释至 1 000 mL。硼砂缓冲液（pH=10.5）：取硼砂（优级纯）21 g，氢氧化钠（优级纯）4 g，加水溶解后稀释至 1 000 mL。CyDTA 溶液（0.05 $mol \cdot L^{-1}$）：取环己二胺四乙酸（简称 CyDTA）1.75 g，加水 100 mL，加热。加氢氧化钠溶液（10%）至溶，调至中性。偶氮氯膦 I 溶液（0.025%）。镁标准溶液：取纯镁 0.100 0 g，加盐酸（1＋1）10 mL 溶解后于量瓶中稀释至 1 000 mL，此溶液每毫升含镁 0.1 mg。绘制曲线时取此溶液 10 mL 于 200 mL 量瓶中，以水稀释至刻度，此溶液每毫升含镁 5 μg。

2）操作步骤

称取试样 0.500 0 g，置于 100 mL 锥形瓶中，加盐酸（1＋1）6 mL，微热溶解，加过氧化氢（30%）1 mL，加热煮沸约 1 min，冷却。移入 200 mL 量瓶中，以水稀释至刻度，摇匀。另取纯锌 0.5 g 按同样操作，配制试剂空白液 1 份。吸取试液 5 mL 于 50 mL 量瓶中，加三乙醇胺（3＋7）5 mL，摇匀。加 1,10-二氮菲溶液（5%）5 mL，加四乙烯五胺溶液（1%）2 mL，EGTA-Pb 溶液（0.005 $mol \cdot L^{-1}$）2 mL，缓冲液（pH=10.5）5 mL，摇匀。准确加入偶氮氯膦 I 溶液（0.025%）5 mL，以水稀释至刻度，摇匀。将显色液倒入 3 cm 比色皿中，在剩余部分溶液中滴加 CyDTA 溶液（0.025 $mol \cdot L^{-1}$）3 滴，摇匀后以此作为参比，于 580 nm 波长处，测定吸光度。另取试样空白液 5 mL 于 50 mL 量瓶中，按同样方法显色测定吸光度。将试样溶液测得的吸光度读数值减去试剂空白的吸光度读数值，即为实际吸光度值。从检量线上查得试样的含镁量。

3) 检量线的绘制

称取纯锌 0.5 g,按同样操作溶解后稀释至 200 mL,吸取溶液 5 mL 6 份,分别置于 50 mL 量瓶中,依次加入镁标准溶液 0.0 mL,0.5 mL,1.0 mL,1.5 mL,2.0 mL,2.5 mL(Mg 5 μg·mL⁻¹),按上述方法显色,以不加镁标准溶液的试液为参比,测定吸光度,并绘制检量线。每毫升镁标准溶液相当于含镁 0.04%。

4) 注

(1) 本方法适用于测定含镁 0.02%～0.1% 的试样。

(2) 偶氮氯膦 I 试剂对铵盐比较敏感,因而试剂空白值高,但对络合物的灵敏度反而降低,故方法中采用硼砂缓冲液。

(3) 偶氮氯膦 I 为深红色结晶粉末,易溶于水,在中性或酸性溶液中呈红色,碱性溶液中呈紫色,在 pH≈10,与 Mg^{2+} 离子形成紫红色络合物,其组成为(1∶1)。结构式如下:

$$\left[\ \text{HO}_3\text{S}\underset{\text{SO}_3\text{H}}{\overset{\text{OH\quad OH}}{\bigcirc\bigcirc}}-N=N-\underset{}{\overset{\text{H}_2\text{O}_3\text{P}}{\bigcirc}}-\text{Cl}\ \right]\cdot 3\text{H}_2\text{O}$$

13.4　铁　的　测　定

锌合金中的铁是以杂质量存在的,其含量一般不超过 0.1%(耐磨锌合金中不超过 0.2%)。

本节选用硫氰酸盐光度法测定微量铁。

在酸性溶液中,Fe^{3+} 与 SCN^- 生成红色络合物 $[Fe(SCN)_n]^{3-n}$(随 SCN^- 浓度之不同,n 为 1～6),最大吸收波长随 SCN^- 浓度的增加而增加(450～480 nm)。颜色深度与测定条件有密切关系,适宜的酸度范围为 0.1～0.4 mol·L⁻¹,硫氰酸盐浓度为 0.3 mol·L⁻¹,络合物的吸光度随放置时间增加而降低,显色应立即测定。加入氧化剂(如过氧化氢、过硫酸铵)可增加色泽的稳定性。

与试剂能生成络合物的金属和本身具有颜色的离子干扰测定,在锌合金中主要干扰元素是 Cu^{2+}。含 Cu^{2+} 少至 0.5 μg·mL⁻¹ 时,对铁的测定仍有影响,因此必须分离。本法采取硫氰盐酸与 1 价铜作用生成硫氰酸亚铜沉淀,经过滤后消除铜的影响。

1) 试剂

盐酸(1+1)。过氧化氢(30%),(3%)。氨水(1+1)。硫氰酸钠溶液(20%)。亚硫酸(7%)。铁标准溶液:称取硫酸高铁 0.432 0 g 溶于盐酸(1+1)50 mL 中,移入于 1 000 mL 量瓶中,以水稀释至刻度,此溶液每毫升含铁 0.05 mg。锌溶液:称取氧化锌 62.3 g,溶于 250 mL 盐酸中,于量瓶中稀释至 1 000 mL,此溶液每毫升含锌约 0.05 g。

2) 操作步骤

称取试样 0.500 0 g 于 100 mL 锥形瓶中,加盐酸(1+1)5 mL,待反应缓慢后,加过氧化氢(30%)1 mL,加热煮沸约 1 min,冷却。滴加氨水(1+1)中和至溶液有沉淀析出,再滴加盐酸(1+1)使沉淀恰好溶解,然后加入亚硫酸(7%)5 mL 及硫氰酸钠溶液(20%)1 mL,转移入 100 mL 量瓶中,以水稀释至刻度,摇匀。干过滤。另取锌溶液 10 mL,滴加氨水(1+1)中和至溶液有沉淀析出,以下同操作,作试剂空白。吸取试液及试剂空白液各 25 mL,分别置于 100 mL 量瓶中,加盐酸(1+1)5 mL,过氧化氢

(3%)5 mL,硫氰酸钠溶液(20%)10 mL,以水稀释至刻度,摇匀。用 2 cm 比色皿,于 500 nm 波长处,以试剂空白作为参比,测定吸光度。从检量线上查得试样的含铁量。

3) 检量线的绘制

于 5 只 100 mL 量瓶中,分别加入锌标准溶液 10 mL,依次加入铁标准溶液 0.0 mL,0.5 mL,1.5 mL,3.0 mL,5.0 mL(Fe 0.05 mg·mL^{-1}),按上法处理,并分别吸取 25 mL 试液进行显色,以不含铁标准溶液的试液为参比,测定吸光度,绘制检量线。每毫升铁标准溶液相当于含铁量 0.04%。

4) 注

(1) 本方法适用于测定含铁 0.02%~0.2%的试样。对于纯锌试样,含铁量小于 0.02%者,可将试液稀释度减少。

(2) 如试样中不含铜或含铜量较低,可不经分离步骤,直接显色测定,操作如下:称取试样 0.500 0 g,按上述方法溶解,于 100 mL 量瓶中,以水稀释至刻度,摇匀。取纯锌溶液 10 mL,于 100 mL 量瓶中,以水稀释至刻度,作试剂空白。吸取溶液及试剂空白各 25 mL 于 100 mL 量瓶中,加盐酸(1+1)4 mL,以下按上述方法显色,测定吸光度。从检量线上查得试样的含铁量。

13.5　锑　的　测　定

5 价锑在盐酸溶液中所形成的 SbCl$_6^-$ 络阴离子与孔雀绿试剂的阳离子生成三元离子络合物,溶于苯中呈翠绿色,是测定微量锑较灵敏的方法。显色反应须在 1.5~2.5 mol·L^{-1} 的盐酸溶液中进行。酸度大于 3 mol·L^{-1} 时结果显著偏低,而酸度小于 1 mol·L^{-1} 时结果偏高。偏高原因是由于在低酸度时,孔雀绿试剂本身能溶于苯中呈绿色。就纯锌及锌合金的分析而言,大量 Zn^{2+},Al^{3+},Cu^{2+} 及其他共存的杂质均不影响锑的测定,故可不必分离。

1) 试剂

盐酸(5+1)。氯化亚锡溶液(10%):称取 SnCl$_2$·2H$_2$O 5 g,溶于盐酸 10 mL 中,加水至 50 mL。亚硝酸钠溶液(14%)。尿素溶液:溶解 8 g 尿素于 15 mL 水中。此溶液宜当天配制。磷酸(1+5)。孔雀绿溶液(0.2%)。苯。锑标准溶液:称取酒石酸锑钾$\left[K(SbO)C_4H_4O_6·\dfrac{1}{2}H_2O\right]$ 0.274 3 g,溶于盐酸(5+1)中,移入 100 mL 量瓶中,用盐酸(5+1)稀释至刻度,摇匀。此溶液每毫升含锑 1 mg,再分取部分溶液用盐酸(5+1)稀释至每毫升含锑 1 μg。

2) 操作步骤

称取试样 0.200 0 g,置于 50 mL 烧杯中,加入盐酸 2 mL,溶解完毕后滴加过氧化氢 1~2 滴,煮沸,使多余的过氧化氢分解(一般为 10~20 s)。稍冷,加入盐酸(5+1)5 mL,温热,滴加氯化亚锡溶液 2~3 滴(如有 Cu^{2+} 或 Fe^{3+} 存在时,则滴至 Cu^{2+} 的蓝色、Fe^{3+} 的黄色褪去后再过量 1~2 滴)。冷却。加入亚硝酸钠溶液 1 mL,放置 2 min,加入尿素溶液 1 mL,摇动溶液使氮的氧化物逸去,并立即移入分液漏斗中,立即加入苯 20.0 mL 及孔雀绿试剂 10 滴,振摇 2 min,静置分层,弃去水相。有机相通过棉花滤入于 3 cm 比色皿中,在 610 nm 波长处,以纯苯为参比溶液读取其吸光度。另按同样步骤作试剂空白 1 份。从试样溶液的吸光度读数中减去试剂空白的读数后在检量线上查得试样的含锑量。

3) 检量线的绘制

于 6 只 50 mL 烧杯中,依次加入锑标准溶液(Sb 1 μg·mL^{-1})0.0 mL,1.0 mL,2.0 mL,3.0 mL,4.0 mL,5.0 mL,各加盐酸(5+1)补足溶液体积至 5 mL。以下从滴加氯化亚锡溶液开始按本操作步骤操作。测得各溶液的吸光度后绘制检量线。

4) 注

(1) 本方法适用于测定含锑≤0.02%的试样。

(2) 加入孔雀绿试剂后应立即萃取,否则结果偏低。

(3) 锑标准溶液也可用纯锑配制。溶解纯锑0.100 0 g于浓硫酸5 mL中,冷却,移入1 000 mL量瓶中,用盐酸(5+1)稀释至刻度,摇匀。此溶液每毫升含锑100 μg。绘制检量线时,再吸取此溶液2 mL,置于200 mL量瓶中,用盐酸(5+1)稀释至刻度,摇匀。此溶液每毫升含锑1 μg。

13.6　锡　的　测　定

锡是纯锌及锌合金中的一种有害杂质,因此也是经常要求测定的项目。某些三苯甲烷型盐性染料,如苯芴酮、茜素紫、邻苯二酚紫等能与锡(IV)离子反应生成有色络合物,是测定微量锡的较为灵敏的一类显色剂。根据锌合金和纯锌的分析要求,应用茜素紫吸光光度和邻苯二酚紫吸光度法测定效果较好。

13.6.1　茜素紫萃取光度法

在0.05~0.20 mol·L^{-1}盐酸介质中,锡(IV)与茜素紫反应生成紫红色络合物,可用异戊醇萃取后进行吸光光度测定。在下述方法中采用0.15 mol·L^{-1}的酸度条件,并在570 nm波长处测定其吸光度。

Cu^{2+},Cu^+,Zn^{2+},Al^{3+},Fe^{2+},Pb^{2+},Cd^{2+},As^{3+},Mg^{2+}等元素均不干扰锡的测定;Sb^{3+}虽有干扰,但加入0.4 g酒石酸可掩蔽1 mg锑。因此分析纯锌及锌合金时不需要分离。

1) 试剂

盐酸(ρ=1.19 g·cm^{-3})。过氧化氢(30%)。氨水(1+4)。茜素紫溶液(0.1%)。乙醇溶液。盐酸(1 mol·L^{-1}):取一级盐酸87 mL,用水稀释至1 000 mL。洗液:取1 mol·L^{-1}盐酸150 mL,用水稀释至1 000 mL,加入异戊醇30 mL,剧烈振摇使其溶解。锡标准溶液:称取纯锡0.100 0 g置于150 mL锥形瓶中,加硫酸3 mL,加热使其溶解,冷却。用1 mol·L^{-1}盐酸将溶液移入200 mL量瓶中,并用1 mol·L^{-1}盐酸稀释至刻度,摇匀。此溶液每毫升含锡0.5 mg。吸取此溶液5 mL,置于250 mL量瓶中,用1 mol·L^{-1}盐酸稀释至刻度,摇匀。此溶液每毫升含锡10 μg。异戊醇。抗坏血酸溶液(1%)。酒石酸溶液(4%)。

2) 操作步骤

称取试样1.000 g,置于100 mL锥形瓶中,加盐酸(1+1)20 mL,加热溶解,有不溶物时,加入过氧化氢(30%)1 mL,使溶解完全,微沸驱除多余的过氧化氢。同时按相同操作配制试剂空白1份。将此溶液移入125 mL有刻度的分液漏斗中,加入酒石酸溶液(4%)10 mL,抗坏血酸溶液(1%)10 mL,摇匀。用吸管加入茜素紫溶液2 mL,摇匀。用氯水(1+4)调节至紫红色,用1 mol·L^{-1}盐酸7.5 mL,用水稀释至50 mL,摇匀。放置15 min。准确加入异戊醇10 mL,振摇半分钟,静置分层后,弃去水相,在有机相中加入洗液10 mL,振摇15 s,静置分层后弃去水相。有机相通过干滤纸滤入1 cm比色皿中,在570 nm波长处,以试剂空白为参比溶液,读测显色液的吸光度。在检量线上查得试样的含锡量。

3) 检量线的绘制

在 6 只 125 mL 有刻度的分液漏斗中,依次加入锡标准溶液 0.0 mL,1.0 mL,2.0 mL,3.0 mL,4.0 mL,5.0 mL(Sn 10 μg·mL^{-1})及 1 mol·L^{-1}盐酸 5 mL,4 mL,3 mL,2 mL,1 mL,0 mL,使体积补足至 5 mL,加酒石酸溶液(4%)10 mL 及抗坏血酸溶液(1%)10 mL,摇匀。按前述方法显色并萃取。以不加锡标准溶液的试液为参比溶液,读测各显色液的吸光度并绘制检量线。

4) 注

(1) 本方法的测定范围为含锡 0.000 5%～0.005%。

(2) 为避免盐酸中带来空白,本法须采用一级或优级盐酸。

(3) 茜素紫试剂在 pH<3.8 时呈棕黄色,pH>6.6 时呈玫瑰红色。

13.6.2　邻苯二酚紫光度法

磷苯二酚紫(以下简写作 PV)与锡(Ⅳ)在 0.04～0.07 mol·L^{-1}盐酸介质中反应生成橙红色络合物,其组成比为 2∶1,最大吸收在 555 nm 处。但因显色剂本身在此波长处吸收较大,故有些方法采用在 590 nm 波长处读测其吸光度。

近年来,在用 PV 作显色剂测定锡时添加某些长碳链的季铵盐(如溴化十六烷基三甲铵,以下简写作 CTMAB),使测定的灵敏度有较大提高($\varepsilon^{662}=9\times10^4$),络合物的最大吸收波长发生红移,$\lambda_{最大}=$662 nm。实验证明:加入 CTMAB 后形成了组成比为 Sn(Ⅳ)∶PV∶CTMAB=1∶2∶4 的三元络合物。锌及锌合金中共存的元素对测定都不干扰,因此可以不经分离直接测定纯锌或锌合金中的微量锡。

1) 试剂

酒石酸溶液(5%)。硫酸(12%V/V)。抗坏血酸溶液(1%)。PV-CTMAB 溶液:称取 PV0.040 g,溶于水中,稀释至 100 mL。另称 CTMAB0.10 g,溶于热水中,稀释至 100 mL。使用时取上述 PV 溶液 50 mL 及 CTMAB 溶液 20 mL 混合并稀释至 100 mL。锡标准溶液:称取纯锡 0.100 0 g,置于 100 mL 锥形瓶中,加入浓硫酸 5 mL,加热溶解,冷却,加水 15 mL,冷却。移入于 100 mL 量瓶中,用硫酸(1+3)洗涤锥形瓶,洗液并入于量瓶中,用硫酸(1+2)稀释至刻度,摇匀。此溶液每毫升含锡 1 mg。准确移取此溶液 2.50 mL,置于 500 mL 量瓶中,用 5%酒石酸溶液稀释至刻度,摇匀。此溶液每毫升含锡 5 μg。

2) 操作步骤

称取试样 0.200 0 g,置于 50 mL 两用瓶中,用刻度吸管加入(12%V/V)硫酸 6.50 mL 及酒石酸溶液(5%)5 mL,温热溶解,待作用缓慢时滴入硝酸(1+1)1～3 滴,继续加热至试样溶解完全。微沸使黄烟逸去。冷却。加入抗坏血酸溶液 1 mL,加入沸水 30 mL,摇匀。准确加入 PV-CTMAB 溶液 5 mL,摇匀。流水冷却至室温,加水至刻度,摇匀。与此同时作试剂空白 1 份。用 5 cm 比色皿,以试剂空白为参比溶液,在 660 nm 波长处,读测其吸光度。在检量线上查得试样的含锡量。

3) 检量线的绘制

于 6 只 50 mL 两用瓶中,依次加入锡标准溶液 0.0 mL,0.5 mL,1.0 mL,1.5 mL,2.0 mL,2.5 mL(Sn 5 μg·mL^{-1}),各加酒石酸溶液(5%)至体积为 5 mL,再各加硫酸(12%V/V)5 mL,抗坏血酸溶液(1%)1 mL,沸水 30 mL,摇匀。准确加入 PV-CTMAB 溶液 5 mL,摇匀。流水冷却至室温,加水至刻度,摇匀。以不加锡标准溶液的试液为参比溶液,按操作步骤读测各溶液的吸光度并绘制检量线。

4) 注

(1) 对含锡<0.000 05%的试样可增加取样量至 0.5 g,对含锡>0.005%的试样可减少称样量或改用 2 cm 或 3 cm 比色皿。

(2) 邻苯二酚紫试剂的纯度对方法的灵敏度影响很大。采用上海试剂三厂生产的显色剂级的试剂可得到很好的结果。

(3) 近年来,在用 PV 作显色剂测定锡时添加某些长碳链的季铵盐(如溴化十六烷基三甲铵),使测定的灵敏度有较大的提高。在未加 CTMAB 时,络合物的摩尔吸光率为 $\varepsilon^{555}=6\times10^4$,加入 CT-MAB 后其摩尔吸光率为 $\varepsilon^{662}=9\times10^4$。而且络合物的最大吸收波长发生红移,$\lambda_{最大}=662$ nm,故本法采用 660 nm 波长读测吸光度。

(4) 硫酸介质中显色,酸度范围较宽。在 50 mL 溶液中加入 5%V/V 硫酸 4~18 mL 可获得相同结果。方法中选择在 50 mL 溶液中加入 12%V/V 硫酸 5 mL。

(5) 溶样同时加入酒石酸既可以防止锡的水解,又可以避免硫酸铅的沉淀析出。溶解至最后阶段必须滴加少量硝酸使铜、锡等元素溶解完全。

13.7　铅　的　测　定

铅在纯锌及锌合金中系杂质成分。锌合金中铅的含量最高不能超过 0.03%,而纯锌则按其品位不同,铅的含量最低只允许存在 0.003%,而高者可达 2%。对含铅<0.05%的试样,可用二苯硫腙吸光光度法测定;而含铅>0.3%者,可用电解法或容量法测定。

13.7.1　N-235 萃取分离-二苯硫腙光度法

二苯硫腙作为微量铅的显色剂具有足够高的灵敏度,而选择性差是它的主要缺点。在纯锌或锌合金中测定微量铅时,首先要使微量铅与大量锌、铝、铜等元素分离。用 N-235-二甲苯溶液从 0.5 mol·L⁻¹硝酸,0.2 mol·L⁻¹碘化钾溶液中萃取,可使 Pb^{2+} 与 Zn^{2+},Al^{3+} 完全分离,Cu^{2+} 与 Pb^{2+} 一起进入有机相,因此必须在萃取铅之前先将铜除去。萃取入有机相的铅用硫氰酸铵-硫代硫酸钠-醋酸铵溶液反萃取入水相后,即可按二苯硫腙法进行铅的测定。

1) 试剂

硝酸(2 mol·L⁻¹):(0.5 mol·L⁻¹)(用超纯硝酸配制)。碘化钾(4 mol·L⁻¹)。N-235-二甲苯溶液(5%V/V)。硫氰酸铵溶液(15%),(2 mol·L⁻¹),用二苯硫腙溶液萃取净化。硫代硫酸钠溶液(25%),(1 mol·L⁻¹),用二苯硫腙溶液萃取净化。醋酸铵溶液(7.7%),(1 mol·L⁻¹),用二苯硫腙溶液萃取净化。酒石酸钠溶液(10%),用二苯硫腙溶液萃取净化。亚硫酸钠溶液(10%),用二苯硫腙溶液萃取净化。四乙烯五胺溶液(1%V/V)。氨性混合溶液:每 100 mL 溶液中含 10%亚硫酸溶液 10 mL,10%酒石酸溶液 10 mL,超纯浓氨水 65 mL 及 1%V/V 四乙烯五胺溶液 3 mL。二苯硫腙苯溶液(0.01%):称取二苯硫腙 50 mg,溶于苯 25 mL 中移入于分液漏斗中,用氨水(2+98)100 mL 萃取两次,使二苯硫腙溶于氨水中,弃去苯层,再用苯 25 mL 萃取一次,弃去苯层。再加苯 250 mL,滴加超纯盐酸使水溶液酸化,振摇 2 min 使二苯硫腙重新进入苯中,静置分层后将水溶液移入另一分液漏斗中再加苯 250 mL,振摇 1 min,静置分层,弃去水相。将苯溶液合并用去离子水洗涤两次,弃去水相,苯溶液通过脱脂棉花滤入于干燥的棕色瓶中存放。二苯硫腙氯仿溶液(0.01%),配制方法同二苯硫腙苯溶液。此溶液用于萃取净化试剂。稀氨水洗液:每 100 mL 洗液中含氨水 1 mL 及亚硫酸钠溶液(10%)2 mL。铅标准溶液:称取纯铅 0.100 0 g,溶于硝酸(1+3)5 mL 中,驱除黄烟后移入于 100 mL

量瓶中,加水稀释至刻度,摇匀。此溶液每毫升含铅 1 mg。绘制检量线时吸取部分溶液稀释至每毫升含铅 2 μg。反萃取液:取硫氰酸铵溶液(2 mol·L^{-1})、硫代硫酸钠(1 mol·L^{-1})、醋酸铵(1 mol·L^{-1})及水按 1∶1∶1∶2 的比例混合。

2) 操作步骤

称取试样 1.000 g,置于 100 mL 高型烧杯中,加入硝酸(1+1)12 mL,溶解完毕后驱除黄烟,移入于 100 mL 量瓶中,加水至刻度,摇匀。分析含铜的锌合金时,在驱除黄烟后用电解法除去铜。然后移入于 100 mL 量瓶中并稀释至刻度,电解过程中如发现在阳极上有氧化铅沉淀析出,应在取下电极时将阳极上的沉淀物溶入溶液中。另取硝酸(1+1)6.5 mL,置于另一 100 mL 量瓶中,加水至刻度,摇匀,作为试剂空白溶液。移取试样溶液及空白溶液各 10 mL 或 20 mL,分别置于分液漏斗中,加入 0.5 mol·L^{-1}硝酸 10 mL 及碘化钾溶液(4 mol·L^{-1})1 mL,移取 20 mL 试液时加 0.5 mol·L^{-1}硝酸 20 mL 及碘化钾溶液(4 mol·L^{-1})2 mL,此时溶液的硝酸浓度为 0.5 mol·L^{-1}。碘化钾溶液浓度为 0.2 mol·L^{-1},摇匀。加 N-235 二甲苯溶液 10 mL,振摇 1~2 min,静置分层,弃去水相,用 0.5 mol·L^{-1}硝酸 10 mL 及碘化钾溶液(4 mol·L^{-1})1 mL 洗涤有机相 1 或 2 次,弃去洗液,再用水冲洗分液漏斗内壁,不要振摇,弃去洗液。用反萃取液 10 mL 分两次进行反萃取,反萃取液置于另一分液漏斗中,有机相集中收集于棕色瓶中以备洗净回收。于反萃取液中加入氨性混合溶液 10 mL,摇匀。准确加入二苯硫腙溶液 10 mL,振摇 1 min,静置分层,弃去水相,加入稀氨水洗液 5 mL,振摇 10 s,静置分层,弃去洗液,有机相通过脱脂棉花滤入干燥的 2 cm 比色皿中,在 530 nm 波长处以纯苯为参比液读测其吸光度。从试样溶液的吸光度读数中减去试剂空白的吸光度读数后在检量线上查得其含铅量。

3) 检量线的绘制

于 6 只分液漏斗中,依次加入铅标准溶液 0.0 mL,1.0 mL,2.0 mL,3.0 mL,4.0 mL,5.0 mL(Pb 2 μg·mL^{-1}),各加 2 mol·L^{-1}硝酸 5 mL,并加水稀释至 20 mL,各加碘化钾溶液(4 mol·L^{-1})1 mL,以下按操作步骤操作,并绘制检量线。

(1) 本方法操作中全部用去离子水。

(2) N-235 系叔胺型萃取剂,是以三辛胺为主的混合物。配成的二甲苯溶液要按下法净化处理:将 N-235 溶液置于分液漏斗中,轮流用等体积的 0.5 mol·L^{-1}碳酸钠溶液和 1 mol·L^{-1}盐酸溶液振摇洗涤各 3 次,然后用去离子水洗至不呈酸性(一般洗 7~8 次)。用过的 N-235 溶液也按同样方法洗净回收。用含有硫氰化物的反萃取液萃取用过的 N-235 溶液,放置时间太久后会析出沉淀影响回收。因此用过的 N-235 溶液宜在当天洗净回收。

(3) 氨性混合液中加入四乙烯五胺的目的是掩蔽可能残留的微克量的 Zn^{2+},Ni^{2+}等离子,但四乙烯五胺过量将影响铅的萃取,因此配制混合溶液时必须按分析方法中规定的数量准确加入。

13.7.2　铬酸钾沉淀-氧化还原容量法

本法适用于含铅>0.3%的试样。方法的基本原理和操作步骤详见 8.2 节第一法。

13.7.3　电解法

铅的电解通常是在比较浓的硝酸溶液中进行的。与 Cu^{2+},Ag^{+}等离子的情况不同,Pb^{2+}是在阳极上以二氧化铅的状态沉积出来的。这一现象可解释为 Pb^{2+}在阳极上被氧化而释出电子:

$$Pb^{2+}+2H_2O =\!=\!= PbO_2+4H^++2e$$

1) 试剂

硝酸(1+1)。硝酸铜(固体)。尿素(固体)。

2) 操作步骤

称取试样 8.66 g,置于 300 mL 高型烧杯中,分次加入硝酸(1+1)100 mL,待试样溶解完毕后在 90 ℃ 左右的温度下加热使氧化氮逸去。加入硝酸铜约 0.5 g 及尿素 0.2 g。加水至约 200 mL,加热至 70 ℃ 左右,在电流密度为 1A·dm^{-2} 的条件下电解 1~2 h(采用已知重量的网状铂电极为阳极)。电解将近完成时,用水冲洗烧杯内壁使液面稍有升高,继续电解 15 min 左右。如新浸入溶液的阳极表面没有氧化铅沉积物出现,即表明铅已电解完毕。在不切断电流的情况下将烧杯取下,并同时用水冲洗电极。先后两次用盛有蒸馏水的烧杯套洗电极,关断电流,取下电极,在保温 120 ℃ 的鼓风烘箱中烘干 30 min。烘干后将电极置于干燥器中冷却并称重。阳极上的二氧化铅沉积物较易碰落,操作时应十分注意。称得重量减去空阳极的重量后按下式计算试样的含铅量:

$$Pb\% = \frac{W \times 0.866}{G} \times 100$$

式中:W 为称得的二氧化铅净质量(g);G 为称取试样质量(g)。

3) 注

(1) 本方法适用于含铅 0.05%~1% 的试样,含铅>1% 时应减少称样量。

(2) 镀有二氧化铅的阳极烘干前只需用水冲洗,不要在乙醇中浸渍。

13.8　镉 的 测 定

镉是纯锌及锌合金中的一种主要杂质元素,除了可以用极谱法或原子吸收光谱法测定外,光度法也是常用的测定方法。本方法采用高分子胺萃取分离,选择从 0.4 mol·L^{-1} 以上硝酸和 0.15 mol·L^{-1} 溴化钾溶液中用 N-235 萃取镉(萃取步骤简便,快速。N-235 溶液可以洗净回收反复使用)。以 1 mol·L^{-1} 氨水反萃取镉,最后用镉试剂显色,用光度法测定镉。

1) 试剂

硝酸(2 mol·L^{-1}),(0.5)。用超纯硝酸配制。溴化钾溶液(1.5 mol·L^{-1})。N-235 二甲苯溶液(5%V/V)。氨水(1+14),每 100 mL 溶液中加入酒石酸钾钠 0.5 g。酒石酸钾钠溶液(10%)。氢氧化钾溶液(4 mol·L^{-1})。TritonX-100 溶液(10%W/W)。镉试剂贮备溶液(0.02%):称取镉试剂 0.02 g,溶于 0.02 mol·L^{-1} 氢氧化钾乙醇溶液 100 mL 中,充分摇动使其溶解完全(0.02 mol·L^{-1} 氢氧化钾乙醇溶液的配量方法:于 100 mL 95% 乙醇中加入 4 mol·L^{-1} 氢氧化钾溶液 0.5 mL)。镉试剂显色溶液:在 100 mL 量瓶中,加入以下各试剂溶液,并加水至刻度,摇匀。

酒石酸钾钠溶液(10%)	4 mL
氢氧化钾(4 mol·L^{-1})	24 mL
乙醇(95%)	40 mL
TritonX-100 溶液	2 mL
镉试剂溶液(0.02%)	20 mL

镉标准溶液:称取纯镉 0.100 0 g,溶于硝酸(1+1)2 mL 中,驱除黄烟移入于 100 mL 量瓶,加水至刻度,摇匀。此溶液每毫升含镉 1 mg。绘制检量线时吸取部分溶液稀释至每毫升含镉 2 μg。抗坏血酸溶液(1%)。氟化钾溶液(1 mol·L^{-1})。

2) 操作步骤

试样溶解方法与 13.7 节第一法所述相同。根据试样中镉的可能含量按以下方法移取试样溶液和同样体积的试剂空白溶液各 1 份分别置于分液漏斗中:含镉 0.001%~0.01%之间者移取 10 mL 试液;含镉 0.01%~0.05%之间者移取 2 mL 试液。各加溴化钾溶液(1.5 mol·L^{-1})2 mL,并加硝酸(0.5 mol·L^{-1})稀释至 20 mL,加入 N-235 溶液 10 mL。振摇 1 min,静置分层,弃去水相。加入硝酸(0.5 mol·L^{-1})10 mL 及溴化钾溶液(1.5 mol·L^{-1})1 mL,振摇半分钟,静置分层,弃去水相。用水冲洗分液漏斗内壁 1~2 次,不要振摇,弃去水相。加入氨水(1+14)12 mL,振摇 1 min,静置分层,将水溶液放入 50 mL 烧杯中,在有机相中再加氨水(1+14)5 mL,振摇半分钟,静置分层,水溶液合并于烧杯中,有机相集中存放以备洗净回收。将反萃取所得水溶液蒸干,吹入少量水及盐酸 1 滴酸化并溶解盐类,依次加入抗坏血酸溶液(1%)2 mL,酒石酸钾钠溶液(10%)2 mL,氢氧化钾溶液(4 mol·L^{-1})6 滴及氟化钾溶液(1 mol·L^{-1})1 mL,摇匀。用移液管加入镉试剂显色液 5 mL,移入 25 mL 量瓶中,加水至刻度,摇匀。以试剂空白为参比溶液,在 480 nm 波长处,读取试样溶液的吸光度,在检量线上查得试样的含镉量。如试样的含镉量>0.05%,可用 1 mL 刻度吸管移取试样溶液及试剂空白溶液各 0.50 mL,分别置于 50 mL 烧杯中,蒸干后按上述方法直接显色,无须经过萃取分离。

3) 检量线的绘制

于 6 只 25 mL 量瓶中,依次加入镉标准溶液 0.0 mL,1.0 mL,2.0 mL,3.0 mL,4.0 mL,5.0 mL(Cd 2 μg·mL^{-1}),按操作步骤所述方法显色(不要萃取分离)并读测各溶液的吸光度。按所得读数绘制检量线。

4) 注

(1) 本方法操作中均用去离子水。

(2) N-235 溶液在萃取试样溶液前应先用含有溴化钾 0.15 mol·L^{-1},硝酸 0.5 mol·L^{-1}的溶液振摇,使 N-235 转化成溴化盐形式:

$$R_3N(有机相)+H^+Br^-(水相) \Longleftrightarrow R_3NH^+Br^-(有机相)$$

(3) 镉浓度在 0.04~0.24 μg·mL^{-1}范围内显色体系的吸光性质符合比耳定律,在 0.24~0.4 μg·mL^{-1}范围内吸亮度读数稍有偏低。

(4) 镉试剂的结构式为

(5) 试验证明,显色时各试剂加入量的适宜条件为:氢氧化钾浓度在 0.05~0.5 mol·L^{-1}范围内吸光度稳定;镉试剂的加入量 0.4 mL(0.02%溶液)以上显色已完全,方法中加入 0.02%镉试剂溶液 1 mL,即相当于混合显色溶液 5 mL;TritonX-100 的浓度低于 0.02%时溶液出现浑浊;0.03%以上吸光度稳定;方法中选择的浓度为 0.04%。

(6) Cd^{2+}与镉试剂的显色反应瞬间即完成,所生成的络合物的吸光度稳定。

13.9　硅　的　测　定

根据锌基耐磨合金的技术条件规定合金中杂质硅的含量不应大于 0.1%。

微量硅按硅钼蓝吸光光度法进行,合金中的共存元素对硅的测定并不干扰。

1) 试剂

硝酸(1+3)。硼酸饱和溶液:溶解硼酸 60 g 于 1 000 mL 热水中,冷至室温。尿素溶液(10%)。

钼酸铵溶液(5%)。草酸铵溶液(3%):于700 mL水中加入硫酸250 mL,搅匀,加入草酸铵30 g,溶解后冷却至室温并加水至1 000 mL。硫酸亚铁铵溶液(6%),每100 mL溶液中加入硫酸(1+1)6滴。氯化亚锡溶液(1%),称取氯化亚锡0.5 g,溶于盐酸10 mL中,加水至50 mL。此溶液可保存3~4天。纯锌:含硅不大于0.001%。硅标准溶液(Si 25 μg·mL^{-1}),配制方法详见13.9节。

2) 操作步骤

称取试样0.2500 g,置于聚四氟乙烯塑料烧杯中,准确加入硝酸(1+3)7.5 mL,低温加热溶解,稍冷,用塑料滴管滴加氢氟酸3滴,1~2 min后,加入尿素溶液(10%)10 mL,硼酸饱和溶液20 mL,摇匀。移入于50 mL量瓶中,加水至刻度,摇匀。随即将溶液移入于塑料瓶中存放。吸取试样溶液10 mL 2份,分别置于50 mL量瓶中,1份作显色,1份作底液空白,操作如下。显色液:加入钼酸铵溶液(5%)5 mL,在沸水中加热30 s,流水冷却,加入草酸铵溶液(3%)10 mL,摇匀。随即加入硫酸亚铁铵溶液(6%)5 mL(其中预置氯化亚锡溶液(1%)2滴),加水至刻度,摇匀。底液空白:相继加入草酸铵溶液(3%)10 mL,钼酸铵溶液(5%)5 mL及硫酸亚铁铵溶液(6%)5 mL,加水至刻度,摇匀。用3 cm或5 cm比色皿,以底液空白为参比液,在660 nm或720 nm波长处读测其吸光度。另称纯锌0.25 g,按同样方法操作测得试剂空白的吸光度。从试样的吸光度中减去试剂空白的吸光度后,在检量线上查得试样的含硅量。

3) 检量线的绘制

称取纯锌0.25 g 5份,分别置于塑料烧杯中,依次加入硅标准溶液0.0 mL,1.0 mL,2.0 mL,3.0 mL,4.0 mL,其余操作同2)中所述。根据各溶液的吸光度绘制检量线。

4) 注

如试样含硅量较高,可少取试样溶液,但须补加空白试样溶液(即用纯锌按试样同样方法溶解所得的溶液)至体积为10 mL,然后按原来方法进行显色。

13.10 锰 的 测 定

在硫酸、硝酸、磷酸混合酸溶液中,在催化剂硝酸银的存在下,过硫酸铵将2价锰氧化至呈紫红色的高锰酸,借此作锰的光度测定。

按技术条件规定锌基耐磨合金(ZnAl 9—1.5)中杂质锰的含量不能超过0.1%。

1) 试剂

硝酸(1+3)。混合酸:在500 mL水中先后加入硫酸25 mL,磷酸30 mL及硝酸60 mL,搅匀后加入硝酸银0.1 g,冷却,加水稀释至1 000 mL。过硫酸铵溶液(10%),当天配制。EDTA溶液(5%)。锰标准溶液(Mn 20 μg·mL^{-1}),用金属锰配制。

2) 操作步骤

称取试样0.1000 g,置于100 mL两用瓶中,加入硝酸(1+3)2 mL溶解试样。煮沸除去黄烟,用水约10 mL冲洗瓶壁,加入定锰混合酸10 mL及过硫酸铵溶液(10%)10 mL,煮沸约半分钟,冷却。加水至刻度,摇匀。倒出部分溶液于3 cm或5 cm比色皿中,在剩下的溶液中加EDTA溶液(5%)1~2滴使7价锰的紫红色褪去作为参比溶液,在530 nm波长处,读测显色溶液的吸光度,在检量线上查得试样的含锰量。

3) 检量线的绘制

于6只100 mL两用瓶中,依次加入锰标准溶液0.0 mL,1.0 mL,3.0 mL,5.0 mL,7.0 mL,

9.0 mL(Mn 20 μg・mL^{-1})按 2)中所述显色后读测各溶液的吸光度,并绘制检量线。

13.11　纯锌和锌合金的化学成分表

纯锌中杂质元素的允许含量和各类锌合金的化学成分,分别如表 13.1 和表 13.2 所示。

表 13.1　纯锌中杂质元素的允许含量

牌　号	最低锌含量(%)	杂　质　允　许　含　量(%)							
		Pb	Fe	Cd	Cu	Sn	Sb	As	总计
Zn—1	99.99	0.005	0.003	0.002	0.001	0.001	—	—	0.01
Zn—2	99.96	0.015	0.010	0.010	0.001	0.001	—	—	0.04
Zn—3	99.90	0.050	0.020	0.020	0.002				0.10
Zn—4	99.50	0.300	0.030	0.050	0.002	0.002	0.01	0.005	0.50
Zn—5	98.70	1.000	0.070	0.200	0.005	0.002	0.02	0.010	1.30
Zn—6	97.50	2.000	0.150	0.200	0.050	0.050	0.02	0.010	2.50

表 13.2　各类锌合金的化学成分

类别	牌　号	主　要　成　分(%)			杂　质(≤%)						
		铝	铜	镁	铅	铁	锡	镉	铜	锰	硅
压力加工用锌合金	ZnCu1	—	0.8~1.2	—	0.015	0.01	0.001	0.010	—	—	—
	ZnAl15	14.0~16.0		0.0~0.04	0.015	0.10	0.001	0.010	0.002	—	—
	ZnAl10—5	9.0~11.0	4.5~5.5		0.015	0.01	0.001	0.010	—	—	—
	ZnAl10—2	9.0~11.0	1.0~2.0	0.02~0.05	0.015	0.01	0.001	0.010	—	—	—
	ZnAl4—1	3.7~4.3	0.6~10.0	0.02~0.05	0.015	0.01	0.001	0.010	—	—	—
	ZnAl0.2—4	0.20~0.25	3.5~4.5		0.015	0.10				—	—
压铸锌合金	一号合金	3.5~4.5	2.5~4.5	0.02~0.10	0.007	0.10	0.005	0.005	—	—	—
	二号合金	3.5~4.3	0.75~1.25	0.03~0.08	0.007	0.10	0.005	0.005	—	—	—
	三号合金	3.5~4.3	—	0.03~0.08	0.007	0.10	0.005	0.005	0.150	—	—
耐磨锌合金	ZnAl10—5	9.0~12.0	4.5~5.5	0.03~0.06	0.030	0.02	0.010	0.020	—	—	0.05
	ZnAl9—1.5	8.0~11.0	1.0~2.0	0.03~0.06	0.030	0.20	0.010	0.020	—	0.10	0.10

第14章　钛和钛合金的分析方法

钛合金具有很高的机械性能、耐腐蚀性能和密度小等特点,因此,已广泛应用于造船、化工机械、国防、航空及食品等工业部门。本章介绍钛合金中主要合金元素的分析方法。

钛和钛合金易溶于硫酸和盐酸中。也可用氢氟酸或氢氟酸与硝酸的混合酸来溶解。溶解钛和钛合金不用高氯酸,由于形成间钛酸沉淀而影响测定。硝酸或硝酸与盐酸的混合酸由于钝化作用不能溶解钛及钛合金。用氢氟酸溶解钛时会生成挥发性的化合物 TiF_3,但是在硫酸存在时钛留在溶液中。

14.1　铝 的 测 定

铝是钛合金中主要合金元素之一,其含量在 1%～10% 范围内。

14.1.1　铬天青 S 光度法

在微酸性溶液中,铝与 CAS 生成红色络合物。在通常条件下,络合物中 CAS 与铝离子的组成比为 2：1。其最大吸收波长在 546 nm 波长处,摩尔吸光系数为 $5.93×10^4$。Al-CAS 络合物在 pH 5.3～6.8 范围内均能形成,但在 pH<5.6 时,铬天青 S 试剂本身的吸收也将增大,故选择在 pH≈5.7 显色较为合适。

钼、锰、钒、硅及杂质量铁均不干扰测定。钛的干扰可加入过氧化氢掩蔽消除之。铬干扰只要控制显色后的时间,并在标准色阶里加入大致与试样相同量的铬,同样可得到比较满意的结果。铁量小于 0.5% 时不干扰测定。

1) 试剂

硫酸(1+1)。醋酸钠溶液(30%),用醋酸调节至 pH=5.7。过氧化氢(30%),用醋酸调节至 pH=5.7。铬天青 S 指示剂(0.1%)。钛底液:称取 0.1 g 金属钛,用硫酸(1+1)19 mL 溶解,待溶完后移入 250 mL 量瓶中,用水稀释至刻度,混匀。铝标准溶液:称取纯铝 0.100 0 g,溶于盐酸 20 mL 中,移入于 100 mL 量瓶中,加水至刻度,摇匀。此溶液为 $0.1\ mg·mL^{-1}$。

2) 操作步骤

称取试样 0.100 0 g,置于 150 mL 锥形瓶中,加入硫酸(1+1)10 mL,加热溶解,冷却。移入 250 mL 量瓶中,用水稀释至刻度,摇匀。吸取试液及钛底液(作试剂空白)各 2 mL,分别置于 100 mL 量瓶中,滴加过氧化氢(30%)10 滴,摇匀。相继加入醋酸钠溶液(30%)15 mL。准确加入铬天青 S 指示剂(0.1%)3 mL,以水稀释至刻度,摇匀。用 1 cm 比色皿,于 550 nm 波长处,以试剂空白作为参比,测定吸光度。从检量线上查得试样的含铝量。

3) 检量线的绘制

于 6 只 100 mL 量瓶中,分别加入钛底液 2 mL,依次加入铝标准溶液 0.0 mL,0.1 mL,0.2 mL,

0.3 mL,0.4 mL,0.5 mL(Al 0.1 mg·mL^{-1}),然后加入过氧化氢(30%)10 滴,按上述方法显色,以不加铝标准溶液的试液为参比,测定吸光度,并绘制检量线。每 0.1 mL 铝标准溶液相当于含铝量 1.25%。

4) 注

(1) 本方法适用于测定含铝 1%～6% 的试样。

(2) 过氧化氢加入量少于 5 滴,钛不能完全掩蔽,太多时则产生大量气泡影响比色。

(3) 铬的存在使 Al-CAS 的吸光度降低,因此可在绘制检量线时加入与试样中相近量的铬,以抵消铬的影响。同时,需在显色后放置 20 min 才能达到最深色。

(4) 温度对 Al-CAS 络合物形成的速度及络合物色泽的稳定性有影响。当室温在 12 ℃左右,可在显色后 20～120 min 内测定吸光度;当室温在 20 ℃左右,可在显色后 5～60 min 内测定吸光度;当室温在 30 ℃左右,可在显色后 1～40 min 内测定吸光度。

14.1.2　氢氧化钠分离-络合滴定法

试样用硫酸(1+2)溶解,用硝酸氧化,使钛全部以钛(Ⅳ)状态存在。加入适量的 Fe^{3+} 盐,用强碱(NaOH)调至溶液 pH12～12.5,使铝成可溶性铝酸钠留在溶液中,共存的大量 Ti(Ⅳ),Fe^{3+},Cu^{2+},V^{4+},Cr^{3+} 等成氢氧化物沉淀予以分离。

将试液调节至微酸性,加入过量的 EDTA,其加入量须足够使在此酸度条件下能与 EDTA 络合的离子全部络合。调节酸度至 pH≈5.5,煮沸使铝络合完全,冷却,用锌标准溶液滴定过量的 EDTA(不计量)。加入氟化钠并煮沸使原来已与 EDTA 络合的铝与氟络合成 AlF$_6^{3-}$,同时释出等摩尔量的 EDTA,再以锌标准溶液滴定释出的 EDTA,从而间接测得铝的含量。滴定时用 Cu-PAN 作指示剂。在此条件下,残余的铜、铁、钼、铬等皆不影响。如试样中含有锡,可在溶样时加入碘化钾使之变成碘化锡挥发除去。

1) 试剂

硫酸(1+2)。硝酸(1+1)。碘化钾溶液(20%)。氢氧化钠溶液(30%)。三氯化铁溶液(5%)。甲基红指示剂(0.2%),乙醇溶液。盐酸(1+1)。Cu-PAN 溶液:取醋酸铜溶液(0.05 mol·L^{-1})10 mL 置于 250 mL 锥形瓶中,加 PAN 指示剂 10 滴,用 EDTA 溶液(0.05 mol·L^{-1})滴定至蓝色终点,备用。或根据配制方法进行配制。EDTA 溶液(0.05 mol·L^{-1}),取 EDTA18.6 g 溶于热水中,冷却,以水稀释至 1 L。六次甲基四胺溶液(30%)。PAN 指示剂(0.1%),乙醇溶液。氟化钠(固体)。锌标准溶液(0.020 00 mol·L^{-1}):称取纯锌 1.307 6 g,溶于盐酸(1+1)25 mL 中,加水至约 200 mL,用氨水(1+1)及盐酸(1+1)调节酸度至刚果红试纸由蓝色变为紫色(pH≈3),冷却,于量瓶中以水稀至 1 L。

2) 操作步骤

称取试样 0.500 0 g,置于 250 mL 烧杯中,加入硫酸(1+2)15 mL,低温溶解后,滴加硝酸(1+1)将 3 价钛氧化至溶液的紫色完全消失。加热蒸发至硫酸冒烟,冷却。若试样含锡,则冷却后加入碘化钾溶液(20%)5 mL,加热蒸发使紫色蒸气除尽,冷却。用水吹洗锥形瓶壁,继续加热蒸至硫酸冒烟,冷却。加水约 30 mL,三氯化铁溶液(5%)5 mL,氢氧化钠溶液(30%)35 mL,摇匀。加热煮沸 2 min。冷却至室温移入 250 mL 量瓶中,以水稀释至刻度,摇匀。用干滤纸、干漏斗过滤于干烧杯中。弃去最初的滤液。吸取滤液 50 mL 于 250 mL 锥形瓶中,加水约 50 mL,加入甲基红指示剂(0.2%)2 滴,用盐酸(1+1)滴至溶液由黄色变为红色并过量 1 mL,加入 Cu-PAN 溶液 2 mL,EDTA 溶液(0.05 mol·L^{-1})10 mL,六次甲基四胺溶液(30%)10 mL,加热煮沸 2 min,加入 PAN 指示剂(0.1%)10 滴,趁热以锌标准溶液滴定至溶液由黄转为橙红色不褪为终点(不计量)。加氟化钠约 2 g,煮沸 1 min,补加 PAN 指示剂(0.1％)2 滴,再用锌标准溶液滴定至溶液由黄到橙红色不褪为终点,记下所耗锌标准溶液的毫升数。按下式计算试样的含铝量:

$$Al\% = \frac{V \times M \times 0.026\,98}{G \times \frac{50}{250}} \times 100$$

式中:V 为加入氟化钠后滴定所耗锌标准溶液的毫升数;M 为锌标准溶液的摩尔浓度;G 为称取试样质量(g)。

3) 注

(1) 溶样时,硫酸量不宜太大,特别是冬天,一般用硫酸(1+1)15 mL 为宜。硫酸量太大,容易析出硫酸盐结晶,给过滤和分液造成困难。

(2) 含铝量>5％时,EDTA 溶液(0.05 mol・L^{-1})应适当多加些。

(3) 有时甲基红被破坏不显色,可补加。

(4) 两次滴定终点应控制一致。

(5) 如用铜标准溶液作为滴定溶液,可单独使用 PAN 指示剂,由于 Cu-EDTA 络合物呈现绿色,因此对终点时生成的 Cu-PAN 的红色有一定影响,影响程度视 Cu-EDTA 量而定。以铜标准溶液作为返滴定液时,溶液中将有较多量的 Cu-EDTA 络合物的存在,这时可能导致终点为紫红色,紫色甚至蓝色,但终点的变色仍是明显的。

(6) Cu-PAN 络合物在水溶液中随温度升高而溶解度加大。因此,宜在热溶液中进行滴定或加入一些乙醇,以增加 Cu-PAN 溶解度,提高终点变色速度和灵敏度。

14.2 铬 的 测 定

14.2.1 过硫酸铵氧化法

试样溶于硫酸、氢氟酸中后用硝酸氧化钛。然后在硝酸银及高锰酸钾的存在下用过硫酸铵氧化 Cr^{3+} 至 Cr(Ⅵ)。加入盐酸使高锰酸还原后用硫酸亚铁铵标准溶液滴定 6 价铬。除钒外钛合金中其他元素不干扰测定,试样含钒时可按 1％钒相当于 0.34％铬的换算关系进行校正。

1) 试剂

硼酸溶液(5％)。硫酸(1+3)。硝酸银溶液(0.2％)。高锰酸钾溶液(0.5％)。过硫酸铵溶液(20％)。苯代邻氨基苯甲酸指示剂:称取苯代邻氨基苯甲酸 0.2 g 置于烧杯中,加入碳酸钠 0.2 g 及水 100 mL,搅拌使其溶解。硫酸亚铁铵标准溶液(0.025 mol・L^{-1}),配制和标定方法,详见 10.9 节。

2) 操作步骤

按试样的估计含铬量称取试样 0.250~1.000 g(含铬<1％者称取 1.000 试样;含铬 1％~5％者称取 0.500 g 试样;含铬>5％者称取 0.250 g 试样),置于 500 mL 锥形瓶中,加入硫酸(1+3)50 mL 及氢氟酸数滴,加热至试样溶解完全。滴加硝酸使 Ti^{3+} 氧化至 4 价(溶液由紫色变为无色)。加入硼酸溶液 5 mL,蒸发至冒硫酸烟。冷却,加水至约 100 mL,加热使盐类溶解。加入硝酸银溶液 5 mL,过硫酸铵溶液 20 mL,煮沸。加入高锰酸钾溶液 1~2 滴,继续煮沸至出现高锰酸的紫红色后继续保持微沸约 10 min。应注意勿使溶液体积蒸缩,必要时补加水。加入盐酸(1+3)5 mL,煮沸至锰(Ⅶ)的紫红色褪去后继续煮沸 10 min。冷却至室温,加水至 200 mL,加入苯代邻氨基苯甲酸指示剂 2 滴,用硫酸亚铁铵标准溶液滴定至由紫红色转变为绿色为终点,按下式计算试样的含铬量:

$$\text{Cr\%} = \frac{V \times M \times 0.519\,96 \times 100}{G}$$

式中:V 为滴定时所耗去硫酸亚铁铵标准溶液的毫升数;M 为硫酸亚铁铵标准溶液的摩尔浓度;G 为试样质量(g)。

14.2.2　二苯偕肼光度法

6 价铬与二苯偕肼(以下简写作 DPC)在微酸性溶液中反应生成紫红色水溶性络合物,借此可测定纯钛及钛合金中低含量的铬(0.005%～0.1%)。试样溶于硫酸中,用过硫酸铵将 Cr^{3+} 氧化至 6 价后加入 DPC 试剂使其形成紫红色络合物。为了减少 Fe^{3+},Mo(Ⅵ)及 V(Ⅴ)的影响,下述方法中改在 580 nm 波长处进行光度测定。

1) 试剂

过硫酸铵溶液(20%)。硝酸银溶液(1%)。高锰酸钾溶液(0.5%)。铬标准溶液(Cr 5 μg·mL^{-1}):称取重铬酸钾基准试剂 0.282 8 g,溶于水中,在量瓶中稀释至 500 mL,摇匀。移取此溶液 5 mL,置于 200 mL 量瓶中,加水至刻度,摇匀。此溶液每毫升含铬 5 μg。二苯偕肼溶液(0.5%),称取邻苯二甲酸酐 4 g,溶于乙醇 100 mL 中,加入二苯偕肼 0.5 g,溶解后贮存于棕色瓶中,此溶液可保存 1～2 周。

2) 操作步骤

称取试样 0.500 0 g,置于 400 mL 锥形瓶中,加水约 80 mL 及硫酸(1+1)25 mL,加热至试样溶解后滴加硝酸使钛氧化。蒸发至冒硫酸白烟。冷却,加水至约 50 mL,滴加高锰酸钾溶液 1～2 滴,煮沸 1～2 min,加入硝酸银溶液 5 mL 及过硫酸铵溶液 10 mL,煮沸 10 min(此时溶液应呈现高锰酸的紫红色)。冷却。将溶液移入 100 mL 量瓶中,加水至刻度,摇匀。与此同时作试剂空白 1 份。分取试液及试剂空白液各 10 mL,分别置于 50 mL 量瓶中,加水至约 40 mL,摇匀。加入 DPC 溶液 1 mL,加水至刻度,摇匀。用 1 cm 或 2 cm 比色皿,在 580 nm 波长处,以试剂空白为参比溶液,读测其吸光度。在检量线上查得其含铬量。

3) 检量线的绘制

依次分取铬标准溶液 0.0 mL,1.0 mL,2.0 mL,4.0 mL,8.0 mL,12.0 mL,16.0 mL 及 20.0 mL (Cr 5 μg·mL^{-1})分别置于 50 mL 量瓶中,各加硫酸(1+19)5 mL,摇匀。加入 DPC 溶液 1 mL,加水至刻度,摇匀。用 1 cm 及 2 cm 比色皿,读测各溶液的吸光度,并绘制检量线。每毫升铬标准溶液相当于含铬量 0.01%。

14.3　钒的测定(高锰酸钾滴定法)

试样溶于硫酸及氟硼酸中,滴加硝酸使钛氧化。加入过量的高锰酸钾使钒及其他还原性物质氧化。加入过量硫酸亚铁铵溶液还原 V(Ⅴ)及多余的高锰酸钾后用过硫酸铵将 Fe^{2+} 氧化至 3 价,已还原至低价的钒用高锰酸钾标准溶液滴定。

1) 试剂

氟硼酸。高锰酸钾溶液(2%)。高锰酸钾标准溶液(0.05 mol·L^{-1}):称取高锰酸钾 1.6 g,溶于 1 000 mL 水中,于黑暗处放置 2 周后用古氏坩埚过滤。滤液接收于棕色瓶中。存放此溶液的摩尔浓度按下法标定:取草酸钠基准试剂 1 g,置于称量瓶中,在 105 ℃的烘箱中烘干后置于干燥器中冷却至室温。称取此草酸钠 0.150 0 g 2 份,置于 600 mL 烧杯中,加入硫酸(1+19)250 mL,此硫酸应先经煮沸 10~15 s,冷却至 27±3 ℃。充分搅拌使草酸钠溶解,以每分钟 25~35 mL 的速度加入高锰酸钾标准溶液 39~40 mL,放置片刻(约 45 s),待高锰酸钾的紫红色褪去。加热至 55~60 ℃,继续用高锰酸钾标准溶液滴定至溶液恰呈紫红色且在 30 s 内不褪者为终点。应注意在滴定至接近终点时,高锰酸钾标准溶液要逐滴缓慢加入。另取硫酸(1+19)250 mL,按上法同样处理并滴定至微红色终点,所耗高锰酸钾标准溶液的毫升数为空白值。计算高锰酸钾标准溶液的摩尔浓度。硫酸亚铁铵标准溶液(0.05 mol·L^{-1}):称取硫酸亚铁铵[Fe(NH$_4$)$_2$(SO$_4$)$_2$·6H$_2$O]19.6 g,溶于硫酸(1+19)500 mL 中,过滤后用硫酸(1+19)稀释至 1 000 mL。过硫酸铵溶液(15%),用时现配。

2) 操作步骤

根据试样的估计含钒量称取试样 0.500~2.000 g,置于 500 mL 锥形瓶中,加入硫酸(1+9)100 mL 及氟硼酸 5 mL。温热使试样溶解,此时应注意避免水分的蒸发。滴加硝酸使钛氧化后煮沸除去氧化氮。冷却。滴加高锰酸钾溶液(2%)至过量高锰酸钾的紫红色能保持 10 min。加入硫酸亚铁铵标准溶液使钒及多余的高锰酸钾都被还原后再加 5~10 mL 过量。加入过硫酸铵溶液 15 mL,摇动锥形瓶约 1 min。此时过量的亚铁离子均被氧化。立即用高锰酸钾标准溶液滴定至溶液恰呈浅紫红色并保持 1 min 不变即为终点。按下式计算试样的含钒量:

$$V = \frac{V \times M \times 0.050\,94}{G} \times 100$$

式中:V 为滴定所耗高锰酸钾标准溶液的毫升数;M 为高锰酸钾标准溶液的摩尔浓度;G 为试样质量(g)。

14.4　铁　的　测　定

铁在金属钛和钛合金中,其含量从 0.005%至 20%,这里介绍 1,10-二氮菲(即邻菲罗啉)光度法和磺基水杨酸光度法。

14.4.1　1,10-二氮菲光度法

2 价铁离子在弱酸性介质中与 1,10-二氮菲生成红色络合物[Fe(C$_{12}$H$_3$N$_2$)$_3$]$^{2+}$,借此进行比色测定。3 价钛离子本身呈紫色,干扰测定。加入盐酸羟胺将其氧化至 4 价状态,消除其影响,同时使 Fe^{3+} 还原为 Fe^{2+} 状态。在 pH≈6,Fe^{2+} 与 1,10-二氮菲络合,但络合反应的速度较慢,需 15~20 min 才显色完全,但络合物的色泽能稳定 24 h 以上。

在显色液中只要有过量的 1,10-二氮菲存在,加入柠檬酸铵以防止铝等水解,所有共存元素都不干扰测定。此方法适用于含铁量 20~500 μg·(100 mL)$^{-1}$ 范围的测定。

1) 试剂

盐酸(1+1)。氢氟酸(40%)。硼酸(5%)。盐酸羟胺溶液(10%)。柠檬酸胺溶液(10%)。醋酸

钠溶液(10%)。1,10-二氮菲指示剂(0.2%)。铁标准溶液:称取纯铁 0.100 0 g,溶于硝酸(1+1)5 mL 中,移入 1 000 mL 量瓶中,以水稀释至刻度,摇匀。此溶液含铁 0.1 mg·mL^{-1}。

2) 操作步骤

称取试样 0.100 0～0.500 0 g,置于 500 mL 锥形瓶中,加盐酸(1+1)40 mL,滴加氢氟酸 6 滴,加热至试样完全溶解。冷却。加硼酸溶液(5%)20 mL,移入于 200 mL 量瓶中,以水稀释至刻度,摇匀。按同样方法配制试剂空白液 1 份。吸取试液及试剂空白液 10 mL,分别置于 100 mL 容量瓶中,加水约 30 mL,盐酸羟胺溶液(10%)10 mL,柠檬酸铵溶液(10%)5 mL,醋酸钠溶液(10%)25 mL(此时 pH≈6),然后加入 1,10-二氮菲指示剂(0.2%)10 mL,以水稀释至刻度,摇匀。放置 20～30 min(室温低时,可在温水浴中稍加热,加速显色)。用 1 cm 比色皿,于 500 nm 波长处,以试剂空白作为参比,测定吸光度。从检量线上查得试样的含铁量。

3) 检量线的绘制

称取纯金属钛 0.25 g,按上述方法溶解和处理,于 200 mL 量瓶中以水稀释至刻度。吸取该溶液 10 mL 7 份,分别置于 100 mL 量瓶中,依次加入铁标准溶液 0.0 mL,0.5 mL,1.0 mL,2.0 mL,3.0 mL,4.0 mL,5.0 mL(Fe 0.1 mg·mL^{-1}),加水至约 40 mL,按上述方法显色,以不加铁标准溶液的试液为参比,测定吸光度,并绘制检量线。每毫升铁标准溶液相当于含铁量 0.40%(对于称样 0.5 g)和 2.00%(对于称样 0.1 g)。

4) 注

(1) 本方法适用于测定含铁 0.2%～10%的试样。小于 1%的试样称取 0.5 g,1%～5%称取 0.25 g,大于 5%的试样称取 0.1 g。对小于 0.2%的试样可增加称样为 1 g,稀释体积为 100 mL(盐酸用量减半),可以分析 0.05～0.2%的试样。大于 10%的含铁试样,可采用称样 0.1 g,吸取试液 5 mL 进行显色测定。

(2) 在溶解时不能让盐酸过度蒸发,如果蒸发近干,将出现氧化钛沉淀。

(3) 如试样中含铬量超过 10%,须作试液空白扣除 Cr^{3+} 的色泽影响。

14.4.2　磺基水杨酸光度法

在 pH 8～11 的氨性溶液中,Fe^{3+} 与磺基水杨酸(简称 Sal)生成稳定的黄色络合物[Fe(Sal)$_3$]$^{3-}$,其最大吸收波长在 420～430 nm 处,适宜的测定范围在 0.5～20 μg·mL^{-1}。

钛在酸性介质中与磺基水杨酸也会形成有色络合物,但在氨性溶液中褪色,因此在测定铁时可消除钛的影响。Al,Ca,Mg 等亦与试剂反应,合金中有铝存在时必须增加试剂用量。Cu^{2+} 的影响可用空白液消除。该法铈有干扰。

1) 试剂

硫酸(1+1)。硝酸(ρ=1.42 g·cm^{-3})。氨水(ρ=0.89 g·cm^{-3})。磺基水杨酸溶液(50%)。铁标准溶液(Fe 0.1 mg·mL^{-1}),配制方法同前法。

2) 操作步骤

称取试样 0.100 0～0.500 0 g,置于 150 mL 锥形瓶中,加硫酸(1+1)20 mL,加热溶解。滴加硝酸氧化到 3 价钛的紫色消失。冷却后移入 100 mL 量瓶中,以水稀释至刻度,摇匀。吸取上述试液 5～20 mL(控制含铁量 25～1 000 μg)置于 50 mL 量瓶中,以水稀释至约 20 mL(吸取 20 mL 试液者不稀释)。加磺基水杨酸溶液(50%)10 mL,摇匀。用氨水中和到溶液由棕黄逐渐变为黄色,并过量 5 mL,用水稀释至刻度,摇匀。用适当的比色皿,于 450 nm 波长处,以水作为参比,测定吸光度。从检量线上查得试样的含铁量。

3) 检量线的绘制

称取纯金属钛 0.1～0.5 g,按上述方法溶解和氧化。移入 100 mL 量瓶中,以水稀释至刻度。摇匀。吸取与操作相同量的溶液(5～20 mL)6 份,分别置于 50 mL 量瓶中,依次加入铁标准溶液 0.5 mL,1.0 mL,3.0 mL,5.0 mL,7.0 mL,9.0 mL(Fe 0.1 mg·mL^{-1}),按上述方法显色,以水作参比,测定吸光度,并绘制检量线。每毫升铁标准溶液相当于含铁量见表 14.1。

表 14.1 每毫升铁标准溶液相当于含铁量

含铁量(%)	称样量(g)	吸取量(mL)	选用比色皿(cm)	每毫升铁标准溶液相当于含铁量(%)
0.025～1	0.50	20	3	0.1
1～4	0.25	10	2	0.4
4～18	0.10	5	1	2.0

4) 注

(1) 此法适用于分析含铁 0.025%～18%的试样。各种含量范围的条件选择见表 14.1。

(2) 如测定低铁试样时,由于取样过多,而加入的磺基水杨酸量不够络合全部钛(IV),致使部分钛在氨性介质中生成沉淀。遇此现象时,只能减小称样或增加磺基水杨酸的加入量。

(3) 在用氨水中和前溶液应为黄色,当滴加氨水溶液由黄色逐渐变为橙黄色,继续滴加氨水时变为黄色,此时 pH 在 7～8。

(4) 如试液中有色离子含量较高,可用试液空白(吸取同样体积的试液,以水稀释至刻度)作为参比。

14.5 钼的测定(硫氰酸盐光度法)

在硫酸介质中,以硫酸铜-硫脲为还原剂,钼(V)与硫氰酸盐形成橙黄色的络合物,借此进行钼的比色测定。试样中钛、铬、铝、锰、钴、镍等元素不干扰测定。

硝酸具有氧化性,不但对钼的还原不利,同时又能使硫脲析出硫磺,所以,溶样时滴加硝酸氧化碳化物后,需冒硫酸烟除去硝酸。

1) 试剂

硫酸(ρ=1.84 g·cm^{-3}),(1+1)及(1+2)。硝酸(ρ=1.42 g·cm^{-3})。硫脲溶液(5%)。硫酸铜溶液(1%)。硫氰酸钾溶液(50%)。钼标准溶液:称取纯金属钼 0.100 0 g,加硝酸(1+3)15 mL 及硫酸 5 mL,加热溶解并冒硫酸烟,冷却,移入 1 L 量瓶中,以水稀释至刻度。此溶液每毫升含钼 0.1 mg。

2) 操作步骤

称取试样 0.100 0 g 置于 150 mL 锥形瓶中,加入硫酸(1+1)10 mL,加热溶解,滴加硝酸 1～2 滴氧化 3 价钛。继续加热至冒硫酸烟,冷却。移入于 100 mL 量瓶中,以水稀释至刻度,摇匀。显色液:吸取试液 5 mL 或 20 mL(视含钼量的高低),置于 50 mL 量瓶中,加入硫酸(1+2)15 mL,摇匀。再加入硫酸铜溶液(1%)2 mL 及硫脲溶液(5%)10 mL,摇匀。加入硫氰酸钾溶液(50%)2 mL,以水稀释至刻度,摇匀。空白液:吸取与显色液相同量的试液置于 50 mL 量瓶中,除不加硫氰酸钾溶液外,其他试剂同样加入。放置 15 min,用 2 cm 比色皿,于 465 nm 波长处,以空白液为参比,测定吸光度。从检量线上查得试样的含铜量。

3) 检量线的绘制

称取纯钛 0.1 g,按上述方法溶解和氧化,于 250 mL 量瓶中,以水稀释至刻度,摇匀。吸取该溶液 5 mL 或 20 mL(与试样分取试液一致)6 份,分别置于 50 mL 量瓶中,依次加入钼标准溶液 0.0 mL, 0.5 mL,1.0 mL,1.5 mL,2.0 mL,2.5 mL(Mo 0.1 mg · mL^{-1}),按上述方法显色,以不加钼标准溶液的试液作为参比,测定吸光度,并绘制检量线。每毫升钼标准溶液相当于含钼量 2.00%(吸取试液 5 mL)或 0.50%(吸取试液 20 mL)。

4) 注

(1) 本方法适用于测定含钼 0.25%~5%的试样。对于含钼<0.25%的试样可增加称样量至 0.5 g;含钼>5%的试样,可将试液稀释至 250 mL 或吸取试样 2 mL。

(2) 如溶液出现浑浊,可经干滤后再进行比色。

(3) 硝酸的存在使结果偏低,故须完全除净。

14.6　锰 的 测 定

金属钛和钛合金中的锰含量从 0.01%~20%,高含量锰可用容量法,而低含量的锰,特别对含铬、钒的试样适宜用光度法。

14.6.1　亚砷酸钠-亚硝酸钠容量法

试样经硫酸溶解,滴加硝酸氧化。在硝酸银存在下,用过硫酸铵将 2 价锰氧化成高锰酸,而后用亚砷酸钠-亚硝酸钠标准溶液滴定。该法的基本原理及注意事项见 2.7 节。此法适用于含锰大于 0.1%的试样。钛合金中除铬外,其他共存元素皆无影响。铬小于 2%也不干扰测定,大于 2%含铬试样必须将铬分离除去。在滴定液中锰含量保持在 1~10 mg 均能得到较好的效果。

1) 试剂

硫酸(1+1)。硝酸(ρ=1.42 g · cm^{-3})。硝酸银溶液(1%)。过硫酸铵(25%),当日配制。氯化钠溶液(5%)。氟化铵(固体)。亚砷酸钠-亚硝酸钠标准溶液(0.1 mol · L^{-1}):称取三氧化二砷 2.5 g 溶于氢氧化钠溶液(16%)20 mL 中,用水稀释至 500 mL,滴加硫酸(1+1)中和至呈酸性(用酚酞指示剂),再用氢氧化钠溶液(16%)中和至呈碱性。然后加入 1.72 g 亚硝酸钠,并使其全溶,混匀。必要时可过滤,用水稀释至 1 L。标定:吸取相当于 5 mg 锰的标准溶液(配制方法见 5.5 节)。置于 250 mL 锥形瓶中,加水 100 mL,按下述操作步骤将锰氧化并用亚砷酸钠-亚硝酸钠标准溶液滴定。按下式计算对锰的滴定度:

$$T(\text{g} \cdot \text{mL}^{-1}) = \frac{A}{V_0}$$

式中:V_0 为标定时消耗亚砷酸钠-亚硝酸钠标准溶液的毫升数;A 为吸取锰的标准溶液相当于含锰量(g)。

2) 操作步骤

称取试样 0.500 0 g,置于 250 mL 锥形瓶中,加入硫酸(1+1)20 mL,低温加热溶解,滴加硝酸至 3 价钛的紫色消失,煮沸几分钟,除去氧化氮,冷却。移入 250 mL 量瓶中,以水稀释至刻度,摇匀。吸取试液 50 mL,置于 500 mL 锥形瓶中,加水约 100 mL,然后加入硫酸(1+1)20 mL,硝酸银溶液(1%)

5 mL,加热至微沸,加过硫酸铵溶液(25%)10 mL,加热煮沸 20 s,取下,放置 2 min,流水冷却至室温,加入氯化钠溶液(5%)5 mL,用亚砷酸钠-亚硝酸钠标准溶液滴到紫红色刚好消失为终点。按下式计算试样的含锰量:

$$Mn\% = \frac{T \times V \times 100}{G}$$

式中:T 为亚砷酸钠-亚硝酸钠标准溶液对锰的滴定度(g·mL^{-1});V 为滴定时消耗亚砷酸钠-亚硝酸钠标准溶液的毫升数;G 为相当于分取部分试样溶液的试样质量(g)。

3) 注

(1) 本法适用于测定含锰 0.5%~10% 的试样。对于含锰小于 0.5% 的试样,可不经稀释分液,直接进行氧化滴定,可测定 0.1% 以上的锰。对于含锰大于 10% 的试样,可减少称样为 0.2 g。

(2) 对于含锰量较高的试样,可在加入过硫酸铵溶液的同时,加入 2~3 g 氟化铵,以防止用过硫酸铵氧化时析出二氧化锰。

(3) 铬含量小于 2% 时,可认为不影响测定。但当含铬量高时,特别是当含铬量超过含锰量时,铬必须进行分离。分离铬的方法可用铬成 CrO_2Cl_2 挥发分离法或用氧化锌沉淀分离法。

14.6.2　高碘酸盐氧化光度法

在酸性介质中高碘酸将 2 价锰氧化成高锰酸借此进行比色测定,反应式为

$$2MnSO_4 + 5KIO_4 + 3H_2O \rule[0.5ex]{1.5em}{0.4pt} 2HMnO_4 + 5KIO_3 + 2H_2SO_4$$

1 g 高碘酸钾能氧化 0.1 g 锰,一般用 0.1~0.2 g 高碘酸钾可使 2 mg 锰完全氧化。锰的浓度不超过 15 mg·(100 mL)$^{-1}$ 时,符合比耳定律。过量的高碘酸对测定无影响。

本方法的基本原理及注意事项见 5.5 节。

1) 试剂

硫酸(1+1)。高碘酸钾(固体)。硝酸(ρ=1.42 g·cm^{-3})。锰标准溶液:取纯金属锰 0.100 0 g,用硫酸(1+4)20 mL 溶解于 1 L 量瓶中,以水稀释至刻度,摇匀。此溶液为 0.1 mg·mL^{-1}(甲)。将此液吸取部分稀释 10 倍,为 10 μg·mL^{-1}(乙)。亚硝酸钠溶液(4%)。

2) 操作步骤

称取试样 0.100 0~0.500 0 g 置于 150 mL 锥形瓶中,为硫酸(1+1)15 mL,加热溶解,滴加硝酸至 3 价钛的紫色消失,蒸发至冒硫酸烟,冷却移于 250 mL 容量瓶中,以水稀释至刻度,摇匀。另按同样操作配制试剂空白液 1 份。吸取试液 10 mL,置于 100 mL 两用瓶中,加水 5 mL,加硫酸(1+1)5 mL 再加高碘酸钾约 1 g,加热至沸,并维持 30 s,取下,流水冷却至室温,以水稀释至刻度,摇匀,将显色液倒入 3 cm 或 1 cm 比色皿中,于 530 nm 波长处,将剩余部分溶液中滴加亚硝酸钠溶液(4%)至红色褪去作为参比,测定吸光度。另外吸取试剂空白液 10 mL,按上述同样操作显色,测定吸光度。将试液显色液的吸光度值减去试剂空白的吸光度值,即得实际的吸光度值。从检量线上查得试样的含锰量。

3) 检量线的绘制

(1) 含锰 5~150 μg 的检量线。于 6 只 100 mL 两用瓶中,依次加入锰标准溶液(乙)0.0 mL,0.5 mL,2.0 mL,5.0 mL,10.0 mL,15.0 mL,分别加水至约 15 mL,加硫酸(1+1)5 mL,以下按上法操作显色,用 3 cm 比色皿,以不加锰标准液的试液作为参比,测定吸光度,并绘制检量线。对于称样 0.5 g,每毫升锰标准溶液相当于含锰量 0.05%。

(2) 含锰 150~1000 μg 的检量线。于 6 只 100 mL 两用瓶中,依次加入锰标准溶液(甲)0.0 mL,1.0 mL,3.0 mL,5.0 mL,7.0 mL,10.0 mL,分别加水至 15 mL,加硫酸(1+1)5 mL,以下按上法操作

显色,用 1 cm 比色皿,以不加锰标准液的试液作为参比,测定吸光度,并绘制检量线。对于称样 0.25 g,每毫升锰标准溶液相当于含锰量 1.00%;对于称样 0.1 g,相当于 2.50%。

4) 注

(1) 本法适用于测定含锰 0.025%~20% 的试样。含锰量小于 0.5%,称样 0.5 g,用检量线(1);含锰 0.5%~5%,称样 0.25 g,用检量线(2);含锰量大于 5% 的试样,称样 0.1 g,用检量线(2)。

(2) 用高碘酸钾作氧化剂,硫酸以 $1.25 \sim 1.75$ mol·L^{-1} 为宜,酸度低于 1.25 mol·L^{-1} 时显色速度较慢。

(3) 本法无色离子一般无影响,大量有色离子的存在用亚硝酸钠溶液褪去高锰酸的色泽作为空白液予以补偿。部分铬被高碘酸盐氧化,酸度增加时,氧化作用减少。铬的干扰也可在空白液中予以补偿。

(4) 所用试剂中有时会有微量锰存在,所以在精确测定和测定低含量锰时应作试剂空白,并从试样显色液的吸光度中减去此空白值后再查曲线,在一般分析中可不作试剂空白。

(5) 对于显色液中含锰小于 10 μg·$(50$ mL$)^{-1}$,氧化不易完全,出现结果偏低,所以对于含锰小于 0.05% 的试样可采用称样、溶解后小体积直接氧化显色。

14.7　铜 的 测 定

铜在钛合金中含量较低,其含量在 2% 以下,在有些合金中铜以杂质量存在,这里选用光度法测定。

14.7.1　二环己酮草酰双腙光度法

二环己酮草酰双腙(以下简称 BCO)与 Cu^{2+} 离子在碱性溶液中生成蓝色络合物,反应的适宜酸度条件为 pH7~10。溶液的酸度 pH<6.5 时,络合物不形成,而当溶液的酸度 pH>10 时,则络合物的蓝色迅速消退。显色的适宜酸度范围尚受共存元素及缓冲溶液的浓度等因素的影响,在氨性柠檬酸铵介质中,在大量钛存在下,适宜的酸度为 pH8.5~9,Cu-BCO 络合物的吸收峰值在 595~600 nm 波长,Cu 0.2~4 μg·mL^{-1} 服从比耳定律。存在柠檬酸盐时显色后 10~30 min 颜色达到最大深度,可以稳定 5 h 以上。

钛合金中一般共存元素皆无干扰,镍和钴的存在干扰测定,使显色液色泽不稳定,加入乙醇可得到改善。

1) 试剂

盐酸(1+1)。氟硼酸(48%)。硝酸($\rho=1.42$ g·cm^{-3})。柠檬酸铵溶液(50%)。中性红指示剂(0.1%)。乙醇溶液。氨水(1+1)。二环己酮草酰双腙溶液(0.4%):溶解 4 g BCO 试剂于热乙醇溶液(1+1)中,冷却,用乙醇(1+1)稀释至 1 L。铜标准溶液:称取纯铜 0.500 0 g 溶于少量稀硝酸中,煮沸驱除氧化氮,冷却。移入 500 mL 量瓶中,以水稀释至刻度,摇匀。吸取此溶液 5 mL 于 1 L 量瓶中,以水稀释至刻度,摇匀。此溶液每毫升含铜 10 μg。

2) 操作步骤

称取试样 0.100 0 g 置于 100 mL 两用瓶中,加盐酸(1+1)20 mL 和氟硼酸 2 mL,加热溶解,滴加硝酸氧化,冷却,以水稀释至刻度,摇匀。另按相同手续配制试剂空白液 1 份。吸取试样溶液 10 mL 2

份,分别置于 50 mL 量瓶中。显色液:加柠檬酸铵溶液(50%)5 mL,中性红指示剂 1 滴,用氨水(1+1)调节,指示剂由红变黄,加入过量氨水(1+1)2 mL 中,摇匀。加入 BCO 溶液(0.4%)5 mL,以水稀释至刻度,摇匀。试液空白:操作与显色液相同,但不加 BCO 溶液。放置 5~10 min,用 3 cm 比色皿,于 600 nm 波长处,以试液空白作为参比,测定吸光度。另取试剂空白溶液 10 mL 2 份,按上述方法显色并测定吸光度。从试样的吸光度读数中减去试剂空白的吸光度后在相应的检量线上查得试样的含铜量。

3) 检量线的绘制

于 7 只 50 mL 量瓶中,依次加入铜标准溶液 0.0 mL,1.0 mL,3.0 mL,5.0 mL,7.0 mL,10.0 mL,15.0 mL(Cu 10 μg·mL^{-1}),分别加水至 15 mL,按上述方法显色。可省略试液空白和试剂空白的操作。用 3 cm 比色皿,以不加铜标准溶液作为参比,测定吸光度,并绘制检量线。每毫升铜标准溶液相当于含铜量 0.1%。

4) 注

(1) 本方法适用于测定含铜 0.1%~1.5% 的试样。

(2) 显色时所用氨水应用新开瓶的配制并保持密闭。

(3) 含镍(或钴)量超过 1% 时,可在显色时加入 20 mL 乙醇(95%),然后加入 BCO 溶液,提高显色液的稳定性。在这种情况下试剂空白及绘制检量线时也须同样加入乙醇。

(4) 室温低于 10 ℃时,显色后应放置 10 min,室温高于 20 ℃时,则 5 min 后显色即已完成。

14.7.2　铜试剂-三氯甲烷萃取光度法

试样溶解在硫酸和氟硼酸中,加硝酸氧化,在柠檬酸铵和 EDTA 络合剂存在下,在氨性溶液中,二乙胺硫代甲酸钠(简称铜试剂,简写作 DDTC)与 Cu^{2+} 离子形成不溶于水的金黄色的络合物,用三氯甲烷萃取,借此可作为铜的光度测定。其最大收吸波长在 435 nm 处,摩尔吸光系数为 1.3×10^4,Cu 含量 0.1~5 μg·mL^{-1} 服从比耳定律。络合物色泽稳定 30 min 以上。试样中共存元素均不干扰测定。

1) 试剂

硫酸(1+4)。氟硼酸(48%)。硝酸($\rho=1.42$ g·cm^{-3})。氨水(1+1)。柠檬酸铵溶液(50%)。铜试剂溶液(0.1%)。三氯甲烷。EDTA 溶液(10%)。酚酞指示剂(0.5%),乙醇溶液。铜标准溶液:每毫升含铜 10 μg,配制方法同前法。

2) 操作步骤

称取试样 0.100 0~0.500 0 g 置于 100 mL 锥形瓶中,加入硫酸(1+4)25 mL 和氟硼酸 0.5 mL,加热溶解。滴加硝酸氧化并过量 3 滴,煮沸 1~2 min,以驱除氧化氮、冷却。按表 14.2 进行稀释。按同样操作配制试剂空白液 1 份,按同样条件稀释。吸取试液及试剂空白液各适量(表 14.2),分别于 100 mL 烧杯中,加入柠檬酸铵溶液(50%)10 mL 和 EDTA 溶液(10%)10 mL,加酚酞指示剂 1 滴,用氨水(1+1)调至淡红色并过量 10 滴,冷却,移入 125 mL 分液漏斗中。加入 DDTC 溶液(0.1%)10 mL,摇匀。加三氯甲烷 10 mL,振摇 1.5 分钟,待分层后将三氯甲烷层放入 25 mL 量瓶中。再每次用三氯甲烷 5 mL 重复萃取 2 次,将三氯甲烷层合并入 25 mL 量瓶中,然后以三氯甲烷稀释至刻度,摇匀。用 1 cm 比色皿,于 440 nm 波长处,以试剂空白作为参比,测定吸光度。从检量线上查得试样的含铜量。

3) 检量线的绘制

于 6 只 100 mL 烧杯中,依次加入铜标准溶液 0.0 mL,0.5 mL,3.0 mL,5.0 mL,8.0 mL,12.0 mL(Cu 10 μg·mL^{-1})。加硫酸(1+4)25 mL,氟硼酸 0.5 mL 和 3~5 滴硝酸。加柠檬酸铵(50%)

10 mL,EDTA 溶液(10%)10 mL,酚酞指示剂 1 滴,用氨水(1+1)调至淡红色并过量 10 滴,冷却。移入 125 mL 分液漏斗中。以下按上述方法显色和萃取,以不加铜标准溶液的试液作为参比,测定吸光度,并绘制检量线。每毫升铜标准溶液相当于含铜量见表 14.2。

4) 注

(1) 本方法适用于测定含铜 0.001%～0.55%。其称样和分液等条件的选择见表 14.2。

(2) 显色液的色泽能稳定 30 min 以上,但由于三氯甲烷极易挥发,所以最好用带盖的比色皿进行比色。

表 14.2　每毫升铜标准溶液相当于含铜量

试样含铜量(%)	称样量(g)	稀释度(mL)	分液量(mL)	每毫升铜标准液相当于含铜量(%)
0.001～0.020	0.500 0	不稀释	全部试液	0.002
0.02～0.05	0.200 0	同上	同上	0.005
0.05～0.55	0.100 0	100	20	0.050

14.8　锡 的 测 定

14.8.1　碘量法(铁粉还原-碘酸钾滴定法)

用硫酸及氟硼酸溶解试样,过氧化氢氧化。在盐酸介质中,以三氯化锑为催化剂,在加热和隔绝空气的情况下,以纯铁粉将 4 价锡还原为 2 价锡。

在盐酸溶液中,用淀粉作指示剂,以碘酸钾标准溶液滴定 2 价锡。

$$IO_3^- + 3Sn^{2+} + 6H^+ \Longrightarrow 3Sn^{4+} + I^- + 3H_2O$$
$$IO_3^- + 5I^- + 6H^+ \Longrightarrow 3I_2 + 3H_2O$$

含铜小于 0.5% 对测定无影响。试样中含有大量的钛及不超过 10%铬、6%钼、4%钒和 1%钨不干扰测定,含铜量大于 0.5%须分离除去。

1) 试剂

硫酸(1+1)。氟硼酸(48%)。过氧化氢(30%)。纯铁粉。盐酸($\rho=1.19$ g·cm^{-3})。三氯化锑溶液(1%):取 1 g 三氯化锑溶于 20 mL 盐酸,以水稀释至 100 mL。碳酸氢钠饱和溶液。大理石碎片。淀粉溶液(1%)。碘化钾溶液(10%)。碘酸钾标准溶液:称取碘酸钾 0.59 g 及氢氧化钠 0.5 g,溶于 200 mL 水中,再加碘化钾 8 g,然后移入 1 L 量瓶中,加水至刻度,摇匀。此溶液的准确滴定度,须用锡标准溶液或含锡量与试样相近的标准试样,按分析方法进行标定。锡标准溶液:称取纯锡 1.000 g,溶于盐酸(1+1)300 mL 中,温热至溶解完全,冷却,移入 1 000 mL 量瓶中,以水稀释至刻度,摇匀,此溶液每毫升含锡 1 mg。

2) 操作步骤

称取试样 1.000 g,置于 500 mL 锥形瓶中,加水 60 mL,硫酸(1+1)10 mL 和氟硼酸 10 mL,温热溶解,滴加过氧化氢氧化至出现淡稻草色。加水 100 mL,纯铁粉 5 g,盐酸 60 mL 和三氯化锑溶液(1%)2 滴。装上隔绝空气装置(见图 8.1),并在其中注入碳酸氢钠饱和溶液。先低温加热,待铁粉溶解,再升高温度加热煮沸 1 min。流水冷却(在冷却过程中,一直要在碳酸氢钠饱和溶液保护下)。取下隔绝空气装置,迅速加入几粒大理石碎片,碘化钾溶液(15%)5 mL 和淀粉溶液(1%)5 mL,迅速用碘酸钾标准溶液滴定至初现的蓝色保持 10 s 即为终点。另称取纯金属钛(已知含低微量锡)1 g 按同样操作进行试剂空白的测定。按下式计算试样的含锡量:

$$Sn\% = \frac{(V_1 - V_2) \times T}{G} \times 100$$

式中:V_1 为滴定试样溶液时消耗碘酸钾标准溶液的毫升数;V_2 为滴定试剂空白时消耗碘酸钾标准溶液的毫升数;T 为碘酸钾标准溶液对锡的滴定度,即每毫升碘酸钾标准溶液相当于锡的克数;G 为称取试样质量(g)。

3) 注

(1) 本方法适用于测定含锡>0.25%的试样。

(2) 在还原及以后的冷却过程中,应保持溶液与空气隔绝。在将还原后的溶液冷却时,载于隔绝空气装置中的碳酸氢钠饱和溶液,将被吸入锥形瓶中,这时应补加碳酸氢钠溶液,以免空气进入瓶中。

(3) 滴定时为了尽量避免 Sn^{2+} 被空气氧化而引起的误差,所以投入几片大理石碎片,以造成 CO_2 气氛,同时须迅速滴定。

(4) 试样含铜>0.5%时,可用碱分离,以除去铜等干扰元素。

(5) 有钒、钼的试样在滴定时终点易返回。所以当含有钒、钼元素的试样,终点以第一次出现蓝色为准。

(6) 按上述方法所配的碘酸钾溶液,每毫升约相当于 0.001 g 锡。为了抵消可能产生的实验误差,一般不用理论计算,而在每次分析时用标样或锡标准溶液,按分析试样相同的条件进行还原和滴定,从而求得碘酸钾溶液的滴定度。

(7) 在做试剂空白时,所用纯钛的含锡量必须极微或已知含锡量。

14.8.2　碘量法(次磷酸钠还原-碘酸钾滴定法)

在盐酸介质中,以氯化高汞为催化剂,在加热和隔绝空气的条件下,以次磷酸钠将 4 价锡还原为 2 价,而过量的还原剂在室温下不干扰测定,以淀粉为指示剂,用碘酸钾标准溶液滴定 2 价锡。

钛、铝等元素不干扰测定,铜在还原过程中被还原为 1 价状态,在滴定前加入硫氰酸盐,使生成白色的硫氰酸亚铜沉淀,消除其干扰。钼、钒干扰测定,所以该法适用于含铜而不含钼、钒的钛合金测定。

1) 试剂

硫酸(1+4)。过氧化氢(30%)。氯化高汞溶液:溶解 1 g 氯化高汞于 600 mL 水中,加盐酸 700 mL,混匀。次磷酸钠溶液(50%)。硫氰酸铵溶液(20%)。碘化钾溶液(10%)。淀粉溶液(1%)。碳酸氢钠溶液(饱和溶液)。碘酸钾标准溶液:配制和标定方法同前法。

2) 操作步骤

称取试样 1.000 g,置于 500 mL 锥形瓶中,加入硫酸(1+4)20 mL,加热溶解,滴加过氧化氢(30%)至溶液出现淡稻草色,煮沸 1 min,以驱除剩余的过氧化氢。冷却。加入氯化高汞溶液 65 mL,次磷酸溶液(50%)10 mL,装上隔绝空气装置(见图 8.1),并在其中注入碳酸氢钠饱和溶液,加热煮沸并保持微沸 5 min。将锥形瓶取下并置于冰水中冷却至 10 ℃以下(在冷却过程中,一直要在碳酸氢钠饱和溶液保护下)。取下隔绝空气装置,迅速加入硫氰酸铵溶液(20%)5 mL,碘化钾溶液(10%)5 mL 及淀粉溶液(1%)5 mL,立即用碘酸钾标准溶液滴定至初现的蓝色,保持 10 s 即为终点。另称取纯金

属钛(已知含低微量锡)1 g,按同样操作试剂空白的测定。按下式计算试样的含锡量:

$$Sn\% = \frac{(V_1 - V_2) \times T}{G} \times 100$$

式中:V_1 为滴定试液时消耗碘酸钾标准溶液的毫升数;V_2 为滴定试剂空白时消耗碘酸钾标准溶液的毫升数;T 为碘酸钾标准溶液对锡的滴定度即每毫升碘酸钾标准溶液相当于锡的克数;G 为称取试样质量(g)。

3) 注

(1) 此法适用于含铜而不含钼和钒的试样测定。

(2) 在滴定前应将溶液冷却至 10 ℃以下以减少过量的次磷酸钠与碘酸钾标准溶液相互反应的可能性。

(3) 由于溶液中过剩的次磷酸将缓慢地与碘酸钾溶液反应,故滴定终点的蓝色不能长久保持。此蓝色能保持 10 s 时即作为到达终点。

(4) 其他注意事项见前法。

14.9　硅的测定(硅钼蓝光度法)

硅在弱酸性介质中与钼酸铵生成黄色硅钼杂多酸,可用还原剂使硅钼杂多酸还原为硅钼蓝后,在 700 nm 波长处进行吸光度测定。

为了消除钛的干扰可加入过量的钼酸铵使钛成钼酸钛($Ti(MoO_4)_2$)沉淀后,则可正常显色。显色后再提高酸度使钼酸钛溶解,消除干扰。

对于钛合金来说,比较合适的溶解酸是硫酸。为了使合金中的硅化物全部溶解,在下述方法中采用硫酸、氢氟酸溶样。过量的氢氟酸用硼酸使它转化成为氟硼酸,以免侵蚀玻璃而影响测定。

由于系用硫酸、氢氟酸溶样,因此在加热时必须控制温度在 60 ℃以下,以防止引起 SiF_4 的挥发。

1) 试剂

硫酸(1+5),(1+3)。氢氟酸(40%)。硼酸:饱和溶液。盐酸羟胺溶液(20%)。钼酸铵溶液(10%)。硫酸亚铁铵溶液(6%),每 100 mL 中加硫酸(1+1)6 滴。纯钛。硅标准溶液:称取纯二氧化硅 1.071 g,置于铂坩埚中,加入无水碳酸钠 8 g,混匀熔融,用不含硅的水浸出(用氟塑料烧杯),冷却。移入 1 L 量瓶中,用水稀释至刻度,摇匀。贮于聚氯乙烯瓶中。此溶液含硅 0.5 mg·mL^{-1}。

2) 操作步骤

称取试样 0.100 0 g 置于 150 mL 塑料杯中,加硫酸(1+5)15 mL,加氢氟酸(40%)15 滴,在温度不超过 60 ℃的热水浴中加热使试样溶解。加硼酸饱和溶液 30 mL,滴加盐酸羟胺至 3 价钛紫色褪去。移入 100 mL 量瓶中,以水稀释至刻度,摇匀。溶液倒入干燥的塑料瓶中贮存。另称取纯金属钛 0.1 g 按同样操作,配制底液空白液 1 份。吸取试液及试剂空白液各 10 mL,分别置于 100 mL 量瓶中。加水 15 mL,加钼酸铵溶液(10%)10 mL,放置 30 min,使其生成白色沉淀,然后加硫酸(1+3)30 mL,摇匀至沉淀完全溶解。加入硫酸亚铁铵溶液(6%)10 mL,以水稀释至刻度,摇匀。放置 15 min,用 1 cm 比色皿,于 680 nm 波长处,以底液空白作为参比,测定吸光度。从检量线上查得试样的含硅量。

3) 检量线的绘制

称取纯金属钛 0.1 g 6 份,分别按上述方法溶解后移入 100 mL 量瓶中,依次加入硅标准溶液 0.0 mL,1.0 mL,3.0 mL,5.0 mL,7.0 mL,10.0 mL(Si 0.5 mg·mL^{-1}),加水至刻度,摇匀后移入干

燥的塑料瓶中存放。从这些溶液中各吸取 10 mL,分别置于 100 mL 量瓶中,按上述方法显色后,以不加硅标准溶液作为参比,测定吸光度,并绘制检量线。每毫升硅标准溶液相当于含硅量 0.50%。

4) 注

(1) 本方法适用于测定含硅 0.2%～5%的试样。

(2) 试样溶解后,虽已加入硼酸,使多余的氢氟酸转变为氟硼酸,但如在玻璃器皿中存放时间较长(超过 3 h),它仍能侵蚀玻璃而影响测定结果,因此试样溶液在定量稀释后,最好移入塑料瓶中贮存。

(3) 硅钼络离子形成之后,即使将溶液的酸度提高到 4 mol·L^{-1} 仍不被破坏。但磷、砷钼络离子在 3 mol·L^{-1} 以上的酸性溶液中即被破坏。

(4) 如试样中含钒,则应在试液显色后放置 1 h,在波长 640 nm 处测定吸光度。

14.10　金属钛中钛的测定

试样用硫酸、盐酸、硝酸混合酸在有氢氟酸存在下溶解,用铝薄片将钛全部还原到 3 价状态,然后用硫氰酸盐为指示剂,以硫酸高铁铵标准溶液滴定 3 价钛。主要反应如下:

$$6Ti(SO_4)_2 + 2Al = 3Ti_2(SO_4)_3 + Al_2(SO_4)_3$$

$$Ti^{3+} + Fe^{3+} + H_2O = TiO^{2+} + Fe^{2+} + 2H^+$$

$$Fe^{3+} + 3CNS^- \underset{\text{(红色)}}{=\!=\!=} Fe(CNS)_3$$

Sn,Cu,As,Cr,V,W,U 等元素,因为在用薄铝片还原时也将这些元素还原到低价,当用高价铁滴定时又被氧化到高价,致使结果偏高。如有这些元素存在,必须将其除去。一般金属钛中几乎不含上述元素,所以可不必考虑。

必须注意的是还原及滴定过程都需在隔绝空气的情况下进行,即在盛有欲滴定溶液的容器中要求充满惰性气体,如 CO_2,N_2 等。

1) 试剂

混合酸:硫酸(1+1)150 mL,盐酸(ρ=1.19 g·cm^{-3})40 mL,硝酸(ρ=1.42 g·cm^{-3})10 mL,三者相混匀。氢氟酸(40%)。盐酸(ρ=1.19 g·cm^{-3})。铝薄片(化学纯)。碳酸氢钠溶液(饱和溶液)。硫氰酸铵溶液(20%)。大理石:碎片状。硫酸高铁铵标准溶液:取 24.2 g 硫酸高铁铵($NH_4Fe(SO_4)_2$·$12H_2O$)溶于约 500 mL 水中,加入硫酸 25 mL,加热使其溶解,冷却后,滴加高锰酸钾溶液(0.1 mol·L^{-1})至呈现极淡的红色。以氧化可能存在的 2 价铁,稀释至 1 L,此溶液的浓度约为 0.05 mol·L^{-1}。用 0.100 0 g 高纯钛(99.99%)按下述的操作方法标定,求出硫酸高铁铵标准溶液对钛的滴定度。

2) 操作步骤

称取试样 0.100 0 g,置于 500 mL 锥形瓶中,加混合酸 20 mL,滴加氢氟酸 10 滴,加热溶解,蒸发至冒白烟。稍冷,加盐酸 35 mL,用水稀释至约 100 mL,摇匀。投入 2 g 铝薄片,1 g 碳酸氢钠,装上隔绝空气装置(见图 8.1),并在其中注入碳酸氢钠饱和溶液。当剧烈反应时(溶液变黑),置于冷水浴中冷却。大部分铝片溶解后,将锥形瓶移至电炉上微微煮沸,直至铝片完全溶解,再继续煮沸数分钟,驱除氢气。冷却至室温(在冷却过程中始终要在碳酸氢钠饱和溶液保护下)。取下隔绝空气装置,迅速投入几颗纯大理石碎片(或固体碳酸铵),加入硫氰酸铵溶液(20%)20 mL,立即用硫酸高铁铵标准溶液滴定,至溶液刚呈红色,在半分钟内不消失为终点。按下式计算试样的含钛量:

$$Ti\% = \frac{V \times T}{G} \times 100$$

式中：V 为滴定时消耗硫酸高铁铵标准溶液的毫升数；T 为硫酸高铁铵标准溶液对钛的滴定度，即 1 mL 硫酸高铁铵标准溶液相当于含钛的克数；G 为称取试样质量(g)。

3) 注

(1) 溶液中氢气必须驱尽，否则会使结果偏高。煮沸溶液时氢气或小气泡逸出，当煮沸至小气泡停止出现，而代之以大气泡时，氢气即已驱尽。

(2) 在滴定高含量钛的样品时，最好在快要到终点时再加入硫氰酸盐溶液，否则，因高价钛经过较长时间也能与硫氰酸根离子作用生成红色的 $H_2[TiO(CNS)_4]$ 络合物，而误认为终点已经到达。同时滴定入的高价铁也先会与硫氰酸根离子作用，以致与微量的 Ti^{3+} 的作用则在较后，因此也会使终点过早地出现而造成误差。

(3) 大理石溶解时产生 CO_2，可防止空气侵入锥形瓶内，也可以在不断通入 CO_2 的条件下进行滴定。在此情况下，当除去隔绝空气装置时，换上一个双孔橡皮塞，CO_2 由其中一个孔通入，滴定管由另一孔插入。

(4) 据报道：在滴定试液中有一定量的硫酸铵和醋酸存在时，由于能与 Ti(Ⅳ) 形成适当的络合物，因此在这种介质中可使 Ti^{4+}/Ti^{3+} 体系的氧化还原电位变得更正些，此时 Ti^{3+} 不再被空气中的氧所氧化。这样惰性气氛也就没有必要。根据我们的试验，上述措施仅能减少 Ti^{3+} 被氧化的程度，而不能完全避免被空气中的氧所氧化，所以目前仍必须采用惰性气氛。

14.11　纯钛中锌的测定(PAN-TritonX-100 光度法)

试样溶于盐酸、氟硼酸中，加柠檬酸络合钛及其他容易水解的元素后，在 pH 8～9 的条件下用四氯化碳萃取 Zn^{2+}-DDTC 盐。蒸发除去四氯化碳并破坏有机物后用 PAN-TritonX-100 光度法测定其含锌量。

1) 试剂

柠檬酸溶液(20%)。DDTC 溶液(0.1%)。盐酸(优级纯)，(1+4)。氟硼酸。氨水(优级纯)。四氯化碳。硝酸。对硝基酚指示剂(0.2%)。硫酸(1+1)。柠檬酸钠溶液(5%)。六偏磷酸钠溶液(5%)。缓冲溶液：称取氯化铵 80 g，溶于水中，加入浓氨水 18 mL，加水至 1 000 mL，此溶液用塑料瓶存放。TritonX-100 溶液(20%W/W)。β-氨荒丙酸铵溶液(4%)(以下简写作 β-DTCPA 溶液)。PAN 溶液：0.1%乙醇溶液。锌标准溶液(Zn 4 μg·mL⁻¹)，配制方法见 7.7 节。

2) 操作步骤

称取试样 0.100～0.500 g，置于氟塑料烧杯中，加入盐酸(优级纯)1～5 mL，氟硼酸 1～4 mL，温热使试样溶解，加入柠檬酸溶液 5～25 mL，滴加氨水(优级纯)至溶液酸度为 pH≈8.5，将溶液移入分液漏斗中。根据试样的多少，保持溶液的体积为 25～50 mL。加入 DDTC 溶液 5 mL，用四氯化碳 10 mL 萃取 1 min，静置分层，有机相放入 100 mL 烧杯中。根据试样的多少，重复 1～2 次。合并有机相于 100 mL 烧杯中，加入硝酸 3 mL 及硫酸(1+1)10 mL，温热使四氯化碳挥发除去后提高加热温度并蒸发至冒硫酸烟，冷却。加少量水溶解盐类，将溶液移入 25 mL 量瓶中，相继加入柠檬酸钠溶液(5%)1 mL 及六偏磷酸钠溶液(5%)1 mL，用对硝基酚作指示剂，滴加氨水至恰呈黄色，立即用盐酸(1+4)调节至无色。加入 pH=8.5 缓冲溶液 2.5 mL，TritonX-100 溶液(20%)1 mL，β-DTCPA 溶液(4%)1 mL，摇匀。加 PAN 溶液(0.1%乙醇溶液)1 mL，加水至刻度，摇匀。与试样分析的同时，按相同步骤作试剂空白 1 份。用 3 cm 比色皿，以试剂空白为参比溶液，在 550 nm 波长处，读测其吸光度。

在检量线上查得其含锌量。

3) 检量线的绘制

于 5 只 25 mL 量瓶中,依次加入锌标准溶液 0.0 mL,1.0 mL,2.0 mL,3.0 mL,4.0 mL(Zn 4 μg·mL⁻¹)各加柠檬酸钠溶液(5%)1 mL 及六偏磷酸钠溶液(5%)1 mL,以下按操作步骤所述调节酸度并显色。因标准溶液中不含铜,故可不加 β-DTCPA,测得各溶液的吸光度后绘制检量线。

14.12 钛和钛合金的化学成分表

纯钛牌号和化学成分以及钛合金牌号和化学成分,分别如表 14.3 和表 14.4 所示。

表 14.3 纯钛牌号和化学成分

牌 号	名 称	Ti	杂 质 含 量(≤%)					
			Fe	Si	C	N	H	O
TA0	碘化钛	基	0.03	0.03	0.03	0.01	0.015	0.05
TA1	工业纯钛	基	0.15	0.10	0.05	0.03	0.015	0.10
TA2	工业纯钛	基	0.30	0.15	0.10	0.05	0.015	0.15
TA3	工业纯钛	基	0.30	0.15	0.10	0.05	0.015	0.15

表 14.4 钛合金牌号和化学成分

合 金 系	牌 号	主 要 成 分(%)						
		Ti	Al	Cr	Mo	Sn	Mn	V
Ti—Al 系	TA4	基	2.0~3.3					
	TA5	基	3.3~4.3					
	TA6	基	4.0~5.5					
Ti—Al—Si 系	TA7	基	4.0~5.5			2.0~3.0		
	TA8	基	4.5~5.5			2.0~3.0		
Ti—Mo—Cr 系	TB1	基	3.0~4.0	10.0~11.5	7.0~8.0			
	TB2	基	2.5~3.5	7.5~8.5	4.7~5.7			4.7~5.7
Ti—Al—Mn 系	TC1	基	1.0~2.5				0.8~2.0	
	TC2	基	2.0~3.5				0.8~2.0	
Ti—Al—V 系	TC3	基	4.5~6.0					3.5~4.5
	TC4	基	5.5~6.8					3.5~4.5
Ti—Al—Cr 系	TC5	基	4.0~6.2	2.0~3.0				
	TC6	基	4.5~6.2	1.0~2.5	1.0~2.8			
	TC7	基	5.0~6.5	0.4~0.6				
Ti—Al—Mo 系	TC8	基	5.8~6.8		2.8~3.8			
	TC9	基	5.8~6.8		2.8~3.8	1.8~2.8		
Ti—Al—V 系	TC10	基	5.5~6.5			1.5~2.5		5.5~6.5

续表

牌 号	主 要 成 分(%)					杂 质(≤%)					
	Fe	Cu	Si	Zr	B	Fe	Si	C	N	H	O
TA4						0.30	0.15	0.10	0.05	0.015	0.15
TA5						0.30	0.15	0.10	0.04	0.015	0.15
TA6					0.005	0.30	0.15	0.10	0.05	0.015	0.15
TA7						0.30	0.15	0.10	0.05	0.015	0.20
TA8		2.5~3.2		1.0~1.5		0.30	0.15	0.10	0.05	0.015	0.15
TB1						0.30	0.15	0.10	0.04	0.015	0.15
TB2						0.30	0.15	0.05	0.04	0.015	0.15
TC1						0.40	0.15	0.10	0.05	0.015	0.15
TC2						0.40	0.15	0.10	0.05	0.015	0.15
TC3						0.30	0.15	0.10	0.05	0.015	0.15
TC4						0.30	0.15	0.10	0.05	0.015	0.15
TC5						0.50	0.40	0.10	0.05	0.015	0.20
TC6	0.5~1.5						0.40	0.10	0.05	0.015	0.20
TC7	0.25~0.60		0.25~0.60		0.01			0.10	0.05	0.015	0.20
TC8			0.20~0.35			0.40		0.10	0.05	0.015	0.15
TC9			0.2~0.4			0.40		0.10	0.05	0.015	0.15
TC10	0.35~1.00	0.35~1.00					0.15	0.10	0.04	0.015	0.20

第 15 章　纯镍和镍基合金的分析方法

镍是一种贵重的金属。它的特点是：具有高的强度和塑性，良好的耐蚀性和较高的熔点（1455 ℃），并且还具有铁磁性，高的电真空性等特殊物理性能。镍常用以制成薄板、线材、深拉零件等。高纯度的镍用作镀镍槽中的阳极。

常用的镍合金有镍铜、镍硅、镍锰、镍铬等。镍硅合金的性能与纯镍差别不大，常制成线材用于电子管及电真空仪器中。镍锰合金的特点是耐热和耐蚀性高，在航空、汽车、拖拉机和无线电工业中用作火花塞电极和接放大电子管。镍铬合金的特点是：在铬的影响下，镍的耐热性和电阻显著提高。含镍 30% 和铬 20% 的合金是制造加热温度达 1 100 ℃的电炉加热元件和日用电热器的重要电热合金。含铬较少（9%～10%铬，其余为镍）的镍合金，耐热性能差，但其特点是电阻高，电阻温度系数低，热电动势极好，因此广泛用作热电偶。蒙乃尔合金主要是由镍与铜、铁、锰等元素组成的复杂合金。它的特点是具有高的强度和极好的耐蚀性，主要用于电气工业、电阻高温计、海轮制造业和医疗器械制造工业中。另一类著名的镍合金称哈氏合金，它由镍和铜或铬、钨等组成。它们在各种无机酸中均有良好的耐腐蚀性能。

耐热镍基合金是一种高温材料，是一种在镍基体中加入多量的铝、钛和铬、铌、钽、铜、钒、锆、硼等合金元素及适量的稀土元素，形成一种以镍为主体的合金。镍基合金中有一类是含铬较低的，这类合金强度较高，但抗氧化和耐腐蚀性较差，需要在表面渗一层很薄的铝、铬才能在高温下使用。另一类含铬量较高，其强度较前一类稍低，但不需要采用复杂的表面保护措施，使用方便。这两类镍基合金广泛应用于工作温度在 800 ℃甚至 1 000 ℃以上的场合。如航空燃气蜗轮叶片及燃气轮机的蜗轮叶片、导向叶片等。近年来为了提高合金的高温强度，在镍基合金中添加特殊元素，例如铪，受到较大的重视。

15.1　镍　的　测　定

金属镍、镍合金和镍基合金中的含镍量甚高，光度法容易引起较大的误差，所以采用重量法或络合滴定法较为稳妥。

15.1.1　丁二酮肟沉淀重量法

在氨性或乙酸盐缓冲的微酸性溶液中，Ni^{2+} 定量地被丁二酮肟沉淀。此沉淀为鲜红色络合物，具有如下的结构：

由于此络合物为絮状大体积沉淀,沉淀时镍的绝对量应控制在 0.1 g 以下。在沉淀镍的条件下,很多易于水解的金属离子将生成氢氧化物或碱式盐沉淀,加入酒石酸或柠檬酸可掩蔽 Fe^{3+},Al^{3+},Cr^{3+},$Ti(IV)$,$W(VI)$,$Nb(V)$,$Ta(V)$,稀土(IV),$Zr(IV)$,$Sn(IV)$,$Sb(V)$ 等元素。Co^{2+},Mn^{2+},Cu^{2+} 单独存在时与丁二酮肟试剂不生成沉淀,但要消耗丁二酮肟试剂。而当有较大量的钴、锰、铜与镍共存时,丁二酮肟镍的沉淀中将部分地吸附这些离子而使镍的沉淀不纯。因此在分析含钴、铜或锰较高的合金时要采取措施避免其干扰。

大量铜与镍的分离可用电解法,即先从酸性溶液中将铜电解除去后再在溶液中沉淀镍。如要在不分离铜的情况下用丁二酮肟沉淀镍,可用硫代硫酸钠掩蔽铜;这时应控制溶液的酸度在 pH 6～7,而且沉淀时溶液温度也不宜过高,一般以 40～50 ℃为宜。

大量锰与镍共存时,从氨性溶液中沉淀所得的丁二酮肟镍常混杂有少量二氧化锰,这是由于在氨性溶液中部分 Mn^{2+} 被空气氧化而生成二氧化锰。加入还原剂(盐酸羟胺或抗坏血酸)或采取在微酸性(乙酸盐缓冲介质)溶液中沉淀可避免其干扰。也有报道从丙酮与水的混合溶液中沉淀镍可不受锰的影响。

大量钴共存时沉淀镍,不但有大量丁二酮肟被钴所消耗,而且钴部分地与镍共沉淀,形成较细而难以过滤的沉淀。从 pH 6～7 的乙酸盐缓冲液中沉淀镍,或从丙酮与水的混合溶液中沉淀镍可不受钴的干扰。但当镍与 Fe^{3+},Co^{2+} 共存时仍有干扰。在此情况下,可先加入亚硫酸钠使铁还原至 2 价,或加入过氧化氢使钴氧化为 3 价,然后加入丁二酮肟沉淀镍,这样可避免钴共存时钴的干扰。

在分析较复杂的镍基合金时,虽然采取了上述各种措施,所得到的丁二酮肟镍沉淀仍不纯净而呈暗红色,这时宜将沉淀用盐酸溶解后再沉淀一次。

丁二酮肟镍的沉淀能溶于乙醇、乙醚、四氯化碳、三氯甲烷等有机溶剂中。因此在沉淀时要注意勿使乙醇的比例超过 20%。沉淀过滤后也不宜用乙醇洗涤。

所得丁二酮肟镍沉淀可在 150 ℃烘干后称重。

1) 试剂

酒石酸溶液(20%)。乙酸铵溶液(2%)。盐酸羟胺溶液(10%)。丁二酮肟乙醇溶液(1%)。

2) 操作步骤

(1) 纯镍。称取试样 1.000 0 g,置于 150 mL 锥形瓶中,加入硝酸(1+1)15 mL,加热溶解试样,加入高氯酸 10 mL,蒸发至冒烟,冷却。加水 50 mL 溶解盐类。将溶液滤入于 500 mL 量瓶中,用热水充分洗涤沉淀及滤纸。加水至刻度,摇匀。分取溶液 50 mL,置于 600 mL 烧杯中,加入酒石酸溶液 10 mL,滴加氨水(1+1)至刚果红恰呈红色,加入盐酸羟胺溶液 10 mL,乙酸铵溶液 20 mL,加水至约 400 mL(此时溶液的酸度应为 pH 6～7),加热至 60～70 ℃,加入丁二酮肟溶液 50 mL,充分搅拌,在冷水中放置约 1 h 后将沉淀滤入于已知重量的 4 号玻璃过滤坩埚中,用冷水充分洗涤烧杯及沉淀。将坩埚置于烘箱中,在 150 ℃烘干至恒重。按下式计算试样的含镍量:

$$\text{Ni}\% \frac{W \times 0.203\,2}{G} \times 100$$

式中：W 为称得丁二酮肟的质量(g)；G 为试样质量(g)。

（2）镍铬合金。称取试样 0.500 0 g，置于 250 mL 烧杯中，加入王水 10 mL 溶解试样，加入高氯酸 10 mL，蒸发至冒浓烟，冷却。加水 50 mL 溶解盐类。含钨的试样此时有钨酸析出。加入酒石酸溶液 30 mL，滴加氨水至明显的氨性，此时钨酸沉淀应完全溶解，再滴加盐酸至酸性。将溶液滤入 250 mL 量瓶中，用热水洗涤滤纸及沉淀。加水至刻度，摇匀。分取溶液 50 mL，置于 600 mL 烧杯中，滴加氨水(1+1)至刚果红恰呈红色，加入盐酸羟胺溶液 10 mL，乙酸铵溶液 20 mL，加水至约 400 mL，此时溶液的酸度应在 pH 6～7。加热至 60～70 ℃，加入丁二酮肟溶液 50 mL，充分搅拌，置于冷水中放置约 1 h。如丁二酮肟镍的沉淀呈暗红色，表示沉淀吸附有杂质。可用快速滤纸过滤沉淀，用冷水洗涤滤纸及沉淀。用热盐酸(1+2)溶解沉淀，溶液接收于原烧杯中，以热水洗涤滤纸。按上述方法将镍再沉淀。在冷水中放置 1 h 后滤入于玻璃过滤坩埚中，在 150 ℃烘干至恒重并计算试样的含镍量。

15.1.2　丁二酮肟沉淀分离-EDTA 滴定法

Ni^{2+} 与 EDTA 形成中等强度的络合物(pK=18.6)。可以在 pH 3～12 的酸度范围内进行络合滴定。由于 Ni^{2+} 与 EDTA 的络合反应速度较慢，通常要在加热条件下滴定，或采用先加入过量 EDTA 然后用金属离子的标准溶液返滴定的方法。

考虑到在分析复杂的镍基合金时大量的共存元素对 Ni^{2+} 的络合滴定的干扰，下述方法中先将镍用丁二酮肟沉淀分离然后加入过量 EDTA 使其与 Ni^{2+} 络合，在 pH≈5.5 的酸度条件下用锌标准溶液返滴定。指示剂为二甲酚橙。

1）试剂

EDTA 标准溶液($0.050\,00$ mol·L^{-1})：称取固体 EDTA(二钠盐基准试剂)18.613 0 g，溶于水中，移入 1 000 mL 量瓶中，加水至刻度，摇匀。六次甲基四胺溶液(20%)。锌标准溶液($0.020\,00$ mol·L^{-1})：称取氧化锌(基准试剂)1.628 0 g，置于烧杯中，加入盐酸(1+1)7 mL，溶解后用六次甲基四胺调节至约 pH=5，将溶液移入 1 000 mL 量瓶中，加水至刻度，摇匀。二甲酚橙指示剂(0.2%)。其他试剂见上法。

2）操作步骤

试样的溶解及丁二酮肟沉淀的操作与上法所述相同。将所得丁二酮肟镍的沉淀用快速滤纸过滤，用水充分洗涤沉淀(需洗 10～15 次)。弃去滤液。用热盐酸(1+2)溶解沉淀并接收溶液于原烧杯中。用热水充分洗涤滤纸。洗液与主液合并。将溶液稀释至约 100 mL，加热，按试样中镍的估计含量定量加入 EDTA 溶液并有适当过量(0.05 mol·L^{-1} EDTA 溶液每毫升可络合 2.934 5 mg 镍)，用氨水(1+1)调节酸度至刚果红试纸呈蓝紫色(pH≈3)，冷却，加入六次甲基四胺溶液 15 mL 及二甲酚橙指示剂数滴，以锌标准溶液返滴定至溶液呈紫红色为终点。按下式计算试样的含镍量：

$$\text{Ni}\% = \frac{[(V_{\text{EDTA}} \times M_{\text{EDTA}}) - (V_{\text{Zn}} \times M_{\text{Zn}})] \times 0.058\,71}{G} \times 100$$

式中：V_{EDTA} 为 EDTA 标准溶液的加入毫升数；M_{EDTA} 为 EDTA 标准溶液的摩尔浓度；V_{Zn} 为返滴定所消耗的锌标准溶液毫升数；M_{Zn} 为锌标准溶液的摩尔浓度；G 为试样质量(g)。

15.2　铬的测定(过硫酸铵氧化容量法)

氧化还原容量法测定合金中较大量的铬,均基于将铬氧化至 6 价,然后用标准还原剂溶液滴定。

铬的氧化一般在硫磷混合酸介质中进行,用过硫酸铵作为氧化剂,反应式如下:

$$2Cr^{3+} + 3S_2O_8^{2-} + 7H_2O \Longrightarrow Cr_2O_7^{2-} + 6SO_4^{2-} + 14H^+$$

氧化时溶液中硫酸浓度宜控制在 $0.35\sim0.5$ mol·L^{-1} 之间,大于 0.5 mol·L^{-1} 时随着硫酸浓度的增加,铬的氧化值(即每 100 mL 体积中能被氧化的铬的毫克数)迅速降低。磷酸量的变化对铬的氧化影响很小。加入适量的磷酸可使试样中锰络合而不致在氧化铬的过程中析出二氧化锰沉淀。溶液中磷酸浓度通常保持在 0.5 mol·L^{-1} 左右。但在分析含钨的试样时,要多加磷酸冒烟,使其与钨络合以抑制钨的干扰,否则终点不明显。

硝酸银(作为催化剂)的存在与否对铬的氧化没有影响,但不加硝酸银,不仅使锰的氧化缓慢,多余的过硫酸铵的分解也缓慢。因此在方法中仍需加入少量的硝酸银。

在一定的酸度条件下,铬的氧化值随着过硫酸铵加入量的增加而增加。在实际工作中常加入 $2\sim3$ g 过硫酸铵。在铬氧化完全以后,须将溶液煮沸 5 min 以上,使多余的过硫酸铵分解。

用过硫酸铵氧化铬时,锰、钒和铈也同时被氧化而使铬的结果偏高。消除锰的干扰比较容易,即在铬氧化完毕时加入适量的还原剂选择性地将 MnO_4^- 还原。常用的还原剂有稀盐酸、氯化钠或亚硝酸钠等。用亚硝酸钠还原时,要同时加入尿素使多余的亚硝酸分解。用盐酸或氯化钠还原 MnO_4^- 的反应按下式进行:

$$2MnO_4^- + 10Cl^- + 16H^+ \Longrightarrow 2Mn^{2+} + 5Cl_2\uparrow + 8H_2O$$

溶液的酸度对还原 MnO_4^- 的反应速度有影响;在 0.5 mol·L^{-1} 硫酸溶液中,煮沸 1 min MnO_4^- 已还原完全,而在 0.25 mol·L^{-1} 硫酸溶液中要煮沸 6 min 才能完全还原;如溶液酸度太高,则铬也能部分被还原。

如上所述,锰干扰铬的测定,是在氧化铬时。如试样本身不含锰,方法中却又要求加入少量锰,其目的是作为铬氧化完全的指标。因为 MnO_4^-/Mn^{2+} 的 $E^0 = 1.51$V,而 $Cr_2O_7^{2-}/Cr^{3+}$ 的 $E^0 = 1.36$ V,用过硫酸铵氧化时,铬先于锰被氧化,所以当溶液中出现 MnO_4^- 的红色时,表示铬已氧化完全。

下述方法未考虑消除钒、铈的干扰,在分析含钒、铈的试样时,所测得的值为铬与钒、铈的合量。可另行测定钒及铈后,按 1%钒相当于 0.34%铬,1%铈相当于 0.123%铬从合量中减去。

测定的最后一步是用亚铁标准溶液滴定(还原)高价铬:

$$6Fe^{2+} + Cr_2O_7^{2-} + 14H^+ \Longrightarrow 6Fe^{3+} + 2Cr^{3+} + 7H_2O$$

随着亚铁标准溶液的不断加入,溶液的电位也不断发生变化,在接近等当点时,电位发生突跃变化($1.31\sim0.94$V)。选择一种变色电位在这电位突跃变化范围内的氧化还原指示剂(如二苯氨磺酸钠、邻苯氨基苯甲酸等)即可指示滴定的终点。二苯氨磺酸钠指示剂的变色点标准电位(E_{In}^0)为 0.85V,而邻苯氨基苯甲酸指示剂的 E_{In}^0 为 0.89V,都没有落在滴定反应的电位突跃范围之内。但由于滴定溶液中有磷酸存在,它与 Fe^{3+} 生成无色的 $Fe(HPO_4)_2^-$ 络离子,使$[Fe^{3+}]$减少而降低了 Fe^{3+}/Fe^{2+} 电对的电位,从而使滴定终点时的电位突跃范围扩大为 $1.31\sim0.72$ V。因此上述两指示剂均可应用。

1) 试剂

王水:盐酸 3 份,硝酸 1 份,用时混合。重铬酸钾标准溶液($0.008\,30$ mol·L^{-1}):称取重铬酸钾基准试剂 $4.903\,5$ g,置于 $2\,000$ mL 量瓶中,加水溶解并稀释至刻度,摇匀。硝酸银溶液(0.2%)。高锰酸钾溶液(0.5%)。过硫酸铵溶液(20%)。邻苯氨基苯甲酸指示剂:称取邻苯氨基苯甲酸0.2 g,置于烧杯中,加入碳酸钠0.2 g及水100 mL,搅拌使其溶解。硫酸亚铁铵标准溶液(0.025 mol·L⁻¹):称取硫酸亚铁铵20 g,溶解于硫酸(5+95)2 000 mL中。其准确度用重铬酸钾标准溶液标定,标定方法如下:移取重铬酸钾标准溶液(0.008 30 mol·L⁻¹)20 mL,置于250 mL锥形瓶中,加水20 mL,硫酸(1+1)3 mL及磷酸(1+1)3 mL,摇匀。加入指示剂2滴,用亚铁标准溶液滴定至亮绿色终点。按下式计算亚铁标准溶液的摩尔浓度:

$$N_{Fe}^{2+} = \frac{0.050\,00 \times 20.00}{V_{Fe}}$$

式中:V_{Fe}为滴定时所耗亚铁标准溶液的毫升数。

2) 操作步骤

(1) 不含钨的试样。称取试样0.100 0 g,置于300 mL锥形瓶中,加入王水5 mL溶解试样,加入硫酸(1+1)6 mL及磷酸(1+1)6 mL,蒸发至冒白烟,冷却。加水100 mL,加热使盐类溶解完全,必要时滴加高锰酸钾溶液数滴,加入硝酸银溶液4~5滴及过硫酸铵溶液10 mL,煮沸约5 min,此时应有高锰酸的紫红色出现。加盐酸(1+3)6 mL,煮沸至高锰酸的红色褪去后继续煮沸6~7 min,使过硫酸铵分解完全。置于冷水中冷却至室温,加入邻苯氨基苯甲酸指示剂2滴,用亚铁标准溶液滴定至恰由紫红色转变为亮绿色。按下式计算试样的含铬量:

$$Cr\% = \frac{V \times M + 0.519\,96 \times 100}{G}$$

式中:V为滴定时所耗亚铁标准溶液的毫升数;M为亚铁标准溶液的摩尔浓度;G为试样质量(g)。

(2) 含钨的试样。称取试样0.100 0 g,置于300 mL锥形瓶中,加入王水5 mL,加热使试样溶解。加入硫酸(1+1)3 mL及磷酸(1+1)10 mL,蒸发至冒白烟约2 min,稍冷,加水40 mL,加热至盐类溶解。以下按上法将铬氧化后用亚铁标准溶液滴定6价铬,并计算试样的含铬量。

15.3　铁　的　测　定

15.3.1　硫氰酸盐光度法

在酸性溶液中Fe^{3+}与硫氰酸盐生成橙红色络离子:

$$Fe^{3+} + nSCN^- \Longrightarrow [Fe(SCN)_n]^{+3-n} \qquad (n=1,2,3,\cdots,6)$$

硫氰酸铁络离子的组成因硫氰酸盐浓度的不同而改变。在硫氰酸盐的浓度为0.3 mol·L⁻¹时,主要形成$Fe(SCN)_4^{2+}$及$Fe(SCN)_6^{2-}$状态的络离子,其吸收峰值在450~500 nm波长之间。

下述方法采用在硝酸介质中显色,适宜的酸度范围为0.1~0.8 mol·L⁻¹,但不宜超过1 mol·L⁻¹。

硫氰酸铁络离子的色泽稳定性较差,但在硝酸溶液中且有过氧化氢作稳定剂的情况下,其吸光度在30 min之内变化甚小。温度升高,色泽的稳定性更差,因此在室温较高的条件下操作时(如夏天),必须逐个显色并立即读测其吸光度。

一般镍铬合金中共存的Al^{3+},Mn^{2+}等离子不影响铁的显色,较大量的Ni^{2+},Cr^{3+}存在时有较小的正误差,故需作底液空白,并在绘制检量线时也加入相近量的镍、铬等离子以抵消其影响。含钨的试样,在溶样中有钨酸析出,而钨酸沉淀对 Fe^{3+} 有吸附,故下述方法不适用于含钨的合金。

1) 试剂

硫氰酸铵溶液($1.5\ mol \cdot L^{-1}$):称取 NH_4SCN 115 g 溶于水中,加水至 1 000 mL。过氧化氢溶液(3%)。铁标准溶液:称取纯铁 0.100 0 g,溶于硝酸(1+1)10 mL 中,煮沸除去氧化氮后移入于 1 000 mL 量瓶中,加水至刻度,摇匀(Fe^{3+} 0.1 mg · mL^{-1})。吸取此溶液 20 mL,置于 200 mL 量瓶中,加水至刻度,摇匀(Fe^{3+} 10 μg · mL^{-1})。

2) 操作步骤

(1) 纯镍。称取 0.500 0 g 试样,置于 50 mL 两用瓶中,加入硝酸(1+1)5 mL,加热溶解试样并煮沸驱除黄烟后冷却,加水至刻度,摇匀。另取硝酸(1+1)5 mL,置于另一 50 mL 两用瓶中,煮沸后冷却,加水至刻度,摇匀,作为试剂空白。按表 15.1 分取试样溶液及试剂空白 2 份,分别置于 50 mL 量瓶中,1 份作为显色溶液,另 1 份作为底液空白,操作如下。

表 15.1　试样与比色皿的选择

含 铁 量 范 围	分取试样的毫升数	显色时补加 HNO_3(1+3)毫升数	比色皿的选择
0.005%～0.050%	10	4.5	5 cm
0.05%～0.30%	5	5	2 cm
0.30%～0.75%	2	5	2 cm

显色溶液:按表 15.1 补加硝酸(1+3),加水至约 30 mL,加入过氧化氢溶液 1 mL,摇匀。加硫氰酸铵溶液 10 mL,加水至刻度,摇匀。底液空白:与显色溶液操作相同但不加硫氰酸铵溶液。用 2 cm 或 5 cm 比色皿,以底液空白为参比溶液,在 480 nm 波长处测其吸光度。从试样的吸光度读数中减去试剂空白的吸光度读数后在相应的检量线上查得试样的含铁量。

(2) 镍硅、镍镁、镍锰合金。按[纯镍]方法操作。

(3) 电工用镍铬合金(不含钨者)。称取试样 0.100 0 g,置于 100 mL 两用瓶中,加入盐酸 2 mL 及硝酸 1 mL,加热溶解后加水稀释至刻度,摇匀。根据试样的可能含铁量的范围分别操作如下:① 含铁 1%以下者,分取试样溶液 20 mL 2 份,分别置于 50 mL 量瓶中,各加硝酸(1+3)3.5 mL 及过氧化氢溶液 1 mL,将其中 1 份加水稀释至刻度,作为底液空白。于另 1 份中加入水 10 mL 及硫氰酸铵溶液 10 mL,加水至刻度,摇匀。用 2 cm 比色皿,以底液空白为参比溶液,在 480 nm 波长处,读测其吸光度。在相应的检量线上查得试样的含铁量。② 含铁 20%以内者,吸取试样溶液 5 mL 2 份,分别置于 200 mL 量瓶中,各加硝酸(1+3)20 mL。将其中 1 份加水至刻度,摇匀,作为底液空白。于另 1 份溶液中加水至约 150 mL,加入过氧化氢溶液 1 mL,摇匀。加入硫氰酸铵溶液 40 mL,加水至刻度,摇匀。用 1 cm 比色皿,以底液空白为参比溶液,在 480 nm 波长处,读测其吸光度。在相应的检量线上查得试样的含铁量。

3) 检量线的绘制

(1) 纯镍。称取硝酸镍[$Ni(NO_3)_2 \cdot 6H_2O$,一级试剂]5 g(相当于 1 g 镍),溶于水中,移入于 100 mL 量瓶中,加水至刻度,摇匀。以此溶液作为打底溶液,分别绘制下列含铁浓度范围的检量线:① 含铁 5～50 μg 的检量线,分取镍打底溶液 10 mL 6 份,分别置于 50 mL 量瓶中,各加硝酸(1+3)5 mL,依次加入铁标准溶液(Fe 10 μg · mL^{-1})0.0 mL,1.0 mL,2.0 mL,3.0 mL,4.0 mL,5.0 mL,加水至约 35 mL,加过氧化氢溶液 1 mL 及硫氰酸铵溶液 10 mL,加水至刻度,摇匀。用 5 cm 比色皿,以不加铁标准溶液的试液为参比溶液,读测各溶液的吸光度并绘制检量线。② 含铁 10～150 μg 的检量线,吸取镍打底溶液 2 mL 或 5 mL(根据试样的需要而定)6 份,分别置于 50 mL 量瓶中,各加硝酸(1+3)5 mL,依次加入铁标准溶液(Fe 10 μg · mL^{-1})0.0 mL,3.0 mL,6.0 mL,9.0 mL,12.0 mL,

15.0 mL,加水至约 35 mL,按上述方法显色后,用 2 cm 比色皿,读测各溶液的吸光度并绘制检量线。

(2) 电工用镍铬合金。称取重铬酸钾 0.12 g,置于 100 mL 两用瓶中,加入盐酸 2 mL,滴加适量过氧化氢并煮沸使铬还原至 3 价。另取镍打底溶液 16 mL,加入于两用瓶中,再加硝酸 2 mL,加水至刻度,摇匀。此溶液作为镍铬合金打底溶液。分别绘制下列含铁浓度范围的检量线:① 含铁 $10\sim150$ μg 的检量线,吸取镍铬打底溶液 10 mL 6 份,分别置于 50 mL 量瓶中,各加硝酸(1+3)3.5 mL,依次加入铁标准溶液(Fe 10 μg·mL^{-1})0.0 mL,3.0 mL,6.0 mL,9.0 mL,12.0 mL,15.0 mL。以下按[镍铬合金]的方法操作。② 含铁 $0.1\sim1.0$ mg 的检量线,吸取镍铬打底溶液 5 mL 6 份,分别置于 200 mL 量瓶中,各加硝酸(1+3)20 mL,依次加入铁标准溶液(Fe 0.1 mg·mL^{-1})0.0 mL,2.0 mL,4.0 mL,6.0 mL,8.0 mL,10.0 mL,以下按[镍铬合金]的方法操作。

15.3.2 1,10 二氮菲光度法

用酒石酸络合钨、钛、铌、钽、钼及用 EDTA 掩蔽镍等元素条件下以抗坏血酸还原 Fe^{3+} 至 2 价后,加入 1,10-二氮菲使其与 Fe^{2+} 形成橙红色络合物,借此可直接测定耐热镍基合金中 0.5% 以上的铁。

1) 试剂

酒石酸溶液(10%)。抗坏血酸溶液(1%)。EDTA 溶液(10%)。缓冲溶液(pH=5.7):溶解乙酸钠(NaAc·$3H_2O$)200 g 于水中,准确加入冰醋酸 9.2 mL,加水至 1 000 mL。1,10-二氮菲溶液(0.2%)。铁标准溶液(Fe 25 μg·mL^{-1})及(Fe 10 μg·mL^{-1})的溶液。

2) 操作步骤

称取试样细屑 0.050 0 g,置于 50 mL 瓷坩埚中,加入焦硫酸钾 4 g,置于高温炉中(600~700 ℃)熔融,冷却。用酒石酸溶液 30 mL 浸出并溶解熔块,溶液移入于 100 mL 量瓶中,加水至刻度,摇匀(此溶液除作测定铁用外还可作铌、锆、钽的测定)。含铁<1%者移取试样溶液 10 mL 2 份,分别置于 50 mL 两用瓶中,操作如下:显色溶液,加入抗坏血酸溶液 5 mL,EDTA 溶液 5 mL,加热,滴加氨水(1+3)及盐酸(1+3)至对硝基酚指示剂恰呈无色并过量盐酸(1+3)2 滴,加入缓冲溶液 10 mL 及 1,10-二氮菲溶液 10 mL,冷至室温,加水至刻度,摇匀。底液空白,同上但不加 1,10-二氮菲溶液。用 5 cm 比色皿,在 510 nm 波长处,以底液空白为参比溶液读测试样溶液的吸光度。另按同样手续作试剂空白 1 份并测得试剂空白的吸光度。从试样溶液的吸光度读数中减去试剂空白的吸光度读数后在相应的检量线上查得试样的含铁量。含铁 1%~5%者取试样溶液 10 mL 2 份,分别置于 100 mL 两用瓶中,按上述方法操作但缓冲溶液改为 20 mL,其他试剂加入量不变。显色后用 2 cm 比色皿读测吸光度。在相应检量线上查得试样的含铁量。

3) 检量线的绘制

(1) 含铁 10~50 μg 的检量线。于 6 只 50 mL 两用瓶中,依次加入铁标准溶液(Fe 10 μg·mL^{-1})0.0 mL,1.0 mL,2.0 mL,3.0 mL,4.0 mL,5.0 mL,各加酒石酸溶液 2 mL,抗坏血酸溶液 1 mL 及 EDTA 溶液 5 滴,按操作步骤显色,用 5 cm 比色皿,读测其吸光度,并绘制检量线。

(2) 含铁 50~250 μg 的检量线。于 6 只 100 mL 两用瓶中,依次加入铁标准溶液(Fe 25 μg·mL^{-1})0.0 mL,2.0 mL,4.0 mL,6.0 mL,8.0 mL,10.0 mL,各加酒石酸溶液 2 mL,抗坏血酸溶液 1 mL 及 EDTA 溶液 5 滴,按操作步骤显色,用 2 cm 比色皿,读测其吸光度,并绘制检量线。

15.4　锰　的　测　定

在 Ag^+ 的催化作用下，Mn^{2+} 在酸性溶液中被过硫酸铵迅速氧化至 MnO_4^- 状态，呈紫红色，借此进行锰的光度测定。

1) 试剂

定锰混合酸：在 500 mL 水中先后加入硫酸 25 mL，磷酸 30 mL 及硝酸 60 mL，搅匀后加入硝酸银 0.1 g，冷却。加水至 1 000 mL。过硫酸铵溶液（10%），当天配制。硝酸银溶液（1%）。EDTA 溶液（5%）。锰标准溶液（Mn 20 $\mu g \cdot mL^{-1}$）及（Mn 50 $\mu g \cdot mL^{-1}$）的溶液，用纯锰配制。硫、磷混合酸：于 500 mL 水中加入硫酸 150 mL 及磷酸 300 mL，搅匀。冷却至室温，加水稀释至 1 000 mL。

2) 操作步骤

(1) 纯镍。称取试样 0.100 0 g，置于 50 mL 两用瓶中，加入硝酸（1+1）2 mL，加热溶解后煮沸驱除黄烟，加入定锰混合酸 20 mL，过硫酸铵溶液 10 mL，煮沸 20～40 s，放置 1 min，冷却。加水至刻度，摇匀。倒出部分显色液于 3 cm 比色皿中，于剩留的溶液中滴加 EDTA 溶液数滴使 Mn(Ⅶ)还原后作为底液空白。以此为参比溶液，在 530 nm 波长处，读测显色溶液的吸光度。在相应检量线上查得试样的含锰量。

(2) 镍基合金。称取试样 0.200 0 g，置于 150 mL 锥形瓶中，加入王水溶解试样，加入硫磷混合酸 40 mL，蒸发至冒烟并保持冒烟 1 min，冷却。加入 40 mL 盐类溶解后将溶液移入 100 mL 量瓶中，加水至刻度，摇匀（此试样溶液用于测定钴、锰、钼、钨、钛等元素）。移取试样溶液 10 mL，置于 50 mL 两用瓶中，加水 10 mL，硝酸银溶液 5 滴及过硫酸铵溶液 10 mL，煮沸 20～40 s，放置 1 min，冷却，加水至刻度，摇匀。倒出部分溶液于 5 cm 比色皿中，在留下的溶液中加入 EDTA 溶液数滴使 Mn(Ⅶ)还原后作为参比溶液，在 530 nm 波长处，读测显色溶液的吸光度。在相应的检量线上查得含锰量。

3) 检量线的绘制

(1) 含锰 50～500 μg 的检量线。于 6 只 50 mL 两用瓶中依次加入锰标准溶液（Mn 50 $\mu g \cdot mL^{-1}$）0.0 mL，2.0 mL，4.0 mL，6.0 mL，8.0 mL 及 10.0 mL，按［纯镍］中所述方法显色，用 3 cm 比色皿，读测吸光度，并绘制检量线。

(2) 含锰 20～200 μg 的检量线。于 6 只 50 mL 两用瓶中，依次加入锰标准溶液（Mn 20 $\mu g \cdot mL^{-1}$）0.0 mL，1.0 mL，3.0 mL，5.0 mL，7.0 mL，9.0 mL，按［纯镍］所述显色后，用 5 cm 比色皿，读测各溶液的吸光度，并绘制检量线。

15.5　钛　的　测　定

在 0.5～4 $mol \cdot L^{-1}$ 盐酸介质（一般采用 1～2 $mol \cdot L^{-1}$ HCl 溶液）中钛(Ⅳ)与二安替比林甲烷（以下简写作 DAM）生成 1∶3 的黄色水溶性络合物，结构式如下。

$$TiO_2^{2+} + 3DAM + 4H^+ \Longrightarrow [Ti(DAM)_3]^{6+} + 2H_2O$$

此黄色络合物的吸收峰值在 $330\sim400$ nm 处,如因仪器条件的限制也可在 420 nm 处作吸光度测定。在 380 nm 和 420 nm 波长条件下测得的摩尔吸光系数分别为 $\varepsilon^{380}=1.3\times10^4$ 和 $\varepsilon^{420}=1.1\times10^4$。

此方法的主要优点是灵敏度、选择性和稳定性都比较好。在下述方法的条件下共存的 Ni^{2+},Cr^{3+},$W(\text{Ⅵ})$,$Mo(\text{Ⅵ})$,$Nb(\text{Ⅴ})$,$Ta(\text{Ⅴ})$,Co^{2+} 等均未达到干扰测定的程度。加入抗坏血酸将 Fe^{3+} 还原至 2 价后也不影响测定。

温度及 DAM 试剂的浓度对显色反应的速度有影响。当温度为 25 ℃时,显色需经 45 min 方达完全;当温度为 35 ℃时,经 20 min 反应就完全了,而在沸水中加热,只要 2 min 显色已完全。DAM 试剂的加入浓度须大于 2×10^{-4} mol·L^{-1} 显色方能完全。磷酸对钛有络合作用,使 $Ti(\text{Ⅳ})$ 与 DAM 的反应进行缓慢,但在 25 ℃的室温条件下,放置 45 min 以上也能达到完全。

1) 试剂

盐酸(1+1)。抗坏血酸(2%)。二安替比林甲烷溶液(5%),1 mol·L^{-1} 盐酸溶液。钛标准溶液:称取二氧化钛 0.166 8 g(含量不足时按比例多称),加焦硫酸钾 $3\sim4$ g,于瓷坩埚中熔融,冷却。用硫酸(5+95)浸出,移入量瓶中并用硫酸(5+95)稀释至 100 mL。此溶液每毫升含钛0.1 mg。吸取此溶液 20 mL,用硫酸(2+98)于量瓶中稀释至 100 mL(Ti 0.020 mg·mL^{-1})。

2) 操作步骤

试样的溶解及处理见 15.4 节。分取试样溶液 5 mL 2 份分别置于 100 mL 量瓶中,操作如下。显色溶液:加入盐酸(1+1)10 mL,抗坏血酸溶液 5 mL,放置 5 min,加入 DAM 溶液 10 mL,稀释至刻度,摇匀。底液空白溶液:不加 DAM 溶液,其他同显色液。$10\sim20$ min 后用适当的比色皿,于 380 nm 或 420 nm 波长处,以底液空白为参比,测定其吸光度。在相应检量线上查得试样的含钛量。

3) 检量线的绘制

(1) 含钛 $10\sim100$ μg 的检量线。取钛标准溶液(Ti 20 μg·mL^{-1})0.0 mL,1.0 mL,2.0 mL,3.0 mL,4.0 mL 及 5.0 mL,分别置于 100 mL 量瓶中,各加盐酸 16 mL,抗坏血酸溶液 5 mL 及 DAM 溶液 10 mL,加水至刻度 $10\sim20$ min 后用 3 cm 或 5 cm 比色皿,于 380 nm 或 420 nm 波长处,以不含钛标准溶液的试液为参比,测定其吸光度,并绘制检量线。

(2) 含钛 $0.1\sim0.5$ mg 的检量线。取钛标准溶液 0.0 mL,1.0 mL,2.0 mL,3.0 mL,4.0 mL 及 5.0 mL(Ti 0.1 mg·mL^{-1})分别置于 100 mL 量瓶中,以下操作同上。用 1 cm 比色皿测定吸光度,并绘制检量线。

4) 注

根据试样含钛量的高低,可选择适当的比色皿测定吸光度,并从相应浓度范围的检量线上查得含钛量(表 15.2)。

表 15.2　不同浓度的比色皿选择

Ti 浓 度 范 围($\mu g \cdot mL^{-1}$)	比 色 皿 的 选 择(cm)
0.5~5.0	1
0.25~2.50	2
0.1~1.0	5

15.6　钴的测定(亚硝基红盐光度法)

Co^{3+} 与亚硝基红盐(1-亚硝基-2-羟基荼酚-3,6-二磺酸钠)在微酸性溶液中形成水溶性橙红色络合离子。反应中 3 个分子亚硝基红盐与 1 个钴原子作用。由于空气的氧化作用,Co^{2+} 被氧化为 3 价,亚硝基红盐分子中的氮原子由 3 价变为 5 价:

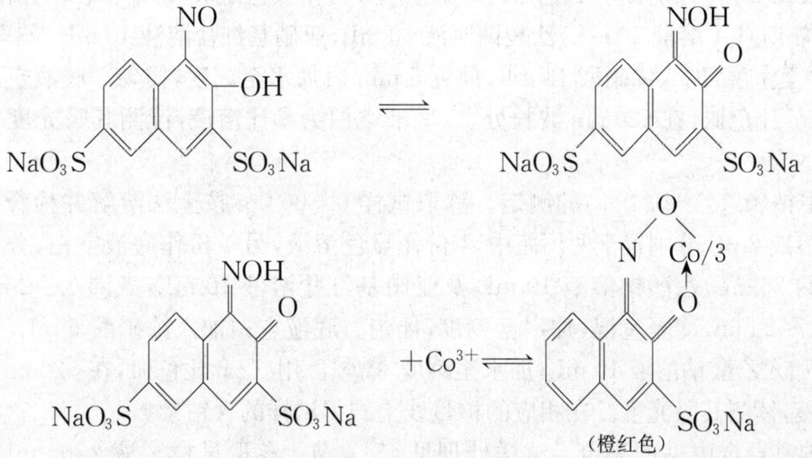

此络合物一旦形成后,在较强的酸性溶液中仍能保持稳定(如 2 mol·L^{-1}硝酸溶液中),因此在钴的测定中,常利用这一性质来消除其他共存离子的干扰,因很多其他金属离子与亚硝基红盐所形成的络合物以及过量试剂本身在较强的酸性溶液中能很快被分解。

显色反应可在乙酸钠缓冲溶液或柠檬酸盐-磷酸盐-硼酸盐缓冲溶液中进行。溶液的酸度小于 pH =2.5 时,显色反应不进行,而在 pH>8 时,显色反应也不完全。在 pH≈6 的条件下在室温放置 5 min 反应已完成;而当酸度为 pH 5~5.5 时,经保持微沸 3 min,反应也达到完全。

碱金属离子,碱土金属离子和 Mn^{2+},Zn^{2+},Pb^{2+},Al^{3+},Mo(Ⅵ),W(Ⅵ),V(Ⅴ)等不干扰钴的测定。Cu^{2+},Cr^{3+} 及少量 Ni^{2+}(<100 $\mu g \cdot mL^{-1}$)与亚硝基红盐所形成的络合物在加入硝酸并煮沸后即被破坏。Cr(Ⅳ)的存在也使结果偏低。Fe^{3+} 的存在使钴的吸光度降低,但随着 Fe^{3+} 量的增加(1~20 mg)吸光度趋于恒定,因此可以在检量线的溶液中加入一定量的铁作校正。有人认为 Fe^{3+} 可能通过内氧化生成一个稳定络合物使钴与亚硝基红盐络合物的吸光度降低。另一些人的试验表明在 Fe^{3+},Co^{2+} 共存的情况下加入 2 mg 以上的 Ni^{2+},上述吸光度偏低的现象即消除。

如上所述,Ni^{2+} 的共存量大于 100 $\mu g \cdot mL^{-1}$时,钴的吸光度也降低。在大量镍共存下,测定钴可以用 EDTA 掩蔽法,即在 Ni^{2+},Co^{2+} 的溶液中先加入 EDTA、乙酸钠缓冲溶液及亚硝基红盐,这时 Ni^{2+},Co^{2+} 均不能与亚硝基红盐反应。然后加入锌盐溶液络合过剩的 EDTA 并置换与 Co^{2+} 络合的 EDTA,从而使 Co^{2+} 能与亚硝基红盐反应。在此条件下,可能生成少量的 Ni^{2+}-亚硝基红盐络合物及多余的亚硝基红盐,可借加入硝酸破坏之。但由于有 EDTA 存在,加入硝酸后不能煮沸,否则钴的络合物也会被分解破坏。按此条件可以在 $100\ \mu g$ 镍存在下测定钴。

钴与亚硝基红盐络合物的吸收峰值在 420 nm 处,但为了避免亚硝基红盐本身的吸收,一般在 520 nm 的波长条件下进行测定。

1) 试剂

亚硝基红盐溶液(0.3%),此溶液宜当天配制。乙酸钠溶液(50%):称取乙酸钠(NaAc·3H$_2$O) 500 g,溶于水中并稀释至 1 000 mL。钴标准溶液:称取纯钴(99.95%以上)0.100 0 g,溶于硝酸(1+1) 2 mL 中,煮沸驱除黄烟,冷却。移入于 1 000 mL 量瓶中,加水至刻度,摇匀(0.1 mg·mL^{-1})。吸取此溶液 25 mL,置于 250 mL 量瓶中,加水至刻度,摇匀(Co 10 μg·mL^{-1})。EDTA 溶液(0.05 mol·L^{-1})。锌盐溶液(0.02 mol·L^{-1})。

2) 操作步骤

(1) 纯镍中微量钴(0.005%~0.10%)的测定。称取试样 0.500 0 g,置于 50 mL 两用瓶中,加入硝酸(1+1)5 mL,加热溶解并煮沸驱除黄烟,冷却,加水至刻度,摇匀(也可用测定铁的试样溶液)。移取试样溶液 10 mL 2 份,分别置于 100 mL 两用瓶中,1 份作显色溶液,另 1 份作空白溶液,分别操作如下。显色溶液加 EDTA 溶液 36 mL,乙酸钠溶液 10 mL,亚硝基红盐溶液 10 mL 及锌盐溶液 8 mL,煮沸 1~2 min,冷至室温,加入浓硝酸 14 mL,放置 5 min 后加水至刻度,摇匀。底液空白同上但不加锌盐溶液。用 5 cm 比色皿,在 520 nm 波长处,以底液空白为参比溶液,读测其吸光度。在相应的检量线上查得试样的含钴量。

(2) 纯镍中钴(0.1%~1.0%)的测定。称取试样 0.500 0 g 按上法溶解并稀释至 50 mL。移取 1.00 mL 试样溶液 2 份,分别置于两用瓶中,1 份作显色溶液,另 1 份作底液空白,分别操作如下。显色溶液加水至约 25 mL,乙酸钠溶液 10 mL 及亚硝基红盐溶液 10 mL,煮沸 1~2 min,加入浓硝酸 5 mL,再煮沸 1~2 min,冷至室温,加水至刻度,摇匀。底液空白加入浓硝酸 5 mL,亚硝基红盐溶液 10 mL,摇匀。加入乙酸钠溶液 10 mL,加水至刻度,摇匀。用 5 cm 比色皿,在 520 nm 波长处,以底液空白为参比溶液,读测其吸光度。在相应的检量线上查得试样的含钴量。

(3) 耐热镍基合金中钴的测定。试样处理见 15.4 节。移取试样溶液 2.00 mL 2 份,分别置于 100 mL 两用瓶中,操作如下:显色溶液加水至约 10 mL,乙酸钠溶液 10 mL 及亚硝基红盐溶液 30 mL,煮沸 1~2 min,或在室温放置 5 min,加入浓硝酸 5 mL,继续煮沸 1~2 min(或在室温放置 5 min),冷却,加水至刻度,摇匀。底液空白相继加入浓硝酸 5 mL,乙酸钠溶液 10 mL,亚硝基红盐溶液 30 mL,加水至刻度,摇匀。用 0.5 cm 或 1 cm 比色皿,在 520 nm 波长处,以底液空白为参比溶液,读测其吸光度。在相应的检量线上查得试样的含钴量。

3) 检量线的绘制

(1) 含钴 10~100 μg 的检量线。于 6 只 100 mL 两用瓶中,依次加入钴标准溶液(Co 10 μg·mL^{-1}) 0.0 mL,2.0 mL,4.0 mL,6.0 mL,8.0 mL,10.0 mL,各加水稀释至约 25 mL,相继加入乙酸钠溶液 10 mL 及亚硝基红盐溶液 10 mL,煮沸 1~2 min,加入浓硝酸 5 mL,再煮沸 1~2 min,冷至室温,加水至刻度,摇匀。用 5 cm 比色皿,以不加钴标准溶液的试液为参比溶液,读测各溶液的吸光度,并绘制检量线。

(2) 含钴 0.1~0.5 mg 的检量线。于 8 只 100 mL 两用瓶中,各加硫磷混合酸(于 500 mL 水中加入硫酸 150 mL 及磷酸 300 mL,搅匀。冷却。以水稀释至 1 L)0.8 mL,依次加入钴标准溶液(Co 0.1 mg·mL^{-1})0.0 mL,0.5 mL,1.0 mL,1.5 mL,2.0 mL,3.0 mL,4.0 mL,5.0 mL,各加水稀释至 10 mL,按(耐热镍基合金)所述方法显色,并读测其吸光度后绘制检量线。含钴 0.05 mg 至 0.3 mg 范围用 1 cm 比色皿;含钴 0.1 mg 至 0.5 mg 范围时用 0.5 cm 比色皿。

4) 注

测定含钴较低的镍铬合金中的钴时,可按同样方法溶解试样,加硫磷酸冒烟并稀释至 100 mL,然后分取 5 mL 或 10 mL 2 份,按方法所述显色,根据含钴的多少选择适当的比色皿,读测其吸光度。

15.7　铝 的 测 定

镍及镍合金中的铝,根据其含量的多少及共存元素,采用不同的方法。

15.7.1　较高含量铝的测定(络合滴定法)

耐热镍基合金中含铝从 0.2% 至 20% 左右。本方法适用于较高含量的铝。

在乙酸盐缓冲溶液中,二乙氨基二硫代甲酸钠(DDTC)能有效地沉淀分离铁、镍、钴、铜、钼、铌、钒及大部分锰、铬、钛等元素而不吸附铝。可作为进行铝的络合滴定前的快速分离方法。留在溶液中的部分钛及少量的锆可在滴定时加少量铜铁试剂掩蔽之。当铁、钴共存时进行 DDTC 分离,Co^{2+} 能被 Fe^{3+} 氧化成 Co^{3+},而铁被还原至 2 价,使铁的分离不完全,妨碍了铝的测定。分析含 1% 以下铁的镍基合金时无此现象。大量 Cr^{3+} 存在时,加入 DDTA 并煮沸后形成紫红色络合物,影响终点的观察。因此分析镍铬合金时应在高氯酸冒烟时加浓盐酸赶去大部分铬。

1) 试剂

王水:2 份盐酸与 1 份硝酸混合。高氯酸(70%~72%)。冰乙酸:分析纯。乙酸钠溶液(1 mol·L^{-1}),称取($CH_3COONa·3H_2O$)13.6 g 溶于水中,稀释至 100 mL。二乙氨二硫代甲酸钠溶液(以下简写作 DDTC)(20%)水溶液。EDTA 标准溶液(0.05 mol·L^{-1}):称取 EDTA18.6 g,溶于热水中,冷却。以水稀释至 1 000 mL。对硝基酚指示剂(0.2%)。六次甲基四胺溶液(20%)。二甲酚橙指示剂(0.2%)。铜铁试剂溶液(6%)。锌标准溶液(0.010 00 mol·L^{-1}):称取纯锌 0.653 8 g 溶于盐酸(1+1)20 mL 中,用氨水调节至刚果红试纸呈紫色,冷却。于量瓶中稀释至 1 000 mL。氟化钠(固体),化学纯。氨水(1+1)。

2) 操作步骤

称取试样 0.1~0.2 g,置于 125 mL 锥形瓶中,加王水数毫升,待试样全溶后,加入高氯酸 3 mL,蒸发至冒烟使铬氧化成 6 价,滴加浓盐酸驱铬,如此反复 2~3 次,最后使高氯酸剩余约 1.5~2 mL。冷却。加水 100 mL,冰乙酸 10 mL,乙酸钠 10 mL,摇匀。加入 DDTC 溶液 20 mL,摇匀。放置约 1 min,用中速滤纸过滤,用水洗涤沉淀及滤纸数次,滤液及洗液接收于 400 mL 烧杯中,加热煮沸,按试样的估计含铝量加入 0.05 mol·L^{-1} EDTA 溶液并过量 2~3 mL,煮沸,加入对硝基酚指示剂 2 滴,以氨水(1+1)中和至溶液恰呈黄色,再以盐酸滴至无色。加入六次甲基四胺溶液 20 mL,煮沸 1 min,冷却。加入二甲酚橙指示剂 4 滴,如溶液呈红色需用盐酸(1+1)调至橙黄色,以 0.010 00 mol·L^{-1}锌标准溶液滴定至溶液呈紫红色。加入铜铁试剂 1 mL,络合其中的钛,释放出的 EDTA 再以锌标准溶液滴定至紫红色终点,不计量。加入氟化钠约 1 g,煮沸 1 min,冷却,再以 0.010 00 mol·L^{-1}锌标准溶液滴定所释放出的 EDTA,至溶液呈紫红色为终点。按下式计算试样的含铝量:

$$Al\% = \frac{V \times M \times 0.026\,98}{G} \times 100$$

式中:V 为加入氟化钠后滴定所消耗锌标准溶液的毫升数;M 为锌标准溶液的摩尔浓度;G 为称取试

样质量(g)。

3) 注

(1) 铬的残留量不宜大于 1 mg,否则终点不明显。

(2) 加入 DDTC 试剂前溶液的酸度应保持在 pH≈1.5,加入 DDTC 试剂后溶液的酸度应为 pH 3～3.5。

(3) 滴定时应使溶液的 pH 值控制在靠近 pH=5.5,即二甲酚橙指示剂呈橙黄色(不是淡黄色),这样残留在溶液中少量锰将不至于影响终点的观察,也不影响测定的结果。

(4) 试样中如不含钛,可不加铜铁试剂。

15.7.2 耐热镍基合金中铝(0.5%～5%)的铬天青 S 光度法

铬天青 S(简写作 CAS)光度法测定铝在合金分析中应用较广。在 pH 4～6 的微酸性溶液中,Al^{3+} 与 CAS 试剂生成 1:2 和 1:3 的络合物。在 pH≈5.5(pH5.3～5.7)条件下显色,并在 550 nm 波长处测定可得到最大吸光度,但检量线不通过原点。为了避免冗长的分离手续,下述方法中采用 CyDTA-Zn 盐和甘露醇分别掩蔽 Fe^{3+},Ni^{2+} 和 Ti(Ⅳ)的情况直接测定。铝、铬、钒则在高氯酸冒烟时相应地被氧化至干扰较小的 6 价和 5 价状态。大部分钨、铌、钽等元素在高氯酸冒烟时以沉淀状态析出。根据各种耐热镍基合金的含铝量的规定范围(0.5%～5%)和合金中各种合金元素的含量计算,Ni^{2+},Cr(Ⅵ),Ti(Ⅳ),Mo(Ⅶ),W(Ⅵ),Nb(Ⅴ),Ta(Ⅴ),Zr(Ⅳ),稀土(Ⅳ)等均未达到干扰铝的测定的程度。

1) 试剂

CyDTA-Zn 溶液(0.1 mol·L⁻¹):称取氧化锌 8.1 g,溶于盐酸(1+1)35 mL 中。另称取 CyDTA 34.6 g,置于 400 mL 烧杯中,加水 200 mL,加热,滴加氨水至恰溶解。将两溶液合并混匀并调节其酸度至 pH≈5.5,在量瓶中稀释至 1 000 mL。甘露醇溶液(5%)。铬天青 S 溶液(0.1%),水溶液。六次甲基四胺缓冲溶液(pH≈5.7):称取六次甲基四胺 40 g,溶于 100 mL 水中,加浓盐酸 4 mL(以下简称六胺缓冲溶液)。氟化铵溶液(0.5%),贮于塑料瓶中。铝标准溶液:称取纯铝 0.100 0 g,置于聚四氟乙烯烧杯中,加入氢氧化钠 1 g,水 5 mL,加热至纯铝溶解完全。加入盐酸酸化并过量 8 mL,移入于 1 000 mL 量瓶中,加水至刻度,摇匀(Al 0.1 mg·mL⁻¹)。绘制检量线时,移取此溶液 20 mL,置于 200 mL 量瓶中,加水至刻度,摇匀(Al 10 μg·mL⁻¹)。

2) 操作步骤

称取试样 0.100 0 g,置于 100 mL 两用瓶中,加入王水 5 mL,加热溶解后加入高氯酸 1 mL,蒸发至冒浓烟,冷却。加水至刻度,摇匀。用干滤纸滤出部分溶液于干燥的锥形瓶中。分取试液 2 mL(含铝>2.5%者取 1 mL)2 份,分别置于 100 mL 量瓶中,操作如下:显色溶液,加入水 70 mL,CyDTA-Zn 溶液 2 mL 及甘露醇溶液 5 mL,摇匀。加入 CAS 溶液 5 mL,摇匀。加入六胺缓冲溶液 10 mL,加水至刻度,摇匀。底液空白,滴加氟化铵溶液 5 滴,其余操作同显色溶液。用 1 cm 比色皿,以底液空白作参比溶液,在 550 nm 波长处,读测其吸光度。在检量线上查得试样的含铝量。

3) 检量线的绘制

称取不含铝的镍铬合金 0.1 g,溶解,冒烟并稀释至 100 mL。分取此溶液 2 mL 6 份,分别置于 100 mL 量瓶中,依次加入铝标准溶液(Al 10 μg·mL⁻¹)0.0 mL、1.0 mL、2.0 mL、3.0 mL、4.0 mL、5.0 mL,以下按操作步骤显色并读测吸光度。按所得读数绘制检量线。

4) 注

(1) 本方法不作仲裁分析用。

（2）CyDTA-Zn 的掩蔽效果比 EDTA-Zn 好，显色时不需要放置较长时间，加入 CAS 溶液后 2～3 min 即可测定，吸光度至少在 40 min 内稳定。

（3）方法中的条件适用于含铝＞0.5％的试样。如果试样的含铝在 0.05％～0.5％范围内，仍可按上述条件测定，仅需改变试样的分液量为 5 mL 并改用 2 cm 或 3 cm 比色皿。检量线的浓度范围也应作相应的变动。

（4）有些电子器材用镍中常含 0.4％的铝。也可按此方法测定。制作检量线时可用不含铝的纯镍打底。

15.7.3　微量铝的光度测定法

纯镍中铝是微量杂质，可用铬天青 S-十六烷基三甲基溴化铵胶束增溶光度法测定。使微克量铝从大量镍的基体中分离富集可用苯甲酸盐萃取法。在 pH＝5±0.5 的醋酸盐缓冲介质中萃取铝可获得 99％左右的回收率。萃取入有机相的铝，用稀盐酸反萃取即可进入水相。将溶液中留下的有机物（包括少量苯甲酸盐）破坏后即可进行显色。本方法的测定下限可达 0.000 2％。

1）试剂

苯甲酸铵溶液（10％）。苯甲酸铵洗液（2％），调节酸度至 pH≈4.7。苯甲酸-乙酸乙酯溶液（5％）：称取苯甲酸 5 g，溶于乙酸乙酯 100 mL 中。盐酸羟胺溶液（10％）：称取 $NH_2OH \cdot HCl$ 10 g，溶于水中，稀释至 100 mL。硫脲溶液（5％）。CyDTA-Zn 溶液（0.1 mol·L^{-1}）。CAS 溶液（0.05％）：称取铬天青 S 试剂 0.10 g，置于 100 mL 锥形瓶中，加水 20 mL 及乙醇 20 mL，在热水中加热溶解，移入于 200 mL 量瓶中，用乙醇稀释至刻度，摇匀。CTMAB 溶液（0.2％），称取十六烷基三甲基溴化铵 0.6 g，溶于乙醇 200 mL 中，加水至 300 mL。CAS-CTMAB 混合溶液：取 CAS 溶液（0.05％）及 CTMAB 溶液（0.2％）等体积混合。乙酸钠溶液（4 mol·L^{-1}）：称取乙酸钠（NaAc·$3H_2O$）544 g，置于 1 000 mL 烧杯中，加水 400 mL，加热溶解后加入铁溶液 20 mL（含铁约 1 mg·mL^{-1}，用氯化铁配制），充分搅拌，待生成的氢氧化铁沉淀凝聚并下沉后用松质滤纸过滤并稀释至 1 000 mL。铝标准溶液：用上法中的溶液稀释至含铝 1 μg·mL^{-1} 的溶液。pH＝4.6 缓冲溶液：溶解乙酸钠（NaAC·$3H_2O$）238 g 于 500 mL 水中，加入冰醋酸 102 mL，加水稀释至 1 000 mL。

2）操作步骤

称取纯镍试样 0.100～0.500 g，置于 100 mL 石英烧杯中，加入硝酸（1＋1）10 mL，加热溶解后蒸发至将近干涸，加水 5 mL，加热溶解盐类，滴加氨水（1＋4）及盐酸（1＋3）至刚果红试纸呈蓝紫色（pH≈3）。将溶液移入于分液漏斗中，加盐酸羟胺溶液 1 mL，pH＝4.6 缓冲溶液 5 mL 及苯甲酸铵溶液 6 mL，加水至约 25 mL，摇匀。加入苯甲酸乙酸乙酯溶液 25 mL，振摇 1～2 min，静置分层，弃去水相，加入苯甲酸铵洗液 10 mL，振摇 10 s，分层后弃去水相，用少量水冲洗分液漏斗内壁，不要振摇，将水放出。加入盐酸（1＋11）10 mL，振摇 1～2 min，分层后将水相放入 50 mL 石英烧杯中，再加盐酸（1＋11）10 mL，重复反萃取一次。水相与第一次反萃取液合并，有机相集中存放，以便回收。将盐酸反萃取液蒸发至剩 1～2 mL，加入硝酸约 0.5 mL，硫酸（1＋1）3～4 滴，蒸发至冒硫酸烟。如出现棕色碳化物，再滴加硝酸数滴及硫酸（1＋1）1～2 滴，重复冒烟一次，冷却，加少量水溶解盐类，根据试样的估计含铝量，将全部试液或分取部分试液，置于 50 mL 量瓶中，按方法进行显色。另按同样手续作试剂空白 1 份。在盛有试样溶液及试剂空白溶液的 50 mL 量瓶中，各加甲基橙指示剂 1 滴，滴加氨水（1＋4）至恰呈黄色，立即滴加盐酸（0.5 mol·L^{-1}）至呈红色并加过量 1 mL，随即加入盐酸羟胺溶液 1 mL，硫脲溶液 1 mL 及 CyDTA-Zn 溶液 1 mL，摇匀。用移液管加入 CAS-CyMAB 混合溶液 5 mL，摇匀，加入 4 mol·L^{-1}乙酸钠溶液 15 mL，加水至刻度，摇匀。用 3 cm 比色皿，以试剂空白为参比溶液，在

620 nm 波长处,读测其吸光度。在检量线上查得试样的含铝量。

3) 检量线的绘制

于 6 只 50 mL 量瓶中,依次加入铝标准溶液(Al 1 μg·mL^{-1})0.0 mL,1.0 mL,2.0 mL,3.0 mL,4.0 mL,5.0 mL,各加甲基橙指示剂 1 滴,按操作步骤调节酸度并显色,以不加铝标准溶液的试液为参比溶液,读测各溶液的吸光度,并绘制检量线。

4) 注

(1) 本方法所用各种试剂都选用一级试剂,并用去离子水配制。

(2) 铝的显色酸度在 pH≈6.1。

15.8　硅 的 测 定

以稀王水或稀硝酸溶解试样使硅转化成可溶性正硅酸,在适宜的酸度条件下加入钼酸铵使其与硅酸形成 β-硅钼杂多酸,然后提高酸度并在草酸存在下加入还原剂,使硅钼杂多酸还原成钼蓝而进行光度测定。

对含硅较高的试样或含钨、铌等组成较复杂的耐热镍基合金,为了防止硅酸的聚合和钨酸等沉淀的析出,可在溶样时加入氢氟酸。

测定微量硅时,采取萃取法以达到硅的富集和与大量 Ni^{2+},Cr^{3+} 等有色的基体元素分离的目的。

1) 试剂

混合酸:取优级纯盐酸、硝酸及去离子水以 27:10:60 的比例混合之。硝酸(1+2)。草酸铵溶液:于 700 mL 水中加入硫酸 250 mL,搅匀后趁热加入草酸铵 30 g,溶解后冷却至室温,加水至1 000 mL。钼酸铵溶液(5%)。硫酸亚铁铵溶液(6%),每 100 mL 溶液中加入硫酸(1+1)6 滴。氯化亚锡还原溶液:称取氯化亚锡($SnCl_2$·$2H_2O$)1 g,溶于 20 mL 盐酸中;另称抗坏血酸 1 g,溶于 50 mL水中,将两溶液混合后稀释至 100 mL,此溶液宜当天配制。4-甲基戊酮-[2](以下简写作 MIBK)。硅标准溶液:取纯石英砂 1 000 ℃灼烧 20 min,置于干燥器中冷却。称取此石英砂 1.070 0 g 置于铂坩埚中,加无水碳酸钠 5 g,熔融,冷却,将坩埚置于氟塑料杯中,加水浸出熔块。将溶液移入 1 000 mL 量瓶中,加水至刻度,摇匀。立即将溶液移入干燥的塑料瓶中存放。此溶液每毫升含硅 0.5 mg。绘制检量线时,再根据需要将此溶液稀释至每毫升含硅 20 μg 及 2 μg。

2) 操作步骤

(1) 直接钼蓝光度测定法(适用于含硅 0.05%~1%的试样)。

纯镍:称取试样 0.200 0 g,置于聚四氟乙烯烧杯中,加入硝酸(1+2)12 mL,加热至试样溶解,冷却至 60~70 ℃,滴加氢氟酸 5~6 滴,冷至室温,加入尿素少许,摇匀。加入硼酸饱和溶液 20 mL,放置1 min,将溶液移入 100 mL 量瓶中,加水至 100 mL,摇匀。立即将溶液倒回塑料杯中存放。称取试样溶液 10 mL 2 份,分别置于 100 mL 量瓶中,1 份作显色溶液,另 1 份作底液空白,按下述方法操作。显色溶液(室温显色条件):加水 25 mL,钼酸铵溶液 5 mL,放置 10 min(室温 15 ℃以上),加入草酸铵溶液 10 mL,摇匀。随即加入硫酸亚铁铵溶液 10 mL,加水至刻度,摇匀。显色溶液(加热显色条件):加入钼酸铵溶液 5 mL,在沸水浴中加热 30 s,流水冲冷后加水 25 mL,草酸铵溶液 10 mL,摇匀。随即加入硫酸亚铁铵溶液 10 mL,加水至刻度,摇匀。底液空白:依次加入草酸铵溶液、钼酸铵溶液及硫酸亚铁铵溶液,加水至刻度,摇匀。用 1 cm 或 2 cm 比色皿,于 660 nm 波长处,以底液空白为参比溶液,读测其吸光度(A_1)。与试样分析同时,按同样操作步骤作试剂空白 1 份。所测得吸光度为 A_2。从 A_1

中减去 A_2 后在检量线上查得试样的含硅量。

镍铬合金:称取试样 0.100 0 g,置于聚四氟乙烯烧杯中,加入混合酸 10 mL,加热溶解,稍冷,加入氢氟酸 0.5 mL(约 10 滴),尿素少许及硼酸饱和溶液 20 mL,冷却。放置 1 min 后转入 100 mL 量瓶中,加水至刻度,摇匀,立即倒回塑料烧杯中存放。吸取试样溶液 10 mL 2 份,分别置于 100 mL 量瓶中,1 份作显色溶液,另 1 份作底液空白,以下操作同[纯镍]。

(2) 萃取光度测定法(适用于含硅<0.1%的试样)。

纯镍:含硅 0.01%~0.10%的试样,称取试样 0.200 0 g,置于 100 mL 两用瓶中,加入硝酸(1+2) 12 mL,加热溶解试样,冷却。加少许尿素后加水至刻度,摇匀。移取试样溶液 10 mL,置于分液漏斗中,加水 25 mL,钼酸铵溶液 5 mL,放置 10 min(室温 15 ℃以上),加入草酸铵溶液 10 mL,摇匀,立即定量加入 MIBK15 mL,萃取 1 min,静置分层,弃去水相。于有机相中加入氯化亚锡还原溶液 2 mL,振摇 20 s,分层后弃去水相。在有机相中定量加入乙醇 1 mL,摇匀。与此同时按同样步骤作试剂空白 1 份。将显色溶液置于 1 cm 或 2 cm 比色皿中,以试剂空白为参比溶液,在 720 nm 波长处读测其吸光度,在检量线上查得试样的含硅量。

含硅<0.01%的试样,称取试样 1.000 0 g,置于 100 mL 锥形瓶中,加入硝酸(1+2)15 mL 及水 5 mL,加热溶解,加入尿素少许,冷却。移入于 25 mL 量瓶中,加水至刻度,摇匀。移取 5 mL 或 10 mL 试液,置于 100 mL 烧杯中,滴加氨水至刚果红试纸恰呈红色,滴加硫酸(1+8)至复呈蓝色后加过量 1.0 mL,移入有刻度的分液漏斗中,加水至 35 mL,加入钼铵溶液 5 mL,放置 10 min(室温 15 ℃以上)。以下操作同上。

耐热镍基合金:称取试样 0.100 0 g,置于聚四氟乙烯烧杯中,加入混合酸 10 mL,氢氟酸 0.5 mL(约 10 滴),在热板上加热溶解后,用少量水冲洗杯盖,加入硼酸饱和溶液 20 mL,冷却,摇匀。1 min 后移于 100 mL 量瓶中,加水至刻度,倒回原塑料烧杯中存放。于另一聚四氟乙烯烧杯中,加入混合酸和氢氟酸,按上述操作法稀释至 100 mL,此溶液作为试剂空白。分取试样,空白溶液各 10 mL,分别置于小塑料瓶中,按室温或加热条件进行显色。室温显色:加入水 25 mL 及钼酸铵溶液 5 mL,放置 10 min(室温 15 ℃以上)加入草酸铵溶液 10 mL,摇匀。随即移入分液漏斗中,准确加入 MIBK15 mL,振摇 1 min,静置分层,弃去水相。于有机相中加入氯化亚锡 2 mL,振摇 20 s,分层后弃去水相。在有机相中加入乙醇 1 mL,将溶液置于 1 cm 或 2 cm 比色皿中,在 720 nm 波长处,测其吸光度。在检量线上查得含硅量。加热显色:加入钼酸铵溶液 5 mL,在沸水浴上加热 1 min,流水冷却,加入水 25 mL,草酸铵溶液 10 mL,即移于分液漏斗中,准确加入 MIBK15 mL,振摇 1 min,静置分层,弃去水相。以下操作同室温显色。

3) 检量线的绘制

(1) 直接钼蓝光度法的检量线。称取纯镍 0.2 g,溶于硝酸(1+2)12 mL 中,加尿素少许,冷却。移入 100 mL 量瓶中加水至刻度,摇匀。吸取此溶液 10 mL 8 份,分别置于 100 mL 量瓶中,依次加入硅标准溶液(Si 20 μg·mL^{-1})0.0 mL,1.0 mL,3.0 mL,5.0 mL,7.0 mL,9.0 mL,11.0 mL,13.0 mL,各加水至 35 mL,加钼酸铵溶液 5 mL,放置 10 min(室温 15 ℃以上),加入草酸铵溶液 10 mL,摇匀。随即加入硫酸亚铁铵溶液 10 mL,加水至刻度,摇匀。用 2 cm 比色皿,以不加硅标准溶液的试液为参比溶液,在 660 nm 波长处,读测各溶液的吸光度,并绘制检量线。

(2) 萃取光度法的检量线。称取纯镍 0.1 g,溶于硝酸(1+2)10 mL 中,加尿素少许,移入 100 mL 量瓶中,加水至刻度,摇匀。移取此溶液 10 mL 6 份,分别置于分液漏斗中,依次加入硅标准溶液(Si 2 μg·mL^{-1})0.0 mL,1.0 mL,2.0 mL,3.0 mL,4.0 mL,5.0 mL,各加水稀释至 35 mL,加钼酸铵溶液 5 mL,放置 10 min(室温 15 ℃以上),加入草酸铵溶液 10 mL 后,按操作步骤(2)萃取并显色后,读测各溶液的吸光度,按所得读数绘制检量线。

4) 注

(1) 试验中要用去离子水以降低空白值。

(2) 溶解含硅量低的试样不需要加氢氟酸。溶解低硅的耐热镍基合金时,加入氢氟酸主要是为了络合钨、铌等元素,以加速试样的溶解。

(3) 加入硼酸可使多余的氢氟酸络合,但氟硼酸对玻璃仍有缓慢的侵蚀作用,故试样溶液不宜放在玻璃量瓶中保存,显色操作也不在玻璃器皿中进行。

(4) 在 pH<2.3 时,硅酸与钼酸盐主要形成 β-硅钼杂多酸。根据 Keggin 的研究,硅钼杂多酸的化学式应当是 $H_4[Si(Mo_3O_{10})_4]$。显色时所采用的实际酸度条件常因试样量的多少,试样类型的不同,温度的高低,钼酸铵浓度的大小等因素的变化而有所不同,但一般地说都采用 pH 1~2 的酸度条件。

(5) 加入草酸使磷、砷和钼酸盐生成的杂多酸迅速破坏,而硅钼杂多酸在 2 min 内不受影响。硅为 4 价而磷、砷为 5 价,磷、砷显示较强的负电性,与阴离子结合能力较弱,故加入草酸后,磷、砷的杂多酸先被破坏。

(6) 加入还原剂时,硅钼杂多酸分子中有 2 个钼被还原至 4 价而出现蓝色。就几种常用的还原剂而言,用亚铁盐还原速度较快但灵敏度不如二氯化锡。而用二氯化锡还原时稳定性较差,故采用二氯化锡和抗坏血酸的混合溶液作还原剂。

15.9 磷、砷的测定

磷、砷在纯镍及镍基合金中都是微量杂质,测定方法以萃取磷(Ⅴ)、砷(Ⅴ)与钼酸盐所形成的杂多酸并使还原为钼蓝的光度测定法较为快速和简便。由于磷钼杂多酸和砷钼杂多酸的形成条件大体相同,选择适当的萃取剂可以在同一份试液中连续测定磷和砷。

在硝酸溶液中形成磷钼和砷钼杂多酸的酸度条件都比较宽,磷钼杂多酸可在 0.3~1.8 mol·L^{-1} 的硝酸溶液中迅速形成,而形成砷钼杂多酸的酸度条件是 0.5~1.7 mol·L^{-1}。小于 0.6 mol·L^{-1} 时,硅(Ⅳ)也形成硅钼杂多酸。为了避免硅的干扰和便于磷、砷的同时测定,下述方法中采用 1.5 mol·L^{-1} 的酸度条件。用乙酸丁酯作为磷钼杂多酸的萃取剂具有很好的选择性和很高的萃取率,用 10 mL 乙酸丁酯萃取 30 μg 磷,一次萃取实际可达 100%,而乙酸丁酯对砷不萃取。在萃取磷后的溶液中可用 4-甲基戊酮-[2](MIBK)萃取砷钼杂多酸。

干扰磷、砷测定的元素主要有钒、钨、铌、钛、锆、钽等。钒(Ⅴ)与磷酸和钼酸盐形成磷钒钼杂多酸,不被乙酸丁酯萃取,使磷的结果偏低,但能被 MIBK 所萃取,使砷的结果偏高。对含钒的试样须加亚铁使钒还原至 4 价而避免其干扰。钛(Ⅳ)、铌(Ⅴ)、锆的共存量很低时,也与磷酸和钼酸盐形成三元杂多酸,不被乙酸丁酯萃取而被 MIBK 萃取,致使磷的结果偏低,砷的结果偏高。当这些元素的共存量较高时,将水解而析出沉淀,磷、砷将被吸附而导致偏低的结果。试验证明,铬(Ⅲ)也与磷、钼形成三元杂多酸,不被乙酸丁酯萃取,故使磷的结果偏低。因此分析高铬合金时必须用高氯酸冒烟使铬氧化后加盐酸使其生成氯化铬酰挥发除去。含钨的试样在溶样过程中将有钨酸析出,磷、砷能部分地被钨酸带入沉淀中。消除钨的干扰的简便方法是加入氢氟酸络合钨,然后在固体硼酸存在下进行磷、砷的萃取。

1) 试剂

钼酸铵溶液(10%)。酸性钼酸铵溶液:取钼酸铵溶液(10%)50 mL 及 3 mol·L^{-1} 硝酸 50 mL 混合均匀。此溶液在使用时临时配制。硝酸（3 mol·L⁻¹）：取浓硝酸（优级纯）30 mL,加水稀释至160 mL;硝酸（1.5 mol·L⁻¹）：取浓硝酸（优级纯）30 mL,加水稀释至320 mL。亚硫酸钠溶液（10%）。硫酸亚铁铵溶液（6%）,每 100 mL 溶液中加硫酸（1+1）6 滴。盐酸洗液（15%V/V）。氯化亚锡溶液：称氯化亚锡 0.5 g,溶于盐酸 3 mL 中,加水至 50 mL,加抗坏血酸 0.7 g,摇匀使其溶解,此溶液应当天配制。磷标准溶液：称取磷酸氢二钠（$Na_2HPO_4·12H_2O$）1.154 7 g 置于 500 mL 量瓶中,加入水溶解,加硝酸（1+1）5 mL,加水至刻度,摇匀。此溶液每毫升含磷约 0.2 mg。其准确浓度用重量法标定之,方法如下:移取磷标准溶液 50 mL,置于 400 mL 烧杯中,加镁合剂（每 100 mL 溶液中含硫酸镁 $MgSO_4·7H_2O$ 13 g 及硫酸铵 7.5 g）5 mL,加水至约 100 mL,滴加氨水至甲基红指示剂呈黄色,不断搅拌溶液直至磷酸铵镁沉淀开始析出,再滴加浓氨水 5 mL,搅拌 1～2 min 后放置过夜。用紧密滤纸过滤,用氨水（5+95）洗涤并将沉淀全部移至滤纸上。将沉淀及滤纸置于已知重量的铂坩埚或瓷坩埚中,置于高温炉中,逐渐升温至 500 ℃左右,使滤纸灰化完全,继续升温至 1 000 ℃,灼烧至恒重。按下式计算每毫升标准溶液的含磷量:

$$P(g·mL^{-1}) = \frac{W_{Mg_2P_2O_7} \times 0.278\ 0}{50}$$

绘制检量线时,取此溶液 10 mL,置于 200 mL 量瓶中,用 1.5 mol·L⁻¹硝酸稀释至刻度。此溶液每毫升约含磷 10 μg。其准确含量按标定值计算。砷标准溶液：称取三氧化二砷（As_2O_3,基准试剂）0.132 0 g,置于 150 mL 锥形瓶中,加入浓硝酸 20 mL,煮沸约 30 min 使砷氧化,冷却。移入于 500 mL 量瓶中,加水至刻度,摇匀。此溶液每毫升含砷 0.2 mg。绘制检量线时,移取此溶液 10 mL,置于 200 mL 量瓶中,用 1.5 mol·L⁻¹硝酸稀释至刻度,摇匀（As 10 μg·mL⁻¹）。

2) 操作步骤

（1）纯镍。称取试样 0.500 0 g,置于 100 mL 锥形瓶中,加入硝酸（1+1）5 mL,加热溶解后,加入高氯酸（1+1）5 mL,蒸发至冒烟并保持冒烟 2 min。冷却。加入硝酸（1+4）6 mL,溶解盐类（将溶液移入分液漏斗中,加少量水冲洗锥形瓶,洗液并入分液漏斗中,加水至体积为 20 mL。如盐类溶解后有硅酸沉淀存在,可用小滤纸将溶液滤入分液漏斗中）,用少量水洗锥形瓶及滤纸至溶液体积为 20 mL,加入酸性钼酸铵溶液 5 mL,摇匀。定量加入乙酸丁酯 10 mL,振摇半分钟（室温低于 25 ℃时需振摇 1～2 min）,静置分层,水相放入另一分液漏斗中留作测定砷用。于有机相中加入盐酸洗涤液 10 mL,振摇数秒钟,分层后弃去水相,于有机相中迅速加氯化亚锡溶液 2 mL,摇动分液漏斗,此时磷钼杂多酸被还原为"钼蓝"。弃去水相,用移液管加入乙醇 1 mL,混匀。与试样操作同时作试剂空白 1 份。用 1 cm 比色皿,以试剂空白为参比溶液,在 720 nm 波长处,读测其吸光度。在检量线上查得试样的含磷量。于留作测定砷的试样溶液及空白溶液中分别定量加入 MIBK 10 mL,振摇 1～2 min,分层后弃去水相。于有机相中加入氯化亚锡溶液 2 mL,摇动溶液使砷钼杂多酸还原成"钼蓝",弃去水相。用 2 cm 比色皿,以试剂空白为参比溶液,在 720 nm 波长处,读测其吸光度。在检量线上查得试样的含砷量。

（2）耐热镍基合金。称取试样 0.500 0 g,置于 100 mL 锥形瓶中,加王水溶解试样,加高氯酸 4 mL,蒸发至冒烟,在铬氧化至 6 价后滴加浓盐酸去铬,再次冒烟并加盐酸去铬,必要时再重复一次。最后蒸发至溶液体积约 3 mL,冷却。加入硝酸（1+4）6 mL 溶解盐类,加入亚硫酸钠 2～3 mL 还原残留的铬。煮沸。冷却。用塑料棒将黏附在锥形瓶壁的沉淀物刮下,连同溶液一起移入小口的塑料瓶中（此瓶容积约 100 mL,瓶口直径约为 1.5 cm,须有能盖紧不漏水的瓶塞）,用少量水洗涤锥形瓶,洗液并入塑料瓶中,此时溶液体积应保持在 25 mL。加入氢氟酸 1 mL,在近沸的水浴中放置约 10 min,使钨酸及钽、铌等沉淀物溶解。冷却。加入硫酸亚铁铵溶液 1～3 滴,酸性钼酸铵溶液 20 mL（如试样不含钨,可改为加 10 mL）,定量加入乙酸丁酯 10 mL,加硼酸 1 g,将瓶塞紧,萃取 0.5～1 min,将溶液移入分液漏斗中,用数毫升硝酸($1.5\ mol\cdot L^{-1}$)洗涤塑料瓶,分层后将水相放回至塑料瓶中留作测定砷用。有机相加盐酸洗液洗涤后加氯化亚锡还原并对试剂空白读测其吸光度,操作方法与[纯镍]相同。于留在塑料瓶中的水溶液中定量加入 MIBK 10 mL 萃取砷。操作方法与[纯镍]相同。

3) 检量线的绘制

(1) 磷的检量线。分取磷标准溶液($P\ 10\ \mu g\cdot mL^{-1}$)0.0 mL,0.5 mL,1.0 mL,1.5 mL,2.0 mL,2.5 mL,分别置于分液漏斗中,各加 $1.5\ mol\cdot L^{-1}$ 硝酸稀释至 20 mL,加入酸性钼酸铵溶液 3 mL。以下操作方法与[纯镍]相同。

(2) 砷的检量线。分取砷的标准溶液($As\ 10\ \mu g\cdot mL^{-1}$)0.0 mL,0.5 mL,1.0 mL,1.5 mL,2.0 mL,2.5 mL,各加 $1.5\ mol\cdot L^{-1}$ 硝酸稀释至 20 mL,加入酸性钼酸铵溶液 3 mL,以下按[纯镍]的操作方法,加 MIBK 10 mL 萃取砷。

4) 注

(1) 乙酸丁酯可以回收使用。将用过的溶剂集中存放,但不宜放置太久,超过 2 天的试剂按下法处理时有黄色不能洗尽。处理方法:将乙酸丁酯先后用盐酸(1+9)洗 2 次,水洗 1 次,氨水(1+9)洗 2 次,水洗 2 次,放置数天使之澄清。

(2) 使用酸性钼酸铵的优点是其加入量的变化不影响试液的酸度。但该溶液中含有微量硅,虽在 $1.5\ mol\cdot L^{-1}$ 硝酸中,长时间放置仍能形成少量硅钼杂多酸而影响砷的测定(对磷不影响),故方法中规定在使用时现配。必要时也可按下法净化:取酸性钼酸铵 100～200 mL,用 MIBK 10 mL 萃取 2 次,弃去有机相,再用乙酸丁酯 10 mL 萃取 1 次,使溶入水相中的 MIBK 除去。

(3) 加入钼酸铵后,与磷、砷形成杂多酸的反应立即进行,故无须放置即可进行萃取。

(4) 钼酸铵的加入量与溶液的体积,氢氟酸的加入量及某些元素(如铁、钨等)的共存量有关。一般地说,溶液体积增加,钼酸铵的加入量应相应增加。有铁存在时,由于 Fe^{3+} 和钼酸盐形成络合物而消耗钼酸铵,例如有 20 mg Fe^{3+} 共存时,加入酸性钼酸铵溶液 3 mL 已能使磷反应完全,而共存铁达 0.5 g 时,需加钼酸铵溶液 20 mL 以上。氢氟酸也消耗钼酸铵,因钼与氟形成分子比为 1：2 的络合物。例如当有 0.25 mL 氢氟酸存在时需加钼酸铵溶液 20 mL 方能使磷的反应完全。加入硼酸可与氢氟酸络合而消除氟离子对磷的干扰。例如有 2.4 mL 氢氟酸存在时,只要加入 1 g 硼酸,钼酸铵溶液的加入量仅 3 mL 就足够了。钨能用氢氟酸络合,但大量钨存在时虽经氢氟酸络合,仍使磷、砷的结果偏低,必须增加钼酸铵溶液的加入量才能使磷、砷与钼酸铵的反应完全。

(5) 砷的显色溶液一般是澄清的,不需要加乙醇,但在室温较低或钼酸铵溶液加入较多时,加入氯化亚锡溶液后有时会出现浑浊。遇此情况,可在还原之前,用稀酸洗涤有机相一次,然后弃去洗液再加氯化亚锡还原。

15.10 耐热镍基合金中钨、铌、锆、钽、硼、稀土总量的测定

15.10.1 钨的测定

在盐酸介质中,用三氯化钛及氯化亚锡作为还原剂将 W(Ⅵ)还原至 5 价,而与硫氰酸盐生成黄色络合物,其吸收峰值在 400 nm 波长处,方法的灵敏度为 $0.2\ \mu g\cdot mL^{-1}$。

含钨的试样,为了使钨处于溶液状态,一般要经过硫磷酸冒烟,这时,钨以磷钨酸状态存在:

$$12H_2WO_4 + H_3PO_4 \longrightarrow H_2[P(W_2O_7)_6] + 10H_2O$$

加入三氯化钛后,W(Ⅵ)被还原至 5 价并与硫氰酸盐络合生成 $H_2[WO(CNS)_5]$ 络离子。也有报道硫氰酸钨络合物的结构为 $W(CNS)_5$ 或 $NH_4CNSW(CNS)_5$。

测定钨的适宜酸度(HCl)条件一般认为在 $3\sim6\ mol\cdot L^{-1}$ 之间,下述方法采取在 $5\sim6\ mol\cdot L^{-1}$ 之间的条件下显色。酸度小于 $2.5\ mol\cdot L^{-1}$ 时显色速度慢,而且钼的干扰严重,而酸度大于 $6.5\ mol\cdot L^{-1}$ 时,硫氰酸盐易于分解,使吸光度下降。显色溶液中硫氰酸盐的合适浓度为 $0.2\ mol\cdot L^{-1}$ 左右。氯化亚锡的加入量以试样中铁量多少而定,例如 $50\ mg\ Fe^{3+}$ 需加氯化亚锡 $0.7\sim1\ g$,而含 Fe^{3+} 10 mg 以下时,加入 $0.2\sim0.3\ g$ 氯化亚锡已足够使它还原为 2 价。三氯化钛的加入量只要 $0.01\sim0.03\ g$ 就足够了。保存的三氯化钛溶液易被空气部分氧化至 4 价而影响溶液中有效 3 价钛的浓度。为了保证有足够的 3 价钛的浓度,可在配好的三氯化钛溶液中加入少量锌粒使它还原。

此方法的主要干扰元素是钒、铌和钼,尤其以钒的干扰最严重。V(Ⅳ)能与硫氰酸盐生成蓝色络合物 $[VO(CNS)_4]^{2-}$,使钨的测定结果偏高。如果钒含量远小于钨含量,则可求出钒的校正值(即 1% V 相当于钨的百分数),并对钨的结果按试样的实际钒含量进行校正。钼的干扰实际上并不太严重,因为加入三氯化钛后,有相当部分的钼被还原至不显色的价态(Ⅳ,Ⅲ),而部分 5 价钼虽能显色,但在 $400\sim420\ nm$ 波长处的摩尔吸光率仅为钨的摩尔吸光率的 $60\%\sim70\%$。因此如钼量不超过钨量 0.5 倍时,影响很小。Nb(Ⅴ)与硫氰酸盐生成黄色络合物 $H[NbO(CNS)_4]$,使钨的结果偏高。磷酸或草酸可掩蔽少量铌。

1) 试剂

氯化亚锡溶液(0.5%):称氯化亚锡($SnCl_2\cdot2H_2O$)0.5 g,溶于盐酸 50 mL(如有浑浊,可加热使其澄清),以水稀释至 100 mL。三氯化钛溶液(1%):取三氯化钛(15%)溶液 1 mL,用盐酸(1+3)稀释至 10 mL,可加纯锌粒少许使钛还原。此溶液宜当天配制。硫氰酸铵溶液(20%)。钨标准溶液:称钨酸钠($Na_2WO_4\cdot2H_2O$)1.793 5 g 溶于水中,于量瓶中稀释至 1 000 mL。此溶液每毫升含钨 1 mg。

2) 操作步骤

试样的溶解及处理见本章 15.4 节。分取试样溶液 5 mL 2 份,置于 50 mL 量瓶中,分别操作如下。显色溶液:加入氯化亚锡溶液(0.5%)40 mL,放置 10 min,加硫氰酸铵溶液 4 mL,用吸管加入三氯化钛溶液 1 mL,每加一种试剂后,充分摇匀,用氯化亚锡溶液稀释至刻度。底液空白:用氯化亚锡溶液(0.5%)稀释至刻度,摇匀。5 min 后,用 2 cm 比色皿,在 420 nm 波长处,以底液空白为参比溶液,读测其吸光度。

3) 检量线的绘制

用纯试剂或金属配制与试样组分(Ni,Cr,Mo,Co,Nb)相似的打底溶液 6 份,每份相当于 0.1 g 试样,分别置于 100 mL 锥形瓶中,依次加入钨标准溶液(W 1 mg·mL^{-1})0.0 mL,1.0 mL,2.0 mL,3.0 mL,4.0 及 5.0 mL,各加硫磷混合酸 20 mL,蒸发至冒白烟 1 min,冷却。加水量水使盐类溶解后移入于 50 mL 量瓶中,加水至刻度,摇匀。分取试液各 5 mL,分别置于 50 mL 量瓶中,按操作步骤显色并读测各溶液的吸光度,按所得读数绘制检量线。

15.10.2 铌的测定

在 $0.5\sim3.5\ mol\cdot L^{-1}$ 盐酸或 $0.5\sim6\ mol\cdot L^{-1}$ 硝酸介质中,Nb(Ⅴ)与氯代磺酚 S 试剂形成 1:1 的蓝色络合物,其吸收峰值在 650 nm 波长处。此显色体系具有较高的灵敏度($\varepsilon^{650}=3.2\times10^4$)和选择性。含铌 $0.1\sim1.2\ \mu g\cdot mL^{-1}$ 范围内显色体系遵从比耳定律。

在镍基合金的可能共存元素中 Ni^{2+},Cr^{3+},W(Ⅵ),Al^{3+},Ti(Ⅳ),Co^{2+},Fe^{3+},Cu^{2+},Mn^{2+} 等都不

干扰铌的测定。Zr(Ⅳ)，V(Ⅴ)，Mo(Ⅵ)，Ta(Ⅴ)的存在对测定有影响。加入 EDTA 可以掩蔽 10 μg·mL^{-1}Zr(Ⅳ)。V(Ⅳ)，(Ⅴ)在室温条件下与氯代磺酚 S 形成稳定的络合物，消耗了显色剂，使 Nb(Ⅵ)的显色不完全。但在煮沸的酒石酸盐酸介质中，V(Ⅳ)与酒石酸形成稳定的络合物，使钒的允许共存量达 80 μg·mL^{-1}。Mo(Ⅵ)的允许共存量为 2 μg·mL^{-1}，超过此量产生正误差。为了避免钨、铌、钽等元素在溶样时以沉淀析出，可用酒石酸或硫酸加以络合保护。但酒石酸能抑制铌的显色，其共存量不能大于 15 mg·mL^{-1}。

随着温度的增加，显色速度明显提高。在丙酮存在下 50 ℃左右的水浴中放置 5 min 显色已告完全。如在室温(20 ℃)放置，则需 30 min 以上，反应才完全。丙酮可以加速络合物的形成。

1) 试剂

氯代磺酚 S 溶液(0.05%)。EDTA 溶液(1%)。氟化铵溶液(30%)。铌标准溶液：称取五氧化二铌(Nb$_2$O$_5$，光谱纯试剂)0.071 52 g，置于石英坩埚中，用焦硫酸钾 5 g 熔融，冷却。用酒石酸(20%) 60 mL 浸出并溶解熔块，溶液移入 500 mL 量瓶中加水至刻度，摇匀。此溶液每毫升含铌 100 μg。分取此溶液 20 mL，置于 100 mL 量瓶中，加水至刻度，摇匀。此溶液每毫升含铌 20 μg。

2) 操作步骤

(1) 焦硫酸钾熔融-酒石酸浸出溶样法。试样的熔融及浸出等操作过程见 15.3 节。分取试样溶液 5 mL 2 份(含 Nb>1%时，可分取 2 mL)，分别置于 50 mL 两用瓶中，操作如下。显色溶液：加入 EDTA 溶液 5 mL，盐酸(1+1)25 mL(如试样含钒，加热煮沸)，加入丙酮 5 mL，氯代磺酚 S 溶液 3 mL，加水至刻度，摇匀。底液空白：同上，但在加入显色剂之前加氟化铵溶液 3 滴。在室温放置 30 min 或在 50 ℃以上的水浴中放置 5 min，冷却。在 650 nm 波长处，用 2 cm 比色皿，以底液空白为参比溶液，读测试样的吸光度。在检量线上查得含铌量。

(2) 王水溶解-硫酸冒烟法。称取试样 0.100 0 g，置于 100 mL 两用瓶中，加入王水 10 mL 溶解试样。如试样有浑浊现象，可滴加氢氟酸 5～6 滴，加浓硫酸 10 mL，蒸发至冒硫酸烟，取下冷却。加硫酸(1+1)30 mL 及盐酸(1+1)10 mL，低温加热煮沸，冷却。加入水至刻度，摇匀。吸取试样溶液 2 mL 2 份，分别置于 50 mL 量瓶中，显色方法与(1)相同。

3) 检量线的绘制

(1) 焦硫酸钾熔融-酒石酸浸出溶样法。称取不含铌的耐热镍基合金 0.050 g，置于石英坩埚中，按试样相同的方法进行熔融，浸出并稀释至 100 mL。分取此溶液 5 mL 7 份，分别置于 50 mL 量瓶中，依次加入铌标准溶液(Nb 20 μg·mL^{-1})0.0 mL，0.5 mL，1.0 mL，1.5 mL，2.0 mL，2.5 mL，3.0 mL，以下按操作步骤(1)进行显色，读测各溶液的吸光度，并绘制检量线。

(2) 王水溶解-硫酸冒烟法。于 7 只 50 mL 量瓶中，依次加入铌标准溶液(Nb20 μg·mL^{-1}) 0.0 mL，0.5 mL，1.0 mL，1.5 mL，2.0 mL，2.5 mL，3.0 mL，各加硫酸(1+1)1.0 mL，摇匀。加入与试样相同的钽量，然后按操作步骤(2)显色，读测各溶液的吸光度，并绘制检量线。

4) 注

(1) 按耐热镍基合金的钼和铌的含量来看，一般情况下，Mo(Ⅵ)的共存量尚未达到干扰铌的测定的程度。但钽的存在却对铌的测定有明显影响(表 15.3)，因此绘制检量线时，应根据试样的含钽量，在铌的标准试液的分取量中加入相近含量的钽，以抵消其影响。例如，分析含 Ta 0.5%以下的试样时，试样溶液的分取量中共存的钽量未达到干扰程度，故铌标准溶液中不要加钽，分析含钽 1.0%～2.7%的试样时，可在分取的铌标准溶液中加入 40～50 μg 的钽。有钽存在和无钽存在时所测得检量线读数的差别如表 15.4 所示。

(2) 本方法中采用了两种不同的溶样方法，一是焦硫酸钾熔融法，一是王水溶解硫酸冒烟法。两种方法各有优点。按前法所得溶液尚可用作测定铁、锆、钽等元素，而按后法所得试液的底液空白值低。

（3）按两种方法溶样后，试样中的铌分别以 $H_3[NbO(C_4H_4O_8)_3]$ 及 $H_3[NbO(SO_4)_3]$ 状态存在于溶液中。加入氯代磺酚 S 后反应如下。

表 15.3　钽对铌显色的影响

Nb 加入量(μg)	Ta 加入量(μg)	吸光度(650 nm,3 cm)	Nb 加入量(μg)	Ta 加入量(μg)	吸光度(650 nm,3 cm)
30		0.580	30	55	0.560
30	10	0.580	30	60	0.540
30	20	0.570	30	70	0.540
30	30	0.560	30	80	0.540
30	40	0.560	30	90	0.540
30	50	0.560	30	200	0.490

表 15.4　有钽及无钽存在时检量线读数的比较

Nb 加入量(μg)	吸 光 度 (650 nm, 3 cm·(50 mL)$^{-1}$)		
	Ⅰ	Ⅱ	Ⅲ
0	参比溶液	参比溶液	参比溶液
20	0.40	0.39	0.39
30	0.58	0.56	0.56
40	0.76	0.72	0.76

注：Ⅰ项的读数系不含钽者；Ⅱ项的读数系各加钽 55ng；Ⅲ项系用不含 Nb 的含钽(1.85%)试样打底所得的读数。

15.10.3　锆的测定

在 8 mol·L^{-1} 左右的硝酸介质中，有酒石酸等辅助络合剂存在的情况下，Zr(Ⅳ)与偶氮肿Ⅲ生成蓝色络合物，其吸收峰值在 665 nm 波长处。显色反应具有很高的灵敏度($\varepsilon^{665}=1.2\times10^5$)。毫克量的

Fe^{3+},Ni^{2+},Cr^{3+},Co^{2+},W($Ⅵ$)等元素不干扰测定。在高酸度条件下,干扰锆测定的元素主要是铪、钍和铀,而这几个元素在镍基合金中一般不存在。硫酸盐使络合物的色泽强度稍有降低。镍基合金中共存的各合金元素,个别地说均未达到干扰锆测定的程度,但共存在一起时锆的吸光度与锆单独存在时的吸光度稍有差别。为了抵消其影响,下面采用两种方法:一是加入氟化物于部分显色液中使锆的络合物破坏并用此溶液作为读测试样溶液吸光度的参比溶液,二是绘制检量线时用同类型试样(不含锆者)按方法熔融并浸出后作为打底溶液。

在硝酸溶液中显色时必须注意赶尽硝酸中可能存在的氧化氮,以免锆的显色反应受到干扰。加入脲可以分解氧化氮。但脲的加入量不能太多,因过多的脲在强酸性溶液中不溶解。

1) 试剂

氟化铵溶液(30%)。脲溶液(5%)。偶氮胂Ⅲ溶液(0.1%)。锆标准溶液:称取氯氧化锆($ZrOCl_2 \cdot 8H_2O$)0.352 2 g溶于水中,加硝酸3 mL,移入于100 mL量瓶中,加水至刻度,摇匀。此溶液每毫升含锆1 mg。吸取此溶液2 mL置于500 mL量瓶中,加水至刻度,摇匀。此溶液每毫升含锆4 μg。

2) 操作步骤

称取试样0.050 0 g于30 mL瓷坩埚中,加入焦硫酸钾4 g熔融,冷却。用酒石酸溶液(10%)30 mL加热浸出,移入100 mL量瓶中,以水稀释至刻度,摇匀。吸取试样溶液10 mL置于50 mL量瓶中,加硝酸25 mL,脲溶液5 mL,流水冷却。加入偶氮胂Ⅲ溶液5 mL,加水至刻度,摇匀。倒出部分溶液于3 cm比色皿中,于留下的溶液中滴加氟化铵溶液2～3滴使锆的色泽褪去作为参比溶液,在650 nm波长处,读测显色液的吸光度。在检量线上查得试样的含锆量。

3) 检量线的绘制

称取不含锆的镍基合金0.050 g,按操作步骤熔融,浸出并稀释至100 mL,吸取此溶液10 mL 6份,分别置于50 mL量瓶中,依次加入锆标准溶液(Zr 4 μg·mL^{-1})0.0 mL,1.0 mL,2.0 mL,3.0 mL,4.0 mL,5.0 mL,以下按操作步骤操作。根据所得读数绘制检量线。

4) 注

(1) 加入偶氮胂Ⅲ试剂之前,溶液都应冷却至室温。

(2) 偶氮胂Ⅲ系双偶氮化合物,具有较大的共轭体系,在与金属离子络合时,电子云的密集程度增大,其络合能力就增强,显色反应的灵敏度也显著提高。偶氮胂Ⅲ与4价金属离子可形成分子比为1∶1和2∶1的两种络合物。

15.10.4　钽的测定

在酒石酸-氢氟酸溶液中,Ta($Ⅴ$)以氟钽酸盐阴离子状态与结晶紫形成三元混合配位络合物,溶于苯中呈蓝紫色,其吸收峰值在580 nm波长处。显色体系含钽0.2～2.6 μg·mL^{-1}范围内遵守比耳定律。在下述条件下,试样中共存的Ni^{2+},Cr^{3+},Co^{2+},Nb($Ⅴ$),Al^{3+},W($Ⅵ$),Mo($Ⅵ$),Ti($Ⅳ$),Fe^{3+},Mn^{2+}等元素不干扰测定。显色时氢氟酸溶液(2.4%)的适宜加入量为2～6 mL。

1) 试剂

氢氟酸(2.4%V/V)。酒石酸溶液(6.3%)及(9.5%)的溶液过滤后使用。结晶紫溶液(0.02%)。焦硫酸钾。钽标准溶液:准确称取五氧化二钽0.030 6 g于铂坩埚中,加入焦硫酸钾3 g,加盖,小火熔融至澄清,冷却。滴加浓硫酸2～3滴,再熔融至清及熔块物表面开始结皮。冷却后将坩埚放入250 mL烧杯中,加酒石酸溶液(6.3%)150 mL左右,加热至熔块脱出,取出坩埚,小火加热,溶液不断搅拌(加温不能超过80 ℃),直至溶液澄清。移入250 mL量瓶中,以酒石酸溶液(6.3%)洗涤烧杯并稀释至刻度。分取 25 mL 于另一 250 mL 量瓶中,以酒石酸溶液(6.3%)稀释至刻度。此溶液每毫升含钽 10 μg。

2) 操作步骤

试样的溶解方法详见 15.3 节。吸取试样溶液 2 mL 或 5 mL 于 60 mL 分液漏斗中,补加酒石酸溶液(9.5%)5 mL 或 6 mL 再加水至总体积达 12 mL,准确加入氢氟酸(2.4%)4 mL,结晶紫溶液 2 mL。每加一种试剂后充分摇匀。定量加入苯 15 mL,萃取 2 min,静置分层,弃去水相。将苯层放入干燥的有塞小瓶中,加入无水硫酸钠 0.5~1 g,摇匀吸去水分,立即在 580 nm 波长处,用 1 cm 比色皿,对苯读测其吸光度。为了防止苯的蒸发,比色皿须用玻璃片盖密。

3) 检量线的绘制

于 6 只 60 mL 分液漏斗中,依次加入钽标准溶液(Ta 10 μg·mL^{-1})0.0 mL,0.5 mL,1.0 mL,2.0 mL,3.0 mL,4.0 mL。补加酒石酸溶液(6.3%)至总体积达 12 mL,按操作步骤显色并萃取。读测各溶液的吸光度后绘制检量线。

4) 注

(1) 也可用酸溶解试样后按上法测定钽。溶解方法如下:称取试样 0.050 0 g,置于聚四氟乙烯烧杯中,加入王水 5 mL(HCl:HNO$_3$=1:1),水 5 mL 及浓氢氟酸 5 mL,在热板上低温加热至试样溶解完毕并蒸发至恰干。不可过分加热,以免生成氧化物。加入酒石酸(6.3%)约 20 mL,加热使盐类溶解,冷却。移入于 100 mL 量瓶中,用酒石酸溶液(6.3%)洗涤烧杯并稀释至刻度。以下操作同上。

(2) Ta(V)即使在很高的酸度条件下也能发生水解聚合现象,而处于不利于与各种显色剂反应的状态。加入酒石酸、草酸等辅助络合剂可使 Ta(V)处于络合状态而避免了水解聚合的发生。因此常称酒石酸等试剂为钽的"活化剂"。加入氢氟酸之后,Ta(V)与氟离子形成稳定的络阴离子,主要是 TaF$_7^{2-}$,也有 TaF$_6^-$。当加入结晶紫试剂,即生成离子络合型的络合物。

(3) 萃取所得有机相因含少量水分可呈浑浊,可加入无水硫酸钠吸水。但无水硫酸钠加入后,如放置太久能吸附显色络合物而使吸光度降低。因此在操作时可先将有机相分出并盛放于烘干的有塞小瓶中,然后逐只加入无水硫酸钠并进行吸光度测定。

15.10.5　硼的测定(姜黄素直接光度法)

在高酸度条件下,质子化姜黄素与硼酸反应生成稳定的络合物,其吸收峰值在 550 nm 波长处。这一反应体系具有操作简便、灵敏度高(ε^{550}=1.8×10^5)和选择性好的优点。在下述方法的条件下,试样中含 Ni^{2+},Co^{2+},Cr^{3+} 各达 100 mg,Al^{3+},Cu^{2+},Mo(VI),W(VI),Mn^{2+} 各达 25 mg,Ti(IV)达 10 mg,V(V),Nb(V),Ta(V),Zr(IV)各达 5 mg 及稀土达 1 mg 均无干扰。试验证明,Fe^{3+} 的存在也不影响硼的显色。氟离子和硝酸根使硼不显色或显色不完全。因此溶样时尽可能不引入硝酸,或在磷酸冒烟时保证除尽硝酸。试样中共存的铬、锰、钒在磷酸冒烟时可能有部分被氧化。为避免其干扰,可加入少量硫酸亚铁溶液。

为了避免引入硝酸和在冒烟时产生难溶的镍盐和铬盐,方法中采用盐酸-过氧化氢溶样后加磷酸冒烟蒸去盐酸和分解过氧化氢,并在溶解盐类时补加适量硫酸。由于加入了磷酸,溶液的酸度较单纯用硫酸者为高,这样对硼显色体系的灵敏度有所降低。因此作检量线时也要加入相同量的磷酸和硫酸。试验表明用 0.5 g 试样的磷酸的加入量在 3~5 mL 范围内,对硼的络合物的吸光度无显著影响。

水分的存在对硼酸与姜黄素络合物的形成有很大影响,含水 0.3 mL 以下尚不影响显色,但含水 0.5 mL 时同样浓度硼的吸光度降低约 20%,而含水达 1 mL 时,吸光度降低 70%。本方法中采用乙酸丁酯作脱水剂,效果较好。乙酸丁酯的加入量以 2 mL 为宜。

为了破坏质子化姜黄素本身的色泽,方法中加入乙酸盐缓冲溶液使溶液酸度降低至 pH≈4。

温度对显色反应速度有影响,30 ℃时需 120 min 才能完全显色。40 ℃时需 70 min,而在 50 ℃时需 50 min。但温度过高易使姜黄素分解,故方法中选择在 40 ℃显色。

1) 试剂

硫酸溶液(1+3),置于优质磨砂口玻璃试剂瓶中。硫酸-冰乙酸(1+1)混合液:取等体积的低硼硫酸和冰乙酸,置于干燥的烧杯中混合,冷却后置于优质磨砂口玻璃试剂瓶中。缓冲溶液:称取乙酸铵 180 g,溶于 300 mL 水中,如有不溶物,须过滤。再加乙醇 100 mL 及冰乙酸 135 mL,加水至 1 000 mL,混匀。姜黄素溶液(0.125%),称取姜黄素 0.125 g,置于烘干的烧杯中,加入冰乙酸 100 mL,如溶解较慢可在水浴中加热。冷却。贮存于干燥的棕色磨口玻璃瓶中,放置 1 天后使用。此溶液可保存 2~3 个月。氟化钠溶液(4%),配制过程中均用塑料器皿,避免接触玻璃。使用时用塑料管滴加。硫酸亚铁铵溶液(6%),称取硫酸亚铁铵 6 g,溶于硫酸(1+3)20 mL 中,加水至 100 mL,贮存于优质磨口玻璃瓶中。硼标准溶液:称取硼酸 0.285 9 g,置于 500 mL 量瓶中,加入少量水溶解后,加水至刻度,摇匀。此溶液每毫升含硼 0.1 mg。取此溶液 25 mL,置于 250 mL 量瓶中,加水至刻度,摇匀。此溶液每毫升含硼 10 μg。

2) 操作步骤

称取试样 0.100 0 g(含硼 0.01%~0.03%)或 0.250 0 g(含硼 0.005%~0.015%)。置于 150 mL 石英锥形瓶中,加入盐酸 5~6 mL,分两次加入过氧化氢(每次加 2~3 mL),如反应激烈,应将锥形瓶浸在冷水中冷却。待试样溶解完毕后加入浓磷酸 5 mL,加热蒸发至微微冒磷酸烟,冷却。加入硫酸(1+3)10 mL,稍加热使盐类溶解,加入硫酸亚铁铵溶液 2 mL,移入 25 mL 量瓶中,加水至刻度,摇匀。在试样操作同时按同样步骤作试剂空白。分取试样溶液及试剂空白各 1.0 mL 2 份,置于 50 mL 锥形瓶中,1 份作为显色溶液,另 1 份置于塑料瓶中作为底液空白,分别操作如下。显色溶液:用移液管加入乙酸丁酯 2.0 mL,摇匀,自滴定管加入硫酸-冰乙酸混合液(滴定管的流速控制在每分钟 2~2.5 mL)4.0 mL,摇匀,加盖,置于烘箱中保温(40±2 ℃)10 min,取出,用刻度吸管加入姜黄素溶液 4.0 mL,摇匀。加盖,再置于烘箱中保温(40±2 ℃)70 min,取出准确加入缓冲溶液 20 mL,摇动至溶液完全澄清,在室温放置 10 min。底液空白:滴加氟化钠溶液 2 滴,在室温放置约 10 min,以下操作同"显色溶液"。用 2 cm 比色皿,以底液空白为参比溶液,在 550 nm 波长处,读测试样及试剂空白的吸光度。试样的吸光度读数减去试剂空白的吸光度读数后在检量线上查得试样的含硼量。

3) 检量线的绘制

在 7 只 25 mL 量瓶中依次加入硼标准溶液(B 10 μg·mL^{-1})0.0 mL,0.5 mL,1.0 mL,1.5 mL,2.0 mL,2.5 mL,3.0 mL,各加浓磷酸 5 mL,硫酸(1+3)10 mL(如用工业硫酸,可能存在少量氧化性物质,故需加硫酸亚铁铵溶液 2 mL),加水至刻度,摇匀。移取上述溶液各 1.0 mL,置于 50 mL 锥形瓶中,以下按操作步骤操作。按所得吸光度读数绘制检量线。

4) 注

(1) 耐热镍基合金含有铌、钽、锆、钛等对氮有较大亲和力的合金元素,因而几乎不存在氮化硼。按上述方法测得者为总硼量。

(2) 硫酸中硼的空白值很高,且不同批号的试剂空白值很不一致。可将市购硫酸按下法处理以降低空白值:在容量为 100 mL 的铂皿中预置氢氟酸 5 mL 及水 10 mL,小心倒入浓硫酸约 80 mL,以铂丝搅拌均匀,蒸发至冒浓烟并保持冒烟 15~30 min,冷却,用少量水冲洗铂皿内壁,再次冒烟 15~30 min,冷却至室温,移入优质磨口玻璃瓶中存放。不要长时间暴露在空气中以免吸水过多而影响测定。工业用硫酸的空白值一般较纯硫酸低。因此可将工业用硫酸按下法处理后使用:在 400 mL 的石英烧杯中预置过氧化氢 5 mL,倒入工业用硫酸 100~200 mL,蒸发至冒浓烟并保持冒烟 15 min,冷却,移入干燥的玻璃瓶中存放。如有沉淀可取上层的澄清液使用。这样处理后的酸常含有氧化性物质，故显色时要加入少量硫酸亚铁铵溶液使之还原。以上两种经过处理的硫酸的空白值一般为吸光度 0.15 左右。

(3) 硫酸-冰乙酸混合溶液的加入量在 4～5 mL 时灵敏度最高，而且吸光度读数影响很小，故方法中采用 4 mL 的加入量。

(4) 如试样用盐酸及过氧化氢不易溶解，可用王水溶解，但必须冒烟驱尽硝酸，否则使结果偏低。

(5) 磷酸冒烟较难观察，一般以大量雾状烟消失，开始微微冒烟保持数分钟即可。冒烟过久，磷酸镍等盐类不易溶清而使溶液呈浑浊，但此沉淀不吸附硼，可用干滤纸滤取部分溶液后按方法所述条件进行显色。

(6) 姜黄素具有醌式和烯醇式两种异构体：

$$\text{HO}\underset{\text{OCH}_3}{\bigcirc}\text{—CH}=\text{CH—C—CH}_2\text{—C—CH}=\text{CH—}\bigcirc\text{—OH}\quad(\text{醌式})$$

$$=\text{HO}\underset{\text{OCH}_3}{\bigcirc}\text{—CH}=\text{CH—C—C=C—CH}=\text{CH—}\bigcirc\text{—OH}\quad(\text{烯醇式})$$

若以 H_3C 表示中性姜黄素分子（因其分子中有 3 个羟基上的氢可以电离），在 pH 2～8 时，H_3C 离解成 H_2C^-，溶液呈黄色。随着 pH 值的升高，溶液色泽先后转变为棕红色和橙黄色。如下述平衡所示：

$$H_3C \Longrightarrow H_2C^- + H^+ \qquad pH\ 2\sim8, \qquad 黄色 \qquad \lambda_{最大}=420\sim430\ nm$$
$$H_2C^- \Longrightarrow HC^{2-} + H^+ \qquad pH=9, \qquad 棕红色 \qquad \lambda_{最大}=520\ nm$$
$$HC^{2-} \Longrightarrow C^{3-} + H^+ \qquad pH=11, \qquad 橙黄色 \qquad \lambda_{最大}=480\ nm$$

在强酸或无水介质中，中性姜黄素转变成质子型姜黄素：

$$H_3C + H^+ \Longrightarrow H_4C^+$$

质子型姜黄素呈紫红色，其最大吸收在 555 nm 波长处。硼酸与姜黄素能形成两种络合物，一种叫瑰姜黄，另一种为玫花青。已证实，这两种络合物的组成是不同的。瑰姜黄是在草酸存在下，由硼酸、姜黄素与草酸分子按 1∶1∶1 的比例组成的络合物，其吸收峰值在 540 nm 波长处，灵敏度不高（$\varepsilon^{540}=4\times10^4$），而且很易水解，甚至空气的湿度都对它有影响。玫花青是在硫酸或硫酸冰乙酸介质中形成的络合物，硼与质子型的显色试剂的分子比为 1∶2，此络合物形成后较稳定，不易水解。

(7) 在试液保温的同时，将贮姜黄素溶液及缓冲溶液的瓶也一起保温，这样使显色时加入的试剂和试样溶液的温度相近，以免因温度波动较大而引起显色条件的不一致。在室温较低的情况下尤其要注意此点。

(8) 显色反应完成后加入缓冲溶液使溶液的酸度下降至 $pH\approx4$，这时质子型的姜黄素 H_4C^+ 转变成中性姜黄素 H_3C 和 H_2C^- 离子。

(9) 溶液中加入氟离子使其与硼络合而不与姜黄素反应，以此作为光度测定时的参比溶液。这样可以抵消试液中基体元素本身色泽的影响。作底液空白的容器不能用玻璃器皿，因为氟化钠侵蚀玻璃使参比溶液的吸光度发生无规律的变化而影响测定。

(10) 本方法的测定下限为 $5\times10^{-4}\%$。

15.10.6 稀土总量的测定

应用二乙氨二硫代甲酸钠(DDTC)沉淀分离法可达到稀土与合金中大量共存元素的分离,然后可用偶氮胂Ⅲ法作稀土的光度测定。镍基合金含铬较高,试样溶解后须加入一定量的高氯酸并蒸发至冒烟,然后在稀乙酸介质(溶液的酸度 pH≈1.5)中加入 DDTC,使大部分金属元素生成沉淀而稀土留在溶液中。加入 DDTC 后溶液的酸度 pH≈3。Ni^{2+},Co^{2+},Cu^{2+},Fe^{3+},Mo(Ⅵ),V(Ⅴ)等元素被定量沉淀,Cr^{3+},Cr(Ⅵ)虽然也能与 DDTC 生成沉淀但不完全,而且 3 价铬的沉淀效果不及 6 价铬,故溶样后要用高氯酸冒烟使铬氧化。在正常情况下经分离后显色溶液中共存的铬量可达 1 mg 左右,可在稀土显色后用显色液本身加氟化物使稀土褪色后的空白作参比溶液以抵消其影响。由于铬的存在,稀土的色泽不稳定,显色后要在 2~3 min 内测定完毕。钨、铌、钽等元素一部分以钨酸、铌酸、钽酸等沉淀状态析出,一部分被 DDTC 沉淀分离。Mn^{2+},Ti(Ⅳ),Zr(Ⅳ)也都由于 DDTC 沉淀不完全而部分地留在溶液中,Mn^{2+}对稀土的显色无影响。Ti(Ⅳ),Zr(Ⅳ)则需加入适量磷酸氢二铵及乳酸分别掩蔽之。Al^{3+}不与 DDTC 反应而留在溶液中,可加磺基水杨酸掩蔽。

沉淀分离时必须控制好酸度使被分离的元素尽可能沉淀完全而稀土要定量地留在溶液中。试验表明如沉淀时溶液 pH>4.5,即有部分稀土沉淀损失。方法中采用 pH=3 的酸度条件,这样既有利于沉淀分离又便于下一步稀土的显色,因偶氮胂Ⅲ与稀土反应的适宜酸度为 pH 2.5~3.5。控制酸度的方法是加入固定量的高氯酸(1 mL)并蒸发至冒浓烟。

1) 试剂

DDTC 溶液(20%):称取 DDTC 20 g 溶于 70 mL 水中,加水稀释为 100 mL。磺基水杨酸溶液(20%),使用时取此溶液 50 mL,加入抗坏血酸 1 g,用氨水调节至 2,4-二硝基酚指示剂恰呈黄色(pH≈3)。偶氮胂Ⅲ溶液(0.1%)。氟化氢铵溶液:称取氟化氢铵 30 g 及氟化铵 5 g,置于塑料杯中,加水溶解并稀释至 100 mL,贮存于塑料滴瓶中。此溶液的酸度恰为 pH=3。磷酸氢二铵溶液(2%),用盐酸及氨水调节至 2,4-二硝基酚指示剂恰呈黄色(pH≈3)。乳酸溶液(1+4),用氨水调节至 2,4-二硝基酚指示剂恰呈黄色(pH≈3)。稀土标准溶液:称取硝酸铈($Ce(NO_3)_3 \cdot 6H_2O$)或硝酸镧($La(NO_3)_3 \cdot 6H_2O$)1.55 g,溶于水中,移入于 500 mL 量瓶中,加水至刻度,摇匀。此溶液每毫升约含稀土(铈或镧)1 mg,其准确浓度可按下法标定:移取此溶液 500 mL,置于 150 mL 烧杯中,加水 20 mL,盐酸(1+1)1 滴,六次甲基四胺溶液(10%)5 mL(此时溶液的酸度约为 pH=5.5),加二甲酚橙指示剂数滴,用 0.010 00 mol·L^{-1} EDTA 标准溶液滴定至恰由紫红色转变为黄色。绘制检量线时再移取上述溶液 5 mL,置于 500 mL 量瓶中,加水至刻度,摇匀。此溶液每毫升含铈或镧 10 μg 左右,准确浓度按标定值计算。

2) 操作步骤

称取试样 0.100 0 g,置于 100 mL 锥形瓶中,加入王水 2 mL 溶解试样,溶解完毕后加高氯酸 1 mL,蒸发至冒浓酸烟使铬氧化至 6 价。冷却,加乙酸溶液(1+7)39 mL,摇匀使盐类溶解,加 DDTC 溶液10 mL,摇动约半分钟后用紧质干滤纸过滤,滤液接收于干燥烧杯中。移取滤液 10 mL,置于 25 mL 量瓶中,加入磺基水杨酸溶液 2 mL(如含钛及锆则先加入磷酸氢二铵溶液 1 mL,摇匀,再加乳酸溶液1 mL),摇匀。加入偶氮胂Ⅲ溶液 1.0 mL,加水至刻度,摇匀。倒出部分显色液于 2 cm 比色皿中,于剩余溶液中加入氟化氢铵溶液 2~3 滴使稀土和偶氮胂Ⅲ的络合物破坏后,倒入另一比色皿中作为参比溶液,在 660 nm 波长处,读测显色溶液的吸光度。在检量线上查得试样的稀土含量。

3) 检量线的绘制

于 6 只 25 mL 量瓶中依次加入稀土标准溶液(RE 10 μg·mL^{-1})0.0 mL,1.0 mL,2.0 mL,

3.0 mL,4.0 mL,5.0 mL,各加乙酸溶液(1+7)16 mL,氨水(1+2)5～6 滴,磺基水杨酸 2 mL(如试样测定时曾加入磷酸氢二铵溶液及乳酸溶液,绘制检量线时也应同样加入)及偶氮胂Ⅲ溶液 1.0 mL,加水至刻度,摇匀。用 2 cm 比色皿,以不加稀土标准溶液的试液为参比溶液,在 660 nm 波长处,读测各溶液的吸光度,并绘制检量线。

4) 注

(1) 本方法适用于含稀土大于 0.005% 的试样。如试样含稀土大于 0.1% 时应减少试样分液量为 10 mL 或 5 mL,并按下法补充调节酸度:取 10 mL 试液时补加乙酸溶液 8 mL,氨水(1+2)2～3 滴;取 5 mL 试液时补加乙酸溶液 2 mL,氨水(1+2)3～4 滴。其余操作同上。如试样的稀土含量<0.0005%,可用 PMBP 萃取分离法,详细操作见《科学通报》1973,18(4):170-173。

(2) 有铬存在时测定稀土,显色后要在 2～3 min 后完成吸光度测定,故应逐只显色后随即测定。也可在高氯酸冒烟时加盐酸赶去大部分铬,然后再行沉淀分离。这时可适当增加高氯酸的加入量(2～3 mL),赶铬 2～3 次后,将溶液体积蒸缩至约剩 0.5 mL。

(3) 加入 DDTC 溶液后,溶液的酸度恰为 pH=3。可用精密 pH 试纸检测。如果 pH 值稍低,可在显色时作调整。但 pH>4.5 时要返工重做试验。

(4) Al^{3+}、$Ti(IV)$、$Zr(IV)$ 等元素与掩蔽剂反应如下:

$Zr(IV)$ 则与磷酸盐生成 $Zr_3(PO_4)_4$。加入抗坏血酸的目的是将 Fe^{3+} 还原至 2 价。磷酸氢二铵及乳酸的加入量对稀土的显色有抑制作用,故不但应控制其加入量而且要在绘制检量线时加入同样量的上述两种掩蔽剂。

(5) 在微酸性溶液中稀土与偶氮胂Ⅲ试剂生成分子比为 1:1 的蓝色络合物,有两种异构体。络合物的最大吸收在 655 nm 波长处。

(6) 各稀土元素与偶氮胂Ⅲ所形成的络合物的摩尔吸光率是不相同的,例如镥(Lu)与偶氮胂Ⅲ的络合物的 $\varepsilon^{655}=6.2\times10^4$。因此用各种稀土元素制作的检量线不完全重合。在各轻稀土元素中,铈、钐、钕三元素的检量线重合,而镨、镧的检量线与铈、钐、钕稍有差别。考虑到目前加入于合金中的稀土元素多数是以镧、铈为主的轻稀土的混合物,因此方法中用铈或镧的标准溶液绘制检量线。也可以用镧、铈各半的混合标准溶液作检量线。如果合金中加入的是某一稀土元素,则应当用相应的稀土元素的标准溶液来制作检量线。

15.11 碳、硫的测定

15.11.1 碳的测定

纯镍及镍基合金中碳的测定可按钢铁中碳的测定方法中相应碳含量的方法进行,有关方法原理及仪器装置等详见钢铁分析章节中所述。测定时采用如下的燃烧条件:炉温 1 350 ℃;用相当于试样量两倍的纯锡作助熔剂,也可用微碳纯铁 1 g 和纯锡 0.5 g 作为助熔剂;预热 1 min 以上;开始通氧燃烧时氧气流量不小于 1.5 L·min⁻¹,待燃烧完毕后再调整至相应方法合适的流量。

15.11.2 硫的测定

1. 硫酸钡重量法

1) 试剂

氯化钡溶液(10%),称取氯化钡($BaCl_2 \cdot 2H_2O$)10 g 溶于水中,稀释至 100 mL。氯化钡洗涤液:于 490 mL 水中加入硫酸 5 mL 及氯化钡溶液(10%)5 mL。硝酸银溶液(1%)。氯酸钠(固体)。硫酸钠溶液(S 0.1 mg·mL⁻¹):称取无水硫酸钠 0.443 0 g,置于 1 000 mL 量瓶中,加水溶解后稀释至刻度,摇匀。

2) 操作步骤

称取试样 10.000 g,置于 600 mL 烧杯中,加入氯酸钠 3 g,用表面皿盖好烧杯后,从杯口缓慢地加入硝酸 15 mL。继续分次地加入硝酸至总量为 100 mL(按每克试样加硝酸 10 mL 计算)。温热使试样溶解完全后将溶液蒸发至干,并在热板上烘焙至氮的氧化物除尽。稍冷。按每克试样加盐酸 5 mL 的比例加热盐酸,温热至盐类溶解。加热至溶液体积浓缩一半。再用红外线灯蒸发至干涸。按同样方法再加入盐酸并再次蒸干。将盐块稍冷却后加入盐酸 7 mL,在 60～70 ℃加热使镍的氧化物转化为氯化物。加入水 150 mL,加热使盐类溶解。过滤,滤液接收于 600 mL 烧杯中,用热水洗涤烧杯及滤纸。将滤液稀释至 375 mL。用移液管准确加入硫酸钠溶液 10 mL,搅匀。加热至溶液将近沸腾,停止加热,边搅拌边加入氯化钡溶液 30 mL。加热至沸,在 60～70 ℃放置约 20 h。用双层紧质滤纸过滤,用橡皮棒充分擦净烧杯,将沉淀全部移至滤纸上。用氯化钡洗涤液充分洗涤滤纸及沉淀至滤纸上不残留镍离子的色泽。然后分次用热水洗涤至氯离子除尽(用硝酸银溶液试验)。将沉淀及滤纸移入已称至恒重的铂坩埚中,移入高温炉中,缓慢升温至 400～500 ℃,使滤纸完全灰化。冷却,加入硫酸(1＋1)1 滴及氢氟酸 1 mL,蒸发至干。然后在 900 ℃灼烧 15 min,将坩埚移入干燥器中冷却并称重。按完全相同的步骤,加入同样数量的各种试剂(包括硫酸钠溶液)作为试剂空白。按下式计算试样的含硫量。

$$S\% = \frac{(A-B) \times 0.137\ 4}{G} \times 100$$

式中:A 为试样中 $BaSO_4$ 的质量(g);B 为试剂空白中 $BaSO_4$ 的质量(g);G 为试样质量(g)。

3) 注

(1) 操作过程中应在无硫(硫酸、硫化氢等)的环境中进行。

（2）在试剂空白及试样溶液中加入同样的硫酸钠溶液（相当于 1.0 mg S），不但可使试样中的微量硫沉淀完全，而且也抵消了试剂空白值和硫酸钡的溶解度的影响。

2. 燃烧碘量法

可按钢铁中硫的燃烧碘量法进行测定。测定时采用如下的燃烧条件：炉温 1 350 ℃；加入相当于试样量 2 倍量的纯锡作为助熔剂；试样预热 1 min，燃烧时氧气流量为 2 L·min⁻¹。

注

（1）试样重量可根据其含硫多少而变化，最多可取 2 g 试样。

（2）硫的回收率一般可达 80％（指用新磁管时，如用旧磁管则回收率较低），较钢铁中测定硫的回收率稳定。试样多少对回收率无明显影响。测定结果要用同类标样换算。

（3）需作空白试验，因助熔剂纯锡中含有少量硫。

（4）试样不宜粗大，否则不易燃烧完全。

（5）燃烧舟上加盖与否均可。

（6）本方法也适用于镍基合金。

15.12　纯镍中锡、铅、锌、镁、锑、铋的测定

15.12.1　锡的测定

利用邻苯二酚紫（以下简写作 PV），溴化十六烷基三甲基铵（以下简写作 CTMAB）与 Sn(Ⅳ) 所形成的三元络合物进行锡的光度测定可获得较高的灵敏度，而且可在水溶液中显色。不需萃取，操作比较简便。高达 100 mg Ni^{2+} 共存时不影响锡的显色，Ni^{2+} 增加至 200 mg 时，吸光度偏低一般为 4％～5％，线性关系很好。因此对含锡量大于 0.001％ 的纯镍试样可以直接测定。

1）试剂

酒石酸溶液（5％）。硝酸（1＋9）。抗坏血酸溶液（1％）。PV 溶液（0.04％）。CTMAB 溶液（0.1％）：称取 CTMAB 0.1 g，溶于乙醇 70 mL 中，加水至 100 mL。PV-CTMAB 混合溶液：取 PV 溶液 50 mL 及 CTMAB 溶液 20 mL 混合并加水至 100 mL。锡标准溶液：称取纯锡 0.100 0 g，置于 100 mL 锥形瓶中，加入浓硫酸 5 mL，加热溶解，冷却，加水 15 mL，冷却，移入于 100 mL 量瓶中，用硫酸（1＋3）洗涤锥形瓶，洗液并入量瓶中，用硫酸（1＋3）稀释至刻度，摇匀。此溶液每毫升含锡 1 mg。准确移取此溶液 2.50 mL，置于 500 mL 量瓶中，用 5％酒石酸溶液稀释至刻度，摇匀。此溶液每毫升含锡 5 μg。

2）操作步骤

称取试样 0.200 0 g，置于 50 mL 两用瓶中，加入硝酸（1＋1）5 mL 及酒石酸溶液 5 mL，加热溶解试样，蒸发至近干。加入硝酸（1＋9）5 mL，温热使盐类溶解，加入抗坏血酸溶液 1 mL，加水至约 40 mL，加热至近沸，加入 PV-CTMAB 混合溶液 5 mL，流水冷却至室温，加水至刻度，摇匀。倒出部分显色溶液于 3 cm 或 5 cm 比色皿中，于剩下的试液中加入氟化铵溶液（30％）数滴使锡的色泽褪去作为参比溶液，在 660 nm 波长处读测其吸光度（A_1）。另按同样操作步骤作试剂空白 1 份，所得吸光度为 A_2。从 A_1 中减去 A_2 后在检量线上查得试样的含锡量。

3) 检量线的绘制

称取不含锡的纯镍 2.00 g,溶于硝酸(1+1)15 mL 中,煮沸除去黄烟后移入 50 mL 量瓶中,加水至刻度,摇匀。移取此溶液 5 mL 6 份,分别置于 50 mL 两用瓶中,依次加入锡标准溶液 0.0 mL,0.5 mL,1.0 mL,1.5 mL,2.0 mL,2.5 mL,加入酒石酸溶液 5.0 mL,4.5 mL,4.0 mL,3.5 mL,3.0 mL,2.5 mL,蒸发至近干。各加硝酸(1+9)5 mL,温热至盐类溶解。以下按操作步骤操作。

4) 注

(1) 根据试验,显色时硝酸(1+9)的允许加入量为 2 mL 至 10 mL,方法中选择的加入量为 5 mL。

(2) 邻苯二酚紫试剂的质量对测定的灵敏度影响很大。本方法中所用试剂系显色剂级试剂。

15.12.2 铅的测定

二苯硫腙仍然是测定微量铅的灵敏显色试剂。测定纯镍中微量铅时,在常用氰化物掩蔽大量 Ni^{2+} 及 Co^{2+},Cu^{2+},Zn^{2+} 等元素的情况下,用二苯硫腙的氯仿,四氯化碳或苯溶液在氨性溶液中萃取。本方法先用 N-235 萃取使微量铅与大量镍及其他共存元素分离,然后以四乙烯五胺为辅助掩蔽剂,在氨性溶液中用二苯硫腙苯溶液萃取微量铅,从而避免使用剧毒的氰化物作为掩蔽剂。

1) 试剂

氢溴酸:2.0 mol·L⁻¹ 及 5.0 mol·L⁻¹ 的溶液。定量取出浓氢溴酸 2.00 mL,用氢氧化钠标准溶液(0.1 mol·L⁻¹)标定其准确浓度,并根据标定值计算,配制 2.0 mol·L⁻¹ 及 0.5 mol·L⁻¹ 的溶液。硫氰酸铵溶液(15%),(2 mol·L⁻¹)。硝酸(2 mol·L⁻¹)。酒石酸钠溶液(10%),用二苯硫腙氯仿溶液(0.01%)萃取净化。亚硫酸钠溶液(10%),用二苯硫腙氯仿溶液(0.01%)萃取净化。四乙烯五胺溶液(1%)。二苯硫腙-苯溶液(0.01%):称取二苯硫腙 50 mg,置于 500 mL 分液漏斗中,加入苯 25 mL 溶解试剂,用氨水(2+98)萃取 2 次,每次加 100 mL,使二苯硫腙溶于氨水中,弃去苯层。于氨水溶液中再加苯 25 mL 萃取一次,分层后弃去苯层。于水相中再加苯 250 mL,并滴加盐酸使水相酸化,振摇 2 min 及二苯硫腙重新溶于苯中,静置分层,水相移入另一分液漏斗中并再加苯 250 mL,振摇 1 min,静置分层,弃去水相。将苯溶液合并,并用去离子水洗涤 2 次,弃去洗液。将苯溶液通过棉花滤入于干燥的棕色瓶中贮存。N-235 二甲苯溶液(5% V/V)。氨性混合溶液:每 100 mL 溶液中含亚硫酸钠溶液(10%)10 mL,酒石酸钠溶液(10%)10 mL,浓氨水 65 mL 及四乙烯五胺溶液(1%)3 mL。稀氨水洗液:每 100 mL 溶液中含浓氨水 1 mL 及亚硫酸钠溶液(10%)2 mL。铅标准溶液:称取纯铅 0.100 0 g,溶于硝酸(1+3)5 mL 中,驱除黄烟后移入于 1 000 mL 量瓶中,加水至刻度,摇匀。此溶液每毫升含铅 0.1 mg。移取此溶液 5 mL,置于 250 mL 量瓶中,加水至刻度,摇匀。此溶液每毫升含铅 2 μg。反萃取液:取 2 mol·L⁻¹ 硝酸,2 mol·L⁻¹ 硫氰酸铵及水按 1:1:3 的比例混合。此溶液宜临时配制。

2) 操作步骤

根据估计的含铅量称取试样 0.100 0~0.500 0 g,置于 50 mL 烧杯中,加入硝酸(1+1)2~5 mL,加热溶解后蒸发至干,加入盐酸 2 mL,再蒸至恰干。用移液管加入 2 mol·L⁻¹ 氢溴酸 2.5 mL,温热使盐类溶解,用 7.5 mL 水将溶液移入于分液漏斗中,此时溶液的酸度为 0.5 mol·L⁻¹ HBr。加入 N-235 溶液 10 mL,萃取 1 min,静置分层,弃去水相。加入 0.5 mol·L⁻¹ 氢溴酸 5 mL,萃取 10 s,分层后弃去水相。用少量水冲洗分液漏斗内壁,不要振摇,放出洗液。加入反萃取溶液 5 mL,振摇 1 min,分层后水相放入另一分液漏斗中,于有机相中再加反萃取溶液 5 mL,振摇半分钟,静置分层,水相并入第一次反萃取液中。有机相集中存放以便洗净回收使用。于反萃取溶液中加入氨性混合溶液 10 mL,摇匀。定量加入二苯硫腙苯溶液 10 mL,振摇 1 min,静置分层,弃去水相。有机相中加入稀氨水洗液 5 mL,振摇 10 s,静置分层,弃去洗液。有机相通过棉花滤入干燥的 2 cm 比色皿中,在 530 nm 波长处,以纯苯为参比溶液,读测其吸光度。另按同样操作步骤作试剂空白 1 份,从试样的吸光度读数中减去试剂空白的吸光度读数后,在检量线上查得试样的含铅量。

3) 检量线的绘制

于 6 只 50 mL 烧杯中,依次加入铅标准溶液(Pb 2 μg·mL^{-1})0.0 mL,1.0 mL,2.0 mL,3.0 mL,4.0 mL,5.0 mL,蒸发至恰干,各加 2 mol·L^{-1}氢溴酸 2.5 mL,分别用水 7.5 mL 移入于分液漏斗中,以下按操作步骤萃取并显色。按所得吸光度读数绘制检量线。

4) 注

(1) 本方法中所用盐酸、硝酸、氨水均选用优级纯或超纯试剂,各种试剂溶液均用去离子水配制,以期尽量降低试剂空白值。

(2) N-235 系叔胺型高分子胺萃取剂,为以三辛基胺为主的混合物。配成的溶液要按下法净化处理:将 N-235 溶液置于分液漏斗中,轮流用等体积的 0.5 mol·L^{-1}碳酸钠和 1 mol·L^{-1}盐酸洗涤各三次,然后用去离子水洗至不呈酸性(一般为 7~8 次)。用过的 N-235 溶液也可按同样方法洗净回收使用。

(3) 用过的 N-235 溶液中含有硫氰酸盐,放置时间太久会析出沉淀,因此宜在当天洗净回收。

(4) 从 0.3~1.2 mol·L^{-1}氢溴酸溶液中用 N-235 萃取时,Pb^{2+}以溴化铅络阴离子状态与 N-235 结合而被萃取入有机相。Ni^{2+},Co^{2+}等元素在此条件下不被萃取。Cd^{2+},Bi^{3+}与 Pb^{2+}同时被定量萃取入有机相,Fe^{3+},Zn^{2+}有部分萃取入有机相。在同硝酸-硫氰酸铵混合溶液反萃取时仅 Pb^{2+}返回水相,而 Cd^{2+},Bi^{3+},Fe^{3+},Cu^{2+},Zn^{2+}仍留在有机相。因此按方法所述条件可达到微量铅与大量镍及其他共存杂质元素的分离。

(5) 用二苯硫腙显色时,必须加入四乙烯五胺溶液掩蔽由各种试剂中带入的微克量的 Zn^{2+},Cu^{2+},Ni^{2+}等离子,否则铅的结果往往偏高并没有规律。但四乙烯五胺的加入量必须严格按方法规定,否则将影响铅的萃取。

(6) 镍基合金由于含合金元素较多,不能按上述方法测定。如需测定,可先用硫化物沉淀法使 Pb^{2+}与大量其他元素分离,然后再按上述方法测定。即将试样溶于王水中,加硫酸冒烟后,加酒石酸并加氨水过量使钨、铌、钽等元素溶解,再酸化并调节酸度至 pH=2.5,加入铜作为载体,通过硫化氢,所得硫化物沉淀溶于盐酸及过氧化氢中,加氢溴酸蒸干除去锡、锑,然后在 0.5 mol·L^{-1} HBr 的条件下按上述方法萃取分离并显色。

15.12.3　锌的测定

由于非离子型表面活性剂——异辛基苯氧基骤乙氧基乙醇(以下简写作 TritonX-100)的增溶作用,1-(2-吡啶偶氮)-2-萘酚(以下简写作 PAN)与 Zn^{2+}离子的显色反应可在水溶液中进行。显色反应在 pH 8~10 的氨性缓冲液中进行。显色时加入六偏磷酸钠及 β-DTCPA 等掩蔽剂消除一般常见离子的干扰,但大量镍、钴影响测定。因此在纯镍中测定微量锌时,要经过 N-235 萃取分离。

1) 试剂

N-235 二甲苯溶液(5%V/V),净化方法见 15.12.2 小节。硝酸(1+7)。碘化钾溶液(33%),(2 mol·L^{-1})。柠檬酸钠溶液(5%)。六偏磷酸钠溶液(5%)。对硝基酚指示剂(0.2%)。缓冲溶液:称取氯化铵 80 g,溶于水中,加入浓氨水 18 mL,加水至 1 000 mL。置于塑料瓶中存放。TritonX-100 溶液(20%W/W)。PAN 溶液(0.1%)。乙醇溶液。β-氨荒丙酸铵溶液(4%)(以下简写作 β-DTCPA)。锌标准溶液:称取纯锌 0.100 0 g,溶于少量盐酸中,移入 1 000 mL 量瓶中,加水至刻度,此溶液每毫升含锌 0.1 mg。移取此溶液 10 mL,置于 250 mL 量瓶中,加水至刻度,摇匀。此溶液每毫升含锌 4 μg。

2) 操作步骤

称取试样 0.100 0～0.500 0 g(视含锌多少而定),置于 50 mL 烧杯中,加入硝酸(1+1)2～4 mL,加热溶解后蒸发至干。加入浓盐酸 2 mL,再蒸至干。加入盐酸(1+1)2 mL,微热使盐类溶解。移入分液漏斗中,用少量水分次冲洗烧杯,洗液并入分液漏斗中,使溶液的体积达 10 mL(此时溶液酸度为 1.2 mol·L^{-1}盐酸),加入 N-235 溶液 10 mL,振摇 1 min,静置分层,弃去水相,用盐酸(1+5)5 mL 洗涤有机相 10 s,分层后弃去洗液。必要时重复洗涤一次。再用少量水冲洗分液漏斗内壁(不要振摇),并放尽水相。于有机相中加入硝酸(1+7)1 mL,碘化钾溶液 1 mL 及水 3 mL,振摇半分钟,静置分层,水相放入 25 mL 量瓶中,重复反萃取 1 次,水相并入量瓶中。加入柠檬酸钠溶液 1 mL,六偏磷酸钠溶液 1 mL,滴加氨水(1+4)至对硝酸酚指示剂呈黄色,再滴加盐酸至恰呈无色。加入缓冲溶液 2.5 mL,TritonX-100 溶液 1 mL 及 PAN 溶液 1 mL,加水至刻度,摇匀。另按同样步骤作试剂空白 1 份。用 3 cm 比色皿,以试剂空白为参比溶液,在 550 nm 波长处,读测其吸光度。在检量线下查得试样的含锌量。

3) 检量线的绘制

于 6 只 25 mL 量瓶中,依次加入锌标准溶液 0.0 mL,0.5 mL,1.0 mL,1.5 mL,2.0 mL,3.0 mL(Zn 4 μg·mL^{-1}),各加柠檬酸钠溶液 1 mL 及六偏磷酸钠溶液 1 mL,以下按操作步骤调节并显色。以不加锌标准溶液的试液为参比溶液,读测各溶液的吸光度,并绘制检量线。

4) 注

(1) 在大于 1 mol·L^{-1}的盐酸溶液中,Zn^{2+}以氯化锌络阴离子状态被 N-235 所萃取,一次萃取的萃取率可达 99%以上。Ni^{2+}在此条件下不被萃取,Co^{2+}在盐酸浓度<3 mol·L^{-1}时不被萃取。Cu^{2+}在盐酸浓度小于 2 mol·L^{-1}时萃取率不超过 10%。方法中选择在 1.2 mol·L^{-1}的盐酸介质中萃取锌,如有铜存在时则有少量进入有机相,而 Zn^{2+}进入水相。

(2) 方法中所用的水需经离子交换处理。所用的硝酸、盐酸及氨水应选用优级纯或超纯试剂。

(3) 有时由于萃取操作中分层不好,会带下微量镍使锌的结果偏高。这时可倒出部分显色液于比色皿中,在剩下溶液中加入 EDTA 溶液(0.05 mol·L^{-1})2 mL,使 Zn-PAN 络合物分解后作为参比溶液而读测其吸光度,这样可抵消微量镍的影响。然后从此吸光度读数中减去试剂空白的吸光度读数后,在检量线上查得试样的含锌量。

15.12.4　镁的测定

纯镍中常含有 0.01%～0.1%的镁,除了应用原子吸收光谱法外,也可用光度法测定。在几种常用的 Mg^{2+} 的显色试剂中,二甲苯胺蓝Ⅱ具有很高的灵敏度,但需在>40%的乙醇溶液中显色,或萃取入异戊醇等有机溶剂中。二甲苯胺蓝Ⅰ胶束增溶光度法的灵敏度接近于二甲苯胺蓝Ⅱ光度法,且能在水溶液中显色。由于应用了 CYDTA-Ca,三乙醇胺等掩蔽剂,其选择性也有较大的提高。但应用于测定纯镍中微量镁时,由于 Ni^{2+} 的共存量太大,掩蔽法不能消除其干扰,因此仍需用 DDTC 沉淀分离。

1) 试剂

DDTC 溶液(10%):称取固体试剂 10 g 溶于水中并稀释至 100 mL。三乙醇胺-四乙烯五胺混合溶液:取三乙醇胺 40 mL 与 60 mL 水混合,再加四乙烯五胺 5 mL,加水至 200 mL(以下简写作 TEA-Tetren 混合溶液)。CYDTA-Ca 溶液:分别配制 0.01 mol·L^{-1}的 CYDTA 溶液及钙溶液(用碳酸钙配制),溶液的酸度应调节至 pH 6~7。取 CYDTA 溶液 100 mL 及钙溶液 120 mL 混匀备用。缓冲溶液(pH=10):称取氯化铵 67.5 g,溶于水中,加浓氨水 570 mL,加水至 1 000 mL,此溶液贮存于塑料瓶中。十六烷基三甲基溴化铵(CTMAB)溶液(1%)。乙醇溶液。二甲苯胺蓝Ⅰ(0.03%)水溶液。以下简写作 XBI 溶液。镁标准溶液:称取纯氧化镁 0.1658 g,置于 500 mL 量瓶中,加入盐酸(1+1)5 mL使溶解,加水至刻度,摇匀。此溶液每毫升含镁 0.2 mg。移取此溶液 5 mL 置于 500 mL 量瓶中,加水至刻度,摇匀。此溶液每毫升含镁 2 μg。

2) 操作步骤

称取试样 0.1000 g,置于 50 mL 两用瓶中,加入硝酸(1+1)2 mL,加热溶解后蒸干。加入盐酸 2 mL,重复蒸干。加入盐酸(1+1)2 mL,溶解盐类,加水 20 mL,摇匀加 DDTC 溶液 20 mL,摇匀。加水至刻度,摇匀。用紧质滤纸过滤。滤液接收于干燥瓶中。吸取试液 5 mL,置于 25 mL 量瓶中,滴加HCl(1+3)至 pH=2。加入 CYDTA-Ca 溶液 1 mL 及 TEA-Tetren 混合溶液 1 mL,摇匀。加缓冲溶液(pH=10)3 mL,XBI 溶液 5 mL 及 CTMAB 溶液 1 mL,加水至刻度,摇匀。用 2 cm 比色皿,以试剂空白为参比溶液,在 520 nm 波长处,读测其吸光度。试剂空白系称取不含镁的纯镍按试样分析同样的方法制备。

3) 检量线的绘制

称取不含镁的纯镍 0.100 0 g,按操作方法溶解。DDTC 沉淀分离并过滤,吸取溶液 5 mL 6 份,分别置于 25 mL 量瓶中,依次加入镁标准溶液(Mg 2 μg·mL^{-1})0.0 mL,1.0 mL,2.0 mL,3.0 mL,4.0 mL,5.0 mL,以下按操作方法显色,以不加镁标准溶液的试液作为参比溶液,读测各溶液的吸光度,并绘制检量线。

4) 注

(1) 本方法操作中均需用去离子水。

(2) 如试样系细薄钴屑,可用盐酸-过氧化氢溶样,这时,只要蒸干一次。

(3) Mg^{2+}与二甲苯胺蓝Ⅰ在 pH=10 的氨性溶液中生成红色络合物,其最大吸收在 520 nm 波长处。络合物的组成为 Mg:R=1:3。这一显色体系的缺点在于络合物和试剂本身的吸收峰相距较近($\Delta\lambda\approx40$ nm),而且钙、锶等离子的干扰很严重。当加入 CTMAB 后,Mg^{2+}与试剂所生成的络合物的吸收峰不变,但试剂本身的吸收峰移至 620 nm,结果使试剂空白的吸光度大大降低,测定的准确性得以提高。此方法的灵敏度较高($\varepsilon^{520}=3.7\times10^4$)。此外由于 CTMAB 的存在使钙、镁等离子不与XBI 生成络合物。

(4) 将试样溶液调节至酸性(pH=2)再加 CYDTA-Ca,有利于残留的杂质元素的掩蔽。调节酸度时可以用甲基橙指示剂。

(5) TEA-Tetren 溶液的加入量不能大于 1.5 mL。

(6) 如出现测定结果反常偏高的现象,应检查经 DDTC 沉淀分离后的试液中是否残留有较多的Ni^{2+}。如果显色溶液中共存的 Ni^{2+}离子超过 5 μg,就应在加入 CYDTA-Ce 溶液后在沸水浴中加热30 s 或在加入 TEA-Tetren 溶液后加入 1%L-半胱氨酸 1 mL。

(7) 如遇到二甲苯胺蓝Ⅰ试剂的溶解不快,可将溶液放置 2~3 天后使用。

15.12.5 锑的测定

5 价锑在盐酸溶液中与氯离子结合成 SbCl$_6^-$络阴离子,而此络阴离子能与很多三苯甲烷型碱性染料产生灵敏的显色反应,是一类测定微量锑的简便方法。下述方法中采用孔雀绿作为显色剂。

就纯镍而言,大量镍不影响锑的测定,而纯镍中的其他杂质元素也都没有干扰,因此可以不经过任何分离手续直接测定其中的微量锑。

显色时先在 10 mol·L⁻¹盐酸溶液中用亚硝酸钠将锑(Ⅲ)氧化至 5 价,然后降低酸度至 2 mol·L⁻¹,加入孔雀绿并用苯萃取所生成的络合物。由于锑在酸度低于 6 mol·L⁻¹的溶液中极易水解,因此整个显色操作过程必须按方法所规定的步骤逐个地进行,中间不要随便停顿,否则容易引起偏低的结果。

1) 试剂

盐酸(5+1)。氯化亚锡溶液(10%):称取氯化亚锡(SnCl₂·2H₂O)5 g,溶于盐酸(5+1)50 mL中。酒石酸溶液(10%)。亚硝酸钠溶液(14%)。脲溶液:溶解脲 8 g 于 15 mL 水中。磷酸溶液(1+5)。孔雀绿溶液(0.2%)。锑标准溶液:称取酒石酸锑钾$\left(KSbOC_4H_4O_6·\frac{1}{2}H_2O\right)$0.274 0 g,置于 200 mL 量瓶中,加入盐酸(5+1)使其溶解,并用盐酸(5+1)稀释至刻度,摇匀。此溶液每毫升含锑0.5 mg。绘制检量线时分取此溶液用盐酸(5+1)稀释至每毫升含锑 1 μg。

2) 操作步骤

称取试样 0.200 0 g,置于 100 mL 烧杯中,加入酒石酸溶液 1 mg 及硝酸(1+1)2~3 mL,加热溶解后蒸发至恰干。加入盐酸(5+1)5 mL,温热使盐类溶解。加入氯化亚锡溶液 2 滴,冷却。加入亚硝酸钠溶液 1 mL,摇匀。放置约 1 min,加脲溶液 1 mL,摇动溶液并移入于分液漏斗中。用磷酸(1+5)18 mL 分次洗涤烧杯,洗液并入分液漏斗中,随即加入孔雀绿溶液 0.5 mL(约 10 滴)及苯 20.0 mL,振摇 1 min,静置分层,弃去水相。有机相通过脱脂棉花滤入 3 cm 或 5 cm 比色皿中,以试剂空白为参比溶液,在 610 nm 波长处,读测其吸光度。在检量线上查得试样的含锑量。试剂空白系与试样分析相同的操作步骤制备。

3) 检量线的绘制

于 6 只 100 mL 烧杯中依次加入锑标准溶液(Sb 1 μg·mL⁻¹)0.0 mL,1.0 mL,2.0 mL,3.0 mL,4.0 mL,5.0 mL,各加盐酸(5+1)补充体积至 5 mL。以下按操作步骤进行显色并读测吸光度,按所得读数绘制检量数。

15.12.6　铋的测定

2,3-二甲氧马钱子碱光度法测定铋虽然灵敏度不太高,但选择性较好。应用于测定纯镍中铋时可不经分离,因此较为简便。

1) 试剂

酒石酸溶液(10%)。硫脲溶液(5%)。2,3-二甲氧马钱子碱溶液(1%):称取固体试剂 1 g,溶于柠檬酸溶液(25%)100 mL 中(以下简写作 BRC 溶液)。碘化钾溶液(10%)。抗坏血酸溶液(1%)。氟化铵溶液(20%)。铋标准溶液(Bi 10 μg·mL⁻¹)。

2) 操作步骤

称取试样 1.000 g 或 2.000 g,置于 250 mL 烧杯中,加入硝酸(1+1)10 mL 或 15 mL,加热溶解后加入硫酸(1+1)10 mL,蒸发至冒硫酸烟,冷却。加水 40 mL,小心加热溶解盐类。冷却。移入于分液漏斗中,加入酒石酸溶液 10 mL,抗坏血酸溶液 1 mL,硫脲溶液 10 mL,碘化钾溶液 10 mL,加水至约75 mL,加 BRC 溶液 5 mL,摇匀。定量加入氯仿 15 mL,振摇 1 min。静置分层。有机相通过棉花滤入3 cm 比色皿中。在 470 nm 波长处,对试剂空白读测其吸光度。试剂空白系按试样分析同样方法制备。

3) 检量线的绘制

于 6 只 100 mL 烧杯中,依次加入铋标准溶液(Bi 10 μg·mL^{-1})0.0 mL,1.0 mL,2.0 mL,3.0 mL,4.0 mL,5.0 mL,各加硫酸(1+1)10 mL,蒸发至冒浓烟。稍冷,加水 30 mL,冷却。加入酒石酸溶液 10 mL,移入于分液漏斗中。加入脲少许,抗坏血酸溶液 1 mL 及硫脲溶液 10 mL,摇匀。加入碘化钾溶液 10 mL,加水至约 75 mL,摇匀。加入 BRC 溶液 5 mL,摇匀。定量加入氯仿 15 mL,按操作步骤进行萃取,读测吸光度并绘制检量线。

15.13　纯镍和镍基合金的化学成分表

纯镍的牌号及化学成分、镍合金的牌号及化学成分、国产耐热镍基合金的化学成分以及国外耐热镍基合金的化学成分,分别如表 15.5~表 15.8 所示。

表 15.5　纯镍的牌号及化学成分

	牌　　号		特号镍	一号镍	二号镍	三号镍
	代　　号		Ni—01	Ni—1	Ni—2	Ni—3
	镍和钴的总量(≥)		99.99	99.9	99.5	99.2
	其　中:钴(≤)		0.005	0.10	0.15	0.5
化学成分(%)	杂质(≤)	碳	0.005 0	0.010 0	0.020	0.100
		镁	0.001 0	—	—	—
		铝	0.001 0	—	—	—
		硅	0.001 0	0.002 0	—	—
		磷	0.001 0	0.001 0	0.003	0.02
		硫	0.001 0	0.001 0	0.003	0.02
		锰	0.001 0	—	—	—
		铁	0.002 0	0.030 0	0.200	0.500
		铜	0.001 0	0.020 0	0.040	0.150
		锌	0.001 0	0.001 5	0.005	—
		砷	0.000 8	0.001 0	—	—
		镉	0.000 3	0.001 0	—	—
		锡	0.000 3	0.001 0	—	—
		锑	0.000 3	0.001 0	—	—
		铅	0.000 3	0.001 0	0.002	0.005
		铋	0.000 3	0.001 0	—	—
		总量	0.010 0	—	—	—

表15.6 镍合金的牌号及化学成分

组别	合金牌号	主 要 成 分(%)							杂 质(≤%)				杂质总和
		Ni+Co	Co	Cu	Mn	Si	Al	其他	Pb	Bi	C	S	
镍硅合金	NSi 0.19	不小于99.4				0.15~0.25							0.50
	NSi 0.2	不小于99.4				0.15~0.25							0.60
	NSi 2.5	Ni余量	0.3~1.2			2.0~3.0							—
镍镁合金	DNMg 0.06	不小于99.6						Mg 0.03~0.10					0.35
	NMg 0.1	不小于99.6						Mg 0.87~0.15					0.40
镍锰合金	NMn3	余量			2.30~3.30				0.002	0.002	0.30	0.03	1.50
	NMn5	余量			4.60~5.40				0.002	0.002	0.30	0.02	2.00
	NMn2－2－1	Ni余量	0.3~1.2		1.5~3.0	1.0~2.5	1.2~2.2						
镍铜合金	NCu40－2－1	余量		38.0~42.0	1.25~2.25			Fe≤1.0	0.002	0.002	0.30	0.024	0.60
	NCu28－2.5－1.5（蒙乃尔合金）	余量		27.0~29.0	1.20~1.80			Fe2.00~3.00	0.002	0.002	0.20	0.010	0.60
镍铬合金	NCr 9	余量	0.3~1.2			≤0.6		Cr8.5~9.5					1.40
	NCr 10	镍余量						Cr9~10					
镍钴合金	NCo 17－2－2－1	镍余量	16~18		1.6~2.1	0.9~1.3	1.6~2.1						
镍铝合金	NAl 3－1.5－1	镍余量			1.2~1.7	0.9~1.3	2.7~3.2						
镍钨合金	NW4－0.2	不小于95.8			—	—	Ca 0.08~0.20	W3~4					0.20

表 15.7　国产耐热镍基合金的化学成分

牌号	化 学 成 分(%)									
	C	Si	Mn	Cr	Ti	Co	Al	W	Mo	V
K1	<0.08	≤0.5	≤0.5	15.0~16.5	1.5~1.9		4.8~5.3	7.5~9.5		
K2	0.15			12.5	2.6		5.0	7.0	4.7	
K3	0.17			11.5	2.7	5.0	5.5	5.0	4.0	
K6	0.10~0.20	≤0.5	≤0.5	14.0~17.0	2.0~3.0		3.25~4.0		4.5~6.0	
K12	0.11~0.16	≤0.6	≤0.6	14.0~18.0	1.6~2.3		1.6~2.2	4.5~6.5	3.0~4.5	≤0.3
M17	0.14~0.20	≤0.5	≤0.5	8.5~9.5	4.7~5.3	14.0~16.0	4.8~5.6		2.5~3.5	0.6~0.9
GH30	≤0.12	≤0.80	≤0.70	19.0~22.0	0.15~0.35		≤0.15			
GH33	≤0.06	≤0.65	≤0.35	19.0~22.0	2.3~2.7		0.55~0.95			
GH37	0.10	≤0.60	≤0.50	13.0~16.0	1.8~2.3		1.7~2.3	5.0~7.0	2.0~4.0	0.1~0.5
GH39	≤0.08	≤0.80	≤0.40	19.0~22.0	0.35~0.75		0.35~0.75		1.8~2.3	
GH43	≤0.12	≤0.60	≤0.50	15.0~19.0	1.9~2.8		1.0~1.7	2.0~3.5	4.0~6.0	
GH44	≤0.10	≤0.80	≤0.50	23.5~26.5	0.30~0.70		≤0.50	13.0~16.0		
GH128	≤0.06	≤0.5	≤0.8	19.0~22.0	0.40~0.70		0.35~0.70	7.5~9.0	7.5~9.0	
GH143	0.12~0.17	<1.0	<1.0	14.0~15.75	0.75~1.75	18.0~22.0	4.5~5.5		4.5~6.0	
GH151	0.05~0.11	≤1.0	<1.0	9.0~10.5		15.0~16.5	5.7~6.2	6.0~7.5	2.5~3.1	

牌号	化 学 成 分(%)									
	Fe	B	S	P	Zr	Nb	Cu	Pb	Ce	Bi	其他
K1	≤1.8	≤0.08	≤0.01	≤0.015							
K2		≤0.01									
K3		≤0.01									
K6	≤5.0	0.05~0.10	≤0.010	≤0.015	≤0.10						
K12	≤8.0	≈0.02	≤0.009	≤0.015							
M17	≤1.0	0.014~0.02	≤0.010	≤0.015	0.05~0.09						
GH30	≤1.00		≤0.010	≤0.015			≤0.20	≤0.001			
GH33	≤1.0	≤0.01	≤0.007	≤0.015			≤0.07	≤0.001	≤0.01		
GH37	≤5.0	≤0.02	≤0.010	≤0.015			≤0.07		≤0.02		
GH39	≤3.0		≤0.012	≤0.020		0.90~1.30	≤0.20				
GH43	≤5.0	≤0.01	≤0.010	≤0.015		0.5~1.3	≤0.07		≤0.03		
GH44	≤4.0		≤0.013	≤0.013							
GH128	≤3.0	0.005	≤0.013	≤0.013	0.10				0.05		
GH143	≤1.0	≤0.03					≤0.20				As<0.0015
GH151	<0.7	0.012~0.020	<0.005	<0.008	0.03~0.05	1.95~2.35	<0.02		≤0.02	<0.001	Sn<0.0015

表 15.8　国外耐热镍基合金的化学成分

牌　号	化学成分　分(%)																	生产国家
	C	Mn	Si	Cr	Co	Mo	W	V	Nb	Ti	Al	B	Fe	Zr	Cu	ThO₂	Ce	
Rene′77	0.125	≤0.15	≤0.20	14~15.25	14~16	3.9~4.5	—	—	—	3~3.7	4~4.6	0.012~0.02	≤0.50	≤0.04	≤0.10	—	—	美
Rene′85X—1900	0.27	—	—	9.3	15	3.25	5.35	—	—	3.25	5.25	0.015	—	0.03	—	—	—	美
UnitempAF 1753	0.24	0.05	0.10	16.25	7.2	1.6	8.4	—	—	3.2	1.9	0.008	9.5	0.06	—	—	—	美
TD Nicker	—	—	—	—	—	—	—	—	—	—	—	—	—	—	—	2.0	—	美
Nimonic 75	<0.1	<1.0	<1.0	20	—	—	—	—	—	0.4	—	—	<5.0	—	—	—	—	英
Nimonic 80	<0.1	<1.0	<1.0	18~21	—	—	—	—	—	1.8~2.7	0.5~1.8	—	<5.0	—	—	—	—	英
Nimonic 80A	<0.1	<1.0	—	18~21	<2	—	—	—	—	1.8~2.7	0.5~1.8	—	<5.0	—	—	—	—	英
Nimonic 90	<0.13	<1.0	<1.0	18~21	15~21	—	—	—	—	1.8~3.0	0.8~2.0	—	<5.0	—	—	—	—	英
Nimonic 95	<0.15	<1.0	<0.5	18~21	15~21	—	—	—	—	2.3~3.5	1.4~2.5	—	<5.0	—	≤0.5	—	—	英
Nimonic 100	<0.3	—	—	10~12	18~22	4.5~5.5	—	—	—	1.0~2.0	4.0~6.0	—	<2.0	—	—	—	—	英
Nimonic 105	<0.2	—	—	13.5~16	18~22	4.5~5.5	—	—	—	0.9~1.5	4.2~4.8	—	<1.0	—	—	—	—	英
Nimonic 115	<0.2	—	<1.0	15	15	3.5	—	—	—	4	5	—	—	—	—	—	—	英
Эи437 (Эи437Ъ)	≤0.08	≤0.5	≤0.6	19~23	—	—	—	—	—	2.0~2.9	0.4~1.1	Эи437Ъ 0.005~0.008	—	—	—	—	≤0.01	苏
Эи445Р	<0.08	≤0.5	≤0.6	17~20	—	4~5	4~5	—	—	2.2~2.8	0.7~1.7	按计算 ≤0.01	—	—	—	—	—	苏
Эи607	<0.08	<1.0	≤0.8	15~17	—	—	—	—	1.0	1.8~2.3	0.5~1.0	≤0.01	≤3.0	—	—	—	—	苏
Эи607А	≤0.08	<1.0	≤0.8	14~17	—	—	—	—	1.5	1.4~1.8	—	—	≤3.0	≤0.003	—	—	—	苏
Эи869	≤0.08	≤0.5	≤0.5	13~16	—	3~5	4~6	—	1.0	1.5~1.9	1.1~1.4	0.005	≤3.0	—	—	—	—	苏
Эи765	0.10~0.15	—	≤0.5	—	—	3~5	4~6	—	1.5	0.9~1.4	1.7~2.3	按计算≤0.01	—	—	—	—	—	苏
Эи617	0.08	≤0.6	≤0.5	15	—	3	7	0.3	—	2	2	0.008	≤5.0	—	—	—	—	苏

续表

牌号	化学成分 (%)																生产国家
	C	Mn	Si	Cr	Co	Mo	W	V	Nb	Ti	Al	B	Fe	Zr	Cu	Mg	
AstroloY	0.06	—	—	15	15	5.25	—	—	—	3.5	4.4	0.03	—	—	—	—	美
Hastelloy R—235	0.15	—	—	15.5	≤2.5	5.5	—	—	—	2.3	2.0	—	10	—	—	—	美
Hastelloy X	0.10	0.50	0.50	22	15.	9	0.6	—	—	—	—	—	18.5	—	—	—	美
Hastelloy N	0.06	<0.8	<0.5	7	<0.5	16.5	—	—	—	—	—	0.01	<5	—	—	—	美
In-100	0.18	—	—	10.0	15	3.0	—	1.0	—	4.7	5.5	0.014	—	0.06	—	—	美
In-102	0.06	≤0.75	≤0.4	15	—	2.9	3.0	—	2.9	0.5	0.5	0.005	7.0	0.03	—	0.02	美
Inconel 625	0.05	0.15	0.3	22.0	—	9	—	—	4.0	0.2	0.2	—	3.0	—	—	—	美
Inconel 700	0.12	0.10	0.3	15.0	28.5	3.7	—	—	—	2.2	3.0	—	0.7	—	—	—	美
Inconel 713	0.12	0.10	0.30	11.5	—	4.50	—	—	2.0	0.6	6.0	+	1.0	—	0.05	—	美
Inconel 722	0.04	0.55	0.20	15.0	—	—	—	—	—	2.4	0.60	—	6.5	—	0.05	—	美
Inconel X—750	0.04	0.70	0.30	15.0	—	—	—	—	0.85	2.5	0.80	—	6.75	—	—	—	美
Waspaloy	0.07	0.7	0.4	19	14	4.3	—	—	—	3.0	1.3	0.006	1	—	—	—	美
Udimet 500	0.08	<0.75	<0.75	19	19.5	4	—	—	—	2.9	2.9	0.01	<4	—	—	—	美
Udimet 600	0.10	—	—	17.5	16.5	4.0	—	—	—	2.8	4.2	<0.04	<4	—	—	—	美
Udimet 700	<0.15	—	—	15	18.5	5.2	—	—	—	3.5	4.25	<0.05	<1.0	—	—	—	美
Rene′ 41	0.09	—	—	19	11	10	—	—	—	3.1	1.5	<0.01	—	—	—	—	美
Rene′ 62	0.05	≤0.25	≤0.25	15	—	9.0	—	—	2.25	2.5	1.25	<0.01	22	—	—	—	美
Rene′ 63	0.10	—	—	14	15	6	3	—	—	2.5	3.8	0.015	—	—	—	—	美

第16章 锡、铅及其合金的分析方法

锡是银白色的金属,密度为 7.2 g·cm⁻³,熔点 232 ℃。它的特点是:耐蚀性高,可塑性大,但强度低;同时在低温下,白锡极易碎散成粉末,故纯锡必须贮藏在温度 18 ℃以上的仓库里。锡的主要用途是作为各种重要制品镀锡之用,同时也是制造易熔合金,焊料、锡基轴承合金,锡青铜和锡黄铜的一种主要材料。

铅是一种浅灰色的金属,它的特点是密度大(11.34 g·cm⁻³),熔点低,可塑性高,强度小,电阻率高以及线膨胀系数大。它还具有良好的润滑能力和高的耐蚀性。由于铅具有这些性能,故在工业上广泛地使用铅作子弹头、蓄电池、铅包电缆、保险丝、耐酸容器衬里、焊料、铅字合金和铅基轴承合金等。

锡基轴承合金又称锡基巴氏合金,是工业上普遍使用的一种耐磨合金。这种合金含锡量达 80% 以上,还有少量的锑、铜,部分合金中含有铅和少量镍。锡基轴承合金的特点是:硬度大,能承受较大负荷,耐冲击、震动,耐蚀性好,能耐较高温度,导热性高。因此适用于汽轮机、发电机、飞机、轧钢机、内燃机等高压高速机械的轴瓦上。其缺点是成本高,贴服性(和轴贴合的性质)不如铅基轴承合金。

铅基轴承合金中的主要成分是铅,合金元素是锑和锡,有时也加铜。有的特殊铅基轴承合金中还加入钙和钠。这种合金的特点是摩擦阻力小,贴服性优良,铸造性好。但疲劳强度较低,韧性及耐震能力低于锡基轴承合金,同时不耐高温,导热和耐蚀性都较差。故只用于一般中、小负荷机械设备的轴瓦上。

锡铅焊料的主要成分是锡和铅,合金元素有锑。

本方法适用于分析金属锡、金属铅、锡基轴承合金,铅基轴承合金和锡铅焊料的主要成分。

16.1 锡基合金的分析

16.1.1 锡的测定

锡在锡基轴承合金中是主要元素,一般以余量表示。有时为了核对其他成分的分析结果是否准确,可作全分析。高含量的锡一般以容量法测定较为简便、准确。

1. 络合滴定法

在弱酸性溶液中,Sn^{2+} 和 $Sn(IV)$ 均与 EDTA 生成稳定的络合物。但 Sn^{2+} 和 $Sn(IV)$ 皆极易水解,不适于用 EDTA 直接滴定。通常采用返滴定法,即先加入过量的 EDTA 溶液与锡络合,再选用适当的金属盐标准溶液回滴。总的来说,络合滴定锡的适宜酸度应在 pH 2~5.5,pH 过高,$Sn(IV)$ 倾向于形成 $Sn(OH)_4$,不利于滴定的进行。但各种方法所用的酸度又因回滴的标准溶液不同而不同。例如用硝酸铋标准溶液回滴可在 pH=2 时进行,而用锌或铅等标准溶液回滴,则应在 pH 5~5.5 时进行。

在 pH 2～5.5 的溶液中络合滴定锡时,碱土金属不干扰测定。在 pH=2 的条件下用硝酸铋标准溶液返滴定时,主要干扰元素有锆、铋、钍及硫酸根、磷酸根等。铅、铝、镍等元素的存在对测定观察终点也有影响。少量铁可用抗坏血酸掩蔽。如在 pH≈5 时滴定干扰元素更多,包括铜、铅、锌、镉、锰、镍、铝等元素在内的很多金属离子都干扰测定。

利用 Sn(Ⅳ)与氟化物生成稳定络合物的反应可以从 SnY 络合物中将与锡络合的那部分 H_2Y 定量地释放出来。用铅或标准溶液滴定所释放出的 H_2Y,可以间接进行锡的测定。用这样的氟化物释放返滴定法可以提高方法的选择性。同样,乳酸也能起氟化物的作用,是 Sn(Ⅳ)良好的掩蔽剂,也能用于锡的置换滴定,选择性好,已被应用于快速测定锡基或铅基合金中的锡。

试样可以用盐酸-硝酸混合酸,盐酸-过氧化氢或浓硫酸溶解,不能单独用浓盐酸溶解,以免引起氯化锡挥发损失。现以盐酸-硝酸混合酸溶解试样为例:

$$3Sn + 4HNO_3 + 12HCl === 3SnCl_4 + 4NO\uparrow + 8H_2O$$

在酸性溶液中,加入过量的 EDTA 溶液于沸腾的条件下,络合合金中的锡(Ⅳ)、铅、铁、铜、铋等元素。再用六次甲基四胺调节溶液 pH 5～5.5,以二甲酚橙为指示剂,用铅标准溶液滴定至黄色恰呈微红色为终点(或加入过量的铅标准溶液,用 EDTA 标准溶液返滴定)。

$$Sn^{4+} + H_2Y^{2-} === SnY + 2H^+ （络合反应）$$

$$H_2Y^{2-} + Pb^{2+} === PbY^{2-} + 2H^+ （返滴定过量的 EDTA）$$

加入氟化铵或乳酸,释放出与锡等量的 EDTA,继续用铅标准溶液滴定至黄色恰呈微红色为终点(或加过量的铅标准溶液,用 EDTA 标准溶液返滴定)。

$$SnY + 6NH_4F === (NH_4)_2SnF_6 + (NH_4)_4Y （取代反应）$$

铝、钛干扰测定,其他元素均不干扰,但在锡基合金中,铝、钛含量极少,一般可不考虑。铜含量较高时可加入少量硫脲掩蔽。

1) 试剂

盐酸(1+1)。硝酸(1+1)。EDTA 溶液(0.05 mol·L⁻¹)。硫脲溶液:饱和溶液。氨水(1+4)。对硝基酚指示剂(0.2%)。六次甲基四胺溶液(20%)。氟化铵:固体。铅标准溶液(0.020 00 mol·L⁻¹):称取纯铅(99.95%)4.144 2 g,溶于硝酸(1+3)15 mL 中,煮沸驱除氮的氧化物,冷却。移入1 000 mL 容量瓶中,以水稀释至刻度,摇匀。二甲酚橙指示剂(0.2%)。

2) 操作步骤

称取试样 0.100 0 g,于 250 mL 锥形瓶中,加盐酸(1+1)10 mL 及硝酸(1+1)5 mL,于低温处溶解,煮沸片刻。驱除氮的氧化物。取下加水 40 mL,EDTA 溶液(0.05 mol·L⁻¹)25 mL,加热煮沸20 s,冷却至室温。加硫脲饱和溶液 5 mL,加对硝基酚指示剂 2 滴,用氨水(1+4)调至溶液呈黄色,再用盐酸(1+1)调至黄色褪去。加六次甲基四胺溶液(20%)10 mL(此时溶液酸度在 pH≈5.5)。用二甲酚橙指示剂 4～5 滴(指示剂应呈黄色),用铅标准溶液滴定至溶液恰呈红色(不计数,但不能过量)。加入氟化铵 2 g,加热至 40 ℃左右(或放置 5 min)取下,继续用铅标准溶液滴定至溶液恰呈红色为终点,记下所消耗的铅标准溶液毫升数。按下式计算试样的含锡量:

$$Sn\% = \frac{V \times M \times 0.118\ 7}{G} \times 100$$

式中:V 为加入氟化铵后滴定所消耗铅标准溶液的毫升数;M 为铅标准溶液的摩尔浓度;G 为称取试样质量(g)。如用纯锡或锡基合金标样,按方法同样操作,求得铅标准溶液对锡的滴定度($T=Sn$ g·mL⁻¹),则按下式计算:

$$Sn\% = \frac{V \times T}{G} \times 100$$

3) 注

(1) 如试样中含铁、铝、镍等稍高,可以在加入 EDTA 溶液后,加入少量乙酰丙酮,酒石酸(并有利于活化指示剂)。但酒石酸多加对锡的络合滴定有影响,所以不要过多加入。

(2) 如有僵化指示剂的元素存在,致使终点不明显时,可用 PAN 代替二甲酚橙,而滴定剂用铜标准溶液。为了增加 PAN 的溶解度,使终点敏锐,可加乙醇 20 mL(或提高滴定温度 60 ℃左右)。硫脲不能加入。滴定速度要缓慢进行。

(3) 如用乳酸作 SnY 络合物的取代掩蔽剂,可按下面操作进行。称取试样 0.100 0 g,加入盐酸 1 mL 及过氧化氢 1 mL,待试样溶解后再加过氧化氢 1 mL,煮沸片刻使多余的过氧化氢分解,加水 20 mL,EDTA 溶液(0.05 mol·L^{-1})25 mL,在沸水浴上加热 2~3 min,取下,流水冷却,加乙酰丙酮 (5%)1 mL,酒石酸溶液(1%)10 mL,用氨水(1+4)调节至对硝基酚指示剂呈黄色,再用盐酸(1+1)调至溶液黄色消失,加六次甲基四胺溶液(20%)10 mL,二甲酚橙指示剂 4~5 滴。用铅标准溶液滴定至溶液恰呈红色(不计数)。加入乳酸溶液(1+5)(取 50 mL 乳酸,加水 200 mL,用 NaOH 溶液中和大部分酸后,再用氨水调节至 pH≈5.5,加水至 300 mL,混匀备用)35 mL,摇匀。准确加入过量的铅标准溶液,以中和释放出的与锡相当的 EDTA(按含锡 85% 计算,估计需加入铅标准溶液 40 mL),再加入六次甲基四胺溶液(20%)5 mL,放置 10~15 min,以 EDTA 标准溶液(0.010 00 mol·L^{-1})滴定至溶液由紫红色变为亮黄色为终点。按下式计算试样的含锡量:

$$Sn\% = \frac{(V_1 M_1 - V_2 M_2) \times 0.118\ 7}{G} \times 100$$

式中:V_1 为加入过量铅标准溶液的毫升数;M_1 为铅标准溶液的摩尔浓度;V_2 为回滴时消耗 EDTA 标准溶液的毫升数;M_2 为 EDTA 标准溶液的摩尔浓度;G 为称取试样质量(g)。

(4) 释放剂以 NH$_4$F 较好,因为 NH$_4$F 不释放 Fe-EDTA 络合物。而 NaF,KF 能有形成氟铁酸盐沉淀的现象,使部分 Fe-EDTA 络合物中的 EDTA 释放出来,有导致结果偏高的可能。

2. 次磷酸还原-碘酸钾滴定法

试样用盐酸及过氧化氢溶解,加入次磷酸或次磷酸钠溶液,使 4 价锡还原成 2 价,用氯化高汞作催化剂。还原反应在隔绝空气的条件下进行。滴定时最好同时向溶液中通入 CO$_2$ 气体。以避免对 2 价锡的氧化。但这样操作较不方便。也可以在空气中迅速进行滴定。由于滴定时间很短,Sn^{2+} 被空气氧化而引起的误差不大,而且可以用标准样品换算的方法来抵消误差。如有大量砷存在,则被次磷酸还原为元素状态的黑色沉淀。这种黑色沉淀将影响滴定终点的观察,但在锡基合金中砷是微量的杂质,所以没有干扰。锡基合金中共存的其他元素对测定均无干扰。

2 价锡用碘酸钾标准溶液作为滴定剂时,碘酸钾在盐酸溶液中与碘离子反应能定量地释出碘,而所释出的碘与 2 价锡反应:

$$KIO_3 + 5KI + 6HCl = 3I_2 + 6KCl + 3H_2O$$
$$I_2 + SnCl_2 + 2HCl = SnCl_4 + 2HI$$

以淀粉作为滴定终点指示剂。

1) 试剂

盐酸(ρ=1.19 g·cm^{-3})。过氧化氢(30%)。次磷酸钠溶液(50%)。氯化高汞溶液:溶解氯化高汞 1 g 于 600 mL 水中,加盐酸 700 mL 混匀。硫氰酸铵溶液(25%)。碘化钾溶液(10%)。淀粉溶液(1%)。碳酸氢钠饱和溶液。碘酸钾标准溶液:称取碘酸钾 1.18 g 及氢氧化钠 0.5 g,溶于 200 mL 水中,加碘化钾 8 g,溶解后移入 1 000 mL 容量瓶中,以水稀释至刻度,摇匀。此溶液对锡的滴定度须用锡标准溶液或含锡量与试样相近的标准试样,按分析方法进行标定。锡标准溶液(Sn 2 mg·mL^{-1}):称取纯锡(99.95% 以上)0.200 0 g,溶于 20 mL 盐酸中(不要加热)。溶解后移入 100 mL 容量瓶中,以水稀释至刻度,摇匀。

2) 操作步骤

称取试样 0.100 0 g,于 500 mL 锥形瓶中,加盐酸 5 mL 及过氧化氢 3~5 mL,低温加热溶解,煮沸片刻使多余的过氧化氢分解。加入氯化高汞溶液 65 mL,次磷酸钠溶液(50%)10 mL,装上隔绝空气装置(见 8.7 节),并在其中注入碳酸氢钠饱和溶液,加热煮沸并保持微沸 5 min。在隔绝空气装置中加满碳酸氢钠饱和溶液后将锥形瓶取下并先后于冷水及冰水中冷却至 10 ℃ 以下。取下隔绝空气装置,迅速相继加入硫氰酸铵溶液(25%)5 mL,碘化钾溶液(10%)5 mL 及淀粉溶液(1%)5 mL,立即用碘酸钾标准溶液滴定至溶液恰呈蓝色保持 10 s 即为终点。按下式计算试样的含锡量:

$$Sn\% = \frac{V \times T}{G} \times 100$$

式中:V 为滴定消耗碘酸钾标准溶液的毫升数;T 为碘酸钾标准溶液对锡的滴定度,即每毫升碘酸钾标准溶液相当于锡的克数;G 为称取试样质量(g)。

或称取同样重量的相类似的标样,按同样操作求得碘酸钾标准溶液对锡的百分滴定度($T\% = V/V_0$),则可按下式计算:

$$Sn\% = V \times T\%$$

式中:$T\%$ 为碘酸钾标准溶液对锡的百分滴定度,即每毫升碘酸钾标准溶液相当于锡的百分含量。

3) 注

(1) 也可以用硫酸-硫酸氢钾溶解试样。在盐酸溶液中,用铁粉、铝片或镍粉作为还原剂,Sb^{3+} 作为催化剂,在隔绝空气条件下,将 $Sn(\text{IV})$ 还原为 Sn^{2+}。其他条件相同。还原时盐酸酸度在 4.5~6 mol·L^{-1} 为宜。

(2) 在还原和以后的冷却过程中,应保持溶液与空气隔绝。在将还原后的溶液冷却时,盛于隔绝空气装置中的碳酸氢钠饱和溶液将被吸入锥形瓶中。这时应注意补充加入碳酸氢钠饱和溶液,以免空气进入瓶中。

(3) 在滴定前应将溶液冷却到 10 ℃ 以下,以达到使过量的次磷酸钠与碘酸钾标准溶液互相反应的速度降低到很小的程度而不影响滴定终点的判断。

(4) 滴定时溶液已暴露在空气中,为了尽量减少 Sn^{2+} 被空气氧化而引起的误差,滴定应迅速进行。由于过剩的次磷酸钠与碘缓慢作用,故滴定终点的蓝色不能长久保持。当蓝色保持 10 s 时为终点。

(5) 在仲裁分析中应另作试剂空白试验。

16.1.2　铅的测定

锡基合金中铅一般为杂质含量存在,其含量小于 0.35%。而在部分锡基合金中(如 ChSnSb12—3—10,ChSnSb15—2—18,ChSnSb13—5—12)含铅量可达 9%~20%。由于铅含量相差较大,所以对于含铅量高的试样采用容量法,对于含铅量低的试样用光度法较为适宜。

1. 重铬酸钾-硝酸锶容量法

试样用盐酸-溴饱和溶液溶解,并挥发除去大量的锡,残渣用稀硝酸溶解,定量加入重铬酸钾标准溶液。在 pH 3~4 的条件下,以硝酸锶作为凝聚剂,使溶液中的铅定量地生成铬酸铅沉淀,过量的重铬酸钾在不分离铬酸铅沉淀的条件下提高酸度,用硫酸亚铁铵标准溶液滴定,间接地求得铅的含量。

在 pH 3~4 的酸度条件下,铅能定量地生成铬酸铅沉淀。同时银、铋、汞等元素也会生成沉淀。当提高酸度后,铬酸铅沉淀仍能不溶解,而银、铋、汞等元素的沉淀溶解,消除了这些元素的干扰。

加入硝酸锶作凝聚剂,使所生成的铬酸铅沉淀颗粒增粗,因而大大降低了铬酸铅的溶解度,实验证明当硝酸锶存在时,滴定终点清晰、敏锐,否则达到终点后放置片刻溶液有返红现象。

1) 试剂

盐酸-溴饱和溶液。硝酸(1+3)。硝酸锶溶液(10%)。硫磷混合酸:1 000 mL 中含有 30 mL 硫酸和 60 mL 磷酸。二苯氨磺酸钠指示剂(0.5%)。重铬酸钾标准溶液(0.003 33 mol·L^{-1}):称取经 250 ℃烘干过的重铬酸钾 0.980 6 g 溶于水中,另取醋酸铵 150 g 溶于水中,将上述两种试剂混合,移入 1 000 mL 容量瓶中,以水稀释至刻度,摇匀。硫酸亚铁铵标准溶液(0.02 mol·L^{-1}):称取硫酸亚铁铵 [FeSO$_4$(NH$_4$)$_2$SO$_4$·6H$_2$O]7.8 g,溶于 1 000 mL 硫酸溶液(5+95)中,摇匀。其准确浓度须用重铬酸钾标准溶液标定。标定方法:吸取重铬酸钾标准溶液 25 mL,于 250 mL 锥形瓶中,加水约 50 mL,硫磷混合酸 25 mL 及二苯氨磺酸钠指示剂(0.5%)3 滴,摇匀,立即用硫酸亚铁铵标准溶液滴定至溶液由紫红色转为亮绿色为终点。按下式计算重铬酸钾标准溶液与硫酸亚铁铵标准溶液的比值 K:

$$K = \frac{25.00}{V}$$

式中:25.00 为吸取重铬酸钾标准溶液的毫升数;V 为标定时消耗硫酸亚铁铵溶液的毫升数。

2) 操作步骤

称取试样 0.100 0~0.200 0 g(使含铅量控制在 10~25 mg),于 250 mL 烧杯中,加盐酸-溴饱和溶液 25 mL,加表面皿,加热溶解,并蒸发至干。稍冷,以水吹洗表面皿及杯壁,再加盐酸-溴饱和溶液 20 mL,蒸干(不加表面皿)取下稍冷。加硝酸(1+3)12 mL,微热溶解残渣。趁热准确加入重铬酸钾标准溶液 25 mL 及硝酸锶溶液(10%)4 mL(此时溶液的 pH 3~4),煮沸 1~2 min,冷却至室温,加水约 50 mL,硫磷混合酸 25 mL 及二苯氨磺酸钠指示剂(0.5%)3 滴,立即用硫酸亚铁铵标准溶液滴至溶液由紫红色变为亮绿色为终点。按下式计算试样的含铅量:

$$Pb\% = \frac{(25.00 - KV) \times M \times 0.207\ 2}{G} \times 100$$

式中:V 为滴定试液中过量的重铬酸钾标准溶液时消耗硫酸亚铁铵的毫升数;K 为重铬酸钾标准溶液与硫酸亚铁铵标准溶液的比值,即 1 mL 硫酸亚铁铵标准溶液相当于重铬酸钾标准溶液的毫升数;M 为重铬酸钾标准溶液的摩尔浓度;0.207 2 为 1 毫克摩尔铅相当的克数(1 个铅离子与 1 个铬酸根离子结合,在滴定时 Cr^{6+}→Cr^{3+},所以得出铅的毫克摩尔为 0.207 2);G 为称取试样质量(g)。

3) 注

(1) 本方法适用于测定含铅 1%~30% 的试样。含铅量小于 5% 称样 0.500 0 g;5%~10% 称样 0.200 0 g;大于 10% 称样 0.100 0 g。

(2) 指示剂不能多加,因为指示剂本身有还原性,要消耗重铬酸钾。在精确测定时需作指示剂校正。校正方法见 3.4 节铬的测定部分。由于指示剂易被氧化剂破坏,所以指示剂最好在滴定至淡黄绿色时再加入,这样终点更为灵敏。

(3) 挥发锡的操作必须在良好通风条件下进行。

2. 络合滴定法

乙二胺四乙酸二钠盐(简称 EDTA)与铅在微酸性及碱性溶液中(pH>3)形成(1+1)的络合物。络合物的稳定常数 logK_{PbY} 为 18.04。一般可以在 pH>4 的溶液中进行络合滴定。常用的滴定条件有两种:一种是在微酸性溶液(pH≈5.5)中滴定;另一种是在碱性溶液(pH≈10)中滴定。

本方法采用在微酸性溶液中滴定铅。用氟化物掩蔽锡、铝等元素,酒石酸掩蔽锑;铜、镍、镉、锌、钴等用 1,10-二氮菲掩蔽。以二甲酚橙为指示剂。

加氟化物后有 Pb 沉淀析出,但此沉淀能在接近终点时完全溶解。为此,滴定速度不宜过快。

采用硝酸+盐酸=(2+1),并稀释 1 倍的混合酸和酒石酸作为溶解酸,溶解速度快,并可防止溶解过程中锡的水解。

1) 试剂

硝酸(1+1)。盐酸(1+1)。酒石酸溶液(20%)。1,10-二氮菲溶液(0.5%)。氟化铵(固体)。六次甲基四胺溶液(30%)。EDTA 标准溶液(0.02 mol·L^{-1}):称取 EDTA 二钠盐 7.45 g,溶于水中。移入 1 000 mL 容量瓶中,以水稀释至刻度,摇匀。标定方法:吸取铅标准溶液(0.020 00 mol·L^{-1}) 25 mL,加水 50 mL,酒石酸溶液(20%)5 mL,1,10-二氮菲溶液(0.5%)5 mL,氟化铵 0.5 g,摇匀。加六次甲基四胺溶液(30%)15 mL,二甲酚橙指示剂(0.2%)3~4 滴,用 EDTA 标准溶液滴定至溶液由红色刚变为亮黄色为终点。按下式计算 EDTA 标准溶液的浓度:

$$M = \frac{25.00 \times 0.020\ 00}{V}$$

式中:M 为 EDTA 标准溶液的摩尔浓度;V 为标定时消耗 EDTA 标准溶液的毫升数。也可用类似的锡基合金标样,按相同的操作步骤操作,求得 EDTA 标准溶液对铅的滴定度(g·mL^{-1})。若用基准 EDTA 试剂,则无须标定。铅标准溶液(0.020 00 mol·L^{-1}):称取纯铅(99.95% 以上)4.144 2 g,溶于硝酸(1+3)15 mL 中,煮沸除去氮的氧化物,冷却。移入 1 000 mL 容量瓶中,以水稀释至刻度,摇匀。

2) 操作步骤

称取试样 0.400 0 g,于 150 mL 锥形瓶中,加入酒石酸溶液(20%)10 mL,硝酸(1+1)10 mL,盐酸(1+1)5 mL,低温加热至试样完全溶解,驱除氮的氧化物,取下冷却,移入 100 mL 容量瓶中,以水稀释至刻度,摇匀。吸取试液 25 mL,于 250 mL 锥形瓶中,依次加入酒石酸溶液(20%)5 mL,氟水铵约 1.5 g,1,10-二氮菲溶液(0.5%)5~25 mL(视铜、锌、镍、铁等含量多少而定),摇匀。加水约 50 mL,二甲酚橙指示剂 4~5 滴,用六次甲基四胺溶液(30%)调至溶液呈紫红色,再过量 5~10 mL(此时 pH≈5.5)。用 EDTA 标准溶液慢慢滴定至溶液由红色转变为稳定的黄色(溶液清澈,不返红)为终点。按下式计算试样的含铅量:

$$Pb\% = \frac{V \times M \times 0.207\ 2}{G \times \dfrac{25}{100}} \times 100$$

式中:V 为滴定时所耗 EDTA 标准溶液的毫升数;M 为 EDTA 标准溶液的摩尔浓度;G 为称取试样质量(g)。或根据滴定度求试样的含铅量:

$$Pb\% = \frac{V \times T}{G \times \dfrac{25}{100}} \times 10$$

式中:T 为 EDTA 标准溶液对铅的滴定度,即 1 mL EDTA 标准溶液相当于含铅的克数。

3) 注

(1) 本法适用于测定含铅>1% 的试样。

(2) 如果试样 Cu,Zn,Ni,Cd 等含量较高,则须多加 1,10-二氮菲。为了检查 1,10-二氮菲是否过量,可在滴定终点后,再加 1,10-二氮菲 1~2 mL,观察是否返红。如返红,需增加 1,10-二氮菲的加入量,滴定后再检查。对同一批试样检查一只试样,以后即可按此量加入。如遇终点不明显时,也可增加 1,10-二氮菲的加入量使终点明显。

(3) 铝将使二甲酚橙指示剂产生封闭现象,如遇铝高时须用返滴定的办法消除铝的封闭。Co,Ni,Cu 使指示剂产生僵化现象,加入少量的 1,10-二氮菲作活化剂,可消除这一现象。加入酒石酸可消除铁对二甲酚橙的僵化现象。

(4) 二甲酚橙指示剂,在 pH>6.1 时呈红色,pH<6.1 时呈黄色,而二甲酚橙与金属离子的络合

物都是红紫色,所以它必须控制在 pH<6.1 的酸性溶液中使用。加入六次甲基四胺溶液的量必须恰当。第一个试液仔细调节酸度,以后只要加入固定量的六次甲基四胺溶液即可。

3. 二甲酚橙光度法

工业用纯锡和锡基轴承合金中杂质量铅的允许含量较高,因此考虑选用二甲酚橙作为显色剂在水溶液中进行测定。经试验证明酒石酸可以完全掩蔽锡、锑而不影响铅的测定,可以省去氢溴酸蒸发的操作步骤。太多过量的酒石酸将抑制铅的显色,因此方法中规定加入酒石酸溶液(10%)2 mL 可掩蔽锡 50 mg、锑 10 mg。由于在锡、锑共存的情况下进行铅的显色时,其吸光度较没有锡、锑存在时略低,故作检量线时应以纯锡打底。1,10-二氮菲对铜、镍、锌、镉有较强的络合能力。镍、锌、镉在合金中的共存量很低,加入 1,10-二氮菲(0.25%)1 mL 已可完全掩蔽。铜是锡基合金的主要合金成分之一,其含量最高可达 10%。试验表明每毫升铜需 1,10-二氮菲溶液(0.25%)4.5 mL 方能完全掩蔽,1,10-二氮菲溶液的加入量应根据试样中铜含量的多少而计算,可以允许有 1 mL 过量(0.25%);超过此量对铅的显色有影响。铁必须用抗坏血酸还原至 2 价方能被 1,10-二氮菲稳定掩蔽。如不还原,吸光度将逐渐上升。

1) 试剂

盐酸(ρ=1.19 g·cm^{-3}),(1+3)。硝酸(1+4)。过氧化氢(30%)。酒石酸溶液(10%)。对硝基酚指示剂(0.2%)。氨水(1+4)。1,10-二氮菲溶液(0.25%)。乙醇溶液。六次甲基四胺溶液(pH=5.5):称取六次甲基四胺 30 g 溶于水中,稀释至 100 mL,加入盐酸 4 mL,摇匀(以下简称六胺溶液)。二甲酚橙溶液(0.3%)(以下简称 XO 溶液)。EDTA 溶液(1%)。铅标准溶液(Pb 25 µg·mL^{-1}):称取纯铅(99.95%以上)0.100 0 g,溶于硝酸(1+4)5 mL 中,煮沸除去氮的氧化物,冷却至室温,移入 100 mL 容量瓶中,以水稀释至刻度,摇匀。此溶液每毫升含铅 1 mg,绘制检量线时,吸取此溶液 5 mL,于 200 mL 容量瓶中,以水稀释至刻度,摇匀。

2) 操作步骤

称取试样 0.500 0 g,于 50 mL 两用瓶中,加盐酸 10 mL,分次滴加过氧化氢(30%)至试样溶解完全,煮沸分解多余的过氧化氢。冷却,以水稀释至刻度,摇匀。另按同样方法配制试剂空白 1 份。分取试样及空白溶液各 5 mL,分别于 100 mL 容量瓶中,各加酒石酸溶液(10%)2 mL,以对硝基酚为指示剂,滴加氨水(1+4)及盐酸(1+3)至恰呈酸性。加入六胺溶液(pH=5.5)10 mL,加水约 70 mL,按试样的含铜量准确加入 1,10-二氮菲溶液(即按每毫升铜加入 1,10-二氮菲溶液 0.25% 4 mL 的比例加入并加量 1 mL),试剂空白中加 1,10-二氮菲溶液 1 mL,摇匀。用移液管加入 XO 溶液 2 mL,以水稀释至刻度,摇匀。倒出部分显色液于 3 cm 或 5 cm 比色皿中,在剩余的溶液中加入 EDTA 溶液(1%)2~3 滴,使铅色泽褪去作为参比液,在 530 nm 波长处,测定吸光度。从试样的吸光度中减去试剂空白的吸光度后,从检量线上查得试样的含铅量。

3) 检量线的绘制

称取含铅<0.01%的纯锡或锡基合金 0.500 0 g,按上述操作溶解并稀释至 50 mL。吸取此溶液 5 mL 7 份,分别于 100 mL 容量瓶中,依次加入铅标准溶液 0.0 mL,1.0 mL,2.0 mL,4.0 mL,6.0 mL,8.0 mL,10.0 mL(Pb 25 µg·mL^{-1}),各加酒石酸溶液 2 mL 后按上述方法操作。如用纯锡打底,加 1,10-二氮菲溶液 1 mL;如用锡基合金打底,则应按其含铜量加 1,10-二氮菲溶液。用 3 cm 及 5 cm 比色皿,以不加铅标准溶液的试液为参比液,测定各溶液的吸光度,并绘制检量线。

4) 注

(1) 因试剂加入量对铅的显色有影响,故方法中各试剂都要准确配制,并准确地加入。

(2) 二甲酚橙为氨羧酞型显色剂,随着溶液酸度条件的变化,该试剂结构也随之发生变化。在 pH<2 的酸性溶液中,二甲酚橙主要以 H$_3$In^{2-} 的状态存在,溶液呈玫瑰红色。在 pH 2~6,主要以

HIn^{4-} 的状态存在,溶液转变为黄色。当 pH>6.1 时,主要以 In^{5-} 的状态存在,溶液呈红紫色。当酸度在 pH 2~6 的范围内,该试剂作为金属离子的显色剂应用,此时,试剂本身呈黄色,而与金属离子的络合物呈红色。二甲酚橙和 2 价金属离子络合时,形成如下结构的紫红色络合物:

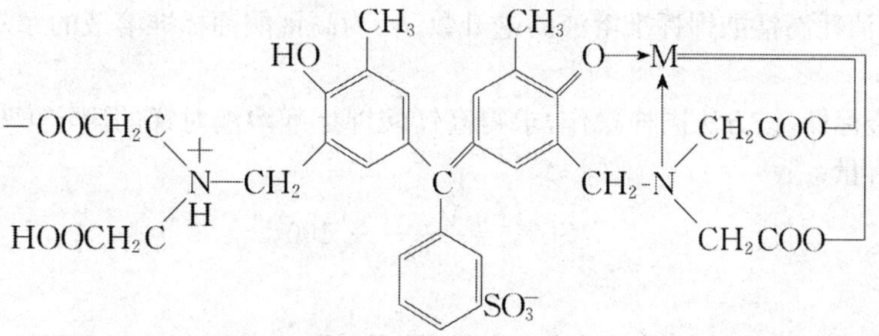

该络合物能和二甲酚橙形成呈红色络合物的金属离子有近 50 种,因此它不是一种选择性好的显色剂,在应用中必须结合一定的掩蔽条件或分离步骤。

(3) 本法适用于含铅量 0.01%~0.5% 的试样。含铅量>0.5% 时,可减少试样的分液量。

16.1.3　锑的测定

锑在锡基轴承合金中是主要合金元素之一,其含量在 4%~16% 范围之间。可采用容量法和光度法测定锑。

含锑的金属和合金一般均采用酸溶,对轴承合金,可用浓硫酸加热溶解,也可用王水、氢溴酸和溴的混合酸、硝酸和酒石酸的混合酸等溶解。分析含锑的合金试样时,在溶样过程中应注意以下两点:

(1) 锑的卤化物较易挥发,当用盐酸或氢溴酸溶样时,应避免过分地加热。

(2) 锑的盐类极易水解而析出沉淀,因此溶解试样时应注意保持一定的酸度,或者加入酒石酸、氟氢酸等与锑络合。

1. 高锰酸钾滴定法

试样以浓硫酸和固体硫酸氢钾(以提高沸点)溶解,此时锑呈 3 价状态:

$$2Sb + 6H_2SO_4 = Sb_2(SO_4)_3 + 3SO_2 + 6H_2O$$

加入盐酸使 3 价锑转为氯化亚锑,然后用高锰酸钾标准液滴定:

$$5SbCl_3 + 16HCl + 2KMnO_4 = 5SbCl_5 + 2KCl + 2MnCl_2 + 8H_2O$$

以此求得锑的含量。

在试样溶解时,锡呈 4 价状态,不干扰测定,铅生成硫酸铅沉淀,但不影响锑的测定。砷(Ⅲ)能与高锰酸钾起反应,消耗其用量,所以砷的存在,将使锑的结果偏高,故当试样中含砷时,应在盐酸溶液中持续煮沸 5~10 min,使砷以 $AsCl_3$ 挥发除去。锡基合金中含砷量一般小于 0.1%,所以其影响极微。

1) 试剂

硫酸($\rho = 1.84\ g \cdot cm^{-3}$)。硫酸氢钾(固体)。盐酸($\rho = 1.19\ g \cdot cm^{-3}$)。高锰酸钾标准溶液(0.05 $mol \cdot L^{-1}$)。

2) 操作步骤

称取试样 0.500 0 g,于 500 mL 锥形瓶中,加硫酸 20 mL,硫酸氢钾 5 g,加热使试样溶解(开始时温度不宜过高,否则试样分解不完全),然后向溶液内投一小片滤纸,继续在高温处加热冒白烟至溶液无色。取下冷却,缓缓加水 20 mL,盐酸 20 mL,于低温煮沸 5~10 min,取下。加水 150 mL,流水冷却

（10～15 ℃），立即用高锰酸钾标准溶液滴定至溶液呈微红色不消失为终点。按下式计算试样的含锑量：

$$Sb\% = \frac{V \times M \times 0.121\,76}{G} \times 100$$

式中：V 为滴定时消耗高锰酸钾标准溶液的毫升数；M 为高锰酸钾标准溶液的摩尔浓度；G 为称取试样质量（g）。

如用锡基合金标样，按方法同样操作，求得高锰酸钾标准溶液对锑的滴定度（$T = Sb\,g \cdot mL^{-1}$）。按下式计算锑的含量：

$$Sb\% = \frac{V \times T}{G} \times 100$$

3）注

（1）用硫酸溶解试样时，必须将溶液蒸发至无色，使溶液中的还原性物质驱尽，否则结果不稳定。

（2）在分析中，加入盐酸及用水稀释的体积要控制一致，酸度不同会影响分析结果。盐酸太少，则有盐基性锑盐沉淀，盐酸太多，则 Cl^- 将高锰酸还原，致使结果偏高。硫酸加入量 20 mL，盐酸加入量必须为每 100 mL 溶液 9～10 mL。

（3）滴定前，必须用流水将溶液温度降至 10～15 ℃，热天最好用冰水冷却。

2. 碘化钾光度法

3 价锑与碘离子在酸性溶液中形成黄色络合物 SbI_4^-。这一反应灵敏度较低，宜作为测定较高含锑量的光度法。由于锡基合金中含锑量在 4％～16％，所以可用此法进行锑的测定。

Cu^{2+} 及 Fe^{3+} 也能与碘离子反应析出游离碘，干扰锑的测定。加入硫脲和抗坏血酸可消除这一干扰。

1）试剂

酒石酸溶液（20％）。硝酸（1＋1）。盐酸（1＋4）。硫酸（$\rho = 1.84\ g \cdot cm^{-3}$），（1＋1）。硫脲饱和溶液。碘化钾-抗坏血酸溶液：称取碘化钾 30 g 及抗坏血酸 3 g，溶于水中，稀释至 100 mL。贮于棕色瓶中（可保存 2 天）。锑标准溶液（Sb 0.2 mg · mL^{-1}）：称取纯锑（99.98％以上）0.100 0 g，加硫酸 25 mL，加热溶解后冷却，加水至约 100 mL，摇匀。冷却。移入 500 mL 量瓶中，用硫酸（1＋3）稀释至刻度，摇匀。

2）操作步骤

称取试样 0.100 0 g，置于 150 mL 锥形瓶中，加酒石酸溶液（20％）10 mL，硝酸（1＋1）10 mL，盐酸（1＋1）5 mL，加热溶解，加尿素少许使氧化氮分解，冷却。移入于 100 mL 量瓶中，以水稀释至刻度，摇匀。显色液：吸取试液 10 mL 置于 50 mL 量瓶中。加 EDTA 溶液（10％）5 mL，硫脲溶液 2 mL，硫酸 4 mL，流水冷却后，加碘化钾-抗坏血酸溶液 15 mL，以水稀释至刻度，摇匀（如含铅量高时，有硫酸铅沉淀析出，可放置后取上层清液测定吸光度）。空白液：于 50 mL 容量瓶中加水 10 mL，其他加入试剂同上，以水稀释至刻度，摇匀。用 1 cm 比色皿于 420 nm 波长处，以空白液为参比，测定吸光度。从检量线上查得试样的含锑量。

3）检量线的绘制

于 6 只 50 mL 容量瓶中，依次加入锑标准溶液 0.0 mL，1.0 mL，3.0 mL，5.0 mL，7.0 mL，9.0 mL（Sb 0.2 mg · mL^{-1}），各加硫酸（1＋1）7 mL，加水约 20 mL，冷却。加碘化钾-抗坏血酸溶液 15 mL，以水稀释至刻度，摇匀。以不加锑标准溶液的试液为参比，测定吸光度，并绘制检量线。每毫升锑标准溶液相当于含锑 2％。

4）注

（1）显色液吸光度受酸浓度的影响，8％（V/V）硫酸为最佳（50 mL 体积中有硫酸 4 mL），浓度在

6.3%～9.7%(V/V)对吸光度无影响,酸浓度小吸光度低,浓度大吸光度高。

(2) 碘化钾浓度小吸光度低,需大于 5.6%,一般选用 7%～10%。本法采用 9%的碘化钾浓度。

(3) 抗坏血酸存在于碘化钾试剂中有三个作用:

① 还原下述反应过程中产生的碘:

$$Sb^{5+} + 2KI \longrightarrow Sb^{3+} + I^2 + 2K^+$$

② 防止自碘化钾中形成游离碘,使色泽稳定。③ 对于微量氧化性物质起到缓冲作用,还原 Fe^{3+} 到 Fe^{2+}。抗坏血酸加入量没有很大影响。

16.1.4　铜的测定

铜在锡基轴承合金中是主要合金元素之一,含铜量在 1%～10%范围。铜的测定可以用电解法,碘量法及光度法,但光度法较为简单、方便、快速。

1. 二环己酮草酰双腙光度法

二环己酮草酰双腙(简称 BCO)与 Cu^{2+} 离子在碱性溶液中生成蓝色络合物。反应的适宜酸度条件为 pH 7～10。

BCO 与 Cu^{2+} 离子反应的灵敏度为 0.2 $\mu g \cdot mL^{-1} \cdot cm^{-1}$,BCO-$Cu^{2+}$ 络合物的最大吸收在 595～600 nm 波长处。BCO 试剂的加入量一般应为铜量的 8 倍以上。加入 BCO 试剂后须放置 2～5 min 显色才能完全。含 Cu 0.2～4 $\mu g \cdot mL^{-1}$ 服从比耳定律。

在氨水-柠檬酸铵介质中显色,锡基合金中共存的元素均不干扰测定。

1) 试剂

盐酸(1+1)。硝酸(1+1)。柠檬酸铵溶液(50%)。BCO 溶液(0.05%):称取 0.5 g 试剂溶于乙醇 100 mL 中,用水稀释至 1 000 mL。中性红指示剂(0.1%)。乙醇溶液。氨水(1+1)。铜标准溶液(Cu 50 $\mu g \cdot mL^{-1}$),称取纯铜(99.95%以上)0.500 0 g 溶于少量稀硝酸中,煮沸除去氮的氧化物,移入 1 000 mL 容量瓶中,以水稀释至刻度,摇匀。吸取此溶液 10 mL 于 100 mL 容量瓶中,以水稀释至刻度,摇匀。

2) 操作步骤

称取试样 0.100 0 g,于 150 mL 锥形瓶中,加盐酸(1+1)10 mL,硝酸(1+1)5 mL,加热溶解,冷却,移入 200 mL 容量瓶中,以水稀释至刻度,摇匀。另按同样操作配制试剂空白 1 份。吸取试样溶液 5 mL 2 份,分别于 100 mL 容量瓶中。显色液:加入柠檬酸铵溶液(50%)2 mL,水约 20 mL,中性红指示剂 1 滴,用氨水(1+1)调节至指示剂由红变黄,并过量 6 mL,摇匀。加 BCO 溶液(0.05%)25 mL,以水稀释至刻度,摇匀。试液空白:操作与显色溶液相同,但不加 BCO 溶液。放置 5～10 min,用 1 cm 比色皿,于 660 nm 波长处,以试液空白为参比,测定吸光度。另取试剂空白溶液 5 mL 2 份,按上述方法显色并测定其吸光度。从试样的吸光度读数中减去试剂空白的吸光度后,在相应的检量线上查得试样的含铜量。

3) 检量线的绘制

于 6 只 100 mL 容量瓶中,依次加入铜标准溶液 0.0 mL,1.0 mL,2.0 mL,3.0 mL,4.0 mL,5.0 mL(Cu 50 $\mu g \cdot mL^{-1}$),按上述方法显色,用 1 cm 比色皿,于 660 nm 波长处,以不加铜标准溶液的试液为参比,测定其吸光度并绘制检量线。每毫升铜标准溶液相当于含铜量 2.0%。

4) 注

(1) 此法适用于测定含铜 1%～10%的试样。

(2) 显色酸度在 pH 8.9～9.7 较好,本法控制酸度在 pH≈9.5。

（3）溶液中的硝酸根、硫酸根、磷酸根、高氯酸根及氯根对测定均有干扰，因此，溶解试样时，可根据试样要求选择溶剂。如在稀释过程中出现锡的水解现象，可在溶样时加入酒石酸溶液（20%）10 mL，以防止锡的水解。

（4）BCO 加入后，在室温低于 10 ℃时显色后放置 10 min，再测定其吸光度。室温高于 20 ℃时显色后 3 min 即完全。在日常分析中，如采用相类似的标样作比较，可用试液空白，不必另作试剂空白。

2. 二乙胺硫代甲酸钠光度法

在含有保护胶的氨性溶液中，二乙胺硫代甲酸钠（称取 DDTC）与 Cu^{2+} 离子形成金黄色胶体溶液，借此进行铜的光度测定。为了避免铅的干扰，可加 EDTA 掩蔽，但对于锡基合金中铅含量对测定铜不致引起干扰，所以可不加 EDTA。

1) 试剂

盐酸（1+1）。硝酸（1+1）。柠檬酸铵溶液（50%）。氨水（1+1）。阿拉伯树胶溶液（0.5%）：称取此试剂 1 g 于热水 200 mL 中，过滤备用。DDTC 溶液（0.2%）：称取此试剂 0.5 g 溶于水中，过滤后稀释至 250 mL。铜标准溶液（Cu 50 $\mu g \cdot mL^{-1}$），配制方法见前。

2) 操作步骤

称取试样 0.100 0 g，于 150 mL 锥形瓶中，加盐酸（1+1）10 mL，硝酸（1+1）5 mL，加热溶解，冷却，移入 100 mL 容量瓶中，以水稀释至刻度，摇匀。另按同样操作配制试剂空白 1 份。吸取试液 5 mL 2 份，分别于 100 mL 容量瓶中。显色液：加柠檬酸铵溶液（50%）10 mL，氨水（1+1）10 mL，阿拉伯树胶溶液（0.5%）10 mL，摇匀。加 DDTC 溶液（0.2%）10 mL，以水稀释至刻度，摇匀。试液空白：操作与显色液相同，但不加 DDTC 溶液。1 cm 比色皿，于 470 nm 波长处，以试液空白为参比，测定吸光度。另取试剂空白溶液 5 mL 2 份，按上述方法显色并测定吸光度。从试样的吸光度读数中减去试剂空白液的吸光度读数后，在相应的检量线上查得试样的含铜量。

3) 检量线的绘制

于 6 只 100 mL 容量瓶中，依次加入铜标准溶液 0.0 mL，2.0 mL，4.0 mL，6.0 mL，8.0 mL，10.0 mL（Cu 50 $\mu g \cdot mL^{-1}$），按上述方法显色，以不加铜标准溶液的试液为参比测定吸光度，并绘制检量线。每毫升铜标准溶液相当于含铜量 1.0%。

4) 注

（1）本法适用于测定含铜 1%～10% 的试样。

（2）DDTC 在微酸性或氨性溶液中与 Cu^{2+} 离子反应（在保护胶存在下）生成金黄色络合物（呈胶体溶液）。

$$2S=C\underset{S-Na}{\overset{N(C_2H_5)_2}{\diagup}} + Cu^{2+} = \left[S=C\underset{S}{\overset{N(C_2H_5)_2}{\diagup}} \right]_2 Cu + 2Na^+$$

在氨性柠檬酸铵溶液中（pH＞9），干扰铜测定的主要元素是 Ni^{2+}，Co^{2+} 及 Bi^{3+}；Ni^{2+} 与 DDTC 试剂生成黄绿色沉淀，Co^{2+} 生成暗绿色沉淀，而 Bi^{3+} 生成黄色沉淀。镍、钴的干扰可加 EDTA 后消除干扰。但锡基合金中镍、钴、铋含量极微（杂质量），所以本法中未加考虑。

（3）日常分析中，如用类似标样作比较，可不必配制试剂空白，可用底液空白或水作为参比。

16.2　铅基合金的分析

铅可以溶解于稀硝酸或硝酸-高氯酸混合酸中，以铅、锡、锑为主要组成的合金可用 $HBr+Br_2$ 混合酸溶解。若蒸发至近干,经过 2~3 次反复处理,可使锡、锑、砷等元素挥发除去,而残留的铅经稀硝酸处理即可转成硝酸铅溶液。对铅基合金,为了在溶样时避免锡或偏锡酸沉淀和锡锑砷等挥发,可用酒石酸-硝酸混合酸溶解,溶解速度很快,且又为以后各元素的测定创造了条件。

16.2.1　铅的测定(络合滴定法)

铅在铅基合金中是基体元素,一般以余量表示,为了在分析中考核其他成分的测定结果,必要时进行分析。通常用络合滴定法测定铅较为简便、快速。

1. 以二甲酚橙-次甲基蓝为指示剂

在微酸性溶液中(pH≈5.5),用酒石酸、硫脲、1,10-二氮菲联合掩蔽锡、铜以及少量镍、镉、锌、铁干扰元素,以二甲酚橙-次甲基蓝作指示剂,用 EDTA 直接滴定铅。

1) 试剂

混合酸:盐酸(1+1)与硝酸(1+1)按 3 份盐酸,1 份硝酸相混合,摇匀。过氧化氢(30%)。酒石酸溶液(30%)。2,4-二硝基酚指示剂(0.2%),乙醇溶液。氨水(1+1)。硫脲饱和溶液。六次甲基四胺缓冲溶液(pH=5.4):称此试剂 40 g,溶于 100 mL 水中,加浓盐酸 10 mL(调至 pH=5.4)。1,10-二氮菲溶液(0.2%),温热溶解。二甲酚橙-次甲基蓝指示剂:0.24 g 二甲酚橙和 0.01 g 次甲基蓝,溶于水后稀释至 100 mL。铅标准溶液(0.020 00 mol·L^{-1}):称取纯铅(99.95%以上)4.144 2 g 溶于硝酸(1+3)15 mL 中煮沸除去氮的氧化物,冷却。移入 1 000 mL 容量瓶中,以水稀释至刻度,摇匀。EDTA 标准溶液(0.02 mol·L^{-1}):称取此试剂 7.45 g,溶于水中,移入 1 000 mL 容量瓶中,以水稀释至刻度,摇匀。此溶液的准确浓度标定如下:吸取铅标准溶液(0.020 00 mol·L^{-1})250 mL,于 250 mL 锥形瓶中,加酒石酸溶液(30%)10 mL,水约 30 mL,加 2,4-二硝基酚指示剂 2 滴,用氨水(1+1)调至溶液恰呈黄色(pH≈4.4),加硫脲饱和溶液 10 mL,六次甲基四胺缓冲溶液 15 mL(此时 pH≈5.4),加 1,10-二氮菲溶液(0.2%)2 mL,二甲酚橙-次甲基蓝指示剂 5~6 滴,用 EDTA 标准溶液滴定至溶液由紫红色转为黄绿色为终点。在标定的同时作试剂空白 1 份。按下式计算 EDTA 标准溶液的准确浓度:

$$M = \frac{25.00 \times 0.020\ 00}{V - V_0}$$

式中:V 为标定时消耗 EDTA 标准溶液的毫升数;V_0 为滴定空白溶液时消耗 EDTA 标准溶液的毫升数;M 为 EDTA 标准溶液的摩尔浓度。用基准试剂配制的标准溶液可以不必标定,即称取乙二胺四乙酸二钠(基准试剂)7.445 2 g,溶于水中,移入 1 000 mL 容量瓶中,以水稀释至刻度,摇匀。

2) 操作步骤

称取试样 0.100 0 g 于 250 mL 锥形瓶中,加混合酸 20 mL,温热溶解,分数次加入过氧化氢(30%)共约 5~7 mL,至试样完全溶解后微热约 1 min 以分解多余的过氧化氢及氮的氧化物,取下,趁热加入酒石酸溶液(30%)10 mL,水 30 mL,冷却至 40 ℃左右。加 2,4-二硝基酚指示剂 2 滴,边摇边加氨水(1+1)中和至溶液呈黄色(pH≈4.4),加硫脲饱和溶液 10 mL,六次甲基四胺缓冲液 15 mL(此时溶液为 pH≈5.4),加 1,10-二氮菲溶液(0.2%)10 mL,二甲酚橙-次甲基蓝指示剂 5~6 滴,立即用 EDTA 标准溶液(0.02 mol·L^{-1})缓慢滴定至溶液由紫红色转变为黄绿色,以不再返红为终点。另按同样操作作试剂空白 1 份。按下式计算试样的含铅量:

$$Pb\% = \frac{(V_1 - V_0) \times M \times 0.207\ 2}{G} \times 100$$

式中:V_1 为滴定试液消耗 EDTA 标准溶液的毫升数;V_0 为滴定试剂空白时消耗 EDTA 标准溶液的毫升数;M 为 EDTA 标准溶液的摩尔浓度;G 为称取试样质量(g)。

3) 注

（1）在铅合金中铅的测定过程中，如何解决好溶样、试液易产生沉淀和浑浊是整个分析过程的重要方面。本法采用盐酸(1+1)：硝酸(1+1)为3：1的混合酸。在温热溶样的情况下，以每次约1 mL分次加入过氧化氢(30%)，以加速试样的分解。趁热加入酒石酸溶液，采用稍高于室温(约40℃)的条件进行中和、滴定等操作。可以避免试液在较低温度下容易析出沉淀和浑浊现象。终点敏锐。

（2）也可按下法操作：称取试样0.500 0 g，于250 mL锥形瓶中，加盐酸(1+1)50 mL，逐渐分批滴加过氧化氢(30%)约5 mL，加热溶解，煮沸除去多余的过氧化氢。加入氢化钠约10 g，摇动溶解，以水稀释至100 mL左右，移入200 mL容量瓶中，用混合液(含10%NaCl+10%HCl)洗涤瓶壁，以此液稀释至刻度，摇匀。吸取试液20 mL，加硫脲饱和溶液5 mL，氟化铵1.5 g，加六次甲基四胺溶液(30%)30 mL，1,10-二氮菲溶液(0.2%)5 mL，将试液加热至40℃左右，加二甲酚橙指示剂(0.2%)3～4滴，用EDTA标准溶液(0.01 mol·L^{-1})缓慢滴定至溶液透明清亮，由红色转变为亮黄色，不再返红为终点。

（3）锑、砷不干扰测定，但铋有干扰，由于铅基合金中铋以杂质量存在，其影响可不予考虑。

2. 以铬黑T为指示剂

在碱性溶液中(pH≈10)，用铬黑T作指示剂，可以用EDTA标准溶液直接滴定铅。但铅在碱性溶液中能生成氢氧化物沉淀而影响络合滴定的进行，所以应当在调节酸度前加入酒石酸和三乙醇胺等络合剂与铅络合。

对于试样中共存的锡、锑、铜及少量的铁、铝、镍等元素的干扰可加入氰化物，酒石酸及三乙醇胺等掩蔽剂来消除影响。但由于铬黑T指示剂极易被少量的铁、铝、铜、钴、镍等离子封蔽，所以为了避免指示剂的封蔽现象，将铅以硫酸铅沉淀与其他金属离子分离后，再采取上述的掩蔽措施，可以顺利地进行铅的络合滴定。

由于铅离子与铬黑T指示剂络合反应的色泽变化不明显，所以在滴定前加一定量的镁盐，以帮助滴定终点的观察。在滴定时，因EDTA与铅的络合物较与镁的络合物稳定(logK_{PbY}=18.04，logK_{MgY}=8.7)，所以EDTA先与铅络合，当铅全部络合后即与镁离子络合。当镁完全络合时即发生明显的终点变化。

1) 试剂

硫酸(ρ=1.84 g·cm^{-3})。"铅酸"溶液：取硫酸(ρ=1.84 g·cm^{-3})50 mL，缓慢加入750 mL水中，另取硝酸铅[Pb(NO$_3$)$_2$]0.5 g溶于200 mL水中，将两溶液混匀后放置24 h。过滤后使用。酒石酸溶液(50%)。氨水(ρ=0.89 g·cm^{-3})。氨性缓冲溶液(pH=10)：称取氯化铵54 g，溶解于水中，加浓氨水350 mL，以水稀释至1 000 mL。氰化钾溶液(10%)。抗坏血酸(固体)。铬黑T指示剂：称取此试剂0.1 g与干燥氯化钠20 g研细混匀后贮于紧闭的干燥棕色瓶中。EDTA标准溶液(0.02 mol·L^{-1})，配制方法见前法，标定方法如下：吸取铅标准溶液25 mL，于250 mL锥形瓶中，加水50 mL，酒石酸溶液(50%)10 mL，氨性缓冲溶液20 mL，氰化钾溶液(10%)1 mL，摇匀。准确加入镁溶液(0.01 mol·L^{-1})1 mL，加铬黑T指示剂少许，用EDTA标准溶液滴定至溶液由紫红色转变为蓝色为终点。在标定操作同时作试剂空白1份。按下式计算EDTA标准溶液的浓度：

$$M = \frac{25.00 \times 0.020\,00}{V - V_0}$$

式中：V为在标定时消耗EDTA溶液的毫升数；V_0为滴定试剂空白时所消耗EDTA标准溶液的毫升数；M为EDTA标准溶液的摩尔浓度。镁溶液(0.01 mol·L^{-1})：取硫酸镁2.46 g溶于100 mL水中，以水稀释至1 000 mL。铅标准溶液(0.020 00 mol·L^{-1})，配制方法见前法。

2) 操作步骤

称取试样 0.100 0 g,于 250 mL 锥形瓶中,加硫酸 20 mL,高温溶解,待作用完毕后,冷却至 60 ℃ 左右,用紧密滤纸过滤,用铅酸洗液洗涤沉淀 4～6 次,再用水洗涤 1～2 次,将沉淀与滤液放入原锥形瓶中,加酒石酸溶液(50%)10 mL,氨水 6 mL,氨性缓冲液 20 mL,氰化钾溶液(10%)2 mL,煮沸片刻,并将滤纸打碎,冷却。准确加入镁溶液(0.01 mol·L^{-1})1 mL,加抗坏血酸约 0.5 g,摇匀。加铬黑 T 指示剂少许,用 EDTA 标准溶液滴定至溶液由紫红色转变为蓝色。按同样操作作试剂空白试验。按下式计算试样的含铅量:

$$Pb\% = \frac{(V_1 - V_0) \times M \times 0.207\ 2}{G} \times 100$$

式中:V_0 为滴定试剂空白时消耗 EDTA 标准溶液的毫升数;V_1 为滴定试液时消耗 EDTA 标准溶液的毫升数;M 为 EDTA 标准溶液的摩尔浓度;G 为称取试样质量(g)。

3) 注

(1) 硫酸铅沉淀在 20%～50% 硫酸溶液中溶解度最小,为了进一步减少硫酸铅沉淀的溶解损失,所以采用铅酸洗液(即硫酸铅饱和溶液)稀释、沉淀和洗涤。

(2) 指示剂易被氧化破坏,故在滴定前加入抗坏血酸,使溶液处于还原状态,以保证指示剂不受氧化。

(3) 镁溶液必须准确加入,Mg^{2+} 在滴定过程中消耗 EDTA 标准溶液的量在作试剂空白试验时应加入相同量的镁溶液互相抵消。

(4) 在快速分析时,可不经分离干扰元素,采用 PAN 指示剂,作铅的直接络合滴定。方法如下: 称取试样 0.100 0 g 于 250 mL 锥形瓶中,加混合酸(1 000 mL 溶液中含酒石酸 300 g,硝酸 300 mL) 20 mL,低温加热使试样溶解,煮沸除去氮的氧化物。冷却。加三乙醇胺(1+2)10 mL,用氨水中和并过量 5 mL,加氨性缓冲液(pH=10)20 mL 及氰化钾溶液(10%)5 mL,摇匀。加入 PAN(0.1%)指示剂 5～6 滴,用 EDTA 标准溶液(0.02 mol·L^{-1})滴定至溶液由红色变为黄色为终点。根据 EDTA 标准溶液的消耗量计算试样的含铅量。

16.2.2　锡的测定

锡在铅基合金中是主要合金元素之一。其含量 0.75%～21%,测定方法以容量法较为方便。

1. 络合滴定法

试样以硝酸加少量酒石酸的混合酸溶解,加入氯化钾防止锡水解。在酸性溶液中,加入过量的 EDTA 于沸腾的条件下,络合合金中共存的锡(Ⅳ)、铅、铁、铜、铋等元素。再用六次甲基四胺调节溶液酸度至 pH 5～5.5,然后以二甲酚橙为指示剂,用铅标准溶液返滴定过量的 EDTA,加入氟化铵,释放出与锡等量的 EDTA,继续用铅标准溶液滴定至终点。

铝、钛对测定有干扰。但在铅基合金中铝、钛含量极小,一般不予考虑。铜的含量高时可加入少量硫脲掩蔽。方法的基本原理及注意事项见 16.1 节锡的络合滴定法。

1) 试剂

混合酸:于 200 mL 水中,加酒石酸 10 g,溶解后,加硝酸(ρ=1.42 g·cm^{-3})100 mL,摇匀。氯化钾溶液(8%)。EDTA 溶液(0.05 mol·L^{-1})。硫脲饱和溶液。对硝基酚指示剂(0.2%)。六次甲基四胺溶液(20%)。二甲酚橙指示剂(0.2%)。氟化铵(固体)。铅标准溶液(0.020 00 mol·L^{-1})配制方法见 16.1 节锡的络合滴定法。

2) 操作步骤

称取试样 0.200 0 g 于 250 mL 锥形瓶中,加混合酸 10 mL,低温加热溶解,加氯化钾溶液(8%) 10 mL,EDTA 溶液(0.05 mol·L^{-1})50 mL,加热煮沸 20 s,冷却至室温。移入 100 mL 容量瓶中,以水稀释至刻度,摇匀。吸取该溶液 50 mL,于 250 mL 锥形瓶中,加水 20 mL,加硫脲饱和溶液 50 mL,加对硝基酚指示剂 2 滴,用氨水(1+4)滴至溶液呈黄色,再用盐酸(1+1)滴至黄色褪去,加六次甲基四胺溶液(20%)10 mL(此时溶液酸度在 pH≈5.5)。加二甲酚橙指示剂 4~5 滴(指示剂应呈黄色)。用铅标准溶液滴定至溶液恰呈红色(不计数,但不能过量)。加氟化铵 2 g,加热至 40 ℃左右(或放置 5 min),取下继续用铅标准溶液滴定至溶液恰呈红色为终点。记下所消耗的毫升数。按下式计算试样的含锡量:

$$Sn\% = \frac{V \times M \times 0.118\ 7}{G} \times 100$$

式中:V 为加入氟化铵后滴定所消耗铅标准溶液的毫升数;M 为铅标准溶液的摩尔浓度;G 为滴定时所取试液相当于试样质量,即 $0.200\ 0 \times \frac{50}{100}$(g)。

如用纯锡或铅基合金标准试样,按方法同样操作,求得铅标准溶液对锡的滴定度($T = Sn$ g·mL^{-1}),则按下式计算:

$$Sn\% = \frac{V \times T}{G} \times 100$$

3) 注

(1) 铅基合金试样的溶解方法,这里采用在稀硝酸中含有少量酒石酸的混合酸为溶解酸。此法溶解速度快,同时可避免锑、锡水解。为了进一步防止锡的水解,可加入一些硝酸钾,但对于含锡量低的试样可以不加。在稀释前加入 EDTA 溶液,可以保证试液在稀释过程中不会有沉淀析出。由于酒石酸对锡有掩蔽作用,所以不能多加,否则将使部分锡掩蔽,使终点难以辨认和引起结果偏低。

(2) 锡与 EDTA 要在加热条件下络合,煮沸时间从 5~120 s,锡与 EDTA 络合程度是一致的,本法确定煮沸 20 s。加氟化铵释放 Sn-EDTA 络合物中的 EDTA,在 25 ℃温度下需 3 min 反应完全,如采用加热的办法加快这一反应的进行,加热至溶液 35~45 ℃与放置 3 min 其滴定结果一致。加热温度超过 50 ℃,结果偏低。

(3) 也可采用盐酸-过氧化氢溶解试样。用盐酸+氯化钠混合液或用硝酸+氯化钠(于 100 mL 溶液中含 NaCl 34 g,HNO_3 340 mL)溶解试样,用乳酸释放法作锡的滴定见 16.1 节锡的络合滴定法注(3)。

2. 碘酸钾滴定法

试样用硫酸溶解,在盐酸溶液中用纯铝片作为还原剂,Sb^{3+} 作为催化剂,在隔绝空气条件下将锡(Ⅳ)还原为金属锡。金属锡在隔绝空气条件下溶解后呈 2 价状态。

$$Sn^{4+} + 4e \longrightarrow Sn$$
$$Sn + 2H^+ \longrightarrow Sn^{2+} + H_2 \uparrow$$

在碘化钾存在下,用淀粉作指示剂,以碘酸钾标准溶液滴定 2 价锡。

$$IO_3^- + 3Sn^{2+} + 6H^+ \Longrightarrow 3Sn^{4+} + I^- + 3H_2O$$
$$IO_3^- + 5I^- + 6H^+ \Longrightarrow 3I_2 + 3H_2O$$

铜含量小于 50 mg,锑含量小于 100 mg 不干扰 100 mg 左右锡的测定。其他共存元素不干扰测定。

1) 试剂

硫酸($\rho = 1.84$ g·cm^{-3})。硫酸氢钾(固体)。盐酸($\rho = 1.19$ g·cm^{-3})。纯铝片。碘化钾溶液

（10%）。淀粉溶液：称取淀粉 1 g 与少量水调成糨糊状后，倒入 100 mL 沸水中，冷却，加入碘化钾 5 g，搅拌至碘化钾溶解完。碳酸氢钠饱和溶液。三氯化锑溶液：称取三氯化锑 2 g，溶于盐酸（$\rho = 1.19$ g·cm^{-3}）50 mL 中，以水稀释至 100 mL，摇匀。碘酸钾标准溶液：称取碘酸钾 1.18 g 及氢氧化钠 0.5 g，溶于 200 mL 水中，加碘化钾 8 g，溶解后移入 100 mL 容量瓶中，以水稀释至刻度，摇匀。此溶液对锡的滴定度须用锡标准溶液或含锡量与试样相近的同类标准样品，按操作步骤进行标定。锡标准溶液（Sn 2 mg·mg^{-1}），称取纯锡（99.95% 以上）0.200 0 g，溶于盐酸 200 mL 中，不要加热。溶完后移入 100 mL 容量瓶中，以水稀释至刻度，摇匀。

2）操作步骤

称取试样 0.500 0～2.000 0 g（控制锡含量在 100 mg 左右或小于此量，锑量小于 100 mg，铜量小于 50 mg），于 500 mL 锥形瓶中，加入硫酸 20 mL 及硫酸氢钾 5 g，加热使试样溶解（开始时避免温度过高，否则试样分解不完全），稍冷，加水 100 mL 及盐酸 80 mL（如果试样不含锑，加三氯化锑溶液 2 滴，再加纯铝片 2 g），装上隔绝空气装置（见 5.7 节），并在其中注入碳酸氢钠饱和溶液，此时作用十分剧烈，用冷水或冰水冷却，防止溶液冲出瓶外，待作用缓慢时将溶液移至电炉上。加热煮沸数分钟（至溶液中的黑色悬浮物下沉），取下。在隔绝空气装置中加满碳酸氢钠饱和溶液后将锥形瓶先后置于冷水或冰水中冷至 10 ℃ 以下。取下隔绝空气装置，迅速加入碘化钾溶液（10%）及淀粉溶液（1%）各 5 mL，立即用碘酸钾标准溶液滴定至溶液恰呈蓝色为终点。按下式计算试样的含锡量：

$$Sn\% = \frac{V \times T}{G} \times 100$$

式中：V 为滴定时消耗碘酸钾标准溶液的毫升数；T 为碘酸钾标准溶液对锡的滴定度，即每毫升碘酸钾标准溶液相当于锡的克数；G 为试样质量（g）。

或称取同样重量的相类似标样，按同样操作求得碘酸钾标准溶液对锡的百分滴定度（$T\% = A/V_0$），则可按下式计算：

$$Sn\% = V \times T\%$$

式中：$T\%$ 为碘酸钾标准溶液对锡的百分滴定度，即每毫升碘酸钾标准溶液相当于锡的百分含量。

3）注

本法操作注意事项见 16.1 节锡的次磷酸-碘酸钾滴定法。

16.2.3　锑的测定

锑在铅基合金中是主要元素之一，其含量一般在 8%～17%，所以可用滴定法和光度法测定。

1. 高锰酸钾滴定法

本法的基本原理及操作步骤与 16.1 节中锑的高锰酸钾滴定法相同。

2. 溴酸钾滴定法

锑在溶液中主要的价态为 3 价和 5 价。将锑预先在盐酸-硫酸溶液中还原至 3 价，然后用溴酸钾标准溶液滴定，Sb^{3+} 定量地氧化至 5 价，按消耗的标准溶液的用量计算锑的含量。

试样用浓硫酸溶解，加入硫酸氢钾（或硫酸钾），提高硫酸的沸点，有利于试样的溶解。溶样时必须加热，但在开始时不能加热过度，以免引起试样的熔化而使溶解发生困难。试样溶完后，合金中以硫酸铅沉淀析出，而锡、锑、铜、砷等均溶于溶液中，其中锡为 4 价，铜为 2 价，而锑和砷为 3 价状态。为了保证方法的可靠性和考虑到砷的干扰，本法中仍采用还原处理的步骤。在盐酸溶液中加入亚硫酸或亚硫酸钠，即可达到还原锑至 3 价的目的。砷也同时还原至 3 价，铜被还原至 1 价，但锡（Ⅳ）不被还原。过量的亚硫酸以及三氯化砷必须除去，以免影响锑的测定，将溶液蒸发浓缩至一定体积（60

± 5 mL)可以达到驱除 SO_2 和 $AsCl_3$ 的目的,但如蒸发过分(指过高的温度和过小的体积),锑会有损失。

在滴定时,凡在盐酸溶液中能被亚硫酸还原至低价状态和能被溴酸钾氧化至高价状态的元素都要干扰锑的测定。如大量的铁、矾和铜都会有干扰。就一般铅基(锡基)轴承合金中铁为微量杂质,对锑的测定不会引起明显的影响;钒在合金中不存在,不予考虑;铜在亚硫酸还原过程中已还原至 1 价,将影响锑的测定。在溶液中通过空气或氧气,将铜(Ⅰ)重新氧化至 2 价,即可避免其干扰。4 价状态的锡和硫酸铅沉淀不影响测定。

溴酸钾在酸性溶液中有较强的氧化能力($E^0_{BrO_3^-/Br^-}=+1.44$ V),与还原剂作用,溴酸钾即被还原为溴离子:

$$BrO_3^- + 6H^+ + 6e === Br^- + 3H_2O$$

可以看出一个分子的 $KBrO_3$ 在反应中获得 6 个电子,所以 $KBrO_3$ 的摩尔量应该是:$KBrO_3/6=$ 27.84。

在滴定过程中,将溴酸钾溶液滴入含 3 价锑的盐酸溶液时,即定量地发生如下反应:

$$2KBrO_3 + 3Sb_2O_3 + 2HCl === 2KCl + 3Sb_2O_5 + 2HBr$$

在滴定到达终点时,过量的 $KBrO_3$ 与溴离子反应而释放出游离的溴:

$$BrO_3^- + 5Br^- + 6H^+ === 2Br_2 + 3H_2O$$

游离溴的存在,使溶液呈现黄色,借此指示终点。但是不灵敏,而且只适用于无色溶液的滴定。因此要用指示剂指示终点为好。常用指示剂有甲基橙、甲基红、靛蓝等。这种指示剂的作用与一般的氧化还原指示剂不同,在酸性溶液中,这些指示剂呈现一定的颜色。当滴定至终点时,由于溴酸盐与氯离子和溴离子的作用,产生的少量游离氯和溴,将破坏指示剂而褪色,因而使溶液产生颜色变化(就甲基橙而言,溶液由红色变为无色)。

这类指示剂变色是不可逆的,一是滴定时容易滴过终点,造成正误差;二是在滴定过程中局部过量的溴酸钾会使甲基橙在滴定未到终点时就褪色;三是指示剂本身要消耗溴酸钾,因此指示剂加入量的多少会影响滴定的空白值。

滴定要求在热溶液(80~90 ℃)中进行,因为在热溶液指示剂反应比较迅速。

1) 试剂

硫酸($\rho=1.84$ g·cm^{-3})。硫酸氢钾(固体)。盐酸($\rho=1.19$ g·cm^{-3})。亚硫酸钠(固体)。甲基橙指示剂(0.1%);乙醇溶液。溴酸钾标准溶液(0.050 00 mol·L^{-1}),称取基准溴酸钾 1.391 8 g,溶于水中,于 1 000 mL 容量瓶中,以水稀释至刻度,摇匀。

2) 操作步骤

称取试样 1.000 g,于 500 mL 锥形瓶中,加硫酸 15 mL 及硫酸氢钾 7 g,加热至试样溶解,在溶样开始时避免加热过度,然后升高加热温度至试样完全溶解(含铅高的试样有 $PbSO_4$ 沉淀析出)。冷却,加水 10 mL 及小玻璃球数粒,以防煮沸时溶液溅出。加盐酸 75 mL,亚硫酸钠 1 g,加热至微沸,并浓缩体积至 60 ± 5 mL,加沸水稀释至 350 mL,通入空气或氧化 1 min,加甲基橙指示剂 1 滴,用溴酸钾标准溶液(0.050 00 mol·L^{-1})滴定至将近终点,再加甲基橙指示剂 1 滴,继续滴定至溶液恰由红色变为无色为终点。另按同样操作作一空白试验。按下式计算试样的含锑量:

$$Sb\% = \frac{(V_1 - V_2) \times M \times 0.121\,76}{G} \times 100$$

式中:V_1 为滴定试样时消耗溴酸钾标准溶液的毫升数;V_2 为滴定空白时所消耗溴酸钾标准溶液的毫升数;M 为溴酸钾标准溶液的摩尔浓度;G 为称取试样质量(g)。

3) 注

(1) 由于铅基合金中砷含量较高,为了除去砷的干扰,加入盐酸后将溶液蒸发浓缩至 60 ± 5 mL,可达到驱除 SO_2 及 $AsCl_3$ 的目的。但蒸发不能过分,温度不能太高(不超过 108 ℃),否则将导致锑的损失。

(2) 滴定速度不宜过快,并要不断振动,以防止在滴定过程中局部过量的溴酸钾会使甲基橙破坏褪色。在滴定过程中当发现指示剂颜色太浅时可补加 1 滴甲基橙指示剂。但为了消除指示剂消耗溴酸钾的用量,在空白试验中也必须加入相等量的指示剂。

3. 碘化钾光度法

其基本原理及注意点见 16.1 节。

试样溶解在硝酸-酒石酸-柠檬酸的混合酸中,锑呈 3 价状态,Sb^{3+} 与碘离子在酸性溶液中形成黄色络合物 SbI_4^-。这一反应灵敏度较低,宜作较高含锑量试样的测定。

Cu^{2+} 及 Fe^{3+} 也能与碘离子反应析出游离碘,干扰锑的测定,加入硫脲和抗坏血酸可消除这一干扰。

1) 试剂

混合酸:取酒石酸 150 g,柠檬酸 150 g,用水溶解后加入硝酸($\rho=1.42$ g·cm^{-3})200 mL,以水稀释至 1 000 mL。硫酸($\rho=1.84$ g·cm^{-3}),(1+1)。碘化钾-抗坏血酸溶液:称取碘化钾 30 g 及抗坏血酸 3 g,溶于水中,稀释至 100 mL,贮于棕色瓶中(可保存 2 天)。锑标准溶液(Sb 0.2 mg·mL^{-1}),配制方法见 16.1 节中锑的碘化钾光度法部分。

2) 操作步骤

称取试样 0.100 0 g,于 150 mL 锥形瓶中,加混合酸 10 mL,低温加热溶解,冷却。移入 100 mL 容量瓶中,以水稀释至刻度,摇匀。显色液:吸取试液 10 mL 于 50 mL 容量瓶中,加硫酸 4 mL,流水冷却后,加碘化钾-抗坏血酸溶液 15 mL,以水稀释至刻度,摇匀(如含铅量高时,有硫酸铅沉淀析出,可放置后取上层清液测定吸光度)。空白液:在盛有 10 mL 水的 500 mL 容量瓶中,加入硫酸 4 mL,流水冷却后,加碘化钾-抗坏血酸溶液 15 mL,以水稀释至刻度,摇匀。用 1 cm 比色皿,于 420 nm 波长处,以空白液为参比,测定吸光度。从检量线上查得含锑量。

3) 检量线的绘制

于 6 只 50 mL 容量瓶中,依次加入锑标准溶液 0.0 mL,1.0 mL,3.0 mL,5.0 mL,7.0 mL,9.0 mL(Sb 0.2 mg·mL^{-1}),各加硫酸(1+1)7 mL,水约 16 mL,冷却后,加入碘酸钾-抗坏血酸溶液 15 mL,以水稀释至刻度,摇匀。以下加锑标准溶液的试液为参比,测其吸光度,并绘制检量线。每毫升锑标准溶液相当于含锑量 2%。

16.2.4　铜的测定

在铅基轴承合金中铜以合金元素形式存在,含铜量在 1%～2%,但也有一些铅基轴承合金中铜以杂质量存在,其含铜量不大于 0.6%,所以可用 DDTC 或 BCO 光度法测定。

1. 二环己酮草酰双腙光度法(简称 BCO 光度法)

本法的基本原理及注意事项见 11.3 节。

试样用硝酸-酒石酸-柠檬酸的混合酸溶解,在 pH 7～10 酸度范围内,BCO 与 Cu^{2+} 离子生成蓝色络合物,借此进行铜的光度测定。

在柠檬酸-氨水介质中,铅基合金中所有共存元素均不干扰测定。

1）试剂

混合酸：称取酒石酸 150 g，柠檬酸 150 g，用水溶解后，加入硝酸（$\rho=1.42$ g·cm^{-3}）200 mL，以水稀释至 1 000 mL。柠檬酸铵溶液（50%）。氨水（1+1）。中性红指示剂（0.1%），乙醇溶液。BCO 溶液（0.05%）：称取 BCO 0.5 g 溶于热乙醇（1+1）100 mL 中，以水稀释至 1 000 mL。铜标准溶液（Cu 20 μg·mL^{-1}）：称取纯铜（99.95% 以上）0.100 0 g，溶于少量硝酸（1+1）中，煮沸除去氮的氧化物，冷却。移入 500 mL 容量瓶中，以水稀释至刻度，摇匀。吸取此溶液 50 mL，再以水稀释至 500 mL，摇匀。

2）操作步骤

称取试样 0.100 0 g，于 100 mL 两用瓶中，加混合酸 20 mL，低温加热溶解，冷却。以水稀释至刻度，摇匀。另按同样操作配制试剂空白 1 份。吸取试样溶液 10 mL 2 份，分别置于 100 mL 容量瓶中。显色液：加柠檬酸铵溶液（50%）5 mL，水约 20 mL，中性红指示剂 1 滴，用氨水（1+1）调节至指示剂由红变黄色，摇匀。加 BCO 溶液（0.05%）25 mL，以水稀释至刻度，摇匀。试液空白：操作与显色液相同，但不加 BCO 溶液。用 1 cm 比色皿，于 600 nm 波长处，以试液空白为参比，测定吸光度。另吸取试剂空白液 10 mL 2 份，按上述同样操作显色并测其吸光度。从试样的吸光度读数中减去试剂空白的吸光度后，从检量线上查得试样的含铜量。

3）检量线的绘制

于 6 只 100 mL 容量瓶中，依次加入铜标准溶液 0.0 mL，2.0 mL，4.0 mL，6.0 mL，8.0 mL，10.0 mL（Cu 20 μg·mL^{-1}），按上述操作方法显色，用 1 cm 比色皿，于 600 nm 波长处，以不加铜标准溶液的试液作参比，测定吸光度，并绘制检量线。每毫升铜标准溶液相当于含铜量 0.2%。

4）注

（1）本法适用于测定含铜量 0.2%～2% 的试样。

（2）BCO 加入后，在室温低于 10 ℃ 时，显色后应放置 10 min，再进行吸光度的测定。室温高于 20 ℃，则 3 min 显色已完全。在日常分析中，如采用相类似的标样作比较可用试液空白而省略试剂空白。

2. 二乙胺硫代甲酸钠光度法（DDTC 光度法）

本法基本原理及注意事项见 11.3 节。

试样用硝酸-酒石酸的混合酸溶解，在含有保护胶的氨性溶液中，DDTC 试剂与 Cu^{2+} 形成金黄色胶体溶液，借此作铜的光度法测定。在铅基合金中为了避免铅的干扰可加 EDTA 试剂，铝、铁元素可用柠檬酸掩蔽。

1）试剂

混合酸：于 200 mL 水中，加酒石酸 10 g 溶解后，加硝酸（$\rho=1.42$ g·cm^{-3}）100 mL，摇匀。EDTA 溶液（0.05 mol·L^{-1}）。柠檬酸铵溶液（50%）。氨水（1+1）。阿拉伯树胶溶液（1%）。DDTC 溶液（0.2%）：称取此试剂 0.5 g 溶于水中，过滤后稀释至 250 mL。铜标准溶液（Cu 20 μg·mL^{-1}）。

2）操作步骤

称取试样 0.100 0 g，于 100 mL 两用瓶中，加入混合酸 10 mL，微热溶解后，加 EDTA 溶液（0.05 mol·L^{-1}）15 mL，冷却。以水稀释至刻度，摇匀。另按相同操作，配制试剂空白 1 份。吸取试液 5 mL 2 份，分别于 50 mL 容量瓶中。显色液：加柠檬酸铵溶液（50%）5 mL，氨水（1+1）10 mL，阿拉伯树胶溶液（1%）10 mL，摇匀。加入 DDTC 溶液（0.2%）10 mL，以水稀释至刻度，摇匀。试液空白：操作与显色液相同，但不加 DDTC 溶液。用 2 cm 比色皿，于 470 nm 波长处，以试液空白为参比，测定吸光度。另取试剂空白 5 mL 2 份，按上述方法显色并测定吸光度。从试样的吸光度读数中减去试剂空白的吸光度值后，在相应的检量线上查得试样的含铜量。

3) 检量线的绘制

于 6 只 50 mL 容量瓶中,依次加入铜标准溶液 0.0 mL,1.0 mL,2.0 mL,3.0 mL,4.0 mL,5.0 mL (Cu 20 μg·mL^{-1}),按上述方法显色,用 2 cm 比色皿,于 470 nm 波长处,以不加铜标准溶液的试液为参比,测定吸光度并绘制检量线。每毫升铜标准溶液相当于含铜量 0.4%。

4) 注

(1) 本法适用于测定含铜量 0.2%~2% 的试样,含铜量小于 0.2% 的试样可吸取试液 10 mL。

(2) 该法所用试液可从络合滴定锡剩余的试液中吸取,显色稀释度改为 100 mL。

(3) 在日常分析中,如用类似标样作比较,可省略试剂空白,可用试液空白或水作为参比。

16.2.5　镍的测定(丁二酮肟光度法)

有些锡基及铅基合金中含少量镍,如 ChSnSb 8—3.5—0.3,锡基合金中镍 0.3%~0.4%。11 号铅合金中含镍 0.75%~1.25%。测定方法以丁酮肟光度法最为简便。

在氧化剂(碘、溴、过硫酸铵等)存在下,被氧化为 4 价状态的镍离子与丁二酮肟在碱性溶液中形成(1+3)的酒红色络合物。本法采用过硫酸铵作为氧化剂,在 pH>12 的氢氧化钠碱性介质中显色。此络合物的吸收峰值在 465 nm 波长处。合金中共存的锡、锑、铅等元素用酒石酸钾钠掩蔽,铜的干扰可加入 EDTA 消除。

1) 试剂

混合酸:于 200 mL 水中,加酒石酸 10 g 溶解后,加硝酸(ρ=1.42 g·cm^{-3})100 mL,摇匀。酒石酸钾钠溶液(20%)。氢氧化钠溶液(5%)。过硫酸铵溶液(5%)。丁二酮肟溶液:称取此试剂 1 g 溶于氢氧化钠溶液(5%)100 mL 中。镍标准溶液(Ni 10 μg·mL^{-1}):称取纯镍 0.100 0 g,溶于少量硝酸中,驱除氮的氧化物,冷却。移入 1 000 mL 容量瓶中,以水稀释至刻度,摇匀。在绘制检量线时,吸取此溶液 50 mL,于 500 mL 容量瓶中,以水稀释至刻度,摇匀。

2) 操作步骤

称取试样 0.100 0 g,于 150 mL 锥形瓶中,加入混合酸 10 mL,低温加热溶解,冷却。移入 100 mL 容量瓶中,以水稀释至刻度,摇匀。吸取试液 5 mL 2 份,分别置于 50 mL 容量瓶中。显色液:加入酒石酸钾钠溶液(20%)5 mL,过硫酸铵溶液(5%)5 mL,丁二酮肟溶液(1%)5 mL 及氢氧化钠溶液(5%)5 mL,放置 3~5 min,加入 EDTA 溶液(5%)5 mL,以水稀释至刻度,摇匀。空白液:加入酒石酸钾钠溶液(20%)5 mL,过硫酸铵溶液(5%)5 mL,EDTA 溶液(5%)5 mL,丁二酮肟溶液(1%)5 mL,以水稀释至刻度,摇匀。用 1 cm 比色皿,于 470 nm 波长处,以空白液为参比,测定吸光度。从检量线上查得试样的含镍量。

3) 检量线的绘制

于 6 只 50 mL 容量瓶中,依次加入镍标准溶液 0.0 mL,1.0 mL,3.0 mL,5.0 mL,7.0 mL,9.0 mL (Ni 10 μg·mL^{-1}),按上述操作显色,但对 EDTA 溶液的加入量减为 1 mL。用 1 cm 比色皿,于 470 nm 波长处,以不加镍标准溶液的试液为参比,测定吸光度,并绘制检量线。镍标准溶液每毫升相当于含镍量 0.2%。

4) 注

(1) 本方法也适用于测定锡基合金中的镍,但溶解酸改用盐酸(1+1)10 mL 及硝酸(1+1)5 mL,其他操作相同。

(2) 在铅基合金中含有铜,由于铜和镍都与丁二酮肟反应,干扰镍的测定。显色后放置 3 min,待镍与丁二酮肟的显色反应完全后,加 EDTA 溶液,铜所产生的色泽褪去,即可进行镍的光度测定。

（3）在空白溶液中，规定先加 EDTA 溶液，使铜镍等元素都络合，在加丁二酮肟溶液时，镍不显色。但丁二酮肟与镍的络合物较为稳定，如放置超过 10 min，镍的络合物仍将慢慢形成而使空白的色泽逐渐加深。因此试样显色完全后应立即测定吸光度。在铅基、锡基合金中铜含量不太高，而且在显色液中含铜量更少，所以一般日常分析也可不加 EDTA 溶液。而用试剂空白（即与试样相同步骤配制试剂空白，按显色液同样操作）作为参比液。

16.2.6　砷的测定

砷在铅基合金中一般为杂质量，其含量小于 0.15%～0.60%。但某些铅基合金为了改善其金相组织，常加入少量砷，如 8 号、11 号和 12 号，铅基合金其含量在 1% 左右。印刷用铅字合金是铅、锑、锡的合金，为了节省用锡，也加入砷（1%～3%）代替其中的锡。

测定常量砷及微量砷都可以用砷钼蓝光度测定法。

1. 直接钼蓝光度法

在铋盐存在下，用抗坏血酸还原磷钼杂多酸为钼蓝而作磷的光度测定时受到砷的干扰，而且定量地参与反应。因此测定磷的条件也同样地可用于测定砷，且铅基合金中一般不含磷，或含磷极低，更为砷的测定提供方便。在减少钼酸铵的加入量并在室温条件下，显色硅也不干扰。铅基合金中含锑较高，在砷显色时因溶液的酸度降低，容易发生水解而影响测定。加入适量的酒石酸可防止锑的水解。但酒石酸能破坏砷钼络离子的形成，因此其加入量必须控制在较低的浓度。本法采用的显色酸度为 $0.3 \, mol \cdot L^{-1}$；钼酸铵在显色溶液中的浓度为 0.1%，酒石酸的加入量为 0.1 g。

1）试剂

混合酸：取盐酸（$\rho = 1.19 \, g \cdot cm^{-3}$）33 mL，硝酸（$\rho = 1.42 \, g \cdot cm^{-3}$）25 mL，加水稀释至 150 mL。酒石酸溶液（5%）。钼酸铵溶液（1%）。抗坏血酸溶液（1%）。硫代硫酸钠溶液（5%）。硝酸铋溶液（10%）：称取硝酸铋 [$Bi(NO_3) \cdot 5H_2O$] 5 g，溶于硝酸（$\rho = 1.42 \, g \cdot cm^{-3}$）5 mL 中，加水稀释至 50 mL。高锰酸钾溶液（0.5%）。砷标准溶液（As 10 $\mu g \cdot mL^{-1}$）：称取三氧化二砷 0.132 0 g，溶于硝酸 20 mL 中，煮沸约 30 min 使砷氧化，冷却。移入 1 000 mL 容量瓶中，以水稀释至刻度，摇匀。此溶液每毫升含砷 0.1 mg。吸取此溶液 20 mL 于 200 mL 容量瓶中，以水稀释至刻度，摇匀。

2）操作步骤

称取试样 0.500 0 g，于 150 mL 锥形瓶中，加入混合酸 30 mL，温热溶解。待溶完后煮沸约 2 min，冷却，移入 50 mL 容量瓶中，以水稀释至刻度，摇匀。吸取此溶液 5 mL 2 份，分别置于 50 mL 容量瓶中。显色液：加入酒石酸溶液 2 mL，钼酸铵溶液 5 mL，抗坏血酸溶液 10 mL，硝酸铋溶液 2 滴，以水稀释至刻度，摇匀。空白液：加入硫代硫酸钠溶液 1 mL，其余操作同上。放置 20 min 后用 3 cm 比色皿，在 660 nm 或 720 nm 波长处，以空白液为参比，测定其吸光度。从相应的检量线上查得试样的含砷量。

3）检量线的绘制

称取不含砷的铅基合金 0.500 0 g，加入混合酸 30 mL 溶解后，移入 50 mL 容量瓶中，以水稀释至刻度，摇匀。吸取此溶液 5 mL 6 份，分别于 50 mL 容量瓶中，依次加入砷标准溶液 0.0 mL，2.0 mL，4.0 mL，6.0 mL，8.0 mL，10.0 mL（As 10 $\mu g \cdot mL^{-1}$）。按上述方法操作显色。以不加砷标准溶液的试液为参比，测定其吸光度，并绘制检量线。

4）注

（1）铅基合金在溶解过程中有氯化铅析出，但对测定砷无妨。

（2）如试样的含砷量较高可减少试样溶液的吸取量，但须用空白溶样酸（即取溶样混合酸 30 mL，以水稀释至 50 mL），补足其体积至 5 mL，然后进行显色。

2. 砷钼蓝萃取光度法

含有砷的金属可用稀硝酸分解,合金用硝酸加盐酸分解。由于砷化物具有挥发性质,因此分解样品时必须在氧化剂存在下进行。此时砷以 5 价状态转入溶液中。由于 3 价砷在受热时比 5 价砷更易挥发,所以把砷氧化为 5 价状态可防止砷的挥发损失。

5 价砷在酸性溶液中与钼酸铵形成砷钼络离子,而后用甲基异丁基酮萃取砷钼络离子,在有机相中用氯化亚锡将其还原为钼蓝进行光度测定,在锡基合金或铅基合金中共存元素均不干扰测定。

1) 试剂

混合酸:100 mL 溶液中含硝酸($\rho=1.42$ g·cm^{-3})11 mL,盐酸($\rho=1.19$ g·cm^{-3})33 mL。钼酸铵溶液(5%),溶解钼酸铵 25 g 于 200 mL 水中,将溶液倒入硝酸(1+1)190 mL 中,摇匀。稀释至 500 mL,贮于塑料瓶中。砷标准溶液(As 10 μg·mL^{-1}),配制方法见前法。氯化亚锡溶液:称取此试剂 0.5 g,溶于盐酸 8 mL 中,用水稀释至 50 mL,加抗坏血酸 0.7 g 溶解后,摇匀(应当天配置)。盐酸洗液(15%),100 mL 溶液中含盐酸 15 mL。

2) 操作步骤

称取试样 0.100 0 g,于 150 mL 锥形瓶中,加混合酸 20 mL,温热溶解,加水约 10 mL,微沸 2～3 min,冷却。移入 50 mL 容量瓶中,以水稀释至刻度,摇匀。吸取试液 2 mL(含砷量>0.3%)～10 mL(含砷量<0.06%)于 60 mL 分液漏斗中,补加硝酸(1+10)至 10 mL,加钼酸铵溶液(5%)5 mL,摇匀。加甲基异丁基酮 10 mL,振摇 1～2 min,室温低于 25 ℃时摇动 2 min,分层后弃去水相。有机相中加入盐酸洗液(15%)约 10 mL,振摇数分钟,分层后弃去水相。于有机相中迅速一次加入氯化亚锡溶液 2 mL,并旋转摇动分液漏斗,使砷钼络离子还原为钼蓝。弃去水相。用 2 cm 比色皿,于 660 nm 波长处,以水为参比,测定吸光度。从检量线上查得试样的含砷量。

3) 检量线的绘制

于 6 只 60 mL 分液漏斗中,分别加入砷标准溶液 0.5 mL,1.0 mL,1.5 mL,2.0 mL,2.5 mL(As 10 μg·mL^{-1}),加硝酸(1+10)10 mL,钼酸铵 5 mL,甲基异丁基酮 10 mL,振摇 1～2 min(25 ℃以下需 2 min),分层后弃去水相。于有机相中滴加氯化亚锡溶液 1～2 mL,并旋转摇动分液漏斗,使砷钼络离子还原为钼蓝。弃去水相。用 2 cm 比色皿,于 660 nm 波长处,以水为参比,测定吸光度,并绘制检量线。每毫升砷标准溶液相当于含砷量 0.25%(吸取试液 2 mL)或 0.05%(吸取试液 10 mL)。

4) 注

(1) 本法适用于测定含砷量 0.02%～0.7%的试样。含砷量>0.7%的试样可吸取试液 1 mL 或称取试样 50 mg。对于含砷量低的试样不可多称试样,否则冷却后有氯化铅结晶析出。

(2) 如试样含磷,必须先用乙酸丁酯 10 mL 萃取(振摇 0.5～1 min)弃去有机相。然后加入甲基异丁基酮 10 mL 萃取砷,否则磷有干扰。

(3) 此法同样适用于锡基合金中砷的测定。由于锡基合金中砷含量低,且用王水溶解,由于铅含量低,不会出现氯化铅结晶析出,所以称样 0.500 0 g,其他操作相同。

(4) 试样用王水溶解煮沸 2～3 min 后,磷、砷均为高价存在,无需加过氧化氢,次溴酸钠等氧化。

(5) 有机相在还原前必须用盐酸洗涤,否则还原后有机相有浑浊。经酸洗涤后再还原,使钼蓝色泽稳定性有所提高。

(6) 快速一次加入氯化亚锡溶液为好。慢慢加入将使砷的结果偏低。方法中用氯化亚锡和抗坏血酸的混合溶液作为还原剂,既能使砷钼杂多酸迅速地还原为钼蓝,而且又不使钼蓝溶入水相。

(7) 砷的显色液在半小时内稳定,所以必须在半小时测定吸光度。

16.2.7　铋 的 测 定

测定铋虽已有不少灵敏度较高的方法,但从分析速度和操作简便方面考虑,以硫脲光度法较好。

硫脲作为铋的显色剂已有四十多年的历史。其测定铋的灵敏度虽不高,但由于有较好的选择性,至今仍被应用。测定一般在硝酸溶液中进行。适宜的硝酸浓度为 $0.5\sim1.7$ mol·L^{-1}。也可以在高氯酸介质中进行显色。硫脲的加入量对所形成铋的络合物的色泽强度影响很大。其加入量小于每 100 mL 中 12 g 时,达不到最高的色泽强度,但在分析实际试样时,硫脲的加入量比这一数字小得多。因为硫脲浓度太高能引起其他共存元素的沉淀。例如分析纯铅时,只加入约相当于显色体积中 1% 浓度的硫脲,否则容易使铅与硫脲生成沉淀。在分析铅基合金中时,硫脲的加入量也只有达到显色体积中 2% 的浓度;在此情况下由铅、铜等元素也消耗部分硫脲,而合金中各元素的含量是有变化的,所以与 Bi^{3+} 反应的硫脲的实际浓度很难控制完全相同。但在 $440\sim450$ nm 波长处测得吸光度,硫脲浓度的影响可以降至极小,而在 420 nm 波长处测定是很不利的,因铅的干扰明显,将引起偏高的结果。2 价锑也与硫脲反应产生一种色泽较浅的黄色络合物。因此在分析铅基合金时,宜用氢溴酸蒸发除去大部分锡和锑,残留少量的锑、锡用氟化物掩蔽。

1) 试剂

氢溴酸-溴混合酸:取纯溴 20 mL 和氢溴酸 180 mL 混合。高氯酸-磷酸混合酸:取高氯酸 84 mL 与磷酸 16 mL 混合。氟硼酸溶液:用塑料量杯量取氢氟酸 5 mL,于塑料杯中,加入饱和硼酸溶液 45 mL,混合后加水稀释至 500 mL。硫脲溶液(5%),溶解硫脲 10 g 于 175 mL 水中,过滤于 200 mL 量瓶中,用水洗涤容器及滤纸并稀释至刻度,摇匀。铋标准溶液(Bi 0.1 mg·mL^{-1}),称取硝酸铋 [$Bi(NO_3)_3\cdot5H_2O$]0.232 1 g 于 1 000 mL 容量瓶中,用硝酸(1+9)溶解并稀释至刻度,摇匀。

2) 操作步骤

称取试样 0.500 0 g,于 250 mL 烧杯中,加入氢溴酸-溴混合酸 10 mL,温热溶解。加入高氯酸-磷酸混合酸 6 mL,强烈加热蒸发使锑、锡以溴化物状态挥发。蒸发过程应不断摇动烧杯以防止溶液迸溅。最后蒸发至溴化物盐类完全转化成高氯酸盐并冒高氯酸浓烟约 1 min。应注意勿使高氯酸蒸失过多而影响酸度,如遇铅的溴化物不易转化成高氯酸盐的情况,可加硝酸数滴使其氧化并再次冒烟使硝酸赶尽。与此操作的同时作试剂空白 1 份。溶液冷却后加水 15 mL 及氟硼酸 5 mL,用移液管加入硫脲溶液 20 mL,摇匀。将溶液移入 50 mL 容量瓶中,以水稀释至刻度,摇匀。用 5 cm 比色皿,以试剂空白为参比,在 450 nm 波长处,测定吸光度。从检量线上查得试样的含铋量。

3) 检量线的绘制

6 只 150 mL 烧杯中,依次加入铋标准溶液 0.0 mL,0.5 mL,1.0 mL,1.5 mL,2.0 mL,3.0 mL(Bi 0.1 mg·mL^{-1}),各加高氯酸-磷酸混合酸 6 mL,蒸发至冒高氯酸浓烟约 1 min,冷却。按上述方法显色并测定各溶液的吸光度,绘制检量线。

4) 注

(1) 如果试样含铋>0.06% 时,可改用 2 cm 比色皿测定吸光度。检量线的浓度也要相应增加。

(2) 显色时溶液温度要控制在 20 ℃ 左右。试样溶液与标准溶液的温度相差不能大于 ±1 ℃。

(3) 该法也适用于锡基合金中铋的测定。对于纯铅中铋的测定可按下列操作:称取试样 2.000 g,置于 50 mL 两用瓶中,加入硝酸(1+3)14 mL 温热溶解并驱除黄烟后冷却至室温(20 ℃)。另称取含铋<0.001% 的纯铅 2.000 g,按同样方法操作配制试剂空白。于试样溶液及试剂空白中各加水稀释至 35 mL,准确加入硫脲溶液 10 mL,加水至刻度,摇匀。用 5 cm 比色皿,于 450 nm 波长处,以试剂空白为参比,测定吸光度,在检量线上查得试样的含铋量。检量线的绘制以含铋极低(<0.001%)的纯锡打底,按方法绘制。

16.3　锡铅焊料的分析

锡铅焊料是以锡(3%~91%)和铅(余量)为主要成分,在部分焊料中含有 1.5%~6%的锑。

16.3.1　锡、铅的测定(络合滴定法)

试样用 HCl-HNO₃ 混合酸溶解,根据试样中铅、锡的含量选择 HCl-HNO₃ 的比例。对于铅大于 50%的试样,用 HCl+HNO₃=1+3(以水稀释 1 倍)溶解。对于铅小于 50%的试样,用 HCl+HNO₃=1+2(以水稀释 1 倍)溶解,并用酸度大于 1 mol·L⁻¹ 的混合酸作稀释液,以防止在溶解过程中有沉淀析出。

锡的测定采用在 pH 较低的酸度条件,加入过量的 EDTA,将溶液中可被络合的元素全部首先络合,在 pH≈5.5,用铅标准溶液滴定过量的 EDTA,而后加入氟化物,将 Sn-EDTA 络合物中的 EDTA 定量地释放出来,然后再用标准铅液滴定释放出来的这部分 EDTA,间接测得锡的含量。其基本原理见 16.1 节中锡的络合滴定法。

铅的测定则采用在 pH≈5.5 的酸度条件下,用氟化铵掩蔽锡和杂质铝,用 1,10-二氮菲掩蔽杂质量的铜、镍、镉、锌、钴等元素,以二甲酚橙为指示剂,进行络合滴定。

本法是以常见的锡铅焊料为分析对象而制订的。

1) 试剂

混合酸:盐酸 150 mL,硝酸 350 mL,合并后加水 500 mL,混匀。稀释液:取混合酸 100 mL,稀释至 1 000 mL。硝酸钾溶液(10%)。EDTA 溶液(0.05 mol·L⁻¹):称取 EDTA 18.6 g,溶于水中,以水稀释至 1 000 mL,摇匀。六次甲基四胺溶液(30%)。氟化铵(固体)。酒石酸溶液(20%)。1,10-二氮菲溶液(0.2%):称取 0.2 g 1,10-二氮菲试剂加水约 10 mL,滴加盐酸(1+1)使之溶解,以水稀释至 100 mL。铅标准溶液(0.020 00 mol·L⁻¹):称取纯铅(99.95%以上)4.144 2 g,溶于硝酸(1+3) 15 mL 中,煮沸除去氮的氧化物,冷却。移入 1 000 mL 容量瓶中,以水稀释至刻度,摇匀。EDTA 标准溶液(0.02 mol·L⁻¹),配制及标定方法见 16.1 节铅的络合滴定法。二甲酚橙指示剂(0.2%)。对硝基酚指示剂(0.2%)。

2) 操作步骤

称取试样 1.000 g 于 250 mL 锥形瓶中,加入混合酸 50~60 mL 低温加热溶解。如有 PbCl₂ 析出,加稀释液至 100 mL,使其全部溶解。再加水至约 200 mL,冷却至室温。移入于 250 mL 容量瓶中,加稀释液至刻度,摇匀。

(1) 锡的测定。吸取试液 25 mL 于 250 mL 锥形瓶中,加入硝酸钾溶液(10%)20 mL,加 EDTA 溶液(0.05 mol·L⁻¹)20 mL,加热煮沸 20 s,取下,流水冷却至室温,加对硝基酚指示剂 2 滴,用氨水(1+4)调节至溶液呈黄色,再用盐酸(1+1)调节至黄色褪去。加六次甲基四胺溶液(30%)10 mL(此时溶液酸度在 pH≈5.5),加二甲酚橙指示剂 4~5 滴(此时溶液呈黄色),用铅标准溶液滴定至溶液恰呈红色(不计数,但要准确)。然后加入氟化铵 2 g,加热至 40 ℃(或放置 5 min),取下,继续用铅标准溶液滴定至溶液恰呈红色为终点。记下所消耗的铅标准溶液的毫升数。按下式计算试样的含锡量:

$$\text{Sn}\% = \frac{V \times M \times 0.118\ 7}{G \times \dfrac{25}{250}} \times 100$$

式中:V 为加入氟化铵后滴定所消耗铅标准溶液的毫升数;M 为铅标准溶液摩尔浓度;G 为称取试样的质量(g)。如用纯锡或锡铅合金标样,按方法同样操作,求得铅标准溶液对锡的滴定度($T=Sn$ g·mL^{-1}),则可按下式计算:

$$Sn\% = \frac{V \times T}{G \times \frac{25}{250}} \times 100$$

(2) 铅的测定。吸取试液 50 mL 于 250 mL 锥形瓶中,依次加入酒石酸溶液(20%)5 mL,氟化铵约 1.5 g,1,10-二氮菲溶液(0.2%)5 mL,加水约 50 mL,加二甲酚橙指示剂 4~5 滴。用六次甲基四胺溶液(30%)调至溶液呈紫色,再过量 10 mL(此时溶液 pH≈5.5)。用 EDTA 标准溶液(0.02 mol·L^{-1})慢慢滴定至溶液由红色转变为稳定的黄色(溶液清晰,不返红)为终点。按下式计算试样的含铅量:

$$Pb\% = \frac{V \times M \times 0.207\,2}{G \times \frac{25}{250}} \times 100$$

式中:V 为滴定时消耗 EDTA 标准溶液的毫升数;M 为 EDTA 标准溶液的摩尔浓度;G 为称取试样质量(g)。

也可用纯铅或锡铅合金标样,按方法同样操作,求得 EDTA 标准溶液对铅的滴定度($T=Pb$ g·mL^{-1}),则可按下式计算:

$$Pb\% = \frac{V \times T}{G \times \frac{25}{250}} \times 100$$

3) 注

(1) 试样溶解时,如盐酸过多,使铅的表面包裹一层 $PbCl_2$ 而使溶解速度减慢,在稀释时生成结晶的 $PbCl_2$ 沉淀。如硝酸过多,又能使 Sn,Sb 易生成偏锡酸、偏锑酸沉淀。盐酸、硝酸酸度低亦易生成 Sn,Sb 的氢氧化物沉淀。

(2) 由于锡含量较高,故加入硝酸钾防止锡的水解。

(3) 酸度调节对于经常分析的固定试样或大批试样,可不必用对硝基酚指示剂,而直接加入适当量的六次甲基四胺溶液(30%)即可。

(4) 锡与 EDTA 要在加热条件下络合,煮沸时间从 5~120 s,锡与 EDTA 络合程度是一致的。本法确定煮沸 20 s,加氟化物释放 Sb-EDTA 络合物中的 EDTA 时,在 25 ℃温度下需 3 min 反应完全,如采用加热的方法加快这一反应的进行,则加热到 35~45 ℃与放置 3 min 滴定结果一致。加热温度超过 50 ℃,结果偏低。

(5) 在测定铅时,加入氟化物后有 PbF_2 沉淀析出,但此沉淀能在接近终点时溶完,故需慢慢滴定。

(6) 如果试样中铜、镍、锌、镉等元素含量稍高,则可多加 1,10-二氮菲,并检查 1,10-二氮菲是否过量。如遇终点不清晰时,需再加 1,10-二氮菲 1~3 mL,观察是否有返红现象。如返红,需继续滴定,并再滴加 1,10-二氮菲检查,直至滴加 1,10-二氮菲后溶液不返红为终点。

(7) 如果试样中含有 Fe^{3+} 超过 0.5 mg,在测定铅时能使指示剂僵化或使终点不明晰,加入酒石酸或酒石酸钾 1 g,可以活化指示剂。或采用加入过量的 EDTA 进行返滴定。

(8) 也可根据锡铅含量的高低,分别按照锡基或铅基合金的分析方法作锡和铅的测定。

16.3.2　锑的测定

在焊料中的锑可采用高锰酸钾滴定法(见 16.1 节中锑的高锰酸钾法)或溴酸钾滴定法(见 16.2

节中锑的溴酸钾滴定法）。具体操作步骤相同。

16.4 锡铅及其合金的化学成分表

铅的化学成分,铸造锡基轴承合金的化学成分,铸造铅基轴承合金的化学成分,铅锡焊料的化学成分和锡的化学成分,分别如表 16.1～表 16.5 所示。

表 16.1 铅的化学成分

代 号	铅（不小于）	化 学 成 分(%)、杂 质(≤%)										
		银	铜	砷	锑	锡	锌	铁	铋	镁	钙+钠	总和
Pb—1	99.994	0.000 3	0.000 5	0.000 5	0.000 5	0.001	0.000 5	0.000 5	0.003	镁+钙+钠 0.003		0.006
Pb—2	99.990	0.000 5	0.001 0	0.001 0	0.001	0.001	0.001	0.001	0.005	镁+钙+钠 3.003		0.010
Pb—3	99.980	0.001 0	0.001 0	0.002 0	0.004 0	0.002	0.001 0	0.002 0	0.006	镁+钙+钠 0.003		0.020
Pb—4	99.950	0.001 5	0.001 0	0.002 0	0.005 0	0.002	0.002 0	0.003 0	0.030	0.005	0.002	0.050
Pb—5	99.900	0.002 0	0.002 0	0.005 0	锑+锡 0.01		0.005 0	0.005 0	0.060	0.010	0.040	0.100
Pb—6	99.500	0.002 0	0.090 0	砷+锑+锡 0.25			0.010 0	0.010 0	0.100	0.020	0.100	0.050

表 16.2 铸造锡基轴承合金的化学成分

牌 号		主 要 成 分(%)				杂 质(≤%)						
汉字牌号	代 号	锑	铜	铅	锡	砷	铅	铁	锌	铋	铝	总和
15—2—18 锡基轴承合金	ZchSnSbD 15—2—18	14.0～16.0	1.5～2.5	17.0～19.0	余量	0.1	—	0.10	0.010	0.10	0.01	0.35
13—5—12 锡基轴承合金	ZchSnSbD 13—5—12	12.0～14.0	4.0～6.0	11.0～13.0	余量	0.1	—	0.10	0.010	0.10	0.01	0.3
12—3—10 锡基轴承合金	ZchSnSbD 12—3—10	11.0～13.0	2.5～5.0	9.0～11.0	余量	0.1	—	0.08	0.008	0.08	0.01	0.3
11—6 锡基轴承合金	ZchSnSbD 11—6	10.0～12.0	5.5～6.5	—	余量	0.1	0.35	0.08	0.008	0.05	0.01	0.5
9—7 锡基轴承合金	ZchSnSbD 9—7	8.0～10.0	6～8	—	余量	0.1	0.35	0.10	0.010	0.10	0.01	0.5
8—8 锡基轴承合金	ZchSnSbD 8—8	7.5～8.5	7.5～8.5	—	余量	0.1	0.35	0.08	0.010	0.10	0.01	0.6
8—4 锡基轴承合金	ZchSnSbD 8—4	7.0～8.0	3.0～4.0	—	余量	0.1	0.35	0.06	0.008	0.08	0.01	0.5
4—4 锡基轴承合金	ZchSnSbD 4—4	4.0～5.0	4.0～5.0	—	余量	0.1	0.35	0.06	0.008	0.08	0.01	0.5

表 16.3　铸造铅基轴承合金的化学成分

牌号		主要成分(%)				杂质(≤%)						
汉字牌号	代号	锑	铜	锡	铅	砷	镉	铁	锌	铋	铝	总和
16—16—2 铅基轴承合金	ZchPbSbD 16—16—2	15.0~17.0	1.5~2.0	15.0~17.0	余量	0.1	—	0.08	0.1	0.1	—	0.5
15—20—1.5 铅基轴承合金	ZchPbSbD 15—20—1.5	14.0~16.0	1.0~2.0	19.0~21.0	余量	0.1	—	0.1	0.1	0.1	—	0.5
15—11—1.5 铅基轴承合金	ZchPbSbD 15—11—1.5	14.0~16.0	1.0~2.0	9.0~12.0	余量	0.1	—	0.1	0.1	0.1	0.05	0.5
15—10 铅基轴承合金	ZchPbSbD 15—10	14.0~16.0	0.1~0.5	9.0~11.0	余量	0.1	—	0.1	0.1	0.1	0.005	0.5
15—5—3 铅基轴承合金	ZchPbSbD 15—5—3	14.0~16.0	2.5~3.0	5.0~6.0	余量	0.6~0.1	1.75~2.25	0.1	0.1	0.1	—	0.4
15—5 铅基轴承合金	ZchPbSbD 15—5	14.0~15.5	0.5~1.0	4.0~5.5	余量	0.1	—	0.1	0.1	0.1	0.01	0.75
14—5 铅基轴承合金	ZchPbSbD 14—5	14.0~15.0	0.1~0.5	4.0~6.0	余量	0.1	—	0.1	0.1	0.1	—	5.0
13—7—1 铅基轴承合金	ZchPbSbD 13—7—1	12.0~14.0	—	6.0~8.0	余量	0.1	—	0.1	0.1	0.1	0.01	0.4
10—6 铅基轴承合金	ZchPbSbD 10—6	9.0~11.0	0.1~0.5	5.0~7.0	余量	0.1	—	0.1	0.1	0.1	0.01	0.4

表 16.4　铅锡焊料的化学成分

合金名称	牌号	主要成分(%)			杂质(≤%)							熔点 ℃
		锡	锑	铅	铜	铋	砷	铁	硫	锌	铝	
10 锡铅焊料	10HISnPb	89~91	≤0.15	余量	0.10	0.10	0.02	0.02	0.02	0.002	0.005	220
39 锡铅焊料	39HISnPb	59~61	≤0.8	余量	0.08	0.10	0.05	0.02	0.02	0.002	0.005	183
50 锡铅焊料	50HISnPb	49~51	≤0.8	余量	0.08	0.10	0.05	0.02	0.02	0.002	0.005	210
58—2 锡铅焊料	58—2HISnPb	39~41	1.5~2.0	余量	0.08	0.10	0.05	0.02	0.02	0.002	0.005	235
68—2 锡铅焊料	68—2HISnPb	29~31	1.5~2.0	余量	0.08	0.10	0.05	0.02	0.02	0.002	0.005	256
80—2 锡铅焊料	80—2HISnPb	17~19	1.5~2.0	余量	0.08	0.10	0.05	0.02	0.02	0.002	0.005	277
90—6 锡铅焊料	90—6HISnPb	3~4	5~6	余量	0.08	0.10	0.05	0.02	0.02	0.002	0.005	265
73—2 锡铅焊料	73—2HISnPb	24~26	1.5~2.0	余量	0.08	0.10	0.05	0.02	0.02	0.002	0.005	265
45 锡铅焊料	45HISnPb	53~57	—	余量	0.20	0.20	0.10	0.10	—	—	—	200

表 16.5　锡的化学成分

锡　品　号	代　号	锡	化　学　成　分(%),(杂　质)(≤%)							
		不小于	砷	铁	铜	铅	铋	锑	硫	总和
特一号锡	Sn—01	99.95	0.003	0.004	0.004	0.03	0.003	0.005	0.001	0.05
一号锡	Sn—1	99.90	0.015	0.007	0.010	0.05	0.015	0.150	0.001	0.10
二号锡	Sn—2	99.75	0.020	0.010	0.030	0.08	0.050	0.050	0.010	0.25
三号锡	Sn—3	99.56	0.020	0.020	0.030	0.30	0.050	0.050	0.010	0.44
四号锡	Sn—4	99.00	0.100	0.050	0.100	0.66	0.060	0.150	0.020	1.00

第17章　易熔合金的分析方法

易熔合金广泛应用于热工、电工和消防设备以及其他工业中作为安全或保护装置。制造解剖模型或动植物标本也需要用易熔合金。这类合金主要用熔点较低的金属如铅、锡、铋、镉等制造成二元或多元的合金。

用铅锡、铅铋、铅镉、锡铋、锡镉和镉铋等的二元共晶型合金可获得一系列最低熔点为 125 ℃的易熔合金。用铅铋镉和铅铋锡组成的三元合金可获得熔点在 92~140 ℃之间的合金。熔点在 70~90 ℃之间的合金主要是铅铋锡镉四元合金。这种合金的四元共晶组成为铅 27.3%、铋 49.5%、锡 13.1%、镉 10.1%；其共晶熔点为 70 ℃。应用比较广泛的"武德合金"(Woodalloy)为含铋 50%、铅 25%、锡 12.5%、镉 12.5%的四元合金，其熔点在 60.5 ℃左右。熔点低于 70 ℃的合金只有含汞或铟的多元合金才能达到。例如制造动植物标本用的一种含铋 53.5%、锡 19%、铅 17%和汞 10.5%的合金的熔点只有 60 ℃。

本章所述方法不适用于含汞、铟、镓的易熔合金的分析。

17.1　铋 的 测 定

Bi^{3+} 与 EDTA 形成稳定的络合物，其 $logK$ 值达 28 左右。进行络合滴定的适宜酸度条件为 pH 1~2，以硝酸或高氯酸介质为好。如溶液中有氯离子存在易生成 BiOCl 沉淀。此沉淀虽在滴定过程中能被 EDTA 溶解，但使终点变化迟缓，故应避免氯化物或盐酸的存在。Fe^{3+} 有干扰，加入抗坏血酸可消除其干扰。Pb^{2+}, Cd^{2+}, Zn^{2+} 及少量 Cu^{2+} 不干扰测定。本方法系用氢溴酸-溴溶解试样并用高氯酸冒烟。在此过程中 Sn(IV) 已挥发除去。为了防止 Bi^{3+} 的水解，故在预加部分 EDTA 溶液的情况下用碳酸氢钠溶液调节酸度，并借邻苯二酚紫指示剂指示其调节程度。在调节过程中出现蓝色即为该指示剂与 Bi^{3+} 所生成络合物。金属离子与邻苯二酚紫生成络合物的情况比较复杂，可形成多种分子比的络合物，因此，如用指示剂指示络合滴定终点时其色泽变化常较复杂。在滴定铋时终点色泽变化为由蓝变红，但在终点到达前常出现红紫色。本方法中滴定临近终点时加入二甲酚橙，借以准确而明显地判断终点。

1) 试剂

氢溴酸(≥47%)。溴。高氯酸(含量 70%~72%)。抗坏血酸溶液(5%)，当日配制。EDTA 标准溶液(0.020 00 mol·L^{-1})：称取该基准试剂 7.445 0 g，溶于水中，移入 1 000 mL 容量瓶中，以水稀释至刻度，摇匀。邻苯二酚紫指示剂(0.1%)，水溶液。二甲酚橙指示剂(0.1%)。碳酸氢钠溶液(6%)。

2) 操作步骤

称取试样 0.250 0 g，于 250 mL 烧杯中，加入氢溴酸 10 mL，溴 1 mL。温热溶解后加入高氯酸 10 mL，加热蒸发至冒烟。使不溶性溴化物完全分解后，再浓缩试液至 2~3 mL，冷后用少量水冲洗表面皿与烧杯内壁，从滴定管中加入 0.020 00 mol·L^{-1} EDTA 标准溶液 20 mL 再加抗坏血酸溶液

(5%)4 mL,邻苯二酚紫指示剂 1 滴。盖好表面皿,向烧杯中仔细滴加碳酸氢钠溶液,至试液由红转为蓝紫,再变为纯蓝色为止。再次冲洗表面皿与烧杯内壁。用 0.02 mol·L^{-1} EDTA 标准溶液滴定至试液由蓝转为红紫色。加入二甲酚橙指示剂 1 滴,继续滴定至试液由红紫变为黄色即为终点。按下式计算铋的含量:

$$Bi\% = \frac{V \times 0.020\,00 \times 0.208\,98}{G} \times 100$$

式中:V 为滴定剂的耗量毫升数,包括滴定前预加的部分;G 为试样质量(g)。

3) 注

(1) 加热蒸发时,不应摇动烧杯,以免不溶性溴化物附着在内壁上。

(2) 分解溴化物应彻底,以消除溴离子的干扰。分解的试液应澄清;如有不溶物未除尽可补加氢溴酸 5 mL,重复处理。

(3) 滴加碳酸氢钠溶液时,应小心,以免试液溅出。

(4) 分解溴化物与浓缩后,冲洗表面皿与杯壁所用的水量应尽量少些。此时如由于铋离子的水解而发生浑浊现象,可在预加滴定剂前温热澄清。

(5) 在滴加碳酸氢钠溶液过程中,如试液由红色变为黄色,并无转蓝紫再变纯蓝色时,则应滴加碳酸氢钠溶液至试液恰变黄色为止(必要时,可滴加高氯酸使试液重现红色再仔细调节至恰由红变黄色),再按下述方法处理:加入二甲酚橙指示剂 1 滴,用于 0.02 mol·L^{-1} 标准铋溶液滴定至试液恰由黄色变为红色为止。在此种情况下,铋含量应按下式计算:

$$Bi\% = \frac{(V_1 - V_2) \times 0.020\,00 \times 0.208\,98}{G} \times 100$$

式中:V_1 为 0.020 00 mol·L^{-1} EDTA 标准溶液用量毫升数;V_2 为 0.020 00 mol·L^{-1} 铋标准溶液的用量毫升数;G 为试样质量(g)。

铋标准溶液的配制方法:称取无水硝酸铋 9.702 0 g,加高氯酸 8 mL,水 100 mL。溶解后移入 1 000 mL 容量瓶中,以水稀释至刻度,摇匀。分取 25 mL,用 0.020 00 mol·L^{-1} EDTA 标准溶液标定其准确浓度。

上述的反常现象,是由于试样不含铋,或 EDTA 标准溶液过多所引起。

(6) 溶解试样时,应先加氢溴酸,后加溴,并在良好的通风橱中进行。

(7) 两种指示剂应根据实际需要量配制,不宜多配,配制后可用两周。

(8) 本法适用于不含铟、镓的各种易熔合金,对于含铟、镓的易熔合金,可使用恒电位电解法测定铋。

(9) 试样含汞,加热蒸发可除去 70% 的汞,其残留量可借抗坏血酸还原,故无干扰。铊离子处于亚铊状态,也不干扰。

(10) 易熔合金中微量的银、铜、铁、锑与钙,均不影响铋的测定。

(11) 为了防止铋离子的水解,曾考虑试加络合剂,如酒石酸、柠檬酸等,但均干扰测定,因此,不宜采用。

(12) 滴定铋后的试液应予保留,可供测定其他元素之用。

17.2　铅 的 测 定

试样经氢溴酸、溴溶解后,加高氯酸冒烟分解溴化物。然后加入硫酸,使铅成硫酸铅沉淀析出。

过滤后用络合滴定法测定铅。

1) 试剂

氢溴酸。溴。高氯酸(70%～72%)。硫酸:称取硝酸铅 0.5 g 加硫酸(1+1)2 mL,加热冒三氧化硫浓烟。冷至室温后加硫酸(1+1)200 mL,水 300 mL,微沸 1～2 min。冷至室温,1 h 后用慢速滤纸滤去沉淀(干过滤)。滤液盛于干净的容器中备用。此硫酸溶液的浓度约为 3.65 mol·L⁻¹。硫酸(1+1)。抗坏血酸(固体)。二甲酚橙指示剂(0.1%),水溶液。六次甲基四胺溶液(30%)。EDTA 标准溶液(0.020 00 mol·L⁻¹),用基准级试剂配制。锌标准溶液(0.020 00 mol·L⁻¹):称取基准试剂氧化锌 1.626 7 g,于 800 mL 烧杯中,加盐酸(1+1)8 mL 及适量水,温热溶解后,稀释至 600 mL,加入适量六次甲基四胺溶液,至溶液的 pH 5～6。移入 1 000 mL 容量瓶中,以水稀释至刻度,摇匀。

2) 操作步骤

称取试样 0.250 0 g,于 250 mL 烧杯中,加入氢溴酸 10 mL,溴 1 mL,温热溶解后加入高氯酸 10 mL,加热蒸发除去多余的溴和氢溴酸,分解不溶性溴化物。蒸至近干后,加入高氯酸 4.0 mL,温热使盐类溶解。将试液缓慢沿玻璃棒逐滴滴入另一盛有 3.65 mol·L⁻¹硫酸的 250 mL 烧杯(须预先烘干,然后加入 3.65 mol·L⁻¹硫酸 80 mL)中,并用此硫酸洗涤盛试液的烧杯数次。微沸 1～2 min,使硫酸铅沉淀定量析出。1 h 后用慢速滤纸干滤,用 3.65 mol·L⁻¹硫酸洗涤滤纸与沉淀及烧杯数次。将硫酸铅沉淀转入原烧杯中,加水约 30 mL,微沸 1 min,冷至室温后加抗坏血酸少许,二甲酚橙指示剂 1～2 滴,用六次甲基四胺溶液仔细调节 pH 1.5～2.0(用精密 pH 试纸检查)。如指示剂显红色,则用 EDTA 标准溶液滴定至恰变黄色为止。滴定剂的耗量无须记录。然后加入六次甲基四胺溶液至试液的 pH 5.0～5.5(用精密 pH 试纸检查),此时指示剂又显红色。从滴定管中准确加入 EDTA 标准溶液 30 mL,微沸 2～3 min,冷至室温后用锌标准溶液回滴至试液恰由柠檬黄色转为红色为终点。按下式计算铅的含量:

$$Pb\% = \frac{(M_1V_1 - M_2V_2) \times 0.207\,2}{G} \times 100$$

式中:V_1 为加入 EDTA 标准溶液的毫升数;M_1 为 EDTA 标准溶液摩尔浓度;M_2 为锌标准溶液的摩尔浓度;V_2 为回滴时消耗锌标准溶液的毫升数;G 为试样质量(g)。

3) 注

(1) 分解溴化物需有一个过程,如果温度不够,则不能分解,温度过高则高氯酸蒸发过快,与溴化物反应时间过短,亦不能达到预期的效果,故温度以 170～180 ℃为宜。

(2) 将试液缓慢滴入 3.65 mol·L⁻¹硫酸溶液中,而不是将后者滴入试液中的目的是为了减少硫酸铅沉淀对铋的吸附。

(3) 硫酸铅沉淀时,铋的吸附是不可避免的。故须在滴定铅之前,先在 pH 1～2 时滴定吸附的铋量;否则测得的铅量偏高。硫酸铅沉淀吸附的铋量视试样中铋含量的多少而异,一般须耗去 0.02 mol·L⁻¹ EDTA 标准溶液≤0.5 mL。

(4) 本法适用于分析含铅量≤44.5%的易熔合金试样,如试样含铅 82.5%,则宜用 0.02 mol·L⁻¹ EDTA 标准溶液,其用量由 30 mL 增至 50～60 mL。

(5) 测定铋-铅二元易熔合金,铋-铅-锡三元易熔合金及铋-铅-锡-锑四元易熔合金试样中的铅时,也可利用测定铋后的试液,在 pH 5.0～5.5 的条件下进行络合滴定。

(6) 试样不含锡或锑,则不必用溴-氢溴酸,可用硝酸 5 mL,高氯酸 3 mL 溶解。蒸至近干后再按本法操作(从加入高氯酸 4 mL 开始)。

17.3　镉　的　测　定

试样溶解后,在 pH5.0~5.5 的条件下用铅合滴定法测定镉。

1) 试剂

溴。氢溴酸。硝酸($\rho=1.42$ g·cm^{-3})。高氯酸(含量 70%~72%)。抗坏血酸(固体)。六次甲基四胺溶液(30%)。二甲酚橙指示剂(0.1%),配制后两周内有效。EDTA 标准溶液(0.020 00 mol·L^{-1}),用基准试剂配制。锌标准溶液(0.020 00 mol·L^{-1}),配制方法见 17.2 节。

2) 操作步骤

称取试样 0.250 0 g,于 250 mL 烧杯中,溶解试样的方法须视试样含锡与否定,如不含锡,则可加入硝酸 5 mL,高氯酸 3 mL;如含锡,则先加氢溴酸 10 mL,溴 1 mL,温热溶解后再加高氯酸。加热蒸发以除去多余的溴和氢溴酸,分解不溶性溴化物,使之转化为高氯酸介质。再将试样的高氯酸溶液蒸至近干,稍冷,加水 20~30 mL,抗坏血酸少许,二甲酚橙指示剂 1~2 滴,加六次甲基四胺溶液至试液的 pH5.0~5.5。从滴定管中准确加入 EDTA 标准溶液 50 mL,然后用锌标准溶液回滴至试液恰由柠檬黄色转为红色为终点。试样中的镉含量可分别求得。

如试样不含铅,则

$$Cd\% = \frac{(M_1V_1 - M_2V_2) \times 0.112\ 4}{G} \times 100$$

式中:M_1 为 EDTA 标准溶液的摩尔浓度;V_1 为加入 EDTA 标准溶液的毫升数;M_2 为锌标准溶液的摩尔浓度;V_2 为回滴时消耗锌标准溶液的毫升数。如试样含铅,则须进行换算。因在此种情况下测定的滴定剂净耗量乃镉、铅两者之和,故应从中减去铅的含量。

$$Cd\% = \frac{\left[(M_1V_1 - M_2V_2) - \dfrac{Pb\% \times G}{0.207\ 2}\right] \times 0.112\ 4 \times 100\%}{G}$$

3) 注

(1) 如试样中含铋,则可利用测铋后的试液按上述方法求出镉的含量;无须另称试样。

(2) 对于含铅 82.5%,镉 17.5% 的试样,称试样 0.200 0 g,EDTA 标准溶液的用量也应增加至 60 mL。

(3) 本法不适用含铟的试样。

17.4　锌　的　测　定

试样溶解后,先用挥发法除去锡,然后在 pH5.0~5.5 的条件下用络合滴定法进行测定。易熔合金含锌只有两种,均不含镉与铅,故不必考虑镉与铅的干扰。

1) 试剂

溴。氢溴酸。高氯酸(70%~72%)。抗坏血酸(固体)。六次甲基四胺溶液(30%)。二甲酚橙指示剂(0.1%)。EDTA 标准溶液(0.020 00 mol·L^{-1}),用基准级试剂配制。氟化钠溶液(4%)。

2) 操作步骤

称取试样 0.250 0 g,于 250 mL 烧杯中,加入氢溴酸 10 mL,溴 1 mL。温热溶解后加入高氯酸 10 mL,加热蒸发除去多余的溴和氢溴酸,分解不溶性溴化物,使其澄清无色。蒸至近干后,加水 20~30 mL,氟化钠溶液 10 mL,抗坏血酸少许,二甲酚橙指示剂 1~2 滴。加入六次甲基四胺溶液至试液的 pH5.0~5.5(用精密 pH 试纸检查)。此时指示剂显红色,用 EDTA 标准溶液滴定至试液恰转柠檬黄色为终点。按下式计算试样的含锌量:

$$Zn\% = \frac{M \times V \times 0.065\,38}{G} \times 100$$

式中:M 为 EDTA 标准溶液的摩尔浓度;V 为滴定时消耗 EDTA 标准溶液的毫升数;G 为试样质量(g)。

3) 注

(1) 锌标准溶液的配制方法可参阅 17.2 节。

(2) 如试样含铋,则可利用测定铋后的试液,按上法测定锌,无须另称试样。

17.5　铜 的 测 定

试样用盐酸、过氧化氢溶解,取出一部分试液,在氨性介质中用二乙氨二硫代甲酸钠作显色剂进行吸光度测定。

1) 试剂

柠檬酸三铵溶液(50%)。氨水($\rho = 0.88$ g・cm^{-3})。聚乙烯醇溶液(0.25%)。DDTC 溶液(0.05 mol・L^{-1})。镁盐溶液:称取分析纯氧化镁 0.420 0 g,加盐酸(1+1)5 mL,水 5 mL,溶解后稀释至 200 mL。盐酸($\rho = 1.19$ g・cm^{-3})。过氧化氢(30%)。铜标准溶液(Cu 20 μg・mL^{-1}):称取纯铜(99.99%)0.200 g 溶于少量稀硝酸中,煮沸除去氮的氧化物,移入 1 000 mL 容量瓶中,以水稀释至刻度,摇匀。吸取此溶液 10 mL 于 100 mL 容量瓶中,以水稀释至刻度,摇匀。

2) 操作步骤

称取试样 0.100 g,于 250 mL 烧杯中,加入盐酸 10 mL,滴加过氧化氢温热溶解。微沸除去多余的过氧化氢与氯气。冷却后移入 50 mL 容量瓶中,以水稀释至刻度,摇匀。吸取试液 5 mL 于 50 mL 容量瓶中,依次加入柠檬酸铵溶液 1 mL,氨水 2 mL,EDTA 溶液 1 mL,镁盐溶液 1 mL,摇动后加入聚乙烯醇溶液 1.0 mL,DDTC 溶液 1.0 mL,以水稀释至刻度,摇匀。与此同时作试剂空白。在 450 nm 波长处,用 2 cm 比色皿,以试剂空白为参比,测其吸光度。从检量线上查得试样的含铜量。

3) 检量线的绘制

于 5 只 50 mL 容量瓶中,依次加入铜标准溶液 0.0 mL,1.0 mL,2.0 mL,3.0 mL,4.0 mL(Cu 20 μg・mL^{-1}),按上述方法操作显色后,以不加铜标准溶液的试液为参比,测定其吸光度,并绘制检量线。

4) 注

此法只能逐只显色,显色后不要放置太长时间,否则吸光度会升高,夏天温度高时,尤其明显。

17.6　易熔合金的化学成分表

组成易熔合金的金属熔点、易熔合金熔点和化学成分,分别如表17.1和表17.2所示。

表17.1　组成易熔合金的金属熔点

金　属	Pb	Cd	Bi	Sn	In
熔　点(℃)	327	321	271	232	156.4

表17.2　易熔合金(共晶型)熔点和化学成分

熔　点(℃)	共　晶　型　合　金　化　学　成　分(%)				
	Bi	Pb	Sn	Cd	In
248	—	82.50	—	17.50	—
183	—	38.14	61.86	—	—
143	—	30.60	51.20	18.20	—
138	58.00	—	42.00	—	—
124	55.50	44.50	—	—	—
95	52.00	32.00	16.00	—	—
91.5	51.65	40.20	—	8.15	—
70	50.00	26.70	13.30	10.00	—
58	49.40	18.00	11.60	—	21.00
46.7	44.70	22.60	8.30	5.30	19.10

表17.3　易熔合金(非共晶型)合金和化学成分

熔　点(℃)	非　共　晶　型　合　金　化　学　成　分(%)						
	Bi	Pb	Sn	Cd	Zn	Cu	Al
176~145	12.60	47.50	39.90	—	—	—	—
152~120	21.00	42.00	37.00	—	—	—	—
143~95	33.33	33.34	33.33	—	—	—	—
139~132	5.00	32.00	45.00	18.00	—	—	—
114~95	59.40	14.80	25.80	—	—	—	—
104~95	56.00	22.00	22.00	—	—	—	—
92~93	52.00	31.70	15.30	1.00	—	—	—
90~70	42.50	37.70	11.30	8.50	—	—	—

续表

熔　点(℃)	非共晶型合金化学成分(%)						
	Bi	Pb	Sn	Cd	Zn	Cu	Al
70	50.00	26.70	13.30	10.00	—	—	—
95	50.00	31.00	19.00	—	—	—	—
135	58.00	—	42.00	—	—	—	—
380	—	—	—	—	93	3	4

注:① 非共晶型合金的熔点 70,95,135,380 可作模具用。② 熔点 380(先加 Cu,Al 熔化后,再加 Zn 熔解)。

附　　录

Ⅰ　常用酸、碱溶液的浓度和密度

表 Ⅰ.1　硝酸溶液的浓度和密度

密度 20℃ ($g \cdot mL^{-1}$)	$g \cdot (100g$ 溶液$)^{-1}$, 重量(%)	$mol \cdot L^{-1}$	密度 20℃ ($g \cdot mL^{-1}$)	$g \cdot (100g$ 溶液$)^{-1}$, 重量(%)	$mol \cdot L^{-1}$	密度 20℃ ($g \cdot mL^{-1}$)	$g \cdot (100g$ 溶液$)^{-1}$, 重量(%)	$mol \cdot L^{-1}$	密度 20℃ ($g \cdot mL^{-1}$)	$g \cdot (100g$ 溶液$)^{-1}$, 重量(%)	$mol \cdot L^{-1}$
1.000	0.333 3	0.052 31	1.190	31.47	5.943	1.380	62.70	13.73	1.135	23.16	4.171
1.005	1.255	0.200 1	1.195	32.21	6.107	1.385	63.72	14.01	1.140	23.94	4.330
1.010	2.164	0.346 8	1.200	32.94	6.273	1.435	75.35	17.16	1.245	39.80	7.863
1.015	3.073	0.495 0	1.205	33.68	6.440	1.440	76.71	17.53	1.250	40.58	8.049
1.020	3.982	0.644 5	1.210	34.41	6.607	1.445	78.07	17.90	1.255	41.36	8.237
1.025	4.883	0.794 3	1.215	35.16	6.778	1.450	79.43	18.28	1.260	42.14	8.426
1.030	5.784	0.945 4	1.220	35.93	6.956	1.455	80.88	18.68	1.265	42.92	8.616
1.035	6.661	1.094	1.225	36.70	7.135	1.460	82.39	19.09	1.270	43.70	8.808
1.040	7.530	1.243	1.230	37.48	7.315	1.465	83.91	19.51	1.275	44.48	9.001
1.045	8.398	1.393	1.235	38.25	7.497	1.470	85.50	19.95	1.280	45.27	9.195
1.050	9.259	1.543	1.240	39.02	7.679	1.475	87.29	20.43	1.285	46.06	9.394
1.055	10.12	1.694	1.290	46.85	9.590	1.480	89.07	20.92	1.390	64.74	14.29
1.060	10.97	1.845	1.295	47.63	9.789	1.485	91.13	21.48	1.395	65.84	14.57
1.065	11.81	1.997	1.300	48.42	9.990	1.490	93.49	22.11	1.400	66.97	14.88
1.070	12.65	2.148	1.305	49.21	10.19	1.495	95.46	22.65	1.405	68.10	15.18
1.075	13.48	2.301	1.310	50.00	10.39	1.500	96.73	23.02	1.410	69.23	15.49
1.080	14.31	2.453	1.315	50.85	10.61	1.501	96.98	23.10	1.415	70.39	15.81
1.085	15.13	2.605	1.320	51.71	10.83	1.502	97.23	23.18	1.420	71.63	16.14
1.090	15.95	2.759	1.325	52.56	11.05	1.503	97.49	23.25	1.425	72.86	16.47
1.095	16.76	2.913	1.330	53.41	11.27	1.504	97.74	23.33	1.430	74.09	16.81
1.145	24.71	4.489	1.335	54.27	11.49	1.505	97.99	23.40	1.507	98.50	23.56
1.150	25.48	4.649	1.340	55.13	11.72	1.506	98.25	23.48	1.508	98.76	23.63
1.155	26.24	4.810	1.345	56.04	11.96	1.100	17.58	3.068	1.509	99.01	23.71
1.160	27.00	4.970	1.350	56.95	12.20	1.105	18.39	3.224	1.510	99.26	23.79
1.165	27.76	4.132	1.355	57.87	12.44	1.110	19.19	3.381	1.511	99.52	23.86
1.170	28.51	5.293	1.360	58.78	12.68	1.115	20.00	3.539	1.512	99.77	23.94
1.175	29.25	5.455	1.365	59.69	12.93	1.120	20.79	3.696	1.513	100.00	24.01
1.180	30.00	5.618	1.370	60.67	13.19	1.125	21.59	3.854			
1.185	30.74	5.780	1.375	61.69	13.46	1.130	22.38	4.012			

表 I.2　硫酸溶液的浓度和密度

密度 20℃ (g·mL⁻¹)	H₂SO₄浓度 g·(100 g溶液)⁻¹ 重量(%)	H₂SO₄浓度 mol·L⁻¹	密度 20℃ (g·mL⁻¹)	H₂SO₄浓度 g·(100 g溶液)⁻¹ 重量(%)	H₂SO₄浓度 mol·L⁻¹	密度 20℃ (g·mL⁻¹)	H₂SO₄浓度 g·(100 g溶液)⁻¹ 重量(%)	H₂SO₄浓度 mol·L⁻¹	密度 20℃ (g·mL⁻¹)	H₂SO₄浓度 g·(100 g溶液)⁻¹ 重量(%)	H₂SO₄浓度 mol·L⁻¹
1.000	0.260 9	0.026 60	1.110	16.08	1.820	1.220	30.18	3.754	1.330	43.07	5.840
1.005	0.985 5	0.101 0	1.115	16.76	1.905	1.225	30.79	3.846	1.335	43.62	5.938
1.010	1.731	0.178 3	1.120	17.43	1.990	1.230	31.40	3.938	1.340	44.17	6.035
1.015	2.485	0.259 5	1.125	18.09	2.075	1.235	32.01	4.031	1.345	44.72	6.132
1.020	3.242	0.337 2	1.130	18.76	2.161	1.240	32.61	4.123	1.350	45.26	6.229
1.025	4.000	0.418 0	1.135	19.42	2.247	1.245	33.22	4.216	1.355	45.80	6.327
1.030	4.746	0.498 3	1.140	20.08	2.334	1.250	33.82	4.310	1.360	46.33	6.424
1.035	5.493	0.579 6	1.145	20.73	2.420	1.255	34.42	4.404	1.365	46.86	6.522
1.040	6.237	0.661 3	1.150	21.38	2.507	1.260	35.01	4.408	1.370	47.39	6.620
1.045	6.956	0.741 1	1.155	22.03	2.594	1.265	35.60	4.592	1.375	47.92	6.718
1.050	7.704	0.825 0	1.160	22.67	2.681	1.270	36.19	4.686	1.380	48.45	6.817
1.055	8.415	0.905 4	1.165	23.31	2.768	1.275	36.78	4.781	1.385	48.97	6.915
1.060	9.129	0.986 5	1.170	23.95	2.857	1.280	37.36	4.876	1.390	49.48	7.012
1.065	9.843	1.066 0	1.175	24.58	2.945	1.285	37.95	4.972	1.395	49.99	7.110
1.070	10.56	1.152 0	1.180	25.21	3.033	1.290	38.53	5.068	1.400	50.50	7.208
1.075	11.20	1.235 0	1.185	25.84	3.122	1.295	39.10	5.163	1.405	51.01	7.307
1.080	11.96	1.317 0	1.190	26.47	3.211	1.300	39.68	5.259	1.410	51.52	7.406
1.085	12.60	1.401 0	1.195	27.10	3.302	1.305	40.25	5.356	1.415	52.02	7.505
1.090	13.36	1.484 0	1.200	27.72	3.391	1.310	40.82	5.452	1.420	52.51	7.603
1.095	14.04	1.567 0	1.205	28.33	3.481	1.315	41.39	5.549	1.425	53.01	7.702
1.100	14.73	1.652 0	1.210	28.95	3.572	1.320	41.95	5.646	1.430	53.50	7.801
1.105	15.41	1.735 0	1.215	29.57	3.663	1.325	42.51	5.743	1.435	54.00	7.901

续表

密度 20℃ (g·mL⁻¹)	H₂SO₄ 浓度 g·(100g溶液)⁻¹ 重量(%)	H₂SO₄ 浓度 mol·L⁻¹	密度 20℃ (g·mL⁻¹)	H₂SO₄ 浓度 g·(100g溶液)⁻¹ 重量(%)	H₂SO₄ 浓度 mol·L⁻¹	密度 20℃ (g·mL⁻¹)	H₂SO₄ 浓度 g·(100g溶液)⁻¹ 重量(%)	H₂SO₄ 浓度 mol·L⁻¹	密度 20℃ (g·mL⁻¹)	H₂SO₄ 浓度 g·(100g溶液)⁻¹ 重量(%)	H₂SO₄ 浓度 mol·L⁻¹
1.440	54.49	8.000	1.555	65.15	10.33	1.670	75.07	12.78	1.785	85.74	15.61
1.445	54.97	8.099	1.560	65.59	10.43	1.675	75.49	12.89	1.790	86.35	15.76
1.450	55.45	8.198	1.565	66.03	10.54	1.680	75.92	13.00	1.795	86.99	15.92
1.455	55.93	8.297	1.570	66.47	10.64	1.685	76.34	13.12	1.800	87.69	16.09
1.460	56.41	8.397	1.575	66.91	10.74	1.690	76.77	13.23	1.805	88.43	16.27
1.465	56.89	8.497	1.580	67.35	10.85	1.695	77.20	13.34	1.810	89.23	16.47
1.470	57.36	8.598	1.585	67.79	10.96	1.700	77.63	13.46	1.815	90.12	16.68
1.475	57.84	8.699	1.590	68.23	11.06	1.705	78.06	13.57	1.820	91.11	16.91
1.480	58.31	8.799	1.595	68.66	11.16	1.710	78.49	13.69	1.825	91.33	16.96
1.485	58.78	8.899	1.600	69.09	11.27	1.715	78.93	13.80	1.820	91.56	17.01
1.490	59.24	9.000	1.605	69.53	11.38	1.720	79.37	13.92	1.825	91.78	17.06
1.495	59.70	9.100	1.610	69.96	11.48	1.725	79.81	14.04	1.820	92.00	17.11
1.500	60.17	9.202	1.615	70.39	11.59	1.730	80.25	14.16	1.825	92.25	17.17
1.505	60.62	9.303	1.620	70.82	11.70	1.735	80.70	14.28	1.820	92.51	17.22
1.510	61.08	9.404	1.625	71.25	11.80	1.740	81.16	14.40	1.825	92.77	17.28
1.515	61.54	9.506	1.630	71.67	11.91	1.745	81.62	14.52	1.820	93.03	17.34
1.520	62.00	9.608	1.635	72.09	12.02	1.750	82.09	14.65	1.825	93.33	17.40
1.525	62.45	9.711	1.640	72.52	12.13	1.755	82.57	14.78	1.830	93.64	17.47
1.530	62.91	9.813	1.645	72.95	12.24	1.760	83.06	14.90	1.831	93.94	17.54
1.535	63.36	9.916	1.650	73.37	12.34	1.765	83.57	15.04	1.823	94.32	17.62
1.540	63.81	10.02	1.655	73.80	12.45	1.770	84.08	15.17	1.833	94.72	17.70
1.545	64.26	10.12	1.660	74.22	12.56	1.775	84.61	15.31	1.834	95.12	17.79
1.550	64.71	10.23	1.665	74.64	12.67	1.780	85.16	15.46	1.835	95.72	17.91

表 I.3　盐酸溶液的浓度和密度

密度 20℃ (g·mL⁻¹)	HCl浓度 g·(100 g 溶液)⁻¹ 重量(%)	HCl浓度 ,mol·L⁻¹	密度 20℃ (g·mL⁻¹)	HCl浓度 g·(100 g 溶液)⁻¹ 重量(%)	HCl浓度 ,mol·L⁻¹	密度 20℃ (g·mL⁻¹)	HCl浓度 g·(100 g 溶液)⁻¹ 重量(%)	HCl浓度 ,mol·L⁻¹	密度 20℃ (g·mL⁻¹)	HCl浓度 g·(100 g 溶液)⁻¹ 重量(%)	HCl浓度 ,mol·L⁻¹
1.000	0.360	0.098 72	1.055	11.52	3.333	1.110	22.33	6.796	1.165	33.16	10.595
1.005	1.360	0.374 8	1.060	12.51	3.638	1.115	23.29	7.122	1.170	34.18	10.97
1.010	2.364	0.654 7	1.065	13.50	3.944	1.120	24.25	7.449	1.175	35.20	11.34
1.015	3.374	0.939 1	1.070	14.495	4.253	1.125	25.22	7.782	1.180	36.23	11.73
1.020	4.388	1.227	1.075	15.485	4.565	1.130	26.20	8.118	1.185	37.27	12.11
1.025	5.408	1.520	1.080	16.47	4.878	1.135	27.18	8.459	1.190	38.32	12.50
1.030	6.433	1.817	1.085	17.45	5.192	1.140	28.18	8.809	1.195	39.37	12.90
1.035	7.464	2.118	1.090	18.43	5.509 5	1.145	29.17	9.159	1.198	40.00	13.14
1.040	8.490	2.421	1.095	19.41	5.829	1.150	30.14	9.505			
1.045	9.510	2.725	1.100	20.39	6.150	1.155	31.14	9.863			
1.050	10.52	3.029	1.105	21.36	6.472	1.160	32.14	10.225			

表 I.4　盐酸恒沸点浓度

在蒸馏时大气压力(mmHg)	780	770	760	750	740	730
在蒸馏液中盐酸浓度(对真空,g HCl·(100 g 溶液)⁻¹)	20.173	20.197	20.221	20.245	20.269	20.293
含有 1 mol HCl 的蒸馏溶液质量(在空气中质量,g)	180.621	180.407	180.193	179.979	179.766	179.551

表 I.5　磷酸溶液的浓度和密度

密度 20℃ (g·mL⁻¹)	H₃PO₄ 浓度 g·(100 g 溶液)⁻¹ 重量(%)	H₃PO₄ 浓度 mol·L⁻¹	密度 20℃ (g·mL⁻¹)	H₃PO₄ 浓度 g·(100 g 溶液)⁻¹ 重量(%)	H₃PO₄ 浓度 mol·L⁻¹	密度 20℃ (g·mL⁻¹)	H₃PO₄ 浓度 g·(100 g 溶液)⁻¹ 重量(%)	H₃PO₄ 浓度 mol·L⁻¹
1.000	0.296	0.030	1.110	19.46	2.204	1.220	35.50	4.420
1.005	1.222	0.125 3	1.115	20.25	2.304	1.225	36.17	4.522
1.010	2.148	0.221 4	1.120	21.03	2.403	1.230	36.84	4.624
1.015	3.074	0.318 4	1.125	21.80	2.502	1.235	37.51	4.727
1.020	4.000	0.416 4	1.130	22.56	2.602	1.240	38.17	4.829
1.025	4.926	0.515 2	1.135	23.32	2.702	1.245	38.83	4.932
1.030	5.836	0.613 4	1.140	24.07	2.800	1.250	39.49	5.036
1.035	6.745	0.712 4	1.145	24.82	2.900	1.255	40.14	5.140
1.040	7.643	0.811 0	1.150	25.57	3.000	1.260	40.79	5.245
1.045	8.536	0.911	1.155	26.31	3.101	1.265	41.44	5.350
1.050	9.429	1.010	1.160	27.05	3.203	1.270	42.09	5.454
1.055	10.32	1.111	1.165	27.78	3.304	1.275	42.73	5.559
1.060	11.19	1.210	1.170	28.51	3.404	1.280	43.37	5.655
1.065	12.06	1.311	1.175	29.23	3.505	1.285	44.00	5.771
1.070	12.92	1.411	1.180	29.94	3.606	1.290	44.63	5.875
1.075	13.76	1.510	1.185	30.65	3.707	1.295	45.26	5.981
1.080	14.60	1.609	1.190	31.35	3.806	1.300	45.88	6.087
1.085	15.43	1.708	1.195	32.05	3.908	1.305	46.49	6.191
1.090	16.26	1.807	1.200	32.75	4.010	1.310	47.10	6.296
1.095	17.07	1.906	1.205	33.44	4.112	1.315	47.70	6.400
1.100	17.87	2.005	1.210	34.13	4.215	1.320	48.30	6.506
1.105	18.68	2.105	1.215	34.82	4.317	1.325	48.89	6.610

密度 20℃ (g·mL⁻¹)	H₃PO₄ 浓度 g·(100 g 溶液)⁻¹ 重量(%)	H₃PO₄ 浓度 mol·L⁻¹
1.330	49.43	6.716
1.335	50.07	6.822
1.340	50.66	6.928
1.345	51.25	7.034
1.350	51.84	7.141
1.355	52.42	7.247
1.360	53.00	7.355
1.365	53.57	7.463
1.370	54.14	7.570
1.375	54.71	7.678
1.380	55.28	7.784
1.385	55.85	7.894
1.390	56.42	8.004
1.395	56.98	8.112
1.400	57.54	8.221
1.405	58.09	8.328
1.410	58.64	8.437
1.415	59.19	8.547
1.420	59.74	8.658
1.425	60.29	8.766
1.430	60.84	8.878
1.435	61.38	8.989

续表

密度 20℃ (g·mL⁻¹)	H₃PO₄浓度 g·(100 g 溶液)⁻¹ 重量(%)	H₃PO₄浓度 mol·L⁻¹	密度 20℃ (g·mL⁻¹)	H₃PO₄浓度 g·(100 g 溶液)⁻¹ 重量(%)	H₃PO₄浓度 mol·L⁻¹	密度 20℃ (g·mL⁻¹)	H₃PO₄浓度 g·(100 g 溶液)⁻¹ 重量(%)	H₃PO₄浓度 mol·L⁻¹	密度 20℃ (g·mL⁻¹)	H₃PO₄浓度 g·(100 g 溶液)⁻¹ 重量(%)	H₃PO₄浓度 mol·L⁻¹
1.440	61.92	9.099	1.550	72.95	11.53	1.660	82.96	14.06	1.770	92.17	16.65
1.445	62.45	9.208	1.555	73.42	11.65	1.665	83.39	14.17	1.775	92.57	16.77
1.450	62.98	9.322	1.560	73.89	11.76	1.670	83.82	14.29	1.780	92.97	16.89
1.455	63.51	9.432	1.565	74.36	11.88	1.675	84.25	14.40	1.785	93.37	17.00
1.460	64.03	9.543	1.570	74.83	11.99	1.680	84.68	14.52	1.790	93.77	17.13
1.465	64.55	9.651	1.575	75.30	12.11	1.685	85.11	14.63	1.795	94.17	17.25
1.470	65.07	9.761	1.580	75.76	12.22	1.690	85.54	14.75	1.800	94.57	17.37
1.475	65.58	9.870	1.585	76.22	12.33	1.695	85.96	14.87	1.805	94.97	17.50
1.480	66.09	9.982	1.590	76.68	12.45	1.700	86.38	14.98	1.810	95.37	17.62
1.485	66.60	10.09	1.595	77.14	12.56	1.705	86.80	15.10	1.815	95.76	17.74
1.490	67.10	10.21	1.600	77.60	12.67	1.710	87.22	15.22	1.820	96.15	17.85
1.495	67.60	10.31	1.605	78.05	12.78	1.715	87.64	15.33	1.825	96.54	17.98
1.500	68.10	10.42	1.610	78.50	12.90	1.720	88.06	15.45	1.830	96.93	18.10
1.505	63.60	10.53	1.615	78.95	13.01	1.725	88.48	15.57	1.835	97.32	18.23
1.510	69.09	10.64	1.620	79.40	13.12	1.730	88.90	15.70	1.840	97.71	18.34
1.515	69.58	10.76	1.625	79.85	13.24	1.735	89.31	15.81	1.845	98.10	18.47
1.520	70.07	10.86	1.630	80.30	13.36	1.740	89.72	15.93	1.850	98.48	18.60
1.525	70.56	10.98	1.635	80.75	13.48	1.745	90.13	16.04	1.855	98.86	18.72
1.530	71.04	11.09	1.640	81.20	13.59	1.750	90.54	16.16	1.860	99.24	18.84
1.535	71.52	11.20	1.645	81.64	13.71	1.755	90.95	16.29	1.865	99.62	18.96
1.540	72.00	11.32	1.650	82.08	13.82	1.760	91.36	16.41	1.870	100.00	19.08
1.545	72.48	11.42	1.655	82.52	13.94	1.765	91.77	16.53			

表 I.6　高氯酸溶液的浓度和密度

密度 20℃ (g·mL⁻¹)	HClO₄ 浓度 g·(100 g溶液)⁻¹ 重量(%)	HClO₄ 浓度 mol·L⁻¹	密度 20℃ (g·mL⁻¹)	HClO₄ 浓度 g·(100 g溶液)⁻¹ 重量(%)	HClO₄ 浓度 mol·L⁻¹	密度 20℃ (g·mL⁻¹)	HClO₄ 浓度 g·(100 g溶液)⁻¹ 重量(%)	HClO₄ 浓度 mol·L⁻¹	密度 20℃ (g·mL⁻¹)	HClO₄ 浓度 g·(100 g溶液)⁻¹ 重量(%)	HClO₄ 浓度 mol·L⁻¹
1.005	1.00	0.100 4	1.115	18.16	2.015	1.225	32.18	3.924	1.335	43.43	5.771
1.010	1.90	0.191 0	1.120	18.88	2.105	1.230	32.74	4.008	1.340	43.89	5.854
1.015	2.77	0.279 9	1.125	19.57	2.191	1.235	33.29	4.092	1.345	44.35	5.937
1.020	3.61	0.366 5	1.130	20.26	2.279	1.240	33.85	4.178	1.350	44.81	6.021
1.025	4.43	0.452 0	1.135	20.95	2.367	1.245	34.40	4.263	1.355	45.26	6.104
1.030	5.25	0.538 3	1.140	21.64	2.456	1.250	34.95	4.349	1.360	45.71	6.188
1.035	6.07	0.625 3	1.145	22.32	2.544	1.255	35.49	4.433	1.365	46.16	6.272
1.040	6.88	0.712 2	1.150	22.99	2.632	1.260	36.03	4.519	1.370	46.61	6.356
1.045	7.68	0.798 9	1.155	23.65	2.719	1.265	36.56	4.604	1.375	47.05	6.439
1.050	8.48	0.886 3	1.160	24.30	2.806	1.270	37.08	4.687	1.380	47.49	6.523
1.055	9.28	0.974 5	1.165	24.94	2.892	1.275	37.60	4.772	1.385	47.93	6.608
1.060	10.06	1.061	1.170	25.57	2.978	1.280	38.10	4.854	1.390	48.37	6.692
1.065	10.83	1.148	1.175	26.20	3.064	1.285	38.60	4.937	1.395	48.80	6.776
1.070	11.58	1.233	1.180	26.82	3.150	1.290	39.10	5.021	1.400	49.23	6.860
1.075	12.33	1.319	1.185	27.44	3.237	1.295	39.60	5.105	1.405	49.68	6.948
1.080	13.08	1.406	1.190	28.05	3.323	1.300	40.10	5.189	1.410	50.10	7.032
1.085	13.83	1.494	1.195	28.66	3.409	1.305	40.59	5.273	1.415	50.51	7.114
1.090	14.56	1.580	1.200	29.26	3.495	1.310	41.08	5.357	1.420	50.90	7.196
1.095	15.28	1.665	1.205	29.86	3.582	1.315	41.56	5.440	1.425	51.31	7.278
1.100	16.00	1.752	1.210	30.45	3.667	1.320	42.02	5.521	1.430	51.71	7.360
1.105	16.72	1.839	1.215	31.04	3.754	1.325	42.49	5.604	1.435	52.11	7.443
1.110	17.45	1.928	1.220	31.61	3.839	1.330	42.97	5.689	1.440	52.51	7.527

续表

密度 20℃ (g·mL⁻¹)	HClO₄ 浓度 g·(100 g 溶液)⁻¹ 重量(%)	HClO₄ 浓度 mol·L⁻¹
1.445	52.89	7.607
1.450	53.27	7.689
1.455	53.65	7.770
1.460	54.03	7.852
1.465	54.41	7.934
1.470	54.79	8.017
1.475	55.17	8.100
1.480	55.55	8.183
1.485	55.93	8.267
1.490	56.31	8.352
1.495	56.69	8.436
1.500	57.06	8.519
1.505	57.44	8.605
1.510	57.81	8.689
1.515	58.17	8.772
1.520	58.54	8.857
1.525	58.91	8.942
1.530	59.28	9.028
1.535	59.66	9.116
1.540	60.04	9.203
1.545	60.51	9.290
1.550	60.78	9.377
1.555	61.15	9.465
1.560	61.52	9.553
1.565	61.89	9.641
1.570	62.26	9.730
1.575	62.63	9.819
1.580	63.00	9.908
1.585	63.37	9.998
1.590	63.74	10.09
1.595	64.12	10.18
1.600	64.50	10.27
1.605	64.88	10.37
1.610	65.26	10.46
1.615	65.63	10.55
1.620	66.01	10.64
1.625	66.39	10.74
1.630	66.76	10.83
1.635	67.13	10.93
1.640	67.51	11.02
1.645	67.89	11.12
1.650	68.26	11.21
1.655	68.64	11.31
1.660	69.02	11.40
1.665	69.40	11.50
1.670	69.77	11.60
1.675	70.15	11.70

表 I.7　氨水的浓度和密度

密度 20℃ (g·mL⁻¹)	NH₃ 浓度 g·(100 g 溶液)⁻¹ 重量(%)	NH₃ 浓度 mol·L⁻¹
0.998	0.046 5	0.027 3
0.996	0.512	0.299
0.994	0.977	0.570
0.992	1.43	0.834
0.990	1.89	1.10
0.988	2.35	1.365
0.986	2.82	1.635
0.984	3.30	1.91
0.982	3.78	2.18
0.980	4.27	2.46
0.978	4.76	2.73
0.976	5.25	3.01

Ⅱ　波美浓度与密度对照表

用波美密度计浸入溶液中所测得的度数表示溶液的浓度叫波美浓度,以°Bé 表示。波美密度计有重表和轻表两种,液体密度大于 1 的用重表,小于 1 的用轻表。刻度的基准是以 4 ℃水的密度 1.000 g·cm^{-3}为 0°Bé。例如 1.842 9(ρ_{15}^{15})的硫酸为 66°Bé,测定温度是 15 ℃。

波美读数值与密度的关系为:

$$\rho = f(n)$$

式中,n 为波美表读数。

密度比水大的液体:

$$\rho = \frac{144.3}{144.3 - n}$$

或

$$Bé = 144.3 - \frac{144.3}{\rho_{15}^{15}}$$

密度比水小的液体:

$$\rho = \frac{144.3}{144.3 - n}$$

或

$$Bé = \frac{144.3}{\rho_{15}^{15}} - 144.3$$

表Ⅱ.1　液体密度小于 1 时波美浓度与密度对照表

密度 (g·cm^{-3})	波　美　波　度(°Bé)									
	0.00	0.01	0.02	0.03	0.04	0.05	0.06	0.07	0.08	0.09
0.60	96.04	92.09	88.28	84.56	81.07	77.55	74.19	71.24	67.76	64.68
0.70	61.70	58.80	55.99	53.24	50.56	47.97	45.48	42.97	40.57	38.23
0.80	35.95	33.72	31.55	29.43	27.37	25.35	23.38	21.49	19.57	17.72
0.90	15.93	14.16	12.44	10.76	9.10	7.49	5.91	4.37	2.84	1.35
1.00	0	—	—	—	—	—	—	—	—	—

表Ⅱ.2　液体密度大于 1 时波美浓度与密度对照表

密度 (g·cm^{-3})	波美浓度	密度 (g·cm^{-3})	波美浓度	密度 (g·cm^{-3})	波美浓度	密度 (g·cm^{-3})	波美浓度	密度 (g·cm^{-3})	波美浓度	密度 (g·cm^{-3})	波美浓度
1.000	0	1.145	18.3	1.290	32.4	1.435	43.8	1.580	53.0	1.725	60.6
1.005	0.7	1.150	18.8	1.295	32.8	1.440	44.1	1.585	53.3	1.730	60.9
1.010	1.4	1.155	19.3	1.300	33.3	1.445	44.4	1.590	53.6	1.735	61.1
1.015	2.1	1.160	19.8	1.305	33.7	1.450	44.8	1.595	53.9	1.740	61.4

密度 (g·cm⁻³)	波美 浓度	密度 (g·cm⁻³)	波美 浓度	密度 (g·cm⁻³)	波美 浓度	密度 (g·cm⁻³)	波美 浓度	密度 (g·cm⁻³)	波美 浓度	密度 (g·cm⁻³)	波美 浓度
1.020	2.7	1.165	20.3	1.310	34.2	1.455	45.1	1.600	54.1	1.745	61.6
1.025	3.4	1.170	20.9	1.315	34.6	1.460	45.4	1.605	54.4	1.750	61.8
1.030	4.1	1.175	21.4	1.320	35.0	1.465	45.8	1.610	54.7	1.755	62.1
1.035	4.7	1.180	22.0	1.325	35.4	1.470	46.1	1.615	55.0	1.760	62.3
1.040	5.4	1.185	22.5	1.330	35.8	1.475	46.4	1.620	55.2	1.765	62.4
1.045	6.0	1.190	23.0	1.335	36.2	1.480	46.8	1.625	55.5	1.770	62.8
1.050	6.7	1.195	23.5	1.340	36.6	1.485	47.1	1.630	55.8	1.775	63.0
1.055	7.4	1.200	24.0	1.345	37.0	1.490	47.4	1.635	56.0	1.780	63.2
1.060	8.0	1.205	24.5	1.350	37.4	1.495	47.8	1.640	56.3	1.785	63.5
1.065	3.7	1.210	25.0	1.355	37.8	1.500	48.1	1.645	56.6	1.790	63.7
1.070	9.4	1.215	25.5	1.360	38.2	1.505	48.4	1.650	56.9	1.795	64.0
1.075	10.0	1.220	26.0	1.365	38.6	1.510	48.7	1.655	57.1	1.800	64.2
1.080	10.6	1.225	26.4	1.370	39.0	1.515	49.0	1.660	57.4	1.805	64.4
1.085	11.2	1.230	26.9	1.375	39.4	1.520	49.4	1.665	57.7	1.810	64.6
1.090	11.9	1.235	27.4	1.380	39.8	1.525	49.7	1.670	57.9	1.815	64.8
1.095	12.4	1.240	27.9	1.385	40.1	1.530	50.0	1.675	58.2	1.820	65.0
1.100	13.0	1.245	28.4	1.390	40.5	1.535	50.3	1.680	58.4	1.825	65.2
1.105	13.6	1.250	28.8	1.395	40.8	1.540	50.6	1.685	58.7	1.830	65.5
1.110	14.2	1.255	29.3	1.400	41.2	1.545	50.9	1.690	58.9	1.835	65.7
1.115	14.9	1.260	29.7	1.405	41.6	1.550	51.2	1.695	59.2	1.840	65.9
1.120	15.4	1.265	30.2	1.410	42.0	1.555	51.5	1.700	59.5	1.845	66.1
1.125	16.0	1.270	30.6	1.415	42.3	1.560	51.8	1.705	59.7	1.850	66.3
1.130	16.5	1.275	31.1	1.420	42.7	1.565	52.1	1.710	60.0	1.855	66.5
1.135	17.1	1.280	31.5	1.425	43.1	1.570	52.4	1.715	60.2	1.860	66.7
1.140	17.6	1.285	32.0	1.430	43.4	1.575	52.7	1.720	60.4	1.865	67.0

Ⅲ　钢铁分析允许误差范围

下列钢铁分析允许误差范围,系根据国家标准(GB 223.8～223.24—82)及有关文件规定进行整理,仅供参考。

表Ⅲ.1　钢铁分析允许差范围

元素	含量范围(%)	允许差(%)	元素	含量范围(%)	允许差(%)
碳	>0.005 0～0.010 0	0.001 5	硅	≤0.025 0	0.002 5
	>0.010～0.025	0.002 5		>0.025～0.050 0	0.005 0
	>0.025 0～0.050 0	0.005 0		>0.050 0～0.100 0	0.007 5
	>0.050～0.100	0.010		>0.100～0.250	0.017
	>0.100～0.250	0.015		>0.250～0.500 0	0.023
	>0.250～0.500	0.020		>0.500～1.000	0.035
	>0.500～1.000	0.025		>1.00～2.50	0.05
	>1.000～2.000	0.035		>2.50～4.00	0.06
	>2.000～3.000	0.045		>4.00	0.07
	>3.00～4.00	0.050	锰	≤0.025 0	0.002 5
	>4.00	0.070		>0.025～0.050	0.005
硫	>0.001 0～0.002 5	0.000 3		>0.050～0.100	0.010
	>0.002 5～0.005 0	0.000 5		>0.100～0.200	0.015
	>0.005 0～0.010 0	0.001		>0.200～0.500	0.020
	>0.010～0.020	0.002		>0.500～1.000	0.025
	>0.020～0.050	0.004		>1.00～2.00	0.030
	>0.050～0.100	0.006		>2.00～5.00	0.050
	>0.100～0.200	0.010		>5.00～10.00	0.10
	>0.20	0.015		>10.00～20.00	0.14
磷	≤0.002 5	0.000 3	铬	>0.025～0.050	0.006
	>0.002 5～0.005 0	0.000 5		>0.050～0.100	0.008
	>0.005～0.010	0.001 0		>0.10～0.25	0.015
	>0.010 0～0.030 0	0.002 5		>0.25～0.50	0.020
	>0.030 0～0.100 0	0.004		>0.50～1.00	0.030
	>0.100～0.200	0.008		>1.00～5.00	0.05
	>0.200～0.400	0.010		>5.00～10.00	0.10
	>0.400～1.00	0.020		>10.00～14.00	0.12
	>1.00	0.030		>14.00～18.00	0.15
				>18.00～30.00	0.17

元 素	含量范围(%)	允许差(%)	元 素	含量范围(%)	允许差(%)
镍	≤0.025	0.002 5	钼	>1.00~2.00	0.04
	>0.025~0.050	0.004		>2.00~4.00	0.05
	>0.050~0.100	0.007		>4.00~6.00	0.08
	>0.100~0.250	0.010		>6.00~9.00	0.12
	>0.250~0.500	0.020		>9.00~12.00	0.15
	>0.50~1.000	0.025	铝	>0.010~0.030	0.003
	>1.00~2.00	0.03		>0.030~0.050	0.005
	>2.00~4.00	0.04		>0.050~0.100	0.010
	>4.00~8.00	0.08		>0.10~0.50	0.02
	>8.00~15.00	0.10		>0.50~1.00	0.03
	>15.00~30.00	0.15		>1.00~2.00	0.04
	>30.00~40.00	0.20		>2.00~5.00	0.06
铜	≤0.025	0.002		>5.00~10.00	0.10
	>0.025~0.050	0.003	钛	≤0.025	0.002 5
	>0.050~0.100	0.005		>0.025~0.050	0.005
	>0.100~0.250	0.015		>0.050~0.10	0.010
	>0.250~0.500	0.020		>0.10~0.50	0.02
	>0.500~1.00	0.03		>0.50~1.00	0.03
	>1.00~3.00	0.05		>1.00~2.00	0.05
	>3.00~6.00	0.06		>2.00~4.00	0.07
	>6.00~10.00	0.07	钒	>0.01~0.050	0.005
钨	>0.05~0.10	0.02		>0.05~0.10	0.010
	>0.10~0.50	0.03		>0.10~0.250	0.015
	>0.50~1.00	0.04		>0.25~0.50	0.02
	>1.00~1.50	0.05		>0.50~1.00	0.03
	>1.50~3.00	0.06		>1.00~2.00	0.04
	>3.00~5.00	0.07		>2.00~3.00	0.05
	>5.00~8.00	0.09	钴	≤0.010	0.001 0
	>8.00~15.00	0.11		>0.010~0.025	0.002 5
	>15.00	0.13		>0.025~0.050	0.005
钼	≤0.025 0	0.001 5		>0.050~0.10	0.01
	>0.025~0.050	0.005		>0.10~0.50	0.02
	>0.050~0.100	0.010		>0.50~1.00	0.03
	>0.100~0.500	0.020		>1.00~3.00	0.04
	>0.500~1.000	0.025			

元　素	含量范围(%)	允许差(%)	元　素	含量范围(%)	允许差(%)
钴	>3.00~5.00	0.06	氮	>0.002 0~0.010 0	0.000 8
	>5.00~10.00	0.08		>0.010 0~0.020 0	0.001 0
	>10.00~15.00	0.12		>0.020~0.100	0.005
	>15.00~20.00	0.15		>0.10~0.20	0.01
稀土	≤0.010	0.001 5		>0.20~0.40	0.02
	>0.010~0.025 0	0.002 5	钽	>0.005~0.010	0.001
	>0.025 0~0.050	0.005		>0.010~0.030	0.002
	>0.050~0.100	0.010		>0.030~0.050	0.004
	>0.100~0.200	0.015	锡	>0.004 0~0.010 0	0.001 5
铌	>0.010 0~0.025 0	0.002 5		>0.010 0~0.025 0	0.002 5
	>0.025~0.050	0.005 0		>0.025~0.050	0.005
	>0.050~0.100	0.010		>0.050~0.100	0.010
	>0.100~0.250	0.025		>0.100~0.20	0.02
	>0.250~0.500	0.035		>0.20~0.40	0.03
	>0.500~1.000	0.045	砷	>0.000 5~0.002 5	0.000 3
	>1.00~3.00	0.05		>0.002 5~0.005 0	0.000 5
	>3.00~5.00	0.07		>0.005 0~0.010 0	0.001 0
锆	≤0.005 0	0.000 5		>0.010 0~0.025 0	0.002 5
	>0.005 0~0.010 0	0.001 0		>0.025~0.050 0	0.005 0
	>0.010~0.025 0	0.002 5		>0.050~0.100	0.010
	>0.025~0.050	0.005		>0.100~0.250	0.015
	>0.050~0.100	0.010		>0.250~0.500	0.025
	>0.10~0.200	0.015		>0.500~1.000	0.035
	>0.20~0.30	0.02		>1.00~3.00	0.05
硼	>0.000 5~0.001 0	0.000 30	镁	>0.010~0.025	0.002
	>0.001 0~0.005 0	0.000 5		>0.025~0.050	0.004
	>0.005 0~0.010	0.001		>0.050~0.100	0.006
	>1.00~2.00	0.10		>0.100~0.20	0.01

　　注:以上允许差仅为保证与判定分析结果的准确度而论,与其他部门不发生任何关系。在平行分析 2 份或 2 份以上试样时,所得之分析数据的极差值不超过所载允许差 2 倍者(即±允许差以内),均应认为有效,以求得平均值。用标准试样检验时,结果偏差不得超过所载允许差。

Ⅳ 国际相对原子质量表

表Ⅳ.1 国际相对原子质量表(录自 2003 年国际相对原子质量表)

名称	符号	相对原子质量	名称	符号	相对原子质量	名称	符号	相对原子质量
锕	Ac	227.03	锗	Ge	72.64	镨	Pr	140.907 65
银	Ag	107.868 2	氢	H	1.007 94	铂	Pt	195.078
铝	Al	26.981 54	氦	He	4.002 60	钚	Pu	244.06
镅	Am	243.06	铪	Hf	178.49	镭	Ra	226.03
氩	Ar	39.948	汞	Hg	200.59	铷	Rb	85.467 8
砷	As	74.921 60	钬	Ho	164.930 32	铼	Re	186.207
砹	At	209.99	碘	I	126.904 47	铑	Rh	102.905 50
金	Au	196.966 55	铟	In	114.818	氡	Rn	222.02
硼	B	10.811	铱	Ir	192.217	钌	Ru	101.07
钡	Ba	137.327	钾	K	39.098 3	硫	S	32.065
铍	Be	9.012 18	氪	Kr	83.798	锑	Sb	121.760
铋	Bi	208.980 38	镧	La	138.905 5	钪	Sc	44.955 91
锫	Bk	247.07	锂	Li	6.941	硒	Se	78.96
溴	Br	79.904	铹	Lr	260.11	硅	Si	28.085 5
碳	C	12.010 7	镥	Lu	174.967	钐	Sm	150.36
钙	Ca	40.078	钔	Md	258.10	锡	Sn	118.710
镉	Cd	112.411	镁	Mg	24.305 0	锶	Sr	87.62
铈	Ce	140.116	锰	Mn	54.938 05	钽	Ta	180.947 9
锎	Cf	251.08	钼	Mo	95.94	铽	Tb	158.925 34
氯	Cl	35.453	氮	N	14.006 72	锝	Tc	98.907
锔	Cm	247.07	钠	Na	22.989 77	碲	Te	127.60
钴	Co	58.933 20	铌	Nb	92.906 38	钍	Th	232.038 1
铬	Cr	51.996 1	钕	Nd	144.24	钛	Ti	47.867
铯	Cs	132.905 45	氖	Ne	20.179 7	铊	Tl	204.383 3
铜	Cu	63.546	镍	Ni	58.693 4	铥	Tm	168.934 21
镝	Dy	162.500	锘	No	259.10	铀	U	238.028 91
铒	Er	167.259	镎	Np	237.05	钒	V	50.941 5
锿	Es	252.08	氧	O	15.999 4	钨	W	183.84
铕	Eu	151.964	锇	Os	190.23	氙	Xe	131.293
氟	F	18.998 40	磷	P	30.973 76	钇	Y	88.905 85
铁	Fe	55.845	镤	Pa	231.035 88	镱	Yb	173.04
镄	Fm	257.10	铅	Pb	207.2	锌	Zn	65.409
钫	Fr	223.02	钯	Pd	106.42	锆	Zr	91.224
镓	Ga	69.723	钷	Pm	144.91			
钆	Gd	157.25	钋	Po	208.98			